W0263299

HANDBUCH DER PHYSIK

ZWEITE AUFLAGE

HERAUSGEGEBEN VON

H. GEIGER und KARL SCHEEL

BAND XXII · ZWEITER TEIL

NEGATIVE UND POSITIVE STRAHLEN

BERLIN

VERLAG VON JULIUS SPRINGER

1933

NEGATIVE UND POSITIVE STRAHLEN

BEARBEITET VON

W. BOTHE · R. FRISCH · H. GEIGER · R. KOLLATH
C. RAMSAUER · E. RÜCHARDT · O. STERN

REDIGIERT VON H. GEIGER

MIT 345 ABBILDUNGEN

BERLIN
VERLAG VON JULIUS SPRINGER
1933

ISBN-13: 978-3-642-98777-9   e-ISBN-13: 978-3-642-99592-7
DOI: 10.1007/978-3-642-99592-7

Inhaltsverzeichnis.

Kapitel 1.

Durchgang von Elektronen durch Materie.

Von

W. BOTHE, Heidelberg.

Mit 37 Abbildungen.

I. Allgemeines.

1. Übersicht. Dringen schnelle Elektronen in materielle Körper ein, so treten sie in Wechselwirkung mit den elektrisch geladenen Elementarbestandteilen der Atome, nämlich den positiven Atomkernen und den Elektronen, welche die äußere Hülle der Atome bilden. Als Resultat dieser Wechselwirkungsprozesse treten Veränderungen sowohl im Elektronenbündel als im durchstrahlten Körper auf. Die Strahlelektronen erleiden Veränderungen ihrer Geschwindigkeit nach Richtung und Größe: die Geschwindigkeitsänderung erfolgt in den meisten Fällen im Sinne einer Energie*abgabe* an die durchquerten Atome; im umgekehrten Sinne verlaufende Vorgänge sind zwar ebenfalls möglich, wenn das betroffene Atom sich nicht in seinem Normalzustand befindet (Stöße zweiter Art), solche Vorgänge sollen aber in diesem Kapitel außer Betracht bleiben. Strenggenommen ist jede Richtungsänderung mit einer Geschwindigkeitsänderung verbunden und umgekehrt (Ziff. 2). Praktisch kann man jedoch bei den hier fast ausschließlich angenommenen größeren Strahlgeschwindigkeiten die beiden Phänomene meist als voneinander unabhängig ansehen; dies erklärt sich daraus, daß die beobachtbare Richtungsänderung im wesentlichen durch den Einfluß der *Kerne* zustande kommt, während der Geschwindigkeitsverlust praktisch nur durch die Atom*elektronen* bewirkt wird (Ziff. 10 u. 30). So ergibt sich eine Zweiteilung des ganzen Gebietes in die Erscheinungen der Zerstreuung und der Absorption der Elektronenstrahlen (Abschn. II und III); beide Erscheinungskomplexe überlagern sich praktisch unabhängig voneinander (über eine Ausnahme vgl. Ziff. 7).

Während die Zerstreuung keine weiteren beobachtbaren Erscheinungen im Gefolge hat (die geringe Impulsübertragung auf die zerstreuenden Atome ist praktisch bedeutungslos), geht mit der Energieabsorption eine Reihe weiterer Erscheinungen Hand in Hand. Ein Teil der Energie, welche den Strahlelektronen entzogen wird, dient dazu, Elektronen aus dem Atomverbande loszureißen, so daß sie als *Sekundärelektronen* oder *δ-Strahlen* beobachtbar werden, während das betroffene Atom im Zustande der *Ionisation* zurückbleibt. Einen anderen Teil der absorbierten Energie sendet das durchquerte Atom als Licht wieder aus in Form der dem Atom eigentümlichen homogenen Strahlungen, welche sein Spektrum bilden. Aber auch das gebremste Strahlelektron selbst wird zum Ausgangszentrum einer Lichtstrahlung, des kontinuierlichen *Bremsspektrums*. Mit diesen Sekundärerscheinungen beschäftigt sich Abschn. IV. Auf die verschiedenen Arten der Lichtanregung wird jedoch hier nur kurz eingegangen werden, da sie an anderen Stellen dieses Handbuches ausführlicher behandelt werden.

Die Bedeutung dieser Erscheinungen liegt in zwei Richtungen. Erstens lassen sie Aufschlüsse über den Bau der Atome erwarten, zweitens gestatten sie, die klassische (oder irgendeine andere) Mechanik in kleinsten Raumdimensionen nachzuprüfen[1]. Freilich muß von vornherein betont werden, daß die aus den bisherigen Versuchsergebnissen gewonnenen theoretischen Aufschlüsse noch etwas unbestimmter Art sind und an Präzision und Tragweite zurückstehen hinter denjenigen, die etwa aus der Wechselwirkung zwischen Lichtstrahlung und Materie gezogen werden konnten. Andererseits ist auch die Theorie noch weit davon entfernt, von dem ganzen Erscheinungsgebiet restlos und quantitativ Rechenschaft zu geben. Es handelt sich also um ein Gebiet, welches durchaus noch im Fluß ist. Als Ursachen hierfür lassen sich mehrere anführen. Die beobachtbaren Erscheinungen sind meist sehr komplexer Natur, die wirklichen Elementarprozesse sind der Beobachtung schwer zugänglich. Dabei stößt aber schon die strenge theoretische Behandlung einer einzelnen Atomdurchquerung auf erhebliche Schwierigkeiten, welche teils mathematischer Art sind (Mehrkörperproblem), teils in unserer geringen Kenntnis über die räumliche Anordnung der Atombestandteile und selbst über die Natur und Eigenschaften des Elektrons begründet sind.

Ein praktisch paralleles Elektronenbündel wird beim Durchgang durch Materie stets in ein Bündel von größerem Öffnungswinkel auseinandergezogen, „zerstreut", und zwar ist das zerstreute Bündel symmetrisch um die ursprüngliche Richtung verteilt; die Zerstreuung ist hiernach ein reines Schwankungsphänomen. Während also die mittlere Ablenkung Null ist, ist gleichzeitig der mittlere Geschwindigkeitsverlust positiv und der direkten Messung zugänglich; aber auch dieses Mittelwertsphänomen wird durch Schwankungserscheinungen verwischt. Man sieht, daß der Wahrscheinlichkeitstheorie ein breiter Raum bei der Deutung dieser Erscheinungen zuzuweisen ist. Der ganze Verlauf ist aufzulösen in eine Reihe statistisch unabhängiger Elementarprozesse.

In fast allen erwähnten Punkten bestehen sehr weitgehende Analogien zwischen α- und Elektronenstrahlen, weshalb die im folgenden vorkommenden kurzen theoretischen Erörterungen so gehalten sein mögen, daß sie auch auf α-Strahlen anwendbar sind. Andererseits wird es aber auch wiederholt nötig sein, auf quantitative Unterschiede im Verhalten beider Strahlenarten hinzuweisen.

Die Darstellung dieses Kapitels ist nach zwei Richtungen begrenzt. Erstens werden diejenigen Vorgänge nicht berücksichtigt oder nur gestreift, bei welchen der quantenhafte Charakter in den Vordergrund tritt, das ist namentlich bei sehr kleinen Strahlgeschwindigkeiten der Fall (vgl. hierüber Bd. XXIII/1, Kap. 2). Zweitens müssen alle Erscheinungen außer Betracht bleiben, welche wesentlich auf der Wellennatur der Elektronenstrahlen beruhen, wie Kristall-, Molekel- und Atominterferenzen und Polarisation (vgl. Kap. 5 ds. Bd.).

2. Wechselwirkung zwischen zwei Punktladungen. Wir behandeln hier sogleich die einfache Theorie des Elementarprozesses, weil sie für die Gliederung des ganzen Stoffes von Wichtigkeit ist. Dabei bedienen wir uns zunächst rein klassischer Vorstellungen. Obwohl nämlich feststeht, daß diese im allgemeinen Falle nur zu einer näherungsweisen Beschreibung der Vorgänge führen, bilden ihre Folgerungen immer noch die wichtigste Plattform für die Deutung, einmal weil gerade die Abweichungen davon von Interesse sind, dann aber auch, weil die entsprechenden quantenmechanischen Entwicklungen durchweg viel weniger

---

[1] Auf die Wichtigkeit des letzten Punktes hat mit besonderem Nachdruck Bohr hingewiesen (ZS. f. Phys. Bd. 34, S. 154. 1925).

durchsichtig und zum großen Teil nicht so weit durchgebildet sind, um einen quantitativen Vergleich mit der Erfahrung zu erlauben.

Es bezeichne e die Ladung, m die Masse des Strahlenteilchens, E und M die entsprechenden Größen für das ablenkende Teilchen, welches wir als ursprünglich ruhend ansehen. Von der Veränderlichkeit der Masse mit der Geschwindigkeit sehen wir ab. Ferner fassen wir als Wechselwirkungskraft nur die COULOMB-sche ins Auge.

Wir denken uns das ablenkende Teilchen zunächst im Raume fixiert; der allgemeine Fall des beweglichen Teilchens läßt sich daran leicht anschließen. Wie aus der elementaren Mechanik bekannt, beschreibt das Strahlenteilchen, aus dem Unendlichen kommend, einen Hyperbelzweig. Das Ablenkungszentrum bildet den inneren oder äußeren Brennpunkt dieses Zweiges, je nachdem E und e entgegengesetztes oder gleiches Vorzeichen haben (M bzw. M', Abb. 1). In Polarkoordinaten r, φ lautet der Energie- und Flächensatz für die Bewegung

$$\frac{1}{2}\,m\,(\dot{r}^2 + r^2\,\dot{\varphi}^2) + \frac{E\,e}{r} = W = \frac{1}{2}\,m\,v^2;$$

$$r^2\,\dot{\varphi} = F = v\,p,$$

wo v die gegebene Anfangsgeschwindigkeit des Strahlenteilchens (in unendlicher Entfernung vom Ablenkungszentrum) und p die Länge des Lotes vom Ablenkungszentrum auf die ursprüngliche Flugbahn des Strahlenteilchens, der „Stoßparameter" ist. Setzt man $\dot{r} = \dot{\varphi}\,dr/d\varphi$, so erhält man durch Elimination von $\dot{\varphi}$ aus beiden Gleichungen die Differentialgleichung für r als Funktion von φ, deren Lösung bei passender Wahl der Integrationskonstanten (d. h. der Anfangsrichtung für

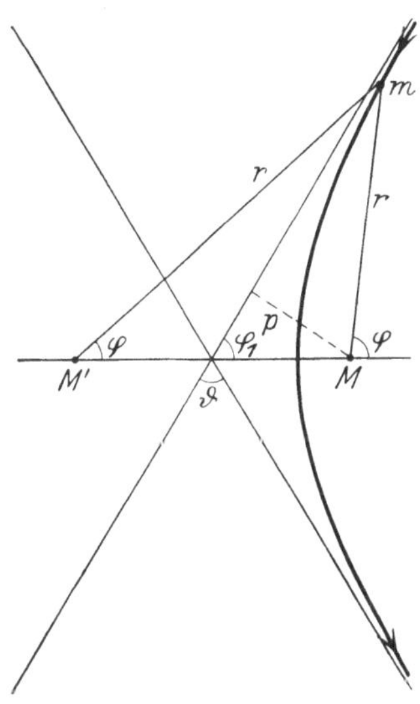

Abb. 1. Hyperbelbahn bei ruhendem Kraftzentrum.

φ, vgl. Abb. 1) die Normalform der Hyperbelgleichung annimmt:

$$r = \frac{a}{\varepsilon \cos\varphi - 1}$$

mit

$$a = \frac{m\,F^2}{E\,e}; \qquad \varepsilon^2 = 1 + \frac{2\,m\,W\,F^2}{E^2\,e^2}.$$

ε bedeutet die numerische Exzentrizität der Hyperbel. r wird ∞ für $\varphi = \pm\varphi_1$, wo $\cos\varphi_1 = 1/\varepsilon$. Daher ist $2\varphi_1$ der Asymptotenwinkel der Hyperbel. Die Ablenkung, welche das Strahlenteilchen während des ganzen Prozesses erfährt, wollen wir mit ϑ bezeichnen; sie ist

$$\vartheta = \pi - 2\varphi_1.$$

So erhalten wir schließlich

$$\operatorname{tg}^2\frac{\vartheta}{2} = \frac{1}{\varepsilon^2 - 1} = \frac{E^2\,e^2}{2\,m\,W\,F^2},$$

oder nach Einsetzen der Werte für W und F

$$\operatorname{tg}\frac{\vartheta}{2} = \frac{E\,e}{m\,v^2\,p}. \tag{1}$$

Diese Gleichung gilt für den Fall, daß die Masse M des ablenkenden Teilchens sehr groß gegen die Masse m des Strahlenteilchens ist. Sind nun die Massen miteinander vergleichbar, so lehrt die elementare Mechanik, daß die Bewegung des Strahlenteilchens so verläuft, als ob eine Coulombsche Kraft vom *Massen-mittelpunkt* des Systems aus wirkte. Diesen Punkt S, welcher sich nach dem Gesetz von der Erhaltung des Schwerpunktes gleichförmig bewegt, wählen wir vorübergehend zum Anfangspunkt eines „gestrichenen" Koordinatensystems (Abb. 2). In diesem System bewegt sich also das Strahlenteilchen so, als ob in S die Ladung

$$E' = E\left(\frac{M}{M+m}\right)^2 \tag{2}$$

fixiert wäre. Daher gilt entsprechend (1)

$$\operatorname{tg}\frac{\vartheta'}{2} = \frac{E'e}{mv'^2p'}. \tag{3}$$

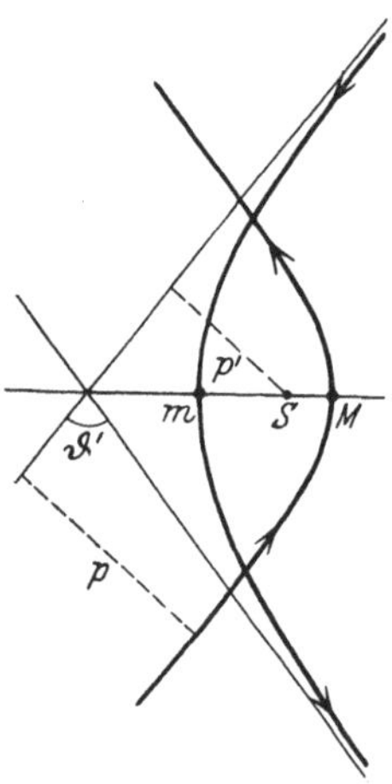

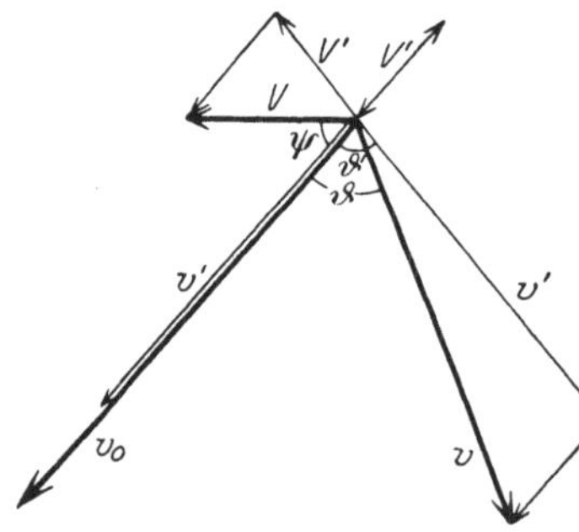

Abb. 2. Hyperbelbahn bei mitbewegtem Kraftzentrum.

Um denselben Winkel ϑ' wird in diesem Bezugssystem auch das Teilchen M aus seiner Richtung abgelenkt. Beide Teilchen haben nach dem Prozeß denselben Absolutwert der Geschwindigkeit wie vor dem Prozeß (v' bzw. V'), und zwar gilt nach dem Impulssatz

$$mv' = MV'. \tag{4}$$

Wir gehen nun zu dem „ruhenden System" über, in welchem das Teilchen M vor dem Prozeß ruhen soll; nach dem Prozeß wird es eine gewisse Geschwindigkeit V besitzen. Das Teilchen m habe in diesem System ursprünglich die Geschwindigkeit v_0 und nehme nach Ablauf des Prozesses die Geschwindigkeit v an, deren Richtung um den „Ablenkungswinkel" ϑ gegen die Richtung von v_0 verschieden sei. Den Übergang vollziehen wir an Hand der Abb. 3, indem wir zu sämtlichen vier Geschwindigkeitsvektoren des gestrichenen Systems die Geschwindigkeit V' in solcher Richtung addieren, daß die resultierende Anfangsgeschwindigkeit des Teilchens M verschwindet. Es ergeben sich sofort folgende Beziehungen:

$$v_0 = v' + V', \tag{5}$$

$$v^2 = v'^2 + V'^2 + 2v'V'\cos\vartheta',$$

$$V = 2V'\sin\frac{\vartheta'}{2},$$

$$v\sin\vartheta = v'\sin\vartheta',$$

Abb. 3. Übergang vom Schwerpunktsystem zum ruhenden System.

woraus durch Elimination von v' und V' mit Benutzung von (4) folgt

$$v^2 = v_0^2\,\frac{M^2 + 2Mm\cos\vartheta' + m^2}{(M+m)^2}, \tag{6}$$

$$V = 2v_0\,\frac{m}{M+m}\sin\frac{\vartheta'}{2}, \tag{7}$$

$$\operatorname{tg}\vartheta = \frac{M\sin\vartheta'}{M\cos\vartheta' + m}. \tag{8}$$

Bezeichnet p wieder den „Stoßparameter" (Abb. 2), so gilt

$$p' = p\,\frac{M}{M+m},$$

so daß (3) mit (2), (4) und (5) übergeht in

$$\mathrm{tg}\,\frac{\vartheta'}{2} = \frac{Ee}{v_0^2 p}\left(\frac{1}{M} + \frac{1}{m}\right).$$ (9)

Der Winkel ψ, welchen die endgültige Bewegungsrichtung des Teilchens M mit der ursprünglichen Bewegungsrichtung des Strahlenteilchens m bildet, ist aus Abb. 3 abzulesen:

$$\psi = \frac{\pi - \vartheta'}{2}.$$ (10)

Die Gleichungen (6) bis (10) enthalten die vollständige Lösung des Problems. Sie sind in gleicher Weise auf positiv und negativ geladene, schwere und leichte Strahlenteilchen (α- und β-Strahlen) und ablenkende Teilchen (Atomkerne und -elektronen) anwendbar. Gleichung (8) bildet den Ausgangspunkt für das Verständnis der Zerstreuungserscheinungen, Gleichung (6) und (7) für die Bremsung und korpuskulare Sekundärstrahlung (Ionisation).

Diese Rechnung ist nichtrelativistisch, gilt also nicht für Geschwindigkeiten, welche der Lichtgeschwindigkeit nahekommen. Die relativistische Veränderlichkeit der Masse eines Strahlelektrons hat DARWIN[1] in einer Theorie berücksichtigt, die aber vom Standpunkt der relativistischen Quantenmechanik nicht aufrechterhalten werden kann[2], sich auch in der Erfahrung nicht bewährt hat[3] und daher hier übergangen werden soll.

3. Geschwindigkeits- und Energiemaße. Außer der in cm·sec^{-1} gemessenen Geschwindigkeit eines Elektrons, welche im folgenden stets mit v bezeichnet ist, wird als bequemes Geschwindigkeitsmaß häufig der Quotient

$$\beta = \frac{v}{c}$$

benutzt, wo c die Vakuumlichtgeschwindigkeit bedeutet. Ferner ist es namentlich bei kleinen Geschwindigkeiten nützlich, mit der „Voltgeschwindigkeit" V eines Elektrons („c-Volt") zu rechnen, d. i. diejenige Spannungsdifferenz in Volt, welche das ursprünglich ruhende Elektron frei durchlaufen muß, um die Geschwindigkeit v zu erlangen. Bezeichnen (wie stets im folgenden) ε und μ die Ladung (in el.stat. E.) und Ruhemasse eines Elektrons, so hängt V mit der in Erg gemessenen kinetischen Energie T des Elektrons zusammen durch die Gleichung

bzw.
$$\left.\begin{aligned} V &= \frac{300}{\varepsilon}\,T = 6{,}284\cdot 10^{11}\,T\,, \\ T &= 1{,}591\cdot 10^{-12}\,V. \end{aligned}\right\}$$ (11)

Da nun
$$T = \mu c^2\left\{(1-\beta^2)^{-\frac{1}{2}} - 1\right\} = 8{,}12\cdot 10^{-7}\left\{(1-\beta^2)^{-\frac{1}{2}} - 1\right\},$$ (12)

so ist auch
$$V = 510000\left\{(1-\beta^2)^{-\frac{1}{2}} - 1\right\}.$$ (13)

Ein weiteres Geschwindigkeitsmaß, welches häufig da zur Anwendung kommt, wo die Geschwindigkeit durch magnetische Ablenkung gemessen wird, ist das Produkt von magnetischer Feldstärke H und Krümmungsradius r ($\Gamma\cdot cm$):

$$Hr = \frac{\mu\beta c^2}{\varepsilon\sqrt{1-\beta^2}} = 1702\,\frac{\beta}{\sqrt{1-\beta^2}}\,.$$ (14)

[1] C. G. DARWIN, Phil. Mag. Bd. 25, S. 201. 1913.
[2] N. F. MOTT, Proc. Roy. Soc. London (A) Bd. 124, S. 425. 1929.
[3] O. KLEMPERER, Ann. d. Phys. Bd. 3, S. 849. 1929; H. V. NEHER, Phys. Rev. Bd. 38, S. 1321. 1931.

II. Zerstreuung.

4. Einzel-, Mehrfach-, Vielfachstreuung und vollständige Diffusion.
Durchsetzt ein paralleles Bündel von Elektronenstrahlen senkrecht eine dünne
Schicht Materie, so wird es zerstreut, d. h. die Richtungen der einzelnen Elektronen zeigen nach dem Durchgang eine Verteilung um die ursprüngliche Richtung
herum. Im allgemeinen ist diese Verteilung kontinuierlich. Unter gewissen Bedingungen aber, nämlich in sehr dünnen Schichten von kristallischer oder kri-
stalliner Struktur und bei nicht zu großen Streuwinkeln, treten scharfe Maxima
der Streuintensität auf als Folge von Interferenzen zwischen den abgebeugten
Elektronenwellen. Von diesen Fällen soll im folgenden abgesehen werden (vgl.
Kap. 5 ds. Bd.).

Die Erfahrung lehrt, daß die Gesetze für die Richtungsverteilung und ihre
Abhängigkeit von Schichtdicke und Material der Folie und von der Geschwindigkeit der Strahlen sehr verschiedene Form haben, je nach der Größenordnung
der durchstrahlten Schichtdicke, oder genauer ausgedrückt, je nach der Zahl
der elementaren Ablenkungsprozesse, aus welchen die beobachtete Gesamtablenkung eines herausgegriffenen Strahlenteilchens resultiert. Hierin besteht
im Prinzip vollständige Analogie mit der Zerstreuung der α-Strahlen. Bei sehr
dünnen Schichten kommen zum mindesten die größeren Ablenkungen praktisch
durch einen einzigen Elementarprozeß zustande, indem die Gesamtheit der übrigen
Elementarablenkungen trotz ihrer möglicherweise recht großen Zahl nur einen
verschwindend kleinen Beitrag zur Gesamtablenkung liefert. Diesen Fall bezeichnet man als den der „*Einzelstreuung*“; er tritt ein, wenn die Schichtdicke
so gering ist, daß die Wahrscheinlichkeit, daß ein Teilchen mehr als eine Elementarablenkung der betrachteten Größenordnung erleidet, sehr klein ist. Die Schichtdicke, bis zu welcher herauf dies als gültig anzusehen ist, wird um so größer sein,
je unwahrscheinlicher die betrachtete Einzelablenkung ist, d. h. je größere Ablenkungen man ins Auge faßt (Ziff. 5).

Das andere Extrem besteht darin, daß jedes Strahlenteilchen eine sehr große
Zahl von Elementarablenkungen von gleicher Größenordnung erfährt. Auf diesen
Fall, den wir als den der „*Vielfachstreuung*“ bezeichnen, kann man die Prinzipien
der Fehlertheorie anwenden und findet, in Übereinstimmung mit der Erfahrung,
daß die Richtungsverteilung der gestreuten Elektronen mit gewisser Annäherung
durch das Gausssche Fehlergesetz wiedergegeben wird, solange die Zerstreuung
sich nicht über zu große Winkel erstreckt. Während Einzelstreuung bei großen
Streuwinkeln und kleinen Schichtdicken eintritt, kann Vielfachstreuung nur bei
kleinen Streuwinkeln und großen Schichtdicken erwartet werden.

Bei sehr großen Schichtdicken breiten sich die gestreuten Elektronen über
die ganze Austritts-Halbkugel aus, wobei ihre Verteilung praktisch einem Grenz-
gesetz zustrebt; in diesem Falle sprechen wir von „*vollständiger Diffusion*“. Sie
entspricht dem, was Lenard als den „Normalfall“ bezeichnet.

Den Übergang zwischen Einzel- und Vielfachstreuung bildet ein Gebiet,
in welchem sich einerseits jede Gesamtablenkung im allgemeinen aus mehr als
einer Einzelablenkung zusammensetzt, andererseits aber die Zahl der wesentlichen Einzelablenkungen nicht groß genug ist, daß das Gausssche Verteilungsgesetz sich einstellen könnte. Dieses Übergangsgebiet bezeichnen wir als das
der „*Mehrfachstreuung*“.

5. Die Einzelstreuung. Zunächst von den klassischen Entwicklungen der
Ziff. 2 ausgehend, betrachten wir eine zerstreuende Schicht von der Dicke x aus
einem chemisch einfachen Material von der Ordnungszahl Z; die Zahl der Atome
pro cm³ sei N. Wir berechnen zunächst die Einzelstreuung von Elektronen-

strahlen durch die Atomkerne; in die Gleichungen von Ziff. 2 ist also für m und e die Elektronenmasse und -ladung μ und $-\varepsilon$, für M und E die Masse und Ladung $(Z\varepsilon)$ eines Atomkernes einzusetzen. Dabei ist $M \gg \mu$, so daß (1) für den Ablenkungswinkel ϑ die Gleichung ergibt

$$\operatorname{tg}\frac{\vartheta}{2} = \frac{Z\varepsilon^2}{\mu v^2 p}. \tag{15}$$

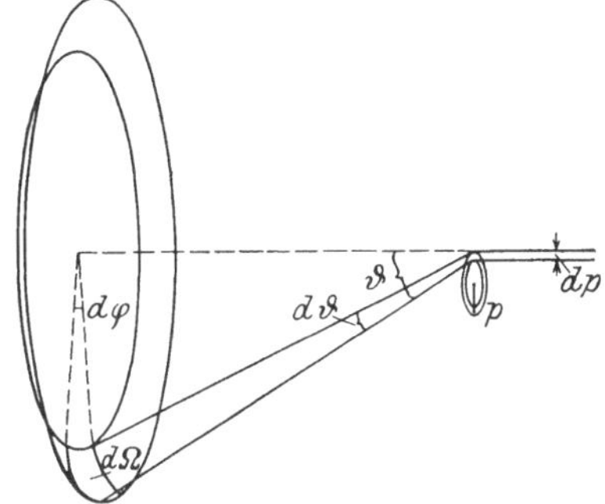

Abb. 4. Schema der Einzelstreuung.

Nun ist die Wahrscheinlichkeit, daß die Anfangsrichtung eines Strahlelektrons in einem zwischen p und $p + dp$ gelegenen Abstand an einem Atomkern vorbeiführt, gleich $Nx \cdot 2\pi p\,dp$ (Abb. 4), und ebenso groß ist daher die Wahrscheinlichkeit, daß ein Strahlenteilchen um einen zwischen ϑ und $\vartheta + d\vartheta$ gelegenen Winkel abgelenkt wird, wenn ϑ und $d\vartheta$ mit p und dp durch die Gleichung (15) verbunden sind. Ist also n_0 die Zahl der auffallenden Elektronen, $n_1(\vartheta)\,d\Omega$ die Zahl derjenigen, welche in das Raumwinkelelement $d\Omega = \sin\vartheta\,d\vartheta\,d\varphi$ hineingestreut werden, dessen Achse um den Winkel ϑ gegen die ursprüngliche Strahlrichtung geneigt ist, so ist

$$n_1\,d\Omega = n_0\frac{d\varphi}{2\pi}\,2\pi N x p\,dp = n_0\frac{d\Omega}{\sin\vartheta}\cdot N x p\left|\frac{dp}{d\vartheta}\right|$$

oder nach Einsetzen von p aus (15)

$$n_1\,d\Omega = \frac{1}{4}\,n_0 N x \left(\frac{Z\varepsilon^2}{\mu v^2}\right)^2\frac{d\Omega}{\sin^4\vartheta/2}. \tag{16}$$

Dieser Ausdruck unterscheidet sich von demjenigen, welcher von RUTHERFORD für die Einzelstreuung der α-Strahlen abgeleitet wurde, nur durch den Faktor 1/4 (wegen der verschiedenen Teilchenladung), wenn man μ durch die Masse eines α-Teilchens ersetzt.

Um die Zerstreuung durch die Atomelektronen zu berechnen, haben wir nur in (8) und (9) $M = m = \mu$ und $E = e = -\varepsilon$ zu setzen und finden für die Ablenkung ϑ durch ein Atomelektron

$$\operatorname{tg}\vartheta = \frac{2\varepsilon^2}{\mu v^2 p}. \tag{17}$$

Der größte, bei $p = 0$ erreichte Ablenkungswinkel beträgt also $\pi/2$, so daß bei Streuwinkeln $> \pi/2$ die Atomelektronen keinen Beitrag liefern. Für Streuwinkel $< \pi/2$ ergibt eine entsprechende Rechnung wie oben die Zahl $n_2(\vartheta)\,d\Omega$ der gestreuten Elektronen, wobei zu beachten ist, daß die Zahl der Atomelektronen im cm^3 gleich ZN ist:

$$n_2\,d\Omega = n_0 Z N x \left(\frac{2\varepsilon^2}{\mu v^2}\right)^2\frac{\cos\vartheta}{\sin^4\vartheta}\,d\Omega. \tag{18}$$

Bei unabhängiger Streuwirkung der Kerne und Atomelektronen wäre also nach klassischer Berechnung die Gesamtzahl gestreuter Elektronen

$$n(\vartheta) = n_1(\vartheta) + n_2(\vartheta). \tag{19}$$

Für nicht zu große Streuwinkel $\vartheta\left(\cos\vartheta \approx 1;\ \sin\vartheta \approx 2\sin\frac{\vartheta}{2}\right)$ wird hiernach einfach

$$n(\vartheta) = n_1(\vartheta)\left(1 + \frac{1}{Z}\right); \tag{20}$$

der Beitrag der Atomelektronen zur Gesamtstreuung nimmt also mit wachsender Ordnungszahl ab. Wegen der Impulsübertragung auf ein streuendes Atomelektron müssen sich die „elektronengestreuten" Elektronen von den „kerngestreuten" durch ihre geringere Geschwindigkeit unterscheiden, und zwar um so mehr, je größer der Streuwinkel ist.

Wieweit diese klassischen Betrachtungen auch quantitativ zutreffen, muß das Experiment erweisen.

Von Wichtigkeit ist es, ein Kriterium dafür zu haben, daß bei einer gegebenen Versuchsanordnung wirklich Einzelstreuung und nicht Mehrfachstreuung gemessen wird. Als solches kann das lineare Anwachsen der gestreuten Teilchenzahl mit der Schichtdicke dienen, wie es Gleichung (16) und (18) verlangen. Ferner kann man Einzelstreuung annehmen, wenn der Bruchteil aller auffallenden Strahlen, welcher über Winkel gestreut wird, die größer sind als der Beobachtungswinkel, sehr klein ist, denn dann wird die Wahrscheinlichkeit, daß zwei Ablenkungswinkel von der Größenordnung des halben Beobachtungswinkels sich zur beobachteten Ablenkung zusammensetzen, klein von höherer Ordnung. Dieses letztere Kriterium ist von Wentzel[1] auf folgende Form gebracht worden: Berechnet man einen Ablenkungswinkel ϑ_m so, daß jedes Teilchen auf der gegebenen Strecke x im Mittel zwei Einzelablenkungen erfährt, die je $> \vartheta_m$ sind, so ist die Einzelstreuung gesichert, solange der Beobachtungswinkel ϑ mindestens ein kleines Vielfaches von $4\vartheta_m$ ist. Im Falle der reinen Kernstreuung wird

$$\operatorname{tg} \frac{\vartheta_m}{2} = \frac{Z\varepsilon^2}{\mu v^2} \sqrt{\frac{\pi N x}{2}}. \tag{21}$$

Man sieht, daß mit wachsender Schichtdicke x der Bereich der Einzelstreuung immer mehr auf die großen Streuwinkel beschränkt wird. Im allgemeinen darf die Schichtdicke fester Folien für Einzelstreuungsmessungen die Größenordnung 10^{-6} cm nicht wesentlich überschreiten.

6. Einzelstreuung an Atomkernen. Die Einzelstreuung von Elektronen an Atomkernen ist sehr viel schwieriger zu untersuchen als die von α-Strahlen, weil die Vielfachstreuung sich bei Elektronen viel stärker bemerkbar macht und der Einzelstreuung überlagert. Hinzu kommt der Einfluß der Atomelektronen. Die Streuung an den Atomelektronen läßt sich sofort ausschalten, wenn man die Wilsonsche Nebelmethode anwendet. Wenn nämlich das Strahlteilchen durch ein Atomelektron merklich abgelenkt werden soll, so muß auch dieses eine beträchtliche Geschwindigkeit erlangen, es muß eine „Verzweigung" entstehen (Ziff. 7), die den Vorgang sofort von einer Kernablenkung unterscheiden läßt. Genaue Versuche nach dieser Methode sind aber recht schwierig, einmal weil sehr viele Teilchenbahnen aufzunehmen sind, dann auch, weil die genaue Ausmessung der stets mehr oder weniger gekrümmten Bahnen auf den Aufnahmen nicht ganz einfach ist. Kürzere Versuchsreihen dieser Art von Bothe[2] (Abb. 5) und Wilson[3] ergaben größenordnungsmäßige Übereinstimmung mit der Rutherfordschen Theorie. Eine ausgedehntere Untersuchung stammt von Nuttall und Barlow[4]. Mit Elektronen von einer Anfangsenergie von rund 20000 e-Volt, welche sie durch Röntgenstrahlen in der Wilsonkammer erzeugten, haben sie 566 Ablenkungen $> 50°$ an Stickstoff- und Sauerstoffkernen erhalten. Die Verteilung auf die verschiedenen Ablenkungswinkel entsprach für $\vartheta > 60°$ recht gut der Rutherfordschen Formel (16). Die Prüfung der absoluten Häufigkeit

[1] G. Wentzel, Ann. d. Phys. Bd. 69, S. 335. 1922.
[2] W. Bothe, ZS. f. Phys. Bd. 12, S. 117. 1922.
[3] C. T. R. Wilson, Proc. Roy. Soc. London (A) Bd. 85, S. 285. 1911; Bd. 104, S. 192. 1923.
[4] J. M. Nuttall u. H. S. Barlow, Mem. Manch. Phil. Soc. Bd. 74, S. 35. 1929.

der gestreuten Teilchen geschah durch Berechnung der Kernladungszahl Z mittels Gleichung (16), wobei natürlich die allmähliche Geschwindigkeitsabnahme der Strahlelektronen zu berücksichtigen war; es ergab sich $Z = 8,1$ und $7,8$ für Sauerstoff und Stickstoff, in ausreichender Übereinstimmung mit den bekannten Werten 8 und 7.

Ebenfalls an verhältnismäßig langsamen Elektronen (9000 und 18000 e-Volt) hat KLEMPERER[1] Einzelstreuungsmessungen an festen Folien von Aluminium, Beryllium und Zelluloid ausgeführt. Die Folien hätten ihrer geringen Dicke nach reine Einzelstreuung geben sollen, doch wurde diese Frage nicht experimentell geprüft. Die Kathodenstrahlen fielen als enges Bündel im Hochvakuum auf die Folie; die in verschiedenen Richtungen gestreuten Elektronen wurden mit einem Spitzenzähler gezählt. Ungefähre Übereinstimmung mit der RUTHERFORDschen Formel wurde bezüglich der Abhängigkeit der Streuintensität von der Energie der Kathodenstrahlen gefunden. Dagegen ergab sich die Winkelabhängigkeit weit weniger stark als nach dem $\sin^{-4}\vartheta/2$-Gesetz. Für die Un-

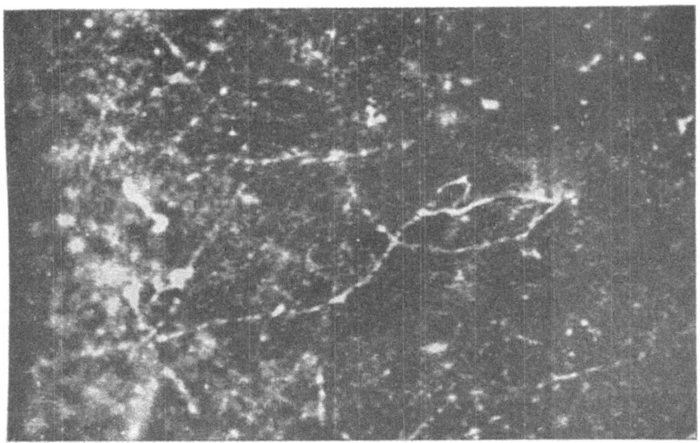

Abb. 5. Geknickte β-Strahlenbahn.

stimmigkeit lassen sich verschiedene Ursachen anführen. Einmal wurden die Elektronen mitgezählt, welche nicht am Kern, sondern an den Atomelektronen gestreut wurden; dies geht daraus hervor, daß sich bei der Geschwindigkeitsanalyse der gestreuten Elektronen solche fanden, welche die volle Primärgeschwindigkeit hatten, und, von diesen deutlich getrennt, solche mit wesentlich kleinerer Geschwindigkeit. Ferner ist damit zu rechnen, daß die Wechselwirkung zwischen dem Atom und dem Strahlelektron nicht mehr ausreichend durch das COULOMBsche Gesetz beschrieben wird, auf welchem ja die RUTHERFORDsche Formel beruht (dies würde in etwa demselben Maße auch auf die Messungen von NUTTALL und BARLOW zutreffen; s. oben). Das Elektron kommt nämlich bei den beobachteten Einzelablenkungen nicht so nahe an den Kern heran, daß man die Abschirmung der Kernladung durch die Atomelektronen ohne weiteres vernachlässigen könnte (wiederum eine Komplikation gegenüber den α-Strahlen). WENTZEL[2] hat den Einfluß dieser Abschirmung wellenmechanisch abgeschätzt mit dem Resultat, daß in der RUTHERFORDschen Formel $\sin^{-4}\vartheta/2$ zu ersetzen ist durch $(\sin^2\vartheta/2 + h^2/16\pi^2\mu^2v^2R^2)^{-2}$, wo h die PLANCKsche Konstante und

<hr>

[1] O. KLEMPERER, Ann. d. Phys. Bd. 3, S. 849. 1929.
[2] G. WENTZEL, ZS. f. Phys. Bd. 40, S. 590. 1927; vgl. auch A. SOMMERFELD, Atombau und Spektrallinien, wellenmech. Ergänzungsband, S. 235. Braunschweig 1929.

R von der Größenordnung des Atomradius ist. Wentzels Formel gibt in der Tat einen weniger raschen Abfall der Streuintensität mit dem Streuwinkel ϑ als Rutherfords. Eine genauere Berechnung unter Zugrundelegung des Thomas-Fermi-Atoms haben Bullard und Massey[1] durchgeführt; die Resultate liegen zwischen denen von Rutherford und Wentzel. Mit keiner der so erhaltenen Formeln lassen sich jedoch Klemperers Messungen in quantitative Übereinstimmung bringen.

Qualitativ zeigen auch Wilsonversuche von F. Kirchner[2] mit Strahlen von 10000 bis 40000 e-Volt in Argon den Abschirmungseffekt (im Gegensatz zu den Versuchen von Nuttall und Barlow; s. oben).

Bei größeren Strahlgeschwindigkeiten dürfte nach Wentzels Resultat die Abschirmung eine weniger wichtige Rolle spielen, dafür tritt aber als weitere Komplikation die Veränderlichkeit der Elektronenmasse hinzu. Die Diracsche Theorie des Elektrons berücksichtigt zwar nicht nur die Relativität, sondern auch gleichzeitig den Elektronendrall, jedoch hat ihre Anwendung auf das Problem der Zerstreuung noch nicht zu allgemeinen, praktisch anwendbaren Formeln geführt. Für leichte Kerne hat Mott[3] aus der Diracschen Theorie folgende Näherungsformel für Kernstreuung abgeleitet:

$$n_1 = \frac{1}{4} n_0 N x \left(\frac{Z\varepsilon^2}{\mu v^2}\right)^2 (1-\beta^2) \left\{\frac{1}{\sin^4\vartheta/2} - \beta^2 \frac{1}{\sin^2\vartheta/2} + \pi\beta Z\alpha \frac{\cos^2\vartheta/2}{\sin^3\vartheta/2} + [\text{Glieder mit } \alpha^2]\right\}. \quad (22)$$

Hierin ist $\beta = v/c$, c die Lichtgeschwindigkeit, h die Plancksche Konstante, $\alpha = 2\pi\varepsilon^2/hc = 1/137$ die „Feinstrukturkonstante".

Von verschiedenen Seiten wurden Streuversuche an den verhältnismäßig schnellen, aber inhomogenen β-Strahlen des RaE ausgeführt. Nach einer photographischen Meßmethode fand Bothe[4] größenordnungsmäßige Übereinstimmung mit der Rutherfordschen Formel, wenn darin für $(\varepsilon^2/\mu v^2)^2$ der photographische Mittelwert dieser Größe über das Geschwindigkeitsspektrum der primären β-Strahlen eingesetzt wurde. Ausgedehntere Versuche mit demselben Ziel wurden von Chadwick und Mercier[5] unternommen. Die Versuchsanordnung, welche im wesentlichen mit der früher von Chadwick für α-Strahlen benutzten identisch ist, zeigt Abb. 6. Die vom RaE-Präparat S ausgehenden β-Strahlen treffen nach Ausblendung durch die Ringblende B auf die ringförmige Folie A (in der Abbildung im Achsenschnitt gezeichnet), von welcher die Streustrahlen durch die Blende O in die halbkugelförmige Ionisationskammer I eintreten. Diese Ringanordnung

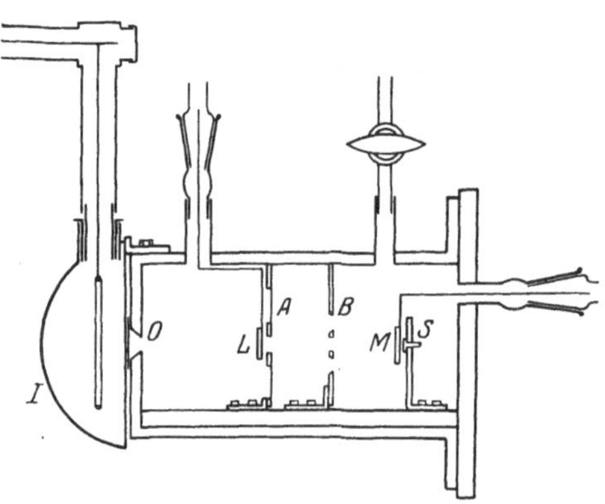
Abb. 6. Meßanordnung für Einzelstreuung (Chadwick-Mercier).

[1] E. C. Bullard u. H. S. W. Massey, Proc. Cambridge Phil. Soc. Bd. 26, S. 556. 1930; vgl. auch A. C. G. Mitchell, Proc. Nat. Acad. Amer. Bd. 15, S. 520. 1929.

[2] Vgl. A. Sommerfeld, a. a. O.

[3] N. F. Mott, Proc. Roy. Soc. London (A) Bd. 124, S. 425. 1929. — In Motts Theorie ist das magnetische Moment des Kerns nicht berücksichtigt, aber nach H. S. W. Massey auch praktisch ohne Einfluß (Proc. Roy. Soc. London (A) Bd. 127, S. 666. 1930). Auch der Energieverlust des Elektrons durch Ausstrahlung (Bremsstrahlung) beeinflußt das Resultat höchstens um wenige Prozente (N. F. Mott, Proc. Cambridge Phil. Soc. Bd. 27, S. 255. 1931). — Über die von Mott vorausgesagten Polarisationserscheinungen vgl. Kap. 5.

[4] W. Bothe, ZS. f. Phys. Bd. 13, S. 376. 1923.

[5] J. Chadwick u. P. M. Mercier, Phil. Mag. Bd. 50, S. 208. 1925.

in Verbindung mit sehr starken Präparaten erlaubte auch bei Einzelstreuung noch die relativ sehr kleinen Streuintensitäten ionometrisch zu messen. Untersucht wurden Aluminium, Kupfer, Silber und Gold. Es zeigte sich, daß bei gleicher Atomzahl Nx pro Flächeneinheit der Folie die Streuintensitäten proportional Z^2 waren, wie es Gleichung (16) verlangt. Um den Absolutwert der Streuintensität mit der Theorie zu vergleichen, wurde die Primärintensität durch Öffnen der Blende L bestimmt. Dann wurde durch Integration über die in Frage kommenden Streuwinkel (20 bis 40°) die theoretische Intensität nach Gleichung (16) berechnet und auf Grund dieser Rechnung die Kernladungszahl Z bestimmt. Für die Zerstreuung durch die Atomelektronen wurde nach der klassischen Beziehung (20) korrigiert. Die so erhaltenen Z-Werte stimmten auf etwa 10% mit den wirklichen überein. Eine größere Genauigkeit ist in Anbetracht der vielen anzubringenden Korrektionen kaum zu erwarten. MOTTS Theorie liefert (nach MOTT) Werte für die Streuintensität, welche nur $^2/_3$ der von CHADWICK und MERCIER beobachteten betragen. Die Inhomogenität der β-Strahlen erschwert offenbar sehr den Vergeich mit den Theorien.

Mit *homogenen* Kathodenstrahlen größerer Energie haben SCHONLAND[1] und NEHER[2] gearbeitet. Die Apparatur von NEHER, welche mit der von SCHONLAND benutzten fast identisch ist, ist in Abb. 7 dargestellt. Die magnetisch homogenisierten Kathodenstrahlen treten durch das Blendensystem d ein und treffen auf die Zerstreuungsfolie, welche auf dem Ring h ausgespannt ist und in der Höhe verschoben werden kann. Gemessen werden die nach *rückwärts* in den ringförmigen Faradaykäfig B gestreuten Elektronen; die Winkelausblendung geschieht durch die Blenden c und e. Vor dem Eintritt in B durchlaufen die gestreuten

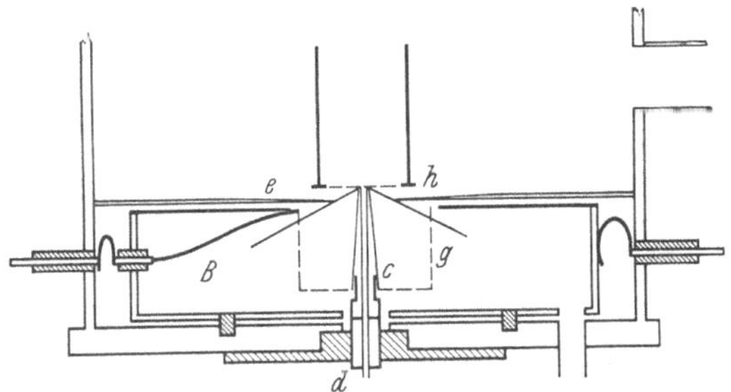

Abb. 7. Meßanordnung für Einzelstreuung (NEHER).

Elektronen noch ein an das Gitter g angelegtes Gegenfeld, welches alle Elektronen zurückhält, welche eine wesentlich kleinere Energie als die einfallenden Elektronen haben, d. s. „elektronengestreute“ und Sekundärelektronen (Ziff. 40). NEHER zeigte, daß diese „falschen“ Elektronen bis zur Hälfte der Energie der einfallenden haben können, und daß daher die von SCHONLAND angewandten Gegenfelder wohl zu schwach waren. Daher findet SCHONLAND auch größere Streuintensitäten als NEHER. SCHONLANDS Messungen erstrecken sich auf Strahlenergien von 30000 bis 77000 e-Volt und Al, Cu, Ag und Au, ihre Ergebnisse sind in Übereinstimmung mit der RUTHERFORDschen Theorie, wenn die DARWINsche Relativitätskorrektion angebracht wird (die aber heute nicht mehr zu rechtfertigen ist; s. Ziff. 2). NEHER variierte auch den Streuwinkel durch Heben der Folie (s. oben); seine sehr sorgfältigen Messungen führten zu folgenden Schlüssen: Für Strahlenergien V zwischen 56000 und 145000 e-Volt ist die Streuintensität proportional V^{-2}; aber auch durch MOTTS Gleichung (22) wird die Energieabhängigkeit gut wiedergegeben. Die Winkelabhängigkeit bei Al wird zwar angenähert, aber nicht sehr gut durch RUTHERFORDS oder MOTTS Formel dargestellt; für Ag und Au stimmt RUTHERFORDS $\sin^{-4}\vartheta/2$-Gesetz besser als MOTTS Formel. Am interessantesten ist wohl die Abhängigkeit von der Ordnungszahl Z der zerstreuenden Substanz;

[1] B. F. J. SCHONLAND, Proc. Roy. Soc. London (A) Bd. 113, S. 87. 1926; Bd. 119, S. 673. 1928.
[2] H. V. NEHER, Phys. Rev. Bd. 38, S. 1321. 1931.

Rutherfords Formel (16) verlangt Proportionalität mit Z^2, während die Messungen an Al, Ag und Au eine beträchtlich stärkere Abhängigkeit ergaben. Au streut gegenüber Al etwa zweimal zu stark. Diese Tatsache ist schon früher von Bothe[1] aus Mehrfachstreuungsmessungen abgeleitet worden (Ziff. 11) und findet sich auch in den erwähnten Messungen von Schonland angedeutet. Qualitativ liegt diese Abweichung von der Rutherfordschen Formel in dem Sinne, wie es Motts Gleichung (22) erwarten läßt, doch ist ein genauer Vergleich mit Motts Theorie in der bis jetzt durchgerechneten ersten Näherung kaum möglich.

7. Einzelstreuung an Elektronen. Stößt ein Strahlelektron mit einem ursprünglich ruhenden freien Elektron zusammen, so gibt es an dieses einen um so größeren Energiebetrag ab, je stärker es abgelenkt wird. Aus den Gleichungen (8) und (10) der Ziff. 2 folgt sofort mit $M = m$ die Beziehung

$$\operatorname{tg}\vartheta\,\operatorname{tg}\psi = 1\,, \tag{23}$$

d. h. die Bahnen des stoßenden und gestoßenen Elektrons bilden nach dem Stoß einen rechten Winkel miteinander[2]. Solche Verzweigungen sind nach der Wilson-Methode beobachtet worden (Abb. 8)[3,4]. Bei großen Geschwindigkeiten ver-

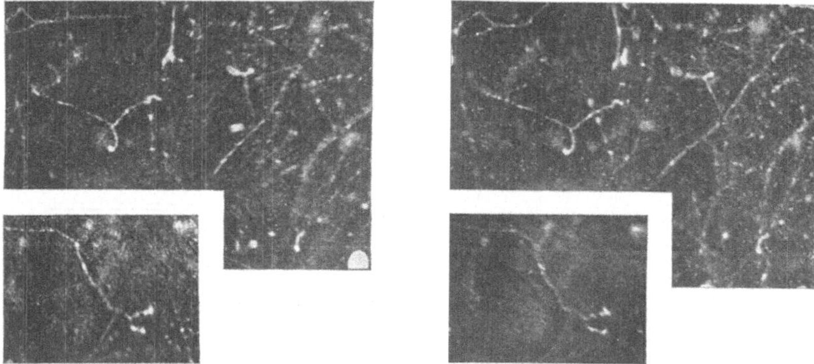

Abb. 8. Verzweigungen an β-Strahlenbahnen (stereoskopisch).

liert die Gleichung (23) ihre Gültigkeit wegen der Veränderlichkeit der Elektronenmasse, der Winkel zwischen den beiden Zweigen wird dann $< \pi/2$, z. B. gilt in dem symmetrischen Falle[3] $(\vartheta = \psi)$

$$\cos^2\vartheta = \cos^2\psi = \frac{\beta^2}{2\sqrt{1-\beta^2} - 2 + 3\beta^2}. \tag{24}$$

Die Häufigkeit solcher Verzweigungen wird nach der Rutherford-Darwinschen Theorie[5] durch die Gleichung (18) bestimmt und ist auch größenordnungsmäßig mit dieser in Übereinstimmung. Hierbei ist noch zu beachten, daß es auf keine Weise möglich ist, zu entscheiden, welcher der beiden Zweige das gestoßene und welcher das stoßende Elektron darstellt (abgesehen von der Richtung des Elektronendralls). Man muß daher die Häufigkeiten beider für einen gegebenen Beobachtungswinkel zusammenzählen und erhält dann *klassisch* statt (18)[5]

$$n_2 = n_0 Z N x \left(\frac{2\,\varepsilon^2}{\mu\,v^2}\right)^2 \cos\vartheta \left(\frac{1}{\sin^4\vartheta} + \frac{1}{\cos^4\vartheta}\right). \tag{25}$$

<hr>

[1] W. Bothe, ZS. f. Phys. Bd. 13, S. 372. 1923.
[2] Diese Beziehung ist übrigens nicht an das spezielle (Coulombsche) Kraftgesetz gebunden, sondern folgt allein aus der Erhaltung von Energie und Impuls.
[3] W. Bothe, ZS. f. Phys. Bd. 12, S. 117. 1922.
[4] C. T. R. Wilson, Proc. Roy. Soc. London (A) Bd. 104, S. 192. 1923.
[5] Vgl. G. C. Darwin, Phil. Mag. Bd. 27, S. 502. 1919.

Der Klammerausdruck hat bei $\vartheta = \pi/4$ ein Minimum. *Wellenmechanisch* ist nun aber die Nichtunterscheidbarkeit der beiden Elektronen (bei gleicher Richtung des Elektronendralls) von besonderer Tragweite, sie ist die Ursache von „Austauscheffekten", welche in der klassischen Theorie kein Analogon haben. So führt die DIRACsche Theorie des Elektrons, wie von verschiedenen Seiten gezeigt wurde[1], auf ein von (25) stark abweichendes Gesetz für die Richtungsverteilung. Nach MØLLER, dessen Berechnung am vollständigsten sein dürfte (sie berücksichtigt die Relativität, den Elektronendrall und die „Retardierung"), ergibt sich statt (25) für mäßig große Geschwindigkeiten

$$n_2 = n_0 Z N x \left(\frac{2\,\varepsilon^2}{\mu\,v^2}\right)^2 \cos\vartheta \left\{ \frac{1}{\sin^4\vartheta} + \frac{1}{\cos^4\vartheta} - \frac{1}{\sin^2\vartheta\,\cos^2\vartheta} \right.$$
$$\left. - \frac{\beta^2}{4}\left[\frac{4}{\sin^4\vartheta} + \frac{3}{\cos^4\vartheta} - \frac{2}{\sin^2\vartheta\,\cos^2\vartheta} - \frac{5}{\cos^2\vartheta}\right] + [\text{Glieder mit } \beta^4] \right\}. \tag{26}$$

Man sieht, daß bei größeren Strahlgeschwindigkeiten das Minimum des {}-Ausdruckes sich von $\vartheta = \pi/4$ nach vorne verlagert, d. i. derselbe Relativitätseinfluß, welcher sich schon in Gleichung (24) ausdrückt. Aber auch, wenn man von diesem absieht, unterscheidet sich (26) von (25) wesentlich durch das dritte Klammerglied, welches z. B. bei $\vartheta = \pi/4$ die Streuintensität auf die Hälfte des klassischen Betrages herabdrückt, während bei kleinen Streuwinkeln die beiden Ausdrücke ineinander übergehen. Außerdem sollten nach MOTT (a. a. O.) bei sehr kleinen Strahlgeschwindigkeiten, wie sie bei den bisherigen Versuchen noch nicht zur Anwendung kamen, periodische Schwankungen der Streuintensität mit dem Streuwinkel auftreten.

Eine endgültige experimentelle Entscheidung zwischen der klassischen Formel (25) und der quantenmechanischen (26) hat sich bisher nicht treffen lassen. Da ein reines Elektronengas als Streukörper schwer herzustellen ist, wird man solche Versuche in erster Linie an leichtatomigen Substanzen machen, wo Elektronenstreuung und Kernstreuung von derselben Größenordnung sein sollten (Ziff. 5). HENDERSON[2] hat aus diesem Gesichtspunkt Messungen an leichten Gasen mit den inhomogenen β-Strahlen des RaE gemacht. Die Anordnung unterschied sich von der in Abb. 6 dargestellten nur dadurch, daß keine Zerstreuungsfolien A eingesetzt wurden, sondern die Apparatur mit den zu vergleichenden Gasen gefüllt wurde. Der Druck wurde genügend niedrig gehalten, um Einzelstreuung zu gewährleisten. In Tabelle 1, Spalte 2, ist die beobachtete gesamte Streuintensität bei einem bestimmten Druck aufgeführt, sowie die

Tabelle 1. Einzelstreuung in Gasen (HENDERSON).

Gas	Streuintensität			$Z^2 + 3Z$
	beobachtet	theoretisch ($Z^2 + Z$)	beobachtet/theoretisch	
H_2	4,0	2,4	1,7	4,3
He	4,8	3,6	1,3	5,4
N_2	79	66,5	1,2	75
Luft	84	70,2	1,2	79
A	203	(203)	(1)	(203)

theoretischen Werte (Spalte 3), die sich aus den klassischen Beziehungen (16) und (20) berechnen[3]. Für Argon sind beide Zahlen willkürlich gleichgesetzt;

[1] N. F. MOTT, Proc. Roy. Soc. London (A) Bd. 126, S. 259. 1930; H. C. WOLFE, Phys. Rev. Bd. 37, S. 591. 1931; CH. MØLLER, ZS. f. Phys. Bd. 70, S. 786. 1931.

[2] M. C. HENDERSON, Phil. Mag. Bd. 8, S. 847. 1929.

[3] HENDERSON bringt an der durch (16) gegebenen Kernstreuung noch die alte DARWINsche Relativitäts-Korrektion an, die aber nach heutigen Vorstellungen nicht mehr haltbar ist (Ziff. 2).

dann zeigt sich (Spalte 4) mit abnehmender Ordnungszahl eine wachsende Abweichung, welche dahin gedeutet wird, daß die Atomelektronen einen wesentlich größeren Beitrag zur Gesamtstreuung liefern, als klassisch zu erwarten. Wie die letzte Spalte zeigt, kommt man zu leidlicher Übereinstimmung, wenn man den Elektronenbeitrag dreimal größer ansetzt. Andererseits schließt HENDERSON, daß die Abweichungen nicht so groß sind, wie wenn das freie Elektron ein magnetisches Moment von der Größenordnung des BOHRschen Magnetons hätte.

Zu ganz ähnlichen Resultaten gelangten WILLIAMS und TERROUX[1] nach der WILSONschen Nebelmethode. Diese hat im vorliegenden Falle den großen Vorzug, daß die Elektronenstreuung sich von der Kernstreuung leicht unterscheiden läßt, denn bei der Elektronenstreuung über einigermaßen große Winkel treten die oben erwähnten Verzweigungen auf. Außerdem können die Geschwindigkeiten der individuellen Teilchen dadurch bestimmt werden, daß man die Wilson-Kammer in ein homogenes Magnetfeld bringt und die Bahnkrümmung ausmißt. Hierzu ist nur erforderlich, daß die Strahlgeschwindigkeit eine gewisse Grenze nicht unterschreitet, damit die Vielfachstreuung sich nicht zu stark über die magnetische Krümmung lagert. Die Streuwinkel wurden nicht direkt gemessen, sondern nach dem Impulssatz aus den Energien in den beiden Zweigen berechnet. WILLIAMS und TERROUX fanden, daß bei Streuwinkeln zwischen 5 und 20° und bei Strahlgeschwindigkeiten zwischen $\beta = 0,6$ und $0,97$ die Häufigkeit der Einzelstreuung an Elektronen etwa 2,5 mal größer war als nach der klassischen Theorie. Genauer nimmt dieser Faktor mit abnehmender Geschwindigkeit ab, um bei $\beta = 0,27$ (20000 e-Volt) sogar unter 1 zu liegen. Für diese Primärgeschwindigkeit fand nämlich WILLIAMS[2], daß Zweigbahnen mit einer Energie von 5000 bis 10000 e-Volt nur im Betrage von $0,60 \pm 0,07$ des klassischen Wertes auftraten; an Zweigbahnen von nur 3000 bis 5000 e-Volt wurden bereits $0,89 \pm 0,10$ der klassischen Zahl beobachtet. Da die langsameren Zweigbahnen zu kleineren Streuwinkeln der Hauptbahn gehören, ist dies in guter Übereinstimmung mit der quantenmechanischen Theorie (s. oben).

Die Ausmessung der Wilsonbahnen gab keinen Anlaß, an der Erhaltung der Gesamtenergie und des Gesamtimpulses der beiden Elektronen zu zweifeln[3], obwohl die Möglichkeit durchaus vorliegt, daß auch der Atomkern sich an der Impulsbilanz beteiligt, ähnlich wie beim Photoeffekt mit Röntgenstrahlen.

8. Die Vielfachstreuung. Die Vielfachstreuung ist die gewöhnlich beobachtete Form der Diffusion[4]. Einigermaßen übersichtlich werden die Verhältnisse, wenn nur kleine Streuwinkel mit merklicher Intensität vertreten sind, d. h. wenn die Schichtdicken nicht zu groß und die Geschwindigkeiten nicht zu klein sind. Denken wir uns wieder ein enges Elektronenbündel B (Abb. 9) eine dünne Folie F senkrecht durchsetzend, so erhält man auf einem in einiger Entfernung hinter der Folie aufgestellten Schirm S ein verwaschenes, symmetrisches Zerstreuungsbild um den Durchstoßpunkt D des ursprünglichen Bündels herum. Die Flächendichte der Elektronen auf dem Schirm wird im Achsenschnitt durch eine Fehlerkurve K dargestellt. Ist diese wenig ausgedehnt, so kann man die Entfernungen vom Durchstoßpunkt proportional den entsprechenden Streuwinkeln setzen, die wir zum Unterschied von den Elementarablenkungen ϑ mit Θ bezeichnen. Die allgemeine Fehlertheorie läßt dann folgendes Verteilungsgesetz

[1] E. J. WILLIAMS u. F. R. TERROUX, Proc. Roy. Soc. London (A) Bd. 126, S. 289. 1930.
[2] E. J. WILLIAMS, Proc. Roy. Soc. London (A) Bd. 128, S. 459. 1930.
[3] Vgl. jedoch auch C. T. R. WILSON, Proc. Roy. Soc. London (A) Bd. 104, S. 1, 192. 1923.
[4] Vgl. z. B. die von LENARD, dem Entdecker der Diffusion, schon 1894 mit dem Leuchtschirm aufgenommenen Bilder vom Verlauf der Kathodenstrahlen in Gasen (Ann. d. Phys. Bd. 51, Taf. IV).

für die Θ erwarten: Ist n_0 die Zahl der auf F auftreffenden Strahlenteilchen, so ist die Zahl $n(\Theta)\,d\Omega$ der Teilchen, welche in ein Raumwinkelelement $d\Omega$, dessen Achse um den Winkel Θ gegen die Ursprungsrichtung geneigt ist, hineingestreut werden,

$$n\,d\Omega = n_0\,\frac{d\Omega}{2\pi\lambda^2}\,e^{-\frac{\Theta^2}{2\lambda^2}}. \tag{27}$$

Dieses Gesetz ist nichts anderes als das auf zwei Dimensionen ausgedehnte GAUSSsche Fehlergesetz; λ ist die „wahrscheinlichste Ablenkung", d. h. derjenige Ablenkungswinkel, für welchen $\Theta n(\Theta)$ sein Maximum erreicht; es ist nämlich $2\pi\,\Theta\,n(\Theta)\,d\Theta$ die Zahl der gestreuten Teilchen im Hohlkegel vom Achsenwinkel Θ und der Dicke $d\Theta$. Die Zahl $n'(\Theta)$ der Teilchen, welche innerhalb eines Kegels mit dem Achsenwinkel Θ gestreut werden, ist demnach

$$n' = n_0\int_0^\Theta 2\pi\,\Theta\,n(\Theta)\,d\Theta = n_0\left(1 - e^{-\frac{\Theta^2}{2\lambda^2}}\right). \tag{28}$$

Als „Halbierungswinkel" Φ kann man einen Streuwinkel so definieren, daß die Hälfte der auffallenden Teilchen innerhalb des Kegels mit dem Achsenwinkel Φ bleibt, die andere Hälfte über diesen Kegel hinausgestreut wird: $n'(\Phi) = n_0/2$, d. h. nach Gleichung (28)

$$\Phi = \lambda\sqrt{2\ln 2} = 1,18\lambda. \tag{29}$$

Das Gesetz (27) muß erfüllt sein, solange jede Gesamtablenkung sich aus einer sehr großen Zahl von Einzelablenkungen gleicher Größenordnung zusammensetzt. Man sieht, daß es einen gänzlich anderen Charakter hat als das Gesetz für die Einzelstreuung (16). Charakteristisch ist auch die Änderung des Zer-

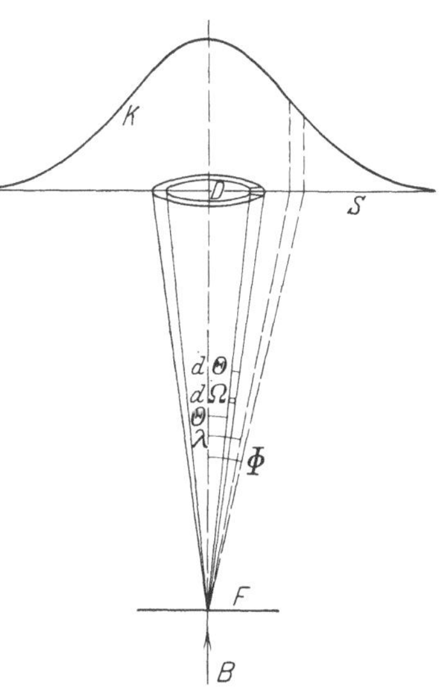

Abb. 9. Schema der Vielfachstreuung.

streuungsbildes mit der Schichtdicke. Wie aus der Fehlertheorie bekannt, ist der mittlere Fehler proportional der Wurzel aus der Zahl der (gleichartigen) Elementarfehlerquellen; entsprechend ist die wahrscheinlichste Ablenkung λ, und damit auch der Halbierungswinkel Φ proportional der Wurzel aus der Zahl der durchquerten Atome, d. h. aus der Schichtdicke x,

$$\Phi \sim \lambda \sim \sqrt{x}. \tag{30}$$

Diese parabolische Zunahme der Zerstreuung mit der Schichtdicke kann ebenso wie die Form der Verteilungskurve selbst als Kriterium für Vielfachstreuung dienen. Schließlich können wir auch noch leicht angeben, wie λ von der Geschwindigkeit der Strahlen abhängen wird, indem wir allein die Annahme *elektrostatischer* Einzelablenkungen ohne speziellere Hypothesen über den Bau der Atome benutzen. Wir finden für eine Elementarablenkung ganz allgemein, indem wir (8) und (9) für kleine Winkel ϑ und ϑ' spezialisieren:

$$\vartheta = \frac{M}{M+m}\,\vartheta' = \frac{2Ee}{m\,v_0^2\,p}.$$

Bei gegebener geometrischer Stoßkonfiguration wird also ϑ proportional $(m\,v_0^2)^{-1}$, dasselbe muß daher auch für die resultierende wahrscheinlichste Ablenkung λ gelten:

$$\lambda \sim \frac{1}{m\,v_0^2}. \tag{31}$$

Aus (30) und (31) folgt, daß für die Schichtdicke x, bei welcher ein vorgegebener Wert λ oder Φ erreicht wird, die Beziehung gilt:

$$\sqrt{x} \sim m\,v_0^2. \tag{32}$$

Über die Abhängigkeit der Zerstreuung von der Natur der streuenden Substanz können jedoch erst Voraussagen gemacht werden, wenn man speziellere Annahmen über den Atombau macht. Dieser Teil der Vielfachstreuungstheorie wird in Ziff. 10 behandelt werden.

9. Messung der Vielfachstreuung. An α-Strahlen wurde das Gesetz (27) von Geiger[1] verifiziert. Wenig später teilte Crowther entsprechende Versuche an β-Strahlen mit[2]. Die Versuchsanordnung zeigt Abb. 10. Die vom Radiumpräparat A ausgehenden β-Strahlen wurden magnetisch zerlegt, so daß durch die Blende D ein gut paralleles, homogenes β-Strahlenbündel ausgesondert wurde, welches auf die auswechselbare Zerstreuungsfolie P auffiel. Durch die ebenfalls auswechselbare Blende R wurde ein konisches Bündel aus der gestreuten Strahlung ausgeblendet, welches dann in der Ionisationskammer T zur Messung gelangte. Bis zur Blende R verliefen die Strahlen im Vakuum. Der Eisenblock EE

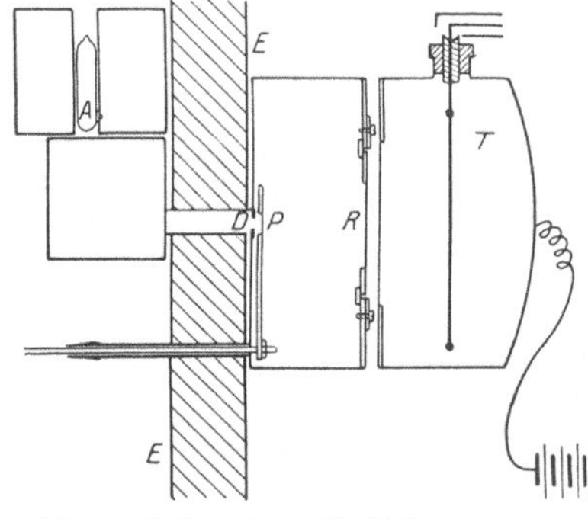

Abb. 10. Meßanordnung für Vielfachstreuung (Crowther).

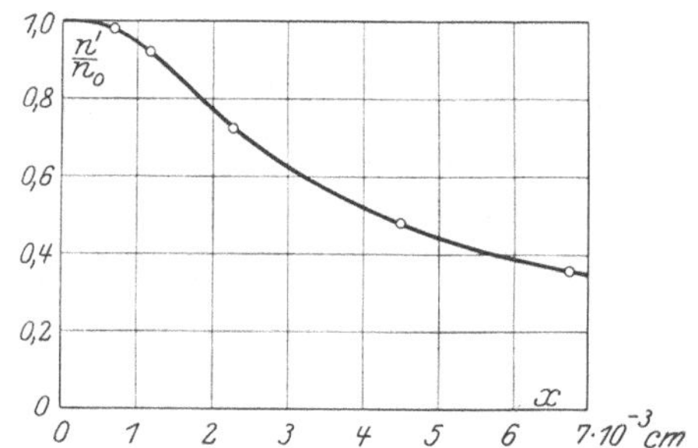

Abb. 11. Vielfachstreuung (Crowther). Al, $\Theta = 18°$, $v_0 = 2{,}64 \cdot 10^{10}$.

diente dazu, die einmal homogenisierten Strahlen vor der weiteren Einwirkung des Magnetfeldes zu schützen. Der Ionisationsstrom in T wurde durch eine zweite gegengeschaltete Ionisationskammer in meßbarer Weise am Elektrometer auskompensiert. Wurde die Dicke x der Folie P variiert, so änderte sich der Ionisationsstrom in T, indem mit zunehmender Schichtdicke immer mehr β-Strahlen aus der Öffnung der Blende R herausgestreut wurden. Die Abnahme des Ionisationsstromes mit wachsender Schichtdicke befolgte die aus (28) und (30) folgende Beziehung

$$n' = n_0\left(1 - e^{-\text{konst.}/x}\right) \tag{33}$$

(Abb. 11). War der Strom auf die Hälfte des ohne Folie vorhandenen Wertes gesunken, so war der Achsenwinkel Θ der Blende R gerade der zur betreffenden Schichtdicke und Geschwindigkeit gehörige Halbierungswinkel Φ. Durch Variation von Φ zwischen etwa 10 und 23° wurde dann die Gleichung (30) bestätigt, ebenso durch Variation der Geschwindigkeit v_0 (2,4 bis 2,9 · 10^{10}) die Gleichung (32). Hierbei mußte natürlich für die Elektronenmasse der der jeweiligen Elektronengeschwindigkeit entsprechende Lorentz-Einsteinsche Wert eingesetzt werden. Diese Prüfung der Theorie wurde für Aluminium und Platin ausgeführt; soweit

[1] H. Geiger, Proc. Roy. Soc. London (A) Bd. 83, S. 492. 1910.
[2] J. A. Crowther, Proc. Roy. Soc. London (A) Bd. 84, S. 226. 1910.

sich aus den Tabellen ersehen läßt, betrug die kleinste benutzte Aluminiumdicke $7\,\mu$, die kleinste Platindicke $0{,}7\,\mu$. Oberhalb dieser Schichtdicken ist also sicher Vielfachstreuung gewährleistet, und gleichzeitig ist durch die Bestätigung der Gleichung (32) der Beweis erbracht, daß bei der Zerstreuung nur die elektrostatischen Kräfte des Atoms am Werke sind. Bemerkenswert ist hierbei noch, daß die benutzten Streuwinkel durchaus nicht als sehr klein gelten können; allerdings betrug die Meßgenauigkeit nur etwa 5%, mehr ist wegen der geringen Intensität des spektral ausgesonderten Bündels und wegen der Störungen durch die γ-Strahlen des Radiumpräparates wohl schwer zu erreichen.

Weiter untersuchte nun CROWTHER noch, wie sich der Wert von $\Phi/\sqrt{x}$, welcher ja nach (30) für eine bestimmte Streusubstanz und Geschwindigkeit konstant ist, mit der Streusubstanz ändert. Hieraus sollten Schlüsse über den Atombau gezogen werden. Das Ergebnis dieses Teiles der Untersuchung zeigt Tabelle 2. Wir haben in der 3. Spalte die Werte von $\Phi/\sqrt{Nx}$ hinzugefügt, wo N die Zahl der Atome pro cm³ bedeutet, Nx also die Zahl der Atome pro Flächeneinheit der Schicht, und haben in der 4. Spalte diese Zahlen noch durch die Ordnungszahlen Z dividiert. Man sieht, daß die Zahlen der letzten Spalte nicht sehr stark voneinander abweichen. CROWTHER selbst deutete seine Beobachtungen an Hand einer von THOMSON aufgestellten Theorie dahin, daß die positive Ladung des Atoms kontinuier-

Tabelle 2. Materialabhängigkeit der Vielfachstreuung von β-Strahlen. Geschwindigkeit $\beta = 0{,}89$ (CROWTHER).

Zerstreuende Substanz	$\dfrac{\Phi}{\sqrt{x}}$	$\dfrac{\Phi}{\sqrt{Nx}} \cdot 10^{11}$	$\dfrac{\Phi}{Z\sqrt{Nx}} \cdot 10^{12}$
C [1]	2,0	(0,633)	(1,06)
Al	4,25	1,734	1,33
Cu	10,0	3,45	1 19
Ag	15,4	6,40	1,36
Pt	29,0	11,30	1,45
			Mittel: 1,33

lich über das Atomvolumen verteilt sein sollte. Wir werden jedoch in Ziff. 10 sehen, daß die Ergebnisse mit dem RUTHERFORDschen Atommodell im Einklang sind.

Zerstreuungsmessungen in Gasen, welche naturgemäß schwieriger sind als solche in festen Substanzen, wurden von FRIMAN ausgeführt[2]. Leider läßt die dort benutzte komplizierte Blendenanordnung eine theoretische Verwertung der Resultate kaum zu.

10. Spezielle Theorie der Vielfachstreuung über kleine Winkel. Unter Zugrundelegung des RUTHERFORD-BOHRschen Atommodells läßt sich die wahrscheinlichste Ablenkung λ angenähert berechnen[3]. Daß diese Berechnung nicht exakt durchführbar ist, liegt weniger an unserer unvollständigen Kenntnis der Ladungsverteilung im Atom, als vielmehr daran, daß die Größe λ als Konstante des Fehlerverteilungsgesetzes (27) nicht exakt definiert ist, weil sich herausstellt, daß dieses Gesetz in unserem Falle nur eine grobe Näherung darstellen kann.

In erster Annäherung an die Wirklichkeit kann man sich das Atom vorstellen als eine positive Punktladung $Z\varepsilon$ von großer Masse, welche umgeben ist von einer homogenen Kugel negativer Ladung vom Gesamtbetrage $-Z\varepsilon$ und vom Radius R, welche als starr und unbewegt, obwohl für α-Teilchen und Elektronen durchdringbar angesehen werden kann; diese Art der Idealisierung kommt nach allem, was wir über die Ladungsverteilung im Atom wissen, der Wirklichkeit näher als die bisweilen vorgenommene Aufteilung der Elektronenhülle in dünne Schalen. Bezeichnen wir allgemein mit e und m die Ladung und Masse eines α- oder β-Strahlenteilchens, so ergibt Gleichung (1) für die Ablenkung ϑ, welche dieses

---

[1] Kautschuk.   [2] E. FRIMAN, Ann. d. Phys. Bd. 49, S. 409. 1916.
[3] W. BOTHE, ZS. f. Phys. Bd. 4, S. 300. 1921; Bd. 5, S. 63. 1921.

beim Vorbeifliegen in einer Entfernung p vom (isoliert gedachten) Kern erleiden würde,

$$\vartheta = \frac{2 Z \varepsilon e}{m v_0^2 p}.$$

Die abschirmende Wirkung der Elektronenhülle hat jedoch eine Verkleinerung dieses Winkels zur Folge, und zwar ergibt eine einfache Rechnung

$$\vartheta = \frac{2 Z \varepsilon e}{m v_0^2 p}\left(1 - \frac{p^2}{R^2}\right)^{\frac{3}{2}}. \tag{34}$$

Für $p > R$ verschwindet die Ablenkung. In welcher Weise setzen sich nun die durch (34) gegebenen Einzelablenkungen in einer großen Zahl von Atomlagen statistisch zu dem Verteilungsgesetz (27) zusammen? Wir denken uns die ganze zerstreuende Schicht x in viele sehr dünne Teilschichten zerlegt, so daß in einer Teilschicht keine Überdeckung einzelner Atome eintritt. Die „Dicke" der Teilschicht sei δ, die Zahl der Atome im cm³ sei N. Wir können dann die Ablenkung, welche ein Strahlenteilchen in einer dieser Teilschichten erfährt, als unabhängig von derjenigen ansehen, welche es in den vorhergehenden Teilschichten bereits erlitten hat. Ein bekannter Satz der Fehlertheorie sagt nun aus, daß die mittleren Fehlerquadrate unabhängig zusammenwirkender Fehlerquellen sich additiv zusammensetzen. Fassen wir daher die Einzelablenkungen als Fehler auf, so ist das mittlere Quadrat der Gesamtablenkung Θ gleich der Summe der mittleren Ablenkungsquadrate in den einzelnen Teilschichten

$$\overline{\Theta^2} = \sum \overline{\vartheta^2}.$$

Nun ist die Wahrscheinlichkeit, daß irgendein herausgegriffenes Strahlenteilchen etwa in der ersten Teilschicht einen Atomkern in einem Abstande $p \ldots p + dp$ passiert, gleich $N\delta \cdot 2\pi p\, dp$. Dies ist gleichzeitig die Wahrscheinlichkeit, daß dieses Teilchen eine zwischen ϑ und $\vartheta + d\vartheta$ gelegene Ablenkung erfährt, wo ϑ und $d\vartheta$ mit p und dp durch die Gleichung (34) verbunden sind. So ergibt sich

$$\overline{\vartheta^2} = 2\pi N \delta \int \vartheta^2 p\, dp,$$

$$\overline{\Theta^2} = 2\pi N x \int \vartheta^2 p\, dp. \tag{35}$$

Andererseits berechnet man aus (27)

$$\overline{\Theta^2} = \frac{1}{n_0}\int_0^\infty \Theta^2 n(\Theta) \cdot 2\pi \Theta\, d\Theta = 2\lambda^2, \tag{36}$$

so daß schließlich folgt

$$\lambda^2 = \pi N x \int_{p_1}^{R} \vartheta^2 p\, dp. \tag{37}$$

Von ausschlaggebender Bedeutung ist nun die Wahl der unteren Integrationsgrenze p_1. Würde man $p_1 = 0$ annehmen, was am nächsten liegt, so würde $\lambda = \infty$, was nach der Erfahrung ausgeschlossen ist. In der Tat ist diese Annahme nicht berechtigt, denn die Beziehung (36) würde nur gelten, wenn Θ bis zu unendlich großen Werten hin streng das Fehlergesetz befolgen würde, und dies ist nicht der Fall. Für große Streuwinkel tritt vielmehr Einzelstreuung ein, deren Häufigkeit viel größer ist, als sich aus dem Fehlergesetz (27) berechnen würde. Diese großen Einzelablenkungen müssen also in der Gleichung (36) außer Betracht gelassen werden, damit sie erfüllt ist. Daher müssen diese großen Werte ϑ aber auch in dem Ausdruck (37) unberücksichtigt bleiben; es ist bei der Integration eine obere Grenze ϑ_1 für ϑ, also eine endliche untere Grenze p_1 für p anzunehmen. Der Grenzwinkel ϑ_1 muß einerseits so groß sein, daß die ϑ, welche $> \vartheta_1$ sind, keinen merklichen Beitrag zum Zerstreuungsbild bei kleineren Winkeln liefern; andererseits aber muß eine zweite, mit der ersten konkurrierende Bedingung erfüllt sein:

$$\vartheta_1 \ll \lambda \,,$$

damit überhaupt das GAUSSsche Verteilungsgesetz der Gesamtablenkungen sich einstellt. Durch eine genauere Analyse des GAUSSschen Gesetzes kann man zu einer exakten Formulierung dieser Bedingungen gelangen[1] und erkennt dann, daß sie sich in unserem Falle nur ziemlich roh gleichzeitig erfüllen lassen. Dies besagt, daß das GAUSSsche Verteilungsgesetz (27) praktisch nur in erster Näherung erfüllt sein kann; in der Tat ist ja die Meßgenauigkeit sowohl bei α- wie β-Strahlen keine sehr große. Mit wachsender Schichtdicke würden zwar die Gültigkeitsbedingungen für das Fehlergesetz immer besser erfüllt sein, doch stößt man praktisch bald auf eine obere Grenze für die Schichtdicke, bei α-Strahlen wegen des merklich werdenden Geschwindigkeitsverlustes, bei β-Strahlen deshalb, weil λ von der Größenordnung $\pi/2$ wird, so daß die Streuwinkel nicht mehr als klein gelten können. Der bestgeeignete Wert p_1 liegt etwa bei $0,5 - 1 \cdot 10^{-10}$ cm; auf seine genaue Größe kommt es im übrigen nicht an, da er, wie sich zeigen wird, als log eingeht. Führt man jetzt die Integration in (37) aus und unterdrückt höhere Potenzen von p_1/R, so wird

$$\lambda^2 = \pi N x \left(\frac{2 Z \varepsilon e}{m v_0^2}\right)^2 \left(\log \frac{R}{p_1} - \frac{11}{12}\right). \tag{38}$$

Für leichtere Atome tritt hierzu noch etwa der in Gleichung (20) schon eingeführte Korrektionsfaktor $(1 + 1/Z)$ für die zusätzliche Zerstreuung durch die Atomelektronen.

Der Vergleich der Formel (38) mit der Erfahrung kann sich auf die Abhängigkeit von der Ordnungszahl Z und der Teilchenladung e und die Kontrolle der Absolutwerte von λ beschränken; die übrigen Punkte sind in Ziff. 9 bereits besprochen. Nimmt man $p_1 = 5 \cdot 10^{-11}$ cm an, so berechnet man aus (38) für α-Strahlen des RaC ($e = 2\varepsilon$; $v_0 = 1,92 \cdot 10^9$), und für eine Goldfolie von $4\,\mu$ Dicke $\lambda = 0,055$ in Bogenmaß, während der experimentelle Wert nach GEIGER

0,051 beträgt. Die Übereinstimmung ließe sich noch verbessern, indem man berücksichtigt, daß die Elektronenhülle in der Mitte dichter ist als am Rande, so daß für den Atomradius R ein kleinerer Effektivwert einzusetzen ist, als der wirkliche. Nach (38) sollte bei gleicher Atomzahl pro cm² der Schicht λ und damit auch Φ nahe proportional Z sein, wenn man die logarithmisch eingehenden Atomradien als gleich annimmt. Wie Tabelle 3 zeigt, ist dies nahe der Fall; die bestehenden Abweichungen sind in dem Sinne, wie es der obenerwähnte Korrektionsfaktor für die Atomelektronen verlangt. Etwas weniger befriedigend ist die Übereinstimmung mit CROWTHERS β-Strahlenmessungen, wie Tabelle 2 zeigt. Nach der theoretischen Formel sollte ferner sein

Tabelle 3. Materialabhängigkeit der Vielfachstreuung von α-Strahlen. Geschwindigkeit $v_0 = 1,9 \cdot 10^9$ (GEIGER).

Zerstreuende Substanz	$\dfrac{\lambda}{\sqrt{N x}} \cdot 10^{12}$	$\dfrac{\lambda}{Z \sqrt{N x}} \cdot 10^{13}$
Al	1,93	1,48
Cu	4,19	1,44
Ag	6,32	1,34
Sn	6,54	1,31
Au	10,3	1,30
		Mittel: 1,37

$$\frac{\lambda}{\sqrt{N x}} \frac{m v_0^2}{2 Z \varepsilon e} = \sqrt{\pi \left(\log \frac{R}{p_1} - \frac{11}{12}\right)}. \tag{39}$$

---

[1] W. BOTHE, ZS. f. Phys. Bd. 4, S. 161. 1921.

Die rechte Seite dieser Gleichung ist nicht nur unabhängig von der Geschwindigkeit und (praktisch) der Ordnungszahl, sondern auch von der Strahlenart. In der Tat leitet man aus den Mittelwerten der letzten Spalten von Tabellen 2 und 3 in guter Übereinstimmung miteinander ab

$$\frac{\lambda}{\sqrt{N\,x}}\,\frac{m\,v_0^2}{2\,Z\,\varepsilon\,e} = 3{,}6\,. \tag{40}$$

Hierbei ist Gleichung (29) benutzt. Der theoretische Wert dieses Ausdruckes ergibt sich aus (39) mit $R = 1{,}5 \cdot 10^{-8}$ und $p_1 = 0{,}5$ bzw. $1 \cdot 10^{-10}$ zu 3,9 bzw. 3,7. Diese zahlenmäßige Übereinstimmung kann als durchaus befriedigend angesehen werden. Vor allem aber muß die Übereinstimmung für zwei so verschiedene Strahlenarten, deren Teilchenmassen sich um den Faktor 1840 unterscheiden, als eine starke Stütze der Theorie angesehen werden; insbesondere zeigt sie wieder, daß das Produkt $m v_0^2$ für die Zerstreubarkeit maßgebend ist, daß also die Elementarablenkungen elektrostatischer Natur sind. Zum praktischen Gebrauch für Elektronenstrahlen mag folgende nach (40) und (13) berechnete Formel dienen

$$\lambda = \frac{8{,}0}{V}\,\frac{V+511}{V+1022}\,Z\sqrt{\frac{\varrho\,x}{A}}\,. \tag{41}$$

Hierin bedeutet

λ die wahrscheinlichste Ablenkung in Bogenmaß,
V die Elektronengeschwindigkeit, in e-$Kilovolt$ ausgedrückt,
Z die Ordnungszahl
ϱ die Dichte
A das Atomgewicht $\Big\}$ der Folie.
x die Dicke in 10^{-4} cm

Die Grundvoraussetzung der Theorie, daß die Elementarablenkungen statistisch unabhängig sind, ist gelegentlich angezweifelt worden. So schlossen Glasson und Compton[1] aus dem Anblick der nach Wilsons Nebelmethode aufgenommenen Elektronenbahnen in Luft, daß ein Elektron eine einmal angenommene Bahnkrümmung dem Sinne nach beizubehalten strebt. Analysen des Bahnverlaufs schneller β-Strahlen ließen jedoch keine kontinuierliche Komponente in der Bahnkrümmung erkennen und zeigten, daß gewisse psychologische Täuschungen den Eindruck der Kontinuität hervorzubringen vermögen[2]. Solange also keine schwerwiegenden Gründe dagegen sprechen, wird man an der Annahme unabhängiger Elementarablenkungen festhalten können[3].

11. Die Mehrfachstreuung. In dem Zwischengebiet zwischen der Einzel- und Vielfachstreuung, welches wir als das der „Mehrfachstreuung" bezeichnen, trifft man auf außerordentlich schwer zu übersehende Verhältnisse. Einerseits hat die Mehrzahl der Strahlenteilchen mehr als einen einzigen wirksamen Zusammenstoß erlitten, andererseits ist die Zahl dieser Zusammenstöße zu klein, als daß das universelle Gausssche Fehlergesetz sich auch nur angenähert einstellen könnte, vielmehr geht das spezielle Verteilungsgesetz der Elementarablenkungen noch in das resultierende Verteilungsgesetz ein. Messungen in diesem Gebiet wurden von Geiger und Bothe[4] sowie von Crowther und Schonland[5] mit β-Strahlen ausgeführt. Geiger und Bothe benutzten eine

[1] A. H. Compton, Phil. Mag. Bd. 41, S. 279. 1921; J. L. Glasson, Proc. Cambridge Phil. Soc. Bd. 21, S. 7. 1922.
[2] W. Bothe, ZS. f. Phys. Bd. 12, S. 117. 1922.
[3] Vgl. hierzu auch P. L. Kapitza, Proc. Cambrigde Phil. Soc. Bd. 21, S. 129. 1922.
[4] H. Geiger u. W. Bothe, ZS. f. Phys. Bd. 6, S. 204. 1921.
[5] J. A. Crowther u. B. F. J. Schonland, Proc. Roy. Soc. London (A) Bd. 100, S. 526. 1922; B. F. J. Schonland, ebenda Bd. 101, S. 299. 1922.

photographische Methode, wobei sie die inhomogenen β-Strahlen des $RaB + C$ durch zerstreuende Folien gehen ließen und sie gleichzeitig in ein magnetisches Spektrum zerlegten, so daß die Zunahme der Zerstreuung mit abnehmender Geschwindigkeit unmittelbar vor Augen geführt wurde (Abb. 12). Als Maß für die Zerstreuung diente eine Größe, welche für den Fall der GAUSSschen Verteilung in dessen Konstante, die „wahrscheinlichste Ablenkung" λ, übergeht. Die benutzten Schichtdicken lagen unter den früher von CROWTHER angewendeten (Ziff. 9). Während für die größten Schichtdicken der Anschluß an CROWTHERS Messungen hergestellt werden konnte, zeigte sich bei Schichtdicken von weniger als einigen 10^{-4} cm, daß die Zerstreuung deutlich schwächer wird, als man nach dem parabolischen Gesetz (30) der Vielfachstreuung erwarten sollte. Zu demselben Ergebnis kamen CROWTHER und SCHONLAND, welche wieder eine der Abb. 10 ähnliche Versuchsanordnung benutzten, mit welcher sie den Halbierungswinkel Φ maßen. Dies Versagen der Gleichung (30) zeigt eben, daß bei Schichtdicken von der Größenordnung 10^{-4} cm und darunter von Vielfachstreuung nicht mehr die Rede sein kann; die Grenze scheint für alle untersuchten Substanzen etwa bei der gleichen Schichtdicke, also der gleichen Zahl durchquerter Atome zu liegen, wie es ja nach dem statistischen Charakter der Vielfachstreuung zu erwarten ist. CROWTHER und SCHONLAND gingen sogar so weit, ihre Messungen als Einzelstreuungsmessungen anzusehen, doch wurde von verschiedenen Seiten

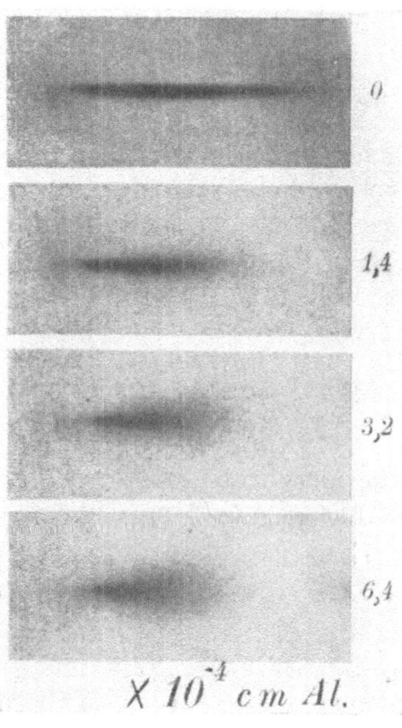

Wachsende Geschwindigkeit.

Abb. 12. Mehrfachstreuung in Aluminium (GEIGER-BOTHE).

der Nachweis erbracht, daß diese Deutung nicht zutreffen kann, und daß das benutzte Kriterium für Einzelstreuung nicht einwandfrei ist[1]. Damit entfallen auch die von CROWTHER und SCHONLAND aus ihren Messungen gezogenen Schlüsse.

Was die Abhängigkeit vom zerstreuenden Material betrifft, so müßte offenbar die bei der Vielfachstreuung geltende Proportionalität mit der Ordnungszahl Z auch hier bestehen, denn da jede Einzelablenkung proportional Z ist, sollten bei gleicher Zahl der Atomdurchquerungen (also roh gleicher Schichtdicke) die Zerstreuungsbilder verschiedener Substanzen im Verhältnis der Ordnungszahlen zueinander ähnlich sein. Dies ist nun merkwürdigerweise nicht der Fall, wie Tabelle 4 zeigt[2], vielmehr streuen bei Schichtdicken von etwa $1\,\mu$ die schwereren Atome relativ

Tabelle 4. Materialabhängigkeit der Mehrfachstreuung von β-Strahlen.

Zerstreuende Substanz	Relativwerte von	
	$\dfrac{\lambda}{Z}$ für $x = 0{,}76\,\mu$ (GEIGER u. BOTHE)	$\dfrac{\Phi}{Z}$ für $x = 1\,\mu$ (SCHONLAND)
Al	59	31
Cu	86	—
Ag	86	32
Au	100	47

---

[1] G. WENTZEL, Ann. d. Phys. Bd. 69, S. 335. 1922; W. BOTHE, ZS. f. Phys. Bd. 13, S. 368. 1923; J. H. JEANS, Proc. Roy. Soc. London (A) Bd. 102, S. 437. 1923; H. A. WILSON, ebenda S. 9; J. CHADWICK u. P. M. MERCIER, Phil. Mag. Bd. 50, S. 208. 1925.
[2] Vgl. hierzu W. BOTHE, ZS. f. Phys. Bd. 13, S. 368. 1923.

stärker, als man erwarten sollte. Diese Anomalie scheint heute einer Deutung nahe zu sein: sie ist nach Motts quantenmechanischer Streuformel (22) (Ziff. 6) qualitativ zu erwarten, wenn auch ein genauer Vergleich noch nicht möglich ist. Übrigens hat sich dieselbe Abweichung von der klassischen Theorie auch in den kürzlichen *Einzel*streuungsmessungen von Neher gezeigt (Ziff. 6). Bei der *Vielfach*streuung andererseits macht sich dieser Effekt deshalb nicht bemerkbar (Ziff. 9), weil es sich dabei um eine große Zahl sehr *kleiner* Einzelablenkungen handelt; für kleine ϑ verschwindet nämlich in Motts Formel das Glied mit Z^3 gegen das mit Z^2.

12. Zur Theorie der Mehrfachstreuung. Eine Theorie der Mehrfachstreuung zu geben, bedeutet nichts anderes, als das höhere Verteilungsgesetz der Gesamtablenkungen aufzustellen, welches die Gesetze (16) und (27) als Spezialfälle in sich schließt. Bei Beschränkung auf kleine Winkel läßt sich dieses allgemeine Gesetz in geschlossener Form angeben[1]. Es lautet in der bisherigen Bezeichnung

$$n(\Theta)\,d\Omega = n_0 \frac{d\Omega}{2\pi} \int\limits_0^\infty d\sigma \cdot \sigma \cdot J(\sigma\Theta) \cdot e^{-2\pi N x \Psi(\sigma)},$$

wo

$$\Psi(\sigma) = \int\limits_0^R dp \cdot p\,[1 - J(\sigma\vartheta)]. \tag{42}$$

Hierin bedeutet wieder ϑ die Elementarablenkung, welche ein Teilchen im Abstande p vom Atomzentrum erleidet, σ ist Integrationsvariable und

$$J(t) = 1 - \frac{t^2}{2^2} + \frac{t^4}{2^2\,4^2} - \frac{t^6}{2^2\,4^2\,6^2} + \cdots$$

ist die Besselsche Funktion nullter Ordnung. Die Gleichung (42) geht für große x in erster Näherung in das Gausssche Gesetz (27) über und kann dazu dienen, Zusatzglieder zu diesem zu berechnen.

Von den Versuchen, eine quantitative Deutung der Beobachtungen über Mehrfachstreuung zu geben, ist der von Wentzel bei weitem der vollständigste[2]. Wentzel geht im Prinzip in der Weise vor, daß er zunächst schrittweise die Elektronenintensität $\Phi_k(\Theta)$ als Funktion des Ablenkungswinkels Θ nach Durchgang durch 1, 2, .., k, .. Atome berechnet. Bei gegebener Dicke der zerstreuenden Schicht würden nun die Elektronen im Mittel eine gewisse Zahl m von Atomen durchqueren; die genaue Zahl k der Durchquerungen wird von Elektron zu Elektron um diesen Mittelwert nach einem Wahrscheinlichkeitsausdruck

$$w_k = \frac{m^k}{k!}\,e^{-m}$$

schwanken. Indem man nun jedes Φ_k mit der der Durchquerungszahl k zukommenden Wahrscheinlichkeit w_k multipliziert und über alle k summiert, erhält man die wirkliche Intensität $n(\Theta)$ der gestreuten Elektronen unter dem Streuwinkel Θ:

$$n(\Theta) = \sum w_k\,\Phi_k(\Theta).$$

Zur Berechnung der Φ_k wird das Bohrsche Atommodell in der Weise idealisiert, daß die Elektronenhülle in Form einer unendlich dünnen Schale mit einem gewissen mittleren Radius gedacht wird. Die Ansätze werden zwar bis zu einem gewissen Punkt für beliebig große Winkel durchgeführt, doch ist die numerische Auswertung auch hier nur für kleine Winkel möglich und ist selbst da mit einem erheblichen Aufwand an numerischer und graphischer Rechnung verbunden.

---

[1] W. Bothe, ZS. f. Phys. Bd. 5, S. 63. 1921.
[2] G. Wentzel, Ann. d. Phys. Bd. 69, S. 335. 1922.

Für Gold fand WENTZEL gute Übereinstimmung mit den Messungen von CROW-
THER und SCHONLAND. Für die dünnste Goldfolie (etwa $8 \cdot 10^{-6}$ cm) mußte dabei
bereits mit zwölffachen Durchquerungen gerechnet werden; man ist hier also
weit von der Einzelstreuung entfernt. Für die übrigen von CROWTHER untersuchten Elemente müßte man noch wesentlich mehr Durchquerungen berücksichtigen, so daß die Rechnung praktisch nicht mehr durchführbar ist.

13. Vollständige Diffusion. GEDULT V. JUNGENFELD[1] hat Zerstreuungsmessungen mit den (inhomogenen) β-Strahlen des Uran X an verhältnismäßig
dicken Metallfolien ausgeführt. In Abb. 13 ist nach diesen Messungen die Intensität $n(\Theta)$ pro Raumwinkeleinheit als Funktion des Streuwinkels für verschieden dicke Zinnfolien aufgetragen. Während der Verlauf für kleinere Schichtdicken etwa den Gleichungen (27), (30) für Vielfachstreuung entspricht, zeigt sich,

daß von einer gewissen Schichtdicke ab
die Form der Verteilungskurve sich nicht
mehr ändert. Die Strahlen sind dann
offenbar so diffus, wie sie nur werden
können. Dieser Zustand vollständiger
Diffusion wird nach LENARD auch als
der „Normalfall" bezeichnet, im Gegensatz zum „Parallelfall" bei nahezu parallelem Strahlenverlauf. Die Richtungsverteilung bei vollständiger Diffusion
wird empirisch ungefähr wiedergegeben
durch[2]
$$n(\Theta) \sim \cos^2 \Theta . \qquad (43)$$

Mit weiter zunehmender Schichtdicke
nimmt bei unveränderter Richtungsverteilung nur die *Zahl* der austretenden
Elektronen ab, und zwar deshalb, weil
immer mehr Elektronen über Winkel
$> 90°$, d. h. nach rückwärts gestreut
werden.

Dieser Vorgang fällt natürlich nicht
mehr unter die Gesetze der Vielfachstreuung, welche nur für relativ kleine
Streuwinkel abgeleitet wurden (Ziff. 8

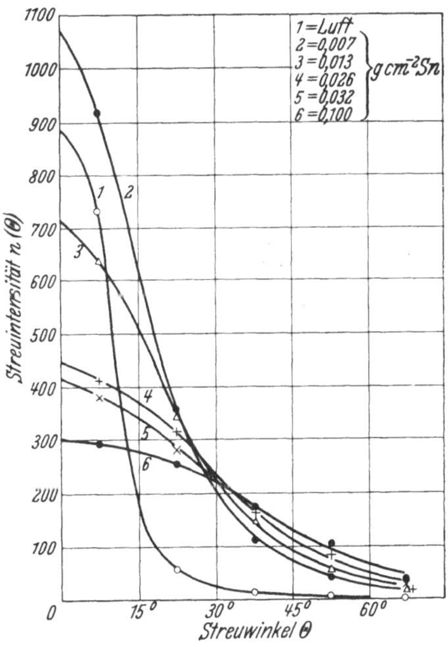

Abb. 13.　Übergang zur vollständigen Diffusion
(JUNGENFELD).

bis 10). Der Fall erfordert eine besondere Behandlung, deren Grundlage sich
etwa folgendermaßen gestaltet[3]. Man stellt eine Differentialgleichung der Elek-
tronendiffusion auf, welche derjenigen für die Diffusion von Gasmolekeln od. dgl.
ganz ähnlich ist. Sie lautet

$$\frac{\partial^2 f}{\partial \Theta^2} + \cot \Theta \, \frac{\partial f}{\partial \Theta} - \frac{2}{\varkappa} \cos \Theta \, \frac{\partial f}{\partial x} = 0 , \qquad (44)$$

wo $f \cdot \cos \Theta \cdot d\Omega = n \cdot d\Omega$ die gestreute Teilchenzahl pro Raumwinkelelement $d\Omega$,
x die Schichtdicke und $\varkappa = \lambda^2/x$ das mittlere Ablenkungsquadrat pro Einheits-
schicht im Sinne der Gleichung (38) darstellt. Als Spezialfall für schwache Streuung gewinnt man hieraus das Gesetz (27) für Vielfachstreuung wieder. Als allgemeine Lösung hat man jetzt anzusetzen

$$f = g(\Theta) \cdot e^{-\alpha x} , \qquad (45)$$

[1] J. GEDULT V. JUNGENFELD, Dissert. Gießen 1914.
[2] Vgl. auch A. F. KOVARIK u. L. W MCKEEHAN, Phys. Rev. Bd. 6, S. 426. 1915.
[3] W. BOTHE, ZS. f. Phys. Bd. 54, S. 161. 1929.

was zu der Gleichung für g führt

$$\frac{d^2 g}{d\Theta^2} + \cot\Theta \frac{dg}{d\Theta} + \frac{2\alpha}{\varkappa}\cos\Theta \cdot g = 0. \tag{46}$$

Hierzu kommt als Randbedingung, daß für $\Theta = \pi/2$ die Streuintensität verschwinden muß. Dadurch sind für α diskrete Werte α_i festgelegt („Eigenwerte"), zu welchen bestimmte Lösungen $g_i(\Theta)$ („Eigenfunktionen") gehören. Die allgemeine Lösung ergibt sich dann als Reihe

$$f(\Theta) = \sum c_i g_i(\Theta)\, e^{-\alpha_i x}. \tag{47}$$

Mit wachsender Schichtdicke klingen also die einzelnen Eigenfunktionen g_i exponentiell ab mit ihren zugehörigen „Absorptionskoeffizienten" α_i. Bei genügend großen Schichtdicken bleibt nur noch die Funktion mit dem kleinsten α_i, d. i. α_1 übrig, und diese stellt die vollständige Diffusion dar. In Abb. 14 ist die Funktion $n = g_1 \cos\Theta$ dargestellt, zusammen mit den Beobachtungsergebnissen von Jungenfeld; die Übereinstimmung ist sehr befriedigend. Der wahrscheinlichste Ablenkungswinkel ergibt sich theoretisch zu 33°, experimentell zwischen 30 und 34°. Auch von dem empirischen $\cos^2$-Gesetz (43) weicht $g_1 \cos\Theta$ nicht sehr stark ab. Als

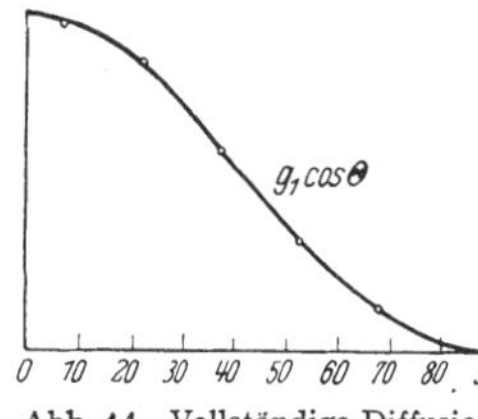

Abb. 14. Vollständige Diffusion, theoretisch und experimentell.

zugehöriger „Absorptionskoeffizient" α_1 berechnet sich

$$\alpha_1 = 1{,}3\,\varkappa = 1{,}3\,\frac{\lambda^2}{\varkappa}. \tag{48}$$

Wenn ϱ die Dichte, A das Atomgewicht des Materials und L die Loschmidtsche Zahl bedeutet, so ergibt sich mit dem Wert λ^2 aus Gleichung (40)

$$\frac{\alpha_1}{\varrho} = 67\left(\frac{Z\,\varepsilon^2}{\mu\,v^2}\right)^2 \frac{L}{A}. \tag{49}$$

Auf diese Beziehung wird bei der Besprechung der Absorption (Ziff. 28) noch zurückzukommen sein.

Es sei bemerkt, daß es bei den α-Strahlen keine vollständige Diffusion gibt, weil deren Geschwindigkeit aufgezehrt wird, ehe die nötige Schichtdicke auch nur annähernd erreicht wird. Bei den Elektronenstrahlen dagegen überwiegt die Zerstreubarkeit die Geschwindigkeitsabnahme in dem Maße, daß die vollständige Diffusion sich bereits eingestellt hat, bevor die Geschwindigkeit sich wesentlich geändert hat.

Die vollständige Diffusion stellt sich bei ausreichender Schichtdicke stets ein, welches auch die Richtungsverteilung der einfallenden Strahlen sein mag, wenn diese nur symmetrisch um die Schichtnormale

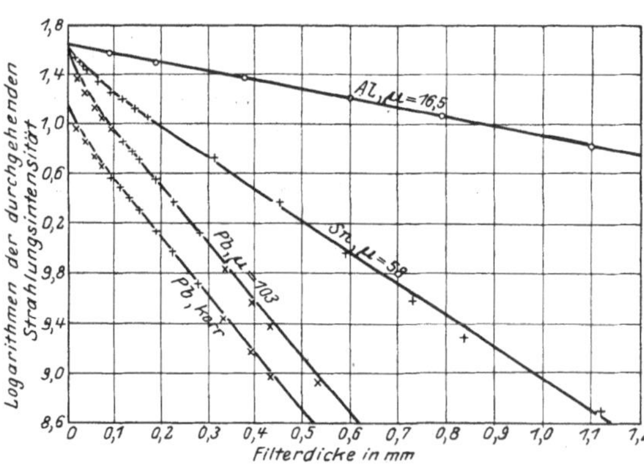

Abb. 15. Abnahme der β-Strahlung von einer dünnen Schicht UX (H. W. Schmidt).

ist. Bei parallelem Einfall ist die austretende Elektronenmenge zunächst konstant und geht erst bei größeren Schichtdicken in den exponentiellen Abfall über, ähnlich wie bei Begrenzung der austretenden Strahlung durch eine Blende (Abb. 11). Ist andererseits die einfallende Strahlung stärker diffus, als der vollständigen Diffusion entspricht (allseitig gleichmäßig strahlende Quelle, z. B.

radioaktives Präparat in dünner Schicht dicht vor der Folie), so nimmt die durchgehende Intensität anfangs schneller ab, weil die streifend auffallenden Teilchen schneller wegabsorbiert werden (Abb. 15)[1]. Dieser anfängliche Steilabfall ist erfahrungsgemäß bei den schweren Elementen ausgeprägter als bei den leichten.

14. Rückdiffusion. Mit dem Übergang zur vollständigen Diffusion setzt naturgemäß auch die „Rückdiffusion" ein, d. h. der Wiederaustritt von gestreuten Elektronen auf der Einfallsseite der Schicht. Wie besonders eindrucksvoll die WILSONschen Nebelbahnen zeigen, kommt die Rückdiffusion praktisch allein durch *allmähliche* Änderung der Bahnrichtung zustande, während die entsprechende Erscheinung bei den α-Strahlen auf *Einzel*streuung beruht. Die rückdiffundierte Strahlung nimmt allgemein zuerst mit wachsender Schichtdicke zu und nähert sich dann allmählich einem Maximalwert. Die Schichtdicke, bei welcher dieser Grenzwert praktisch erreicht ist, die „*Rückdiffusions-*" oder „*Sättigungsdicke*", ist nicht scharf definiert; sie ist bei parallelem Einfall größer als bei diffusem Einfall[2]. Man kann erfahrungsgemäß die Rückdiffusionsdicke etwa von der Größenordnung $1/\alpha$ annehmen, wo α der praktische Absorptionskoeffizient ist (Ziff. 24). Der Bruchteil der auffallenden Strahlen, welcher von

einer unendlich dicken Platte rückdiffundiert, wird als die „*Rückdiffusionskonstante*" p bezeichnet.

Für den Fall, daß die einfallende Strahlung stark diffus ist, hat H. W. SCHMIDT[3] die Rückdiffusion untersucht, indem er als Strahlenquelle eine dünne Schicht UX benutzte, welche einerseits unmittelbar einer Ionisationskammer auflag, andererseits mit den zu untersuchenden Folien bedeckt werden konnte. Die erhaltenen

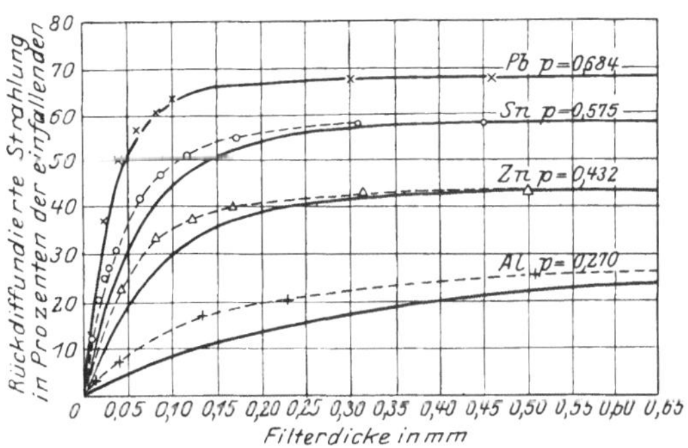

Abb. 16. Rückdiffusion der β-Strahlen von UX (H. W. SCHMIDT).
- - - - - - exper., ——————— theor.

Kurven, welche den oben angegebenen Verlauf der rückdiffundierten Menge mit der Schichtdicke zeigen, sind in Abb. 16 gestrichelt wiedergegeben. Auf ganz ähnliche Weise untersuchte KOVARIK[4] die stark inhomogenen β-Strahlen von RaE und AcC″ (die beide im Mittel etwas weicher sind als die von UX) sowie der aktiven Th- und Ra-Niederschläge. Außerdem liegen für mittelschnelle Kathodenstrahlen Messungen von A. BECKER[5] vor. Auf neuere Untersuchungen von SCHONLAND, welcher bei parallelem Einfall arbeitete, wird im Zusammenhang mit der Absorption näher eingegangen werden (Ziff. 27). Einige der aus diesen Messungen abgeleiteten Werte der Rückdiffusionskonstante p sind in Tabelle 5 zusammengestellt. Hierbei sind einige von LENARD nachträglich berechnete Korrektionen schon berücksichtigt[6]. Man sieht, daß p nicht stark von der Strahlgeschwindigkeit abhängt. Nach KOVARIK und WILSON[7] nimmt mit

[1] H. W. SCHMIDT, Ann. d. Phys. Bd. 23, S. 678. 1907. — Wieweit allerdings bei diesem Verlauf noch die Inhomogenität der benutzten UX-β-Strahlen mitgewirkt hat, ist schwer zu beurteilen.
[2] W. WILSON, Proc. Roy. Soc. London (A) Bd. 87, S. 321. 1912.
[3] H. W. SCHMIDT, Ann. d. Phys. Bd. 23, S. 678. 1907.
[4] A. F. KOVARIK, Phil. Mag. Bd. 20, S. 849. 1910.
[5] A. BECKER, Ann. d. Phys. Bd. 17, S. 381. 1905.
[6] PH. LENARD, Quantitatives über Kathodenstrahlen, S. 229. Heidelberg 1918.
[7] A. F. KOVARIK u. W. WILSON, Phil. Mag. Bd. 20, S. 866. 1910.

wachsender Strahlgeschwindigkeit p zunächst zu, geht dann für eine Geschwindigkeit von etwa $\beta = 0{,}9$ durch ein flaches Maximum und nimmt schließlich wieder
ab. Mit wachsender Ordnungszahl des Mittels nimmt p beträchtlich zu. Nach

Tabelle 5. Rückdiffusionskonstante p und Umwegfaktor B.

Substanz	Paralleler Einfall $\beta = 0{,}2$ bis $0{,}55$ (Schonland)	Diffuser Einfall $\beta = 0{,}35$ (A. Becker und P. Lenard)		$\beta = 0{,}92$ (UX) (H. W. Schmidt und P. Lenard)		RaE (Kovarik)	AcC'' (Kovarik)
	p	p	B	p	B	p	p
C	—	—	—	—	—	0,171	0,274
Al	0,13	0,28	1,8	0,23	1,6	0,300	0,383
S	—	—	—	—	—	0,321	0,401
Fe	—	—	—	—	—	0,412	0,471
Ni	—	—	—	—	—	0,435	0,480
Cu	0,29	—	—	0,35	2,1	0,447	0,519
Zn	—	—	—	—	—	0,455	0,526
Ag	0,39	0,60	4,0	0,46	2,7	0,574	0,635
Sn	—	—	—	0,47	2,8	0,625	0,697
Pt	—	—	—	0,54	3,4	0,677	0,776
Au	0,50	0,68	5,3	0,56	3,6	0,678	0,787
Pb	—	—	—	—	—	0,702	0,800
Bi	—	—	—	—	—	0,709	0,810

Stehberger[1] verschwindet bei Strahlenergien von einigen 1000 e-Volt der große
Unterschied zwischen den Rückdiffusionskonstanten von Gold und Aluminium
mehr und mehr. Damit stimmt überein, daß nach Neher[2] mit abnehmender
Strahlenergie p für leichte Elemente zunimmt, nicht aber für schwere. Für

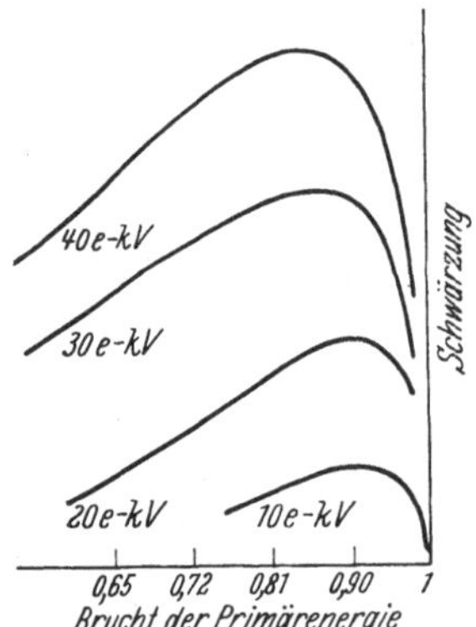

Abb. 17. Geschwindigkeitsverteilung der von Al rückdiffundierten Elektronen (Wagner).

Beryllium findet Neher die sehr niedrigen Werte
$p = 0{,}0291$ bei 70000 e-Volt; $0{,}0248$ bei 130000 e-Volt.
Mc Clelland[3] fand, daß die Rückdiffusion, als Funktion des Atomgewichts des Mittels betrachtet, gewisse
Unregelmäßigkeiten aufweist, welche mit den Perioden
des natürlichen Systems der Elemente konform gehen.
Diese Erscheinung ist begründet in dem periodischen
Verhalten des *Absorptions*koeffizienten, welcher wesentlich die wirksame Rückdiffusionsdicke und damit
auch die maximale rückdiffundierte Menge bestimmt
(Ziff. 26).

Die rückdiffundierten Strahlen haben deutlich
kleinere Geschwindigkeit als die auffallenden und sind
außerdem stark inhomogen[4]. Für größere Strahlgeschwindigkeiten (10000 bis 40000 e-Volt) zeigen dies
die Kurven der Abb. 17, welche P. B. Wagner[5] durch
magnetische Zerlegung der rückdiffundierten Elek-
tronen (hier von Al) gewonnen hat. Die Geschwindigkeitsspektra wurden nach
der üblichen Fokussierungsmethode (vgl. ds. Handb. 2. Aufl. Bd. XXII/1) photographiert und ausphotometriert. Die Kurven stellen die relativen Intensitäten

[1] K. H. Stehberger, Ann. d. Phys. Bd. 86, S. 825. 1928.
[2] H. V. Neher, Phys. Rev. Bd. 37, S. 655. 1931.
[3] J. A. McClelland, Proc. Roy. Soc. London (A) Bd. 80, S. 501. 1908.
[4] H. W. Schmidt, Ann. d. Phys. Bd. 23, S. 671. 1907; A. F. Kovarik, Phil. Mag. Bd. 20, S. 849. 1910; A. F. Kovarik u. L. W. McKeehan, Phys. ZS. Bd. 15, S. 434. 1914; A. Becker, Ann. d. Phys. Bd. 78, S. 253. 1925; K. H. Stehberger, a. a. O.
[5] P. B. Wagner, Phys. Rev. Bd. 35, S. 98. 1930; ähnliche Ergebnisse erhielt S. Chylinski, Phys. Rev. Bd. 28, S. 429. 1926.

derjenigen Elektronen dar, welche den in der Abszisse angegebenen Bruchteil der Primärenergie haben. Am häufigsten sind hiernach in dem untersuchten Bereich Energieverluste von 10 bis 20%, je nach der Primärenergie. Bei größerem Atomgewicht werden diese wahrscheinlichsten Verluste kleiner. In Röntgenröhren können nach E. Lorenz[1] diese rückdiffundierten Kathodenstrahlen auf den Anodenkörper zurückgebogen werden und dort eine Bremsstrahlung erzeugen, deren Spektrum gegenüber dem der Brennfleckstrahlung nach langen Wellen verschoben erscheint („Stielstrahlung").

15. Reflexion[2]. Bei Primärgeschwindigkeiten unterhalb einiger 100 e-Volt nimmt die Geschwindigkeitsverteilung der auf der Einfallsseite wieder austretenden Elektronen einen besonderen Charakter an, wie z. B. die in Abb. 37 (Ziff. 41) dargestellten Verteilungskurven zeigen: Neben den rückdiffundierten Elektronen, welche durch ihre verminderte und inhomogene Energie gekennzeichnet sind, treten auch solche mit praktisch unverminderter Energie auf[3]. Dies bedeutet offenbar eine elastische „Reflexion" an der Oberfläche des Mittels. Die reflektierte Elektronenmenge als Funktion der Primärgeschwindigkeit zeigt charakteristische Maxima und Minima[4]. Ferner hat Rudberg[5] gezeigt, daß in der Nähe der Gruppe der elastisch reflektierten Elektronen weitere Gruppen auftreten können, deren Energie die Primärenergie um kleine, charakteristische Beträge unterschreitet. Hier handelt es sich offenbar um „Quantenabsorption" (Ziff. 29) der reflektierten Elektronen, also Vorgänge, welche den elastischen und unelastischen Zusammenstößen mit Gasmolekeln ganz analog sind (vgl. Kap. 5).

Rupp[6] hat diese Reflexion an dünnen Folien verfolgt und gefunden, daß für bestimmte Strahlenergien zwischen 4 und 40 e-Volt die reflektierte Menge ausgeprägte Maxima hat, welche für das Material charakteristisch sind und zusammenfallen mit Minima der Durchlässigkeit.

Bei allen diesen Erscheinungen handelt es sich um spezifische Einflüsse des Atom- und Kristallbaus, daher muß bezüglich der Einzelheiten auf Kap. 5 verwiesen werden.

16. Theoretische Ansätze zur Rückdiffusion. Eine vollständige Theorie der Rückdiffusion steht noch aus und muß notwendig sehr verwickelt sein, zumal die Geschwindigkeitsverluste der Elektronen nicht mehr, wie bei der Diffusion über kleine Winkel, vernachlässigt werden können. Zu einer näherungsweisen Darstellung der Verhältnisse gelangt man nach H. W. Schmidt, indem man das Problem zu einem eindimensionalen idealisiert. Wir nehmen an, daß in dem Schichtelement dx von der durchgehenden Strahlung ein Bruchteil $\beta_0 dx$ rückdiffundiert, ein weiterer Bruchteil $\alpha_0 dx$ vernichtet („absorbiert") und der Rest durchgelassen wird. Bezeichnet nun $\delta(x)$ den von einer Platte von der endlichen Dicke x durchgelassenen, $\varrho(x)$ den von dieser Platte rückdiffundierten Bruchteil, so ändert sich durch Hinzufügung einer Elementarschicht dx die rückdiffundierte Menge um

$$d\varrho = \beta_0 \delta^2 dx, \tag{50}$$

denn von der auffallenden Menge gelangt der Bruchteil δ bis zur Zusatzschicht. Hiervon rückdiffundiert wieder der Bruchteil $\beta_0 dx$ und wird beim Rückweg

[1] E. Lorenz, ZS. f. Phys. Bd. 51, S. 71. 1928.

[2] Vgl. hierzu auch Ziff. 41.

[3] A. Becker, Ann. d. Phys. Bd. 78, S. 209. 1925; J. A. Becker, Phys. Rev. Bd. 24, S. 478. 1924; H. E. Farnsworth, ebenda Bd. 25, S. 41. 1925; C. F. Sharman, Proc. Cambridge Phil. Soc. Bd. 23, S. 523. 1927; D. Brown u. R. Whiddington, Nature Bd. 119, S. 427. 1927; J. B. Brinsmade, Phys. Rev. Bd. 30, S. 494. 1927.

[4] Th. Soller, Phys. Rev. Bd. 36, S. 1212. 1930.

[5] E. Rudberg, Proc. Roy. Soc. London (A) Bd. 127, S. 111. 1930; Bd. 129, S. 652. 1930.

[6] E. Rupp, ZS. f. Phys. Bd. 58, S. 145. 1929.

auf den Bruchteil δ geschwächt. Die durchgelassene Menge ändert sich dagegen um

$$d\delta = \{-(\alpha_0 + \beta_0)\,\delta + \beta_0\,\delta\varrho\}\,dx\,; \tag{51}$$

der erste Summand stellt die Schwächung durch die Zusatzschicht dar, der zweite die Zunahme durch die zweimal (nämlich zuerst von der Zusatzschicht, dann von der ursprünglichen Platte selbst) rückdiffundierte Strahlung. Integration der beiden Gleichungen (50) (51) ergibt:

wo

bzw.

$$\left.\begin{aligned}
\varrho &= p\,\frac{1 - e^{-2\alpha x}}{1 - p^2 e^{-2\alpha x}}\,; \qquad \delta = (1 - p^2)\,\frac{e^{-\alpha x}}{1 - p^2 e^{-2\alpha x}}\,, \\[2mm]
\frac{\alpha_0 + \beta_0 - \sqrt{\alpha_0(\alpha_0 + 2\beta_0)}}{\beta_0} &= p\,; \qquad \sqrt{\alpha_0(\alpha_0 + 2\beta_0)} = \alpha\,, \\[2mm]
\alpha_0 &= \alpha\,\frac{1 - p}{1 + p}\,; \qquad \beta_0 = \frac{2\alpha p}{1 - p^2}
\end{aligned}\right\} \tag{52}$$

gesetzt ist. Für große Schichtdicken x wird:

$$\varrho = p\,; \qquad \delta = (1 - p^2)\,e^{-\alpha x}\,.$$

Es bedeutet also p, in Übereinstimmung mit der in Ziff. 14 gewählten Bezeichnung, die Sättigungsmenge der rückdiffundierten Strahlen, die „Rückdiffusionskonstante", während α die Rolle eines „Absorptionskoeffizienten" spielt, und zwar des „praktischen" im Gegensatz zu dem „reinen Absorptionskoeffizienten" α_0. Die in Abb. 15 und 16 eingetragenen (ausgezogenen) Kurven zeigen, daß die Gleichungen (52) den Charakter der experimentell gefundenen Abhängigkeiten gut wiedergeben, wenn man die beiden Konstanten α_0 und β_0 passend wählt. Eine andere Frage ist, ob diese Konstanten eine einfache physikalische Bedeutung haben. Nach der alten Lenardschen Auffassung, welche allerdings heute nicht mehr aufrechterhalten werden kann (vgl. Ziff. 28), wäre α_0 die Wahrscheinlichkeit pro Weglängeneinheit, daß das Strahlenteilchen als solches plötzlich vernichtet wird. Da in Wahrheit die Elektronenbahnen sehr krummlinig verlaufen, wäre der praktische Absorptionskoeffizient α, welcher sich bei dicken Schichten einstellt, größer als α_0, und das Verhältnis beider sollte nach Lenard das durchschnittliche Verhältnis der wahren Bahnlänge der Elektronen zur durchlaufenen Schichtdicke, den „*Umwegfaktor*" B, ergeben[1]. Für diesen würde sich aus den obigen Gleichungen der Ausdruck ergeben:

$$B = \frac{\alpha}{\alpha_0} = \frac{1 + p}{1 - p}\,. \tag{53}$$

Auf diese Weise betrachtete Lenard die Rückdiffusionsmessungen als ein Mittel zur Bestimmung des Umwegfaktors. Obwohl man auf diesem Wege richtige Größenordnungen von B gewinnt, dürfte damit doch die immerhin sehr summarische Theorie etwas zu stark beansprucht sein. Auch hat der Umwegfaktor hiernach eine recht unbestimmte Bedeutung und jedenfalls nur grob orientierenden Charakter. Nach den Bemerkungen in Ziff. 28 über das Wesen der Absorption verliert die Gleichung (53) überhaupt ihren einfachen Sinn. Die Werte des Umwegfaktors, welche Lenard aus den Messungen von Schmidt und von A. Becker ableitet, sind in die Tabelle 5 aufgenommen. Aus photographischen Aufnahmen der Elektronenbahnen nach der Wilsonschen Nebelmethode findet man immerhin Werte von der gleichen Größenordnung.

---

[1] P. Lenard, Kathodenstrahlen, S. 215.

Viel eingehender ist eine von WENTZEL[1] entwickelte Theorie der Rückdiffusion, welche im Anschluß an die Ziff. 12 bereits erwähnte Theorie der Mehrfachstreuung die wirklichen Richtungsänderungen der Elektronen berücksichtigt. Unvollständig ist auch diese Theorie insofern, als sie die allmähliche Geschwindigkeitsabnahme der Elektronen vernachlässigt und nur mit plötzlicher Bremsung (Absorption im LENARDschen Sinne) rechnet. Aber selbst unter diesen vereinfachten Annahmen ist die Rechnung schon recht verwickelt. Man wird auf eine Integralgleichung geführt, wie man schon nach Analogie der Verhältnisse in der anisotropen Wärmestrahlung[2] erwarten kann. Wichtig scheint das Ergebnis, daß (zum mindesten bei der SCHMIDTschen Versuchsanordnung) die Rückdiffusionskonstante p keine wohldefinierte Materialkonstante ist. Für eine bestimmte Versuchsanordnung läßt sich nach WENTZELS Theorie die Abhängigkeit der Rückdiffusion vom Plattenmaterial durch eine stark konvergierende Reihe wiedergeben:

$$p = b_1\left(\frac{Z^2 \varrho}{\alpha_0 A}\right) + b_2\left(\frac{Z^2 \varrho}{\alpha_0 A}\right)^2 + \cdots,$$

wo Z die Ordnungszahl, A das Atomgewicht, ϱ die Dichte und α_0 der reine Absorptionskoeffizient des Materials ist. Mit geeignet gewählten Koeffizienten b lassen sich die Meßresultate SCHMIDTS in dieser Form gut darstellen; der weitaus ausschlaggebende Koeffizient b_1 läßt sich sogar berechnen und ergibt sich in befriedigender Übereinstimmung mit den Versuchen.

III. Geschwindigkeitsabnahme und Absorption.

17. Definition der Geschwindigkeitsabnahme. LEITHÄUSER[3] hat zuerst beobachtet, daß Kathodenstrahlen beim Durchgang durch Materie an Geschwindigkeit einbüßen. Die Geschwindigkeitsverluste sind nicht einheitlich, vielmehr zeigt ein ursprünglich homogenes Bündel nach Durchgang durch eine Folie eine gewisse Geschwindigkeitsverteilung, deren Breite allerdings verhältnismäßig gering ist, wenn die Geschwindigkeitsverluste überhaupt klein sind, d. h. bei großen Geschwindigkeiten und dünnen Folien. Der Einblick in die wahren Vorgänge bei der Geschwindigkeitsabnahme wird ganz erheblich dadurch erschwert, daß diese im allgemeinen mit der Diffusion Hand in Hand geht. Daher ist die „*wahre* Geschwindigkeitsabnahme" dv/dl pro Einheit der *Bahnlänge l* oft nicht direkt meßbar, besonders bei kleineren Geschwindigkeiten, wo die Zerstreuung schon in den dünnsten Folien stark ins Gewicht fällt. LENARD[4] gibt daher folgende *praktische* Definition: Geschwindigkeitsabnahme dv/dx ist die *maximal vertretene* Geschwindigkeitsänderung, bezogen auf die Einheit der *Schichtdicke x* im *Normalfall* (Ziff. 13) und bei *gleicher Richtung* des Ein- und Austritts. Der letzte Punkt ist insofern wichtig, als, allgemein gesprochen, die Geschwindigkeitsverluste in den stärker gestreuten Strahlen größer sind[5]; besonders groß sind sie bei den rückdiffundierten Strahlen (Ziff. 14). Die „maximal vertretene" Geschwindigkeitsänderung ist zwar auch etwas unbestimmt definiert[6], jedoch bei nicht zu großen Verlusten immerhin mit einiger Genauigkeit. Die

[1] G. WENTZEL, Ann. d. Phys. Bd. 70, S. 561. 1923.
[2] Vgl. G. JAFFÉ, Ann. d. Phys. Bd. 70, S. 457. 1923.
[3] E. LEITHÄUSER, Ann. d. Phys. Bd. 15, S. 299. 1904.
[4] P. LENARD, Kathodenstrahlen, S. 49.
[5] C. E. EDDY, Proc. Cambridge Phil. Soc. Bd. 25, S. 50. 1928.
[6] Die genaue Lage des Maximums in der Geschwindigkeitsverteilungskurve hängt von der Art der Zerlegung und des Nachweises der Strahlen ab, sie ist z. B. verschieden bei elektrischer und magnetischer Zerlegung, ebenso bei Untersuchung mit dem Auffangekäfig, dem Fluoreszenzschirm, der photographischen Platte und der Ionisationskammer.

wahre Geschwindigkeitsabnahme dv/dl kann man aus der praktischen dv/dx nur überschlägig durch Division mit einem „Umwegfaktor" berechnen (Ziff. 16).

18. Messung der Geschwindigkeitsabnahme. Zur Messung der Geschwindigkeitsabnahme von Kathodenstrahlen bediente sich Whiddington[1] der in Abb. 18 skizzierten Versuchsanordnung. Die von der Kathode K ausgehenden inhomogenen Strahlen werden nach passender Ausblendung in dem Raum M_1 magnetisch zerlegt. Durch eine Blende B_1 werden Strahlen von engem Geschwindigkeitsbereich abgesondert, welche senkrecht auf eine auswechselbare Folie F fallen. Von dem diffusen Bündel, welches von der Folie ausgeht, wird durch die Blende B_2 wieder der senkrecht zur Folie laufende Teil ausgeblendet und im Raume M_2 einem zweiten Magnetfeld ausgesetzt, welches vom ersten unabhängig reguliert werden kann. Das abgelenkte Bündel erscheint dann als Fluoreszenzfleck auf der mit Willemit bestrichenen Wand des Gefäßes M_2. Aus den Feldstärken in M_1 und M_2 und den Krümmungsradien ergibt sich die Geschwindigkeit vor und nach dem Durchgang durch die Folie.

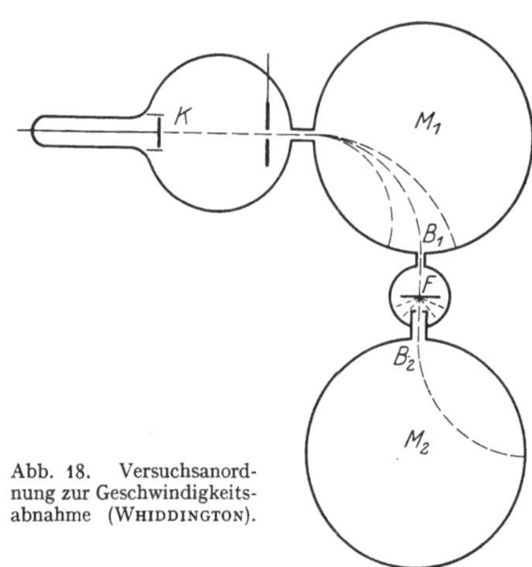
Abb. 18. Versuchsanordnung zur Geschwindigkeitsabnahme (Whiddington).

Die gemessenen Geschwindigkeitsverluste entsprechen direkt der Lenardschen Definition. Die Geschwindigkeiten lagen zwischen $\beta = 0{,}18$ und $0{,}29$. In diesem Bereich waren die Resultate darstellbar durch eine Gleichung von der Form

$$v_0^4 - v^4 = ax, \tag{54}$$

wo x wieder die durchlaufene Schichtdicke ist, v_0 die Anfangs-, v die Austrittsgeschwindigkeit. Durch Differentiation ergibt sich hieraus

$$-\frac{dv}{dx} = \frac{a}{4v^3}. \tag{55}$$

Die Konstanten a für verschiedene Substanzen zeigt Tabelle 6[2]. Das Gesetz (54) wurde bestätigt von Terrill[3] und von Klemperer[4], welche beide mit Glühkathode und konstanter Hochspannung arbeiteten, so daß die magnetische

Tabelle 6. Geschwindigkeitsabnahme. $a = \dfrac{v_0^4 - v^4}{x}$ (Whiddington).

Substanz	Luft	Al	Sn	Cu	Ag	Au	Pt
a	$2{,}0\cdot10^{40}$	$7{,}3\cdot10^{42}$	$14{,}9\cdot10^{42}$	$15{,}3\cdot10^{42}$	$16{,}9\cdot10^{42}$	$25{,}4\cdot10^{42}$	$28{,}9\cdot10^{42}$

Homogenisierung überflüssig wurde. Das Spektrum der senkrecht durchgehenden Strahlen wurde bei Klemperer nach der Danyszschen Fokussierungsmethode (Ablenkung im Halbkreis) entworfen, photographiert und ausphotometriert. Klemperer fand folgende Werte a:

$$\left.\begin{aligned} a &= 6{,}4\cdot10^{42}\ \text{für Al}\\ a &= 19\cdot10^{42}\ \text{,, Ni} \end{aligned}\right\} \beta = 0{,}15 \text{ bis } 0{,}22.$$

[1] R. Whiddington, Proc. Roy. Soc. London (A) Bd. 86, S. 360. 1912.

[2] Die Werte für Sn, Cu, Ag, Pt wurden nach einer anderen, weit weniger durchsichtigen Methode gefunden [Proc. Roy. Soc. London (A) Bd. 89, S. 559. 1914]. Der Wert für Luft dürfte reichlich hoch sein (vgl. Ziff. 23 u. 34).

[3] H. M. Terrill, Phys. Rev. Bd. 22, S. 101. 1923.

[4] O. Klemperer, ZS. f. Phys. Bd. 34, S. 532. 1925.

TERRILL fand in dem Bereich $\beta = 0{,}3$ bis $0{,}42$ für Aluminium $a = 1{,}4 \cdot 10^{43}$, also fast doppelt so groß wie WHIDDINGTON; für andere Substanzen (Be, Cu, Ag, Au) war a ungefähr proportional der Dichte, so daß die Abweichungen gegen WHIDDINGTON für die schwereren Elemente noch größer sind. Ein einfacher Grund für diese Abweichungen ist nicht ersichtlich, doch ist bemerkenswert, daß die Messungen von TERRILL die einzigen sind, bei welchen die Geschwindigkeitsverteilung der Elektronen*zahlen* aufgenommen wurde, indem das magnetisch zerlegte Elektronenbündel über die spaltförmige Öffnung eines Faradaykäfigs geführt wurde.

Eine größere Zahl von Untersuchungen wurde auch an den β-Strahlen radioaktiver Substanzen ausgeführt. W. WILSON[1] hatte hierzu bereits vor WHIDDINGTON eine Meßanordnung benutzt, welche derjenigen WHIDDINGTONs in allen wesentlichen Punkten entspricht, nur konnte die Ausblendung der Strahlenbündel wegen Intensitätsmangels und wegen der störenden Wirkung der γ-Strahlen von dem benutzten RaEm-Präparat bei weitem nicht so sauber erfolgen. Die Messung geschah mittels Ionisationskammer. WILSONs Resultate, welche sich auf einen Geschwindigkeitsbereich $\beta = 0{,}85$ bis $0{,}95$ beziehen, lassen sich angenähert in der Weise darstellen, daß die Energie T eines Elektrons proportional der durchlaufenen Schichtdicke abnimmt:

$$\frac{dT}{dx} = \text{konst.}, \tag{56}$$

wo

$$T = \mu c^2 \left\{ (1 - \beta^2)^{-\frac{1}{2}} - 1 \right\}.$$

Das Gesetz ist also ein gänzlich anderes als das für kleinere Geschwindigkeiten gültige von WHIDDINGTON. O. v. BAEYER u. a.[2] machten für die Messung des Geschwindigkeitsverlustes die Tatsache nutzbar, daß gewisse radioaktive Substanzen homogene β-Strahlengruppen aussenden. Sie entwarfen durch magnetische Zerlegung das Geschwindigkeitsspektrum dieser β-Strahlen und bestimmten die Verschiebungen, welche die einzelnen darin auftretenden Linien nach der Seite kleinerer Geschwindigkeiten erlitten, wenn das als Strahlenquelle dienende Präparat mit einer Folie umgeben wurde. Da die Präparate zylindrische Form hatten, so spielten die „Umwege" der Elektronen in der Folie eine verwickelte Rolle; auch war die durchlaufene Schichtdicke für die seitlich austretenden Elektronen größer als für die in radialer Richtung durchgehenden. Daher entsprechen die Meßresultate noch nicht ganz der in Ziff. 17 gegebenen Definition der Geschwindigkeitsabnahme und bedürfen einer (übrigens kaum exakt durchzuführenden) Reduktion, welche für die Messungen von v. BAEYER und DANYSZ von LENARD vorgenommen worden ist[3]. v. BAEYER findet in dem Geschwindigkeitsbereich $\beta = 0{,}39$ bis $0{,}73$ die WHIDDINGTONsche Formel (54) bestätigt; die Konstante a für Aluminium liegt dabei zwischen den Werten von WHIDDINGTON und von TERRILL. RAWLINSON, welcher die schnellen β-Strahlen bis $\beta = 0{,}97$ benutzt, stellt seine Resultate in folgender Form dar (H = magnetische Feldstärke, r = Krümmungsradius):

$$\frac{d(Hr)}{dx} \sim \frac{1}{v^3}, \tag{57}$$

---

[1] W. WILSON, Proc. Roy. Soc. London (A) Bd. 84, S. 141. 1910.

[2] O. v. BAEYER, Phys. ZS. Bd. 13, S. 485. 1912; J. DANYSZ, Le Radium Bd. 10, S. 4. 1913; Ann. chim. phys. Bd. 30, S. 289. 1913; R. W. RAWLINSON, Phil. Mag. Bd. 30, S. 627. 1915; J. THIBAUD, Journ. de phys. Bd. 6, S. 334. 1925; J. d'ESPINE, Journ. de phys. Bd. 8, S. 502. 1927.

[3] P. LENARD, Kathodenstrahlen, S. 50.

welche von der Gleichung (55) besonders bei den höchsten Geschwindigkeiten abweicht, da die Veränderlichkeit der Elektronenmasse von entscheidendem Einfluß wird.

Besonders eingehende Messungen dieser Art haben White und Millington[1] ausgeführt. Nach dem Vorgange von A. Becker[2] photometrierten sie die magnetischen Ablenkungsbilder, die sie erhielten, wenn die radioaktive Strahlenquelle im Geschwindigkeitsspektrographen mit *ebenen* Glimmerblättchen verschiedener Dicke bedeckt wurde. Abb. 19 zeigt als Beispiel die so gewonnenen Geschwindigkeitsverteilungen für die ursprünglich homogene β-Strahlung $Hr = 1677$ ($\beta = 0{,}703$) und für vier verschiedene Glimmerdicken Δx. Das Maximum jeder Kurve bezeichnet den maximal vertretenen Geschwindigkeitsverlust $\Delta(Hr)$. In Tabelle 7 ist $\Delta(Hr)/\Delta(x\varrho)$ für verschiedene Strahlgeschwindigkeiten aufgeführt ($\varrho = $ Dichte). Spalte 4 zeigt, daß die

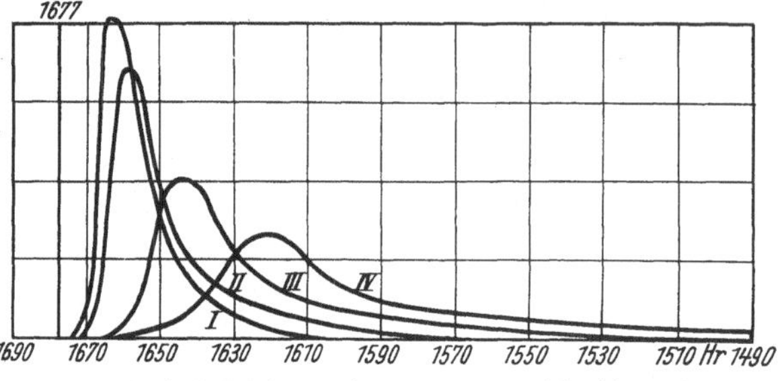

Abb. 19. Geschwindigkeitsverteilung gebremster β-Strahlen. *I:* 2,25; *II:* 2,65; *III:* 3,95; *IV:* 5,72 mg Glimmer/cm² (White und Millington).

Tabelle 7. Geschwindigkeitsabnahme in Glimmer (White und Millington).

Hr	β	$\dfrac{\dfrac{\Delta(Hr)}{\Delta(x\varrho)}}{\dfrac{\Gamma\,\text{cm}}{\text{g cm}^{-2}}} \cdot 10^{-2}$	$\dfrac{\Delta(Hr)}{\Delta(x\varrho)}\beta^3$	$\dfrac{1}{\Delta(Hr)}\dfrac{\Delta(Hr)}{\Delta(x\varrho)}$ $\text{g}^{-1}\,\text{cm}^2$
1410	0,639	105,5	27,6	7,50
1677	0,703	89,1	31,0	5,31
1938	0,753	78,3	33,4	4,04
2256	0,799	67,6	34,7	3,00
2980	0,869	54,4	35,7	1,82
4866	0,944	44,9	37,8	0,92
5904	0,961	43,6	38,7	0,74

Beziehung (57) nicht streng erfüllt ist, daß vielmehr mit wachsender Geschwindigkeit der Geschwindigkeitsverlust weniger stark abnimmt. Spalte 5 enthält die *relative* Änderung von Hr pro Einheit der Flächendichte.

19. Gesamtergebnisse über Geschwindigkeitsabnahme. Lenard hat in seinem oben zitierten Bericht eine eingehende Diskussion und Reduktion der einzelnen bis 1918 vorliegenden Versuchsergebnisse über Geschwindigkeitsabnahme vorgenommen, auf die hier verwiesen werden darf. Das Resultat der Ausgleichung zwischen den reduzierten Einzelergebnissen zeigt für die am meisten untersuchte Substanz Aluminium die Tabelle 8[3]. Eine in dem ganzen Bereich der Geschwindigkeiten gültige einfache formelmäßige Darstellung dieser Zahlen läßt sich nicht geben; wohl aber bewähren sich die beiden Gleichungen (55) und (56) auch hier für ausgedehnte Geschwindigkeitsbereiche, nämlich

$$-\frac{d\beta}{dx} = \frac{2{,}2}{\beta^3} \quad \text{für} \quad 0{,}1 < \beta < 0{,}6, \tag{58}$$

$$-\frac{dV}{dx} = 4560 \quad \text{für} \quad \beta > 0{,}7. \tag{59}$$

[1] P. White u. G. Millington, Proc. Roy. Soc. London (A) Bd. 120, S. 701. 1928.
[2] A. Becker, Ann. d. Phys. Bd. 78, S. 209. 1925.
[3] Zwischen $\beta = 0{,}26$ und 0,55 auf Grund der neueren Messungen korrigiert nach Lenard u. Becker, Handb. d. Experimentalphys. Bd. XIV, S. 120. — Eine von E. Madgwick bei $\beta = 0{,}63$ ausgeführte Einzelmessung ergab ebenfalls noch einen höheren Wert als die Lenardsche Tabelle anzeigt (Proc. Cambridge Phil. Soc. Bd. 23, S. 970. 1927).

Hierin ist V die in e-Kilovolt ausgedrückte Geschwindigkeit, also nach (13)

$$\frac{dV}{dx} = 510 \frac{\beta}{(1 - \beta^2)^{\frac{3}{2}}} \frac{d\beta}{dx}.$$

Aus Gleichung (58) berechnet sich $a = 7{,}1 \cdot 10^{42}$ in guter Übereinstimmung mit WHIDDINGTON und KLEMPERER (s. Ziff. 18). Die Gleichung (59) ist direkt zur Berechnung des entsprechenden Teiles der Tabelle 8 benutzt worden.

Für andere Substanzen als Aluminium liegen weit weniger vollständige Angaben vor. Hier ist insbesondere die Frage von Wichtigkeit, ob eine Massenproportionalität, wie sie LENARD für die Absorption in gewissen Bereichen gültig gefunden hatte (Ziff. 26), auch für die Geschwindigkeitsabnahme besteht, ob also die Geschwindigkeitsabnahme einfach proportional der Dichte ist. LENARD kommt in der erwähnten kritischen Diskussion zu folgendem Ergebnis. Für Geschwindigkeiten $\beta > 0{,}8$ ist die *wahre* Geschwindigkeitsabnahme dv/dl nahe massenproportional, die *praktische* Geschwindigkeits-

Tabelle 8. Geschwindigkeitsabnahme in Aluminium (LENARD).

β	$\frac{d\beta}{dx}$ cm^{-1}	β	$\frac{d\beta}{dx}$ cm^{-1}	β	$\frac{d\beta}{dx}$ cm^{-1}
0,05	12000	0,40	40	0,89	0,94
0,10	2300	0,45	27	0,90	0,81
0,15	700	0,50	20	0,91	0,70
0,18	310	0,55	13	0,92	0,60
0,20	230	0,60	8,4	0,93	0,48
0,22	175	0,65	6,4	0,94	0,38
0,24	133	0,70	4,7	0,95	0,29
0,26	110	0,75	3,4	0,96	0,20
0,28	85	0,80	2,3	0,97	0,13
0,30	75	0,85	1,5	0,98	0,070
0,32	60	0,87	1,2	0,99	0,025
0,35	50	0,88	1,05	—	—

abnahme dv/dx dagegen steigt mit zunehmender Ordnungszahl stärker als massenproportional an, weil in den schwereren Elementen die Umwege der Elektronenbahnen von größerem Einfluß sind als in leichteren (vgl. Tabelle 5). Für Geschwindigkeiten $\beta < 0{,}7$ ist dagegen die praktische Geschwindigkeitsabnahme dv/dx in schwereren Elementen geringer, als man nach der Massenproportionalität von den leichteren Elementen her erwarten sollte[1]. Dasselbe muß a fortiori für die *wahre* Geschwindigkeitsabnahme gelten. Sieht man also etwa Aluminium als Normalsubstanz an, als welche sie sich wegen der großen Zahl daran ausgeführter Untersuchungen besonders eignet, so gilt allgemein

$$\frac{dv/dx}{(dv/dx)_{\mathrm{Al}}} = \frac{\varrho}{\varrho_{\mathrm{Al}}} f,$$

wo die ϱ die Dichten bezeichnen und f ein Zahlenfaktor ist, welcher mit wachsender Ordnungszahl sich von 1 entfernt, und zwar bei den größten Geschwindigkeiten > 1, bei den kleineren < 1 ist. LENARD gibt die in Tabelle 9 aufgeführten ungefähren Werte dieses Faktors. Für Luft gilt nach LENARD für alle Geschwindigkeiten nahe $f = 1$. Es lassen sich jedoch Argumente dafür beibringen, daß Luft gegenüber Aluminium stärker als massenproportional bremst (vgl. Tabelle 6 und Ziff. 34). Auch die Messungen von RAWLINSON und TERRILL stimmen nicht gut zu den LENARDschen Regeln. Nach RAWLINSON ändert sich bei höchsten Geschwindigkeiten ($\beta > 0{,}94$) die Geschwindigkeitsabnahme schwächer

Tabelle 9. Massengeschwindigkeitsabnahme, bezogen auf Aluminium (LENARD).

β		Substanz	f
0,1 bis 0,3		Au	0,5
0,3 ,, 0,4		Fe, Sn	0,5
0,6 ,, 0,7		Cu	0,9
		Sn	0,8
		Pt	0,7
0,9		Ni, Cu, Zn	1,7
		Ag, Cd, Sn	2,4
		Pt, Au, Pb	3,2

---

[1] Dies zeigten neuerdings Messungen von E. MADGWICK an Al, Cu, Ag und Au bei $\beta = 0{,}63$ (a. a. O.).

als massenproportional, wobei jedoch wahrscheinlich der Normalfall, d. h. vollständige Diffusion, zum Teil nicht erreicht war. Umgekehrt findet Terrill bei mittleren Geschwindigkeiten Massenproportionalität.

Als allgemeines Resultat für mittlere und große Strahlgeschwindigkeiten kann man hiernach wohl sagen, daß die *wahre* Geschwindigkeitsabnahme, sofern sie von der Massenproportionalität abweicht, nach der Seite geringerer Veränderlichkeit neigt.

20. Streuung der Geschwindigkeitsverluste. Die Kurven der Abb. 19, wie auch eine große Zahl früherer Untersuchungen[1], zeigen deutlich, daß die Geschwindigkeitsverluste bei gegebener Anfangsgeschwindigkeit und Foliendicke nicht für alle Strahlenteilchen dieselben sind, sondern ziemlich stark beiderseits des wahrscheinlichsten Geschwindigkeitsverlustes (des eigentlichen Geschwindigkeitsverlustes nach Lenards Definition) streuen, und zwar stärker nach der Seite größerer als kleinerer Verluste. Nach White und Millington ist die Verteilungsfunktion der Verluste ziemlich unabhängig von der Anfangsgeschwindigkeit und Foliendicke, nur ihre Breite ändert sich. So gehen z. B. die Kurven der Abb. 19 auseinander hervor durch proportionale Änderung der Abszissen (abgesehen von dem willkürlichen Ordinatenmaßstab). Da also der wahrscheinlichste Verlust in erster Näherung proportional der Schichtdicke x ist, gilt dasselbe für die Breite der Verteilung. Die Verhältnisse liegen hier anders als bei den α-Strahlen, wo die Breite der Geschwindigkeitsverteilung proportional $\sqrt{x}$ ist.

Die Kurven der Abb. 19 geben jedoch nicht genau die Streuung der *wahren* Geschwindigkeitsabnahme pro Einheit der *Bahnlänge* wieder, gegenüber dieser erscheint die praktische Verteilung verbreitert durch Einflüsse der Richtungsstreuung (Umwege). Williams[2] hat diesen Einfluß abzuschätzen versucht, mit dem Ergebnis, daß er nur bei sehr kleinen Schichtdicken zu vernachlässigen ist. Allgemein zeigt sich aber, daß die Umwege keineswegs die ganze Inhomogenität verschulden, daß also auch die *wahre* Geschwindigkeitsabnahme eine beträchtliche Streuung nach Art der Abb. 19 aufweist. Dies stimmt überein mit Ergebnissen über die Streuung der Bahnlängen (Ziff. 23).

21. Die Grenzdicke. Unter der „Grenzdicke" X versteht man nach Lenard[3] „diejenige Schichtdicke eines Mediums, welche die gegebene Strahlgeschwindigkeit bei Normallauf (Ziff. 13) und bei den maximal vertretenen Geschwindigkeitsverlusten zu Null reduziert". Diese Definition ist offenbar darauf zugeschnitten, die Grenzdicke aus der Geschwindigkeitsabnahme berechnen zu können, denn nach ihr gilt:

$$X = \int\limits_{v}^{0} \frac{dv}{dv/dx}, \tag{60}$$

wo dv/dx die nach Ziff. 17 definierte Geschwindigkeitsabnahme ist. Um X als Funktion von v für Aluminium zu erhalten, wertet Lenard für $\beta < 0,7$ das Integral nach Tabelle 8 graphisch aus und berechnet für die größeren Geschwindigkeiten mit Benutzung von (59):

$$X = \frac{0,112}{\sqrt{1 - \beta^2}} - 0,127; \tag{61}$$

das zweite Glied enthält die Integrationskonstante, welche so gewählt wurde, daß der Anschluß nach der Seite kleinerer Geschwindigkeiten hergestellt ist.

---

[1] Z. B.: O. Klemperer, ZS. f. Phys. Bd. 34, S. 532. 1925; A. Becker, Ann. d. Phys. Bd. 78, S. 209. 1925; E. Madgwick, Proc. Cambridge Phil. Soc. Bd. 23, S. 970. 1927.
[2] E. J. Williams, Proc. Roy. Soc. London (A) Bd. 125, S. 420. 1929.
[3] P. Lenard, Kathodenstrahlen, S. 63.

Für nicht zu große Geschwindigkeit erhält man aus (55) auch die formelmäßige Darstellung:

$$X = \frac{v^4}{a} = b\,\beta^4 , \tag{62}$$

wo für Aluminium etwa $b = 0{,}12$ ist für den Bereich $0{,}2 < \beta < 0{,}7$. LENARDS Tabelle ist als Tabelle 10 und Abb. 20 untenstehend wiedergegeben[1].

SARGENT[2] findet durch direkte Summation der *gemessenen* Geschwindigkeitsverluste Werte für die Grenzdicke (dort „mass range" genannt und nicht scharf von der „wahren Reichweite" getrennt; Ziff. 23), welche bei $\beta = 0{,}83$ mit denen LENARDS übereinstimmen, bei $\beta = 0{,}63$ aber um 18% kleiner, bei $\beta = 0{,}95$ um 20% größer sind.

Die direkte experimentelle Bestimmung der Grenzdicke durch Vergrößerung der Schichtdicke bis zum Verschwinden der durchgelassenen Strahlen ist dadurch

Tabelle 10. Grenzdicken Aluminium (LENARD).

β	$X \cdot 10^4$	β	$X \cdot 10^4$	β	$X \cdot 10^4$
0,05	0,2	0,32	15	0,80	600
0,10	0,3	0,35	22	0,85	860
0,15	0,7	0,40	35	0,90	1300
0,18	1,3	0,45	52	0,95	2330
0,20	1,9	0,50	70	0,96	2740
0,22	3,0	0,55	97	0,97	3320
0,24	4,3	0,60	148	0,98	4350
0,26	5,9	0,65	207	0,99	6680
0,28	8,2	0,70	290		
0,30	11	0,75	412		

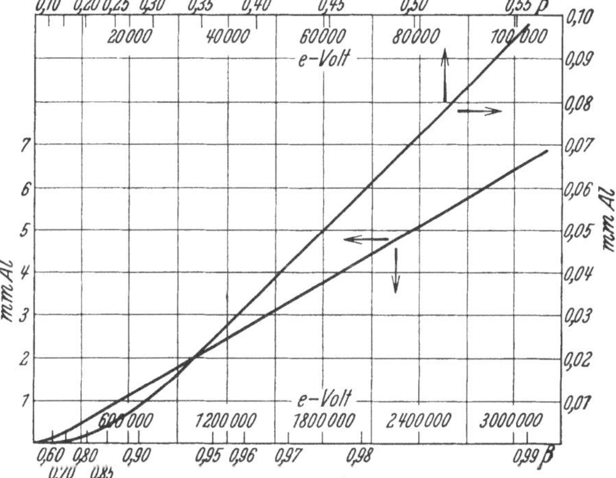

Abb. 20. Grenzdicken Aluminium.

erschwert, daß mit Annäherung an die Grenzdicke die Intensität der durchgelassenen Strahlen sehr stark abnimmt, so daß es in gewissem Grade eine Frage der Meßgenauigkeit ist, bei welcher Dicke sich eben noch durchgehende Strahlen nachweisen lassen. Im übrigen ist es fraglich, ob die größte durchlässige Dicke der LENARDschen Definition der Grenzdicke genau entspricht, denn man könnte vermuten, daß die am weitesten durchgelassenen Strahlen solche sind, welche kleinere als die maximal vertretenen Geschwindigkeitsverluste erlitten haben. Immerhin sind die maximalen durchlässigen Dicken, wie sie z. B. LENARD bestimmt hat, in ungefährer Übereinstimmung mit den rechnerisch ermittelten.

Führt man in (61) mittels (13) die Strahlenenergie V in „*Millionen e*-Volt" ein und multipliziert mit der Dichte des Aluminiums, so folgt

$$X\varrho = (0{,}59\,V - 0{,}34)\ \text{g/cm}^2 . \tag{63}$$

Sieht man ab von etwaigen Abweichungen des Geschwindigkeitsverlustes von der Massenproportionalität, so hat die Gleichung (63) angenäherte Gültigkeit für *alle* leichtatomigeren Substanzen und Geschwindigkeiten $\beta > 0{,}7$ ($V > 0{,}2$).

22. Die praktische Reichweite. Eine der Grenzdicke ebenfalls nahekommende ausgezeichnete Schichtdicke bestimmten W. WILSON[3] und VARDER[4] für schnelle

---

[1] P. LENARD, Kathodenstrahlen, S. 63; mit Benutzung neuerer Messungen (namentlich A. BECKER, Ann. d. Phys. Bd. 78, S. 209. 1925) korrigiert nach LENARD u. BECKER, Handb. d. Experimentalphys. Bd. XIV, S. 134.
[2] B. W. SARGENT, Trans. Roy. Soc. Canada (III) Bd. 22, S. 179. 1928.
[3] W. WILSON, Proc. Roy. Soc. London (A) Bd. 82, S. 612. 1909; Bd. 87, S. 310. 1912.
[4] R. W. VARDER, Phil. Mag. Bd. 29, S. 725. 1915.

β-Strahlen und Schonland[1] für mittelschnelle Kathodenstrahlen. Diese Autoren zeigten, daß für gewisse Substanzen, wie Aluminium, die Ionisationswirkung der Elektronenstrahlen bei Durchgang durch wachsende Schichtdicken über gewisse Bereiche fast linear abnimmt (vgl. Abb. 21); erst wenn die Ionisationswirkung auf einen verhältnismäßig kleinen Bruchteil abgefallen ist, tritt stärkere Krümmung in dem Kurvenverlauf ein. Indem man von dem schwachgekrümmten Kurventeil auf die Ionisation 0 extrapoliert, kommt man zu einer Schichtdicke R, welche von der Größenordnung der größten durchlässigen Dicke, aber kleiner als diese ist. Man kann die Dicke R als die „praktische Reichweite" bezeichnen, da die Art ihrer Ermittlung der-

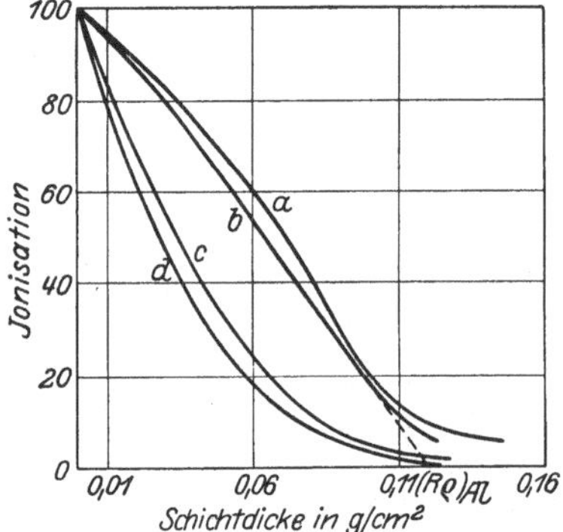

Abb. 21. Abnahme der Ionisationswirkung von β-Strahlen ($H r = 2535$; Varder).
a Papier, b Aluminium, c Zinn, d Platin.

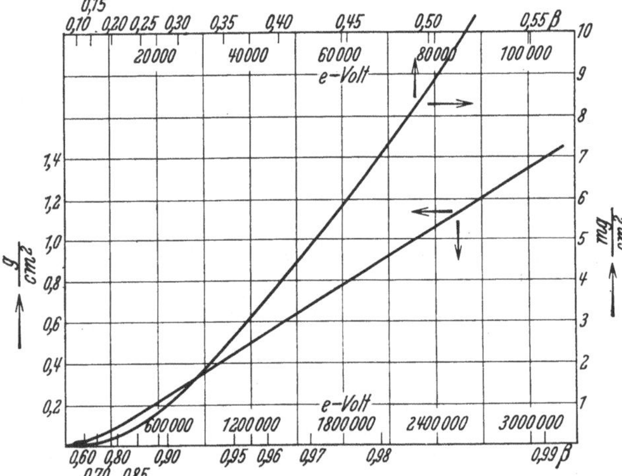

Abb. 22.   Praktische Reichweiten in Aluminium (Varder, Schonland).

jenigen für die Reichweite der α-Strahlen analog ist (vgl. Kap. 3 ds. Bandes). Die Versuche von Varder wurden mit besser homogenisierten Strahlen als die von Wilson ausgeführt, weichen indessen in ihren Ergebnissen nicht stark

Tabelle 11. Praktische Reichweiten R in Aluminium.

β	$\dfrac{R\varrho}{\text{g/cm}^2}$	Autor	β	$\dfrac{R\varrho}{\text{g/cm}^2}$	Autor
0,198	0,000250		0,632	(0,018)	
0,214	0,000336		0,752	0,064	
0,230	0,000375		0,831	0,124	
0,265	0,000664		0,882	0,189	
0,298	0,00117		0,913	0,279	
0,326	0,00169	Schonland	0,933	0,360	Varder
0,347	0,00232		0,948	0,440	
0,380	0,00341		0,965	0,580	
0,475	0,0070		0,975	0,785	
0,512	0,0095		0,981	0,925	
0,524	0,0108		0,99	1,35	

von diesen ab. Schonland benutzte eine in Ziff. 27 näher erläuterte Methode, welche auch auf die schwereren Elemente anwendbar ist, die den linearen Abfall der durchgehenden Intensität nicht zeigen. Die von Varder und Schonland bestimmten Reichweiten sind durch die beiden Kurven der Abb. 22 und Tabelle 11

---

[1] B. F. J. Schonland, Proc. Roy. Soc. London (A) Bd. 104, S. 235. 1923; Bd. 108, S. 187. 1925.

wiedergegeben. SCHONLAND stellte seine Resultate gemeinsam mit denen von VARDER dar durch die Beziehung

$$R\varrho = C\left[(1 - \beta^2)^{\frac{1}{2}} + (1 - \beta^2)^{-\frac{1}{2}} - 2\right], \tag{64}$$

wo ϱ die Dichte und C eine Größe ist, welche praktisch unabhängig von der Substanz ist (Tab. 12) und auch von der Geschwindigkeit nur schwach abhängt. Mit zunehmender Geschwindigkeit nimmt C ab von 0,6 bei $\beta = 0,2$ auf 0,4 bei $\beta = 0,6$ und 0,26 bei $\beta = 0,99$.

Über die theoretische Begründung dieser Formel vgl. Ziff. 30. Die praktischen Reichweiten R sind bis zu 50% und mehr kleiner als die LENARDschen Grenzdicken [Tabelle 10 und Gleichung (62)], wie nach Abb. 21 ohne weiteres verständlich.

Tabelle 12. Materialabhängigkeit der praktischen Reichweite R (SCHONLAND).

Substanz	$\beta = 0,265$		$\beta = 0,298$		$\beta = 0,326$	
	$R \cdot 10^4$	$R\varrho \cdot 10^3$	$R \cdot 10^4$	$R\varrho \cdot 10^3$	$R \cdot 10^4$	$R\varrho \cdot 10^3$
Al	2,5	0,66	4,36	1,16	6,4	1,70
Cu	—	—	1,27	1,13	1,97	1,76
Ag	0,616	0,64	—	—	—	—
Au	0,34	0,66	0,62	1,19	0,87	1,70

Für nicht zu große Geschwindigkeiten vereinfacht sich die Formel (64) zu

$$R\varrho = 0,14\,\beta^4. \tag{65}$$

Andererseits kann man bei großen Strahlenergien das erste Klammerglied unterdrücken und erhält, wenn man nach (13) die Energie V in „Millionen e-Volt" einführt, mit dem letzten von VARDER bestimmten C-Wert (0,26)

$$R\varrho = 0,26\,(V/0,51 - 1) = (0,51\,V - 0,26)\,\mathrm{g/cm^2}, \tag{66}$$

was gut zu der Gleichung (63) für die Grenzdicke X paßt.

Es ist jedoch zu betonen, daß der Verlauf der Absorptionskurve und damit die Definition der praktischen Reichweite ziemlich stark an die benutzte Versuchsanordnung gebunden ist. EDDY[1] stellte ähnliche Versuche an wie VARDER, aber mit dem Spitzenzähler statt der Ionisationskammer. Die Form der Absorptionskurven, welche er erhielt, hing ab von dem Abstand des Zählers von der absorbierenden Folie. Wenn der Zähler unmittelbar auf der absorberenden Folie saß, so daß alle durchgehenden Elektronen, auch die stark gestreuten, in das Fenster des Zählers eintreten konnten, verliefen die Kurven für kleine Absorberdicken flacher als diejenigen VARDERS, für Al z. B. ganz horizontal. Wenn dagegen der Zähler so weit von der Folie entfernt wurde, daß nur die wenig gestreuten Elektronen in das Fenster gelangen konnten, fiel die Absorptionskurve zuerst sehr steil ab. Dieses Verhalten erklärt sich nach der in Ziff. 13 und 28 angeführten Theorie der Streuabsorption einfach dadurch, daß ein paralleles Strahlenbündel beim Durchgang durch *dünne* Schichten nur zerstreut wird, ohne daß die Teilchenzahl wesentlich abnimmt. MADGWICK[2] hat zwar ebenfalls wie VARDER mit einer unmittelbar über der Folie angebrachten Ionisationskammer gearbeitet, welche aber so geformt war, daß die stark gestreuten Strahlen gegenüber den senkrecht austretenden benachteiligt waren. Daher erhielt MADGWICK Absorptionskurven mit steilerem Anfangsteil als VARDER, und die praktischen Reichweiten, welche er maß, fielen um etwa 15% größer aus als die von VARDER angegebenen.

Bei inhomogenen Strahlen versagt der Begriff der praktischen Reichweite ganz. Wenn jedoch der Geschwindigkeitsbereich der Strahlen eine scharfe obere Grenze aufweist, wie es bei den β-Strahlen radioaktiven Ursprungs der Fall ist, so läßt sich anscheinend eine „maximale Reichweite", d. h. ein Punkt, wo die Absorptionskurve in die Abszissenachse einmündet, immer noch mit leidlicher

---

[1] C. E. EDDY, Proc. Cambridge Phil. Soc. Bd. 25, S. 50. 1928.
[2] E. MADGWICK, Proc. Cambridge Phil. Soc. Bd. 23, S. 970. 1927.

Genauigkeit festlegen[1], obwohl er bei dem flachen Endverlauf der Kurve grundsätzlich von der Größe der Meßgenauigkeit abhängen muß. Aus dieser maximalen Reichweite R_{max} kann man (mit der nötigen Vorsicht) auf die obere Energiegrenze V_{max} im Strahlengemisch schließen. Den Zusammenhang stellt FEATHER dar durch die Gleichung

$$R_{max}\,\varrho = (0{,}511\,V_{max} - 0{,}091)\ \text{g/cm}^2, \tag{67}$$

wo V_{max} in 10^6 e-Volt zu rechnen ist. Diese Formel, die für $V_{max} > 0{,}7$ $(\beta > 0{,}91)$ gelten soll, erscheint plausibel im Hinblick auf Gleichung (63) für die Grenzdicke X und (66) für die *praktische* Reichweite *homogener* Strahlen.

Setzt man voraus, daß bei extrem großen Strahlenergien, wie sie z. B. in der korpuskularen Ultrastrahlung vorliegen, keine neuen Ursachen für die Geschwindigkeitsabnahme hinzutreten, so kann man die Beziehungen (63), (66) oder (67) zu einer Abschätzung dieser Energien aus dem Durchdringungsvermögen benutzen. So ergibt sich aus (66) und (67), daß nur Elektronen von mehr als $2 \cdot 10^9$ e-Volt die ganze Erdatmosphäre durchdringen können.

23. Die wahre Reichweite. Von viel direkterem theoretischen Interesse als die Grenzdicke X und die praktische Reichweite R sind die wirklichen, mit Einschluß aller Krümmungen gemessenen Bahnlängen, welche die Elektronen bis zu ihrer vollständigen Bremsung zurücklegen; diese sollen als die „wahren Reichweiten" R_0 bezeichnet werden. Man errechnet sie überschlägig aus den Grenzdicken durch Multiplikation mit dem „Umwegfaktor". Ein Mittel zur direkten Messung der wahren Reichweite bietet die WILSONsche Nebelmethode (vgl. Kap. 3 ds. Bd.). Die sauber photographierten krummlinigen Elektronenbahnen können mit Hilfe eines Stereokomparators ihrer Länge nach ausgemessen werden. Damit die Anfangsenergie der Elektronen genau bekannt ist, löst man sie am besten als Photoelektronen durch monochromatische Röntgenstrahlen aus und berechnet ihre Energie aus der EINSTEINschen photoelektrischen Gleichung. Streng homogen sind auch diese Elektronen nicht, da sie aus verschiedenen Energieniveaus des Atoms (hauptsächlich aus der K- und L-Schale) stammen und daher verschiedene Ablösungsarbeiten haben, doch spielt dies bei leichten Gasen und harten Röntgenstrahlen keine wesentliche Rolle. Es zeigt sich, daß für eine homogene Elektronenstrahlung die wahren Reichweiten beträchtlich um einen Mittelwert schwanken. WILSON[2] bestimmte in Luft die mittlere wahre Reichweite R_0 von Photoelektronen von $\beta = 0{,}18$ bis $0{,}3$ und stellte seine Resultate dar durch die Gleichung

$$V = A\sqrt{R_0} \tag{68}$$

mit $A = 21$, wenn die Elektronenenergie V in e-Kilovolt gerechnet wird. Ausgedehntere Versuche mit besonders homogenen (kristallreflektierten) Röntgenstrahlen in etwa demselben Geschwindigkeitsbereich haben NUTTALL und WILLIAMS angestellt[3]. Für H_2, N_2, O_2 und Argon fanden sie (68) gut erfüllt, die Koeffizienten A betrugen bezüglich 8,4; 22,3; 23,9; 24,8 bei Normalbedingungen. Für Luft berechnet sich daraus nach der Mischungsregel $A = 23{,}6$, in naher Übereinstimmung mit WILSON. Vergleich der A-Werte für die verschiedenen Gase führt zu der einfachen Beziehung

$$R_0 = 0{,}0142\,\frac{V^2}{Z}, \tag{69}$$

[1] A. V. DOUGLAS, Trans. Roy. Soc. Canada Bd. 16 III, S. 113. 1922; J. A. CHALMERS, Proc. Cambridge Phil. Soc. Bd. 25, S. 331. 1929; N. FEATHER, Phys. Rev. Bd. 35, S. 1559. 1930; Proc. Cambridge Phil. Soc. Bd. 27, S. 430. 1931.
[2] C. T. R. WILSON, Proc. Roy. Soc. London (A) Bd. 104, S. 1. 1923.
[3] J. M. NUTTALL u. E. J. WILLIAMS, Phil. Mag. Bd. 2, S. 1109. 1926; vgl. auch H. IKEUTI, C. R. Bd. 180, S. 1257. 1925.

wo Z die Ordnungszahl ist und R_0 für diejenige Atomkonzentration zu nehmen ist, für welche ein zweiatomiges Gas im Normalzustand ist (also Argon bei 2×760 mm Hg, $0°$ C). Dies bedeutet, daß das atomare Bremsvermögen proportional Z ist. KIRCHNER[1] findet auf ähnliche Weise für Argon $A = 22{,}6$, wiederum in befriedigender Übereinstimmung. Stark abweichende Resultate ergaben sich indessen aus ähnlichen Messungen von PETROVA[2], bei denen als β-Strahlenquellen RaD-Präparate benutzt wurden, welche auf Kohle oder Platin niedergeschlagen waren. RaD sendet im wesentlichen zwei homogene Gruppen von β-Strahlen von $\beta = 0{,}33$ und $0{,}39$ aus; dem entsprachen zwei Maxima in der Verteilungskurve der Reichweiten. Die beiden maximal vertretenen Reichweiten ließen sich durch WILSONs Beziehung (68) darstellen, jedoch mit dem stark abweichenden Wert $A = 33{,}8$ für Luft. Die Diskrepanz ist nicht geklärt, doch muß man wohl annehmen, daß die Versuchsbedingungen in bezug auf Definition der Strahlgeschwindigkeit nicht so sauber waren wie bei den photoelektrisch erzeugten Elektronen[3].

Bei allen diesen Untersuchungen erwies sich die Streuung der wahren Reichweiten als ziemlich beträchtlich. NUTTALL und WILLIAMS geben bis $\pm 30\%$ Schwankung an; dies kann bei weitem nicht durch Ungenauigkeit der Bahnausmessung erklärt werden.

Eine indirekte Methode der Bestimmung wahrer Reichweiten nimmt den Umweg über die Ionisation (Ziff. 31). Bezeichnet J die totale Ionisation (Gesamtzahl der Ionenpaare über die ganze Bahnlänge l), $i = dJ/dl$ die differentiale Ionisation (Ionenpaare pro Zentimeter Bahnlänge), so gilt empirisch [Ziff. 34 und 36, Gleichung (93)]

$$J = \frac{V - V_1}{\varepsilon},$$

wo V die Strahlenergie, ε und V_1 Konstante sind. Daraus folgt

$$i = \frac{1}{\varepsilon} \frac{dV}{dl} \qquad \text{oder} \qquad R_0 = \int_0^{R_0} dl = \frac{1}{\varepsilon} \int \frac{dV}{i(V)}. \tag{70}$$

Aus dem zu messenden Verlauf von $i(V)$ und dem ebenfalls bekannten ε (Energieverbrauch pro Ionenpaar) ist also R_0 zu berechnen. BUCHMANN[4] findet so für $\beta = 0{,}06$ bis $0{,}33$ die WILSONsche Beziehung (68) bestätigt mit $A = 23{,}7$ für Luft, wiederum in ausgezeichneter Übereinstimmung mit NUTTALL und WILLIAMS.

Dasselbe Verfahren wendet OSGOOD[5] auf sehr kleine Strahlgeschwindigkeiten in Helium an. Er findet (68) gültig bis herab zu $250\,e$-Volt. Unterhalb $200\,e$-Volt dagegen läßt sich R_0 darstellen durch

$$R_0 = a\{bV - c + c \log(bV - c)\}, \tag{71}$$

wo a, b, c Konstante sind.

Mit $V = 23{,}6 \sqrt{R_0}$ für Luft (NUTTALL und WILLIAMS) berechnet sich

$$v^4 = 0{,}7 \cdot 10^{40} R_0.$$

Der Koeffizient ist rund dreimal kleiner als der entsprechende in WHIDDINGTONS Formel für die Geschwindigkeitsabnahme („a" in Tab. 6); dieser Unterschied

[1] F. KIRCHNER, Ann. d. Phys. Bd. 83, S. 521. 1927.
[2] J. PETROVA, ZS. f. Phys. Bd. 55, S. 628. 1929.
[3] Vgl. hierzu auch H. O. W. RICHARDSON, Proc. Roy. Soc. London (A) Bd. 133, S. 367. 1931, sowie die Diskussion in Nature Bd. 129, S. 314. 1932.
[4] E. BUCHMANN, Ann. d. Phys. Bd. 87, S. 509. 1928.
[5] TH. H. OSGOOD, Phys. Rev. Bd. 34, S. 1234. 1929.

dürfte sich durch die „Umwege" nicht voll erklären lassen, vielmehr erscheint Whiddingtons a-Wert zu groß (vgl. hierzu auch Ziff. 34).

24. Die durchgelassene Elektronenmenge und der praktische Absorptionskoeffizient. Läßt man homogene Elektronenstrahlen auf eine Platte irgendeines Materials auffallen, so nimmt allgemein mit zunehmender Plattendicke nicht nur die Geschwindigkeit, sondern noch weit schneller die Zahl der durchgehenden Elektronen ab. Der genauere Verlauf dieser Abnahme hängt aber von verschiedenen Faktoren ab, nämlich außer dem Plattenmaterial und der Strahlgeschwindigkeit auch von der Art des Einfalls. Für parallelen Einfall ist häufig die Abnahme der *Ionisationswirkung* gemessen worden; Beispiele zeigt Abb. 21 nach Varder[1]. Die *Teilchenzahl* fällt schneller als die Ionisation ab, da mit wachsender Schichtdicke die mittlere Geschwindigkeit abnimmt und daher die differentiale Ionisation eines Teilchens zunimmt[2] (Ziff. 33). Man sieht aus Abb. 21, daß die Ionisationskurve um so stärker nach unten durchgebogen ist, je hochatomiger das absorbierende Material ist. Bei Aluminium erhält man z. B. über einen weiten Schichtdickenbereich fast linearen Abfall, was Wilson[3] veranlaßte, von einem „linearen Absorptionsgesetz" zu sprechen und die Abweichungen von diesem auf sekundäre Einflüsse zu schieben; diese Auffassung ist jedoch irrig[4]. Der Charakter dieser Kurven ändert sich nicht wesentlich, wenn man von der Ionisierung auf die Teilchenzahl reduziert. Bei *diffusem* Einfall ändert sich in der Hauptsache der Anfangsteil der Kurve, indem er um so steiler verläuft, je diffuser die einfallende Strahlung ist. Auf diese Vorgänge, welche mit der Stärke der Rückdiffusion zusammenhängen, ist schon oben Ziff. 13 hingewiesen worden. Oberhalb der Rückdiffusionsdicke wird der Kurvenverlauf unabhängig von der Art des Einfalls und läßt sich dann über beschränkte Bereiche durch eine Exponentialfunktion darstellen, wie zuerst von Lenard festgestellt wurde. Bezeichnet also n_0 die Elektronenzahl pro Zeiteinheit für eine gewisse Dicke, welche größer als die Rückdiffusionsdicke ist, n die Zahl für eine um den Betrag x größere Dicke, so kann man für nicht zu große x ansetzen:

$$n = n_0 e^{-\alpha x}, \tag{72}$$

woraus durch Differentiation hervorgeht:

$$\alpha = - \frac{1}{n} \frac{dn}{dx}. \tag{73}$$

α ist der „praktische Absorptionskoeffizient" nach der Definition von Lenard[5]. Sein Quotient in die Dichte ϱ des Absorbers wird als der „praktische Massenabsorptionskoeffizient" α/ϱ bezeichnet. Der Absorptionskoeffizient muß als veränderlich mit der Schichtdicke betrachtet werden, denn das Exponentialgesetz (72) gilt nicht streng. Als Grund für diese Veränderlichkeit ist nach Lenard anzusehen, daß die mittlere Geschwindigkeit mit wachsender Schichtdicke abnimmt. Man kann daher α als Funktion allein der jeweiligen Geschwindigkeit und des absorbierenden Mittels auffassen, und zwar wächst α mit abnehmender Geschwindigkeit. Um den Absorptionskoeffizienten zu messen, bestimmt

---

[1] R. W. Varder, Phil. Mag. Bd. 29, S. 725. 1915.

[2] Experimentell erwiesen von A. F. Kovarik u. L. W. McKeehan, Phys. ZS. Bd. 15, S. 434. 1914.

[3] W. Wilson, Proc. Roy. Soc. London (A) Bd. 82, S. 612. 1909.

[4] Auf störende Nebeneinflüsse ist dagegen zurückzuführen, daß Wilson unter Umständen auch ein anfängliches *Ansteigen* der Ionisation mit der Schichtdicke beobachtete (s. R. W. Varder, Phil. Mag. Bd. 29, S. 725. 1915; vgl. auch A. F. Kovarik, ebenda Bd. 20, S. 849. 1910).

[5] P. Lenard, Kathodenstrahlen, S. 73.

man die Schwächung dn in einer so dünnen Schicht dx, daß in ihr der Geschwindigkeitsverlust zu vernachlässigen ist; hierbei ist eine genügend dicke Schicht vorzuschalten, daß α nahe konstant oder langsam mit der Schichtdicke steigend sich ergibt. Diese „Vorschaltdicke" bringt bei leichtatomigen Substanzen bereits eine sehr wesentliche Reduktion der Intensität mit sich. Man kann die Einstellung des Exponentialgesetzes aber auch mit kleinerem Intensitätsverlust herbeiführen, indem man eine hochatomige Folie, etwa Platin, vorschaltet[1].

Bemerkenswert ist, daß eine gewisse Inhomogenität der Strahlen die Annäherung an ein Exponentialgesetz der Form (72) begünstigt. Man kann also die exponentielle Absorption nicht als ein Kriterium für Homogenität der Strahlen betrachten.

25. Absorptionskoeffizienten in Aluminium und Luft. Die LENARDsche Definition des praktischen Absorptionskoeffizienten ist wohl unter den bisher vorgeschlagenen die einzige vollständige und einigermaßen eindeutige. Sie ist aber gleichzeitig so verwickelt, daß nur wenige der bisher ausgeführten Messungen vor ihr standhalten. LENARD und seine Mitarbeiter haben Absorptionsmessungen angestellt in den Gebieten $\beta < 0,1$[2] und $\beta = 0,3$ bis $0,5$[3]. Für größere Geschwindigkeiten kommen dann noch die Messungen von CROWTHER[4], H. W. SCHMIDT[5] und FRIMAN[6] in Betracht, welche an den (übrigens inhomogenen) β-Strahlen des UX ausgeführt wurden. Das experimentelle Material ist hiernach noch recht lückenhaft, und die von LENARD aufgestellte Tabelle 13, welche den innerhalb der Meßgenauigkeit gleichen praktischen Massenabsorptionskoeffizienten in Aluminium und Luft als Funktion der Geschwindigkeit gibt, kann daher für die inter-

Tabelle 13. Praktische Massen-Absorptionskoeffizienten α/ϱ in Luft und Aluminium (LENARD).

β	$\dfrac{\alpha}{\varrho}$	β	$\dfrac{\alpha}{\varrho}$	β	$\dfrac{\alpha}{\varrho}$
0,01	$1,8 \cdot 10^7$	0,25	8 600	0,70	29
0,02	$1,3 \cdot 10^7$	0,30	2 900	0,75	19
0,03	$8,6 \cdot 10^6$	0,35	1 400	0,80	13
0,04	$5,8 \cdot 10^6$	0,40	740	0,85	9,0
0,06	$2,5 \cdot 10^6$	0,45	400	0,90	6,0
0,08	$1,4 \cdot 10^6$	0,50	220		
0,10	$8,0 \cdot 10^5$	0,55	130		
0,15	$1,5 \cdot 10^5$	0,60	83		
0,20	$3,6 \cdot 10^4$	0,65	49		

polierten Gebiete keine große Genauigkeit beanspruchen. Man erkennt aus dieser Tabelle eine außerordentlich starke Zunahme des Absorptionskoeffizienten mit abnehmender Geschwindigkeit. Für diese Abhängigkeit hat LENARD in einem beschränkten Bereich eine Beziehung von der Form:

$$\alpha v^4 = \text{konst.} \tag{74}$$

gültig befunden. TERRILL findet nach eigenen Messungen $\alpha v^4 = 2,68 \cdot 10^{43}$ für Al und $\beta = 0,27$ bis $0,4$, was aber nicht gut zu den sonstigen Messungen paßt[7]. WHIDDINGTON[8] ergänzte LENARDs Beziehung zu

$$\alpha = \frac{b}{v^4} + c, \tag{75}$$

<hr>

[1] J. A. CROWTHER, Proc. Roy. Soc. London (A) Bd. 84, S. 244. 1910.
[2] P. LENARD, Ann. d. Phys. Bd. 12, S. 714. 1903; F. MAYER, ebenda Bd. 45, S. 24. 1914.
[3] P. LENARD, Ann. d. Phys. Bd. 56, S. 255. 1895; A. BECKER, ebenda Bd. 17, S. 405. 1905; Sitzungsber. Heidelb. Akad. 1910, A. 19.
[4] J. A. CROWTHER, Phil. Mag. Bd. 12, S. 379. 1906.
[5] H. W. SCHMIDT, Ann. d. Phys. Bd. 23, S. 671. 1907; Phys. ZS. Bd. 10, S. 929. 1909.
[6] E. FRIMAN, Ann. d. Phys. Bd. 49, S. 373. 1916.
[7] H. M. TERRILL, Phys. Rev. Bd. 24, S. 616. 1924. Vgl. hierzu die kritischen Bemerkungen von B. F. J. SCHONLAND, Nature Bd. 115, S. 497. 1925.
[8] R. WHIDDINGTON, Proc. Roy. Soc. London (A) Bd. 89, S. 559. 1914; Proc. Cambridge Phil. Soc. Bd. 16, S. 326. 1911.

wo b und c Konstante sind. Allgemeine Gültigkeit kommt diesen empirischen Formeldarstellungen nicht zu. Mit wachsender Geschwindigkeit scheint α gegen 0 für $\beta = 1$ zu gehen. Auf die komplizierteren Verhältnisse bei kleineren Geschwindigkeiten von der Größenordnung 100 Volt und darunter wird in Ziff. 29 noch kurz zurückzukommen sein.

W. Wilson[1] definierte mit Hilfe seines „linearen Absorptionsgesetzes" und der in Ziff. 22 angegebenen praktischen Reichweite R eine ebenfalls als „Absorptionskoeffizienten" bezeichnete Größe $1/R$. Es ist nach dem Anblick der Abb. 21 ohne weiteres verständlich, daß dieser Absorptionskoeffizient wesentlich kleiner als α ausfallen muß.

26. Materialabhängigkeit des praktischen Absorptionskoeffizienten. Schon die ersten Messungen führten Lenard zu der Feststellung, daß das Absorptionsvermögen für Kathodenstrahlen gegebener Geschwindigkeit in erster Linie durch die Dichte ϱ und in viel geringerem Grade durch die chemische Natur und den Aggregatzustand bestimmt ist. Aus diesem Gesichtspunkt wurde auch in der Folgezeit stets die Frage nach der Materialabhängigkeit der Absorption betrachtet, was sich darin ausdrückte, daß man häufig statt mit dem Absorptionskoeffizienten selbst mit dem „Massenabsorptionskoeffizienten" α/ϱ rechnete. Die Aufstellung dieses „Lenardschen Gesetzes" bedeutete einen starken Impuls für die Atomforschung; es führte Lenard zuerst auf die bis heute bewährte Vorstellung, daß die Atombestandteile, welche er sich als elektrische Dipole (Dynamiden) vorstellte, nur einen winzigen Bruchteil des Atomvolumens einnehmen. Von größerem Interesse als das Lenardsche Gesetz selbst sind heute fast die Abweichungen von diesem. Diese sind mehrfacher Art.

Tabelle 14. Absorptionskoeffizienten α von Gasen beim Druck 1 cm Hg für β-Strahlen von UX (Friman).

Gas	$\alpha \cdot 10^5$	$\alpha/\alpha_{\text{Luft}}$	$\varrho/\varrho_{\text{Luft}}$
Luft	6	1,0	1,0
Chloroform	30	5,0	4,1
Äthylbromid	37	6,2	3,8
Methyljodid	65	10,9	4,9
Kohlensäure	9	1,5	1,5
Sauerstoff	7	1,1	1,1
Azeton	12	2,0	2,0
Isobutylchlorid . . .	21	3,5	3,2
Tetrachlorkohlenstoff .	42	7,0	5,3
Chlor*	—	1,60	1,2
Brom*	—	5,2	2,8
Jod*	—	10,4	4,4

* Aus den vorigen berechnet.

a) Stärker als massenproportional absorbieren die Halogene, wie die Untersuchungen von Silbermann und A. Becker[2] (bei mittleren Geschwindigkeiten) und von Friman[3] (bei großen Geschwindigkeiten; UX) zeigten; Frimans Ergebnisse sind in Tabelle 14 zusammengestellt. Außerdem findet im ganzen ein Anstieg der Massenabsorption mit der Ordnungszahl statt. Ein vollständigeres Bild dieser Verhältnisse geben die älteren Messungen von Crowther[4], bei welchen zwar die von Friman eingehend diskutierten Fehlerquellen noch nicht berücksichtigt sind, die sich aber dafür auf eine große Zahl über das ganze periodische System verteilter Elemente erstrecken. Die Abb. 23, welche Crowthers Resultate zeigt, läßt ein ausgesprochen periodisches Verhalten des Massenabsorptionskoeffizienten α/ϱ erkennen, und zwar gehen die Perioden mit denjenigen des natürlichen Systems der Elemente konform. Die Maxima liegen etwa bei den Halogenen. Eine Analogie mit dem Verlauf des Bremsvermögens für α-Strahlen (Kap. 3) ist nach Abb. 23 unverkennbar vorhanden.

---

[1] W. Wilson, Proc. Roy. Soc. London (A) Bd. 82, S. 612. 1909; Bd. 87, S. 310. 1912.
[2] J. Silbermann, Diss. Heidelberg 1912; A. Becker, Ann. d. Phys. Bd. 67, S. 428. 1922.
[3] E. Friman, Ann. d. Phys. Bd. 49, S. 373. 1916.
[4] J. A. Crowther, Phil. Mag. Bd. 12, S. 379. 1906.

FOURNIER[1] stellt nach Messungen an den β-Strahlen des RaE, UX und RaB + C die einfache Formel auf

$$\frac{\mu}{\varrho} = b(105 + Z)\,, \tag{76}$$

wo b eine von der Strahlenart abhängende Konstante ist. Es ist aber zu beachten, daß diese Formel sich nur auf solche Elemente bezieht, welche in den unteren Teilen der Bögen der Abb. 23 liegen. Das periodische Verhalten mit Z konnte daher in diesen Messungen nicht zum Ausdruck kommen.

b) Wasserstoff absorbiert rund doppelt massenproportional gegenüber Aluminium. Diese Abweichung verschwindet, wenn man die Absorption nicht auf gleiche Massen, sondern auf gleiche Elektronenzahl pro Flächeneinheit der Schicht bezieht. Hierzu ist α/ϱ noch zu multiplizieren mit dem Verhältnis A/Z von Atomgewicht zu Ordnungszahl; dieses Verhältnis ist 1 für Wasserstoff, dagegen 2 für die übrigen leichteren Elemente.

c) Allgemein gilt die Massenproportionalität um so weniger genau, je kleiner die Geschwindigkeit ist. Nach A. BECKER[2] absorbiert Nickel gegenüber Luft bei 4000 e-Volt ($\beta = 0{,}125$) mindestens 7mal, bei 500 e-Volt ($\beta = 0{,}044$) mindestens 18mal weniger als massenproportional. Zwischen 100 und 6 e-Volt nähert sich der Ab-

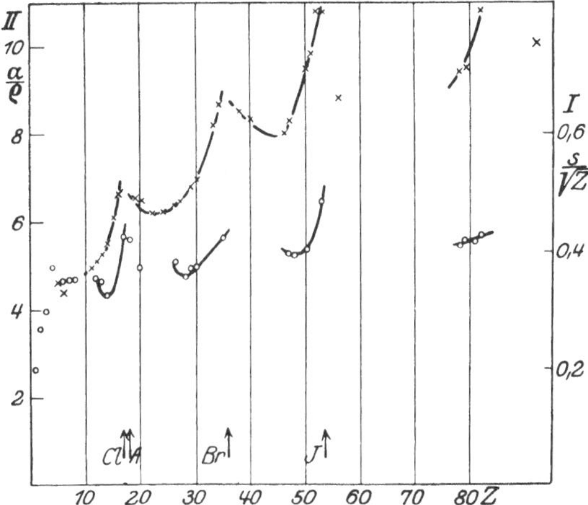

Abb. 23. I. ○ Bremsvermögen s für α-Strahlen (RAUSCH v. TRAUBENBERG). II. × Massenabsorptionskoeffizient α/ϱ für β-Strahlen des UX (CROWTHER).

sorptionskoeffizient in Ni einem konstanten Grenzwert von $1{,}5\cdot10^6$ cm^{-1}. Bei so kleinen Geschwindigkeiten verhalten sich die Substanzen ganz individuell.

Der Absorptionskoeffizient einer Mischung oder Verbindung setzt sich additiv aus denjenigen der einzelnen Atomarten zusammen, läßt sich also nach der Mischungsregel berechnen. Bezeichnen $(\alpha/\varrho)_i$ die Massenabsorptionskoeffizienten der einzelnen Elemente, c_i ihre gewichtsmäßigen Konzentrationen ($\sum c_i = 1$), so ist der Massenabsorptionskoeffizient der Substanz:

$$\alpha/\varrho = \sum c_i(\alpha/\varrho)_i\,.$$

Diese Beziehung diente vielfach zur Ermittlung des Absorptionskoeffizienten solcher Elemente, welche nur in Verbindungen leicht zugänglich sind (vgl. z. B. Tabelle 14). Bei Wasserstoffverbindungen scheinen nach A. BECKER Abweichungen von der Additivität zu bestehen[3].

27. Die vollständige Absorptionskurve für parallele Strahlen. Der praktische Absorptionskoeffizient gibt nur Auskunft über die Zahl der absorbierten Teilchen oberhalb einer gewissen Schichtdicke, wo jedenfalls die Strahlen schon vollkommen diffus und um einen merklichen Bruchteil geschwächt sind. Für die Frage nach dem Wesen der Absorption ist es aber von Wichtigkeit, die Absorption für ein nahezu paralleles Strahlenbündel von Anfang an zu verfolgen.

[1] G. FOURNIER, Ann. de phys. Bd. 8, S. 205. 1927.
[2] A. BECKER, Ann. d. Phys. Bd. 84, S. 779. 1927.
[3] A. BECKER, Ann. d. Phys. Bd. 67, S. 428. 1922.

Hierzu ist es nicht ausreichend, die Abnahme der durchgelassenen Teilchenzahl allein zu messen, denn diese lehrt lediglich die Summe von absorbierter und rückdiffundierter Teilchenzahl kennen, und die letztere stellt einen wesentlichen Bruchteil dar (Ziff. 14). Zur Messung der wirklichen Zahl der in der Folie steckenbleibenden Teilchen bediente sich Schonland[1] der in Abb. 24 skizzierten Anordnung. Beiderseits der zu untersuchenden Folie F befinden sich zwei isolierte Auffangekäfige D und R; die Käfige und die Folie können einzeln mit einem

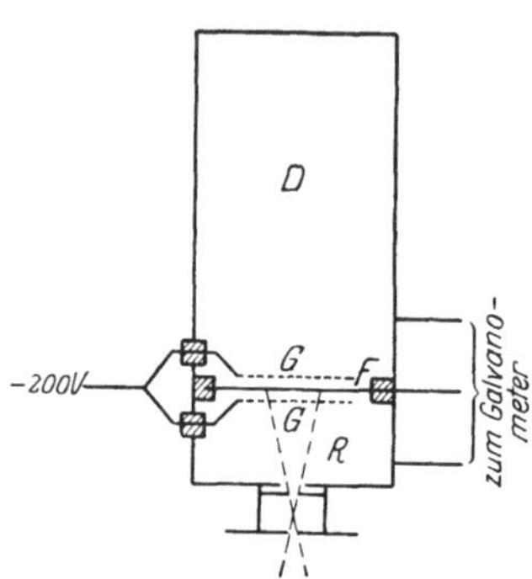

Abb. 24. Versuchsanordnung zur Absorption und Rückdiffusion (Schonland).

Galvanometer verbunden werden. Die magnetisch homogenisierten Kathodenstrahlen, deren Geschwindigkeit zwischen etwa $\beta = 0,2$ und $0,5$ variiert werden konnte, trafen nahezu senkrecht auf die Folie. In dem Käfig D wurde die durchgelassene, in R die rückdiffundierte Elektronenmenge gemessen, während die in der Folie steckenbleibende (absorbierte) Elektronenmenge durch Anschalten der Folie selbst bestimmt wurde. Das Gitter G, welches auf -100 bis -200 Volt gegenüber der Folie gehalten wurde, diente dazu, die Sekundärelektronen (δ-Strahlen) zurückzuhalten, welche die Kathodenstrahlen beim Durchgang erzeugen. Der Verlauf der durchgehenden Elektronenmenge als Funktion der Schichtdicke zeigte nichts, was über die früheren Befunde hinausging (Ziff. 24). Die andererseits aus der rückdiffundierten Menge bestimmten Rückdiffusionskonstanten sind bereits in Tabelle 5 aufgeführt. Die Ergebnisse für den wirklich absorbierten Bruchteil der auffallenden Elektronen zeigt Abb. 25 für Aluminium. Man erkennt, daß die relative Zahl der nicht absorbierten, d. h. der durchgelassenen $+$ rückdiffundierten Elektronen bis zu einer gewissen Schichtdicke fast konstant gleich 1

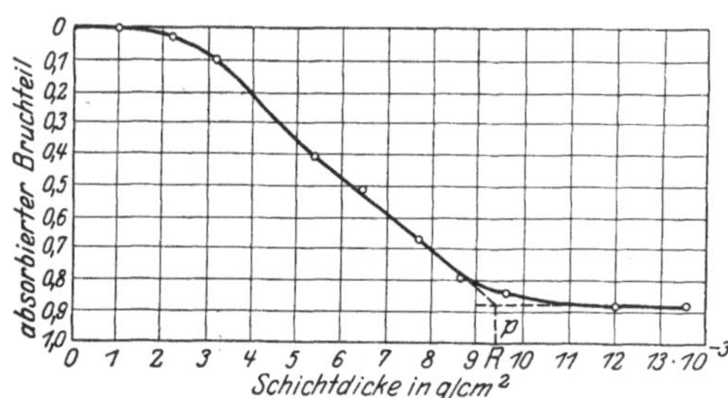

Abb. 25. Vollständige Absorptionskurve in Aluminium; $\beta = 0,52$ (Schonland).

bleibt, um dann verhältnismäßig rasch abzufallen und sich endlich langsam einem Grenzwert zu nähern. Dieser Grenzwert stellt nichts anderes als die Rückdiffusionskonstante p dar. Die Kurven für Gold zeigen genau den gleichen Charakter. Die Unterschiede, welche in den Kurven für die *durchgelassene* Elektronenmenge bestehen (Abb. 21), verschwinden hier also vollständig. Der allgemeine Verlauf dieser Kurve ist auch qualitativ der gleiche wie bei der Absorptionskurve („Teilchenzahlkurve") für α-Strahlen[2], allerdings mit dem quantitativen Unterschied, daß bei α-Strahlen der horizontale Anfangsteil der Kurve relativ weiter reicht und der dann folgende Abfall steiler ist; dieser Unterschied erklärt sich schon allein daraus, daß die wirklichen Bahnlängen der Elektronen bei gegebener Schichtdicke großen Schwankungen unterliegen; sie werden z. B. im Mittel andere sein für die durchgelassenen als für die rückdiffundierten Elektronen. Man kann hieraus schließen, daß man den Elektronenstrahlen eine „Reichweite" in demselben Sinne zuzuschreiben hat, wie den α-Strahlen (vgl. Ziff. 30).

---

[1] B. F. J. Schonland, Proc. Roy. Soc. London (A) Bd. 104, S. 235. 1923; Bd. 108, S. 187. 1925.
[2] Vgl. ds. Bd. Kap. 3.

Der Hauptabfall der Absorptionskurven Abb. 25 ist praktisch linear; durch
Fortsetzung dieses Teiles bis zur Grenzordinate p erhält man wieder die in Ziff. 22
bereits definierte „praktische Reichweite" R. Diese Art der Ermittelung hat
vor derjenigen aus der durchgehenden Teilchenzahl den Vorzug, daß sie sich
bei allen Elementen, auch den schwersten, gleichartig vornehmen läßt. Die Ergebnisse sind bereits in Tabelle 11 und 12 aufgeführt.

Für schnelle β-Strahlen ($\beta = 0{,}88$) hatte schon lange vorher W. WILSON[1]
ein entsprechendes Ergebnis gefunden, indem er zeigte, daß die Summe von
durchgelassener und rückdiffundierter Elektronenzahl über eine Schichtdicke
von 0,5 mm Aluminium praktisch konstant war, d. h. über einen wesentlichen
Teil der 0,7 mm betragenden praktischen Reichweite.

28. Der reine Absorptionskoeffizient; Wesen der Absorption. Bestimmte
Vorstellungen vom Wesen der Absorption der Kathodenstrahlen wurden von
LENARD ausgebildet, welcher jedoch im wesentlichen nur den quasiexponentiellen
Teil in der Kurve der durchgehenden Elektronenmenge in Betracht zog. LENARD
vertrat ursprünglich die Ansicht, daß die sog. „eigentliche Absorption" den Ausschlag gibt, d. h. die plötzliche Abbremsung der Teilchen auf gaskinetische Geschwindigkeit beim Zusammenstoß mit *einem einzigen* Atom; als Maß für sie
dient der „reine Absorptionskoeffizient" α_0, welcher dadurch definiert ist, daß
in einem *parallelen* Strahlenbündel $\alpha_0 \, dl$ der Bruchteil der Teilchen ist, welcher
pro *Bahnlängenelement* dl durch derartige Absorptionsprozesse ausscheidet. Diese
Definition ist analog derjenigen für den *praktischen* Absorptionskoeffizienten α
[Gleichung (73)], welcher die Abnahme der Teilchenzahl bei *vollständig diffusem*
Verlauf (Normalfall) in der Richtung der *Schichtnormale* bestimmt. Hiernach
sollte sich α_0 von α im wesentlichen nur um den Umwegfaktor unterscheiden,
für welchen angenähert die in Tabelle 5 aufgeführten Werte gelten.

Der von LENARD ausgesprochene Gedanke, den reinen Absorptionskoeffizienten direkt aus dem Verhalten paralleler Strahlen zu ermitteln, hat später
seine Verwirklichung gefunden in den Versuchen von SCHONLAND (Ziff. 27), und
man muß aus diesen Versuchen den Schluß ziehen, daß die eigentliche Absorption
bei weitem nicht die entscheidende Rolle spielt. Der horizontale Kurvenverlauf
im Anfangsteil der Abb. 25 zeigt, daß der reine Absorptionskoeffizient außerordentlich klein sein muß. Praktisch wird man das Verhalten der Elektronenstrahlen als analog dem der α-Strahlen betrachten können, d. h. die Energie eines
Strahlenteilchens wird in kleinen Stufen allmählich aufgezehrt. Hierfür sprechen
auch durchaus die Wilson-Bilder des wirklichen Bahnverlaufes schneller Elektronen; diese zeigen stets die allmähliche Geschwindigkeitsabnahme bis zur vollständigen Abbremsung, kenntlich an der zunehmenden Ionendichte und Bahnkrümmung bis zu dem oft knopfförmig verdickten oder zusammengerollten Ende
der Bahn; ein plötzliches Abbrechen einer Bahn ist bisher nicht beobachtet
worden. Ein weiteres entscheidendes Argument für die Seltenheit eigentlicher
Absorptionsprozesse bildet die Größe der experimentell bestimmten Totalionisation (Ziff. 34).

Die Abnahme der Teilchenzahl mit zunehmender Schichtdicke hat man sich
hiernach wesentlich als eine kombinierte Wirkung der Zerstreuung und der allmählichen Geschwindigkeitsabnahme vorzustellen. Aus den Daten für den praktischen Absorptionskoeffizienten und die Geschwindigkeitsabnahme geht aber
hervor, daß die letztere eine untergeordnete Rolle spielt, da sie sich erst in so
großen Schichtdicken bemerkbar macht, wo die Absorption schon relativ stark
ist. In der Tat zeigt die genauere Betrachtung des Diffusionsvorganges, wie sie

---

[1] W. WILSON, Proc. Roy. Soc. London (A) Bd. 87, S. 323. 1912.

in Ziff. 13 angedeutet ist, daß die Zerstreuung allein ausreicht, um die Teilchenabnahme zu erklären[1]. Die dort angegebene Gleichung (49) liefert direkt den Koeffizienten α_1/ϱ dieser „Streuabsorption". Tabelle 15 zeigt den Vergleich mit den beobachteten Werten α/ϱ, der für leichte Elemente durchaus zufriedenstellend

Tabelle 15. Theoretischer „Streuabsorptionskoeffizient" und beobachteter „praktischer Absorptionskoeffizient".

Element	β	α_1/ϱ ber.	α/ϱ beob.
Al	0,3	2300	2900
Al	0,6	100	83
Al	0,9	7,0	6,0
Ag	0,34	4300	3070
Au	0,34	6800	2880

ausfällt. Die Abhängigkeit von der Strahlgeschwindigkeit v kommt in genauer Übereinstimmung mit LENARDs empirischer Beziehung (74) heraus. Nur für schwere Elemente ergibt sich der theoretische Absorptionskoeffizient deutlich *größer* als der gemessene. Dies kann zwanglos auf das komplizierte Verhalten der streifend zur Schicht verlaufenden Strahlen zurückgeführt werden, denn für diese spielen rückdiffusionsähnliche Vorgänge, welche in der Theorie nicht berücksichtigt sind und auch schwer hineinzuarbeiten sind, eine entscheidende Rolle, und zwar um so mehr, je höher die Ordnungszahl ist (Ziff. 14).

Nach dieser Theorie ist der exponentielle Abfall der Teilchenzahl an den Eintritt der „vollständigen Diffusion" gebunden, wie es auch die Erfahrung lehrt. Aber auch den Übergang vom Parallelbündel zur vollständigen Diffusion und die damit verknüpften anfänglichen Abweichungen vom Exponentialgesetz liefert die Theorie zwangsläufig durch Hinzunahme der höheren „Eigenfunktionen". Ebenso bestätigt sich theoretisch, daß bei nicht zu großen Absorberdicken die Geschwindigkeitsabnahme keinen wesentlichen Einfluß auf die Form der Absorptionskurve hat.

Ohne von der allgemeinen Theorie Gebrauch zu machen, aber nach demselben Grundgedanken, hat CHALMERS[2] für einen speziellen Fall (offenbar mit erheblichem Rechenaufwand) nachgewiesen, daß der Verlauf der Absorptionskurve durch die beiden Faktoren: Zerstreuung und Geschwindigkeitsabnahme allein ausreichend erklärt werden kann.

Ist somit die eigentliche Absorption in dem hier betrachteten Geschwindigkeitsbereich von untergeordneter Bedeutung für den Verlauf der Absorptionskurve, so muß doch in gewissem Sinne mit ihrer Existenz gerechnet werden, wie in Ziff. 29 näher dargelegt wird.

29. Die Quantenabsorption. Bei Geschwindigkeiten, deren Voltäquivalent von der Größenordnung 100 Volt und kleiner ist, treten insofern besondere Verhältnisse ein, als allgemeine, das Verhalten aller Substanzen zusammenfassende Gesetzmäßigkeiten nicht existieren. Für jede Substanz gibt es in diesem Bereich eine Reihe ausgezeichneter Primärgeschwindigkeiten, deren Voltäquivalente als die „kritischen Potentiale" der Substanz bezeichnet werden. Die „Anregungs" und „Umwandlungsspannungen" bedeuten die Energieunterschiede zwischen den stationären Zuständen der Molekel. Auch die „Ionisierungsspannungen", d. s. diejenigen, welche der zur Ablösung eines Elektrons aus der Molekel nötigen Arbeit entsprechen, gehören zu den kritischen Potentialen. Durch die BOHRsche Frequenzbedingung sind die kritischen Potentiale mit charakteristischen Frequenzen im Spektrum der Substanz verbunden. In diesem Gebiet hört die praktisch kontinuierliche Geschwindigkeitsabnahme und Zerstreuung der Primärelektronen auf. Das Elektron verliert bei einem Zusammenstoß einen bestimmten, relativ sehr großen Energiebetrag, welcher einem der kritischen Potentiale ent-

---

[1] W. BOTHE, ZS. f. Phys. Bd. 54, S. 161. 1929.
[2] J. A. CHALMERS, Proc. Cambridge Phil. Soc. Bd. 26, S. 252. 1930.

spricht, also im allgemeinen geeignet ist, die Molekel in einen anderen stationären Zustand zu überführen. Erreicht die Primärgeschwindigkeit gerade einen der kritischen Werte, so kann das Elektron seine ganze Energie bei einem einzigen Zusammenstoß vollständig verlieren, d. h. es tritt Absorption im LENARDschen Sinne ein. Für den Fall, daß die Primärgeschwindigkeit etwas größer ist, lassen z. B. die Versuche von ÅKESSON[1] und LÖHNER[2] darauf schließen, daß das Primärelektron wieder genau den kritischen Energiebetrag an die Molekel abgibt und mit dem Rest der Energie weiterfliegt, in Übereinstimmung mit der quantenmechanischen Theorie dieser Vorgänge (vgl. Bd. XXIII/1).

Eine weitere Erscheinung, welche in diesem Gebiet kleiner Geschwindigkeiten gewissermaßen an die Stelle der Diffusion tritt, ist die Reflexion der Elektronen an einzelnen Molekeln; hierbei kann das Primärelektron durch einen einzigen Zusammenstoß um einen beliebig großen Winkel abgelenkt werden, ohne mehr als den geringen Geschwindigkeitsverlust zu erleiden, welcher nach dem Impulssatz zu erwarten ist. Von der Einzelstreuung über große Winkel unterscheidet sich die Reflexion dadurch, daß sie nicht Wirkung der Atomkerne, sondern wesentlich der Außenelektronen ist. Zum Unterschied von den vorerwähnten „unelastischen" Anregungs- und Ionisierungsstößen werden diese Reflexionsstöße auch als „elastische" bezeichnet. LENARD nennt die Reflexion auch „unechte Absorption".

Auf die verwickelten Einzelheiten dieser Vorgänge und ihren engen Zusammenhang mit der Spektroskopie wird in Bd. XXIII/1 ds. Handb. 2. Aufl. ausführlicher eingegangen.

Noch verwickelter als in Gasen scheinen die Verhältnisse in dünnen Folien fester Substanzen zu sein, wenn man zu kleinen Geschwindigkeiten übergeht. Auch hier folgen aufeinander Geschwindigkeitsgebiete geringer und abnorm hoher Durchlässigkeit[3], wobei geringe Durchlässigkeit mit starker Reflexion parallel geht (Ziff. 15). Es ist noch nicht geklärt, wieweit hierbei der Atombau und wieweit der Kristallbau für die Erscheinungen maßgebend ist.

Es ist sicher, daß die Erscheinung der Quantenabsorption mit relativ großen Energieverlusten nicht grundsätzlich auf das Gebiet kleiner Geschwindigkeiten beschränkt ist, denn „kritische Potentiale" gibt es bei den Schwerelementen bis in das Gebiet hinein, welches den harten Röntgenstrahlen entspricht, also Elektronengeschwindigkeiten von der halben Lichtgeschwindigkeit und mehr; es sind dies in der Hauptsache die Ionisierungspotentiale für die inneren Atomelektronen. Aus dem in Ziff. 28 Ausgeführten geht jedoch bereits hervor, daß die Quantenabsorption in diesem Gebiet praktisch nur eine untergeordnete Rolle spielen kann. Hierfür spricht auch eine Reihe weiterer Befunde. Da ein etwa in der K-Schale ionisiertes Atom bei seiner Rückkehr zum Normalzustand im allgemeinen[4] eine Spektrallinie der K-Serie aussendet, so gibt in einem Röntgenrohr die Ausbeute an K-Strahlung des Anodenmaterials ein Maß für die Häufigkeit von K-Ionisierungsprozessen, und diese Ausbeute ist nur von der Größenordnung 1/1000. In Übereinstimmung hiermit ist auch, daß es bisher nicht gelungen ist, eine selektive Absorbierbarkeit für Elektronen, welche gerade etwas mehr als die K-Ionisierungsenergie besitzen, festzustellen[5]. Selbst in der Ge-

---

[1] N. ÅKESSON, Sitzungsber. Heidelb. Akad. 1914, Nr. 21.

[2] H. LÖHNER, Ann. d. Phys. Bd. 9, S. 1004. 1931.

[3] A. BECKER, Ann. d. Phys. Bd. 84, S. 779. 1927; Bd. 2, S. 249. 1929; E. RUPP, ZS. f. Phys. Bd. 58, S. 145. 1929.

[4] Nämlich bis auf die „strahlungslosen Umwandlungen"; vgl. ds. Handb. 2. Aufl. Bd. XXIII/2.

[5] R. WHIDDINGTON, Proc. Roy. Soc. London (A) Bd. 89, S. 554. 1914; B. F. J. SCHONLAND, Proc. Roy. Soc. London (A) Bd. 108, S. 187. 1925.

schwindigkeitsverteilung der durchgehenden Elektronen macht sich z. B. die K-Ionisierungsspannung des Stickstoffs, welche nur 374 e-Volt beträgt, nicht als Stufe bemerkbar[1]. Ähnliches wie für die Anregung charakteristischer Strahlen gilt auch für die Erzeugung der Bremsstrahlung (vgl. hierüber ds. Handb. 2. Aufl. Bd. XXIII/2). Um nämlich ein Strahlungsquant $h\nu$ zu erzeugen, dessen Wellenlänge der Grenze des kontinuierlichen Röntgenspektrums entspricht, müßte nach dem DUANE-HUNTschen Gesetz das Primärelektron seine ganze Energie in einem einzigen Akt verlieren. Die Häufigkeit solcher Prozesse kann jedoch wiederum nur außerordentlich klein sein, da die ganze Ausbeute an Bremsstrahlung nur von der Größenordnung 1/1000 ist. All dies zeigt, daß man bei einigermaßen großer Strahlenergie praktisch mit kontinuierlicher Energieabnahme rechnen kann.

30. Deutung der Geschwindigkeitsabnahme. Die qualitative Erklärung für die Geschwindigkeitsabnahme von Elektronen- und α-Strahlen ist folgende. Die Strahlenteilchen durchqueren die Atome und treten dabei in Wechselwirkung mit deren Elementarbestandteilen. Da man diese im wesentlichen als ursprünglich ruhend ansehen kann, so wird die von dem Strahlenteilchen auf die Atombestandteile übertragene Energie positiv sein, das Strahlenteilchen wird also sukzessive gebremst. Die einfachste quantitative Formulierung dieses Gedankens ist schon in der Rechnung der Ziff. 2 enthalten; aus Gleichung (7) und (9) folgt für die Energie Q, welche das bremsende Teilchen bei dem Prozeß gewinnt:

$$Q = \frac{1}{2} M V^2 = 2 m v_0^2 \frac{M m}{(M + m)^2} \frac{1}{1 + p^2/\lambda^2}, \tag{77}$$

wo

$$\lambda = \frac{E e}{v_0^2} \frac{M + m}{M m} \tag{78}$$

eine Länge ist, welche vom „Stoßparameter" p unabhängig ist. Ist $p \gg \lambda$ — nur solche Elementarprozesse geben den Ausschlag, da die übrigen zu selten sind[2] —, so wird

$$Q = \frac{2}{M} \left(\frac{E e}{v_0 p}\right)^2,$$

woraus man sieht, daß die Bremswirkung der Atomkerne klein gegen die der Atomelektronen ist. Während also die Zerstreuung im wesentlichen eine Wirkung der Atom*kerne* ist (Ziff. 10), sind für die Geschwindigkeitsabnahme praktisch allein die Atom*elektronen* verantwortlich zu machen. Dieser Umstand ermöglicht es überhaupt erst, Zerstreuung und Bremsung als zwei unabhängige Erscheinungen zu behandeln, welche sich einfach überlagern. Im folgenden wird also $M = \mu$ und $E = -\varepsilon$ zu setzen sein, während m und e weiter die Masse und Ladung des Strahlenteilchens (α- oder β-Teilchens) bedeuten.

Bezeichnet nun wieder Z die (mit der Ordnungszahl identische) Zahl der Elektronen in einem Atom, N die Zahl der Atome im cm³, dl die Dicke einer sehr dünnen, daher praktisch nicht zerstreuenden Schicht, welche von den Strahlen senkrecht durchsetzt wird, so ist $N Z dl$ die Zahl der Elektronen pro cm² der Schicht. Da der Inhalt eines Kreisringes vom Radius p und der Breite dp gleich $2 \pi p dp$ ist, so ist die Wahrscheinlichkeit, daß die ursprüngliche Bahn eines Strahlenteilchens in einem zwischen p und $p + dp$ gelegenen Abstand an irgendeinem Atomelektron vorbeiführt, gleich $2 \pi N Z p dp dl$. Daher ist der mittlere Energieverlust dT, welchen ein Strahlenteilchen insgesamt erleidet,

$$dT = 2 \pi N Z dl \int_0^\infty Q p dp. \tag{79}$$

---

[1] E. RUDBERG, Proc. Roy. Soc. London (A) Bd. 129, S. 628. 1930; Bd. 130, S. 182. 1930.
[2] $p \gg \lambda$ bedeutet nämlich nach Gleichung (9), daß die gleichzeitige Richtungsänderung klein ist, was nur sehr selten nicht der Fall ist.

Setzt man nun aber hierin den Wert (77) von Q ein, so wird das Integral $\log \infty$. Einen endlichen Wert nimmt dagegen das Integral an, wenn man für die obere Grenze einen endlichen Wert p_0 einsetzt. Um also überhaupt verstehen zu können, daß die Strahlen Materie zu durchdringen vermögen, muß man annehmen, daß die Bremswirkung eines Atomelektrons sich im wesentlichen auf einen endlichen Bereich von einem gewissen Radius p_0 erstreckt. THOMSON[1] deutete p_0 als den mittleren Abstand zweier Atomelektronen, DARWIN[2] (kaum weniger willkürlich) als Entfernung des Atomelektrons von der „Oberfläche" des Atoms. Die wahre Ursache für die Begrenztheit des Wirkungsbereichs der Elektronen wurde erst von BOHR[3] aufgedeckt; sie liegt darin, daß die Atomelektronen in Wirklichkeit nicht frei sind. BOHR stellt sich auf den Standpunkt der klassischen Dispersionstheorie, in welcher so gerechnet wird, als ob jedes Elektron isotrop quasielastisch an eine feste Gleichgewichtslage gebunden wäre, so daß es eine bestimmte Eigenschwingungszahl ν hat. Für den Ablauf der Wechselwirkung zwischen einem solchen Elektronenoszillator und einem vorbeifliegenden Strahlenteilchen ist nun von entscheidender Bedeutung die „Stoßdauer", worunter wir diejenige Zeit verstehen, auf welche sich im wesentlichen die gegenseitige Beeinflussung beschränkt. Da die wechselweisen Kräfte rasch mit der Entfernung abnehmen, so kann man als Stoßdauer die Zeit definieren, in welcher das Strahlenteilchen eine Strecke von der Länge p zurücklegt, d. h. die Zeit p/v_0. Ist nun p so klein, daß die Stoßdauer klein gegen die Eigenperiode $1/\nu$ ist, so wird das Atomelektron während der kurzen Dauer der Einwirkung nur wenig aus seiner Gleichgewichtslage entfernt, die Bindungskraft wird klein bleiben, der ganze Vorgang verläuft „ballistisch". In diesem Falle wird das Atomelektron so wirken, als ob es frei wäre. Ist dagegen umgekehrt der Abstand p so groß, daß die Stoßdauer groß gegen die Eigenperiode ist, so stellt sich das Elektron in jedem Zeitpunkt in die jeweilige, durch das Kraftfeld des Strahlenteilchens verschobene Gleichgewichtslage ein, ohne einen wesentlichen Betrag an kinetischer Energie zu erlangen. In diesem Falle findet praktisch keine Energieübertragung statt. Man ersieht hieraus, daß die bremsende Wirkung des Elektronenoszillators wesentlich auf eine Strecke p_0 von solcher Größenordnung beschränkt ist, daß die Stoßdauer p_0/v_0 von der Größenordnung der Schwingungsperiode $1/\nu$ ist:

$$p_0 \approx \frac{v_0}{\nu}. \tag{80}$$

Die mathematische Präzisierung dieses Gedankens würde im allgemeinsten Fall zu sehr verwickelten Rechnungen führen. Deshalb führt BOHR die vereinfachende Voraussetzung ein, daß sich eine Strecke a angeben läßt, welche in folgendem Größenverhältnis zu der durch Gleichung (78) definierten Länge λ und dem „effektiven Wirkungsradius" p_0 steht:

$$\lambda \ll a \ll \frac{v_0}{\nu}.$$

Dann kann man nämlich nach dem Obigen für solche Stoßparameter p, welche $< a$ sind, den Ausdruck (77) für Q benutzen. Für $p > a$ kann man andererseits einen anderen Ausdruck Q_1 für die übertragene Energie mit genügender Näherung herleiten, indem man die erzwungenen Schwingungen des Elektronenoszillators berechnet. Wenn man dann Q und Q_1 für die entsprechenden Bereiche von p in (79) einführt und integriert, ergibt sich in der Tat ein endlicher Wert für den

---

[1] J. J. THOMSON, Conduction of Electricity through Gases, S. 375 ff. Cambridge 1906.
[2] C. G. DARWIN, Phil. Mag. Bd. 23, S. 907. 1912.
[3] N. BOHR, Phil. Mag. Bd. 25, S. 10. 1913; Bd. 30, S. 581. 1915.

gesamten Energieverlust dT. Wir übergehen die immerhin noch etwas weitläufige Rechnung und geben das Resultat:

$$\frac{dT}{dl} = -4\pi N \frac{\varepsilon^2 e^2}{\mu v_0^2} \sum_{i=1}^{Z} \log\left(\frac{1{,}123\, v_0^3}{2\pi v_i \varepsilon e} \cdot \frac{\mu m}{\mu + m}\right). \tag{81}$$

Diese Gleichung gilt bereits für den allgemeinen Fall, daß alle Z Atomelektronen verschiedene Eigenfrequenzen $(2\pi v_i)$ haben. Der Zahlenfaktor 1,123 ist eine durch ein bestimmtes Integral definierte Transzendente. Wendet man (79) unter Beschränkung auf eine Oszillatorengattung an, indem man $Z = 1$ setzt, für Q den einfachen Ausdruck (77) und als obere Grenze des Integrals den effektiven Wirkungsradius p_i für diesen Oszillator einsetzt, so findet man Übereinstimmung mit dem einzelnen Summenglied von (81), indem man setzt:

$$p_i = \frac{1{,}123\, v_0}{2\pi v_i}; \tag{82}$$

dies ist im Einklang mit der früheren Abschätzung (80) für diese Größe. Da in erster Näherung $T = \frac{1}{2} m v^2$, so ist die *wahre* Geschwindigkeitsabnahme

$$-\frac{dv}{dl} = 4\pi N \frac{\varepsilon^2 e^2}{\mu m v_0^3} \sum_{i=1}^{Z} \log\left(\frac{1{,}123\, v_0^3}{2\pi v_i \varepsilon e} \cdot \frac{\mu m}{\mu + m}\right). \tag{83}$$

Die Gleichungen (81) und (83) beziehen sich auf den *Mittelwert* der Energie- und Geschwindigkeitsänderung. Die wirklichen Änderungen werden statistische Schwankungen um diesen Mittelwert aufweisen, weil jeder Verlust sich aus einer gewissen Zahl unabhängiger Einzelverluste zusammensetzt. Bohr zeigt, daß im Falle der α-Strahlen diese Schwankungen dem Gaussschen Fehlergesetz unterliegen, welches *symmetrisch* ist. Für β-Strahlen dagegen ist zu erwarten, daß die Verteilung der Schwankungen unsymmetrisch wird, daher wird der durch (81) und (83) gegebene *mittlere* Geschwindigkeitsverlust nicht mit dem *wahrscheinlichsten* zusammenfallen, und das ist wichtig, weil entsprechend der Lenardschen Definition (Ziff. 17) im allgemeinen der wahrscheinlichste Wert gemessen wird. Genauer zeigt sich nach Bohr, daß die Verteilungskurve der Verluste sich nach der Seite großer Verluste weiter ausdehnen sollte als nach der Seite kleiner Verluste; dies haben in der Tat die späteren Messungen ergeben (vgl. Abb. 19). Bezeichnet $\Delta' T$ den *wahrscheinlichsten* Energieverlust auf der Bahnstrecke Δl, so findet Bohr für Elektronenstrahlen

$$\frac{\Delta' T}{\Delta l} = -2\pi N \frac{\varepsilon^4}{\mu \beta^2 c^2} \sum_{i=1}^{Z}\left\{\log\left(\frac{1{,}123^2 \beta^2 c^2 Z N \Delta l}{4\pi v_i^2}\right) - \log(1 - \beta^2) - \beta^2\right\}, \tag{84}$$

wo $v_0 = \beta c$ ($c =$ Lichtgeschwindigkeit) gesetzt ist. Die letzten beiden Glieder der Klammer stellen dabei die Relativitätskorrektur dar, welche jedoch erst bei sehr großer Annäherung an die Lichtgeschwindigkeit praktisch in Betracht kommt. Der wahrscheinlichste Geschwindigkeitsverlust $\Delta' \beta$ ergibt sich daraus zu

$$\frac{\Delta' \beta}{\Delta l} = -2\pi N \frac{\varepsilon^4}{\mu^2 c^4} \frac{(1 - \beta^2)^{\frac{3}{2}}}{\beta^3} \sum_{i=1}^{Z}\left\{\log\left(\frac{1{,}123^2 \beta^2 c^2 Z N \Delta l}{4\pi v_i^2}\right) - \log(1 - \beta^2) - \beta^2\right\}. \tag{85}$$

Das Auftreten des Bahnelementes Δl auf der rechten Seite erklärt die merkwürdige, von A. Becker[1] und White und Millington[2] beobachtete Tatsache, daß

[1] A. Becker, Ann. d. Phys. Bd. 78, S. 209. 1925.
[2] P. White u. G. Millington, Proc. Roy. Soc. London (A) Bd. 120, S. 701. 1928.

der wahrscheinlichste Geschwindigkeitsverlust nicht genau proportional mit der Schichtdicke, sondern etwas schneller ansteigt.

Die wahre Reichweite R_0 läßt sich im wesentlichen analog Gleichung (60) finden

$$R_0 = \int\limits_{v_0}^{0} \frac{dv}{dv/dl}.$$

Uns interessiert besonders die Reichweite der Elektronenstrahlen, für welche BOHR eine Gleichung folgender Form findet:

$$R_0 = \frac{\text{konst.}}{N\Sigma}\left[(1 - \beta^2)^{\frac{1}{2}} + (1 - \beta^2)^{-\frac{1}{2}} - 2\right]. \tag{86}$$

Hierin bedeutet N die Zahl der Atome pro cm³, Σ den Summenausdruck in (81) und (83).

Gehen wir dazu über, die BOHRsche Theorie in quantitativer Beziehung mit den Erfahrungstatsachen über Elektronenstrahlen zu vergleichen, so finden wir zunächst durch eine Überschlagsrechnung, daß die unter dem log stehende Zahl in (83) sehr groß ist; daher ändert sich die Summe Σ nur langsam mit der Geschwindigkeit, und es gilt für nicht zu große Geschwindigkeiten nahe

$$v^3 \frac{dv}{dl} = \text{konst.}, \tag{87}$$

d. i. im wesentlichen die Formel von WHIDDINGTON (55). In der auch für größere Geschwindigkeiten angenähert gültigen Form

$$v^3 \frac{d(Hr)}{dl} = \text{konst.} \tag{88}$$

ist sie mit den Ziff. 18 erwähnten Messungen von DANYSZ und von RAWLINSON in Übereinstimmung [Gleichung (57)]. Genauer sollte der Ausdruck (88) mit wachsender Geschwindigkeit langsam ansteigen, da die Summe Σ in (83) ansteigt. Dies haben in der Tat die Messungen von WHITE und MILLINGTON ergeben (Ziff. 18, Tab. 7). Für die Konstante a des WHIDDINGTONschen Gesetzes für Aluminium berechnet BOHR beispielsweise den Wert $19 \cdot 10^{42}$, während die experimentellen Werte zwischen 6,4 und $14 \cdot 10^{42}$ schwanken. Hinsichtlich der Materialabhängigkeit der Geschwindigkeitsabnahme läßt sich aus (83) folgendes ablesen: Die Zahl der Summenglieder ist gleich der Ordnungszahl Z, gleichzeitig werden jedoch mit wachsender Ordnungszahl die einzelnen Summenglieder im ganzen immer kleiner, da immer höhere Eigenfrequenzen ν_i hinzukommen; allerdings wird der letztere Einfluß nicht sehr stark in Erscheinung treten, wiederum wegen der Größe des ganzen unter dem log stehenden Ausdruckes. Daher ist zu erwarten, daß die Geschwindigkeitsabnahme etwa massenproportional ist oder sich etwas schwächer als massenproportional ändert. Dies ist im Einklang mit der allgemeinen Erfahrung (Ziff. 19).

Bei Geschwindigkeiten, welche der Lichtgeschwindigkeit nahekommen, beruht die Energieänderung wesentlich nicht auf einer Änderung der Geschwindigkeit, sondern nur der Masse, daher kann man (81) schreiben

$$\frac{dT}{dl} = \text{konst.},$$

was der empirischen Beziehung von W. WILSON entspricht [Gleichung (56)].

Eine sehr eingehende Diskussion der BOHRschen Formeln hat KOHLRAUSCH vorgenommen[1], indem er für die ν_i die Absorptionsbandkanten einsetzte. Dieser

---

[1] K. W. F. KOHLRAUSCH, Phys. ZS. Bd. 29, S. 153. 1928.

Ansatz ist recht willkürlich, wie überhaupt jeder einfache Ansatz für die v_i, doch ist die Übereinstimmung mit der Erfahrung innerhalb des Geltungsbereichs der Bohrschen Theorie recht gut.

Auch an dem Ausdruck (86) für die Reichweite läßt sich die Theorie prüfen. Da NZ näherungsweise der Dichte ϱ proportional ist, läßt sich (86) auch schreiben

$$R_0 \varrho = \text{konst.} \frac{Z}{\Sigma} \left[(1 - \beta^2)^{\frac{1}{2}} + (1 - \beta^2)^{-\frac{1}{2}} - 2 \right].$$

Die Größe Σ/Z, das mittlere Summenglied in (83), sollte nach dem Obigen wieder langsam zunehmen mit wachsender Primärgeschwindigkeit und abnehmender Ordnungszahl. Ersteres zeigen in der Tat die in Ziff. 22 erwähnten Messungen von Varder und Schonland, welche für die *praktische* Reichweite eine Gleichung dieser Form erfüllt fanden [Gleichung (64)]. Zur Feststellung der schwachen Materialabhängigkeit des Produktes $R_0 \varrho$ bzw. $R\varrho$ reichen offenbar die bisher ausgeführten Messungen nicht aus. Die gemessenen Absolutwerte von R stimmen sogar auf wenige Prozent mit den theoretischen von R_0 überein. Im ganzen ist also in allen Punkten die Übereinstimmung noch besser, als man eigentlich erwarten kann, denn einerseits ist in der Theorie auf die Krümmung der Elektronenbahnen keine Rücksicht genommen, andererseits ist auch die experimentelle Definition der praktischen Reichweite nicht frei von Willkür.

Bekanntlich ändern sich im Bohrschen Atom die Konfigurationen der äußeren Atomelektronen mit fortschreitender Ordnungszahl periodisch nach dem Schema des natürlichen Systems der Elemente. Man kann daher vermuten, daß auch die Frequenzen v_i, welche die Rolle der klassischen Eigenfrequenzen spielen, eine solche Periodizität aufweisen, wofür in der Tat auch spektroskopische Tatsachen sprechen. Dies muß sich dann nach Gleichung (83) in der Materialabhängigkeit der Geschwindigkeitsabnahme ausdrücken[1]. Über die Geschwindigkeitsabnahme selbst liegen zu wenig Daten vor, um diese Folgerung zu prüfen, wohl aber zeigt der Absorptionskoeffizient deutlich diese Periodizität, wie der Anblick der Abb. 23 sofort lehrt. Ferner werden die Eigenfrequenzen der äußeren Elektronen auch von der chemischen Bindung beeinflußt werden; dies wird Abweichungen von der strengen Additivität des Absorptionsvermögens zur Folge haben; beobachtbar werden diese Abweichungen jedoch nur bei den allerleichtesten Elementen sein, da bei den übrigen das Gros der Eigenfrequenzen chemisch nicht merklich beeinflußt wird. So würden die Vermutungen über Abweichungen von der Additivität bei Wasserstoffverbindungen ihre Erklärung finden (vgl. Ziff. 26 am Schluß). Ganz Analoges gilt auch für das Bremsvermögen für α-Strahlen.

Was noch die statistischen Schwankungen der Geschwindigkeitsabnahme („straggling") anbelangt, so ist Williams[2] durch Weiterführung der Bohrschen Gedankengänge zu dem Ergebnis gekommen, daß die Messungen von White und Millington (Ziff. 18 und 20) zwar bezüglich der *Form* der Verteilungskurve mit der Theorie im Einklang sind, daß jedoch die Schwankungsbreite experimentell etwa 2,3mal zu groß herauskommt. Es erscheint plausibel, daß eine klassische Theorie zwar den *mittleren* Geschwindigkeitsverlust richtig liefern kann, daß aber die Berechnung der *Schwankungen* um diesen Mittelwert nur auf quantenmechanischer Grundlage vorgenommen werden kann, weil es hier viel mehr auf die Zahl und Form der *Elementar*prozesse ankommt („Quantenabsorption", Ziff. 29).

Im übrigen ist das Verhalten der α-Strahlen ebenfalls in guter Übereinstimmung mit Bohrs Theorie, indem diese von der Geschwindigkeitsabnahme und

---

[1] W. Bothe, Jahrb. d. Radioakt. Bd. 20, S. 73. 1923.
[2] E. J. Williams, Proc. Roy. Soc, London (A) Bd. 125, S. 420. 1929.

der Reichweite der α-Strahlen fast quantitativ Rechenschaft zu geben vermag. Ein wesentlicher Unterschied gegenüber den Elektronenstrahlen liegt darin, daß wegen der kleineren Geschwindigkeit v_0 die Veränderlichkeit des Σ-Faktors stärker ins Gewicht fällt, daher geht die Reichweite der α-Strahlen nicht mehr mit der 4. Potenz der Geschwindigkeit, sondern nur etwa mit der 2. bis 3. Aus demselben Grunde zeigt das Bremsvermögen für α-Strahlen viel ausgesprochenere Abweichungen von der Massenproportionalität als dasjenige für Elektronenstrahlen (vgl. hierüber Kap. 3 ds. Bd.). Ein weiterer Unterschied besteht darin, daß die einschränkenden Voraussetzungen der Theorie bei den Elektronenstrahlen für alle Elemente erfüllt sind, während dies bei den α-Strahlen nur für die leichtesten Elemente ($Z < 10$) gilt; nur auf diese ist also die Theorie für α-Strahlen erfolgreich anwendbar.

Lehrreich ist ein Vergleich der Zerstreuungsformel (38) mit der Bremsformel (83). Nach der ersteren ist das mittlere Zerstreuungsquadrat λ^2 pro Schichtdickeneinheit proportional $\dfrac{e^2}{m^2 v_0^4}$, während die relative Geschwindigkeitsabnahme $\dfrac{1}{v_0}\dfrac{dv}{dx}$ pro Schichtdickeneinheit rund proportional $\dfrac{e^2}{m v_0^4}$ ist, wenn man den schwach veränderlichen Summenfaktor in (83) außer Betracht läßt. Hieraus ersieht man, daß α-Strahlen viel rascher gebremst werden als Elektronenstrahlen gleicher Zerstreubarkeit, oder daß α-Strahlen viel schwächer zerstreut werden als Elektronenstrahlen gleicher Reichweite. So erklärt sich, daß bei den α-Strahlen der fast geradlinige Verlauf der hervorstechendste Zug ist, während die Elektronenstrahlen bis zu ihrer vollständigen Bremsung die Richtung um 180° und mehr ändern können. Damit hängt auch zusammen, daß die parabolische Abhängigkeit der Zerstreuung von der Schichtdicke [Gleichung (30)] in den Messungen an β-Strahlen direkt über große Schichtdickenbereiche zum Ausdruck kommt[1], während sie bei den α-Strahlen durch die Geschwindigkeitsabnahme verzerrt ist[2].

Die *Quantentheorien* der Geschwindigkeitsabnahme werden eingehend in Band XXIV/1 behandelt. Sie führen zu ganz ähnlichen Resultaten wie die klassische Theorie BOHRS. So gelangt BETHE[3] zu der Formel für schnelle Elektronenstrahlen

$$\frac{dT}{dl} = -4\pi N \frac{\varepsilon^4}{\mu v_0^2} \Sigma f_{nl} \log \frac{\mu v_0^2}{A_{nl}} \tag{89}$$

[a. a. O. Gleichung (66)], wo die Summe über die einzelnen Elektronenschalen des Atoms zu erstrecken ist; f_{nl} ist die „Oszillatorenstärke" (an Stelle der klassischen Elektronenzahl), A_{nl} eine „mittlere Anregungsenergie" (an Stelle der klassischen Frequenz ν_i) der (nl)-Schale. Ein Unterschied gegenüber der BOHRschen Formel (81) besteht darin, daß hier v_0^2 statt v_0^3 unter dem log steht. Der Vergleich mit dem Experiment ist, wie leider bei vielen quantenmechanischen Theorien, dadurch erschwert, daß die Atomkonstanten (f_{nl}, A_{nl}) keine so einfache Bedeutung haben und daher nicht so leicht angebbar sind wie die klassischen. Doch kommt BETHE mit plausiblen Werten der Konstanten zu guter Übereinstimmung.

IV. Ionisation und Sekundärstrahlung.

31. Definitionen. LENARD stellte fest, daß Gase unter der Einwirkung von Kathodenstrahlen elektrisch leitend werden und klärte auch bereits den Mechanismus auf, welcher dieser Erscheinung zugrunde liegt. Man hat sich hiernach

---

[1] J. A. CROWTHER, Proc. Roy. Soc. London (A) Bd. 84, S. 226. 1910.
[2] H. GEIGER, Proc. Roy. Soc. London (A) Bd. 86, S. 235. 1912.
[3] H. BETHE, Ann. d. Phys. Bd. 5, S. 325. 1930.

vorzustellen, daß ein Strahlenteilchen von einer neutralen Molekel ein oder mehrere Elektronen abspaltet, so daß ein positives Ion zurückbleibt. Die abgetrennten Elektronen haben eine durchaus merkliche Geschwindigkeit, so daß man sie als *„sekundäre Kathodenstrahlen"* bezeichnen kann; häufig ist auch die Bezeichnung *„δ-Strahlen"*, welche übernommen ist von der entsprechenden Sekundärstrahlung der α-Strahlen, die im wesentlichen die gleichen Eigenschaften hat. Die Zahl der von einem Primärteilchen pro Zentimeter Bahnlänge erzeugten Sekundärelektronen bezeichnen wir als das *„differentiale Sekundärstrahlungsvermögen"* oder *„differentiale primäre Ionisationsvermögen"* s.

Die Sekundärelektronen besitzen zum Teil genügend Energie, um selbst wieder zu ionisieren, also „Tertiärelektronen" zu erzeugen („sekundäre Ionisation"). Als „Ionisation" schlechthin bezeichnet man die gesamte in Freiheit gesetzte Ladung, gleichgültig, ob sie direkt von den Primärstrahlen oder erst von den Sekundärelektronen hervorgerufen ist. Unter dem *„differentialen Ionisationsvermögen"* i schlechthin verstehen wir die Zahl der Ionenpaare, welche ein Strahlenteilchen von gegebener Geschwindigkeit in einem gegebenen Gase von Atmosphärendruck pro Einheit der Bahnlänge l erzeugt. Als *„totales Ionisationsvermögen"* J bezeichnen wir dagegen die Zahl der Ionenpaare, welche das gegebene Strahlenteilchen insgesamt bis zu seiner vollständigen Bremsung erzeugt, also

$$J = \int\limits_0^{R_0} i\,dl\,; \tag{90}$$

R_0 bedeutet hierin die wahre Reichweite oder Bahnlänge (Ziff. 23)[1].

32. Messung der differentialen Ionisation. Bei der Messung des differentialen Ionisationsvermögens dienten als Primärstrahlung bei kleinsten Geschwindigkeiten Photo- oder Thermoelektronen nach entsprechender Beschleunigung, bei mittleren Geschwindigkeiten außerdem gewöhnliche Kathodenstrahlen, bei großen die magnetisch zerlegten β-Strahlen radioaktiver Substanzen. Die Messung zerfällt im Prinzip in zwei Teile: 1. man stellt ein geeignetes Strahlenbündel her und bestimmt die Zahl primärer Strahlenteilchen pro Zeiteinheit; 2. man läßt dasselbe Strahlenbündel durch eine Gasstrecke von bekannter Länge bei geeignetem Druck hindurchgehen und mißt den Sättigungswert des erzeugten Ionisationsstromes. Für den ersten Teil der Messung bediente man sich meist eines Faraday-Käfigs, den man dann z. B. für die zweite Messung durch eine Ionisationskammer ersetzen konnte[2]. Statt dessen kann man aber auch in vielfacher Weise die beiden Teile, Auffangevorrichtung und Ionisationskammer, zu einem Apparat vereinigen. Von Anordnungen dieser Art sei hier die von F. Mayer[3] benutzte beschrieben (Abb. 26). Die an der Kathode K entstehenden (hier lichtelektrisch ausgelösten)

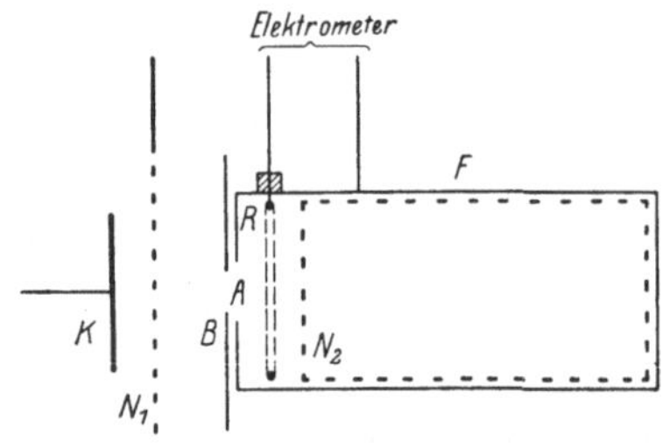

Abb. 26. Versuchsanordnung zur differentialen Ionisation (F. Mayer).

Elektronen werden auf dem Wege bis zu dem Netz N_1 beschleunigt, worauf sie nach Durchlaufen eines feldfreien Raumes durch die Blende B in die Öffnung A des Auffangekäfigs F eintreten. Der Käfig ist durch ein Netz N_2 in

---

[1] „Zahl der Ionenpaare" bedeutet hier stets „Zahl der Paare von ± Elementarquanten"; falls also mehrfach geladene Ionen auftreten, sind sie mehrfach zu zählen.

[2] W. Wilson, Proc. Roy. Soc. London (A) Bd. 85, S. 240. 1911.

[3] F. Mayer, Ann. d. Phys. Bd. 45, S. 1. 1914. Über eine zylindrisch-konzentrische Anordnung mit Glühkathode vgl. O. v. Baeyer, Verh. d. D. Phys. Ges. Bd. 10, S. 96. 1908.

zwei Teile geteilt, von denen der vordere als Ionisationskammer dient, während im hinteren Teil die Kathodenstrahlen sich totlaufen. Im Ionisationsraum ist eine Ringelektrode R angebracht, so daß sie nicht von den Primärstrahlen getroffen werden kann. Der Gasdruck wird so niedrig gehalten, daß die an R gemessene Ionisation druckproportional ist; damit ist Gewähr geboten, daß bis N_2 keine merkliche Absorption der Primärstrahlen eintritt. F wird auf demselben Potential wie N_1 gehalten. Zur Messung der Ionisation wird R gegenüber F negativ geladen und der zwischen R und F (bzw. N_2) übergehende Strom gemessen, während zur Messung der Primärintensität R und F gemeinsam an das Elektrometer gelegt werden.

Eine von BUCHMANN benutzte, im Prinzip auf KOSSEL[1] zurückgehende Anordnung für schnellere Kathodenstrahlen zeigt schematisch die Abb. 27. Die von der Glühkathode K ausgesandten Elektronen werden bis zur durchbohrten Anode A beschleunigt, durch $B_1 B_2$ ausgeblendet, durchlaufen dann den Plattenkondensator $P_1 P_2$ und werden schließlich im Faraday-Käfig F aufgefangen. Das Gas strömt bei G zu und wird bei S und T abgepumpt; die engen Kanalblenden $B_1 B_2$ sorgen dafür, daß der Druck im Beschleunigungsraum AK wesentlich kleiner bleibt als im Beobachtungsraum $P_1 P_2 F$. Die Ionisation wird zwischen P_1 und P_2, die Primärstrahlung in F gemessen.

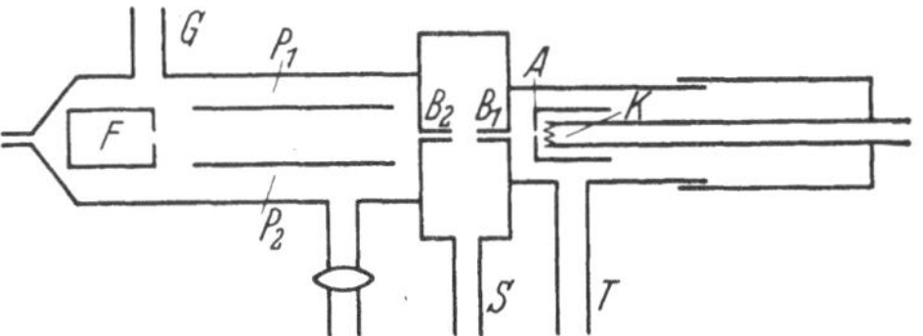

Abb. 27. Versuchsanordnung zur differentialen Ionisation (BUCHMANN).

Als Fehlerquellen kommen bei Messungen dieser Art besonders in Betracht: Rückdiffusion der Primärstrahlen von den Gefäßwänden, Sekundärstrahlen von den Wänden und Blendenrändern, Absorption und Geschwindigkeitsverlust auf der Meßstrecke im Gase. Ferner ist darauf zu achten, ob der Gasdruck und die Abmessungen des Ionisationsraumes ausreichen, um die Sekundärelektronen vollständig zu absorbieren. Nur in diesem Falle mißt man nämlich die gesamte Ionisation i. Wenn dagegen die Sekundärelektronen an die Wände gelangen können, ohne Gelegenheit zu sekundärer Ionisation zu haben, mißt man nur die primäre Ionisation s.

Eine viel direktere Methode zur Untersuchung der Ionisation durch Elektronenstrahlen ist die WILSONsche Nebelmethode, welche die einzelnen Ionen sichtbar zu machen und in ihrer Lage photographisch zu fixieren gestattet. Sie stellt jedoch hohe Anforderungen an die Geschicklichkeit des Experimentators, da nur saubere Aufnahmen zur Auswertung geeignet sind. Ein besonderer Vorteil dieser Methode besteht darin, daß sie die Trennung von primärer und sekundärer Ionisation ermöglicht (Ziff. 38).

33. Die differentiale Ionisation in Luft. Der allgemeine Verlauf der „Ionisierungsfunktion", d. h. der differentialen Ionisation i in Gasen als Funktion der Strahlgeschwindigkeit wurde wiederum bereits von LENARD festgelegt. Bei den kleinsten Geschwindigkeiten vermögen die Strahlen überhaupt nicht zu ionisieren. Die Ionisation setzt erst ein beim Überschreiten einer gewissen Grenzgeschwindigkeit, deren Voltäquivalent („Ionisierungsspannung") von der Größenordnung 10 Volt ist. Mit wachsender Geschwindigkeit steigt die Ionisation rasch zu einem Maximum, welches je nach der Natur des Gases etwa zwischen 100 und 300 e-Volt liegt, um dann beständig abzufallen.

---

[1] W. KOSSEL, Ann. d. Phys. Bd. 37, S. 393. 1912; E. BUCHMANN, ebenda Bd. 87, S. 509. 1928.

Am genauesten bekannt ist der Verlauf der Kurve bei Luft. Eine eingehende Diskussion und Zusammenfassung fremder und eigener Messungen an Luft gibt Bloch[1] in seiner unter Lenards Leitung ausgeführten Dissertation. Es war hierbei nötig, die zum Teil nur relativ ausgeführten Messungen an Hand von Fixpunkten auf absolutes Maß zu bringen. Indem Lenard[2] hierzu noch die etwas späteren Messungen von F. Mayer nimmt, welche sich auf den Anfangsteil der i-Kurve beziehen, gewinnt er im wesentlichen den in Tabelle 16 und Abb. 28 wiedergegebenen Gesamtverlauf; nur für das Gebiet $\beta = 0{,}07$ bis $0{,}2$

Tabelle 16. Differentiale Ionisation i in Normalluft (Lenard-Buchmann).

β	$i\ \mathrm{cm}^{-1}$	β	$i\ \mathrm{cm}^{-1}$
0,006	0	0,40	250
0,024	7700	0,45	210
0,03	7500	0,50	180
0,04	5000	0,55	152
0,05	3200	0,60	131
0,07	2500	0,65	111
0,10	2100	0,70	95
0,15	1500	0,75	80
0,20	1000	0,80	69
0,25	580	0,85	59
0,30	400	0,90	50
0,35	308	0,95	45
		0,99	41

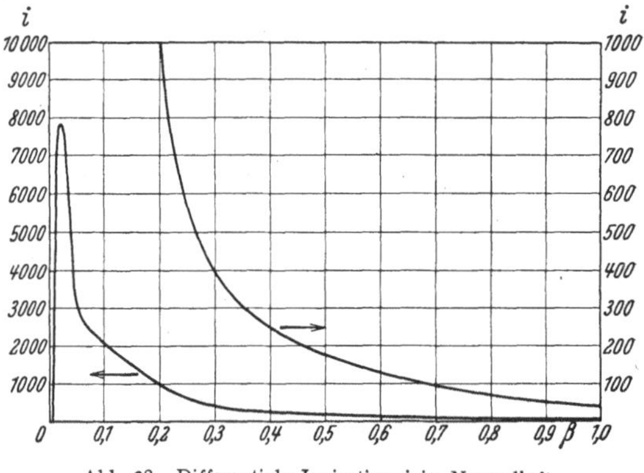

Abb. 28. Differentiale Ionisation i in Normalluft (Lenard-Buchmann).

einschließlich sind hierzu die Resultate der später unter Kossels Leitung ausgeführten Messungen von Buchmann[3] benutzt. Besonders bemerkenswert ist, daß i sich für $\beta = 1$ nicht dem Wert 0 zu nähern scheint, sondern einem endlichen Wert von etwa 40. Für Geschwindigkeiten $\beta > 0{,}4$ kann man folgende empirische Näherungsformel mit einer Genauigkeit von 10% benutzen[4]:

$$i = \frac{43}{\beta^2}. \tag{91}$$

Zu dem Kurvenverlauf bei kleinen Geschwindigkeiten vgl. auch Ziff. 35.

34. Die totale Ionisation in Luft. Energieverlust pro Ionenpaar. Für die totale Ionisation J würde sich nach (90) ergeben:

$$J = \int \frac{i}{d\beta/dl}\, d\beta = B \int \frac{i}{d\beta/dx}\, d\beta, \tag{91a}$$

wo $d\beta/dx$ die *praktische* Geschwindigkeitsabnahme und B der Umwegfaktor ist; beide Größen sind so wenig genau bekannt, daß man auf diesem Wege nur die ungefähre Größe von J ermitteln kann. Benutzt man Lenards Angaben[5], so findet man beispielsweise für $\beta = 0{,}2$ etwa $J = 1000$. Die Voltgeschwindigkeit dieser Strahlen beträgt 10500 Volt, so daß durchschnittlich auf jedes erzeugte Ionenpaar ein Energieverlust von 10 Volt entfallen würde. Benutzt man jedoch Whiddingtons Formel (55) mit dem experimentellen a-Wert der Tabelle 6, so wird der Energieverlust pro Ionenpaar etwa achtmal so groß.

Für die *direkte* Bestimmung der totalen Ionisation bieten sich verschiedene Wege. Erstens kann man auf einer Wilsonschen Nebelbahn die Ionenpaare direkt

[1] S. Bloch, Ann. d. Phys. Bd. 38, S. 559. 1912.
[2] P. Lenard, Kathodenstrahlen, S. 143.
[3] E. Buchmann, Ann. d. Phys. Bd. 87, S. 509. 1928.
[4] Vgl. auch W. Wilson, Proc. Roy. Soc. London (A) Bd. 85, S. 240. 1911.
[5] P. Lenard, Kathodenstrahlen, Tab. 13, S. 173; $B = 1{,}8$.

abzählen[1]. Hierbei ist zu beachten, daß mehrfach geladene Ionen sich nicht ohne weiteres als solche zu erkennen geben. Das gilt nicht für die zweite Methode, welche auch sonst genauer sein dürfte; sie besteht darin, daß man die Elektrizitätsmenge mißt, welche ein Strahlelektron bei seiner vollständigen Abbremsung im Gase freimacht. Abb. 29 zeigt die Anordnung, welche EISL[2] für solche Messungen benutzt hat. Die von der Glühkathode K ausgesandten, bis zur Hohlanode A_1 beschleunigten Elektronen werden in A_2 durch ein Magnetfeld homogenisiert und treten dann durch den Kanal F in die Ionisationskammer JK ein. Das Rohr F ist vorn durch ein Zelluloidhäutchen verschlossen, dessen Brems-wirkung natürlich zu berücksichtigen ist. Der Weg bis zu diesem Fenster verläuft im Vakuum. Sekundärelektronen vom Fenster werden durch die entsprechend aufgeladene Blende B_2 zurück-gehalten. Der Druck in JK ist so bemessen, daß die Elektronen im Innern vollkommen abgebremst werden, so daß man wirklich die *totale* Ionisation mißt. Die zugehörige Zahl der Primärteilchen wird bei evakuierter Ionisationskammer gemessen, die dann ein-fach als Faraday-Käfig wirkt. Das Verhältnis der Ströme mit und ohne Gasfüllung gibt demnach unmittelbar die gesamte Ionenzahl pro Primärteilchen. Mit etwas einfacheren Anord-nungen dieser Art arbeiteten BUCHMANN[3] und SCHMITZ[4]. Bei relativ kleinen Strahl-geschwindigkeiten haben JOHNSON[5] sowie LEHMANN und OSGOOD[6] gearbeitet.

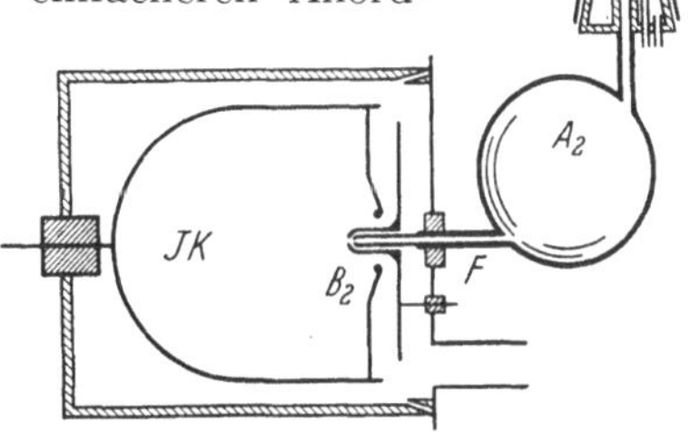

Abb. 29. Meßanordnung für Totalionisation (EISL).

Vielfach wurden für solche Messungen auch Photoelektronen benutzt, welche durch Röntgenstrahlen bekannter Wellenlänge im Gas selbst ausgelöst wurden. Die Energie dieser Elektronen berechnet sich aus der EINSTEINschen „photoelektrischen Glei-chung" (vgl. Band XXIII/2). Hierbei ist es nötig, die Röntgenenergie, welche in dem Gasvolumen pro Zeiteinheit absorbiert und in Elektronenenergie um-gesetzt wird, absolut zu messen, um daraus die Zahl der Photoelektronen zu bestimmen. In dieser Energiemessung besteht die Hauptschwierigkeit dieser Methode. Der Umfang der Schwierigkeiten geht am besten aus der sehr sorgfältigen Arbeit von KULENKAMPFF hervor[7]. KULENKAMPFF, ebenso wie GAERTNER[8], messen die Röntgenenergie mittels eines Thermoelements, RUMP[9] mit einem Kalorimeter. STEENBECK[10] geht direkter vor, indem er mit Hilfe eines Spitzenzählers die Photoelektronen *zählt*, welche längs eines bekannten Stückes des Röntgenbündels erzeugt werden.

Die Ergebnisse solcher Messungen werden gewöhnlich in der Weise aus-gewertet, daß man den „Energieverbrauch ε pro Ionenpaar" angibt, d. i. der Quotient der Strahlenergie in die Totalionisation. Dies ist deshalb zweckmäßig, weil sich herausgestellt hat, daß über sehr weite Bereiche die Totalionisation

<hr>

[1] C. T. R. WILSON, Proc. Roy. Soc. London (A) Bd. 104, S. 192. 1923.
[2] A. EISL, Ann. d. Phys. Bd. 3, S. 277. 1929; dort vollständige Literaturhinweise.
[3] E. BUCHMANN, Ann. d. Phys. Bd. 87, S. 509. 1928.
[4] W. SCHMITZ, Phys. ZS. Bd. 29, S. 846. 1928.
[5] J. B. JOHNSON, Phys. Rev. Bd. 10, S. 609. 1917.
[6] J. F. LEHMANN u. T. H. OSGOOD, Proc. Roy. Soc. London (A) Bd. 115, S. 609. 1927.
[7] H. KULENKAMPFF, Ann. d. Phys. Bd. 79, S. 97. 1926.
[8] O. GAERTNER, Ann. d. Phys. Bd. 2, S. 94. 1929.
[9] W. RUMP, ZS. f. Phys. Bd. 43, S. 254. 1927; Bd. 44, S. 396. 1927.
[10] M. STEENBECK, Ann. d. Phys. Bd. 87, S. 811. 1928.

proportional der Strahlenergie ist, d. h. daß ε eine Konstante des Gases ist. Einige ε-Werte für Luft sind in Tabelle 17 zusammengestellt. Man kann schließen, daß

Tabelle 17. Energieverbrauch ε pro Ionenpaar in Luft.

Bereich der Strahlenergie in e-Kilovolt	ε e-Volt/Ionenpaar	Methode	Beobachter
bis 0,2	36 ± 9		Johnson
0,2 bis 1	45	Direkt	Lehmann u. Osgood
1 bis 9	45	(Kathodenstrahlen)	Schmitz
4 ,, 13	31 ± 3		Buchmann
9 ,, 59	$32,2 \pm 0,5$		Eisl
5,4; 8	28 ± 6		Steenbeck
7 bis 22	35 ± 5	Indirekt	Kulenkampff
etwa 9	36 ± 3	(Röntgenstrahlen)	Gaertner
28 bis 100	33		Rump

mindestens für Strahlenergien von mehr als einigen 1000 e-Volt ε praktisch konstant ist. Der wahrscheinlichste Wert dürfte der von Eisl sein:

$$\varepsilon = 32,2 \pm 0,5 \ e\text{-Volt/Ionenpaar.} \tag{92}$$

Diese Zahl ist etwa dreimal größer als die oben aus Lenards Angaben berechnete. Man kann hiernach wohl annehmen, daß die von Lenard massenproportional zu Aluminium berechneten Geschwindigkeitsverluste in Luft merklich zu klein sind. Andererseits erscheint hiernach Whiddingtons a-Wert für Luft (Tab. 6) deutlich zu groß.

Bemerkenswert ist, daß bei dem Ansatz (91a) nicht mit einer „eigentlichen Absorption" im Lenardschen Sinne gerechnet wurde (vgl. Ziff. 28). In der Tat ist für eine solche kein Platz, denn wenn die eigentliche Absorption von der Größenordnung des „praktischen Absorptionskoeffizienten" sein sollte, so müßte nach dem entsprechend modifizierten Ansatz (91a) die Totalionisation größenordnungsmäßig kleiner sein, als sie direkt gemessen wurde. Dies ist eines der Hauptargumente für das praktische Fehlen „eigentlicher" Absorptionsprozesse[1].

35. Differentiale Ionisation in anderen Gasen. Der für Luft gefundene Verlauf der differentialen Ionisation mit der Primärgeschwindigkeit findet sich bei anderen Gasen nur wenig verändert wieder[2]. Namentlich bei mittleren und großen Geschwindigkeiten kann man nach den vorliegenden Versuchsergebnissen den Verlauf der Ionisierungsfunktion für alle Gase gleich annehmen. Was die Absolutwerte von i anbetrifft, so besteht in diesem Bereich angenäherte Massenproportionalität, d. h. die Ionisation pro Zentimeter Bahnlänge ist angenähert proportional der Dichte des Gases, unabhängig von seiner chemischen Natur[3] (Tab. 18). Die einzige stärkere Ausnahme bildet wieder Wasserstoff, welcher gegenüber den übrigen Gasen etwa doppelt massenproportional ionisiert wird. Auch die Wasserstoffverbindungen geben abnorm hohe Ionisationen. *Ein* Grund hierfür ist ohne Zweifel wieder, wie bei der Absorption (Ziff. 26), daß die *Zahl der Elektronen* im Wasserstoffatom doppelt massenproportional gegenüber den anderen leichten Elementen ist. Bezieht man jedoch die Ionisation statt auf gleiche Masse auf gleiche Elektronenzahl im cm³ (Tab. 18, Spalte 4), so bleiben die Zahlen für die Wasserstoffverbindungen immer noch deutlich größer als für die übrigen. Außerdem scheinen die Halogenverbindungen etwas höhere Ionisation zu ergeben, als zu erwarten wäre.

---

[1] Vgl. hierzu H. Kulenkampff, Ann. d. Phys. Bd. 80, S. 261. 1926.
[2] Vgl. die kritische Zusammenstellung bei Lenard, Kathodenstrahlen, S. 148.
[3] J. C. McLennan, Phil. Trans. (A) Bd. 194, S. 1. 1900; R. D. Kleeman, Proc. Roy. Soc. London (A) Bd. 79, S. 220. 1907.

Tabelle 18. Relativwerte der differentialen Ionisation i in Gasen von gleichem Druck. β-Strahlen von UX (KLEEMAN).

Gas	i	Dichte	Elektronenzahl pro Molekel	Gas	i	Dichte	Elektronenzahl pro Molekel
Luft	1,00	1,00	1,00	$CHCl_3$ . . .	4,94	4,15	4,03
O_2	1,17	1,11	1,11	CCl_4	6,28	5,35	5,13
CO_2	1,60	1,53	1,53	CS_2	3,62	2,64	2,64
C_2H_4O . . .	2,12	1,53	1,67	CH_3Br . . .	3,73	3,30	3,05
C_5H_{12} . . .	4,55	2,50	2,91	C_2H_5Br . . .	4,41	3,78	3,60
CH_4O . . .	1,69	1,11	1,25	CH_3J . . .	5,11	4,93	4,30
$C_4H_{10}O$ . . .	4,39	2,57	2,91	C_2H_5J . . .	5,90	5,42	4,85
C_6H_6	3,95	2,71	2,91	NH_3	0,89	0,59	0,62
C_2N_2	1,86	1,81	1,81	SO_2	2,25	2,22	2,22
N_2O	1,55	1,53	1,53	H_2	0,165	0,069	0,14
C_2H_5Cl . . .	3,24	2,24	2,36				

Gegenüber kleinen Primärgeschwindigkeiten kommt ebenso wie bei der Absorption die Individualität der Atome mehr und mehr zum Durchbruch. Für 1000 Volt-Strahlen ($\beta = 0,06$) besteht noch die ungefähre Massenproportionalität, aber Wasserstoff wird bereits viermal massenproportional ionisiert[1].

Die Tabelle 19, welche der neueren Arbeit von BUCHMANN[2] entnommen ist, enthält für einige Gase die differentiale Ionisation, auf einen Gasdruck von

Tabelle 19. Differentiale Ionisation i in verschiedenen Gasen (BUCHMANN).

Strahlenergie e-Kilovolt	Luft $\frac{i}{760}$	Luft P	Wasserstoff $\frac{i}{760}$	Wasserstoff P	Kohlensäure $\frac{i}{760}$	Kohlensäure P	Argon $\frac{i}{760}$	Argon P
0,13 [3]	10,5	0,46	3,8	0,30	—	—	11,3	0,51
1,0 [4]	3,28	0,137	0,882	0,0663	4,95	0,138	—	—
1,5	3,2	0,131	0,60	0,045	4,74	0,132	—	—
2,0	3,02	0,124	0,50	0,0376	4,52	0,1262	4,10	0,185
2,5	2,85	0,117	0,45	0,0338	4,30	0,120	3,90	0,176
3,0	2,70	0,110	0,43	0,0323	4,10	0,114	3,74	0,168
3,5	2,57	0,105	0,40	0,0300	3,94	0,110	3,55	0,161
4,0	2,45	0,102	0,386	0,029	3,75	0,105	3,37	0,154
4,5	2,33	0,096	0,37	0,0278	—	—	—	—
5,0	2,25	0,0925	—	—	—	—	3,05	0,138
6,0	2,00	0,0822	—	—	—	—	2,75	0,1245
7,0	1,80	0,074	—	—	—	—	2,50	0,113
8,0	1,65	0,0678	—	—	—	—	—	—
9,0	1,50	0,0615	—	—	—	—	—	—
10,0	1,35	0,0545	—	—	—	—	—	—
11,0	1,25	0,0514	—	—	—	—	—	—
12,0	1,12	0,048	—	—	—	—	—	—
13,0	1,02	0,042	—	—	—	—	—	—
14,0	0,92	0,0376	—	—	—	—	—	—
15,0	0,84	0,0344	—	—	—	—	—	—
16,0	0,76	0,0310	—	—	—	—	—	—
17,0	0,70	0,0287	—	—	—	—	—	—
18,0	0,65	0,0266	—	—	—	—	—	—
19,0	0,62	0,0254	—	—	—	—	—	—
20,0	0,57	0,0233	—	—	—	—	—	—
21,0	0,55	0,0225	—	—	—	—	—	—
25,0	0,46	0,0187	—	—	—	—	—	—
29,0	0,42	0,0172	—	—	—	—	—	—

[1] W. KOSSEL, Ann. d. Phys. Bd. 37, S. 393. 1912.
[2] E. BUCHMANN, Ann. d. Phys. Bd. 87, S. 509. 1928.
[3] Nach K. T. COMPTON u. C. C. VAN VOORHIS, Phys. Rev. Bd. 27, S. 724. 1926.
[4] Nach W. KOSSEL, Ann. d. Phys. Bd. 37, S. 393. 1912.

1 mm Hg bezogen, also nach unserer Definition $i/760$. P bedeutet die Ionisierungswahrscheinlichkeit für eine Molekeldurchquerung unter Zugrundelegung des gaskinetischen Molekelquerschnitts; wie man sieht, ist stets $P < 1$.

In der Nähe des Maximums der differentialen Ionisation verhalten sich die Molekeln ganz individuell. Dies zeigen die in Abb. 30 nach Compton und van Voorhis[1] wiedergegebenen Anfangsteile der Ionisierungsfunktionen. Die Meßanordnung dieser Autoren ist gegenüber den früheren sehr verfeinert. Die Lage sowohl des Maximums der Ionisation als auch der Grenzgeschwindigkeit (Ionisierungsspannung) ist für jedes Gas charakteristisch. Wasserstoff wird gegenüber anderen Gasen im Optimum sogar rund 12mal stärker ionisiert, als der Massenproportionalität entsprechen würde[2]. Es ist jedoch hervorzuheben, daß die Ergebnisse verschiedener Autoren in diesem Gebiet kleiner Strahlenergien noch stark voneinander abweichen, ohne daß die Ursachen dafür mit Sicherheit anzugeben wären. Abb. 31 stellt Messungen von Smith[3] dar, bei welchen die Maxima erheblich schärfer herauskommen als bei Compton und van Voorhis. Dabei ist besonders auffällig, daß die Argonkurve von Smith sich ganz und gar nicht an die von Buchmann anschließt (Tab. 19), sondern viel tiefer liegt, obwohl die Meßanordnung in beiden Fällen im Prinzip dieselbe war (Abb. 27). Da aber Buchmann mit wesentlich höheren Gasdrucken und mit größerem Abstand der Kondensatorplatten gearbeitet hat, drängt sich die Vermutung auf, daß Buch-

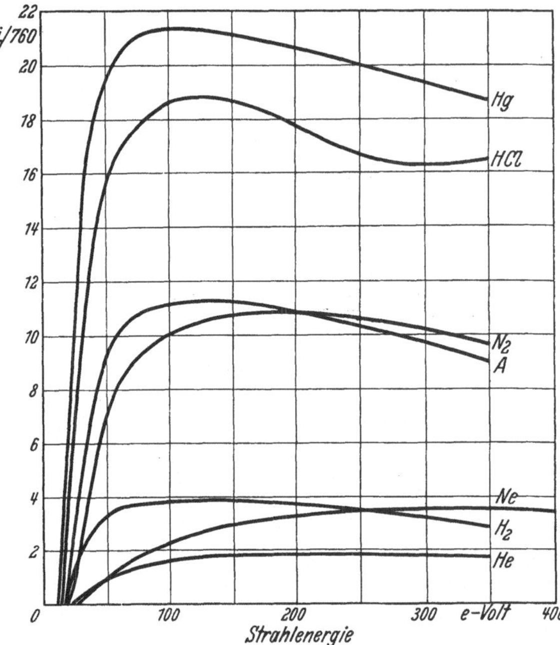

Abb. 30. Differentiale Ionisation in verschiedenen Gasen (Compton und van Voorhis).

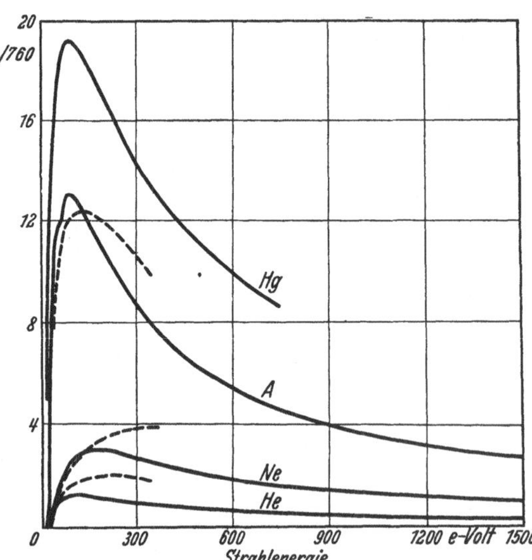

Abb. 31. Differentiale Ionisation in verschiedenen Gasen (——— Smith; - - - - - - Compton und van Voorhis).

[1] K. T. Compton u. C. C. van Voorhis, Phys. Rev. Bd. 26, S. 436. 1925; Bd. 27, S. 724. 1926. Siehe auch A. L. Hughes u. E. Klein, ebenda Bd. 23, S. 450. 1924, sowie die Messungen an K-Dampf von J. Kunz u. A. Hummel, ebenda Bd. 35, S. 123. 1930.

[2] F. Mayer, Ann. d. Phys. Bd. 45, S. 1. 1914.
[3] P. T. Smith, Phys. Rev. Bd. 36, S. 1293. 1930; Bd. 37, S. 808. 1931.

MANN Tertiärelektronen mitgemessen hat, SMITH aber nicht, mit anderen Worten, daß BUCHMANN (und ebenso vielleicht auch COMPTON und VAN VOORHIS) die gesamte Ionisation i, SMITH dagegen nur die primäre Ionisation s gemessen haben. Diese Deutung scheint aber schwer vereinbar mit dem Befund von KOSSEL[1], welcher bis zu Strahlenergien von 1000 e-Volt keine Anzeichen einer sekundären Ionisation finden konnte, wonach hier also i und s identisch wären.

Einen ganz abweichenden Verlauf der Ionisierungsfunktion, nämlich ein scharfes Maximum in der Nähe der doppelten Ionisierungsspannung, finden v. HIPPEL für Quecksilber und FUNK[2] für K- und Na-Dampf nach einer Methode, bei welcher der Elektronenstrahl einen Atomstrahl kreuzt. Die Ursache für die Abweichung kann ebenfalls noch nicht angegeben werden.

In der Nähe der Grenzgeschwindigkeit (Ionisierungsenergie) haben Messungen von verschiedenen Seiten[3] mit sorgfältig homogenisierten Primärstrahlen eine Feinstruktur der Ionisierungskurve aufgedeckt (vgl. z. B. den Buckel in der Argonkurve der Abb. 31). Diese erklärt sich aus dem Vorhandensein mehrerer Ionisierungsspannungen, deren zugehörige Ionisierungsfunktionen sich überlagern. Eingehender werden diese Vorgänge in Bd. XXIII/1 behandelt. Vgl. auch Ziff. 39.

In chemischen Verbindungen verhält sich die Ionisation im allgemeinen additiv, soweit die bisherigen Versuche reichen. Nur für Wasserstoffverbindungen bestehen deutliche Abweichungen von der Additivität[4].

36. Totale Ionisation in anderen Gasen. Soweit die differentiale Ionisation und Absorption (bzw. Geschwindigkeitsabnahme) nahe massenproportional sind, kann man erwarten, daß die totale Ionisation nahe unabhangig von der Natur des Gases ist. Wieweit dies der Fall ist, zeigen am besten die Versuche, welche BARKLA und PHILPOT[5] gelegentlich einer Untersuchung über Röntgenionisation ausführten. Die Primärelektronen wurden hierbei an der einen Platte eines Plattenkondensators durch Röntgenstrahlen ausgelöst; der Plattenabstand war größer als die Reichweite der Elektronen, so daß direkt die Totalionisation gemessen wurde. Die Relativwerte, welche bei Füllung des Kondensators mit verschiedenen Gasen erhalten wurden, sind in Tabelle 20 aufgeführt. Man sieht,

Tabelle 20. Relative Totalionisationen J.

BARKLA u. PHILPOT		KLEEMAN		
Gas	J f. Elektronen	Gas	J f. Elektronen	J f. α-Strahlen
Luft	1,00	Luft	1,00	1,00
H_2	1,02	CO_2	1,08	1,08
N_2	0,93	$C_4H_{10}O$ . . .	1,23	1,32
O_2	1,10	C_5H_{12} . . .	1,31	1,35
CO_2	1,02	C_6H_6	1,20	1,29
SH_2	1,33	C_2H_5Cl . . .	1,33	1,32
SO_2	0,96	$CHCl_3$ . . .	1,34	1,29
C_2H_5Br . . .	1,50			
CH_3J . . .	1,48			

daß in Anbetracht der großen Verschiedenheiten im Molekulargewicht die Zahlen nicht sehr verschieden sind. Wasserstoff ordnet sich gut ein, dagegen geben SH_2

---

[1] W. KOSSEL, Ann. d. Phys. Bd. 37, S. 393. 1912.

[2] A. v. HIPPEL, Ann. d. Phys. Bd. 87, S. 1035. 1928; H. FUNK, Ann. d. Phys. Bd. 4, S. 149. 1930.

[3] Z. B.: E. O. LAWRENCE, Phys. Rev. Bd. 28, S. 947. 1926; P. T. SMITH, a. a. O.

[4] R. D. KLEEMAN, Proc. Roy. Soc. London (A) Bd. 79, S. 220. 1907. KLEEMANS Berechnungen der „atomaren Ionisation" sind jedoch nicht durchweg einwandfrei; vgl. hierzu W. KOSSEL, Ann. d. Phys. Bd. 37, S. 393. 1912.

[5] C. G. BARKLA u. A. J. PHILPOT, Phil. Mag. Bd. 25, S. 832. 1913.

und besonders die Halogenverbindungen beträchtlich höhere Totalionisationen als die übrigen. Dies besagt, daß der mittlere Energieverlust pro Ionenpaar in diesen Gasen merklich kleiner ist als in Luft. Diese Zahlen waren in weitem Bereich unabhängig von der Härte der Röntgenstrahlen, also von der Geschwindigkeit der Elektronen (etwa $\beta = 0{,}2$ bis $0{,}3$; vgl. auch Bd. XXIII/2 ds. Handb. 2. Aufl.).

Frühere ähnliche Messungen von Kleeman[1] ergaben auch in Wasserstoffverbindungen erheblich höhere Werte der Totalionisation als in Luft (vgl. Tabelle 20). Nach Kleeman gehen die relativen Totalionisationen in verschiedenen Gasen für Kathodenstrahlen parallel mit denen für α-Strahlen.

In Tabelle 21 sind einige neuere Bestimmungen des Energieverbrauchs ε pro Ionenpaar bei verhältnismäßig kleinen Primärenergien zusammengestellt;

Tabelle 21.

Energieverbrauch ε pro Ionenpaar für verschiedene Gase in e-Volt/Ionenpaar.

Strahlenergie V e-Volt	H_2	He	N_2	O_2	A	Luft	CO_2	Beobachter
bis 200	38,8	41,0	36,2	36,4	—	—	—	Johnson[2]
200 bis 1000	37	31	45	—	33	45	45	Lehmann u. Osgood[3]
9000	—	—	40,8	34,4	29,6	36,4	—	Gaertner[4]

sie dürften in der Hauptsache als Relativmessungen zu werten sein. Es zeigt sich, daß für die Edelgase (ebenso wie für die Halogene nach Tabelle 20) ε verhältnismäßig klein ist, wenn man von Johnsons Messungen bei den allerkleinsten Geschwindigkeiten absieht. Bei so kleinen Geschwindigkeiten ist auch noch zu beachten, daß das Ionisierungsvermögen aufhört, wenn die Strahlenergie unter die Ionisierungsenergie herabgesunken ist, daher muß man, um die Totalionisation aus ε zu berechnen, einen Betrag V_1 von der ungefähren Größe der Ionisierungsenergie von der Strahlenergie V in Abzug bringen:

$$J = \frac{V - V_1}{\varepsilon}. \tag{93}$$

Johnson findet Konstanz von ε, wenn er für V_1 die Werte wählt:

$$V_1 = 11 \qquad 20 \qquad 12 \qquad 11 \; e\text{-Volt}$$
$$\text{für} \quad H_2 \qquad He \qquad N_2 \qquad O_2$$

37. Geschwindigkeit der Sekundärelektronen von Gasen. Um die Geschwindigkeitsverteilung der in Gasen ausgelösten wirklichen Sekundärelektronen zu untersuchen, bediente sich Ishino[5] der in Abb. 32 skizzierten „Gegenfeldanordnung" (vgl. Ziff. 41). Konzentrisch um das ausgeblendete Primärbündel sind drei zylindrische Drahtnetze angebracht (ABC), welche ihrerseits wieder von der Auffangelektrode D umgeben sind. Der Gasdruck ist so niedrig gehalten, daß die an den Gasmolekeln erzeugten Sekundärelektronen im großen ganzen wenige Zusammenstöße auf ihrem Wege zur Elek-

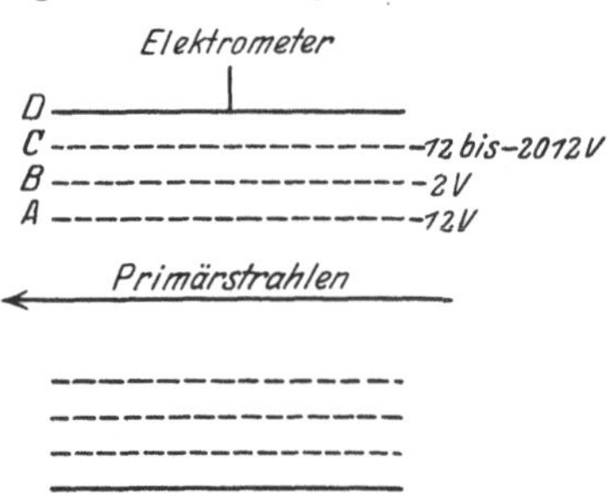

Abb. 32. Messung der sekundären Geschwindgkeitsverteilung in Gasen (Ishino).

[1] R. D. Kleeman, Proc. Roy. Soc. London (A) Bd. 84, S. 16. 1910.

[2] J. B. Johnson, Phys. Rev. Bd. 10, S. 609. 1917.

[3] J. F. Lehmann u. T. H. Osgood, Proc. Roy. Soc. London (A) Bd. 115, S. 609. 1927; J. F. Lehmann, ebenda S. 624.

[4] O. Gaertner, Ann. d. Phys. Bd. 2, S. 94. 1929.

[5] M. Ishino, Phil. Mag. Bd. 32, S. 202. 1916.

trode D erleiden. Zwischen A und B liegt ein Feld, welches die positiven Ionen verhindert, durch B hindurchzutreten. Das eigentliche, die Elektronen verzögernde Feld liegt zwischen A und C. Es zeigte sich, daß in dem Gase auch Röntgenstrahlen entstehen, welche an den Netzen Photoelektronen erzeugen. Nachdem der hiervon herrührende Effekt in Abzug gebracht war, ergaben sich für Luft Gegenfeldkurven, welche bei verschiedenen Primärgeschwindigkeiten ($\beta = 0{,}16$ bis $0{,}24$) keine systematischen Unterschiede gegeneinander aufwiesen. Die Kurven für Wasserstoff unterschieden sich nur wenig von derjenigen für Luft. Es sind noch Sekundärgeschwindigkeiten bis etwa 1000 Volt nachweisbar. Tabelle 22 zeigt die Prozentsätze, mit welchen die größeren Sekundärgeschwindigkeiten vertreten sind. Man sieht, daß ein erheblicher Bruchteil der Sekundärelektronen die Ionisierungsenergie (etwa 16 e-Volt) überschreitet. Für den Bereich von 40 bis 700 e-Volt lassen sich die Kurven durch eine Potenz der verzögernden Spannung V wiedergeben, und zwar für Luft durch $V^{-0{,}84}$, für Wasserstoff durch $V^{-0{,}91}$. Für Sekundärgeschwindigkeiten unter 30 e-Volt liegen die Kurven weit höher, als diesen einfachen Ausdrücken entsprechen würde.

Tabelle 22.
Gegenspannungskurve für Sekundärelektronen (Ishino).

Gegen-spannung Volt	Zahl der Sekundärelektronen	
	Luft	H$_2$
0	100	100
10	22,7	20,6
20	13,1	12,7
40	8,32	7,74
110	3,60	3,12
190	2,25	1,87
390	1,28	1,01
790	0,324	0,293
990	0,104	0,120
1190	0	0

Der von Ishino untersuchte Bereich der Primärenergie ist verhältnismäßig klein. Aus der Größe der sekundären Ionisation bei *größeren* Strahlenergien (Ziff. 38) ist zu schließen, daß die Verhältnisse dort ähnlich liegen. Andererseits hat Kossel[1] bei Primärenergien von nur 200 bis 1000 e-Volt keine Tertiärelektronen, also kein Ionisierungsvermögen der Sekundärelektronen nachweisen können, woraus folgen würde, daß hier kein wesentlicher Bruchteil der Sekundärelektronen Energien größer als die Ionisierungsenergie hat. Eine stärkere allgemeine Abnahme der Sekundärgeschwindigkeit tritt ein, wenn die Primärenergie sich der Ionisierungsenergie nähert[2].

Nach dem Impulssatz ist auch bei großer Primärenergie zu erwarten, daß Sekundärelektronen mit fast der vollen Primärgeschwindigkeit auftreten, wenn auch in äußerst geringer Zahl, nämlich nur bei fast zentralem Stoß zwischen Strahl- und Atomelektron. In solchen Fällen wird das Primärelektron stark aus seiner Bahn abgelenkt, es entstehen die in Ziff. 7 bereits behandelten Verzweigungen.

38. Trennung von primärer und sekundärer Ionisation. Die in Ziff. 37 aufgeführten Versuchsergebnisse lehren, daß zwar der größte Teil der als Sekundärelektronen gemessenen Teilchen Geschwindigkeiten unterhalb der Grenzgeschwindigkeit der Ionisation besitzt, daß aber bei größeren Primärenergien auch Teilchen von erheblich größerer Geschwindigkeit auftreten, die ihrerseits wieder ionisieren, also „Tertiärelektronen" erzeugen können. Ist der Ionisierungsraum genügend groß und der Gasdruck genügend hoch, so sind die Tertiärelektronen nicht von den Sekundärelektronen zu trennen, man mißt dann die gesamte (primäre + sekundäre) Ionisation i. Wenn dagegen Gasdruck und Kammerabmessungen so klein sind, daß die Sekundärelektronen an die Kammerwände gelangen können, ohne mit Gasmolekeln zusammenzustoßen, so beobachtet man allein die Sekundär-

---

[1] W. Kossel, Ann. d. Phys. Bd. 37, S. 393. 1912.
[2] N. Åkesson, Sitzungsber. Heidelb. Akad. 1914, A. 21.

elektronen, d. h. die primäre Ionisation s. Die letzten Bedingungen haben z. B. bei den Messungen von Smith (Ziff. 35, Abb. 31) vorgelegen.

Bei größeren Strahlenergien ist eine Trennung der Sekundär- und Tertiärelektronen nach der Wilsonschen Nebelmethode möglich, da man die räumliche Lage der einzelnen Ionen photographisch festhalten kann. So bemerkte Wilson[1], daß längs einer Strahlenbahn die Nebeltröpfchen, welche je ein Ion anzeigen, nicht nur zu Einzelpaaren, sondern auch in Gruppen zu 4, 6, . . . angeordnet sind. Eine solche Gruppe zeigt an, daß ein Sekundärelektron 1, 2, . . . Tertiärelektronen erzeugt hat. An einigen besonders sauberen Aufnahmen gewann Wilson folgende Statistik. Von 129 Gruppen bestanden

$$
\begin{array}{llll}
55 & \text{aus je} & 2 & \text{Tröpfchen} \\
29 & ,, \quad ,, & 4 & ,, \\
16 & ,, \quad ,, & 6 & ,, \\
13 & ,, \quad ,, & 8 & ,, \\
16 & ,, \quad ,, & \text{mehr als 8 Tröpfchen.}
\end{array}
$$

Im ganzen schließt Wilson, daß die Gesamtzahl der Ionenpaare drei- bis viermal so groß ist wie die Zahl der Gruppen, d. h. der eigentlichen Sekundärelektronen, wenn die Primärgeschwindigkeit ungefähr $\beta = 0{,}33$ beträgt. Hiernach erzeugt also im Mittel jedes Sekundärelektron 2 bis 3 Tertiärelektronen bei dieser Geschwindigkeit. Daß gelegentlich auch so schnelle Sekundärelektronen vorkommen, daß sie wohlausgebildete Ionenspuren hinterlassen, welche sogar von denen der Primärelektronen nicht zu unterscheiden sind, wurde bereits in Ziff. 7 erwähnt.

Im übrigen sind die einzelnen Ionen weit schwieriger zu zählen als die Gruppen, so daß der Wert dieser Methode vor allem darin besteht, daß sie die Zahl der eigentlichen, vom Primärstrahl erzeugten Sekundärelektronen, die „differentiale Sekundärstrahlung" oder das „primäre Ionisationsvermögen" s liefert. Solche Versuche sind in größerer Ausdehnung von Williams und Terroux[2] ausgeführt worden. Die Geschwindigkeit der einzelnen Primärelektronen (β-Strahlen von RaE) wurde aus der Krümmung bestimmt, welche die Bahnen in einem in der Wilson-Kammer erzeugten Magnetfeld annehmen. Die Ergebnisse, welche Tabelle 23 zeigt, lassen sich darstellen durch

Tabelle 23.
Differentiale Sekundärstrahlung s (Williams u. Terroux).

$H r$	β	s	
		O_2	H_2
875	0,454	—	18,3
1100	0,538	43	12,6
1500	0,660	34	8,9
1850	0,738	28,4	7,6
2690	0,845	27,0	7,1
3170	0,880	—	6,4
4100	0,920	25,2	6,1
5180	0,950	—	5,1
7000	0,972	22,2	—

$$
\left.
\begin{aligned}
s &= \frac{5{,}2}{\beta^{1{,}5 \pm 0{,}2}} \quad \text{für Wasserstoff,} \\
s &= \frac{22}{\beta^{1{,}1 \pm 0{,}2}} \quad \text{für Sauerstoff.}
\end{aligned}
\right\} \quad (94)
$$

Der Vergleich von s mit i (Tab. 16 und 18) zeigt, daß in dem untersuchten Bereich das Verhältnis von gesamter zu primärer differentialer Ionisation in Sauerstoff abnimmt von rund $i/s = 4$ bei $\beta = 0{,}5$ auf $i/s = 2$ bei $\beta = 1$; der von Wilson direkt geschätzte Wert dieses Faktors für Luft ist damit in Übereinstimmung.

39. Ladung der positiven Ionen. Der Elementarvorgang der Ionisation besteht überwiegend in der Abtrennung *eines* Elektrons von der Gasmolekel. Jedoch treten auch mehrfach geladene positive Ionen auf, wie die Analyse mit dem Massenspektrographen ergibt. So hat z. B. Bleakney[3] in Neon bis zu

---

[1] C. T. R. Wilson, Proc. Roy. Soc. London (A) Bd. 104, S. 192. 1923.
[2] E. J. Williams u. F. R. Terroux, Proc. Roy. Soc. London (A) Bd. 126, S. 289. 1930.
[3] W. Bleakney, Phys. Rev. Bd. 34, S. 157. 1929; Bd. 35, S. 139. 1930; Bd. 36, S. 1303. 1930.

dreifach, in Argon und Quecksilberdampf sogar bis zu fünffach positiv geladene Ionen beobachtet und ihre Mengenverhältnisse in Abhängigkeit von der Energie der ionisierenden Elektronen bestimmt. An Hand dieser Verhältnisse ist es möglich, die gewöhnliche Ionisierungsfunktion aufzuspalten in die Einzelfunktionen für jede der vorkommenden Ionenarten. In Abb. 33 ist dies für die Argonkurve von SMITH (Abb. 31) geschehen. Man sieht, daß der Buckel in SMITHS Kurve auf den Einsatz der Doppelionisationen zurückzuführen ist. Das Nähere über die verschiedenen Ionisierungsspannungen usw. gehört in Band XXIII/1.

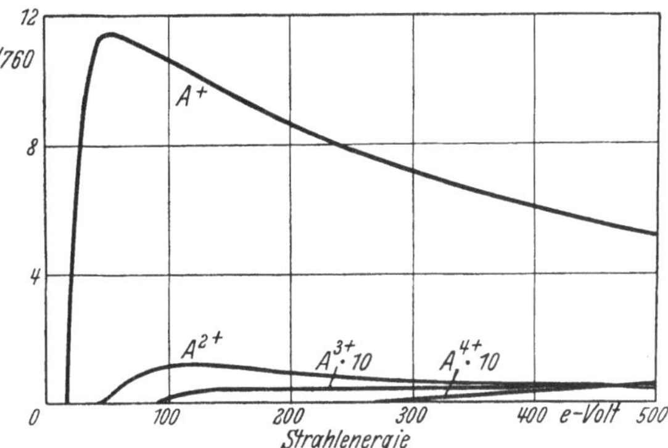

Abb. 33. Zerlegung der Ionisierungskurve nach Ionenarten (BLEAKNEY).

40. Sekundärstrahlung fester Substanzen. Auch die Oberfläche eines festen Körpers, z. B. eines Metalles, sendet Elektronen aus, wenn sie von Elektronenstrahlen getroffen wird. Wir nennen sie hier der Kürze halber Sekundärelektronen, obwohl sie zum Teil auch tertiären Ursprungs sein können. Die Zahl der Sekundärelektronen für jedes auffallende Primärelektron hängt ab von der Primärgeschwindigkeit, dem Einfallswinkel der Primärstrahlen und der Natur und Oberflächenbeschaffenheit des Körpers. Ebenso werden Sekundärelektronen ausgelöst auf der Austrittsseite einer von den Primärstrahlen durchsetzten dünnen Folie[1]. Unter geeigneten Bedingungen kann die Zahl der ausgesandten Sekundärelektronen die Zahl der absorbierten Primärelektronen überwiegen, so daß der isolierte Körper sich *positiv* auflädt. Ebenso kann eine „negative Absorption" dadurch vorgetäuscht werden, daß in der durchgehenden Primärstrahlung Sekundärelektronen mitgemessen werden. Ist die Primärgeschwindigkeit einigermaßen hoch, so sind die Sekundärelektronen wegen ihrer geringen Geschwindigkeit leicht von den rückdiffundierten und reflektierten bzw. durchgelassenen Primärelektronen zu trennen. Bei kleinen Primärgeschwindigkeiten ist dies nicht mehr genau durchführbar.

Durch fortgesetztes Glühen im Vakuum wird die Sekundäremission bis zu einem gewissen Grenzwert herabgedrückt, um wieder auf den alten Wert zu steigen, wenn Gas zugelassen wird. Dies zeigt, daß unter gewöhnlichen Verhältnissen die im Metall gelösten oder adsorbierten Gase einen Beitrag von mindestens derselben Größenordnung zur Sekundäremission liefern, wie das Metall selbst. CAMPBELL[2] und COPELAND[3] nahmen an, daß eine Gashaut den entscheidenden Einfluß ausübt. KREFFT[4] beobachtete jedoch an Wolfram mit schnelleren Primärelektronen (600 e-Volt) ein *Anwachsen* der Sekundäremission mit zunehmender Entgasung. MCALLISTER[5] und TINGWALDT[6] zeigten, daß die Temperatur direkt keinen Einfluß auf die Sekundäremission hat.

---

[1] A. BECKER, Ann. d. Phys. Bd. 17, S. 427. 1905.
[2] N. CAMPBELL, Phil. Mag. Bd. 22, S. 276. 1911; Bd. 25, S. 803. 1913; Bd. 28, S. 268. 1914; Bd. 29, S. 369. 1915.
[3] P. L. COPELAND, Phys. Rev. Bd. 35, S. 982. 1930.
[4] H. E. KREFFT, Ann. d. Phys. Bd. 84, S. 639. 1927.
[5] L. E. MCALLISTER, Phys. Rev. Bd. 20, S. 110. 1922; Bd. 21, S. 122. 1923.
[6] C. TINGWALDT, ZS. f. Phys. Bd. 34, S. 280. 1925.

Eine typische Versuchsanordnung, wie sie v. Baeyer und Gehrts[1] zur Messung der Sekundäremission bei kleinen Primärgeschwindigkeiten benutzt haben, zeigt Abb. 34. Die an der Kathode K lichtelektrisch ausgelösten Elektronen werden bis zur Anode A beschleunigt und fallen dann durch das Rohr R auf den Strahler S, der in dem Zylinder Z verschiebbar angebracht ist. In der zurückgezogenen Stellung S werden praktisch alle vom Strahler ausgehenden Elektronen von Z aufgefangen. Verbindet man daher S und Z mit demselben Elektrometer, so zeigt dieses die Primärintensität an. Zieht man den Strahler in die Stellung S' vor, wo er den Zylinder gerade abschließt, so findet man die Differenz der auffallenden und der vom Strahler ausgehenden Elektronenzahlen, ebenso auch in der Stellung S, wenn man den Strahler allein an das Elektrometer legt.

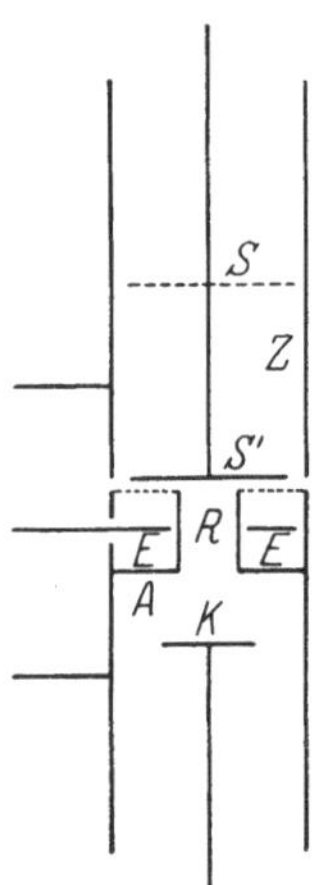

Abb. 34. Versuchsanordnung zur Sekundärstrahlung fester Substanzen (v. Baeyer-Gehrts).

Abb. 35 zeigt nach den Messungen von Gehrts für Aluminium das Zahlenverhältnis der den Strahler verlassenden zu den auffallenden Elektronen in Abhängigkeit von der Primärgeschwindigkeit. Die Grenzgeschwindigkeit (11 Volt) gibt sich als scharfer Knick in der Kurve zu erkennen. Unterhalb dieser Geschwindigkeit besteht die von der Metallplatte ausgehende Strahlung wesentlich aus reflektierten Primärelektronen[2] (vgl. Ziff. 41). Etwas oberhalb der Grenzgeschwindigkeit besteht zum mindesten der Hauptanteil der Strahlung aus wirklichen Sekundärelektronen. Die Kurve erhebt sich ähnlich wie diejenigen für die Gasionisation (Abb. 30) zu einem Maximum, um dann mit weiter wachsender Primärgeschwindigkeit langsam wieder abzufallen. Oberhalb etwa 30 Volt verlassen mehr Elektronen die Platte, als auf sie einfallen. Eine deutliche Materialabhängigkeit dieser Kurve haben von v. Baeyer, Gehrts und Campbell[3] bei den untersuchten Metallen (Al, Co, Ni, Cu, Pt, Pb) nicht gefunden, ebenso auch nicht A. Becker[4] bei $\beta = 0,35$. Dagegen findet Petry (a. a. O.) bei gut entgasten Metallen das Maximum der Sekundärstrahlung bei 348 e-Volt für Eisen, 455 e-Volt für Nickel und 356 e-Volt für Molybdän. Im Maximum beträgt nach diesen Versuchen die sekundäre Elektronenmenge etwa das 1,3fache der primären.

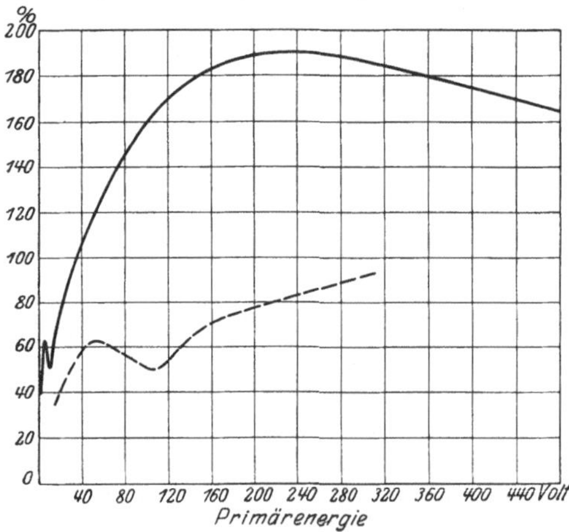

Abb. 35. Elektronenemission von Al in Prozenten der auffallenden Elektronenmenge (Gehrts). - - - - zehnfacher Abszissenmaßstab.

Starke und Mitarbeiter[5], welche

[1] O. v. Baeyer, Verh. d. D. Phys. Ges. Bd. 10, S. 96, 953. 1908; Phys. ZS. Bd. 10, S. 176. 1909; A. Gehrts, Ann. d. Phys. Bd. 36, S. 995. 1911. — Andere Anordnung mit Glühkathode und Vorrichtung zum Entgasen des Sekundärstrahlers bei R. L. Petry, Phys. Rev. Bd. 26, S. 346. 1925; Bd. 28, S. 362. 1926.
[2] Bestätigt von A. Becker, Ann. d. Phys. Bd. 78, S. 253. 1925; H. E. Farnsworth, Phys. Rev. Bd. 31, S. 405. 1928, und Th. Soller, ebenda Bd. 36, S. 1212. 1930.
[3] N. Campbell, Phil. Mag. Bd. 22, S. 276. 1911; Bd. 25, S. 803. 1913; Bd. 28, S. 286. 1914; Bd. 29, S. 369. 1915.   [4] Vgl. P. Lenard, Kathodenstrahlen, S. 153.
[5] L. Austin u. H. Starke, Verh. d. D. Phys. Ges. Bd. 4, S. 106. 1902; M. Baltruschat u. H. Starke, Phys. ZS. Bd. 23, S. 403. 1922.

auch mit schnelleren Primärstrahlen arbeiteten und auch den Einfluß des Einfallswinkels untersuchten, fanden bei senkrechtem Einfall das Maximum der Sekundäremission für Aluminium und Platin schon bei etwa 80 e-Volt. Eine Erklärung für diese Abweichung gegenüber Gehrts wird nicht gegeben.

Durch eine Reihe weiterer Arbeiten wurden Strukturen in dem Kurvenverlauf der Abb. 35 aufgedeckt. In dem Anfangsteil, etwa bis zum Minimum, treten Teilmaxima auf, welche nicht durch die chemische Natur des Sekundärstrahlers, sondern durch die Kristallstruktur bedingt sind[1]; es handelt sich hier augenscheinlich um Kristallinterferenzen (vgl. Kap. 5 ds. Bd.). Bei etwas höheren Primärenergien, bis zu einigen 100 e-Volt, zeigen sich Knicke in der Kurve, welche anscheinend auf Anregung weicher Röntgenstrahlen zurückzuführen sind[2]. Genauer kann auf diese Verhältnisse hier nicht eingegangen werden.

41. Geschwindigkeitsverteilung der Sekundärelektronen von festen Platten. Die Geschwindigkeit der Sekundärelektronen kann ebenso wie die der rückdiffundierten und reflektierten Elektronen (Ziff. 14 und 15) nach zwei verschiedenen Methoden gemessen werden, deren Ergebnisse gut miteinander übereinstimmen. Die erste, die hauptsächlich für die kleinen Sekundärgeschwindigkeiten in Frage kommt, ist die Lenardsche Methode der gegengeschalteten elektrischen Felder, deren Prinzip folgendes ist. Stellt man dem Sekundärstrahler eine Platte gegenüber, welche gegen den Strahler ein negatives Potential V hat, so werden nur solche Elektronen an die Platte gelangen, deren senkrechte Geschwindigkeitskomponente, in e-Volt ausgedrückt, größer als V ist, während die übrigen zurückgebogen werden, ehe sie die Platte erreichen. Zweckmäßiger legt man die verzögernde Spannung an ein feines Drahtnetz, hinter welchem sich die eigentliche Auffangelektrode befindet. In der Anordnung von v. Baeyer-Gehrts, welche in Abb. 34 dargestellt ist, ist E die ringförmige Elektrode, welche mit dem Elektrometer verbunden und auf verschiedene Potentiale gegen den Sekundärstrahler S gebracht wird. Eine große Zahl derartiger Messungen an festen Sekundärstrahlern wurden ausgeführt[3], die alle das schon von Lenard gefundene Ergebnis bestätigten, daß der Hauptanteil der Sekundärelektronen Geschwindigkeiten unter 10 e-Volt aufweist; daneben treten in geringerer Zahl auch größere Geschwindigkeiten auf; eine strenge Trennung der Sekundärelektronen von den rückdiffundierten Primärelektronen ist nicht immer möglich. Abb. 36 zeigt einige solche Gegenspannungskurven nach A. Becker[4] für die Elektronen, welche

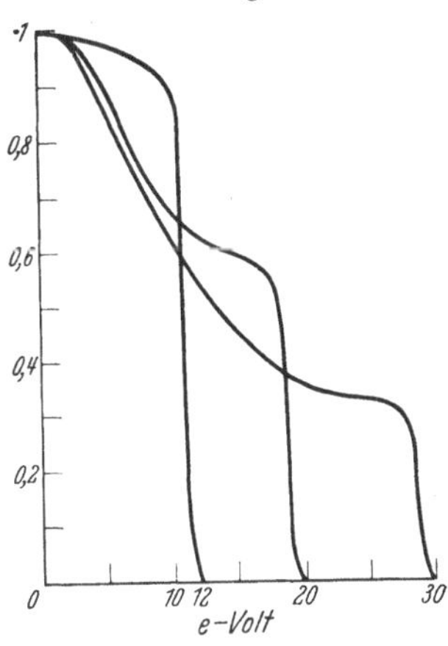

Abb. 36. Gegenfeldkurven für die von Platin bei Elektronenbeschießung ausgesandten Elektronen.

von einem entgasten Platinblech ausgehen, wenn man es mit Elektronen von 12, 20 und 30 e-Volt beschießt. Man sieht, daß bei 12 e-Volt praktisch nur die unverzögerten (reflektierten) Primärelektronen vom Metall ausgehen, während bei

---

[1] H. E. Farnsworth, Phys. Rev. Bd. 31, S. 405, 419. 1928; S. Ramachandro Rao, Proc. Roy. Soc. London (A) Bd. 128, S. 41, 57. 1930.

[2] O. Stuhlmann, Phys. Rev. Bd. 25, S. 234. 1925; L. R. Petry, a. a. O.; S. R. Rao, a. a. O.; O. W. Richardson, Proc. Roy. Soc. London (A) Bd. 31, S. 63. 1928; H. E. Krefft, Ann. d. Phys. Bd. 84, S. 639. 1927; Phys. Rev. Bd. 31, S. 199. 1928; M. H. Davis, Proc. Nat. Acad. Amer. Bd. 14, S. 460. 1928.

[3] Z. Bsp.: Starke u. Mitarbeiter, v. Baeyer, Gehrts, Campbell, Farnsworth, A. Becker.

[4] A. Becker, Ann. d. Phys. Bd. 78, S. 253. 1925.

größeren Strahlenenergien mehr und mehr langsame Sekundärelektronen hinzukommen. Durch Differentiation dieser Kurven entsteht die Energieverteilung,

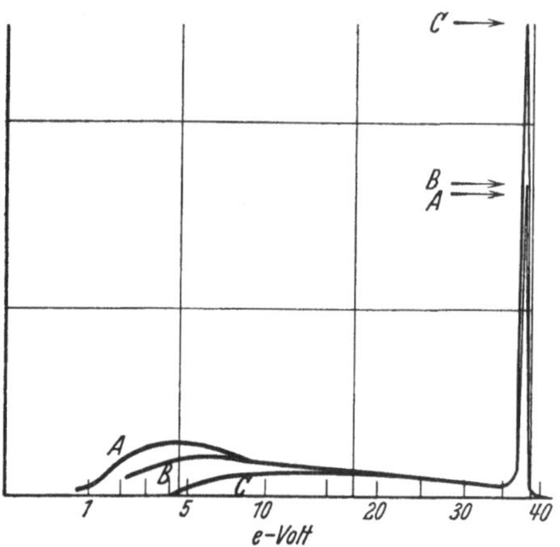

Abb. 37. Geschwindigkeitsverteilung der von Mo bei Beschießung mit 40 Volt-Elektronen ausgesandten Elektronen. Das Mo wurde bei A 30 Stunden auf 475° vakuumgeheizt, bei B 20 Stunden auf 850° durch Elektronenbombardement geheizt, bei C danach noch 41 Stunden auf 1250° durch Elektronenbombardement geheizt.

welche von dem in Abb. 37 wiedergegebenen, von der zweiten Methode direkt gelieferten Typus ist. Ganz ähnliche Gegenspannungskurven erhielt FARNSWORTH[1].

Die zweite, namentlich für schnellere Sekundär- und rückdiffundierte Elektronen angewandte Methode besteht in der magnetischen oder elektrischen Zerlegung der Geschwindigkeiten. Durch magnetische Zerlegung nach der Halbkreis-Fokussierungsmethode erhielt SOLLER[2] Kurven, von welchen ein Beispiel in Abb. 37 wiedergegeben ist. Diese lassen besonders erkennen, daß die langsamen Sekundärelektronen durch sehr ausgiebiges Entgasen der Substanz praktisch ganz zum Verschwinden gebracht werden können, während gleichzeitig die mit voller Energie reflektierten Elektronen zunehmen.

Bei größeren Primärgeschwindigkeiten kann nach den bisherigen Meßergebnissen die Sekundärgeschwindigkeit weder vom Material des Strahlers noch von der Primärgeschwindigkeit wesentlich abhängen. Nur bei Primärgeschwindigkeiten unter 1000 Volt scheint sich die Form der sekundären Geschwindigkeitsverteilungskurve etwas zu ändern[3].

Auch die von α-Strahlen erzeugte δ-Strahlung ist mit der Sekundärstrahlung der Elektronenstrahlen wesentlich identisch[4].

42. Klassische Deutung der Ionisation durch Elektronen- und α-Strahlen. Die theoretische Grundlage zum Verständnis der Erscheinungen der Ionisation und Sekundärstrahlung ist von J. J. THOMSON gegeben worden[5]. Der Grundgedanke dieser Theorie ist folgender. Die Strahlenteilchen durchdringen die Atome und treten dabei mit den Atomelektronen in Wechselwirkung. Um ein Elektron endgültig aus dem Atomverbande zu entfernen, muß ihm eine gewisse Mindestenergie zugeführt werden. Bei sehr kleinen Geschwindigkeiten reicht die Energie eines Strahlenteilchens hierzu nicht aus. Bei sehr großen Geschwindigkeiten ist andererseits die Zeit, während welcher das Atomelektron dem Kraftfeld des vorbeifliegenden Teilchens ausgesetzt ist, sehr kurz, daher ist die übertragene Energie im allgemeinen sehr klein, so daß auch in diesem Falle die

---

[1] H. E. FARNSWORTH, Phys. Rev. Bd. 20, S. 358. 1922; Bd. 21, S. 204. 1923; Bd. 25, S. 41. 1925.

[2] TH. SOLLER, Phys. Rev. Bd. 36, S. 1212. 1930. Die ganz ähnlichen Resultate von BRINSMADE u. a. wurden Ziff. 15 bereits erwähnt.

[3] A. GEHRTS, Ann. d. Phys. Bd. 36, S. 995. 1911; N. CAMPBELL, Phil. Mag. Bd. 25, S. 803. 1913.

[4] C. RAMSAUER, Jahrb. d. Radioakt. Bd. 9, S. 515. 1912; N. CAMPBELL, Phil. Mag. Bd. 24, S. 783. 1912.

[5] J. J. THOMSON, Phil. Mag. Bd. 23, S. 449. 1912. Andere Betrachtungsweisen bei P. L. KAPITZA, Phil. Mag. Bd. 45, S. 989. 1923 und E. FERMI, ZS. f. Phys. Bd. 29, S. 315. 1924. KAPITZA faßt die Sekundäremission auf als *Thermo*emission der lokal hoch erhitzten Materie, FERMI als *Photo*emission durch die bei der Bremsung des Primärteilchens entstehende Strahlung. Kritische Bemerkungen hierzu bei N. BOHR, ZS. f. Phys. Bd. 34, S. 154. 1925.

ionisierende Wirkung der Strahlen klein bleibt. Hiernach ist zu erwarten, daß für eine bestimmte, nicht zu große und nicht zu kleine Primärgeschwindigkeit die Ionisation durch ein Maximum geht.

Zur mathematischen Formulierung dieses Gedankens auf klassischer Grundlage knüpfen wir an die Gleichungen (77) und (78) der Ziff. 30 an, welche die auf das Atomelektron übertragene Energie Q als Funktion der Primärgeschwindigkeit v_0 und des Stoßparameters p angeben. Wir sehen also hier im Gegensatz zu Ziff. 30 wieder die Atomelektronen als frei an. Wir nehmen weiter an, daß Ionisation dann, und nur dann eintritt, wenn die Energie Q einen gewissen kritischen Wert W, die „Ionisierungsenergie", überschreitet. Wir betrachten eine Schicht von der Dicke dl eines Materials, welches N Atome im cm³ enthält. Jedes Atom soll Z Elektronen besitzen, und zwar der Allgemeinheit halber je eines der durch die Werte W_1, W_2, ..., W_Z charakterisierten Art. Dann ist die mittlere Zahl A von Atomelektronen der 1. Art, an welchen die Bahn eines einzelnen Strahlenteilchens in einem Abstande $< p$ vorbeiführt,

$$A = N \, dl \, p^2 \pi .$$

Dies ist gleichzeitig die Zahl der Elektronen, welche einen Energiebetrag $> Q$ von dem Strahlenteilchen übernehmen, wo p und Q durch Gleichung (77) miteinander verbunden sind:

$$A = N \pi \, dl \, \lambda^2 \left(\frac{Q_0}{Q} - 1 \right) . \tag{95}$$

Darin ist

$$Q_0 = \frac{2 M m^2 v_0^2}{(M + m)^2} \tag{96}$$

der größtmögliche Wert von Q, welchen es bei zentralem Stoß ($p = 0$) erreicht. Als Sekundärelektron wird das Elektron beobachtbar, sobald $Q > W_1$ ist; es besitzt dann die kinetische Energie

$$U = Q - W_1 .$$

Führt man also U statt Q in (95) ein und summiert über alle Atomelektronen, so findet man die Zahl a der Sekundärelektronen, deren Energie den Wert U übersteigt, pro cm Bahnlänge:

$$a(U) = N \pi \lambda^2 \sum_{i=1}^{Z} \left(\frac{Q_0}{U + W_i} - 1 \right) . \tag{97}$$

Die Gesamtzahl der Sekundärelektronen pro cm Bahnlänge, d. i. die differentiale Sekundärstrahlung s, erhält man hieraus, indem man $U = 0$ setzt:

$$s = N \pi \lambda^2 \sum_{i=1}^{Z} \left(\frac{Q_0}{W_i} - 1 \right) . \tag{98}$$

Durch (97) ist die Geschwindigkeitsverteilung der Sekundärelektronen gegeben.

Besteht die Primärstrahlung aus Elektronen, so ist $M = m = \mu$, $E = e = -\varepsilon$ zu setzen; damit wird

$$Q_0 = \tfrac{1}{2} \mu v_0^2 = T, \tag{99}$$

d. i. die kinetische Energie des primären Strahlenteilchens, ferner nach (78)

$$\lambda = \frac{2 \varepsilon^2}{\mu v_0^2} = \frac{\varepsilon^2}{T} . \tag{100}$$

Die Gleichungen (97) und (98) gehen dann über in

$$a(U) = \frac{\pi N \varepsilon^4}{T^2} \sum \left(\frac{T}{U + W_i} - 1 \right) , \tag{101}$$

$$s = \frac{\pi N \varepsilon^4}{T^2} \sum \left(\frac{T}{W_i} - 1 \right) . \tag{102}$$

Für α-Strahlen kann man dagegen $m \gg \mu$ ansehen und hat $E = -\varepsilon$; $e = 2\varepsilon$ zu setzen, so daß

$$\lambda = -\frac{m}{\mu}\frac{\varepsilon^2}{T_\alpha}; \qquad Q_0 = \frac{4\mu}{m} T_\alpha$$

wird, wo T_α die kinetische Energie eines α-Teilchens bezeichnet. Dann wird

$$a(U) = \frac{\pi N \varepsilon^4}{T_\alpha^2}\left(\frac{m}{\mu}\right)^2 \sum \left(\frac{4\mu}{m}\frac{T_\alpha}{U+W_i} - 1\right), \tag{103}$$

$$s = \frac{\pi N \varepsilon^4}{T_\alpha^2}\left(\frac{m}{\mu}\right)^2 \sum \left(\frac{4\mu}{m}\frac{T_\alpha}{W_i} - 1\right). \tag{104}$$

Qualitativ gibt diese einfache Theorie die Erfahrungstatsachen leidlich wieder, wenn man mangels genauerer Kenntnis des Sekundärstrahlungsvermögens s das gemessene Ionisierungsvermögen i betrachtet: Die theoretische Funktion s steigt bei kleiner Strahlgeschwindigkeit zu einem Maximum an, das allerdings bereits bei $T = 2W$, also für Stickstoff bei etwa 31 e-Volt liegen sollte, während das beobachtete Maximum von i bei etwa 130 e-Volt liegt[1]. Für größere Strahlenergien T wird theoretisch s proportional $1/T$, während experimentell i proportional $1/\beta^2$ gefunden wurde (Ziff. 33); das ist bei nicht zu großen Strahlenergien praktisch dasselbe. Bezüglich der Materialabhängigkeit liest man aus Gleichung (102) ab, daß die Sekundärstrahlung pro Atomelektron um so größer ist, je kleiner W. Kleine Ionisierungsarbeit geht, allgemein gesprochen, parallel mit kleinen Eigenfrequenzen, daher ist nach Ziff. 30 zu erwarten, daß Elemente, welche stark bremsen, auch starke differentiale Ionisation zeigen. Bei den Halogenen scheint ein solcher Parallelismus zwischen Absorption α und differentialer Ionisation i zu bestehen (Ziff. 26 und 35).

Was die Geschwindigkeit der Sekundärelektronen betrifft, so folgt aus (101) und (102)

$$\frac{a}{s} = \frac{(T-U-W)W}{(T-W)(U+W)}.$$

Dies ist der Bruchteil an Sekundärelektronen, deren Energie $> U$ ist. Die maximale Sekundärenergie ist die, für welche dieser Ausdruck verschwindet:

$$U_{\max} = T - W.$$

Diese nimmt ab mit Annäherung an die Grenzgeschwindigkeit, wie es auch die Versuche von ÅKESSON zu zeigen scheinen (Ziff. 37). Für größere Primärgeschwindigkeiten ($T \gg W$, U) wird

$$\frac{a}{s} = \frac{W}{U+W}. \tag{105}$$

Die Geschwindigkeitsverteilung der Sekundärelektronen wird also unabhängig von der Primärgeschwindigkeit, und da W für verschiedene Substanzen nicht allzu verschieden ist, auch wenig abhängig vom Material. Beides ist mit den Versuchen leidlich im Einklang (Ziff. 37). Betrachtet man schließlich allein die größeren Sekundärgeschwindigkeiten ($T \gg U \gg W$), so wird

$$\frac{a}{s} = \frac{W}{U}.$$

In der Tat fand ISHINO für Sekundärgeschwindigkeiten von 40 bis 700 Volt $a \sim U^{-\varkappa}$, wo $\varkappa$ nicht stark von 1 verschieden war. Für $U = 110$ Volt war $a/s = 0{,}036$ in Luft, was $W = 4$ e-Volt ergibt, also schon deutlich zu klein. Auch sonst läßt sich einigermaßen quantitative Übereinstimmung zwischen THOMSONS Theorie und der Erfahrung bei größeren Strahlenergien nur dadurch erzielen, daß man für die Ionisierungsenergie W einen Wert annimmt, der viel kleiner ist, als dem

---

[1] Vgl. jedoch die Ziff. 35 erwähnten Untersuchungen von v. HIPPEL und FUNK.

Einsatz der Ionisierungskurve entspricht; mit dem richtigen Wert $W = 16\,e$-Volt für Stickstoff kommt die berechnete Ionisation viel zu klein heraus. WILSON schließt aus seinen Nebeltröpfchenzählungen (Ziff. 38) auf $W = 6,8\,e$-Volt. Auch die Wilson-Versuche von WILLIAMS und TERROUX (Ziff. 38), welche direkt das *primäre* Ionisationsvermögen s ergaben, stimmen schlecht zu der Theorie. Für die Grenze $\beta = 1$ sind die experimentellen Werte für O_2 und H_2: $s = 22$ bzw. $5,2$, während die Theorie mit den anderweitig bestimmten W-Werten ergibt: $s = 4,4$ bzw. $0,87$. Auch die Abhängigkeit des s von der Strahlgeschwindigkeit geht (anders als i) nach diesen Autoren nicht mit β^{-2}, wie es die Theorie verlangt, sondern mit $\beta^{-1,5}$ bzw. $\beta^{-1,1}$. Andererseits ergibt sich das theoretische Maximum, abgesehen von seiner falschen Lage, viel zu *hoch*, wobei allerdings zu berücksichtigen ist, daß in diesem Gebiet die einfache Theorie schon deshalb nicht mehr anwendbar ist, weil sie verlangen würde, daß aus einer Molekel eine größere Zahl von Elektronen abgelöst werden sollte. In der Tat wurde solche „Mehrfachionisation" auch beobachtet (Ziff. 39), aber ihre Berechnung erfordert zusätzliche Annahmen über die Bindung und Kopplung der Atomelektronen. ROSSELAND[1] hat solche Berechnungen an Hand des BOHRschen Atommodells angestellt.

Eine bessere Übereinstimmung im Gebiet größerer Geschwindigkeiten läßt sich nach WILLIAMS und TERROUX (a. a. O.) dadurch erzielen, daß man die Eigenbewegung der Atomelektronen berücksichtigt[2], doch bleiben die Diskrepanzen im wesentlichen doch bestehen.

Eine weitere Ergänzung der THOMSONschen Theorie hat BOHR gegeben[3], indem er von der durch THOMSON berechneten primären Ionisation s weiter auf die Gesamtionisation i schloß, die ja meist beobachtet wird. Hierzu nahm BOHR an, daß ein Sekundärelektron, dessen Energie $U > nW$, aber $< (n+1)\,W$ ist, genau n Tertiärelektronen erzeugt, also die maximale Zahl, die es seiner Energie nach überhaupt erzeugen kann. Dann ergibt sich für einigermaßen schnelle Primärstrahlen $(T \gg W)$

$$\frac{i}{s} = \log\left(\frac{T}{W}\right). \tag{106}$$

Für $\beta = 0,5$; $W = 16\,e$-Volt (Stickstoff) bedeutet dies beispielsweise $i/s = 8,5$, während WILSON aus seinen Nebeltröpfchenzählungen hierfür die Zahl 3 bis 4 gewann. In der Tat liefert ja BOHRs Schätzung offenbar mehr eine obere Grenze als den wirklichen Wert für die Zahl der Tertiärelektronen.

Eine ganz analoge Rechnung kann auch für eines der fester gebundenen Atomelektronen durchgeführt werden. Dieses möge die Ablösungsenergie W_1 haben, während W wieder die für die sekundäre Ionisation maßgebende Minimalenergie ist. Dann findet man

$$\frac{i_1}{s} = \frac{W_1}{W} \log \frac{T}{W_1}. \tag{107}$$

Dies bedeutet, daß ein aus dem Innern des Atoms kommendes Sekundärelektron im Mittel weit mehr sekundäre Ionenpaare erzeugt als ein äußeres Elektron. Für ein K-Elektron des Stickstoffs ($W_1 = 375$ Volt) wird z. B. mit $\beta = 0,2$ $i/s = 167$. So kommt es, daß zwar für die Zahl der *eigentlichen* Sekundärelektronen die inneren Atomelektronen praktisch ausscheiden, nicht aber für die Ionisation. Natürlich ist für so starke Sekundärionisationen der BOHRsche Ansatz noch weniger quantitativ zu nehmen. Immerhin wird hierdurch eigentlich erst die

[1] S. ROSSELAND, Phil. Mag. Bd. 45, S. 65. 1923.
[2] L. H. THOMAS, Proc. Cambridge Phil. Soc. Bd. 23, S. 713. 1927; E. J. WILLIAMS, Manch. Mem. Bd. 71, S. 25. 1927.
[3] N. BOHR, Phil. Mag. Bd. 30, S. 606. 1916; vgl. auch R. H. FOWLER, Proc. Cambridge Phil. Soc. Bd. 21, S. 531. 1923.

experimentell gefundene ungefähre Proportionalität der Ionisation mit der Elektronendichte verständlich (s. Ziff. 35).

Ähnlich wie für Elektronenstrahlen fällt der Vergleich zwischen der Erfahrung und der Thomson-Bohrschen Theorie auch für α-Strahlen aus, wie in der Bohrschen Arbeit nachzulesen ist[1].

43. Quantenmechanische Deutung der Ionisation. Bei den stark vereinfachenden Annahmen, die der Thomson-Bohrschen Theorie zugrunde liegen (freie, ruhende Atomelektronen), ist es nicht verwunderlich, daß die genauere quantenmechanische Theorie der Ionisation, wie sie Bethe im Anschluß an Borns Stoßtheorie gegeben hat[2], zu Formeln von etwas anderem Bau führt. Bethe findet für schnelle Elektronenstrahlen (Strahlgeschwindigkeit $\gg$ Bahngeschwindigkeit der Atomelektronen)

$$s = \frac{2\pi N \varepsilon^4}{\mu v^2} \sum_{nl} \frac{c_{nl} Z_{nl}}{W_{nl}} \log \frac{2\mu v^2}{C_{nl}}, \tag{108}$$

wo Z_{nl} die Elektronenzahl, c_{nl} ein Zahlenfaktor, W_{nl} die Ionisierungsenergie und C_{nl} eine Energie von derselben Größenordnung, alles für die (nl)-Schale ist [a. a. O. Gleichung (88)]. Für (atomaren) Wasserstoff wird z. B.

$$s = 0,285 \frac{2\pi N \varepsilon^4}{\mu v^2 W} \log \frac{2\mu v^2}{0,048\,W} \tag{109}$$

a. a. O. Gleichung (54b)]. Diese Ausdrücke unterscheiden sich von dem Thomsonschen, abgesehen von dem Zahlenfaktor, durch einen log-Faktor, wie er auch in der Theorie der Geschwindigkeitsabnahme vorkommt (Ziff. 30). Gegenüber dem Thomsonschen v^{-2}-Gesetz verlangsamt dieser Faktor die Abnahme von s mit zunehmender Geschwindigkeit, in Übereinstimmung mit dem experimentellen Befund von Williams und Terroux (Ziff. 38). Aber auch die Absolutwerte für s kommen jetzt besser heraus. Benutzt man für H_2 die Formel (109) mit $W = 16\,e$-Volt, so findet man für $\beta = 0,45$: $s = 15,3$ gegenüber dem experimentellen Wert 18,3, und für $\beta = 0,66$: $s = 7,7$ gegenüber experimentell 8,9.

Auch die Frage der sekundären Ionisation behandelt Bethe anders als Bohr, indem er einfach für die sekundäre Ionisation denselben Wirkungsgrad annimmt wie für die primäre Ionisation. Er findet so für H_2 und He näherungsweise $i/s = 2$, für N_2 und $\beta = 0,33$ etwa $i/s = 2,7$, in viel besserer Übereinstimmung mit der Erfahrung als bei Bohr. Für dieselbe Geschwindigkeit berechnet sich der Energieverbrauch pro Ionenpaar in N_2 zu 31,5 e-Volt, fast identisch mit Eisls experimentellem Wert 32,2 (Ziff. 34). Auch die praktische Unabhängigkeit dieser Zahl von der Geschwindigkeit kommt heraus.

Schließlich berechnet Bethe noch die Geschwindigkeitsverteilung der Sekundärelektronen in H_2, welche nach Thomson durch U^{-1} gegeben sein sollte, während Ishinos Versuche $U^{-0,9}$ ergaben (Ziff. 37). Auch hier stimmen Bethes Berechnungen wesentlich besser mit der Erfahrung überein als Thomsons Theorie.

44. Ionisierung der inneren Elektronenschalen. Da jedes Atom, welches in der K-Schale ionisiert ist, mit einer konstanten, für das Atom charakteristischen Wahrscheinlichkeit ein Röntgenquant z. B. von der Wellenlänge der $K\alpha$-Linie aussendet, gibt die Intensität, mit welcher diese Linie in der Anode eines Röntgenrohres entsteht, ein Maß für die Wahrscheinlichkeit einer K-Ionisation. Man kann also die „K-Ionisierungsfunktion" von der allgemeinen Ionisierungsfunktion

---

[1] In der sehr interessanten Studie von K. W. F. Kohlrausch (Phys. ZS. Bd. 29, S. 153. 1928), welche sich nur auf i, nicht auf s bezieht, schneidet die Thomson-Bohrsche Theorie besser ab als hier. Dies dürfte mit daran liegen, daß der zu niedrige Thomsonsche Wert von s durch den sicher zu hohen Bohrschen Wert von i/s etwas kompensiert wird.

[2] H. Bethe, Ann. d. Phys. Bd. 5, S. 325. 1930.

abtrennen, indem man die Linienintensität als Funktion der Röhrenspannung, d. h. der Elektronenenergie aufnimmt. Solche Messungen sind von mehreren Seiten an massiven Anoden angestellt worden[1]; sie liefern offenbar zunächst die „*totale K-*... Sekundärstrahlung S_K...", aus welcher die „differentiale Sekundärstrahlung s_K..." nur durch ein mehr oder weniger unsicheres Differentiationsverfahren gewonnen werden kann. WEBSTER[2] wandte daher den Kunstgriff an, eine leichtatomige Anode (Beryllium) mit einer dünnen Schicht des zu untersuchenden Materials (Silber) zu überziehen, in welcher die Kathodenstrahlen keine merkliche Bremsung und Zerstreuung erfahren. Der Verlauf von s_K... ergab sich stets ähnlich dem für die allgemeine Ionisierung: Anstieg von der Ionisierungsspannung ab zu einem Maximum, dann langsamerer Abfall. Im einzelnen, besonders bezüglich der Lage des Maximums, besteht noch keine gute Übereinstimmung zwischen den verschiedenen Autoren. Jedoch dürfte sicher sein, daß auch hier die THOMSONsche Theorie keine quantitative Deutung der Resultate zu geben vermag[3]. Ganz augenfällig wird das Versagen dieser Theorie im Falle der K- und L-Ionisation durch α-Strahlen, wo der erste Anstieg der differentialen Ionisation mit einer sehr hohen Potenz der Strahlgeschwindigkeit erfolgt[4]. Auch zeigt sich, daß bei gegebener Strahlgeschwindigkeit die Ionisierungsspannung keineswegs allein maßgebend ist für die Ionisierungswahrscheinlichkeit: ein L-Elektron und ein K-Elektron von gleicher Ionisierungsenergie können sehr verschiedene Ionisierungswahrscheinlichkeiten haben, wie sowohl mit α-Strahlen[5] als auch mit Kathodenstrahlen[6] festgestellt wurde. Die totale K-Ionisierungswahrscheinlichkeit ergibt sich stets sehr klein, etwa $S_K \approx 10^{-3}$ für gewöhnliche Kathodenstrahlen, in Übereinstimmung mit theoretischen Schätzungen[7]. Die inneren Elektronenschalen liefern also keinen irgendwie wesentlichen Beitrag zur Zahl S der wirklichen *Sekundär*elektronen, wohl aber zur Gesamtzahl J der Ionen, wie aus der Massenproportionalität der Ionisation hervorgeht (Ziff. 35) und auch theoretisch plausibel ist (Ziff. 42).

45. Sekundäre Lichtstrahlung. Außer der korpuskularen Sekundärstrahlung erzeugen bewegte Elektronen beim Durchgang durch Materie auch Lichtstrahlung der verschiedensten Wellenlängen. Diese hat zweierlei Ursprung, sie entstammt zum Teil dem Atom, welches durch das Kraftfeld des hindurchfliegenden Strahlenteilchens gestört ist, zum Teil geht sie von dem Strahlenteilchen selbst aus, welches beim Durchfliegen eines Atoms seinen Geschwindigkeitsvektor ändert. Die Atomstrahlung enthält die charakteristischen Spektrallinien des Elementes. Ihre Entstehung ist so vorzustellen, daß das Strahlenteilchen eines (oder auch mehrere) der Atomelektronen auf ein höheres Energieniveau befördert (Ziff. 29) oder ganz aus dem Atom ausstößt (Ziff. 42); bei der Rückkehr in seinen Normalzustand, die entweder in einem Sprung oder auch kaskadenartig erfolgen kann, sendet das Atom eine oder mehrere seiner Spektrallinien aus. Ein Strahlelektron von der Energie T kann nur solche Spektrallinien hervorrufen, für welche

$$T \geqq h\nu$$

ist. Diese Ungleichung ist das vollkommene Analogon zum „STOKESschen Gesetz", welches für die Fluoreszenzerregung durch Einstrahlung von *Licht* gilt.

[1] F. WISSHAK, Ann. d. Phys. Bd. 5, S. 507. 1930; dort weitere Literatur.
[2] D. L. WEBSTER, H. CLARK, R. M. YEATMAN u. W. W. HANSEN, Proc. Nat. Acad. Amer. Bd. 14, S. 339, 679. 1928; Phys. Rev. Bd. 37, S. 115. 1931.
[3] F. WISSHAK, a. a. O.   [4] W. BOTHE u. H. FRÄNZ, ZS. f. Phys. Bd. 52, S. 466. 1928.
[5] W. BOTHE u. H. FRÄNZ, a. a. O.
[6] G. L. PEARSON, Proc. Nat. Acad. Amer. Bd. 15, S. 658. 1929.
[7] S. ROSSELAND, Phil. Mag. Bd. 45, S. 65. 1923; L. H. THOMAS, Proc. Cambridge Phil. Soc. Bd. 23, S. 829. 1927; H. BETHE, Ann. d. Phys. Bd. 5, S. 325. 1930.

Das Gleichheitszeichen gilt nur für den Fall, daß T gerade einem kritischen Potential des Atoms entspricht, und auch dann nur, sofern das Atom in *einem* Sprung zum Normalzustand zurückkehrt, was im allgemeinen nur bei den äußeren Atomelektronen möglich ist. Im anderen Falle wird die vom Atom aufgenommene potentielle Energie in Quanten von kleinerer Schwingungszahl zersplittert. Im besonderen ist für die Erregung der Röntgenlinien nötig, daß das Strahlelektron mindestens die der betreffenden Serien*grenze* entsprechende Energie besitzt, welche größer ist als die der Spektrallinie selbst entsprechende ("Stokesscher Sprung"). Bezüglich der Einzelheiten der Strahlungserregung durch Elektronenstoß muß auf Bd. XXIII/1 ds. Handb. 2. Aufl. verwiesen werden.

Über die vom Strahlelektron selbst ausgesandte Lichtstrahlung, welche eine kontinuierliche spektrale Verteilung aufweist und als "Bremsstrahlung" bezeichnet wird, findet sich in Bd. XXIII/2 ds. Handb. 2. Aufl. ein ausführlicher Bericht.

46. Die Energiebilanz. Die direkten Wirkungen der Elektronenstrahlen auf die Materie sind (wenn man von der praktisch verschwindenden direkten Energieübertragung auf die Atomkerne absieht) zweierlei Art: Ionisation und Anregung. Während die Ionisation direkt beobachtbar ist, wird es die Anregung erst, wenn die Molekel in ihren Normalzustand zurückkehrt. Dies kann auf verschiedenen Wegen geschehen: durch Emission von Licht (Ziff. 45), durch "strahlungslose Umwandlungen" innerhalb der Molekel unter Aussendung von Elektronen[1], und endlich durch "Stöße zweiter Art" mit einer anderen Molekel, wodurch die Anregungsenergie direkt in kinetische Molekularenergie übergehen kann. Die Gesamtheit der bei diesen Prozessen frei werdenden Energien muß mit der Bremsstrahlung zusammen die vernichtete Primärenergie decken. Dies wäre eine wertvolle Kontrollbeziehung, wenn nicht leider unsere Kenntnisse über die quantitativen Einzelheiten dieser Vorgänge noch sehr lückenhaft wären; auch ist überhaupt bisher sehr wenig geklärt, welcher Teil der beobachteten Effekte direkter oder indirekter Natur ist.

Nehmen wir für mittelschnelle Kathodenstrahlen in Luft einen Energieverlust von $32\,e$-Volt pro erzeugtes Ionenpaar an (Ziff. 34) und rechnen die zur Abtrennung eines Sekundär- oder Tertiärelektrons wirklich verbrauchte Energie zu 16 Volt, so folgt, daß mindestens die Hälfte der Primärenergie zur Abtrennung von Elektronen verbraucht wird, denn jedes der erzeugten Elektronen behält schließlich noch einen gewissen Energiebetrag, welcher zur Erzeugung eines weiteren Ionenpaares nicht mehr ausreicht.

Für die Energie des erzeugten Lichtes sind noch weniger Anhaltspunkte vorhanden. Bei schnelleren Primärstrahlen macht die Energie der im Röntgengebiet liegenden Strahlung, sowohl der Bremsstrahlung als der charakteristischen, nur einen Bruchteil von der Größenordnung 1/1000 der Primärenergie aus, wie Ausbeutemessungen am Röntgenrohr ergaben. Die langwelligere Strahlung, insbesondere in dem weiten Zwischengebiet zwischen den Röntgenstrahlen und dem Sichtbaren, ist jedoch sehr leicht absorbierbar und daher der Beobachtung schwer zugänglich. Es ist daher wohl trotz der geringen Strahlungsausbeute im Röntgenrohr durchaus wahrscheinlich, daß die gesamte Ausbeute an Licht von derselben Größenordnung wie die an Sekundärelektronen ist. Hiermit ist auch im Einklang, daß bei kleinen Primärgeschwindigkeiten, wo die erregten Wellenlängen ausschließlich von der Größenordnung der sichtbaren sind, die Ausbeute an sichtbarem und ultraviolettem Licht bekanntermaßen sehr groß ist. Es besteht somit bisher kein Grund, daran zu zweifeln, daß die Energiebilanz erfüllt ist.

---

[1] S. Rosseland, ZS. f. Phys. Bd. 14, S. 173. 1923.

Kapitel 2

Durchgang von Kanalstrahlen durch Materie.

Von

E. Rüchardt, München.

Mit 105 Abbildungen.

I. Allgemeines und Untersuchungsmethoden.

1. Wesen der Kanalstrahlen. Die Kanalstrahlen sind von Goldstein entdeckt worden[1] Sie entstehen im Entladungsrohr (Abb. 1) beim Durchgang einer Glimmentladung und treten durch einen zentralen „Kanal" einer zylinderförmigen Kathode K in einen kräftefreien Raum B hinein. Bisweilen wird als Kathode auch ein Netz benutzt (Abb. 2). Bei höheren Spannungen wird auch im Falle einer netzförmigen Kathode der Strahl auf die Mitte des Netzes zusammengezogen. Bei kugelförmigen Ent-

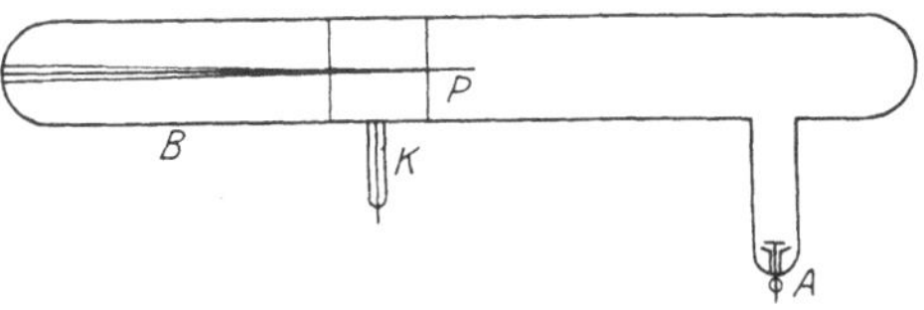

Abb. 1. Kanalstrahlrohr. K Kathode, A Anode, P Kanalstrahlpinsel, B Beobachtungsraum.

ladungsröhren (Abb. 3) erhält man erst bei höheren Gasverdünnungen Strahlen größerer Geschwindigkeit bzw. hohe Entladungsspannungen. Die Strahlen bestehen aus schnell bewegten Atomen oder Molekülen, die zumeist dem Füllgas der Röhre entstammen und als positive Restionen im Kathodenfall ihre Be-

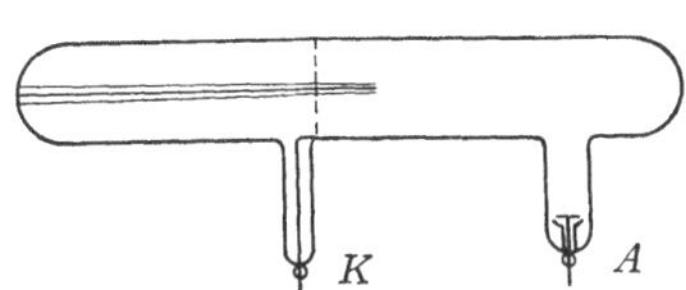

Abb. 2. Kanalstrahlrohr mit Netzkathode.

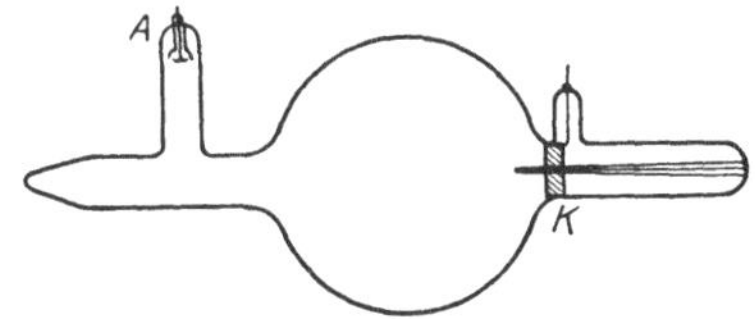

Abb. 3. Kugelförmiges Kanalstrahlrohr.

schleunigung in Richtung auf die Kathode hin erhalten. Im Entladungsrohr selbst ist die sogenannte erste Kathodenschicht, die bei höheren Spannungen sich zu einem engen leuchtenden „Pinsel" P (Abb. 1) in der Mitte der Kathode zusammenzieht, mit den Kanalstrahlen identisch.

Die Geschwindigkeit der Strahlen schwankt je nach Röhrenspannung und Art der Strahlen. Eine direkte Geschwindigkeitsbestimmung nach einer der Des Coudres-Wiechertschen Methode für Kathodenstrahlen verwandten Me-

---

[1] E. Goldstein, Berl. Ber. 1886, S. 691; Wied. Ann. Bd. 64, S. 38. 1898.

thode hat HAMMER[1] ausgeführt. Die Geschwindigkeit ist indessen im Gegensatz zu den Kathodenstrahlen nicht einheitlich, und die Beziehung

$$e V = \frac{m}{2} v^2 \,, \tag{1}$$

wo V die Entladungsspannung (oder genauer die Spannung des Kathodenfalls), e die Ladung, m die Masse und v die Geschwindigkeit eines Teilchens bedeutet, ist auch für die schnellsten Teilchen des Strahles nicht genau erfüllt. Die Geschwindigkeit v der schnellsten Teilchen beträgt nur etwa 80 bis 90% derjenigen, die sich nach obiger Gleichung berechnet. Die Gründe für dieses Verhalten liegen darin, daß die Teilchen einen größeren oder kleineren Teil des Kathodengefälles in ungeladenem Zustande durchlaufen.

Die spezifische Ladung der Teilchen ist von derselben Größe wie die der Ionen in der Elektrolyse. e/m sowie v werden durch Kombination von elektrischer und magnetischer Ablenkung, ähnlich wie bei Kathodenstrahlen, bestimmt. Wegen der großen Masse der Teilchen müssen kräftige Magnetfelder verwendet werden. Im gewöhnlichen Kanalstrahl kommen auch bei praktisch reiner Gasfüllung Ionen verschiedener Art vor. Außer Atomionen werden auch Molekülionen beobachtet. Die in Abschn. III behandelten Umladungsvorgänge bewirken es endlich, daß im Kanalstrahl neben positiven Ionen, die eine oder gelegentlich auch mehrere Elementarladungen tragen, auch negative und vor allem auch neutrale Atome und Moleküle vorhanden sind. Der gewöhnliche Kanalstrahl ist also weder in bezug auf Geschwindigkeit noch in bezug auf Masse und Ladung homogen, so daß er ein recht kompliziertes Gebilde darstellt.

Wenn es sich darum handelt, positive Ionenstrahlen besonders geringer Geschwindigkeit oder Strahlen von nicht gasförmigen Elementen zu erzeugen, so müssen besondere Methoden angewandt werden. Langsame Strahlen kann man bei Benutzung einer Wehneltkathode oder eines glühenden Wolframdrahtes als Elektronenquelle erhalten. Die durch die langsamen Kathodenstrahlen im Gase der Entladungsröhre erzeugten Ionen werden durch ein elektrisches Feld beschleunigt und treten dann als Ionenstrahlen durch eine Blende oder durch einen Kanal in den kräftefreien Raum hinaus. Diese Methode hat als einer der ersten DEMPSTER[2] benutzt. Viele Varianten dieser Methode sind in neuerer Zeit ausgearbeitet worden. Die Erzeugung sehr schneller Kanalstrahlen wird in Ziff. 6 besprochen.

Ist die *Anode* ein glühender Körper, so werden die Ionen von diesem geliefert, und man kann dann auch im höchsten Vakuum Ionenstrahlen erzeugen. Solche Strahlen werden gewöhnlich „Anodenstrahlen" genannt. Ein glühender Wolframdraht liefert neben Elektronen hauptsächlich Atom- und Molekülionen des Wasserstoffs. GEHRCKE und REICHENHEIM[3] haben als erste positive Strahlen aus glühenden Anoden erzeugt. Als Anode diente dabei eine feste Metallverbindung, die in eine Glasröhre mit Zuleitung eingefüllt war. Sie arbeiten mit Gasfüllung und Glimmentladung. Beim Stromdurchgang erhitzt sich die Anode und liefert die positiven Metallionen, die durch das Anodengefälle beschleunigt werden. GEHRCKE und REICHENHEIM haben in dieser Weise positive Strahlen von Alkalimetallen erzeugt. Besonders gute Resultate ergab ein Gemisch von LiJ, LiBr, NaJ und etwas Graphitzusatz zur Erhöhung der Leitfähigkeit.

---

[1] W. HAMMER, Ann. d. Phys. Bd. 42, S. 653. 1914.
[2] A. J. DEMPSTER, Phys. Rev. Bd. 8, S. 651. 1916.
[3] E. GEHRCKE u. O. REICHENHEIM, Verh. d. D. Phys. Ges. Bd. 8, S. 559. 1906; Bd. 9, S. 76, 200, 374. 1907.

Ähnliche Methoden, besonders zur Erzeugung von Alkalikanalstrahlen, sind von Aston[1] u. a. angegeben worden. Aston verwendet eine glühende Platinanode, die so geformt ist, daß sie Salze aufnehmen kann. Dempster[2] (Abb. 4) beschießt gleichzeitig den Dampf mit Elektronen. Aston[3] hat später eine Mischung von Metallsalz und Graphit am Ende einer Glasröhre als Anode verwandt. Ähnlich verfährt Kerschbaum[4]. Die auftreffenden Kathodenstrahlen einer selbständigen Entladung erhitzen das Salz und bringen das Metall zum Verdampfen, so daß reichlich Alkalimetalldampf entsteht. Die gebildeten Ionen werden in gewöhnlicher Weise im Kathodenfall beschleunigt. Diese Methode ergibt sehr kräftige Alkalikanalstrahlen, die einige Zeit (etwa $1^1/_2$ Stunden) aufrechterhalten werden können, bis eine neue Beschickung der Anode notwendig wird. Es ist zweckmäßig, gleichzeitig ein Gas, z. B. Stickstoff, zur Aufrechterhaltung einer gleichmäßigen Entladung in das Rohr zu leiten. Es gibt auch mehrere andere Methoden zur Erzeugung von Kanalstrahlen nichtgasförmiger Elemente. Bisweilen lassen sich flüchtige metallorganische Verbindungen in das Entladungsrohr einführen. Man kann so Kanalstrahlen verschiedener Metalle erhalten.

Aston ist es gelungen, Kanalstrahlen der meisten Elemente zu erlangen. Borkanalstrahlen wurden aus Borfluorid, Schwefelkanalstrahlen aus Schwefeldioxyd, Bromkanalstrahlen aus Methylbromid, Phosphor- und Arsenstrahlen aus PH_3 und AsH_3 hergestellt. Selen- und Tellurkanalstrahlen gewann man aus Selenhydrid und Tellurmethyl, Antimonstrahlen aus SbH_3 usw.

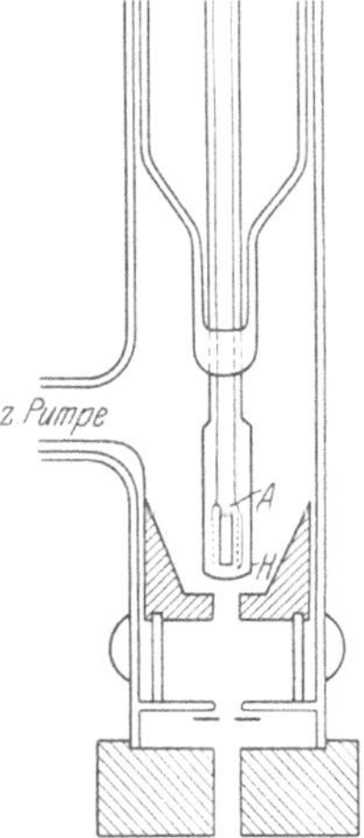

Abb. 4. Erzeugung von Alkalikanalstrahlen nach Dempster.

Drei Gebiete sind es vor allem, auf denen die Kanalstrahlenforschung erfolgreich gewesen ist. Durch die Zusammenstöße der Strahlteilchen mit den Molekülen des ruhenden Gases werden die Kanalstrahlen zum Leuchten angeregt und erregen ihrerseits die Gasmoleküle zum Leuchten. Bei spektroskopischer Beobachtung lassen sich die beiden Vorgänge wegen des Dopplereffektes (Ziff. 3), den die bewegte Intensität zeigt, trennen. Da die Bedingungen dieser Leuchtvorgänge (gegenüber den Vorgängen in der Flamme z. B.) eine verhältnismäßig große Einfachheit aufweisen und leicht variiert werden können, und da hierbei ferner leuchtende Atome, die mit einer Geschwindigkeit von etwa 10^8 cm/sec fliegen, beobachtet werden, hat das Studium dieser Leuchtvorgänge sehr wichtige Fragen über das Wesen der Lichtemission und den Zusammenhang zwischen Materie und Strahlung zu beantworten gestattet.

Die Tatsache, daß wir es in den Kanalstrahlen mit geladenen bewegten Atomen und Molekülen zu tun haben, hat durch Anwendung der auch bei den Kathodenstrahlen benutzten Methoden der Ablenkung durch elektrische und magnetische Felder sehr genaue Messungen der spezifischen Ladungen und Massen der Teilchen des Strahles ermöglicht. Die Entdeckung und das genaue Studium der Isotopen nicht radioaktiver Elemente sowie die Untersuchung der Massendefekte der Atomkerne durch Aston mittels der Kanalstrahlanalyse zeigen die große Leistungsfähigkeit dieser Methode am besten. Die Untersuchungen von

[1] F. W. Aston, Phil. Mag. Bd. 42, S. 436. 1921.
[2] A. J. Dempster, Phys. Rev. Bd. 18, S. 415. 1921.
[3] F. W. Aston, Phil. Mag. Bd. 47, S. 385. 1924.
[4] H. Kerschbaum, Ann. d. Phys. Bd. 79, S. 473. 1926. Hier sind auch mehrere andere Methoden besprochen.

Aston werden in ds. Handbuch, 2. Aufl., Bd. XXII/1, Kap. 2 ausführlich besprochen. Über die Zusammensetzung der Kanalstrahlen auf Grund der elektromagnetischen Analyse vgl. Ziff. 8 dieses Berichtes.

Im vorliegenden Bericht werden wir hauptsächlich Untersuchungen behandeln, welche die Wechselwirkung zwischen Kanalstrahlen und den Atomen und Molekülen der durchstrahlten Materie betreffen. Bekanntlich hat das Studium des Durchganges von Korpuskularstrahlen durch Materie den ersten Einblick in den Aufbau der Atome geliefert, dessen weiterer experimenteller und theoretischer Ausgestaltung wir die Entstehung unserer heutigen Atomphysik verdanken. Auf diesem Gebiete ist die Kathodenstrahlen- und α-Strahlenforschung erfolgreich gewesen, während die Kanalstrahlen anfänglich eine weniger wichtige Rolle gespielt haben. Der Grund hierfür liegt im folgenden: Die Methoden der experimentellen Erforschung der Atomkonstitution mittels Korpuskularstrahlen bestehen in einer Beschießung von Atomen oder Molekülen der Materie mit einheitlichen Geschossen subatomarer Dimensionen und erheblicher Geschwindigkeit. Aus dem Schicksal des Geschosses oder des getroffenen Atoms lassen sich dann Schlüsse ziehen auf die Lage und Größe der Kraftzentren im Atom usw. Bekannte Versuche dieser Art sind die Absorptionsmessungen der Kathodenstrahlen durch Lenard, die Bestimmungen der Anregungs- und Ionisierungsspannung durch Franck und seine Mitarbeiter und die Beobachtung der Streuung von α-Strahlen durch Rutherford. In den Kanalstrahlen haben wir nun zum größten Teil Geschosse von *atomaren* Dimensionen und im Verhältnis zu den α-Strahlen nicht sehr großer Geschwindigkeit vor uns, und der gewöhnliche Kanalstrahl ist, wie erwähnt, weder nach Geschwindigkeit noch nach Masse oder Ladung einheitlich. Während man nun zwar durch geeignete Anordnungen einen hinsichtlich Masse und Geschwindigkeit homogenen Strahl herstellen kann, ist die Homogenität in bezug auf die Ladung nicht zu erreichen, solange die Strahlen in Wechselwirkung mit Materie stehen und nicht in nahezu vollkommenem Vakuum verlaufen. Wenn man aber gerade die Wechselwirkung mit Materie studieren will, ist natürlich die Erfüllung obiger Bedingung nicht möglich.

Bei solchen Fragen, bei denen es auf eine Wechselwirkung der Atomkerne ankommt (z. B. Einzelstreuung) ist der Ladungszustand des Atoms ohne Belang, in anderen Fällen läßt sich bisweilen die Wirkung und das Schicksal von Teilchen verschiedener Ladung experimentell trennen. Im allgemeinen bedarf es aber einer besonderen Beachtung, in welcher Weise die für die Kanalstrahlen so kennzeichnenden Umladungen die Beobachtungsergebnisse beeinflussen können. Eine Anzahl von Verbesserungen in der Kanalstrahltechnik sowie vor allem die Einführung auf dem Gebiete der α-Strahlenforschung erprobter empfindlicher Meßanordnungen haben dazu geführt, daß die Kanalstrahlen als Atomsonden neuerdings immer mehr an Bedeutung gewinnen.

2. Magnetische und elektrische Ablenkung. Infolge der verhältnismäßig kleinen spezifischen Ladung bzw. großen Masse der Kanalstrahlenteilchen sind verhältnismäßig starke magnetische Felder von mehreren 1000 Gauß anzuwenden. Die Entladungsröhre selbst muß, wenn Streufelder des Magneten nicht weitgehend vermeidbar sind, durch Schirme oder Hüllen aus weichem Eisen vor der Wirkung des Feldes auf die Kathodenstrahlen geschützt sein. Die ersten Ablenkungsversuche sind von W. Wien im Jahre 1898 ausgeführt worden[1]. Die Ablenkung wurde an der Verschiebung eines auf der Rohrwandung durch den Aufprall der Strahlen entstehenden Fluoreszenzfleckes beobachtet.

---

[1] W. Wien, Verh. d. Berl. Phys. Ges. Bd. 17, S. 9. 1898.

Es sei ein elektrisches und ein magnetisches Feld gleichzeitig vorhanden. Die Felder seien parallel gerichtet und in der Y-Achse gelegen (Abb. 5). Dann stehen die Ablenkungen senkrecht aufeinander. Im allgemeinen ist es zweckmäßig, die Felder, wie wir auch angenommen haben, örtlich zusammenfallen zu lassen und ihre Ausdehnung nahe gleich groß zu machen. Ferner soll das Vakuum im Beobachtungsraum möglichst hoch sein.

Die magnetische Ablenkung ist gegeben durch

$$x = K_1 \frac{e}{m v}, \qquad (2)$$

die elektrische durch

$$y = K_2 \frac{e}{m v^2}. \qquad (3)$$

K_1 und K_2 sind Konstante, die von den geometrischen Abmessungen und der Stärke der Felder abhängen. Die Elimination von v bzw. e/m aus den Gleichungen (2) und (3) liefert

$$x^2 = c_1 \frac{e}{m} y, \qquad x = c_2 v y. \qquad (4)$$

Aus diesen Gleichungen folgt, daß Teilchen von gleichem e/m und verschiedenem v auf einer Parabel liegen, die durch den Koordinatenanfangspunkt geht, und Teilchen von verschiedenem e/m und gleichem v auf einer Geraden, die durch den Koordinatenanfangspunkt geht. Die trigonometrische Tangente des Neigungswinkels dieser Geraden mit der y-Achse ist proportional zu v. Der Koordinatenanfangspunkt

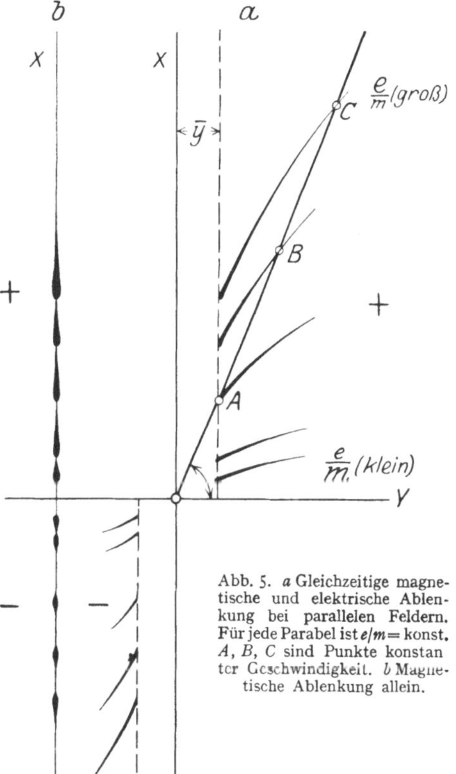

Abb. 5. a Gleichzeitige magnetische und elektrische Ablenkung bei parallelen Feldern. Für jede Parabel ist $e/m =$ konst. A, B, C sind Punkte konstanter Geschwindigkeit. b Magnetische Ablenkung allein.

wird von neutralen, nicht abgelenkten Teilchen markiert. Negative und positive Teilchenparabeln liegen in diagonal gegenüberliegenden Quadranten (Abb. 5). Die Punkte A, B, C der schematischen Abbildung entsprechen gleichen v und verschiedenen e/m.

Ist V die Spannungsdifferenz, die ein Teilchen in geladenem Zustande durchlaufen hat, und der es somit seine Geschwindigkeit verdankt, so folgt aus Gleichung (1) und (3)

$$y = \frac{K_2}{2 V}. \qquad (5)$$

Hieraus ersieht man, daß die Größe der elektrischen Ablenkung nicht von e/m abhängt, sondern für alle Teilchen den gleichen Wert hat, die ihre Beschleunigung durch die Spannungsdifferenz V erhalten haben. Ein großer Teil aller Teilchen durchläuft fast den ganzen Teil des Kathodenfalles in geladenem Zustande unabhängig von ihrem e/m-Wert. Deshalb liegen die Punkte kleinster elektrischer Ablenkung $\bar{y}$, die sog. „Parabelköpfe" aller Parabeln, auf einer zur x-Achse parallelen Geraden. (In Abb. 5 punktiert.) Aus $V = K_2/2\bar{y}$ ergibt sich die Spannungsdifferenz, der die Strahlen ihre Beschleunigung verdanken. Verschiedene Beobachter haben hierfür Werte gefunden, die etwa zwischen 60 und 80% der Entladungsspannung betragen.

Die magnetische Ablenkung allein liefert im allgemeinen mehrere Maxima entsprechend verschiedenen e/m- bzw. v-Werten. Es gilt

$$x = K_1 \frac{v}{2V}, \tag{6}$$

$$x = \frac{K_1}{\sqrt{2V}} \sqrt{\frac{e}{m}}. \tag{7}$$

Man ersieht hieraus, daß die magnetische Ablenkung x für ein gegebenes e/m proportional mit v ist, für ein gegebenes v proportional mit $\sqrt{e/m}$. Für eine Analyse der Strahlenzusammensetzung ist also außer der Kombination von elektrischem und magnetischem Feld auch das magnetische Feld allein brauchbar, wenn auch wegen der Überlagerungen weniger übersichtlich. Man erhält das einer bestimmten Parabelserie entsprechende magnetische Ablenkungsbild, wenn man sich die Parabeln auf die X-Achse projiziert denkt (Abb. 5). Das elektrische Feld dagegen vermag die Teilchengattungen nicht zu trennen. Die Parabelköpfe würden alle zusammenfallen. Abänderungen und Verbesserungen der hier beschriebenen elektromagnetischen Zerlegungsmethoden sowie die Ergebnisse der Untersuchungen werden in Ziff. 8 besprochen.

3. Beobachtung der Lichtaussendung, Dopplereffekt.

Das Spektrum der leuchtenden Atome und Moleküle der Kanalstrahlen zeigt, wie Stark[1] entdeckt hat, nach dem Dopplereffekt verschobene Spektrallinien (bewegte Intensität) neben den unverschobenen Linien (ruhende Intensität) des von den Kanalstrahlen zum Leuchten angeregten Gases. Wenn der Kanalstrahl so vom Spektrographen anvisiert wird, daß die Strahlen auf den Spektrographenspalt zulaufen, so ist die verschobene Linie nach Violett verschoben. Laufen die Kanalstrahlen vom Spalt fort, so erfolgt die Verschiebung nach Rot[2]. Bei transversaler Beobachtung fehlt natürlich der Dopplereffekt. Die Größe der Verschiebung ist gegeben durch $\Delta\lambda/\lambda = v/c$, wobei v die Komponente der Kanalstrahlgeschwindigkeit in Richtung der Kollimatorachse, c die Lichtgeschwindigkeit bedeutet. Da verschiedene Geschwindigkeiten im Strahl vorkommen, ist die verschobene Linie bei den gewöhnlichen Kanalstrahlen nicht scharf und zeigt oft mehrere Maxima. Bei einem sehr linienreichen Spektrum, besonders bei Bandenspektren, macht die Auffindung des Dopplereffektes, vor allem wenn seine Intensität klein ist, große Schwierigkeiten. Es besteht hier die Möglichkeit von Linienüberlagerungen.

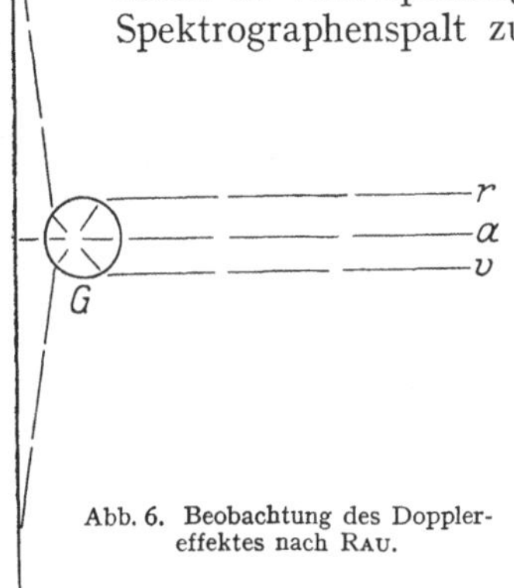

Abb. 6. Beobachtung des Dopplereffektes nach Rau.

H. Rau[3] hat eine Methode angegeben, die in solchen Fällen sehr brauchbar ist. K (Abb. 6) sei der nach unten gerichtete Kanalstrahl. Die Achse des Kolimatorrohres sei senkrecht, der Spalt parallel zum Strahl gerichtet. G ist ein kleines, zylindrisches, horizontal liegendes Glasstäbchen. Von dem gesamten Strahlenbündel liefert dann a die unverschobene Linie, r und v durch die Strahlenbrechung im Glasstäbchen die nach Rot bzw. nach Violett verschobenen. Die unverschobene Linie ist daher von einer schrägliegenden verschobenen quer durchkreuzt, was die Auffindung des Dopplereffektes sehr erleichtert. Die Ausmessung der Größe des Effektes ist weniger genau als bei der gewöhnlichen Methode.

[1] J. Stark, Phys. ZS. Bd. 6, S. 893. 1905.   [2] H. Rau, Dissert. Würzburg 1905.
[3] H. Rau, Ann. d. Phys. Bd. 73, S. 270. 1924.

WILSAR[1] einerseits und FULCHER[2] anderseits haben als erste Kanalstrahlen eines Gases in ein anderes Gas hineingeschossen. Man erhält dann, wenn die Gastrennung genügend vollständig ist, die Spektrallinien des Gases, aus denen der Kanalstrahl besteht, fast nur in bewegter, die des ruhenden Gases dagegen fast

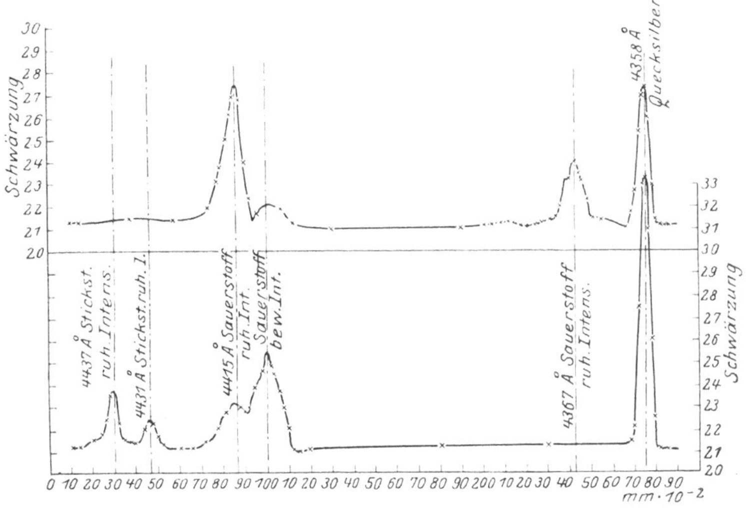

Abb. 7. Die Anregung des Dopplerstreifens (Diagramm nach WILSAR). a) Stickstoffstrahl in O_2. b) Sauerstoffstrahl in N_2.

nur in ruhender Intensität ohne Dopplereffekt. Abb. 7 zeigt eine Photometerkurve von WILSAR. Im unteren Bild handelt es sich um die Anregung eines Sauerstoffstrahls durch eine ruhende Stickstoffatmosphäre. Die Sauerstofffunkenlinie 4415 Å zeigt einen starken Dopplerstreifen und eine schwache ruhende Intensität, die Stickstofffunkenlinien 4437 und 4432 zeigen dagegen nur die ruhende Intensität. Das umgekehrte zeigt die obere Hälfte der Abbildung. Ein Stickstoffstrahl erregt im ruhenden Sauerstoff von den O-Funkenlinien 4415 und 4367 im wesentlichen nur die ruhende Intensität. FULCHERS Spektrogramm (Abb. 8) zeigt bei Wasserstoffstrahlen im Wasserstoff für die Linie 4341 ruhende und bewegte Intensität, bei Wasserstoffstrahlen in

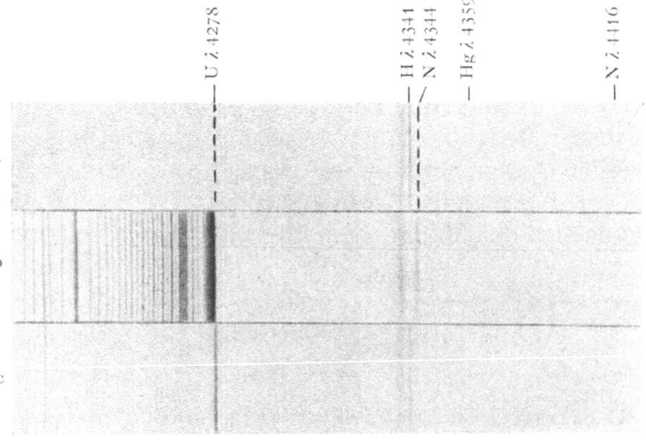

Abb. 8. Die Anregung des Dopplerstreifens. (Photogramm nach FULCHER.) Wasserstoffstrahlen bei a in H_2, bei b in N_2, bei c in $H_2 + N_2$.

Stickstoff dagegen für dieselbe Linie nur die bewegte Intensität. Daneben ist die ruhende Stickstofflinie 4344 zu sehen.

Tritt ein Kanalstrahl aus einer engen Öffnung in ein möglichst hohes Vakuum ein, so leuchtet er noch auf einem Weg von etwa 1 cm merklich mit exponentiell

[1] H. WILSAR, Ann. d. Phys. Bd. 39, S. 1299. 1912.
[2] G. S. FULCHER, Astrophys. Journ. Bd. 35, S. 101. 1912.

abnehmender Intensität (Abklingungsleuchten ohne Neuanregung durch Zusammenstöße). Dieses Leuchten rührt praktisch nur noch von der bewegten Intensität her, und das Spektrum zeigt nur die ziemlich breite verschobene Linie.

In diesem Referat wird die Erforschung des Dopplereffektes der Kanalstrahlen nur soweit berücksichtigt werden, als sie für die Vorgänge des Durchganges der Kanalstrahlen durch Materie von Wichtigkeit ist.

4. Die Durchströmungsmethode von Wien[1] und die Dosierung der Kanalstrahlenintensität von Gerthsen[2]. Bei allen Kanalstrahlenuntersuchungen muß eine große Konstanz der Entladungsbedingungen und häufig eine möglichst große Reinheit des Gases erstrebt werden. Außerdem ist es in vielen Fällen notwendig, im Entladungsraum vor der Kathode und im Untersuchungsraum hinter der Kathode, obwohl beide Räume durch die Kathodenbohrung miteinander in Verbindung stehen, beträchtliche Druckdifferenzen aufrechtzuerhalten oder Kanalstrahlen eines Gases in einem anderen Gase verlaufen zu lassen. Das Wiensche Durchströmungsverfahren in Verbindung mit oft mehreren in den einzelnen Räumen unabhängig wirkenden leistungsfähigen Pumpen kann jedem Zweck angepaßt werden. Das Gas strömt aus einem Vorratsraum durch lange enge Kapillaren in das Rohr dauernd ein und wird kontinuierlich abgepumpt. Durch geeignete Einstellung des Druckes im Vorratsraum kann im Entladungs- oder Beobachtungsraum jeder gewünschte Gasdruck dauernd aufrechterhalten werden. Die Durchströmungsmethode ist heute nicht nur auf dem Gebiete der Kanalstrahlen bei vielen Vakuumarbeiten üblich. Durch ihre Anwendung sind fast alle schwierigen Untersuchungen auf dem Gebiete der Kanalstrahlen überhaupt erst möglich geworden.

Trotz der Verwendung dieses Verfahrens ist es meist schwierig, die Entladungsbedingungen, insbesondere den Kanalstrahlstrom, so konstant zu halten, wie es für feinere Messungen notwendig ist. Ch. Gerthsen läßt deshalb die Kanalstrahlen (es handelt sich stets um homogene Kanalstrahlen, s. Ziff. 5) durch ein isoliertes metallisches Blendensystem hindurchgehen, das gleichzeitig als Faradaykäfig dient (Ziff. 7c). Der zentrale Teil des Strahles durchsetzt das Blendensystem und tritt dann in den Meßraum ein. Durch die Randteile des Strahles erfolgt eine Aufladung des Blendensystems, die elektrometrisch gemessen werden kann. Auf diese Weise kann die Stromkonstanz kontrolliert und die primäre Menge geeignet dosiert werden. Einige Verfeinerungen dieser Methode werden später erwähnt werden.

5. Homogene Kanalstrahlen. Wie schon erwähnt, sind die gewöhnlichen Kanalstrahlen inhomogen hinsichtlich Massen und Geschwindigkeit. Für viele

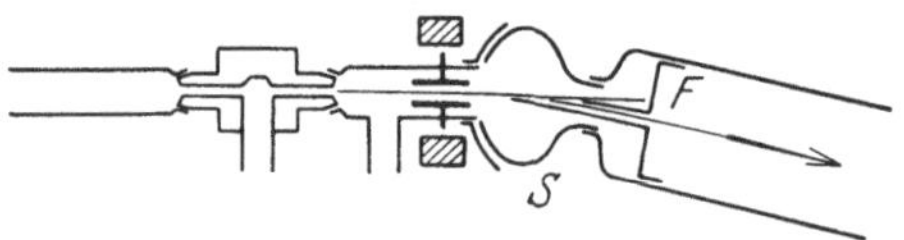
Abb. 9. Erzeugung homogener Kanalstrahlen nach Hammer.

Untersuchungen ist es notwendig, homogene Strahlen von einheitlicher Masse und Geschwindigkeit zu benutzen. Die wichtigste Rolle haben bisher Wasserstoffatomstrahlen, neuerdings auch He-Strahlen gespielt. Die erste Methode zur Erzeugung homogener Kanalstrahlen hat Hammer[3] angegeben. Der Kanalstrahl (Abb. 9) durchläuft ein elektrisches und magnetisches Feld, die einander parallel gerichtet sind, und trifft dann auf den Phosphoreszenzschirm F, der in der Mitte eine Blende besitzt. Man dreht nun den Kugelschliff S so, daß durch die Blende der Kopf der Wasserstoffparabel ausgeblendet wird. Man erhält dann einen in der Achse des Rohres R mit sehr nahe homogener Geschwindigkeit

[1] W. Wien, Ann. d. Phys. Bd. 30, S. 349. 1909.
[2] Ch. Gerthsen, Ann. d. Phys. Bd. 86, S. 1025. 1928; Bd. 3, S. 773. 1929.
[3] W. Hammer, Ann. d. Phys. Bd. 43, S. 653. 1914.

verlaufenden Wasserstoffatomkanalstrahl. Die Methode ist mit kleinen Abänderungen später vielfach benutzt worden. Schwankungen der Entladungsspannung ändern die Geschwindigkeit des Strahles nicht, sondern nur seine Intensität, wenn nur die ablenkenden Felder konstant gehalten werden.

Die zweite Methode ermöglicht, allerdings auf Kosten der Intensität, Strahlen noch homogenerer Geschwindigkeit herzustellen. HOFFMANN[1] und WIEN[2] ließen gewöhnliche Kanalstrahlen in ein hohes Vakuum eintreten und beschleunigten die positiv geladenen Teilchen hier in einem zweiten elektrischen Felde. Auf diese Weise läßt sich die Inhomogenität der Voltgeschwindigkeit für den positiv geladenen Anteil um so mehr verringern, je größer die zweite beschleunigende Spannung im Verhältnis zur Entladungsspannung ist. Man erkennt dies am einfachsten durch Beobachtung der elektrischen Ablenkung der Strahlen. GERTHSEN[3] lenkt die so beschleunigten Kanalstrahlen magnetisch ab. Die Homogenität reicht dann aus, um die Überlagerung der verschiedenen e/m zu verhindern. Durch feine Ausblendung aus dem magnetischen Geschwindigkeitsspektrum einer bestimmten Ionenart erhält man Strahlen von einheitlicher Masse und sehr weitgehend einheitlicher Geschwindigkeit. Eine derartige Anordnung ist schematisch in Abb. 10 dargestellt.

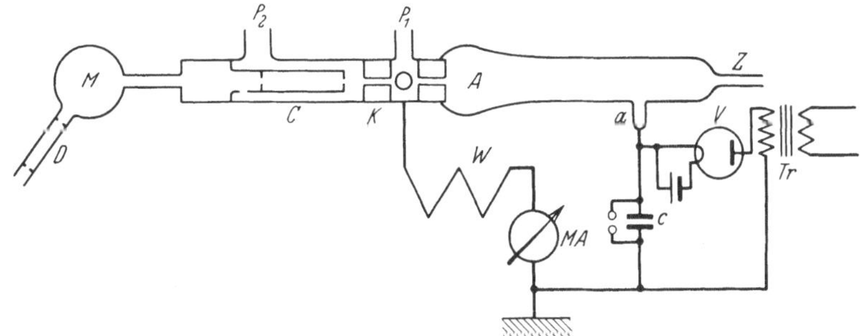

Abb. 10. Erzeugung homogener Kanalstrahlen nach GERTHSEN.

Als Hochspannungsquelle dient ein mit 50 periodigem Wechselstrom betriebener, einseitig geerdeter Transformator T für maximal 100 kV. Das Ventilrohr V und der Hochspannungskondensator c besorgen die Gleichrichtung und den Ausgleich der Spannungsoszillationen. Die Kathode K ist über einen hohen Jodkadmiumwiderstand an Erde gelegt. Hinter der Kathode, in einem Raum, in dem ein hohes Vakuum durch die Pumpe P_2 aufrechterhalten wird, erfolgt die Beschleunigung zwischen K und der Beschleunigungselektrode C, die direkt an Erde liegt und von K durch ein Glasrohr isoliert ist. Zwischen K und C besteht die an den Enden von W liegende Spannungsdifferenz, während die Entladungsspannung durch die Härte der Röhre (Gaszuströmung bei z) reguliert wird. Die beschleunigten Strahlen werden in der hochevakuierten Kammer M magnetisch abgelenkt und die gewünschte Ionenart durch die Blenden D ausgeblendet. Man kann auf diese Weise Strahlen erhalten, die auf etwa $1^0/_{00}$ homogen in der Geschwindigkeit sind. Die raschesten Teilchen einer Gruppe besitzen bei dieser Anordnung eine Geschwindigkeit, die der gesamten an die Röhre gelegten Spannung entspricht.

Ein eigenartiges „Geschwindigkeitsfilter", um Strahlen konstanter *Linear*geschwindigkeit zu erhalten, hat W. R. SMYTHE[4] angegeben und zusammen mit

[1] F. HOFFMANN, Ann. d. Phys. Bd. 77, S. 302. 1925.
[2] W. WIEN, Ann. d. Phys. Bd. 77, S. 313. 1925.
[3] CH. GERTHSEN, Ann. d. Phys. Bd. 85, S. 888. 1928; Bd. 86, S. 1029. 1928.
[4] W. R. SMYTHE, Phys. Rev. (2) Bd. 28, S. 1275. 1926.

Mattauch[1] zur Konstruktion eines Massenspektrographen mit hohem Auflösungsvermögen benutzt. Hier sei das Prinzip nur kurz angegeben. Der Kanalstrahl durchsetzt zwei transversale homogene und scharf begrenzte elektrische Wechselfelder der Frequenz v (Abb. 11). Teilchen, deren Geschwindigkeit eine solche Größe hat, daß sie die Länge eines Feldes in einer Zeit durchlaufen, die einem ganzen Vielfachen der Periode gleich ist, werden das erste Feld parallel zu ihrer Anfangsrichtung verlassen. Die Bahn wird nur eine Parallelverschiebung erleiden, deren Größe von der Phase des Feldes beim Eintritt in den Kondensator abhängt. Wenn das

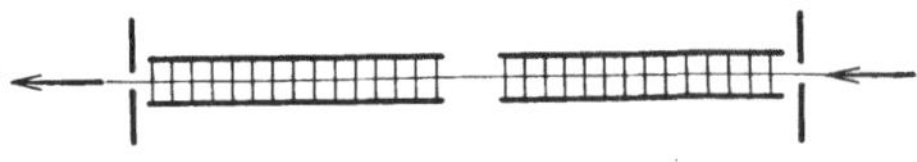

Abb. 11. Zum Massenspektrographen von Smythe.

zweite Feld sich in einem solchen Abstand von dem ersten befindet, daß die Phase beim Eintritt die entgegengesetzte ist, wird auch die Parallelverschiebung aufgehoben. Nun ist es freilich praktisch nicht möglich, ein völlig homogenes und scharf begrenztes Feld herzustellen, aber es läßt sich zeigen, daß man auf die Homogenität und scharfe Begrenzung verzichten kann, wenn folgende Bedingungen für die Felder erfüllt sind:

1. Jedes Feld muß aus zwei gleichen Hälften mit dem Mittelpunktabstand a bestehen.

2. Der Mittelpunktabstand zwischen den beiden Feldern D muß sa/n sein, wo s und n ungerade ganze Zahlen sind.

Die durchgelassene Geschwindigkeit v ist dann gleich $2av/n$, wenn v die Frequenz der angelegten Schwingung ist. Die Anordnung besteht also aus vier parallel geschalteten Ablenkungskondensatoren (Abb. 12). Die erreichte Geschwindigkeitshomogenität beträgt etwa $1^0/_{00}$.

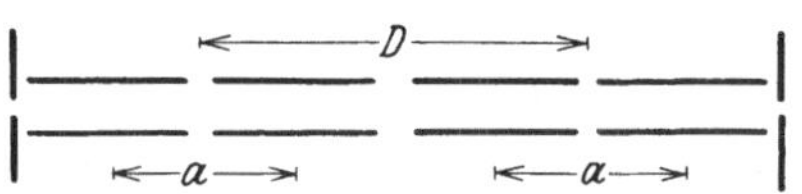

Abb. 12. Zum Massenspektrographen von Smythe.

Die angelegten Frequenzen sind von der Größenordnung 10^6 Hertz. Die Methode ist dann bei praktisch ausführbaren Dimensionen des Filters für Strahlen von einigen 100 Volt anwendbar. Wünscht man schnellere Strahlen, so muß man sie nachträglich beschleunigen. Die Strahlen haben zunächst nur einheitliche Geschwindigkeit, bestehen aber noch aus verschiedenen Ionenarten. Durch eine geeignete magnetische oder in diesem Fall sogar schon durch eine elektrische Ablenkung kann man die Ionenarten trennen.

Eine neue Methode zur Erzeugung von Strahlen einheitlicher Voltgeschwindigkeit haben Batho und Dempster[2] sowie Rudnick[3] verwendet (Abb. 13). Zwischen der Glühkathode B und der Anode A wird das Gas stark ionisiert. Bisweilen wird ein Niedervoltbogen erzeugt. Die Ionen werden auf der gegen

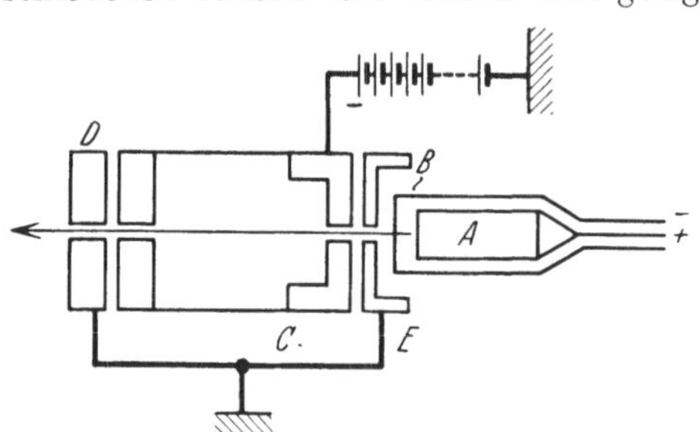

Abb. 13. Zur Erzeugung von Strahlen einheitlicher Voltgeschwindigkeit nach Batho u. Dempster.

die mittlere freie Weglänge kurzen Strecke zwischen E und C beschleunigt. Innerhalb der hohlen Elektrode C finden Umladungen statt, so daß neutrale Teilchen entstehen. D ist ebenso wie E geerdet, so daß die geladenen Ionen zwischen D und E abgebremst werden. Die neutralen Teilchen gehen durch die Bohrung

---

[1] W. R. Smythe u. J. Mattauch, Phys. Rev. Bd. 40, S. 429. 1932.
[2] H. F. Batho u. A. J. Dempster, Astrophys. Journ. Abstr. im Druck.
[3] P. Rudnick, Phys. Rev. Bd. 38, S. 1342. 1931.

von D hindurch. Man erhält einen zunächst ganz neutralen Strahl gleichmäßiger Voltgeschwindigkeit. Natürlich ist der Strahl im allgemeinen nicht einheitlich hinsichtlich der Masse der Teilchen, doch kann man z. B. mit reinen Edelgasen auf diese Weise wohl praktisch ganz homogene Edelgasstrahlen erzeugen. Wird B, A und E gemeinsam auf hohe positive Spannung gebracht, C und D dagegen geerdet, so besteht der durch den Kanal von D durchgehende Strahl aus geladenen und neutralen Teilchen.

6. Schnelle Kanalstrahlen. Die Erzeugung von Kanalstrahlen sehr hoher Geschwindigkeit ist eine Aufgabe von großer Wichtigkeit, vor allem im Hinblick auf Atomzertrümmerungsversuche. Po-α-Strahlen besitzen eine kinetische Energie, die der von Kathodenstrahlen von etwa $5 \cdot 10^6$ Volt gleichkommt. $2{,}6 \cdot 10^6$ Volt wären erforderlich, um einem He-Kern die Energie der Po-α-Strahlen zu erteilen. 10^{-6} Amp. einfach positiver Ionen wären hinsichtlich der Teilchenzahlen mit etwa 180 g Ra äquivalent. Dabei wäre die Strahlung frei von β- und γ-Strahlen und auf einen engen Raumwinkel konzentriert. Die Methoden zur Erzeugung sehr schneller Kanalstrahlen sind noch in der Entwicklung. Der direkte Weg der Glimmentladung bei sehr hohen Spannungen als auch der einer nachträglichen Beschleunigung langsamerer Strahlen im hohen Vakuum zu sehr hohen Geschwindigkeiten bietet große technische Schwierigkeiten. Nur in wenigen speziell für solche Zwecke eingerichteten Laboratorien sind derartige Röhrenkonstruktionen in Angriff genommen worden[1]. Es konnten Kathodenstrahlen bis zu etwa 2000 kV und sehr harte Röntgenstrahlen erzeugt werden. Neuerdings berichten auch Tuve, Hafstad und Dahl, daß es gelang, visuell auf einem Phosphoreszenzschirm elektromagnetische Parabeln von Protonenstrahlen und schwereren Ionen zu erhalten. Aus der Ablenkbarkeit ergab sich eine Voltgeschwindigkeit von der Größenordnung 1000 kV. In einer Wilsonkammer mit einem Abschlußfenster aus dünnem Glimmer erhielten sie von einem magnetisch abgelenkten Protonenbündel Spurlängen von einer Reichweite von maximal $2{,}8$ cm bei Atmosphärendruck, was ebenfalls einer Voltgeschwindigkeit von etwa 1000 kV entspricht. Mit gutem Erfolg haben Cockroft und Walton[2] Kanalstrahlen im Hochvakuum von 40 bis 60 kV auf etwa 280 kV beschleunigt. Neuerdings geben Cockroft und Walton[3] an, H-Strahlen bis zu 800 kV erzeugt zu haben. In der Wilsonkammer haben sie eine Reichweite von $0{,}82$ cm in Luft von Atmosphärendruck mit Strahlen von 10^9 cm/sec (530 kV) gemessen. Sie berichten über Versuche, bei denen es gelungen ist, mit H-Strahlen von wenig mehr als 100 kV Li-Atome zu zertrümmern, wobei 2 α-Teilchen von je $8 \cdot 10^6$ Elektronenvolt auftraten. Die Ausbeute solcher Stöße geben sie zu 1 auf 10^9 an. Es ist ihnen auch gelungen, viele andere Elemente zu zertrümmern.

Mit einer eigenartigen Methode, die zuerst von Wideroe[4] angegeben worden ist, haben Lawrence und Sloan[5] Quecksilberionen von mehr als 200 kV bei einer maximalen angelegten Spannung von nur 10 kV erzeugt

[1] W. D. Coolidge, Journ. Frankl. Inst. Bd. 202, S. 693. 1926; C. C. Lauritson u. B. D. Bennett, Phys. Rev. Bd. 32, S. 322, 850. 1928; G. Breit u. M. A. Tuve, Nature Bd. 121, S. 535. 1928; M. A. Tuve u. O. Dahl, Phys. Rev. Bd. 35, S. 51. 1930; M. A. Tuve, G. Breit u. L. R. Hafstad, Phys. Rev. Bd. 35, S. 66. 1930; M. A. Tuve, L. R. Hafstad u. O. Dahl, Phys. Rev. Bd. 35, S. 1406. 1930; Bd. 36, S. 1261. 1930; Bd. 39, S. 384. 1932; A. Brasch u. F. Lange, Naturwissensch. Bd. 18, S. 16, 765. 1930.
[2] J. D. Cockroft u. E. T. S. Walton, Proc. Roy. Soc. London (A) Bd. 129, S. 477. 1930.
[3] J. D. Cockroft u. E. T. S. Walton, Nature Bd. 129. S. 242, 649. 1932; Proc. Roy. Soc. London (A) Bd. 136, S. 619. 1932; Bd. 137, S. 229. 1932.
[4] R. Wideroe, Arch. f. Elektrot. Bd. 21, S. 387. 1929.
[5] E. O. Lawrence u. D. H. Sloan, Proc. Nat. Acad. Amer. Bd. 17, S. 64. 1931; Phys. Rev. Bd. 38, S. 586. 1931.

(Abb. 14). Eine Anzahl von Metallröhren sind hintereinander angeordnet und abwechselnd an die beiden Enden der Selbstinduktion des hochfrequenten Schwingungskreises eines Röhrengenerators angelegt. Zwischen aufeinanderfolgenden Röhrenpaaren besteht dann in jedem Augenblick eine der Größe nach gleiche, dem Vorzeichen nach entgegengesetzte Spannungsdifferenz. Wenn ein Ion sich zwischen den Röhren *1* und *2* befindet, möge es nach *2* beschleunigt werden. Wenn die Zeit, die es zum Durchlaufen der zweiten Röhre braucht, gerade gleich ist der halben Schwingungsperiode, so wird das Ion zwischen der zweiten und dritten Röhre wieder dieselbe beschleunigende Spannung antreffen, und dies wird sich von Röhre zu Röhre wiederholen, wenn, wie leicht einzusehen, die Längen aufeinanderfolgender Röhren sich verhalten wie die Quadratwurzeln aus den ganzen Zahlen. Für jede Frequenz gibt es dann eine entsprechende Spannung, die eine mit den Schwingungen synchrone Bewegung der Ionen durch das Röhrensystem bedingt, so daß die gesamte Beschleunigung in gleiche Stufen aufgeteilt wird, die zwischen benachbarten Röhren erteilt werden. Mit 20 Beschleunigungsstufen konnten so Quecksilberstrahlen von 200 kV mit einer maximalen Spannung von nur 10 kV, neuerdings sogar mit 30 Beschleunigungsstufen und 35 kV Strahlen von über 1000 kV hergestellt werden. Die Ausbeute an so schnellen Ionen ist aber natürlich nur klein. Lawrence und Sloan[1] haben auch eine ähnliche Methode zur Beschleunigung von Protonen vorgeschlagen.

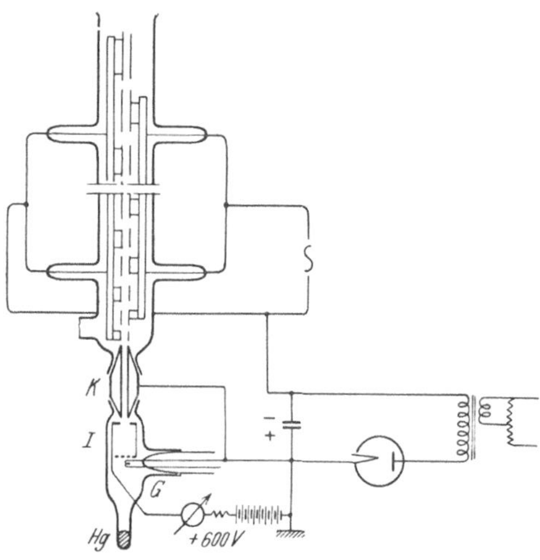

Abb. 14. Anordnung zur Erzeugung schneller Hg-Strahlen nach Lawrence u. Sloan.

Diese Methode ist von Lawrence und Livingstone[2] anscheinend mit großem Erfolg ausgebildet worden (Abb. 15). Das Prinzip ist schematisch das folgende. *A* und *B* sind zwei flache, innen hohle, halbkreisförmige Metallkästchen nach Art der Duanten eines Elektrometers, zwischen denen die hochfrequente Wechselspannung liegt. Der Apparat befindet sich im Vakuum bzw. in geeignet niedrigem Wasserstoffdruck. Ein starkes, möglichst homogenes Magnetfeld verläuft senkrecht zur Ebene der Zeichnung. Die Elektronen von einer Glühkathode erzeugen im Zentrum des Apparates Wasserstoffionen; diese werden durch das elektrische Feld beschleunigt und durchlaufen bei passender Wahl der Frequenz des Wechselfeldes und der Stärke des magnetischen Feldes die halbkreisförmige Bahn in der Zeit einer halben Periode, so daß sie beim Austritt aus *A* wieder um den gleichen Betrag beschleunigt werden, und so fort. Die Zeit, in der eine halbkreisförmige Bahn mit dauernd wachsendem Radius durchlaufen wird, ist immer die gleiche:

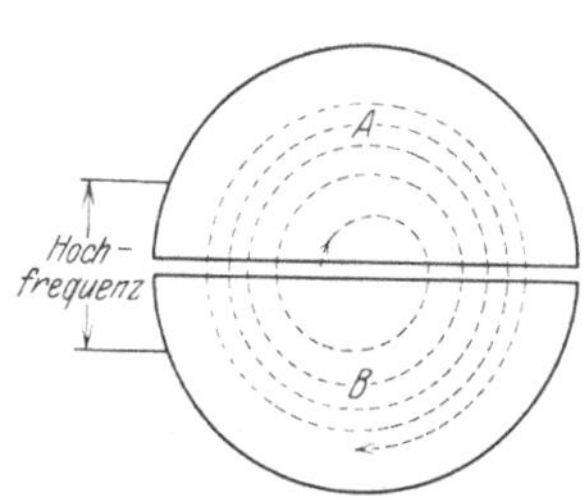

Abb. 15. Zur Erzeugung sehr schneller Protonenstrahlen nach Lawrence und Livingstone.

$$t = \frac{\pi m c}{e H}.$$

---

[1] E. O. Lawrence u. D. H. Sloan, Science Bd. 72, S. 376. 1930.
[2] E. O. Lawrence u. M. S. Livingstone, Phys. Rev. Bd. 40, S. 19. 1932.

Dies muß gleich $\tau/2$ sein, woraus die für ein bestimmtes e/m und H zu wählende Wellenlänge

$$\lambda = \frac{2\pi m c^2}{eH}$$

folgt. Es gelang so verhältnismäßig leicht, mit Scheitelspannungen von 4 kV 150 ganze Umläufe von Protonen zu erzielen, so daß die maximal erreichte Geschwindigkeit 1200 kV betrug. In dieser Weise beschleunigte Strahlen wurden durch einen Auffänger gemessen. Die Ströme waren von der Größenordnung 10^{-9} Amp. Die Verfasser hoffen, die Protonengeschwindigkeit bis auf $25 \cdot 10^6$ Volt steigern zu können und die Stromstärke auf das Hundertfache zu erhöhen.

7. Mittel zum Nachweis und zur Messung der Kanalstrahlen. a) *Der Phosphoreszenzschirm* ist ein zum Nachweis der Kanalstrahlen viel gebrauchtes Mittel. Die Erregung der Fluoreszenz auf der Glaswand (zuerst von GOLDSTEIN[1] beschrieben) ist ziemlich schwach. In der Praxis werden deshalb Schirme von Sidotblende oder noch besser aus dem natürlichen Mineral Willemit (Zn_2SiO_4) benutzt. Auch einige der bekannten LENARDschen Phosphore sind brauchbar. Alle diese Substanzen zeigen eine rasche Ermüdung bei der Bestrahlung mit Kanalstrahlen. Bei den α-Strahlen wird dieselbe Erscheinung beobachtet. RUTHERFORD[2] hat eine Theorie der Abnahme des Leuchtens mit der Zeit aufgestellt, der sich auch das Gesetz der Ermüdung bei Bestrahlung mit Kanalstrahlen fügt[3]. Das Gesetz lautet:

$$i = \frac{i_0}{At}\left(1 - c^{-At}\right).$$

A ist eine Konstante, i_0 die Lichtmenge zur Zeit $t = 0$, i die zur Zeit t. Kürzlich haben WOLF und RIEHL[4] die Zerstörung von ZnS-Phosphoren durch α-Strahlen näher untersucht. Sie finden die Annahme RUTHERFORDS, welche der Ableitung obiger Formel zugrunde liegt, daß ein α-Teilchen ein Leuchtzentrum erregt und gleichzeitig zerstört, nicht bestätigt. Die Zerstörung scheint vielmehr ein von der Erregung unabhängiger Vorgang zu sein. Nach BERNDT folgt der Ermüdungsvorgang besser dem einfachen Exponentialgesetz $i = i_0 e^{-\lambda t}$. Willemit leuchtet sehr hell und ermüdet relativ langsam. Wegen des geringen Eindringens der Strahlen sind Bindemittel bei der Schirmherstellung möglichst zu vermeiden. Das feine Pulver wird deshalb am besten mit Alkohol auf eine Glasplatte aufgeschlämmt (EVERET[5]). Nach der Trocknung hält die Schicht ziemlich fest. Die Schirme leuchten nach Erregung mit den Strahlen nur sehr schwach nach. Strahlen unter einem gewissen Schwellenwert der Geschwindigkeit von einigen 1000 Volt erregen nicht mehr merklich Fluoreszenz[6]. Abgesehen davon ist die Helligkeit der kinetischen Energie $mv^2/2$ proportional. Bei konstanter Geschwindigkeit ist die Helligkeit der Teilchenzahl im Strahl proportional und unabhängig von ihrem Ladungszustand. Wasserstoffstrahlen erregen bei weitem die stärkste Fluoreszenz. Zum quantitativen Vergleich der Energieverteilung auf verschiedene Teilchengattungen ist deshalb der Phosphoreszenzschirm ungeeignet. An dieser Stelle sei noch erwähnt, daß man schon früh versucht hat, mit schnellen Wasserstoffkanalstrahlen einzelne Szintillationen wie bei den α-Strahlen zu beobachten; indessen ist es nicht mit Sicherheit gelungen. Daß erst Protonenstrahlen von etwa 300 kV (entsprechend $^1/_2$ cm Reichweite in Luft von Atmo-

---

[1] E. GOLDSTEIN, Ann. d. Phys. Bd. 8, S. 94. 1902.
[2] E. RUTHERFORD, Proc. Roy. Soc. London (A) Bd. 83, S. 561. 1910.
[3] G. BERNDT, ZS. f. Phys. Bd. 1, S. 42. 1920.
[4] P. M. WOLF u. N. RIEHL, Ann. d. Phys. (5) Bd. 11, S. 103. 1931.
[5] Siehe J. J. THOMSON, Phil. Mag. Bd. 20, S. 753. 1910.
[6] E. RÜCHARDT, Ann. d. Phys. Bd. 48, S. 838. 1915.

sphärendruck) beobachtbare Szintillation erregen, geht auch aus Versuchen von STETTER[1] hervor. Die oben erwähnten Versuche sind mit weniger raschen Strahlen ausgeführt worden[2,3,4].

b) *Die photographische Platte.* Die photographische Wirkung ist ein zum Nachweis der Kanalstrahlen viel gebrauchtes Mittel. Bei kürzerer Wirkung zeigt sich nach der Entwicklung eine Schwärzung, bei längerer tritt dagegen eine Art Solarisation ein[5]. Die getroffenen Stellen sind dann mehr oder weniger durchsichtig. Die Schicht wird also durch längere Wirkung der Strahlen zerstört. KÖNIGSBERGER und KUTSCHEWSKI[6] haben nachgewiesen, daß die photographische Schwärzung nicht vom Ladungszustand der Kanalstrahlen abhängt, auch fanden sie die Schwärzung bei sonst gleichbleibenden Bedingungen der Teilchenzahl proportional. Sie verwandten photographisches Chlor-Bromsilberpapier „Velox" der Kodakgesellschaft bei ihren Messungen.

ASTON hat Versuche unternommen, besonders geeignete Platten für Korpuskularstrahlen herzustellen. Die Empfindlichkeit für Licht hat nichts zu tun mit der Empfindlichkeit für Kanalstrahlen. Für Wasserstoffstrahlen sind photographische Platten am empfindlichsten. Es ist notwendig, Platten mit viel Silber in dünner Schicht zu benutzen, wenn man mit schwereren Strahlen gute Schwärzungen erhalten will. J. J. THOMSON hat mit gutem Erfolg mit der „Imperial-Sovereign-Platte" und dann mit einer Art photomechanischer Platte „Half-Tone" der Paget Co. Gesellschaft gearbeitet. Diese Platte ist wenig empfindlich für Licht, hat ein feines Korn und galt lange Zeit als die beste Platte für Kanalstrahlen. Doch kommt es anscheinend sehr auf die Emulsion an, weil zu verschiedenen Zeiten hergestellte Platten sehr verschieden gut brauchbar waren. Auch waren trotz langer Belichtungszeiten keine sehr großen Schwärzungen zu erreichen. Als „brauchbar" bezeichnet ASTON gelatinearme Schumannplatten, wie sie für Zwecke der Ultraviolettspektroskopie z. B. von A. HILGER in London hergestellt werden. EISENHUT und CONRAD[7] haben die Agfa-Autolithplatte besonders empfohlen und sehr schöne Aufnahmen damit erhalten. Referent kann aus eigener Erfahrung sagen, daß die Schumannplatte auch der Autolithplatte an Empfindlichkeit weit überlegen ist. Da Schumannplatten sehr leicht verletzlich sind und sehr vorsichtig entwickelt werden müssen, wenn Schleier vermieden werden sollen, hat Referent Schumannplatten mit doppelter Gelatinekonzentration nach Angabe von v. ANGERER[8] für Kanalstrahlenuntersuchungen hergestellt. Die Platten erwiesen sich als sehr brauchbar und angenehmer in der Behandlung als die echten Schumannplatten. Wegen der dickeren Schicht sind sie allerdings weniger empfindlich als diese, aber noch wesentlich empfindlicher als die Autolithplatte.

Die besten Erfolge hatte ASTON[9] bei folgendermaßen bereiteten Platten: Eine Half-Tone-Platte von PAGET wird mit Schwefelsäure übergossen (Akkumulatorensäure vom spez. Gew. 1,225 und Wasser halb und halb) und bei mindestens 16° eine Nacht ruhig stehengelassen. Die Platte wird nun vorsichtig

[1] G. STETTER, ZS. f. Phys. Bd. 42, S. 762. 1927.
[2] H. v. DECHAND u. W. HAMMER, Verh. d. D. Phys. Ges. Bd. 12, S. 531. 1910; Phys. ZS. Bd. 20, S. 234. 1919.
[3] E. RÜCHARDT, Ann. d. Phys. Bd. 45, S. 1063. 1914; Phys. ZS. Bd. 20, S. 473. 1919.
[4] F. HOFFMANN, Ann. d. Phys. Bd. 77, S. 302. 1925.
[5] T. RETSCHINSKY, Ann. d. Phys. Bd. 47, S. 540. 1915; M. JAKOBSON, Ann. d. Phys. Bd. 73, S. 326. 1924.
[6] J. KÖNIGSBERGER u. J. KUTSCHEWSKI, Ann. d. Phys. Bd. 37, S. 161. 1912.
[7] O. EISENHUT u. R. CONRAD, ZS. f. Elektrochem. Bd. 36, S. 654. 1930.
[8] E. v. ANGERER, Techn. Kunstgriffe. Vieweg 1929.
[9] F. W. ASTON, Photographic plates for the detection of mass-rays. Proc. Cambridge Phil. Soc. Bd. 22, S. 548. 1925.

mit einem Spachtel und fettfreiem, vorher mit Säure benetztem Finger herausgehoben. Die milchige Flüssigkeit läßt man ablaufen und wässert die Platte eine Stunde in kaltem, sacht laufendem Wasser. Dann wird die Platte vorsichtig aus dem Wasser gehoben und an einer Wand lehnend getrocknet. Die Schicht ist niemals gleichmäßig dick, was aber nichts schadet. Erst nach dem Trocknen ist die dünne Schicht ziemlich widerstandsfähig. Ein Erfolg kann nicht mit Sicherheit garantiert werden, doch gelang es häufig, in dieser Weise Platten herzustellen, die für schwere Strahlen eine sehr hohe Empfindlichkeit hatten, außerdem einen gleichmäßigen, klaren Hintergrund und keine Schleierneigung besaßen. Die Platten sind wenig empfindlich für Licht und können deshalb bei gelbem Licht entwickelt werden. Entwickler: Metol-Hydrochinon zur Hälfte mit Wasser verdünnt und genügend Bromkalizusatz, um die Entwicklungsdauer auf etwa 1 Minute zu bringen.

ASTON hat neuerdings die photographische Schwärzung erfolgreich zur Bestimmung der Mengenverhältnisse von Isotopen benutzt[1, 2, 3]. Die photographische Wirkung von langsamen Alkalistrahlen (etwa 1 kV) hat BAINBRIDGE[4] untersucht. Auch er hebt die große Empfindlichkeit von Schumannplatten hervor, mit denen es gelang, eine ausreichende Schwärzung schon mit Kaliumstrahlen von 137 Volt zu erzielen.

c) *Ladungsmessungen.* Zum Nachweis des geladenen Anteils der Strahlen kann ein Auffänger (Faradaykäfig) in Verbindung mit einem Galvanometer oder Elektrometer verwendet werden. Für quantitative Messungen sind besondere Vorsichtsmaßregeln erforderlich. Gewöhnliche Plattenauffänger geben falsche Werte, weil die Kanalstrahlen sekundäre Elektronen aus der Platte auslösen, die den Auffänger verlassen und schon dadurch eine positive Aufladung der Platte bedingen. Der durch die Elektronenabgabe veranlaßte Strom ist von der gleichen Größenordnung wie der Kanalstrahlenstrom selbst. Um den Stromanteil, der von der Sekundärstrahlung herrührt, zu unterdrücken, läßt man die Kanalstrahlen durch die kleine Öffnung A eines geerdeten Metallzylinders und weiter durch die Öffnung B in den isolierten Hohlauffänger treten (Abb. 16). Dann können nur wenige von den Sekundärstrahlen den Auffänger verlassen, und man mißt in diesem Falle den wirklichen Kanalstrahlenstrom.

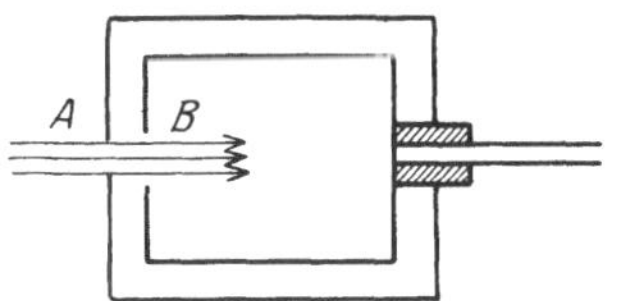
Abb. 16. Auffänger zur Ladungsmessung der Kanalstrahlen.

Es ist weiter zu beachten, daß in Wirklichkeit die Differenz der positiven und negativen Ladungen gemessen wird: doch ist der negative Anteil meist klein. Zuverlässige Messungen sind ferner nur in sehr hohem Vakuum möglich, weil nur dann die Diffusion von Ionen in den Auffänger vermieden wird. Die Grenze der Empfindlichkeit dieser Methode liegt etwa bei 10^{-14} Amp., bei Verwendung eines geeigneten Elektrometers. Zuverlässige Messungen mit einem Auffänger sind aber schwierig.

d) *Thermoelement.* Beim Auftreffen auf feste Körper wird praktisch die ganze kinetische Energie der Kanalstrahlen in Wärme umgewandelt. Durch Reflexion (Streuung) oder Sekundärstrahlung geht nur ein kleiner Bruchteil der Energie verloren. Ein Thermoelement oder eine geeignete Thermosäule kann deshalb für Energiemessungen der Strahlung verwendet werden. Der Ladungszustand der Teilchen beeinflußt die Messung nicht, so daß bei gleicher Geschwin-

---

[1] F. W. ASTON, Proc. Roy. Soc. London Bd. 126, S. 511. 1930.
[2] F. W. ASTON, Nature Bd. 126, S. 200, 348, 913. 1930.
[3] F. W. ASTON, Nature Bd. 127, S. 233, 591. 1931.
[4] K. T. BAINBRIDGE, Journ. Frankl. Inst. Bd. 212, S. 489. 1931.

digkeit die Wärmewirkung der Teilchenzahl proportional ist. Man mißt hier im Gegensatz zu den Auffängermessungen auch den neutralen Bestandteil des Strahles mit. Je nach den besonderen Zwecken benutzt man flächenhafte oder lineare Thermoelemente oder Thermosäulen, ähnlich wie sie zu Strahlungsmessungen Verwendung finden. Meist ist bei den Messungen zu berücksichtigen, daß die Empfindlichkeit der Thermoelemente vom Gasdruck abhängt, so daß eine besondere Bestimmung dieser Abhängigkeit erforderlich wird. Das Prinzip für ein Thermoelement, das für Materiestrahlung besonders geeignet sein soll, hat Rüttenauer[1] entwickelt. Die Methode leidet an verhältnismäßig geringer Empfindlichkeit, ist aber einwandfrei und ist viel verwendet worden.

e) *Ionisationskammer*[2]. Einen großen Fortschritt in der Empfindlichkeit und Meßgenauigkeit bedeutet die Einführung der bei den radioaktiven Strahlungen viel benutzten Ionisationskammern durch Gerthsen für die Messung schwacher Kanalstrahlintensitäten. Die Möglichkeit der Verwendung einer Ionisationskammer war erst gegeben, als der Durchgang der Kanalstrahlen durch dünne Folien näher untersucht war, weil die Ionisationskammer durch eine Abschlußfolie vom eigentlichen Beobachtungsraum getrennt sein muß. Daß Kanalstrahlen dünne Aluminiumfolie von $0{,}38\,\mu$ Dicke durchdringen können, haben schon Königsberger und Kutschewski[3] und Königsberger und Glimme[4] gefunden. Goldsmith[5] hat gezeigt, daß noch Glimmer von 2 bis 6 μ Dicke für Kanalstrahlen des Wasserstoffs und Heliums schwach durchlässig ist. Eine phosphoreszenzerregende Wirkung der durchgegangenen Strahlen konnte er nicht nachweisen, sondern nur den spektralen Nachweis erbringen, daß im Beobachtungsraum, der durch die Glimmerplatte vom Entladungsraum luftdicht getrennt war, sich Wasserstoff bzw. Helium befand, wenn die betreffenden Kanalstrahlen längere Zeit die Glimmerplatte getroffen hatten, während vorher der Beobachtungsraum frei von diesen Gasen war. Eine genauere Untersuchung dieser Frage haben wir Rausch von Traubenberg[6] zu verdanken. Er konnte die Wärmewirkung mit einem Thermoelement nachweisen, wenn die Kanalstrahlen eine Goldfolie von 73 $m\mu$ Dicke durchdrungen hatten. Die Geschwindigkeit der Primärstrahlen betrug dabei $2{,}5 \cdot 10^8$ cm/sec.

Rausch von Traubenberg macht auch Angaben über die Dicke von Goldfolien, bei der er noch einen Durchgang der Strahlen feststellen konnte. Es wurden zu dem Zwecke mit elektrischer und magnetischer Ablenkung Parabeln auf einem Sidotblendenschirm erzeugt. Vor den Schirm konnte die Goldfolie gebracht werden, und es wurde beobachtet, bei welcher Entladungsspannung der Kopf der H-Parabel noch auf dem Schirm sichtbar war. Ferner wurde die Dicke der Folien variiert. Über die Grenzdicke, welche von den Strahlen eben noch merklich durchsetzt wurde, macht v. Traubenberg folgende Angaben: Zwischen 1,02 und $2{,}61 \cdot 10^8$ cm/sec Primärgeschwindigkeit war die Grenzdicke der Geschwindigkeit nahe proportional. In Gold betrug sie bei $2{,}61 \cdot 10^8$ cm/sec 366 $m\mu$.

Dünne Zelluloidfolien[7] von etwa 80 $m\mu$ Dicke sind nach Gerthsen als Abschlußfenster für Ionisationskammern besonders geeignet. Die Kanalstrahlen treten aus dem meist hochevakuierten Beobachtungsraum durch eine mit der dünnen Folie luftdicht verschlossenen Blende von einigen Millimetern Durch-

---

[1] A. Rüttenauer, ZS. f. Phys. Bd. 5. S. 341. 1921.

[2] Ch. Gerthsen, Ann. d. Phys. Bd. 85, S. 906. 1928; Bd. 3, S. 394. 1929; Bd. 5, S. 659. 1930.

[3] J. Königsberger u. J. Kutschewski, Ann. d. Phys. Bd. 37, S. 230. 1912.

[4] J. Königsberger u. K. Glimme, Sitzungsber. Heidelb. Akad. A. 3, Abh. 6. 1913.

[5] A. N. Goldsmith, Phys. Rev. Bd. 2, S. 16. 1913.

[6] H. v. Traubenberg, Göttinger Nachr. S. 272. 1914.

[7] H. Trenktrog, Dissert. Kiel 1923; v. Angerer, Techn. Kunstgriffe.

messer in die gasgefüllte Metallkammer K (Abb. 17). Die Elektrode E ist isoliert
herausgeführt. R ist ein geerdeter Schutzring. Die Kammer liegt an Spannung,
die Meßelektrode am Elektrometer. Die Spannung ist so zu wählen, daß man
Sättigungsstrom erhält. Die Empfindlichkeit des Elektrometers kann durch
Zusatzkapazitäten variiert werden. Der Druck in der Kammer (meist einige
Millimeter Hg) wird so gewählt, daß eine weitere
Druckerhöhung keine Steigerung der Intensität des
Ionisationsstromes mehr bedingt, die Kanalstrahlen
sich also im Gase totlaufen.

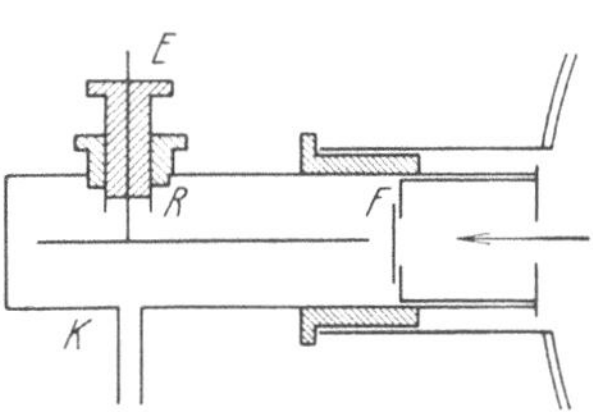

Abb. 17. Ionisationskammer nach
GERTHSEN.

Die Vorteile der Methode sind folgende: Die
Empfindlichkeit der Messung ist für schnelle Strahlen
etwa vertausendfacht gegenüber der Messung mit dem
Auffänger, Fälschungen durch Sekundärelektronen
und Ionendiffusion sind nicht möglich, die Messung
hängt nicht ab von dem Ladungszustand, den ein
Teilchen zufällig beim Eintritt in die Kammer hatte, auch Absolutmessungen von
sehr schwachen Kanalströmen sind möglich, wenn der Energieverbrauch pro Ionenpaar und der Energieverlust beim Durchgang durch die Folie bekannt ist (Ziff. 22).

f) *Der Spitzenzähler*[1]. Endlich ist es auch gelungen, mit einem GEIGERschen
Spitzenzähler ganz gleicher Art, wie er für die Zählung von α-Strahlen verwendet
wird, die einzelnen Kanalstrahlatome zu zählen. Das Verschlußfenster der etwa
1 mm weiten Zähleröffnung ist wieder durch dünne,
80 bis 90 mμ dicke Zelluloidfolie (nicht Glimmer wie
bei den α-Strahlen) verschlossen. Das Häutchen verträgt eine Druckdifferenz von etwa 200 mm Hg. Demnach wird der Druck im Zähler zu etwa 80 mm Hg
gewählt. Diese Methode ist geeignet, wenn es sich
um die Messung von Strömen von der Größenordnung
10^{-20} Amp. handelt. Abb. 18 zeigt die relative Teilchenzahl von H-Kanalstrahlen, gezählt mit einem Spitzenzähler, dessen Öffnung mit Folien verschiedener Dicke
verschlossen war, in Abhängigkeit von der Voltgeschwindigkeit. Der Zähler war mit Luft oder H_2
gefüllt. Bei Foliendicken von 60 bis 80 mμ ist oberhalb etwa 8 kV die Zählung praktisch quantitativ.
Bemerkenswert ist, daß eine Zählung mit dem Spitzenzähler bei entsprechender Korrektur für Protonen bis
herunter zu 2,5 kV möglich ist. Für He-Kanalstrahlen
ist eine quantitative Zählung unter ähnlichen Bedingungen ohne Korrektur erst oberhalb etwa 20 kV
zu erreichen. Die Abweichung von der quantitativen
Zählung ist hauptsächlich durch das Herausstreuen

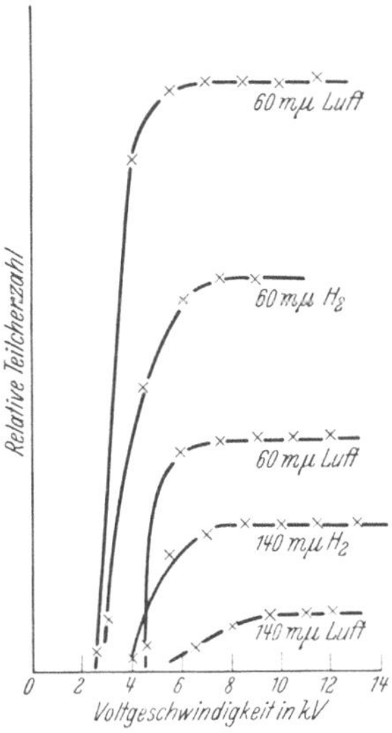

Abb. 18.   Zum Wirkungsgrad des
Spitzenzählers.

der Teilchen aus dem wirksamen Bereich des Zählers bedingt. Die Zahl der nach
rückwärts gestreuten, nicht mitgezählten Teilchen bleibt im allgemeinen unter $1^0/_{00}$.

II. Die Zusammensetzung der Kanalstrahlen.

**8. Ladung, Masse und Geschwindigkeit der Kanalstrahlen, erschlossen
aus der elektromagnetischen Analyse.** Über die Zusammensetzung der Kanalstrahlen sind mit Hilfe der bereits in Ziff. 2 besprochenen Parabelanalyse sehr
viele Untersuchungen ausgeführt worden. Hierbei wurden die elektromagne-

---

[1] CH. GERTHSEN, Ann. d. Phys. Bd. 86, S. 1026. 1928; W. REUSSE, Diss. Tübingen 1932.

tischen Parabeln entweder auf einem Phosphoreszenzschirm betrachtet und ausgemessen oder photographiert. e/m läßt sich dann durch Ausmessung der Koordinaten der Parabelköpfe oder der magnetischen Ablenkung solcher Punkte der Parabeln, die gleich weit elektrisch abgelenkt sind, relativ bestimmen. Auch

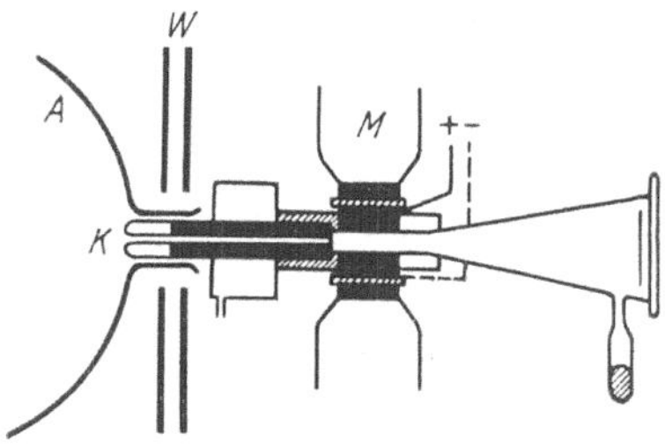

Abb. 19. Anordnung von Thomson zur e/m-Bestimmung.

lassen sich qualitative Aussagen über die Abhängigkeit der Energieverteilung auf die verschiedenen e/m von den Versuchsbedingungen gewinnen. Für quantitative Energiemessungen ist das Thermoelement (Ziff. 7) verwendet worden. Dabei wird aus experimentellen Gründen meist die magnetische Ablenkung allein gemessen.

Eine typische Versuchsanordnung für die Kanalstrahlanalyse von J. J. Thomson nach der photographischen Methode zeigt Abb. 19.

Die Kanalstrahlen treten aus dem kugelförmigen Entladungsrohr A durch einen engen und langen Kanal in der Kathode K in den Beobachtungsraum, in dem ein sehr hohes Vakuum mit Hilfe eines in flüssige Luft getauchten, mit Kohle gefüllten Ansatzes aufrechterhalten wird. Die parallelen elektrischen und magnetischen Felder liegen bei M. W sind Eisenplatten, die den Zweck haben, die Entladung vor der Wirkung des Magnetfeldes zu schützen.

Die moderne Vakuumtechnik gestattet heute eine weit größere Auflösung zu erreichen, als es bei den Versuchen von Thomson möglich war. Eine sehr geeignete Apparatur von Conrad[1] zeigt

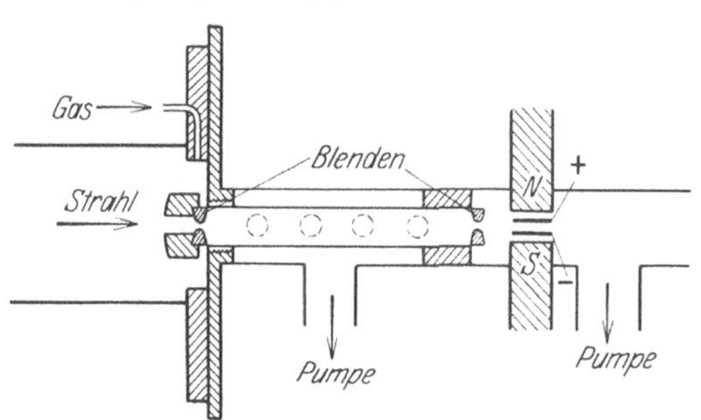

Abb. 20. Parabel-Massenspektrograph nach Conrad.

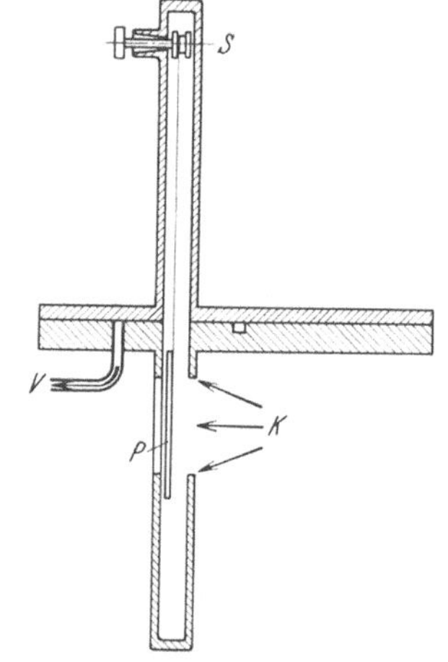

Abb. 21. Zum Massenspektrographen von Conrad.

Abb. 20 und Abb. 21. Die sehr feine Ausblendung des Strahles ist erreicht durch zwei 0,1 mm weite Lochblenden im Abstand von 20 cm. Die photographische Platte ist mit einer besonderen Plattenschleuse (Abb. 21) auswechselbar, ohne daß Luft in die Apparatur eingelassen zu werden braucht. Zu dem Zwecke ist der obere Metallkasten mittels eines Planschliffes gegen den unteren verschiebbar, so daß die Platte ins Freie gelangt. Mit der neu eingelegten Platte wird der Kasten zurück über eine Vorvakuumrille geschoben, ausgepumpt und dann erst in die Anfangsstellung gebracht. Zwei schnellwirkende Pumpen gestatten ein sehr gutes Vakuum im Beobachtungsraum aufrechtzuerhalten.

Über die beobachteten Teilchengattungen verschiedener Autoren möge für einige der wichtigsten Elemente folgende Zusammenstellung in großen Zügen unterrichten.

---

[1] R. Conrad, Phys. ZS. Bd. 31, S. 888. 1930.

Tabelle 1. Vorkommen von Kanalstrahlen verschiedener Masse und Ladung.

Wasserstoff	$H^{\pm}$, H_2^+, (H_2^-), H_3^+
Sauerstoff	$O^{\pm}$, $O_2^{\pm}$, O_3^+, O^{++}
Stickstoff	$N^{\pm}$, $N_2^{\pm}$, N_3^+, N^{++}, N^{+++}
Kohlenstoff (aus C-Verbindungen) .	$C^{\pm}$, $C_2^{\pm}$, $C_3^{\pm}$, $C_4^{\pm}$, C^{++}
Chlor	Cl^+, Cl^-, Cl^{++}, Cl^{+++}, Cl^{++++}, (Cl^{+++++})
Jod	J^+
Quecksilber	Hg^+ (außerdem noch mit 2- bis 8 facher, vielleicht auch noch höherer Ladung)
Helium	He^+, He^-, He^{++}
Neon	Ne^+, Ne^{++}
Argon	Ar^+, Ar^{++}, Ar^{+++}
Krypton	Kr^+, Kr^{++}, Kr^{+++}, Kr^{++++}

ASTON hat Kanalstrahlen der meisten festen Elemente untersucht, doch sei hierfür auf Bd. XXII/1 ds. Handbuches, 2. Aufl., verwiesen.

Negative Teilchen wurden nicht beobachtet bei Ne, Ar, Kr, Hg, anderseits treten sie stark auf bei H, C, O, S und Cl. Benutzt man Sauerstoff als Füllgas der Röhre, so werden bei reinem, trockenem Sauerstoff als negative Teilchen nur Sauerstoffatome beobachtet. Die negativen Teilchen überwiegen sogar im Sauerstoff bei Anwesenheit von Quecksilberdampf. Ist dagegen der Hg-Partialdruck klein, so überwiegen die positiven Teilchen.

Die Beobachtung von H_3^+ ist völlig sichergestellt. Diese von THOMSON zuerst beobachtete Teilchenart soll besonders stark auftreten, wenn das Füllgas der Röhre aus Gasresten besteht, die aus festen Körpern durch Bombardement mit Kathodenstrahlen freigemacht wird. Besonders geeignet soll hierzu KOH sein. Diesen Befund hat CONRAD[1] neuerdings bestätigt, und es ist ihm auch gelungen, zu zeigen, daß H_3 nicht nur als Ion, sondern auch als neutrales Molekül in den Kanalstrahlen nachgewiesen werden kann, da es wie andere Kanalstrahlenionen auch Umladungen erleidet. CONRAD gibt eine untere Lebensdauer von $3 \cdot 10^{-8}$ sec für das neutrale H_3-Molekül an. Als neutrales unangeregtes Molekül ist das H_3 nicht existenzfähig.

Sehr zahlreiche Molekülionen treten in den Kanalstrahlen auf. Es werden dabei auch viele Ionen beobachtet, die als freie Radikale nicht existenzfähig sind. Es genügt eine nur sehr kurze Lebensdauer dieser Gebilde von etwa 10^{-7} sec, um sie in den Kanalstrahlen der Beobachtung zugänglich zu machen. Es muß aber bemerkt werden, daß eine eindeutige Identifizierung der Massen bei der Parabelmethode nicht immer sicher möglich ist. Besonders zahlreich sind die Verbindungen von C, H und O bei Anwesenheit von Kohlenwasserstoffen und Kohlensäure im Entladungsrohr. Eine interessante Studie des Auf- und Abbaus von Kohlenwasserstoffen in den Kanalstrahlen haben EISENHUT und CONRAD[2] veröffentlicht. Es wurden Kanalstrahlen von Methan, Äthan, Äthylen und Azetylen erzeugt. Bei Methanfüllung findet man die Spaltprodukte C, CH, CH_2, CH_3 neben CH_4 (C_I-Gruppe) und als Aufbauprodukte C_2, C_2H, C_2H_2 bis C_2H_6 (C_{II}-Gruppe); ferner C_3, C_3H, C_3H_2 bis C_3H_8 (C_{III}-Gruppe) und C_4 . . . (C_{IV}-Gruppe). Ist außer Methan Sauerstoff anwesend, so entstehen CO, CO_2 und die ungewöhnliche Atomgruppierung C_2O als Aufbauprodukte. Wird eine Mischung von CO_2 und H_2 als Füllgas benutzt, so sind die Parabeln CH, CH_2, CH_3 nur schwach und als Aufbauprodukte aus den Spaltstücken zu betrachten, während CO als Spaltprodukt stark auftritt. Aus den interessanten Unterschieden

---

[1] R. CONRAD, ZS. f. Phys. Bd. 75, S. 504. 1932. Hier auch Literatur über H_3.
[2] O. EISENHUT u. R. CONRAD, ZS. f. Elektrochem. Bd. 36, S. 654. 1930.

in den Aufnahmen mit den vier anfangs erwähnten Kohlenwasserstoffen läßt sich der Auf- und Abbau aus allen möglichen im freien Zustand meist nicht exi-

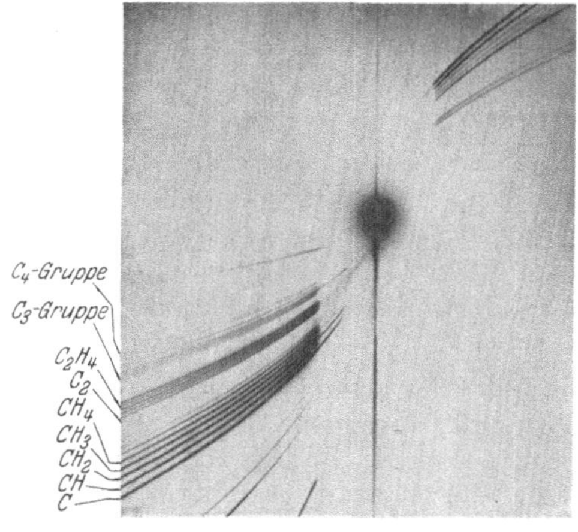

Abb. 22. Parabelanalyse von Methan nach Conrad.

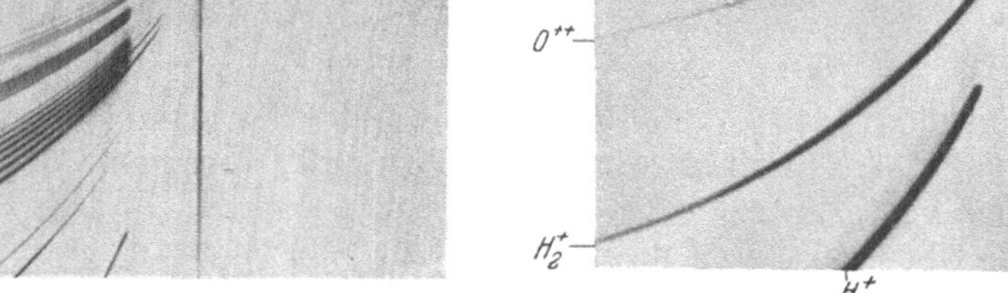

Abb. 23. Parabelanalyse von CO₂+Luft nach Conrad.

stierenden Radikalen in großen Zügen verstehen, wenn man sich vorstellt, daß die jeweils vorhandenen, dem Ausgangsprodukt eigentümlichen Abbaustücke in mehrfachen, wohl nacheinander erfolgenden Zusammenstößen sich zu den Aufbauprodukten zusammenschließen. Abb. 22 gibt eine Aufnahme mit Methanfüllung, Abb. 23 eine mit Kohlensäure, Wasserstoff und Luft. Eine besonders eindrucksvolle Aufnahme zeigt Abb. 24. Die Rohrfüllung bestand aus Benzol. Es sind 6 Gruppen von Kohlenwasserstoffparabeln vorhanden (C_I-Gruppe bis C_{VI}-Gruppe).

Mehrfach geladene Atome werden nach der Parabelmethode von den einfach geladenen meist leicht unterschieden. Die Parabel, die der mehrfachen Ladung entspricht, ist immer schwächer als die gleichfalls vorhandene, die der einfachen Ladung zukommt. Anderseits zeigt Gleichung (4) Ziff. 2 unmittelbar, daß bei zweiatomigen Molekülen die Parabel der doppelt geladenen Moleküle mit der der einfach geladenen

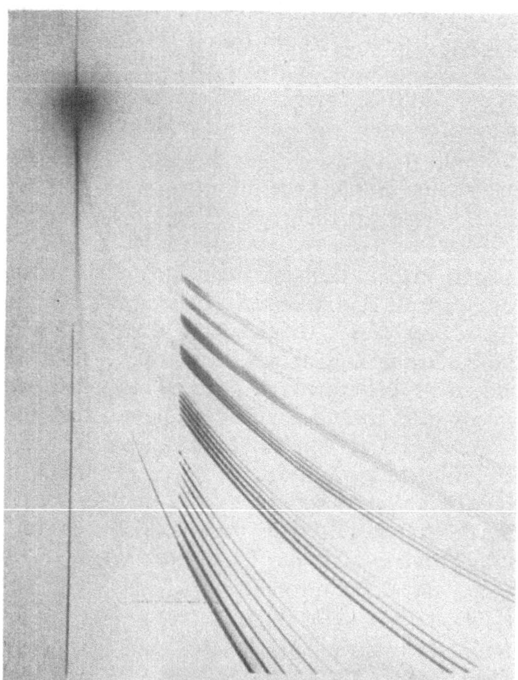

Abb. 24. Parabelanalyse von Benzol nach Conrad.

Atome zusammenfallen muß; denn $2e/m$ ist identisch mit $e/\tfrac{1}{2}m$. Ebenso muß die Parabel des doppelt geladenen Heliumatoms $2e/m_{He}$ mit der Parabel des einfach geladenen Wasserstoffmoleküls $e/\tfrac{1}{2}m_{He} = e/2m_H$ zusammenfallen.

In solchen Fällen kann die doppelte Ladung nur auf indirektem Wege erschlossen werden.

Sehr eigentümlich ist nämlich bisweilen die Intensitätsverteilung innerhalb der Parabeln, welche wichtige Schlüsse zu ziehen gestattet. Der am wenigsten abgelenkte Teil der Parabel ist in der Regel der intensivste (Parabelkopf). Die ihm entsprechenden Teilchen haben den größten Teil des Kathodenfalls im geladenen Zustand durchlaufen. Vom Kopf ab nimmt die Intensität nach kleineren Geschwindigkeiten hin ab. Der Intensitätsabfall und damit auch die Parabellänge ist für verschiedene e/m auch auf dem gleichen Radiogramm verschieden. Außer dem Kopf besitzen manche Parabeln noch ein zweites Intensitätsmaximum. Z. B. findet man bei der Hg-Parabel (Abb. 25) außer dem Kopf ein mehr oder weniger ausgesprochenes Maximum, das elektrisch nur *halb* so weit abgelenkt ist wie der Kopf. Dieses Maximum rührt also von Teilchen her, welche die doppelte kinetische Energie besaßen, als sie abgelenkt wurden, wie die Teilchen, die den Kopf bilden. Es müssen also Hg-Ionen sein, die als Hg^{++} beschleunigt wurden und vor der Ablenkung eine Elementarladung eingebüßt haben. Quecksilber scheint eine besondere Neigung zur Bildung von Ionen mehrfacher Ladung zu haben. Wie schon erwähnt, sind sogar Atome beobachtet worden, die als achtfache Ionen beschleunigt waren und bei der Ablenkung nur mehr eine Ladung besaßen. Deshalb erstreckt sich die Hg^{+}-Parabel auch meist noch wesentlich weiter nach dem unabgelenkten Fleck hin, als in der Abb. 25 angedeutet ist.

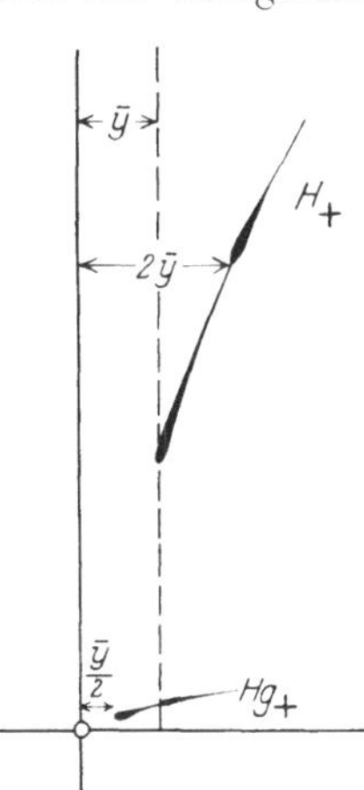

Abb. 25. Hg- und H-Parabeln mit zwei Maximis.

Auch bei vielen anderen Atomen findet sich die Verlängerung der Parabel meist bis zur halben elektrischen Ablenkung des Parabelkopfes, woraus auf das Vorhandensein von doppelt geladenen Atomen geschlossen werden kann, auch wenn die der doppelten Ladung entsprechende Parabel selbst aus Intensitätsmangel oder aus den erwähnten Gründen der Überlagerung mit anderen Parabeln nicht beobachtet werden kann. He^{++}-Ionen sind zuerst mit Sicherheit von CONRAD[1] nachgewiesen, doch konnte er die Verlängerung an der He^{+}-Parabel nur finden, wenn außer Helium noch Chlor in der Entladungsröhre zugegen war. Offenbar trägt die starke Elektronenaffinität des Chlors zur Bildung doppelt geladener Atome bei. Referent hat indessen auf bisher noch nicht publizierten Aufnahmen (Abb. 26) die Verlängerung an der He^{+}-Parabel auch ohne Chlor- oder Sauerstoffzusatz in möglichst gut gereinigtem Helium erhalten. Im allgemeinen scheint aber auch Sauerstoff[2] und Wasserdampf das Auftreten doppelter

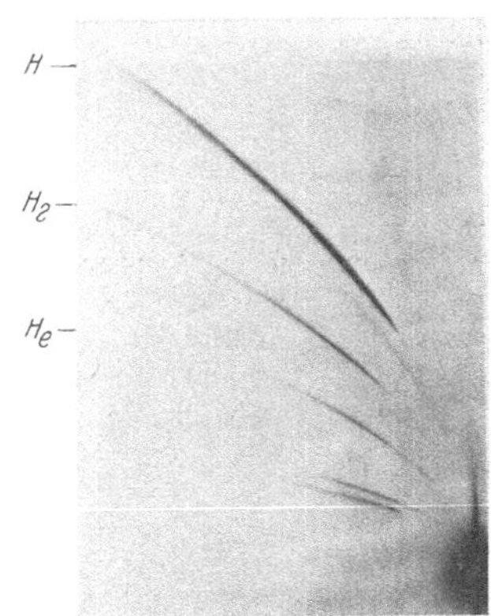

Abb. 26. Verlängerung der He+-Parabel.

Ladung zu begünstigen. Etwa gleichzeitig mit CONRAD hat GERTHSEN den Nachweis von Heliumkernen in den Heliumkanalstrahlen auf andere Weise erbracht. Er hat insbesondere die Entstehung von He^{++} aus He^{+} und umgekehrt durch den Umladungsvorgang quantitativ verfolgt. Im einzelnen sind diese Versuche noch nicht veröffentlicht. (Vgl. indessen Ziff. 12.) Wir erwähnen noch, daß es

[1] R. CONRAD, Phys. ZS. Bd. 31, S. 888. 1930.
[2] W. WIEN, Ann. d. Phys. Bd. 33, S. 907. 1910.

vorkommt, daß Ionen mit einfacher Ladung beschleunigt und mit doppelter Ladung abgelenkt werden; man erhält dann eine Parabel mit $2\,e/m$, bei der der Kopf die doppelte elektrische Ablenkung zeigt.

Das Auftreten mehrfach geladener Moleküle konnte außer bei Fluorverbindungen weder von THOMSON noch von ASTON beobachtet werden. RÜCHARDT[1] findet Parabeln, die einer doppelten Ladung entsprechen (Parabeln zweiter Ordnung) mit den scheinbaren Massen 9 und 6,5 bei gleichzeitiger Anwesenheit der Massen 18 (H_2O) und 13 (CH) mit einer Ladung. Später hat er auch bei Anwesenheit von Stickstoff eine Parabel zweiter Ordnung mit der scheinbaren Masse 7,5 gefunden bei gleichzeitiger Anwesenheit der Masse 15 (hier wohl NH). Gestützt auf die Annahme des Fehlens doppelt geladener Moleküle in den Kanalstrahlen hat er deshalb die Möglichkeit erwogen, daß es sich bei diesen Parabeln um doppelt geladene Atome der Isotopen O^{18}, C^{13}, N^{15} handelt, die spektroskopisch bekannt sind, aber bisher in den Kanalstrahlen nicht gefunden werden konnten. In erster Ordnung wären sie nach der Parabelmethode von den Molekülionen H_2O, CH, CH_3 oder NH nicht trennbar. Die verhältnismäßig ziemlich große Intensität dieser Parabeln zweiter Ordnung ließ es aber als zweifelhaft erscheinen, ob die Zuordnung zu diesen seltenen Isotopen berechtigt war. Nunmehr hat CONRAD[2] an vielen Molekülparabeln Verlängerungen nach dem Zentrum hin festgestellt, welche mit Sicherheit auf das Vorkommen doppelt geladener Molekülen schließen läßt[2]. Ein Beispiel ist in Abb. 27 gegeben. CON-RAD gibt folgende Moleküle mit

Abb. 27. Doppelt geladene Moleküle nach CONRAD, sichtbar an den Verlängerungen der Molekülparabeln nach links.

doppelter Ladung an: CH^{++}, CH_3^{++}, C_2^{++}, C_2H^{++}, $C_2H_2^{++}$, $C_2H_3^{++}$, $C_2H_4^{++}$, CO^{++}, O_2^{++}, C_2O^{++}, CO_2^{++}. Ob die Zuordnung überall ganz sicher ist, kann vielleicht fraglich sein, allein die Tatsache der Existenz doppelt geladener Moleküle steht fest. FRIEDLÄNDER, KALLMANN und ROSEN[3] haben ebenfalls bei langsamen Ionenstrahlen das Vorhandensein mehrfach geladener Molekülionen, die durch Elektronenstoß ohne gleichzeitige Dissoziation entstanden waren, aufgefunden.

In einer Arbeit über die Massenspektra von Gläsern, Salzen und Metallen untersucht MURAWKIN[4] vor allem die aus verschiedenen Glassorten bei hoher Temperatur austretenden Ionen mit einem Kreismassenspektrographen. MURAWKIN glaubt in dieser Arbeit u. a. O^{18}, $O_2^{16,18}$, O_2^{18}, O_2^{18++} und kompliziertere Molekül-

---

[1] E. RÜCHARDT, Naturwissensch. Bd. 18, S. 534. 1930.

[2] R. CONRAD, Phys. ZS. Bd. 31, S. 888. 1930. Die Beobachtung solcher Parabeln ist von CONRAD zeitlich schon vor RÜCHARDT gemacht, aber später publiziert.

[3] E. FRIEDLÄNDER, H. KALLMANN u. B. ROSEN, Naturwissensch. Bd. 19, S. 510. 1931; ZS. f. Phys. Bd. 76, S. 70. 1932.

[4] H. MURAWKIN, Ann. d. Phys. Bd. 8, S. 353, 385. 1931.

ionen, bei denen diese seltenen Isotopen im Molekül enthalten sind, beobachtet zu haben. Da aber das Mengenverhältnis $O_2^{16/18}$ zu O_2^{16} oder O_2^{18} zu O_2^{16} bei der Analyse von Lindemannglas z. B. größenordnungsmäßig $= 1 : 2$ gefunden wird und außerdem mit der Temperatur des Glases sich beträchtlich ändert, so daß die Moleküle $O_2^{16/18}$ und O_2^{18} bei genügend hohen Temperaturen praktisch verschwinden, kann diese Deutung nicht richtig sein.

Eine andere Art der Intensitätsverteilung wird häufig bei der H-Parabel (Abb. 25) und bei den Atomparabeln anderer zweiatomiger Gase beobachtet. In diesem Falle ist außer dem Kopf ein Maximum vorhanden, das die *doppelte* elektrische Ablenkung zeigt wie der Kopf. Die einfachste Erklärung ist die, daß hier Teilchen beobachtet werden, die als H_2^+-Molekülionen beschleunigt wurden und vor der Ablenkung in die beiden Atome zerfallen sind. Dann ist die kinetische Energie bei der Ablenkung nur halb so groß, die elektrische Ablenkung selbst doppelt so groß wie die der als H^+ beschleunigten Teilchen, die den Parabelkopf bilden. Sehr auffällig ist aber, daß solche Maxima auch bei einatomigen Gasen und bei der H_2^+-Parabel gelegentlich beobachtet wurden. Vielleicht kann man daraus auf die Existenz instabiler Ionenarten im Entladungsrohr wie He_2^+ und H_4^+ schließen, die alle vor Erreichung der ablenkenden Felder zerfallen. Die Annahme, daß vor der Kathode mehrere ausgezeichnete Stellen für die Ionisation vorhanden sind, und daß dadurch verschiedene ausgezeichnete Geschwindigkeiten entstehen, ist ad hoc ersonnen und wird durch keine andere bekannte Tatsache gestützt.

RETSCHINSKY[1] hat in Fortsetzung der Untersuchungen von W. WIEN sehr ausführliche quantitative Messungen über die Zusammensetzung der Strahlen des Sauerstoffs und Stickstoffs mit einem linearen Thermoelement ausgeführt. Dieses wurde senkrecht zu dem magnetischen Spektrum verschoben (Abb. 28).

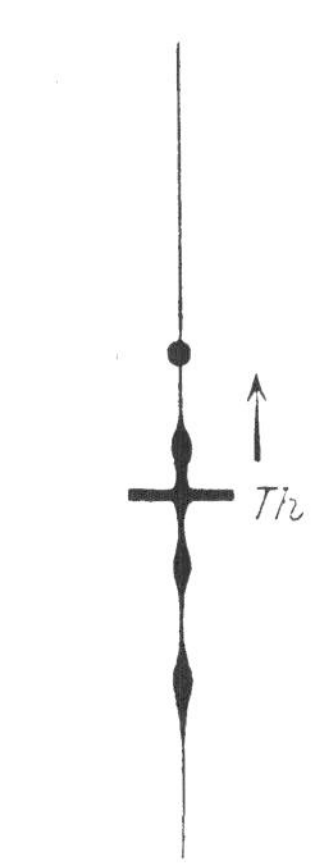

Abb. 28. Energiemessung im magnetisch abgelenkten Strahl mit Thermoelement *Th.*

Die Grundlage für eine genaue Analyse nach dieser zuerst von W. WIEN benutzten Methode, sei es nun, daß man ein lineares Thermoelement, sei es, daß man einen linearen Auffänger benutzt, wollen wir kurz entwickeln. Fassen wir den einfachsten Fall ins Auge, daß für alle Teilchen des Strahles e/m denselben Wert hat und nur die Geschwindigkeit v verschieden ist. Die Zusammensetzung des Bündels ist dann bekannt, wenn man für jedes v die Anzahl der Teilchen $N_v\,dv$ kennt, deren Geschwindigkeit also zwischen v und $v + dv$ liegt. Betrachten wir ein sehr schmales Kanalstrahlenbündel unter der Wirkung eines transversalen Magnetfeldes. Das Bündel wird in einen Streifen zerlegt, und jedem v entspricht eine bestimmte Ablenkung x. Stellen wir in diesen Streifen einen linearen Auffänger von der Breite dx, so mißt der Galvanometeranschlag die Ladung bzw. die Anzahl N_x der Teilchen, deren Ablenkung zwischen x und $x - dx$, und deren Geschwindigkeit zwischen v und $v + dv$ liegt. Verschiebt man den Auffänger längs des Streifens, so bleibt dx unverändert, dv dagegen wird um so kleiner, je größer x wird. Dies folgt daraus, daß die magnetische Ablenkung gegeben ist durch

$$x = \frac{K\,e}{m\,v}.$$

---

[1] T. RETSCHINSKY, Ann. d. Phys. Bd. 47, S. 525. 1915; Bd. 48, S. 546. 1915; Bd. 50, S. 369. 1916.

Deshalb ist

$$d\,v = -\frac{K\,e}{m\,x_2}\,d\,x\,.$$

Nun ist $N_v \cdot d\,v = -N_x\,d\,x$, weil es die gleichen Teilchen sind, die zwischen x und $x - d\,x$ und v und $v + d\,v$ liegen. Folglich ist

$$N_v = -N_x\frac{d\,x}{d\,v} = \frac{N_x\,m\,x^2}{K\,e} = \frac{N_x\,e\,K}{m\,v^2} = N_x\frac{x}{v}\,.$$

Aus der beobachteten Abhängigkeit $N_x = f(x)$ kann man hieraus die Geschwindigkeitsverteilung $N_v = \varphi(v)$ für jedes e/m berechnen.

Benutzt man ein lineares Thermoelement von der Breite $d\,x$ statt eines Auffängers, so mißt man die Energie $E_x\,d\,x$ der Teilchen, die zwischen x und $x - d\,x$ fallen. Es ist ganz analog

$$E_v \cdot d\,v = -E_x \cdot d\,x\,,$$

wenn E_v die Energie der Teilchen ist, deren Geschwindigkeiten zwischen v und $v + d\,v$ liegen. Es gilt dann

$$E_v = E_x\,x^2\frac{m}{K\,e} = E_x\frac{K\,e}{m\,v^2} = E_x\frac{x}{v}\,.$$

Man gewinnt so E_v als Funktion von v. Andererseits ist

$$\frac{E_v}{\tfrac{1}{2}m\,v^2} = N_v = \frac{2\,E_x\,x^4\,m^2}{e^3\,K^3}$$

ein Ausdruck, aus dem man wiederum die Teilchenzahl in Abhängigkeit von der Geschwindigkeit berechnen kann. Berechnet man diese Verteilung einmal aus den Auffängermessungen, das andere Mal aus den thermischen Messungen, so muß die Differenz die Anzahl der Teilchen geben, die sich auf dem Wege vom Feld bis zum Auffänger neutralisiert hat, weil der Auffänger nur die geladenen Teilchen mißt. Die Größe

$$-\frac{d\,x}{d\,v} = \frac{e\,K}{m\,v^2} = \frac{x}{v}$$

kann man als „Dispersion des magnetischen Spektrums" bezeichnen. Für die „Dispersion des elektrischen Spektrums" findet man auf Grund analoger Betrachtungen

$$-\frac{d\,y}{d\,v} = \frac{2\,e\,c}{m\,v^3} = \frac{2\,y}{v}\,.$$

Retschinsky führte parallel zu den Thermoelementmessungen bei alleiniger magnetischer Ablenkung auch Beobachtungen der Parabeln mit parallelen elektrischen und magnetischen Feldern durch. Variiert wurde Entladungsspannung (zwischen 8000 und 40000 Volt), ferner Gasdruck (Größenordnung 0,0005 mm) und Stromstärke des Glimmstromes. Die letztere ist ohne wesentlichen Einfluß auf die Versuchsergebnisse. Die Energiekurven und Teilchenzahlkurven im magnetischen Spektrum zeigen drei Maxima auf der positiven und drei auf der negativen Seite. Die Parabelbeobachtung ergibt die Zuordnung dieser Maxima zu den Teilchengattungen:

a) einfach geladene Moleküle;

b) einfach geladene Atome, deren Geschwindigkeit $\sqrt{2}$ mal größer ist als die der Moleküle. Diese Teilchen sind also als Atomionen beschleunigt;

c) einfach geladene Atome, deren Geschwindigkeit der der Moleküle gleich ist (langsame Atome, entstanden aus Teilchen, die als Moleküle beschleunigt und vor der Ablenkung zerfallen sind).

Um ein Beispiel der Zuordnung der Maxima zu geben, betrachten wir eine Messung RETSCHINSKYS an Sauerstoffkanalstrahlen mit einem linearen Thermoelement bei magnetischer Zerlegung (Abb. 29). Seine Versuchsbedingungen sind:

Druck im Beobachtungsraum 0,000 53 mm Hg,
Strom der Glimmentladung 102,10⁻⁶ Amp.,
Spannung der Entladung 18 000 Volt.

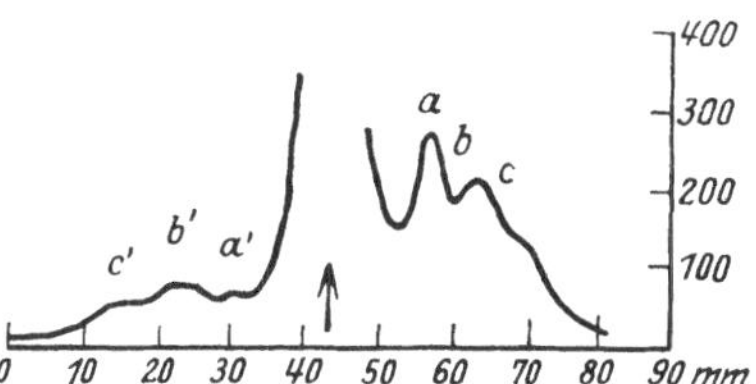
Abb. 29. Energieverteilung der Sauerstoffkanalstrahlen als Funktion der magnetischen Ablenkung. a, b, c positive Teilchen, a', b', c' negative Teilchen.

Die magnetischen Ablenkungen der drei Maxima a, b, c, von der mit dem Pfeil bezeichneten Auftreffstelle des neutralen Bündels aus gerechnet, verhalten sich wie $1 : \sqrt{2} : 2$. Links ist die Verteilung der negativen, rechts die der positiven Teilchen angegeben. Man findet nun durch einfache Rechnung, daß sich die magnetische Ablenkung eines Moleküls zur magnetischen Ablenkung eines Atoms verhalten muß wie $1 : \sqrt{2}$. Folglich gehört das Maximum a den Molekülen, das Maximum b den Atomen an, die die gleiche Potentialdifferenz durchlaufen haben.

Bedeutet ferner c die magnetische Ablenkung eines Atoms, das durch den Zerfall eines im Kathodenfall beschleunigten Moleküls entstanden ist, so findet man $b : c = 1 : \sqrt{2} = \sqrt{2} : 2$, und damit ist erwiesen, daß das Maximum c den langsamen Atomen angehört, die als Moleküle beschleunigt wurden. Diese Zuordnung wird auch durch die Aufnahme der elektromagnetischen Parabeln bestätigt.

Um die Verteilung der Energie auf die Geschwindigkeiten statt auf die Ablenkungen zu erhalten, wenden wir die Transformationen an

$$v = \frac{e\,K}{m\,x}, \qquad E_v = E_x \frac{x^2\,m}{e\,K}.$$

Für die Moleküle hätte man $2m$ statt m zu setzen. In den Abb. 30 und 31, die das Ergebnis der Transformation für die positiven bzw. negativen Teilchen wiedergeben, ist der Faktor 2 weggelassen. Man hat daher zu berücksichtigen,

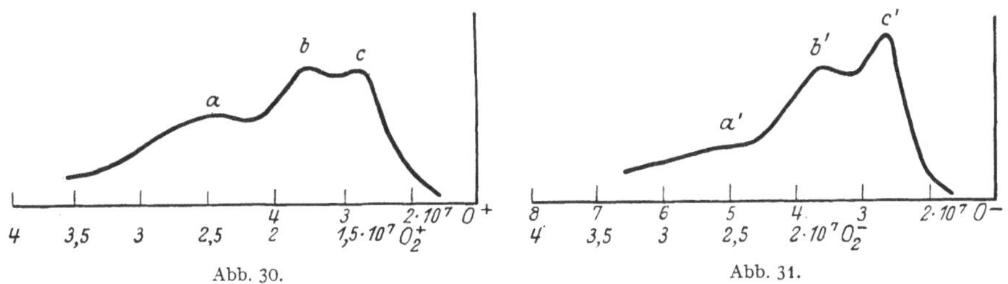

Abb. 30. Abb. 31.

Abb. 30 und 31. Energieverteilung im magnetischen Spektrum der Sauerstoffkanalstrahlen als Funktion der Geschwindigkeit. Links positive, rechts negative Teilchen.

daß für das Maximum a die Abszissen in doppeltem und die Ordinaten in halbem Maßstab aufgetragen sind wie für die Maxima b und c.

Um weiter die Teilchenzahlkurven als Funktion von v zu erhalten, hat man $E_v / \frac{1}{2} m v_b^2$ für die Atome und $E_v / m v_a^2$ für die Moleküle zu bilden, wenn v_b die Geschwindigkeit eines Atoms, v_a die eines Moleküls bedeutet. Da aber in den E_v-Kurven $v_a = v_b/2$ ist, so genügt es, die Ordinaten der ganzen Kurve durch $\frac{1}{2} v m_b^2$ zu dividieren, wenn man berücksichtigt, daß dann in der erhaltenen Kurve die Ordinaten der Moleküle (Maximum a) mit 4 zu multiplizieren sind, um auf gleichem Maßstab mit den Atomen gebracht zu werden. Die Ergebnisse der Untersuchung für die positiven Teilchen sind in Abb. 32, die für die negativen Teilchen in Abb. 33 wiedergegeben.

Man sieht aus den Kurven, daß die meisten Teilchen den langsamen Atomen angehören, dann folgen bei den positiven Teilchen die Moleküle und dann die schnellen Atome. Aus der ursprünglichen, durch die Messung direkt gelieferten Kurve, Abb. 29, konnte man dies Ergebnis durchaus nicht entnehmen; dort ist im Gegenteil das Maximum c am kleinsten. Bei den negativen Teilchen ist die Anzahl der schnellen Atome größer als die der Moleküle. Positive und negative Teilchen haben die gleichen Geschwindigkeiten, aber verschiedene Energieverteilung auf die Gattungen. Eine Zunahme des Druckes im Beobachtungsraum verringert die Energien der einzelnen Maxima, aber das der langsamen Atome am meisten. Aus den errechneten Teilchenzahlkurven kann man ersehen, daß die Zahl der langsamen Atome im Strahl sehr groß ist, fast doppelt so groß wie die der schnellen. Der Zerfall der Molekülionen im Kanalstrahl ist also ein sehr häufiger Vorgang. Die Teilchenzahlkurven zeigen auch, daß für jede Ionenart die Geschwindigkeit innerhalb eines ziemlich engen Bereichs liegt.

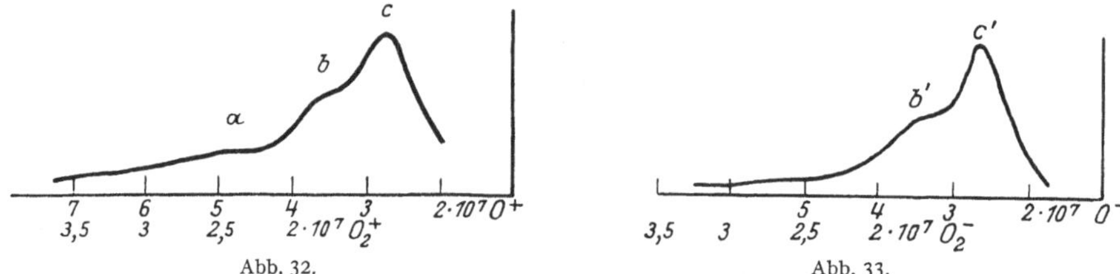

Abb. 32.   Abb. 33.

Abb. 32 und 33. Teilchenzahl als Funktion der Geschwindigkeit. Links positive, rechts negative Teilchen.

Die Ergebnisse in anderen zweiatomigen Gasen sind ähnlich. Wasserstoff ist ausführlich von Döpel[1] untersucht worden. Der Betrag an negativen Teilchen ist hier nur klein.

Retschinsky hat auch den Einfluß von Verunreinigungen durch fremde Gase auf die Energieverteilung untersucht. Er findet, daß man durch verschiedene Mengen Wasserstoffs, der dem Sauerstoff zugesetzt wird, das Verhältnis zwischen Molekülen und Atomen des Sauerstoffs stark ändern kann. Es gelang ihm sogar, die Moleküle ganz zum Verschwinden zu bringen.

Das Ergebnis der hier geschilderten Analyse der Strahlzusammensetzung ist natürlich in hohem Maße abhängig von der Höhe des Gasdruckes im Beobachtungsrohr. Der Zerfall macht sich auch besonders in der Geschwindigkeitsverteilung des Dopplerstreifens bemerkbar, weil die Strahlen bei Dopplereffektbeobachtungen in einem ziemlich hohen Gasdruck verlaufen. Die Ergebnisse dieser Methode werden in Ziff. 14 im Zusammenhang mit den Umladungsvorgängen besprochen werden. Daß der Zerfall im Entladungsraum vor der Kathode eine weniger große Rolle spielt, hat Gerthsen[2] mit Hilfe der elektromagnetischen Analyse gezeigt. Bei seinen Versuchen war das Vakuum im Beobachtungsraum sehr hoch, die langsamen Atome treten dann ganz zurück, während dafür mehr Moleküle vorhanden sind. Bei diesen Versuchsbedingungen liefert also die Analyse wesentlich die Zusammensetzung des Strahls vor der Kathode, unbeeinflußt durch Zusammenstöße im Beobachtungsraum.

Änderung der Röhren- und Kathodenform ist ebenfalls von Einfluß auf die Stranlzusammensetzung. In Abb. 34 sind zwei Formen von Kugelröhren ge-

[1] R. Döpel, Ann. d. Phys. Bd. 76, S. 1. 1925.
[2] Ch-Gerthsen, Ann. d. Phys. Bd. 3, S. 396. 1929.

zeichnet. Die Lage der Kathode ist in beiden Fällen verschieden. In a schließt die Kathode dort, wo die Kugel beginnt, bereits ab, im Falle b ragt sie in die Kugel hinein. Bei Wasserstoffkanalstrahlen treten in a mehr Atome, in b mehr Moleküle auf. Wahrscheinlich hängt das nur damit zusammen, daß in der Anordnung b eine bestimmte Entladungsspannung einem niedrigeren Druck entspricht als in Anordnung a. Atome entstehen hauptsächlich durch Zusammenstoß. Je weniger Zusammenstöße die Strahlteilchen erleiden, um so mehr Molekülionen sind vorhanden. Aus demselben Grunde sind überhaupt in Kugelröhren die Moleküle stärker als in Zylinderröhren.

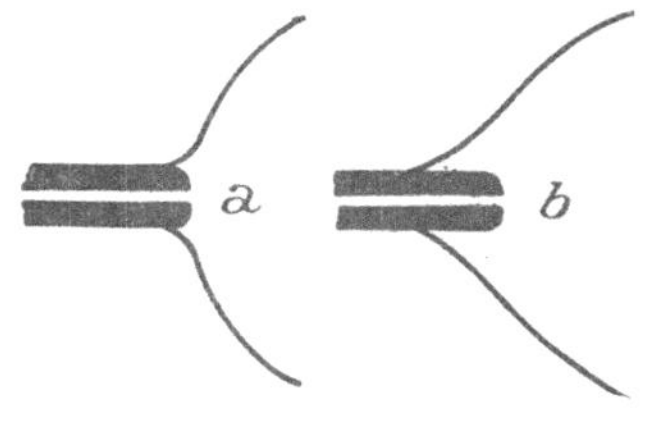

Abb. 34. Zum Einfluß der Kathodenlage auf die Strahlzusammensetzung.

J. J. THOMSON[1] hat zuerst Auffängermessungen zum Zwecke von e/m-Bestimmungen ausgeführt. Bei NS der Abb. 35 liegt das magnetische und ihm parallele elektrische Feld. In dem Metallkasten B ist bei S ein parabolischer Schlitz angebracht. Hinter diesem befindet sich ein isolierter, metallischer Auffänger, der mit einem Wilsonelektroskop E verbunden ist. Wird nun das magnetische Feld variiert, so gelangen der Reihe nach die verschiedenen Parabeln vor den Schlitz. Die Parabelgleichung lautet hier

$$x^2 = C \, \mathfrak{H}^2 \, \frac{e}{m} \, y \, .$$

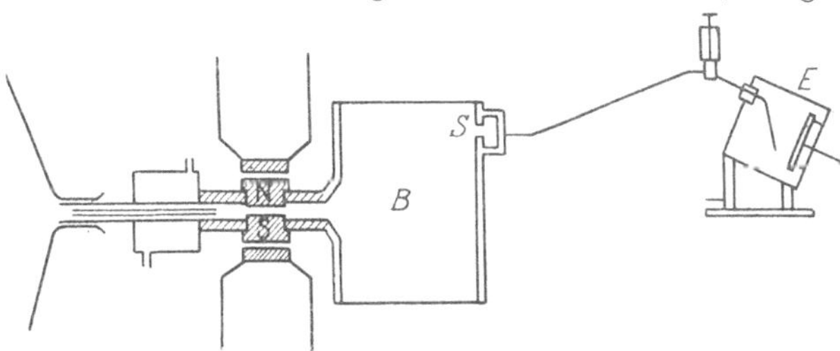

Abb. 35. Kanalstrahlanalyse durch Ladungsmessung nach THOMSON.

Wenn die Apparatdimensionen und das elektrische Feld unverändert bleiben, erhält man also an demselben Orte, dort wo sich der Schlitz befindet, nacheinander die Ladungen der verschiedenen Ionenarten, wenn man $\mathfrak{H}$ so variiert, daß $\mathfrak{H}^2 \cdot e/m$ konstant bleibt. Hat man es mit Teilchen gleicher Ladung und verschiedener Masse zu tun, so kann man schreiben $m \sim \mathfrak{H}^2$. Wenn man also $\mathfrak{H}$ oder die Ströme durch den Elektromagneten als Abszissen und die Auffängerströme als Ordinaten aufträgt, so werden die Maxima der Kurven zu $\mathfrak{H}$-Werten oder i-Werten gehören, für die gilt

$$\mathfrak{H}_1 : \mathfrak{H}_2 : \mathfrak{H}_3 \ldots = i_1 : i_2 : i_3 \ldots$$
$$= \sqrt{m_1} : \sqrt{m_2} : \sqrt{m_3} \ldots ,$$

eine derartige Aufnahme zeigt Abb. 36.

DEMPSTER[2] hat dieselbe Methode für langsame Strahlen benutzt. In Abb. 37 bedeutet K einen dünnen Platinstreifen mit einem Oxydfleck

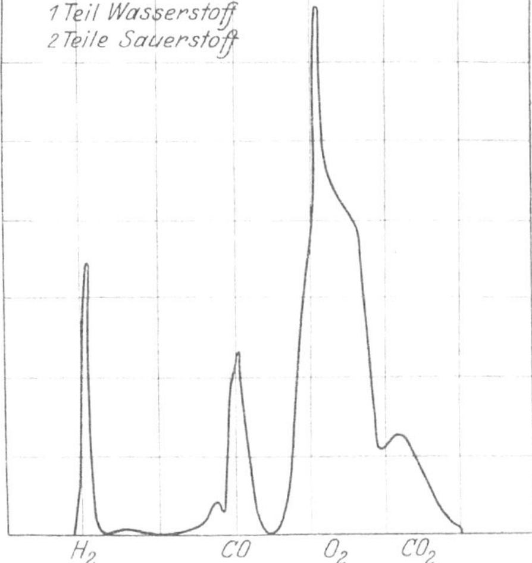

Abb. 36. Analyse eines Kanalstrahls mit Anordnung Abb. 35.

---

[1] J. J. THOMSON, Phil. Mag. Bd. 24, S. 245. 1912.
[2] A. J. DEMPSTER, Phys. Rev. Bd. 8, S. 651. 1916.

(Wehneltkathode). Der Streifen kann durch Stromdurchgang auf Rotglut erhitzt werden, bis Kathodenstrahlen entstehen, die durch das Feld zwischen K und A beschleunigt werden und das Gas der Röhre ionisieren. Die positiven Ionen treten durch den Kanal des mit der Glühkathode verbundenen, geerdeten Eisenzylinders M in den Beobachtungsraum, wo sie nach erfolgter elektrischer und magnetischer Ablenkung durch den parabolischen Schlitz bei Sp hindurchtreten und in dem Auffänger F elektrometrisch gemessen werden.

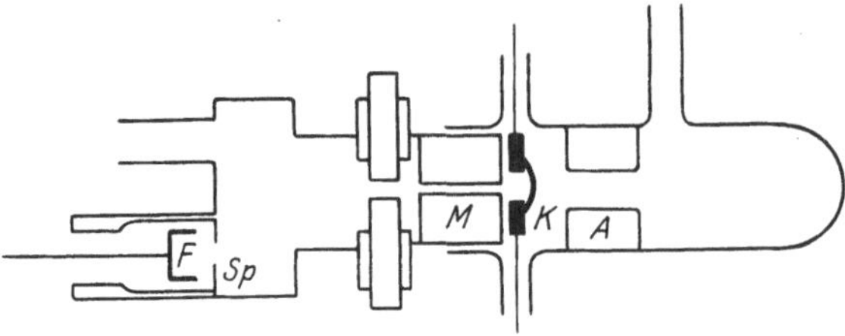

Abb. 37. Analyse langsamer Kanalstrahlen durch Ladungsmessung nach Dempster.

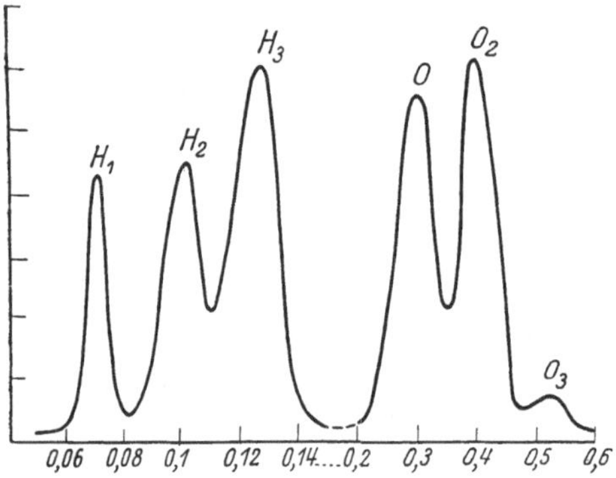

Die Methode hat den Vorteil, daß Druck und Geschwindigkeit unabhängig voneinander variiert werden können. Es zeigt sich, daß bei langsamen Strahlen und niedrigem Gasdruck bei Wasserstoff fast nur H_2^+ auftritt, bei höheren Drucken auch H^+ und ziemlich stark H_3^+. Es wurden Strahlen bis herunter zu 90 Volt analysiert. Die Versuche zeigen, daß ursprünglich hauptsächlich H_2^+-Ionen im Entladungsraum entstehen und Zusammenstöße notwendig sind zur Entstehung von H^+. H_3^+ wird nur gebildet, wenn Wasserstoff zum Teil dissoziiert ist. Abb. 38 zeigt das Resultat einer Messung bei 800 Volt und einem ziemlich hohen Druck (0,01 mm Hg).

Dempster[1] hat die Methode dann weiter ausgebildet mit dem Zwecke, das Auflösungsvermögen der Apparatur zu steigern ohne durch Wahl zu enger Kathodenkanäle die Intensität zu sehr zu verringern. Er hat seine Methode dann zur Untersuchung von Isotopen fester Elemente benutzt, wovon in Bd. XXII/1 ds. Handb. (2. Aufl.) berichtet wird. Andere Forscher haben die verbesserte Methode von Dempster noch ein wenig abgeändert und e/m-Bestimmungen in verschiedenen Gasen an langsamen Strahlen damit ausgeführt, hauptsächlich zu dem Zwecke, Ionisierungspotentiale zu bestimmen und die Elementarvorgänge beim Ionen- und Elektronenstoß näher zu untersuchen. Eine nähere Beschreibung solcher Versuche findet sich in Bd. XXIII/1 (2. Aufl.) ds. Handb. (Art. de Groot und Penning), eine Zusammenstellung der Literatur bei Kallmann und Rosen[2].

Abb. 38. Analyse eines Kanalstrahls mit Anordnung Abb. 37.

Eine große Steigerung in der Genauigkeit der e/m-Bestimmung für schnelle Strahlen hat Aston erzielt, indem es ihm gelang, durch „Fokussierung" sämtlicher Strahlteilchen gleicher Masse und verschiedener Geschwindigkeit ein großes Auflösungsvermögen mit einer hinlänglichen Intensität zu erhalten. Die natürliche Divergenz des Strahlenbündels wird durch Anwendung enger Blenden und einer hohlspiegelförmig geformten Kathode möglichst herabgedrückt. Im einzelnen sind diese Versuche bereits in Bd. XXII/1 ds. Handb. (2. Aufl.) beschrieben. Das Geschwindigkeitsfilter von Smyth ist in Ziff. 5 erwähnt.

[1] A. J. Dempster, Phys. Rev. Bd. 9, S. 317. 1918.
[2] H. Kallmann u. B. Rosen, ZS. f. Phys. Bd. 61, S. 61. 1930.

III. Die Umladungen der Kanalstrahlen.

9. Qualitative Beobachtungen. Ein für die Kanalstrahlen besonders kennzeichnender Vorgang ist die Umladung der Kanalstrahlionen beim Durchgang durch Materie. Die Umladungen hängen mit den Ionisierungsvorgängen durch Kanalstrahlen (vgl. IV) aufs engste zusammen. Qualitativ sind sie in Gasen zuerst von W. WIEN und bald darauf von THOMSON untersucht worden.

W. WIEN[1] ließ die Kanalstrahlen zwei hintereinanderliegende, transversale, einander parallele Magnetfelder passieren und dann auf einen Auffänger auftreffen. Wurde das Magnetfeld *I* so stark erregt, daß alle beim Durchgang durch das Feld *I* geladenen Teilchen ganz zur Seite gelenkt wurden, so zeigte der Auffänger zwar eine Abnahme, aber kein völliges Verschwinden des Stromes an. Wurde nun noch Magnetfeld *II* eingeschaltet, so erfolgte eine weitere Abnahme des Auffängerstromes. Die Vermutung, daß dies Verhalten auf Umladungsvorgänge bei der Wechselwirkung zwischen Strahlenteilchen und Gasmolekülen zurückzuführen sei, wurde dadurch bestätigt, daß die schwächende magnetische Einwirkung auf die Kanalstrahlen, die unter gleichen Bedingungen erzeugt wurden, um so stärker war, je größer der Gasdruck gewählt wurde, in dem der Strahl verlief. Dies erklärt sich dadurch, daß in dem Bereich des Magnetfeldes bei höherem Gasdruck mehr Zusammenstöße stattfinden, die mit Umladungen verbunden sind, so daß mehr geladene und damit ablenkbare Teilchen entstehen. Von der Geschwindigkeit der Strahlen schien dagegen die Schwächung durch das Feld nicht wesentlich abzuhängen.

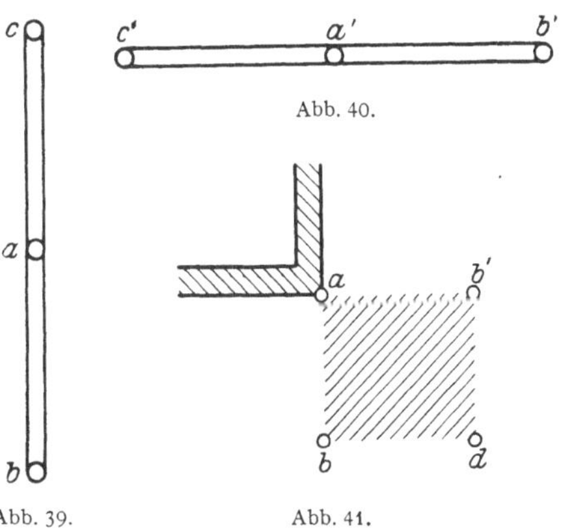

Abb. 40.

Abb. 39.   Abb. 41.

Abb. 39 41. Schematische Strahlspuren bei Umladungsbeobachtungen von THOMSON.

J. J. THOMSON[2] benutzte zwei hintereinanderliegende, transversale, zueinander gekreuzte Magnetfelder. Der Kanalstrahl passierte beide Felder und fiel dann auf einen Phosphoreszenzschirm. War nur Magnetfeld *I* eingeschaltet, so bekam man einen abgelenkten vertikalen Streifen (Abb. 39). *a* ist unabgelenkt, *b* entspricht der maximalen Ablenkung der positiven, *c* der negativen Teilchen. Das Magnetfeld *II* allein gab einen horizontalen Streifen (Abb. 40). Wurden beide Felder gleichzeitig erregt, so ergab sich ein komplizierteres Bild (Abb. 41). Der Punkt *b* entspricht Teilchen, die das ganze Feld *I* geladen durchlaufen haben, Feld *II* dagegen ungeladen. Umgekehrt ist es mit *b'*. *d* dagegen rührt von Teilchen her, die sowohl Feld *I* als Feld *II* ganz in geladenem Zustand durchlaufen haben. Die horizontale Verlängerung von *a* nach links zeigt, daß es auch Teilchen gibt, die in Feld *I* neutral, in Feld *II* dagegen negativ waren. Daß die Fläche *ab'bd* ebenfalls nicht frei von Teilchen ist, rührt hauptsächlich von Umladungen innerhalb der Magnetfelder her. In genügend hohem Vakuum bleibt die Fläche frei von Teilchen.

Die Wirkung der Umladungen innerhalb der ablenkenden Felder macht sich bisweilen bei den Parabelbeobachtungen bemerkbar und kann hier leicht zu Täuschungen Anlaß geben. Die sog. Umladungsstreifen bestehen in Linien, welche die Parabeln mit dem Auftreffpunkt der unabgelenkten Strahlen ver-

---

[1] W. WIEN, Ann. d. Phys. Bd. 27, S. 1025. 1908.
[2] J. J. THOMSON, Phil. Mag. (6) Bd. 18, S. 824. 1909.

binden. Wenn man nämlich parallel zusammenfallende elektrische und magnetische Felder benutzt, so durchlaufen einige der Teilchen, die Umladungen innerhalb der Felder erleiden, nur einen Teil der Felder in geladenem Zustand und werden deshalb weniger abgelenkt als die Teilchen, welche die Felder ganz in geladenem Zustand durchlaufen haben und der Parabel angehören. Diese Umladungsstreifen münden an irgendeiner Stelle in die zugehörige Parabel ein und haben etwas verschiedene Gestalt, je nach der gegenseitigen Lage und relativen Ausdehnung des magnetischen und elektrischen Feldes und je nach dem Umladungsvorgang (Ionisierung oder Neutralisierung) innerhalb der Felder, der ihre Entstehung veranlaßt. Diese Streifen können leicht mit Parabeln verwechselt werden und zu der Täuschung, als handle es sich um eine Parabel von anderem e/m, Anlaß geben, besonders wenn der Einmündungspunkt des Umladungsstreifens in die zugehörige Parabel nicht mehr auf der Platte sichtbar ist (Abb. 42 rechts). Sie sind aber keine Parabeln und immer daran kenntlich, daß sie keinen „Kopf" haben, sondern vom unabgelenkten Fleck ausgehen. Bei genügender Erniedrigung des Druckes und Verringerung der Ausdehnung der Felder verschwinden sie.

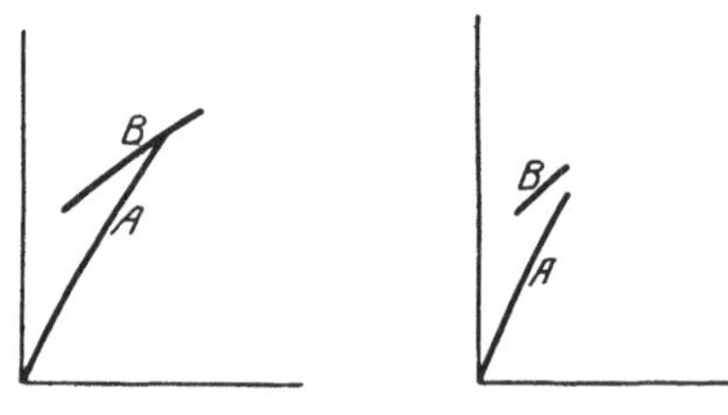
Abb. 42. *A* Umladungsstreifen, *B* Parabel.

10. Theorie der quantitativen Umladungsmessungen. Für die quantitative Messung der mittleren freien Weglänge, die ein neutrales Teilchen im Kanalstrahl durchläuft, bis es mit einem Gasmolekül einen Zusammenstoß erleidet, bei dem es ionisiert wird, und der mittleren freien Weglänge eines Kanalstrahlteilchens, die es durchläuft, bis es bei einem Zusammenstoß unter Aufnahme eines Elektrons neutralisiert wird, sind mehrere Methoden benutzt worden. Die Theorie der Methoden sowie die ersten Versuche auf diesem Gebiete stammen von W. WIEN[1].

n_1 und n_2 seien die Zahlen für die positiven bzw. neutralen Atome, die durch 1 cm² des Strahles pro Sekunde fliegen. n_1^0 bzw. n_2^0 seien die Zahlen für das Gleichgewicht. W. WIEN setzt dann:

$$\frac{d n_1}{d x} d x = (\alpha_2 n_2 - \alpha_1 n_1) d x ,$$

$$\frac{d n_2}{d x} d x = (\alpha_1 n_1 - \alpha_2 n_2) d x .$$

Der Sinn dieser Gleichung ist einfach der, daß die Zahl der neutralen Atome sich aus den geladenen rekrutiert, die der geladenen aus den neutralen, und daß die Zunahme der einen Sorte jeweils proportional ist der vorhandenen Zahl der anderen Sorte. Es besteht dabei im ungestörten Strahl ein kinetisches Gleichgewicht. Von den negativen Atomen wird ihrer geringen Zahl wegen abgesehen. Die Ursache der Umladungen ist die Wechselwirkung mit den Molekülen des Gases, in dem die Kanalstrahlen verlaufen. Wechselwirkung mit Sekundärelektronen kommt ihrer geringen Konzentration wegen nicht in Betracht (vgl. Ziff. 16).

α_1 und α_2 sind für die Art der Zusammenstöße charakteristische Konstanten, die von der Natur und dem Drucke des Gases, von der Art und Geschwindigkeit der Strahlen abhängen können. Ihre kinetische Bedeutung ist einfach die, daß

$$\alpha_1 = \frac{1}{L_1} , \qquad \alpha_2 = \frac{1}{L_2} ,$$

<hr>

[1] W. WIEN, Berl. Ber. 1911, S. 773; Ann. d. Phys. Bd. 39, S. 528. 1912.

wo L_1 die mittlere freie Weglänge ist, die ein positiv geladenes Atom zurücklegt, bevor es neutralisiert wird, und L_2 ganz entsprechend die mittlere freie Weglänge bezeichnet, die ein neutrales Atom zurücklegt, bevor es ionisiert wird. Die Zahl aller Zusammenstöße, die zu einer Neutralisierung führt, ist nämlich für den Weg dx einfach $n_1 dx/L_1$, die Zahl, die zu einer Ionisierung führt, $n_2 dx/L_2$.

Aus den beiden Grundgleichungen folgt zunächst:

$$n_1 + n_2 = \text{konst.};$$

$$\alpha_1 n_1^0 = \alpha_2 n_2^0 \quad \text{oder} \quad \frac{\alpha_2}{\alpha_1} = \frac{L_1}{L_2} = \frac{n_1^0}{n_2^0} = w \,.$$

Die Integrale mit unbestimmten Integrationskonstanten lauten:

$$n_1 = \quad A\, e^{-(\alpha_1 + \alpha_2) x} + B\,,$$

$$n_2 = -A\, e^{-(\alpha_1 + \alpha_2) x} + \frac{\alpha_1}{\alpha_2} B\,.$$

Für $x = \infty$ sei immer $n_1 = n_1^0$, $n_2 = n_2^0$, wenn der Strahl an irgendwelchen Stellen gestört worden ist.

Methode I: Man geht von einem ganz neutralen Strahl aus; dann ist

$$\text{für } x = 0: \quad n_2 = n_1^0 + n_2^0\,, \quad n_1 = 0;$$

$$\text{,, } x = \infty: \quad n_2 = n_2^0\,, \quad n_1 = n_1^0\,.$$

Hieraus lassen sich die Konstanten bestimmen:

$$n_1 = n_1^0 \left(1 - e^{-(\alpha_1 + \alpha_2) x}\right),$$

$$n_2 = n_1^0\, e^{-(\alpha_1 + \alpha_2) x} + n_2^0\,.$$

Setzt man noch

$$\alpha_1 + \alpha_2 = \alpha\,, \quad \frac{n_1^0}{n_2^0} = w\,,$$

so wird

$$\frac{n_2}{n_1} = \frac{1}{w}\,\frac{1 + w\, e^{-\alpha x}}{1 - e^{-\alpha x}}\,,$$

und hieraus:

$$\alpha = \frac{1}{L} = \alpha_1 + \alpha_2 = \frac{1}{L_1} + \frac{1}{L_2} = \frac{1}{x} \ln w\, \frac{1 + \dfrac{n_1}{n_2}}{w - \dfrac{n_1}{n_2}}\,.$$

Methode II. Man geht von einem ganz geladenen Strahl aus; dann ist

$$\text{für } x = 0: \quad n_1 = n_1^0 + n_2^0\,, \quad n_2 = 0;$$

$$\text{,, } x = \infty: \quad n_1 = n_1^0\,, \quad n_2 = n_2^0\,.$$

Hieraus lassen sich die Konstanten bestimmen:

$$n_1 = n_2^0\, e^{-\alpha x} + n_1^0\,,$$

$$n_2 = n_2^0 \left(1 - e^{-\alpha x}\right),$$

$$\frac{n_1}{n_2} = w\, \frac{1 + \dfrac{1}{w}\, e^{-\alpha x}}{1 - e^{-\alpha x}}\,,$$

$$\alpha = \alpha_1 + \alpha_2 = \frac{1}{L_1} + \frac{1}{L_2} = \frac{1}{x} \ln \frac{1 + \dfrac{n_1}{n_2}}{\dfrac{n_1}{n_2} - w}\,.$$

Methode III: Man geht bei dieser Methode von einem Strahl im Gleichgewicht aus und nimmt auf einer längeren Strecke $\bar{x}$ alle vorhandenen und sich bildenden positiven Atome heraus. Im Gleichgewicht mögen pro Zeit- und Querschnittseinheit N_1^0 positive und N_2^0 neutrale Atome fliegen.

Für $x = 0$ ist jetzt

$$n_1 = N_1^0, \qquad n_2 = N_2^0.$$

Ferner ist n_1 innerhalb x dauernd 0 und für $\bar{x} = \infty$ wäre natürlich auch $n_2 = 0$. Die Grundgleichungen reduzieren sich jetzt auf

$$\frac{d\,n_2}{d\,x} dx = -\alpha_2\,n_2\,dx$$

und integriert

$$n_2 = N_2^0 e^{-\alpha_2 \bar{x}}.$$

Es ist weiter

$$\frac{N_1^0 + N_2^0}{n_2} = \frac{N_1^0 + N_2^0}{N_2^0} e^{\alpha_2 \bar{x}}$$

oder

$$\alpha_2 = \frac{1}{L_2} = \frac{1}{\bar{x}} \ln \left(\frac{\dfrac{N_1^0 + N_2^0}{n_2}}{1 + w} \right),$$

wo

$$w = \frac{N_1^0}{N_2^0}.$$

Man bekommt hier direkt L_2 und bei Kenntnis von w auch L_1.

Methode IV: Diese Methode ist lediglich eine kleine Abänderung von Methode III. Man geht von einem ganz neutralen Strahl aus und erhält, wenn man auf einer längeren Strecke $\bar{x}$ alle sich bildenden positiven Atome herausnimmt:

$$\frac{N_2^0}{n_2} = \frac{N_2^0}{N_2^0} e^{\alpha_2 \bar{x}} \; ; \qquad \alpha_2 = \frac{1}{L_2} = \frac{1}{\bar{x}} \ln \frac{N_2^0}{n_2}.$$

Diese Methode hat den Vorteil, daß L_2 gefunden wird ohne Kenntnis von w. Außerdem ist die Methode dadurch ausgezeichnet, daß sie mit einem dauernd neutralen Strahl arbeitet. Ein neutraler Strahl kann aber durch irgendwelche Einflüsse (ungewollte magnetische oder elektrische Felder) nicht gestört werden.

Bei der experimentellen Ausführung werden die Eingriffe in das Ladungsgleichgewicht durch hinreichend starke transversale elektrische oder magnetische Felder, die der Strahl zu passieren hat, verwirklicht. Die Felder müssen so stark sein, daß die geladenen Atome ganz aus dem Strahlengang nach der Seite abgelenkt werden. Als Indikator für die Zahl der im Strahl bewegten Atome kann eine lineare Thermosäule oder eine Ionisationskammer dienen.

In der Methode I gibt ein Strahl im Gleichgewicht den Ausschlag A_1 am Galvanometer, das mit der Thermosäule verbunden ist. Dabei ist $A_1 = \varepsilon (N_1^0 + N_2^0)$. ε ist hierbei eine Proportionalitätskonstante. Schaltet man ein kurzes elektrisches Feld ein, das alle geladenen Atome so weit ablenkt, daß sie nicht mehr auf die Theromsäule treffen, so bekommt man den Ausschlag

$$A_2 = \varepsilon N_2^0 = \varepsilon (n_1 + n_2).$$

Schaltet man ein zweites elektrisches Feld im Abstand x vom ersten ein, so bekommt man

$$A_3 = \varepsilon\, n_2.$$

Es ist dann

$$\frac{A_1 - A_2}{A_2} = \frac{N_1^0}{N_2^0} = \frac{n_1^0}{n_2^0} = w,$$

$$\frac{A_2 - A_3}{A_3} = \frac{n_1}{n_2}.$$

Man findet hieraus α und mit Hilfe von w auch L_1 und L_2.

In Methode II gibt der bei $x = 0$ ganz aus geladenen Atomen bestehende Strahl, der durch ein Magnetfeld aus dem Gesamtstrahl abgespalten ist, den Ausschlag

$$A_1 = \varepsilon(n_1 + n_2) .$$

Schaltet man bei x ein elektrisches Feld ein, so bekommt man

$$A_2 = \varepsilon n_2 .$$

Man findet daraus:

$$\frac{A_1 - A_2}{A_2} = \frac{n_1}{n_2} .$$

w läßt sich z. B. in großem Abstand von $x = 0$ ebenso wie in Methode I bestimmen, wenn der geladene Strahl wieder im Gleichgewicht ist. Diese Methode haben zuerst Königsberger und Kutschewski[1], dann A. Rüttenauer[2] angewandt. Neuerdings ist sie in verbesserter Form von Bartels[3] wiederbenutzt worden.

In Methode III bestimmt man w wie in Methode I. Um L_2 zu bestimmen, mißt man mit dem Strahl im Gleichgewicht den Ausschlag

$$A_1 = \varepsilon(N_1^0 + N_2^0) .$$

Nimmt man nun, indem man den Strahl ein elektrisches Feld von der Länge $\bar{x}$ passieren läßt, alle positiven Atome längs dieser Strecke heraus, so erhält man den Ausschlag

$$A_2 = \varepsilon n_2 .$$

Hieraus bekommt man

$$\frac{A_1}{A_2} = \frac{N_1^0 + N_2^0}{n_2} ,$$

und wenn w wie in Methode I gemessen ist, L_2 und mittels w auch L_1.

In Methode IV wird w wie bisher bestimmt. Man entfernt ferner kurz vor dem Eintritt des Strahles in den Kondensator von der Länge $\bar{x}$ durch ein kurzes elektrisches Feld alle positiven Atome aus dem Strahl. Ist nur das kurze Feld eingeschaltet, so erhält man den Ausschlag

$$A_1 = \varepsilon N_2^0 .$$

Wird nun der lange Kondensator ebenfalls aufgeladen, so erhält man

$$A_2 = \varepsilon n_2 .$$

Aus der Formel der Methode IV findet man L_2 ohne Kenntnis von w, wenn man

$$\frac{A_1}{A_2} = \frac{N_2^0}{n_2}$$

einsetzt. w braucht man indessen zur Berechnung von L_1. Diese Methode hat E. Rüchardt[4] verwendet.

Die Voraussetzung der Theorie für die Methoden I und II ist, daß die Strecke, auf der die Einwirkung auf den Strahl erfolgt, kurz ist gegen die freie Weglänge, weil sonst Umladungen innerhalb des Feldes erfolgen können. Dieselbe Voraussetzung gilt auch für die Bestimmung von w. Da die Methode IV gestattet, L_2 ohne Kenntnis von w zu bestimmen, so findet man hier L_2 fehlerfrei. Hat man einen fehlerfreien Wert von L_2, so läßt sich andererseits die Korrektur berechnen, die man an den gemessenen Werten von w wegen der Feldausdehnung anzubringen hat. Die Korrektur kann nämlich offenbar nur von L_2, nicht von

[1] J. Königsberger u. J. Kutschewski, Ann. d. Phys. Bd. 37, S. 195. 1912.
[2] A. Rüttenauer, ZS. f. Phys. Bd. 4, S. 267. 1921; Bd. 1, S. 385. 1920.
[3] H. Bartels, Ann. d. Phys. Bd. 6, S. 957. 1930.
[4] E. Rüchardt, Ann. d. Phys. Bd. 71, S. 377. 1923.

L_1 abhängen, weil der Fehler, der durch die endliche Ausdehnung des Feldes bedingt ist, nur darin besteht, daß sich innerhalb des Feldes neutrale Atome aufladen und deshalb mehr geladene aus dem Strahl entfernt werden, als dies bei unendlich kurzen Feldern der Fall wäre. Eine Umladung von positiv zu neutral im Felde kommt nicht in Betracht, weil die positiven Atome durch das Feld sofort aus dem Strahle entfernt werden.

BARTELS hat diese Korrekturen ganz vermieden, indem er den Umladungsraum und Meßraum trennte und in dem letzteren dauernd ein so hohes Vakuum aufrechterhielt, daß Umladungen innerhalb des Meßkondensators nicht stattfanden.

11. Umladungsmessungen in Gasen. Die ersten Umladungsmessungen in Gasen sind von W. WIEN mit inhomogenen Wasserstoffkanalstrahlen in Wasserstoff ausgeführt worden. Ihnen kommt daher heute mehr eine methodische Bedeutung zu. Die freien Weglängen der Umladungen ergaben sich von der Größenordnung der gaskinetischen freien Weglängen. L_2 ergab sich immer größer als L_1; dementsprechend ist auch in den Kanalstrahlen das Verhältnis von positiven zu neutralen Teilchen im Gleichgewicht normalerweise kleiner als 1. KÖNIGSBERGER und KUTSCHEWSKI benutzten zur Messung der Kanalstrahlen bei ihren Versuchen nach Methode II die photographische Schwärzung. Ihre Ergebnisse standen in keiner guten quantitativen Übereinstimmung mit den Messungen von WIEN, was zum Teil darauf zurückgeführt werden konnte, daß sie im Gegensatz zu WIEN mit homogenen Strahlen arbeiteten. Indessen fanden sie eine komplizierte Abhängigkeit der freien Weglängen vom Gasdruck. Die Wiederholung der Versuche mit Benutzung einer Thermosäule als Empfänger nach der gleichen Methode von RÜTTENAUER führte zu ähnlichen Ergebnissen. RÜCHARDT hat auf zwei Fehlerquellen bei diesen Versuchen aufmerksam gemacht: Erstens war das ablenkende elektrische Feld so ausgedehnt, daß noch starke Umladungen im Felde stattfanden, ohne daß dies beachtet wurde. KÖNIGSBERGER hat nachträglich die notwendigen Korrekturen anzubringen versucht, ohne daß jedoch die Übereinstimmung verbessert wurde. Zweitens kann bei der Methode von RÜTTENAUER, wie eine nähere Untersuchung zeigt, das magnetische Streufeld einen ähnlichen Einfluß auf den geladenen Strahl ausgeübt haben. KÖNIGSBERGER hat indessen diesem Einwand widersprochen. (Näheres vgl. man in der Originalliteratur[1].)

Die Untersuchung von RÜCHARDT ist mit homogenen Wasserstoffatomstrahlen nach Methode IV ausgeführt. Als umladende Gase dienten H_2, O_2 und N_2. Fremde Dampfdrucke wurden zwar nach Möglichkeit durch Kühlung mit flüssiger Luft und Gasdurchströmung vermieden, jedoch zeigte die Druckabhängigkeit der freien Weglängen, daß bei niedrigen Gasdrucken Dampfreste dennoch störend wirkten. RÜCHARDT hatte deshalb für die Ermittlung der richtigen Werte bei höheren Drucken gearbeitet und besondere Kontrollmessungen ausgeführt, welche unter diesen Bedingungen eine hinlängliche Reinheit des Gases sicherzustellen schienen. Die Anordnung ist aus der Abb. 43 ersichtlich. Die Trennung von Entladungs- und Beobachtungsraum ist durch die engen Kapillaren k_1 und k_2 erreicht. In beiden Räumen wirken getrennte Pumpen, und die Gase werden ebenfalls durch zwei Kapillaren dauernd beiden Räumen getrennt zugeführt.

Der nach Ziff. 5 Methode I homogen gemachte Wasserstoffkanalstrahl tritt durch die Blende B in den Meß- und Umladeraum ein. Zur Messung dienen die zehn je 1 cm langen Kondensatoren, von denen bei der meist benutzten Methode IV der zweite bis zehnte zu einem langen Kondensator vereinigt waren, während

[1] J. KÖNIGSBERGER, ZS. f. Phys. Bd. 43, S. 883. 1927; Bd. 51, S. 565. 1928; E. RÜCHARDT, ZS. f. Phys. Bd. 48, S. 594. 1928; Bd. 51, S. 570. 1928.

der erste zur Neutralisierung des Strahles diente. *Th* ist die Thermosäule. Daß
Umladungen durch streifenden Vorübergang von Kanalstrahlen an den Kondensatorplatten die Messungen gefälscht haben sollen, wie KÖNIGSBERGER be-

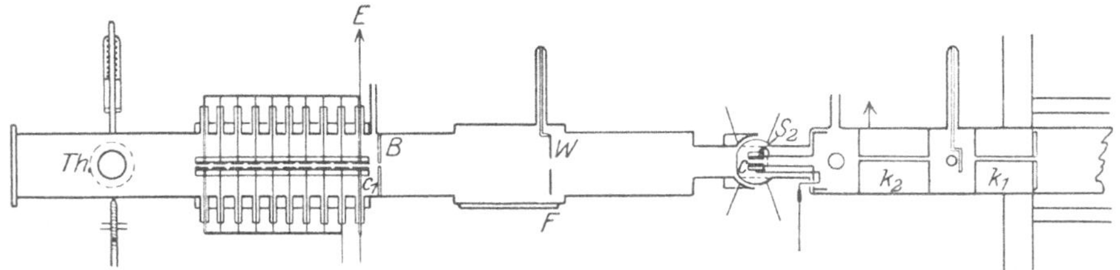

Abb. 43. Anordnung zur Messung der Umladungen an homogenen Wasserstoffkanalstrahlen nach RÜCHARDT.

hauptet, hat RÜCHARDT später durch besondere Versuche widerlegt. Auch hier
sei auf die Originalliteratur[1] verwiesen.

Die von BARTELS mit wesentlich verbesserten Methoden ausgeführten Messungen sind mit den Ergebnissen von RÜCHARDT, soweit sich der Vergleich durchführen läßt, bis auf wenige Punkte in befriedigender Übereinstimmung, wie aus
dem Vergleich ihrer Resultate auf S. 110 zu ersehen ist. Das Schema der Apparatur
von BARTELS ist in Abb. 44 wieder-
gegeben.

Der sehr homogene Protonenstrahl (Ziff. 5, Methode II) tritt durch
feine Kanäle aus dem Hochvakuum
in die Umladekammer, in der sich
das zu untersuchende Gas bei geeignetem Druck befindet. Aus diesem
Raum tritt der Strahl wieder durch

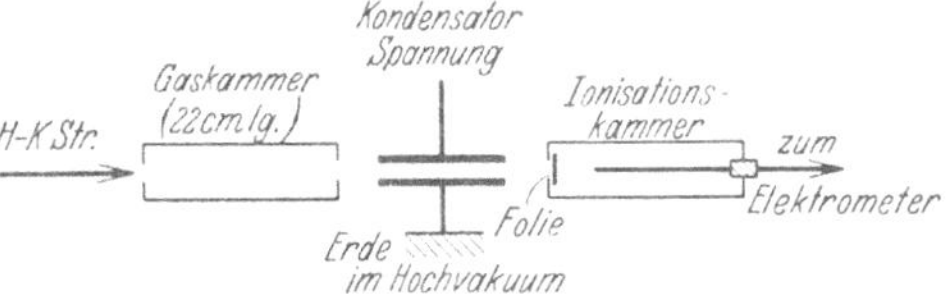

Abb. 44. Schema des Apparats von BARTELS für Umladungsmessungen in Gasen.

feine Kanäle in den Ablenkungsraum, in dem ein sehr niedriger Druck (10^{-4}
bis 10^{-5} mm Hg) herrscht. Endlich tritt der Strahl durch die Folie F in die
Ionisationskammer, in der seine Intensität elektrometrisch gemessen wird. Die
benutzten Kanalstrahlenströme, die nach Ziff. 4 dosiert werden, sind sehr klein
(10^{-8} bis 10^{-10} Amp.), die Ionisationsströme in der Kammer 10^{-10} bis 10^{-13} Amp.
Für die Einzelheiten der äußerst fein ausgebildeten Apparatur muß auf die
Originalarbeit verwiesen werden. Besondere Sorgfalt wurde auf Vermeidung
von Dampfresten verwendet. Der Umladungsquotient $w = n_1^0/n_2^0$ wird bei so
hohem Gasdruck in der Gaskammer gemessen, daß die Strahlen im Gleichgewicht sind. Die mittlere freie Weglänge L_1
der Protonen wird als Funktion des Druckes
bei mehreren Strahlgeschwindigkeiten
durch Messung von n_1/n_2 aus folgender
Formel (Ziff. 10) ermittelt:

$$\frac{1}{L_1}(1+w) = \frac{1}{x}\ln\frac{1+\dfrac{n_1}{n_2}}{\dfrac{n_1}{n_2}-w}.$$

Abb. 45. $1/L_1$ in Abhängigkeit vom Gasdruck,
nach BARTELS.

Die freien Weglängen erwiesen sich mit großer Genauigkeit als dem Gasdruck umgekehrt proportional, woraus zu ersehen ist, daß auch bei sehr niedrigen
Drucken Dampffreiheit erreicht war. Für die Umladung von Positiv zu Neutral
in Wasserstoff bei 30 kV wird dies durch Abb. 45 illustriert. Die quantitativen

---

[1] Siehe Fußnote 1 auf S. 108.

Ergebnisse werden in folgenden Kurven und Tabellen gegeben und mit den Resultaten von Rüchardt verglichen. Abb. 46 zeigt den Umladungsquotienten als Funktion der Strahlgeschwindigkeit in Volt in Wasserstoff. Die Werte von Bartels sind etwas größer als die von Rüchardt, sonst ist die Übereinstimmung eine gute. Auch die Werte des Umladungsquotienten in Stickstoff von Rüchardt und Bartels (Abb. 47) stimmen befriedigend überein. Bei den größten Geschwindigkeiten liegen keine Messungen von Rüchardt vor. Bartels legt, wie die Abb. 47 zeigt, eine Gerade durch seine Punkte; sie lassen sich aber auch befriedigend mit der Kurve von

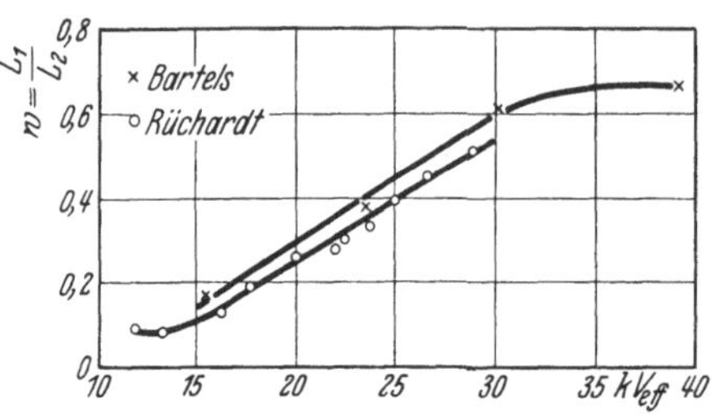

Abb. 46. Umladungsquotient von H-Strahlen in H_2.

Rüchardt in Übereinstimmung bringen. Abb. 48 zeigt die Umladungsquotienten in Sauerstoff; hier ist die Übereinstimmung für den Wert bei 23 kV schlecht,

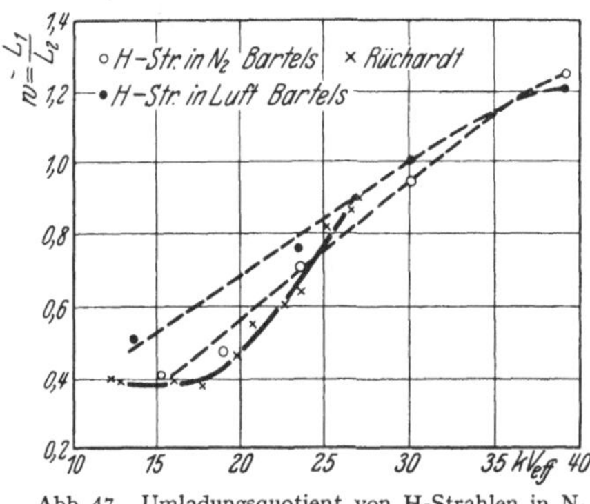

Abb. 47. Umladungsquotient von H-Strahlen in N_2
und Luft.

Abb. 48. Umladungsquotient von H-Strahlen
in O_2.

woran dies liegt, ist nicht aufgeklärt. Die Werte für die freien Weglängen selbst in Zentimeter, umgerechnet auf $1/_{100}$ mm Hg-Druck, sind in Tabelle 2 gegeben[1].

Tabelle 2. Umladungsweglängen.
H-Strahlen in H_2 ($p = 0,01$ mm Hg).

Effektive Sp in Volt	RÜCHARDT		BARTEL	
	L_1	L_2	L_1	L_2
13200	2,4	26	—	—
15400	—	—	3,9	23
16200	3,1	22	—	—
20600	4,25	17	—	—
22500	5,1	17	—	—
23500	—	—	5,5	14,5
26400	7,7	17	—	—
30000	—	—	7,8	12,7

H-Strahlen in N_2 ($p = 0,01$ mm Hg).

13200	3,0	8,2	—	—
26500	6,5	7,2	—	—
39000	—	—	4,55	3,65

H-Strahlen in O_2 ($p = 0,01$ mm Hg).

13200	2,1	7,7	—	—
23000	—	—	5,2	5,4
26500	6,0	7,7	—	—
39000	—	—	8,6	7,2

Die Zahlen von Rüchardt sind der Tabelle XI seiner Arbeit entnommen. Rüchardt glaubt, daß diese Werte wesentlich frei sind von Fehlern, die Dampfreste verursachen konnten, während Bartels daran zweifelt. Jedenfalls ist die Übereinstimmung beider Autoren für die Umladungsweglängen im Wasserstoff eine recht gute. Die Beobachtungen in Sauerstoff und Stickstoff sind nicht so zahlreich, daß ein befriedigender Vergleich möglich ist. Bartels gibt an, daß seine Werte in O_2, N_2 und Luft nicht so sicher sind wie die im Wasserstoff, weil sich im Gegensatz zu Wasserstoff, besonders in O_2 und Luft, eine beträchtliche Streuabsorption zwischen den beiden Blenden der Gaskammer zeigte. Eine Druckerhöhung von 10^{-5} auf 10^{-2} mm Hg schwächte

---

[1] Die neuesten, von den Werten dieser Tabelle zum Teil abweichenden Werte von Bartels vgl. S. 111, 112, Abb. 49, 50.

in Stickstoff den Strahl um 50%, in Sauerstoff um 65%. Ob unter diesen Umständen der zur Beobachtung kommende zentrale Teil des Kanalstrahls hinsichtlich der Ladung noch die gleiche Zusammensetzung hat, ist nicht sicher. Ein derartiger Einfluß auf den schon KÖNIGSBERGER aufmerksam gemacht hat, könnte allerdings wohl nur fälschend auf die Werte der Umladungsquotienten wirken. Zugunsten der Richtigkeit seiner Messungen weist BARTELS darauf hin, daß sich der Umladungsquotient für Luft annähernd aus dem für N_2 und O_2 entsprechend der Zusammensetzung der Luft ergibt.

Auf neuere kritische Bemerkungen KÖNIGSBERGERS[1] zu der Frage der Umladung in Gasen sei nur hingewiesen.

DÖPEL[2] hat Umladungen von Wasserstoffkanalstrahlen in He beobachtet. Nach seinen vorläufigen Messungen nimmt die freie Weglänge der Protonen L_1 mit abnehmender Geschwindigkeit ab, wird ein Minimum bei 10^8 cm/sec und nimmt dann bei weiter abnehmender Geschwindigkeit wieder zu. Die Strahlen waren nicht sehr homogen und bestanden nicht nur aus Protonen.

RUDNICK[3] hat die Umladungen von He-Strahlen in He in einem großen Geschwindigkeitsbereich nach der Methode von RÜCHARDT untersucht. Die Erzeugung der homogenen He-Strahlen ist bereits in Ziff. 5 beschrieben. Tabelle 3 enthält die Ergebnisse.

Tabelle 3. Umladungen von H-Strahlen in He. ($p = 0,01$ mm Hg.)

kV Eff.	L_1 (cm)	L_2 (cm)	w
21	9,9	65	0,15
15	9,1	80	0,11
11	8,4	106	0,08
7,5	8,4	164	0,05
5	—	304	—

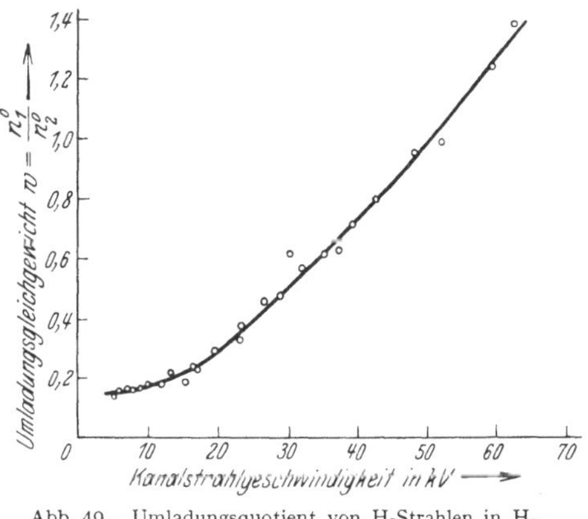

Abb. 49. Umladungsquotient von H-Strahlen in H_2, nach BARTELS.

L_1 ist nahezu unabhängig von der Geschwindigkeit, L_2 nimmt wieder zu mit abnehmender Geschwindigkeit.

Die Umladungen langsamer Ionenstrahlen in Gasen sind neuerdings ebenfalls von verschiedenen Seiten untersucht worden. (Näheres bei RAMSAUER und KOLLATH in Kap. 4 ds. Bd.) Hier begnügen wir uns mit einigen wenigen Bemerkungen.

Die Ergebnisse von Umladungsmessungen langsamer Protonenstrahlen in Wasserstoff durch GOLDMANN[4] sind in Abb. 50 gemeinsam mit neuen sehr genauen Messungen von BARTELS[5] dargestellt. Ordinaten sind Wirkungsquerschnitte cm²/cm³ (identisch mit $1/L_1$) bei 1 mm Hg Druck, Abszissen kV. Man sieht, daß der Wirkungsquerschnitt, ähnlich wie nach DÖPEL in He, bei etwa 7 kV ein Maximum hat. Bei dieser Geschwindigkeit kann ein Proton nach Ziff. 16, Formel 4, gerade die Ionisierungsenergie an das ruhende H_2-Molekül übertragen. Abb. 49 gibt die neuen Werte von $w = L_1/L_2$ über einen großen Geschwindigkeitsbereich nach BARTELS. Diese Messungen dürften die genauesten Werte der Umladungen von H-Strahlen in H_2 darstellen.

---

[1] J. KÖNIGSBERGER, ZS. f. Phys. Bd. 69, S. 424. 1931.
[2] R. DÖPEL, Naturwissensch. Bd. 19, S. 179. 1931.
[3] P. RUDNICK, Phys. Rev. Bd. 38, S. 1342. 1931.
[4] F. GOLDMANN, Ann. d. Phys. Bd. 6, S. 1001. 1931.
[5] H. BARTELS, Ann. d. Phys. Bd. 13, S. 373. 1932.

Wir erwähnen ferner die Untersuchungen von Kallmann und Rosen[1], die Umladungen von zahlreichen langsamen Ionen bei einer Geschwindigkeit von 400 Volt untersucht haben. Sie finden, daß Umladungen um so häufiger erfolgen, je geringer der Unterschied zwischen der Ionisierungsenergie des Gasmoleküls und der Neutralisierungsenergie des Ions (Strahlteilchen) ist. Der Umladungsquerschnitt nimmt sehr hohe Werte an, wenn beide Größen einander gleich werden. Dieses „Resonanzprinzip" scheint indessen nur bei kleinen Geschwindigkeiten eine maßgebende Rolle zu spielen.

Interessante Versuche über etwaige Änderungen des Umladungsquerschnittes von neutralen Wasserstoffatomen im Kanalstrahl bei ihrer Orientierung in einem Magnetfeld hat Fraser[2] veröffentlicht. Es wurde ein unzerlegter Wasserstoffkanalstrahl verwendet und nur durch geeignete Wahl der Versuchsbedingungen dafür gesorgt, daß der Bestandteil an Wasserstoffatomen groß war. Die Kanalstrahlen von 10 bis 20 kV Geschwindigkeit verliefen im Wasserstoff bei einem Druck von 3 bis $5 \cdot 10^{-3}$ mm Hg. Sie passierten einen kurzen Ablenkungskondensator und trafen dann auf eine Thermosäule. Das ganze Beobachtungsrohr befand sich in einem langen longitudinalen Magnetfeld von 75 Gauß, das durch

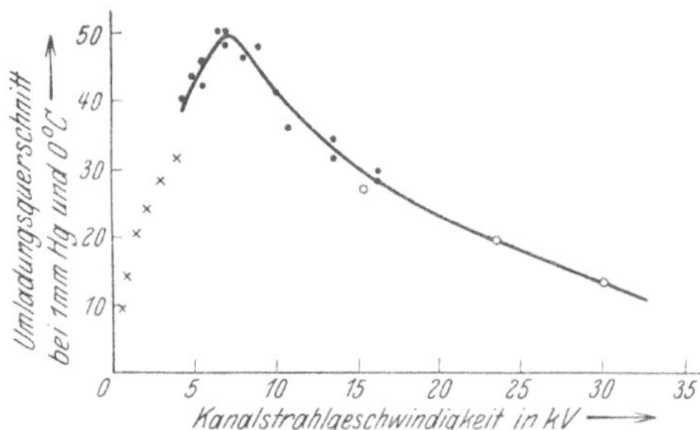

Abb. 50. Umladungsquerschnitt von H_2 gegenüber H-Strahlen nach Bartels und Goldmann.

eine Spule erzeugt wurde. Wenn mit der Orientierung der neutralen Wasserstoffatome parallel und antiparallel zu den Feldlinien eine Querschnittsvergrößerung senkrecht zum Strahl verbunden wäre, müßte sich dies in einer Abnahme der neutralen freien Weglänge L_2 bei Einschalten des Feldes bemerkbar machen. Bei dem alten, „scheibenförmigen" Bohrschen Atommodell ergibt eine einfache Rechnung eine Vergrößerung des Umladungsquerschnittes durch das Magnetfeld, um den Faktor $\pi^2/4$. Da die freie Weglänge L_1 durch das Magnetfeld unbeeinflußt bleibt, genügt die Messung des Umladungsquotienten mit und ohne Magnetfeld. Fraser rechnet nach, daß bei den gewählten Versuchsbedingungen die Zeit zwischen zwei Ladungswechseln genügend lang gegen die Periode der Larmorpräzession ist, so daß die Atome Zeit haben, sich im Magnetfeld einzustellen. In keinem Falle konnte Fraser eine Änderung des Umladungsquotienten durch das Magnetfeld bemerken, woraus auf eine kugelsymmetrische Ladungsverteilung beim Wasserstoffatom zu schließen ist. Dies steht in Übereinstimmung mit den Folgerungen aus der Theorie von Schrödinger.

12. Umladungen in festen Körpern. Die Ladungsänderungen der Kanalstrahlen beim Durchgang durch Goldfolie haben v. Traubenberg und Hahn[3] untersucht. Die in der in Abb. 51 dargestellten Apparatur durch das Loch o von links durchtretenden Kanalstrahlen gelangten nach Durchsetzung der Folie in einen Auffänger a. Durch ein schwächeres Magnetfeld M_2 vor dem Auffänger

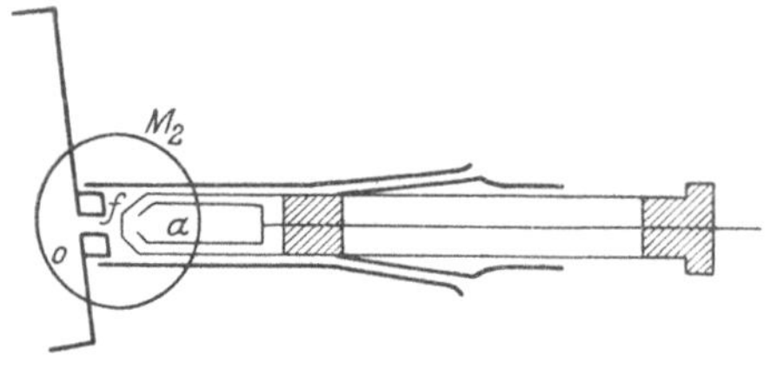

Abb. 51. Anordnung v. Traubenbergs zur Untersuchung der Teilchenladung nach Durchgang durch Metallfolien.

[1] H. Kallmann u. B. Rosen, ZS. f. Phys. Bd. 61, S. 61. 1930.
[2] R. G. J. Fraser, Proc. Roy. Soc. London (A) Bd. 114, S. 212. 1927.
[3] H. v. Traubenberg u. O. Hahn, ZS. f. Phys. Bd. 9, S. 256. 1922.

wurde dafür gesorgt, daß die an der Rückseite der Folie in großer Zahl austretenden sekundären Elektronen zurückgebogen wurden und nicht in den Auffänger gelangen konnten. Unterhalb 3500 Volt Primärgeschwindigkeit konnten keine positiven Ladungen gefunden werden, mit zunehmender Primärspannung nahmen die positiven Aufladungen zu. Es wurde immer das Verhältnis der Auffängerströme mit Folie zu denen ohne Folie bestimmt. Die positive Ladung der durchgehenden Strahlen wuchs somit mit zunehmender Primärgeschwindigkeit. Ein ähnliches Resultat hatten wir bei den Umladungsvorgängen in Gasen gefunden. Die Versuche sind mit Wasserstoffstrahlen angestellt. Es ist v. TRAUBENBERG indessen nicht gelungen, geladene Sauerstoffstrahlen durch die Folie durchzuschießen, obwohl neutrale durchgehende Strahlen beobachtet werden konnten.

Quantitative Bestimmungen des Umladungsquotienten in festen Stoffen mit homogenen Protonenstrahlen hat BARTELS[1] ausgeführt. Das Schema der Apparatur zeigt Abb. 52. Anstatt der Gaskammer können jetzt Folien aus Zelluloid

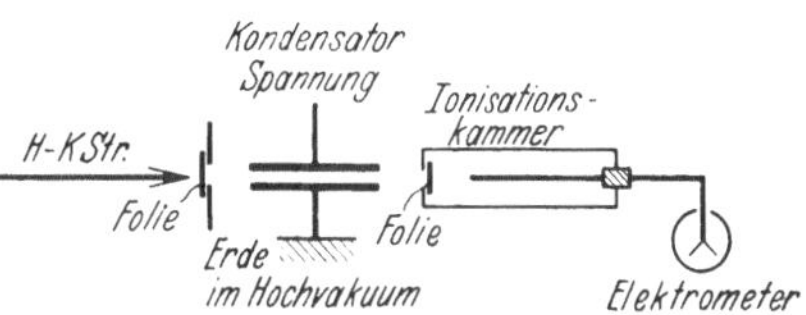

Abb. 52. Schema des Apparats von BARTELS für Umladungsmessungen in festen Körpern.

oder auch dünne Metallfolien in den Weg des Strahls gebracht werden. Abb. 53 zeigt die Geschwindigkeitsabhängigkeit von $w = L_1 : L_2$ in Zelluloid für die Foliendicken 13,3 und 67 mμ. Durch dünnste Folien wird bereits Umladungsgleichgewicht erzielt. Auch in Zelluloid nimmt der Umladungsquotient mit zunehmender Geschwindigkeit zu. Der Durchgang von Molekülstrahlen konnte ebenfalls beobachtet werden. Hier entspricht der Umladungsquotient erwartungsgemäß nahezu dem der Atome halber Energie. Orientierende Messungen an Metallfolien (Al, Be, Cr) ergaben Unabhängigkeit der Umladungsquotienten vom Atomgewicht[2]. Ob dies auf Gasbeladungen, welche die Unterschiede verwischen könnten, zurückzuführen ist, scheint zweifelhaft zu sein. Auch für die Umladungen der α-Strahlen ist eine derartige Unabhängigkeit vom Material gefunden worden.

Bemerkenswert ist, daß die Umladungsquotienten mit wachsender Geschwindigkeit schließlich konstant werden. Bei den sehr großen Geschwindigkeiten der α-Strahlen liegen die Verhältnisse jedenfalls anders. Hier wächst das Verhältnis He^{++}/He^{+} angenähert proportional v^5.

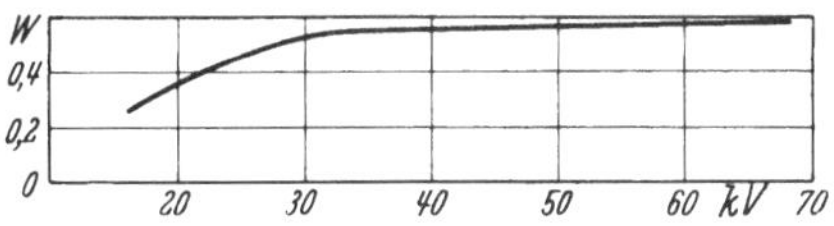

Abb. 53. Geschwindigkeitsabhängigkeit des Umladungsquotienten in festen Körpern nach BARTELS.

Daß auch bei Protonen der Umladungsquotient bei noch höheren Geschwindigkeiten wieder größer wird, geht aus Versuchen von STETTER[3] hervor, der bei Protonenstrahlen, wie sie bei der Beschießung von Wasserstoffverbindungen mit α-Strahlen entstehen, keine Neutralisierung mehr beobachten konnte. L_1 muß also sehr groß sein. Die Reichweite der von ihm untersuchten Strahlen betrug nur $1/2$ bis 2 cm in Luft von Atmosphärendruck; die Umladungen erfolgten in Aluminium. Auch bei den kleinsten Reichweiten, bei denen Szintillationen noch gezählt werden konnten, ergab sich für das Verhältnis $n_1 : n_2$ mindestens 20. Die von BARTELS beobachtete Höchstgrenze ist nur 0,6. Die Geschwindigkeitsabhängigkeit des Umladungsquotienten scheint demnach ziemlich kompliziert zu sein.

GERTHSEN[4] hat dagegen Umladungen von He^{++} gegen He^{+} beim Durchgang durch dünne Folien im Gebiete der Kanalstrahlgeschwindigkeit gemessen und

[1] H. BARTELS, Ann. d. Phys. Bd. 6, S. 957. 1930.
[2] Vgl. auch CH. GERTHSEN, Ann. d. Phys. Bd. 85, S. 905. 1928.
[3] G. STETTER, ZS. f. Phys. Bd. 42, S. 759. 1927.
[4] CH. GERTHSEN, Phys. ZS. Bd. 31, S. 951. 1930.

Ergebnisse gefunden, die mit den Beobachtungen im Gebiet der α-Strahlen gut verträglich sind. Der Umladungsquotient nimmt mit der Geschwindigkeit dauernd zu, und die von Rutherford beobachteten Werte bei den kleinsten α-Strahlgeschwindigkeiten schließen sich an die Werte von Gerthsen gut an (Abb. 54).

Da man eine Arbeit von 54 Elektronenvolt aufwenden muß, um dem He^+-Ion das zweite Elektron zu entreißen, kann man, wie Gerthsen bemerkt, erwarten, daß He^{++}-Teilchen durch Umladungen erst oberhalb 97 kV auftreten können. Dieser Wert folgt aus den Erhaltungssätzen von Energie und Impuls (Ziff. 16), wenn man den Vorgang so auffaßt, als stieße ein mit der gleichen Relativgeschwindigkeit bewegter Atomkern der Folie gegen das in einem ruhenden He^+-Ion ruhend gedachte Elektron. Es wird dabei beim Stoß auf das Elektron die doppelte Relativgeschwindigkeit übertragen. Hieraus folgt für die Mindesteffektivspannung der He^+-Kanalstrahlen, bei der eine Ionisierung zu He^{++} möglich ist:

$$V = \frac{m_{He}}{4\,m_{el}}\,V' = 1800\,V',$$

wobei $V' = 54$ Volt. Tatsächlich sieht man aus Abb. 54, daß die Umladungen in diesem Geschwindigkeitsbereich stark zunehmen. Es erfolgen aber Umladungen auch bei kleineren Geschwindigkeiten, und etwas Derartiges steht auch nicht im Widerspruch zu den Schlußfolgerungen aus den Erhaltungssätzen. Unterhalb der obigen Grenze muß der Stoß aber einen anderen

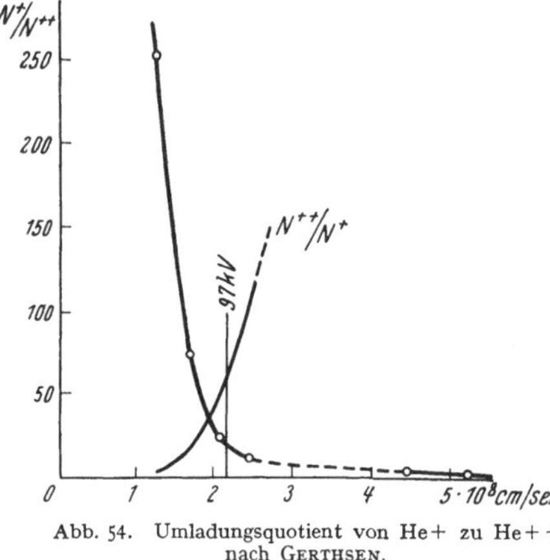

Abb. 54. Umladungsquotient von $He+$ zu $He++$ nach Gerthsen.

Charakter haben, indem nunmehr eine Impulsübertragung auf das ganze Atom erfolgt und die Folie nicht mehr frei durchquert wird. Jedenfalls ist aus diesen Betrachtungen zu ersehen, daß die Zusammenstöße nicht als eine Wechselwirkung des He-Teilchens mit den Elektronen der Folie anzusehen sind. Bei dieser Auffassung würde das Auftreten von $He++$ erst bei einer Lineargeschwindigkeit der He-Kanalstrahlen zu erwarten sein, die der eines Elektrons von 54 Volt gleich kommt. Dies entspricht einer Effektivspannung von 390 kV, während der Versuch zeigt, daß $He++$-Ionen schon bei viel kleineren Geschwindigkeiten auftreten.

13. Umladungen an freien Elektronen. Es steht fest, daß die Umladungen der Kanalstrahlen dadurch zustande kommen, daß einerseits die neutralen Kanalstrahlatome beim Stoß mit den Molekülen des ruhenden Gases ionisiert werden, anderseits die geladenen ein ruhendes Molekül ionisieren und ein Elektron anlagern. Schon W. Wien[1] hat untersucht, ob die positiven Kanalstrahlteilchen sich mit freien Elektronen neutralisieren können. Die Elektronen wurden von einem glühenden Platindrahtnetz erzeugt, das sich auf dem Wege der Kanalstrahlen befand. Eine Neutralisierung konnte er nicht bemerken Grundfest[2] ließ geladene Wasserstoffkanalstrahlen mit definierter Geschwindigkeit an einem glühenden Wolframdraht entlanglaufen. Es trat zwar unterhalb einer gewissen Geschwindigkeit Neutralisierung auf, die mit zunehmender Geschwindigkeit rasch abnahm und mit zunehmender Fadentemperatur sich stärker bemerkbar machte, doch ist nicht sicher, wieweit diese Umladungen auf die Anlagerung freier Elek-

---

[1] W. Wien, Ann. d. Phys. Bd. 39, S. 519. 1912.
[2] P. Grundfest, Lotos Bd. 77, S. 19. 1929.

tronen zurückzuführen waren. Wahrscheinlicher ist, daß es sich um gewöhnliche Umladungen mit Gasresten, die beim Glühen des Fadens frei wurden, handelt. Weitere Versuche von WOLF[1], bei denen Wasserstoffkanalstrahlen von 70 kV-Geschwindigkeit in hohem Vakuum von einem konvergenten Elektronenbündel getroffen wurden, verliefen ebenfalls negativ. Das Intensitätsverhältnis von geladenen zu ungeladenen Atomen blieb dasselbe, ob Beschießung mit Elektronen stattfand oder nicht.

14. Einfluß der Umladungen und des Molekülzerfalls auf die Intensitätsverteilung im Dopplerstreifen. Der Dopplereffekt $\Delta\lambda/\lambda$ ist eine Funktion der Geschwindigkeit der leuchtenden Kanalstrahlteilchen und diese eine Funktion von e/m im Kathodenfall, in dem die Teilchen ihre Geschwindigkeit erlangen. Umladungen im Kathodenfall bedingen, daß die Teilchen nicht den ganzen Kathodenfall geladen durchlaufen. Bei den verhältnismäßig niedrigen Spannungen und demnach hohen Drucken im Entladungsraum, die man bei Dopplereffektaufnahmen benutzt, prägt sich dies in der verhältnismäßig großen Breite und Unschärfe des Dopplerstreifens aus. Überdies treten häufig mehrere mehr oder weniger ausgeprägte Maxima im Dopplerstreifen auf, so daß man verschiedene Geschwindigkeitsbereiche unterscheiden kann. Bei den Kanalstrahlen solcher Elemente, bei denen ein Auftreten von Molekülionen nicht in Betracht kommt (Edelgase, Metalle), sind die Geschwindigkeitsbereiche dadurch zu erklären, daß die Strahlteilchen mit einfacher oder mehrfacher Ladung beschleunigt wurden. Zwischen dem Beschleunigungsvorgang im Entladungsrohr und dem Leuchten im Beobachtungsrohr können Umladungen stattfinden. Während des Leuchtens ist der Träger natürlich neutral oder ionisiert, je nachdem, ob es sich um Bogen- oder Funkenlinien handelt. In der Geschwindigkeitsverteilung des Dopplerstreifens spiegelt sich aber der Zustand der Träger im Beschleunigungsfeld wieder, in dem sie ihre Geschwindigkeit erhielten. Ehe man diese Verhältnisse hinlänglich überblicken konnte, hat man aus dem Dopplereffekt zu weitgehende und häufig unrichtige Schlüsse über die elektrische Natur der Träger von Spektrallinien gezogen. Es besteht allerdings ein kennzeichnender Unterschied in der Geschwindigkeitsverteilung des Dopplereffektes zwischen Bogen- und Funkenlinien, der allgemein beobachtet wurde und dessen Deutung lange Schwierigkeiten bereitet hat.

Bei den Bogenlinien (z. B. den Wasserstoffbalmerlinien) ist die Geschwindigkeit des Maximums im Dopplerstreifen viel kleiner, als man nach der Entladungsspannung erwarten sollte, und auch die maximal auftretende Geschwindigkeit bleibt, besonders bei höheren Spannungen, weit hinter der aus der Entladungsspannung berechneten und auch hinter der aus der elektromagnetischen Analyse beobachteten zurück. So findet KREFFT[2] bei 70 kV $v_{max} = 2,5 \cdot 10^8$ cm/sec, während die größtmögliche Geschwindigkeit $3,8 \cdot 10^8$ wäre, bei 20 kV $1,08 \cdot 10^8$ statt $2 \cdot 10^8$. Manche Beobachter, z. B. WILSAR[3], glaubten sogar, daß oberhalb einer Spannung von 12 kV $\Delta\lambda_{max}$ nicht weiter zunimmt. Dies letztere Ergebnis konnte allerdings von KREFFT nicht bestätigt werden. Auch die Bogenlinien anderer Elemente (O, N, He) zeigen ein ähnliches Verhalten.

Anders bei den Funkenlinien: Hier sind die im Dopplereffekt auftretenden Geschwindigkeiten viel größer und stimmen befriedigend mit der Teilchenzahlverteilung, wie sie die elektromagnetische Analyse liefert. Dies ist besonders an den Funkenlinien des Sauerstoffs genauer von KREFFT nachgewiesen worden. Abb. 55 zeigt den Dopplereffekt von H_β und der O-Funkenlinie 4253,7 Å. Beide

[1] K. WOLF, Naturwissensch. Bd. 18, S. 753. 1930; Ann. d. Phys. Bd. 7, S. 937. 1930.
[2] H. KREFFT, Ann. d. Phys. Bd. 75, S. 75. 1924; Phys. ZS. Bd. 25, S. 352. 1924.
[3] H. WILSAR, Ann. d. Phys. Bd. 39, S. 1251. 1912.

Aufnahmen sind bei gleicher Entladungsspannung gemacht, und die Geschwindigkeiten für die Sauerstoffaufnahme mit $\sqrt{m_O/m_H} = 4$ multipliziert. Auch der Dopplereffekt, der von Rau[1] untersuchten He-Funkenlinie 4686 Å zeigt viel größere Geschwindigkeiten als der Dopplereffekt der He-Bogenlinien. Analoges gilt für die Bogen- und Funkenlinien von Al, S, Cl, J.

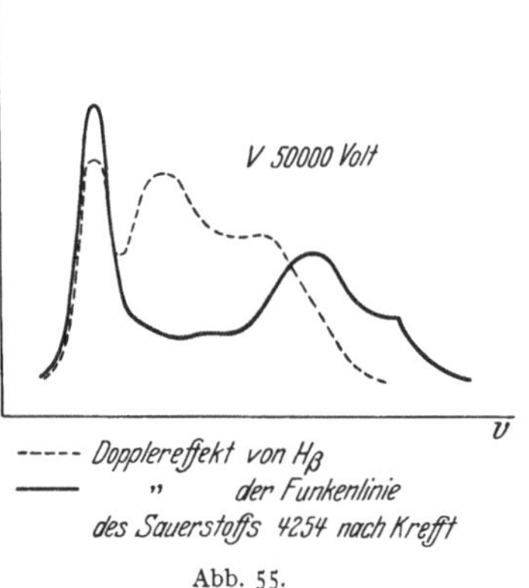

Abb. 55.

Krefft hat diese auffällige Tatsache damit in Zusammenhang gebracht, daß in der elektromagnetischen Analyse die Geschwindigkeitsverteilung der geladenen Teilchen ermittelt wird, die deshalb im wesentlichen mit der aus dem Dopplereffekt der Funkenlinien gefundenen übereinstimmen muß. Die Geschwindigkeitsverteilung der neutralen Atome ermittelt man in der elektromagnetischen Analyse nicht. Man kann aber aus den Umladungsmessungen schließen, daß im neutralen Bestandteil von inhomogenen Strahlen die Zahl der langsamen Teilchen relativ größer sein muß als im geladenen Strahlanteil,

weil das Verhältnis der Zahl der neutralen zu der der geladenen Teilchen n_2^0/n_1^0 im Gleichgewicht um so größer ist, je kleiner die Geschwindigkeit der Strahlen ist. Daraus erklärt sich mindestens zum Teil das Überwiegen der kleinen Geschwindigkeiten im Dopplerstreifen der Bogenlinien. Ein direkter Vergleich der Geschwindigkeitsverteilung aus dem Dopplereffekt der Bogenlinien und aus der elektromagnetischen Analyse ist deshalb unzulässig. Es scheint, daß die Zunahme des

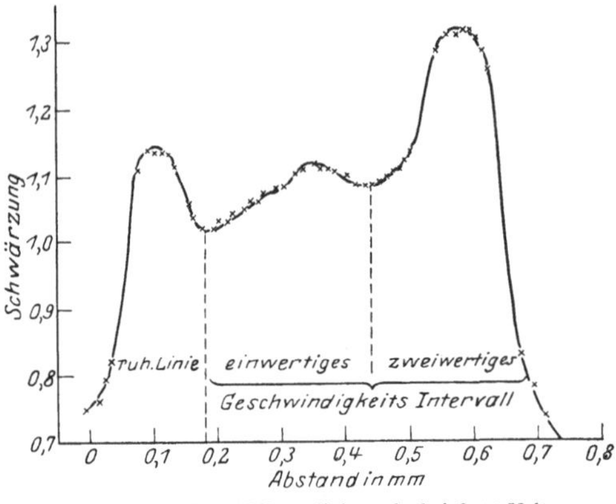

Abb. 56. Die Al-Bogenlinie 3962 bei 8000 Volt.

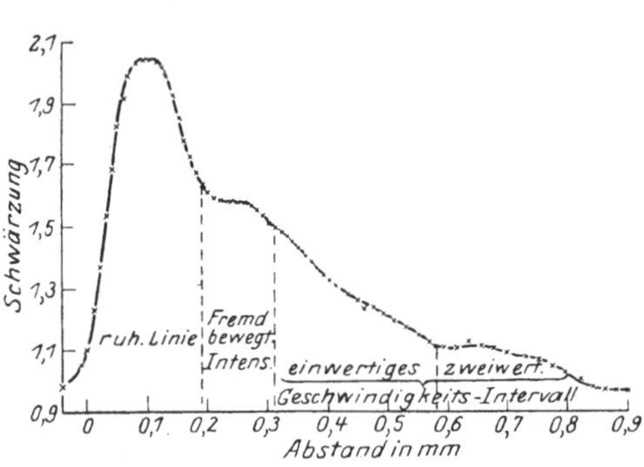

Abb. 57. Die Al-Bogenlinie 3962 bei 10000 bis 15000 Volt.

Verhältnisses n_2^0/n_1^0 mit abnehmender Geschwindigkeit eine Eigentümlichkeit aller Kanalstrahlen ist, obwohl genaue Untersuchungen nur für H-Kanalstrahlen vorliegen.

Von Interesse sind diejenigen Dopplereffektbeobachtungen, welche Veränderungen in den Geschwindigkeitsbereichen, die verschiedenen Ladungen des Trägers im Kathodenfall entsprechen, bei variablen Versuchsbedingungen aufweisen. Im Zusammenhang mit dem oben über Bogen- und Funkenlinien Gesagten ist folgendes Beispiel lehrreich. Abb. 56 zeigt den Dopplereffekt der Al-Bogenlinie 3962 Å bei 8 kV, Abb. 57 dieselbe Linie bei 10 bis 15 kV. Bei

---

[1] H. Rau, Ann. d. Phys. Bd. 73, S. 271. 1924.

der höheren Strahlengeschwindigkeit tritt die Zahl der neutralen Teilchen im Verhältnis zu den geladenen, wie man sieht, zurück, und zwar besonders für die

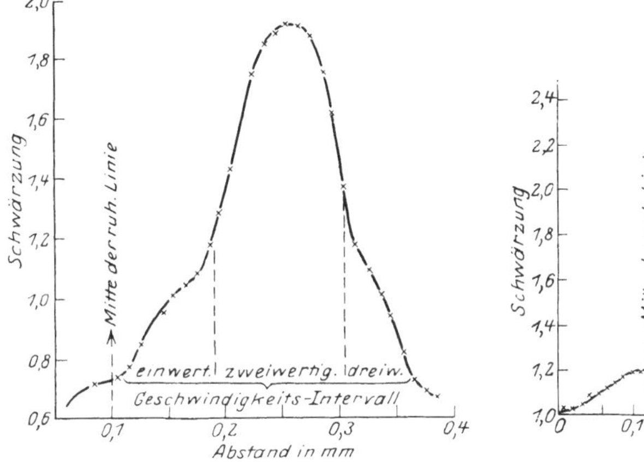

Abb. 58. Die Al-Funkenlinie 4664 bei 8000 Volt.

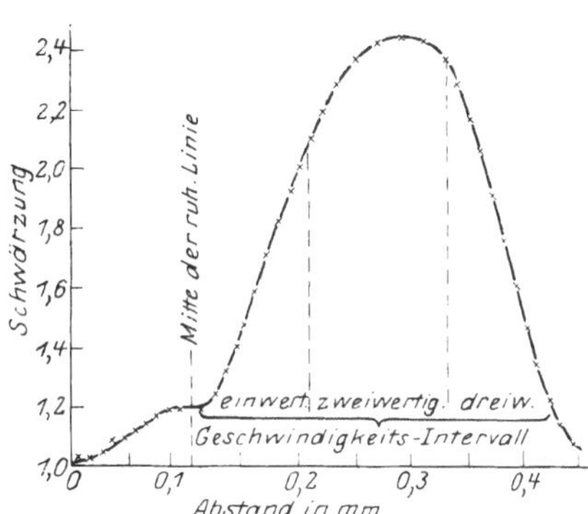

Abb. 59. Die Al-Funkenlinie 4664 bei 10000 bis 15000 Volt.

schnellsten Strahlteilchen. Dies zeigt sich deutlich in dem Vorwiegen der ruhenden Linien und dem starken Abfall der bewegten Intensität nach höheren Geschwindig-keiten in Abb. 57, ganz im Gegensatz zu Abb. 56. Umgekehrt reagieren die Funken-linien auf Spannungs-änderung. Abb. 58, 59, 60 zeigen die gleiche Aluminium-funkenlinie bei drei verschiedenen Ent-ladungsspannungen. Höhere Spannung be-

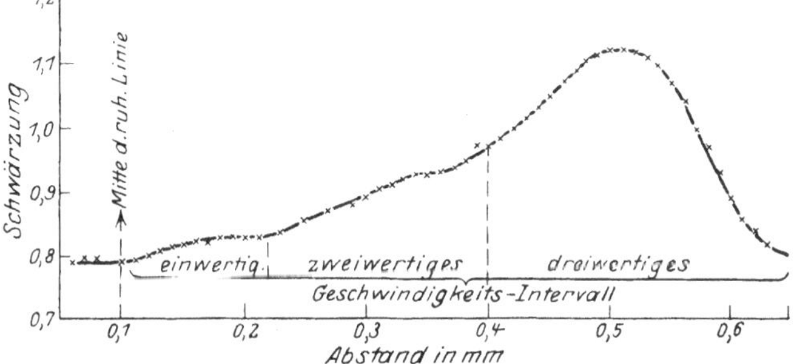

Abb. 60. Die Al-Funkenlinie 4664 bei 20000 bis 30000 Volt.

günstigt hier die geladenen Träger. Das Intensitätsmaximum verschiebt sich mit zunehmender Spannung stark nach größeren Geschwindigkeiten. Die mehr-fachen Geschwindigkeitsbereiche treten immer stärker hervor.

Abb. 61 zeigt die Wirkung des Zusatzes elektronegativer Gase auf den He-Doppler-effekt[1]. Sie liegt in einer Verstärkung der bewegten Intensität gegenüber der ruhenden und in einer Verschiebung des Doppler-streifens nach höheren Geschwindigkeiten. Ähnlich wie Sauerstoffzusatz wirkt Zusatz von Jod. Dieser Effekt wird zum Teil be-dingt sein durch die Begünstigung der Fälle, bei denen das Heliumteilchen den ganzen Kathodenfall geladen durchläuft, wenn elektronegative Gase zugesetzt sind, zum

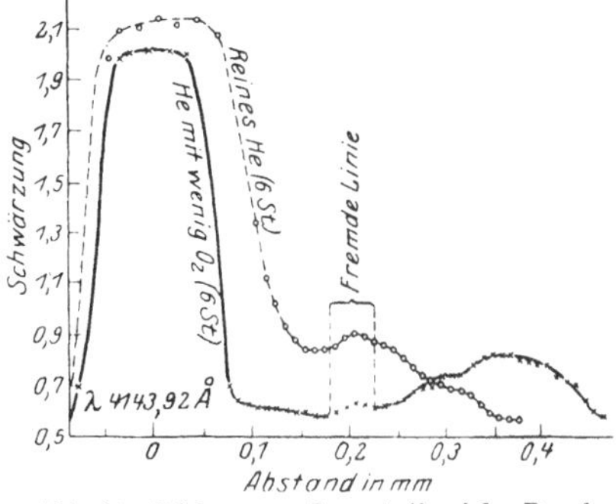

Abb. 61. Wirkung von Sauerstoff auf den Doppler-effekt in Helium.

Teil wird aber auch (Ziff. 8) die Bildung von He^{++} in höherem Maße ermöglicht, so daß mehr Teilchen einen Teil des Kathodenfalls mit doppelter Ladung

---

[1] J. STARK, A. FISCHER u. H. KIRSCHBAUM, Ann. d. Phys. Bd. 40, S. 499. 1913.

durchlaufen. Beide Vorgänge verursachen das Auftreten höherer Geschwindigkeiten im Dopplerstreifen.

Bei den Kanalstrahlen mehratomiger Gase wird die Geschwindigkeitsverteilung im Dopplerstreifen (mehrere Maxima) der Spektrallinien indessen weit
weniger durch mehrfache Ladungen im Kathodenfall und darauffolgende Um-
ladungen bestimmt, als vielmehr durch Zerfall von Teilchen, welche als Molekülionen beschleunigt wurden, ähnlich wie wir es in der elektromagnetischen Analyse gesehen haben. Für die mehrfachen Maxima in dem Dopplereffekt der Balmerlinien des Wasserstoffs ist dieser Vorgang die einzig mögliche Erklärung. Obwohl diese Frage nichts mit Umladungen zu tun hat, soll sie doch des Zusammenhangs wegen an dieser Stelle besprochen werden. Als erster hat Paschen[1] mehrere Maxima im Dopplereffekt der Balmerlinien gefunden (Abb. 62). Mit zunehmender Spannung entsteht neben einem stärker verschobenen Streifen, etwa von 800 Volt an, ein schwächer verschobener von jenem durch ein Minimum deutlich getrennter Streifen. Bei 1200 Volt haben beide nahe die gleiche Intensität. Dann tritt der stärker verschobene immer mehr zurück und verschwindet oberhalb 3000 Volt. Stark und Steubing[2] haben bei 6 bis 8 kV noch ein drittes Maximum im Intervall kleinster Geschwindigkeit feststellen können, Ney[3] sogar ein viertes. Auch Krefft[4] beobachtet bei schnellen Strahlen, 30 bis 70 kV, zwei, bei langsamen, 3 bis 13 kV, drei Maxima. Es kann kaum zweifelhaft sein, daß die zuerst von Gehrcke und Reichenheim[5] vorgeschlagene Deutung der Maxima das Richtige trifft. Molekülionen, die im Beobachtungsrohr zerfallen, geben langsame Atome. Die Geschwindigkeiten der beiden Maxima müssen sich dann verhalten

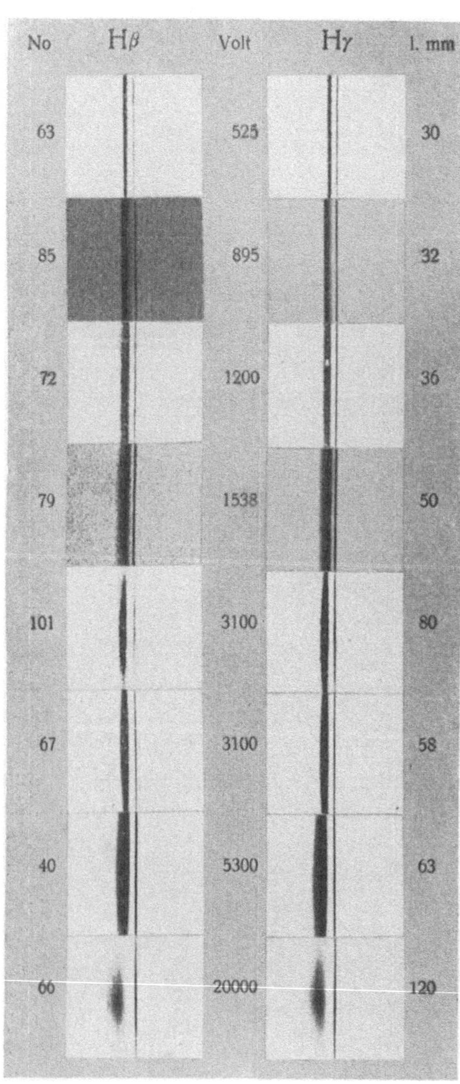

Abb. 62. Die Unterteilung des Dopplerstreifens in Abhängigkeit von der Spannung nach Paschen.

[1] F. Paschen, Ann. d. Phys. Bd. 23, S. 247. 1907.
[2] J. Stark u. W. Steubing, Ann. d. Phys. Bd. 28, S. 974. 1909.
[3] F. Ney-Valerius, Ann. d. Phys. Bd. 6, S. 721. 1930.
[4] H. Krefft, Ann. d. Phys. Bd. 75, S. 75. 1924.
[5] P. Gehrcke u. O. Reichenheim, Verh. d. D. Phys. Ges. Bd. 8, S. 417. 1910; Bd. 13, S. 111. 1911.

wie $\sqrt{2}:1$. Noch langsamere Maxima können durch Atome, die aus dem Zerfall von H_3-Ionen und H_4-Ionen entstanden sind, gedeutet werden. Auf die Existenz von H_4 hat DÖPEL[1] schon aus seinen Beobachtungen an den Parabeln der Wasserstoffmoleküle geschlossen. Wenn auch die Geschwindigkeitsverhältnisse $1:1/\sqrt{2}:1/\sqrt{3}:1/\sqrt{4}$ für die Maxima nicht immer genau stimmen, liegt doch bisher keine andere Deutungsmöglichkeit vor[2]. Bei den Sauerstoffunkenlinien hat besonders KREFFT ebenfalls zwei Maxima im Dopplerstreifen beobachtet, die ziemlich genau im Verhältnis $\sqrt{2}:1$ stehen. Man sieht, daß die Geschwindigkeitsverteilung im Dopplerstreifen wesentlich durch die komplizierte Vorgeschichte der Linienträger (Umladungen, Zerfall) bestimmt ist. Dies wird insbesondere noch durch folgende Beobachtungen nahegelegt:

KREFFT hat gezeigt, daß die Geschwindigkeitsverteilung im Dopplereffekt praktisch unabhängig davon ist, in welchem Gase der Strahl nach dem Durchgang durch die Kathode verläuft. STRAUB[3] hat gezeigt, daß die Schwärzungsverteilung im Dopplerstreifen von H_β nicht merklich von dem Gasdruck im Beobachtungsraum abhängt und auch im höchsten Vakuum dieselbe bleibt. W. WIEN[4] hat nachgewiesen, daß im Dopplereffekt sich keine Übertragung des Impulses auf die ruhenden Gasteilchen bemerkbar macht, so daß die gelegentlich vorgeschlagene Deutung langsamer Strahlteilchen als „Stoßstrahlen" abzuweisen ist. Alle tatsächlich beobachteten Geschwindigkeiten stammen aus dem Kathodenfall, und ihre Entstehung ist durch die obigen Darlegungen verständlich.

Der Dopplereffekt an homogenen Wasserstoffatomkanalstrahlen ist erstmalig von RIEZLER[5] in einer sehr sorgfältigen und wegen der geringen Lichtintensität schwierigen Arbeit untersucht worden, welche den Einfluß des Molekülzerfalls völlig klargestellt hat. RIEZLERS Apparatur zeigt Abb. 63. Das Entladungsrohr verträgt starke Belastung (20 bis 25 mA bei 20 bis 35 kV). Bei M befindet sich ein Magnetfeld für die Zerlegung des Strahles, bei K_2 eine Aus-

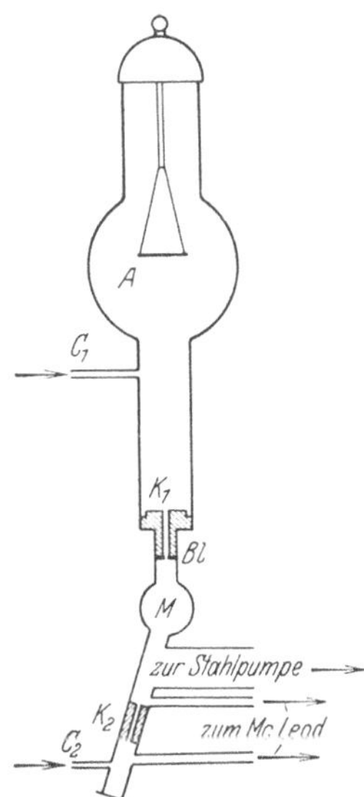

Abb. 63. Apparat zur Untersuchung des Dopplereffektes homogener Kanalstrahlen nach RIEZLER.

blendung zwischen Ablenkungs- und Beobachtungsraum für die homogenen Strahlen. Der festgehaltene Ablenkungswinkel φ beträgt 12°. Im Ablenkungsraum wurde der Druck möglichst niedrig gehalten, im Beobachtungsraum ziemlich hoch (etwa 0,1 mm Hg), um den eintretenden geladenen Strahl zu neutralisieren sowie Zerfall und Lichtanregung zu begünstigen. Die Aufnahme des Dopplereffektes der Balmerlinien erfolgt mit einem lichtstarken Dreiprismenspektrographen von STEINHEIL bei einer Expositionszeit von 20 bis 30 Stunden. Das magnetische Feldintegral wird nach einer Methode von COTTON ausgemessen. Aus $\int \mathfrak{H}\,ds = \dfrac{m}{e}\,v\,\varphi$ berechnet sich die Geschwindigkeit für ein gegebenes Feldintegral. Die Masse m kann m_H, $2\,m_H$, $3\,m_H$ sein, je nachdem die Teilchen das Magnetfeld als Atom- molekül- oder H_3-Ionen passiert haben. Da die magnetische Ablenkung φ dem Impuls mv umgekehrt proportional ist, verhalten sich die Geschwindigkeiten der in der festgehaltenen Richtung abgelenkten Teilchen umgekehrt wie die

[1] R. DÖPEL, Ann. d. Phys. Bd. 76, S. 1. 1925.
[2] Vgl. Näheres bei F. NEY-VALERIUS, Ann. d. Phys. Bd. 6, S. 721. 1930.
[3] H. STRAUB, Ann. d. Phys. Bd. 10, S. 670. 1931.
[4] W. WIEN, Ann. d. Phys. Bd. 43, S. 955. 1914.
[5] W. RIEZLER, Ann. d. Phys. Bd. 2, S. 429. 1929.

Massen, welche die Teilchen im Ablenkungsraum hatten. Diese Geschwindigkeit zeigt sich nach dem Zerfall und der Neuanregung im Dopplereffekt der Balmerlinien. Abb. 64 zeigt 6 Aufnahmen mit konstanter Spannung bei wachsendem Magnetfeld. Der scharfe Dopplerstreifen in Aufnahme *1* entspricht Teilchen, die als Atome abgelenkt sind. In den folgenden Aufnahmen rückt dieser Streifen infolge der größeren Geschwindigkeit des ausgeblendeten Strahles weiter ab, und es tritt ein neuer Streifen von der halben Geschwindigkeit hinzu. Seine Intensität nimmt in Aufnahme *3* und *4* weiter zu. Dieser Streifen entspricht zerfallenen Molekülen. Bei weiterer Steigerung der Geschwindigkeit (wachsendes Magnetfeld)

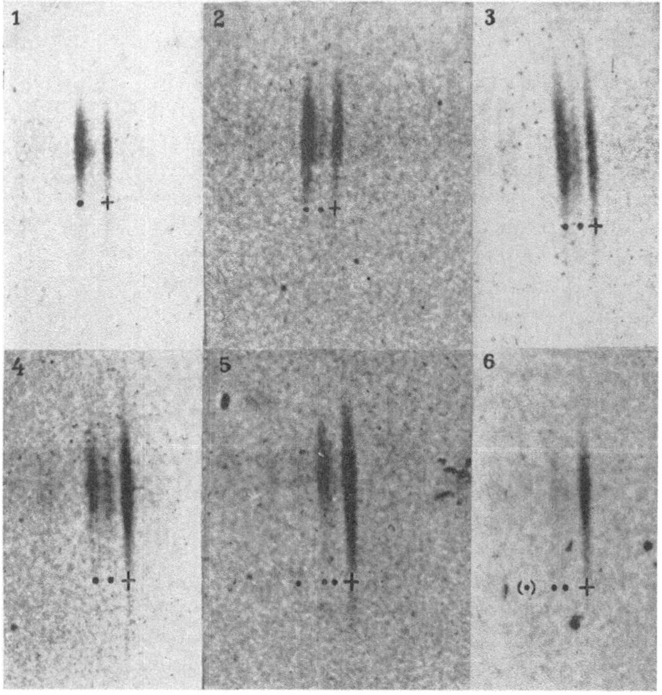

Abb. 64. Dopplereffekt an H_γ mit homogenen Wasserstoffstrahlen nach Riezler, 11 fach vergrößert. + ruhend, − bewegt.

tritt ein schwacher dritter Streifen hinzu, dessen Geschwindigkeit ein Drittel des ersten beträgt. Dies entspricht zerfallenem H_3. Der erste Streifen wird immer schwächer. Das gesamte bewegte Leuchten wird bei großen Geschwindigkeiten sehr schwach. Aus der Tabelle 4 ist ersichtlich, wie die aus der Ablenkung berechnete Geschwindigkeit v_{ber} mit der aus dem Dopplereffekt von H_γ gefundenen übereinstimmt. v_H ist die Geschwindigkeit für die am stärksten verschobene Linie, $2v_{H_2}$ die doppelte Geschwindigkeit für die zweite, $3v_{H_3}$ die dreifache für

Tabelle 4. Geschwindigkeitsmessungen von Riezler.

Nr. der Aufnahme	V in kV Entladungsspannung	$\int \mathfrak{H}\,dx$	v_{ber}	v_H	$2v_{H_2}$	$3v_{H_3}$
1	20	1780	$8{,}0 \cdot 10^7$	$8{,}0 \cdot 10^7$	—	—
2	35	1980	9,0	8,6	8,7	—
3	30	1780	8,0	8,0	8,3	—
4	30	2160	9,7	10,0	10,5	—
5	30	3130	14,0	14,6	14,6	14,2
6	30	3520	15,8	15,9	16,5	15,9

die dritte Linie. In dieser Arbeit ist zum ersten Male die Übereinstimmung der Geschwindigkeitsmessungen aus dem Dopplereffekt und der elektromagnetischen Analyse streng erwiesen und der Einfluß des Molekülzerfalles unter genau kontrollierbaren Bedingungen unabhängig von den komplizierten Vorgängen im Entladungsraum klargelegt. Aufnahmen des Dopplereffektes mit homogenen Wasserstoffstrahlen haben neuerdings auch BATHO und DEMPSTER[1] ausgeführt. Ihre Ergebnisse scheinen, nach dem kurzen Bericht zu urteilen, mit denen von RIEZLER in Übereinstimmung zu sein.

Mit diesen Darlegungen haben wir bereits zum Teil die Stoffbegrenzung dieses Referates überschritten. Doch schien eine knappe Darstellung der komplizierten Umstände, welche die Geschwindigkeitsverteilung im Dopplereffekt bestimmen, unerläßlich. Die Aufdeckung dieser Verhältnisse macht begreiflich, weshalb der Dopplereffekt als Untersuchungsmittel für die Wechselwirkung der Kanalstrahlen mit Materie etwas an Bedeutung verloren hat. Für viele rein optische Fragen ist die Untersuchung des bewegten Leuchtens besonders im gasfreien Raum nach dem Vorgang von W. WIEN von hohem Werte geblieben. Doch liegen die hierhergehörigen Probleme außerhalb des Rahmens dieses Berichtes.

15. Die Theorien der Umladungsvorgänge. Die meisten älteren Versuche, die Umladungsvorgänge bei den Kanalstrahlen und α-Strahlen theoretisch zu erfassen[2], sind heute als überholt zu betrachten. Eine klassische Rechnung von THOMAS[3] und eine wellenmechanische von OPPENHEIMER[4] sind neueren Datums. Die Resultate von OPPENHEIMER für das Einfangen von Elektronen durch α-Strahlen stimmen anscheinend sehr gut mit den Beobachtungen überein, doch haben BRINKMAN und CRAMERS[5] gezeigt, daß die Rechnung nicht fehlerfrei ist. Die Ergebnisse von BRINKMAN und KRAMERS schließen sich weniger gut an die Versuche an. Beide Rechnungen gelten nur für so schnelle Strahlen, daß ihre Geschwindigkeit groß ist gegen die Umlaufgeschwindigkeit der Elektronen im Atom. Im Gebiet der Kanalstrahlgeschwindigkeiten ist diese Bedingung nicht erfüllt.

IV. Ionisationsvermögen der Kanalstrahlen.

16. Die Erhaltungssätze von Energie und Impuls beim Ionenstoß. Einfache stoßmechanische Überlegungen[6] erweisen sich vielfach bei den in diesem Kapitel behandelten Fragen als nützlich, deshalb sei das Wichtigste hierüber kurz zusammengestellt. Wir beschränken uns auf die Betrachtung zentraler Zusammenstöße. Die zusammenstoßenden Teilchen mögen die Massen m_1 und m_2, die Geschwindigkeiten vor dem Stoß u_1 und u_2, nach dem Stoß v_1 und v_2 haben. Beim Stoß soll Anregung oder Ionisation erfolgen, bei der die Energie W verbraucht wird. Das gestoßene Teilchen m_2 werde vor dem Stoß als ruhend angenommen ($u_2 = 0$). Man erhält dann als Anregungsbedingung:

$$\frac{1}{2} m_1 u_1^2 \gtrless \left(1 + \frac{m_1}{m_2}\right) W \tag{1}$$

[1] H. F. BATHO u. A. J. DEMPSTER, Phys. Rev. Bd. 37, S. 100. 1931.

[2] G. WENTZEL, ZS. f. Phys. Bd. 15, S. 172. 1923; E. RÜCHARDT, ZS. f. Phys. Bd. 15, S. 164. 1923; Ann. d. Phys. Bd. 73, S. 228. 1924; R. H. FOWLER, Phil. Mag. Bd. 47, S. 416. 1924.

[3] L. H. THOMAS, Proc. Roy. Soc. London Bd. 114, S. 561. 1927.

[4] J. R. OPPENHEIMER, Phys. Rev. Bd. 31, S. 349. 1928.

[5] H. C. BRINKMAN u. H. A. KRAMERS, Proc. Amsterdam Bd. 33, S. 973. 1930.

[6] G. JOOS u. H. KULENKAMPFF, Phys. ZS. Bd. 24, S. 257. 1924; C. ECKART, Science Bd. 62, S. 265. 1925; J. FRANCK, ZS. f. Phys. Bd. 25, S. 312. 1924.

oder wenn V die Voltgeschwindigkeit des Strahlteilchens vor dem Stoß, V' die Anregungsspannung bedeutet:

$$V \geqq V'\left(1 + \frac{m_1}{m_2}\right).\tag{2}$$

Ist m_1 ein Elektron, m_2 ein Atom, so erhält man wegen $m_1/m_2 \ll 1$ die bekannte Anregungsbedingung für Elektronenstoß. Für Ionenstoß ist die Gültigkeit obiger Bedingung indessen nur mit Einschränkung zu erwarten. Ein Ionenstrahlteilchen, das aus einem Atom höherer Ionisierungsspannung als V' gebildet wurde, kann unter Umständen nach Franck auch dann noch ionisieren, wenn es nur eine verschwindend kleine kinetische Energie besitzt, weil die Differenz der Ionisierungsarbeiten hierfür als potentielle Energie zur Verfügung steht. Wenn ein Ion auf ein Atom gleicher Art stößt, ist nach Formel (2) die Gültigkeit der Anregungsbedingungen $V \geqq 2V'$ als gültig zu erwarten. Besitzt das Strahlteilchen gerade diese kritische Geschwindigkeit während $u_2 = 0$ ist, so gilt nach dem Stoß:

$$v_1 = v_2 = \frac{u_1}{2}.$$

Es findet also eine beträchtliche Impulsübertragung statt. Ist $u_1 > \sqrt{4W/m}$, so wird die Geschwindigkeitsübertragung noch größer. Für so rasche Strahlen, daß $W \ll \frac{m}{2}u_1^2$, müßte $v_1 = 0$ bei einem einzigen zentralen Zusammenstoß werden. Das getroffene Atom übernimmt dann den gesamten Impuls. Für $m_2 \gg m_1$ wird

$$v_1 = \frac{m_1 - m_2}{m_1 + m_2}u_1.$$

Man erhält Reflexion mit nur wenig veränderter Geschwindigkeit. Diese letzteren Fälle gehören zu den äußerst seltenen für Kernzusammenstöße charakteristischen Vorgängen. Bei der Ionisierung oder Lichtanregung durch rasche Kanalstrahlen liegt erfahrungsgemäß im wesentlichen ein Durchquerungseffekt ohne Impulsübertragung auf das ganze Atom vor. W. Wien (Ziff. 14) konnte z. B. eine Impulsübertragung bei der Lichtanregung der Kanalstrahlen nicht auffinden. Man kann deshalb für den unelastischen Stoß schneller Ionenstrahlen in erster Annäherung schließen, daß Strahlteilchen und Atomelektron, das zunächst als ruhend gedacht wird, als Stoßpartner zu betrachten sind. Das Elektron wird vom Atom losgerissen, ehe die Bindungskräfte zwischen Atomrest und Elektron den Stoß an das Atom abgeben können. Dieser Auffassung liegt sowohl der Bohrschen Theorie der Geschwindigkeitsabnahme von Korpuskularstrahlen beim Durchgang durch Materie als der Thomsonschen Theorie der Ionisation zugrunde. Unter schnellen Strahlen sind dabei solche zu verstehen, für die $V \gg V'$.

Bei dieser Annahme gilt für schnelle Ionenstrahlen:

$$v_2 = \frac{2u_1}{1 + \dfrac{m_2}{m_1}}$$

oder wegen $m_1 \gg m_2$ nahe

$$v_2 = 2u_1.\tag{3}$$

Wenn Anregung oder Ionisierung erfolgen soll, muß gelten:

$$\left.\begin{array}{l} \dfrac{m_2}{2}v_2^2 \geqq W \\[2ex] u_1 \geqq \sqrt{\dfrac{W}{2m_2}\left(1 + \dfrac{m_2}{m_1}\right)} \\[2ex] V \geqq \dfrac{1}{4}V'\dfrac{m_1}{m_2}\left(1 + \dfrac{m_2}{m_1}\right)^2. \end{array}\right\}\tag{4}$$

oder

oder

Die Klammerausdrücke sind für Ionenstrahlen praktisch $= 1$. Die Formel darf aber nicht im Sinne einer wirklichen Anregungsbedingung aufgefaßt werden. Auch Strahlen kleinerer Geschwindigkeit können ionisieren bzw. anregen. Nach obigem ist dies aber nur möglich, wenn gleichzeitig die Bindungskräfte zwischen Atomrest und Elektron sich geltend machen und Impulsübertragung auf das ganze Atom erfolgt. Für $m_1 = m_2$ liefert Formel (4) wieder die bekannte Anregungsbedingung für Elektronenstoß.

17. Sekundärstrahlung und Ionisation in Gasen. Daß Gase durch Kanalstrahlen ionisiert werden, ist schon lange bekannt. Anderseits werden auch die neutralen Kanalstrahlteilchen selbst beim Zusammenstoß mit den Gasmolekülen ionisiert. Dieser Vorgang ist in Abschn. III ausführlich behandelt worden. Unter Sekundärstrahlung versteht man die Elektronenstrahlung, die entsteht, wenn die primären Kanalstrahlen auf die Moleküle oder Atome der Materie auftreffen. Diese Elektronen sind eben die bei dem Ionisierungsprozeß freigemachten Elektronen. Ionisation und Sekundärstrahlung sind also gewissermaßen zwei Seiten ein und desselben Vorganges. Die Moleküle bleiben nach Lostrennung des Elektrons als positive Ionen zurück. Die Elektronen sind zum Teil als freie Elektronen im Raume beobachtbar, zum Teil verbinden sie sich beim Neutralisierungsvorgang mit den vorher positiven Kanalstrahlteilchen, zu einem geringen Teil endlich lagern sie sich an neutrale Kanalstrahlteilchen unter Bildung negativer, schnell bewegter Ionen an. Die Anzahl der von Kanalstrahlen bei ihrem Durchgang durch Gase ge-

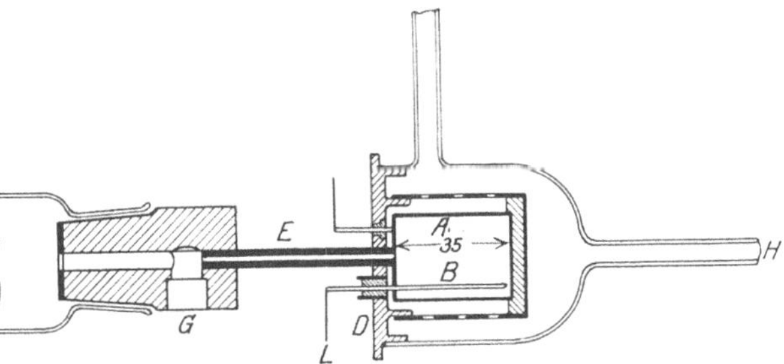

Abb. 65. Messung der differentialen Sekundärstrahlung in Gasen nach BAERWALD.

bildeten Ionen hat zuerst SEELIGER[1] zu bestimmen gesucht. Weitere Versuche hat BAERWALD[2] angestellt. Die von ihm verwandte Methode war die folgende:

Die Kanalstrahlen treten durch eine enge Metallkapillare E (Abb. 65) in einen Metallkasten A ein. Der Kasten ist mit dem negativen Pol einer Batterie verbunden. In den Kasten ragt isoliert der Metallstab B hinein, der über ein Galvanometer mit dem positiven Pol der Batterie verbunden ist. In dieser Anordnung gelangen die in dem Raume A am Gase und an den Metallwänden von A durch die Kanalstrahlen erzeugten Elektronen an den Stab B und bewirken einen Ausschlag s_1 am Galvanometer. Liegt dagegen A am positiven Pol der Batterie, so erfolgt ein Ausschlag s_2, der die im Gasraum erzeugten positiven Ionen mißt. Wird A und B gemeinsam, ohne Zwischenschaltung einer Batterie, über das Galvanometer zur Erde abgeleitet, so wird der positive Kanalstrahlstrom G durch das Galvanometer angezeigt. s_2/G ist ein Maß für die Zahl der im Gasraum erzeugten Ionenladungen, die von einem positiven Kanalstrahlteilchen ausgelöst werden. Hierbei ist vernachlässigt, daß ein kleiner Teil der Kanalstrahlen negative Ladung trägt. s_2/G ist aber auch gleich der von einem positiven Kanalstrahlteilchen im Gase freigemachten Zahl sekundärer Elektronen. Da bekannt ist, welcher Bruchteil der Kanalstrahlen geladen ist, und neutrale und geladene hinsichtlich des Ionisationsvermögens als gleichwertig angesehen werden, kann die Zahl der Sekundärelektronen pro Strahlteilchen berechnet

---

[1] R. SEELIGER, Phys. ZS. Bd. 12, S. 839. 1911.
[2] H. BAERWALD, Ann. d. Phys. Bd. 65, S. 167. 1921.

werden. Bezieht man diese Zahl auf 1 cm Weg, so erhält man das Ionisierungsvermögen oder die differentiale Sekundärstrahlung.

BAERWALD findet so bei einer beschleunigten Spannung von 5 kV 0,76 · 10^4, bei einer Spannung von 34 kV 2,6 · 10^4 Sekundärelektronen pro Zentimeter Weg bei 760 mm Hg Wasserstoffdruck pro primäres H-Teilchen.

Aus den BAERWALDschen Messungen ergibt sich auch, daß die Raumdichte der Sekundärelektronen bei einem Druck von 0,1 mm Hg und einer Primärgeschwindigkeit von 17 kV 10^5 bis 10^6 ist, während die Zahl der Gasmoleküle etwa 10^{15} beträgt. Die Wahrscheinlichkeit von Umladung mit freien Elektronen ist deshalb zu vernachlässigen.

Den BAERWALDschen Messungen haftet noch ein Mangel an; sie sind nicht mit homogenen Strahlen ausgeführt worden. Die Folge ist, daß nicht nur H-Strahlen an dem Ionisierungsvorgang beteiligt waren und die Geschwindigkeit keine einheitliche war. Trotzdem ist diese Arbeit von hohem Wert, weil sie zeigt, daß die Geschwindigkeitsabhängigkeit der Ionisierung für den Geschwindigkeitsbereich der Kanalstrahlen eine andere ist als für die großen Geschwindigkeiten der α-Strahlen. Bei den α-Strahlen nimmt das Ionisierungsvermögen mit abnehmender Geschwindigkeit zu. Die bekannte BRAGGsche Kurve (vgl. Kap. 3 ds. Bd.) zeigt, daß gegen Ende der Reichweite ein Maximum des Ionisierungsvermögens erreicht wird und dann ein steiler Abfall zu kleineren Geschwindigkeiten folgt. Auf diesem abfallenden Ast befinden wir uns im Geschwindigkeitsbereich der Kanalstrahlen.

18. Ionisation und Reichweite von H-Kanalstrahlen. Energieverbrauch pro Ionenpaar. Das gleiche Problem wie BAERWALD behandelt mit homogenen H-Strahlen in einer neueren Arbeit GERTHSEN[1]. Die homogenen Strahlen, deren Primärmenge dosiert wird, treten durch eine dünne Zelluloidfolie in die Ionisierungskammer (Abb. 66) ein. Der Metallring D liegt am Elektrometer, das Kameragehäuse an +100 Volt. Der Gasdruck in der Kammer kann durch Gaszuströmung bei C variiert werden. Die Ionisierungskammer kann durch Drehung mittels eines Schliffes aus dem Strahlengang entfernt werden. Zur Messung der primären Intensität wird mittels eines zweiten Schliffes ein Auffänger in den Strahlengang gebracht. Abb. 67 zeigt die Abhängigkeit des Ionisationsstromes vom Druck in der Kammer bei Luftfüllung für fünf verschiedene Strahlgeschwindigkeiten, wobei die maximale Ionisation für jede Geschwindigkeit = 1 gesetzt ist. Der zugehörige Sättigungsdruck ist der Gasdruck, bei dem die Strahlen noch ionisierend die Wand erreichen. Der Radius der Kammer (2,5 cm) gibt an, wie groß die Reichweite derjenigen Kanalstrahlen ist, die die Abschlußfolie der Kammer verlassen und im

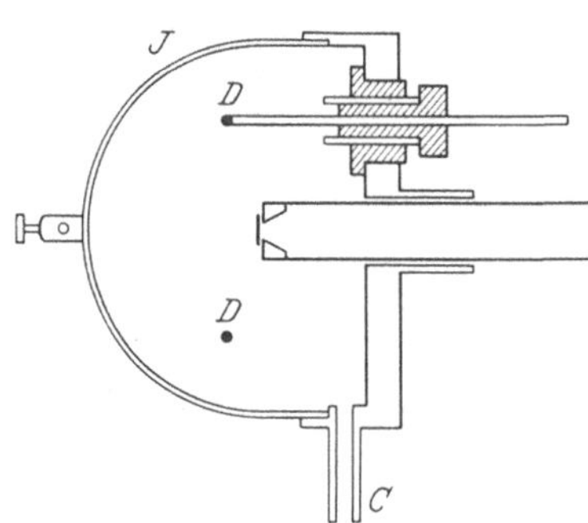

Abb. 66. Ionisationskammer nach GERTHSEN.

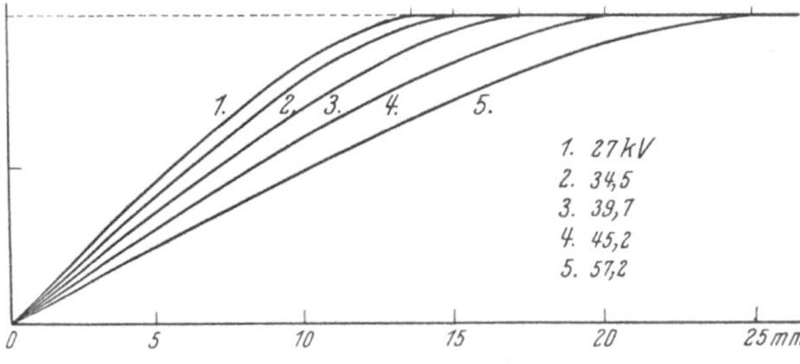

Abb. 67. Abhängigkeit des Ionisationsstromes vom Druck für H-Strahlen in Luft.

[1] CH. GERTHSEN, Ann. d. Phys. Bd. 5, S. 657. 1930.

Sättigungsdruck verlaufen. Geschwindigkeitsverluste in der Folie sind in den Zahlenangaben der Abbildung noch nicht berücksichtigt. Abb. 68 zeigt die Ionisation in Luft- und Wasserstoff im gleichen Maßstab für Strahlen von 27 kV. Der Sättigungsdruck ist in H_2 seiner geringeren Dichte wegen größer, doch ist die Zahl der gebildeten Ionen beim Sättigungsdruck nahe die gleiche wie in Luft. Das Bremsvermögen des Wasserstoffs ergibt sich im ganzen Beobachtungsgebiet der Kanalstrahlen (27 bis 57 kV) zu 0,4, während durch schnelle α-Strahlen nach GURNEY[1] das Bremsvermögen des Wasserstoffes 0,2, für langsamere 0,3 beträgt. Aus der bekannten Zusammensetzung des Zelluloids berechnet GERTHSEN, daß mit guter Annäherung das Luftäquivalent des Häutchens 3,24 mm Hg in der Kammer mit 2,5 cm Radius entspricht.

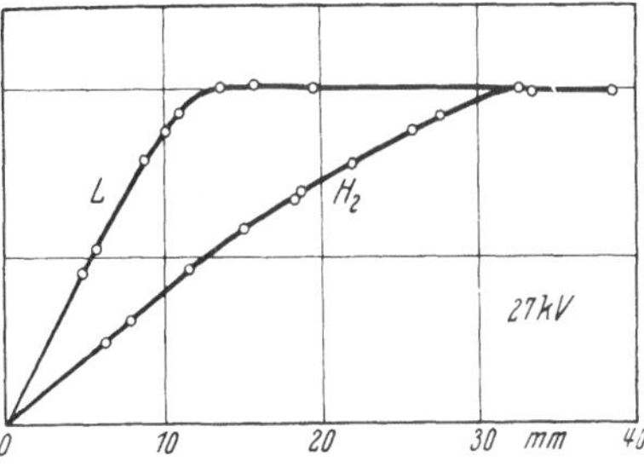

Abb. 68. Ionisation von H-Strahlen in Luft und Wasserstoff.

Um diesen Betrag sind die gemessenen Sättigungsdrucke zu vermehren, um die Messung auf ein unendlich dünnes Abschlußfenster zu korrigieren. Die so ermittelten Reichweiten in Luft von 1 mm Hg sind für mehrere Geschwindigkeiten in Tabelle 5 gegeben. i ist der der linearen Geschwindigkeit der Strahlen pro-

Tabelle 5. Reichweiten von H-Kanalstrahlen in Luft.

$i \cdot 10^2$ Amp.	Energie der Teilchen	Korrig. Sättigungsdruck p_s	Reichweite bei 1 mm Hg	$\dfrac{1}{2,92}\dfrac{p_s}{i^{\frac{3}{2}}}$
31	27,1 kV	16,0 mm Hg	40 cm	1,00
35	34,6 ,,	19,2 ,, ,,	48 ,,	1,01
37,5	39,6 ,,	20,9 ,, ,,	52,5 ,,	0,98
40	45 ,,	23,7 ,, ,,	59 ,,	1,00
45	57 ,,	28,5 ,, ,,	71 ,,	1,02

portionale Magnetisierungsstrom im Zerlegungsmagneten. Die letzte Kolonne und Abb. 69 zeigt, daß innerhalb von 2% p_s mit $i^{\frac{3}{2}}$ proportional ist. Es gilt demnach $R = av^{\frac{3}{2}}$. Für schnelle α-Strahlen gilt dagegen das Reichweitengesetz $R = av^3$, und bei schnellen Kathodenstrahlen ist der Exponent 4. Dies Ergebnis ist bemerkenswert. Ein von der kinetischen Energie unabhängiges Ionisierungsvermögen müßte zu der Beziehung $R = av^2$ führen. Bei schnellen α-Strahlen und Kathodenstrahlen wächst das Ionisierungsvermögen mit abnehmender Geschwindigkeit; deshalb ist der Energieverlust pro Wegelement am Ende der Bahn größer als am Anfang, und der Exponent im Reichweitengesetz größer als 2. Umgekehrt im Geschwindigkeitsgebiet der Kanalstrahlen: Hier nimmt das Ionisierungsvermögen mit abnehmender Geschwindigkeit ab, und der Exponent im Reichweitengesetz ist kleiner als 2. Messungen der Reichweite langsamer α-Strahlen und langsamer H-Rückstoßatome nach der Methode der Wilsonkammer durch BLACKETT[2] und seine Mitarbeiter haben zu

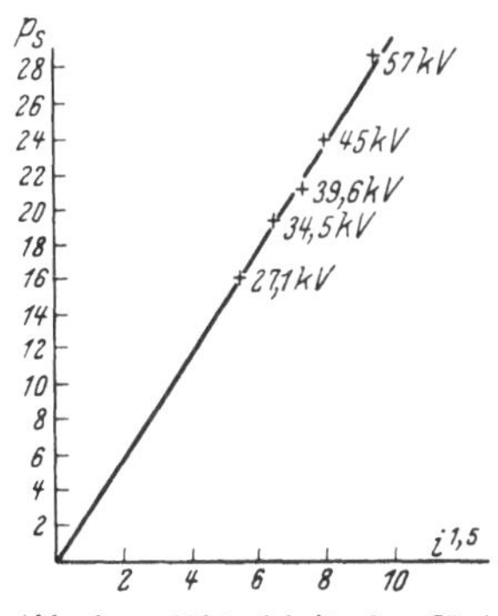

Abb. 69. Abhängigkeit des Sättigungsdruckes von der Strahlgeschwindigkeit.

[1] R. W. GURNEY, Proc. Roy. Soc. London (A) Bd. 107, S. 340. 1925.
[2] P. M. S. BLACKETT, Proc. Roy. Soc. London (A) Bd. 103, S. 62. 1923; P. M. S. BLACKETT u. D. S. LEES, Proc. Roy. Soc. London (A) Bd. 134, S. 658. 1932.

ganz analogen Ergebnissen geführt. Die Übereinstimmung der Werte von Gerthsen und Blackett für die Reichweite langsamer H-Strahlen ist sehr gut[1]. Neuerdings konnte Blackett[2] zeigen, daß die Unterschiede in der Abhängigkeit der Reichweite von der Geschwindigkeit für langsame H- und α-Strahlen wahrscheinlich wesentlich auf die Unterschiede in der Geschwindigkeitsabhängigkeit der Umladungen für diese beiden Teilchengattungen zurückzuführen sind. Aus den Messungen von Gerthsen läßt sich auch der Energieverbrauch ε eines H-Atoms für die Bildung eines Ionenpaars berechnen. Diese Größe ist gegeben durch $\varepsilon = V/Z$, wo V die in Volt gemessene mittlere Energie des Kanalstrahlteilchens nach Durchtritt durch die Folie bedeutet und $Z = i_{\mathrm{max}}/J_P$ die Geamtzahl der gebildeten Ionenpaare gleich dem Quotienten aus maximalem Ionisierungsstrom zu primärem Kanalstrahlenstrom ist. Der Energieverbrauch pro Ionenpaar in Luft für H-Strahlen ergibt sich unabhängig von der Primärgeschwindigkeit mit einer Genauigkeit von etwa 10% zu $\varepsilon = 36$ Volt, während der entsprechende Wert für α-Strahlen 32,4 und für Kathodenstrahlen 32,2 beträgt. Die Werte sind innerhalb der Meßgenauigkeit einander gleich. Das den Baerwaldschen Ergebnissen entsprechende Ionisierungsvermögen in Abhängigkeit von der Geschwindigkeit ist für Luft und Wasserstoff zusammen mit den Werten von Baerwald in Tabelle 6 gegeben. Die Baerwaldschen Werte in H_2

Tabelle 6. Ionisierungsvermögen von H-Kanalstrahlen verschiedener Geschwindigkeit.

Energie	Ionenpaare/cm bei 1 mm Hg		Ionenpaare/cm bei 760 mm Hg		Beobachtet von Baerwald in H_2
	Luft	H_2	Luft	H_2	
19,1 kV	19	8,5	$1{,}45 \cdot 10^4$	$0{,}65 \cdot 10^4$	$1{,}52 \cdot 10^4$ (18 kV)
25,9 ,,	23,5	10	$1{,}76 \cdot 10^4$	$0{,}75 \cdot 10^4$	$2{,}28 \cdot 10^4$ (25 kV)
35,4 ,,	26,5	11	$2{,}0 \cdot 10^4$	$0{,}83 \cdot 10^4$	$2{,}6 \cdot 10^4$ (31 kV)

stimmen ungefähr mit den von Gerthsen in Luft gefundenen überein, sind deshalb etwa 2- bis 3 mal zu groß. Dies liegt an der Inhomogenität der von Baerwald benutzten Strahlen.

Auf die Frage der Ionisierung durch langsame Ionenstrahlen, die in den letzten Jahren mehrfach untersucht worden ist, wird in Kapitel 4 des vorliegenden Bandes ausführlich eingegangen. Wir können uns mit der Bemerkung begnügen, daß bei der Ionisation durch Stoß langsamer Ionen ziemlich verwickelte Verhältnisse vorliegen, bei denen die individuelle Natur der Stoßpartner eine maßgebende Rolle spielt. Die in Ziff. 16 allein aus den Erhaltungssätzen von Energie und Impuls gezogenen Folgerungen konnten deshalb bisher in keinem Falle einwandfrei bestätigt werden. Die Bedingungen bei den Versuchen von Beeck und Mouzon[3] kommen dem Falle am nächsten, daß Strahlteilchen und gestoßenes Atom gleichartig sind. In diesem Falle sollte nach der Stoßmechanik eine Ionisierungsspannung gefunden werden, die gleich dem Doppelten der Ionisierungsspannung für Elektronen ist. Beeck und Mouzon untersuchen die Ionisierung von Edelgasen durch Alkalistrahlen. Die Werte der recht scharf ausgeprägten Einsatzspannungen der Ionisationen für die uns interessierenden Kombinationen Na-Strahlen in Ne, K-Strahlen in Ar, Rb-Strahlen in Kr und Cs-Strahlen in X sind 175, 95, 100, 105 Volt, während die Ionisierungsspannungen der betreffenden Edelgase 21,5, 15,7, 13,9 und 12 Volt sind. Es ist aber bemerkenswert, daß der niedrigste Wert der Einsatzspannung für jedes Ion in dem Edel-

[1] E. Rüchardt, Ann. d. Phys. Bd. 12, S. 600. 1932.
[2] P. M. S. Blackett, Proc. Roy. Soc. London (A) Bd. 135, S. 132. 1932.
[3] O. Beeck u. J. C. Mouzon, Ann. d. Phys. Bd. 11, S. 858. 1932.

gas gefunden wird, das dem betreffenden Alkaliatom im periodischen System benachbart ist. Eine Ausnahme bilden nur Kaliumstrahlen, bei denen in Kr die Einsatzspannung noch etwas niedriger ist als in Ar. Auf nähere Einzelheiten der sehr interessanten Untersuchung gehen wir nicht ein. Aus den angeführten Ergebnissen ist so viel zu entnehmen, daß auch bei diesen sehr gut definierten Versuchsbedingungen anscheinend die einfachen stoßmechanischen Folgerungen sich nicht bestätigen. Indessen muß man bei der Beurteilung der Ergebnisse darauf achten, daß die gemessene Einsatzspannung diejenige ist, bei der zum ersten Male freie sekundäre Elektronen im Gase beobachtet werden. Ionisation kann schon früher erfolgen, ohne daß Sekundärelektronen auftreten, wenn die Elektronen restlos zur Neutralisierung der Strahlteilchen (Umladungen) verbraucht werden.

Sehr überzeugend werden diese Verhältnisse in einer Arbeit von WOLF[1] dargestellt, der Ionisation und Umladungen für Ar^+-Ionen in Ar bei Geschwindigkeiten bis zu 1 kV untersucht. Abb. 70 zeigt sein Ergebnis für die Wirkungs-

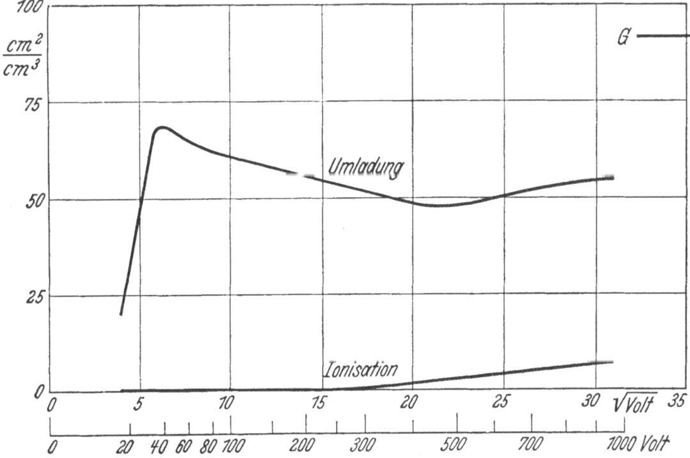

Abb. 70. Ionisations- und Umladungsquerschnitt von Argon für Argonionenstrahlen nach WOLF.

querschnitte. G ist der gaskinetische Querschnitt. Für die Ionisation ergibt sich eine Einsatzspannung in der Gegend von 300 Volt. Die Umladungen sind bis zu kleineren Geschwindigkeiten zu verfolgen, doch läßt sich nicht genau entscheiden, ob hier eine Einsatzspannung bei etwa 15,7 Volt (Ionisierungsspannung des Argons für Elektronen) vorhanden ist. Die Abhängigkeit des Umladungsquerschnittes von $\sqrt{V}$ zeigt ein scharfes Maximum bei etwa 40 Volt und ein flaches Minimum in der Gegend von 460 Volt.

19. Sekundärstrahlung an festen Körpern. Ebenso wie Kathodenstrahlen und α-Strahlen besitzen auch Kanalstrahlen die Fähigkeit, bei ihrem Auftreffen auf Metalle Elektronen aus ihnen freizumachen. Diese zuerst nahezu gleichzeitig von J. J. THOMSON[2], FÜCHTBAUER[3] und AUSTIN[4] entdeckte Erscheinung ist später besonders von BAERWALD ausführlich studiert worden. FÜCHTBAUERS Apparat zeigt Abb. 71. Die Kanalstrahlen gehen durch die durchbohrte Kathode K und treffen auf eine Öffnung O in einem mit einem Galvanometer verbundenen

[1] F. WOLF, ZS. f. Phys. Bd. 74, S. 575. 1932.
[2] J. J. THOMSON, Proc. Cambridge Phil. Soc. Bd. 13, S. 212. 1905.
[3] CH. FÜCHTBAUER, Phys. ZS. Bd. 7, S. 153. 1906.
[4] L. W. AUSTIN, Phys. Rev. Bd. 22, S. 312. 1906.

Metallauffänger C. S ist eine Scheibe, die mit fünf Sektoren aus verschiedenen Metallen (Pt, Ag, Cu, Zn, Al) belegt ist, die mittels einer magnetisch betätigten Drehvorrichtung M nacheinander vor die Öffnung gebracht werden können.

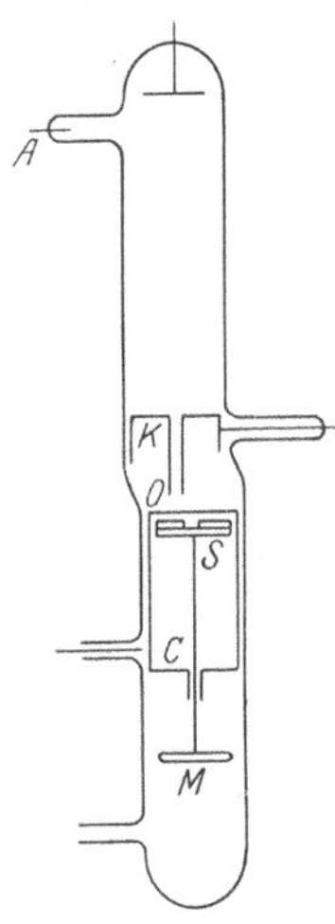

Abb. 71. Zur Beobachtung der von Kanalstrahlen ausgelösten Sekundärstrahlung nach Füchtbauer.

Ein sechster Sektor ist ausgeschnitten. Liegt dieser vor O, so mißt das Galvanometer den gesamten Kanalstrahlstrom. Steht ein Metallsektor vor O, so verlassen die Sekundärelektronen den Auffänger. Da C und S metallisch verbunden sind, wird der positive Strom, den das Galvanometer mißt, dann um einen Betrag vergrößert, der ein Maß für die Größe der Sekundärstrahlung ist. Außer den Sekundärelektronen spielen aber bei diesem Versuch auch reflektierte Kanalstrahlen eine Rolle. Diese können nämlich im ersten Fall den Auffänger nicht verlassen, wohl aber im zweiten. Biegt man deshalb durch einen Magneten die langsamen sekundären Elektronen so zurück, daß sie zum Auffänger zurückkehren, so muß jetzt der positive Strom kleiner sein, wenn ein Metallsektor sich vor O befindet, als wenn der Ausschnitt vor O gestellt ist. Die Differenz ist ein Maß für die Größe der Reflexion. Füchtbauer beobachtete mit inhomogenen H-Kanalstrahlen von 15 bis 30 kV Geschwindigkeit. Der reflektierte Bestandteil war gering und nahm mit zunehmender Primärgeschwindigkeit ab. Die beträchtliche Sekundärstrahlung schien in der Reihe Pt, Ag, Cu, Zn, Al an Menge zuzunehmen, entsprechend der Voltaschen Spannungsreihe, doch ist dieses letztere Ergebnis später nicht bestätigt worden. Wahrscheinlich waren die Auffängermessungen gefälscht durch zu geringes Vakuum und dadurch verursachte Ionendiffusion. Füchtbauer hat auch schon die Sekundärstrahlen magnetisch auf einer vorgeschriebenen Kreisbahn abgelenkt und so mittels eines Auffängers die Größenordnung der Geschwindigkeiten der Sekundärelektronen

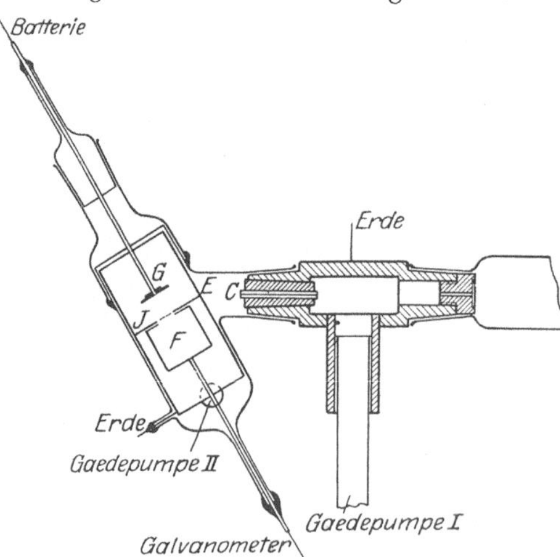

Abb. 72. Zur Messung der Geschwindigkeit der von Kanalstrahlen ausgelösten Sekundärstrahlung nach Baerwald.

bestimmt, die er zwischen 3,2 und $3,5 \cdot 10^8$ cm/sec (27 bis 30 Volt) fand. Die linearen Geschwindigkeiten ergaben sich also von der gleichen Größenordnung wie die der primären Kanalstrahlen.

Baerwalds[1] Untersuchungen ergaben, daß Geschwindigkeitsmessungen mit größerer Zuverlässigkeit nach einer elektrostatischen Methode ausgeführt werden können, bei der die sekundären Elektronen durch ein bremsendes elektrisches Feld zurückgehalten werden. Seine Apparatur (Abb. 72) ist außerdem dadurch ausgezeichnet, daß im Beobachtungsraum ein verhältnismäßig hohes Vakuum herrscht. Die Kanalstrahlen gehen aus der Kathodenbohrung C, durch die sie in einen Raum mit hohem Vakuum eintreten, durch die Bohrung E eines Metallzylinders auf die isolierte Platte G

---

[1] H. Baerwald, Ann. d. Phys. Bd. 41, S. 643. 1913.

aus dem zu untersuchenden Metall. Die Sekundärelektronen treten durch das Metallgitter J in den Auffänger F, der mit einem Galvanometer verbunden ist. Ein variables, die Elektronen bremsendes Feld liegt zwischen G und J. Die kleinste verzögernde Spannung, von der ab der Sekundärelektronenstrom Null wird, ist ein Maß für die maximal vorkommende Elektronengeschwindigkeit. Daß der Strom nicht genau Null wird, sondern ein schwacher entgegengesetzter Strom fließt, rührt von Kanalstrahlen her, die an der Platte G reflektiert werden. Abb. 73 gibt ein Beispiel für Wasserstoffstrahlen, die auf eine Aluminiumfläche auffielen. Die Kurve zeigt, in welcher Weise die Maximalgeschwindigkeit der Elektronen von der Primärgeschwindigkeit der Kanalstrahlen abhängt. Die höchste Elektronengeschwindigkeit, die überhaupt beobachtet wurde, entsprach 22 Volt. Sie wurde bereits bei einer Parallelfunkenstrecke von etwa 8 mm erreicht, was einer Kanalstrahlgeschwindigkeit von 24 kV entspricht. Auch

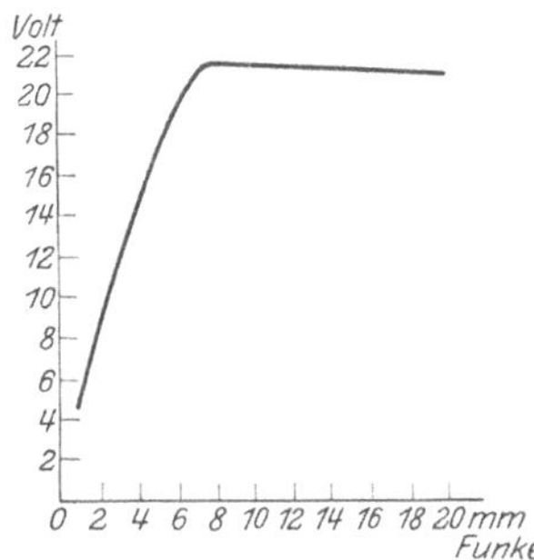

Abb. 73. Maximalgeschwindigkeiten der Sekundärelektronen als Funktion der Entladungsspannung.

die Messungen von BAERWALD sind mit inhomogenen Strahlen ausgeführt.

Es fällt auf, daß die von FÜCHTBAUER und BAERWALD beobachteten Maximalgeschwindigkeiten wesentlich kleiner sind, als nach der Stoßmechanik zu erwarten ist. Unter der Annahme ruhender Atomelektronen sollte nach Ziff. 16 Formel (4) die maximale Voltgeschwindigkeit der Sekundärelektronen, die durch Ionenstrahlen der Masse m_1 und der Voltgeschwindigkeit V ausgelöst werden, durch $V' = 4 V \dfrac{m_2}{m_1}$ oder für H-Strahlen nahe durch $V' = \dfrac{1}{450} V$ gegeben sein. Bei 24 kV wird $V' = 53$ Volt und V' müßte proportional mit V anwachsen. Nun zeigt die einfache Anwendung der Stoßmechanik, daß die Elektronen mit der maximalen Geschwindigkeit in der Stoßrichtung weiterfliegen und überhaupt keine Sekundärelektronen unter größerem Winkel als 90° auftreten sollten. Die von FÜCHTBAUER und BAERWALD aus massiven Metallplatten an der Vorderseite beobachteten Elektronen können deshalb nur als mehrfach in Metall gestreute sekundäre Elektronen aufgefaßt werden. Daß ihre Geschwindigkeit verhältnismäßig klein gefunden wird, ist durchaus verständlich. GERTHSEN[1] und

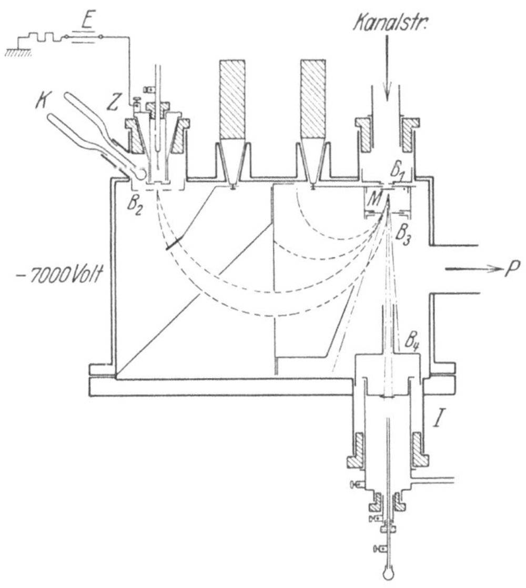

Abb. 74. Anordnung von SCHNEIDER zur Untersuchung der Sekundärstrahlung.

SCHNEIDER[2] haben es deshalb unternommen, die Geschwindigkeit von Sekundärelektronen zu untersuchen, die an der Rückseite von dünnen Metallfolien, die von homogenen H-Kanalstrahlen durchschossen werden, zu untersuchen. Abb. 74 zeigt die Versuchsanordnung. Homogene H-Kanalstrahlen definierter

---

[1] CH. GERTHSEN, Phys. ZS. Bd. 31, S. 948. 1930.
[2] G. SCHNEIDER, Ann. d. Phys. Bd. 11, S. 357. 1931.

Geschwindigkeit treten durch die 0,3 mm weite Blende B_1 in eine Kammer ein und treffen auf die dünne Metallfolie M, die durch einen Schliff in den Strahlengang gedreht werden kann. Die auf der anderen Seite der Folie austretenden Sekundärelektronen werden in einem homogenen Magnetfeld (Helmholtz-Gaugain-Spule) um 180° abgelenkt und hinter der Blende B_2 auf 7000 Volt beschleunigt.

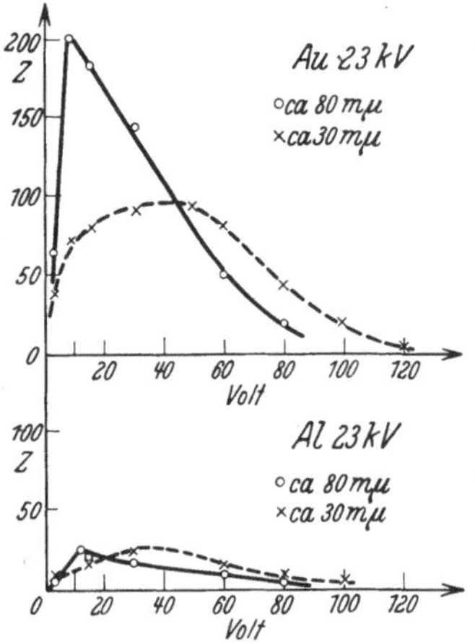

Abb. 75. Geschwindigkeitsverteilung der Sekundärelektronen nach Schneider.

Die Blende B_3 hält gestreute Kanalstrahlen von der Meßanordnung fern. Der Elektronenstrahl tritt hinter B_2 in den Spitzenzähler Z ein, dessen Hülle über ein Fadenelektrometer E und einen hohen Widerstand an Erde liegt, während die ganze Kammer auf — 7000 Volt aufgeladen wird. Die Ionisationskammer I dient zur Messung der Kanalstrahlenintensität bei weggedrehter Metallfolie und zur Dosierung der Primärintensität. Die Folien werden vor Beginn der Messung durch längeres Beschießen mit Kanalstrahlen entgast. Abb. 75 zeigt die Geschwindigkeitsverteilung der Sekundärelektronen bei ein und derselben Primärenergie, aber verschiedenen Foliendicken für Au und Al. Die Teilchenzahl ist stets auf gleiche Primärintensität bezogen. Im Idealfalle wäre zu erwarten, daß nach rückwärts nur die Elektronen höchster Geschwindigkeit auftreten. In Wirklichkeit treten auch langsamere Elektronen auf, wenn auch ganz langsame nur in geringer Zahl. Die beobachtete Geschwindigkeitsverteilung läßt sich zwanglos deuten, wenn man Streuung und Geschwindigkeitsverluste der Kanalstrahlen und Elektronen in der Folie berücksichtigt. Mit abnehmender Dicke der Folien verschieben sich die Teilchenzahlmaxima zu höheren Geschwindigkeiten, und auch die Höchstgeschwindigkeiten werden größer. Auch mit abnehmender Ordnungszahl wird eine kleine Verschiebung im gleichen Sinne beobachtet, wohl wegen der größeren Streuung im Gold. Für Gold ist vielleicht wegen der größeren

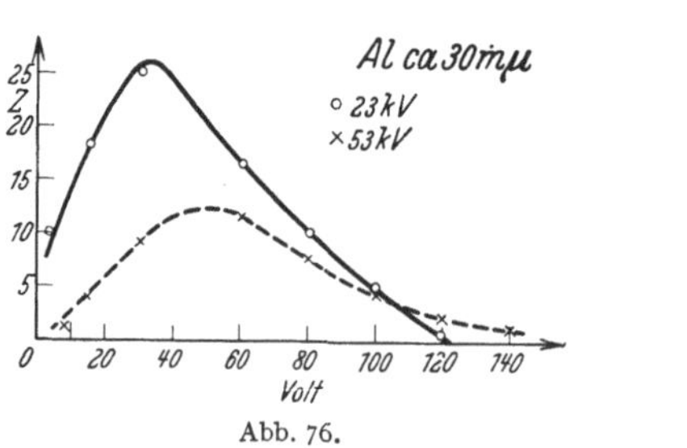

Abb. 76.

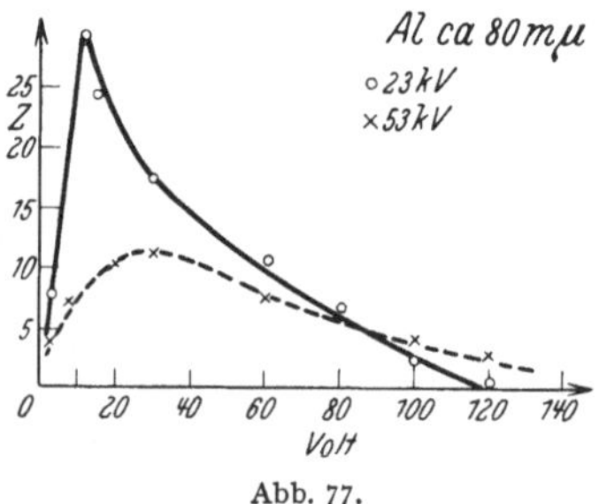

Abb. 77.

Abb. 76 und 77. Geschwindigkeitsverteilung der Sekundärelektronen nach Schneider

Zahl der Elektronen im Atom die Sekundärstrahlung größer als für Aluminium. Abb. 76 und Abb. 77 zeigen Messungen an Al bei zwei verschiedenen Primärgeschwindigkeiten und zwei verschiedenen Foliendicken. Die zum Maximum der Kurven gehörenden Geschwindigkeiten und die beobachteten Höchstgeschwindigkeiten wachsen, wie erwartet, im Gegensatz zu den Beobachtungen von Baerwald, mit zunehmender Primärenergie. Bei 23 kV beträgt die Maximalgeschwindigkeit in Aluminium etwa 120 Volt, bei 53 kV über 150 Volt, während als Maximalgeschwindigkeiten nach der Stoßmechanik etwa 51 Volt und 118 Volt zu erwarten wären. Die tatsächlich auftretenden Geschwindigkeiten sind also nicht unbeträchtlich größer, als sie nach der Stoßmechanik bei der Annahme ruhender Elektronen sein sollten.

Von Interesse ist das Ergebnis, das SCHNEIDER für die Zahl der aus massiven Metallplatten austretenden Sekundärelektronen findet. Abb. 78 zeigt, daß aus Au, Cu und Al annähernd gleich viele Elektronen, nämlich rund 4 pro auftreffendes H-Atom, austreten, und dieser Wert bleibt zwischen 23 und 46 kV unverändert derselbe. Die reine Metalloberfläche wurde vor den Versuchen ebenfalls sorgfältig entgast.

BAERWALD hat auch untersucht, wie viele sekundäre Elektronen aus Metallen von einem einzelnen Kanalstrahlteilchen ausgelöst werden. Er benutzte dazu die bereits in Ziff. 16 beschriebene Anordnung und arbeitete in hohem Vakuum. Das Ergebnis seiner Versuche mit Wasserstoffatomstrahlen, die

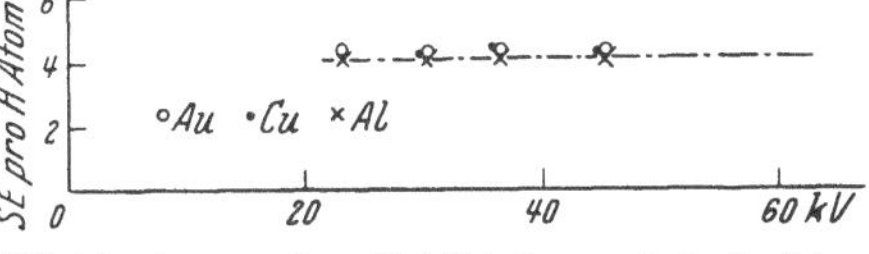

Abb. 78. Aus massiven Metallplatten austretende Sekundärelektronen nach SCHNEIDER.

auf Messing auffielen, ist folgendes: „Die von einem Strahlteilchen ausgelöste Zahl von Elektronen Z steigt anfangs bei zunehmender Primärgeschwindigkeit rasch an, ist bei einer Parallelfunkenstrecke $f = 0,1$ mm oder 300 Volt schon ungefähr 2, wächst von $f = 1$ mm oder 5000 Volt an langsamer und bleibt von $f = 6$ mm oder 20000 Volt an praktisch konstant zwischen 5 und 6 stehen." Der Grenzwert, dem die Kurve zustrebt, kann so gedeutet werden, daß die Elektronen nur aus geringer Tiefe aus dem Metall austreten können. Selbst wenn schnellere Kanalstrahlteilchen in größere Tiefen eindringen, so können die dort ausgelösten Elektronen nicht mehr das Metall verlassen. Wenn man bedenkt, daß BAERWALD mit inhomogenen Strahlen arbeitete, wird man die Übereinstimmung mit den Angaben von SCHNEIDER als sehr befriedigend bezeichnen. CAMPBELL[1] findet bei größeren Geschwindigkeiten etwa halb so viele Sekundärelektronen pro Primärteilchen wie BAERWALD und ein Anwachsen der Zahl mit zunehmender Primärenergie bis etwa 40 kV, dann eine rasche Abnahme. Bei kleinen Geschwindigkeiten (300 Volt) ist seine Ausbeute nur ein Hundertstel der von BAERWALD gefundenen. Unterhalb 40 Volt Primärenergie konnte er keine Sekundärelektronen nachweisen. BADAREUS Messungen[2] mit Strahlen zwischen 75 und 600 Volt gaben an Pt eine Ausbeute, die etwa $^1/_{10}$ der von BAERWALD an Messing gefundenen beträgt. Beide Beobachter benutzen als Ionenquelle eine glühende Anode im Vakuum, so daß die Strahlung nicht einheitlich war. Einen Einfluß der Natur des Metalls oder der Strahlenart auf die Menge der aus massiven Metallflächen austretenden Sekundärelektronen konnte BAERWALD[3] bei seinen Messungen mit Strahlen bis zu 1 kV nicht finden. SCHNEIDERS Ergebnisse mit schnellen H-Strahlen stehen hiermit in Übereinstimmung. Dagegen fand CHENEY[4] mit Alkalistrahlen unterhalb 600 Volt starke Verschiedenheiten in der Ausbeute je nach der Natur des Sekundärstrahlers (Al, Pt) und der Ionen (Li, K, Rb). Viele Beobachter, die Sekundärstrahlen von verhältnismäßig langsamen Ionenstrahlen untersuchten, haben gefunden, daß außer der Natur des Sekundärstrahlers und der Strahlenart auch Gasbeladungen von Einfluß auf die Ausbeute und Geschwindigkeitsverteilung der Sekundärelektronen sind. Im ganzen sind aber die Ergebnisse wenig übersichtlich[5].

[1] N. CAMPBELL, Phil. Mag. Bd. 29, S. 783. 1915.
[2] E. BADAREU, Phys. ZS. Bd. 25, S. 137. 1924.
[3] H. BAERWALD, Ann. d. Phys. Bd. 60, S. 1. 1919.
[4] W. L. CHENEY, Phys. Rev. Bd. 10, S. 325. 1917.
[5] W. J. JACKSON, Phys. Rev. Bd. 28, S. 524. 1926; M. L. E. OLIPHANT, Proc. Roy. Soc. London (A) Bd. 127, S. 373. 1930; M. L. E. OLIPHANT u. P. B. MOON, Proc. Roy. Soc. London (A) Bd. 127, S. 388. 1930; T. J. CÂMPAN, Phys. ZS. Bd. 32, S. 593. 1931.

Von Interesse ist ferner die Frage nach der kleinsten Primärgeschwindigkeit, bei der noch Sekundärelektronen aufgelöst werden. Baerwald[1] hat auch diese

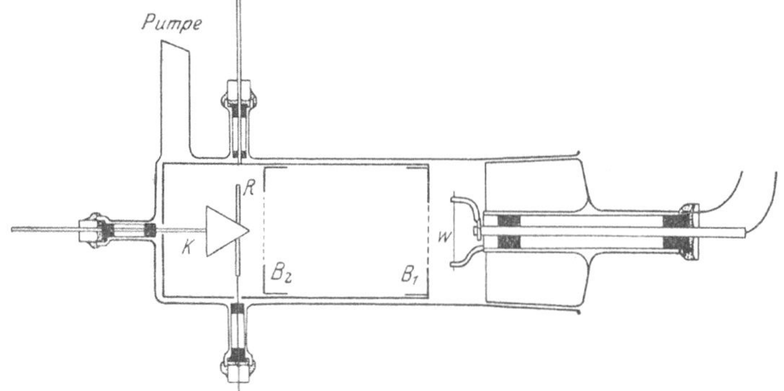

Abb. 79. Messung des von langsamen positiven Ionen ausgelösten Elektronenstromes nach Baerwald.

Frage untersucht. Die von der glühenden Wolframanode W (Abb. 79) ausgehenden Ionen treten durch das weitmaschige Beschleunigungsnetz B_1 und das

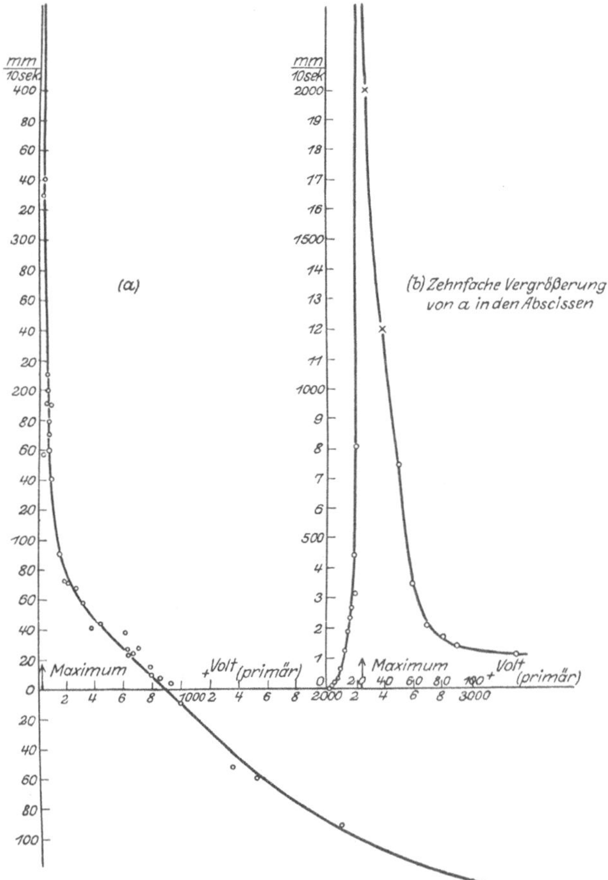

Abb. 80. Zum Nachweis der kleinsten Primärgeschwindigkeit, bei der noch Sekundärstrahlung beobachtet wird.

engmaschige Netz B_2. K ist ein Kegel aus Metall und R ein den Kegel konzentrisch umgebender Ring. Beide sind isoliert herausgeführt. Hülle und Ring sind geerdet, die Anode auf variabler positiver Spannung, Kegel K an einem Quadrantenpaar des geerdeten Elektrometers. Es wird nun der Gang des Elektrometers beobachtet, wenn der Kegel mit dem zugehörigen Quadrantenpaar isoliert wird. Der vom Kegel (Messing) auf das Elektrometer abfließende Strom (Abb. 80) ist zwischen 0 und 20 Volt Anodenspannung positiv, erreicht ein Maximum bei 20 Volt, nimmt dann ab und geht bei 900 Volt ins Negative über. Dies zeigt, daß zunächst nur die positiven Primärstrahlen auf den Kegel gelangen und bei 20 Volt sich ein Strom von Sekundär-

---

¹ Vgl. Fußnote 3, S. 131.

elektronen, die am Netz B_2 ausgelöst werden, sich zu überlagern beginnt. Damit ist die untere Grenze der Primärgeschwindigkeit, bei der noch Sekundärstrahlen erfolgen, zu 20 Volt bestimmt. Den gleichen Wert geben auch HORTON und DAWIS[1] an, wenn auch hier die Deutung etwas zweifelhaft ist. CÂMPAN[2] kann eine Sekundärstrahlung durch K-Ionen an Platin ebenfalls bis zu einer unteren Grenze von 20 Volt nachweisen. Andere Beobachter finden indessen überhaupt keine untere Grenze der Geschwindigkeit der Primärstrahlen für die Auslösung von Sekundärelektronen[3], während anderseits DÄLLENBACH, GERECKE und STOLL[4] noch keine merklichen Sekundärstrahlen mit Hg-Strahlen von 2 bis 3 kV an Eisen auffinden können. Dem letzterwähnten Befund widersprechen Angaben von v. ISSENDORF[5], der bei 300 Volt noch 10% Ausbeute findet. Auch hier sind also die Versuchsergebnisse noch wenig eindeutig. Die Verhältnisse dürften ähnlich liegen wie bei der unteren Grenze für die Ionisation, so daß die Art der Strahlteilchen und des Metalls von wesentlichem Einfluß auf das Ergebnis ist. Auch die Reinheit der Oberfläche wird die Versuchsergebnisse wohl stark beeinflussen.

20. Anregung von Wellenstrahlung durch Kanalstrahlen. Man hat danach gesucht, ob beim Auftreffen von schnellen Kanalstrahlen auf Metalle außer einer sekundären Elektronenstrahlung auch eine Wellenstrahlung, ähnlich der Röntgenstrahlung, entsteht. Ein Versuch von J. J. THOMSON[6] schien in der Tat darauf hinzudeuten. Die Kanalstrahlen trafen auf die Platinplatte P (Abb. 81) auf. L ist eine photographische Platte. Es wurde eine Schumannplatte benutzt, auf der sich nach einstündiger Bestrahlung eine Schwärzung zeigte. Diese Schwärzung trat auch auf, wenn an dem Kondensator C_{II} eine hohe Potentialdifferenz angelegt wurde. Dies zeigt, daß die Schwärzung von einer elektrisch nicht ablenkbaren Strahlung verursacht wird. Wurden indessen durch den Kondensator C_I die geladenen Kanalstrahlteilchen aus dem Strahl entfernt, so verschwand die Wirkung fast vollständig. Es schien also die neue Strahlung nur durch geladene Kanalstrahlteilchen erzeugt zu werden. Diese von Kanalstrahlen erregte, sehr weiche Strahlung wurde schon durch dünnste Schichten fester Körper absorbiert und ging auch nicht durch Flußspat hindurch. Die Primärgeschwindigkeit der Kanalstrahlen betrug etwa 20 kV. Die Härte der vermuteten Wellenstrahlung ließ sich durch Vergleich ihrer Absorbierkeit mit der von Röntgenstrahlen, die durch bekannte Kathodenstrahlgeschwindigkeiten erzeugt wurden, zu 10 bis 80 Volt abschätzen. Eine neuere Untersuchung desselben Forschers[7] mit Strahlen von maximal 5,5 kV benutzt zum Nachweis einer Wellenstrahlung die lichtelektrische Wirkung und läßt ebenfalls auf die Existenz einer derartigen Strahlung schließen.

W. WIEN[8] untersuchte die von einer Metallantianode ausgehende Strahlung bei 10 kV Wasserstoffkanalstrahlen mit einem Reflexionsgitter in einem Vakuumspektrographen, konnte aber die THOMSONsche Strahlung nicht nachweisen.

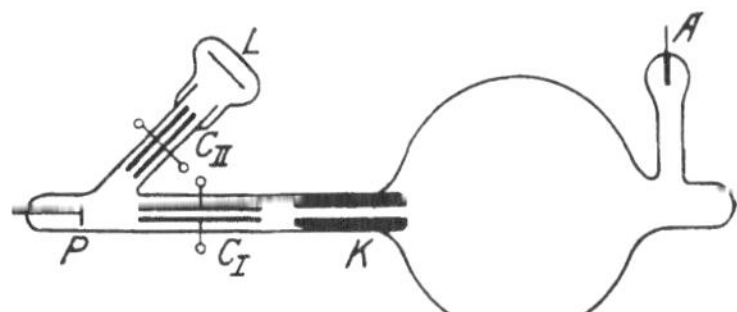

Abb. 81. Anordnung von THOMSON zum Nachweis der durch Kanalstrahlen erregten kurzwelligen Strahlung.

[1] A. C. DAVIS u. F. HORTON, Proc. Roy. Soc. London (A) Bd. 95, S. 333. 1919.
[2] T. J. CÂMPAN, Phys. ZS. Bd. 30, S. 858. 1929.
[3] E. BADAREU, Phys. ZS. Bd. 25, S. 137. 1924; F. M. PENNING, Proc. Amsterdam Bd. 31, S. 14. 1928; Physica Bd. 8, S. 13. 1928.
[4] W. DÄLLENBACH, E. GERECKE u. E. STOLL, Phys. ZS. Bd. 26, S. 10. 1925.
[5] J. v. ISSENDORF, Wiss. Veröffentl. a. d. Siemens-Konz. Bd. 4, S. 124. 1925.
[6] J. J. THOMSON, Phil. Mag. Bd. 28, S. 620. 1914.
[7] J. J. THOMSON, Phil. Mag. Bd. 2, S. 674. 1926.
[8] W. WIEN, Ann. d. Phys. Bd. 83, S. 19. 1927.

Die Frage nach der Möglichkeit der Erregung von Röntgenstrahlen durch Stoß von α-Strahlen und Kanalstrahlen steht im engen Zusammenhang mit dem Wesen der Energieverluste beim Durchgang durch Materie. Diese Energieverluste erfolgen in kleinen Stufen, wodurch eine definierte Reichweite der Strahlteilchen bedingt wird. Wenn man auch bei den Kathodenstrahlen eine einem plötzlichen Verlust der Geschwindigkeit entsprechende Bremsstrahlung kennt, so ist doch die Ausbeute nur sehr gering, und das Auftreten einer derartigen Strahlung von merklicher Intensität ist für α-Strahlen und Kanalstrahlen wenig wahrscheinlich. Der Unterschied ist durch die große Masse der α- und Kanalstrahlteilchen bedingt[1]. Auf Grund einer groben Abschätzung läßt sich aus dem klassischen Ansatz von Sommerfeld für die von einem Strahlteilchen beim Bremsvorgang ausgestrahlte Energie folgern, daß diese, bei α- und Kanalstrahlen üblicher Geschwindigkeiten, größenordnungsmäßig 10^5 mal kleiner wird als bei Kathodenstrahlen in einem gewöhnlichen Röntgenrohr. Eine wellenmechanische Rechnung von Scherzer[2] führt ebenfalls zu dem Ergebnis, daß die Bremsstrahlung von Protonen und α-Strahlen sehr schwach sein muß. Bei den α-Strahlen hat auch jede durch Stoß dieser Teilchen erzeugte Wellenstrahlung bisher als charakteristische Strahlung gedeutet werden können. Gerthsen[3] macht darauf aufmerksam, daß im Gegensatz zu der Erregung von charakteristischen Röntgenstrahlen durch Kathodenstrahlen, bei der für die höchste entstehende Frequenz nur die Bedingung

$$h\nu = \tfrac{1}{2}mv^2 = eV$$

erfüllt sein muß, die Verhältnisse bei Ionenstoß anders liegen können. Nimmt man an, daß die Erregung der Eigenstrahlung durch die Energieübertragung auf ein ruhend gedachtes Atomelektron beim Stoß, und zwar, entsprechend der üblichen Vorstellung, durch einen Ionisierungsvorgang eingeleitet wird, so kommt man nach Ziff. 16 zu dem Ergebnis, daß die Anregungsfähigkeit der Eigenstrahlung durch positive Ionen derjenigen von Elektronen der doppelten Lineargeschwindigkeit gleichkommen sollte. Die zu H-Kanalstrahlen gehörige Anregungsspannung V_1 wäre demnach mit der Elektronenanregungsspannung V durch die Beziehung

$$V_1 = 450\,V$$

verknüpft. Eine Geschwindigkeit der H-Kanalstrahlen von $2 \cdot 10^8$ cm/sec würde hiernach eine härteste Strahlung von 45 Volt erzeugen, was befriedigend zu den Härteangaben von Thomson stimmt. Auf Grund obiger Überlegung sollte die Erregung der K-Strahlung des Berylliums (116 Volt), der L-Strahlung des Al (68 Volt) und der L-Strahlung des Magnesiums (46 Volt) mit H-Kanalstrahlen von 52, 31, 21 kV möglich sein. Gerthsen[4] hat nähere Versuche über diese Frage angestellt. Abb. 82 zeigt schematisch die

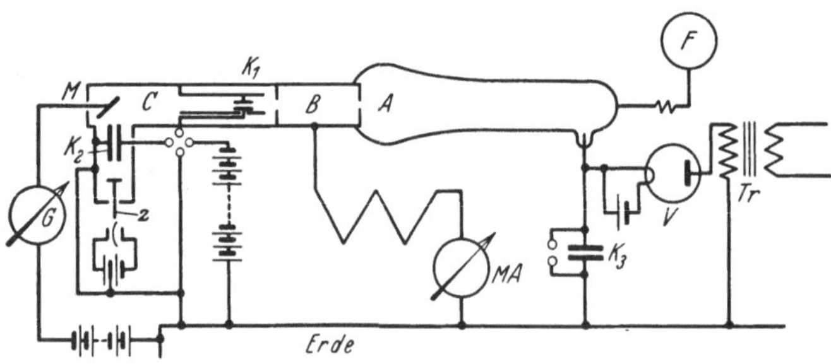

Abb. 82. Anordnung von Gerthsen zur Untersuchung der von Kanalstrahlen erregten Röntgenstrahlen und der Kanalstrahlreflexion.

Anordnung. Wasserstoffkanalstrahlen werden in gewöhnlicher Weise erzeugt und im Vakuum nachbeschleunigt, aber nicht durch ein Magnetfeld homogenisiert. Das

---

[1] W. Bothe u. H. Fränz, ZS. f. Phys. Bd. 52, S. 466. 1929.
[2] O. Scherzer, Ann. d. Phys. Bd. 13, S. 137. 1932.
[3] Ch. Gerthsen, ZS. f. Phys. Bd. 36, S. 540. 1926.
[4] Ch. Gerthsen, Ann. d. Phys. Bd. 85, S. 881. 1928.

Strahlengemisch besteht deshalb aus langsamen neutralen und verhältnismäßig schnellen geladenen Teilchen. Die Antianode M wird auf $+50$ Volt aufgeladen, um die Sekundärelektronen zurückzuhalten. Zum Nachweis der von der Antianode ausgehenden Strahlung dient die lichtelektrische Wirkung an einer Zinkplatte Z.

Durch den Kondensator K_2 kann ein Sperrfeld eingeschaltet werden, um geladene Teilchen, die von der Antianode ausgehen, vom Auffänger fernzuhalten. Es wird stets positive Aufladung von Z beobachtet, die geringer wird, wenn das Sperrfeld eingeschaltet ist. Die Ergebnisse schienen zu zeigen, daß es sich bei diesem Effekt wesentlich um die Auslösung sekundärer Elektronen durch reflektierte Kanalstrahlen und nicht durch die lichtelektrische Wirkung einer kurzwelligen Wellenstrahlung handelte. Die Isolierung einer möglicherweise von der Antianode ausgehenden Wellenstrahlung wurde durch Spiegelung (Abb. 83) an einem Hohl-

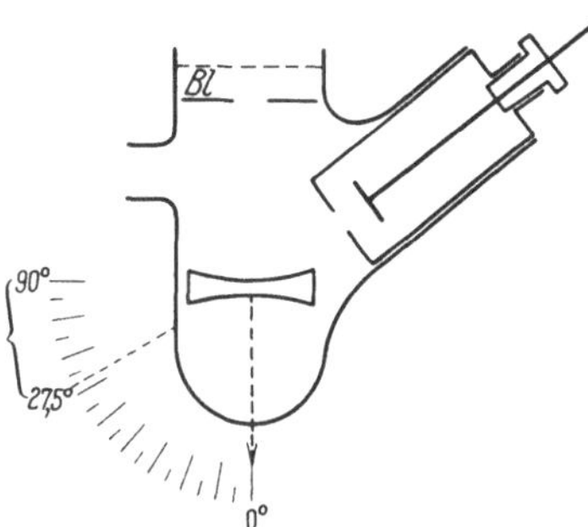

Abb. 83. Zum Nachweis einer von Kanalstrahlen an einer Antianode erregten Wellenstrahlung.

spiegel aus Ni, Ag oder Pt versucht, der die Strahlung auf die Zinkplatte bei einem Einfalls- und Reflexionswinkel von 27,5° konzentrierte. Der ebenfalls auf $+50$ Volt geladene Hohlspiegel konnte um eine zur Zeichenebene senkrechte Achse gedreht werden.

Es wurden Antianoden aus Mg und Be benutzt und die Aufladung eines mit Z verbundenen Elektrometers als Funktion des Einfallwinkels gemessen. Eine solche Kurve (Mg-Antianode, Ni-Spiegel, 34 kV) zeigt Abb. 84. Man sieht in der Tat, daß im Gebiet der optischen Reflexion eine sehr schwache reflektierte Wellenstrahlung angezeigt wird. Denselben Effekt, wenn auch schwächer, erhielt man mit Be, obwohl die Be-K-Strahlung nach obigem bei 34 kV noch nicht angeregt werden sollte. Wurden die raschen geladenen Kanalstrahlen durch ein ablenkendes elektrisches Feld K_1 entfernt, so daß nur neutrale Strahlen von weniger als 10 kV auf die Antianode trafen, so verschwand die Reflexionszacke vollständig. Es handelt sich also offenbar um eine durch rasche Primärstrahlen an der Antianode entstehende Wellenstrahlung. Filterung durch ein Zelluloidhäutchen von 100 mμ Dicke bedingte eine Vergrößerung der Aufladezeit für die Punkte der Grundkurve im Verhältnis 10 : 1, während die Intensität der Reflexionszacke nur im Verhältnis 3 : 1

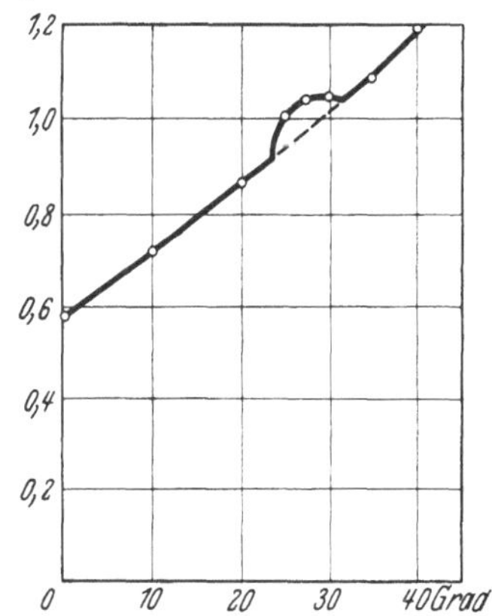

Abb. 84. Spiegelung der an einer Mg-Antianode entstehenden Strahlung an einem Hohlspiegel aus Ni.

geschwächt wurde. Der diesem Schwächungsverhältnis entsprechende Absorptionskoeffizient des Zelluloids ist $1,1 \cdot 10^5$ cm^{-1}, während HOLWECK für eine Wellenstrahlung von 47 Volt (Mg L) $1,2 \cdot 10^5$ cm^{-1} angibt. Eine sichere Wellenlängenbestimmung der sehr schwachen Strahlen erwies sich als undurchführbar. Eine Flußspatplatte war für die Strahlung undurchlässig. Trotzdem ist es nicht ausgeschlossen, daß es sich um eine Aussendung der Wasserstoff-Lymanserie beim Auftreffen der H-Kanalstrahlen auf die Antianode handelt. Eine nähere Untersuchung der von der Antianode diffus reflektierten Strahlung zeigte, daß sie lediglich aus reflektierten Kanalstrahlen bestand. Auch die von THOMPSON beobachteten Effekte sind sicherlich wesentlich auf reflektierte Kanalstrahlen zurückzuführen.

Über negative Ergebnisse bei dem Versuch, eine Wellenstrahlung durch Protonenstrahlen an einer Antianode aus Kupfer zu erhalten, berichtet Barton[1].

Sicherere Ergebnisse über die Erregung von Röntgenstrahlen durch Stoß von Kanalstrahlen sind wohl erst bei der Untersuchung sehr rascher Kanalstrahlen zu erwarten. Nach Versuchen von Bothe und Fränz[2] wächst die Intensität einer durch Po-α-Strahlung erregten Röntgenstrahlung mit einer sehr hohen Potenz der Geschwindigkeit. Cockcroft und Walton[3] glauben an Pb- und an Be-Salzen durch 280 kV-Kanalstrahlen eine schwache inhomogene Röntgenstrahlung von etwa 40 kV nachgewiesen zu haben. Ein starkes Anwachsen der Intensität wurde zwischen 250 und 280 kV beobachtet. Diese Ergebnisse sind zwar wohl als vorläufig anzusehen*, scheinen aber doch darauf hinzudeuten, daß die untere Grenze der Primärgeschwindigkeit nicht durch die oben angedeutete einfache stoßmechanische Beziehung festgelegt ist. Erfahrungen über die charakteristische Röntgenstrahlung, die durch α-Strahlen erregt wird, sprechen eher dafür, daß lediglich die Intensität der Röntgenstrahlung bei kleiner Primärgeschwindigkeit so gering wird, daß sie sich dem Nachweis entzieht.

Für die Lichtanregung durch Ionenstrahlen kann man nach Ziff.16, Formel (1), mit der dort angegebenen Einschränkung als gültige Anregungsbedingung annehmen. Das vorliegende experimentelle Material hat aber noch wenig Klarheit in diese Frage bringen können. Dempster[4] hat Lichtanregung durch H-Strahlen bis herunter zu 5 Volt beobachten können, doch konnte die schwache Strahlung nicht spektroskopisch untersucht werden. Rodenstock[5] fand Mindestenergien für die Lichtanregung bis herunter zu 41 Volt, wobei verschiedene Strahlenarten und Gase untersucht wurden. Unter ziemlich definierten Verhältnissen ist von mehreren Seiten die Anregung von Hg-Dampf durch Na-Ionenstrahlung untersucht worden. Tate[6] findet das Bogenspektrum des Hg und des Na bis herunter zu 40 Volt. Appleyard[7] bestätigt die Versuche allerdings nur herunter bis zu 100 Volt. Jones[8] findet als untere Grenze für die Erregung der Hg-Resonanzlinie 2537 Å durch Natriumstrahlen 160 Volt, Kirschtein[9] findet 35 Volt. In diesem Falle würde Formel (1), Ziff.16, 5,4 Volt als Anregungsgrenze ergeben. In allen Fällen ist die beobachtete Spannung größer als die erwartete. Dies liegt aber wohl daran, daß ganz im Gegensatz zu den Verhältnissen beim Elektronenstoß die Anregungswahrscheinlichkeit in der Nähe der Anregungsspannung äußerst klein zu sein scheint, so daß die Lichtaussendung an der Grenze sich der Beobachtung entzieht[10]. Interessante Versuche über Lichtanregung durch Kanalstrahlen hat Döpel[11] ausgeführt. Er findet, daß He durch Protonen von 20 bis 30 kV mindestens 10mal weniger erregt wird als durch neutrale H-Atome gleicher Geschwindigkeit. Döpel hat auch den Unterschied in der Anregung von He durch Elektronen und neutrale H-Strahlen studiert.

[1] A. Barton, Journ. Frankl. Inst. Bd. 209, S. 1. 1930.

[2] W. Bothe u. H. Fränz, ZS. f. Phys. Bd. 52, S. 466. 1929.

[3] J. D. Cockcroft u. E. T. S. Walton, Proc. Roy. Soc. London (A) Bd. 129, S. 477. 1930.

[4] A. J. Dempster, Phys. Rev. Bd. 8, S. 652. 1916.

[5] H. Rodenstock, Dissert. Darmstadt 1927.   [6] J. Tate, Phys. Rev. Bd. 23, S. 293. 1924.

[7] E. T. S. Appleyard, Proc. Roy. Soc. London (A) Bd. 128, S. 330. 1930.

[8] E. J. Jones, Phys. Rev. Bd. 29, S. 611. 1928.

[9] B. Kirschtein, ZS. f. Phys. Bd. 60, S. 184. 1930.

[10] Man vergleiche auch die Angaben von W. Hanle über Lichtausbeute beim Ionenstoß. Phys. ZS. Bd. 33, S. 245. 1932.

[11] R. Döpel, Phys. ZS. Bd. 32, S. 858. 1932. Ausführliche Veröffentlichung im Druck.

* Anm. bei der Korrektur: Diese Angaben haben Cockcroft und Walton neuerdings (Proc. Roy. Soc. Bd. 136, S. 619. 1932) größtenteils zurückgezogen. Dagegen ist es Lion in Darmstadt gelungen, mit sehr intensiven Protonenstrahlen von 150 kV an einer Bleiantianode eine weiche Röntgenstrahlung, die schon von einigen μAl stark absorbiert wird, zweifelsfrei nachzuweisen (mündliche Mitteilung).

V. Geschwindigkeitsverlust und Wesen der Absorption der Kanalstrahlen.

21. Ältere Anschauungen und Beobachtungen. Entsprechend den Anschauungen LENARDS über den Absorptionsvorgang der Kathodenstrahlen hat besonders W. WIEN früher die Ansicht vertreten, daß auch bei den Kanalstrahlen im Gegensatz zu den α-Strahlen die sog. „wahre Absorption" den wesentlichen Teil des Absorptionsvorganges bildet. Die Absorption sollte danach in einer vollständigen Reduktion der Geschwindigkeit auf den Betrag der gaskinetischen Geschwindigkeit und somit dem Ausscheiden des Strahlteilchens aus dem Strahl bei einem einmaligen Zusammenstoß bestehen.

Wie schon in Kapitel 1 (Art. BOTHE) und in Ziff. 18 dieses Artikels ausgeführt wurde, haben neuere Untersuchungen gezeigt, daß ebenso wie bei den α-Strahlen auch bei den Kathoden- und Kanalstrahlen das Wesen des Absorptionsvorganges in einer allmählichen Aufzehrung der kinetischen Energie in vielen kleinen Einzelstufen zu suchen ist, so daß eine bestimmte Reichweite angegeben werden kann. Die ältere, hierzu im Gegensatz stehende Ansicht W. WIENS war auf der Erfahrung begründet, daß es lange Zeit mit den zur Verfügung stehenden Hilfsmitteln nicht gelingen wollte, eine Geschwindigkeitsabnahme der Kanalstrahlteilchen auf ihrer Bahn durch Materie nachzuweisen, obwohl nach einer solchen Abnahme auf mehreren ganz verschiedenen Wegen gesucht wurde.

KÖNIGSBERGER und KUTSCHEWSKI[1] ließen die Kanalstrahlen ein transversales magnetisches und elektrisches, örtlich zusammenfallendes Feld passieren. In einem Abstand von 14 cm von dem ersten Magnetfeld befand sich ein zweites, das so reguliert wurde, daß die Ablenkug des ersten Magnetfeldes für jede Geschwindigkeit gerade kompensiert wurde. Es blieb dann nur eine horizontale elektrische Ablenkung übrig. Wurde nun der Gasdruck vergrößert, so mußte, falls ein Geschwindigkeitsverlust vorhanden war, das zweite Magnetfeld nunmehr stärker ablenkend wirken als das erste, was sich an einer vertikalen Verschiebung des abgelenkten Fleckes, der photographiert wurde, bemerkbar machen mußte. Indessen war selbst eine sehr beträchtliche Druckerhöhung ohne merklichen Einfluß auf die Kompensation.

WILSAR[2] photographierte mit einem Spektrographen die Dopplerverschiebung der Linie H_γ eines Wasserstoffkanalstrahles. Das Kollimatorrohr war unter 45° gegen den Strahl geneigt, so daß die Kanalstrahlen vom Spektrographen fortliefen (Dopplerverschiebung nach Rot). Hierbei zeigte sich sogar, daß die leuchtenden Teilchen im größeren Abstand von der Kathode mehr schnellere Teilchen enthielten als im kleineren, was durch größere Streuung der langsamen Bestandteile des Strahls erklärt werden kann. Eine Verringerung der Geschwindigkeit konnte auch hier nicht nachgewiesen werden. In Abb. 85 entspricht die ausgezogene Linie der kleinen, die gestrichelte der größeren Entfernung. Das $\Delta\lambda$ der maximalen Schwärzung ist in letzterem Falle größer.

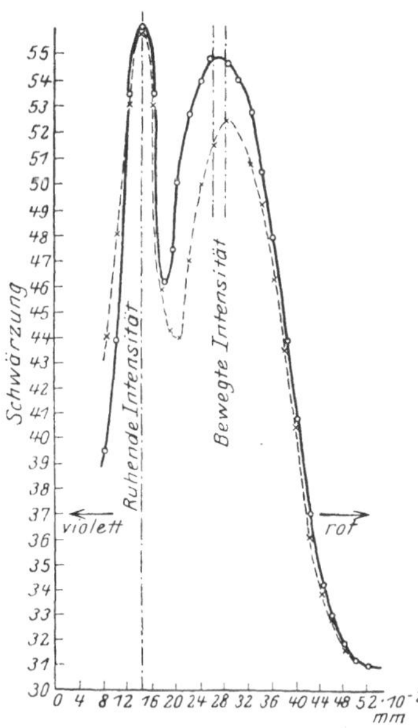

Abb. 85. Dopplerverschiebung von H_γ in Abhängigkeit vom Abstand von der Kathode nach WILSAR.

[1] J. KÖNIGSBERGER u. J. KUTSCHEWSKI, Ann. d. Phys. Bd. 37, S. 167. 1912.
[2] H. WILSAR, Ann. d. Phys. Bd. 39, S. 1288. 1912.

Ob die Geschwindigkeit der Strahlen beim Durchgang durch eine Folie meßbar abnimmt, wurde von v. Traubenberg[1] folgendermaßen untersucht: Die in den flachen Messingkasten A (Abb. 86), in dem ein hohes Vakuum herrschte, von links durch die Kathodenbohrung K eindringenden Strahlen wurden durch ein senkrecht zur Zeichenfläche liegendes Magnetfeld so abgelenkt, daß die schnellsten Kanalstrahlen von bestimmtem e/m durch die Öffnung O durchtraten. f ist die Folie und B ein weiteres flaches Messinggefäß, das ganz in einem zweiten zur Zeichenebene senkrechten Magnetfeld sich befindet. Ohne Folie wurde zunächst durch Ablenkung mit diesem zweiten Feld die Geschwindigkeit der Strahlen bestimmt. Wurde nun die Folie durch Drehung eines Schliffes vorgeschaltet, so zeigte sich auf dem Phosphoreszenzschirm b keine Änderung der Ablenkung. Allerdings waren dann auch noch stärker ablenkbare Strahlen vorhanden, die offenbar einen Geschwindigkeitsverlust erlitten hatten, doch hatte die Hauptmenge unveränderte Geschwindigkeit behalten. Beim Durchgang der Kanalstrahlen durch Gase wurde ebenfalls kein Geschwindigkeitsverlust gefunden.

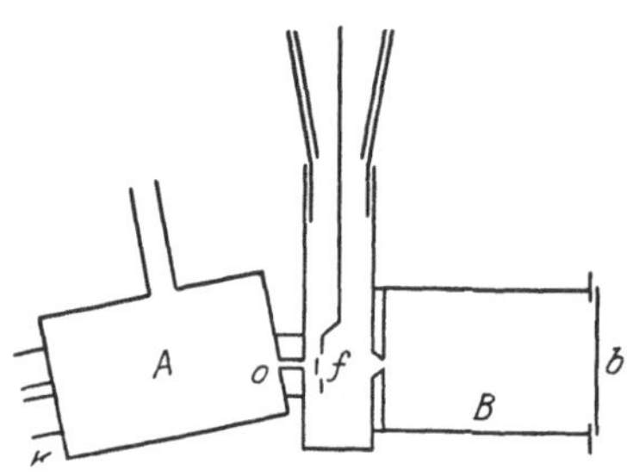

Abb. 86. Beobachtung des Durchgangs der Kanalstrahlen durch Metallfolien nach v. Traubenberg.

Auf Grund dieser Erfahrung suchte W. Wien[2] den „wahren Absorptionskoeffizienten" der Kanalstrahlen in Gasen nach verschiedenen Methoden zu bestimmen. Bereits im Jahre 1907 hat er mit einem Auffänger und Galvanometer den von Wasserstoffstrahlen transportierten Strom in verschiedenen Abständen von der Kathode gemessen. Es wird angenommen, daß die Schwächung des Strahls allein durch Absorption, d. h. durch völligen Verlust der Geschwindigkeit bei einem einmaligen geeigneten Zusammenstoß erfolgt. Die Wahrscheinlichkeit dafür, daß ein Kanalstrahlteilchen die Strecke x, ohne einen absorbierenden Zusammenstoß zu erleiden, zurücklegt, ist

$$e^{-x/L} = e^{-\alpha x},$$

wo L die mittlere freie Weglänge, α die Zahl der absorbierenden Zusammenstöße pro Zentimeter Weg oder die absorbierende Querschnittssumme ist. Für α kann man schreiben:

$$\alpha = N\pi R^2.$$

N ist die Zahl der Gasmoleküle pro Kubikzentimeter, R der Radius der Wirkungssphäre für die Absorption. Empfängt der Auffänger in den Stellungen x_1 und x_2, die um x differieren, Ströme, die Ausschläge s_1 und s_2 am Galvanometer ergeben, so ist

$$s_2 = s_1 e^{-\alpha x},$$

woraus sich α, L und R finden lassen.

Wien findet für verschiedene Primärgeschwindigkeiten und Gasdrucke die in Tabelle 7 eingetragenen Werte. R muß vom Druck unabhängig sein, erweist sich aber auch als ziemlich unabhängig von v.

Tabelle 7. Absorption von Kanalstrahlen nach Messungen von W. Wien.

Spannung	Druck in mm Hg	α pro cm	$R\ 10^9$ cm	L cm
1 550	0,47	0,21	1,67	4,75
2 660	0,20	0,08	1,60	12,50
3 150	0,13	0,07	1,80	12,80
4 800	0,087	0,036	1,58	27,80
10 800	0,061	0,02	1,4	50,0

[1] H. v. Traubenberg, Göttinger Nachr. S. 272. 1914.
[2] W. Wien, Ann. d. Phys. Bd. 23, S. 435. 1907; Bd. 48, S. 1089. 1915.

Da Auffängermessungen bei höheren Drucken nicht zuverlässig sind, hat W. WIEN später ein großes flächenhaftes Thermoelement benutzt. Es wurde dabei dafür gesorgt, daß ein möglichst großer Teil des Strahlquerschnittes auf die Fläche des verschiebbaren Thermoelementes T_2 auffiel (Abb. 87), um die Abnahme der Strahlintensität durch Streuabsorption möglichst zu verhindern.

Da die Entladungsschwankungen die Messung der verhältnismäßig geringen Schwächung unsicher machen, verfährt W. WIEN in folgender Weise: Die eine Hälfte des Strahlquerschnittes wird für die Messung verwendet, während die andere Hälfte auf ein zweites feststehendes Thermoelement T_1 auffällt. Die beiden Thermoelemente liegen in einer Kompensationsschaltung, so daß die absoluten Schwankungen der Entladungen, die auf beide Elemente gleichmäßig wirken, ohne Einfluß bleiben. Wenn das Galvanometer keinen Ausschlag zeigt, ist das Verhältnis der Thermokräfte e_1 von Thermoelement T_2 zu E von Thermoelement T_1 durch das Widerstandsverhältnis gegeben. In einer zweiten Stellung von Thermoelement T_2 erhält man analog e_2/E, und es ist

$$\frac{J_2}{J_1} = \frac{e_2}{e_1} = e^{-\alpha x},$$

wobei x die Strecke ist, um die das Thermoelement T_2 verschoben wurde.

Die Versuche wurden mit Stickstoff und Sauerstoffstrahlen ausgeführt, da hier die Konstanz der Entladung besser ist. Bei einem Druck von 0,02 mm ergibt sich für Sauerstoff α zu etwa 0,05 und L zu etwa 20 cm. Die Geschwindigkeit der Strahlen betrug etwa 10 000 Volt. Auf Atmosphärendruck bezogen wird $L = 5260 \cdot 10^{-7}$ cm, also etwa 50- bis 100mal so groß wie die gaskinetischen freien Weglängen.

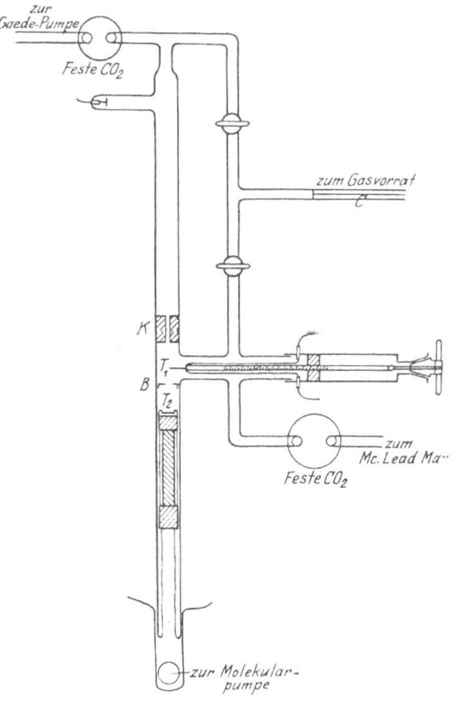

Abb. 87. Apparat von W. WIEN zur Messung der Absorption von Kanalstrahlen in Gasen.

Die photographische Schwärzung ist von KÖNIGSBERGER und KUTSCHEWSKI zur Messung der Absorption benutzt worden. Dies ist möglich, da die Schwärzung ceteris paribus der Teilchenzahl proportional ist. Sie beobachten die Schwärzung unter sonst gleichen Verhältnissen bei zwei verschiedenen Gasdrucken und finden unter Annahme eines exponentiellen Absorptionsgesetzes für den Absorptionskoeffizienten von Wasserstoffstrahlen in Sauerstoff von 1 mm Hg-Druck im Mittel 7 cm^{-1} bei einer Strahlgeschwindigkeit von $1,8 \cdot 10^8 - 2,6 \cdot 10^8$ cm/sec.

Die hier angeführten Versuche und Zahlen beanspruchen indessen im wesentlichen nur noch historisches Interesse. Man muß wohl die beobachtete Strahlschwächung hauptsächlich auf Streuung unter großen Winkeln und Geschwindigkeitsverluste zurückführen, ohne daß man allerdings auf die Einzelheiten des komplexen Vorganges aus der Tatsache einer annähernd exponentiellen Abnahme der Intensität allein irgendwelche sichere Schlüsse ziehen kann. Bei den Versuchen von WIEN wurde außerdem ein inhomogener Gesamtkanalstrahl benutzt.

Wenn in neuerer Zeit[1] durch Beobachtung der Wärmewirkung nach dem Durchgang der Kanalstrahlen durch dünne Folien ähnliche Wege beschritten wurden, so bedeuten diese Arbeiten keinen Fortschritt gegenüber den älteren als Entwicklungsstufen zweifellos wichtigen Untersuchungen und können uns nichts wesentlich Neues mehr lehren.

22. Geschwindigkeitsverlust von homogenen H-Kanalstrahlen beim Durchgang durch feste Körper. Der Nachweis und die Messung von Geschwindigkeitsverlusten homogener H-Kanalstrahlen beim Durchgang durch dünne Folien ist erst Eckardt gelungen[2]. Das Schema der Apparatur zeigt Abb. 88. Der nach

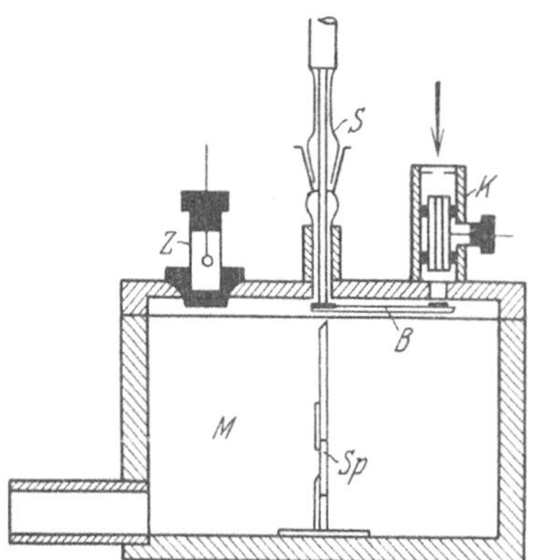

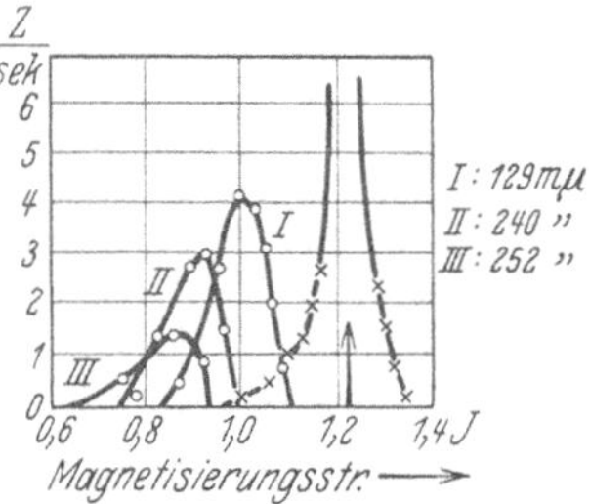

Abb. 88. Anordnung zur Messung des Geschwindigkeitsverlustes nach Eckardt.

Abb. 89. Geschwindigkeitsverteilung von H-Kanalstrahlen mit und ohne Folien nach Eckardt.

Ziff. 5 beschleunigte Kanalstrahl wird in einem Magnetfeld um einen Viertelkreis abgelenkt. Das homogene Protonenbündel tritt durch einen durchlochten Faradaykäfig K (zur Vordosierung des Strahles) in eine flache Meßkammer, in der es durch ein zweites Magnetfeld M zu einem Halbkreis gebogen und auf der Öffnung eines Spitzenzählers fokussiert wird. Das Vakuum in der ganzen Zerlegungs- und Meßanordnung wird sehr hoch gehalten. Dünne Zelluloidfolien B verschiedener Dicke (20 bis 340 mμ), in denen die Geschwindigkeitsverluste gemessen werden sollen, können durch Drehung des Schliffes S in den Gang des Strahles gebracht werden. Bei Variation des Magnetfeldes M werden mittels des Spitzenzählers Geschwindigkeitsverteilungskurven mit und ohne Folien aufgenommen (Abb. 89). Es ergab sich eine beträchtliche Schwächung der Strahlintensität durch die Folie, verursacht durch Umladungen und Streuung in der Folie, außerdem eine Verschiebung des Maximums der Verteilungskurve nach kleineren Geschwindigkeiten, also ein Geschwindigkeitsverlust, der sich in Folien

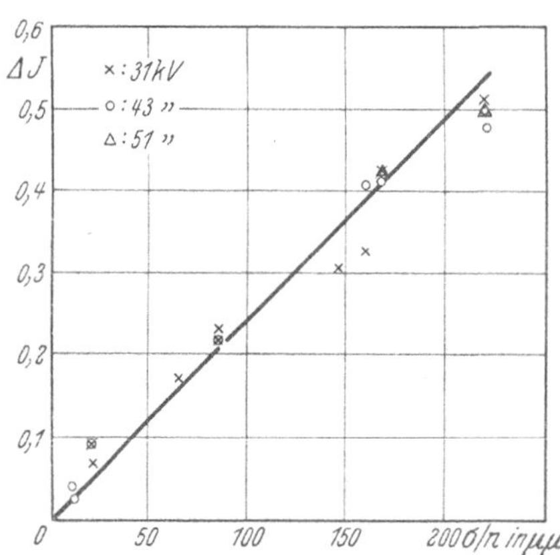

Abb. 90. Geschwindigkeitsverlust von H-Strahlen in Zelluloid in Abhängigkeit von der Dicke.

bis 340 mμ als proportional der Schichtdicke und für Geschwindigkeiten von 30 bis 51 kV als unabhängig von der Strahlgeschwindigkeit erwies. Abb. 90 zeigt das Ergebnis der Messungen, wobei als Maß des Geschwindigkeitsverlustes Diffe-

[1] K. P. Jakowlew, ZS. f. Phys. Bd. 63, S. 114. 1930; Bd. 64, S. 384. 1930.
[2] A. Eckardt, Ann. d. Phys. Bd. 5, S. 401. 1930.

renzen ΔJ der Magnetisierungsströme des Magnetfeldes für die jeweiligen Maxima der direkten und gebremsten Strahlen aufgetragen sind. Abszissen sind Foliendicken $s = \sigma/n$ in mμ (σ aus den Interferenzfarben geschätztes optisches Luftäquivalent der Schicht, n Brechungsexponent des Zelluloids. $n = 1{,}50$). Messungen an Berylliumhäutchen ähnlicher Dicke ergaben Geschwindigkeitsverluste von der gleichen Größenordnung. Aus dem der Foliendicke proportionalen Geschwindigkeitsverlust $\Delta v = c\,\sigma = v_0 - v$ läßt sich der Verlust an kinetischer Energie als Funktion von σ berechnen.

$$\Delta E = m\,c\,\sigma\,v_0 - \frac{m}{2}\,c^2\,\sigma^2.$$

Für dünne Folien ist das zweite Glied klein, und auch ΔE wächst proportional mit der Foliendicke. In Abb. 91 ist ΔE in kV als Funktion von σ für verschiedene Primärgeschwindigkeiten aufgetragen. Für festgehaltene Schichtdicke wird

$$\Delta E = \alpha\,v - b.$$

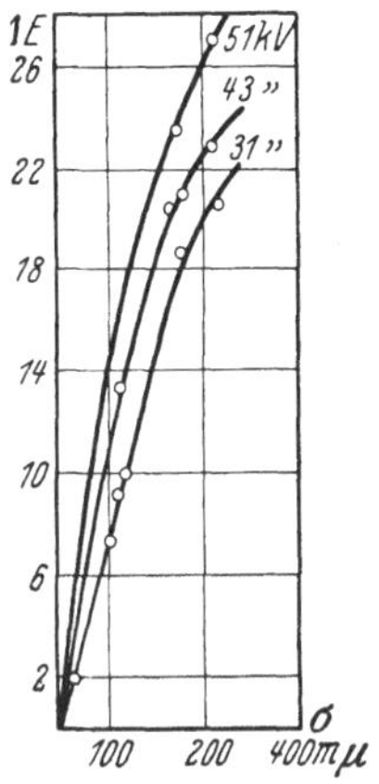

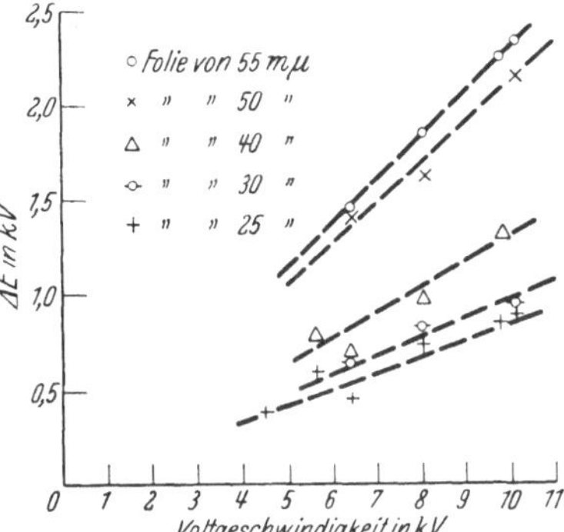

Abb. 91. Verlust der kinetischen Energie.

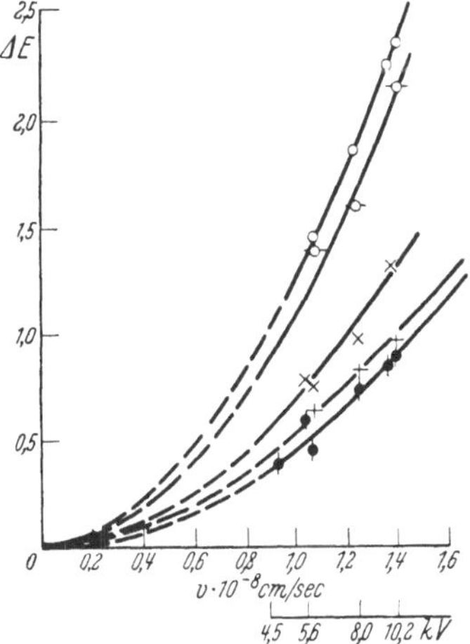

Abb. 92. Energieverlust in Zelluloidfolien nach REUSSE.

Neuere Messungen von REUSSE[1] ergänzen die Messungen von ECKARDT nach kleineren Geschwindigkeiten bis herunter zu 4 kV. Die Erzeugung homogener Protonenstrahlen so kleiner Geschwindigkeit wurde dadurch ermöglicht, daß in einem üblichen Entladungsrohr die Spannung durch künstliche Erzeugung von Elektronen von der Kathode herabgesetzt wurde. Die übrige Anordnung entspricht der von ECKARDT benutzten. Für den untersuchten Geschwindigkeitsbereich zeigt Abb. 92 den Energieverlust in Abhängigkeit von der Primärenergie in Zelluloidfolien von verschiedener Dicke. Die Abhängigkeit ist linear. Bei konstanter Primärgeschwindigkeit ist auch hier ΔE der Foliendicke nahe proportional. Das ECKARDTsche Ergebnis, nach dem die Geschwindigkeitsverluste Δv unabhängig von der Primärgeschwindigkeit sind bzw. die Energieverluste ΔE durch die Beziehung $\Delta E = a v - b$ darstellbar sind, ist dahin zu verbessern, daß genauer gilt:

$$\Delta E = \alpha\,v^2 \quad \text{(Abb. 93).}$$

Bei den großen Primärgeschwindigkeiten von ECKARDT gelten als empirische Darstellungen der Meßergebnisse beide Formeln gleich gut, da die

Abb. 93. Energieverlust in Abhängigkeit von v nach REUSSE.

Parabeln hier nahezu durch Gerade zu ersetzen sind, deren Verlängerung die Ordinatenachse bei negativen Werten schneiden. Eine Übersicht über das gesamte Beobachtungsmaterial zeigt Abb. 94.

Der Energieverlust pro Wegelement wächst demnach mit der Geschwindigkeit der Teilchen, während bei den α-Strahlen und Kathodenstrahlen der Energieverlust pro Wegelement mit wachsender Geschwindigkeit abnimmt. Dies steht

---

[1] Im Erscheinen.

wiederum in Übereinstimmung mit der Geschwindigkeitsabhängigkeit, die für das Ionisierungsvermögen der Kanalstrahlen von Baerwald und Gerthsen gefunden wurde. Allerdings wird bei der Messung des Ionisierungsvermögens nur ein Teil des gesamten Energieverbrauchs erfaßt. Der Energieverlust pro Ionenpaar ist ebenso wie für Kathodenstrahlen auch für Kanalstrahlen etwa doppelt so groß wie die reine Arbeit, die zur Bildung eines Ionenpaares verbraucht wird. Da dieser Überschuß an Energie wohl wesentlich in Form von Anregungsstößen verbraucht wird, ist es verständlich, daß die Abhängigkeit des gesamten Energieverbrauchs pro Zentimeter Weg von der Geschwindigkeit eine qualitativ gleichartige ist wie die des Ionisationsvermögens.

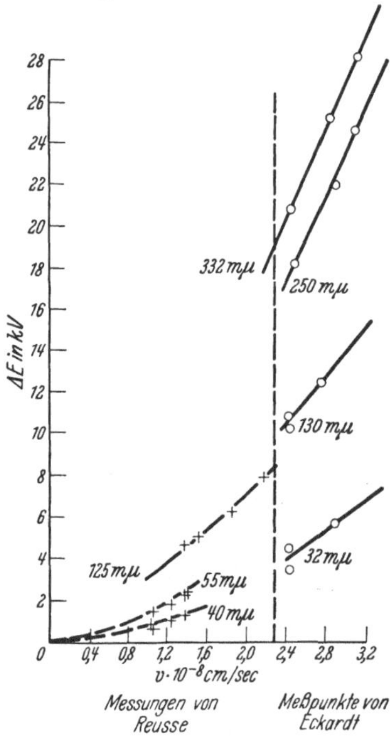

Law und Mutsh[1] untersuchen photographisch die Abnahme der Intensität des Leuchtens eines homogenen H-Kanalstrahles im Wasserstoff auf seinem Wege durch das Gas bei verschiedenen Drucken. Sie finden, daß die Abnahme der Intensität nicht exponentiell erfolgt, sondern die Intensität auf dem ersten Teil des Weges nahe konstant bleibt und von einer bestimmten Stelle ab rasch abnimmt. Diese Stelle rückt um so weiter von der Kathode ab, je niedriger der Gasdruck ist. Die Verfasser schließen daraus, daß beim Absorptionsvorgang eine allmähliche Geschwindigkeitsabnahme eine wesentliche Rolle spielen muß. Wenn auch diese Aussage das Richtige trifft, sind die Versuche doch nicht allzu überzeugend. Quantitative Schlüsse lassen sich aus ihnen jedenfalls nicht ziehen.

Abb. 94. Übersicht über Energieverluste in Zelluloid.

VI. Die Streuung der Kanalstrahlen.

23. Ältere Beobachtungen. Qualitative Beobachtungen über die Zerstreuung der Kanalstrahlen sind schon alt. Man kann die Streuung schon an der allmählich mit steigendem Gasdruck wachsenden Verbreiterung des Strahlbündels bei zunehmendem Abstand von der Kathode erkennen. Königsberger und Kutschewski[2] finden aus der photographischen Schwärzung, daß eine Streuung der Strahlen durch Unscharfwerden der Schwärzung an der Auftreffstelle des Strahles nur bei höheren Gasdrucken sich deutlich bemerkbar macht. Die Wirkung der Zerstreuung zeigt sich auch bei der Lichtemission im Dopplereffekt. Bei den Balmerlinien des Wasserstoffs verschwindet mit zunehmender Zerstreuung das Intensitätsminimum zwischen ruhendem und bewegtem Streifen, und die Geschwindigkeitsverteilung verschiebt sich nach kleineren Geschwindigkeiten. Beides ist eine Folge der Richtungsänderung der leuchtenden Teilchen, wodurch die Geschwindigkeitskomponenten in der Strahlrichtung kleiner werden. Hermann und Kinoshita[3], die diese Erscheinung zuerst beobachtet haben, fanden so, daß Wasserstoffstrahlen in Stickstoff stärker als in Wasserstoff, in Kohlen-

---

[1] A. C. Law u. G. Mutsh, Phil. Mag. Bd. 10, S. 297. 1930.
[2] J. Königsberger u. J. Kutschewski, Ann. d. Phys. Bd. 37, S. 175. 1912.
[3] W. Hermann u. S. Kinoshita, Phys. ZS. Bd. 7. S. 564. 1906.

säure stärker als im Stickstoff gestreut wurden. Auch STRASSER[1] hat gefunden,
daß steigender Zusatz von Stickstoff zum Wasserstoff das Intensitätsminimum
im Dopplereffekt der Balmerlinien mehr und mehr verwischt; auch zeigte sich
die zerstreuende Wirkung von schweren Verunreinigungen darin, daß die Intensität der bewegten Linie im Verhältnis zur ruhenden schwächer wurde. Abb. 95
zeigt endlich eine Aufnahme von STARK und KIRSCHBAUM[2]. Aus der Verschiebung des Dopplerstreifens der Sauerstoff-Funkenlinie 4190 Å ist zu ersehen, daß
die Streuung von Sauerstoffkanalstrahlen in Sauerstoff größer ist als in He.

Alle diese Untersuchungen sind insofern nicht sehr beweisend, als keine
genügende Trennung zwischen Beobachtungs- und Entladungsraum vorhanden
war, so daß mit dem zerstreuenden Gase immer gleichzeitig die Entstehungs-
bedingungen der Kanalstrahlen im Entladungsraum wesentlich geändert wurden.
Immerhin ist es wahrscheinlich, daß zum mindesten ein Teil der beobachteten
Effekte auf Zerstreuung zurückzuführen ist. Hinsichtlich der Streuung beim
Durchgang durch Goldfolie finden sich bei RAUSCH VON TRAUBENBERG[3] nur
wenige quantitative Angaben. Es wurden Streuwinkel bis zu 90° beobachtet.
Ein Sidotblendenschirm, der parallel zum Kanalstrahl angebracht war, wurde

zum Leuchten erregt, wenn die
Folie in den Weg der Strahlen gebracht wurde. Größere Ablenkungen
als 90° wurden nicht mit Sicherheit beobachtet. Ein in den Weg
der Strahlen gebrachter Sidotblendenschirm zeigte bei Zwischenschaltung von Goldfolie einen ver-
waschenen Fleck. Der Durchmesser
nahm mit steigender Strahlgeschwindigkeit ab. Der maximale
Streuungswinkel nahm schneller ab,
als die aus der Entladungsspannung
berechnete Primärgeschwindigkeit
wuchs.

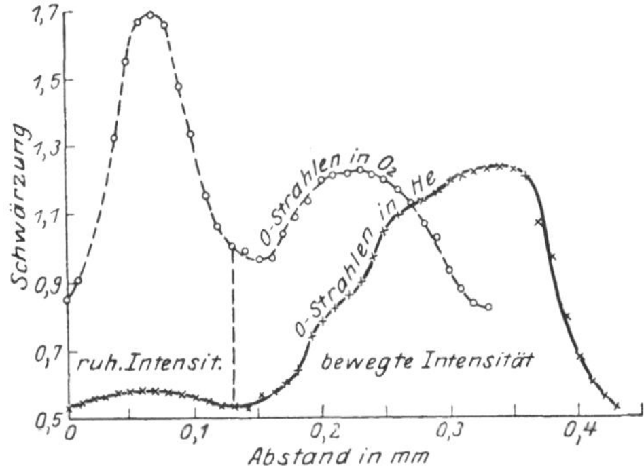

Abb. 95. Einfluß der Zerstreuung auf den Dopplereffekt der
Sauerstoff-Funkenlinie 4190.

Obwohl quantitative Untersuchungen der Zerstreuungsgesetze, insbesondere
in Rücksicht auf die analogen Vorgänge bei den α-Strahlen, mehrfach unternommen wurden, sind solche Versuche doch lange Zeit nur von geringem Erfolg
gewesen. Am längsten ist die Reflexion der Kanalstrahlen an festen Körpern
bekannt, ein Vorgang, den man als Einzelstreuung an Atomkernen unter großen
Winkeln auffassen kann, ohne daß die quantitative Seite des Vorganges zunächst
wesentliche Züge der Gesetze der Einzelstreuung hätte erkennen lassen.

SAXÉN[4] hat untersucht, ob die durch die Wärmewirkung gemessene Energie
der Kanalstrahlen wesentlich durch die Reflexion gefälscht wird. Die Kanalstrahlen trafen dabei auf den flach geformten Boden eines empfindlichen Thermo-
meters mit enger Kapillare und Xylolfüllung auf. Der Boden war versilbert
und dann galvanisch verkupfert. Das Kupfer konnte elektrisch geheizt werden.
Auf diese Weise wurde das Thermometer auch für die zugeführte Energie geeicht.
Es wurden abwechselnd zwei Thermometer gleicher Art benutzt, von denen
aber das eine am Boden noch einen kleinen mit einer Öffnung versehenen Hohl-
zylinder aus Kupfer trug, in den die Strahlen eindrangen. Auf diese Weise

[1] B. STRASSER, Ann. d. Phys. Bd. 31, S. 890. 1910.
[2] J. STARK u. H. KIRSCHBAUM, Phys. ZS. Bd. 14, S. 433. 1913.
[3] H. v. TRAUBENBERG, Göttinger Nachr. S. 272. 1914.
[4] B. SAXÉN, Ann. d. Phys. Bd. 38, S. 319. 1912.

wurden die reflektierten Strahlen zum größten Teil zurückgehalten. Bei dem anderen Thermometer ohne Kupferzylinder wurden die reflektierten Strahlen nicht abgefangen. Die beiden Thermometer zeigten trotz dieses Unterschiedes die gleiche Wärmewirkung an, woraus zu schließen ist, daß keine merkliche Energie auf den reflektierten Bestandteil entfällt. Dies Ergebnis ist von Wichtigkeit für die Beurteilung der Genauigkeit von Energiemessungen der Kanalstrahlen durch ihre Wärmewirkung. Nur bei Sauerstoffkanalstrahlen unterhalb 10 kV wurde beobachtet, daß bei schrägem Einfall auf den Kupferreflektor (45° und 60°) die Wärmewirkung um 28% bzw. 45% kleiner war als bei senkrechtem Einfall. Bei Wasserstoffkanalstrahl konnte eine Reflexion überhaupt nicht beobachtet werden. Eine viel empfindlichere Methode zum Nachweis der Reflexion bietet die Beobachtung der transportierten Ladung. Füchtbauer[1] und Baerwald[2] haben auf diese Weise die Reflexion an Metallen höherer Ordnungszahlen nachgewiesen. Als Gesamtbild ergab sich, daß die Reflexion nur etwa 10% der Primärstrahlung beträgt und mit wachsender Primärgeschwindigkeit etwas abnimmt.

Die von Füchtbauer gemessenen 10% beziehen sich lediglich auf die transportierte Ladung. Die Geschwindigkeit kann so gering sein, daß die von den reflektierten Teilchen transportierte Energie sich bei den Messungen von Saxén nicht bemerkbar macht. Für die Messung des Energietransportes der wenigen, an Atomkernen unter großen Winkeln mit nahe unveränderter Geschwindigkeit gestreuten H-Strahlen reicht die Empfindlichkeit der Saxénschen Methode bei weitem nicht aus (Ziff. 22a).

Die Intensität und Geschwindigkeit der reflektierten Strahlen ist durch Beobachtung des Dopplereffektes untersucht worden. Es ist bei dieser Methode darauf zu achten, daß vor der Kathode in der sog. ersten Kathodenschicht, die bei genügend hoher Gasverdünnung und bei einer durchbohrten Kathode den sog. Kanalstrahlpinsel bildet, Strahlen vorhanden sind, die nicht auf die Kathode zu-, sondern von ihr fortlaufen. Diese rücklaufenden Kanalstrahlen kommen nicht durch Reflexion zustande, sondern dadurch, daß im Raume des Kathodenfalles auch negative Ionen entstehen, die in entgegengesetzter Richtung beschleunigt werden wie die eigentlichen Kanalstrahlen. Hermann und Kinoshita[3] sowie Stark und Steubing[4] haben beobachtet, daß durch Reflexion von Kanalstrahlen an der Glaswand bei der Beobachtung des Dopplereffektes neben der nach Violett verschobenen Linie, welche der Geschwindigkeit der Kanalstrahlen entspricht, unter Umständen auch eine nach Rot verschobene Linie auftritt, die durch den an der Glaswand reflektierten, vom Spaltrohr des Spektrographen fortlaufenden Bestandteil des Strahles bedingt wird. Es zeigt sich, daß die Energie eines reflektierten Teilchens, die sich aus der mittels des Dopplereffektes beobachteten Geschwindigkeit berechnen läßt, im Verhältnis zur Energie des primären Teilchens mit zunehmender Primärgeschwindigkeit abnimmt. Bei 7 kV Primärgeschwindigkeit ist die Energie des einzelnen reflektierten Teilchens bereits auf 10% zurückgegangen.

Wilsar[5] hat diese Beobachtungen bestätigt und auf Aluminium ausgedehnt. Weitere Versuche machte Wagner[6]. Er hat dabei besonders darauf geachtet, daß nicht optische Spiegelung des Kanalstrahllichtes am Metall eine

---

[1] Ch. Füchtbauer, Phys. ZS. Bd. 7, S. 153. 1906.
[2] H. Baerwald, Ann. d. Phys. Bd. 60, S. 1. 1919.
[3] W. Hermann u. S. Kinoshita, Phys. ZS. Bd. 7, S. 564. 1906.
[4] J. Stark u. W. Steubing, Ann. d. Phys. Bd. 28, S. 995. 1909.
[5] H. Wilsar, Ann. d. Phys. Bd. 39, S. 1292. 1912.
[6] E. Wagner, Ann. d. Phys. Bd. 41, S. 214. 1913.

Reflexion der Kanalstrahlen nur vortäuscht, was möglicherweise bei einigen der vorher erwähnten Beobachtungen eine Rolle gespielt hat.

Die Anordnung von WAGNER ist aus Abb. 96 zu ersehen. Die Kanalstrahlen verlaufen von rechts nach links und treffen den Reflektor R. In diesem befindet sich ein Schlitz, der mit der achromatischen Linse L auf dem Spektrographen- spalt abgebildet wird. Auf diese Weise blieb vermieden, daß reflektiertes Licht in den Spektralapparat gelangte. Die linke Seite des Reflektors ist berußt und ebenso die mit Aluminiumrohren MM' ausgekleideten Innenwandungen. WAGNER findet auch jetzt bei längerer Exposition neben der nach Violett verschobenen eine nach Rot verschobene In- tensität, die bei Gold als Reflektor etwas größer ist als die fast gleich große bei Aluminium und Glas. Ein Beispiel für die Linie H_δ ist in Abb. 97 gezeigt. Als

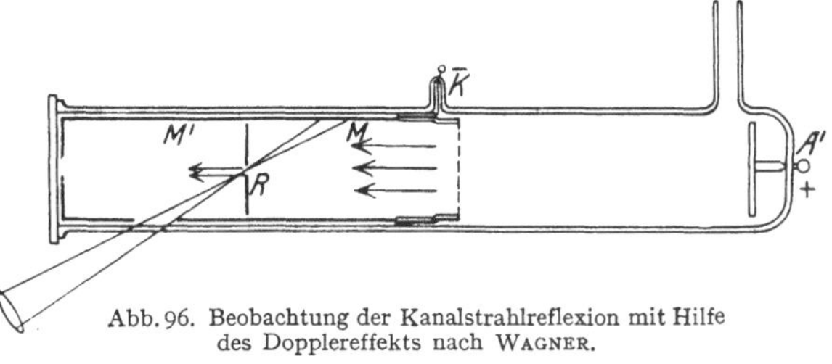

Abb. 96. Beobachtung der Kanalstrahlreflexion mit Hilfe des Dopplereffekts nach WAGNER.

Ordinaten sind die Schwärzungen, als Abszissen die Wellenlängen aufgetragen. R ist die nach Rot verschobene, durch die Kanalstrahlreflexion bedingte Linie, P die gewöhnliche Dopplerverschiebung. Die ausgezogene Kurve gilt für Gold, die durchbrochene für Aluminium als Reflektor.

Die Entladungsspannung betrug etwa 2000 Volt, die Strahlen waren also ziemlich langsam. Auch WAGNER findet, daß das Geschwindigkeitsverhältnis v_r/v_p mit abnehmender Geschwindigkeit etwas zunimmt, d. h. der Geschwindig- keitsverlust mit abnehmender Geschwindigkeit abnimmt. Die kinetische Energie eines reflektierten Teilchens beträgt noch 30 bis 50% des primären bei Strahlen von 2000 Volt Primärgeschwindigkeit.

Der große Unterschied in den Ordnungs- zahlen von Aluminium und Gold schien also ganz im Gegensatz zu den Erwartungen der klassischen Streugesetze sich kaum bemerk- bar zu machen. Es sind deshalb auch längere Zeit keine Versuche unternommen worden, die Reflexion der Kanalstrahlen an festen Körpern in den gesamten uns bekannten Erscheinungskomplex der Streuung von Korpuskularstrahlen in Materie einzureihen. Erst neuere Untersuchungen haben hier eine Klärung zu bringen vermocht (Ziff. 22a).

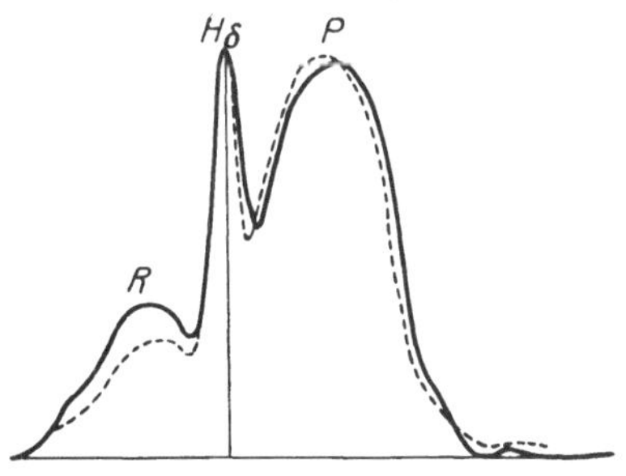

Abb. 97. Dopplereffekt, beobachtet an H_δ.
P Intensität der direkten,
R der reflektierten Strahlung.

HOROWITZ[1] veröffentlicht neuerdings optische Messungen der Reflexion von Wasserstoffstrahlen an Glas. Die Anordnung ist so getroffen, daß die beobachteten Dopplereffekte nur von reflektierten Kanalstrahlen herrühren. Der Einfallswinkel konnte variiert werden. Die Strahlgeschwindigkeit betrug 5 bis 30 kV. Es ließ sich zeigen, daß die Kanalstrahlen innerhalb eines räum- lichen Kegels reflektiert werden. Bei streifender Inzidenz waren die reflektierten Geschwindigkeiten größer als bei senkrechter.

Auch Untersuchungen zur Klärung der Gesetzmäßigkeiten der Einzelstreu- ung von H-Kanalstrahlen in Gasen, welche einerseits von CONRAD[2], anderseits

<hr>

[1] E. HOROWITZ, Phys. ZS. Bd. 33, S. 579. 1932.
[2] R. CONRAD, ZS. f. Phys. Bd. 35, S. 73. 1925; Bd. 38, S. 465. 1926; R. CONRAD u. J. KÖNIGSBERGER, ZS. f. Phys. Bd. 42, S. 323. 1927.

von G. P. Thomson[1] unternommen wurden, brachten keine wesentliche Klärung. Beide Arbeiten bezwecken die Prüfung der Gültigkeit des Coulombschen Kraftgesetzes. Nach der Rutherfordschen Theorie müßte bei kleinen Streuwinkeln die Wahrscheinlichkeit der Ablenkung um einen Winkel zwischen φ und $\varphi + d\varphi$ gegen die Strahlrichtung proportional mit $1/\varphi^3$ sein, die gestreute Intensität also außerordentlich rasch mit zunehmendem Streuwinkel abnehmen. Die üblichen Nachweismittel für die Kanalstrahlen (photographische Platte oder Faradaykäfig bei Thomson, Thermoelement bei Conrad) reichen deshalb nur für die Messung der Streuung unter sehr kleinem Winkel aus. Der maximale Streuwinkel betrug bei Conrad etwa 2° 20', bei Thomson 1° 10'. Es ist deshalb verständlich, daß unter diesen Umständen eine sichere Entscheidung über die Winkelabhängigkeit Schwierigkeiten bereitete. Tatsächlich konnten Thomson und Conrad ihre Beobachtungen auch nicht in Einklang bringen. Wir brauchen auf die Einzelheiten der sicherlich mit großer Sorgfalt ausgeführten Arbeiten um so weniger einzugehen, als sie inzwischen in methodischer Hinsicht überholt sind.

24. Neuere Untersuchungen über die Einzelstreuung homogener H-Kanalstrahlen. a) *Die Reflexion als Vorgang der Einzelstreuung.* Bei der Untersuchung der sekundären Strahlung, die von einer Metallantianode ausgeht, wenn diese von einem nach Ziff. 6 beschleunigten, aber nicht homogenen H-Kanalstrahl getroffen wurde, hatte Gerthsen (Ziff. 20) gefunden, daß diese Strahlung unter allen möglichen Richtungen von der Antianodenfläche ausging. Die nähere Untersuchung der die Grundkurve der Abb. 84 ergebenden Strahlung mittels der schematisch in Ziff. 20 Abb. 82 angedeuteten Anordnung zeigte, daß diese Strahlung lediglich aus reflektierten Kanalstrahlen bestand. Aus mehreren Gründen stößt die Unterscheidung von Wellenstrahlung und reflektierten Kanalstrahlen auf große Schwierigkeiten. Sowohl Wellenstrahlen als reflektierte Kanalstrahlen lösen Sekundärelektronen an der zur Messung dienenden Zinkplatte aus. Die Einschaltung des elektrischen Sperrfeldes K_2 erlaubt zwar geladene reflektierte Kanalstrahlen abzulenken, neutrale Teilchen, die sich durch Umladungen bei der Reflexion bilden, werden aber ebensowenig wie eine etwaige Wellenstrahlung durch das Sperrfeld beeinflußt. Ferner zeigte sich, daß die Schwächungskoeffizienten von dünnen Zelluloidhäutchen für die reflektierten Kanalstrahlen fast ebenso groß waren wie die Absorptionskoeffizienten für das Maximum der Absorption der Wellenstrahlung des in Frage kommenden Wellenlängenbereiches (bekannt nach Messungen von Hollweck), so daß auch solche Absorptionsmessungen eine eindeutige Unterscheidung zwischen Wellenstrahlen und reflektierten Kanalstrahlen nicht ergaben. Die Zelluloidfolie wurde dabei vor der auffangenden Zinkplatte angebracht. Folgende Beobachtungen Gerthsens ermöglichten trotz dieser Schwierigkeiten eine genügend eindeutige Zuordnung des Hauptteils der Antianodenstrahlung zu einer reflektierten Kanalstrahlung. Die in Ziff. 20 beschriebenen optischen Reflexionsversuche hatten gezeigt, daß nur ein sehr kleiner Bruchteil der Strahlung den Charakter einer kurzwelligen Wellenstrahlung besaß, welche nur von den raschen beschleunigten Kanalstrahlen ausgelöst wurden. Daß auch die durch Zelluloidfolie gefilterte sekundäre Strahlung keine Wellenstrahlung war, ergab sich besonders daraus, daß der Sperrkondensator eine beträchtliche Verringerung ihrer Intensität bewirkte. Ferner beobachtete man eine positive Aufladung des Auffängers durch die filtrierte Strahlung, auch wenn das Sperrfeld eingeschaltet und alle Sekundärelektronen durch ein Magnetfeld auf die Auffängerplatte zurückgelenkt wurden. Es waren also zweifellos positive Kanalstrahlen, welche nach Passieren der Zelluloidfolie

---

[1] G. P. Thomson, Proc. Roy. Soc. London (A) Bd. 102, S. 197. 1923; Phil. Mag. Bd. 1, S. 961. 1926; Bd. 2, S. 1076. 1926; ZS. f. Phys. Bd. 40, S. 652. 1927; Bd. 46, S. 93. 1928.

sich aus neutralen durch Umladung gebildet hatten, die auf den Auffänger trafen. Ähnliche noch einwandfreiere Beobachtungen wurden mit einer Ionisationskammer als Nachweismittel der Strahlung ausgeführt.

Die älteren Ergebnisse über Reflexion der Kanalstrahlen (Ziff. 21) scheinen vor allem wegen der starken Abnahme der Geschwindigkeit der reflektierten Teilchen im Verhältnis zu der der primären mit zunehmender Primärgeschwindigkeit den Gesetzen der Einzelstreuung zu widersprechen. Kennzeichnend für den Vorgang der Einzelstreuung ist ja die Geringfügigkeit des an das gestoßene Atom übertragenen Impulses. Die Erhaltungssätze von Energie und Impuls (Ziff. 16) liefern für die Geschwindigkeit eines H-Atoms nach dem Zusammenstoß mit einem Atomkern der Masse M bei zentralem Stoß eine Verringerung im Verhältnis $\dfrac{M - m_H}{M + m_H}$, bei einer Streuung unter 90° im Verhältnis $\sqrt{\dfrac{M - m_H}{M + m_H}}$. Für Streuung an Aluminium bedeutet dies bei einer Ablenkung um 90° nur eine Geschwindigkeitsverminderung um 4%. Läßt man nun die an einer massiven Schicht reflektierten Teilchen eine dünne Absorptionsfolie passieren, so wird die durchtretende Strahlung zum wesentlichen Teil aus den schnellsten Teilchen bestehen, also aus solchen, welche an der äußersten Oberfläche der Antianode durch einen Einzelprozeß gestreut sind. Für diese Teilchen kann man am ehesten erwarten, die für den Vorgang der Einzelstreuung kennzeichnenden Gesetzmäßigkeiten aufzufinden. Eine Überschlagsrechnung zeigt aber, daß die Zahl der unter einem so großen Winkel wie 90° im Einzelprozeß gestreuten H-Teilchen nur einen äußerst kleinen Bruchteil der auffallenden Teilchenzahl beträgt. Für eine Streuung von H-Atomen von 30 kV Geschwindigkeit an Aluminium beträgt diese Zahl nur etwa $2\,^0/_{00}$. GERTHSEN fand nun, daß die schnellsten Teilchen der durch eine dünne Zelluloidfolie gefilterten reflektierten Strahlen im Kondensator K_2 zu ihrer Ablenkung um so größere elektrische Felder benötigten, je größer die Geschwindigkeit der Primärstrahlen war. Die Energie der reflektierten Teilchen nahm angenähert proportional mit der Energie der primären zu. Die kinetische Energie der schnellsten reflektierten Teilchen gibt GERTHSEN zu 50 bis 30% der Primären an. Zwar ist diese Geschwindigkeit bereits wesentlich kleiner, als der Entladungsspannung entspricht, doch ist zu bedenken, daß die Primärstrahlen nicht homogen waren. Dieses Ergebnis GERTHSENS scheint den älteren Reflexionsbeobachtungen mit Hilfe des Dopplereffektes, welche eine Abnahme der Geschwindigkeit der reflektierten Teilchen mit zunehmender Primärgeschwindigkeit im Verhältnis zu dieser ergaben, zu widersprechen. Der scheinbare Widerspruch erklärt sich wohl dadurch, daß mit zunehmender Geschwindigkeit und Eindringungstiefe der Kanalstrahlen bei der Reflexion die relative Zahl der mit nur wenig veränderter Geschwindigkeit gestreuten Teilchen immer kleiner wird und sich beim Dopplereffekt schließlich der Beobachtung entzieht, während die größere Menge der aus tieferen Schichten des Streuers stammenden langsamen Teilchen stärker hervortritt. Die GERTHSENschen Angaben beziehen sich aber gerade nur auf die schnellsten beobachteten Teilchen, und die Größe der von ihm angegebenen Geschwindigkeit stimmt recht gut zu den Angaben von WAGNER, wohl deshalb, weil dieser mit langsamen, wenig eindringungsfähigen Primärstrahlen arbeitete. Eine Abschätzung der Zahl der in einem Winkelbereich zwischen 80 und 100° an Magnesium gestreuten Teilchen ergab die theoretisch erwartete Größenordnung von einigen Promille der Zahl der Primärenteilchen. Auch eine Abnahme der Zahl der gestreuten Teilchen mit zunehmender Primärgeschwindigkeit, wie sie von der Theorie der Einzelstreuung gefordert wird, konnte wenigstens qualitativ bei Primärgeschwindigkeiten über 45 kV bemerkt werden.

10*

Das wichtigste Ergebnis gewann Gerthsen bei vergleichenden Reflexionsmessungen an verschiedenen Streuern (Be, Mg, Al, Ni, Cu, Ag, Pt). Bei den Versuchen wurde so verfahren, daß die unter 45° geneigte Vorderfläche eines prismatischen Antianodenkörpers, der aus zwei massiven Stücken von Al und Mg bestand, abwechselnd in den Weg des Strahls gebracht werden konnte. Beim Vergleich anderer Metalle mit Aluminium wurden dünne Bleche auf der Antianodenfläche angebracht. Die Metalle waren spiegelnd poliert, und es wurde dafür gesorgt, daß die Strahlen nur während der möglichst rasch verlaufenden Messung auffielen, um Veränderungen der Oberfläche durch den Aufprall der Strahlen zu vermeiden. Wegen der geringen Eindringungstiefe der Kanalstrahlen liegt die Gefahr vor, daß dünnste, Interferenzfarben zeigende Schichten von Verunreinigungen (vor allem Kohlenstoff), wie sie sich meist beim Beschießen mit Kanalstrahlen auf den Oberflächen fester Körper zeigen, die kennzeichnenden Unterschiede der verschiedenen Reflektoren verwischen könnten. Bei den Versuchen von Wagner, bei denen ein Unterschied von Gold und Aluminium kaum mehr zur Geltung kam, wird vermutlich eine derartige Fehlerquelle vorgelegen haben. Tabelle 8 stellt die Ergebnisse Gerthsens zusammen. Die Werte der

Tabelle 8. Streuung von Kanalstrahlen an Metallen.

Element	Ordnungszahl z	Zahl der Atome pro cm³ bez. auf Al $\dfrac{n}{n_{Al}}$	Int. der gestr. Str. bez. auf Al $\dfrac{J}{J_{Al}}$	$\dfrac{n_{Al}}{n}\dfrac{J}{J_{Al}}\dfrac{z_{Al}^2}{z^2}$
Be	4	2,18	0,3	1,45
Mg	12	0,75	0,71	1,11
Ni	28	1,59	7,9	1,03
Cu	29	1,46	8	1,09
Ag	47	1,01	14,5	1,11
Pt	78	1,13	34	0,84

unter 90° gestreuten Intensität sind auf die Intensität 1 für Aluminium bezogen. Die Konstanz der Zahlen der letzten Kolonne zeigt, wieweit die Gesetze der Einzelstreuung (Proportionalität mit n und z^2) erfüllt sind. Die Kreise in Abb. 98 geben die relativen Werte der gemessenen Intensität in Abhängigkeit von z, die Kreuze enthalten die Reduktion auf gleiche Atomzahlen in Kubikzentimeter wie bei Aluminium. Diese Punkte liegen in Übereinstimmung mit der Theorie nahezu auf einer Parabel.

Messungen mit Kanalstrahlen von nur 2000 Volt Geschwindigkeit an Al und Pt (ohne Zelluloidfolie) ergaben nur ein Intensitätsverhältnis der reflektierten Strahlung von 1 : 2,8, was den Ergebnissen von Wagner bereits näherkommt. Dieses Resultat wird zum Teil durch verunreinigende Oberflächenschichten, zum Teil durch das geringe Eindringen der langsamen Strahlteilchen in das Pt-Atom selbst zu er

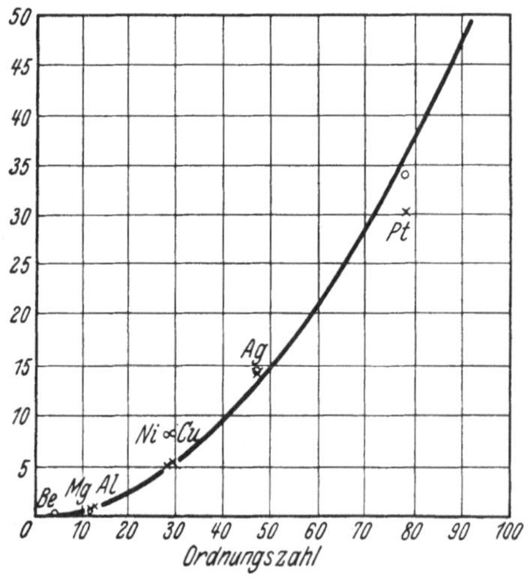

Abb. 98. Reflektierte Intensität in Abhängigkeit von der Ordnungszahl nach Gerthsen.

klären sein, so daß die Schirmwirkung der kernnahen Elektronen nicht das volle mit z proportionale Kernfeld des Platinatoms zur Geltung kommen läßt. Dieser Einfluß scheint sich auch schon in der Messung geltend zu machen, welche in Abb. 98 wiedergegeben ist, wie man an der zu tiefen Lage des Punktes für Platin erkennt. Näheres hierüber unter c.

b) *Einzelstreuung durch leichte Atome.* Aus den unter a geschilderten Versuchen kann man nur schließen, daß die abstoßende Kraft der Ladung des streuenden Kerns proportional ist, während die Form des Kraftgesetzes erst aus der Winkelabhängigkeit der Streuung erschlossen werden kann. Im Falle der Gültigkeit des COULOMBschen Gesetzes ist bekanntlich die Zahl der in einem elementaren Raumwinkel $d\Omega$ unter dem Winkel φ gegen die ursprüngliche Strahlrichtung gestreuten Teilchen proportional mit $1/\sin^4\varphi/2$. Für homogene H-Kanalstrahlen ist die Messung dieser Winkelabhängigkeit für die Streuung an leichten Atomen unter Benützung dünner Zelluloidfolien als Streuschicht ebenfalls von GERTHSEN ausgeführt worden[1]. Daß es sich bei Zelluloid um einen zusammengesetzten, also in bezug auf die Ordnungszahlen nicht einheitlichen Körper handelt,

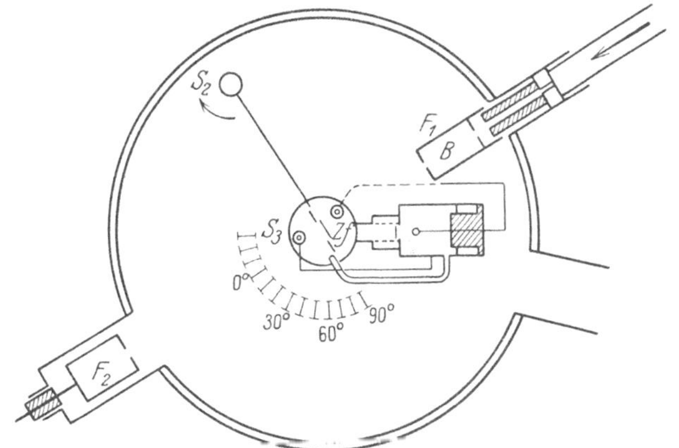

Abb. 99. Apparat von GERTHSEN für die Messung der Einzelstreuung in festen Körpern.

stört die Untersuchung der davon unabhängigen Winkelverteilung nicht. Zelluloid enthält nur die leichten Elemente O, N, C, H. Aus diesem Grunde ist es leicht, die Bedingungen für Einzelstreuung zu erfüllen, wenn H-Kanalstrahlen üblicher Geschwindigkeit eine dünne Folie aus Zelluloid durchdringen.

Die Anordnung ist aus Abb. 99 zu ersehen; die homogenen H-Kanalstrahlen treten durch den Lochkäfig (Ziff. 5) in einen hochevakuierten großen Messingtopf ein. Die Folie Zf kann durch den im Boden des Topfes befindlichen Schliff S_2 in den Strahlengang genau in die Achse eines im Zentrum des Bodens vorhandenen weiteren Schliffes S_3 geschwenkt werden, der seinerseits den mit einer Zelluloidfolie verschlossenen Spitzenzähler auf einem Kreise zu drehen erlaubt. Die geometrischen Verhältnisse der Ancrdnung bedingen eine bis auf $\pm 2°$ bestimmte Definition des Streuwinkels. Da die gestreute Intensität im untersuchten Winkelbereich im Verhältnis von 800 : 1 variierte, mußten die primären Mengen etwa im gleichen Verhältnis geändert werden. Dies wurde durch Änderung der Härte des Entladungsrohres erreicht. Der Lochkäfig F_1 dient zur Messung und Dosierung der Primärintensität, der Auffänger F_2 lediglich zu Kontrollmessungen ohne Zerstreuungsfolie, welche den Zweck hatten, die Proportionalität der Primärintensität mit den Angaben des mit F_1 verbundenen Elektrometers sicherzustellen. Tabelle 9 gibt die an einer Zelluloidfolie von 50 mμ

Tabelle 9. Einzelstreuung von H-Kanalstrahlen in Zelluloid.

φ_1 gegen φ_2		Zahl der Ausschläge		$\dfrac{n_{\varphi_1}}{n_{\varphi_2}}$	$\dfrac{\sin^4\varphi_2/2}{\sin^4\varphi_1/2}$
		n_{φ_1}	n_{φ_2}		
20°	30°	1272	260	4,90	4,94
30°	40°	136	44	3,09	3,05
30°	50°	1144	162	7,09	7,14
60°	90°	1268	318	4,0	4,0
70°	90°	1613	668	2,42	2,32
105°	135°	1884	1048	1,80	1,83
120°	135°	735	573	1,28	1,30

[1] CH. GERTHSEN, Ann. d. Phys. Bd. 86, S. 1025. 1928.

Dicke gewonnenen Ergebnisse. Die Geschwindigkeit der Strahlen betrug 30 kV. Der Vergleich der Kolonne 3 und 4 zeigt eine vorzügliche Übereinstimmung mit der Rutherfordschen Formel.

Eine Messung mit einer Folie von 100 mμ Dicke ergab die gleiche Winkelabhängigkeit. Obwohl die Atome der Folie leichten Elementen angehören, macht sich die Mitbewegung der Kerne, die in einer Erweiterung der Rutherfordschen Theorie von Darwin berücksichtigt worden ist, bei den Messungen noch nicht bemerkbar. Eine nähere Diskussion dieser Frage läßt dies Ergebnis voraussehen.

In einer späteren Arbeit[1] teilt Gerthsen mit, daß sich auch für die Streuung an einer einheitlichen Substanz, nämlich an einem Be-Häutchen von 100 mμ Dicke in einem Winkelbereich von 15 bis 90° eine quantitative Übereinstimmung mit der Rutherfordschen Streuformel ergab.

c) *Einzelstreuung an Mangan.* Die Untersuchung der Streuung der Kanalstrahlen in einheitlichen Stoffen höherer Ordnungszahl besitzt ein wesentliches Interesse. Während nämlich bei der Streuung von H-Kanalstrahlen von etwa 30 kV an leichten Elementen selbst für kleine Ablenkungswinkel die größte Annäherung an den Kern sehr viel kleiner ist als der Radius der K-Schale, nimmt mit zunehmender Ordnungszahl dieser Radius mit z proportional ab, während gleichzeitig das Strahlteilchen nicht mehr so nahe an den Kern herankommt. Die größte Annäherung an den Kern bei zentralem Stoß $b = 2\,ze^2/mv^2$ ist ebenfalls proportional mit z. Man findet so, daß bei Elementen mit größerer Ordnungszahl die K-Schale für die Streuung der H-Strahlen üblicher Geschwindigkeit auch für größere Streuwinkel in den wirksamen Bereich des ablenkenden Kernfeldes hineinfällt. In der Tat konnte Gerthsen bei der Streuung an Pt den Einfluß einer derartigen Wirkung wahrscheinlich machen (diese Ziff. a). Diese Frage ist durch Messung der Winkelabhängigkeit der Streuung an einer dünnen Manganschicht ($z = 25$) von Gerthsen[1] näher untersucht worden. Auf eine Zelluloidfolie von 10 bis 20 mμ Dicke wurde eine Manganschicht von nur 10 mμ Dicke durch Verdampfung aufgebracht. Die Zerstreuung am Zelluloid tritt hinter der am Mangan zurück und kann zudem eliminiert werden, da die Winkelverteilung der Streuung an Zelluloid bereits bekannt ist. Die benutzte Apparatur war im wesentlichen, abgesehen von einigen Verfeinerungen, die gleiche wie in Abb. 99.

Tabelle 10 gibt die Ergebnisse der Messung, die bereits auf reine Manganstreuung korrigiert sind.

Die letzte Kolonne ist ein Maß für die Abweichungen der beobachteten Winkelverteilung von derjenigen, die von einem Coulombschen Punktfelde zu erwarten ist. Abweichungen zeigen sich im Gebiete von 30 bis 40°. Sie sind nicht groß, waren aber bei allen Beobachtungen reproduzierbar. Daß diese Abweichungen von der Geschwindigkeit abhingen, ist besonders bemerkenswert. Wenn die Voltgeschwindigkeit der Kanalstrahlen auf 39 kV gesteigert

Tabelle 10. Einzelstreuung von H-Kanalstrahlen durch Mangan.

φ_1 gegen φ_2		$\sigma = \dfrac{J\varphi_1}{J\varphi_2}$	$\varrho = \dfrac{\sin^4 \varphi_2/2}{\sin^4 \varphi_1/2}$	$\dfrac{\sigma}{\varrho}$
25	30	2,05	2,04	1
30	35	1,83	1,82	1,01
35	40	1,51	1,68	0,90
30	40	2,68	3,05	0,88
40	45	1,52	1,56	0,98
40	50	2,48	2,34	1,05
45	50	1,51	1,49	1,01
45	60	2,96	2,91	1,02
50	60	2,00	1,94	1,03
60	80	2,91	2,74	1,06
80	100	1,99	2,01	0,99

wurde, verschwanden die Abweichungen. Die Messung der Tabelle ist bei 33,6 kV ausgeführt. Nun beträgt bei einer Geschwindigkeit von 33,6 kV die Ablenkung derjenigen Teilchen, deren nächster Kernabstand gleich dem Radius der K-Schale

---

[1] Ch. Gerthsen, Ann. d. Phys. Bd. 3, S. 373. 1929.

des Mangans ist, $33°$, so daß alle unter kleinerem Winkel gestreuten Teilchen so gestreut werden, als stünden sie unter dem Felde einer Ladung, die $z = 23$ ent-spricht. Die unter größeren Winkel gestreuten Teilchen dringen in das Innere der K-Schale ein und unter-liegen auf einem Teil ihrer Bahn der Wirkung der vollen Kernladung. Steigert man nun die Geschwindig-keit, so rückt der Winkelbereich, der dem Eindringen in die K-Schale ent-spricht, zu kleineren Werten, so daß sich in dem untersuchten Winkel-gebiet die Abweichung nicht mehr be-merkbar machen kann. Abb. 100 zeigt einen geknickten Linienzug, der dem

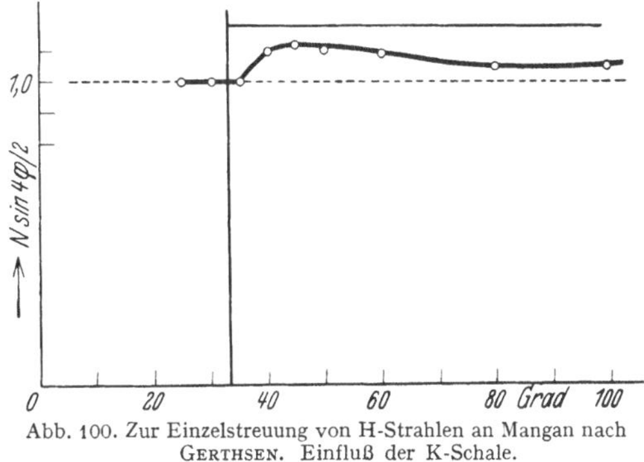

Abb. 100. Zur Einzelstreuung von H-Strahlen an Mangan nach GERTHSEN. Einfluß der K-Schale.

Verhältnis der Quadrate der Ordnungszahl $(25/23)^2$ entspricht. Abszissen sind Streu-winkel. Die Stufe in diesem Linienzuge ist bei dem Streuwinkel eingezeichnet, der einer Hyperbelbahn entspricht, welche bei $33,6$ kV erstmalig ganz außerhalb der K-Schale verläuft. Die eingetragene Kur-ve, die den Meßergebnissen ent-spricht, zeigt eine deutliche Zu-nahme der Streuung zwischen 35 und $45°$, wie man bei dem tieferen Eindringen in die K-Schale mit größer werdendem Streuwinkel erwarten muß. Eine theoretische Berechnung des Einflusses der K-Schale auf die Winkelverteilung unter stark idealisierenden Annah-men scheint die wesentlichen Züge der Versuchsergebnisse befriedigend wiederzugeben.

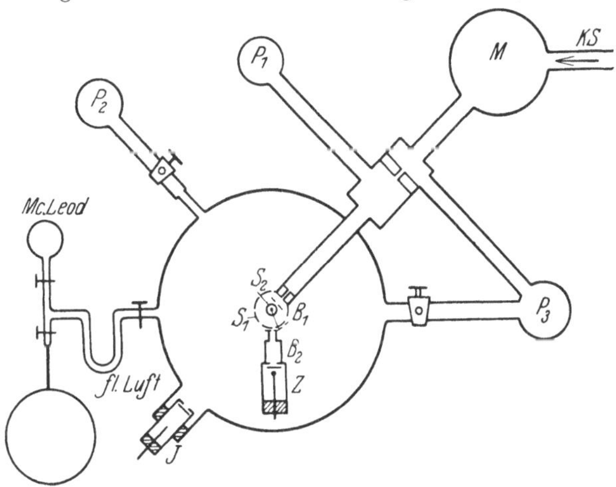

Abb. 101. Apparat von GERTHSEN zur Untersuchung der Einzel-streuung von Kanalstrahlen in Gasen.

25. Einzelstreuung in Gasen. Für die Untersuchung der Einzelstreuung von H-Kanalstrahlen in Gasen hat GERTHSEN[1] die in Abb. 101 dargestellte Apparatur benutzt. Der durch enge Blenden ausgeblendete homogene Strahl tritt in den Beobachtungsraum ein. Die Ionisationskammer J dient zur Messung und Dosierung der Strahlen. Der mit Wasserstoff gefüllte Zähler Z ist um die Zentralachse des Beobachtungs-raumes drehbar. Die Blenden B_1 und B_2 definieren das Stoßvolumen und verhindern in andere Bereiche gestreute Teilchen am Eintritt in den Zähler. B_2 ist fest mit dem Zähler verbunden, B_1 mittels eines zen-tralen Schliffes gegen eine kleinere oder größere aus-wechselbar. Die Tiefe der streuenden Schicht x ist von der Winkelstellung abhängig. Abb. 102 zeigt, daß für kleine $d\Omega$ $x = c/\sin\varphi$. Das von der Theorie geforderte Verhältnis der Teilchen-zahlen $N_{\varphi_1}/N_{\varphi_2}$ ist daher mit $\sin\varphi_2/\sin\varphi_1$ zu multiplizieren, um das beobachtete

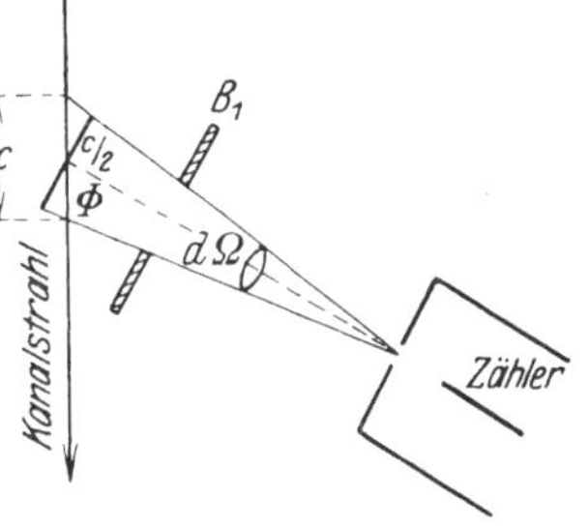

Abb. 102. Zur Einzelstreuung in Gasen.

---

[1] CH. GERTHSEN, Ann. d. Phys. Bd. 9, S. 769. 1931.

Verhältnis der gestreuten Teilchenzahlen für zwei Winkel zu berechnen. Die Anordnung und Leistungsfähigkeit der Pumpen und der Gaszuströmung ist so gewählt, daß ein Druck von mehreren Millimetern Hg im Beobachtungsraum aufrechterhalten werden kann, während im Ablenkungsraum M der Druck äußerst niedrig ist. Die Gasdurchströmung war möglichst kräftig, um Verunreinigungen zu vermeiden. Quecksilberdampf wurde sorgfältig ferngehalten. Die in Sauerstoff ausgeführten Messungen sind in Tabelle 11 zusammengestellt.

Die zweite Kolonne gibt das Verhältnis der beobachteten, die dritte das Verhältnis der nach der Rutherfordschen Formel berechneten Teilchenzahlen; die Übereinstimmung ist ausgezeichnet.

Während die Wellenmechanik für die Einzelstreuung im allgemeinen zu denselben Ergebnissen führt wie die klassische Theorie, hat Mott[1] gezeigt, daß diese Übereinstimmung aufhört, wenn die zusammenstoßenden Teilchen gleichartig sind, wie im Falle der Streuung von H-Strahlen an Wasserstoffkernen, He-Strahlen an He-Kernen, oder Elektronen an Elektronen.

Tabelle 11. Einzelstreuung von H-Kanalstrahlen in Sauerstoff.

φ_1 gegen φ_2	$\dfrac{N_{\varphi_1}}{N_{\varphi_2}}$ (beob.)	$\dfrac{N_{\varphi_1}}{N_{\varphi_2}}$ (ber.) $\dfrac{\sin\varphi_2}{\sin\varphi_1}$
15 : 20	4,20	4,15
20 : 25	3,09	2,99
25 : 30	2,44	2,42
30 : 35	2,06	2,08

Die klassische Erweiterung der Rutherfordschen Theorie unter Berücksichtigung der Impulsübertragung auf den gestoßenen Kern hat schon Darwin gegeben. Für den speziellen Fall, daß Strahlteilchen und streuendes Teilchen gleichartig sind, lautet die klassische Darwinsche Formel für die pro Sekunde um den Winkel φ in den elementaren Raumwinkel $d\Omega$ gestreuten Teilchenzahlen:

$$dN = \frac{4 N n x}{v^4} \frac{E^4}{M^2} \cos\varphi \left\{\frac{1}{\sin^4\varphi} + \frac{1}{\cos^4\varphi}\right\} d\Omega . \tag{1}$$

Hierbei bedeutet N die Zahl der pro Sekunde auf die streuende Schicht auffallenden Strahlteilchen, n die Zahl der streuenden Zentren im Kubikzentimeter, x die Dicke der streuenden Schicht, E, M und v Ladung, Masse und Geschwindigkeit der Strahlteilchen. In der Formel ist durch die beiden Summanden in der Klammer bereits dem Umstand Rechnung getragen, daß außer den unter dem Winkel φ gestreuten Strahlteilchen, wie einfache stoßmechanische Betrachtungen zeigen, auch solche Rückstoßatome eine Geschwindigkeit in dieser Richtung erhalten, welche ihren Impuls von Strahlteilchen erhalten, die selbst unter einem Winkel $90° - \varphi$ gestreut werden. Diese Rückstoßstrahlen sind von den gestreuten Teilchen experimentell nicht zu unterscheiden.

Während in der klassischen Formel von Darwin gestreute Strahlteilchen und Rückstoßstrahlen einfach addiert werden, ist dies bei der wellenmechanischen Auffassung des Vorganges nicht erlaubt. Die beiden Partikelschwärme sind dann als zwei kohärente Wellen, zwischen denen eine von v und φ abhängige Phasendifferenz besteht, anzusehen. Bei der Berechnung der Intensität unter dem Winkel φ hat man die resultierende Amplitude der beiden Wellen zu berechnen und diese zu quadrieren. Die Rechnung führt zu dem Ergebnis, daß die Darwinsche Verteilung (1) im Falle der Streuung von α-Strahlen in He zu multiplizieren ist mit dem Faktor:

$$\left(1 + \frac{2\tan^2\varphi}{1 + \tan^4\varphi} \cos u_{\mathrm{He}}\right), \tag{2}$$

wobei

$$u_{\mathrm{He}} = \frac{8}{137} \frac{c}{v} \ln\cot\varphi .$$

[1] N. F. Mott, Proc. Roy. Soc. London (A). Bd. 126, S. 259. 1930.

Im Falle der Streuung von H-Strahlen an H-Kernen oder Elektronen an Elektronen lautet der MOTTsche Faktor:

$$\left(1 + \frac{\tan^2\varphi}{1 + \tan^4\varphi}\cos u_{\mathrm{H}}\right),\tag{3}$$

wobei

$$u_{\mathrm{H}} = \frac{2}{137}\frac{c}{v}\ln\cot\varphi.$$

E und M sind immer Ladung und Masse der betreffenden Strahlteilchen. Der Unterschied in den Formeln (2) und (3) rührt daher, daß der Heliumkern im Gegensatz zum Proton oder Elektron keinen Spin besitzt. Die MOTTschen Faktoren sind für drei verschiedene Geschwindigkeiten der H-Strahlen und für eine Geschwindigkeit der He-Strahlen in Abb. 103 und Abb. 104 gegeben. Die charakteristischen Interferenzstreifen in Abb. 104 liegen um so enger aneinander, je kleiner die Strahlgeschwindigkeit ist. Dies scheint zunächst unerwartet, da die Wellenlänge der Materiewellen h/Mv mit v umgekehrt proportional ist, und der Abstand der Interferenzfransen mit zunehmender Wellen-

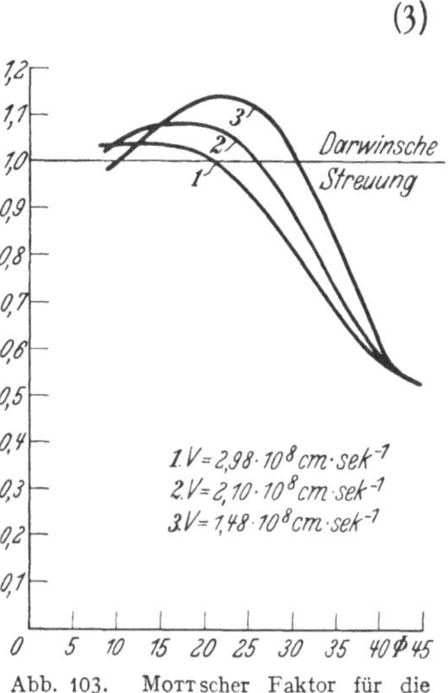

Abb. 103. MOTTscher Faktor für die Streuung von H-Strahlen in Wasserstoff.

länge größer werden sollte. Der Winkelabstand ist angenähert durch den Ausdruck $\Delta\varphi = hv/4E^2$ gegeben. Dies kann geschrieben werden

$$\Delta\varphi = \frac{\lambda}{\dfrac{4E^2}{Mv^2}} = \frac{\lambda}{d},$$

wobei $d = 2b$ gleich dem doppelten kleinsten Kernabstand bei zentralem Stoß ist. Die Formel ist demnach analog der für die Beugung von Licht einer Wellenlänge λ an einer Öffnung von der Lineardimension $2b = 4E^2/Mv^2$. Wenn v zunimmt, ändert sich λ proportional mit $1/v$, aber gleichzeitig nimmt auch die Lineardimension der beugenden Öffnung quadratisch mit v ab, so daß $\Delta\varphi$ proportional v wächst. Geringe Strahlgeschwindigkeiten, wie sie bei Kanalstrahlen zur Verfügung stehen, erscheinen deshalb für die Untersuchung dieses wellenmechanisch vorausgesagten Verlaufes der Streuung von He-Strahlen in Helium besonders geeignet.

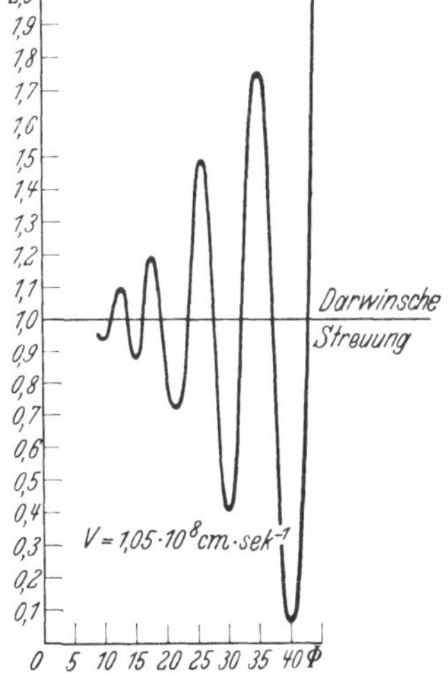

Abb. 104. MOTTscher Faktor für die Streuung von He-Strahlen in He.

GERTHSEN prüft die MOTTsche Theorie zunächst mit H-Strahlen im Wasserstoff. Wegen des geringen Streuvermögens des Wasserstoffs muß die Strahlintensität etwa um den Faktor 20 größer gewählt werden als bei den Versuchen in Sauerstoff. Aus stoßmechanischen Gründen sind die Energieverluste bei der Streuung von H-Strahlen an Wasserstoffkernen beträchtlich. Die Geschwindigkeit des abgelenkten Teilchens ist $v' = v\cos\varphi$. Sie wird also Null für einen Streuwinkel von 90°. Da außerdem noch Geschwindigkeitsverluste auf dem Wege zwischen Stoßzentrum und Zähler eintreten, kann die Ausmessung der Winkelabhängigkeit, wenn ein Versagen der quantitativen Zählung mit Sicherheit vermieden werden soll, nur etwa bis 45° erfolgen. Die Meßergebnisse sind in Tabelle 12 dargestellt. Unter jedem gemessenen Verhältnis ist die prozentuale Abweichung von dem nach der DARWINschen Formel berechneten Verhältnis eingetragen.

Tabelle 12. Streuung von H-Strahlen in Wasserstoff (Prüfung der MOTTschen Formel).

φ_1/φ_2	$N_{\varphi_1}/N_{\varphi_2}$ nach DARWIN	$N_{\varphi_1}/N_{\varphi_2}$ beob. für $v =$		
		$2{,}1 \cdot 10^8$ cm/sec	$2{,}38 \cdot 10^8$ cm/sec	$2{,}98 \cdot 10^8$ cm/sec
15/20	4,08	3,72 −9%	4,02 −1%	4,46 +9%
20/25	2,9	−	3,22 +10%	−
25/35	4,26	5,25 +23%	5,42 +27%	−
25/30	2,31	−	−	2,48 +8%
30/35	1,85	−	2,3 +25%	−

Abb. 105 zeigt den MOTTschen Faktor für $v = 2{,}38 \cdot 10^8$ cm/sec. Die Kreuze zeigen die dem theoretischen Verlauf möglichst gutangepaßten Beobachtungen.

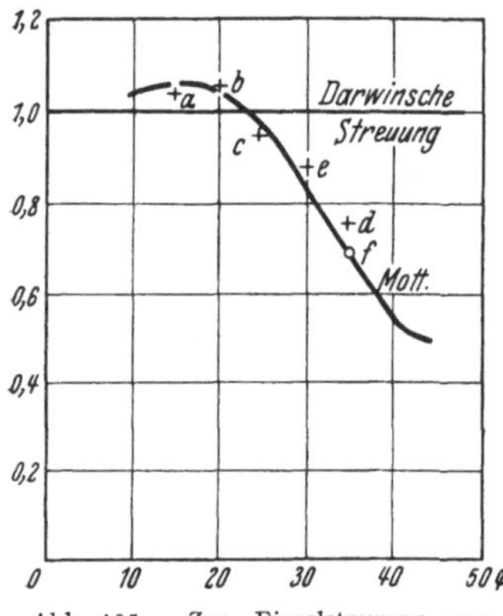

Abb. 105. Zur Einzelstreuung von H-Strahlen in H_2 nach GERTHSEN. Vergleich mit der Theorie.

Mit der MOTTschen Theorie ist ferner in Übereinstimmung, daß für $v = 2{,}98 \cdot 10^8$ N_{15}/N_{20} größer sein soll als nach der klassischen Theorie, bei $2{,}1 \cdot 10^8$ cm/sec dagegen kleiner, wenn auch im letzteren Falle die quantitative Übereinstimmung weniger gut ist.

Die Nachprüfung der MOTTschen Formel für die Streuung von Heliumkanalstrahlen erfordert wegen der starken Schwankungen des MOTTschen Faktors eine beträchtliche Steigerung der Auflösung der Apparatur und entsprechend auch der Intensität der Strahlen. Indessen konnte schon mit der beschriebenen Anordnung das Minimum bei 28,5° gefunden und bei 21,2° wahrscheinlich gemacht werden. CHADWICKS[1] Versuche mit schnellen α-Strahlen erstrecken sich lediglich auf den Nachweis, daß die absolute unter 45° gestreute Teilchenzahl in Übereinstimmung mit der MOTTschen Formel doppelt so groß ist wie nach DARWIN, während es BLACKETT[2] bereits gelungen ist, nach der Methode der Wilsonbahnen das Minimum bei 28,5° aufzufinden.

---

[1] J. CHADWICK, Proc. Roy. Soc. London (A) Bd. 128, S. 114. 1930.
[2] P. M. S. BLACKETT u. F. C. CHAMPION, Proc. Roy. Soc. London (A) Bd. 130, S. 380. 1930.

Kapitel 3.

Durchgang von α-Strahlen durch Materie.

Von

H. Geiger, Tübingen.

Mit 55 Abbildungen.

I. Methoden zur Beobachtung von α-Strahlen.

1. Übersicht über die Methoden zur Zählung einzelner Atome und Elektronen. In der experimentellen Atomphysik wird in steigendem Maße von Methoden Gebrauch gemacht, die die Beobachtung bzw. das Abzählen einzelner Atome oder Elektronen ermöglichen. Als ein überaus fruchtbares Abzählverfahren erwies sich anfänglich die Szintillationsmethode (Ziff. 13), die zwar mühsam ist, aber technische Schwierigkeiten nicht bietet. Allerdings ist sie beschränkt auf stark ionisierende Strahlen (α- und H-Teilchen) und läßt eine photographische oder mechanische Registrierung nicht zu. Die Szintillationsmethode ist aber heute fast ganz abgelöst von den elektrischen Zählmethoden, die zu hoher Vollkommenheit entwickelt sind (Ziff. 2 bis 12). Auch hier war es zunächst nur möglich, die stark ionisierenden α-Teilchen zu registrieren; doch brachte die weitere Entwicklung bald in dem Spitzenzähler ein einfach zu handhabendes Instrument, das auch auf Strahlen mit extrem schwachen Ionisierungsvermögen, so z. B. auf schnelle β-Strahlen, ansprach. Durch geeignete Wahl von Vorzeichen und Höhe der Spannung hat man es aber in der Hand, entweder die Zählung auf α-Strahlen zu beschränken unter Auslassung etwa vorhandener β-Strahlen (Proportionalzähler), oder aber auch diese mitzuregistrieren (Auslösezähler). Die Strahlen müssen bei diesen Instrumenten durch eine Öffnung begrenzter Größe in den Innenraum eintreten. Viele Probleme stellen uns aber vor die Aufgabe, α- oder β-Strahlen über große Flächen und ohne Rücksicht auf ihre Richtung abzuzählen. Solche Aufgaben lassen sich heute in einfacher Weise mit dem Zählrohr lösen (Ziff. 8).

In einzelnen Fällen hat es sich als zweckmäßig erwiesen, auf das Verstärkungsprinzip durch Elektronenstoß zu verzichten und den Primäreffekt unmittelbar entweder mit einem hochempfindlichen Meßinstrument oder unter Benutzung eines Röhrenverstärkers mit einem einfachen Fadenelektrometer nachzuweisen (Ziff. 11 und 12). Allerdings sind diese Verfahren auf schwach ionisierende Strahlen nicht anwendbar.

Zur Erzielung einer ausreichenden Genauigkeit müssen meist lange Zählreihen aufgenommen werden. Visuelle Beobachtung der Elektrometerausschläge ist nur bei langsamer Strahlfolge möglich; außerdem ist sie ermüdend und nicht frei von subjektiven Fehlern. Demgegenüber läßt sich auf photographischem Wege eine hohe Registriergeschwindigkeit und eine scharfe zeitliche Erfassung der einzelnen Strahlen erzielen. Allerdings sind die photographischen Registrierungen zeitraubend und kostspielig. Man geht daher neuerdings immer mehr dazu über, die von der Zählapparatur gelieferten Stromstöße unter Ausnutzung der modernen Verstärkertechnik unmittelbar mit einem mechanisch arbeitenden Addierwerk zu registrieren (Ziff. 11).

Handelt es sich um die Aufgabe, den Weg eines einzelnen Teilchens unter bestimmten Bedingungen zu verfolgen, so hat man hierfür in der WILSONschen Nebelkammer eine vorzügliche und technisch zu hoher Vollkommenheit durchgearbeitete Apparatur. Die Bahn des Einzelteilchens wird sichtbar und photographisch faßbar durch die Kondensation winziger Wassertröpfchen an den von dem Strahl auf seinem Weg durch das Gas erzeugten Ionen. Auch dieses Verfahren läßt eine Häufung des Beobachtungsmaterials durch halbautomatische Registrierung zu (Ziff. 16).

2. Der Spitzenzähler. Ein Vorläufer des Spitzenzählers ist die in Abb. 1 dargestellte Anordnung[1]. Die Kammer besteht aus einer metallischen Halbkugel B, in deren Mitte sich eine gut polierte Kugel A befindet, die an dem Stift C befestigt ist, der seinerseits selbst wieder von einer isolierenden Abschlußscheibe getragen wird. Die Kammer ist mit dem negativen Pol einer Batterie von etwa 1500 Volt verbunden, während die zentrale Elektrode C zu einem Fadenelektrometer führt. Die α-Strahlen treten durch das mit einer dünnen Glimmerfolie geschlossene Fenster F in die Kammer ein und ionisieren dort das Gas. Die dabei ausgelösten Elektronen gelangen in das starke elektrische Feld, das

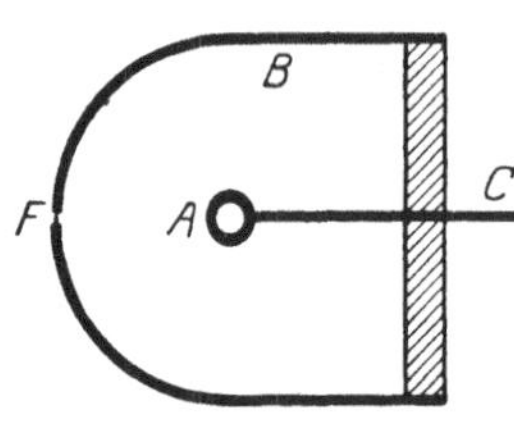
Abb. 1. Halbkugelförmiger Zähler zur Registrierung von α-Strahlen.

die Kugel umgibt, und erzeugen dort durch Stoß neue Elektronen in großer Zahl. Der primäre Ionisationseffekt kann auf diese Weise um das Tausend- bis Zehntausendfache vergrößert werden, so daß ein empfindliches Fadenelektrometer darauf anspricht. Jedes einzelne α-Teilchen macht sich dabei durch einen scharf einsetzenden Ausschlag des Elektrometerfadens bemerkbar. Damit der Faden nach Registrierung des α-Teilchens rasch wieder in seine Ruhelage zurücktritt, ist er durch einen hohen Widerstand (10^9 bis 10^{12} Ohm) dauernd zur Erde abgeleitet. Die Spannung am Gehäuse B muß auf einen durch Gasart, Gasdruck und Kugeldurchmesser bestimmten günstigsten Wert einreguliert werden. Bei Anwendung photographischer Registrierung kann die Zahl der durch das Fenster eintretenden Teilchen bis auf 1000 pro Minute gesteigert werden, ohne daß die Zählsicherheit darunter leidet. Auf schwach ionisierende Strahlen, z. B. auf β-Strahlen, ist diese Zählkammer jedoch nicht anwendbar.

Benutzt man als zentrale Elektrode eine sog. empfindliche Spitze, so erhält man sehr handliche Zähler, die auch bei Atmosphärendruck arbeiten und selbst auf schnelle β-Strahlen ansprechen[2]. Die durch das intensive Feld in der Nähe einer solchen Spitze erreichbare Stromsteigerung beträgt das 10^6- bis 10^8fache. Abb. 2 zeigt die gebräuchliche Form

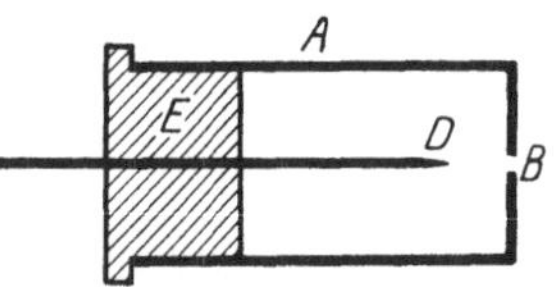
Abb. 2. Spitzenzähler zur Registrierung von α- und β-Strahlen.

eines solchen Zählers. Die von dem Isolator E gehaltene Spitze D liegt etwa 1 cm von der Scheibe B entfernt, die das Rohr A abschließt. Bei Luftfüllung von Atmosphärendruck ist eine Spannung von etwa 1500 Volt erforderlich, wobei

---

[1] H. GEIGER u. E. RUTHERFORD, Phil. Mag. Bd. 24, S. 618. 1912; V. F. HESS u. R. W. LAWSON, Wiener Ber. Bd. 127, S. 405. 1918.
[2] H. GEIGER, Verh. d. D. Phys. Ges. Bd. 15, S. 534. 1913; Ann. d. Phys. Bd. 44, S. 813. 1914.

positives Potential der Kammer im allgemeinen günstiger ist als negatives. Als Beobachtungsinstrument eignet sich wiederum das Fadenelektrometer. Ein solcher Zähler arbeitet in Luft von Atmosphärendruck und bei positiver Aufladung des Gehäuses quantitativ innerhalb eines Spannungsbereiches von mehreren hundert Volt. Genaue Einregulierung der Spannung ist also nicht erforderlich. Liegt am Rohr negative Spannung statt positive, so ist der Bereich, innerhalb dessen die Spannung variiert werden kann, erheblich kleiner. Die Spannung ist übertrieben hoch, wenn auch bei Abwesenheit jeder Strahlung Stromstöße in größerer Zahl von selbst einsetzen (spontane Ausschläge). Überlastung des Zählers durch zu hohe Spannung führt meist rasch zu einer Zerstörung der Spitze.

Die Unabhängigkeit der Stoßzahl von der angelegten Spannung wird für α-Strahlen durch Abb. 3 gezeigt. Man sieht, wie mit wachsender Spannung sehr bald eine konstante Zahl erreicht wird, die über einen Spannungsbereich von 300 Volt erhalten bleibt (wirksamer Spannungsbereich). Bei den weniger stark ionisierenden β-Strahlen wird ein konstanter Wert für die Teilchenzahl im allgemeinen nicht so rasch erreicht.

Auf die Herstellung der empfindlichen Spitze muß eine gewisse Sorgfalt verwandt werden. Seit den Arbeiten von WARBURG und anderen ist bekannt, daß die Bedingungen, unter denen Entladungen an einer Spitze einsetzen, von schwer kontrollierbaren Eigenschaften der Spitze stark abhängen[1]. Es kommt weniger auf eine bestimmte Form oder auf Politur der Spitze an, als vielmehr auf eine besondere Beschaffenheit der Metalloberfläche, die z. B. durch vorsichtiges Oxydieren einer Nähnadel in einer Bunsenflamme erzielt werden kann.

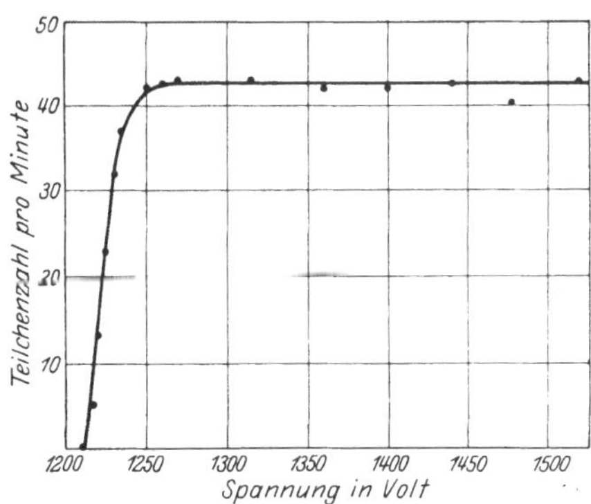

Abb. 3. Zählung von α-Strahlen bei verschiedenen Spannungen.

Sehr bewährt haben sich ferner winzige Platinkügelchen, wie sie sich am Ende eines Platindrahtes von etwa $^1/_{10}$ mm Durchmesser in der Gebläseflamme leicht mit völlig glatter Oberfläche bilden. Da solche Kügelchen im Vergleich zu Spitzen geometrisch viel besser definiert sind, werden sie bei quantitativen Messungen ausschließlich verwandt. Über die Bedeutung der Oberflächenschicht s. Ziff. 10.

Zweckmäßig wird der Spitzenzähler, je nach der zu lösenden Aufgabe, in einer der drei folgenden Schaltungen benutzt:

1. als Auslösezähler mit negativer Spitze;
2. als Auslösezähler mit positiver Spitze;
3. als Proportionalzähler mit positiver Spitze.

In den folgenden Ziffern werden die Arbeitsbedingungen des Zählers in diesen drei Schaltungen im wesentlichen nach den Messungen von HILD[2] dargestellt. Er benutzte durchweg einen „Normalzähler" von 4 cm Durchmesser und 6 cm Länge und lagerte die Spitze so, daß sie einen Abstand von 1 cm von der Zähleröffnung hatte. Abweichungen von dieser Geometrie sind ohne erheblichen Einfluß auf die Zählereigenschaften.

3. Auslösezähler mit negativer Spitze. Bei negativer Spitze arbeitet der Zähler nur als Auslösezähler, was besagen will, daß der primäre Ionisationseffekt eines in den Zähler eintretenden Strahlenteilchens dort einen Stromstoß auslöst,

---

[1] Siehe ds. Handb. Bd. XIV.   [2] K. HILD, Dissert. Kiel 1930.

der von der Stärke der Primärionisation unabhängig ist. α- und β-Strahlen geben darum mit einem solchen Zähler gleich große Ausschläge. Der untere Grenzwert der Spannung (Einsatzspannung), bei dem der Zähler in dieser Schaltung zu arbeiten beginnt, ist genau reproduzierbar und wird im wesentlichen durch Gasart, Gasdruck und Kügelchendurchmesser bestimmt. Steigert man die Spannung über die Einsatzspannung hinaus, so kommt man zunächst in einen Bereich, in dem der Zähler auf jedes eintretende Teilchen mit großen Anschlägen antwortet; man erreicht aber bei weiterer Spannungssteigerung ziemlich plötzlich ein Gebiet, in dem selbständige Entladungen einsetzen. Die Differenz zwischen der Einsatzspannung und der Selbstentladungsspannung bezeichnet man als den Zählbereich. Je größer dieser Bereich ist, desto günstiger arbeitet der Zähler. Tabelle 1 enthält für Luft verschiedenen Druckes und für zwei verschieden große Kügelchen die Einsatzspannungen und Zählbereiche nach Hild; in Tabelle 2 sind die Einsatzspannungen für verschiedene Gase nach den Messungen von Klemperer[1] wiedergegeben, der auch ein Berechnungsverfahren dafür angibt. Die dabei benutzten Kügelchen hatten einen Durchmesser von 0,08 bis 0,23 mm. Kügelchen über 0,3 mm Durchmesser arbeiten als negative Elektrode nicht mehr. Bei Drucken über einer Atmosphäre verengt sich der Zählbereich mit wachsendem Druck immer mehr und wird bei 4 Atmosphären praktisch Null.

Tabelle 1. Einsatzspannung und Zählbereich in Volt.
(Auslösezähler mit negativer Spitze.)

Kügelchen-durchmesser		Luftdruck in cm Hg						
		1	3	10	20	30	50	70
0,08 mm	Einsatzspg.:			710	800	960	1280	1600
	Zählbereich:			190	300	370	500	600
0,19 mm	Einsatzspg.:	355	485	805	1160	1430	1920	2470
	Zählbereich:	55	115	175	240	430	530	580

Tabelle 2. Einsatzspannungen in Volt für drei Gase.
(Auslösezähler mit negativer Spitze.)

Gas	Kügelchen-durchmesser	Gasdruck in cm Hg			
		10	20	40	76
Wasserstoff	0,125 mm	515	610	830	1190
	0,23 ,,	530	720	1100	1750
Luft	0,125 ,,	760	960	1320	1900
	0,23 ,,	930	1300	1890	2900
Kohlensänre.	0,125 ,,	860	1110	1590	2200
	0,23 ,,	1030	1500	2200	disruptiv

Für das praktische Arbeiten mit dem Zähler sind ferner folgende Angaben von Wichtigkeit:

a) Es ist nicht erforderlich, daß die α-Strahlen bei ihrem Eintritt in den Zähler genau auf die Spitze zulaufen (Abb. 4, Pfeil A). Der Zähler spricht bei nicht zu großer Zähleröffnung auch dann noch an, wenn die Strahlen unter sehr schrägem Winkel eintreten (Pfeil B). Als Beispiel sei angegeben, daß man über einen Öffnungswinkel von 80° noch quantitativ zählt, wenn der Durchmesser der Eintrittsöffnung das 0,3fache der maximalen Zähleröffnung (vgl. hierzu unter b) nicht übersteigt. Allgemein ist zu sagen, daß der Zähler immer

---

[1] O. Klemperer, ZS. f. Phys. Bd. 51, S. 341. 1928.

dann, und nur dann anspricht, wenn Ionen in einem gewissen durch den Kraft-
linienverlauf bestimmten Bereich erzeugt werden. Dieser Bereich entspricht
etwa dem in Abb. 4 durch Schraffierung kenntlich gemachten Gebiet[1]. Nur die
Ionen, die in diesem Bereich erzeugt werden, ge-
langen auf ihrem Weg zur Spitze in Felder,
in denen eine genügende Multiplikation durch
Stoßionisation eintreten kann. Ionen außerhalb
dieses Bereichs müssen zwar ebenfalls das gesamte Potentialgefälle zwischen Gehäuse und
Spitze durchlaufen, aber der Potentialgradient ist
entlang ihrem Weg zu gleichförmig verteilt, als

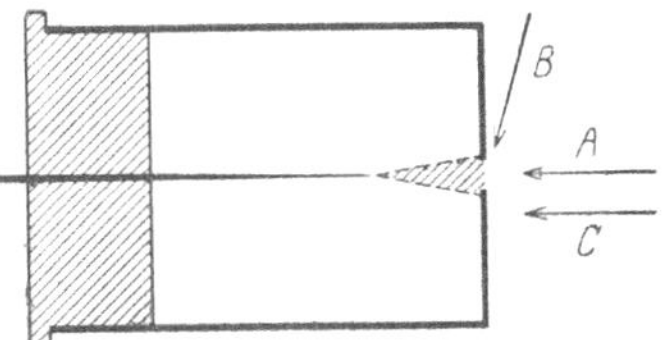

Abb. 4. Zur Erläuterung der Wirksamkeit
des Spitzenzählers.

daß ausreichende Stoßionisation eintreten könnte.

b) Oft ist es wichtig, die Zähleröffnung möglichst groß machen zu können.
Nach HILD beträgt bei einem 0,09 mm-Kügelchen der Durchmesser der maximal zulässigen Zähleröffnung bei Atmosphärendruck und 2250 Volt Spannung
nahezu 5 mm, bei einem Druck von 5 cm Hg und 850 Volt sogar 12 mm. Dies
gilt allerdings nur für den Fall, daß die Strahlen wesentlich in Richtung der
Pfeile A und C in den Zähler eintreten. Allgemein kann gesagt werden, daß
die maximale Zähleröffnung für nahezu achsenparallele Strahlen mit abnehmendem Druck und wachsendem Kügelchendurchmesser merklich zunimmt. Allerdings kann, wie schon bemerkt, der Durchmesser des Kügelchens nicht über
0,3 mm gesteigert werden (vgl. hierzu auch die Bemerkungen zum Auslösezähler
mit positiver Spitze in Ziff. 4).

c) Auch wenn die Geschwindigkeit des α-Teilchens so klein ist, daß es nur
einen Bruchteil eines Millimeters in den Zählerraum einzutreten vermag, wird
es vom Zähler registriert.

d) Zwei α-Teilchen werden auch dann noch getrennt registriert, wenn sie
einander in einem Intervall bis herab zu etwa $1/_{100}$ Sekunde folgen. Kommt es
besonders darauf an, den Zeitpunkt, in dem ein α- oder β-Teilchen in den Zähler
eintritt, möglichst scharf zu erfassen, so ist zu beachten, daß zwischen Eintritt
des Teilchens und Ansprechen des Zählers ein Intervall bis zu $1/_{100}$ Sekunde
liegen kann[2]. Dies erklärt sich dadurch, daß die zur Einleitung der Spitzenentladung erforderlichen Ionen je nach der Richtung des Strahleneintritts in verschiedener Entfernung von der Spitze entstehen können. Daher haben die
Ionen, ehe sie in wirksame Spitzennähe gelangen, bisweilen erst ein verhältnismäßig schwaches Feld zu durchlaufen, und dies hat zur Folge, daß eine merkliche Zeit
zwischen Eintritt des Strahlenteilchens und Einsetzen
des Stromstoßes verstreichen kann. Man kann die Ver-
zögerungen praktisch ganz beheben, wenn man einige
Millimeter hinter der Spitze einen metallischen Wulst W
über den Führungsstift der Spitze schiebt (Abb. 5).

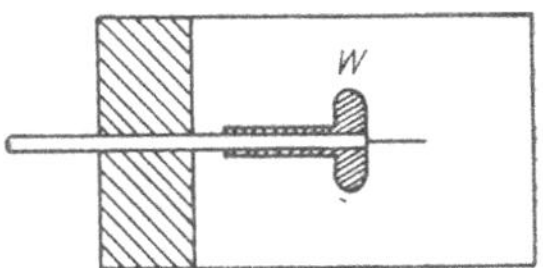

Abb. 5. Spitzenzähler mit Wulst.

Durch diesen Wulst wird dem sehr inhomogenen Spitzenfeld ein homogenes
Feld superponiert, so daß die Ionen aus allen Teilen des Zählerraumes in
kürzester Zeit an die Spitze herangeführt werden. Die veränderte Feldverteilung kommt auch darin zum Ausdruck, daß ein Zähler mit Wulst eine
um etwa 1000 Volt höher liegende Arbeitsspannung braucht als derselbe Zähler
ohne Wulst.

---

[1] Vgl. hierzu z. B.: W. KUTZNER, ZS. f. Phys. Bd. 23, S. 117. 1924; W. BOTHE, ebenda
Bd. 37, S. 547. 1926; L. F. CURTISS, Phys. Rev. Bd. 31, S. 1060. 1928; S. SHIRAI, Proc. Phys.
Math. Jap. Bd. 11, S. 12. 1929.
[2] W. BOTHE u. H. GEIGER, ZS. f. Phys. Bd. 32, S. 639. 1925.

4. Auslösezähler mit positiver Spitze. Bothe[1] hat erstmalig betont, daß der Auslösezähler mit positiver Spitze für bestimmte Probleme wesentliche Vorteile bietet, vor allem in den Fällen, wo eine schwach ionisierende Strahlung über eine große Zähleröffnung registriert werden soll. Dabei ist allerdings in Kauf zu nehmen, daß bei positiver Spitze der Zählbereich (Ziff. 3) merklich kleiner ist als bei negativer Spitze, so daß eine größere Konstanz der benutzten Spannungsquelle erforderlich ist.

Im einzelnen wurden die Zählbedingungen von Hild[2] systematisch untersucht. Ein bemerkenswertes Ergebnis ist, daß bei einem Zähler mit Luftfüllung von Atmosphärendruck nur ein Kügelchen verwendet werden kann, dessen Durchmesser in dem engen Bereich von 0,15 bis 0,30 mm liegt. Bei Kügelchen von größerem oder kleinerem Durchmesser ist ein für Zählungen ausnutzbarer Spannungsbereich nicht mehr vorhanden. Ähnliche Beobachtungen wurden auch bei höheren Drucken gemacht: es scheint, daß zu jedem Gasdruck sich ein Kügelchen optimalen Durchmessers finden läßt, bei dem der ausnutzbare Zählbereich relativ groß ist. In Tabelle 3 sind diese optimalen Zählbedingungen für verschiedene Drucke angegeben.

Tabelle 3. Optimale Zählbedingungen bei verschiedenen Kügelchen im Auslösezähler mit positiver Spitze.

Kügelchendurchmesser in mm	Druck in Atm.	Spannung in Volt	Wirksamer Spannungsbereich in Volt
0,10	5,5	4500	40
0,13	3,5	3850	80
0,19	1,5	3000	100

Was die maximale Zähleröffnung in Abhängigkeit von der Spannung anlangt, so zeigt sich, daß diese sehr stark vergrößert werden kann (z. B. bei Atmosphärendruck bis 12 mm Durchmesser), wenn man an die obere Grenze des wirksamen Spannungsbereichs geht. Mit abnehmendem Druck nimmt — umgekehrt wie beim Auslösezähler mit negativer Spitze — der Durchmesser der effektiven Zähleröffnung erheblich ab und kann z. B. bei einem Druck von 5 cm Hg nicht über 6 mm gesteigert werden.

5. Proportionalzähler. Ein Zähler, bei dem die Ausschläge der Primärionisation proportional sind, wird als Proportionalzähler bezeichnet. Da ein den Zähler durchsetzendes α-Teilchen in ihm etwa 600 mal mehr Ionen erzeugt als ein β-Teilchen, wird ein solcher Zähler α-Teilchen registrieren, ohne daß sich gleichzeitig eintretende β-Strahlen bemerkbar machen. Es liegt auf der Hand, daß ein solcher reiner α-Zähler, falls er bei großer Eintrittsöffnung Strahlen aller Richtungen quantitativ zählt, für viele atomphysikalische Probleme von erheblicher praktischer Bedeutung ist.

Preisler[3] hat in einer Untersuchung über die Reichweiteschwankungen der α-Strahlen erstmalig einen Zähler benutzt, der ausschließlich α-Strahlen registrierte. Die allgemeinen Bedingungen, unter denen man einen Proportionalzähler erhält, sind von Geiger und Klemperer[4] geklärt worden. Sie kommen zu folgendem allgemeinen Ergebnis: bei kleinen negativen Gehäusespannungen (positive Spitze) wird jedes einzelne von einem Korpuskularstrahl erzeugte Ion durch Stoßionisation um einen bestimmten Faktor vervielfacht. Dieser Multiplikationsfaktor wächst mit zunehmender Zählerspannung und erreicht bei einer

---

[1] W. Bothe, ZS. f. Phys. Bd. 37, S. 547. 1926.   [2] K. Hild, Dissert. Kiel 1930.
[3] P. Preisler, Dissert. Kiel 1928; ZS. f. Phys. Bd. 53, S. 857. 1929.
[4] H. Geiger u. O. Klemperer, ZS. f. Phys. Bd. 49, S. 753. 1928.

kritischen Spannung (obere Grenze des Proportionalitätsbereichs) einen maximalen Wert, der etwa bei 10^4 liegt. Von dieser kritischen Spannung ab verläuft der Vorgang im Zähler in anderer Weise: die bei Eintritt eines Teilchens überfließende Elektrizitätsmenge wächst enorm an und wird unabhängig von der Zahl der primär erzeugten Ionen. Der Proportionalzähler ist zum Auslösezähler geworden. Bei positiver Gehäusespannung (negativer Spitze) ist ein Proportionalitätsbereich nicht vorhanden; der Zähler arbeitet nur als Auslösezähler (Ziff. 3).

Tabelle 4 gibt nach GEIGER und KLEMPERER die Spannungswerte, die für einen Multiplikationsfaktor von 10^3 bzw. 10^4 unter verschiedenen Bedingungen erforderlich sind. Die Differenz der für die Faktoren 10^3 und 10^4 erforderlichen Spannungen ist ein Maß für die praktische Brauchbarkeit eines Multiplikationszählers und sei als Multiplikationsbereich bezeichnet.

Tabelle 4. Spannungen in Volt für Multiplikationsfaktoren 10^3 und 10^4 in Luft und Wasserstoff bei verschiedenen Kügelchen (Proportionalzähler).

Kügelchendurchmesser	Luft				Wasserstoff			
	$p = 76$ cm Hg		$p = 20$ cm Hg		$p = 76$ cm Hg		$p = 20$ cm Hg	
	10^3	10^4	10^3	10^4	10^3	10^4	10^3	10^4
0,08 mm Pt	1750	1900	1050	1100	1150	1250	700	750
0,21 ,, ,,	2500	2750	1150	1350	1850	2200	900	950
0,45 ,, ,,	3100	3750	1600	1700	2300	2800	1300	1350
1 ,, Fc	5000	5600	2100	2400	3200	3750	1700	1900
2 ,, ,,	6500	7500	3100	3500	4700	5300	2500	2750

Von HILD wurde näher untersucht, wie der Multiplikationsbereich vom Gasdruck abhängt. Bei kleinen Drucken, etwa unterhalb 10 cm Hg, ist der Multiplikationsbereich nur wenige Volt breit, wächst aber dauernd mit wachsendem Druck und erreicht bei dem höchsten gemessenen Druck von 7 Atm. Luft und für ein Kügelchen von 0,1 mm Durchmesser den Wert von 380 Volt. Durch weitere Messungen hat HILD festgestellt, wie die Ausschlagsgröße bzw. der Multiplikationsfaktor sich mit Eintrittsstelle und Eintrittsrichtung der Strahlen ändert. Es zeigte sich, daß man die größte Gleichmäßigkeit der Ausschläge dann erzielt, wenn man bei hohem Druck und mit großen Kügelchen arbeitet.

Bei den praktisch auftretenden Problemen (Kernumwandlung, anormale Streuung von α-Strahlen usw.) handelt es sich im allgemeinen nicht darum, in dem Zähler vereinzelte β-Strahlen gegenüber den α- bzw. H-Strahlen zu unterdrücken, vielmehr wird man vor die Aufgabe gestellt, vereinzelte α- bzw. H-Strahlen (10^{-2} bis 10^{-1} pro Sekunde) auf einem starken Untergrund von β-Strahlen oder sekundären γ-Strahlen (10^4 bis 10^5 pro Sekunde) noch mit Sicherheit zu erkennen. Eine solche intensive β-Strahlung äußert sich in einer allgemeinen Unruhe des Elektrometerfadens; doch kann man beim Proportionalzähler ein 1 mg-Radiumpräparat (γ-Strahlung) bis auf etwa 1 cm an die Zähleröffnung heranbringen, ohne daß das Zählen gleichzeitig eintretender α-Strahlen merklich gestört würde. Praktische Verwendung hat der Proportionalzähler bisher gefunden bei den Kernumwandlungsversuchen von FRÄNZ[1] und BOTHE[2], sowie bei den Streuungsmessungen von HERMSTRÜWER[3] und MAURER[4]. FRÄNZ betont, daß sich die H-Strahlen am besten über den β-Untergrund herausheben, wenn

[1] H. FRÄNZ, Phys. ZS. Bd. 30, S. 810. 1929; ZS. f. Phys. Bd. 63, S. 370. 1930.
[2] W. BOTHE, ZS. f. Phys. Bd. 63, S. 381. 1930.
[3] C. HERMSTRÜWER, Dissert. Tübingen 1932.
[4] G. MAURER, ZS. f. Phys. Bd. 78, S. 395. 1932.

man an Stelle des verhältnismäßig trägen Fadenelektrometers einen SIEMENS-schen Schleifenoszillographen mit hoher Eigenfrequenz als Anzeigeinstrument benutzt.

6. Praktische Verwendbarkeit des Spitzenzählers. In den vorausgehenden Ziffern wurde gezeigt, daß der Zähler je nach dem Vorzeichen der Spannung, je nach dem Luftdruck, dem Kügelchendurchmesser usw. ein sehr verschiedenes Verhalten zeigt. Man wird sich daher entsprechend dem jeweils gegebenen Problem die eine oder andere Schaltung heraussuchen. Um die Auffindung zu erleichtern, seien hier nach den Angaben von HILD[1] einige Hinweise zusammengestellt. Allgemein ist zu bemerken, daß der Spitzenzähler sich nur zur Registrierung relativ eng begrenzter Strahlenbündel eignet und daß zur Auswertung extrem geringer Strahlungsdichten (z. B. Kaliumstrahlung) das Zählrohr (Ziff. 7 und 8) vorzuziehen ist.

1. Es soll bei Drucken über einer Atmosphäre gezählt werden: Auslösezähler mit positiver Spitze oder Multiplikationszähler.

2. Es soll bei Drucken unter einer Atmosphäre gezählt werden: Auslösezähler mit negativer Spitze.

3. Es sollen β-Strahlen gezählt werden: Auslösezähler mit positiver Spitze.

4. Es soll eine möglichst große effektive Zähleröffnung erreicht werden: Auslösezähler mit negativer Spitze bei niedrigem Druck oder Auslösezähler mit positiver Spitze bei hohem Druck. Spitzenabstand groß nehmen.

5. Es soll ein stark divergentes Strahlenbündel ausgezählt werden: Auslösezähler mit negativer Spitze bei niedrigem Druck oder Auslösezähler mit positiver Spitze bei hohem Druck.

6. Es sollen α-Strahlen gezählt werden, ohne daß etwa vorhandene β-Strahlung oder γ-Strahlung sich im Zähler bemerkbar macht: Proportionalzähler.

7. Es soll ein Zähler mit möglichst wenigen spontanen Ausschlägen verwendet werden: Auslösezähler mit negativer Spitze oder (nur für α-Strahlen) Proportionalzähler.

8. Es soll gezählt werden, wenn eine nur wenig konstante Spannungsquelle zur Verfügung steht: Auslösezähler mit negativer Spitze bei etwa Atmosphärendruck.

9. Es sollen sehr langsame Elektronen gezählt werden: Anwendung einer Vorbeschleunigung[2].

Als Ergänzung zu diesen Hinweisen gibt Tabelle 5 einen Überblick über die Arbeitsgrenzen der drei Zählerschaltungen.

7. Zählrohr für α-Strahlen. Mit der in Abb. 6 wiedergegebenen Apparatur ist es RUTHERFORD und GEIGER[3] erstmalig gelungen, die α-Strahlen einer definierten Radiummenge einzeln abzuzählen. In dem 2 cm weiten Messingrohr R ist axial ein dünner Draht D ausgespannt. Der Draht wird von den Hartgummistopfen E_1 und E_2 gehalten und führt zu

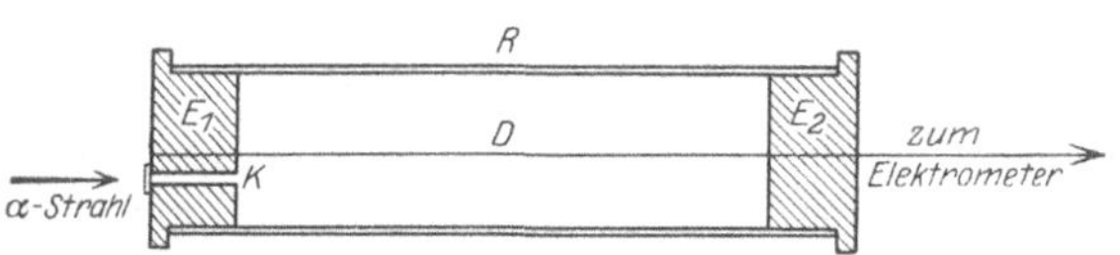

Abb. 6. Zylindrischer Zähler zur Registrierung von α-Strahlen.

einem Elektrometer. Die α-Teilchen treten in einer parallel zum Draht verlaufenden Richtung durch einen mit Glimmer verschlossenen Kanal K in das Rohr ein und ionisieren die darin befindliche stark verdünnte Luft. Da das Rohr mit dem negativen Pol einer Batterie von etwa 1000 Volt verbunden ist, werden die erzeugten Elektronen in das starke Feld, welches den Draht umgibt, gedrängt und vermehren sich dort durch Stoßionisation auf das Tausend- bis Zehntausendfache, so daß jedes eintretende Teilchen durch einen scharfen Ausschlag des Elektrometers erkennbar wird.

---

[1] K. HILD, Dissert. Kiel 1930.

[2] H. KALLMANN, Phys. ZS. Bd. 30, S. 526. 1929; J. HORNBOSTEL, Ann. d. Phys. Bd. 5, S. 991. 1930; H. BAUER, ZS. f. Phys. Bd. 71, S. 532. 1931.

[3] E. RUTHERFORD u. H. GEIGER, Proc. Roy. Soc. London (A) Bd. 81, S. 141. 1908; Phys. ZS. Bd. 10, S. 1. 1909.

Tabelle 5. Arbeitsweise des Spitzenzählers in drei verschiedenen Schaltungen.

	Auslösezähler mit negativer Spitze	Multiplikationszähler	Auslösezähler mit positiver Spitze
Geeigneter Kügelchendurchmesser D	arbeitet nicht für $D > 0,3$ mm	beliebig	arbeitet bei Atm. für D von 0,12 bis 0,3 mm, bei höheren Drucken auch noch für $D < 0,12$ mm
Zählbereich (Def. Ziff. 3)	mit zunehmendem Druck wachsend, über 1 Atm. wieder abnehmend	mit zunehmendem Druck wachsend	stark verschieden je nach D und Druck
Maximale Zähleröffnung	mit zunehmendem Druck stark abnehmend	mit zunehmendem Druck wachsend	mit zunehmendem Druck wachsend (Ziff. 4)
Spontane Ausschläge (s. Ziff. 2)	0,1 bis 1 pro Min.	etwa 1 pro 10 Min.	0,2 bis 2 pro Min.
Einfluß von Feuchtigkeit	bei hohen Drucken störend	Trocknung erforderlich	bei hohen Drucken störend
Größe der Stromstöße	10^{-11} bis 10^{-6} Amp. sec	10^{-13} bis 10^{-10} Amp. sec.	10^{-12} bis 10^{-8} Amp. sec
Geeignet zur Zählung von	α-Teilchen quantitativ; β-Teilchen quantitativ, je nach Geschwindigkeit bei verschiedenen Drucken	nur α-Teilchen	α-Teilchen quantitativ, für β-Teilchen sehr empfindlich (Ziff. 4)

Diese bereits 1908 beschriebene Anordnung hat erst in neuester Zeit wieder Verwendung gefunden. Die Schwierigkeiten, die sich seiner allgemeinen Verwendung früher entgegenstellten, lagen darin, daß bei dem im Rohr herrschenden geringen Druck der Spannungsbereich, innerhalb dessen quantitativ gezählt werden kann, äußerst klein ist und bei geringer Überschreitung des Maximalwertes sofort β-Strahlen (kosmische Elektronen usw.) in großer Zahl auftreten, die früher für Spontanausschläge (Funkendurchschläge) gehalten wurden.

Aus späteren Untersuchungen[1] hat sich ergeben, daß es beim Zählrohr ebenso wie beim Spitzenzähler einen Spannungsbereich gibt, in dem die übergehende Elektrizitätsmenge der Primärionisation proportional ist (Proportionalitätsbereich), während bei höheren Spannungen dies nicht mehr zutrifft (Auslösebereich). Die Verwendbarkeit des Zählrohrs im Proportionalitätsbereich, in dem es also nur auf α-Strahlen, aber nicht auf β-Strahlen anspricht und darum auch einen verschwindend kleinen „natürlichen Effekt" besitzt, wird erheblich erleichtert, wenn man mit Luft oder besser Argon bei höherem Druck (1 Atm. und mehr) arbeitet. Die erforderliche Zählspannung beträgt dann einige tausend Volt, während gleichzeitig der Bereich, innerhalb dessen α-Strahlen quantitativ gezählt werden, auf 100 Volt und mehr ansteigt. Geringe Schwankungen der Spannungsquelle sind dann ohne Belang. Zu bemerken ist auch, daß die α-Strahlen oder H-Strahlen in beliebiger Richtung in das Zählrohr eintreten können.

Um das proportionale Arbeiten eines reinen α-Zählrohrs zu prüfen, wurden nahezu parallele α-Strahlen eines Thor C + C'-Präparats durch ein 2 mm weites Loch senkrecht zur Drahtrichtung in ein Zählrohr gesandt. Die Ausschläge des ohne Verstärker an das Zählrohr angeschlossenen Fadenelektro-

---

[1] H. ZAHN u. H. GEIGER (nicht veröffentlicht). Anm. bei der Korrektur: s. a. H. BECKER u. W. BOTHE, Naturwissensch. Bd. 20, S. 757. 1932.

meters wurden über mehrere Stunden photographiert und dann auf dem Film ausgemessen[1]. Abb. 7 zeigt die Häufigkeit einer bestimmten Ausschlagsgröße als Funktion dieser Ausschlagsgröße selbst. Dabei entspricht der Ordinatenmaßstab den tatsächlich gezählten Ausschlägen. Die beiden Hauptmaxima A und B rühren von den Strahlen des Thor C' und C her; die schnelleren C'-Strahlen ionisieren weniger stark und geben darum auch den kleineren Ausschlag. A' und B' liegen bei Ausschlagsgrößen, die gerade halb so groß sind wie A und B. Sie sind darauf zurückzuführen, daß einige Strahlen auf den Draht auftrafen und somit im Zählrohr primär nur die halbe Ionenzahl erzeugten. Die beiden weiteren Maxima sind durch Überlagerung je zweier Ausschläge entstanden.

8. Das Elektronenzählrohr. Wenn es sich um die Auszählung einer extrem schwachen Strahlungsdichte vom β- oder γ-Typus handelt (kosmische Strahlung, Kaliumstrahlung), ist der Spitzenzähler im allgemeinen ungeeignet, da die mit ihm auszählbare Fläche kaum über 1 cm² gesteigert werden kann. Für solche Probleme verwendet man das Elektronenzählrohr[2].

In ihm ist axial ein dünner Draht ausgespannt, dessen Oberfläche mit einer halbisolierenden Haut gleichmäßig überzogen ist. Bewährt hat sich Stahldraht von 0,2 mm Dicke, den man in der Flamme schwach anlaufen läßt oder mit stark verdünnter Salpetersäure behandelt. Das Zählrohr wird im allgemeinen bis auf einen Druck von 6 cm Hg ausgepumpt und mit dem negativen Pol einer Batterie von 1200 bis 1500 Volt verbunden, während der Draht zu einem Fadenelektrometer führt. Bei richtiger

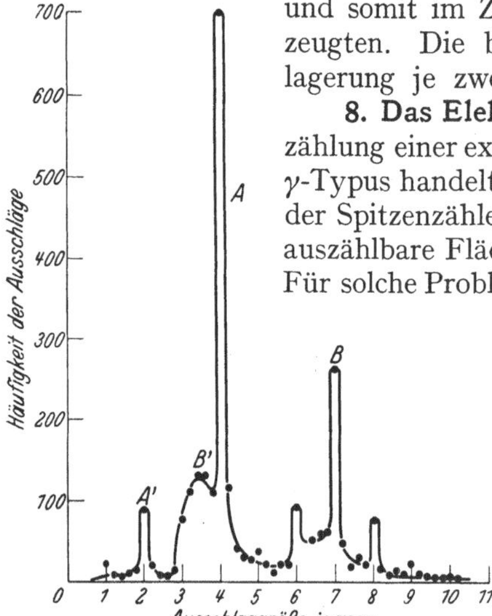

Abb. 7. Proportionalität zwischen Ausschlag und Primärionisation im α-Zählrohr.

Einstellung der Spannung wird jeder β-Strahl unabhängig von Eintrittsstelle und Eintrittsrichtung durch einen Ausschlag des Elektrometers sichtbar.

Durch Änderung der Rohrdimensionen hat man es in der Hand, die Empfindlichkeit in weiten Grenzen zu variieren. So registriert ein kleines Zählrohr mit einer Oberfläche von 1 cm² im Mittel 35 sekundäre Elektronen pro Minute, wenn man die γ-Strahlung von 1 mg Radium aus 1 m Entfernung darauf fallen läßt. Nimmt man aber ein Zählrohr von 100 cm² Oberfläche, so wächst auch die Zahl der registrierten Teilchen auf das Hundertfache an. Bei solchen Zählrohren größerer Dimension ist aber zu beachten, daß die γ-Strahlung des Erdbodens usw. sowie die kosmische Ultrastrahlung sich stark bemerkbar machen. Man hat bei einem Zählrohr von 100 cm² Oberfläche schon mit etwa 100 spontanen Ausschlägen pro Minute zu rechnen, die eben durch diese Strahlungen veranlaßt sind. Dadurch, daß man das Zählrohr mit einem allseitigen Eisenpanzer von etwa 20 cm Dicke umgibt, kann man die Zahl dieser spontanen Ausschläge auf $^1/_2$ bis $^1/_3$ herunterdrücken.

In welcher Weise die Zählspannung von Gasart und Gasdruck abhängt, ist aus den in Abb. 8 dargestellten Kurven zu ersehen, für die ein Zählrohr mit 0,03 mm starkem Stahldraht benutzt wurde. Unter Zählspannung soll dabei die Spannung verstanden sein, bei der die maximale Ausschlagszahl gerade erreicht wird. Bei einem gut arbeitenden Zählrohr bleibt diese Zahl bei weiterer

---

[1] Ich verdanke die Aufnahme Herrn cand. phys. F. SCHRADE.
[2] H. GEIGER u. W. MÜLLER, Phys. ZS. Bd. 29, S. 839. 1928; Bd. 30, S. 489. 1929.

Spannungserhöhung über mindestens 50 Volt konstant. Geringe Schwankungen der Zählspannung sind also ohne Einfluß auf das Resultat.

Bemerkenswert ist, daß selbst bei sehr tiefen Drucken, z. B. bei Luft von 1 mm Hg, noch ein erheblicher Bruchteil der das Zählrohr durchsetzenden β-Strahlen registriert wird. Ein schnelles β-Teilchen erzeugt unter diesen Bedingungen auf seinem Weg durch das Gas im Zählrohr im allgemeinen noch nicht einmal ein einziges Ionenpaar. Es ist daher anzunehmen, daß bei tiefen Drucken die Auslösung des Stromstoßes im wesentlichen durch die sekundären Elektronen erfolgt, die der β-Strahl an der Innenseite der Zählrohrwandung in Freiheit setzt. Mit wachsendem Druck steigt die Teilchenzahl an und erreicht bei Luftfüllung und einem Druck von etwa 10 cm Hg einen Sättigungswert, bei dem praktisch alle β-Strahlen registriert werden (Ziff. 9).

Das Zählrohr ist bisher hauptsächlich zur Messung der Absorption und Streuung der γ-Strahlen, zum Studium der sekundären Röntgenstrahlen und insbesondere zur Erforschung der kosmischen Ultrastrahlen angewandt worden. Hier wurden besonders durch die Einführung der sog. Koinzidenzmethode durch BOTHE und KOLHÖRSTER[1] Fortschritte erzielt. Die beim Spitzenzähler beobachtcte zcitliche Verzögeruing der Entladung (Ziff. 3) scheint beim Zählrohr nicht aufzutreten, wodurch es gerade für Koinzidenzversuche sehr geeignet ist. Zahlreiche Verfahren sind angegeben worden, um in einfacher Weise die Koinzidenzen scharf zu erfassen: Registrierung auf photographischem

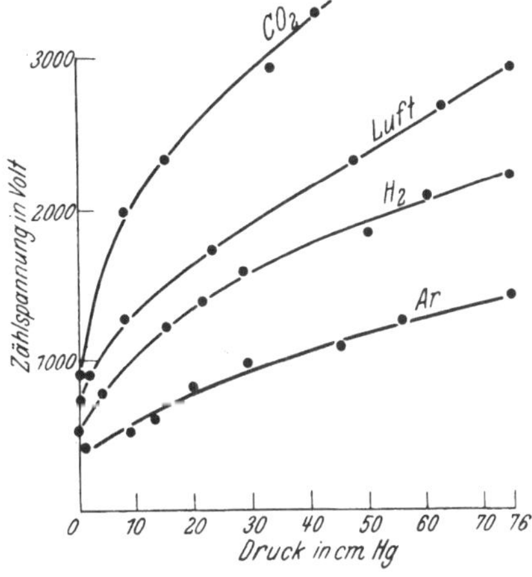

Abb. 8. Zählspannung in Abhängigkeit von Gasdruck und Gasart. (Zählrohr mit 0,03 mm starkem Draht.)

Film bzw. mit Schreibchronographen[2], Doppelgittermethode[3], Doppeloszillograph[4], BRAUNsches Glühkathodenrohr mit vier Ablenkungsplatten[5], Summationsverfahren[6]. Die Doppelgittermethode von BOTHE, die eine Trennung von zwei um $^1/_{1000}$ Sekunde voneinander abstehende Ausschlägen noch gestattet, hat bisher am meisten Anwendung gefunden.

9. Quantitatives Arbeiten von Spitzenzähler und Zählrohr. Allein die Tatsache, daß bei Spitzenzähler und Zählrohr ein beträchtlicher Spannungsbereich gefunden werden kann, über den die beobachtete Teilchenzahl völlig konstant bleibt, spricht stark dafür, daß wirklich jedes einzelne Strahlenteilchen gezählt wird, die Instrumente also quantitativ arbeiten. Eine weitere Stütze dafür ist auch die Unabhängigkeit der Teilchenzahl von Gasart und Gasdruck. Man kann sich aber auch durch direkte Versuche davon überzeugen, daß wirklich jedes Teilchen einen Ausschlag hervorruft. Beim Spitzenzähler sind solche Beobachtungen mit α-Strahlen in der Weise ausgeführt worden, daß man sie

[1] W. BOTHE u. W. KOLHÖRSTER, ZS. f. Phys. Bd. 56, S. 751. 1929; M. A. TUVE, Phys. Rev. Bd. 35, S. 651. 1930; B. ROSSI, ZS. f. Phys. Bd. 68, S. 64. 1931; L. M. MOTT-SMITH, Phys. Rev. Bd. 37, S. 1001. 1931; L. M. MOTT-SMITH u. G. L. LOCHER, ebenda Bd. 38, S. 1399. 1931.

[2] W. BOTHE u. W. KOLHÖRSTER, l. c.; W. HEIDECKE, Dissert. Tübingen 1931.

[3] W. BOTHE, ZS. f. Phys. Bd. 59, S. 1. 1929; B. ROSSI, l. c.

[4] J. C. JACOBSEN, Nature Bd. 128, S. 185. 1931.

[5] G. MEDICUS, ZS. f. Phys. Bd. 74, S. 350. 1932.

[6] B. ROSSI, Rend. Linc. Bd. 11, S. 831. 1930; J. N. HUMMEL, ZS. f. Phys. Bd. 70, S. 765. 1931.

in langsamer Folge zwei hintereinander gestellte Zähler durchlaufen ließ[1]. Reagieren die Zähler wirklich auf jedes individuelle Teilchen, so müssen die Ausschläge an beiden Instrumenten stets gleichzeitig eintreten. In der Tat war dies nahezu ausnahmslos der Fall. Auch durch Kombination der Szintillationsmethode mit dem elektrischen Zähler kann man das quantitative Arbeiten des Zählers nachweisen[2].

Ob auch β-Strahlen quantitativ gezählt werden, läßt sich nicht so unmittelbar beweisen wie bei den α-Strahlen. Die Versuche, die bei den α-Strahlen zum Ziele führen, scheitern hier an der starken Zerstreuung, die die β-Strahlen beim Durchgang durch die Luft erleiden. Man kann jedoch so verfahren, daß man Präparate, bei denen die Zahl der zerfallenden Atome bekannt ist, mit dem Zähler auszählt. So hat Emeléus[3] die Zahl der α- und β-Teilchen von einem Präparat bestimmt, das aus RaD + E + F im Gleichgewicht bestand. Es zeigte sich, daß von dem RaE in der Zeiteinheit ebensoviele β-Teilchen ausgingen wie α-Teilchen von RaF. Dies entsprach der Erwartung und ließ den Schluß zu, daß der Zähler die β-Strahlen praktisch alle erfaßte.

Weitere Messungen sind von Riehl[4] ausgeführt worden. Er erzeugte durch magnetische Zerlegung der RaD- bzw. RaE-Strahlung homogene β-Strahlen und ließ diese in einen Zähler eintreten. Der Zähler war mit Luft bei Drucken von 15 bis 1555 mm Hg gefüllt. Bei den schnellsten Strahlen (etwa 94% c) wurde mit wachsendem Druck die Zahl der registrierten Teilchen erst bei einem Druck von 1150 mm Hg konstant, während für die langsamen Strahlen (etwa 40% c) Konstanz schon bei 7 mm Druck erreicht wurde. Es wird der Schluß gezogen, daß der verwendete Zähler mit Sicherheit auf ein β-Teilchen ansprach, wenn es 10 Ionenpaare pro Zentimeter erzeugte.

In ähnlicher Weise wie oben für α-Strahlen beschrieben, haben Geiger und Müller[5] das quantitative Arbeiten eines Zählrohrs durch Koinzidenzversuche mit β-Strahlen geprüft, wobei die Anordnung so getroffen war, daß alle β-Strahlen, welche ein Zählrohr A durchsetzten, vorher durch ein dieses Rohr A konzentrisch umgebendes zweites Rohr B hindurchgegangen sein mußten. Durch graphische Registrierung der Ausschläge wurde festgestellt, ob jeder Ausschlag in A zeitlich zusammenfiel mit einem Ausschlag in B. In der Tat wurden solche Koinzidenzen auch in dem Ausmaße beobachtet, als unter Berücksichtigung der experimentellen Mängel des Versuchs zu erwarten war. Bothe und Kolhörster[6] haben aus ihren Koinzidenzversuchen ebenfalls den Schluß gezogen, daß ein Zählrohr praktisch jedes einzelne Elektron registriert. Schließlich hat Heidecke[7] unter Anlehnung an eine von Rossi[8] bereits benutzte Anordnung die Frage des quantitativen Zählens wieder aufgegriffen. Zwischen zwei parallel untereinanderliegende Zählrohre Z_1 und Z_3 derselben Bauart wird ein weiteres gleichartiges Zählrohr Z_2 so eingeschoben, daß alle geradlinig laufenden Ultraelektronen, die durch die beiden Rohre Z_1 und Z_3 hindurchgehen, auch das zwischenliegende Rohr Z_2 durchsetzen müssen. Soweit also auf dem Registrierstreifen eine von Z_1 und Z_3 herrührende Koinzidenz der Ausschläge erscheint, sollte bei völlig quantitativem Arbeiten der Rohre im selben Augenblick auch das mittlere Rohr Z_2 ansprechen. In der Tat wurden solche

[1] H. Geiger, Ann. d. Phys. Bd. 44, S. 813. 1914.
[2] H. Geiger, Verh. d. D. Phys. Ges. Jhrg. 5, S. 12. 1924.
[3] K. G. Emeléus, Proc. Cambridge Phil. Soc. Bd. 22, S. 400. 1924.
[4] N. Riehl, ZS. f. Phys. Bd. 46, S. 478. 1928.
[5] H. Geiger u. W. Müller, Phys. ZS. Bd. 30, S. 489. 1929.
[6] W. Bothe u. W. Kolhörster, ZS. f. Phys. Bd. 56, S. 751. 1929.
[7] W. Heidecke, Dissert. Tübingen 1931.
[8] B. Rossi, Cim. (N. S.) Bd. 8, S. 39. 1931.

Dreifachkoinzidenzen in der zu erwartenden Häufigkeit auch wirklich beobachtet. So zeigten die Rohre Z_1 und Z_3 im Laufe längerer Meßreihen 1718 Koinzidenzen, von denen 1696 auch eine Dreifachkoinzidenz $Z_1 Z_2 Z_3$ waren. Allerdings ist zu beachten, daß die Zahl $Z_1 Z_3$ bereits eine erhebliche Korrektur erfahren mußte durch Abzug der sog. „zufälligen Koinzidenzen", deren Auftreten durch die unzureichende zeitliche Erfassung der Ausschläge bedingt ist. Die Gesamtheit der hier beschriebenen Versuche läßt aber doch den Schluß zu, daß mit einem Zählrohr auch schnelle Elektronen praktisch quantitativ registriert werden.

10. Wirkungsweise von Spitzenzähler und Zählrohr. Es ist hier zu unterscheiden zwischen der reinen Ionenmultiplikation durch Stoß (Zählkammer von RUTHERFORD und GEIGER, sowie Proportionalzähler) und den Anordnungen, bei denen es zu einer Glimm- bzw. Funkenentladung kommt (Spitzenzähler, Zählrohr). Im ersten Fall läßt sich der primäre Ionisationseffekt durch die TOWNSENDsche Stoßmultiplikation auf etwa das 10^4fache steigern, im zweiten Fall beträgt der Verstärkungsfaktor 10^7 bis 10^8. Soweit bei einer Anordnung ein Übergang von einem Bereich in den zweiten überhaupt möglich ist, erfolgt er sehr abrupt; eine minimale Spannungssteigerung führt meist von einem Verstärkungsfaktor 10^4 oder 10^5 plötzlich zu einer um mehrere Zehnerpotenzen vergrößerten Verstärkung, die im Extremfall bis zu sichtbaren Entladungen führen kann. WULF[1] konnte sowohl bei positiver als auch bei negativer Spitze den Eintritt eines jeden α-Strahls in den Zähler am Aufleuchten der Spitze erkennen. Dabei bildete sich jedesmal eine vollständige Büschelentladung aus. Auf der positiven Spitze saß ein feines glimmendes Pünktchen; dann folgte, scharf erkennbar, ein winziger Dunkelraum und daran schloß sich ein besenförmiges Büschellicht, in dem deutlich einzelne helle Strahlenbahnen zu unterscheiden waren. Das Büschel bildete einen Kegel von etwa $10°$, dessen Spitze die Nadel bildete. Deutlich davon unterschieden war das Büschellicht, das sich bei negativer Spitze ausbildete. Weit ausladend erfüllte es einen Kegel von fast $180°$ Öffnung, dessen Grenzfläche leicht nach außen gekrümmt war. In ähnlicher Weise werden die Leuchterscheinungen auch von EMELÉUS[2] beschrieben.

Im Bereich der TOWNSENDschen Stoßionisation, der oben als Proportionalitätsbereich bezeichnet wurde, sind Form der Spitze oder Dicke des Zähldrahtes ohne Belang; auch kommt es auf die Oberflächenbeschaffenheit nicht an. Der ganze Vorgang ist typisch für eine sog. unselbständige Entladung.

Im Auslösebereich dagegen spielen die Form und die Oberflächenbeschaffenheit von Spitze bzw. Draht eine erhebliche Rolle[3]. In Ziff. 3 wurde z. B. schon gezeigt, daß Platinkügelchen als Elektrode im Spitzenzähler nur dann arbeiten, wenn der Durchmesser 0,3 mm nicht übersteigt. Der Einfluß der Spitzenoberfläche wird deutlich, wenn man z. B. eine Stahlnadel benutzt; auch bei bester Politur wird sie im allgemeinen deshalb nicht arbeiten, weil an ihr schon bei Spannungen, die zum Zählen noch nicht ausreichen, spontane Entladungen einsetzen. Läßt man aber die Nadel in der Flamme ein wenig anlaufen, so verschwinden diese spontanen Entladungen und die Spannung kann bis zu der für Zählungen erforderlichen Höhe gesteigert werden. Bei Platinspitzen bedarf es meist keiner Vorbehandlung. Interessant ist in diesem Zusammenhang die Beobachtung von BOSCH und KLUMB[4], daß bei völlig ausgeheizten Elektroden

---

[1] TH. WULF, Phys. ZS. Bd. 26, S. 382. 1925.
[2] K. G. EMELÉUS, Proc. Cambridge Phil. Soc. Bd. 23, S. 85. 1926.
[3] Über Vorbehandlung von Spitzen und den Einfluß von Fremdgasen im Zähler siehe L. F. CURTISS, Phys. Rev. Bd. 31, S. 1061. 1928; Bur. of Stand. Journ. of Res. Bd. 4, S. 601. 1930; s. auch O. KLEMPERER, Phys. ZS. Bd. 29, S. 947. 1928.
[4] C. BOSCH u. H. KLUMB, Naturwissensch. Bd. 18, S. 1098. 1930.

ein Zählrohr nicht arbeitet; absorbierte Gasschichten sind jedenfalls erforderlich. Vielleicht ist die je nach der Oberfläche verschiedene Ablösearbeit für positive Ionen oder Elektronen maßgebend für das Zustandekommen der Spitzenentladung. Wie groß der Einfluß der Oberflächenhaut oder der Gasbeladung ist, ist aus den Arbeiten über die Auslösung von δ-Strahlen an Metallen oder aus lichtelektrischen Versuchen zur Genüge bekannt.

Es sei hier eingefügt, daß von verschiedenen Seiten die Ansicht vertreten wird, daß die Oberflächenschicht der Spitze bzw. des Drahtes ohne merklichen Einfluß auf die Zählereigenschaften ist und es einer Vorbehandlung nicht bedarf[1]. Auch wird von einigen Forschern im Gegensatz zu den obigen Darlegungen der Oberfläche der Außenelektrode die entscheidende Rolle beim Zählvorgang zugeschrieben[2].

Zahlreiche Arbeiten beschäftigen sich mit der Frage, warum die durch ein Strahlenteilchen eingeleitete Entladung in kürzester Zeit, wahrscheinlich innerhalb $^1/_{1000}$ Sekunde, wieder abreißt. Eine vollbefriedigende Lösung dieser Frage ist noch nicht gelungen. Man darf aber nach Taylor[3] wohl annehmen, daß es sich bei den den Zähler durchsetzenden Stromstößen um einen Spezialfall der bei Entladungsröhren bereits bekannten intermittierenden Glimmentladung handelt.

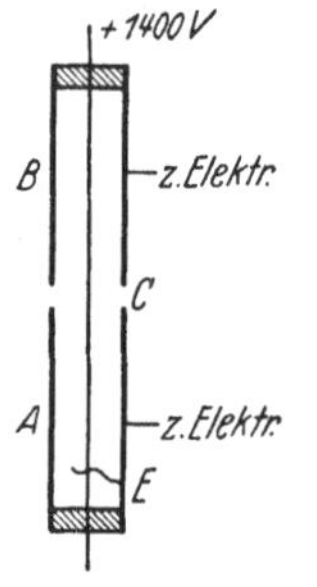

Abb. 9. Zum Nachweis des Ausbreitungsvorgangs im Zählrohr.

Während man, wie oben beschrieben wurde, beim Spitzenzähler Form und Ausbreitung der Einzelentladung im verdunkelten Raum unmittelbar beobachten kann, scheint beim Zählrohr eine visuelle Beobachtung der Stromstöße nicht möglich zu sein. Man kann jedoch in anderer Weise die Frage beantworten, ob die etwa von einem β-Strahl eingeleitete Entladung nur auf den Teil des Rohres beschränkt bleibt, der vom β-Strahl durchlaufen wurde, oder ob sich die Entladung nach den Seiten hin wachsend durch das ganze Rohr hindurch ausbreitet. Versuche in dieser Richtung sind von Greiner[4] ausgeführt worden. Ein Zählrohr war in der aus Abb. 9 ersichtlichen Weise unterteilt, so daß zwei getrennte Zählrohre A und B mit gemeinsamen Draht entstanden. Jedes der Zählrohre A und B war in der üblichen Schaltung mit je einem Fadenelektrometer verbunden, während der Draht auf Zählspannung lag. Bedeutet z.B. E die Bahn eines das Rohr A durchsetzenden β-Strahls, so wird man ein Ansprechen des Rohres B nur dann erwarten, wenn die bei E ausgelöste Entladung sich über das ganze Rohr ausbreitet. Die stark variierten Versuche ergaben durchweg, daß alle in A ausgelösten Entladungen auch in B Ausschläge normaler Größe hervorriefen und umgekehrt. Dabei wurde durch besondere Versuche der naheliegende Einwand ausgeschaltet, daß die Koppelung durch Influenzwirkung zwischen den beiden Zählrohren hervorgerufen sein könnte. Wie kommt nun diese Ausbreitung der Entladung durch den ganzen zur Verfügung stehenden Gasraum zustande? Um hierüber Klarheit zu schaffen, wurden die beiden Räume A und B durch ein bei C quer durch das Rohr gespanntes Cellonhäutchen voneinander gasdicht abgetrennt. War die Dicke dieses Häutchens größer als etwa 100 mμ, so war keinerlei Koppelung mehr bemerkbar; jedes Zählrohr registrierte

[1] H. Kniepkamp, Phys. ZS. Bd. 30, S. 237. 1929; L. F. Curtiss, Bur. of Stand. Journ. of Res. Bd. 4, S. 601. 1930; J. A. van den Akker, Rev. Scient. Instr. Bd. 1, S. 672. 1930 (zit. nach Phys. Ber. Bd. 12, S. 1312. 1931.) Anmerkung bei der Korrektur: S. a. W. Schulze, ZS. f. Phys. Bd. 78, S. 92. 1932.
[2] W. Kutzner, ZS. f. Phys. Bd. 23, S. 117. 1924; L. F. Curtiss, Bur. of Stand. Journ. of Res. Bd. 5, S. 115. 1930.
[3] J. Taylor, Proc. Cambridge Phil. Soc. Bd. 24, S. 251. 1928.
[4] E. Greiner, Dissert. Tübingen 1933 (im Erscheinen).

nur die im eigenen Gasraum auftretenden Strahlen. War aber die Häutchen-
dicke geringer, so zeigte sich eine teilweise Koppelung, indem vereinzelte Strahlen
in A auch von B registriert wurden und umgekehrt. Bei Häutchen unter 20 mμ
Dicke griffen alle Entladungen in einem Raum auch auf den zweiten über. Man
überschlägt leicht, daß die Energie der bei der Stoßionisation beschleunigten
Elektronen und Ionen viel zu gering ist, als daß sie die eingeschaltete Cellon-
folie durchsetzen könnten. Es bleibt als wahrscheinlichste Erklärung, daß die
durch die Stoßionisation in Luft angeregte L-Strahlung die Ausbreitung der
Entladung hervorruft. Nach den Messungen von HOLWECK[1] ist zu erwarten,
daß diese Strahlung (etwa 250 Å) Cellonhäutchen der angegebenen Dicke zu
durchsetzen vermag; daß sie andererseits in der Luft des Zählrohrs nicht völlig
absorbiert wird, erklärt sich daraus, daß die Luftmoleküle die absorbierte Strahlung in Resonanz wieder ausstrahlen. Auf diese Weise kann der Transport von
Strahlungsquanten durch das Zählrohr verstanden werden. Verstärkend wirkt
der an den Zählerwänden ausgelöste Photoeffekt, der neue Elektronen schafft,
die sich durch Stoßionisation vermehren.

11. Röhrenverstärker. Die heute zu großer Vollkommenheit entwickelte
Verstärkertechnik gibt die Mittel an die Hand, um den Ionisationseffekt eines
einzelnen α-Teilchens unter Verzicht auf Stoßmultiplikation so weit zu vergrößern, daß der Eintritt des Strahls in die Ionisationskammer leicht galvano-
metrisch oder akustisch registriert werden kann. Dieser Gedanke ist erstmalig
von GREINACHER[2] technisch durchgearbeitet worden. Die sehr
einfache Zählkammer (Abb. 10) besteht aus einem zylindrischen
Kondensator, dessen Außenwand auf ein konstantes positives
oder negatives Potential von etwa 100 Volt aufgeladen ist und
dessen zentrale plattenförmige Elektrode zum Gitter der ersten
Röhre führt. An die Endröhre der Verstärkungsanordnung ist
entweder ein Lautsprecher oder ein Oszillograph hoher Eigenfrequenz angeschlossen. Die Schaltung der Röhren selbst kann

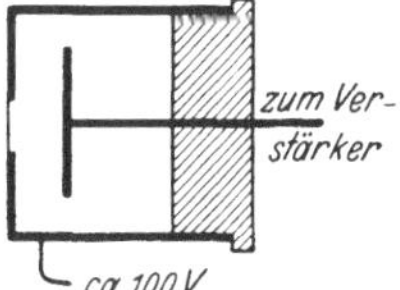

Abb. 10. Zählkammer
nach GREINACHER.

in sehr verschiedener Weise erfolgen; eingehende Schaltdiagramme findet man
z. B. bei RAMELET[3], ORTNER und STETTER[4], WYNN-WILLIAMS und WARD[5].

Als Vorteile der reinen Elektronenverstärkung gegenüber den bisherigen
elektrischen Zählmethoden, die sich alle der Stoßionisation als Verstärkungs-
mittel bedienen, wird angegeben, daß man von den Störungen durch selbständige
Entladungen frei wird und daß man einen der Primärionisation entsprechenden
Effekt erhält. Dieser letzte Punkt war von besonderer Wichtigkeit zu einer
Zeit, als der Proportionalzähler (Ziff. 5) noch nicht bekannt war. Insbesondere
hat sich die GREINACHERsche Methode bewährt beim Nachweis vereinzelter
α-Strahlen in Gegenwart einer intensiven β-Strahlung. Die hierfür erforderliche
Verfeinerung der Methode wurde von WYNN-WILLIAMS und WARD dadurch
erzielt, daß der Verstärkungs- und Registriervorgang möglichst beschleunigt
wurde. Es gelang schließlich, die Zeit vom Eintritt des Strahls in die Kammer
bis zur vollendeten Registrierung auf etwa $^1/_{1000}$ Sekunde herabzudrücken. Mit
dieser Anordnung haben dann RUTHERFORD, WARD und WYNN-WILLIAMS[6] unter

---

[1] F. HOLWECK, De la Lumière aux Rayons X, S. 70. Paris 1927.
[2] H. GREINACHER, ZS. f. Phys. Bd. 36, S. 364. 1926; Bd. 44, S. 319. 1927.
[3] E. RAMELET, Ann. d. Phys. Bd. 86, S. 871. 1928.
[4] G. ORTNER u. G. STETTER, ZS. f. Phys. Bd. 54, S. 449. 1929.
[5] C. E. WYNN-WILLIAMS u. F. A. B. WARD, Proc. Roy. Soc. London (A) Bd. 131, S. 391.
1931.
[6] E. RUTHERFORD, F. A. B. WARD u. C. E. WYNN-WILLIAMS, Proc. Roy. Soc. London
(A) Bd. 129, S. 211. 1930; Lord RUTHERFORD, C. E. WYNN-WILLIAMS u. W. B. LEWIS, ebenda
Bd. 133, S. 351. 1931; W. B. LEWIS u. C. E. WYNN-WILLIAMS, ebenda Bd. 136, S. 349. 1932.

Verwendung einer neuartigen Differentialkammer die α-Strahlgruppen verschiedener radioaktiver Stoffe analysiert und beispielsweise eine kurzreichweitige Gruppe in Gegenwart einer 4000mal so intensiven α-Strahlung größerer Reichweite noch entdecken können (Ziff. 27).

Das Prinzip der reinen Elektronenverstärkung ist ferner weiter ausgebaut worden von Ortner, Stetter und Ewald Schmidt[1], um damit die bei der künstlichen Kernumwandlung auftretenden H-Strahlen nachzuweisen.

Auch in Verbindung mit Spitzenzähler und Zählrohr sind die Verstärkerröhren von Wichtigkeit geworden. Man verstärkt die von der Zählapparatur gelieferten Stromstöße so weit, daß man damit entweder unmittelbar oder über ein Schnelltelegraphenrelais ein mechanisches Addierwerk betätigen kann, an dem man die Zahl der von der Apparatur erfaßten Teilchen unmittelbar ablesen kann. Allerdings ist das Auflösungsvermögen solcher Addierwerke nicht sehr groß, d. h. Teilchen, die einander in kleinerem Intervall als etwa $1/100$ Sekunde folgen, werden nicht mehr getrennt registriert. Von Wynn-Williams[2] ist ein elektrisches Verfahren ausgearbeitet worden, um die Registriergeschwindigkeit mechanischer Relais zu steigern. Ein Auflösungsvermögen von $1/1250$ Sekunde soll damit erreichbar sein.

12. Nachweis von α-Strahlen ohne Verstärkung; Hoffmannsches Elektrometer. Der Nachweis einzelner α-Strahlen gelingt auch ohne Anwendung einer Verstärkung mittels extrem empfindlicher Ladungsmeßinstrumente. Erstmalig

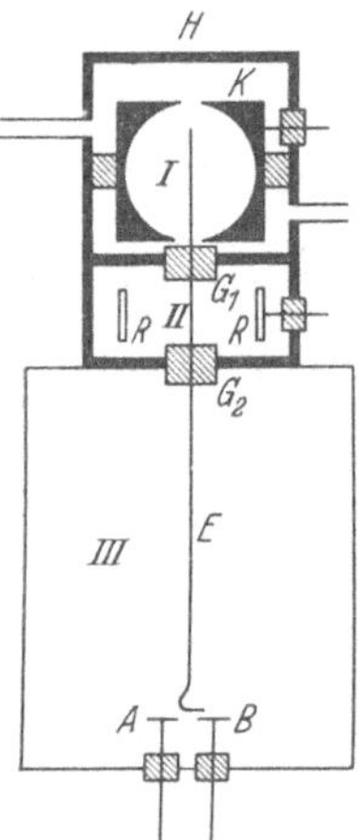

Abb. 11. Schaltschema zum Hoffmannschen Elektrometer.

berichten Kohlrausch und v. Schweidler[3] über die ruckweise Bewegung des Fadens eines hochempfindlichen Elster-Geitelschen Elektrometers, wenn ein α-Teilchen in eine an das Elektrometer angeschlossene Ionisationskammer eintrat. Auch beschreibt Schonland[4] ein Blattelektrometer ähnlicher Art wie das neigbare Wilsonsche Elektrometer, mit dem man einzelne α-Strahlen nachweisen kann. Das bewegliche System dieses Elektrometers besteht aus einem sehr dünnen versilberten Glimmerblatt von 6 mm² Fläche, das durch zwei feine Streifen aus Goldfolie gehalten wird. Die Bewegung des Glimmerblättchens wird mit Hilfe eines an ihm reflektierten Lichtstrahls beobachtet. Eine in der Arbeit wiedergegebene photographische Registrierung des Lichtzeigers läßt die von den einzelnen α-Strahlen herrührenden Stöße klar hervortreten.

Extrem hohe Ladungsempfindlichkeit erreichte Hoffmann mit einem Duantenelektrometer besonderer Konstruktion, über das bereits in Bd. XVI, S. 245 ds. Handb. berichtet wurde. Dieses Instrument ist in zahlreichen Arbeiten zum Studium der kosmischen Strahlen und zum Nachweis von α- und H-Strahlen mit Erfolg verwandt worden. Die praktische Anwendung eines solchen Elektrometers, wie sie in den Arbeiten von Hoffmann[5] und seinen Schülern angegeben ist, soll an Hand von Abb. 11 erläutert werden. Der Ionisationsraum I, in den die zu registrierende Strahlung eintritt, besteht aus einer isolierten Kupferhohl-

[1] G. Ortner u. G. Stetter, ZS. f. Phys. Bd. 54, S. 449. 1929; Ewald A. W. Schmidt u. G. Stetter, ebenda Bd. 55, S. 467. 1929; Wiener Ber. Bd. 138, S. 271. 1929.

[2] C. E. Wynn-Williams, Proc. Roy. Soc. London (A) Bd. 136, S. 312. 1932.

[3] K. W. F. Kohlrausch u. E. v. Schweidler, Phys. ZS. Bd. 13, S. 11. 1912.

[4] B. F. J. Schonland, Proc. Cambridge Phil. Soc. Bd. 22, S. 534. 1925; Proc. Roy. Soc. London (A) Bd. 130, S. 37. 1930.

[5] G. Hoffmann, ZS. f. Phys. Bd. 25, S. 177. 1924; Ann. d. Phys. Bd. 80, S. 779. 1926; H. Ziegert, ZS. f. Phys. Bd. 46, S. 668. 1928; G. Hoffmann u. H. Pose, ebenda Bd. 56, S. 405. 1929.

kugel K von einigen Zentimeter Durchmesser. Über die Kugel ist ein Kupferkasten H gesetzt, um den Ionisationsraum mit einem beliebigen Gase füllen zu können. In die Kugel ragt, isoliert und getragen von den beiden Quarzkörpern G_1 und G_2, die Auffangelektrode E. Sie führt durch den evakuierten Influenzierungsraum II zur Nadel des ebenfalls evakuierten Elektrometers (Raum III). An den Duanten dieses Elektrometers A und B liegt eine Batterie von 12 Normalelementen, deren Mitte geerdet ist. Der Influenzierungsring RR dient im wesentlichen zu Eichzwecken, indem man durch Änderung der Spannung an R bei bekanntem Influenzierungskoeffizienten bestimmte Ladungen an E influenziert. Die Ladungsempfindlichkeit des Elektrometers kann bei 2 m Skalenabstand bis auf 3000 Elementarquanten pro Millimeter gesteigert werden, so daß also einzelne α-Strahlen und auch H-Strahlen deutliche ruckweise Ausschläge ergeben. Die Ausschläge werden auf einer rotierenden Trommel photographisch registriert und dann auf dem Film genau ausgemessen, um so einen Anhalt über die Reichweite der Strahlen bzw. über ihre Herkunft (ob α- oder H-Strahl) zu gewinnen.

Infolge der kosmischen Ultrastrahlen und der Aktivität aller Materie zeigt das Elektrometer auch bei Entfernung aller radioaktiven Präparate einen kontinuierlichen Gang. Damit der Lichtzeiger infolge dieses kontinuierlichen Ganges nicht allzu schnell von dem Registrierstreifen abwandert, wird der Reststrom durch Influenzierung entgegengesetzter gleich großer Ladungen möglichst weitgehend kompensiert. Dies geschieht durch kontinuierliche Änderung der Spannung an der Kugel K, die mit einem Potentiometer verbunden ist, dessen Gleitkontakt durch ein Uhrwerk gleichmäßig vorgeschoben wird. Es kann so mit dem Elektrometer stundenlang ohne Wartung registriert werden.

Als Vorzug des HOFFMANNschen Zählverfahrens kann angegeben werden, daß α- und H-Strahlen durch ihren verschieden großen Ionisationseffekt deutlich zu unterscheiden sind, ferner daß sich photographische Registrierungen über lange Zeiten bequem durchführen lassen. Auch sind die Unsicherheiten, die Verstärkungsanordnungen immer mit sich bringen, hier vermieden. Für manche Probleme ist allerdings nachteilig, daß wegen der geringen Einstellgeschwindigkeit des Elektrometers nicht mehr als etwa 30 Teilchen pro Stunde registriert werden können.

13. Szintillationszählmethoden. Es gibt einige Substanzen, bei welchen der Aufprall eines α-Teilchens einen schwachen Lichtblitz (Szintillation) hervorruft. Am deutlichsten zeigen sich die Szintillationen bei phosphoreszierendem Zinksulfid, an dem sie auch erstmalig von CROOKES[1] beobachtet wurden. Für quantitatives Arbeiten benutzt man zweckmäßig ein schwach vergrößerndes Mikroskop von möglichst hoher Lichtstärke und beobachtet damit die Szintillationen auf einem Zinksulfidschirm, bestehend aus einer Glasplatte, auf der die feinen Zinksulfidkristalle möglichst gleichmäßig und lückenlos aufgetragen sind. Ein im Dunkeln genügend ausgeruhtes Auge ist dabei Vorbedingung; schwache Beleuchtung des Schirmes oder der Schirmbegrenzung während des Auszählens hat sich als praktisch erwiesen, um ein Abirren des Auges zu verhindern. Soweit es die Natur des Versuches zuläßt, hält man die Zahl der zu beobachtenden Szintillationen zwischen 20 und 40 pro Minute. Überschreitet die Zahl der Szintillationen etwa 50 pro Minute, so kann man bei der Unregelmäßigkeit der zeitlichen und räumlichen Verteilung der Szintillationen ihre Zahl oft nicht mehr richtig erfassen. Läßt sich eine große Szintillationsdichte nicht umgehen, so kann man nach CHADWICK[2] dadurch zum Ziele kommen, daß man die Szin-

---

[1] W. CROOKES, Proc. Roy. Soc. London (A) Bd. 71, S. 405. 1903; J. ELSTER u. H. GEITEL, Phys. ZS. Bd. 4, S. 439. 1903.
[2] J. CHADWICK, Phil. Mag. Bd. 40, S. 734. 1920.

tillationszahl durch eine rotierende Scheibe, die einen radialen Schlitz besitzt und zwischen Schirm und Strahlenquelle eingeschaltet ist, in meßbarem Betrag herabsetzt. Die jetzt in regelmäßigen Intervallen gruppenweise auftretenden Szintillationen können noch gut erfaßt werden, wenn auf eine Gruppe nicht mehr als 6 oder 7 Szintillationen entfallen.

Handelt es sich um die Auszählung von energiearmen α-Strahlen oder H-Strahlen, so wird die Szintillationsbeobachtung sehr anstrengend und unsicher. Dasselbe trifft auch zu, wenn die Zahl der Szintillationen sehr klein ist und unter etwa 5 pro Minute liegt. In solchen Fällen benutzt man mit Vorteil einen von Rutherford und Chadwick[1] eingeführten Mikroskoptyp, der zwar an Abbildungsschärfe hinter den normalen Mikroskopen zurücksteht, dafür aber durch großes Gesichtsfeld und hohe Apertur ausgezeichnet ist. Bei diesem Mikroskoptyp ist ferner zwischen Objektiv und Okular ein Prisma derart eingeschaltet, daß dadurch die Okularachse um 90° gegen die Objektivachse verdreht wird. So wird erreicht, daß das Auge bei Beobachtung an starken Präparaten gegen die direkte Einwirkung der γ-Strahlen durch Einschalten von Bleiklötzen geschützt werden kann. Vielleicht die günstigsten Zählbedingungen hat Chadwick[2] erreicht mit einem von Hilger gebauten Mikroskop dieser Art, das bei einer Vergrößerung von 32 und einer Apertur von 1,06 eine Fläche von 80 mm^2 auszuzählen gestattete.

Von Regener[3] ist zuerst erkannt worden, daß nahezu jedes einzelne auf Zinksulfid auffallende α-Teilchen eine Szintillation hervorruft. Die Abzählung der Szintillationen bietet daher die Möglichkeit, quantitative Messungen an α-Strahlen auszuführen[4]. Inwieweit bei dem recht mühsamen Abzählen der Szintillationen subjektive Fehler, z. B. durch Ermüdung oder Abirren des Auges unterlaufen, kann nach einem von Geiger und Werner[5] angegebenen Verfahren festgestellt werden. Es beruht darauf, daß dieselben Szintillationen mittels eines Doppelmikroskops von zwei Beobachtern durch elektrisch betätigte Kontaktschlüssel auf einen ablaufenden Chronographenstreifen gleichzeitig registriert werden. Alle von dem Beobachter A registrierten Szintillationen müssen mit den von B registrierten zeitlich zusammenfallen, wenn es möglich ist, fehlerlos zu zählen. Da aber längere Zählreihen auch für ein gesundes und gut ausgeruhtes Auge eine erhebliche Anstrengung bedeuten, die sich in Ermüdung und häufigem Blinzeln äußert, wird manche Szintillation übersehen. Man findet daher auf dem Registrierstreifen neben den für beide Beobachter koinzidierenden Szintillationsmarken auch solche, die zwar von A, aber nicht von B gesehen wurden und umgekehrt. Unter der Voraussetzung, daß die Zahl der beobachteten Koinzidenzen groß ist, läßt sich auf Grund einfacher Wahrscheinlichkeitsbetrachtungen angeben, wieviele Szintillationen im Mittel von einem Beobachter übersehen werden.

Chadwick[6] hat in dieser Weise eine größere Zahl von Personen auf ihre Fähigkeit, Szintillationen zu zählen, geprüft. Bei Szintillationen normaler Helligkeit, die durch α-Strahlen von einigen Zentimetern Reichweite erzeugt waren,

[1] E. Rutherford u. J. Chadwick, Phil. Mag. Bd. 44, S. 417. 1922; Vergleich verschiedener Mikroskoptypen bei R. L. Hasche, Wiener Ber. Bd. 135, S. 601. 1926.

[2] J. Chadwick, Phil. Mag. Bd. 2. S. 1059. 1926.

[3] E. Regener, Verh. d. D. Phys. Ges. Bd. 10, S. 78. 1908.

[4] E. Regener, Berl. Ber. 1909, S. 948; E. Rutherford u. H. Geiger, Proc. Roy. Soc. London (A) Bd. 81, S. 141. 1908; Phys. ZS. Bd. 10, S. 1. 1909; H. Geiger u. A. Werner, ZS. f. Phys. Bd. 21, S. 187. 1924; Verwendung eines Diamantdünnschliffs als Auszählfläche bei E. Regener, Berl. Ber. 1909, S. 948.

[5] H. Geiger u. A. Werner, ZS. f. Phys. Bd. 21, S. 187. 1924.

[6] J. Chadwick, Phil. Mag. Bd. 2, S. 1061. 1926.

zählte der ungeübte Beobachter zunächst etwa 80%, kam aber schon nach kurzer Zeit auf etwa 95%. Bei α-Strahlen geringerer Intensität und bei H-Strahlen ist die Ausbeute an beobachteten Szintillationen nicht so groß.

14. Herstellung und Haltbarkeit von Zinksulfidschirmen. Durch die Arbeiten von LENARD weiß man, daß Zinksulfid erst durch den Zusatz minimaler Mengen eines Fremdmetalls, das in das Kristallgitter eingebaut sein muß, zu einem phosphoreszierenden Material (Phosphor) wird. Das käufliche phosphoreszierende Zinksulfid (SIDOTsche Blende) enthält wohl immer Kupfer als Zusatz, und zwar nach Angaben von TOMASCHEK[1] optimal 0,0002 g Cu pro Gramm ZnS. Durch die Wahl einer nicht zu hohen Glühtemperatur und geeignete Glühdauer, sowie durch schnelle Abkühlung des fertigen Präparates läßt sich ein gut szintillierendes kristallines Material gewinnen. Es wird durch gründliches Waschen von dem überschüssigen NaCl, das als Schmelzzusatz beigegeben werden muß, befreit. Um Gleichmäßigkeit in der Korngröße zu erzielen, wird Aufschlemmen in Alkohol empfohlen. Die Korngröße liegt gewöhnlich zwischen 10 und 40 μ.

Die Herstellung der Schirme geschieht durch Auftragen des Zinksulfids auf eine Glas- oder Glimmerplatte. Als zweckmäßig wird angegeben, das Pulver mit Hilfe eines feinmaschigen Siebes auf die leicht eingefettete Platte aufzustäuben oder es in Alkohol aufgeschlemmt rasch auf die mit Glyzerin leicht eingeriebene Platte auszugießen. Soll der Schirm für quantitative Messung verwendet werden, so muß man Lacke als Klebmittel verwenden. So hergestellte Schirme zeigen nach Erhärtung des Lackes spontane Szintillationen in merklicher Zahl, die nicht durch radioaktive Stoffe, sondern durch Triboluminiszenz (Zerreißen der Kristalle durch den erhärtenden Lack) bedingt sind[2].

Läßt man für längere Zeit eine intensive α-Strahlung auf Zinksulfid fallen, so nimmt die Helligkeit der Szintillationen allmählich ab, ihre Zahl aber bleibt unverändert[3]. WOLF und RIEHL[4] haben Zinksulfid verschiedener Herkunft, darunter auch ein Material mit Mangan statt Kupfer als aktivierendes Metall, auf Alterungserscheinungen untersucht und festgestellt, daß der Abfall der Helligkeit exponentiell erfolgt. Für Leuchtfarben, die 0,01 mg Radium pro Gramm Farbe enthielten, betrug die Halbwertszeit durchschnittlich 4600 Tage. Die Abweichungen von diesem Durchschnittswert bei verschiedenen Leuchtfarben sind nach Angaben der Verfasser gering und erklären sich aus den Versuchsfehlern bei der Photometrierung. Von anderer Seite[5] werden allerdings erhebliche Abweichungen vom Exponentialgesetz gefunden.

RUTHERFORD[6] hat die Alterungserscheinungen dahin gedeutet, daß die sog. aktiven Zentren eines Phosphors (LENARDsche Zentren) beim Auftreffen eines α-Strahls unter Lichterregung zerstört werden. Diese Vorstellung haben CHARITON und LEA[7] auf Grund von Messungen über den optischen Nutzeffekt von Szintillationen dahin modifiziert, daß das bei einer Szintillation entstehende Licht nicht etwa nur von diesen Zentren, sondern von allen Teilen des Phosphors ausgeht. Die Erregbarkeit des Phosphors ist durch einen Spannungszustand im Kristallgitter bedingt, der von den eingebauten Fremdatomen hervorgerufen wird. Andererseits besteht die zerstörende Wirkung der α-Strahlen darin, daß sie beim Durchgang durch den Kristall den Spannungszustand in

---

[1] R. TOMASCHEK, Ann. d. Phys. Bd. 65, S. 195. 1921.

[2] H. GEIGER u. A. WERNER, ZS. f. Phys. Bd. 21, S. 192. 1924.

[3] E. MARSDEN, Proc. Roy. Soc. London (A) Bd. 83, S. 548. 1910.

[4] P. M. WOLF u. N. RIEHL, Ann. d. Phys. Bd. 11, S. 103. 1931.

[5] C. C. PATERSON, J. W. T. WALSH u. W. F. HIGGINS, Proc. Phys. Soc. London (A) Bd. 19, S. 215. 1916/17; G. S. GESSNER, Phys. Rev. Bd. 36, S. 207. 1930.

[6] E. RUTHERFORD, Proc. Roy. Soc. London (A) Bd. 83, S. 561. 1910.

[7] J. CHARITON u. C. A. LEA, Proc. Roy. Soc. London (A) Bd. 122, S. 335. 1929.

einem gewissen Bereich (Zylinderdurchmesser $1{,}3 \cdot 10^{-7}$ cm) vernichten. Ähnliche Gedanken sind auch von Wolf und Riehl[1] ausgesprochen worden; insbesondere betonen sie, daß die Erregung eines Phosphors durch β-Strahlen oder durch ultraviolettes Licht wesensgleich ist mit der Erregung durch α-Strahlen. Nur die α-Strahlen zerstören dabei infolge ihrer hohen Energie den Phosphor; bei den anderen Strahlenarten tritt dagegen auch bei langanhaltender, intensiver Bestrahlung ein Nachlassen der Leuchtfähigkeit nicht ein. Die zerstörende Wirkung der α-Strahlen ist also ein Vorgang sekundärer Art, der mit dem Leuchtakt selbst nichts zu tun hat.

15. Helligkeit der einzelnen Szintillation. Quantitative Messungen über die Abhängigkeit der Szintillationshelligkeit von der Reichweite sind von Kara-Michailova, Pettersson und Karlik[2] ausgeführt worden. Sie benutzten hierzu ein Mikroskop mit zwei Objektiven und einem Vergleichsokular, so daß die beiden unter den Objektiven befindlichen Zinksulfidschirme gleichzeitig beobachtet werden konnten. Oberhalb der Objektive war der Tubus durchschnitten, so daß Graugläser eingeschoben werden konnten. Als Vergleichspräparat diente Polonium in wenigen Millimeter Entfernung von dem einen Zinksulfidschirm. Der Abstand des RaC'- bzw. RaF-Präparates von dem zweiten Schirm war meßbar veränderlich. Es zeigte sich, daß in erster Näherung die Helligkeit der Szintillationen der in den Zinksulfidkristallen absorbierten Energie proportional war. Doch waren Größe und Erregbarkeit der verwendeten Kristalle maßgebend für den Verlauf der Kurven, die für die einzelnen Zinksulfidsorten den Zusammenhang zwischen der Szintillationshelligkeit und der Restreichweite darstellten. Weitgehende Gleichmäßigkeit in der Helligkeit der Szintillationen war dann vorhanden, wenn für Herstellung des Schirmes relativ große Körner (etwa $30\,\mu$) von hoher Szintillationsfähigkeit verwendet waren.

Gegen das Ende der Reichweite nimmt die Helligkeit der Szintillationen sehr rasch ab. Dabei interessiert besonders die Frage, wie groß die Geschwindigkeit eines α-Teilchens mindestens sein muß, damit es noch eine erkennbare Szintillation zu geben vermag. Diesbezügliche Versuche von Chariton und Lea[3] waren in der Weise angeordnet, daß die α-Strahlen eines aktivierten Drahtes einen parallel zum Draht liegenden Schlitz zu durchsetzen hatten und dann auf einen Zinksulfidschirm auffielen. Dicht vor dem Draht war ein Glimmerblatt eingeschaltet, das um eine zum Draht parallele Achse gedreht werden konnte, so daß der Weg der Strahlen im Glimmer stetig anwuchs und ihre Geschwindigkeit entsprechend abnahm. Diese wurde aus der Ablenkbarkeit der Strahlen in einem Magnetfeld bestimmt. Die Geschwindigkeit der langsamsten α-Strahlen, die bei Verwendung einer numerischen Apertur von 0,45 und einer Vergrößerung von 50 noch erkennbare Szintillationen gaben, betrug 0,13 der Anfangsgeschwindigkeit V_0 der α-Strahlen von Radium C, was $2{,}5 \cdot 10^8$ cm/sec entspricht. Die Energie, die in diesem Falle von einer einzelnen Szintillation in das Auge fällt, beträgt etwa 300 Quanten, umgerechnet auf grünes Licht mit $\lambda = 0{,}505\,\mu$. Andererseits ist mit bloßem Auge eine Szintillation dann bereits erkennbar, wenn 30 Quanten grünen Lichts ($1{,}2 \cdot 10^{-10}$ Erg) in das Auge fallen. Für diesen Unterschied wird eine Erklärung auf Grund der sehr verschieden großen Bilder auf der Retina gegeben. Um Szintillationen noch mit Sicherheit zählen zu können,

---

[1] P. M. Wolf u. N. Riehl, l. c.

[2] Elisabeth Kara-Michailova u. H. Pettersson, Wiener Ber. Bd. 133, S. 163. 1924; Berta Karlik, ebenda Bd. 136, S. 531. 1927; Berta Karlik u. Elisabeth Kara-Michailova, ebenda Bd. 137, S. 363. 1928; ZS. f. Phys. Bd. 48, S. 765. 1928; s. auch G. Destriau, Journ. de phys. et le Radium Bd. 2, S. 148. 1931.

[3] J. Chariton u. C. A. Lea, Proc. Roy. Soc. London (A) Bd. 122, S. 304, 320, 335. 1929.

muß die Geschwindigkeit der α-Strahlen merklich größer sein als der obige Grenzwert. Eine Geschwindigkeit von $0,25\,V_0$ entsprechend 3,5 mm Reichweite wird als erforderlich angegeben. Nach RUTHERFORD[1] sind α-Strahlen von $0,25\,V_0$ noch bequem zu zählen, unter sehr günstigen Bedingungen sogar noch solche kleinerer Geschwindigkeit bis hinab zu $0,15\,V_0$.

Die Lichtbeute einer Szintillation (optischer Nutzeffekt) ist recht beträchtlich. Sie wird zu 10% und höher angegeben[2].

Die Dauer der Lichtaussendung bei einer Szintillation beträgt nach HERSZFINKIEL und WERTENSTEIN[3] $1/9000$ Sekunde.

Die Spektren der ZnS-Cu-Phosphore unter Anregung durch α-Strahlen sind von KUTZNER[4] untersucht worden. Es zeigte sich, daß der Schmelzzusatz unter sonst gleichen Herstellungsbedingungen des Phosphors einen erheblichen Einfluß auf Lage und Intensität der beobachteten Banden ausübt.

Es sei hier erwähnt, daß auch die Helligkeit von H-Szintillationen mehrfach untersucht wurde. MICHAILOVA und KARLIK[5] geben an, daß H-Teilchen mit einer Geschwindigkeit kleiner als 10^9 cm/sec nicht mehr mit Sicherheit gezählt werden können und daß bei gleicher Restreichweite die Helligkeit der α-Szintillation etwa fünfmal größer ist als die der H-Szintillation. Auch bei Bestrahlung eines Zinksulfidschirms mit β-Strahlen werden oft schwache Szintillationen beobachtet. Es handelt sich hierbei aber wohl um einen statistischen Effekt, insofern als eine solche Szintillation nur dann entsteht, wenn eine größere Zahl von β-Strahlen gleichzeitig auf dasselbe Korn auftrifft[6].

Treffen die α-Strahlen streifend auf Zinksulfid- oder besser auf einen Willemit-Dünnschliff auf, so zeigen sich bei starker Vergrößerung (etwa 400fach) keine punktförmigen Szintillationen mehr, sondern es treten helle und scharf begrenzte Striche auf, die nichts anderes sind als die Leuchtspuren der α-Strahlen in dem Kristall[7]. Die Länge der Leuchtspur in Willemit beträgt für die α-Strahlen von Polonium etwa 0,02 mm. Auch in Diamant sieht man vollkommen scharfe Linien[8].

16. Sichtbarmachung von Korpuskularstrahlen durch WILSONS Nebelmethode. Durchsetzt ein α- oder β-Teilchen ein mit Wasserdampf übersättigtes Gas, so wird die Bahn des Strahles dadurch sichtbar, daß sich der Wasserdampf an den entstehenden Ionen in feinen Tröpfchen kondensiert. Die auf diesem Prinzip von C. T. R. WILSON[9] aufgebaute Nebelkammer ist heute eines der wichtigsten Mittel zum Studium der verschiedenen Strahlenarten. Das Schema einer solchen Nebelkammer ist aus Abb. 12 ersichtlich. Der Expansionsraum A wird gebildet durch einen 10 bis 20 cm weiten Glasring R, der oben durch die Glas-

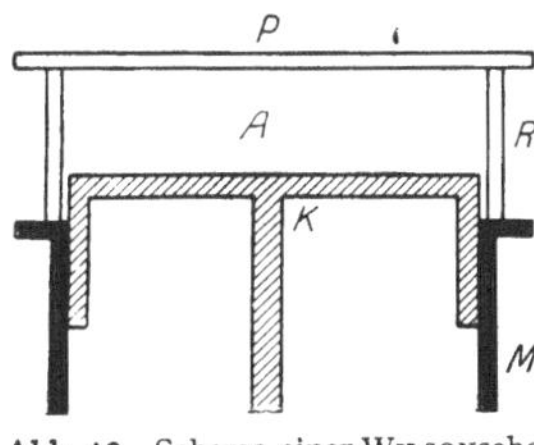

Abb. 12. Schema einer WILSONschen Nebelkammer.

---

[1] E. RUTHERFORD, Phil. Mag. Bd. 47, S. 277. 1924.

[2] J. CHARITON u. C. A. LEA, Proc. Roy. Soc. London (A) Bd. 122, S. 320. 1929.

[3] H. HERSZFINKIEL u. L. WERTENSTEIN, Journ. de phys. et le Radium Bd. 2, S. 31. 1921.

[4] W. KUTZNER, ZS. f. Phys. Bd. 45, S. 343. 1927; Phys. ZS. Bd. 31, S. 501. 1930.

[5] ELISABETH KARA-MICHAILOVA, Wiener Ber. Bd. 136, S. 357. 1927; ELISABETH KARA-MICHAILOVA u. BERTA KARLIK, ZS. f. Phys. Bd. 48, S. 765. 1928; Wiener Ber. Bd. 138, S. 581. 1929.

[6] E. REGENER, Verh. d. D. Phys. Ges. Bd. 10, S. 351. 1908; J. CHARITON u. C. A. LEA, Proc. Roy. Soc. London (A) Bd. 122, S. 348. 1929.

[7] H. HERSZFINKIEL u. L. WERTENSTEIN, Journ. de phys. et le Radium Bd. 1, S. 146. 1920; H. GEIGER u. A. WERNER, ZS. f. Phys. Bd. 8, S. 191. 1922.

[8] J. CHARITON u. C. A. LEA, l. c.

[9] C. T. R. WILSON, Proc. Roy. Soc. London (A) Bd. 87, S. 293. 1912; Bd. 104, S. 1, 192. 1923.

platte P verschlossen ist. Der Glasring R sitzt auf dem Messingrohr M, in das der Messingkolben K luftdicht einpaßt, dessen obere Fläche mit einer gleichmäßigen Schicht feuchter Gelatine überzogen ist. Wird unter dem Kolben K die Luft plötzlich abgesogen, so schlägt K herab und expandiert die mit Wasserdampf gesättigte Luft im Raume A. Dadurch tritt Übersättigung ein, und der überschüssige Wasserdampf kondensiert sich sofort in feinen Tröpfchen an den in A vorhandenen Ionen. Bei intensiver seitlicher Beleuchtung sind die so entstandenen Wassertröpfchen und damit die Bahnen der ionisierenden Strahlen gut sichtbar und leicht zu photographieren. Der Versuch gelingt vor allem dann ohne Schwierigkeit, wenn die Nebelbahnen durch die stark ionisierenden α-Strahlen erzeugt werden; will man aber β- und γ-Strahlen in der Kammer sichtbar machen, so muß die Apparatur sehr sorgfältig einjustiert werden.

Für den Bau einer betriebssicheren Nebelkammer sei außer auf die Originalarbeiten von WILSON vor allem auf eine Untersuchung von SIMON und LOUGHRIDGE[1] hingewiesen, die zahlreiche technische Einzelheiten enthält. Danach sind vor allem folgende Punkte von Wichtigkeit:

a) Genaue Einstellung und Reproduzierbarkeit des günstigsten Expansionsverhältnisses.

b) Ionen- und Staubfreiheit der Kammer.

c) Genaue Einregulierung des Intervalls zwischen Expansion und Strahleneintritt.

d) Ausschaltung von Wirbelbildung bei der Expansion.

Zu a) Das Expansionsverhältnis muß etwa $1:1,3$ betragen und ist für jede Apparatur auf den günstigsten Wert einzuregulieren. Dabei empfiehlt es sich, mit kleinen Expansionen zu beginnen und Überexpansionen zu vermeiden. Damit das einmal eingestellte günstigste Expansionsverhältnis für längere Zeit erhalten bleibt, muß die Apparatur völlig luftdicht sein, die Kolbengeschwindigkeit muß unverändert bleiben, und die Temperatur darf nur wenig schwanken. Änderungen des Expansionsverhältnisses um 1% haben meist schon einen erheblichen Einfluß auf die Schärfe der Bahnen.

Zu b) Ist die Apparatur neu zusammengesetzt oder hat man frische Luft eingelassen, so zeigen sich bei der Expansion dichte Wolken, die durch die Kondensation des Wassers an den vorhandenen Staubteilchen entstehen. Man verhält sich zweckmäßig zunächst abwartend und versucht dann, durch wiederholte langsame Expansionen den Staub aus der Luft zu entfernen. Dieser Reinigungsvorgang wird beschleunigt, wenn die Kolbenoberfläche mit stark befeuchteter Gelatine überzogen ist, da an ihr die Staubteilchen haften bleiben. Ein zweiter Grund für unerwünschte Wolkenbildung ist die Anwesenheit von Ionen, die von der vorausgehenden Expansion zurückgeblieben sein mögen oder durch ungewollte Strahlung (natürliche Aktivität usw.) entstanden sein können. Man entfernt sie durch ein elektrisches Feld. Zu dem Zweck wird zwischen den oberen Rand des Glasrings R und die Glasplatte P ein flacher Metallring eingelegt, der mit dem einen Pol der Spannungsquelle verbunden wird, während der Kolben K an Erde liegt. Vielfach überzieht man auch die Glasplatte auf der Innenseite mit einer leitenden Gelatineschicht, um so ein homogeneres Feld zu erzielen. Meist ist es ausreichend, wenn das Feld eine Stärke von 4 Volt/cm besitzt. Kurz vor der Expansion muß die spannungtragende Platte zur Erde abgeleitet werden.

Zu c) Die zeitliche Folge der Vorgänge in der Kammer ist: Abschaltung des elektrischen Feldes, Expansion, Zutritt der Strahlen, photographische Auf-

---

[1] A. W. SIMON u. D. H. LOUGHRIDGE, Journ. Opt. Soc. Amer. Bd. 13, S. 679. 1926.

nahme. Um jeden dieser Vorgänge im richtigen Zeitpunkt auszulösen, wird meist ein Pendel benutzt, das mit verstellbaren elektrischen Kontakten versehen ist. Dabei ist das Intervall zwischen der Beendigung der Expansion und dem Eintritt der Strahlen entscheidend für die Güte der Aufnahme. Um die besten Bilder zu erhalten, variiert man bei Einregulierung des Expansionsverhältnisses auch gleichzeitig das Intervall zwischen Expansion und Strahleneintritt. Bezüglich der Auslösung der photographischen Aufnahme hat man mehr Freiheit, da die bei der Expansion sich bildenden Nebeltröpfchen eine geringe Beweglichkeit besitzen und für nahezu eine Sekunde an Ort und Stelle verbleiben. Die Expositionszeit darf daher sogar relativ lange sein. In jedem Falle ist intensive seitliche Beleuchtung durch elektrischen Funken oder mit hochbelastbarer Bogenlampe erforderlich. Vielfach wird zur Beleuchtung auch ein Wolframdraht benutzt, den man durch eine kräftige Kondensatorentladung (50000 Volt bei 1 MF) zu momentanem Verdampfen bringt[1].

Zu d) Wirbelbildung nach der Expansion verzerrt die Nebelbahnen. Sie wird weitgehend vermieden, wenn der Durchmesser des Kolbens ebenso groß ist wie der Durchmesser des Glasringes. Gegenstände, z. B. Blenden, die in die Kammer eingebaut werden müssen, sollten nach Möglichkeit Begrenzungsflächen haben, die mit der Richtung der Kolbenachse zusammenfallen.

Weitere Einzelheiten können aus Abb. 13 entnommen werden, die eine einfache im Laboratorium von MEITNER[2] durchkonstruierte Wilsonkammer darstellt. Die Zeichnung dürfte nach dem Vorausgehenden ohne weiteres verständlich sein. Die Auslösung der Kolbenbewegung erfolgt durch Betätigung eines weiten Hahnes oder eines elektromagnetisch auslösbaren Ventils, das den Raum unter dem Kolben mit einem evakuierten Vorratsraum verbindet. Oft werden auch stark gespannte Federn benutzt, um die rasche Kolbenbewegung zu bewirken[3].

Zur genauen Ausmessung der Bahnlängen und Bahnrichtungen werden stereoskopische Aufnahmen oder auch Aufnahmen in zwei zueinander senkrechten Blickrichtungen vorgenommen. Auch ist die Apparatur dahin verbessert worden, daß Expansionen und photographische Aufnahmen in rascher Folge gemacht werden können[4]. BLACKETT[5] benutzt bei seinen Versuchen über Umwandlung von Stickstoffkernen durch α-Strahlen eine automatisch arbeitende Wilsonkammer, mit der alle 10 bis 15 Sekunden eine Expansion vorgenommen und eine photographische

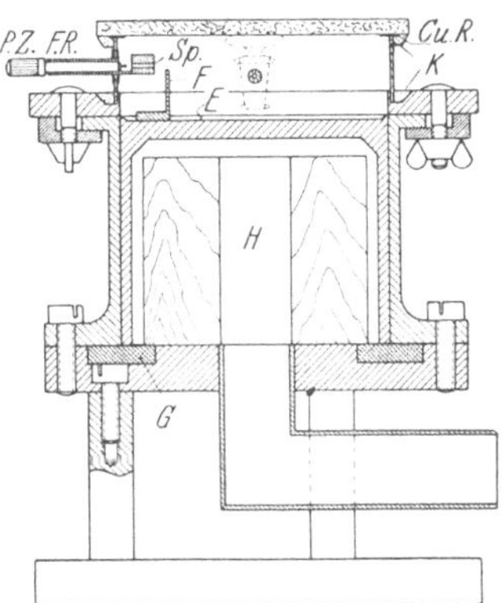

Abb. 13. WILSONsche Nebelkammer.
Cu.R. Eingekitteter Kupferring zum Anlegen der Spannung an die obere Gelatineschicht; *E* Eindrehung von 2 bis 3 mm Tiefe in den Kolben zur Aufnahme der Gelatineschicht; *F* Blende, verhindert den vorzeitigen Eintritt der Strahlen in die Kammer; *F.R.* Führungsrohr für die Präparatzange *P.Z.*; *G* Gummiring zur Dämpfung des Kolbenaufschlags; *H* Holzring zur Verminderung des Luftvolumens unter Kolben; *K* Kittungen; *P.Z.* Präparatzange zum Einsetzen der Präparate; *Sp* Spalt zur Abblendung der Strahlen bis auf ein fast nur in einer Ebene liegendes Strahlenbündel.

[1] Siehe z. B.: F. W. BUBB, Phys. Rev. Bd. 23, S. 137. 1924; A. H. COMPTON u. A. W. SIMON, ebenda Bd. 26, S. 289. 1925.

[2] L. MEITNER u. K. FREITAG, ZS. f. Phys. Bd. 37, S. 481. 1926.

[3] P. L. KAPITZA, Proc. Roy. Soc. London (A) Bd. 106, S. 602. 1924; O. KLEMPERER, ZS. f. Phys. Bd. 45, S. 225. 1927.

[4] T. SHIMIZU, Proc. Roy. Soc. London (A) Bd. 99, S. 432. 1921; P. M. S. BLACKETT, ebenda Bd. 102, S. 294. 1922; Bd. 103, S. 62. 1923.

[5] P. M. S. BLACKETT, Proc. Roy. Soc. London (A) Bd. 107, S. 349. 1925; Bd. 123, S. 613. 1929; Journ. Sci. Instr. Bd. 6, S. 184. 1929; P. M. S. BLACKETT u. D. S. LEES, Proc. Roy. Soc. London (A) Bd. 136, S. 325. 1932.

Aufnahme gemacht werden konnte. Die Brauchbarkeit dieser Apparatur wurde durch Hunderttausende von Aufnahmen erwiesen.

In manchen Fällen, z. B. zum Studium langsamer Elektronen, ist es erforderlich, Wilsonbahnen bei geringem Gasdruck aufzunehmen. Hierfür geeignete Tiefdruckkammern werden von KLEMPERER[1] und PETROVÁ[2] beschrieben. PETROVÁ gibt an, daß ihre Kammer, deren konstruktive Einzelheiten in der Arbeit nachgelesen werden können, bis herab zu Drucken von 3 cm Hg mit sehr guter Reproduzierbarkeit und Sicherheit arbeitete. PHILIPP[3] zeigt, daß man in der Wilsonkammer den Dampf auch durch Tetrachlorkohlenstoff ersetzen kann und scharf ausgebildete α-Strahlenbahnen erhält. Dies kann für Kernumwandlungsversuche von Bedeutung sein. ORBÁN[4], der die natürliche Luftionisation mit der Wilsonkammer untersuchte, benutzt Alkoholdämpfe. Einfache Formen der WILSONschen Nebelkammer vornehmlich für Demonstrationszwecke sind von BOSE und anderen[5] angegeben worden.

REGENER[6] hat die Ionen nicht wie WILSON durch Kondensation von Wasserdampf sichtbar gemacht, sondern durch Anlagerung an feine Öltröpfchen in einem feldfreien Raum. Die geladenen Tröpfchen werden dann von den ungeladenen durch ein elektrisches Feld getrennt. Auf diese Weise bleiben die Bahnen von α-Strahlen sekundenlang sichtbar und können leicht photographiert werden.

17. Photographische Wirksamkeit von α-Strahlen. KINOSHITA[7] zählte die Silberkörner einer entwickelten photographischen Platte, nachdem sie mit α-Strahlen bestrahlt worden war, mikroskopisch aus und fand, daß die Zahl der Körner in erster Annäherung der Zahl der α-Teilchen entsprach, die auf die Platte aufgefallen war. Die photographische Wirksamkeit einzelner α-Strahlen war damit erwiesen.

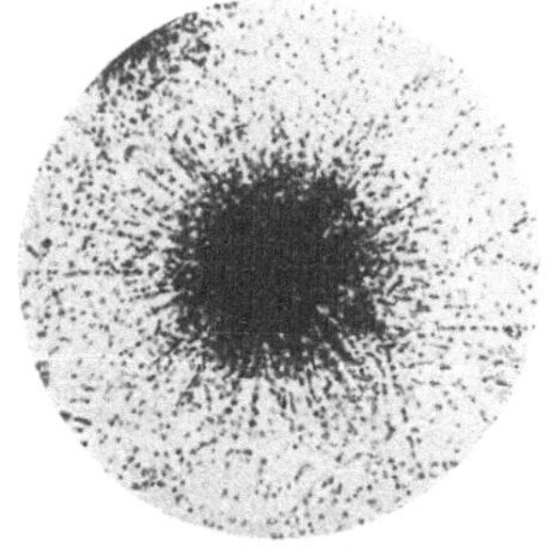

Abb. 14. Aktivierte Nadelspitze auf eine photographische Platte aufgesetzt. Vergrößerung etwa 200 fach.

Anschließend an diese ersten Beobachtungen wurde von REINGANUM[8], MICHL[9] u. a. gezeigt, daß auch die Bahn eines α-Teilchens durch eine Reihe von Silberkörnern sichtbar gemacht werden kann. Setzt man etwa die Spitze einer aktivierten Nadel auf eine photographische Platte auf, so zeigt sich nach Entwicklung ein feiner Schwärzungspunkt, der sich unter dem Mikroskop in eine Menge radialer, aus Silberkörnern bestehenden Bahnen auflöst (Abb. 14 nach IKEUTI[10]). Sie rühren her von den α-Strahlen, welche die obere Schicht der Platte streifend durchsetzt haben. Abb. 15 zeigt eine Aufnahme von MYSSOWSKY und TSCHISHOW[11], auf der in 640 facher Vergrößerung zwei einzelne Bahnspuren zu sehen sind.

[1] O. KLEMPERER, ZS. f. Phys. Bd. 45, S. 225. 1927.

[2] J. PETROVÁ, ZS. f. Phys. Bd. 55, S. 621. 1929.

[3] K. PHILIPP, ZS. f. Phys. Bd. 53, S. 100. 1929.

[4] G. ORBÁN, Wiener Ber. Bd. 140, S. 101. 1931.

[5] D. BOSE, ZS. f. Phys. Bd. 12, S. 207. 1922; D. M. BOSE u. S. K. GHOSH, Phil. Mag. Bd. 45, S. 1050. 1923. Wilson-Shimizu-Apparatur zur Projektion für Vorlesung usw.; siehe H. T. PYE, Journ. Scient. Instr. Bd. 2, S. 199. 1925.

[6] E. REGENER, Verh. d. D. Phys. Ges. Bd. 9, S. 18. 1928; Festschr. Techn. Hochschule Stuttgart, S. 331. 1929.

[7] S. KINOSHITA, Proc. Roy. Soc. London (A) Bd. 85, S. 432. 1910.

[8] M. REINGANUM, Phys. ZS. Bd. 12, S. 1076. 1911.

[9] W. MICHL, Wiener Ber. Bd. 121, S. 1431. 1912; s. auch F. MAYER, Ann. d. Phys. Bd. 41, S. 960. 1913.

[10] H. IKEUTI, Phil. Mag. Bd. 32, S. 129. 1916; s. auch S. KINOSHITA u. H. IKEUTI, ebenda Bd. 29, S. 420. 1915.

[11] L. MYSSOWSKY u. P. TSCHISHOW, ZS. f. Phys. Bd. 44, S. 408. 1927.

Es sei noch auf folgende Punkte hingewiesen, welche bei Benutzung der photographischen Platte zur Untersuchung der α-Strahlung von Bedeutung sind[1].

a) *Zahl der Silberkörner auf einer Bahn:* Unter günstigen Bedingungen werden im Mittel durch ein α-Teilchen von 7 cm Reichweite in Luft (d. h. 50 μ Reichweite in der photographischen Schicht) bis zu 20 Silberkörner entwicklungsfähig.

b) Der *Körnerabstand* in der Bahn ist sehr variabel. Im Mittel werden Abstände von 4 bis 5 μ zwischen zwei in derselben Bahn aufeinanderfolgenden Körnern gefunden, vereinzelt auch solche von 7 bis 9 μ.

c) *Entwicklungsfähigkeit eines Kornes:* Jedes Korn, das von einem α-Teilchen getroffen wird, ist entwicklungsfähig. Es ist dabei gleichgültig, welche Geschwindigkeit das α-Teilchen beim Durchgang durch das Korn besessen hat.

d) *Geradlinigkeit der Bahnen:* Abweichungen davon sind fast stets durch Verziehen der Gelatine während des Entwicklungsprozesses verursacht. Die verschiedentlich beobachtete scheinbare Zerstreuung von α-Strahlen in der photographischen Schicht ist auf solche sekundäre Einflüsse zurückzuführen. Geknickte Bahnen, die durch sog. Einzelstreuung (Ziff. 43) hervorgerufen sind, wird man nur in extrem seltenen Fällen erwarten. In der Tat beobachteten MYSSOWSKY und TSCHISHOW erst unter 10^4 photographierten Bahnen eine Bahn, bei der ein Knick von etwa 90° zu sehen war.

Die Geradlinigkeit der Körneranordnung bei α-Strahlen wird durch einen Versuch von BOTHE[2] überzeugend zum Ausdruck gebracht. Er ließ parallele

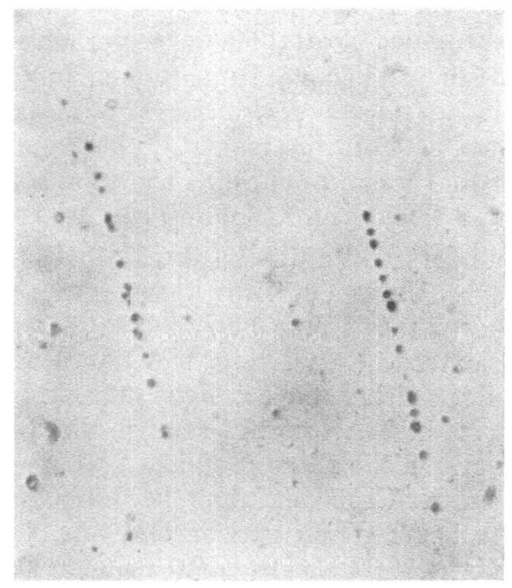

Abb. 15.   Zwei α-Bahnen in einer photographischen Schicht. Vergrößerung 640fach.

α-Strahlen auf einen photographischen Film auffallen und untersuchte dann den entwickelten Film unter verschiedener Beleuchtung auf seine Lichtdurchlässigkeit. Der Film erwies sich als besonders durchlässig, wenn die Richtung des auffallenden Lichtes mit der Richtung der α-Strahlen zusammenfiel. Die Erklärung hierfür liegt eben darin, daß die einzelnen α-Teilchen in der photographischen Schicht geradlinige Ketten von Körnern erzeugen, zwischen denen prismatische Räume frei bleiben, durch die das Licht ohne erhebliche Absorption hindurchgelangt. Man ersieht aus diesem Versuche auch, wie vorsichtig man verfahren muß, wenn es sich etwa darum handelt, eine durch α-Strahlen geschwärzte Platte auszuphotometrieren.

e) *Zählung von α-Strahlen* auf photographischem Wege: Läßt man die α-Strahlen schräg und in nicht zu großer Dichte auf eine Platte fallen, so läßt sich durch Abzählen der einzelnen Bahnen ermitteln, wieviel Teilchen auf die Platte aufgefallen sind. Eine praktische Verwendung hat dieses Verfahren noch nicht gefunden, da keine Plattensorte genügend schleierfrei arbeitet. Von MYSSOWSKY und TSCHISHOW[3] werden besonders dicke Bromsilbergelatineschichten

---

[1] Die folgenden Angaben im wesentlichen nach E. MÜHLESTEIN, Arch. sc. phys. et nat. Bd. 4, S. 38. 1922.

[2] W. BOTHE, ZS. f. Phys. Bd. 13, S. 106. 1923.

[3] L. MYSSOWSKY u. P. TSCHISHOW, ZS. f. Phys. Bd. 44, S. 408. 1927; dort auch ältere Literatur über geeignete Platten, Entwicklungsverfahren usw. Siehe ferner J. C. JACOBSEN Phil. Mag. Bd. 10, S. 413. 1930, und G. STETTER u. R. PREMM, Wiener Ber. Bd. 140, S. 579. 1931.

als geeignet empfohlen und ihre Herstellungsweise im einzelnen angegeben. Bemerkenswert ist, daß nach Blau[1] auch die erheblich weniger stark ionisierenden H-Strahlen gut ausgebildete Punktreihen liefern und so abgezählt werden können.

f) *Photographische Intensitätsmessungen;* Zur Ermittlung der Intensität einer α- oder β-Strahlung aus der Schwärzung einer photographischen Platte kann das Bunsen-Roscoesche Reziprozitätsgesetz herangezogen werden. Nach Bothe[2] gilt dieses Gesetz mit großer Annäherung, d. h. die Schwärzung hängt für α- und β-Strahlen konstanter Geschwindigkeitszusammensetzung nur von dem Produkt Intensität $\times$ Expositionszeit ab. Blau[3] beschreibt die Anwendung der photographischen Intensitätsmessung zur Stärkebestimmung von Poloniumpräparaten.

18. Herstellung starker Strahlungsquellen[4]. Die meisten Versuche über die Natur der α-Strahlen usw. verlangen Strahlenquellen höchster Intensität, von möglichst kleinen Dimensionen und ohne erhebliche Eigenabsorption.

a) *Aktive Niederschläge*: Man aktiviert kleine Bleche oder feine Drähte, indem man sie für längere Zeit (bei Radon für etwa 3 Stunden, bei Thoron für etwa 3 Tage) in ein mit der Emanation gefülltes Gefäß bringt, wobei man Blech oder Draht zur Erhöhung der Ausbeute auf ein negatives Potential von einigen hundert Volt auflädt (Ziff. 49 b). Der positive Pol wird an die Gefäßwandung gelegt. Unter der Einwirkung des elektrischen Feldes wandern die positiv geladenen A-Atome nach ihrer Entstehung aus der Emanation an die negative Elektrode (den Draht usw.) und schlagen sich dort nieder[5]. Auf dem Draht bilden sich dann die Folgeprodukte B und C. Dieses Konzentrationsverfahren arbeitet befriedigend, solange die auf dem Draht zu sammelnde Niederschlagsmenge nicht allzu groß ist. Soll aber etwa RaA + B + C aus Emanationsmengen von der Größenordnung 10 Millicurie und darüber gesammelt werden, so ist die Ausbeute gering und beträgt nur einen kleinen Bruchteil der theoretisch zu erwartenden Gleichgewichtsmenge. Der Grund hierfür ist die hohe Leitfähigkeit des stark emanationshaltigen Gases, was Neutralisierung und Umladung der RaA-Atome zur Folge hat.

Als Quelle für Thoron und Radon eignen sich besonders die nach einem Verfahren von Hahn[6] hergestellten Trockenpräparate. Sie zeichnen sich dadurch aus, daß sie die gebildete Emanation fast vollständig in Freiheit setzen, so daß sie zur Gewinnung der Niederschläge voll ausgenutzt werden kann. Es gelang, Radiumpräparate herzustellen, die ihre Emanation bei gewöhnlicher Temperatur

---

[1] Marietta Blau, Wiener Ber. Bd. 134, S. 427. 1925; Bd. 136, S. 469. 1927; Bd. 139, S. 327. 1930.

[2] W. Bothe, ZS. f. Phys. Bd. 8, S. 243. 1922; Bd. 13, S. 106. 1923; s. ferner: J. Eggert u. F. Luft, ZS. f. phys. Chem., Bodenstein-Festbd., S. 745. 1931; Phot. Wirkung von β-Strahlen bei C. D. Ellis u. W. A. Wooster, Proc. Roy. Soc. London (A) Bd. 114, S. 266. 1927 und bei C. D. Ellis u. G. H. Aston, ebenda Bd. 119, S. 645. 1928.

[3] Marietta Blau, Wiener Ber. Bd. 137, S. 259. 1928.

[4] In dieser Ziffer sind nur einige besonders oft gebrauchte Verfahren zur Herstellung starker α-Strahlenpräparate besprochen. Über die chemische Abtrennung und Reindarstellung der verschiedenen radioaktiven Elemente findet man Näheres bei H. Geiger u. W. Makower, Meßmethoden auf dem Gebiet der Radioaktivität, Braunschweig 1920, oder bei G. v. Hevesy u. F. Paneth, Lehrbuch der Radioaktivität, 2. Aufl., Leipzig 1931, siehe außerdem Bd. XXII/1 ds. Werkes, 2. Aufl.

[5] Über Verteilung der aktiven Niederschläge in elektrischen Feldern siehe z. B.: H. P. Walmsley, Phil. Mag. Bd. 28, S. 539. 1914; A. Gabler, Wiener Ber. Bd. 129, S. 201. 1920; G. H. Briggs, Phil. Mag. Bd. 41, S. 357. 1921.

[6] O. Hahn, Naturwissensch. Bd. 12, S. 1140. 1924; O. Hahn u. J. Heidenhain, Chem. Ber. Bd. 59, S. 284. 1926; vgl. auch P. M. Wolf u. N. Riehl, Naturwissensch. Bd. 17, S. 566. 1929.

bis zu 98 bis 99% nach außen entweichen lassen. Auch nimmt die Emanationsfähigkeit solcher Präparate, wenn sie an feuchter Luft aufbewahrt werden, erst im
Verlauf von Jahren merklich ab. ERBACHER, PHILIPP und DONAT[1] beschreiben
zwei für solche Präparate geeignete Exponiergefäße, die einfach zu handhaben
sind und eine weitgehende Ausnutzung der zur Verfügung stehenden Substanzmenge gewährleisten.

Zur Gewinnung großer Mengen des aktiven Niederschlags kondensiert man
nach PETTERSSON[2] das weitgehend gereinigte Radon durch flüssige Luft auf der
zu aktivierenden Platte selbst. Die Wirksamkeit des Verfahrens erhellt daraus,
daß aus einer Radonmenge von 40 Millicurie über 10 Millicurie RaC auf einer
Scheibe von 4 mm Durchmesser gesammelt werden konnten. Nach JEDRZE
JOWSKI[3] erhält man gute Ausbeute auch in der Weise, daß man das Radon zunächst in ein Glasröhrchen füllt, aus diesem nach angemessener Zeit den aktiven
Niederschlag mit Säure ablöst und ihn auf der zu aktivierenden Platte eindampft.
ROSENBLUM[4] verfährt in der Weise, daß er die zu aktivierenden Glasfäden oder
Platindrähte von wenigen Zehntel Millimeter Dicke durch einen Hg-Verschluß
in ein Kapillarröhrchen einführt, das mit dem radonhaltigen Gas bis zu Atmosphärendruck gefüllt war. Die Ausbeuten werden als recht günstig angegeben.

b) *Emanationsröhrchen*: RUTHERFORD und ROYDS[5] haben erstmalig enge
und sehr dünnwandige Glasröhrchen (Wandstärke etwa $^1/_{100}$ mm) mit sorgfältig
gereinigtem Radon bis zu mehreren hundert Millicurie
gefüllt und als Strahlenquelle benutzt. Angaben über
Herstellung solcher Röhrchen findet man bei LIND[6].
Auch äußerst dünnwandige Glaskügelchen von 1 bis 2 mm
Durchmesser lassen sich herstellen (LIND a. a. O.). Bei
etwas größeren Kügelchen kann das Radon durch Quecksilber auf ein kleines Kugelsegment zusammengedrängt
werden, so daß eine intensive Strahlenquelle kleinster
Dimensionen entsteht (Abb. 16A nach DANYSZ und

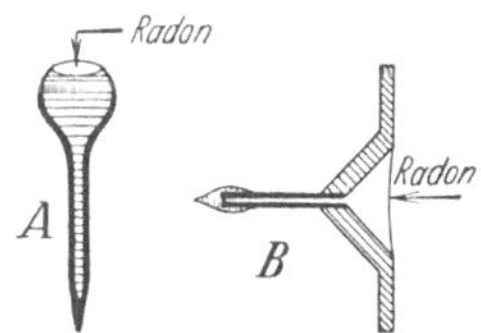

Abb. 16. α-strahlende Radonpräparate.

DUANE[7]). Die Wandstärke des Glases kann dabei bis auf etwa 1 cm Luftäquivalent (etwa $^5/_{1000}$ mm) herabgesetzt werden, ohne daß die Röhrchen oder
Kügelchen, soweit ihre Dimensionen die obigen Angaben nicht überschreiten,
beim Auspumpen durch den Luftdruck zerstört würden. Für spezielle Zwecke
hat man auch radongefüllte Metalltrichterchen (Abb. 16B), die mit einem dünnen,
für die α-Strahlen durchlässigen Glimmerblatt von 3 bis 4 mm effektivem Durchmesser verschlossen waren, als Strahlenquelle benutzt[8].

Zur Füllung der beschriebenen Röhrchen usw. benötigt man das Radon
in einer sehr konzentrierten Form. Wirksame Verfahren, um aus einer Radiumlösung möglichst reines Radon zu gewinnen, sind von RUTHERFORD[9] und anderen
ausgearbeitet worden. Eine eingehende Darstellung der bei der Reinigung auftretenden Schwierigkeiten und ihre Behebung findet man bei WERTENSTEIN[10].

[1] O. ERBACHER, K. PHILIPP u. K. DONAT, Phys. ZS. Bd. 30, S. 913. 1929.
[2] H. PETTERSSON, Wiener Ber. Bd. 132, S. 55. 1923; G. ORTNER u. H. PETTERSSON, ebenda Bd. 133, S. 229. 1924.
[3] H. JEDRZEJOWSKI, C. R. Bd. 182, S. 1536. 1926.
[4] S. ROSENBLUM, C. R. Bd. 188, S. 1549. 1929.
[5] E. RUTHERFORD u. T. ROYDS, Phil. Mag. Bd. 17, S. 281. 1909.
[6] S. C. LIND, Wiener Ber. Bd. 120, S. 1709. 1911.
[7] J. DANYSZ u. W. DUANE, Sill. Journ. Bd. 35, S. 295. 1913.
[8] H. GEIGER u. A. WERNER, ZS. f. Phys. Bd. 21, S. 187. 1924.
[9] E. RUTHERFORD, Phil. Mag. Bd. 16, S. 300. 1908.
[10] L. WERTENSTEIN, Phil. Mag. Bd. 5, S. 1017. 1928; s. auch V. F. HESS, ebenda Bd. 47, S. 713. 1924; L. F. CURTISS, Bur. of Stand. Journ. of Res. Bd. 7, S. 215. 1931; G. H. HENDERSON, Canad. Journ. Res. Bd. 5, S. 466. 1931.

c) *Poloniumpräparate* werden deshalb häufig benutzt, weil sie eine homogene α-Strahlung (Reichweite 3,9 cm) emittieren, die nur langsam abklingt (Halbwertszeit 136 Tage). Sie bieten außerdem bei Versuchen über Kernumwandlung usw. den großen Vorteil, daß sie keine β-Strahlen emittieren, die störend auf die Zählapparatur einwirken könnten. Man scheidet das Polonium am besten aus einer möglichst reinen RaD + E + F-Lösung elektrolytisch auf Silber ab[1]. Ein sehr geeignetes, aber schwer erhältliches Ausgangsmaterial für Polonium sind abgeklungene Radonröhrchen, wie sie für medizinische Zwecke vielfach Verwendung finden. Man löst den an den Wänden haftenden Niederschlag ab und reinigt die Lösung nach einem von CURIE[2] ausgearbeiteten Verfahren.

Besitzt andererseits das Ausgangsmaterial keinen großen Reinheitsgrad, so gelingt es nicht, das Polonium frei von anderen Substanzen auf klein dimensionierten Elektroden niederzuschlagen. Man verfährt dann zweckmäßig nach einem von RONA und SCHMIDT[3] ausgearbeiteten Destillationsverfahren. Das Polonium wird zunächst in geringer Konzentration aus der Lösung auf großen Platinelektroden wiederholt elektrolytisch abgeschieden und dann von diesen Elektroden in langsamem Wasserstoffstrom auf die gewünschte Unterlage (z. B. Platinplättchen von 3 mm Durchmesser) überdestilliert. Es scheint, daß sich auf diese Weise das Polonium besser konzentrieren läßt als durch irgendein anderes Verfahren.

II. Natur des α-Teilchens, Geschwindigkeit und Reichweite.

19. Anfangsgeschwindigkeit der α-Strahlen und Verhältnis von Ladung zu Masse. Bekanntlich ergibt sich aus der Ablenkbarkeit eines geladenen Strahlenteilchen in einem Magnetfeld die Größe mv/e, aus der Ablenkbarkeit in einem elektrischen Felde die Größe mv^2/e, wo m die Masse, e die Ladung und v die Geschwindigkeit dieses Teilchens bedeuten. Durch Kombination beider Größen können v und e/m abgeleitet werden.

Der Nachweis, daß die α-Strahlen solche geladenen Teilchen sind und im magnetischen und elektrischen Feld abgelenkt werden können, wurde zuerst von RUTHERFORD[4] erbracht. Diese ersten auch von anderer Seite mehrfach wiederholten Versuche konnten noch keine verläßlichen Werte für die charakteristischen Größen v und e/m geben, da als Strahlenquelle relativ dicke Schichten von Radium verwendet wurden, die inhomogene α-Strahlen aussenden. Einen großen Fortschritt bedeutete es aber, als RUTHERFORD[5] in einer späteren Arbeit als Strahlenquelle einen Draht verwendete, der mit Radium C in extrem dünner Schicht aktiviert war. Dieser Draht war in einem luftleeren Gefäß 2 cm von einem Spalt und parallel zu ihm montiert. Die von dem Draht ausgehenden homogenen α-Strahlen riefen ein schmales Spaltbild auf einer bis zu 4 cm vom Spalt entfernten photographischen Platte hervor. Je nach der Richtung des

---

[1] Genaue Angaben über Abscheidung des Poloniums aus RaD + E + F-Präparaten findet man bei A. S. RUSSELL u. J. CHADWICK, Phil. Mag. Bd. 27, S. 112. 1914; I. CURIE, Journ. chim. phys. Bd. 22, S. 471. 1925; O. ERBACHER u. K. PHILIPP, ZS. f. Phys. Bd. 51, S. 309. 1928.

[2] I. CURIE, Journ. chim. phys. Bd. 23, S. 257. 1926; I. CURIE u. F. JOLIOT, ebenda Bd. 28, S. 201. 1931.

[3] ELISABETH RONA u. EWALD A. W. SCHMIDT, ZS. f. Phys. Bd. 48, S. 784. 1928.

[4] E. RUTHERFORD, Phil. Mag. Bd. 5, S. 177. 1903; Phys. ZS. Bd. 4, S. 235. 1903.

[5] E. RUTHERFORD, Phil. Mag. Bd. 10, S. 163. 1905; Bd. 12, S. 134. 1906; Phys. ZS. Bd. 7, S. 137. 1906; auch W. H. BRAGG, ebenda Bd. 7, S. 143. 1906 und H. BECQUEREL, ebenda Bd. 7, S. 177. 1906.

magnetischen Feldes wurde eine Verschiebung des Spaltbildes in dem einen oder anderen Sinne erhalten. Der Abstand zwischen den beiden scharf begrenzten Spaltbildern ließ sich genau ausmessen und betrug bis zu 5 mm bei einer Feldstärke von 8000 Gauß. In ähnlicher Weise wurde auch die Ablenkbarkeit der α-Strahlen von Radium C′ in einem elektrischen Felde bestimmt.

Da Anfangsgeschwindigkeit und Verhältnis von Ladung zu Masse Fundamentalkonstanten für das α-Teilchen sind, hat man die magnetische und elektrische Ablenkung dieser Strahlen wiederholt mit aller erdenklichen Sorgfalt bestimmt. Solche Präzisionsmessungen sind in erster Linie von RUTHERFORD und ROBINSON[1] ausgeführt worden. Sie benutzten als Strahlenquelle zum Teil dünne Platindrähte, die in Radon aktiviert waren, zum Teil aber auch ein sog. Radonröhrchen, dessen Strahlung nicht so schnell abklingt als die von Radium C′. Ein solches Röhrchen hat eine Länge von etwa 1 cm, einen Durchmesser von

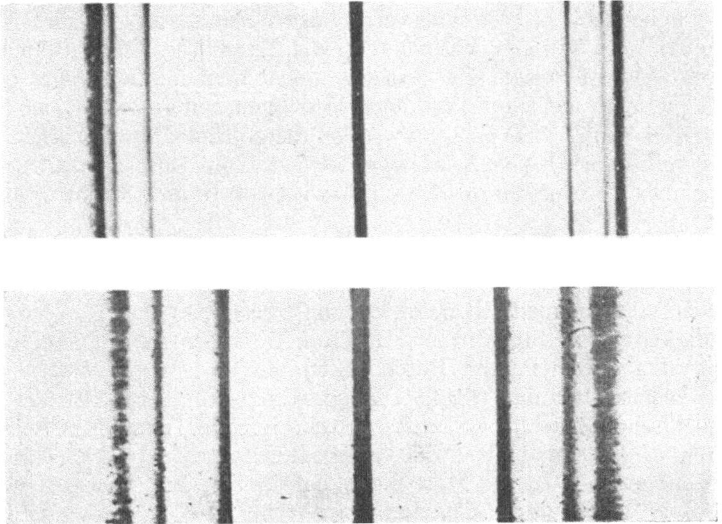

Abb. 17. Ablenkung der α-Strahlen, oben: im magnetischen, unten: im elektrischen Feld.

knapp $^1/_2$ mm und besteht aus dünnstem Glas von etwa $^1/_{100}$ mm Stärke. Es wird an einem System kleiner Töplerpumpen mit etwa 100 Millicurie hochkonzentriertem Radon gefüllt und dann abgeschmolzen (Ziff. 18). Die von einem solchen Röhrchen ausgehende α-Strahlung besteht aus drei Gruppen, nämlich den Strahlen des Radon, des Radium A und Radium C′, und ist so intensiv, daß der Abstand zwischen der Strahlenquelle und der photographischen Platte relativ sehr groß (13 cm) gewählt werden konnte. Ein für diese Versuche besonders gebauter Magnet lieferte über diese ganze Strecke ein konstantes Feld von etwa 6000 Gauß.

Zur Bestimmung der elektrischen Ablenkbarkeit wurde eine Spannungsdifferenz von rund 1500 Volt zwischen zwei versilberte Spiegelglasplatten gelegt, welche 35 cm lang und 2,5 cm breit waren und einen gegenseitigen Abstand von 4 mm besaßen. Die photographische Platte war erst in einem Abstand von 85 cm von der Strahlungsquelle angebracht.

In Abb. 17 ist eine photographische Aufnahme der magnetischen Ablenkung (oben) und der elektrischen Ablenkung (unten) in 4,7facher Vergrößerung

---

[1] E. RUTHERFORD u. H. ROBINSON, Wiener Ber. Bd. 122, S. 1855. 1913; Phil. Mag. Bd. 28, S. 552. 1914.

wiedergegeben. In der Mitte liegt das Bild des unabgelenkten Strahls, rechts und links davon die bei beiden Feldrichtungen auftretenden abgelenkten Spaltbilder. Am schwächsten abgelenkt erscheint Radium C', dann folgen Radium A und Radon. Die Ausmessung selbst war am genauesten bei Radium C' durchzuführen, da die von Radium C' herrührenden Spaltbilder auf der dem unabgelenkten Strahl zuliegenden Seite besonders scharf begrenzt waren. Diese Schärfe der inneren Kanten ist durch eine linsenartige Wirkung des Radonröhrchens bedingt, die sich dahin auswirkt, daß sich ein großer Teil der Strahlung in einer Linie kleinster Ablenkung konzentriert. Aus dem Abstand der beiden inneren scharfen Kanten wurde die wirkliche normale Ablenkung berechnet. Aus derartigen Messungen mit einem Radonröhrchen bzw. einem aktivierten Draht ergab sich für die α-Strahlen von Radium C' die Emissionsgeschwindigkeit zu $1,922 \cdot 10^9$ cm/sec und das Verhältnis von Ladung zu Masse zu 4820 el.magn. Einheiten.

Die magnetischen Ablenkungsversuche von Rutherford und Robinson wurden unter noch weiterer Verfeinerung der Technik von Briggs[1] wiederholt. Besonderes Gewicht wurde auf zeitliche und räumliche Konstanz des 24 cm langen Magnetfeldes gelegt. Eingehende Messungen mit Radium C' als Strahlenquelle ergaben $mv/e = \mathrm{H}\varrho = 3{,}993 \cdot 10^5$ el.magn. Einheiten in naher Übereinstimmung mit dem älteren Wert von Rutherford und Robinson, nämlich $3{,}985 \cdot 10^5$. Die Genauigkeit des Resultats wird von Briggs auf mehr als 1 : 1000 geschätzt.

Unter Verzicht auf eine Bestimmung der elektrischen Ablenkung, bei der erfahrungsgemäß bei weitem nicht dieselbe Genauigkeit zu erreichen ist wie bei der Messung der magnetischen Ablenkung, berechnet Briggs die Anfangsgeschwindigkeit der α-Strahlen von Radium C', indem er sich auf den durch neuere physikalisch-chemische Daten schon weitgehend gesicherten e/m-Wert für das α-Teilchen, nämlich 4814,8 el.magn. Einheiten stützt. In diese Zahl ist die relativistische Massenkorrektur bereits eingerechnet, ferner das Atomgewicht des Helium zu 4,000 und die Faradaysche Konstante zu 9649,4 el.magn. Einheiten angenommen. Der mit Hilfe dieser Zahl für die Emissionsgeschwindigkeit der α-Strahlen von Radium C' gefundene Wert $1{,}923 \cdot 10^9$ cm/sec ist praktisch identisch mit dem Rutherfordschen Wert $1{,}922 \cdot 10^9$.

Außer bei RaC' wurde die magnetische Ablenkbarkeit der α-Strahlen nur bei wenigen anderen Elementen unmittelbar gemessen. Es seien genannt die Untersuchungen von Curie[2] an Polonium ($v = 1{,}594 \cdot 10^9$ cm/sec), von Wood[3] an Thor C und C' ($1{,}718$ bzw. $2{,}064 \cdot 10^9$) sowie von Briggs[4] ebenfalls an Thor C und C' ($1{,}705$ bzw. $2{,}053 \cdot 10^9$). Am genauesten dürften aber die folgenden Werte von Laurence[5] sein:

	RaF	ThC	RaC'	ThC'
V/V_0:	0,8277	0,8885	1,0000	1,0679
V :	1,592	1,709	1,923	$2{,}054 \cdot 10^9$ cm/sec

Für die übrigen Elemente muß die Emissionsgeschwindigkeit aus der Reichweite berechnet werden (Ziff. 24 und Tab. 7 S. 189).

Von Curie[6] und Briggs[7] wurden an Polonium bzw. RaC' Versuche angestellt, ob Schwankungen in der Emissionsgeschwindigkeit auftreten. Beide

---

[1] G. H. Briggs, Proc. Roy. Soc. London (A) Bd. 118, S. 549. 1928.
[2] I. Curie, C. R. Bd. 175, S. 220. 1922.
[3] A. B. Wood, Phil. Mag. Bd. 30, S. 702. 1915.
[4] G. H. Briggs, Proc. Roy. Soc. London (A) Bd. 118, S. 549. 1928.
[5] G. C. Laurence, Proc. Roy. Soc. London (A) Bd. 122, S. 543. 1929.
[6] I. Curie, C. R. Bd. 180, S. 831. 1925.
[7] G. H. Briggs, Proc. Roy. Soc. London (A) Bd. 114, S. 349. 1927.

Autoren stimmen darin überein, daß die Emission außerordentlich homogen ist und daß auch bei empfindlichster Analyse Schwankungen nicht nachweisbar sind.

20. Identifizierung des α-Teilchens mit dem Heliumkern. RUTHERFORD und SODDY[1] haben auf Grund des Heliumgehalts radioaktiver Mineralien zuerst auf die Möglichkeit hingewiesen, daß das α-Teilchen identisch mit einem Heliumkern sein könnte. Später haben RUTHERFORD und ROYDS[2] dies durch einen klassischen Versuch unmittelbar erwiesen. In Abb. 18 bedeutet A ein äußerst dünnwandiges Glasrohr von weniger als $^1/_{100}$ mm Wandstärke, das mit mehreren hundert Millicurie Radon gefüllt wurde. Das Röhrchen A ist von einem weiteren Glasrohr T umgeben, das in ein kapillares Spektralrohr V ausläuft. Die von dem Radon und seinen Folgeprodukten ausgehenden α-Teilchen konnten die dünne Glaswand des Röhrchens A leicht durchdringen. Sie trafen dann auf die Innenwand des konaxialen Glasrohrs T auf und wurden zunächst in der Oberflächenschicht absorbiert. Von dort diffundierten sie in den evakuierten Raum zwischen A und T und wurden durch Heben des Quecksilberspiegels B in das Kapillarrohr V zur spektroskopischen Untersuchung gepreßt. Schon 2 Tage nach Füllung des Röhrchens A hatte sich so viel Gas in T gesammelt, daß nach Kompression die gelbe Heliumlinie sichtbar war; nach 6 Tagen konnten alle kräftigen Heliumlinien beobachtet werden.

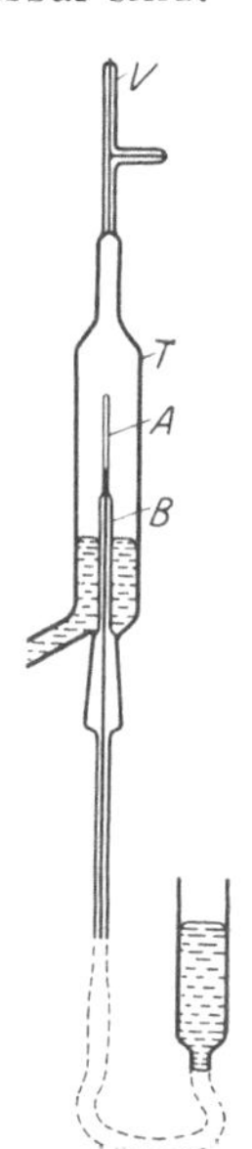

Abb. 18. Zum Nachweis der Heliumnatur des α-Teilchens.

Der etwaige Einwand, daß Helium aus dem Innern des Röhrchens A durch die Glaswand hindurchdiffundiert wäre, wurde durch einen Versuch widerlegt, bei dem das Röhrchen A statt mit Radon mit Helium gefüllt war. In diesem Falle konnte im Rohr T kein Helium nachgewiesen werden.

21. Heliumentwicklung in radioaktiven Präparaten. Da die von einem radioaktiven Präparat emittierten α-Strahlen wegen ihres geringen Durchdringungsvermögens im allgemeinen in dem Präparat selbst wieder absorbiert werden, reichert sich Helium in ihm allmählich immer mehr an. Versuche, das sich bildende Helium nachzuweisen, wurden zuerst von RAMSAY und SODDY[3] in Angriff genommen. Durch Auflösen eines etwa 3 Monate alten Radiumpräparates konnten sie in der Tat in den frei werdenden Gasen die Anwesenheit von Helium nachweisen. Ebenso zeigten sich in einem mit Radon gefüllten Röhrchen nach Ablauf von einigen Tagen die charakteristischen Heliumlinien.

Da man weiß, wie viele α-Strahlen 1 g Radium in der Sekunde emittiert, läßt sich bei bekanntem Radiumgehalt eines Präparates die in einer gegebenen Zeit entwickelte Heliummenge berechnen. Experimentelle Bestimmungen der entstehenden Heliummenge wurden von DEWAR[4] sowie BOLTWOOD und RUTHERFORD[5] ausgeführt. Bei den Versuchen von BOLTWOOD und RUTHERFORD wurde ein von okkludierten Gasen sorgfältig gereinigtes Präparat von ca 200 mg Radiumgehalt in ein Glasrohr eingeschmolzen und dieses dann evakuiert. Nach Ablauf von 83 Tagen wurden die entstandenen Gase bei der Temperatur der flüssigen Luft mit Holzkohle in Kontakt gebracht, wodurch praktisch alle Gase bis auf Helium absorbiert wurden. Das verbleibende Helium wurde dann in eine Kapillar-

[1] E. RUTHERFORD u. F. SODDY, Phil. Mag. Bd. 4, S. 582. 1902.

[2] E. RUTHERFORD u. T. ROYDS, Phil. Mag. Bd. 17, S. 281. 1909; Jahrb. d. Radioakt. Bd. 6, S. 1. 1909.

[3] W. RAMSAY u. F. SODDY, Proc. Roy. Soc. London (A) Bd. 72, S. 204. 1903; Bd. 73, S. 346. 1904; Phys. ZS. Bd. 4, S. 651. 1903.

[4] J. DEWAR, Proc. Roy. Soc. London (A) Bd. 81, S. 280. 1908; Bd. 83, S. 407. 1910.

[5] B. B. BOLTWOOD u. E. RUTHERFORD, Wiener Ber. Bd. 120, S. 313. 1911; Phil. Mag. Bd. 22, S. 586. 1911.

röhre von genau bekanntem Querschnitt eingeführt und sein Volumen unter Normalbedingungen zu 6,58 mm³ bestimmt. Es berechnet sich hieraus eine Heliumproduktion von 164 mm³ pro Jahr und pro Gramm Radium im Gleichgewicht mit seinen Zerfallsprodukten. Dieser Wert stimmt mit der aus der Zahl der emittierten α-Teilchen $(3,7 \cdot 10^{10})$ berechneten Heliumproduktion von 173 mm³ befriedigend überein.

Auch bei anderen radioaktiven Stoffen ist die Heliumentwicklung gemessen worden, so von Radon und Polonium durch BOLTWOOD und RUTHERFORD[1], von Ionium durch BOLTWOOD[2], von Uran und Thor durch STRUTT[3] und SODDY[4]. Bei diesen zuletzt genannten, wenig aktiven Substanzen ist die Heliumentwicklung sehr gering und beträgt beispielsweise für Uran in Gleichgewicht mit seinen Zerfallsprodukten pro Jahr und Gramm nur etwa $1,1 \cdot 10^{-4}$ mm³. Die Empfindlichkeit der Nachweismethoden für Helium ist aber in den letzten Jahren namentlich durch PANETH[5] so weit verfeinert worden, daß eine Heliummenge von 10^{-5} mm³ noch mit einem maximalen Fehler von etwa 50% abgeschätzt werden kann und bei einer Menge von 10^{-3} mm³ der Fehler nur mehr 1,5% beträgt.

Trotz der geringen Aktivität der Uran- und Thormineralien haben sich im Laufe geologischer Epochen große Mengen Helium in diesen Erzen angesammelt. Joachimsthaler Pechblende z. B. enthält pro Gramm etwa 0,1 cm³ Helium und das außerordentlich heliumreiche, aus Ceylon stammende Thorianit sogar etwa 9 cm³. Nimmt man an, daß ein solches Erz seit seiner Erstarrung alles in ihm entstandene Helium auch festgehalten hat, so läßt sich aus dem Heliumgehalt das Alter des Erzes berechnen. Diese Fragen sind im einzelnen in ds. Handb. 2. Aufl., Bd. XXII/1, Kap. 3D besprochen.

22. Allgemeines über die Absorption der α-Strahlen. Während die β-Strahlen auch bei einer einheitlichen radioaktiven Substanz durchweg mit sehr verschiedenen Geschwindigkeiten emittiert werden, ist die α-Strahlung — abgesehen von der in Ziff. 30 zu besprechenden Feinstruktur — stets durch eine bestimmte Anfangsgeschwindigkeit charakterisiert. Für verschiedene Substanzen hat jedoch diese Anfangsgeschwindigkeit verschiedene Werte; sie ist desto größer, je kurzlebiger die emittierende Substanz[6]. Während aber die Lebensdauer der uns bekannten radioaktiven Elemente innerhalb 25 Zehnerpotenzen variiert, ändert sich die Anfangsgeschwindigkeit der α-Strahlen nur im Bereich von etwa 1,3 bis $2,1 \cdot 10^9$ cm/sec.

Die Verschiedenheit der Anfangsgeschwindigkeit bei den verschiedenen Elementen äußert sich am deutlichsten in der der Messung leicht zugänglichen Wegstrecke, welche die α-Strahlen einer bestimmten Substanz in Luft von Normalbedingungen durchlaufen. Diese Wegstrecke heißt Reichweite der betreffenden α-Strahlung. Denken wir uns im Nullpunkt des Koordinatensystems der Abb. 19 ein radioaktives Präparat sehr kleiner Dimensionen, das parallele α-Strahlen in Richtung der Abszissenachse aussendet, so zeigen die Kurven A, B, C, wie sich Zahl, Geschwindigkeit und Ionisierungsvermögen der α-Teilchen auf ihrem Weg durch die Luft allmählich ändern. Die Ordinaten bedeuten also

[1] B. B. BOLTWOOD u. E. RUTHERFORD, l. c.

[2] B. B. BOLTWOOD, Proc. Roy. Soc. London (A) Bd. 85, S. 77. 1911.

[3] R. J. STRUTT, Proc. Roy. Soc. London (A) Bd. 84, S. 379. 1910.

[4] F. SODDY, Phil. Mag. Bd. 16, S. 513. 1908; Phys. ZS. Bd. 10, S. 41. 1909.

[5] F. PANETH u. K. PETERS, ZS. f. phys. Chem. Bd. 134, S. 353. 1928; ebenda (B) Bd. 1, S. 170. 1928.

[6] Über den Zusammenhang zwischen Reichweite und Lebensdauer s. ds. Handb., 2. Aufl., Bd. XXII/1.

bei A: die Zahl der Teilchen etwa gemessen durch die Szintillationen, die man beobachtet, wenn das Strahlenbündel mit einem Zinksulfidschirm an verschiedenen Bahnpunkten aufgefangen wird;

bei B: die Geschwindigkeit der Strahlen an verschiedenen Bahnpunkten, und schließlich

bei C: die Zahl der pro Millimeter Wegstrecke erzeugten Ionen.

Im Gegensatz zur Absorption von Elektronenstrahlen ist als wesentlich hervorzuheben, daß die Zahl der Teilchen bis nahezu an das Ende der Reichweite ungeändert bleibt und erst dann rasch abfällt. Die Energieabnahme eines α-Strahlenbündels beim Durchgang durch ein absorbierendes Medium äußert sich also in einer Geschwindigkeitsabnahme der einzelnen Teilchen, nicht aber in einer Verminderung der Teilchenzahl, hervorgerufen etwa durch Zerstreuung oder durch völlige Abbremsung in der Materie.

Die Kurven in Abb. 19 sind für den speziellen Fall der α-Strahlen von Radium C', also für eine Reichweite von 6,96 cm bei 15° C und 760 mm Hg-Druck gezeichnet. Die entsprechenden Kurven für α-Strahlen kürzerer Reichweite ergeben sich ohne weiteres durch Verschiebung der Ordinatenachse. So würden für Polonium mit einer Reichweite von 3,87 cm die Kurven bei dem Abszissenwert $6,96 - 3,87 = 3,09$ cm beginnen, im übrigen sich aber nur unmerklich von den Kurven für RaC' unterscheiden.

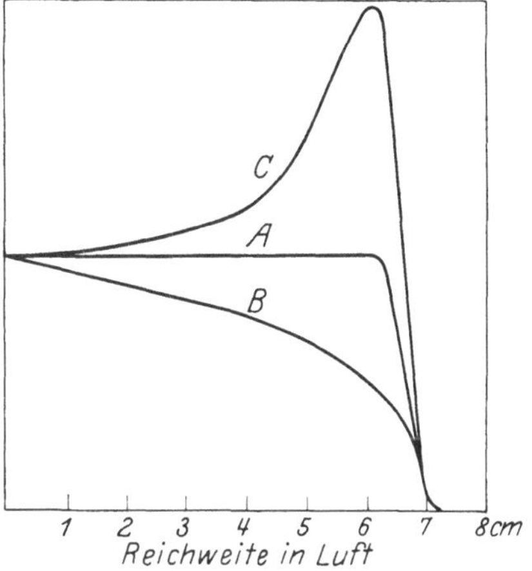

Abb. 19. Absorption von α-Strahlen in Luft.
A Teilchenzahl, B Geschwindigkeit, C Ionisation.

23. Geschwindigkeitsabnahme der α-Strahlen beim Durchgang durch Materie. Zwei Erscheinungen erschweren die exakte Messung der Geschwindigkeitsabnahme der α-Strahlen beim Durchgang durch Materie: a) die Umladungen, welche die α-Teilchen beim Durchqueren der Materie erfahren und b) die Inhomogenität der Geschwindigkeit, welche durch die statistischen Schwankungen der Elektronendichte des absorbierenden Materials entsteht.

Die älteren Messungen[1] über die Geschwindigkeitsabnahme wurden in der Weise ausgeführt, daß man die α-Strahlen verschieden dicke Schichten absorbierenden Materials durchsetzen ließ und die Geschwindigkeit der austretenden Strahlen aus der Ablenkung in einem magnetischen Feld errechnete. Der Nachweis der Strahlen erfolgte dabei entweder durch die photographische Platte oder durch Szintillationsbeobachtung. Man kam damals zu dem unerwarteten Ergebnis, daß sich die Geschwindigkeit eines α-Strahlenbündels nur auf 0,4 des Anfangswertes herabsetzen läßt. War diese Geschwindigkeitsreduktion einmal erreicht, so wuchs die magnetische Ablenkung nicht mehr an, wenn man weitere Folien in den Strahlengang einschaltete. Wir wissen heute, daß dieses Ergebnis dadurch bedingt war, daß man von den Umladungsvorgängen noch keine Kenntnis hatte und infolgedessen nicht genügend Gewicht darauf legte, den Raum, in dem die α-Strahlen magnetisch abgelenkt wurden, völlig luftleer zu pumpen. Gerade die Umladungen in den verbliebenen Gasresten hatten aber das obige Resultat vorgetäuscht.

---

[1] E. Rutherford, Phil. Mag. Bd. 12, S. 134. 1906; H. Geiger, Proc. Roy. Soc. London (A) Bd. 83, S. 505. 1910.

Tabelle 6. **Abnahme der Geschwindigkeit der α-Strahlen von Radium C' in Folien verschiedenen Materials.**

Relative Geschwindigkeit v/v_0	Gewicht der Folie in g pro cm²				
	Gold	Kupfer	Aluminium	Glimmer	Luft
0,95	$4,00 \cdot 10^{-3}$	$2,08 \cdot 10^{-3}$	$1,48 \cdot 10^{-3}$	$1,43 \cdot 10^{-3}$	$1,24 \cdot 10^{-3}$
0,90	7,05	3,90	2,79	2,75	2,32
0,85	9,79	5,35	3,94	3,83	3,26
0,80	12,27	6,69	5,01	4,86	4,08
0,75	14,80	8,00	6,05	5,72	4,84
0,70	17,04	9,20	7,03	6,40	5,46
0,65	18,99	10,30	7,85	7,00	6,02
0,60	20,71	11,40	8,50	7,50	6,48
0,55	22,29	12,35	9,10	7,98	6,90
0,50	23,89	13,13	9,64	8,47	7,29
0,45	25,40	14,00	10,15	8,96	7,67
0,415	26,65	14,60	10,46	9,35	7,96

Von den älteren Messungen sei hier eine Tabelle von Marsden und Taylor[1] wiedergegeben, aus der die Geschwindigkeitsabnahme der α-Strahlen von Radium C' in verschiedenen Materialien bis herab zu 0,4 der Anfangsgeschwindigkeit entnommen werden kann. Rosenblum[2] stellte seine an einer großen Zahl von Stoffen ausgeführten Ablenkungsmessungen durch folgende Gleichung dar, in der die Materialkonstante K die tabellierten Werte besitzt.

$$G = K(u - u^2 + 0{,}355\,u^3)\,.$$

	Li	Al	Fe	Ni	Cu	Zn	Ag	Cd	Sn	Pt	Au	Pb
$K =$	27,7	39,3	50,5	52,5	54,5	55,2	70,3	71,1	72,9	99,0	98,0	98,5

G ist das Gewicht der Folie in mg/cm², und $u = (v_0 - v)/v_0$; v_0 bedeutet die Anfangsgeschwindigkeit der α-Strahlen von Thor C' und v ihre Geschwindigkeit nach Austritt aus der Folie.

Nachdem Rutherford[3] gezeigt hatte, daß man bei geeigneten Versuchsbedingungen, vor allem bei hohem Vakuum, sehr wohl α-Strahlen von 0,25 der Anfangsgeschwindigkeit beobachten kann, konzentrierte sich das Interesse darauf, den Verlauf der Geschwindigkeitskurve in ihrem letzten Teil möglichst scharf zu erfassen. Drei grundsätzlich verschiedene Methoden sind angewandt worden, um die Energie der durch eingeschaltete Absorptionsschichten stark verlangsamten α-Strahlen zu bestimmen: a) Messung der magnetischen Ablenkbarkeit, b) Messung der erzeugten Wärme; c) Messung der Streuung in Gasen.

Die Messung der magnetischen Ablenkbarkeit ist mit einer die früheren Arbeiten weit übertreffenden Präzision von Briggs[4] durchgeführt worden. Als Strahlenquelle diente ein mit Radium C aktivierter Platindraht von 0,1 mm Durchmesser. Dicht vor dem Draht wurden die zur Abbremsung dienenden Glimmerblättchen eingeschaltet. Die α-Strahlen durchsetzen zuerst diese Blättchen, passierten dann einen etwa 0,5 mm breiten Spalt und fielen schließlich auf eine photographische Platte. Die ganze Anordnung war in einem Kasten eingebaut, der sorgfältig evakuiert wurde. Dieser Kasten befand sich in einem Magnetfeld von etwa 10000 Gauß, das für die schnellsten α-Strahlen am Ende

[1] E. Marsden u. T. S. Taylor, Proc. Roy. Soc. London (A) Bd. 88, S. 443. 1913; s. auch E. C. Adams, Phys. Rev. Bd. 25, S. 244. 1925. Eine eingehende Diskussion der Zahlenwerte von Marsden und Taylor findet man bei L. Flamm und R. Schumann, Ann. d. Phys. Bd. 50, S. 655. 1916. Dort wird die Absorption in verschiedenen Substanzen durch eine Gleichung mit drei verfügbaren Konstanten dargestellt.
[2] S. Rosenblum, Ann. d. phys. Bd. 10, S. 408. 1928; Phys. ZS. Bd. 29, S. 737. 1928.
[3] E. Rutherford, Phil. Mag. Bd. 47, S. 277. 1924.
[4] G. H. Briggs, Proc. Roy. Soc. London (A) Bd. 114, S. 313, 341. 1927.

ihrer 21 cm langen Bahn eine Ablenkung von nahezu 3 cm ergab. Die Expositionszeiten lagen je nach Dicke der durchstrahlten Schicht zwischen 15 und 90 Minuten bei Aktivitäten von 15 mg Radiumäquivalent. Mit dieser Anordnung wurde die Geschwindigkeitsabnahme der Radium C'-α-Strahlen für Glimmer als Absorptionsmaterial im Bereich von $0,98\,v_0$ bis $0,22\,v_0$ gemessen. Die auf Luft von $15°$ C und 760 mm Hg umgerechneten Werte sind in Tabelle 7 verzeichnet. Zu Spalte 2 ist zu bemerken, daß die mittlere Reichweite (vgl. Ziff. 25) der α-Strahlen von Radium C' zu 6,90 cm angenommen wurde. Die Tabelle ist für Restreichweiten kleiner als 0,3 cm ergänzt durch die Werte von BLACKETT und LEES, die aus Streuversuchen gewonnen sind (vgl. diese Ziffer weiter unten). Außerdem sind in den Spalten 5 und 6 die oft gebrauchten Werte mv/e in el.magn. Einh. und der Energie in e-Volt tabelliert.

Tabelle 7. Geschwindigkeit, magnetische Ablenkbarkeit und Energie für α-Strahlen verschiedener Reichweite.

1	2	3	4	5	6
Eingeschaltete Luftschicht in cm bei $15°$ C	Abstand vom mittleren Reichweitenende in cm	Geschwindigkeit		$\dfrac{m}{e}\,v$ el. magn. CGS	Energie in e-Volt
		v/v_0	v		
0	6,9	1,000	$1,922 \cdot 10^9$	$3,993 \cdot 10^5$	$7,675 \cdot 10^6$
0,5	6,4	0,977	1,878	3,901	7,326
1,0	5,9	0,951	1,828	3,797	6,941
1,5	5,4	0,923	1,774	3,685	6,537
2,0	4,9	0,894	1,718	3,570	6,133
2,5	4,4	0,863	1,659	3,446	5,717
3,0	3,9	0,828	1,591	3,306	5,260
3,5	3,4	0,790	1,518	3,154	4,636
4,0	2,9	0,746	1,434	2,979	4,272
4,5	2,4	0,696	1,338	2,779	3,718
5,0	1,9	0,638	1,222	2,548	3,114
5,5	1,4	0,563	1,0820	2,248	2,432
5,7	1,2	0,525	1,0090	2,096	2,115
5,8	1,1	0,504	0,9687	2,012	1,949
5,9	1,0	0,481	0,9245	1,921	1,776
6,0	0,9	0,455	0,8745	1,817	1,589
6,1	0,8	0,427	0,8211	1,705	1,400
6,2	0,7	0,396	0,7611	1,581	1,203
6,3	0,6	0,361	0,6938	1,441	1,000
6,4	0,5	0,322	0,6189	1,286	0,796
6,5	0,4	0,278	0,5343	1,110	0,593
6,6	0,3	0,222	0,4267	0,886	0,378
6,7	0,2	0,172	0,330	0,687	0,227
6,8	0,1	0,104	0,200	0,415	0,083
6,85	0,05	0,063	0,122	0,252	0,030

Von weiteren Messungen der magnetischen Ablenkung sind die Versuche von KAPITZA[1] zu erwähnen, der bei einem Magnetfeld von etwa 40000 Gauß Wilsonbahnen von Polonium-α-Strahlen photographierte und die gegen das Ende der Bahn zunehmende Krümmung exakt ausmaß. Näheres über diese Versuche wird in Ziff. 41 im Zusammenhang mit dem Umladungsproblem gesagt.

Die zweite, obenerwähnte kalorimetrische Methode zur Messung der Geschwindigkeitsabnahme ist von KAPITZA[2] ausgearbeitet worden. Er bestimmte mit einem Radiomikrometer die Wärmewirkung der α-Strahlen, nachdem sie eine Gasschicht variabler Dicke durchlaufen hatten. Eine Strahlung von 2000 bis 3000 α-Teilchen pro Sekunde bewirkte eine Ablenkung des Lichtzeigers um

---

[1] P. L. KAPITZA, Proc. Roy. Soc. London (A) Bd. 106, S. 602. 1924.
[2] P. L. KAPITZA, Proc. Roy. Soc. London (A) Bd. 102, S. 48. 1923.

1 mm. Dies entsprach einem Wärmestrom von 10^{-9} cal/sec. Dabei war die Trägheit des Systems so gering, daß es sich in wenigen Sekunden auf einen bestimmten Wert einstellte. Mit einem solchen Radiomikrometer konnte die Energieabnahme der α-Strahlen in Luft und Kohlensäure bis zu einem Wert gemessen werden, der kleiner war als 1% der Anfangsenergie. Dabei mußte allerdings die Wärmewirkung der β-Strahlen, die 6% des Anfangswertes der α-Strahlen ausmacht, in Abzug gebracht werden. Im ganzen genommen stehen die Messungen in guter Übereinstimmung mit den nach anderen Methoden gewonnenen Resultaten, wenn ihnen auch nicht dieselbe Genauigkeit zukommt.

Das dritte, eingangs erwähnte Verfahren eignet sich besonders zur Bestimmung der Geschwindigkeit auf den letzten Millimetern der Bahn. Man betrachte einen verzweigten elastischen Zusammenstoß eines α-Teilchens (Masse m) mit einem Atom bekannter Masse M, wie er unter günstigen Bedingungen sehr scharf durch eine stereoskopische Wilsonaufnahme erfaßt werden kann (Ziff. 46 und Abb. 49). Aus einer solchen Doppelaufnahme lassen sich die Reichweiten R und R' entnehmen, welche das stoßende und das gestoßene Teilchen nach dem Zusammenstoß noch durchlaufen;

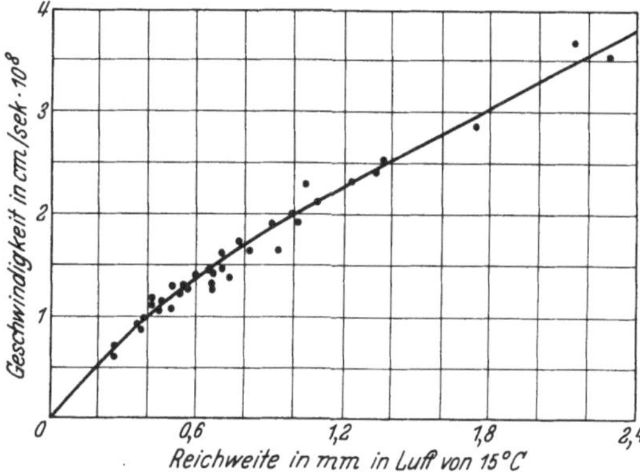

Abb. 20. Abfall der Geschwindigkeit am Ende der Reichweite nach BLACKETT und LEES.

ferner können auf ihr die Winkel Φ und Θ, welche die Bahnen dieser Teilchen mit der ursprünglichen Richtung des α-Teilchens bilden, entnommen werden. Somit läßt sich nach Ziff. 45 Gleichung (2) die Geschwindigkeit u des gestoßenen Teilchens berechnen, da für das α-Teilchen die Beziehung zwischen Reichweite R und Geschwindigkeit v genügend bekannt ist und sich somit das zunächst unbekannte v aus dem beobachteten R ergibt, wenigstens soweit die Reichweite R größer ist als 3 mm. Ist nun das gestoßene Teilchen ebenfalls ein Heliumatom und besitzt es eine meßbare, wenn auch sehr kurze Reichweite, so läßt sich auch für dieses Teilchen die gesuchte Beziehung zwischen Reichweite und Geschwindigkeit, und zwar gerade für die ganz kurzen Reichweiten ermitteln. BLACKETT und LEES[1] haben 38 Verzweigungen in der angegebenen Weise ausgewertet und so die in Abb. 20 wiedergegebene Kurve erhalten, in der jeder Punkt das Ergebnis einer solchen Aufnahme darstellt. Die geringe Streuung der Meßpunkte läßt nunmehr die R, v-Kurve auch in ihrem letzten Teil als weitgehend gesichert erscheinen.

Erwähnt sei, daß BLACKETT und LEES die eben beschriebene Methode auch dazu angewandt haben, um die R, v-Kurve auch für andere Atome (H, N, O) festzulegen (vgl. Ziff. 46).

24. Darstellung der Reichweite-Geschwindigkeit-Relation durch eine Gleichung. Bedeutet v die Geschwindigkeit eines α-Strahls an einer Stelle, wo er in Luft noch eine Restreichweite R besitzt, so kann der Zusammenhang von v und R nach GEIGER[2] durch die empirische Gleichung

$$v^3 = a\,R, \quad \text{wo} \quad a = 1,08 \cdot 10^{27} \quad \text{bzw.} \quad a^{1/3} = 1,025 \cdot 10^9,$$

[1] P. M. S. BLACKETT u. D. S. LEES, Proc. Roy. Soc. London (A) Bd. 134, S. 658. 1932.
[2] H. GEIGER, Proc. Roy. Soc. London (A) Bd. 83, S. 505. 1910.

dargestellt werden. In dieser Gleichung ist der Proportionalitätsfaktor a so bestimmt, daß für $R = 6,600$ cm (Reichweite von Radium C' bei 0°C und 760 mm Hg) $v = 1,923 \cdot 10^9$ cm/sec wird (Ziff. 19). Mit Hilfe dieser Gleichung kann die Geschwindigkeit eines in Luft absorbierten α-Strahls mit einer Genauigkeit von etwa 2% über den größten Teil der Bahn aus der Restreichweite berechnet werden. Eine Korrektionskurve für diese Gleichung ist von Lewis und Wynn-Williams[1] mitgeteilt worden.

Gegen das Ende der Reichweite wird die R, v-Beziehung besser durch eine Gleichung mit kleinerem Exponenten als 3 dargestellt. Blackett und Lees geben für die letzten 6 mm die Beziehung $v^{1,43} = a' R$, welche bis auf 2% in Übereinstimmung mit der Beobachtung ist. Auch wenn man die Geschwindigkeit der α-Strahlen in Substanzen hoher Ordnungszahl durch eine Gleichung von der Form $v^n = a R$ darzustellen versucht, müßte der Exponent kleiner als 3 gewählt werden. Selbstverständlich ist es möglich, durch Gleichungen mit mehr als zwei Konstanten den experimentellen Befund besser darzustellen, wie dies von Rosenblum und anderen[2] geschehen ist (vgl. Ziff. 23). Die eingangs genannte Gleichung ist aber für Überschlagsrechnungen und zu Extrapolationszwecken durch ihre Einfachheit von Nutzen.

Die Bohrsche Theorie der Geschwindigkeitsverluste von Korpuskularstrahlen ist bereits in Kap. 1 ds. Bds., S. 48ff., dargestellt worden. Ein eingehender Vergleich dieser Theorie mit den experimentellen Ergebnissen ist von Kohlrausch[3] durchgeführt worden. Es sei hier auch auf die wellenmechanische Theorie der Absorption von Bethe[4] hingewiesen. Näheres über die wellenmechanische Seite des Problems findet sich in Bd. XXIV/1 der 2. Aufl. ds. Handb.

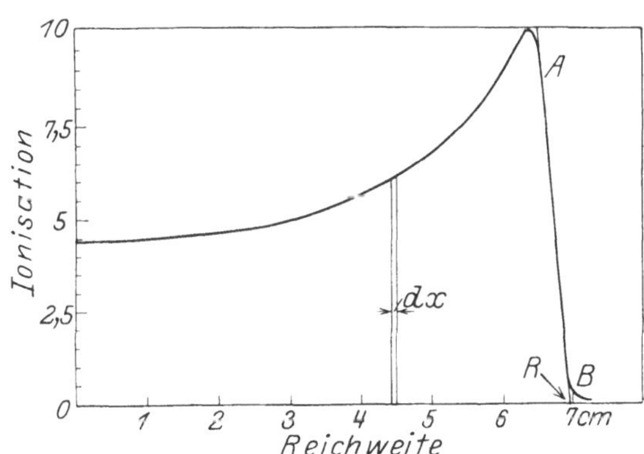

Abb. 21. Zur Definition der „praktischen Reichweite".

25. Definition der Reichweite. Wie bereits in Ziff. 22 dargelegt wurde, ist die α-Strahlung einer jeden radioaktiven Substanz durch eine bestimmte Reichweite charakterisiert. Diese Reichweite wird gemessen durch die Länge des Weges, welche die α-Strahlen in der Luft unter Normalbedingungen im Mittel durchlaufen. Der Zusatz „im Mittel" ist deshalb erforderlich, weil nach Ziff. 19 die α-Strahlen von der Muttersubstanz zwar alle mit derselben Geschwindigkeit emittiert werden, aber infolge der regellosen (zufallsstatistischen) Verteilung der Elektronen in der absorbierenden Luftschicht nicht völlig gleichmäßig abgebremst werden (Ziff. 31). Diese Streuung in der Geschwindigkeit bedingt auch eine merkliche Streuung in der Reichweite; doch ist die *mittlere Reichweite*, um die sich die individuellen Reichweiten nach einem Gaußschen Fehlergesetz gruppieren, eine physikalisch wohl definierte Größe, die aber experimentell nicht leicht zu fassen ist. Man hat daher an Hand der Ionisationskurve eine dem Versuch besser zugängliche Größe als *praktische Reichweite* oder *extrapolierte*

---

[1] W. B. Lewis u. C. E. Wynn-Williams, Proc. Roy. Soc. London (A) Bd. 136, S. 360. 1932.

[2] S. Rosenblum, Ann. d. phys. Bd. 10, S. 408. 1928; Phys. ZS. Bd. 29, S. 737. 1928; L. Flamm u. R. Schumann, Ann. d. Phys. Bd. 50, S. 655. 1916.

[3] K. W. F. Kohlrausch, Phys. ZS. Bd. 29, S. 153. 1928.

[4] H. Bethe, Ann. d. Phys. Bd. 5, S. 325. 1930; E. J. Williams, Proc. Roy. Soc. London (A) Bd. 135, S. 108. 1932.

Reichweite definiert. Die Ionisationskurve zeigt nämlich nach Überschreitung des Maximalwertes ein mit großer Annäherung geradlinig verlaufendes Stück AB, dessen Verlängerung die X-Achse im Punkte R schneiden möge (Abb. 21). Da dieser Schnittpunkt unabhängig von den speziellen Versuchsbedingungen mit einer Genauigkeit von mehr als 1% erfaßt werden kann, definiert man den Abstand OR als praktische oder extrapolierte Reichweite. Da auch die Szintillationskurve am Ende der Reichweite einen mit der Ionisationskurve sich deckenden Abfall zeigt, kann sie in gleicher Weise zur Bestimmung der praktischen Reichweite herangezogen werden. Aus der praktischen Reichweite kann bei bekannter mittlerer Abweichung ϱR vom Mittelwert in Luft (Ziff. 31) die mittlere Reichweite berechnet werden. Für praktische Fälle dürfte aber die folgende Interpolationstabelle, die nach Angaben von Lewis und Wynn-Williams[1] zusammengestellt ist, wohl immer ausreichen.

Praktische (extrapolierte) Reichweite.	3,000	4,000	5,000	6,000	7,000	8,000	9,000 cm,
Mittlere Reichweite kleiner um . . .	0,033	0,045	0,056	0,066	0,075	0,084	0,093 cm.

26. Methoden zur Messung der Reichweite in Gasen.

Die Meßverfahren bestehen meist darin, daß an verschiedenen Stellen x der α-Strahlbahn mit einer Ionisationskammer von der Tiefe dx (Abb. 21) der Ionisationsstrom gemessen wird. Als ideale Versuchsbedingungen haben zu gelten: unendlich dünne Schicht des Präparats, vollkommene Parallelität der Strahlen, unendlich kleine Dicke der Ionisationskammer. Diese Bedingungen sind natürlich nur bei Präparaten sehr hoher Aktivität einigermaßen zu erfüllen. Größere Abweichungen von diesen Bedingungen haben eine Verflachung der Ionisationskurve und damit einen weniger gradlinigen Verlauf des absteigenden Kurventeils zur Folge. Fehler in der Reichweitemessung, die hieraus entstehen können, lassen sich aber dadurch ausschalten, daß man der zu messenden Substanz A eine zweite hochaktive und relativ kurzlebige Substanz B genau bekannter Reichweite, z. B. RaC′, in solchem Betrage beimengt, daß ihre Aktivität die von A um das Hundertfache oder mehr übertrifft. Mit dieser Strahlenquelle bestimmt man zunächst die Reichweite von B, dann, nachdem B abgeklungen ist, die von A. Auf Grund der Abweichungen, die die B-Kurve infolge der unzureichenden Versuchsbedingungen aufweist, kann die A-Kurve entsprechend korrigiert werden. In vielen Fällen müssen die Reichweiten mehrerer α-Strahlgruppen gleichzeitig gemessen werden, da sich die die Strahlen emittierenden Elemente nicht voneinander trennen lassen. Die Reichweiten müssen in solchen Fällen durch ein Subtraktionsverfahren aus der experimentell gefundenen Kurve ermittelt werden.

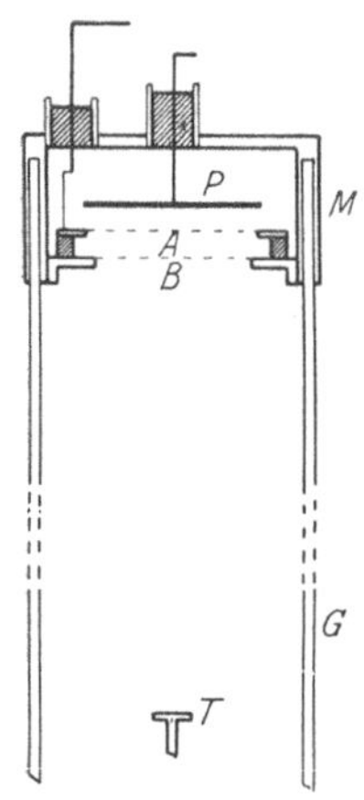
Abb. 22. Anordnung zur Messung von Reichweiten.

Bei stark aktiven Substanzen läßt sich die Reichweite am besten mit einer Vorrichtung wie Abb. 22 bestimmen. Auf ein weites, mehr als 1 m langes Glasrohr G ist am oberen Ende das Messinggehäuse M luftdicht aufgekittet. Eine Platte P und zwei Drahtnetze A und B sind in geringem Abstand voneinander isoliert darin befestigt. P führt zu einem Elektrometer, A zu einer Batterie und B zu Erde. Der zwischen P und A befindliche Raum bildet die eigentliche Ionisationskammer, während durch das zwischen A und B liegende elektrische Feld eine Diffusion von Ionen aus dem Rohr G in die Ionisationskammer verhindert wird. Das radioaktive

---

[1] W. B. Lewis u. C. E. Wynn-Williams, Proc. Roy. Soc. London (A) Bd. 136, S. 357. 1932.

Präparat ist auf einem Tischchen T befestigt, das durch einen nicht gezeichneten Barometerverschluß in einem Abstand von 80 bis 100 cm von der Ionisationskammer verschoben werden kann. Wird der Luftdruck in dem Rohr G auf 6 cm Hg eingestellt, so beträgt bei RaC′ die Reichweite der Strahlen ungefähr 90 cm, da die Reichweite umgekehrt proportional mit dem Drucke anwächst. In die Ionisationskammer selbst entfällt dabei nur etwa $^1/_{200}$ der gesamten Laufstrecke der Strahlen. Wenn daher das Präparat langsam verschoben wird, so läßt sich durch Messung des Stromes zwischen A und P der Verlauf der Ionisationskurve am Ende der Reichweite sehr genau erfassen. Ein Beispiel für eine solche Kurve ist bereits in Abb. 21 gegeben.

Handelt es sich um die Messung schwach aktiver Substanzen, so stellt man das Präparat P in der Mitte einer größeren Metallkugel K isoliert auf und bestimmt den zwischen K und P fließenden Ionisationsstrom in Abhängigkeit von dem in der Kugel herrschenden Luftdruck. Bei tiefen Drucken erreichen die von P ausgehenden α-Strahlen die Metallkugel und werden dort absorbiert. Die ionisierende Wirkung der Strahlen auf die Luft wird also nur teilweise ausgenützt. Wächst der Luftdruck, so wächst damit der Ionisationsstrom, bis er für einen bestimmten Gasdruck ziemlich plötzlich einen konstanten Wert erreicht, nämlich dann, wenn die Strahlen gerade nicht mehr die Kugel erreichen. Weitere Druckerhöhung hat dann keine Steigerung des Stromes mehr zur Folge. Aus dem kritischen Druck und dem Kugeldurchmesser berechnet sich unmittelbar die Reichweite. Da keine Ausblendung der Strahlen erfolgt, vielmehr die gesamte Strahlung zur Messung ausgenutzt wird, können in dieser Weise auch sehr schwach aktive Präparate noch gemessen werden. Andererseits muß aber die Ausdehnung und Schichtdicke des Präparats klein sein, wenn der Knick in der Ionisationskurve scharf heraustreten soll.

Im Gegensatz hierzu bieten die Verfahren, welche sich an die ursprünglichen Versuche von BRAGG und KLEEMAN[1] anlehnen und zur Ausblendung nahezu paralleler Strahlen ein siebartiges Röhrensystem benutzen, den Vorteil, daß Präparate von großer Oberfläche benutzt werden können. So wurden von GEIGER und NUTTALL[2] die Reichweiten des Urans, die mit den bisher angegebenen Methoden nicht zu erfassen sind, mit Hilfe der in Abb. 23 dargestellten Apparatur gemessen. Durch die beiden gegeneinander verschraubbaren Messingplatten AA und BB sind innerhalb eines Kreises von 9 cm Durchmesser etwa 500 Löcher siebartig gebohrt. Ein zwischen den beiden Messingplatten liegendes Glimmerblatt trennt den unteren Raum Z_1 von dem oberen Raum Z_2 luftdicht ab; im unteren Raume befindet sich in unveränderlichem Abstand von dem Glimmerblatt die mit der zu untersuchenden radioaktiven Substanz bedeckte Platte P. Die davon ausgehenden α-Strahlen treten durch das Glimmerblatt in das in Z_2 eingebaute Goldblattelektrometer. In diesem durchlaufen die

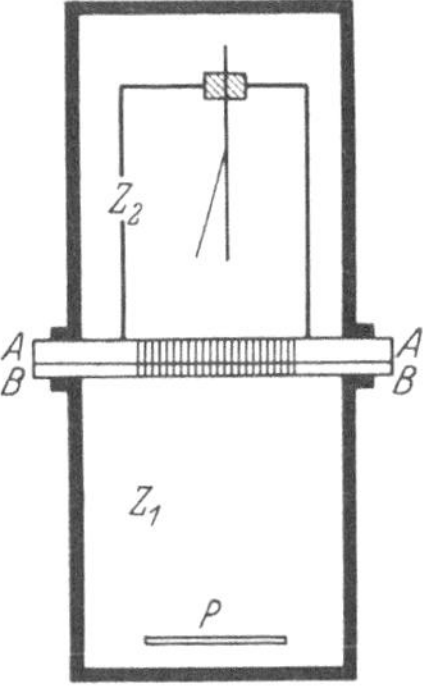
Abb. 23. Ionisationsmethode zur Reichweitemessung schwach aktiver Substanzen.

Strahlen alle dieselbe Strecke von etwa 10 cm, bevor sie an der oberen Platte absorbiert werden. Der Druck in Z_2 bestimmt die Tiefe der Ionisationskammer, der Druck in Z_1 die Stelle der Kurve, an der das Ionisationsvermögen gemessen wird. Läßt man also bei unverändertem Druck in Z_2 den Druck in Z_1 von Null an allmählich wachsen, so ist das gleichbedeutend mit einer allmählichen

---

[1] W. H. BRAGG u. R. D. KLEEMAN, Phil. Mag. Bd. 8, S. 726. 1904; Bd. 10, S. 318. 1905.
[2] H. GEIGER u. J. M. NUTTALL, Phil. Mag. Bd. 23, S. 439. 1912; H. GEIGER, ZS. f. Phys. Bd. 8, S. 45. 1922.

Vergrößerung der Laufstrecke der Strahlen bzw. einer Verschiebung der Ionisationskammer in Abb. 21 von links nach rechts. Die Länge x entspricht dort der Laufstrecke der Strahlen und dx der Tiefe der Ionisationskammer.

Die Meßgenauigkeit läßt sich noch weiter steigern, wenn man Zählmethoden statt der Ionisationsmethoden verwendet. Abb. 24 zeigt eine von Ludwig[1] ebenfalls für Uran und Thor benutzte Anordnung. Das Uran ist in einer Schicht von wenigen μ Dicke auf der Innenseite des 13 cm weiten Messingzylinders MM ausgebreitet. Koaxial mit dem Zylinder ist ein Zählrohr Z aufgestellt, dessen 1 cm starke Wandung mit etwa 800 radial gebohrten Löchern versehen ist. Nur die durch die Löcher tretenden α-Strahlen bringen das Zählrohr zum Ansprechen (Ziff. 7). Man bestimmt die Häufigkeit der Ausschläge in Abhängigkeit vom Druck. Die in

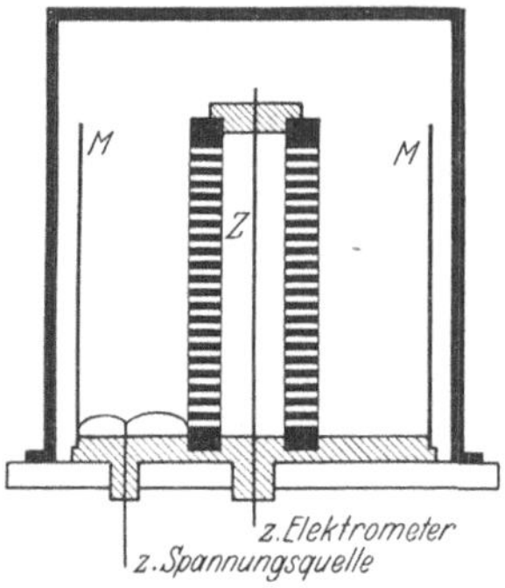

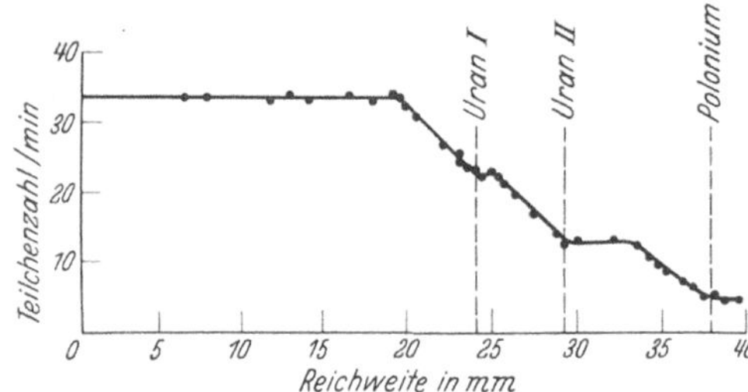

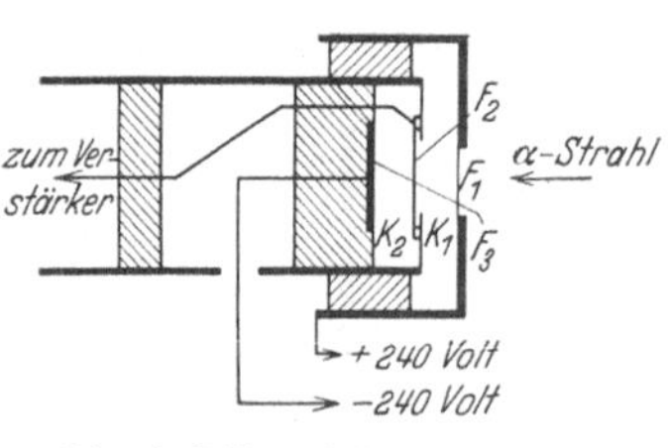

Abb. 24. Zählmethode zur Reichweitemessung schwach aktiver Substanzen.

Abb. 25 wiedergegebene Meßkurve zeigt als Beispiel die deutlich getrennten Strahlengruppen Uran I und Uran II, außerdem Polonium, das dem Uran als Kontrollsubstanz beigemengt war.

Es sei hier noch erwähnt, daß in neuerer Zeit auch durch Aufnahme von Nebelbahnen in einer Wilsonkammer Reichweitemessungen an Uran und Thor durchgeführt wurden (Ziff. 28). Auch durch Ausmessung von pleochroitischen Höfen in Wölsendorfer Flußspat hat man Reichweiten ermittelt (Ziff. 32).

Abb. 25. Reichweiten von Uran, gemessen mit dem Zählrohr.

27. Differentialmethode zur Messung von Reichweiten. Die in vorausgehender Ziffer beschriebenen Methoden zur Reichweitemessung versagen, wenn die zu messende α-Strahlengruppe gleichzeitig mit einer viel intensiveren Gruppe größerer Reichweite auftritt. So war man aus mehrfachen Gründen schon lange überzeugt, daß die von Radium C' herrührende α-Strahlung von 7 cm Reichweite vergesellschaftet ist mit einer dem Radium C zukommenden α-Strahlung kürzerer Reichweite und äußerst geringer Intensität[2]. Da auf etwa 4000 α-Teilchen von Radium C' nur *ein* Teilchen von Radium C zu erwarten war, gelang es nicht, diese Gruppe experimentell zu erfassen. Erst in neuerer Zeit ist es durch eine von Rutherford[3] erdachte Differentialmethode möglich geworden, die Reichweiten auch solcher schwacher α-Strahlengruppen zu messen. Die Methode sei an Hand der Abb. 26 erläutert. Durch die Elektroden F_1, F_2, F_3, von denen F_1 und F_2 aus dünnen Metallfolien bestehen, werden zwei Ionisations-

Abb. 26. Differentialkammer nach Rutherford.

[1] E. Ludwig, Diss. Tübingen 1932.
[2] Vgl. hierzu ds. Handb., 2. Aufl., Bd. XXII/1, S. 281.
[3] E. Rutherford, F. A. B. Ward u. C. E. Wynn-Williams, Proc. Roy. Soc. London (A) Bd. 129, S. 211. 1930; Lord Rutherford, F. A. B. Ward u. W. B. Lewis, ebenda Bd. 131, S. 684. 1931; Lord Rutherford, C. E. Wynn-Williams u. W. B. Lewis, ebenda Bd. 133, S. 351. 1931.

kammern K_1 und K_2 gebildet. Die mittlere Elektrode geht über einen Mehrfachverstärker (Ziff. 11) zum Oszillographen, die beiden äußeren zu einer Batterie von -240 bzw. $+240$ Volt. Die beiden Kammern sind also derart gegeneinander geschaltet, daß die Effekte, welche ein beide Kammern durchlaufender α-Strahl auslöst, sich kompensieren und damit ohne Wirkung auf das Meßinstrument bleiben. Durchsetzt aber ein am Ende seiner Reichweite befindlicher α-Strahl nur die erste, aber nicht mehr die zweite Kammer, so fehlt die kompensierende Wirkung der zweiten Kammer, und der Oszillograph registriert den Strahl. Allgemein werden also von einem komplexen Strahlenbündel nur diejenigen Strahlen registriert, die in der Doppelkammer endigen, nicht aber diejenigen, die sie ganz durchlaufen. Die beobachtete Ausschlagszahl ist daher ein Maß für die Zahl derjenigen α-Teilchen, die eine Reichweite zwischen x mm und $(x - a)$ mm besitzen, wobei x durch die Absorption des α-Strahls vor Eintritt in die Kammer

bestimmt ist und a angenähert dem Luftäquivalent der Kammer (etwa 2 mm) entspricht. Läßt man also ein homogenes α-Strahlenbündel in die Doppelkammer treten und verkürzt dessen Reichweite durch Einschalten von Absorptionsmaterial immer mehr, so werden infolge der Reichweiteschwankung zuerst die kürzesten Reichweiten in der Kammer endigen und Ausschläge hervorrufen. Ihre Zahl wird wachsen, bis die Dicke der Absorptionsschicht gerade der mittleren Reichweite entspricht, und dann wieder abnehmen. Die Lage des Maximums bestimmt also das Ende der *mittleren* Reichweite im Strahlenbündel, während die Breite des Maximums ein Maß für die Größe der Reichweiteschwankungen darstellt.

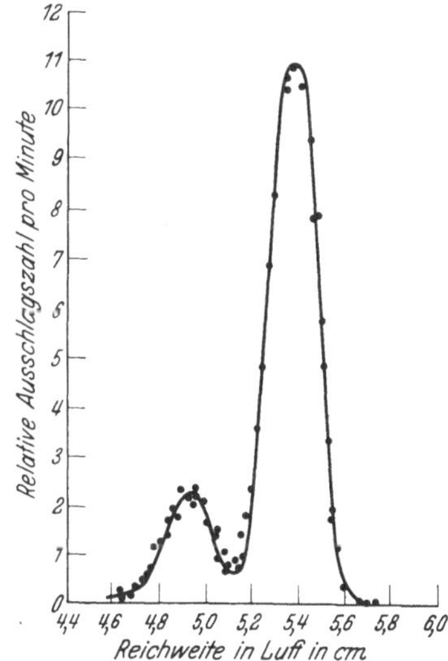

Abb. 27. Komplexität von Actinium C nach Rutherford und Mitarbeitern.

Als typisches Beispiel für die Exaktheit, mit der die Methode arbeitet, sei die Analyse der Actinium C-Gruppe besprochen. Frl. Blanquies[1] hatte schon 1909 die Vermutung ausgesprochen, daß Actinium C komplex sei, weil die Braggsche Ionisationskurve für diese Strahlen sich mit der entsprechenden Poloniumkurve nicht zur Deckung bringen ließ, das Maximum der Actinium C-Kurve vielmehr merklich breiter war als bei der Poloniumkurve. Die mit der Differentialkammer von Rutherford und seinen Mitarbeitern[2] aufgenommene Kurve (Abb. 27) läßt nun in der Tat neben der Hauptgruppe von 5,37 cm mittlerer Reichweite noch eine zweite Gruppe von 4,92 cm mittlerer Reichweite erkennen. Das Intensitätsverhältnis beträgt 100 : 19.

Bei der Analyse von Radium C konnten mit der Differentialkammer die bei dem dualen Zerfall des Radium C entstehenden kurzreichweitigen α-Strahlen nachgewiesen und untersucht werden, obwohl auf etwa 4000 Strahlen von Radium C' mit 7,0 cm Reichweite nur *ein* Strahl von Radium C mit der Reichweite von etwa 4,1 cm entfällt[3]. Wahrscheinlich ist auch diese Gruppe in zwei Untergruppen von 4,1 und 3,9 cm Reichweite aufzuspalten.

28. Reichweiten in Luft und anderen Gasen. Nachdem in vorausgehender Ziffer die Methoden zur Messung von Reichweiten erläutert wurden, möge hier

---

[1] L. Blanquies, Le Radium Bd. 6, S. 230. 1909; Bd. 7, S. 159. 1910.
[2] Lord Rutherford, C. E. Wynn-Williams u. W. B. Lewis, l. c.
[3] E. Rutherford, F. A. B. Ward u. C. E. Wynn-Williams, l. c.

eine Zusammenstellung der Resultate folgen unter Benutzung der Werte, welche die Internationale Radium-Standard-Kommission in ihrem Bericht von 1930 aufgenommen hat[1]. Im allgemeinen sind die Werte von GEIGER[2] ergänzt durch diejenigen von HENDERSON[3] und einiger neueren Autoren[4] wiedergegeben. Sie beziehen sich auf einen Luftdruck von 76 cm Hg und auf eine Temperatur von 0° bzw. 15°C. Die in Spalte 4 eingetragenen Emissionsgeschwindigkeiten sind aus der Gleichung $v^3 = 1{,}08 \cdot 10^{27} \cdot R_0$ errechnet (Ziff. 24). Sie gibt die Geschwindigkeiten mit hinlänglicher Sicherheit, wenn man sich mit der Angabe von zwei Dezimalen begnügt. Die in Spalte 5 angegebenen Ionenzahlen folgen aus der in Ziff. 37 besprochenen Gleichung $J = 6{,}3 \cdot 10^4 \cdot R_0^{2/3}$.

Tabelle 8. Extrapolierte Reichweiten der α-Strahlen in Luft.

1	2	3	4	5
Substanz	Reichweite in cm		Geschwindigkeit in cm/sec	Zahl der in Luft erzeugten Ionenpaare
	bei 0°	bei 15°		
Uran I[5]	2,53	2,67	$1{,}40 \cdot 10^9$	$1{,}16 \cdot 10^5$
Uran II[5]	2,96	3,12	1,47	1,29
Ionium	3,03	3,19	1,48	1,31
Radium.	3,21	3,39	1,51	1,36
Radon	3,91	4,12	1,61	1,55
Radium A.	4,48	4,72	1,69	1,70
Radium C[6]	3,9	4,1	1,61	1,55
Radium C'	6,600	6,96	1,922	2,20
Polonium	3,67	3,87	1,593	1,49
Protactinium	3,48	3,67	1,55	1,44
Radioactinium[6]	4,43	4,68	1,68	1,69
Actinium X	4,14	4,37	1,65	1,61
Actinon[6]	5,49	5,79	1,81	1,95
Actinium A	6,24	6,58	1,89	2,12
Actinium C[6].	5,22	5,51	1,78	1,88
Actinium C'[7]	6,23	6,57	1,89	2,12
Thor[5]	2,5	2,6	1,39	1,15
Radiothor	3,81	4,02	1,60	1,53
Thor X	4,13	4,35	1,64	1,61
Thoron	4,80	5,06	1,73	1,78
Thor A	5,39	5,68	1,80	1,92
Thor C[6].	4,53	4,78	1,70	1,71
Thor C'.	8,17	8,62	2,052	2,54

Über die Reichweiten der sehr schwach aktiven Elemente Uran I, Uran II und Thor liegen auch aus neuester Zeit eine Reihe von Messungen nach verschiedensten Methoden vor. Da eine genaue Kenntnis gerade dieser Konstanten im Hinblick auf die Geschwindigkeit-Reichweite-Relation und ihre theoretische Deutung[8] sehr erwünscht ist, sind in Tabelle 9 alle Messungen zusammengestellt und bei Bildung des Mittels entsprechend der benutzten Methode gewertet.

---

[1] Internationale Radium-Standard-Kommission, Phys. ZS. Bd. 32, S. 569. 1931.
[2] H. GEIGER, ZS. f. Phys. Bd. 8, S. 45. 1922.
[3] G. H. HENDERSON, Phil. Mag. Bd. 42, S. 538. 1921.
[4] Siehe insbesondere die Zitate zu Tabelle 9; ferner E. RUTHERFORD, F. A. B. WARD u. C. E. WYNN-WILLIAMS, Proc. Roy. Soc. London (A) Bd. 129, S. 211. 1930.
[5] Vgl. auch Tabelle 9.
[6] Betr. Feinstruktur und anormale Reichweiten siehe Tabelle 11 bis 14, S. 201 f.
[7] Nach RUTHERFORD, Proc. Roy. Soc. London (A) Bd. 133, S. 351. 1931.
[8] Vgl. Kap. 2B, Ziff. 28 von Bd. XXII/1, 2. Aufl.

Tabelle 9. Extrapolierte Reichweiten von Uran und Thor bei 0° C.

Autor	Methode	Uran I cm	Uran II cm	Thor cm
GEIGER und NUTTALL[1] . .	Ionis. Kammer	2,5	2,9	2,58
GUDDEN[2]	Pleochr. Höfe	2,68	2,76	
LAURENCE[3]	Wilson-Kammer	2,59	3,11	
HENDERSON und NICKER- SON[4]	Wilson-Kammer			2,45
BATESON[5]	Szintillationen		3,12	
LUDWIG[6]	Zählrohr	2,42	2,92	2,46
Wahrscheinlichster Mittelwert		2,48	2,98	2,46

Reichweiten in verschiedenen Gasen sind mehrfach gemessen worden. Im allgemeinen wurde die Szintillationsmethode verwandt[7], dagegen arbeiten MERWE[8], MEITNER und FREITAG[9] mit der Wilsonkammer. Am genauesten sind wohl die Ionisationsmessungen von HARPER und SALAMAN[10], die eine der Abb. 22 ähnliche Apparatur benutzen. Tabelle 10 enthält die Ergebnisse, deren Genauigkeit auf 1 : 500 angegeben wird. Die Reichweiten in Luft sind für ThC', RaC', ThC aus Gründen, die nicht aufgeklärt werden konnten, merklich kleiner als die von anderen Autoren gemessenen Werte, während bei Polonium Übereinstimmung besteht.

Tabelle 10. Extrapolierte Reichweiten der α-Strahlen in verschiedenen Gasen bei 15° C und 760 mm Hg.

Substanz	Luft cm	Sauerstoff cm	Stickstoff cm	Argon cm	Wasserstoff cm
Thor C'	8,61	8,10	8,67	8,99	40,88
Radium C'	6,94	6,55	6,98	7,27	32,74
Thor C	4,72	4,46	4,75	5,00	21,61
Polonium	3,87	3,64	3,89	4,17	17,29

Die Reichweite der α-Strahlen kann durch elektrische Felder, welche verzögernd oder beschleunigend auf die α-Strahlen einwirken, verändert werden. HAMMER und PYCHLAU[11] fanden bei Polonium-α-Strahlen mit einer sehr empfindlichen Anordnung eine Reichweitenänderung von 0,0478 cm in Luft, wenn die Strahlen einen Plattenkondensator durchsetzten, in dem eine Spannungsdifferenz von 21 200 Volt einmal verzögernd und dann beschleunigend wirkte. Die gefundene Zahl ist in Übereinstimmung mit der theoretischen Erwartung.

29. α-Strahlen anormal großer Reichweite. Man war lange in dem Glauben, daß die α-Strahlen im Gegensatz zu den β-Strahlen von einer einheitlichen radioaktiven Substanz alle mit derselben Geschwindigkeit emittiert werden. Da

---

[1] H. GEIGER u. J. M. NUTTALL, Phil. Mag. Bd. 23, S. 439. 1912.
[2] B. GUDDEN, ZS. f. Phys. Bd. 26, S. 110. 1924.
[3] G. C. LAURENCE, Phil. Mag. Bd. 5, S. 1027. 1928.
[4] G. H. HENDERSON u. J. L. NICKERSON, Phys. Rev. Bd. 36, S. 1344. 1930.
[5] S. BATESON, Canad. Journ. Res. Bd. 5, S. 567. 1931; zitiert nach Phys. Ber. Bd. 13, S. 612. 1932.
[6] E. LUDWIG, Diss. Tübingen 1932 (vgl. Ziff. 26).
[7] T. S. TAYLOR, Phil. Mag. Bd. 26, S. 402. 1913; L. F. BATES, Proc. Roy. Soc. London (A) Bd. 106, S. 622. 1924.
[8] C. W. MERWE, Phil. Mag. Bd. 45, S. 379. 1923.
[9] L. MEITNER u. K. FREITAG, ZS. f. Phys. Bd. 37, S. 481. 1926.
[10] G. I. HARPER u. E. SALAMAN, Proc. Roy. Soc. London (A) Bd. 127, S. 175. 1930.
[11] W. HAMMER u. H. PYCHLAU, Phys. ZS. Bd. 25, S. 585. 1924; dort auch ältere Literatur über Beschleunigung von α-Strahlen durch elektrische Felder.

gelang es 1916 Rutherford und Wood zu zeigen, daß einige α-Strahler neben der Hauptstrahlengruppe noch weitere homogene Gruppen von erheblich größerer Reichweite, aber größenordnungsmäßig kleinerer Intensität emittieren. Diese anormalen Strahlengruppen wurden bald zu einem wichtigen Mittel, um über die Kernstruktur, insbesondere über die Größe der Kernniveaus quantitative Aussagen zu machen.

Zur Untersuchung der anormalen Strahlengruppen sind drei Methoden angewandt worden: die Szintillationsmethode, die Wilsonsche Nebelkammer und die elektrische Zählmethode, insbesondere das bereits in Ziff. 27 besprochene differentielle Zählverfahren von Rutherford.

a) *Szintillationsmethode.* Rutherford und Wood[1] gingen in der Weise vor, daß sie in den Strahlengang Folien oder Gasschichten in wachsender Dicke einschalteten und auf einem Zinksulfidschirm die Szintillationen abzählten. So fanden sie bei Radium C, daß nach Absorption der Hauptgruppe von 7 cm Reichweite immer noch eine allerdings sehr geringe Zahl von Szintillationen zu bemerken war, die erst bei Schichtdicken von 9,3 bzw. 11,2 cm Luftäquivalent völlig verschwanden. Die Natur dieser Strahlen war zunächst strittig; vor allem mußte festgestellt werden, ob sie von dem Radium C selbst oder einem anderen Zerfallsprodukt kamen oder vielleicht durch Sekundäreffekte in der Unterlage des Präparates oder dem umgebenden Gas entstanden waren. Rutherford und Chadwick[2] haben den Beweis erbracht, daß die Strahlen großer Reichweite wirklich α-Strahlen sind und aus dem Radium C selbst stammen. Der Beweis stützt sich in der Hauptsache darauf, daß Teilchenzahl und Reichweite ungeändert bleiben, welches Material man auch benutzt, um die α-Strahlen von 7 cm Reichweite zu absorbieren. Auch spielt es keine Rolle, in welcher Weise die Strahlenquelle (gewöhnlich RaB + C) hergestellt wird, und auf welchem Material die aktive Substanz niedergeschlagen ist. Schließlich konnte auch aus der magnetischen Ablenkung mit erheblicher Sicherheit geschlossen werden, daß die langreichweitigen α-Strahlen tatsächlich in der radioaktiven Substanz selbst ihren Ursprung haben.

In ähnlicher Weise haben Bates und Rogers[3], Curie und Yamada[4] und andere den aktiven Niederschlag des Thors und Actiniums sowie Polonium auf das Vorhandensein langreichweitiger Strahlen hin untersucht. Soweit die gefundenen Werte späterer Überprüfung standgehalten haben, sind sie in die Tabellen 11 und 12, S. 201 eingetragen.

b) *Wilsonmethode.* Die Szintillationsmethode hatte sich für eine erste Orientierung über Zahl und Reichweite der anormalen α-Strahlen sehr bewährt, erwies sich aber weniger geeignet, um die für die Kernanalyse erforderliche Genauigkeit in der Bestimmung dieser Konstanten zu erzielen. Meitner und Freitag[5] haben daher den Szintillationsschirm durch die Nebelkammer ersetzt und mit Thor C + C' als Strahlenquelle etwa 3000 Aufnahmen gemacht, auf denen sie eine erhebliche Zahl von α-Strahlen extremer Reichweite vorfanden. Durch genaue Analyse der Reichweiten konnten sie neben der bereits bekannten

---

[1] E. Rutherford u. A. B. Wood, Phil. Mag. Bd. 31, S. 379. 1916; E. Rutherford, ebenda Bd. 37, S. 537. 1919; Bd. 41, S. 570. 1921; Journ. Chem. Soc. Bd. 121, S. 413. 1922.

[2] E. Rutherford u. J. Chadwick, Phil. Mag. Bd. 48, S. 509. 1924.

[3] L. F. Bates u. J. S. Rogers, Proc. Roy. Soc. London (A) Bd. 105, S. 97, 360. 1924; s. auch D. Pettersson, Wiener Ber. Bd. 133, S. 149. 1924; K. Philipp, Naturwissensch. Bd. 12, S. 511. 1924.

[4] I. Curie u. N. Yamada, C. R. Bd. 180, S. 1487. 1925; N. Yamada, ebenda Bd. 180, S. 1591. 1925; Bd. 181, S. 176. 1925; s. auch K. Philipp, ZS. f. Phys. Bd. 37, S. 518. 1926.

[5] L. Meitner u. K. Freitag, ZS. f. Phys. Bd. 37, S. 481. 1926.

Gruppe von 11,5 cm Reichweite eine zweite kürzere Gruppe von 9,5 cm mit Sicherheit feststellen. Als Beispiel ist in Abb. 28 eine stereoskopische Aufnahme für Luft als Füllgas wiedergegeben. Man erkennt klar die Reichweiten, die den beiden α-Strahlengruppen ThC + C′ entsprechen. Außerdem ist aber auch ein einzelner Strahl von 11,5 cm Reichweite sichtbar, dessen Bahnspur ebenso kräftig erscheint wie die der normalen Strahlen von ThC. Im Gegensatz dazu zeigen H-Strahlen, deren Auftreten durch eine über das Präparat gelegte Paraffinfolie hervorgerufen werden kann, erheblich feinere Bahnspuren. Immerhin ist die Möglichkeit einer Verwechslung von α-Strahlen mit H-Strahlen bei Wilsonaufnahmen wie auch bei Szintillationszählungen stets im Auge zu behalten. Die Versuche von MEITNER und FREITAG wurden von PHILIPP und DONAT[1] unter Abänderung des Aufnahmeverfahrens auf Radium C ausgedehnt. Hier liegen die Verhältnisse insofern erheblich ungünstiger, als verglichen mit Thor die anormalen Strahlen in geringerer Zahl vorkommen und sich zudem noch auf

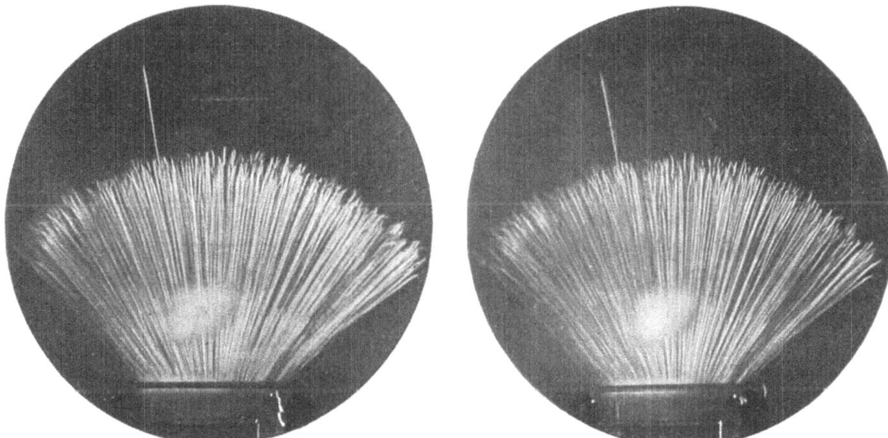

Abb. 28. Stereoskopische Wilsonaufnahme (MEITNER und FREITAG). Außer den beiden Strahlengruppen Thor (C + C′) ist eine Strahlenbahn großer Reichweite sichtbar.

eine größere Zahl von Reichweiten verteilen. Im ganzen wurden auf 3000 Aufnahmen, von denen jede einige Tausende normale Strahlen aufwies, 221 weitreichende α-Strahlen und 83 deutlich unterscheidbare H-Strahlen festgestellt. Das Ergebnis der Analyse ist in Tabelle 12 aufgenommen.

In einer gleichzeitigen ebenfalls sehr eingehenden Arbeit untersuchen NIMMO und FEATHER[2] die anormalen Strahlen von Radium C und Thor C. Es gelang ihnen, etwa 1000 Strahlen zu photographieren und auszuwerten. Besondere Maßnahmen waren dabei getroffen, um das Auftreten von H-Strahlen soweit als möglich zu verhindern. Als Beispiel sei in Abb. 29 eine Verteilungskurve für die Reichweiten der anormalen Strahlen von Thor C wiedergegeben. Von den insgesamt 563 Strahlen, aus denen diese Verteilungskurve aufgebaut ist, hatten 22 eine Reichweite über 12,5 cm. Die übrigen Reichweiten verteilten sich auf zwei Gruppen mit Mittelwerten von 9,82 und 11,62 cm. Innerhalb einer solchen Gruppe können die Strahlen als homogen angesehen werden, was aus dem Verlauf der Verteilungskurve zu entnehmen war, die sehr nahe mit der entsprechenden Verteilungskurve der 8,6 cm α-Strahlen übereinstimmte (vgl. Reichweiteschwankungen in Ziff. 31).

[1] K. PHILIPP u. K. DONAT, ZS. f. Phys. Bd. 52, S. 759. 1929.
[2] R. R. NIMMO u. N. FEATHER, Proc. Roy. Soc. London (A) Bd. 122, S. 668. 1929.

c) *Ionisationsmethoden.* Die quantitative Seite des hier besprochenen Problems hat eine intensive Förderung erfahren, als RUTHERFORD die in Ziff. 27 besprochene Differentialkammer auf die Strahlenanalyse anwandte. Es sei hier wiederholt, daß diese Kammer nur diejenigen Strahlen registriert, deren Bahnen in der Kammer endigen, nicht aber die Strahlen, die sie ganz durchlaufen. Es können so relativ schwache Strahlengruppen in Gegenwart einer intensiven Strahlung größerer Reichweite leicht nachgewiesen und ausgemessen werden. RUTHERFORD[1] hat in Verbindung mit anderen eine genaue Analyse der anormalen Reichweiten bei allen in Betracht kommenden Substanzen durchgeführt. Am schwierigsten ist, wie bereits erwähnt, die Analyse des Radium C, weil diese Substanz neben der relativ intensiven anormalen Gruppe von 9 cm noch eine Reihe von sehr schwachen Gruppen größerer, aber wenig unterschiedlicher Reichweiten emittiert. Doch hat auch hier die neue Methode viele Einzelheiten erkennen lassen, wofür Abb. 30 ein Bei-

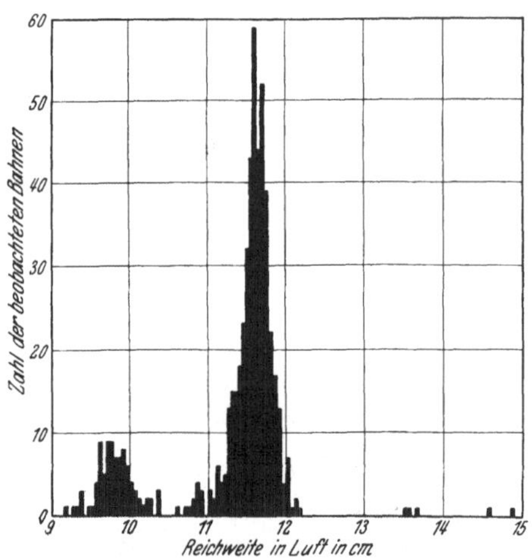
Abb. 29. Verteilungskurve der langreichweitigen Strahlen von Thor C nach NIMMO und FEATHER.

spiel gibt. Dort ist die Wahrscheinlichkeit, daß eine α-Strahlbahn in der Kammer endigt, aufgetragen als Funktion der Reichweite. Ganz links sieht man den Anstieg zum Maximum der intensiven 9,13-Gruppe; nach rechts schließen sich mehrere Maxima an, die wohl alle homogenen α-Strahlgruppen zuzuschreiben

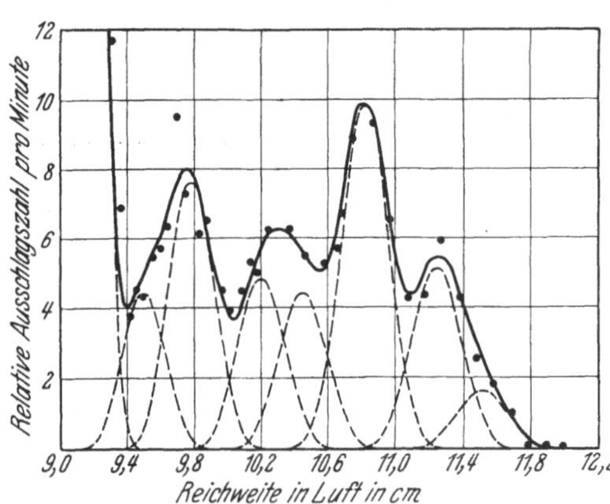
Abb. 30. Verteilungskurve der langreichweitigen Strahlen von Radium C nach RUTHERFORD und Mitarbeitern.

sind. Diese Gruppen liegen allerdings so nahe beieinander, daß die durch die Reichweiteschwankungen bedingten Streukurven ineinander übergreifen (Ziff. 31). Trotzdem ist eine exakte Analyse möglich: die gestrichelten Kurven stellen normale Streukurven dar unter Berücksichtigung der durch die hohe Geschwindigkeit bedingten Vergrößerung der Schwankungsbreite. Die Lagen und Maxima dieser Streukurven sind so gewählt, daß sie nach Addition eine sich dem experimentellen Befunde möglichst gut anschließende Kurve ergeben (ausgezeichnete Linie). Aus den Streukurven sind die in Tabelle 13 eingetragenen Werte für Intensität und praktische Reichweite (Ziff. 25) der einzelnen anormalen Gruppen gewonnen. Bemerkenswert ist, daß nach RUTHERFORD die Genauigkeit dieser Werte weniger durch Unsicherheiten in der Zählmethode als durch die Reinheit der radioaktiven Präparate bedingt ist. Schon der geringste Beschlag der den

---

[1] Lord RUTHERFORD, F. A. B. WARD u. W. B. LEWIS, Proc. Roy. Soc. London (A) Bd. 131, S. 684. 1931; Lord RUTHERFORD, C. E. WYNN-WILLIAMS u. W. B. LEWIS, ebenda Bd. 133, S. 351. 1931.

aktiven Stoff tragenden Unterlage beeinflußt merklich Form und Lage der Maxima.

Bei Betrachtung der Kurve Abb. 30 fällt auf, daß die Gruppierung der in Tabelle 13 mit 4, 5, 6 bezeichneten Linien sich in ähnlicher Weise bei den Linien 7, 8, 9 wiederholt. Nach RUTHERFORD spiegelt sich in dieser Gruppierung wahrscheinlich das Schema der inneren Kernniveaus wider.

Von anderen elektrischen Zählmethoden ist auch der Proportionalzähler zur Reichweitenanalyse des Thor C von PORT[1] verwendet worden. Seine Zahlen, die sich auf die photographische Registrierung von 50000 anormale Teilchen stützen, sind in Tabelle 11 aufgenommen.

Bei Thor C hat ROSENBLUM[2] direkte Geschwindigkeitsmessungen im Magnetfeld nach der fokussierenden Methode (Näheres hierüber in Ziff. 30) ausgeführt und für die beiden anormalen Gruppen $v = 1{,}037\,v_0$ und $1{,}098\,v_0$ gefunden, wo v_0 die Emissionsgeschwindigkeit der normalen α-Strahlen von Thor C' bedeutet.

Tabelle 11. Teilchen anormaler Reichweite aus Thor C.

| Beobachter | Methode | auf 10^6 normale α-Teilchen | | | | |
| | | Gruppe I | | Gruppe II | | Zahlen I/II |
		Reichw.	Zahl	Reichw.	Zahl	
MEITNER und FREITAG . . .	Wilsonkammer	9,5	70	11,5	200	1:2,9
PHILIPP	Szintillationen	9,5	65	11,5	180	1:2,8
NIMMO und FEATHER	Wilsonkammer	9,90	—	11,70	—	1:5,1
RUTHERFORD, WYNN-WILLIAMS und LEWIS	Differentialkammer	9,781	33,6	11,662	189	1:5,6
PORT	Proportionalzähler	9,79	48,5	11,62	193	1:4,0

Tabelle 12. Teilchen anormaler Reichweite aus Radium C.

RUTHERFORD und CHADWICK	Szintillationen	9,3	28	11,2	5	1:0,18
PHILIPP und DONAT	Nebelkammer	9,2	29	11,0	4	1:0,14
RUTHERFORD, WARD und LEWIS	Differentialkammer		s. Tabelle 13.			

Tabelle 13. Teilchen anormaler Reichweite aus Radium C nach RUTHERFORD, WARD und LEWIS.

Nummer der Gruppe	praktische oder extrapolierte Reichweite in Luft 15° C	Relative Geschwindigkeit	Energie in e-Volt	Relative Teilchenzahl
	6,95	1,0000	$7{,}683 \cdot 10^6$	10^6
1	7,87	1,0395	8,303	0,49
2	9,13	1,0891	9,117	16,7
3	9,60	1,1065	9,412	0,53
4	9,88	1,1166	9,585	0,93
5	10,31	1,1316	9,843	0,60
6	10,56	1,1400	9,992	0,56
7	10,94	1,1527	10,215	1,26
8	11,37	1,1667	10,466	0,67
9	11,64	1,1754	10,623	0,21

30. Feinstrukturlinien von α-Strahlspektren. Bei magnetischen Ablenkungsmessungen glaubte ROSENBLUM Andeutungen dafür erhalten zu haben, daß die α-Strahlen des Thor C nicht, wie allgemein angenommen wurde, homogen sind, sondern sich in mehrere Geschwindigkeitsgruppen aufspalten lassen. Für quantitative Messungen war aber das Auflösungsvermögen der benutzten Appara-

---

[1] J. PORT, ZS. f. Phys. Bd. 74, S. 740. 1932.
[2] S. ROSENBLUM, C. R. Bd. 193, S. 848. 1931.

tur nicht ausreichend. Ein großer Fortschritt wurde erzielt, als es ROSENBLUM[1] gelang, die fokussierende Methode, die sich bei der Analyse der β-Strahlen so sehr bewährt hatte, auch auf die α-Strahlen anzuwenden. Die hohen und ausgedehnten Magnetfelder, die hierfür erforderlich sind, lieferte ein von COTTON[2] gebauter Riesenelektromagnet der Academie des Sciences, Paris. Die Polschuhe hatten 75 cm Durchmesser und einen gegenseitigen Abstand von 5 cm; die Feldstärke betrug unter diesen Bedingungen noch bis zu 24000 Gauß. Die evakuierbare Ablenkungskammer war halbkreisförmig bei einem Durchmesser von 44 cm; Strahlenquelle, Spalt und photographische Platte waren auf einen Blechstreifen montiert, der in die Kammer durch einen Schraubenverschluß eingeschoben werden konnte. Tabelle 14 enthält in den Spalten 4 und 5 die relativen Geschwindigkeiten der Strahlengruppen, bezogen auf RaC' bzw. auf die Hauptgruppe der Einheit; in Spalte 6 die Intensitäten und in Spalte 7 die extrapolierten Reichweiten, berechnet aus den Geschwindigkeiten (Ziff. 24). Die Existenz der von der Hauptgruppe am weitesten abstehenden Linien konnte von RUTHERFORD, WARD und WILLIAMS auch mit der Differentialkammer nachgewiesen werden. Nach derselben Methode sind von LEWIS und WYNN-WILLIAMS die Emanationen, die A-Produkte sowie Polonium untersucht worden. Alle diese Produkte mit Ausnahme von Actinon erwiesen sich als einfache homogene Gruppen. Für Actinon sind Reichweiten und Intensitätsverhältnis der beiden α-Gruppen in Tabelle 14 eingetragen. Eine Feinstruktur ist ferner bei Actinium C und bei Radioactinium festgestellt worden (vgl. Tab. 14).

Tabelle 14. Feinstrukturlinien von α-Strahlen.

1	2	3	4	5	6	7
			Geschwindigkeit			
Beobachter	Methode	Substanz	rel. RaC	rel. Hauptgruppe	Intensität	Reichweite
ROSENBLUM . . .	fokuss. magn. Ablenkung	Th C		1,0034	30	
				1,0000	100	
				0,9758	3	
				0,964	0,5	
				0,962	2	
RUTHERFORD, WYNN-WILLIAMS und LEWIS[3] . .	Diff.-Kammer	Ac C	0,9268 0,9024	1,0000 0,9737	100 19	5,426 4,972
P. CURIE und ROSENBLUM[4] . .	fokuss. magn. Ablenkung	Ac C		1,0000 0,973		
LEWIS und WYNN-WILLIAMS[5] . . .	Diff.-Kammer	An	0,9412 0,9167	1,0000 0,9739	100 19	5,718 5,262
I. CURIE[6]	Wilsonkammer	RdAc			100 80	4,66 4,34

[1] S. ROSENBLUM, C. R. Bd. 190, S. 1124. 1930; Journ. de phys. et le Radium Bd. 1, S. 438. 1930.

[2] A. COTTON, C. R. Bd. 187, S. 77. 1928; A. COTTON u. G. DUPOUY, ebenda Bd. 190, S. 544. 1930. Vereinfachte Konstruktion mit ringförmigen Polschuhen bei S. ROSENBLUM, ebenda Bd. 191, S. 1004. 1930.

[3] Lord RUTHERFORD, C. E. WYNN-WILLIAMS u. W. B. LEWIS, Proc. Roy. Soc. London (A) Bd. 133, S. 351. 1931; W. B. LEWIS u. C. E. WYNN-WILLIAMS, ebenda Bd. 136, S. 349. 1932.

[4] P. CURIE u. S. ROSENBLUM, C. R. Bd. 193, S. 33. 1931; S. ROSENBLUM, ebenda Bd. 193, S. 848. 1931.

[5] W. B. LEWIS u. C. E. WYNN-WILLIAMS, Proc. Roy. Soc. London (A) Bd. 136, S. 349. 1932.

[6] I. CURIE, Journ. de phys. et le Radium Bd. 3, S. 57. 1932. Anm. bei der Korrektur: Weitere Messungen an RdAc bei Mme P. CURIE u. S. ROSENBLUM, C. R. Bd. 194, S. 1232. 1932.

31. Reichweiteschwankungen. Im Augenblick ihrer Emission besitzen die α-Strahlen einer einheitlichen radioaktiven Substanz alle dieselbe Geschwindigkeit (Ziff. 19). Sobald sie aber eine Gasschicht durchlaufen haben, die ihre Geschwindigkeit merklich herabsetzt, so wird das Strahlenbündel inhomogen. Sehr deutlich kommt dies bei Messung der Reichweite zum Ausdruck. Bestimmt man etwa die Reichweite einer einheitlichen α-Strahlengruppe mit einem sog. Proportionalzähler (Ziff. 5), so beobachtet man, daß die Grenze, bei der die Ausschläge verschwinden, nicht sehr scharf ist, daß vielmehr die Ausschlagszahl innerhalb eines Bereiches von einigen Millimetern allmählich abklingt. Man spricht von Reichweiteschwankungen oder Längsstreuung (straggling).

Nach einer von BOHR entwickelten elementaren Theorie wird der α-Strahl beim Durchgang durch Materie hauptsächlich durch die Elektronen abgebremst, während die Atomkerne nur Richtungsänderungen, aber keinen merklichen Energieentzug bewirken[1]. Der Grund für die mit abnehmender Geschwindigkeit wachsende Inhomogenität des Strahlenbündels ist nun nach FLAMM[2] und BOHR[3] darin zu suchen, daß die Elektronen regellos im Raum verteilt sind und somit die Elektronendichte im absorbierenden Medium statistischen Schwankungen unterliegt. Nicht jedes α-Teilchen wird daher auf derselben Strecke auch mit genau derselben Zahl von Elektronen in Wechselwirkung treten. Infolgedessen besitzen die α-Strahlen, nachdem sie in Luft oder anderer Materie mehr oder weniger stark absorbiert worden sind, nicht mehr alle dieselbe Geschwindigkeit, Energie und Reichweite, sondern diese Größen streuen nach der GAUSSschen Fehlerfunktion in meßbarem Betrage um den entsprechenden Mittelwert. Der Verteilungskoeffizient der Reichweiten ϱ, d. i. das Verhältnis der mittleren Abweichung vom wahrscheinlichsten Wert zu dem wahrscheinlichsten Wert, ergibt sich nach BOHR aus:

$$\varrho^2 = \frac{2P}{R_0^2} \int\limits_0^T \left(\frac{dT}{dx}\right)^{-3} dT .$$

Diese Gleichung kann unter vereinfachenden Annahmen numerisch leicht ausgewertet werden; in ihr bedeuten T die kinetische Energie des α-Teilchens und $P = 8\pi\sigma e^4$ eine konstante Größe. Mit σ ist dabei die Elektronendichte des absorbierenden Mediums und mit e die Elementarladung bezeichnet. Aus der Gleichung läßt sich also entnehmen, wie ein ursprünglich homogenes Strahlenbündel beim Durchgang durch Materie in wachsendem Maße inhomogen wird. In Tabelle 15 (nach BRIGGS[4]) ist die mittlere Abweichung ϱR für die verschiedenen Bahnpunkte auf Grund der BOHRschen Theorie wiedergegeben. Beachtenswert ist das rasche Anwachsen der Reichweitestreuung zu Beginn der Bahn. Über Berechnung der Geschwindigkeits- bzw. der Energiestreuung vergleiche die eben zitierte Arbeit von BRIGGS. Der Einfluß der Umladungen (Ziff. 40) auf die Streuung ist von WILLIAMS[5] abgeschätzt worden. Danach wird im letzten Teil einer α-Bahn die Streuung durch Umladungen vergleichbar mit der BOHRschen Streuung.

Tabelle 15. Theoretische Längsstreuung der Reichweiten nach BOHR.

Vom α-Strahl in Luft durchlaufene Wegstrecke in Zentimeter	1	2	3	4	5	6
Mittlere Abweichung ϱR in Zentimeter	0,0396	0,0545	0,0648	0,0722	0,0769	0,0794

[1] Vgl. hierüber Kap. 1, Ziff. 30 des vorliegenden Bandes.
[2] L. FLAMM, Wiener Ber. Bd. 123, S. 1393. 1914; Bd. 124, S. 597. 1915; s. auch K. F. HERZFELD, Phys. ZS. Bd. 13, S. 547. 1912.
[3] N. BOHR, Phil. Mag. Bd. 30, S. 581. 1915.
[4] G. H. BRIGGS, Proc. Roy. Soc. London (A) Bd. 114, S. 313. 1927.
[5] E. J. WILLIAMS, Proc. Roy. Soc. London (A) Bd. 135, S. 123 (Anm.). 1932.

Die Reichweiteschwankungen wurden zuerst bei Szintillationszählungen bemerkt[1]; zur quantitativen Messung ist diese Methode aber ungeeignet, da sich gerade die Enden der Strahlbahnen wegen der dort sehr lichtschwachen Szintillationen nur schwer scharf erfassen lassen. Gegen die Ermittlung der Schwankungen aus der Braggschen Kurve ist einzuwenden, daß die Variation des Ionisierungsvermögens des einzelnen α-Teilchens mit der Geschwindigkeit gerade am Ende der Bahn nicht genügend bekannt ist. Allenfalls kann diese Methode für relative Messungen in verschiedenen Gasen herangezogen werden, wie dies von Gibson und Eyring[2] geschehen ist. Weniger Einwänden ist die Nebelmethode ausgesetzt. Curie[3] hat die Verteilungskurve, d. h. die Funktion, welche die Gruppierung der einzelnen individuellen Reichweiten um den Mittelwert darstellt, in der Weise bestimmt, daß sie mit Polonium als Strahlenquelle eine große Anzahl von Strahlenbahnen in der Nebelkammer photographierte. Die Bahnlängen wurden auf den Platten genau ausgemessen und zeigten merklich kleinere Schwankungen, als nach den Szintillationszählungen und Ionisationsmessungen zu erwarten war. Eingehende Messungen ähnlicher Art sind auch von Meitner und Freitag[4] durchgeführt worden.

Die gefundenen Streubreiten sind im allgemeinen erheblich größer als die Bohrsche Theorie erwarten läßt. Wenn auch alle experimentellen Mängel der Versuchsanordnung dahin wirken, die Schwankungsbreite zu vergrößern, so scheint doch zwischen Theorie und Experiment eine grundsätzliche Unstimmigkeit zu bestehen. Im selben Sinne sprechen auch neuere, mit

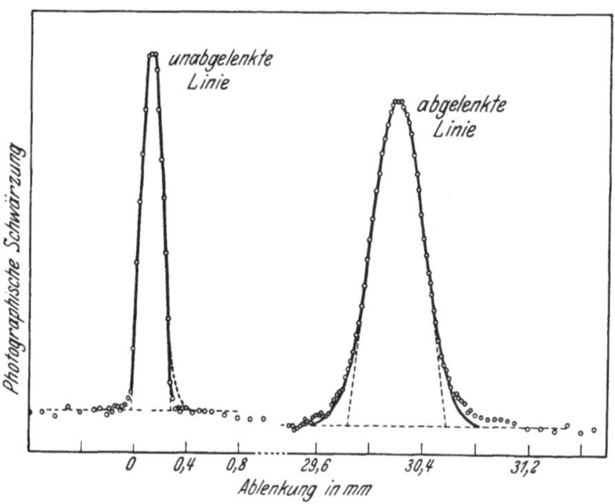

Abb. 31. Geschwindigkeitsstreuung anfänglich homogener α-Strahlen durch 3 cm Glimmer nach Briggs.

verbesserten Methoden ausgeführte Untersuchungen, vor allem die Arbeit von Briggs[5]. Er bestimmt die Verbreiterung, welche ein an sich schmales Strahlenbündel im Magnetfeld erfährt, nachdem es Glimmerschichten verschiedener Dicke durchsetzt hat. Seine Methode ist insofern den sonst angewandten Methoden überlegen, als er das Anwachsen der Streuung über die ganze Laufstrecke der α-Strahlen verfolgen und mit der Theorie vergleichen kann. Die sehr sorgfältig durchkonstruierte Apparatur ist bereits in Ziff. 23 beschrieben worden. Hatten die Strahlen keine Glimmerschicht zu durchsetzen, so war auf der photographischen

---

[1] H. Geiger, Proc. Roy. Soc. London (A) Bd. 83, S. 505. 1910; Friederike Friedmann, Wiener Ber. Bd. 122, S. 1269. 1913; T. S. Taylor, Phil. Mag. Bd. 26, S. 405. 1913; J. P. Rothensteiner, Wiener Ber. Bd. 125, S. 1237. 1916; W. Makower, Phil. Mag. Bd. 32, S. 222. 1916 (photographisch).
[2] G. E. Gibson u. H. Eyring, Phys. Rev. Bd. 30, S. 553. 1927; H. Eyring, ebenda Bd. 33, S. 386. 1929; s. auch G. H. Henderson, Phil. Mag. Bd. 44, S. 42. 1922.
[3] I. Curie, Journ. de phys. et le Radium Bd. 4, S. 170. 1923; I. Curie u. N. Yamada, C. R. Bd. 179, S. 761. 1924.
[4] L. Meitner u. K. Freitag, ZS. f. Phys. Bd. 37, S. 481. 1926; M. v. Laue u. L. Meitner, ebenda Bd. 41, S. 397. 1927.
[5] G. H. Briggs, Proc. Roy. Soc. London (A) Bd. 114, S. 313. 1927.

Platte das magnetisch abgelenkte Spaltbild praktisch ebenso breit wie das unabgelenkte Bild. Wenn aber direkt vor dem radioaktiven Präparat eine Glimmerschicht in den Strahlengang eingeschaltet wurde, zeigte das abgelenkte Bild
eine deutliche Verwaschung. Abb. 31 gibt als Beispiel die mikrophotometrisch
ausgewertete Schwärzungskurve des unabgelenkten und des abgelenkten Spaltbildes für den Fall, daß das Strahlenbündel eine Glimmerschicht von 3 cm Luftäquivalent zu durchsetzen hatte. Die mittlere Geschwindigkeit betrug dabei
0,825 V_0 und die mittlere Ablenkung war 29 mm. Die Verbreiterung des abgelenkten Spaltbildes zeigt anschaulich, in welchem Ausmaße die Strahlen in
dem Glimmer ihre ursprüngliche Homogenität verloren haben. Mit wachsender
Glimmerdicke steigerte sich die Verbreiterung weiter, während die unabgelenkte
Linie auch bei den dicksten Glimmerschichten dieselbe Breite beibehielt. In
dieser Weise wurde die Geschwindigkeitsstreuung der α-Strahlen im Bereich von
0,98 V_0 bis 0,22 V_0 untersucht, wobei allerdings für die kleinsten Geschwindigkeiten die Apparatdimensionen verkleinert und die Winkelstreuung in der Absorptionsfolie (Ziff. 44) durch Einführung eines Hilfsspaltes ausgeschaltet werden
mußte.

In ihrer Gesamtheit zeigen die BRIGGSchen Versuche, daß sich in einem
zunächst homogenen α-Strahlenbündel Energie- bzw. Reichweiteschwankungen
in der Weise ausbilden, wie von der BOHRschen Theorie vorausgesagt wird. Insbesondere liegen an allen Punkten der Bahn die Stellen gleicher Energie symmetrisch nach GAUSS um den wahrscheinlichsten Wert verteilt. Beispielsweise
ergibt sich in naher Übereinstimmung mit der Theorie, daß sich der größte Teil
der Reichweitestreuung bereits im ersten Teil der Bahn ausbildet und schon
nach 2,4 cm Wegstrecke auf die Hälfte des Wertes angestiegen ist, der am Ende
der Bahn (6,5 cm) erreicht wird. Dem absoluten Wert nach ist aber die gemessene
Streuung 1,4mal größer als die Theorie verlangt. Das ist gleichbedeutend damit,
daß in der S. 203 angegebenen Gleichung der Wert von P verdoppelt werden
muß, um Theorie und Experiment in Übereinstimmung zu bringen. BRIGGS
glaubt, die Diskrepanz am besten durch die Annahme beheben zu können, daß
die Energieübertragungen von dem α-Teilchen auf die absorbierenden Elektronen
doppelt so häufig sind als in der BOHRschen Theorie angenommen ist.

PREISLER[1] hat das Problem in ganz anderer Weise angegriffen. Er bestimmt
die Schwankung der Reichweiten mit einem Proportionalzähler (Ziff. 5), und
zwar sowohl für Luft als auch für eine Substanz hoher Ordnungszahl, nämlich
Wismut (OZ = 83). Gegen den Proportionalzähler können nicht die Einwen-
dungen erhoben werden, die mit Recht gegen die Szintillationszählung geltend
gemacht wurden; denn der Proportionalzähler spricht bei richtiger Einstellung
auch dann noch auf die α-Strahlen an, wenn nur ein Bruchteil eines Millimeters
der Reichweite in den Zählraum fällt. Die Inangriffnahme der an sich sehr
interessanten Frage, wie die Schwankungen mit der Ordnungszahl des durchsetzten Stoffes anwachsen, ist dadurch erschwert, daß solche Stoffe nicht, wie
Glimmer, in ideal planparallelen Schichten erhältlich sind. PREISLER hat homogene Folien von Wismut in der Weise hergestellt, daß er das Metall zwischen
zwei Glimmerplatten zum Schmelzen brachte. Die so hergestellten Folien waren
1 bis 20 μ dick und zeigten Hochglanz auf beiden Seiten.

Für Luft von 15° C und 760 mm Hg wurde als mittlere Streubreite $2\varrho R$
= 2,95 ± 0,10 mm gefunden. Die Streubreite in Glimmer war wenig größer
und in naher Übereinstimmung mit dem BRIGGSschen Wert, in Wismut aber
wuchs die Streubreite auf etwa 5 mm an. Herstellungsart und Prüfung der Folie

---

[1] P. PREISLER, ZS. f. Phys. Bd. 53, S. 857. 1929.

machen es wahrscheinlich, daß wirklich die natürliche Streuung und nicht etwa eine Inhomogenität der Folie gemessen wurde. Preisler schließt ferner aus seinen Messungen, daß die Reichweiteschwankungen nicht nach einem einfachen Gaußschen Fehlergesetz um die mittlere Reichweite verteilt sind. Bei Luft zeigt sich ein Überschuß an kurzen Strahlen, bei Glimmer herrscht nahezu Symmetrie und bei Wismut ist ein Überschuß an langen Strahlen vorhanden. Im ganzen besteht also der Widerspruch zwischen Theorie und Experiment sowohl darin, daß die gemessene Streuung wesentlich größer ist als auch darin, daß die Verteilung der Einzelreichweiten unsymmetrisch ist.

Preisler vermutet, daß die Unstimmigkeit ihren Grund darin hat, daß Bohr mit ruhenden Elektronen rechnet, während, wie wir heute genauer übersehen, in Wirklichkeit nur bei Wasserstoff und Helium die Bahngeschwindigkeit des Elektrons gegenüber der des α-Teilchens vernachlässigt werden darf. In allen anderen Atomen kommen Elektronengeschwindigkeiten vor, die im Bereiche der Geschwindigkeit der α-Strahlen liegen oder sogar größer sind. In einem mit ruhenden Elektronen erfüllten Raum rühren die Reichweitedifferenzen allein von den Dichteschwankungen der Elektronen in dem absorbierenden Material her. Besteht aber dieses Material aus Atomen mit verschieden schnell bewegten Elektronen, so sind dadurch noch zusätzliche Schwankungen bedingt. Es wird dies qualitativ näher erläutert. Als weitere Stütze seiner Ansicht bespricht Preisler den Einfluß der Elektronenbewegung auf das Bremsvermögen und deutet das von v. Traubenberg bemerkte anormal hohe Bremsvermögen bei Be, Cl, Ar, Br, J durch die Übereinstimmung der Geschwindigkeit des α-Strahls mit der Bahngeschwindigkeit eines Elektrons im absorbierenden Atom (Ziff. 33).

32. Reichweiten in flüssigen und festen Stoffen. Radioaktive Höfe. Die Reichweiten der α-Strahlen in festen und flüssigen Stoffen zu bestimmen, stößt deshalb auf Schwierigkeiten, weil die zu untersuchenden Stoffe im allgemeinen nicht in genügend dünnen und homogenen Schichten erhältlich sind. Dazu kommt, daß die üblichen Methoden zur Dickenbestimmung hier versagen bzw. unsichere Werte geben.

Zur Bestimmung der Reichweiten in Flüssigkeiten verfuhren Rausch v. Traubenberg und Philipp[1] in der Weise, daß sie eine kleine in Radon aktivierte Kugel gerade so tief in die Flüssigkeit eintauchten, daß die α-Strahlen einen über der Flüssigkeit befindlichen Zinksulfidschirm eben noch erreichen konnten. Die Dicke der über der Kugel befindlichen Flüssigkeitsschicht ergab sich durch mikroskopische Ausmessung des Abstandes zwischen der Kugel und ihrem an der Flüssigkeitsoberfläche entstehenden Spiegelbild.

Die Reichweiten der α-Strahlen in festen Stoffen sind von Rausch v. Traubenberg[2] nach dem aus Abb. 32 ersichtlichen Verfahren gemessen

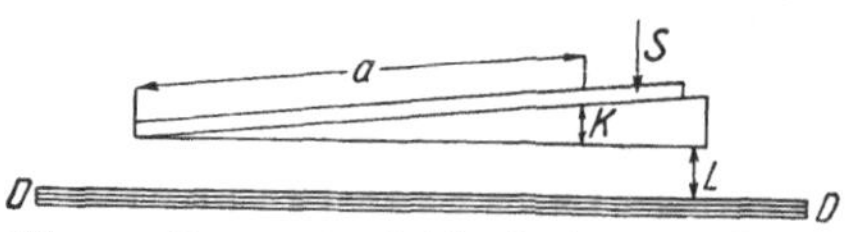

worden. Es bedeutet D einen Draht von einigen Zentimetern Länge, der durch Aktivierung in Radiumemanation zu einer intensiven α-Strahlquelle (RaC') gemacht worden war. Die α-Strahlen durchflogen zunächst eine kurze Luftstrecke L und fielen dann auf einen — in der Abbildung stark übertrieben gezeichneten — Keil, der aus der zu untersuchenden Substanz durch mechanische

Abb. 32. Messung der Reichweite in festen Stoffen nach v. Traubenberg.

[1] H. Rausch v. Traubenberg u. K. Philipp, ZS. f. Phys. Bd. 5, S. 404. 1921; K. Philipp, ebenda Bd. 17, S. 23. 1923.
[2] H. Rausch v. Traubenberg, ZS. f. Phys. Bd. 2, S. 268. 1920; Bd. 5, S. 396. 1921; Messungen an Lithium: C. Jacobson u. J. Olsen, Det Kgl. Danske Videnskabernes Selskab. Math. fys. 1922, S. 4.

Bearbeitung hergestellt worden war. Bis zu einer kritischen Keildicke K vermochten die α-Strahlen die Substanz zu durchfliegen, jenseits K blieben sie stecken. Man sah also den Zinksulfidschirm S, der unmittelbar auf dem Keil auflag, nur bis zu einer Länge a aufleuchten, darüber hinaus blieb er dunkel. Bei gut gelungenen Keilen war die Trennungslinie zwischen Hell und Dunkel scharf ausgeprägt, so daß die kritische Keildicke K, die unter Berücksichtigung der Strahlenabsorption in der Luftstrecke L die gesuchte Reichweite ergab, bestimmt werden konnte. Die Methode wurde von SCHILLING[1] dahin modifiziert, daß er den Szintillationsschirm durch die photographische Platte ersetzte.

Nach ROSENBLUM[2] kann die Reichweite in einem festen Stoff auch aus der bereits S. 188 angegebenen Gleichung errechnet werden. Setzt man nämlich $u = 1$ und $v = 0$, so erhält man für die Reichweite R der α-Strahlen von Thor C', für die die Gleichung gilt, den Wert:

$$R = 0,355 \cdot K \ [\mathrm{mg/cm^2}],$$

wobei K die bereits S. 188 tabellierte Materialkonstante bedeutet. Rechnet man auf Radium C' um, so ergibt sich im ganzen Übereinstimmung mit den Angaben von v. TRAUBENBERG (Tab. 16).

Tabelle 16. Reichweite der α-Strahlen von RaC' in festen Stoffen.

Lithium	129,1 μ	Nickel	18,4 μ	Zinn	29,4 μ
Magnesium	57,8 μ	Kupfer	18,3 μ	Platin	12,8 μ
Aluminium	40,6 μ	Zink	22,8 μ	Gold	14,0 μ
Calcium	78,8 μ	Silber	19,2 μ	Thallium	23,3 μ
Eisen	18,7 μ	Kadmium	24,2 μ	Blei	24,1 μ

Die Reichweite der α-Strahlen in einem festen Material kann manchmal auch aus der Verfärbung erschlossen werden, die die α-Strahlen dort hervorrufen. RUTHERFORD[3] demonstrierte diese Erscheinung an einer Glaskapillare, in der eine größere Menge Radon zerfallen war. Ein Längsschnitt durch die Kapillare ließ zu beiden Seiten der Bohrung einen verfärbten Streifen erkennen, dessen Breite von 0,04 mm der Reichweite der α-Strahlen von Radium C' in Glas entsprach. Erscheinungen ähnlicher Art sind die dunkel gefärbten, kugelförmigen Höfe, die das Mikroskop in verschiedenen Mineralien, z. B. Glimmer, zuweilen aufzeigt[4]. MÜGGE[5] und gleichzeitig JOLY[6] deuteten diese Höfe als radioaktive Erscheinung, indem sie zeigten, daß die Verfärbungen von den α-Strahlen herrühren, welche im Laufe geologischer Epochen von einem zentralen, uranhaltigen Kristall winziger Dimensionen ausgesandt werden. Da das Uran sich im Gleichgewicht mit seinen Folgeprodukten befindet, werden außer den Uran-α-Strahlen auch die α-Strahlen der anderen Glieder der Uran-Radium-Reihe emittiert. Im allgemeinen läßt sich nur die Reichweite der schnellsten α-Strahlengruppe, nämlich RaC', allenfalls noch die der zweitschnellsten, RaA, aus dem Halodurchmesser ermitteln; die kürzeren Reichweiten treten nicht oder nicht genügend scharf heraus. Anders liegen nach GUDDEN[7] die Verhältnisse im Wölsendorfer Flußspat, wo die Verfärbung sich nicht über die ganze Bahn der α-Strahlen erstreckt, sondern auf das Reichweitenende beschränkt ist. An-

[1] A. SCHILLING, Jahrb. f. Min., Beilagebd. 53, Abt. A, S. 241. 1926.
[2] S. ROSENBLUM, Ann. d. phys. Bd. 10, S. 408. 1928.
[3] E. RUTHERFORD, Phil. Mag. Bd. 19, S. 192. 1910.
[4] Abbildungen derartiger Höfe findet man in ds. Handb., 2. Aufl., Bd. XXII/1.
[5] O. MÜGGE, Centralbl. f. Min. 1907, S. 397.
[6] J. JOLY, Phil. Mag. Bd. 13, S. 381. 1907; Bd. 19, S. 327. 1910; J. JOLY u. A. L. FLETCHER, ebenda Bd. 19, S. 630. 1910.
[7] B. GUDDEN, ZS. f. Phys. Bd. 26, S. 110. 1924.

scheinend kommt in diesem Mineral die die Färbung bedingende kolloidale Metallausscheidung bevorzugt bei allerkleinsten Geschwindigkeiten der α-Strahlen zustande, während umgekehrt bei hoher Geschwindigkeit eine ursprüngliche Blaufärbung vielfach völlig getilgt wird. Der uranhaltige Kern ist daher von konzentrischen dunkelgefärbten Kugelschalen umgeben, die im Dünnschliff als konzentrische Ringe erscheinen und jeweils das Reichweitenende einer homogenen α-Strahlengruppe bezeichnen. Die Unsicherheit der aus dem Ringdurchmesser errechneten Reichweiten wird zu 1% angegeben. Während bei den α-Strahlern größerer Reichweite die Messungen der Erwartung entsprechen, bestehen bei Uran I und II erhebliche und bisher noch ungeklärte Differenzen gegenüber den auf anderem Wege gewonnenen Werten (vgl. Tab. 9, S. 197).

Auch in anderer Hinsicht bestehen Schwierigkeiten bei der Deutung mancher radioaktiver Höfe. So zeigt Schilling[1] in Mikrophotographie mehrere Höfe, die einen gut ausgebildeten Radonring aufweisen, während andererseits die Reichweite von Radium A nur angedeutet ist und alle weiteren Reichweiten von Uran bis Radium völlig fehlen. Durch das Studium von solchen Radonhöfen, die einander durchschneiden, läßt sich mit Sicherheit feststellen, daß das Fehlen der kurzreichweitigen Strahlen nicht etwa durch Ausbleichung oder durch mangelnde Färbbarkeit des Untergrundes erklärt werden kann. Allen beobachteten Radonhöfen dieser Art war gemeinsam, daß sie an Spalten lagen.

33. Bremswirkung von Folien. Atomares Bremsvermögen. Die Bremswirkung einer Folie, d. h. ihr Absorptionsvermögen, wird gemessen durch das entsprechende Luftäquivalent, d. h. durch die Dicke der Luftschicht, welche die Reichweite der α-Strahlen um denselben Betrag verkürzt wie die Folie. Man verfährt in der Weise, daß man die Reichweite eines parallelen und homogenen Strahlenbündels mit und ohne eingeschaltete Folie durch Ionisationsmessungen oder Szintillationsbeobachtungen bestimmt. Die Differenz der beiden Reichweiten ergibt die gesuchte Bremswirkung. Will man sich gleichzeitig über die Homogenität der Folie orientieren, so eignet sich auch die Wilsonkammer, wobei man zweckmäßig das benutzte radioaktive Präparat nur zum Teil mit der auszumessenden Folie abdeckt. Man erhält dann auf derselben Aufnahme die verkürzten und unverkürzten α-Strahlen nebeneinander und gewinnt gleichzeitig ein Urteil über die Streuung der Reichweiten[2]. Homogenitätsmessungen von Metallfolien hat auch Preisler[3] mit dem Proportionalzähler ausgeführt.

Angaben über Bremswirkung werden gewöhnlich auf Luft von Atmosphärendruck und 15° C bezogen. Gegebenenfalls ist auch zu beachten, daß die Bremswirkung merklich von der Geschwindigkeit der α-Strahlen abhängt (Ziff. 34). Die folgende, der Arbeit von Marsden und Richardson[4] entnommene Tabelle 17 gibt das Gewicht verschiedener Folien von 1 cm Luftäquivalent in mg/cm². Will man das Bremsvermögen verschiedener Substanzen miteinander vergleichen, so ist es angebracht, das Bremsvermögen auf das Atom zu beziehen. Das atomare Bremsvermögen s, bezogen auf das Sauerstoffatom als Einheit, berechnet sich aus:

$$s = \frac{A}{A'} \frac{g'}{g},$$

wobei g das Gewicht der Folie bzw. der Gasschicht bedeutet, die bei 1 cm² Querschnitt ebenso stark absorbiert wie eine 1 cm dicke Luftschicht bei 15° C. g' bedeutet das 1 cm Luft entsprechende Gewicht der Bezugssubstanz, hier

[1] A. Schilling, Jahrb. d. Min., Beilagebd. 53, Abt. A, S. 241. 1926.
[2] T. Alper, ZS. f. Phys. Bd. 76, S. 172. 1932.
[3] P. Preisler, ZS. f. Phys. Bd. 53, S. 873. 1929.
[4] E. Marsden u. H. Richardson, Phil. Mag. Bd. 25, S. 184. 1913.

Tabelle 17. Bremswirkung verschiedener Substanzen.
(Reichweite der α-Strahlen beim Eintritt in Folie 6 cm.)

Substanz	Gewicht einer Folie von 1 cm Luftäquivalent (15° C)
Aluminium	1,62 mg/cm²
Kupfer	2,26 ,,
Silber.	2,86 ,,
Zinn	3,17 ,,
Platin	4,4 ,,
Gold	3,96 ,,
Glimmer[1]	1,43 ,,

Sauerstoff, nämlich 1,22 mg/cm². Aus dem vorliegenden Zahlenmaterial, das sich auf mittelschnelle α-Strahlen bezieht und nur mäßige Übereinstimmung zeigt, ist die folgende Tabelle 18 zusammengestellt[2]. Man erkennt, daß das atomare Bremsvermögen im wesentlichen kontinuierlich mit der Ordnungszahl anwächst, und es bleibt zweifelhaft, ob die Elemente mit hohem Atomvolumen (Cl, Ar, Br, J) wirklich ein anormal hohes Bremsvermögen besitzen, wie v. TRAUBENBERG vermutet.

Tab. 18. Atomares Bremsvermögen bezogen auf das Sauerstoffatom als Einheit.
(Wahrscheinlichste Werte zusammengestellt nach neueren Messungen.)

Wasserstoff	1	0,20	Eisen.	26	1,97
Helium	2	0,38	Nickel	28	1,95
Lithium**	3	0,48	Kupfer	29	2,08
Beryllium*	4	0,77	Zink	30	2,10
Stickstoff*	7	0,89	Brom**	35	2,31
Sauerstoff	8	1,00	Krypton	36	2,63
Fluor*	9	1,09	Molybdän*	42	2,50
Neon	10	1,13	Palladium*	46	2,64
Natrium*	11	1,19	Silber.	47	2,77
Magnesium*	12	1,28	Kadmium.	48	2,81
Aluminium	13	1,27	Zinn	50	2,90
Silizium*	14	1,27	Jod**	53	2,93
Chlor**	17	1,63	Xenon	54	3,58
Argon.	18	1,75	Platin	78	3,63
Kalium*	19	1,62	Gold	79	3,66
Calcium	20	1,68	Thallium*	81	3,93
			Blei	82	3,86

  * Nur einmal gemessen.
 ** Abweichungen der Einzelmessungen vom angegebenen Wert zum Teil über 10%.

Bei der Kompliziertheit des Absorptionsprozesses ist nicht zu erwarten, daß das atomare Bremsvermögen in seiner Abhängigkeit von der Ordnungszahl durch eine einfache Gleichung exakt dargestellt werden kann. In erster

---

[1] Glimmer (Dichte 2,87 g/cm³) ist wegen seiner Homogenität und leichten Spaltbarkeit eine sehr geeignete Substanz zur Absorption von α-Strahlen. Messungen von R. W. LAWSON (Wiener Ber. Bd. 127, S. 943. 1918) zeigten, daß ein Glimmerblatt von 1,50 mg/cm² für α-Strahlen von Polonium 1 cm Luft von 760 mm Druck und 15 °C äquivalent ist. G. H. BRIGGS [Proc. Roy. Soc. London (A) Bd. 114, S. 343. 1927] gibt Werte zwischen 1,44 und 1,48 mg/cm², je nach Geschwindigkeit der α-Strahlen.

[2] Außer den bereits in Ziff. 28 und 32 zitierten Arbeiten sei hier noch hingewiesen auf: E. MARSDEN u. T. S. TAYLOR, Proc. Roy. Soc. London (A) Bd. 88, S. 443. 1913; T. S. TAYLOR, Phil. Mag. Bd. 26, S. 402. 1913; J. L. GLASSON, ebenda Bd. 43, S. 477. 1922; L. F. BATES, Proc. Roy. Soc. London (A) Bd. 106, S. 622. 1924; J. CONSIGNY, C. R. Bd. 183, S. 127. 1926.

Näherung werden die folgenden Beziehungen dem vorliegenden experimentellen Material gerecht:

$$s = k\,Z^{1/2} \quad \text{(v. TRAUBENBERG)},$$
$$s = k\,Z^{2/3} \quad \text{(GLASSON)},$$
$$s = k\,Z/(Z + 4)^{1/2} \quad \text{(ROSENBLUM)}.$$

Das molekulare Bremsvermögen ergibt sich durch Addition der atomaren Bremsvermögen. Allerdings ist dieses Additionsgesetz in vielen Fällen nur schlecht erfüllt. So erhalten wir aus dem Bremsvermögen des H_2-Moleküls für das H-Atom den Wert $s = 0{,}200$, dagegen aus den Verbindungen C_2H_2, C_2H_4, C_2H_6, CH_4 für das H-Atom den Wert $s = 0{,}187$, aus NH_3 $s = 0{,}173$, aus HCl $s = 0{,}16$, aus H_2O $s = 0{,}27$. Wasser bremst also anormal stark; dasselbe Verhalten zeigt auch Alkohol. Es ist bemerkenswert, daß diese beiden Stoffe aber als Dämpfe die normale, der Molekülzusammensetzung entsprechende Bremsung geben[1].

Auf die theoretischen Untersuchungen von BOHR[2], FOWLER[3], GAUNT[4] und BETHE[5] über die Abbremsung von α-Strahlen beim Durchgang durch Materie sei hingewiesen (vgl. auch Kap. 1, Ziff. 30 ds. Bd.).

34. Abhängigkeit der Bremswirkung von der Geschwindigkeit. Diese Abhängigkeit wurde zuerst von BRAGG und KLEEMAN[6] beobachtet und später genauer von TAYLOR[7], MARSDEN und RICHARDSON[8] u. a. untersucht. Die Meßverfahren laufen darauf hinaus, die Reichweite oder Geschwindigkeitsänderung zu beobachten, welche eintritt, wenn man die Folie allmählich von der Strahlenquelle wegbewegt, so daß sie von immer langsameren Strahlen durchsetzt wird. Während die genannten Forscher im wesentlichen Metallfolien benutzten, untersuchte GURNEY[9] verschiedene Gase, insbesondere Edelgase. Er beschränkte seine Messungen auf drei Reichweitegruppen: schnellste Strahlen mit Reichweiten zwischen 8,6 und 7,6 cm, mittelschnelle Strahlen mit Reichweiten zwischen 3,8 und 3,5 cm, langsame Strahlen mit Reichweiten zwischen 0,35 und 0 cm. Die Meßresultate sind in Abb. 33 wiedergegeben, in die zum Vergleich auch die Messungen von MARSDEN und RICHARDSON für Gold, Silber und Alu-

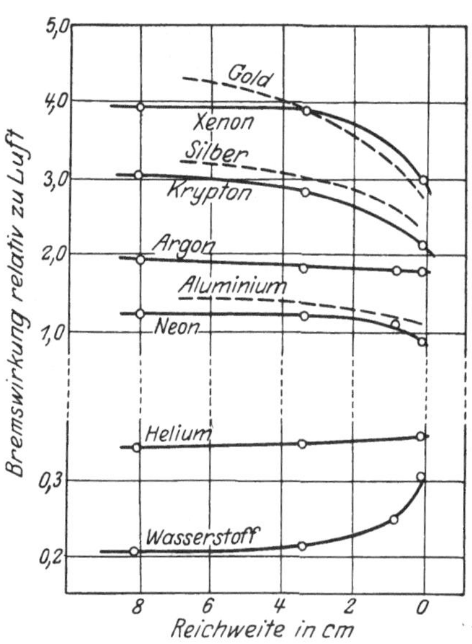

Abb. 33. Bremswirkung in Abhängigkeit von der Reichweite nach GURNEY.

[1] K. PHILIPP, ZS. f. Phys. Bd. 17, S. 23. 1923.
[2] N. BOHR, Phil. Mag. Bd. 30, S. 581. 1915; s. auch W. ELSASSER, ZS. f. Phys. Bd. 45, S. 522. 1927.
[3] R. H. FOWLER, Proc. Cambridge Phil. Soc. Bd. 22, S. 793. 1925.
[4] I. A. GAUNT, Proc. Cambridge Phil. Soc. Bd. 23, S. 732. 1927.
[5] H. BETHE, Ann. d. Phys. Bd. 5, S. 325. 1930.
[6] W. H. BRAGG u. R. D. KLEEMAN, Phil. Mag. Bd. 10, S. 318. 1905; W. H. BRAGG, ebenda Bd. 13, S. 507. 1907.
[7] T. S. TAYLOR, Phil. Mag. Bd. 18, S. 604. 1909.
[8] E. MARSDEN u. H. RICHARDSON, Phil. Mag. Bd. 25, S. 184. 1913.
[9] R. W. GURNEY, Proc. Roy. Soc. London (A) Bd. 107, S. 340. 1925; s. auch G. E. GIBSON u. E. W. GARDINER, Phys. Rev. Bd. 30, S. 543. 1927; G. E. GIBSON u. H. EYRING, ebenda Bd. 30, S. 553. 1927.

minium eingetragen sind. Aus den Kurven ersieht man, daß für Substanzen höherer Ordnungszahl als Stickstoff (bzw. Luft) die Bremswirkung mit abnehmender Geschwindigkeit abnimmt, während für Substanzen mit kleinerer Ordnungszahl das Umgekehrte eintritt. Es folgt daraus auch, daß die Bremswirkung zweier aufeinandergelegter Folien verschiedener Ordnungszahl von der Richtung abhängt, in der die Folien von den α-Strahlen durchsetzt werden.

Bezieht man die Bremswirkung nicht, wie in Abb. 33 geschehen, auf Luft, sondern auf Wasserstoff, so nimmt sie für alle Stoffe mit abnehmender Geschwindigkeit ab.

In anderer Weise wird die Abhängigkeit der Bremswirkung von der Geschwindigkeit ersichtlich aus den sehr exakten Messungen von HARPER und SALAMAN[1]. Sie bestimmen in einer Apparatur, die etwa der in Abb. 22 (S. 192) dargestellten entsprach, die Reichweiten von α-Strahlen verschiedener Anfangsgeschwindigkeit in den Gasen Luft, Sauerstoff, Stickstoff, Argon und Wasserstoff durch Aufnahme des Endteiles der BRAGGschen Kurve. Tabelle 19 gibt für die genannten Gase die Bremswirkung als Verhältnis von Reichweite in Luft zu Reichweite im Gas. Der systematische Gang der Zahlen mit abnehmender Reichweite der α-Strahlen läßt die Geschwindigkeitsabhängigkeit der Bremswirkung bei Argon und Wasserstoff deutlich hervortreten.

Tabelle 19. Bremswirkung verschiedener Gase.
(Bremswirkung = Reichweite in Luft zu Reichweite im Gas.)

Strahlenquelle	Luft	Sauerstoff	Stickstoff	Argon	Wasserstoff
Thor C′ ($R = 8{,}62$ cm)	1	1,060	0,993	0,958	0,211
Radium C′ ($R = 6{,}96$ cm)	1	1,058	0,994	0,954	0,214
Thor C ($R = 4{,}78$ cm)	1	1,059	0,993	0,940	0,218
Polonium ($R = 3{,}87$ cm)	1	1,062	0,993	0,929	0,224

III. Ionisierungsvermögen der α-Strahlen.

35. Ionisationsströme in Abhängigkeit von der Spannung. Erzeugt man in einem Gas die gleiche Ionenzahl pro Sekunde einmal durch α-Strahlen, dann durch β- oder Röntgenstrahlen, und bestimmt beide Male die Stromstärke als Funktion der herrschenden Feldstärke, so weisen die Kurven einen sehr erheblichen Unterschied auf: die Sättigung erfolgt bei α-Strahlen erst für wesentlich höhere Feldstärken als bei β-Strahlen, wie ein Vergleich der Kurven A und B in Abb. 34 unmittelbar zeigt.

BRAGG und KLEEMAN[2] deuteten den Sättigungsverzug bei α-Strahlen durch „anfängliche Wiedervereinigung" (initial recombination), welche sich darin äußert, daß die beiden in einem Ionisationsakt erzeugten Ionen so wenig

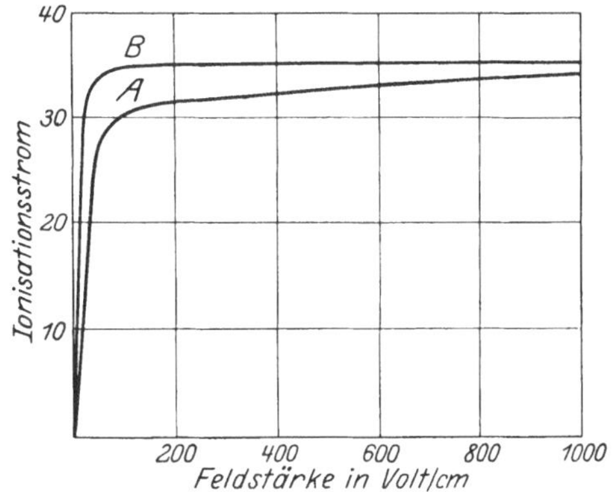

Abb. 34. Sättigungskurven in Luft unter Normalbedingungen.

A Ionisation erzeugt durch α-Strahlen, B Ionisation erzeugt durch β-Strahlen.

---

[1] G. I. HARPER u. E. SALAMAN, Proc. Roy. Soc. London (A) Bd. 127, S. 175. 1930; s. auch F. JOLIOT u. T. ONODA, Journ. de phys. et le Radium Bd. 9, S. 175. 1928; T. ONODA, ebenda Bd. 9, S. 185. 1928.

[2] W. H. BRAGG u. R. D. KLEEMAN, Phil. Mag. Bd. 11, S. 466. 1906; R. D. KLEEMAN, ebenda Bd. 12, S. 273. 1906; vgl. auch Bericht von F. HARMS, Jahrb. d. Radioakt. Bd. 3, S. 321. 1906.

voneinander getrennt werden, daß Wiedervereinigung eintritt, bevor noch das elektrische Feld die vollständige Trennung bewirken konnte. Moulin[1] dagegen erklärte die Erscheinung allein durch die gewöhnliche Rekombination, die sich im Gegensatz zur Ionisation durch β- oder Röntgenstrahlen deswegen besonders stark bemerkbar macht, weil die Ionendichte entlang der Bahn des α-Teilchens besonders groß ist (Säulenionisation). Eine starke Stütze für seine Anschauung gibt ein Versuch mit verschieden gerichteten Feldern. Wirkt das elektrische Feld in Richtung der Strahlenbahn, also parallel zur Achse der Ionensäulen, so gleiten alle Ionen derselben Säule dicht aneinander vorbei; die Wiedervereinigung der Ionen innerhalb einer Säule ist daher beträchtlich. Verläuft andererseits das Feld senkrecht zur Strahlenbahn, so trennen sich die Ionen entgegengesetzten Vorzeichens sofort voneinander, und die Wiedervereinigung von Ionen derselben Säule ist gering. Aber auch Wiedervereinigung mit Ionen anderer Säulen ist wenig wahrscheinlich, da bei den gewöhnlich erreichbaren Ionisierungsstärken die von *einem* α-Teilchen herrührenden Ionen im allgemeinen die Elektroden bereits erreicht haben, bis das nächste α-Teilchen in das Gas eintritt. Beispielsweise wurde von Moulin bei parallelem Feld Sättigung erst für etwa

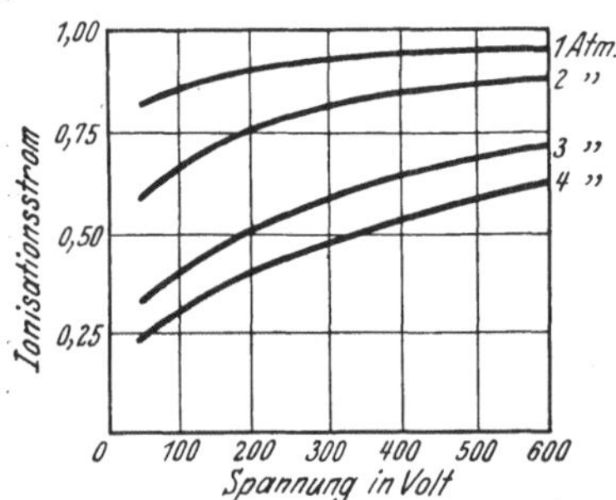

Abb. 35. Sättigungskurven in Luft verschiedenen Druckes. Plattenabstand bei 1 Atm. 10 mm, bei 2 Atm. 5 mm, bei 3 Atm. 3 mm, bei 4 Atm. 2 mm.

1500 Volt/cm erreicht, während bei senkrechtem Feld 200 Volt/cm bereits genügten.

In Übereinstimmung mit dieser Vorstellung steht die Erfahrung, daß in Gasen von hohem Druck, besonders in komplexen Gasen, die Schwierigkeit der Sättigung besonders stark hervortritt. Die beiden Abb. 35 und 36, welche auf Arbeiten von Ogden[2] und Jaffé[3] zurückgehen, mögen dies erläutern. Weiteres zum Teil sehr eingehendes experimentelles Material findet man bei Wheelock u. a.[4].

Jaffé[5] hat unter Berücksichtigung der Diffusion und Wiedervereinigung der Ionen Formeln für die zeitliche und räumliche Ionisationsdichte in einer Ionensäule aufgestellt und daraus die Form der Sättigungskurven unter verschiedenen Bedingungen abgeleitet. Die aus den Formeln sich ergebende Abhängigkeit der Gestalt der Sättigungskurven von der Orientierung des elektrischen Feldes, vom Druck und von der linearen Ionendichte war in wesentlichen Punkten in quantitativer Übereinstimmung mit den experimentellen Ergebnissen.

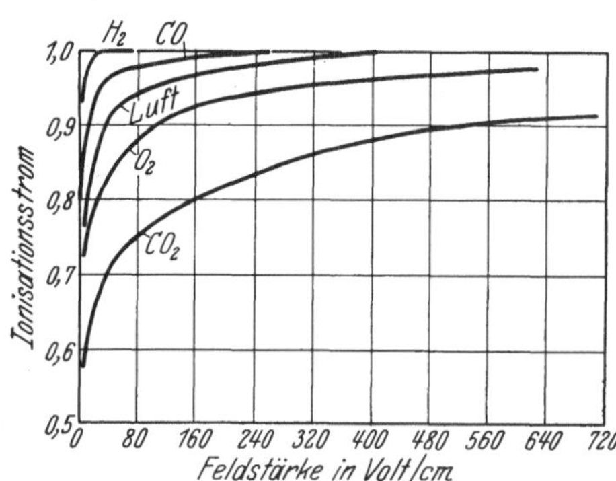

Abb. 36. Sättigungskurven in verschiedenen Gasen bei Atmosphärendruck.

---

[1] M. Moulin, Ann. chim. et phys. Bd. 21, S. 550. 1910; Bd. 22, S. 26. 1911.

[2] H. Ogden, Phil. Mag. Bd. 26, S. 991. 1913; s. auch R. W. Lawson, Wiener Ber. Bd. 124, S. 637. 1915.

[3] G. Jaffé, Phys. ZS. Bd. 15, S. 353. 1914; Bd. 30, S. 849. 1929.

[4] F. E. Wheelock, Sill. Journ. Bd. 30, S. 233. 1910; E. M. Wellisch u. H. L. Bronson, Phil. Mag. Bd. 23, S. 714. 1912; E. M. Wellisch u. J. W. Woodrow, ebenda Bd. 26, S. 511. 1913.

[5] G. Jaffé, Ann. d. Phys. Bd. 42, S. 303. 1913; Phys. ZS. Bd. 15, S. 353. 1914; Bd. 30, S. 849. 1929. — Die Jafffésche Theorie der Säulenionisation ist in Bd. XIV ds. Handb. eingehend dargestellt.

Nur bei α-Strahlen, welche der Feldrichtung parallel liefen, wurde die Sättigung merklich früher erreicht, als die Theorie voraussah. Doch konnte DIEBNER[1] auch hier exakte Übereinstimmung erzielen, wenn er durch gute Winkeldefinition (± 26 Min.) schräg zum Feld laufende Strahlen praktisch ausschaltete. Der damit verbundene Intensitätsverlust wurde kompensiert durch Anwendung des HOFFMANNschen Vakuumduantenelektrometers (Empfindlichkeit: 6000 Elementarquanten $= 1$ mm bei 2 m Skalenabstand; vgl. Ziff. 12). Die Sättigungskurve wurde also auf statistischem Wege ermittelt, indem mit dem Elektrometer die von *einzelnen* α-Strahlen erzeugten Ionenmengen bei verschiedenen Spannungen am Plattenkondensator bestimmt wurden.

Bei dem Vergleich der theoretischen Ansätze mit der Erfahrung mußte JAFFÉ bestimmte Annahmen über den Halbmesser der von einem α-Teilchen erzeugten Ionensäule machen. Übereinstimmung wurde erzielt, wenn der mittlere Abstand der Ionen von der Säulenachse im Anfangszustand für Luft $= 1{,}6 \cdot 10^{-3}$ cm gesetzt wurde. Dieser Wert ist etwa 100mal so groß als die mittlere freie Weglänge eines Ions und wäre schwer verständlich, wenn nur die unmittelbar von dem α-Teilchen getroffenen Moleküle ionisiert würden. In Wirklichkeit erfolgt aber die Ionisation durch ein α-Teilchen zu einem erheblichen Teil indirekt durch die an den Molekülen ausgelösten Elektronen (δ-Strahlen), deren Geschwindigkeit bis zu $4 \cdot 10^9$ cm/sec betragen kann (Ziff. 39). Der große Durchmesser einer Ionensäule findet dadurch eine ungezwungene Erklärung.

Die von JAFFÉ abgeleiteten Gleichungen können auch auf die Ionisation von *Flüssigkeiten* durch α-Strahlen angewandt werden. Nach Messungen von GREINACHER[2] und JAFFÉ[3] sind die Ionisationsströme in Flüssigkeiten, wenn durch α-Strahlen erzeugt, rund 1000mal, wenn durch β-Strahlen erzeugt, rund 10mal kleiner als in Gasen. Meßtechnisch verfuhr JAFFÉ in der Weise, daß er in einer an sich nicht leitenden Flüssigkeit Radiumemanation absorbierte und die Erhöhung der Leitfähigkeit bestimmte. Die beobachteten Unterschiede bei Flüssigkeiten gegenüber Gasen lassen sich allein auf die erhöhte Wiedervereinigung zurückführen, die durch die bei einer Flüssigkeit stark gesteigerte räumliche Ionendichte bedingt ist. Es liegt kein Grund zur Annahme vor, daß die Zahl der von einem α- oder β-Teilchen in Flüssigkeiten erzeugten Ionen kleiner wäre als in Gasen.

Über die Ionisation *fester* Stoffe durch α-Strahlen liegen nur wenige Messungen vor. SCHILLER[4] stellt fest, daß auch bei der beträchtlichen Feldstärke von $1{,}7 \cdot 10^6$ Volt/cm die Leitfähigkeit eines Glimmerblättchens von 0,035 mm Dicke (Dauerstrom ca. 10^{-8} Amp.) durch Bestrahlung mit 60 Millicurie RaC nur um rund 80% gesteigert werden konnte. Wenn also die α-Strahlen voll wirksam waren und ebenso stark ionisierten wie in einem Gas, so ist aus dem Versuch zu entnehmen, daß auch bei der angegebenen hohen Feldstärke nur ein kleiner Bruchteil der Ionen zu den Elektroden geführt wird. FOLMER[5] bestrahlte eine 0,2 mm dicke Schicht aus Paraffin, das vorher sorgfältig gereinigt und im Vakuum erhitzt war, mit den α-Strahlen eines Poloniumpräparats. Bei Beginn der Bestrahlung stieg der durch das Paraffin fließende Strom zunächst rasch an, fiel aber im Laufe von einigen Stunden nahezu wieder auf den ursprünglichen Wert ab. Nach längerer Bestrahlungspause (etwa 2 Tage) konnte der Versuch

[1] K. DIEBNER, Ann. d. Phys. Bd. 10, S. 947. 1931.
[2] H. GREINACHER, Phys. ZS. Bd. 10, S. 986. 1909; s. auch J. C. McLENNAN u. D. A. KEYS, Phil. Mag. Bd. 26, S. 876. 1913.
[3] G. JAFFÉ, Le Radium Bd. 10, S. 126. 1913.
[4] H. SCHILLER, ZS. f. techn. Phys. Bd. 6, S. 588. 1925.
[5] HERMINE FOLMER, Proc. Amsterdam Bd. 32, S. 759. 1929.

wiederholt werden. Es werden Gründe dafür vorgebracht, daß die beobachteten Effekte als wahre Ionisation des Paraffins und nicht etwa als Ionisation von Luftbläschen an den Elektroden zu deuten sind.

Bei quantitativen Messungen schwacher Radioaktivitäten spielen die Sättigungsschwierigkeiten oft eine erhebliche Rolle. Es sind daher zahlreiche Untersuchungen[1] ausgeführt worden, wie man durch Wahl geeigneter Versuchsbedingungen zu rasch ansteigenden Sättigungskurven gelangen kann. Es sei hier auf eine für meßtechnische Zwecke wichtige Arbeit von Hilda Fonovits[2] hingewiesen, die eine Kammer, bestehend aus zwei parallelen Platten von 20 cm Durchmesser und 4 cm Abstand benutzte. Poloniumpräparate sehr verschiedener Stärke wurden auf die untere Platte aufgelegt und jedesmal die Sättigungskurve aufgenommen. Die Stromstärke variierte dabei zwischen 1 und 2400 elektrostatischen Einheiten.

36. Abhängigkeit der Ionisationsstärke von der Geschwindigkeit. Bragg und Kleeman[3] haben als erste beobachtet, daß die Ionisation entlang einem parallelen Bündel homogener α-Strahlen mit der Entfernung von der Strahlenquelle anwächst und wenige Millimeter vor dem Ende der Reichweite einen maximalen Wert erreicht. Nach Überschreitung des Maximums fällt die Ionisation sehr schnell ab und ist am Ende der Reichweite nicht mehr nachweisbar. Ein Beispiel einer solchen „Braggschen Kurve" wurde bereits in Abb. 21 wiedergegeben. Die dort gezeichnete Kurve bezog sich auf die α-Strahlen von Radium C′, doch zeigen auch die Kurven für andere α-Strahler denselben charakteristischen Verlauf und lassen sich durch eine einfache Parallelverschiebung zur Deckung bringen. Würde man z. B. die Reichweite der α-Strahlen von Ra C′ ($R = 6{,}96$ cm) durch Einschaltung eines Glimmerblattes von 3,09 cm Luftäquivalent auf 3,87 cm reduzieren, so würde sich die Ionisationskurve von der entsprechenden Kurve von Polonium ($R = 3{,}87$ cm) nicht merklich unterscheiden. Bei sehr exakten Messungen würde man allerdings erkennen, daß das Maximum bei Radium C′ etwas breiter ist als bei Polonium. Dies rührt daher, daß im ersten Fall die α-Strahlen einen längeren Weg im Gas durchlaufen und darum auch die Streubreite (Ziff. 31) größer ist als im zweiten Fall.

Über den Verlauf der Ionisationskurve in Luft liegen zahlreiche Messungen vor, die allerdings recht beträchtlich voneinander abweichen. Am zuverlässigsten dürfte wohl die Kurve von Henderson[4] sein, dessen Versuchsanordnung etwa der Abb. 22, S. 192, entspricht. Eine von Curie und Béhounek[5] aufgenommene Kurve liegt allerdings in ihrem ersten Teil (d. h. zwischen Strahlenquelle und Maximum) erheblich über der Kurve von Henderson.

Tabelle 20 gibt in Spalte 4 für die ersten 6 cm der Bahn das Ionisierungsvermögen eines α-Teilchens nach den Messungen von Henderson, berechnet unter Benutzung des Wertes von $2{,}20 \cdot 10^5$ für die Gesamtzahl der von einem Ra C′-α-Teilchen erzeugten Ionen (Ziff. 37). Für das Ende der Reichweite kann eine entsprechende Rechnung nicht durchgeführt werden, da die Reichweitestreuung dort viel zu groß ist, als daß aus dem Verlauf der Braggschen Kurve auf das Verhalten des Einzelteilchen geschlossen werden könnte. Aus Analogie

---

[1] E. Regener, Verh. d. D. Phys. Ges. Bd. 13, S. 1065. 1911; St. Meyer u. V. E. Hess, Wiener Ber. Bd. 120, S. 1187. 1911.

[2] Hilda Fonovits, Wiener Ber. Bd. 128, S. 761. 1919; s. auch G. Richter, ebenda Bd. 128, S. 539. 1919.

[3] W. H. Bragg u. R. D. Kleeman, Phil. Mag. Bd. 8, S. 726. 1904; Bd. 10, S. 318, 600. 1905.

[4] G. H. Henderson, Phil. Mag. Bd. 42, S. 538. 1921.

[5] I. Curie u. F. Béhounek, Journ. de phys. et le Radium Bd. 7, S. 125. 1926; s. auch I. Curie u. F. Joliot, C. R. Bd. 187, S. 43. 1928.

zu den Erfahrungen bei Kathodenstrahlen und H-Kanalstrahlen ist allerdings zu erwarten, daß auch das Ionisierungsvermögen des einzelnen α-Teilchens mit abnehmender Geschwindigkeit durch ein Maximum geht[1]. Doch dürfte dieses Maximum bei merklich kleineren Geschwindigkeiten liegen als das Maximum der BRAGGschen Kurve. Nach Versuchen von FEATHER und NIMMO[2], welche die Nebelspuren von α-Strahlen am Ende ihrer Bahn lichtelektrisch photometrierten, liegt das Maximum in Luft bei einer Restreichweite von 3 mm, in

Tabelle 20. Zahl der von einem α-Teilchen pro mm Bahnlänge erzeugten Ionen.

1	2	3	4
Abstand von Strahlenquelle	Reichweite	Relative Geschwindigkeit	Ionenzahl pro mm Bahn
0 cm	6,96 cm	1,000	1970
1,0 ,,	5,96 ,,	0,950	2180
2,0 ,,	4,96 ,,	0,893	2420
3,0 ,,	3,96 ,,	0,829	2710
4,0 ,,	2,96 ,,	0,753	3100
4,5 ,,	2,46 ,,	0,702	3380
5,0 ,,	1,96 ,,	0,656	3760
5,5 ,,	1,46 ,,	0,595	4440
6,0 ,,	0,96	0,518	5520

Helium und Wasserstoff sogar bei noch kürzeren Reichweiten. Nach ALPER[3], der ebenfalls mit der Wilsonkammer, aber bei sehr niedrigen Drucken arbeitet (Ziff. 39), ist eine deutliche Abnahme der Ionisationsdichte erst im letzten Millimeter der Bahn zu bemerken. Daraus wird geschlossen, daß das einzelne α-Teilchen sein Ionisierungsmaximum etwa 2,5 bis 1,5 mm vor dem Ende der Reichweite besitzt.

Andererseits geben BLACKETT und LEES[4] — allerdings unter Vorbehalt — auf Grund der BRIGGSschen Messungen (Ziff. 23) eine beträchtlich größere Restreichweite für das Maximum, nämlich 6,0 mm. Auch der halbtheoretische Wert von CURIE[5], nämlich 4,6 mm, liegt relativ hoch.

In anderen Gasen als Luft zeigt die Ionisationskurve einen wesentlich verschiedenen Verlauf. Zur Orientierung über die Unterschiede sind in Abb. 37 drei von TAYLOR[6] aufgenommene Kurven eingezeichnet, bei denen zur Er

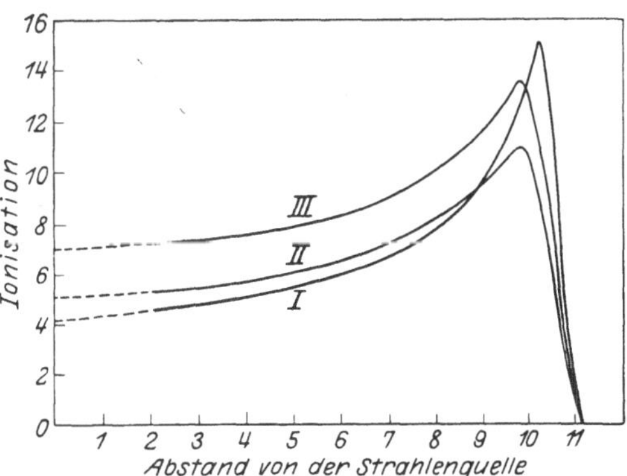

Abb. 37. Ionisationskurven in verschiedenen Gasen.
I Methan, *II* Äthylchlorid, *III* Schwefelkohlenstoff.

zielung möglichst gleichartiger Bedingungen der Gasdruck jedesmal so gewählt war, daß die α-Strahlen stets dieselbe Reichweite von 11,1 cm besaßen. Weitere Kurven für eine große Zahl von Gasen findet man bei GIBSON und GARDINER und bei GIBSON und EYRING[7]: aber auch aus den Ionisationsmessungen von HESS und HORNYAK[8] kann auf die recht erheblichen Unterschiede in den BRAGGschen Kurven bei verschiedenen Gasen geschlossen werden.

---

[1] Vgl. hierzu Kap. 1, S. 60, des vorliegenden Bandes.
[2] N. FEATHER u. R. R. NIMMO, Proc. Cambridge Phil. Soc. Bd. 24, S. 139. 1928.
[3] T. ALPER, ZS. f. Phys. Bd. 76, S. 172. 1932.
[4] P. M. S. BLACKETT u. D. S. LEES, Proc. Roy. Soc. London (A) Bd. 134, S. 663. 1932.
[5] I. CURIE, Ann. d. phys. Bd. 3, S. 299. 1925.
[6] T. S. TAYLOR, Phil. Mag. Bd. 21, S. 571. 1911; Bd. 24, S. 296. 1912; Bd. 26, S. 402. 1913; s. auch F. HAUER, Wiener Ber. Bd. 131, S. 583. 1922.
[7] G. E. GIBSON u. E. W. GARDINER, Phys. Rev. Bd. 30, S. 543. 1927; G. E. GIBSON u. H. EYRING, ebenda Bd. 30, S. 553. 1927.
[8] V. F. HESS u. MARIA HORNYAK, Wiener Ber. Bd. 129, S. 661. 1920.

37. Zahl der von einem α-Teilchen erzeugten Ionen. Die Gesamtzahl der Ionen, die ein α-Teilchen bis zur völligen Absorption in Luft zu erzeugen vermag, ist mehrfach bestimmt worden[1]. Die Schwierigkeiten einer exakten Bestimmung liegen einmal in der Festlegung der Zahl der wirksamen Strahlen, andererseits in der Erzielung eines vollkommen gesättigten Ionisationsstromes. Geiger vermied die zweite Schwierigkeit, indem er die Messung bei reduziertem Gasdruck derartig ausführte, daß nur ein kleiner, genau bestimmbarer Bruchteil der Reichweite jedes α-Teilchens in der Meßkammer zur Geltung kam. Aus dem bekannten Verhältnis der auf diesen Bruchteil der Reichweite entfallenden Ionisation zur Gesamtionisation ergab sich die Gesamtzahl aller erzeugten Ionen. Die Zahl der wirksamen α-Teilchen wurde dabei aus der γ-Strahlung des Präparates (RaC') berechnet. Bei den Messungen von Taylor und Fonovits wurde der Ionisationsstrom unmittelbar in Luft gemessen, während die wirksame Teilchenzahl durch Szintillationszählung bzw. durch γ-Strahlmessung bestimmt wurde. Legt man bei den Messungen von Geiger und von Fonovits für die Elementarladung den Wert $4{,}774 \cdot 10^{-10}$ elektrostat. Einh. und für die Zahl der pro Gramm Radium und Sekunde emittierten α-Teilchen den Wert $3{,}7 \cdot 10^{10}$ zugrunde, so ergibt sich die Zahl der von einem RaC'-α-Teilchen auf seiner ganzen Bahn erzeugten Ionenpaare in naher Übereinstimmung zu $2{,}20 \cdot 10^{5}$. Bei der Umrechnung des Geigerschen Wertes mußte auch berücksichtigt werden, daß die benutzte Radiumnormale noch nicht an den internationalen Standard angeschlossen war[2]. Auch die neueren Messungen von Curie und Joliot[3] führten zu dem gleichen Wert. Die von Greinacher[4] beobachteten Schwankungen in der Ionenmenge eines einzelnen α-Teilchens, die weit über die statistische Erwartung hinausgehen, dürften wohl auf Sekundäreffekte zurückzuführen sein.

Setzt man, was jedenfalls in erster Näherung zutrifft, das Ionisierungsvermögen auf einem kleinen Stück der Bahn der dort von dem α-Strahl verausgabten Energie proportional, so läßt sich die Ionenzahl, welche ein α-Strahl der Reichweite R insgesamt erzeugt, aus der Reichweiteformel (Ziff. 24) berechnen. Man erhält

$$k = 6{,}3 \cdot 10^{4} \cdot R_0^{2/3}.$$

Beispielsweise findet man hieraus für Polonium ($R_0 = 3{,}67$ cm) $1{,}49 \cdot 10^{5}$. Direkte Messungen von Bianu[5] und Grégoire[6], die aber nicht so sicher sein dürften wie der berechnete Wert, führten auf $1{,}58 \cdot 10^{5}$ bzw. $1{,}53 \cdot 10^{5}$. Ziegert[7] mißt mit dem Hoffmannschen Elektrometer die Stromstöße einzelner α-Teilchen von Uran I, Uran II und Radium und findet die Ionisierungszahlen $1{,}16 \cdot 10^{5}$, $1{,}29 \cdot 10^{5}$ und $1{,}36 \cdot 10^{5}$. Genau dieselben Werte ergeben sich aus obiger Gleichung. Eine unmittelbare Auszählung der von einem α-Teilchen erzeugten Ionen hat Klemperer[8] mit Hilfe der Nebelkammer versucht.

Die Energie eines α-Teilchens von Radium C' beträgt $7{,}67 \cdot 10^{6}$ e-Volt, so daß also auf jedes erzeugte Ionenpaar ein Betrag von nahezu 35 e-Volt entfällt. Da die Ionisierungsspannungen von Stickstoff und Sauerstoff bei 16 bzw.

[1] E. Rutherford, Phil. Mag. Bd. 10, S. 193. 1905; H. Geiger, Proc. Roy. Soc. London (A) Bd. 82, S. 486. 1909; T. S. Taylor, Phil. Mag. Bd. 23, S. 670. 1912; H. Fonovits-Smereker, Wiener Ber. Bd. 131, S. 355. 1922.

[2] Vgl. hierzu E. Rutherford, Phil. Mag. Bd. 28, S. 320. 1914.

[3] I. Curie u. F. Joliot, C. R. Bd. 186, S. 1722. 1928; Bd. 187, S. 43. 1928.

[4] H. Greinacher, ZS. f. Phys. Bd. 44, S. 319. 1927; A. Piccard u. E. Stahel, Helv. Phys. Acta Bd. 1, S. 437. 1928; auch H. Greinacher, ebenda Bd. 1, S. 534. 1928.

[5] V. Bianu, Bull. Acad Roumaine Bd. 9, S. 115. 1925.

[6] Grégoire, C. R. Bd. 193, S. 42. 1931.

[7] H. Ziegert, ZS. f. Phys. Bd. 46, S. 668. 1928.

[8] O. Klemperer, ZS. f. Phys. Bd. 45, S. 225. 1927.

13 Volt liegen, ergibt sich, daß nur etwa die Hälfte der von einem α-Strahl beim Durchgang durch Luft verausgabten Energie zur Ionisierung des Gases verwandt wird. Die restliche Energie wird von den Molekülen wahrscheinlich als kinetische Energie, als Dissoziationsenergie oder als Anregungsenergie übernommen. Daß Anregung in erheblichem Maße stattfindet, zeigen die Versuche von GREINACHER[1], der auf photographischem Wege beim Durchgang von α-Strahlen durch Luft und andere Gase eine Ultraviolettstrahlung feststellte, die aber nicht als Rekombinationsleuchten gedeutet werden konnte, da sie mit und ohne elektrisches Feld gleich stark auftrat.

Über die in verschiedenen Gasen erzeugte Ionisation erhält man Aufschluß durch die Messungen von GURNEY[2]. Bei seinen Versuchen traten α-Strahlen bestimmter Energie in eine Ionisationskammer ein, die mit dem zu untersuchenden Gas gefüllt war. Der in dieser Kammer fließende Ionisationsstrom wurde gemessen, nachdem der Druck so einreguliert war, daß die α-Strahlen in dem Gas gerade vollständig absorbiert wurden. Man erhielt so für verschiedene Gase die durch dieselbe α-Energie erzeugte Ionisation. Tabelle 21 enthält in Spalte 2

Tabelle 21. Ionisation verschiedener Gase durch α-Strahlen von einer Restreichweite von 7 mm.

| | 1 | 2 | 3 | 4 |
	Gasart	Relative Ionisation; Luft = 1	Ionisierungsspannung	Energieaufwand pro Ionenpaar
Einatomige Gase	Helium	1,26	24,5 Volt	27,6 e-Volt
	Neon	1,28	21,5	27,2
	Argon	1,38	15,7	25,2
	Krypton	1,53	13,3	22,8
	Xenon	1,68	11,4	20,7
Zweiatomige Gase	Wasserstoff	1,07	15,8	32,5
	Stickstoff	0,98	15,8	35,6
	Sauerstoff	1,08	12,5	32,2

die relativen Ionisationswerte bezogen auf Luft als Einheit, und zwar gemessen an α-Strahlen mit einer Restreichweite in Luft von 7 mm. Man ersieht, daß bei den einatomigen Gasen die Ionisation in regelmäßiger Weise mit der Ordnungszahl zunimmt. Daran würde sich auch nichts ändern, wenn die Messungen für größere α-Strahlenenergie ausgeführt würden, da das Ionisierungsvermögen für die verschiedenen Edelgase nahezu dieselbe Abhängigkeit von der Restreichweite zeigt. In dem Anstieg der Ionisierung mit der Ordnungszahl läßt sich der Einfluß der Ionisierungsspannung erkennen, die bei den Edelgasen mit wachsender Ordnungszahl abnimmt (Spalte 3). Auch ersieht man durch Vergleich mit den Messungen an H_2, N_2, O_2, daß bei den Edelgasen ein erheblich größerer Teil der zur Verfügung stehenden α-Energie als Ionisationsenergie verzehrt wird als bei den zweiatomigen Gasen.

38. Doppelionisation. Bei den bisherigen Betrachtungen war angenommen worden, daß das α-Teilchen auf seiner Bahn nur einfach, nicht mehrfach geladene Ionen erzeugt. Dieser Punkt bedarf noch der Aufklärung, namentlich mit Rücksicht auf die Erfahrungen bei Kanalstrahlen, wo bekanntlich mehrfach geladene Ionen in großer Zahl beobachtet werden. MILLIKAN, GOTTSCHALK und KELLY[3]

---

[1] H. GREINACHER, ZS. f. Phys. Bd. 47, S. 344. 1928; dort auch ältere Literatur über das Leuchten der Gase unter der Einwirkung von α-Strahlen.

[2] R. W. GURNEY, Proc. Roy. Soc. London (A) Bd. 107, S. 332. 1925. Anm. bei der Korrektur: s. a. M. MÄDER, ZS. f. Phys. Bd. 77, S. 601. 1932.

[3] R. A. MILLIKAN, V. H. GOTTSCHALK u. M. J. KELLY, Phys. Rev. Bd. 15, S. 157. 1920.

haben diese Frage unter Verwendung der Öltröpfchenmethode zu klären gesucht. Ein sehr kleiner, positiv geladener Tropfen wird im elektrischen Feld schwebend erhalten, während α-Strahlen unterhalb des Tropfens durch die auf einen Gasdruck von 4 bis 10 cm Hg evakuierte Kammer hindurchfliegen. Ein Molekül, das gerade unterhalb des Tropfens durch ein α-Teilchen ionisiert wird, wird sofort durch das elektrische Feld in die Höhe gerissen, bleibt an dem Tropfen hängen und vergrößert dessen positive Ladung. Aus der Geschwindigkeitsänderung des Tropfens im elektrischen Felde ergibt sich unmittelbar die Größe der Ladung des Ions. Im ganzen wurden in der beschriebenen Weise 2900 Ionen an Öltröpfchen eingefangen und ihre Ladungen gemessen. Nur in 5 Fällen wurden Doppelladungen beobachtet, jedoch in keinem Fall eine dreifache oder höhere Ladung. Auch von den fünf beobachteten Doppelladungen konnte nicht mit Bestimmtheit gesagt werden, ob sie nicht in der Weise entstanden waren, daß zwei einfach geladene Ionen gleichzeitig auf den Tropfen gelangt waren. Jedenfalls geht aus den Versuchen hervor, daß bei α-Strahlen in mindestens 99% aller Ionisationsprozesse nur einfach geladene Ionen entstehen. Wilkins[1] hat die Millikanschen Versuche fortgesetzt und glaubt, in Helium Doppelionisationen mit Sicherheit nachgewiesen zu haben. Bei zahlreichen anderen Gasen, die er ebenfalls untersucht hat, wurden Doppelionisationen nicht beobachtet.

Neuerdings hat Gerhard Schmidt[2] mit einer Apparatur, die der Millikanschen im wesentlichen nachgebildet war, die Versuche in abgeänderter Form wieder aufgenommen. Gemessen wurden die Umladungen, welche dasselbe Öltröpfchen durch die Ionen erfuhr, welche vorbeifliegende α-Strahlen aus Polonium erzeugten. Die Zahl der α-Strahlen war dabei so einreguliert, daß das durchschnittliche Intervall zwischen zwei Ladungsänderungen des Tröpfchens rund 100 Sekunden betrug. Unter solchen Bedingungen konnte ein und dasselbe Tröpfchen bis zu mehreren Stunden im Gesichtsfeld gehalten werden. Insgesamt wurden in Luft 6337 Umladungen beobachtet; davon waren 6294 einfache und 43 doppelte Umladungen, und zwar 24 positive und 19 negative. Da aber zu berücksichtigen war, daß zwei innerhalb von $1/_2$ Sekunde oder rascher aufeinanderfolgende Umladungen nicht unterschieden werden konnten von einer solchen Umladung, die durch Anlagerung eines doppelt geladenen Ions entstanden war, so war die maximale Zahl wirklicher Doppelumladungen nicht höher als 0,17% einzuschätzen. Jedenfalls zeigen auch diese Versuche, daß die α-Strahlen, wenn überhaupt, nur in äußerst vereinzelten Fällen doppelt geladene Ionen erzeugen.

39. Sekundäre Elektronenstrahlen (δ-Strahlen). Treffen die α-Strahlen auf feste Körper auf, so werden dort langsame Elektronenstrahlen, sog. δ-Strahlen, ausgelöst[3]. Die Untersuchungen über die Natur dieser Strahlen wurden anfänglich fast durchweg in folgender Weise ausgeführt: In einem evakuierten Gefäß stehen sich zwei Platten gegenüber, von denen die eine A mit Polonium (oder einer anderen radioaktiven Substanz) bedeckt ist, während die zweite B als Empfänger für die von der Poloniumplatte ausgehende Strahlung dient. Es wird dann die der Platte B zufließende Ladung als Funktion des zwischen den Platten herrschenden elektrischen und magnetischen Feldes bestimmt. Diese Ladung setzt sich zusammen: a) aus der positiven Ladung der auffallenden α-Strahlen, b) aus der negativen Ladung der an A entstehenden und an B absorbierten δ-Strahlen und c) aus der positiven Ladung, die daraus resultiert, daß δ-Strahlen die Platte B verlassen. Durch Anwendung von Feldern geeigneter

---

[1] T. R. Wilkins, Phys. Rev. Bd. 19, S. 210. 1922.
[2] Gerhard Schmidt, ZS. f. Phys. Bd. 72, S. 275. 1931.
[3] Zuerst beobachtet von J. J. Thomson, Proc. Cambridge Phil. Soc. Bd. 13, S. 49. 1905; und unabhängig davon von E. Rutherford, Phil. Mag. Bd. 10, S. 193. 1905.

Stärke und Richtung lassen sich die verschiedenen Ladungseffekte voneinander trennen. Die nach diesem Prinzip ausgeführten Messungen[1] haben zu folgenden Ergebnissen geführt:

Die δ-Strahlen bestehen aus Elektronen, was durch e/m-Messungen erwiesen wird[2].

Die Zahl der von einem α-Teilchen zur Emission gebrachten δ-Strahlen ist von der Natur des Metalles praktisch unabhängig. Dagegen nimmt die Zahl der δ-Strahlen mit abnehmender Geschwindigkeit der α-Strahlen zu, und zwar in analoger Weise wie die Ionisation bei der BRAGGschen Kurve.

Über die absolute Zahl der an einer Metallfläche von einem α-Teilchen ausgelösten δ-Strahlen (3 bis 30) gehen die Literaturangaben weit auseinander. Wahrscheinlich kommt dieser Zahl auch nur eine untergeordnete Bedeutung zu, da bei der δ-Emission die Gasbeladung des Metalles — ebenso wie bei dem lichtelektrischen Effekt — eine sehr erhebliche Rolle spielt. So konnten McLENNAN und FOUND[3] an einer Zinkoberfläche, die durch Destillation im Vakuum hergestellt war, zunächst keine δ-Emission unter der Einwirkung von α-Strahlen feststellen; wenn aber die Oberfläche allmählich Gase absorbierte, so traten in wachsendem Maße auch δ-Strahlen wieder auf.

Die Geschwindigkeiten, mit der die einzelnen δ-Strahlen emittiert werden, sind sehr verschieden. Jedoch ist die Verteilungskurve, welche die Häufigkeit des Vorkommens als Funktion der Geschwindigkeit darstellt, von der Geschwindigkeit der erregenden α-Strahlen nur wenig abhängig. BECKER gibt an, daß Geschwindigkeiten, die ungefähr der von 2-Volt-Strahlen entsprechen, am häufigsten vorkommen, daß aber Strahlen, die schneller sind als 15-Volt-Strahlen, höchstens 1% der Gesamtstrahlung ausmachen.

Bei diesen auf Ladungsmessung basierenden Versuchen treten die schnellen Strahlen ganz zurück gegenüber den langsamen, die an Zahl stark überwiegen. Andererseits kommt aber gerade den schnellen Strahlen aus stoßtheoretischen Gründen ein besonderes Interesse zu. Zu ihrer Untersuchung eignet sich in hohem Maße die WILSONsche Nebelkammer; denn die in einer solchen Kammer erzeugte α-Bahn erscheint insbesondere dann, wenn sie bei reduziertem Druck aufgenommen ist, nicht mehr als einfache Nebellinie, sondern läßt feine sekundäre Ionisationsbahnen erkennen, die von der Hauptbahn nach verschiedenen Richtungen hin abzweigen (Abb. 38 nach ALPER). Diese Zweigbahnen zeigen die charakteristischen Merkmale von Elektronenbahnen (Streuung, Verdickung des Bahnendes) und sind als die δ-Strahlen anzusprechen. Quantitative Messungen an diesen schnellsten δ-Strahlen sind von CHADWICK und EMELÉUS[4], AUGER[5] und ALPER[6] bei reduziertem Druck bzw. Wasserstoffüllung durchgeführt worden, um so eine möglichst weitgehende Auflösung der α-Bahn zu erreichen. Am weitesten kam wohl ALPER, der eine Unterdruckkammer konstruierte, in der er bei Luftfüllung eine 20fache, bei Heliumfüllung eine 50fache Vergrößerung der α-Bahn erzielen konnte. In ihrer Gesamtheit zeigen diese Versuche, daß die

[1] Ältere Literatur im Bericht von F. HAUSER, Jahrb. d. Radioakt. Bd. 10, S. 445. 1913; s. ferner L. WERTENSTEIN, Le Radium Bd. 9, S. 6. 1912; H. A. BUMSTEAD, Phil. Mag. Bd. 26, S. 233. 1913; Phys. Rev. Bd. 8, S. 715. 1916; B. BIANU, Le Radium Bd. 11, S. 230. 1919; D. BOSE, ZS. f. Phys. Bd. 12, S. 207. 1923; W. D. HARKINS u. R. W. RYAN, Journ. Amer. Chem. Soc. Bd. 45, S. 2095. 1923; C. T. R. WILSON, Proc. Cambridge Phil. Soc. Bd. 21, S. 405. 1923; A. BECKER, Ann. d. Phys. Bd. 75, S. 217, 781. 1924.
[2] Siehe Bericht von N. R. CAMPBELL, Jahrb. d. Radioakt. Bd. 9, S. 419. 1912.
[3] J. C. McLENNAN u. C. G. FOUND, Phil. Mag. Bd. 30, S. 491. 1915; S. MATTHES, Ann. d. Phys. Bd. 2, S. 631. 1929.
[4] J. CHADWICK u. K. G. EMELÉUS, Phil. Mag. Bd. 1, S. 1. 1926.
[5] P. AUGER, Journ. de phys. et le Radium Bd. 7, S. 65. 1926.
[6] T. ALPER, ZS. f. Phys. Bd. 76, S. 172. 1932.

elementare klassische Stoßtheorie (vgl. Kap. 1, Ziff. 2 ds. Bandes) ein befriedigendes Bild von der Entstehung der δ-Strahlen zu geben vermag.

Chadwick und Eméléus zeigen an Hand zahlreicher Aufnahmen, daß die Zahl der von einem α-Teilchen pro Zentimeter seiner Bahn erzeugten δ-Strahlen, soweit sie deutlich aus der Nebelbahn des α-Teilchens heraustreten, etwa 10 beträgt, und daß sich diese Zahl bis etwa 3 cm vor dem Reichweitenende nur wenig ändert. Von hier an nimmt, der stoßtheoretischen Erwartung entsprechend, die Zahl sehr rasch ab, so daß in den letzten beiden Zentimetern der Bahn praktisch überhaupt keine δ-Strahlen mehr beobachtet werden konnten. Eine gleichartige Verteilung der δ-Strahlen wurde bei allen untersuchten Gasen (Luft, Wasserstoff, Helium, Argon) beobachtet. Alper gelang es, infolge des großen Auflösungs-

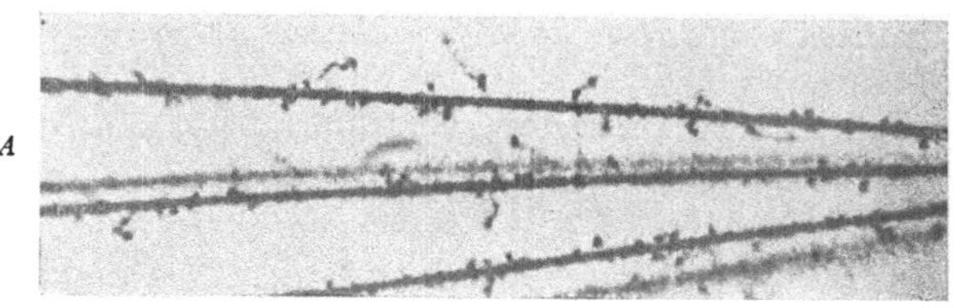

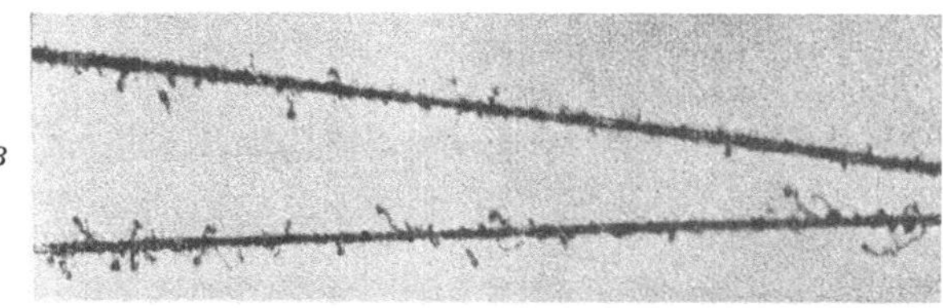

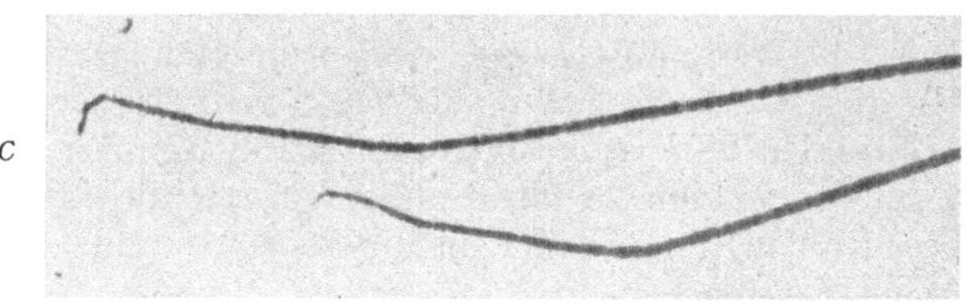

Abb. 38. α-Bahnen mit δ-Strahlen nach Alper.

A: Luft; α-RW 6,96 cm; auf Bild sichtbare Strecke 0,42 cm Luftäquiv.
B: Helium; α-RW 3,92 cm; auf Bild sichtbare Strecke 0,16 cm Luftäquiv.
C: Helium; Reichweitenende; obere Bahnlänge 0,15 cm Luftäquiv.

vermögens seiner Kammer δ-Strahlen noch bei einer α-Restreichweite von 1,42 cm stereomikrometrisch auszumessen. Man vergleiche hierzu die in Abb. 38 wiedergegebenen Aufnahmen in Helium, von denen die unterste zwei α-Bahnen ganz am Ende der Reichweite zeigt. δ-Strahlen können hierauf nicht mehr erkannt werden.

Für einen quantitativen Vergleich zwischen dem experimentellen und stoßtheoretischen Befund ist es von Wichtigkeit, aus der gemessenen Reichweite eines δ-Strahls dessen Anfangsgeschwindigkeit berechnen zu können. Alper ermittelte den gesuchten Zusammenhang in der Weise, daß er einerseits an verschiedenen Stellen der α-Bahn die maximale Reichweite der δ-Strahlen bestimmte, andererseits für diese Strahlen maximaler Reichweite die Geschwindigkeit aus dem Impulssatz errechnete. Dies ist möglich, da bei einem δ-Strahl maximaler

Abb. 39. Geschwindigkeit der δ-Strahlen als Funktion ihrer Reichweite.

Reichweite das Elektron zentral getroffen wird und daher wegen seiner gegenüber dem α-Strahl zu vernachlässigenden Masse gerade die doppelte Geschwindigkeit des stoßenden α-Teilchens besitzen muß (Ziff. 45). Diese ist aus den Briggsschen Messungen mit genügender Genauigkeit bekannt (Ziff. 23). Abb. 39 zeigt die gefundene Kurve; die Messungen reichen bis zu $v_\delta = 2,18 \cdot 10^9$ cm/sec und $R_\delta = 0,10$ mm herab. Die Extrapolation auf Reichweite Null stützt sich auf die Annahme, daß ein δ-Strahl dann diese Reichweite haben muß, wenn seine

kinetische Energie nicht mehr zur Erzeugung eines Ions ausreicht; das ist der
Fall für $v_\delta = 3{,}5 \cdot 10^8$ cm/sec. Die Kurve selbst schließt befriedigend an die im
Gebiet größerer Energie vorliegenden Messungen an.

Auf Grund einer Ausmessung von etwa 1000 δ-Bahnen und mit Hilfe des
in Abb. 39 dargestellten Zusammenhangs zwischen Reichweite und Geschwindigkeit sind die in Abb. 40 wiedergegebenen Kurven gewonnen, welche sich auf drei
α-Strahlgruppen verschiedener Geschwindigkeit stützen. Diese Kurven geben die
Zahl der δ-Bahnen, welche in Normalluft auf einen Millimeter der α-Bahn entfallen, als Funktion ihrer Energie E_δ wieder. Man sieht, daß nur durch schnelle
α-Strahlen energiereiche δ-Strahlen entstehen. Was die untere Energiegrenze anlangt, so erstrecken sich die Messungen
bis zu 200 e-Volt, was in dem benutzten Helium-Wasserdampf-Gemisch
einer gerade noch meßbaren Reichweite von 0,016 mm Luftäquivalent
entsprach. Die Kurven steigen aber
mit abnehmender Energie sehr rasch
an und lassen in Übereinstimmung
mit der Theorie vermuten, daß langsame δ-Strahlen sehr häufig sind. Aus
den Kurven ist ferner abzulesen, daß
die Sekundärionisation, soweit sie
von δ-Strahlen größerer Energie als
200 e-Volt herrührt, mit abnehmender
Reichweite der α-Strahlen abnimmt.

Wie auf Grund des Impulssatzes
zu erwarten ist, zeigen die schnellsten
δ-Strahlen vor allem in den leichten
Gasen eine anfängliche Flugrichtung,

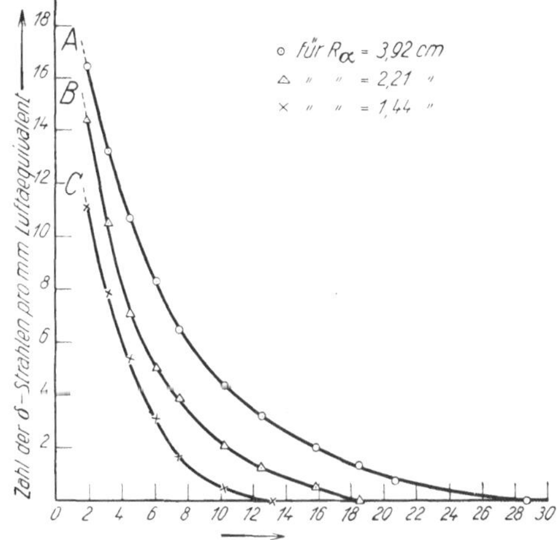

Abb. 40. Zahl der δ-Strahlen als Funktion ihrer Energie.

die mit der Richtung der α-Strahlen zusammenfällt. Allerdings behalten sie infolge der Streuung, die sie beim Durchgang durch das Gas erfahren, diese ursprüngliche Richtung nur für kurze Strecken bei.

40. Umladungen von α-Strahlen. In Analogie zu den Kanalstrahlen war
zu erwarten, daß auch die α-Strahlen Umladungen erfahren müßten, wenn sie
Materie durchsetzen, wenigstens bei kleinen Geschwindigkeiten. Es gelang aber
erst 1922 HENDERSON[1], zu zeigen, daß ein solcher Effekt wirklich existiert.
Er ließ ein durch einen engen Spalt begrenztes Bündel langsamer α-Strahlen auf
eine photographische Platte (Schumannplatte) auffallen und beobachtete die
Ablenkung des Strahlenbündels unter der Einwirkung eines magnetischen Feldes.
Bei höchstem Vakuum, aber auch nur dann, zeigte sich außer der Hauptlinie,
welche von den abgelenkten, doppelt geladenen α-Strahlen (He_{++}) herrührte,
noch eine zweite Linie, die nur eine halb so große Ablenkung erfahren hatte
als die Hauptlinie und durch einfach geladene α-Strahlen (He_+) entstanden
sein mußte. Je geringer die Geschwindigkeit der α-Strahlen, desto deutlicher
war die He_+-Linie im Vergleich zur He_{++}-Linie, und bei der allerkleinsten Geschwindigkeit zeigte sich schließlich noch eine unabgelenkte Linie, welche neutralen α-Teilchen (He_0) zugeschrieben werden mußte. Man sieht also, daß das
α-Teilchen, das an sich nur aus einem nackten Heliumkern besteht, beim Durchgang durch die absorbierenden Atome gelegentlich ein Elektron, manchmal
sogar noch ein zweites, aufzunehmen vermag. Aus dem Folgenden ergibt sich,

[1] G. H. HENDERSON, Proc. Roy. Soc. London (A) Bd. 102, S. 496. 1923.

daß diese Elektronen bald wieder abgestoßen werden, und daß sich Aufnahme und Abgabe von Elektronen auf der ganzen Wegstrecke eines α-Teilchens viele hundertmal wiederholen. Die theoretische Deutung dieser Vorgänge bietet Schwierigkeiten[1].

In quantitativer Weise und unter Benutzung der Szintillationsmethode sind die Umladungen von Rutherford[2] untersucht worden. Aus seinen Versuchen ergibt sich unmittelbar das Verhältnis N_+/N_{++}, d. h. $\dfrac{\text{Zahl der He}_+\text{-Teilchen}}{\text{Zahl der He}_{++}\text{-Teilchen}}$ in einem Strahlenbündel bestimmter Geschwindigkeit, außerdem die mittlere Weglänge λ_+ der He$_+$-Teilchen. Ist aber für eine bestimmte Geschwindigkeit sowohl λ_+ wie auch das Verhältnis N_+/N_{++} bekannt, so findet man ohne weiteres λ_{++} (die mittlere Weglänge der He$_{++}$-Teilchen), da für eine kurze Wegstrecke, über die die Geschwindigkeit der Strahlen sich nicht merklich ändert, die Beziehung gelten muß: $N_+/N_{++} = \lambda_+/\lambda_{++}$. Entsprechendes müßte auch für die Übergänge He$_+$ → He$_0$ und He$_0$ → He$_+$ gelten, aber hier macht die geringe Geschwindigkeit der He$_0$-Strahlen quantitative Messungen unmöglich.

a) *Bestimmung von N_+/N_{++}.* Die Strahlenquelle (Abb. 41) bestand aus einem feinen, senkrecht zur Zeichenebene liegenden Platindraht W, der mit RaB + C überzogen war und sich in einer hoch evakuierten Kammer K befand. Durch den parallel zum Draht W liegenden Spalt S wurde ein schmales Strahlenbündel ausgeblendet, das auf einen an der Innenseite der Glasplatte P be-

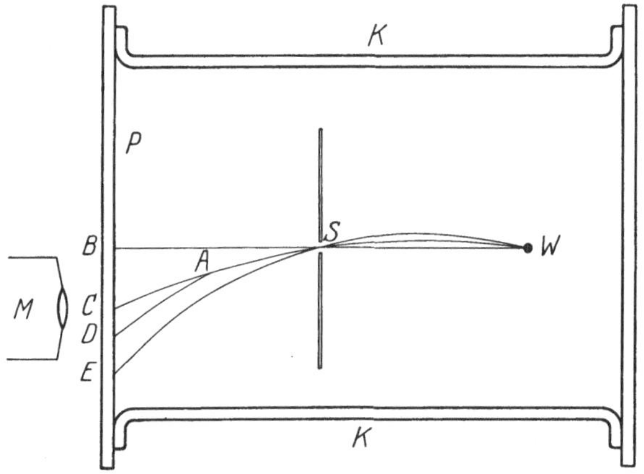

Abb. 41. Anordnung zur Zählung der einfach und doppelt geladenen α-Teilchen nach Rutherford.

festigten Zinksulfidschirm bei B auftraf. Das zur Beobachtung dienende Mikroskop M war längs einer Teilung verschiebbar, so daß die Szintillationen auch bei C, D, E beobachtet werden konnten, wenn sie durch ein Magnetfeld dorthin abgelenkt wurden.

Abb. 42 zeigt die relative Häufigkeit der He$_{++}$, He$_+$ und He$_0$-Teilchen in einem Strahlenbündel bei verschiedenen Geschwindigkeiten, nämlich für Restreichweiten von 3,6 bzw. 1,2 bzw. 0,46 cm. Zur Erzielung dieser Reichweiten waren dicht vor dem Platindraht Glimmerblättchen geeigneter Dicke eingeschaltet. Man sieht, wie rasch sich die Intensitäten in den drei Linien verschieben, wenn die Geschwindigkeit des Strahlenbündels abnimmt. Bei Kurve a hat die He$_+$-Linie eine Intensität, die kaum mehr als 1 % der He$_{++}$-Linie beträgt, während He$_0$-Teilchen überhaupt noch nicht auftreten; bei Kurve c ist die He$_+$-Linie an Intensität mit der He$_{++}$-Linie vergleichbar, auch die He$_0$-Linie tritt deutlich heraus. Allerdings werden die Linien bei kleiner Strahlgeschwindigkeit erheblich breiter, aber dies erklärt sich ungezwungen durch die ungleiche Absorption, welche die α-Strahlen beim Durchgang durch den Glimmer erleiden.

Durch Messung der Ablenkung in einem elektrischen Feld wurde ferner festgestellt, daß sich die Teilchen der He$_+$-Linie von denen der He$_{++}$-Linie nur

---

[1] L. H. Thomas, Proc. Roy. Soc. London (A) Bd. 114, S. 561. 1927; J. R. Oppenheimer, Phys. Rev. Bd. 31, S. 349. 1928.

[2] E. Rutherford, Phil. Mag. Bd. 47, S. 277. 1924.

in dem e/m-Wert, der halb so groß ist, nicht aber in ihrer Geschwindigkeit unterscheiden. Man darf daraus schließen, daß die He_+-Linie, der Bezeichnung entsprechend, durch einfach geladene Heliumatome entsteht, also durch Heliumkerne, die ein Elektron aufgenommen haben. Wenn aber die Existenz so schnell fliegender, einfach geladener Heliumatome zugegeben werden muß, so ist es nur natürlich, die unabgelenkte Linie durch neutrale Heliumatome zu erklären, die aus den α-Teilchen durch Aufnahme zweier Elektronen entstanden sind.

Aus den in Abb. 42 dargestellten Kurven läßt sich das Verhältnis der Teilchenzahl N_+/N_{++} entnehmen. Die zweite wichtige Größe, nämlich die mittlere Wegstrecke λ_+, auf der das α-Teilchen im Mittel ein Elektron mitzuführen vermag, ergibt sich aus folgendem Versuch.

b) *Bestimmung von* λ_+. Es werden zunächst die magnetisch abgelenkten He_+-Teilchen an der Auftreffstelle C (Abb. 41) bei höchstem Vakuum abgezählt, dann läßt man Luft — etwa 0,01 mm Hg entsprechend — in die Kammer eintreten, so daß einzelne He_+-Teilchen auf ihrem Weg von W nach C mit Luftmolekülen zusammenstoßen und dabei das anhaftende Elektron wieder verlieren. Diese Teilchen werden dann infolge ihrer veränderten Ladung durch das magnetische Feld aus dem Strahlenbündel herausgebogen. So wird z. B. ein He_+-Teilchen, das an der Stelle A sein Elektron verliert, den Zinksulfidschirm nicht mehr bei C, sondern etwa bei D erreichen. Indem man die Abnahme der Teilchenzahl bei C in Abhängigkeit vom Druck bestimmt, kann man die mittlere Weglänge λ_+ der He_+-Strahlen ermitteln (Tab. 22).

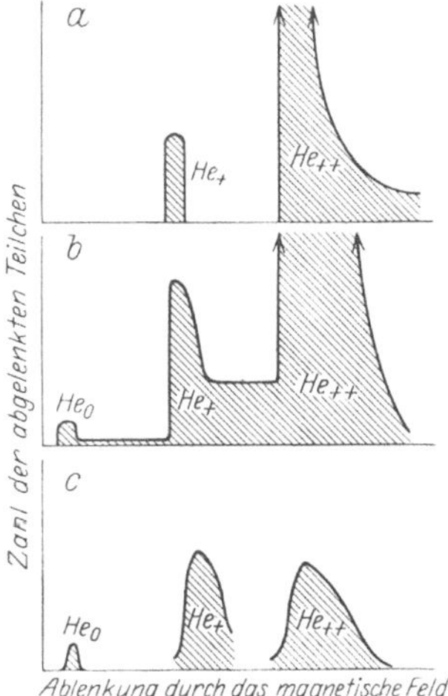

Abb. 42.   Trennung von α-Strahlen verschiedener Ladung durch ein magnetisches Feld.

a Restreichweite der α-Strahlen 3,6 cm,
b Restreichweite der α-Strahlen 1,2 cm,
c Restreichweite der α-Strahlen 0,46 cm.

Der eben beschriebene Versuch macht auch verständlich, warum bei allen älteren Versuchen über die magnetische Ablenkbarkeit der α-Strahlen niemals einfach geladene Teilchen beobachtet wurden. Die geringen Spuren von Gas, z. B. die Fett- und Quecksilberdämpfe, deren Anwesenheit man für belanglos hielt, bewirkten mehrfach Umladungen der entstandenen He_+-Teilchen, so daß diese im Magnetfeld völlig zerstreut wurden.

41. Umladungshäufigkeit in Abhängigkeit von der Strahlgeschwindigkeit. Auf Grund von Messungen der oben beschriebenen Art zeigte RUTHERFORD, daß die für die Umladungen charakteristischen Größen (N_+/N_{++}, λ_{++}, λ_+) in folgender Weise von der Geschwindigkeit abhängen:

1. Das Verhältnis der Teilchenzahl N_+/N_{++} kann proportional zu $1/V^n$ gesetzt werden, wobei n etwa den Wert 5 hat. Bei einer Geschwindigkeit von $0,29\,V_0$ ist die Zahl der He_+-Teilchen gleich der Zahl der He_{++}-Teilchen, also $N_+/N_{++} = 1$. V_0 bedeutet dabei die Anfangsgeschwindigkeit der α-Strahlen von Radium C'. HENDERSON[1], der eine Ionisationsmethode benutzte, findet eine regelmäßige Zunahme von n mit abnehmender Geschwindigkeit und gibt für n den Ausdruck $n = 6,4 - 4,2 \cdot V/V_0$. BRIGGS[2] stellt auf Grund seiner bereits in Ziff. 23 beschriebenen Messungen das Verhältnis λ_+/λ_{++} durch den Ausdruck $5,3 \cdot 10^{-3} \cdot V^{-4,3}$ dar, wobei V in Einheiten von V_0 zu messen ist.

---

[1] G. H. HENDERSON, Proc. Roy. Soc. London (A) Bd. 109. S. 157. 1925.
[2] G. H. BRIGGS, Proc. Roy. Soc. London (A) Bd. 114, S. 348. 1927.

2. Die mittlere Weglänge λ_{++} ist angenähert der 6. Potenz der Geschwindigkeit proportional.

3. Die mittlere Weglänge λ_+ dagegen ist der Geschwindigkeit selbst proportional.

4. Setzt man die Gültigkeit der Gleichung $V^3 = a \cdot R$ voraus, so folgt aus 2. und 3., daß für ein α-Teilchen von Radium C' die Zahl der Übergänge $He_{++} \rightarrow He_+$ auf einer Wegstrecke, über die die Geschwindigkeit von V_0 auf $0,29\ V_0$ absinkt, im Mittel 590 beträgt. Ebenso groß ist natürlich auch die Zahl der Übergänge $He_+ \rightarrow He_{++}$. Man kann auch zeigen, daß im Mittel auf eben dieser Wegstrecke von 6,89 cm Länge das α-Teilchen im ganzen auf 6,39 cm doppelt geladen und auf 0,50 cm einfach geladen ist.

5. Die mittlere Weglänge λ_0 der neutralen Teilchen ist bei Geschwindigkeiten zwischen $0,25\ V_0$ und $0,30\ V_0$ von der Größenordnung $^1/_{1000}$ mm. Genauere Messungen waren wegen der Inhomogenität der sehr langsamen Strahlen und wegen der Schwäche der Szintillationen nicht durchführbar.

Tabelle 22, die zum größten Teil experimentelle Werte enthält, illustriert die obigen Zusammenhänge. Die in Klammern gesetzten Werte der letzten Zeilen sind von Gerthsen[1] an Kanalstrahlen gewonnen und schließen sich gut an.

Tabelle 22. Umladung der α-Strahlen von Radium C'. Anfangsgeschwindigkeit $V_0 = 1,922 \cdot 10^9$ cm/sec.

Geschwindigkeit V/V_0	Reichweite cm	N_+/N_{++} bzw. λ_+/λ_{++}	Mittlere Weglänge λ_+ der He_+-Teilchen mm	Mittlere Weglänge λ_{++} der He_{++}-Teilchen mm
0,94	5,79	0,005	0,011	2,2
0,76	3,06	0,015	0,0078	0,52
0,47	0,72	0,133	0,0050	0,037
0,32	0,23	0,53	0,0035	0,0066
0,29	0,17	1,00	0,0031	0,0031
0,27	0,14	1,5	0,0029	0,0019
0,23	0,08	3,0	0,0025	0,0008
(0,10)		(27)		
(0,075)		(160)		

Bei diesen Messungen dienten Glimmer bzw. Luft als absorbierende Substanzen, doch ergaben sich keine erheblichen Unterschiede, wenn Substanzen höheren Atomgewichts benutzt wurden. Dies wird auch von Henderson (l. c.) bestätigt, der zahlreiche Substanzen in dieser Hinsicht untersuchte. Messungen von Jacobsen[2] in Wasserstoff zeigen die viel kleinere Umladungswahrscheinlichkeit in diesem Gas.

Da die α-Teilchen dem Atomkern unmittelbar entstammen, sollte man erwarten, daß von der radioaktiven Substanz selbst nur doppelt geladene Heliumteilchen emittiert werden. Versuche in dieser Richtung führten aber zu einem entgegengesetzten Ergebnis. Auch wenn die α-Teilchen keine absorbierende Materie durchsetzt hatten, waren He_+-Teilchen in erheblichem Betrag vorhanden. Die Zahl dieser Teilchen war bei einer unbedeckten Strahlenquelle von molekularer Dicke fast ebenso groß als bei Bedeckung mit Glimmer von 3 mm Luftäquivalent, eine Dicke, die ausreicht, um ein normales Verhältnis N_+/N_{++} herbeizuführen. Ähnliche Beobachtungen macht auch Rosenblum[3]. Rutherford deutet den Befund durch die Annahme, daß das α-Teilchen bereits in der Elektronenhülle des radioaktiven Atoms Umladungen erfährt.

Eine Ergänzung zu den Rutherfordschen Messungen bilden die Versuche von Kapitza[4] über die Ablenkbarkeit der α-Strahlen in starken magnetischen

[1] Chr. Gerthsen, Phys. ZS. Bd. 31, S. 948. 1930.
[2] J. C. Jacobsen, Phil. Mag. Bd. 10, S. 401. 1930.
[3] S. Rosenblum, C. R. Bd. 182, S. 1386. 1926.
[4] P. L. Kapitza, Proc. Roy. Soc. London (A) Bd. 106, S. 602. 1924.

Feldern von der Größenordnung von 40000 Gauß. Diese Felder konnten über den von der Wilsonkammer (Durchmesser 2,5 cm) eingenommenen Raum für die Dauer von etwa $^1/_{100}$ Sek. aufrechterhalten werden[1]. KAPITZA zeigt an Hand zahlreicher Aufnahmen von α-Bahnen in Luft und Wasserstoff, daß die Krümmung der Bahn infolge des Magnetfeldes mit abnehmender Geschwindigkeit nicht dauernd zunimmt, sondern kurz vor dem Reichweitenende durch einen Maximalwert hindurchgeht. Dies rührt daher, daß mit abnehmender Reichweite nicht nur die Geschwindigkeit V abnimmt, sondern auch die Ladung e bzw. deren Mittelwert E, insofern, als das α-Teilchen gegen das Reichweitenende immer häufiger Umladungen erfährt. In Abb. 43 ist nach KAPITZA das Verhältnis: $\dfrac{\text{mittlere Ladung}}{\text{Geschwindigkeit}} = \dfrac{E}{V}$ als Funktion der Reichweite in Luft (76 cm Hg, 15°C) für die letzten 18 mm der Bahn aufgetragen. E ist in Bruchteilen der Elektronenladung und V in Bruchteilen der Anfangsgeschwindigkeit des α-Teilchens von RaC′ gemessen. Zu Be-

ginn seiner Bahn hat also das α-Teilchen einen E/V-Wert gleich 2; der Wert wächst aber, wie Abb. 43 zeigt, so lange an, bis die Reichweite 3 mm beträgt, woraus zu schließen ist, daß bis dahin die Geschwindigkeit schneller abnimmt als die mittlere Ladung. Darüber hinaus aber ist das Entgegengesetzte der Fall: die Ladung nimmt rascher ab als die Geschwindigkeit. Der Verlauf der Kurve in Abb. 43 ist mit den RUTHERFORDschen Messungen im Einklang.

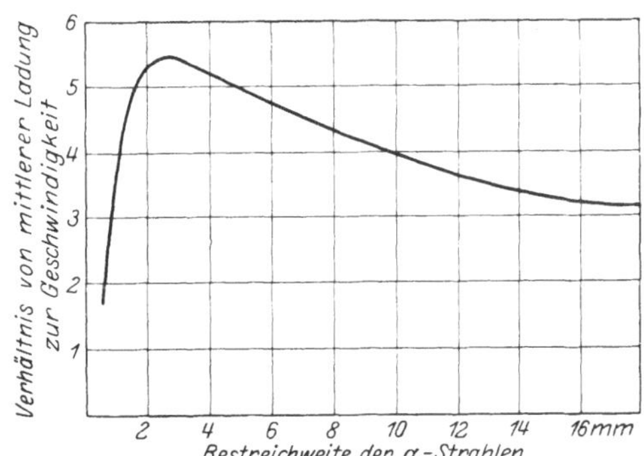

Abb. 43. Umladungen von α-Strahlen, erschlossen aus ihrer magnetischen Ablenkbarkeit.

Man kann nach BLACKETT[2] die Messungen von KAPITZA zweckmäßig auch in der Form darstellen, daß man die mittlere Ladung E als Funktion der Geschwindigkeit V aufträgt. Es liegen dann die in Luft und Wasserstoff gemessenen Punkte auf derselben Kurve. Die Größe der mittleren Ladung ist aus folgender Zusammenstellung ersichtlich:

Geschwindigkeit der α-Strahlen in 10^8 cm/sec.	2	4	6	8	10	12
Mittlere Ladung in Elementareinheiten	0,25	1,10	1,60	1,85	1,95	1,98

42. Anregung von Wellenstrahlung durch α-Teilchen. CHADWICK[3] hat zuerst gezeigt, daß beim Auftreffen von Radium C′-α-Strahlen auf Materie eine schwache, aber sicher nachweisbare, kurzwellige Strahlung entsteht. Er benutzte eine mit Radiumemanation gefüllte dünne Glaskapillare, deren Wandung von den α-Strahlen leicht durchdrungen werden konnte. Diese Kapillare war von einem Aluminiumröhrchen umgeben, das alle aus dem Inneren kommenden α-Strahlen absorbierte: über das Aluminiumröhrchen war ein zweites Röhrchen geschoben, das aus einem Metall von hohem Atomgewicht, z. B. aus Gold, gefertigt war. Es wurde die aus dem Röhrchen austretende γ-Strahlung genau gemessen und festgestellt, ob Änderungen in der Intensität auftraten, wenn man das Aluminium- und Goldröhrchen miteinander vertauschte, so daß also jetzt

---

[1] Über Herstellung und Ausmessung der starken Felder s. P. L. KAPITZA, Proc. Roy. Soc. London (A) Bd. 105, S. 691. 1924.

[2] P. M. S. BLACKETT, Proc. Roy. Soc. London (A) Bd. 135, S. 137. 1932.

[3] J. CHADWICK, Phil. Mag. Bd. 25, S. 193. 1913.

die α-Strahlen nicht mehr in Aluminium, sondern in Gold absorbiert wurden.
Es zeigte sich im zweiten Falle eine etwa um 5% erhöhte Ionisation, die nur
darin ihren Grund haben konnte, daß die α-Strahlen bei ihrer Absorption in
dem Gold kurzwellige Strahlen erregten. Weitere Untersuchungen von Chadwick und Russell[1], Rutherford und Richardson[2] sowie von Slater[3] mit
verschiedenen Strahlenquellen zeigten, daß allgemein durch die α-Strahlen in
den verschiedenen Elementen die K- und L-Strahlungen ausgelöst werden
können.

Quantitative Messungen gelingen erst Bothe und Fränz[4], die die vorher
ausschließlich benutzte Ionisationskammer durch den empfindlicheren Spitzenzähler ersetzen. Abb. 44 zeigt ihre Versuchsanordnung. Das aus zwei Teilen
bestehende Poloniumpräparat Po besitzt eine Stärke von ca. 0,5 mg Radiumäquivalent. Die davon ausgehenden α-Strahlen werden je nach
der Dicke des Absorptionsglimmers Gl mehr oder weniger stark
abgebremst und fallen dann auf die Substanz, in der die Röntgenstrahlung erregt wird. Zur Bestimmung der Härte der Röntgenstrahlen können über dem Zähler, der mit einem Argon-Stickstoff-
Gemisch gefüllt ist, Aluminiumfolien Al verschiedener Dicke eingeschaltet werden.

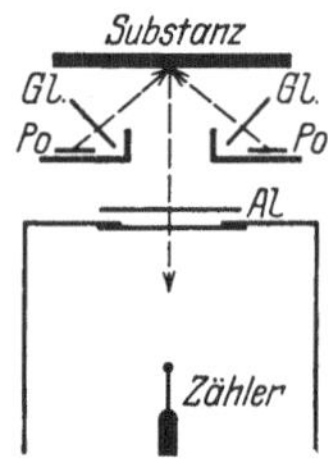

Abb. 44. Nachweis
der durch α-Strahlen
ausgelösten Röntgen-
strahlung mit dem
Spitzenzähler nach
Bothe und Fränz.

Bei einer Reihe von Elementen zwischen $Z = 12$ und $Z = 30$
wurde eine Strahlung festgestellt, deren Absorbierbarkeit in
durchgängiger Übereinstimmung war mit den theoretisch zu erwartenden K-Absorptionskurven dieser Elemente. Dabei liegen
die Wellenlängen in dem weiten Bereich zwischen 1,4 und 9,8 Å,
die Massenabsorptionskoeffizienten für Al zwischen 39,4 und
1470 g^{-1} cm^2. Beim Zink ($Z = 30$) war die K-Strahlung bereits sehr schwach.
Beim Selen ($Z = 34$) trat eine neue, sehr weiche Strahlung auf, welche wiederum
mit ständig abnehmender Wellenlänge bis zum Wismut ($Z = 83$) verfolgt werden
konnte. Diese Strahlung stellt zweifellos die L-Strahlung dar. In entsprechender
Weise konnte beim Wismut noch die M-Strahlung beobachtet werden.

Des weiteren wurde die *Anregungsfunktion* bestimmt, welche die Intensität
der Röntgenstrahlung in Abhängigkeit von der Reichweite der α-Teilchen
wiedergibt. Die Zahlen der Tabelle 23, die eine Korrektur für die Absorption
der Röntgenstrahlen in der Versuchssubstanz bereits enthalten, lassen einen
sehr raschen Anstieg mit der Geschwindigkeit erkennen; bei der Eisenkurve
verlief der Anstieg etwa proportional mit v^9. Aus der in der Tabelle 23 gegebenen
totalen Anregungsfunktion kann die differentielle Anregungsfunktion abgeleitet

Tabelle 23. Anregung charakteristischer Röntgenstrahlen durch α-Strahlen
verschiedener Reichweiten.

Reichweiten in cm Luft	Intensitäten der			
	Al K-Strahlung	Ca K-Strahlung	Fe K-Strahlung	Ta L-Strahlung
1,04	12	—	33	—
1,50	128	32	58	84
2,36	552	134	264	487
3,10	1187	330	673	1113
3,85	1985	670	1337	2204

[1] J. Chadwick u. A. S. Russell, Proc. Roy. Soc. London (A) Bd. 88, S. 217. 1913;
A. S. Russell u. J. Chadwick, Phil. Mag. Bd. 27, S. 112. 1914.
[2] E. Rutherford u. H. Richardson, Phil. Mag. Bd. 25, S. 731. 1913.
[3] F. P. Slater, Phil. Mag. Bd. 42, S. 904. 1921.
[4] W. Bothe u. H. Fränz, ZS. f. Phys. Bd. 49, S. 1. 1928; Bd. 52, S. 466. 1929.

werden. Bei Al war auch eine unmittelbare Messung an einer Folie von 0,5 cm Luftäquivalent durchführbar. Abb. 45 zeigt außer dieser Al-Kurve die errechnete Fe-Kurve, mit der auch die Kurven für die übrigen Substanzen übereinstimmen. Da es sich bei der Anregung der Wellenstrahlung um denselben primären Vorgang, nämlich Abtrennung eines Atomelektrons, handelt, ist es naheliegend, die Anregungskurve mit der BRAGGschen Kurve bzw. der gleichartigen Kurve für Elektronenstrahlen zu vergleichen. Man wird nach BOTHE und FRÄNZ erwarten können, daß die Anregungskurven ebenfalls ein Maximum aufweisen, nur wird dieses Maximum wegen der größeren Ionisierungsarbeit bei größeren α-Reichweiten liegen als das der gewöhnlichen BRAGGschen Kurve. Man kann sich daher die in Abb. 45 wiedergegebenen Kurven schematisch ergänzen, wie dies in Abb. 46 geschehen ist. Hiernach gehören die experimentell bestimmten Kurventeile ausschließlich dem aufsteigenden Ast der BRAGGschen Kurve an. Das Umbiegen zum Maximum ist nur in der Kurve für Aluminium zu erkennen, für das die in Betracht kommende Ionisierungsspannung am kleinsten ist (1550 Volt).

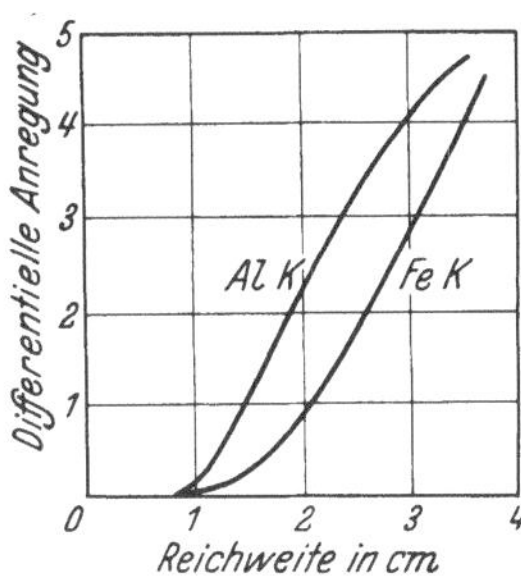

Abb. 45. Relatives Anregungsvermögen des α-Strahls an verschiedenen Stellen der Bahn.

Um *Absolutwerte* für die Zahl der pro α-Teilchen erregten Strahlungsquanten zu erhalten, wurde der Zähler durch eine Ionisationskammer ersetzt. Es konnte so festgestellt werden, daß die Zahl der pro α-Teilchen längs einer Reichweite von 3,85 cm erzeugten AlK-Quanten 0,056 beträgt. Mit Hilfe dieser Zahl und der Zählermessungen konnten die folgenden Werte für die Ausbeute bei anderen Elementen gewonnen werden, die zwar keine große Genauigkeit besitzen, aber den allgemeinen Gang wohl richtig wiedergeben.

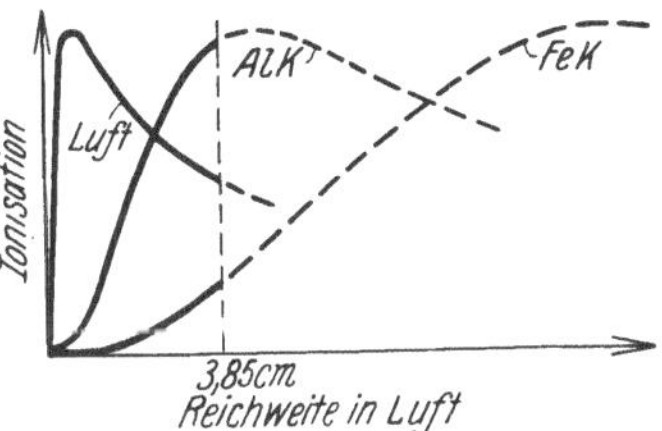

Abb. 46. Vergleich zwischen Ionisierungsvermögen und Anregungsvermögen.

Absolute Ausbeute an Quanten pro 1000 α:

MgK	AlK	SK	CaK	FeK	ZnK	SeK	SeL	MoL	PdL	SnL	SbL	TaL	IrL	AuL	BiL
54	56	42	15	4,7	2,4	ca. 1	41	36	26	17	12	3,2	3,6	1,9	ca. 1,4

Eine Bremsstrahlung wurde nicht beobachtet und ist aus energetischen Gründen auch nicht zu erwarten.

GERTHSEN[1] hat zuerst darauf hingewiesen, daß nach den klassischen Stoßgesetzen die vom α-Teilchen beim Stoß auf ein Elektron übertragene Energie nicht immer ausreicht, um die beobachtete Strahlungsanregung zu verstehen. Diese Schwierigkeit wird aber behoben, wenn man die Eigengeschwindigkeit der Elektronen im Atom berücksichtigt. Besitzt das α-Teilchen von der Masse m die Geschwindigkeit v, das ihm entgegenfliegende Elektron die Geschwindigkeit u, so ist der bei einem zentralen Stoß von dem Elektron übernommene Energiebetrag um $2mvu$ größer als für den Fall des ruhenden Elektrons. Dieser Mehrbetrag reicht aus, um die Anregung höherer Niveaus zu ermöglichen. Schließlich sei noch auf eine quantenmechanische Arbeit von ELSASSER[2] hingewiesen, welche die Stoßanregung betrifft.

Bezüglich der Anregung der Kernstrahlung durch α-Teilchen sei auf Bd. XXII/1, 2. Aufl., verwiesen.

---

[1] C. GERTHSEN, ZS. f. Phys. Bd. 36, S. 540. 1926.
[2] W. ELSASSER, ZS. f. Phys. Bd. 45, S. 522. 1927.

IV. Streuung von α-Strahlen.

43. Verschiedene Arten der Streuung[1]. In erster Näherung kann die Bahn eines α-Teilchens durch ein Gas oder einen festen Körper als geradlinig angesehen werden. Genauere Beobachtungen — zuerst von Rutherford[2] auf photographischem Wege ausgeführt — zeigten indes, daß eine kleine Zerstreuung der Strahlen beim Durchgang durch Materie stattfindet. Später wurden die Erscheinungen von Geiger[3] näher untersucht: die α-Strahlen durchsetzten einen Spalt und fielen auf einen 50 cm entfernten Zinksulfidschirm, wo sie durch ihre Szintillationswirkung ein 2 mm breites, ziemlich scharf begrenztes Spaltbild erzeugten, falls die Strahlenbahn völlig im Vakuum verlief. Die Verteilung der Szintillationen auf dem Schirm entlang einer zur Spaltrichtung senkrechten Achse entsprach in diesem Fall der Kurve A in Abb. 47. Wurde aber der Spalt mit einem bzw. zwei Goldblättchen von je 0,04 cm Luftäquivalent überdeckt, so verschwanden die scharfen Grenzen des Spaltbildes, und die Szintillationsverteilung entsprach den Kurven B bzw. C. Man sieht also, daß die α-Strahlen schon beim Durchgang durch sehr dünne Metallfolien — ebenso auch beim Durchgang durch Gase — um meßbare Winkel abgelenkt werden. Aus Kurve C läßt sich entnehmen, daß für eine Goldschicht von $1,6 \cdot 10^{-5}$ cm Dicke der mittlere Ablenkungswinkel etwa $2°$ beträgt. Über genauere Messungen vgl. Ziff. 44.

Die beobachtete Zerstreuung denkt man sich in der Weise entstanden, daß das α-Teilchen beim Durchgang durch die einzelnen Atome kleine Ablenkungen erfährt, die sich nach den Gesetzen der Wahrscheinlichkeitstheorie zu einer größeren meßbaren Ablenkung zusammensetzen. Näheres hierüber findet man in Kap. 1, Ziff. 8, des vorliegenden Bandes.

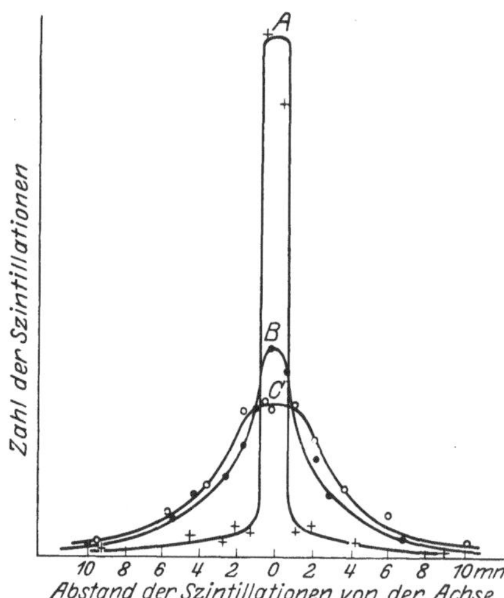

Abb. 47. Vielfachstreuung. A Verteilung der Szintillationen ohne Zerstreuungsfolie, B Verteilung bei Einschaltung einer Goldfolie, C Verteilung bei Einschaltung von zwei Goldfolien.

Da die wahrscheinlichste Ablenkung in Schichten, die α-Strahlen überhaupt durchsetzen können, wenige Grade nicht übersteigt, so muß es zunächst praktisch ausgeschlossen erscheinen, daß ein α-Teilchen um einen Winkel von $90°$ oder mehr abgelenkt werden könnte. Der Versuch zeigt aber, daß solche Fälle doch vorkommen, und zwar in einer Häufigkeit, die außerordentlich viel größer ist, als man bei Gültigkeit des Fehlergesetzes annehmen könnte. Läßt man nämlich eine intensive α-Strahlung auf eine Metallfläche auffallen, so findet sich unter etwa 10000 auffallenden α-Teilchen im Mittel bereits eines, das beim Eindringen in die Folie um einen Winkel abgelenkt wird, der $90°$ übersteigt[4].

Dieses zunächst sehr überraschende Ergebnis fand seine Erklärung durch die von Rutherford entwickelte Kerntheorie der Atome. Er zeigte, daß grundsätzlich zwei Arten der Streuung — Vielfachstreuung und Einzelstreuung — unterschieden werden müssen:

---

[1] Vgl. hierzu auch den Artikel Bothe, Kap. 1, des vorliegenden Bandes sowie Artikel Philipp, Kap. 2 A, von Bd. XXII/1, 2. Aufl. d. Handb.

[2] E. Rutherford, Phil. Mag. Bd. 12, S. 143. 1906.

[3] H. Geiger, Proc. Roy. Soc. London (A) Bd. 81, S. 174. 1908.

[4] H. Geiger u. E. Marsden, Proc. Roy. Soc. London (A) Bd. 82, S. 495. 1909.

a) Die „Vielfachstreuung" entsteht, wie oben bereits angegeben, durch das Zusammenwirken der vielen kleinen Ablenkungen, welche das α-Teilchen beim Durchgang durch die einzelnen Atome erleidet. Diese Ablenkungen entstehen dabei im wesentlichen durch die Wechselwirkung zwischen dem α-Teilchen und den Atomkernen. Für die Zusammensetzung der vielen kleinen Einzelablenkungen zu einer beobachtbaren Ablenkung ist das GAUSSsche Fehlergesetz maßgebend (Ziff. 44).

b) Die „Einzelstreuung" entsteht durch die Wechselwirkung zwischen dem α-Teilchen und einem einzelnen Kerne. Die Größe der Ablenkung ist dabei durch die geometrischen Bedingungen des Zusammenstoßes und die zwischen α-Kern und Atomkern wirkenden Kräfte bestimmt (Ziff. 45 u. 46). Dabei kann eine einzelne derartige Ablenkung 90° und mehr betragen, wenn das α-Teilchen dem Kern eines schweren Atoms genügend nahe kommt (bei Gold auf etwa $2 \cdot 10^{-12}$ cm). Beobachten wir aber eine so große Ablenkung, so kann sie auch nur von *einem* einzigen Zusammenstoß herrühren, denn die Wahrscheinlichkeit, daß das α-Teilchen beim Durchgang durch eine Folie zweimal oder öfter in so wirksame Nähe eines Atomkernes kommt, ist verschwindend klein. Es ist darum berechtigt, von Einzelstreuung zu sprechen. Über ein Kriterium, welches im speziellen Fall entscheiden läßt, ob reine Einzelstreuung oder bereits Vielfachstreuung vorliegt, vgl. Kap. 1, Ziff. 5, des vorliegenden Bandes.

c) Mehrfachstreuung. Beobachtet man die Zerstreuung der α-Strahlen durch leichte Atome in einem mittleren Winkelbereich, so können Vielfach- und Einzelstreuung gleich stark ins Gewicht fallen. Man spricht dann zweckmäßig von Mehrfachstreuung.

44. Vielfachstreuung. Die von GEIGER[1] angewandte Methode bestand darin, daß die Ablenkung einzelner α-Teilchen beim Durchgang durch eine dünne Metallfolie durch Beobachtung der Szintillationen direkt gemessen wurde. Die Versuchsanordnung war im wesentlichen dieselbe, wie in Ziff. 43 beschrieben, nur war der Spalt durch eine möglichst feine, kreisförmige Öffnung ersetzt und als Strahlenquelle die homogene α-Strahlung von Radium C' benutzt. Für Folien wechselnder Dicke und verschiedenen Materials und für α-Strahlen verschiedener Geschwindigkeit wurde dann die Verteilung der Szintillationen auf dem Zinksulfidschirm bestimmt und aus jeder solchen Kurve die wahrscheinlichste Ablenkung entnommen. Dabei ergab sich, daß die wahrscheinlichste Ablenkung proportional mit der Quadratwurzel aus der Schichtdicke anwächst, falls die Strahlen in der Schicht nicht merklich abgebremst werden. Ferner wurde festgestellt, daß die wahrscheinlichste Ablenkung rasch zunimmt mit wachsender Ordnungszahl der durchsetzten Substanz und mit abnehmender Geschwindigkeit der α-Strahlen. GEIGER schließt aus seinen Messungen auf Proportionalität des Ablenkungswinkels mit v^{-3}, während MAYER[2], der Zerstreuungsmessungen mit Leuchtschirm und photographischer Platte ausführte, angibt, daß der Exponent zwischen -2 und -3 liegt. Wegen der Schwierigkeit, die durch langsame α-Strahlen ausgelösten Szintillationen zu beobachten, tragen jedoch die Messungen über die Geschwindigkeitsabhängigkeit nur orientierenden Charakter.

Versuche über Vielfachstreuung wurden neuerdings von MAURER[3] mit einer wesentlich verfeinerten Methode wieder aufgenommen, und zwar unter Benutzung des Thorniederschlags als Strahlenquelle. An Stelle des Zinksulfidschirmes trat der Proportionalzähler (Ziff. 5) in Verbindung mit automatischer

[1] H. GEIGER, Proc. Roy. Soc. London (A) Bd. 83, S. 492. 1910; Bd. 86, S. 235. 1912.
[2] F. MAYER, Ann. d. Phys. Bd. 41, S. 931. 1913.
[3] G. MAURER, ZS. f. Phys. Bd. 78, S. 395. 1932.

Registrierung. Statt wie bei Geiger in verschiedenen Abständen von der Mitte des Streubildes die Szintillationen auf einer konstanten durch die Mikroskopblende gegebenen Fläche auszuzählen, wurden bei Maurer ringförmige Schlitze verschiedenen Durchmessers vor den Zähler gebracht, so daß gleichzeitig alle Teilchen registriert werden konnten, welche in der Streufolie um denselben Winkel abgelenkt worden waren. Dies bedeutete einen beträchtlichen Intensitätsgewinn und damit eine erhebliche Steigerung der Genauigkeit. Außerdem wurden besondere Messungen angestellt, um der Tatsache Rechnung zu tragen, daß das ungestreute Strahlenbündel einen endlichen Durchmesser (0,6 mm) besaß.

Maurer vergleicht seine sehr eingehenden Messungen mit der Theorie von Bothe[1]. Bothe hatte auf Grund der klassischen Stoßbetrachtungen und unter Annahme einer homogenen Verteilung der negativen Ladung im Atom die mittlere Ablenkung berechnet, die ein α-Strahl beim Vorbeifliegen an einem Atom erfährt, und war zu folgendem Ausdruck für den Streuwinkel λ gelangt:

$$\lambda = 4{,}0 \cdot 10^{17} \sqrt{\frac{\varrho}{A}\, x} \cdot \sqrt{1 + \frac{1}{Z} \cdot \frac{Z}{v^2}}\,,$$

wobei x die Dicke, ϱ die Dichte der durchsetzten Substanz, A und Z ihr Atomgewicht und ihre Ordnungszahl bedeuten. Was die absolute Größe des Streuwinkels und die Abhängigkeit von der Schichtdicke anlangt, so war dieser Ausdruck bereits in befriedigender Übereinstimmung mit den Messungen von Geiger. Maurers Versuche haben aber nun auch klargestellt, daß die geforderte Proportionalität des Ablenkungswinkels mit v^{-2} in der Tat besteht, und zwar innerhalb des untersuchten Geschwindigkeitsbereiches von $2{,}04 \cdot 10^9$ bis $0{,}88 \cdot 10^9$ cm/sec, was Restreichweiten von 8,11 bis 0,65 cm entspricht. Auch der Absolutwert des beobachteten Streuwinkels stimmt bei Aluminium bis auf 11% mit der Theorie überein, dagegen bleibt der beobachtete Streuwinkel mit wachsender Ordnungszahl erheblich hinter dem theoretischen Wert zurück und beträgt bei Gold nur etwa die Hälfte davon. Den Grund für die Differenz sieht Maurer darin, daß Bothe in erster Näherung mit einer homogenen Verteilung der negativen Ladung im Atom rechnet, während sich in Wirklichkeit die nach dem Kern hin zunehmende Elektronendichte im Experiment bemerkbar macht. Die erhöhte Dichte der negativen Ladung in Kernnähe läßt nämlich vor allem bei den schweren Atomen eine stärkere Abschirmung der Kernladung und damit eine kleinere mittlere Ablenkung erwarten, als sich aus der einfachen Theorie ergibt. Maurer hat der Botheschen Gleichung auf Grund seiner Messungen ein empirisches Korrektionsglied angefügt und damit die folgende orientierende Tabelle 24 berechnet, welche das vorliegende experimentelle Material befriedigend darstellt.

Tabelle 24. Wahrscheinlichster Streuwinkel in Folien von 1μ Dicke.

Restreichweite der α-Strahlen in cm Luft von 0° und 760 mm Hg	7	6	5	4	3	2	1
Substanz	Streuwinkel in Minuten						
Al (Z 13)	14	15	17	20	24	32	51
Cu (Z 29)	31	34	39	45	54	71	113
Ag (Z 47)	34	38	43	50	61	79	126
W (Z 74)	45	50	56	65	79	104	165
Pt (Z 78)	47	52	59	69	83	109	174
Au (Z 79)	45	50	56	65	79	104	165
Pb (Z 82)	34	38	43	50	60	79	125

[1] W. Bothe, ZS. f. Phys. Bd. 4, S. 161, 300. 1921; Bd. 5, S. 63. 1921. Siehe auch die Darstellung in Kap. 1 des vorliegenden Bandes, Ziff. 8f.

45. Gesetze der Einzelstreuung. Die RUTHERFORDsche Kerntheorie und die zu ihrer Bestätigung unternommenen Versuche sind bereits in Bd. XXII/1 ds. Handb., 2. Aufl., eingehend dargestellt worden. Es wurde dort gezeigt, wie sich aus einfachen Stoßbetrachtungen die Wahrscheinlichkeit für einen Ablenkungswinkel beliebiger Größe als Funktion von Kernladungszahl und Dicke der durchsetzten Substanz sowie als Funktion der Strahlgeschwindigkeit berechnen läßt[1]. Hier seien nur die wesentlichen Ergebnisse der Rechnung wiederholt. Es ist die Wahrscheinlichkeit dafür, daß ein α-Teilchen beim Durchgang durch ein Atom um einen Winkel Φ abgelenkt wird,

a) proportional zu $\dfrac{\cos\Phi/2}{\sin^3\Phi/2}$,

b) proportional dem Quadrat der zentralen Ladung des Atoms,

c) umgekehrt proportional der 4. Potenz der Geschwindigkeit des α-Teilchens. Bei der Berechnung ist vorausgesetzt, daß die Masse des α-Teilchens klein ist gegenüber der Masse des streuenden Atoms. Trifft dies nicht zu, ist vielmehr die Masse des α-Teilchens von der des gestoßenen Kerns nur wenig verschieden, so werden die Streugesetze durch die Energieübertragung auf den Kern erheblich beeinflußt. Energieerhaltungssatz und Impulssatz führen dann nach DARWIN[2] zu folgenden Beziehungen:

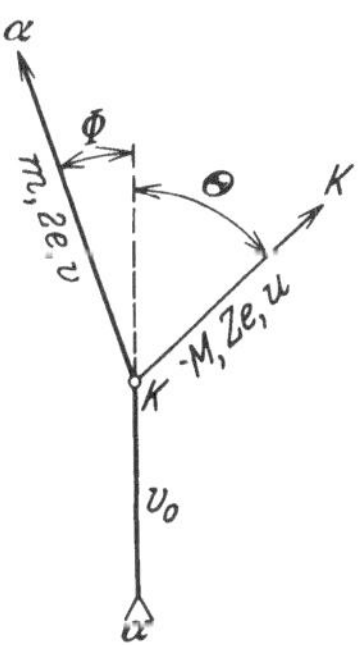

Abb. 48. Zur Stoßgeometrie. $\alpha\alpha$: Bahn des α-Teilchens; KK: Bahn des gestoßenen Kerns.

$$u/v_0 = 2m\cos\Theta/(m+M)\,. \tag{1}$$

$$u/v = m\sin\Phi/M\sin\Theta\,. \tag{2}$$

$$m/M = \cos 2\Theta + \sin 2\Theta\,\mathrm{cotg}\,\Phi\,, \tag{3}$$

$$v = \frac{v_0}{M+m}\left(m\cos\Phi \pm \sqrt{M^2 - m^2\sin^2\Phi}\right)\,. \tag{4}$$

$$\mathrm{tg}\,\Theta = \frac{M\,\mathrm{ctg}\,\Phi \pm \sqrt{M^2\cosec^2\Phi - m^2}}{m+M}\,. \tag{5}$$

$$\mathrm{tg}\,\Phi = \frac{M\sin 2\Theta}{m - M\cos 2\Theta}\,. \tag{6}$$

Die in diesen Gleichungen benutzten Bezeichnungen sind aus Abb. 48 zu ersehen. Das negative Wurzelvorzeichen in Gleichung (4) und (5) ist nur für Wasserstoff, $M=1$, von Belang. Es seien ferner Zielabstand p und Perihelabstand r angegeben:

$$p = \frac{2Z\cdot e^2}{v_0^2}\left(\frac{1}{M} + \frac{1}{m}\right)\mathrm{tg}\,\Theta, \tag{7}$$

$$r = \frac{2Z\cdot e^2}{v_0^2}\left(\frac{1}{M} + \frac{1}{m}\right)(1 + \sec\Theta)\,. \tag{8}$$

Da die numerische Auswertung der Gleichungen (1) bis (8) eine meist mühsame Rechnung erfordert, sind in Tabelle 25 die zahlenmäßigen Zusammenhänge für einige spezielle Fälle wiedergegeben. Die Anfangsgeschwindigkeit des stoßenden α-Teilchens ist dabei zu $1{,}83\cdot10^9$ cm/sec angenommen, was einer Reichweite von 6 cm entspricht. Die Umrechnung auf andere Geschwindigkeiten ist aber mit Hilfe obiger Gleichungen rasch durchzuführen.

Es sei noch bemerkt, daß die Wellenmechanik auf genau dieselben Gesetze für die Streuung durch COULOMBsche Kräfte führt, wie sie sich auf klassischer

---

[1] E. RUTHERFORD, Phil. Mag. Bd. 21, S. 669. 1911; Bd. 37, S. 537. 1919.
[2] C. G. DARWIN, Phil. Mag. Bd. 23, S. 901. 1912; Bd. 27, S. 499. 1914.

Grundlage ergeben[1]. Doch hat MOTT[2] einen Ausnahmefall aufgezeigt. Wenn nämlich die beiden am Stoß beteiligten Teilchen gleicher Art sind, z. B. beide H-Kerne oder beide He-Kerne, so treten in bestimmten Fällen meßbare Unterschiede auf (vgl. die Messungen von CHADWICK, Ziff. 47).

Tabelle 25. Stoß eines α-Teilchens von 6 cm Reichweite ($v = 1{,}83 \cdot 10^9$ cm/sec) gegen verschieden schwere Kerne.

Stoß gegen	α-Teilchen nach dem Stoß			Kern nach dem Stoß		Zielabstand in cm	Perihelabstand in cm
	Φ	v in cm/sec	R in cm	Θ	u in cm/sec		
Wasserstoff	$0°$	$1{,}09 \cdot 10^9$	1,4	$0°$	$2{,}92 \cdot 10^9$	$0{,}00 \cdot 10^{-13}$	$2{,}06 \cdot 10^{-13}$
$M = 1$	$5°$	1,80	5,6	$77° 22'$	0,64	4,58	5,72
		1,11	1,5	7 36	2,90	0,14	2,07
	$10°$	1,71	4,8	63 11	1,32	2,03	3,31
		1,17	1,7	16 51	2,80	0,31	2,10
	$14° 35'$	1,41	2,8	37 42	2,31	0,79	2,33
Helium	$15°$	$1{,}77 \cdot 10^9$	5,4	$75°$	$0{,}47 \cdot 10^9$	$3{,}08 \cdot 10^{-13}$	$4{,}01 \cdot 10^{-13}$
$M = 4$	30	1,58	3,8	60	0,92	1,43	2,47
	45	1,29	2,2	45	1,29	0,82	1,99
	60	0,92	1,0	30	1,58	0,48	1,77
	75	0,47	0,3	15	1,77	0,22	1,68
	—	0,00	0,0	0	1,83	0,00	1,65
Beryllium	$30°$	$1{,}72 \cdot 10^9$	4,9	$68° 35'$	$0{,}41 \cdot 10^9$	$3{,}02 \cdot 10^{-13}$	$4{,}42 \cdot 10^{-13}$
$M = 9$	60	1,45	3,0	48 41	0,74	1,35	2,97
	90	1,13	1,6	31 49	0,96	0,73	2,57
	120	0,89	0,9	18 41	1,08	0,40	2,42
	150	0,75	0,7	8 34	1,11	0,18	2,37
	180	0,70	0,6	0 00	1,13	0,00	2,36
Aluminium	$30°$	$1{,}79 \cdot 10^9$	5,6	$72° 52'$	$0{,}14 \cdot 10^9$	$9{,}97 \cdot 10^{-13}$	$13{,}50 \cdot 10^{-13}$
$M = 27$	60	1,70	4,7	56 19	0,26	4,61	8,61
	90	1,58	3,8	40 45	0,36	2,65	7,10
	120	1,46	3,1	26 19	0,42	1,52	6,50
	150	1,38	2,7	12 52	0,46	0,70	6,22
	180	1,36	2,5	0 00	0,47	0,00	6,15
Kupfer	$30°$	$1{,}82 \cdot 10^9$	5,8	$74° 6'$	$0{,}06 \cdot 10^9$	$22{,}3 \cdot 10^{-13}$	$29{,}5 \cdot 10^{-13}$
$M = 64$	60	1,77	5,4	58 27	0,11	10,3	18,5
	90	1,72	4,9	43 12	0,16	6,0	15,0
	120	1,67	4,5	28 28	0,19	3,4	13,6
	150	1,63	4,2	14 6	0,21	1,6	12,9
	180	1,62	4,1	0 00	0,22	0,0	12,7
Gold	$30°$	$1{,}83 \cdot 10^9$	5,9	$74° 42'$	$0{,}019 \cdot 10^9$	$60{,}7 \cdot 10^{-13}$	$79{,}5 \cdot 10^{-13}$
$M = 197$	60	1,81	5,8	59 30	0,037	28,2	49,3
	90	1,79	5,6	44 25	0,052	16,3	39,8
	120	1,77	5,4	29 30	0,063	9,4	35,6
	150	1,76	5,3	14 42	0,070	4,4	33,7
	180	1,76	5,2	0 00	0,073	0,0	33,1

46. Messung der Einzelstreuung. Eine erste Prüfung der RUTHERFORDschen Theorie erfolgte durch GEIGER und MARSDEN[3], die die Ablenkung einzelner

[1] G. WENTZEL, ZS. f. Phys. Bd. 40, S. 590. 1927; J. R. OPPENHEIMER, ebenda Bd. 43, S. 413. 1927; W. GORDON, ebenda Bd. 48, S. 180. 1928; N. F. MOTT, Proc. Roy. Soc. London (A) Bd. 118, S. 542. 1928; G. TEMPLE, ebenda Bd. 121, S. 673. 1928; auch ds. Handb., 2. Aufl., Bd. XXIV/1.
[2] N. F. MOTT, Proc. Roy. Soc. London (A) Bd. 126, S. 259. 1930.
[3] H. GEIGER u. E. MARSDEN, Wiener Ber. Bd. 121, S. 2361. 1912; Phil. Mag. Bd. 25, S. 604. 1913. Über Einzelstreuung in Gasen s. E. RUTHERFORD u. J. M. NUTTALL, Phil. Mag. Bd. 26, S. 702. 1913, sowie Ziff. 47.

α-Teilchen in dünnen Metallfolien durch Szintillationsbeobachtungen bestimmten. Die Messungen erstreckten sich auf einen Winkelbereich von 5 bis 150°, innerhalb dessen die Zahl der auf einen Zinksulfidschirm in der Zeiteinheit auffallenden α-Teilchen von 200000 auf 1 abnimmt. Der Zinksulfidschirm wurde dabei in kleinen Stufen auf einer Kreislinie weiterbewegt, in deren Mittelpunkt sich die streuende Substanz befand.

Die Versuche bestätigten weitgehend die in voriger Ziffer unter a und b angegebenen Beziehungen und führten, namentlich durch die verfeinerte Methode von CHADWICK[1], zu einer unmittelbaren Bestimmung der Ordnungszahl des streuenden Atoms (vgl. Kap. 2A von Bd. XXII/1 der 2. Aufl. ds. Handb.). Was aber die oben unter c genannte Geschwindigkeitsabhängigkeit anlangt, so war hier nur eine Prüfung innerhalb eines relativ engen Bereiches (0,9 bis 0,5 v_0) möglich, da bei kleineren Geschwindigkeiten die Helligkeit der Szintillationen zu schwach wurde. Hier greifen aber Versuche von BLACKETT[2] ergänzend ein, insofern sie zeigen, daß auch für α-Strahlen geringer Geschwindigkeit die Häufigkeit großer Ablenkungswinkel der RUTHERFORDschen Theorie entspricht. BLACKETT benutzte eine automatisch arbeitende Wilsonkammer (Ziff. 16), wobei die Nebelbahnen der α-Strahlen gleichzeitig aus zwei Blickrichtungen photographisch aufgenommen wurden. Gelegentlich gelang es so, einen nahezu zentralen, elastischen Zusammenstoß eines α-Strahls mit dem Kern eines Atoms des in der Kammer vorhandenen Gases zu erfassen, was sich in einer Verzweigung der Nebelbahn äußerte. Bei gut gelungenen Aufnahmen konnten die Bahnrichtungen und oft auch die Reichweiten der Teilchen nach dem Stoß durch Ausmessen der Platten mit erheblicher Genauigkeit ermittelt werden[3]. Die Doppelaufnahme (Abb. 49) zeigt eine derartige Verzweigung, und zwar den Zusammenstoß eines α-Teilchens mit einem Sauerstoffkern, wobei das α-Teilchen um $\Phi = 76° 6'$ aus seiner ursprünglichen Bahn abgelenkt wurde und die Bahnrichtung des gestoßenen Sauerstoffatoms einen Winkel von $\Theta = 45° 12'$ mit der ursprünglichen Bahnrichtung des α-Teilchens bildete.

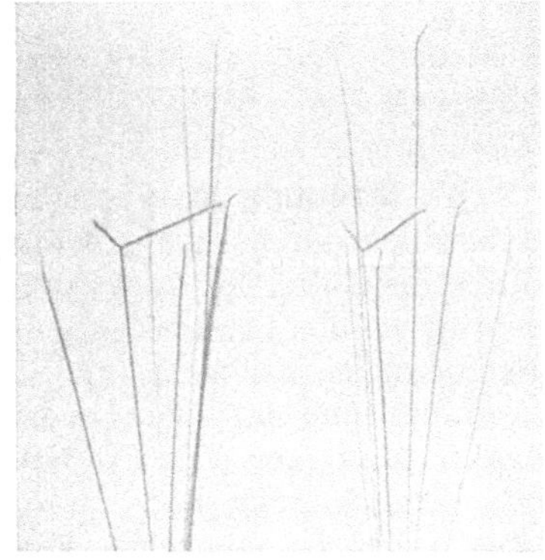

Abb. 49. Zusammenstoß eines α-Teilchens mit einem Sauerstoffkern nach BLACKETT.

Die Auswertung von zahlreichen Aufnahmen in Luft und Argon ergab, daß die Verteilungskurve, welche die Häufigkeit eines bestimmten Streuwinkels als Funktion der Größe dieses Streuwinkels wiedergibt, der RUTHERFORD-DARWINschen Theorie entsprach. Dadurch wurde erneut erwiesen, daß die Voraussetzungen der Theorie zutreffend waren, daß nämlich die Stöße elastisch verlaufen und das COULOMBsche Gesetz auch bei sehr starker Annäherung an den Kern seine Gültigkeit behält (vgl. dagegen Ziff. 47 und 48). Die Entfernungen, bis zu denen sich die α-Strahlen bei den BLACKETTschen Messungen einem Argonkern genähert hatten, lagen zwischen $5 \cdot 10^{-10}$ und $7 \cdot 10^{-12}$ cm. Ein Einfluß der K-Schale, deren Halbmesser $3 \cdot 10^{-10}$ cm beträgt, machte sich nicht bemerk-

---

[1] J. CHADWICK, Phil. Mag. Bd. 40, S. 734. 1920.
[2] P. M. S. BLACKETT, Proc. Roy. Soc. London (A) Bd. 102, S. 294. 1923; Bd. 103, S. 62. 1923; P. M. S. BLACKETT u. E. P. HUDSON, ebenda Bd. 117, S. 124. 1928.
[3] P. M. S. BLACKETT u. D. S. LEES, Proc. Roy. Soc. London (A) Bd. 136, S. 338. 1932.

bar. Auch Rose[1] gelang es bei Streuungsmessungen an Gold nicht, einen Einfluß der K-Schale auf die Streuung festzustellen.

In einer neueren Arbeit von Blackett und Lees[2] wurde unter Annahme der Rutherford-Darwinschen Theorie für verschiedene Arten von Rückstoßatomen der Zusammenhang zwischen Geschwindigkeit und Reichweite bestimmt. Gemessen wurden die Reichweiten beider Teilchen nach dem Stoß sowie die Winkel Φ und Θ (Abb. 48). Die Geschwindigkeit u des Rückstoßatoms ergibt sich dann aus Gleichung (2) unter Benutzung der Tabelle 7, S. 189, für den Zusammenhang zwischen Reichweite und Geschwindigkeit v des α-Teilchens. Über die Ergebnisse, die teilweise schon in Ziff. 23 besprochen wurden, gibt Tabelle 26 eine Übersicht.

Auf die unelastischen Stöße (Kernumwandlung usw.) kann hier nicht eingegangen werden. Hierüber wird in Bd. XXII/1 ds. Handb., Kap. 2 C, berichtet.

Tabelle 26. Zusammenhang zwischen Geschwindigkeit und Reichweite für verschiedene Atomarten nach Messungen von Blackett und Lees.

Atomstrahlen	Geschwindigkeit der Atomstrahlen in 10^8 cm/sec									
	0,5	1	2	3	4	5	6	7	8	9
	Reichweiten in Luft in mm bei 15° C 76 cm									
Wasserstoff[3]	0,10	0,22	0,46	0,78	1,20	1,83	2,83	4,25	6,25	8,65
Helium[4]	0,18	0,40	1,00	1,76	2,58	3,55	4,70	6,08	7,64	9,40
Stickstoff		0,50	1,28	2,10	2,92	3,72	4,54	5,35		
Sauerstoff			1,40	2,30	3,17	4,07	4,94	5,80		
Argon	0,10	0,50	1,85	3,45						

47. Streuung in Wasserstoff und Helium. Das Studium der Streuung der α-Strahlen durch leichte Atomkerne hat deshalb besonderes Interesse, weil dadurch die Gültigkeit des Coulombschen Gesetzes auch für kleinste Kernabstände geprüft werden kann. Man geht in der Weise vor, daß man die Streuung unter Bedingungen, bei denen die Stoßabstände immer kleiner werden, experimentell bestimmt und mit der Theorie vergleicht, die punktförmige Ladungen, d. h. exakte Gültigkeit des Coulombschen Gesetzes auch bei kleinsten Abständen, zur Voraussetzung hat. In der Tat haben sich erstmalig bei Wasserstoff beträchtliche Differenzen zwischen Theorie und Experiment bemerkbar gemacht, die uns zeigen, daß bei klassischer Betrachtungsweise die Kernladungen von H und He für minimale Stoßabstände nicht mehr als punktförmig gelten können.

Experimentiertechnisch verfährt man bei Wasserstoff in anderer Weise als sonst bei Streumessungen. Es wird nämlich, wie Marsden[5] zuerst beobachtete, der von einem α-Teilchen getroffene Wasserstoffkern so stark beschleunigt, daß er als H-Strahl beim Auftreffen auf einen Zinksulfidschirm — ebenso wie ein α-Teilchen — eine Szintillation hervorzurufen vermag. Durch die Beobachtung dieser H-Strahlen gewinnt man viel sicherere Erfahrungen über die beim Durchgang von α-Strahlen durch Wasserstoff geltenden Zerstreuungsgesetze, als wenn man etwa versuchen wollte, die gestreuten α-Strahlen zu zählen.

---

[1] D. C. Rose, Proc. Roy. Soc. London (A) Bd. 111, S. 677. 1926.
[2] P. M. S. Blackett u. D. S. Lees, Proc. Roy. Soc. London (A) Bd. 134, S. 658. 1931.
[3] Anm. bei der Korrektur: Über Reichweiten von H-Strahlen höherer Geschwindigkeit s. P. M. S. Blackett, Proc. Roy. Soc. London (A) Bd. 135, S. 132. 1932.
[4] Vgl. hierzu auch Ziff. 23, insbesondere Abb. 20, S. 190.
[5] E. Marsden, Phil. Mag. Bd. 27, S. 824. 1914.

Die Anwendung der Gleichung (4), S. 231, auf Wasserstoff zeigt zunächst, daß kein α-Teilchen um einen größeren Winkel als $14,5°$ abgelenkt werden kann. Ferner ergibt sich aus Gleichung (1):

$$u = \tfrac{8}{5}\, v_0 \cdot \cos\Theta, \qquad (9)$$

so daß also bei zentralem Stoß ($\Theta = 0$) das H-Teilchen eine Geschwindigkeit erhält, die 1,6mal größer ist als die des stoßenden α-Teilchens. Im allgemeinen wird man experimentell nicht die Geschwindigkeit selbst, sondern nur die Reichweite feststellen können. RUTHERFORD[1] hat gezeigt, daß die maximale Reichweite des H-Teilchens nach dem zentralen Aufstoß eines α-Teilchens von 7 cm Reichweite 30 cm beträgt und daß die Reichweite der H-Strahlen der dritten Potenz ihrer Geschwindigkeit proportional gesetzt werden kann[2]. Ist also R_0 die Reichweite des H-Teilchens bei einem zentralen Aufstoß des α-Teilchens, so ist nach (9) die Reichweite R_Θ eines unter dem Winkel Θ fortfliegenden H-Teilchens gegeben durch

$$R_\Theta = R_0 \cos^3 \Theta. \qquad (10)$$

Die Theorie gibt ferner Aufschluß über die zahlenmäßige Verteilung der H-Strahlen auf die verschiedenen Richtungen. Die Zahl n der H-Teilchen, welche in einen gegebenen Raumwinkel ϑ fallen, wenn ein einziges α-Teilchen eine 1 cm dicke Wasserstoffschicht durchsetzt, ergibt sich zu

$$n = \pi N \mu^2 \mathrm{tg}^2 \vartheta, \qquad (11)$$

wo N die Zahl der Wasserstoffatome in cm³ bedeutet und μ gegeben ist durch

$$\mu = E e \left(\frac{1}{M} + \frac{1}{m} \right) \cdot \frac{1}{v_0^2}. \qquad (12)$$

RUTHERFORDS[1] erste orientierende Versuche zeigten bereits, daß zwar die durch Gleichung (10) gegebene Reichweiteabhängigkeit von der Emissionsrichtung der H-Teilchen mit der Theorie in Übereinstimmung ist, daß aber andererseits die räumliche Verteilung (11) eine wesentlich andere ist, als die Theorie verlangt. Die RUTHERFORDschen Versuche wurden von CHADWICK und BIELER[3] mit einer sehr vervollkommneten Anordnung weitergeführt mit dem Ziele, die Feldverteilung um den α-Kern möglichst genau auszutasten.

Die in Abb. 50 dargestellte Versuchsanordnung bot den Vorteil einer sehr großen Ausbeute an H-Strahlen unter übersichtlichen geometrischen Bedingungen. Die von einer intensiven Strahlenquelle R ausgehenden α-Teilchen fielen auf eine ringförmige, sehr dünne Paraffinfolie PP von 8 μ Dicke mit einer Bremswirkung für α-Strahlen gleich 8,7 mm Luft. Die α-Strahlen lösten in der Paraffinfolie H-Strahlen aus, welche bei entsprechender Flugrichtung (Ablenkungswinkel Θ) auf dem Zinksulfidschirm S beobachtet werden konnten.

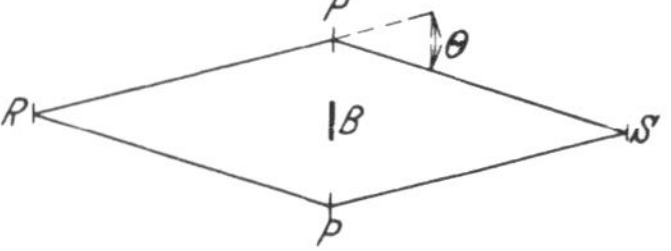

Abb. 50. Anordnung von CHADWICK und BIELER zur Zählung der in Paraffin ausgelösten Wasserstoffstrahlen.

Dieser Schirm war mit Aluminiumfolien von solcher Dicke überdeckt, daß alle in der Paraffinfolie in Richtung nach S gestreuten α-Strahlen absorbiert wurden,

[1] E. RUTHERFORD, Phil. Mag. Bd. 37, S. 537. 1919.
[2] Anm. bei der Korrektur: Eine eingehende Diskussion des Zusammenhangs zwischen Reichweite und Geschwindigkeit schneller H-Strahlen findet sich bei P. M. S. BLACKETT, Proc. Roy. Soc. London (A) Bd. 135, S. 132. 1932.
[3] J. CHADWICK u. E. S. BIELER, Phil. Mag. Bd. 42, S. 923. 1921.

während die H-Strahlen infolge ihrer größeren Reichweite den Zinksulfidschirm erreichen konnten. Die von R ausgehenden β-Strahlen wurden durch eine bei B angebrachte Blende zurückgehalten, um eine die Zählung erschwerende Aufhellung des Schirmes zu vermeiden. Als Strahlenquelle diente Radium C' oder Thor C' mit einer α-Strahlenreichweite von 7,0 bzw. 8,6 cm. Durch vorgeschaltete Silberfolien konnte die Reichweite nach Belieben herabgesetzt werden.

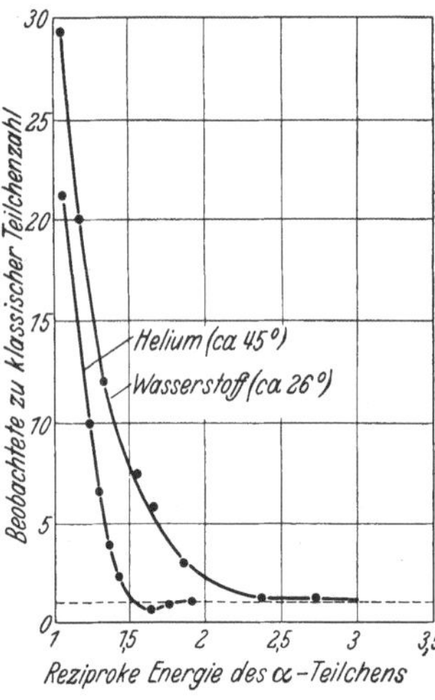

Abb. 51. Anormale Streuung von α-Strahlen in Wasserstoff und Helium.

Die Versuche ergaben in Übereinstimmung mit RUTHERFORD eine Bestätigung der Gleichung (10). Die Prüfung der Gleichung (11) erfolgte u. a. durch Variation der Geschwindigkeit der α-Strahlen. Das Ergebnis solcher Versuche ist in Abb. 51 in der Weise dargestellt, daß für festgehaltenen Streuwinkel (rund 26°) das Verhältnis der beobachteten zur klassischen Teilchenzahl als Funktion der reziproken α-Energie aufgetragen ist. Dieser Abszissenmaßstab ist dem kleinsten Kernabstand proportional, der beim Stoß erreicht wird [Gleichung (8)]. Wären Experiment und Theorie in Übereinstimmung, so müßten alle Beobachtungspunkte auf eine durch den Ordinatenpunkt 1 gehende Horizontale fallen. In Wirklichkeit trifft dies nur bei sehr langsamen Strahlen zu, wo die Annäherung der Kerne aneinander noch klein ist; dagegen übertrifft bei höheren Geschwindigkeiten die beobachtete Teilchenzahl die berechnete um das Mehrfache. Bei den größten Geschwindigkeiten (in Abb. 51 nicht eingezeichnet) unterscheiden sich Beobachtung und Theorie bis zu einem Faktor 100. Man kann die Ergebnisse auch dahin zusammenfassen, daß sich die H-Strahlen in der Flugrichtung der α-Strahlen viel stärker häufen, als der Theorie entspricht, und daß diese Häufung desto mehr hervortritt, je größer die Geschwindigkeit der α-Strahlen ist.

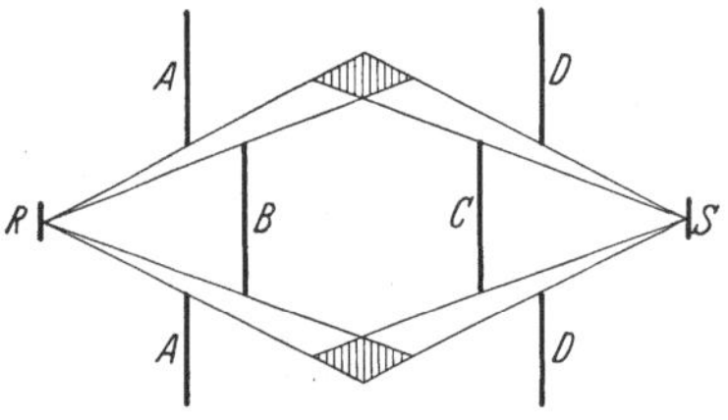

Später haben RUTHERFORD und CHADWICK[1] die Streuversuche auch auf Helium ausgedehnt. In diesem Falle sind stoßendes und gestoßenes Teilchen von derselben Art, was die Diskussion der Ergebnisse vereinfacht. Andererseits aber fällt erschwerend ins Gewicht, daß in jeder Streurichtung außer den abgelenkten α-Teilchen auch gleichschnelle He-Kerne fliegen, die bei dem Stoß in dieser Richtung beschleunigt wurden.

Abb. 52. Anordnung von RUTHERFORD und CHADWICK zur Messung der Streuung in Helium.

In experimenteller Hinsicht waren Änderungen dadurch bedingt, daß bei Helium nicht wie bei Wasserstoff mit einem festen Stoff (Paraffin) als Streusubstanz gearbeitet werden konnte. Wie Abb. 52 zeigt, wurde bei den Heliumversuchen durch die Kreisblenden AA und B ein von R ausgehendes doppelkegelförmiges Strahlenbündel definiert, während nach der Streuung die Blenden C und DD in ähnlicher Weise das auf dem Schirm S auszuzählende Bündel begrenzten. Das schraffiert gezeichnete ringförmige Gasvolumen bildete also den eigentlichen Streukörper: nur die Strahlen, die dort in bestimmter Richtung gestreut wurden, konnten den Schirm erreichen. Die Apparatur wurde zunächst

---

[1] E. RUTHERFORD u. J. CHADWICK, Phil. Mag. Bd. 4, S. 605. 1927.

mit einem schweren Gas, nämlich Argon, geeicht, für das die normalen Streugesetze gelten; erst dann wurde das Argon durch Helium ersetzt.

Die Ergebnisse mit Helium sind in ihrer Gesamtheit den Erfahrungen beim
Wasserstoff sehr ähnlich, nicht nur bezüglich der allgemeinen Form der Kurven,
sondern auch bezüglich des absoluten Betrags der Abweichung vom klassischen
Wert. Um dies in einem Fall zu verdeutlichen, ist in Abb. 51 neben der Wasserstoffkurve die entsprechende Heliumkurve eingezeichnet, bei der bemerkenswert
ist, daß sie teilweise auch unter den Wert 1 sinkt.

Hält man an der klassischen Betrachtungsweise fest, so stellen sich die
Differenzen zwischen Theorie und Experiment in folgender Weise dar: nur bei
relativ großem Abstand der Kerne ($r > 3,5 \cdot 10^{-13}$ cm) ist die Kraft durch das
COULOMBsche Gesetz gegeben; bei kleineren Abständen jedoch machen sich
starke zusätzliche Kräfte bemerkbar. Diese sind aber nicht kugelsymmetrisch,
vielmehr verhält sich das α-Teilchen wie ein elastisches Sphäroid mit den Halb-
achsen von ungefähr $4 \cdot 10^{-13}$ und $8 \cdot 10^{-13}$ cm, wobei die Bewegungsrichtung
in die Richtung der kürzeren Achse fällt[1]. Stellt man sich andererseits auf den
Boden der Wellenmechanik, so läßt sich, wie TAYLOR[2] neuerdings zeigte, die
anormale Streuung in Wasserstoff und Helium
ohne zusätzliche Annahmen über die Feldverteilung quantitativ deuten (vgl. Bd. XXIV/1,
2. Aufl.).

Mit der eben beschriebenen Apparatur hat
CHADWICK[3] in einer weiteren Untersuchung die
Streuung relativ langsamer α-Strahlen in Helium unter 45° genau gemessen, weil dies nach
MOTT die Möglichkeit bot, zwischen klassischer
und wellenmechanischer Betrachtungsweise zu
unterscheiden. MOTT[4] hat gezeigt, daß für bestimmte Winkel die Wellenmechanik dann ein
anderes Resultat gibt, wenn gestoßenes und
stoßendes Teilchen von derselben Art sind.
So ist z. B. beim Durchgang von α-Strahlen

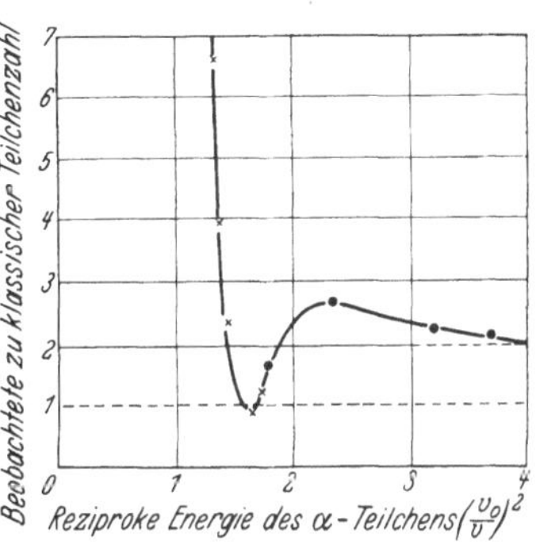

Abb. 53. CHADWICKsche Streukurve zur
MOTTschen Theorie (Streuwinkel 45°).

durch Helium die wellenmechanische Streuung für 45° doppelt so groß als die
klassische, nähert sich aber für größere und kleinere Winkel oszillatorisch dem
klassischen Wert. Die sehr sorgfältig ausgeführten und mehrfach variierten
Versuche ergaben eine volle Bestätigung der MOTTschen Theorie und beweisen
somit, daß in bestimmten Fällen die klassische Theorie versagt. Einen Überblick über die gesamten Messungen an Helium gibt Abb. 53. Hier ist wieder
das Verhältnis von beobachteter zu klassischer Streuung als Funktion der
reziproken α-Energie $(v_0/v)^2$ aufgetragen. Die Kreise bedeuten die neuen CHAD-
WICKschen Messungen, während die älteren Messungen mit schnelleren Strahlen
zur Vervollständigung als Kreuze eingetragen sind. Wesentlich ist, daß die
Kurve für große Abszissenwerte in den Wert 2 einmündet und nicht in 1, wie
die klassische Theorie es verlangt.

[1] Über Deutung der anormalen Streuung durch Polarisation vgl. H. PETTERSSON,
Ark. f. Mat., Astron. och Fys. Bd. 19, Nr. 2. 1925; P. DEBYE u. W. HARDMEIER, Phys.
ZS. Bd. 27, S. 196. 1926; A. SMEKAL, ebenda Bd. 27, S. 383. 1926; W. HARDMEIER, ebenda
Bd. 28, S. 181. 1927; Helv. Phys. Act. Bd. 1, S. 193. 1928.
[2] H. M. TAYLOR, Proc. Roy. Soc. London (A) Bd. 134, S. 103. 1932; Bd. 136, S. 605.
1932.
[3] J. CHADWICK, Proc. Roy. Soc. London (A) Bd. 128, S. 114. 1930.
[4] N. F. MOTT, Proc. Roy. Soc. London (A) Bd. 126, S. 259. 1930.

48. Weitere Fälle anormaler Streuung. In dem Bestreben, die Feldverteilung in Kernnähe weiter zu klären, untersuchte Bieler[1] die Streuung durch Magnesium und Aluminium und fand auch hier erhebliche Abweichungen von der klassischen Theorie. Für größere Ablenkungswinkel war die Zahl der gestreuten Teilchen merklich kleiner, als die Theorie verlangt, und zwar trat der Unterschied mit wachsender Geschwindigkeit der α-Strahlen immer deutlicher hervor. Dieser Befund wurde von Rutherford und Chadwick[2] bestätigt und wesentlich erweitert. Bei ihren Versuchen wurde der Ablenkungswinkel unverändert auf 135° gehalten, während die Geschwindigkeit der α-Strahlen durch Einschaltung von Glimmerblättchen variiert wurde. Bei Gültigkeit des Coulombschen Gesetzes mußte die Zahl N der abgelenkten Strahlen der vierten Potenz der Geschwindigkeit umgekehrt proportional sein, d. h. das Produkt Nv^4 mußte konstant bleiben. Dies bestätigte sich auch bei den Elementen Au, Pt, Ag und Cu, nicht aber bei Mg und Al. Hier zeigte sich beispielsweise, daß bei α-Strahlen von 5,3 cm Reichweite die Streuung kleiner war als bei schnelleren

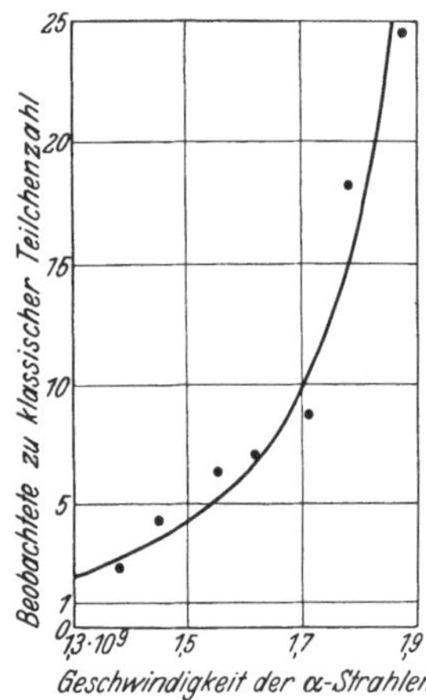

Abb. 54. Anormale Streuung der α-Strahlen durch Bor nach Riezler. Streuwinkel 160°.

Strahlen von 6,8 cm Reichweite, entgegen der Theorie, nach der sie um 40% größer sein müßte. Zeichnet man für konstanten Streuwinkel von 135° eine der Abb. 51 entsprechende Kurve mit der reziproken Energie (kleinster Kernabstand) als Abszisse und dem Verhältnis der beobachteten zur berechneten Teilchenzahl als Ordinate, so geht diese Kurve für Mg und Al etwa bei $(v_0/v)^2 = 1,2$ durch ein Minimum, steigt aber für die größten erreichbaren α-Energien beträchtlich über den Wert 1.

Die Versuche wurden kürzlich mit Be, B, C und Al von Riezler[3] wieder aufgenommen. Seine Anordnung entsprach dem Schema der Abb. 50 mit den Änderungen, die durch die wesentlich größeren Streuwinkel (Bereich 127 bis 160°) bedingt waren. Für die Streuung in Al wurde eine Folie von 1 mm Luftäquivalent benutzt, während bei Be, B und C mit dicken Schichten gearbeitet werden mußte. Dies beeinträchtigte aber die Meßgenauigkeit nicht erheblich, da wegen des großen Energieverlusts bei der Streuung doch nur die Teilchen den ZnS-Schirm erreichen, die in der Oberflächenschicht der Streusubstanz ihre Ablenkung erfahren haben. Immerhin haben die beobachteten Teilchenzahlen als untere Grenze zu gelten. Die Eichung der Apparatur erfolgte durch Messungen an einem schweren Element, nämlich Gold.

Tabelle 27 zeigt die Ergebnisse bei den leichten Elementen und läßt sehr beträchtliche Abweichungen von der klassischen Streuung erkennen. Ferner gibt Abb. 54 ein Beispiel für die anormale Zunahme der Streuung bei Bor mit zunehmender Geschwindigkeit der α-Strahlen. Die Resultate werden von Riezler auf Grund wellenmechanischer Betrachtungen von Beck[4] näher diskutiert.

Über die anormale Streuung an Beryllium und Aluminium liegen auch Messungen von Hermstrüwer[5] vor. Er dreht im Vakuum einen Spitzenzähler

[1] E. S. Bieler, Proc. Roy. Soc. London (A) Bd. 105, S. 434. 1924.
[2] E. Rutherford u. J. Chadwick, Phil. Mag. Bd. 50, S. 889. 1925.
[3] W. Riezler, Proc. Roy. Soc. London (A) Bd. 134, S. 154. 1932.
[4] G. Beck, ZS. f. Phys. Bd. 62, S. 331. 1930.
[5] C. Hermstrüwer, Diss. Tübingen 1932.

auf einem Kreisbogen um die zentral liegende Streufolie und bestimmt elektrisch-automatisch die Zahl der in verschiedene Richtungen gestreuten Teilchen. Seine Messungen gehen aus Intensitätsgründen nicht bis zu so großen Winkeln wie die von RIEZLER, sie zeigen aber, daß dem steilen Anstieg der Streuung bei großen Winkeln ein starkes Absinken der Streuung unter den klassischen Wert vorausgeht. Bei Beryllium betrug für α-Strahlen von 6 cm Reichweite und einem Streuwinkel von 90° die beobachtete Streuung nur 20% der klassischen.

Tabelle 27. Anormale Streuung von α-Strahlen durch Be, B, C und Al.

Streu-winkel	Beryllium ($Z=4$) α-Reichweite 6,8 cm		Bor ($Z=5$) α-Reichweite 6,8 cm		Kohlenstoff ($Z=6$) α-Reichweite 6,8 cm		Aluminium ($Z=13$) α-Reichweite 6,5 cm	
	klassisch	$\dfrac{\text{beobachtet}}{\text{klassisch}}$	klassisch	$\dfrac{\text{beobachtet}}{\text{klassisch}}$	klassisch	$\dfrac{\text{beobachtet}}{\text{klassisch}}$	klassisch	$\dfrac{\text{beobachtet}}{\text{klassisch}}$
127°	0,39	9,7	1,04	2,45	1,75	1,10	0,650	0,57
133	0,275	12,5	0,725	4,2	1,24	1,83	0,483	0,39
140	0,18	18,5	0,485	5,6	0,87	3,62	0,356	0,52
146	0,135	23,5	0,38	7,8	0,68	5,40	0,300	0,45
153	0,105	43,0	0,295	11,2	0,53	7,8	0,273	0,90
160			0,25	24,8	0,455	11,5	0,232	1,82

V. Anhang: Rückstoßstrahlen.

49. Nachweis und Natur der Rückstoßstrahlen. Sendet ein radioaktives Atom bei seinem Zerfall ein α-Teilchen aus, so erfährt das Atom selbst einen Rückstoß, der es ihm ermöglicht, bei Atmosphärendruck eine Luftschicht von etwa $1/_{10}$ mm Dicke zu durchsetzen (Rückstoßatome, Rückstoßstrahlen). Da die Masse des radioaktiven Atoms rund 50 mal so groß ist wie die des α-Teilchens, so beträgt nach dem Schwerpunktsatz seine Geschwindigkeit $1/_{50}$ der des α-Teilchens.

Für das Auftreten der Rückstoßstrahlen ist wesentlich, daß die emittierende Substanz in sehr dünner Schicht vorliegt. Ist diese Bedingung erfüllt, so lassen sich die Rückstoßstrahlen auf verschiedene Weise nachweisen:

a) *Nachweis im Vakuum durch Aktivitätsmessungen bzw. durch die photographische Platte.* Blendet man bei hohem Vakuum ein Strahlenbündel von Rückstoßatomen aus, so läßt sich die Geschwindigkeit sowie das Verhältnis von Ladung zu Masse durch Ablenkung des Strahlenbündels in magnetischen und elektrischen Feldern feststellen. Da die Rückstoßstrahlen im allgemeinen selbst wieder aus radioaktiven Atomen bestehen, so kann die durch die Felder bewirkte Ablenkung durch Messung der Aktivitätsverteilung auf einer senkrecht zur Strahlrichtung aufgestellten Auffangplatte oder auch vermittels einer photographischen Platte erfolgen. Die von RUSS, MAKOWER u. a.[1] ausgeführten Versuche konnten nur dann mit den oben angegebenen Vorstellungen über die Entstehung der Rückstoßstrahlen in Einklang gebracht werden, wenn man annahm, daß die Rückstoßatome eine einfach-positive Ladung tragen. Wahrscheinlich erhält das Rückstoßatom seine positive Ladung schon im Augenblick des Zerfalls dadurch, daß das α-Teilchen in dem Atom selbst, dem es entstammt, ioni-

---

[1] S. RUSS u. W. MAKOWER, Proc. Roy. Soc. London (A) Bd. 82, S. 205. 1909; Phys. ZS. Bd. 10, S. 361. 1909; Phil. Mag. Bd. 20, S. 875. 1910; W. MAKOWER u. E. J. EVANS, ebenda Bd. 20, S. 882. 1910; A. B. WOOD u. W. MAKOWER, ebenda Bd. 30, S. 811. 1915; H. P. WALMSLEY u. W. MAKOWER, ebenda Bd. 29, S. 253. 1915.

sierend wirksam ist. Es besteht aber auch die Möglichkeit, daß einzelne Atome oder Atomarten ihre positive Ladung erst auf ihrem Weg durch das Gas gewinnen[1].

b) *Nachweis bei hohem Gasdruck durch Konzentration auf einer negativ geladenen Elektrode.* Befindet sich die die Rückstoßatome emittierende radioaktive Substanz in einem Gase von erheblichem Druck, so werden die Strahlen rasch abgebremst, wandern aber dann infolge ihrer positiven Ladung in einem elektrischen Felde an die Kathode. Auf der Kathode schlagen sie sich nieder und können dort nachgewiesen werden. Z. B. sind die Radonatome ungeladen und daher durch ein elektrisches Feld nicht zu beeinflussen. Sobald aber ein solches Atom unter Emission eines α-Teilchens zerfällt, so wandert das positive Restatom, Radium A, nach Verlust seiner im Zerfallsprozeß gewonnenen Geschwindigkeit unter der Einwirkung des elektrischen Feldes zur negativen Elektrode. Hierauf beruht die Möglichkeit, die „aktiven Niederschläge" auf kleinen Oberflächen, z. B. auf dünnen Drähten, zu konzentrieren. Ohne das elektrische Feld würde der aktive Niederschlag sich über alle benachbarten Oberflächen verteilen[2].

Die die Rückstoßatome emittierende Substanz kann aber ebenso gut auch als fester Körper auf einer Metall- oder Glasplatte niedergeschlagen sein. Durch den Rückstoß überwinden die radioaktiven Atome die Adhäsionskräfte, die sie an der Platte festhalten, treten in das umgebende Gas ein und wandern dann ebenfalls zur negativen Elektrode. Einige radioaktive Substanzen, z. B. die sehr kurzlebigen Elemente Thor C'' und Actinium C'' können auf diese Weise in großer Reinheit und nahezu quantitativ von ihren Muttersubstanzen abgetrennt werden[3].

Es sei bemerkt, daß unter geeigneten Bedingungen auch der viel schwächere Rückstoß bei Emission eines β-Teilchens beobachtet werden kann[4].

c) *Nachweis der Rückstoßstrahlen durch ihre ionisierende Wirkung* (Ionisationskammer, Spitzenzähler, Nebelkammer). WERTENSTEIN[5] hat zuerst gezeigt, daß die Rückstoßstrahlen in Gasen eine beträchtliche Ionisation hervorrufen. Auf seine Versuche wird in Ziff. 50 näher eingegangen. KOLHÖRSTER[6] ließ die Rückstoßstrahlen bei stark reduziertem Gasdruck in einen Spitzenzähler eintreten und vermochte sie so zu zählen und ihre Reichweite zu messen. Schließlich

---

[1] S. z. B. G. H. BRIGGS, Phil. Mag. Bd. 50, S. 600. 1925.

[2] Die Literatur über die Verteilung der aktiven Niederschläge in elektrischen Feldern in Abhängigkeit von Gasdruck, Ionisierungszustand des Gases, Feldstärke und Feldrichtung ist sehr beträchtlich. Es sei hier besonders auf die Arbeiten von H. P. WALMSLEY, Phil. Mag. Bd. 26, S. 381. 1913; Bd. 28, S. 539. 1914; E. M. WELLISCH, ebenda Bd. 28, S. 417. 1914; S. RATNER, ebenda Bd. 34, S. 429. 1917; A. GABLER, Wiener Ber. Bd. 129, S. 201. 1920; G. H. BRIGGS, Phil. Mag. Bd. 41, S. 357. 1921, hingewiesen.

[3] O. HAHN, Phys. ZS. Bd. 10, S. 81. 1909; O. HAHN u. L. MEITNER, Verh. d. D. Phys. Ges. Bd. 11, S. 55. 1909. — Was die Ausbeute bei der Trennung radioaktiver Substanzen durch Rückstoß anlangt, so ist zu bemerken, daß die Substanz, welche die Rückstoßatome liefern soll, bei ihrer Entstehung aus der Muttersubstanz durch Rückstoß in die Metallplatte, welche als Unterlage dient, hineingeschossen worden sein kann. In solchen Fällen sitzt die Substanz *unter* der Oberfläche, und die Ausbeute an Rückstoßatomen ist gering. Über die Eindringungstiefe radioaktiver Rückstoßatome in Metalle s. z. B. W. MAKOWER, Phil. Mag. Bd. 32, S. 226. 1916; E. RIE, Wiener Ber. Bd. 130, S. 283. 1921.

[4] W. MAKOWER u. S. RUSS, Phil. Mag. Bd. 19, S. 100. 1910; A. MUSZKAT, ebenda Bd. 39, S. 690. 1920; Journ. de phys. et le Radium Bd. 2, S. 93. 1921; A. W. BARTON, Phil. Mag. Bd. 1, S. 835. 1926. Über Ausbeute beim β-Rückstoß: K. DONAT u. K. PHILIPP, ZS. f. Phys. Bd. 45, S. 512. 1927; Bd. 59, S. 6. 1929; L. WERTENSTEIN, C. R. Bd. 188, S. 1045. 1929.

[5] L. WERTENSTEIN, Le Radium Bd. 7, S. 288. 1910; Bd. 9, S. 6. 1912.

[6] W. KOLHÖRSTER, ZS. f. Phys. Bd. 2, S. 257. 1920.

haben WILSON[1] sowie BOSE und GHOSH[2] die Bahnen von Rückstoßatomen bei
reduziertem Gasdruck sichtbar gemacht und photographiert. Die Rückstoß-
bahnen hatten in Wasserstoff von 12,5 cm Hg Druck Längen von etwa 1,5 mm
und bildeten die rückwärtige Verlängerung der α-Strahlbahnen. JOLIOT[3] findet,
daß gelegentlich von der Zerfallsstelle drei oder auch mehr Bahnen ausgehen.
Er deutet das durch die Annahme, daß an das radioaktive Atom andere Atome
angelagert sind, die bei dem Zerfallsvorgang ebenfalls eine Beschleunigung erfahren können.

50. Absorption der Rückstoßstrahlen. WERTENSTEIN[4] hat das Ionisierungsvermögen von Rückstoßstrahlen mit einer Apparatur untersucht, die
im wesentlichen mit der in Abb. 22, S. 192 dargestellten Anordnung übereinstimmt. Der zwischen dem Netz A und der Platte P liegende Raum bildete
die Ionisationskammer, während das zwischen den Netzen A und B liegende Feld
eine Diffusion von Ionen nach der Ionisationskammer verhinderte. Das die

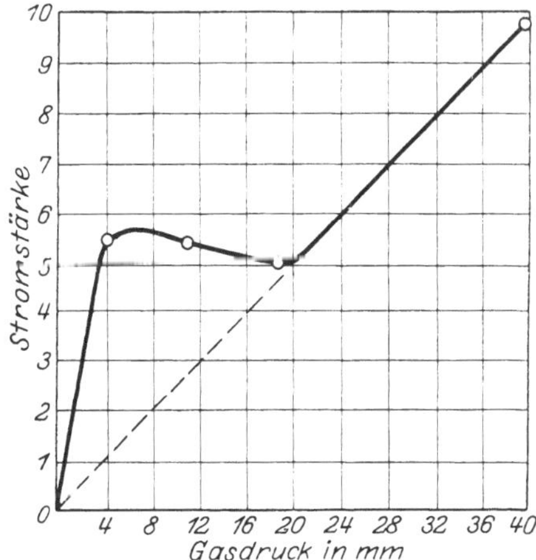

Abb. 55. Ionisationskurve, entstanden durch die Übereinanderlagerung der von den Rückstoßstrahlen und α-Strahlen
von Radium C′ erzeugten Ionisation.

Rückstoßatome emittierende Radium C′-Präparat befand sich in möglichster
Reinheit auf dem Tischchen T.

In Abb. 55 ist eine bei variiertem Gasdruck erhaltene Ionisationskurve
wiedergegeben, um zu illustrieren, wie die von den Rückstoßstrahlen erzeugte
Ionisation sich der α-Strahlenionisation überlagert. Die Tiefe der Ionisationskammer AP (Abb. 22) betrug dabei 2 mm, der Abstand des Präparates von der
Kammer 6,5 mm. Wären allein die α-Strahlen ionisierend wirksam, so würde
die Ionisation mit dem Druck proportional ansteigen entsprechend der in Abb. 55
punktiert eingezeichneten Linie. Die von den Rückstoßstrahlen erzeugte Ionisation bewirkt aber eine starke anfängliche Ausbuchtung der Kurve nach oben,
die erst bei einem Gasdruck von 20 mm in die punktierte Linie einläuft. Bei
diesem Druck werden also alle Rückstoßstrahlen in der zwischen T und A
liegenden Gasschicht absorbiert. Unter den günstigsten Bedingungen betrug
die von den Rückstoßatomen erzeugte Ionisation das 5fache der Ionisation der

---

[1] C. T. R. WILSON, Proc. Cambridge Phil. Soc. Bd. 21, S. 405. 1923.
[2] D. M. BOSE u. S. K. GHOSH, Phil. Mag. Bd. 45, S. 1050. 1923.
[3] F. JOLIOT, C. R. Bd. 192, S. 1105. 1931.
[4] L. WERTENSTEIN, Le Radium Bd. 9, S. 6. 1912; L. BIANU u. L. WERTENSTEIN,
ebenda Bd. 9, S. 347. 1912.

α-Strahlen. Das Rückstoßatom wirkt also viel stärker ionisierend als ein α-Teilchen, das eine gleichdicke Luftschicht durchsetzt. Doch zeigt sich bei den Rückstoßstrahlen im Gegensatz zu den α-Strahlen stets eine Abnahme der Ionisation mit abnehmender Geschwindigkeit.

Die Reichweite der Rückstoßatome in Luft ist etwa 500 mal kleiner als die der α-Strahlen. Wood[1] gibt die Reichweite der beim Zerfall von Actinium C emittierten Rückstoßatome (Actinium C'') für Luft zu 0,12 mm und in Wasserstoff zu 0,52 mm. Beim Zerfall des aktiven Thorniederschlages (Thor C + C') konnten zwei Gruppen von Rückstoßatomen verschiedener Reichweiten nachgewiesen werden. Auch bei den Zählungen von Kolhörster traten diese beiden Gruppen von Rückstoßatomen deutlich hervor. Dabei ist das Verhältnis der Reichweiten der Rückstoßatome dasselbe wie das der sie auslösenden α-Teilchen von Thor C und Thor C'.

---

[1] A. B. Wood, Phil. Mag. Bd. 26, S. 586. 1913.

Kapitel 4.

Der Wirkungsquerschnitt von Gasmolekülen gegenüber langsamen Elektronen und langsamen Ionen.

Von

C. Ramsauer und R. Kollath, Berlin-Reinickendorf.

Mit 93 Abbildungen.

1. Vorbemerkung. Der folgende Artikel soll den Wirkungsquerschnitt von Gasmolekülen gegenüber *langsamen* Elektronen und Ionen behandeln. Eine klare Geschwindigkeitsgrenze zwischen „langsamen" und „schnellen" Elektronen und Ionen besteht selbstverständlich an sich nicht; trotzdem zwingt die historische Entwicklung, die experimentelle Untersuchungstechnik und die innere Natur der Vorgänge dazu, einen Abschnitt über langsame Elektronen und Ionen von dem übrigen Versuchsmaterial zu trennen. Die Grenze könnte dort gezogen werden, wo die bei der Untersuchung der kleinen Geschwindigkeiten benutzten experimentellen Hilfsmittel durch die bei hohen Geschwindigkeiten benutzten ersetzt werden. Diese Grenze liegt für Elektronen bei einigen hundert Volt, für Ionen bei einigen tausend Volt beschleunigender Spannung; sie liegt aber im ganzen zu hoch, da die innere Natur der Vorgänge den Schwerpunkt des Interesses noch weiter nach kleineren Geschwindigkeiten hin verlegt. Die überwiegende Anzahl der hier besprochenen Arbeiten beschäftigt sich daher noch mit wesentlich kleineren Geschwindigkeiten, nämlich mit Elektronengeschwindigkeiten unterhalb 50 Volt und Ionengeschwindigkeiten unterhalb 1000 Volt.

2. Geschichtlicher Überblick[1]. *Elektronen.* Als erster hatte Lenard[2] 1903 Querschnitte von Gasmolekülen gegenüber langsamen Elektronen gemessen; er stellte fest, daß die Molekülgröße mit abnehmender Elektronengeschwindigkeit wächst, daß aber eine obere Grenze für die Molekülgröße nicht überschritten wird (Abb. 1). Die Wiederholung der Messungen durch Robinson[3] und die Ausdehnung der Messungen auf kleinste Geschwindigkeiten durch F. Mayer[4] ergab das gleiche Resultat. Hierbei ist zu bemerken, daß die kleinste beobachtete Geschwindigkeit bei Lenard 4 Volt, bei Robinson 3,2 Volt betrug, und daß die Zahl der Meßpunkte nicht groß genug war, um eine feinere Struktur des Kurvenverlaufs

---

[1] Die Niederschrift dieses Handbuchkapitels wurde etwa am 1. März 1932 abgeschlossen; die vom 1. März bis Mitte August 1932 erschienenen Arbeiten sind in einem Nachtrag am Schluß des Kapitels kurz zusammengefaßt. — Es sei an dieser Stelle auf einige früher erschienene Zusammenfassungen dieses Gebiets hingewiesen: C. Ramsauer, Phys. ZS. Bd. 29, S. 823—830. 1928; E. Brüche, Ergebn. d. exakt. Naturwiss. Bd. 8, S. 185—228. 1929; R. Kollath, Phys. ZS. Bd. 31, S. 985—1005. 1930; K. K. Darrow, Bell. Tel. Syst. Dez. 1930.

[2] P. Lenard, Ann. d. Phys. Bd. 12, S. 714. 1903.

[3] J. Robinson, Ann. d. Phys. Bd. 31, S. 769. 1910.

[4] F. Mayer, Ann. d. Phys. Bd. 45, S. 24. 1914.

16*

aufzudecken. Es folgten qualitative Versuche von Åkesson[1], die für bestimmte Geschwindigkeitsbereiche ein Maximum des Querschnitts in einigen Nichtedelgasen zu ergeben schienen, aber zu wenig beweiskräftig waren[2], um Beachtung zu finden. Demgegenüber glaubte H. F. Mayer[3] durch Belegung seiner Kurven mit zahlreichen Meßpunkten nachweisen zu können, daß die von ihm untersuchten Nichtedelgase bei abnehmender Elektronengeschwindigkeit einen konstanten Endquerschnitt erreichen. Ramsauer[4] entdeckt 1920 die Querschnittsanomalie des Argons, d. h. daß das Argonatom gegenüber Elektronen von 1 Volt Geschwindigkeit einen unerwartet kleinen Querschnitt besitzt, der mit weiter abnehmender Elektronengeschwindigkeit noch kleiner wird[5]. Dieses Resultat wurde kurz nachher von H. F. Mayer bestätigt, der gleichzeitig die Lage eines Argonmaximums bei etwa 12 Volt festlegte, dessen Vorhandensein aus der Kombination der Messungen von Lenard und Ramsauer gefolgert werden mußte. Etwa zur gleichen Zeit schloß Townsend[6] aus seinen Untersuchungen über die Diffusion von Elektronen in weniger stark verdünnten Gasen auf Querschnittsanomalien in einigen Nichtedelgasen; er fand ferner zusammen mit Bailey[7] einen sehr kleinen Querschnitt des Argonatoms bei etwa 1 Volt und etwas später ein Minimum des Querschnitts bei einer noch kleineren Geschwindigkeit[8] (diese beiden Verfasser stellten hierbei ihre Resultate in der Form von freien Weglängen der Elektronen dar).

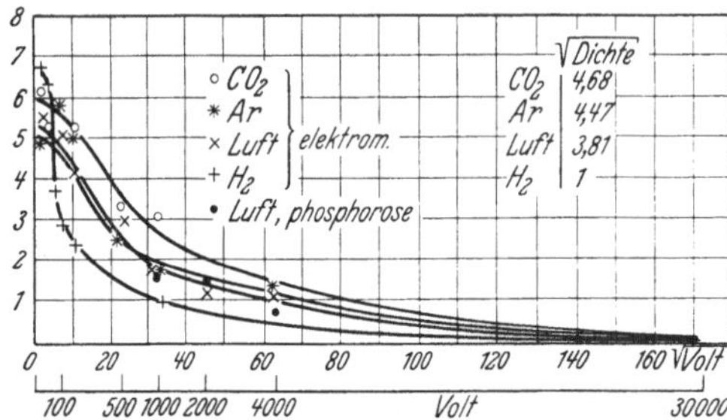

Abb. 1. Absorbierende Querschnitte (nach P. Lenard 1903).

Es folgte die Durchmessung aller Edelgase durch Ramsauer[9] und die Untersuchung weiterer Nichtedelgase bei kleinsten Geschwindigkeiten durch Mitarbeiter der Townsendschule[10, 11]. Ebenso wie früher Akesson fanden auch Townsend und seine Mitarbeiter keine konstanten Querschnitte beim Übergang zu kleinen Elektronengeschwindigkeiten; jedoch konnten auch diese Versuche gegenüber den direkten Messungen von H. F. Mayer (die ja Konstanz ergeben hatten) nicht recht überzeugen. Einen wesentlichen Fortschritt brachten die Messungen von Brode und Rusch. Brode[12] zeigte die Argonähnlichkeit von CH_4 und den starken Anstieg der Wasserstoff- und Stick-

[1] N. Åkesson, Lunds Årsskrift N. F. Ard. Bd. 2, S. 12. 1916.
[2] Vgl. z. B. Lenard u. Becker, Handb. d. Exper. Phys. Bd. XIV, Kap. 5, S. 189: „Jedoch fehlte gründliche Untersuchung und vor allem die Durchführung von Absorptionsmessungen, so daß die Deutung zweifelhaft bleiben mußte", und Franck-Jordan, Handb. d. Phys. Bd. XXIII, Kap. 7, S. 649/50: „Wenn trotzdem seine Versuche an letzter Stelle genannt werden, so geschieht dies, weil die Deutung seiner Ergebnisse noch recht ungewiß erscheint . . .''
[3] H. F. Mayer, Ann. d. Phys. Bd. 64, S. 451. 1921.
[4] C. Ramsauer, Phys. ZS. Bd. 21, S. 576. 1920.
[5] Dieses Verhalten des Argonatoms, für das in der Literatur die Bezeichnung „Ramsauereffekt" gebräuchlich geworden ist, war elektrostatisch nicht zu erklären und ist deshalb als erster Hinweis auf die Wellennatur des Elektrons aufzufassen.
[6] J. S. Townsend, Phil. Mag. Bd. 42, S. 873. 1921.
[7] J. S. Townsend u. V. A. Bailey, Phil. Mag. Bd. 43, S. 593. 1922.
[8] J. S. Townsend u. V. A. Bailey, Phil. Mag. Bd. 44, S. 1033. 1923.
[9] C. Ramsauer, Ann. d. Phys. Bd. 64, S. 513. 1921; Bd. 66, S. 545. 1921; Bd. 72, S. 345. 1923.
[10] M. F. Skinker, Phil. Mag. Bd. 44, S. 994. 1922.
[11] M. F. Skinker u. J. V. White, Phil. Mag. Bd. 46, S. 630. 1923.
[12] R. B. Brode, Phys. Rev. Bd. 23, S. 664. 1924; Bd. 25, S. 636. 1925.

stoffkurven nach kleinen Geschwindigkeiten hin. RUSCH[1] fand unter 1 Volt den Wiederabfall der Wasserstoffkurve und ein Minimum des Querschnitts in den beiden Edelgasen Argon und Krypton. BRÜCHE[2] bestimmte dann den Gesamtverlauf der Querschnittskurven in Wasserstoff und Stickstoff (1 bzw. 2 Querschnittsmaxima) und widerlegte so endgültig die obenerwähnten Messungen von H. F. MAYER, nach denen die Querschnitte dieser beiden Gase mit abnehmender Elektronengeschwindigkeit konstante Werte annehmen sollten. BRÜCHE[3] und BRODE[4] haben außerdem die Querschnitte einer großen Reihe von Nichtedelgasen durchgemessen, die sämtlich Anomalien des Querschnitts aufwiesen. BRÜCHE eröffnete der Querschnittsforschung ein neues Betätigungsfeld dadurch, daß er als erster systematische Untersuchungen über die Zusammenhänge zwischen Wirkungsquerschnitt und Molekelbau[5] anstellte. Es folgt die Ausdehnung der Querschnittsuntersuchungen auf Elektronengeschwindigkeiten unterhalb 1 Volt durch RAMSAUER-KOLLATH[6], ferner Untersuchungen über die „Feinstruktur" des Querschnitts in verschiedenen Gasen durch NORMAND[7] und schließlich, in Fortsetzung der Arbeiten von BRÜCHE, eine eingehende Untersuchung von komplizierten organisch-chemischen Verbindungen durch SCHMIEDER[8] und in neuester Zeit auch durch HOLST und HOLTSMARK[9].

Gleichzeitig mit den Arbeiten zur Festlegung des *gesamten Wirkungsquerschnitts* der Moleküle gegenüber Elektronen sind Untersuchungen anderer Art durchgeführt worden, die die Erforschung der *verschiedenen Arten der Einwirkung* der Moleküle auf die Elektronen zum Ziel hatten. Schon LENARD legte in seinen grundlegenden Arbeiten größten Wert auf strenge Unterscheidung zwischen Absorption, Diffusion und Geschwindigkeitsverlusten. Bei seinen Absorptionsmessungen benutzte er eine Apparatur, mit deren Hilfe die Diffusion und die Geschwindigkeitsverluste bewußt aus der Messung der absorbierten Elektronen ausgeschaltet wurden. Hierbei war er sich darüber klar, daß der so gemessene absorbierende Querschnitt sich aus zwei Komponenten zusammensetzte, die damals experimentell noch nicht unterschieden wurden: „Echte Absorption" ist diejenige Einwirkung, bei der die Elektronengeschwindigkeit durch einen einzelnen Zusammenstoß nach Größe und Richtung zu molekularer Geschwindigkeit reduziert wird, „unechte Absorption" (Reflektion) ist diejenige Einwirkung, bei der das Elektron durch einen Einzelstoß aus der Strahlrichtung abgelenkt wird, wobei jede Ablenkungsrichtung im Gegensatz zur Diffusion als gleich wahrscheinlich angenommen wird. Dem von LENARD gemessenen „absorbierenden" Querschnitt stellte dann RAMSAUER den „Wirkungsquerschnitt" gegenüber, d. h. „den gesamten Querschnitt des Moleküls, welcher in *irgendeiner* Weise, sei es absorbierend oder geschwindigkeitsvermindernd oder ablenkend oder reflektierend, auf das Elektron wirkt[10].

Bei weiteren Versuchen zeigte es sich, daß die „echte" Absorption im Gebiet langsamer Elektronen tatsächlich nur als Ausnahmeerscheinung anzusehen

[1] M. RUSCH, Phys. ZS. Bd. 26, S. 748. 1925.

[2] E. BRÜCHE, Ann. d. Phys. Bd. 81, S. 537. 1926; Bd. 82, S. 912. 1927.

[3] E. BRÜCHE, Ann. d. Phys. Bd. 82, S. 25. 1927; Bd. 83, S. 1065. 1927.

[4] R. B. BRODE, Proc. Roy. Soc. London Bd. 109, S. 397. 1925; Bd. 125, S. 134. 1929.

[5] E. BRÜCHE, Ergebn. d. exakt. Naturwissensch. Bd. VIII, S. 185. 1929; vgl. auch weitere Literatur ebenda.

[6] C. RAMSAUER u. R. KOLLATH, Ann. d. Phys. Bd. 3, S. 536. 1929; Bd. 4, S. 91. 1930; Bd. 7, S. 176. 1930.

[7] C. E. NORMAND, Phys. Rev. Bd. 35, S. 1217. 1930.

[8] F. SCHMIEDER, ZS. f. Elektrochem. Bd. 36, S. 700. 1930.

[9] W. HOLST u. J. HOLTSMARK, D. Kong. Norske Vid. Selskab. Bd. 4, S. 89, Nr. 25. 1931.

[10] C. RAMSAUER, Jahrb. d. Radioakt. Bd. 19, S. 346. 1923.

ist (Franck und Hertz[1], Townsend und Mitarbeiter[2], Loeb[3] und Wahlin[4]), ähnlich treten Diffusion und Geschwindigkeitsverluste mit kleiner werdender Elektronengeschwindigkeit immer mehr in den Hintergrund. Hauptanteil an der Größe des gesamten Wirkungsquerschnitts wird die Ablenkung („unechte Absorption" nach Lenard), die unterhalb der Anregungsspannung ohne, oberhalb der Anregungsspannung mit oder ohne Geschwindigkeitsänderung erfolgt. In letzter Zeit ist besonders die Richtungsverteilung dieser abgelenkten (gestreuten) Elektronen untersucht worden (Dymond[5], Arnot[6], Bullard-Massey[7], Ramsauer-Kollath[8] u. a.[9]).

Ionen. Während über Elektronen bereits ein ziemlich vollständiges Versuchsmaterial vorliegt, befinden sich die Untersuchungen über die Wechselwirkung zwischen Molekülen und Ionen noch im Anfangsstadium. Der Grund liegt darin, daß dies Gesamtgebiet außerordentlich mannigfaltig ist, und daß die Einzelvorgänge (höchstens abgesehen von dem Verhalten der Protonen) nicht mehr dasselbe grundlegende Interesse beanspruchen können, wie es bei den Elektronen der Fall ist. Für einen größeren Geschwindigkeitsbereich liegen Untersuchungen nur an Protonen von Dempster[10], Ramsauer-Kollath-Lilienthal[11], Goldmann[12] und an Alkaliionen von Dempster und seinen Mitarbeitern[13] sowie Ramsauer-Beeck[14] vor, während sich, abgesehen von den neuesten Untersuchungen von F. Wolf[15], die zahlreichen Querschnittsmessungen von Kallmann und Rosen[16] an sonstigen Ionenarten auf bestimmte Einzelgeschwindigkeiten beschränken. Ferner ist hier auch bereits die Untersuchung der verschiedenen Einwirkungsarten in Angriff genommen worden.

3. Der Begriff des Wirkungsquerschnitts. Der Begriff des „Wirkungsquerschnitts von Gasmolekülen gegenüber Elektronen"[17] wird durch Abb. 2 veranschaulicht. In einem Elektronenstrahl, dessen einzelne Elektronen gleiche

---

[1] J. Franck u. G. Hertz, Verh. d. D. Phys. Ges. Bd. 15, S. 373. 1913; Bd. 15, S. 613. 1913.

[2] J. S. Townsend u. V. A. Bailey, l. c.; ferner Phil. Mag. Bd. 46, S. 657. 1923; J. Bannon u. H. L. Bröse, ebenda Bd. 6, S. 817. 1928; V. A. Bailey u. W. E. Duncanson, ebenda Bd. 10, S. 145. 1930; H. L. Bröse, ebenda Bd. 50, S. 536. 1925; J. D. McGee u. J. C. Jaeger, ebenda Bd. 6, S. 1107. 1928.

[3] L. B. Loeb, Phys. Rev. Bd. 19, S. 24. 1922; Bd. 20, S. 397. 1922; Bd. 23, S. 157. 1924.

[4] H. B. Wahlin, Phys. Rev. Bd. 21, S. 517. 1923; Bd. 23, S. 169. 1924; Bd. 27, S. 588. 1926; Bd. 37, S. 260. 1931.

[5] E. G. Dymond, Phys. Rev. Bd. 29, S. 433. 1927.

[6] F. L. Arnot, Proc. Roy. Soc. London Bd. 125, S. 660. 1929; Bd. 130, S. 655. 1931; Bd. 133, S. 615. 1931.

[7] E. C. Bullard u. H. S. W. Massey, Proc. Roy. Soc. London Bd. 130, S. 579. 1931; Bd. 133, S. 637. 1931.

[8] C. Ramsauer u. R. Kollath, Ann. d. Phys. Bd. 9, S. 756. 1931; Bd. 10, S. 143. 1931; Bd. 12, S. 529 u. 837. 1932.

[9] G. P. Harnwell, Phys. Rev. Bd. 31, S. 634. 1928; Bd. 33, S. 559. 1929; J. H. McMillen, ebenda Bd. 36, S. 1034. 1930; J. M. Pearson u. W. N. Arnquist, ebenda Bd. 37, S. 970. 1931; H. L. Hughes u. J. H. McMillen, ebenda Bd. 39, S. 585. 1932.

[10] A. J. Dempster, Phil. Mag. Bd. 3, S. 115. 1927.

[11] C. Ramsauer, R. Kollath u. D. Lilienthal, Ann. d. Phys. Bd. 8, S. 709. 1931.

[12] F. Goldmann, Ann. d. Phys. Bd. 10, S. 460. 1931.

[13] F. M. Durbin, Phys. Rev. Bd. 30, S. 844. 1927; R. B. Kennard, ebenda Bd. 31, S. 423. 1928; J. W. Cox, ebenda Bd. 34, S. 1426. 1929; J. S. Thompson, ebenda Bd. 35, S. 1196. 1930.

[14] C. Ramsauer u. O. Beeck, Ann. d. Phys. Bd. 87, S. 1. 1928.

[15] F. Wolf, ZS. f. Phys. Bd. 72, S. 42. 1931; Bd. 74, S. 574. 1932.

[16] H. Kallmann u. B. Rosen, ZS. f. Phys. Bd. 61, S. 61. 1930; Bd. 64, S. 806. 1930.

[17] Es soll im folgenden bei diesen allgemeinen Erörterungen zunächst nur von Elektronen gesprochen werden, obgleich dieses Kapitel als gemeinsame Einführung für Elektronen und Ionen gedacht ist. Bei Ionen neu auftretende Besonderheiten in Definition usw. werden am Beginn des Ionenkapitels für sich behandelt.

Richtung und Geschwindigkeit haben, befindet sich ein Gasmolekül. Es wird dann einerseits Strahlelektronen geben, deren Flugbahn in genügender Entfernung am Molekülmittelpunkt vorbeiführt, so daß sie in ihrer Geschwindigkeit und Flugrichtung von den Kraftfeldern des Moleküls nicht gestört werden; andererseits wird es Strahlelektronen geben, deren Flugbahn so nahe am Molekülmittelpunkt vorbeiführt, daß die Kraftfelder des Moleküls eine Änderung der Flugrichtung oder der Fluggeschwindigkeit dieser Elektronen hervorrufen. Diejenige Fläche senkrecht zur Richtung des Elektronenstrahls, innerhalb deren ein Elektron am Molekülmittelpunkt vorbeifliegen muß, um eine Änderung seiner Flugrichtung oder seiner Fluggeschwindigkeit zu erfahren, wollen wir den „Wirkungsquerschnitt des Gasmoleküls gegenüber Elektronen" nennen. Diese Definition war ursprünglich empirisch gemeint, d. h. mit der selbstverständlichen Einschränkung: Soweit diese Einwirkungen innerhalb der Meßgrenzen der benutzten Apparatur liegen. Damit braucht aber nicht gesagt zu sein, daß der so gemessene Wirkungsquerschnitt nicht doch über diese apparative Definition hinaus die allgemeinere Bedeutung eines bestimmten endlichen Grenzwertes besitzt. Die Vorstellungen der klassischen Theorie verlangen zwar, daß überhaupt kein Elektron, auch nicht in größerer Entfernung, an einem Molekül unbeeinflußt vorbeifliegen kann. Diese Vorstellungen sind aber offenbar auf das Zusammenwirken zwischen Molekül und

Abb. 2. Schema der Einwirkung des Moleküls auf das Elektron.

Elektron nicht anwendbar, da sie entgegen den Versuchsresultaten auch eine dauernde Verstärkung der Molekülwirkung auf das Elektron mit abnehmender Elektronengeschwindigkeit verlangen würden. Im Gegensatz hierzu spricht die Wellenmechanik dafür, daß die Anzahl der von einem einzelnen neutralen Molekül beeinflußten Elektronen endlich ist und damit für die Möglichkeit einer vom Meßapparat unabhängigen Definition des Wirkungsquerschnitts. Trotzdem könnten bei dem Versuch der experimentellen Verwirklichung dieser Definition aber doch Schwierigkeiten entstehen. Es wäre z. B. denkbar, daß eine bestimmte Richtungsänderung des Elektrons von der einen Apparatur noch registriert wird, von einer anderen gröberen dagegen nicht mehr. Wie wir in den Meßergebnissen sehen werden, hat es sich im Gebiet langsamer Elektronen gezeigt, daß diese Schwierigkeit praktisch nicht sehr ins Gewicht fällt, daß vielmehr Messungen mit Apparaturen verschiedener Trennschärfe im wesentlichen zu den gleichen Ergebnissen führen.

4. Grundversuch und Absorptionsgesetz. Um die Berechnung des Wirkungsquerschnitts aus experimentellen Daten durchführen zu können, müssen wir zunächst den zahlenmäßigen Zusammenhang zwischen solchen Daten und dem Wirkungsquerschnitt kennenlernen. Zu diesem Zweck denken wir uns einen in bezug auf Richtung und Geschwindigkeit homogenen Elektronenstrahl von bekannter Intensität, d. h. von bekannter Elektronenzahl je Quadratzentimeter und Sekunde, einen Raum durchlaufen, in welchem sich Gasmoleküle unter gegebenem Druck befinden (Abb. 3). Dann stoßen die Elektronen des Strahls im Gasraum mit den Molekülen des Gases zusammen und werden dabei in irgendeiner Weise (nach Richtung oder Geschwindigkeit) beeinflußt. Besitzen wir eine Vorrichtung, die jedes Elektron, das einen Zusammenstoß erlitten hat, sofort aus dem Strahl ausscheidet, so wird die Zahl der unbeeinflußten Elektronen in Abb. 3a von links nach rechts immer mehr abnehmen; das Gesetz dieser Intensitätsabnahme läßt sich in Anlehnung an eine für Gasmoleküle angestellte Überlegung von CLAUSIUS[1] leicht ableiten.

[1] R. CLAUSIUS, Pogg. Ann. Bd. 105, S. 240. 1858.

Wir wollen dabei in unserer Ableitung den Hauptwert auf eine gewisse etwas grobe Anschaulichkeit legen und rechnen daher von vornherein mit festen Durchschnittswerten. (Bei einer schärferen Ableitung müßte man den gaskinetischen Wahrscheinlichkeitsgesetzen Rechnung tragen, indem man z. B. von der Verteilungsfunktion der freien Weglänge ausgeht.) Wir denken uns den Raum zwischen den Marken l_0 und l_x in eine große Anzahl gleich dicker Schichten senkrecht zur Richtung des Elektronenstrahls zerlegt, und zwar in n Schichten je Zentimeter. Die Schichten wählen wir in der Weise, daß sie einerseits so dick werden, daß man die Anzahl der Moleküle in den verschiedenen Schichten praktisch einander gleichsetzen darf, und andererseits so dünn, daß n eine große Zahl wird. Beides ist zu erreichen, da selbst bei den größten benutzten Verdünnungen, z. B. 10^{-5} mm Hg, die Anzahl der Moleküle im cm³ immer noch 10^{10} beträgt. Wir betrachten jetzt eine dieser n Schichten in Richtung des Elektronenstrahls (Abb. 3 b); ihre Gesamtfläche, der Querschnitt des Elektronenstrahls, sei F, die schwarzen Punkte bedeuten die in der Schicht enthaltenen regellos verteilten Moleküle. Die undurchlässige Fläche dieser Moleküle, d. h. die Summe der Molekülquerschnitte in einer solchen Schicht sei f. Treffen nun die Strahlelektronen gleichmäßig über den ganzen Strahlquerschnitt verteilt auf diese Schicht auf, so werden die meisten von ihnen an den Molekülen vorbeifliegen, die Schicht also ohne jede Beeinflussung passieren. Ein kleiner Teil der Elektronen wird aber auf Moleküle auftreffen, wird seine Richtung und seine Geschwindigkeit ändern und aus dem Strahl ausgeschieden werden. Die Zahl der so aus dem Strahl entfernten Elektronen wird sich zur Gesamtzahl der auf die Schicht auftreffenden Elektronen verhalten wie $f:F$. Ist also die Intensität des Elektronenstrahls an der Stelle l_0 gleich J_0, so wird in der ersten Schicht der Intensitätsanteil $J_0 \cdot \dfrac{f}{F}$ aus dem Strahl ausgeschieden; die Intensität nach dem Durchlaufen der ersten Schicht ist also:

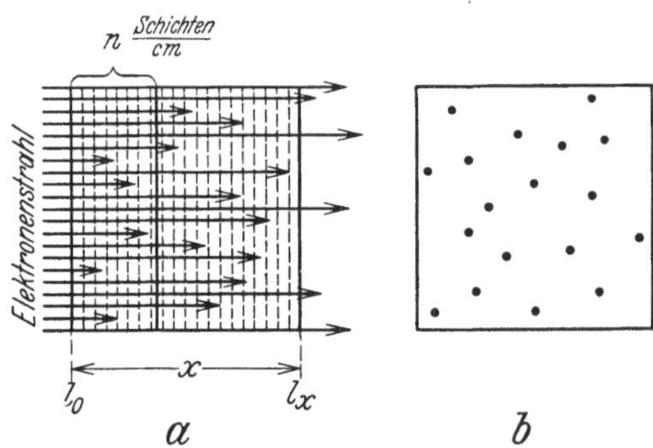

Abb. 3 a u. b. Zur Ableitung des Absorptionsgesetzes.

$$J_1 = J_0 - J_0 \cdot \frac{f}{F} = \qquad = J_0 \left(1 - \frac{f}{F}\right).$$

Dieselbe Betrachtung, die wir eben für die erste Schicht ausführlich durchgeführt haben, wenden wir nun sinngemäß auf die zweite und die folgenden Schichten an:

$$J_2 = J_1 - J_1 \cdot \frac{f}{F} = J_1 \left(1 - \frac{f}{F}\right) = J_0 \left(1 - \frac{f}{F}\right)^2$$

$$\cdots\cdots\cdots\cdots\cdots\cdots\cdots\cdots\cdots\cdots$$

$$J_n = \cdots\cdots\cdots\cdots\cdots = J_0 \left(1 - \frac{f}{F}\right)^n$$

$$\cdots\cdots\cdots\cdots\cdots\cdots\cdots\cdots\cdots\cdots$$

$$J_x = \cdots\cdots\cdots\cdots\cdots = J_0 \left(1 - \frac{f}{F}\right)^{n \cdot x}.$$

Macht man die Unterteilung in einzelne Schichten beliebig fein, so geht mit $n \to \infty$ der Bruch $f/F \to 0$. Endlich bleibt dagegen der Ausdruck $n \cdot f/F$, d. h.

die undurchlässige Fläche aller Moleküle von 1 cm³. Wir wollen deshalb mit n erweitern:

$$J_x = J_0 \cdot \left[\left(1 - \frac{n \cdot f}{F} \cdot \frac{1}{n}\right)^n\right]^x,$$

woraus durch Grenzübergang folgt:

$$J_x = J_0 \cdot e^{-\frac{n \cdot f}{F} \cdot x}. \tag{1}$$

Eine Dimensionsbetrachtung bestätigt die Richtigkeit der anschaulichen Bedeutung, die wir oben dem Ausdruck $n \cdot f/F$ beigelegt haben:

$$\left[\frac{n \cdot f}{F}\right] = \left[\frac{\mathrm{cm}^{-1} \cdot \mathrm{cm}^2}{\mathrm{cm}^2}\right] = \left[\frac{\mathrm{cm}^2}{\mathrm{cm}^3}\right].$$

$\frac{n \cdot f}{F}$ läßt sich, wie in den nächsten Abschnitten gezeigt wird, experimentell bestimmen. Von dem so gefundenen Werte kann man entweder auf den undurchlässigen Querschnitt des einzelnen Moleküls übergehen, indem man die dem gegebenen Druck entsprechende Gesamtzahl der Moleküle im Kubikzentimeter in Rechnung setzt, oder man kann die Querschnittssumme aller Moleküle eines Kubikzentimeters für den Druck 1 mm Hg und 0° C berechnen. Das erste hat den Vorzug, zu einer Konstante des Einzelmoleküls zu führen, während die letztere Form praktisch brauchbar ist insofern, als man den Querschnitt für jeden beliebigen Druck unmittelbar berechnen kann. Nennen wir den gesamten Wirkungsquerschnitt aller Moleküle im Kubikzentimeter bei 1 mm Hg und 0° C: Q_{wirk} und bezeichnen wir den tatsächlich gegebenen Druck mit p, so nimmt Gleichung (1) die Form an:

$$J_x = J_0 \cdot e^{-Q_{\mathrm{wirk}} \cdot p \cdot x}. \tag{2}$$

Die Dimension von Q_{wirk} ist: $\left[\frac{\mathrm{cm}^2}{\mathrm{cm}^3} \cdot \frac{1}{\mathrm{mm\ Hg}}\right]$ bezogen auf 0° C; durch Multiplikation mit p und x wird der Exponent von e, wie es sein muß, eine reine Zahl. Diese Querschnittssumme aller Moleküle eines Kubikzentimeters bei 1 mm Hg und 0° C soll im folgenden immer gemeint sein, wenn kurz vom Wirkungsquerschnitt (WQ) der Gasmoleküle gesprochen wird.

Grundsätzlich wären auch andere Gesetze des Intensitätsabfalles denkbar, wie dasjenige, welches wir soeben abgeleitet haben; es hat sich aber experimentell herausgestellt, daß nur dieses „e-Gesetz" die Vorgänge richtig wiedergibt. Sowohl durch Weg- (x) als auch besonders durch Druck- (p) Variationen ist es an der Erfahrung geprüft worden.

5. Darstellungsform. In den vorangegangenen Überlegungen haben wir stillschweigend vorausgesetzt, daß der Querschnitt der Elektronen unendlich klein sein soll. Diese Annahme besitzt zwar für die Darstellung der Versuchsergebnisse ihrer Einfachheit wegen große Vorzüge, logisch genommen ist sie aber nicht erfüllt, da es sich ja um eine Wechselwirkung zwischen Elektronen und Molekülen handelt, wobei beide Partner als gleichberechtigt betrachtet werden müssen. Die hier auftretende Schwierigkeit wird besonders deutlich, wenn wir nicht mehr den Zusammenstoß Elektron-Molekül, sondern Ion-Molekül betrachten. In diesem Fall kann nur vom „gegenseitigen" Wirkungsquerschnitt zwischen dem Ion und dem neutralen Gasmolekül gesprochen werden. Eine Auflösung des „gegenseitigen" Querschnitts in die einzelnen Querschnitte ist dabei grundsätzlich nicht möglich, auch dann nicht, wenn mehrere Stoßpartner in verschiedenster Weise untereinander kombiniert werden. Da aber der Begriff des gegenseitigen Wirkungsquerschnitts formal sehr unbefriedigend ist[1],

---

[1] Der so definierte gegenseitige Querschnitt ist bei zwei gleich großen Stoßpartnern das Vierfache des Querschnitts des einzelnen Stoßpartners.

beschreibt man die Wechselwirkungen zwischen Ionen und Molekülen besser mit Hilfe der „Radiensumme". Trotzdem soll in diesem Artikel durchgehend der Wirkungsquerschnitt benutzt werden, weil diese Darstellungsform für den hier im Vordergrund stehenden Elektronenteil allein gebräuchlich ist und auch eine gewisse Berechtigung besitzt.

Es sei an dieser Stelle darauf hingewiesen, daß neben dem Wirkungsquerschnitt noch eine zweite Darstellungsmöglichkeit besteht, nämlich die der „freien Weglängen". Historisch wurde sie aus dem Gebiet der kinetischen Gastheorie übernommen und ist rein formal mit der des Wirkungsquerschnitts identisch, nur liegen für das zu besprechende Gebiet einige begriffliche Schwierigkeiten bei ihrer Anwendung vor, die kurz erwähnt werden sollen. Die freie Weglänge eines Elektrons in einem Gas, d. h. diejenige Strecke, die ein Elektron in einem Gasraum zwischen zwei Zusammenstößen mit Gasmolekülen frei durchläuft, bekommt als Begriff erst nach zwei Zusammenstößen einen physikalischen Sinn. Demgegenüber bezieht sich der Begriff des WQ auf den Einzelvorgang, der den eigentlichen Gegenstand unserer Untersuchung bildet. Im übrigen ist es leicht, vom Wirkungsquerschnitt Q_{wirk} auf die freie Wirkungsweglänge λ_{wirk} überzugehen, wenn man den gleichen Druck von 1 mm Hg bei 0° C zugrunde legt. Es ist dann:

$$Q_{\text{wirk}} \cdot \lambda_{\text{wirk}} = 1 \,. \tag{3}$$

Hat man sich einmal zwischen den verschiedenen Darstellungsformen für die des WQ entschieden, so wäre es eigentlich nach dem eben Gesagten konsequent, tatsächlich in allen Fällen den Querschnitt des einzelnen Moleküls anzugeben. Das ist bei der ersten Arbeit auf diesem Gebiet auch geschehen[1]. Wir wollen aber im folgenden aus rein praktischen Gründen, weil es so üblich geworden ist, bei derjenigen Bedeutung des WQ bleiben, die wir ihm weiter oben beigelegt haben: Der WQ soll sein die Querschnittssumme $\left(\text{in } \dfrac{\text{cm}^2}{\text{cm}^3 \cdot 1\,\text{mm Hg}} \text{ bei } 0°\text{C}\right)$ aller Moleküle von 1 cm³ bei 1 mm Hg und 0° C.

6. Zahlenmäßige Zusammenhänge. Zum Schluß des einleitenden Kapitels geben wir eine Zusammenstellung der zahlenmäßigen Zusammenhänge, damit der Leser leicht die verschiedenen Darstellungsformen aufeinander umrechnen kann. Die Elektronenlineargeschwindigkeit ist proportional zur Wurzel aus der Voltgeschwindigkeit; der Proportionalitätsfaktor folgt aus der Gleichung: $\dfrac{m\,v^2}{2} = e \cdot V$, wobei e und m die Ladung und Masse des Elektrons bedeuten, V die angelegte Beschleunigungsspannung und v die Lineargeschwindigkeit des Elektrons, alle Größen gemessen im absoluten CGS-System. Also wird $1\,\sqrt{\text{Volt}}$ $= 0{,}59_5 \cdot 10^8$ cm/sec. Der Zusammenhang zwischen der Elektronengeschwindigkeit und der Wellenlänge des Elektrons nach DE BROGLIE wird gegeben durch die Formel: $m \cdot v = h/\lambda$. Hierbei bedeuten m, v und λ bzw. die Masse, die Geschwindigkeit und die DE BROGLIEsche Wellenlänge des Elektrons in absoluten Einheiten, h ist die PLANCKsche Konstante. Hieraus folgt: $\lambda = 12{,}2/v$ (λ in Ångströmeinheiten, v in $\sqrt{\text{Volt}}$). Vom Wirkungsquerschnitt Q_{wirk} aller Moleküle von 1 cm³ bei 1 mm Hg und 0° C können wir nach folgenden Formeln auf den Wirkungsquerschnitt q und auf den Wirkungsradius ϱ des Einzelmoleküls übergehen:

$$q = 0{,}28 \cdot 10^{-16} \cdot Q_{\text{wirk}} \,; \qquad \varrho = 0{,}30 \cdot 10^{-8}\,\sqrt{Q_{\text{wirk}}}$$

$$\left(\varrho \text{ in cm}, \quad q \text{ in cm}^2, \quad Q_{\text{wirk}} \text{ in } \dfrac{\text{cm}^2}{\text{cm}^3 \cdot 1\,\text{mm Hg}} \text{ bei } 0°\text{C}\right).$$

---

[1] Vgl. C. Ramsauer, Ann. d. Phys. Bd. 64, S. 513. 1921.

I. Elektronen.

A. Methoden zur experimentellen Bestimmung des Wirkungsquerschnitts.

7. Vorbemerkungen. Wir setzen im folgenden voraus, daß die experimentellen Vorbedingungen, wie z. B. Elektronenstrahlen einheitlicher Geschwindigkeit und Richtung, einwandfreie Auffangvorrichtungen für die zu messenden Elektronen usw. erfüllt sind; über Einzelfragen experimenteller Art gibt der Schluß dieses Abschnitts A Auskunft (12. Experimentelle Einzelheiten).

Im einleitenden Kapitel ist das e-Gesetz abgeleitet worden, nach welchem die Intensität eines Elektronenstrahls in einem Gasraum abklingt. Wir haben es damals offengelassen, wie die Bestimmung der notwendigen Intensitätswerte in der Praxis durchgeführt wird; diese Verbindung zwischen den oben durchgeführten Rechnungen und dem direkten Experiment soll vor der Besprechung der einzelnen Methoden jetzt hergestellt werden. In Abb. 4 möge von der Platte Z ein Bündel von Elektronen ausgehen, die auf dem Wege von Z nach Blende 1 auf die gewünschte Geschwindigkeit gebracht werden und zum Teil durch die Blende 1 in den Raum S eintreten: Die Öffnung 1 ist die eigentliche „Elektronenquelle" für die folgende WQ-Messung. Von den in den Raum S eingetretenen Elektronen wird im Vakuum eine bestimmte Anzahl J durch die Öffnung 2 in den Käfig K gelangen und dort gemessen werden. Diese im Vakuum nach K gelangenden Elektronen bilden in ihrer Gesamtheit den für die WQ-Messung interessierenden „Elektronenstrahl". Füllen wir jetzt den Raum, in dem sich die ganze Anordnung befindet, mit Gas von bestimmtem Druck,

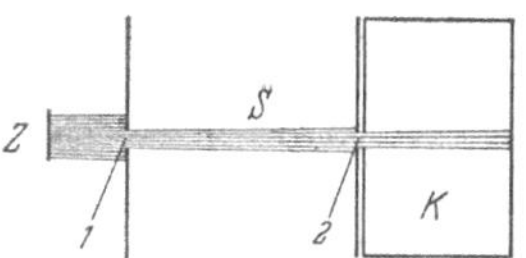

Abb. 4. Schema einer Apparatur zur Wirkungsquerschnittsmessung.

so wird ein Teil dieser „Strahlelektronen" mit Gasmolekülen zusammenstoßen und dadurch aus dem Strahl ausgeschieden werden: Die beim Gasdruck p' in den Käfig K gelangende Elektronenmenge J' ist kleiner als J. Würde nun die von der Blende 1 ausgehende Elektronenmenge im Vakuum und beim Gasdruck p' gleich groß sein, so würde sich aus den beiden Intensitätsmessungen J und J' in K sofort der WQ errechnen lassen. Da aber die Intensität des Elektronenstrahls an der Blende 1 beim Übergang vom Vakuum zum Gas sich aus verschiedenen Gründen ändern kann, muß auch die von 1 ausgehende Menge, im Vakuum J_0 und im Gas J_0', jedesmal gemessen werden, um auch bei wechselnder Intensität der Elektronenquelle 1 richtige Bezugswerte für J und J' zu erhalten: Zu jeder quantitativen WQ-Messung sind also *vier* Intensitätswerte notwendig:

1. Die bei Vakuum in K eintretende Elektronenmenge J.
2. Die beim Gasdruck p' in K eintretende Elektronenmenge J'.
3. Die bei Vakuum von 1 ausgehende Elektronenmenge J_0.
4. Die beim Gasdruck p' von 1 ausgehende Elektronenmenge J_0'.

Diese Vierzahl kehrt bei allen quantitativen Methoden wieder, einerlei, welche äußere Form sie sonst auch besitzen mögen[1]. Wir beziehen jetzt die in K bei Vakuum bzw. beim Gasdruck p' aufgefangenen Elektronenmengen J und J' auf gleiche Anfangsmengen dadurch, daß wir sie durch die entsprechenden, von der Blende 1 ausgehenden Mengen J_0 bzw. J_0' dividieren. Die so vergleichbar gewordenen Intensitätswerte (J/J_0) und (J'/J_0') setzen wir in das oben abgeleitete

---

[1] Eine ganz ähnliche Betrachtung zeigt ebenfalls die Notwendigkeit von *vier* Intensitätswerten, wenn man primär die Absorptionsstrecke statt des Gasdrucks variiert.

e-Gesetz (3) für J_x und J_0 ein und erhalten daraus durch eine leichte Umrechnung den WQ zu:

$$Q_{\text{wirk}} = \frac{1}{l \cdot p'} \cdot \left[\ln\left(\frac{J}{J_0}\right) - \ln\left(\frac{J'}{J_0'}\right) \right]. \tag{4}$$

Dieselbe Gleichung gilt bei weiteren Versuchen für andere Drucke mit p'', p''', p'''' usw. statt p' und mit $\ln J''/J_0''$, $\ln J'''/J_0'''$, $\ln J''''/J_0''''$ usw. statt $\ln J'/J_0'$. Wie eine einfache Überlegung zeigt, muß dann die Auftragung von $\ln J'/J_0'$, $\ln J''/J_0''$, $\ln J'''/J_0'''$, $\ln J''''/J_0''''$ usw. über $p' - p'$, $p'' - p'$, $p''' - p'$, $p'''' - p'$ eine gerade Linie ergeben. Solche „Druckgeraden" sind eine gute Kontrolle für einwandfreie WQ-Bestimmung.

Um eine übersichtliche Einteilung der verschiedenen Methoden zur WQ-Messung zu ermöglichen, unterscheiden wir zunächst zwischen solchen, bei denen das Verhalten des Elektrons nach *einem* Zusammenstoß mit einem Molekül und solchen, bei denen das Verhalten des Elektrons nach einer *großen Anzahl* von Zusammenstößen mit Molekülen als Grundlage für die Berechnung des WQ dient. Zusammenstoß mit einem einzelnen Molekül wird von den meisten Methoden benutzt, die hier beschrieben werden sollen. Diese Gruppe unterteilen wir weiter in solche mit quantitativen und solche mit qualitativen Meßresultaten. „Quantitativ" nennen wir diejenigen Methoden, bei denen zur Feststellung eines WQ-Wertes *vier* Intensitätswerte gemessen werden. Im Gegensatz dazu sind die „qualitativen" Methoden dadurch charakterisiert, daß nur *zwei* Intensitätswerte bestimmt werden. Unter den „quantitativen" Methoden besprechen wir als erste diejenigen mit geradlinigem Strahlverlauf, als zweite diejenigen mit magnetischer Strahlführung. Um dem Leser die Durcharbeitung der folgenden Abschnitte zu erleichtern, soll die eben besprochene Einteilung der Methoden noch einmal übersichtlich zusammengestellt werden, wobei eine kurze Bezeichnung in Klammern beigefügt wird, die auf die folgenden Abschnitte hinweist.

$$\text{Einzelstoß} \ldots \ldots \ldots \begin{cases} \text{quantitativ} \ldots \ldots \ldots \begin{cases} \text{geradliniger Strahlverlauf (I a, b)} \\ \text{magnetische Kreisführung (I c, d)} \end{cases} \\ \text{qualitativ (II a, b, c)} \end{cases}$$

Vielfachstoß (III a, b, c, d)

Bei der großen Anzahl von Apparaturen, die im folgenden beschrieben werden, wollen wir nicht die Buchstabenbezeichnung der Originalarbeiten verwenden, weil das Verständnis der Gesamtheit der Figuren dadurch außerordentlich erschwert werden würde. Wir führen vielmehr für alle Apparaturbeschreibungen, welche wir in diesem Artikel behandeln, die in der folgenden Tabelle angegebene Bezeichnungsweise einheitlich durch:

Z: lichtelektrische Elektronenquelle (z. B. Zinkplatte).

F: glühelektrische Elektronenquelle (z. B. Glühfaden).

$1, 2$: Strahlblenden.

N_1, N_2: Netze.

P: Platte als Elektronenauffänger.

A, K, V, H: Faradaykäfige als Elektronenauffänger.

R: ringförmiger Elektronenauffänger.

S: Raum, in welchem die zu untersuchenden Wechselwirkungen zwischen Elektronen und Gasmolekülen stattfinden.

M: Magnet (Kraftlinienrichtung senkrecht zur Zeichenebene).

W: metallische Schutzwand gegen Einflüsse elektrostatischer Natur.

E: Elektrometer.

G: Galvanometer.

$\rightarrow \mathfrak{H}$: magnetisches Feld mit Kraftlinienrichtung in der Zeichenebene.

$\rightarrow \mathfrak{E}$: elektrisches Feld mit Kraftlinienrichtung in der Zeichenebene.

8. Methode: Einzelstoß, quantitativ, geradliniger Strahlverlauf (I a, b).

I a: Mit der Versuchsanordnung in Abb. 5 von P. LENARD[1] sind die ersten Querschnittsmessungen im Gebiet langsamer Elektronen angestellt worden. Sie wurde außer von LENARD im wesentlichen auch von ROBINSON[2] und F. MAYER[3] benutzt. Durch ein Quarzfenster fällt ultraviolettes Licht auf eine Zinkplatte Z, die dabei an Z ausgelösten Elektronen werden zwischen Z und dem Netz N_1 auf eine wählbare Geschwindigkeit gebracht und durchlaufen den feldfreien Raum zwischen den Netzen N_1 und N_2. Ein Teil von ihnen gelangt durch die Blende 1 in den Meßkäfig K. Gemessen wird die Aufladung von K im Vakuum und im Gas (zwei Intensitätswerte) und, um die Methode quantitativ zu machen, die Gesamtemission der Elektronenquelle Z im Vakuum und im Gas (zwei weitere

Intensitätswerte), ferner der Gasdruck; die Absorptionsstrecke ist eine Konstante der Apparatur. Der Querschnitt läßt sich aus diesen Meßwerten nach Gleichung (4) leicht berechnen.

Den mit dieser Anordnung gemessenen Querschnitt nannte LENARD den „absorbierenden" Querschnitt. Wegen des relativ zur Blendenöffnung 1 großen Strahlquerschnitts (Fläche des Lichtflecks auf Z) wird nämlich bei dieser Apparatur be-

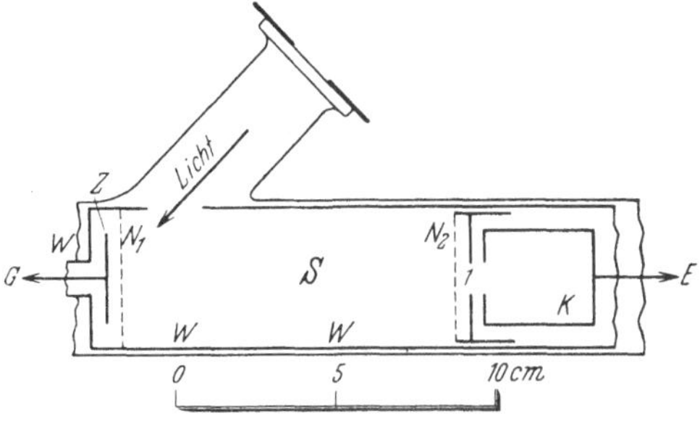

Abb. 5. Apparatur zur Messung des absorbierenden Querschnitts (nach LENARD).

wußt die Ausscheidung derjenigen Elektronen aus dem Strahl, die nur um kleinere Winkel abgelenkt worden sind, in folgender Weise kompensiert: Bei einem festen Gasdruck in der Apparatur wird eine Anzahl von Elektronen des mittleren Strahlteiles um kleine Winkel abgelenkt werden, infolgedessen nicht mehr die Blende 1 passieren und somit für die Messung in K verlorengehen. Diese verlorengegangene Elektronenmenge wird aber kompensiert durch eine gleich große neu hinzukommende Menge von Elektronen, die aus den seitlichen Teilen des Strahls unter kleineren Winkeln abgelenkt werden, wodurch ihnen ein Passieren der Blende 1 überhaupt erst möglich gemacht wird. Wir haben schon an anderer Stelle darauf hingewiesen, daß diese für höhere Elektronengeschwindigkeiten wichtige Unterscheidung sich für langsame Elektronen praktisch nicht auswirkt. Außerdem werden bei der ursprünglichen Methodik von LENARD diejenigen Elektronen, die eine Änderung der Geschwindigkeit ohne Richtungsänderung erfahren haben, *nicht* aus dem Strahl ausgeschieden. Eine solche Ausscheidung läßt sich aber auch mit dieser Methode erreichen (vgl. z. B. S. 254), indem man ein hohes negatives Potential an K anlegt, dessen Größe dicht unterhalb der Strahlgeschwindigkeit liegt.

Eine etwas andere Form hat H. F. MAYER[4] der eben beschriebenen Methode gegeben, indem er einen beweglichen Käfig K benutzt, der in Richtung des Elektronenstrahls verschoben wird (Abb. 6): Die vom Glühdraht F ausgehenden, zwischen F und Blende 1 beschleunigten Elektronen durchlaufen die Blenden 1 bis 3 und treten dann in den feldfreien Raum S als Elektronenstrahl ein[5]. Blende 3

[1] P. LENARD, Ann. d. Phys. Bd. 12, S. 714. 1903.
[2] J. ROBINSON, Ann. d. Phys. Bd. 31, S. 769. 1910.
[3] F. MAYER, Ann. d. Phys. Bd. 45, S. 24. 1914.
[4] H. F. MAYER, Ann. d. Phys. Bd. 64, S. 451. 1921.
[5] Die Ausschaltung der Ablenkung unter kleinen Winkeln aus der Messung wird hier also nicht durch breite Strahlen und relativ kleine Meßkäfigblende, sondern durch schmale Strahlen und relativ große Meßkäfigblende erreicht.

ist im obigen Sinne „Elektronenquelle". Bringen wir den Meßkäfig K ganz dicht an die Blende *3* heran, so werden sämtliche von *3* ausgehenden Elektronen in K aufgefangen. Entfernen wir den Käfig K von der Blende *3* um eine meßbare Strecke x, so ist die Verminderung der Elektronenzahl in K ein Maß für die auf der Strecke x beeinflußten Elektronen. Auch hier müssen natürlich je zwei Intensitätsmessungen im Vakuum und im Gas ausgeführt werden, erstens um auf gleiche Intensitäten der Elektronenquelle *3* beziehen zu können, andererseits um die auch schon im „Vakuum" immer vorhandene Strahlschwächung zu berücksichtigen, die durch Dampfrückstände oder geometrische Eigenschaften der Apparatur bedingt ist.

Eine experimentell bequemer zu handhabende Differenzform ist die Zweikäfigmethode, die auf C. Ramsauer[1] zurückgeht und in Verbindung mit geradlinigem Strahlverlauf von Brüche[2] und Jones[3] angewandt wurde (Abb. 7). Die Elektronen gehen von Z aus, werden zwischen Z und *1* beschleunigt und durchlaufen den feldfreien Raum zwischen *1* und *2* (*2* ist „Elektronenquelle"). Der so ausgeblendete *Strahl* läuft dann weiter durch den vorderen Meßkäfig V und tritt durch die Blende *3* in den dahinterliegenden Käfig H ein. V und H lassen sich einzeln oder zusammen mit einem Elektrometer E verbinden: $(V + H)$

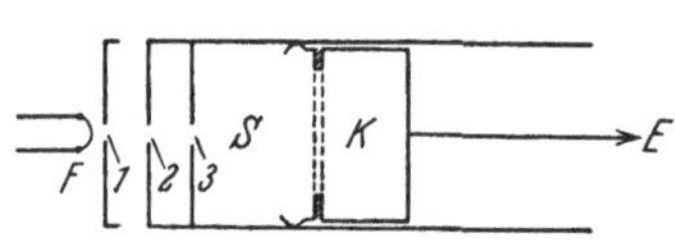

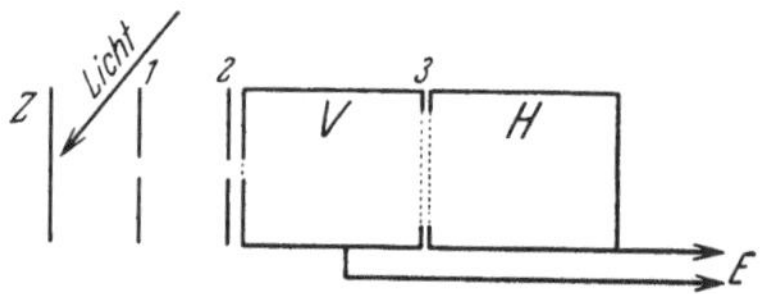

Abb. 6. Methode Lenard, Ausführungsform H. F. Mayer.

Abb. 7. Methode Lenard, Ausführungsform
Brüche, Jones.

zusammengeschaltet mißt die gesamte durch *2* hindurchtretende Elektronenmenge; erdet man V und mißt mit H allein, so erhält man die Strahlintensität an der Stelle *3*. Der Abstand von *2* bis *3* ist die Absorptionsstrecke x. Auch hier sind aus den oben angeführten Gründen vier Intensitätsmessungen notwendig: Je zwei beim Gasdruck Null: $(V + H)_{\text{Vak}}$ und H_{Vak}, ferner je zwei bei Gasfüllung: $(V + H)_{\text{Gas}}$ und H_{Gas}.

Brüche hat bei seinen Messungen mittels dieser Apparatur auch die Geschwindigkeitsverluste ohne starke Richtungsänderung mitberücksichtigt, indem er den jeweiligen Meßkäfig [entweder $(V + H)$ oder H allein] auf ein entsprechendes negatives Potential gegenüber den übrigen Apparaturteilen auflud. Wir werden im folgenden die Methode von Lenard sowohl in ihrer ursprünglichen Form als auch in den Ausführungen nach H. F. Mayer (Abb. 6) und Brüche, Jones (Abb. 7) als Methode „I a" zitieren.

I b: In Abb. 8 bzw. 9 sind Methoden mit geradlinigem Strahlverlauf von Brode[4] und Rusch[5] dargestellt; sie bieten nur insofern gegenüber den eben besprochenen Methoden etwas Neues, als sie durch geeignete Konstruktion alle Richtungen in einem Zylinder bzw. in einer Kugel ausnutzen und damit günstigere Intensitätsbedingungen besitzen. Abb. 8 ist rotationssymmetrisch zur Achse $x-\cdot-x$ zu denken, Abb. 9 zur Achse $y-\cdot-y$. In Abb. 8 ist der Zylinder R, in Abb. 9 die Kugelschale R der Meßkäfig. Als ausgeschieden rechnen alle Elektronen, die unter Beibehaltung ihrer radialen Richtung in

[1] C. Ramsauer, Ann. d. Phys. Bd. 66, S. 545. 1921.
[2] E. Brüche, Ann. d. Phys. Bd. 81, S. 537. 1926.
[3] T. J. Jones, Phys. Rev. Bd. 32, S. 459. 1928.
[4] R. B. Brode, Proc. Roy. Soc. London Bd. 109, S. 397. 1925.
[5] M. Rusch, Phys. ZS. Bd. 26, S. 748. 1925.

den Käfig gelangt wären, auf diesem Wege aber eine Richtungsänderung erfahren haben. Ähnlich wie in der ursprünglichen Anordnung von LENARD kann außer der Intensitätsmessung in R die Gesamtemission der Elektronenquelle (Glühdraht F in Abb. 8, kleine Zinkkugel Z in Abb. 9) kontrolliert werden. Mit der Methode von RUSCH sind Messungen dieser Art allerdings nicht durchgeführt worden; wir kommen auf diese Apparatur bei Besprechung der qualitativen Methoden zurück. Die beiden eben besprochenen geradlinigen Methoden zitieren wir im folgenden als Methode „I b".

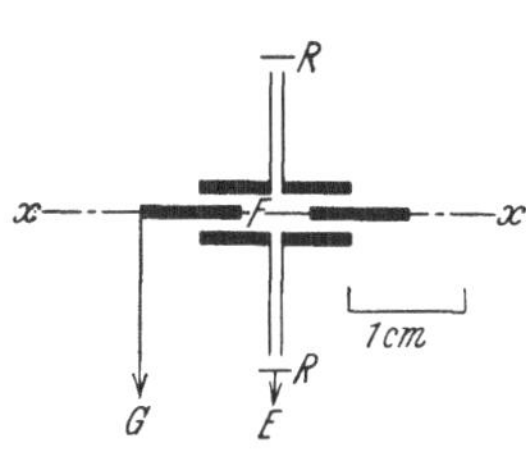

Abb. 8. Methode des geradlinigen Strahls nach BRODE.

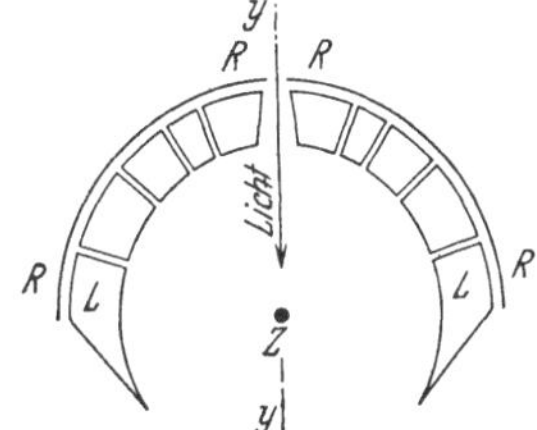

Abb. 9. Methode des geradlinigen Strahls nach RUSCH. (Die Anzahl der Bohrungen in der Lochkugel beträgt 400!)

9. Methode: Einzelstoß, quantitativ, magnetische Kreisführung (I c, d).

Die magnetische Kreisführung wurde von RAMSAUER[1] eingeführt. Die Vorteile dieser Methode gegenüber den früher benutzten bestehen in zwei Punkten:

1. Der Elektronenstrahl ist in bezug auf Richtung *und* Geschwindigkeit einwandfrei definiert. — Bei geradlinigem Strahlverlauf wird nur eine Vereinheitlichung der Richtung angestrebt, die Geschwindigkeitsverteilung der Strahlelektronen kann dagegen nicht beeinflußt werden, sie hängt im wesentlichen von den Eigenschaften der zur Emission benutzten Kathode ab. Demgegenüber wird bei magnetischer Kreisführung nicht nur die Richtung, sondern auch die Geschwindigkeit vereinheitlicht.

2. Bei den magnetischen Methoden werden alle irgendwie beeinflußten Elektronen aus dem Strahl ohne besondere Vorrichtungen, d. h. durch die Feldwirkung selbst, ausgeschieden[2]. — Bei geradlinigem Strahlverlauf müssen Elektronen, die zwar Geschwindigkeitsänderungen, aber keine Richtungsänderung erlitten haben, durch „Gegenfelder" zurückgehalten werden; diese Gegenfelder bringen u. a. wegen Netzdurchgriffs Schwierigkeiten mit sich. Demgegenüber verhalten sich bei magnetischer Strahlführung Elektronen, die Geschwindigkeitsverluste erlitten haben, ebenso als wenn sie Ablenkungen erlitten hätten, so daß sie überhaupt nicht mehr bis an die Öffnung des Netzkäfigs gelangen. Gegenfelder am Meßkäfig sind deshalb überflüssig.

I c: Die Wirkungsweise der Apparaturen mit magnetischer Strahlführung wollen wir zwecks bequemerer Darstellung des prinzipiell Wichtigen nicht an der ältesten Apparatur von RAMSAUER studieren, sondern an ihrer einfachsten Ausführungsform, die von BRODE

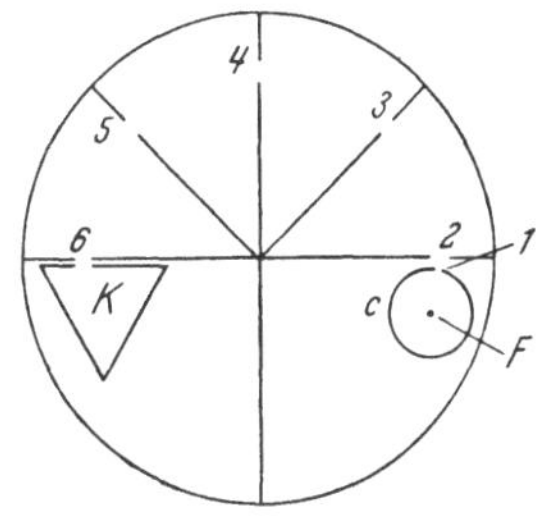

Abb. 10. Magnetische Kreismethode, Ausführungsform BRODE.

benutzt und als „modified Ramsauer" bezeichnet worden ist (Abb. 10). Die Elektronen gehen vom Glühdraht F aus und werden zwischen F und C beschleunigt. Einige von ihnen durchlaufen die Blende *1*. Ein Magnetfeld, dessen Kraftlinien senkrecht zur Zeichenebene stehen, führt einen Teil dieser Elektronen auf einem Kreis weiter durch die Blenden *2, 3, 4, 5, 6* hindurch in den Meßkäfig K. Die magnetische Feldstärke $\mathfrak{H}$, die Geschwindigkeit der Elektronen v

---

[1] C. RAMSAUER, Ann. d. Phys. Bd. 64, S. 513. 1921.

[2] Diese Betrachtungen beziehen sich zunächst nur auf eine „Idealapparatur" mit unendlich kleinen Blenden. Die Komplikationen, die durch die Benutzung endlicher Blendengrößen hineinkommen, werden unter Ziff. 27 behandelt.

und der Radius r der Kreisbahn, auf dem Elektronen der Geschwindigkeit v durch das Magnetfeld $\mathfrak{H}$ herumgeführt werden, stehen in dem bekannten Zusammenhang:

$$\mathfrak{H} \cdot \frac{e}{m} \cdot r = v. \tag{5}$$

Hält man die magnetische Feldstärke konstant, so gehört also zu jeder Geschwindigkeit des Elektrons ein bestimmter Bahnradius. Ändert sich bei einem Zusammenstoß die Geschwindigkeit v des Elektrons, so ändert sich damit auch der Radius der ihm magnetisch vorgeschriebenen Kreisbahn, das Elektron wird also aus dem Kreis *2, 3, 4, 5, 6* ausgeschieden. Von den notwendigen vier Intensitätswerten werden zwei durch die Aufladung des Meßkäfigs K im Vakuum und im Gas erhalten, die beiden übrigen dadurch, daß die Gesamtemission des Glühdrahtes F (1. Ausführungsform nach Brode) oder die Gesamtheit der durch die Blende *1* austretenden Elektronen (2. Ausführungsform nach Brode) im Vakuum und im Gas kontrolliert wird.

Bei Ramsauer wird diese magnetische Methodik mit der auf S. 254 beschriebenen Zweikäfigmethode kombiniert, und zwar in zwei merklich verschiedenen Formen. Die erste Form (Abb. 11), mit der die große Durchlässigkeit des Argonatoms bei 1 Volt entdeckt wurde, arbeitet mit zwei nebeneinanderliegenden Auffangkäfigen (H und V), die von der elektronenemittierenden Zinkplatte Z verschieden weit entfernt sind. Die vier Intensitätswerte werden durch die Aufladung von V und H im Vakuum und im Gas erhalten.

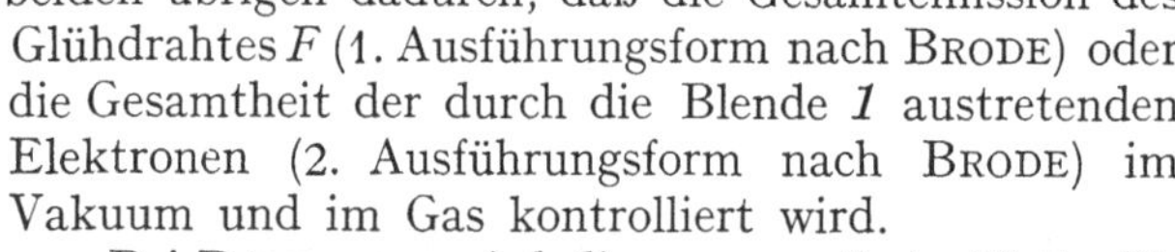
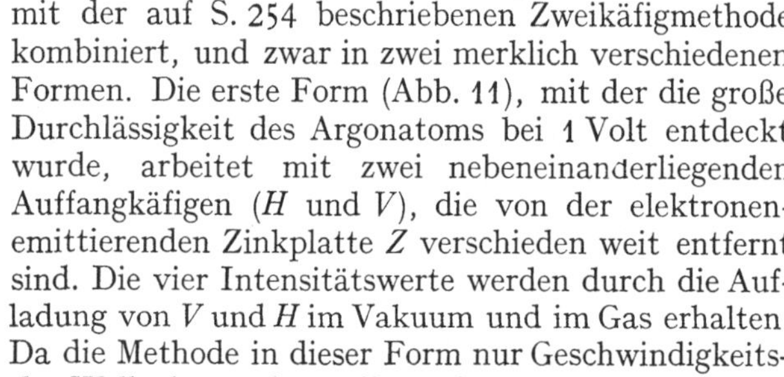

Abb. 11. Magnetische Kreismethode. 1. Ausführungsform Ramsauer.

Da die Methode in dieser Form nur Geschwindigkeitsvariation durch Änderung der Wellenlänge des auffallenden Lichtes, nicht aber Variation durch Änderung der Beschleunigungsspannung zuließ, wurde sie nur zur Festlegung des WQ mehrerer Gase in der Nähe von 1 Volt benutzt.

Bei der zweiten Form (Abb. 12) sind die Auffangkäfige V und H hintereinander geschaltet, wodurch man nicht nur Geschwindigkeitsvariation, sondern außerdem noch den Vorteil bequemer praktischer Handhabung erreicht. Die vier zu messenden Intensitätswerte sind: Die in ($V + H$) und in H aufgefangenen Mengen im Vakuum bzw. im Gas. In dieser letzteren Form (Abb. 12) liegt die magnetische Methode dem Hauptteil der WQ-Untersuchungen zugrunde, die wir später referieren werden. Diese drei magnetischen Methoden zitieren wir im folgenden als „I c“.

I d: Bei den eben beschriebenen Apparaturen benutzten wir ein transversales Magnetfeld (senkrecht zur Richtung des Elektronenstrahls), um den Elektronenstrahl auf einer Kreisbahn herumzuführen und ihn dadurch zu definieren und zu homogenisieren. Ganz ähnliche experimentelle Bedingungen lassen sich nach Rusch[1] auch dadurch erreichen, daß wir an Stelle des transversalen ein „longitudinales“ Magnetfeld benutzen, d. h. ein Magnetfeld, dessen Kraftlinien zur Mittelachse des schwach konischen Elektronenbündels parallel sind.

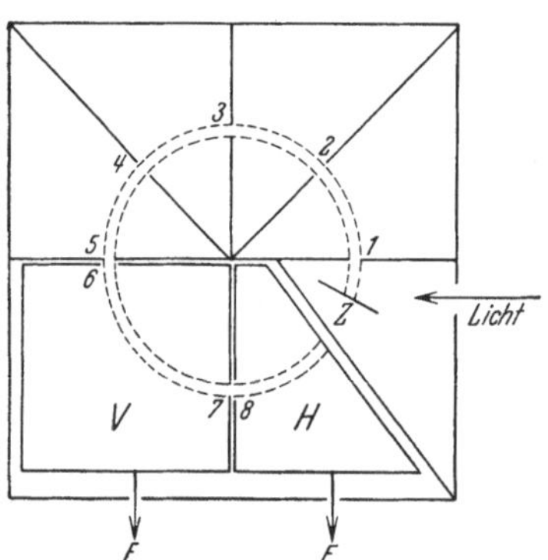

Abb. 12. Magnetische Kreismethode. 2. Ausführungsform Ramsauer.

---

[1] M. Rusch, Ann. d. Phys. Bd. 80, S. 707. 1926

RUSCH[1] hat in dieser Methode die Ergebnisse der bekannten Arbeiten von BUSCH[2] auf kleine Elektronengeschwindigkeiten übertragen und so diese Methode für unsere WQ-Messungen praktisch brauchbar gemacht. Der Ersatz des transversalen Magnetfeldes durch ein longitudinales sollte entscheiden, ob das Magnetfeld als solches auf die Größe des WQ von Einfluß ist. In Abb. 13 gehen die Elektronen von F aus, treten durch die Blende 1 unter kleinen Winkeln in C ein und werden durch das Magnetfeld $\mathfrak{H}$ in spiralenförmige Bahnen gezwungen. Die Stärke des Magnetfeldes wird zur Elektronengeschwindigkeit passend so gewählt, daß die Elektronen zwischen 1 und 2 gerade eine Windung der Spirale zurücklegen. Höhere Ordnungen werden durch den Ring B und die Scheibe A ausgeblendet. Bei gleicher

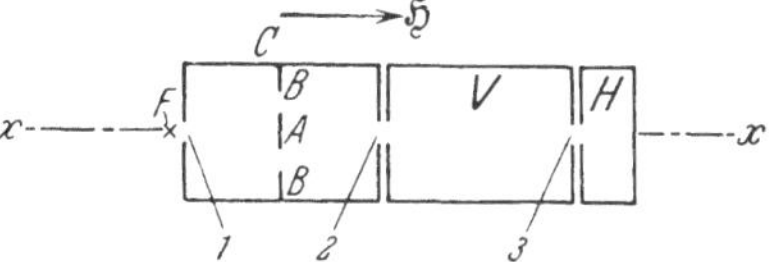

Abb. 13. Methode des longitudinalen Magnetfeldes (nach RUSCH).

Länge des Monochromators C und des ersten Käfigs V sind dann die Blenden 2 und 3 „Brennpunkte" des Elektronenstrahls. Die vier Intensitätsmessungen werden mit den beiden Käfigen V und H in üblicher Weise durchgeführt. Wir zitieren diese Methode des longitudinalen Magnetfeldes im folgenden als Methode „I d".

10. Methode: Einzelstoß, qualitativ (II). II a: ÅKESSON[3] benutzt im wesentlichen die Anordnung von LENARD (Abb. 5). Gemessen wird der Elektronenstrom nach K in Abhängigkeit von der beschleunigenden Spannung zwischen Z und N_1 im Vakuum und im Gas. Im Vakuum steigt bei Vergrößerung der beschleunigenden Spannung zwischen Z und N_1 der Elektronenstrom in K gleichmäßig an. Im Gas wird ein solcher gleichmäßiger Anstieg nur dann eintreten, wenn der WQ des betreffenden Gases konstant ist oder sich stets im gleichen Sinne mit der Elektronengeschwindigkeit ändert; sobald aber bei einer speziellen Geschwindigkeit WQ-Anomalien auftreten, z. B. ein WQ-Maximum, so werden besonders viel Elektronen durch Zusammenstöße aus dem Strahl ausgeschieden werden, wenn die Beschleunigungsspannung dieser speziellen Geschwindigkeit gleich wird. In diesem Falle wird die Intensitätskurve für K bei der betreffenden Geschwindigkeit eine Ausbuchtung zu kleineren Werten zeigen, die mit steigendem Gasdruck immer schärfer hervortreten muß (Beispiel in Abb. 14). Im Falle eines WQ-Minimums wäre entsprechend eine Abweichung zu höheren Intensitätswerten zu erwarten. Aus solchen Abweichungen

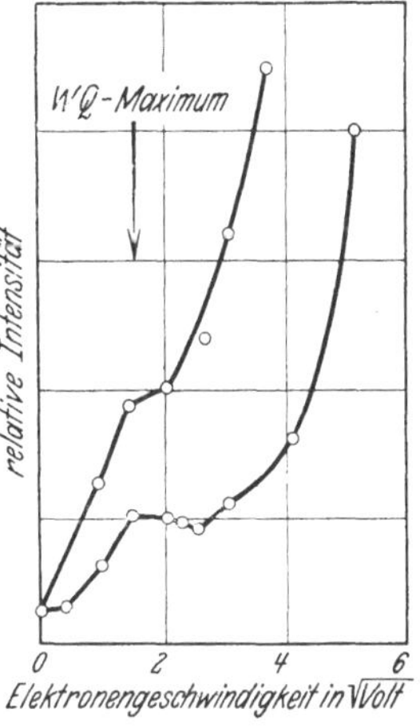

Abb. 14.   Qualitative Messungen (nach ÅKESSON).

von der gleichmäßig ansteigenden Kurvenform schloß ÅKESSON unter anderem auf das Vorhandensein eines Querschnittsmaximums in Stickstoff bei etwa $1,5 \sqrt{\text{Volt}}$ und zweier Querschnittsmaxima in Kohlensäure bei etwa $2 \sqrt{\text{Volt}}$ und $5 \sqrt{\text{Volt}}$. Mit kleinen Verbesserungen hat später GLOCKLER[4] die sonst gleiche qualitative Methodik zu WQ-Messungen verwendet. Er legte eine kleine negative Spannung an den Meßkäfig K, wodurch störende negative Teilchen kleiner Geschwindigkeit zurückgehalten werden. Wir zitieren die Methode von ÅKESSON im folgenden als Methode „II a".

---

[1] Siehe Fußnote 1 auf S. 256.   [2] H. BUSCH, Phys. ZS. Bd. 23, S. 438. 1922.
[3] N. ÅKESSON, Lunds Årsskrift, N. F. Ard. Bd. 2, S. 12, Nr. 11. 1916.
[4] G. GLOCKLER, Proc. Nat. Acad. Amer. Bd. 10, S. 155. 1924.

II b. Brüche[1] hat die Anordnung von Ramsauer (Abb. 12) für Einkäfigmessungen benutzt. Die nach den zusammengeschalteten Käfigen $V + H$ gelangende Elektronenmenge wird bei einer festen Geschwindigkeit im Vakuum und im Gas gemessen; als Absorptionsweg rechnet der Kreisbogen von Z bis Blende 5. Die so bestimmten Wirkungsquerschnitte haben für sich allein nur qualitativen Wert, weil die Konstanz der Elektronenemission von Z und damit die Vergleichbarkeit von Vakuum- und Gasmessung nicht bewiesen ist. Nach Brüche erhalten sie aber quantitativen Wert dadurch, daß sie für bestimmte Einzelgeschwindigkeiten durch Zweikäfigmessungen kontrolliert und evtl. in ihrer Höhenlage korrigiert werden. Ist die Übereinstimmung zwischen qualitativen Einkäfigmessungen und quantitativen Zweikäfigmessungen für die verschiedenen Geschwindigkeitsbereiche der Messung festgestellt, dann erlauben die Einkäfigmessungen eine sehr dichte Belegung der WQ-Kurven mit Meßpunkten, weil sie kleinere Meßzeiten benötigen; außerdem zeigen diese zahlreicheren Meßpunkte nicht so starke Schwankungen wie die quantitativen Zweikäfigmessungen, weil die Quotientendifferenz erheblich empfindlicher gegen zufällige Meßschwankungen ist, als einer der Quotienten für sich allein. Brüche hat mit dieser Methodik eine große Reihe von Querschnittskurven sehr genau in ihrem Verlauf festlegen können. Wir zitieren diese Methodik von Brüche im folgenden als Methode „II b".

II c: Wie schon Ramsauer[2] in seiner ersten Arbeit gezeigt hat, kann mit der magnetischen Apparatur der Verlauf des WQ noch nach einer anderen qualitativen Methode dadurch festgelegt werden, daß man die Form von magnetischen Verteilungskurven im Vakuum und im Gas miteinander vergleicht. Von anderen Autoren ist diese Methode dann weiter ausgebaut und in eine bequem zu handhabende Form gebracht worden. In Abb. 12 variieren wir die Stärke des Magnetfeldes vom Wert Null zu immer höheren Werten durch Vergrößerung der Magnetspulen-Stromstärke und messen dabei die Aufladung der Käfige $V + H$ in Abhängigkeit von der Größe des Spulenstromes: Die Aufladung von $V + H$ steigt vom Wert Null zu einem Maximum an und fällt dann wieder nach Null ab. Da die Lineargeschwindigkeit derjenigen Elektronen, die auf der fest gegebenen Kreisbahn nach $V + H$ gelangen, proportional der zugehörigen magnetischen Feldstärke ist, gibt uns die „magnetische Verteilungskurve" die Geschwindigkeitsverteilung der Elektronen an, die von der Platte Z in Richtung der Kreisbahn ausgehen.

Wir messen jetzt Lage und Form dieser Verteilungskurve im Vakuum und im Gas. Die Gaskurven werden dann im allgemeinen anders aussehen als die Vakuumkurven, denn erstens kann das Gas einen Einfluß auf den Emissionsvorgang an der Zinkplatte ausüben: „indirekter Gaseinfluß"; zweitens können Elektronen der verschiedenen in der Verteilungskurve enthaltenen Geschwindigkeiten auf dem Wege von der Zinkplatte zum Meßkäfig $V + H$ im Gas verschieden stark absorbiert werden: „Direkter Gaseinfluß." Diese beiden Einflüsse lassen sich durch Vergleich mit quantitativen WQ-Messungen leicht trennen. Man findet, daß der „indirekte Gaseinfluß" bei lichtelektrischer Elektronenauslösung für die meisten Gase praktisch gleich Null ist. In diesen Fällen kann man die Formänderung der „magnetischen Verteilungskurven" direkt zu Rückschlüssen auf die Form der WQ-Kurven benutzen, wie an einigen Beispielen gezeigt werden soll.

Ist der WQ in dem benutzten Geschwindigkeitsbereich konstant (Abb. 15a oberes Bild), so werden bei Gasfüllung der Apparatur zwar im ganzen weniger

---

[1] E. Brüche, Ann. d. Phys. Bd. 83, S. 1065. 1927.
[2] C. Ramsauer, Ann. d. Phys. Bd. 64, S. 513. 1921.

Elektronen nach $V + H$ gelangen als im Vakuum, aber diese Intensitätsabnahme wird für alle Teile der magnetischen Verteilungskurve prozentual gleich groß sein. Die Geschwindigkeitsverteilung im Gas (— · —) wird, auf gleiche Höhe mit der Vakuumkurve (———) gebracht, dieselbe Form zeigen wie diese (— — —) (Abb. 15a unteres Bild).

Steigt der WQ in dem vorliegenden Geschwindigkeitsbereich mit wachsender Elektronengeschwindigkeit an (Abb. 15b oberes Bild), so werden die von Z ausgehenden langsameren Elektronen (linker Teil der Verteilungskurven) relativ weniger geschwächt werden als die schnelleren Elektronen (rechter Teil der Verteilungskurven). Bringen wir wieder (Abb. 15b unteres Bild) Vakuum- (———) und Gaskurve (— · —) durch prozentuale Erhöhung der letzteren auf gleiche Maximalhöhe, so erscheint die Gaskurve (— — —) gegen die Vakuumkurve in ihrer Gesamtheit nach kleineren Geschwindigkeiten hin verschoben.

Aus ganz entsprechenden Überlegungen folgt: Eine Verschiebung der auf gleiche Höhe gebrachten Verteilungskurve im Gas nach höheren Elektronengeschwindigkeiten weist auf einen mit wachsender Elektronengeschwindigkeit abfallenden WQ hin, eine Verbreiterung nach beiden Seiten auf ein WQ-Maximum, eine Verschmälerung auf beiden Seiten auf ein WQ-Minimum usw. Wir haben diese qualitative Methode verhältnismäßig ausführlich besprochen, weil sie in denjenigen Fällen, wo sie anwendbar ist, ein sehr empfindliches Reagens auf Änderungen im

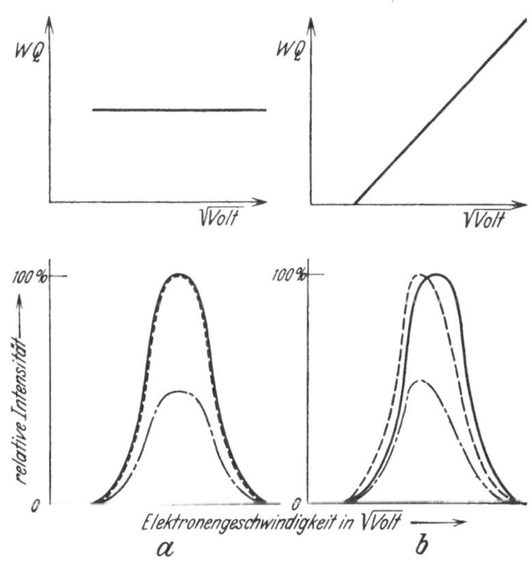

Abb. 15a u. b. Änderung magnetischer Verteilungskurven bei Gaseinlaß.

Querschnittsverlauf darstellt und auch ein unmittelbar anschauliches Bild des WQ-Verlaufs gibt. Wir zitieren die Methode der Formänderung von Verteilungskurven im folgenden als Methode „II c".

Zu ganz ähnlichen Qualitativmessungen hat M. RUSCH[1] seine Lochkugelmethode (Abb. 9) benutzt. Ihm stand jedoch nicht ein Magnetfeld zur direkten Analysierung der Geschwindigkeitsverteilung zur Verfügung. Er nahm daher „Gegenspannungskurven"[2] auf und erhielt aus diesen die Geschwindigkeitsverteilungen durch Differentiation. Durch Vergleich so gewonnener Verteilungskurven im Vakuum und im Gas zog er in gleicher Weise Schlüsse auf den Verlauf der WQ-Kurven, wie dies soeben ausführlich geschehen ist. RUSCH hatte hierbei keine quantitative Prüfungsmöglichkeit, er verschob daher künstlich die Verteilungskurve längs der Abszissenachse durch Erhöhung der Beschleunigungsspannung und kontrollierte, ob dabei der gefundene WQ-Effekt (z. B. ein WQ-Minimum) dieselbe Abszissenlage beibehielt.

11. Methode: Vielfachstoß. Die nun folgenden Methoden sind im Gegensatz zu den bisher besprochenen dadurch charakterisiert, daß bei ihnen aus dem Verhalten der Elektronen nach vielfachen Zusammenstößen mit Gasmolekülen Schlüsse auf das Verhalten des Elektrons beim einzelnen Zusammenstoß gezogen

---

[1] M. RUSCH, Phys. ZS. Bd. 26, S. 748. 1925.
[2] Vgl. die experimentellen Einzelheiten (Ziff. 12).

werden. Die wichtigste unter diesen ist die Diffusionsmethode von TOWNSEND[1], die so gut fundiert und mathematisch durchgebildet ist, daß ihre Schlüsse über den Verlauf der WQ-Kurven zu einem großen Teil mit den Ergebnissen der obigen Methoden übereinstimmen[2]. Wenn trotzdem im allgemeinen ihre Ergebnisse eine genügende Beachtung in der Fachliteratur lange Zeit nicht gefunden haben, so liegt das wohl hauptsächlich daran, daß diese komplizierteren Schlüsse für sich allein nicht genügende Beweiskraft besitzen, um höchst unerwartete Tatsachen ausreichend zu begründen. Wenn dagegen die allgemeine Richtigkeit der Ergebnisse einer solchen Methode durch direkte Messungen bestätigt wird, kann sie in vielen Fällen für die Entscheidung von Einzelfragen herangezogen werden. Die Messungen nach der TOWNSENDschen Diffusionsmethode umfassen einen Bereich von $0{,}2-2{,}5 \sqrt{\text{Volt}}$.

Die Versuchsanordnung von TOWNSEND ist schematisch in Abb. 16 im Grund- und Aufriß wiedergegeben. Die Elektronen werden durch ultraviolettes Licht (in einigen Arbeiten auch durch Glühemission) bei Z erzeugt, auf die Platte R

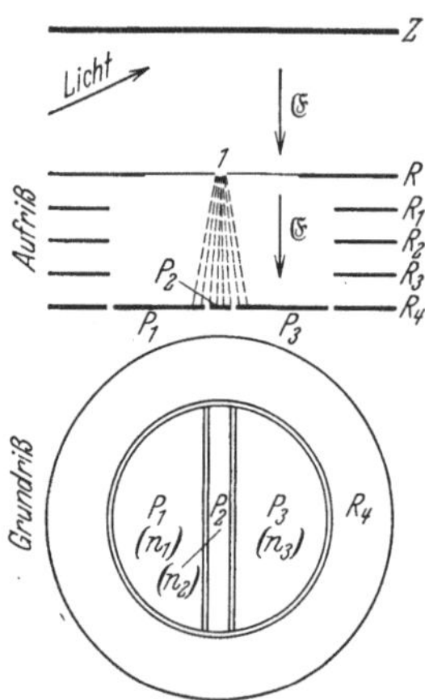

Abb. 16. Diffusionsmethode (nach TOWNSEND).

zu beschleunigt und diffundieren unter vielfachen Zusammenstößen mit Molekülen durch das Gas in der Feldrichtung $\mathfrak{E}$ hindurch. Ein Teil von ihnen tritt durch die Blende *1* in den unteren Teil der Apparatur zwischen R und R_4 ein, wo wieder genau dieselben Verhältnisse in bezug auf Gasdruck und Beschleunigungsfeld herrschen wie oben zwischen Z und R. Die Platte R_4 ist in drei Abschnitte in der Weise unterteilt, wie es der Grundriß in Abb. 16 zeigt. Die Ringe R_1, R_2, R_3 haben die Potentiale, die ihnen nach ihrer Entfernung von R_4 und R zukommen und dienen so zur Homogenisierung des Feldes. Die mittlere Wanderungsgeschwindigkeit der Elektronen zwischen R und R_4 ist konstant, weil zwischen Z und R sich bereits ein Gleichgewichtszustand aus folgenden Gründen eingestellt hat:

1. Beim Zusammenstoß mit einem Molekül verliert das Elektron an Geschwindigkeit, und zwar um so mehr, je größer seine Geschwindigkeit vor dem Zusammenstoß war.

2. Zwischen je zwei Zusammenstößen erhält das Elektron einen Geschwindigkeitszuwachs in Richtung des elektrischen Feldes.

Wenn die Elektronengeschwindigkeit so weit angewachsen ist, daß der mittlere Geschwindigkeits*verlust* (1) des Elektrons bei einem Zusammenstoß gleich dem mittleren Geschwindigkeits*zuwachs* (2) wird, so ist der Gleichgewichtszustand erreicht. An dem kegelförmigen Elektronenstrom, der von der Blende *1* auf die Platten P_1, P_2, P_3 diffundiert, werden nun zwei voneinander unabhängige Messungen durchgeführt:

a) Gemessen wird das Verhältnis der Elektronenmenge n_2, die auf P_2 gelangt, zu der gesamten Elektronenmenge $n_1 + n_2 + n_3$, die auf $P_1 + P_2 + P_3$ gelangt.

b) Gemessen wird dasjenige magnetische Feld, welches senkrecht zur Zeichenebene stehend bewirkt, daß $n_1 + n_2 = n_3$ wird, welches also die Mittelebene des Elektronenstroms um die halbe Breite von P_2 verschiebt.

Unter Anwendung der MAXWELLschen Diffusionsgleichungen und der Kontinuitätsgleichung lassen sich mathematische Beziehungen zwischen der freien Weglänge der Elektronen ($\lambda = 1/Q_{\text{wirk}}$), der Elektronengeschwindigkeit und den

---

[1] J. S. TOWNSEND, Phil. Mag. Bd. 42, S. 873. 1921.
[2] Auf einige Unstimmigkeiten wird unter Ziff. 27 näher eingegangen.

Meßdaten ableiten. Der Vorgang wird hierbei als Diffusion eines ersten Gases (Elektronen) durch ein zweites viel dichteres Gas behandelt. Um zu einer brauchbaren Lösung der komplizierten mathematischen Gleichungssysteme zu gelangen, müssen einige Annahmen gemacht werden, von denen wir hier, ohne auf Fragen der Mittelwertbildung für Geschwindigkeiten und freie Weglängen einzugehen, nur eine erwähnen wollen, die im Zusammenhang dieses Artikels uns noch später interessieren wird: Bei Reflexionen der Elektronen an Gasmolekülen werden alle Reflexionsrichtungen als gleich wahrscheinlich angenommen. Dies ist zwar bei gaskinetischer Behandlung des Problems eine natürliche Voraussetzung (Stoß von elastischen Kugeln kleiner Masse gegen eine von unendlicher großer Masse), sie ist jedoch, wie direkte Messungen gezeigt haben, für den in Frage stehenden Elektronengeschwindigkeitsbereich nicht erfüllt (vgl. Ziff. 25). Wir zitieren im folgenden die Diffusionsmethode von TOWNSEND als Methode „III a".

Auf ähnlicher theoretischer Grundlage haben LOEB[1] und WAHLIN[2] freie Weglängen von Elektronen in einigen Gasen bestimmt. Sie haben gelegentlich ihrer Beweglichkeitsmessungen, die sie nach der bekannten RUTHERFORDschen Wechselfeldmethode ausführten, aus ihren Versuchsdaten mit Hilfe der Diffusionstheorie von TOWNSEND auf die Größe der freien Weglänge von Elektronen geschlossen. Die besondere Wichtigkeit ihrer WQ-Messungen besteht darin, daß die Geschwindigkeit der Elektronen bei diesen Messungen erheblich unter derjenigen liegt, bis zu welcher andere Autoren nach anderen Methoden bisher vordringen konnten.

III b: Eine andere Diffusionsmethode haben MINKOWSKI-SPONER[3] benutzt. Sie lassen die Elektronen durch ein Gas bei Drucken von der Größenordnung einiger Millimeter Hg hindurchdiffundieren und messen den durchgehenden Strom bei verschiedenen Elektronen-Anfangsgeschwindigkeiten. In den gemessenen Intensitätskurven lassen sich bei vorsichtiger Deutung charakteristische Teile der Querschnittskurven wiedererkennen, wenn man die Methode an bekannten Beispielen geeicht hat. So haben MINKOWSKI-SPONER durch Vergleich von Kurven in Argon, Krypton, Xenon nach Eichung ihrer Apparatur mit der bekannten Argonkurve schließen können, daß Krypton und Xenon qualitativ sich ebenso verhalten wie Argon, während sich andere Schlüsse[4] weniger gut bestätigt haben. Wir zitieren diese Methode im folgenden als Methode „III b".

III c: In der Art des Nachweises von Elektronenintensitäten unterscheidet sich von den übrigen Methoden merklich eine Methode „zur optischen Bestimmung des WQ", die von ORNSTEIN und Mitarbeitern[5] ausgearbeitet worden ist. Ihr Grundgedanke ist folgender: Ein Elektronenstrahl bestimmter Geschwindigkeit durchläuft einen feldfreien Gasraum und regt auf seinem Wege die Gasmoleküle zum Leuchten an; die Intensität dieses Anregungsleuchtens wird an verschiedenen Stellen des Strahlweges gemessen. Aus dem Intensitätsabfall des Anregungsleuchtens längs des Strahlweges wird ein Abfall der Stromdichte errechnet, hieraus dann bei Kenntnis des Gasdrucks und der durchlaufenen Wegstrecke in üblicher Weise der Wirkungsquerschnitt des betreffenden Gases. Die sich ergebenden WQ-Werte stimmen innerhalb der Fehlergrenzen mit den anderweitig bekannten Daten überein. Wir zitieren diese Methode im folgenden als Methode „III c".

[1] L. B. LOEB, Phys. Rev. Bd. 19, S. 24. 1922; Bd. 20, S. 397. 1922; Bd. 23, S. 157. 1924.
[2] H. B. WAHLIN, Phys. Rev. Bd. 37, S. 260. 1931.
[3] R. MINKOWSKI u. H. SPONER, ZS. f. Phys. Bd. 15, S. 399. 1923.
[4] R. MINKOWSKI, ZS. f. Phys. Bd. 18, S. 258. 1923; H. SPONER, ebenda Bd. 18, S. 249. 1923.
[5] L. S. ORNSTEIN u. W. ELENBAAS, Proc. Amsterdam Bd. 32, S. 1345. 1929; ZS. f. Phys. Bd. 59, S. 306. 1930; L. S. ORNSTEIN u. A. M. v. DOMMELEN, Proc. Amsterdam Bd. 33, S. 683. 1930.

12. Experimentelle Einzelheiten. Die *Erzeugung der Elektronen* kann lichtelektrisch oder glühelektrisch erfolgen. Vor- und Nachteile der lichtelektrischen Methode sind: Nur geringe Beeinflußbarkeit durch Gase, die in die Apparatur eingeführt werden[1], aber verhältnismäßig geringe Elektronenmengen und komplizierte Aufbauverhältnisse in der Apparatur. Vor- und Nachteile der glühelektrischen Methode: Große Elektronenmengen, besonders bei Anwendung von Oxydkathoden, und einfacher Aufbau, aber leichte Beeinflußbarkeit bei Gaseinlaß sowohl in bezug auf Intensität als auch besonders auf Geschwindigkeitsverteilung. Hinzu kommt noch das Magnetfeld des Glühstromes, das besonders bei magnetischen Methoden störend wirken kann.

Bei der *Herstellung eines definierten Elektronenstrahls* ist zu unterscheiden zwischen der Homogenität der Richtung, die leicht durch Blenden verschiedener Form hergestellt wird, und zwischen Homogenität der Geschwindigkeit. Arbeitet man mit geradlinigem Strahlverlauf, so ist die Geschwindigkeitsverteilung die natürliche der Elektronenquelle, die im allgemeinen eine Breite von 0,6 bis 1 Volt hat. Bei magnetischer Strahlführung sondert man aus dieser natürlichen Verteilung noch einen bestimmten engen Bereich aus, dessen Breite dann im allgemeinen wesentlich geringer ist. In Abb. 17 bis 19 werden bei gleicher mittlerer Geschwindigkeit die Geschwindigkeitsverteilungen bei geradlinigem Strahlverlauf (17) und bei magnetischer Strahlführung (18) verglichen. Dazu

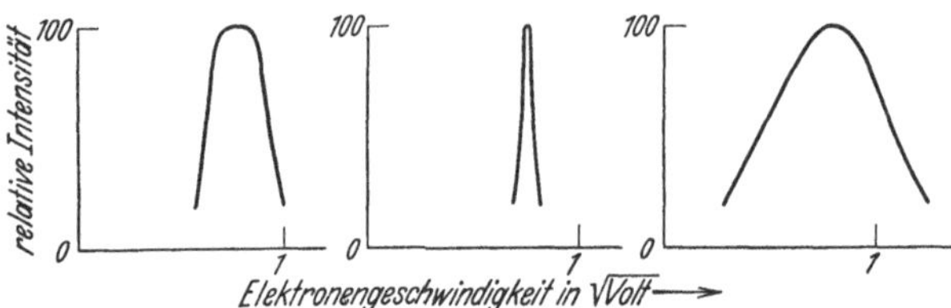

Abb. 17-19. Geschwindigkeitsverteilungen bei Benutzung verschiedener Methoden.

gezeichnet ist eine Geschwindigkeitsverteilung (19), die Druyvesteyn[2] für die Diffusion von Elektronen unter Bedingungen ausgerechnet hat, die den bei den Diffusionsmessungen von Townsend vorliegenden ähnlich sind[3].

Der *Nachweis der Elektronen* erfolgt bei kleinen Geschwindigkeiten ausschließlich durch ihre Ladung (Elektrometer, bei größeren Stromstärken auch Galvanometer). Beim Bau der Auffangvorrichtungen muß darauf Rücksicht genommen werden, daß die Elektronen am blanken Metall stark reflektiert werden (reflektierte Menge bis 50% der einfallenden Menge!). Man benutzt deshalb möglichst geschlossene und tiefe Käfige zum Auffangen der Elektronen oder falls sich ebene Platten als Auffangflächen nicht vermeiden lassen, so berußt man diese, wodurch die Reflexion auf einen Bruchteil (einige Prozent der Gesamtmenge) herabgedrückt wird.

Messung der Elektronengeschwindigkeit. Bei den Methoden mit geradlinigem Strahlverlauf ist die Bestimmung der Strahlgeschwindigkeit nur mit Hilfe von Gegenfeldern möglich: In Abb. 7 messen wir diejenige Anzahl von Strahlelektronen, die für verschiedene negative Potentiale (die wir vor der Messung an $V + H$ anlegen) noch nach $V + H$ hineingelangen. Der Stromwert für ein

---

[1] Hierbei muß unterschieden werden zwischen dem Einfluß eines Gases auf die emittierte *Menge* (z. B. für CO_2, N_2O, CH_4 festgestellt von Brüche) und zwischen dem Einfluß eines Gases auf die *Geschwindigkeitsverteilung* der emittierten Elektronen (z. B. für CH_4 und O_2 festgestellt von Ramsauer-Kollath).

[2] M. J. Druyvesteyn, Physica Bd. 10, S. 61. 1930.

[3] Townsend hat eine Verteilung angegeben, die auf dem abfallenden Teil oberhalb des Maximums mit der von Druyvesteyn weitgehend übereinstimmt (Phil. Mag. Bd. 9, S. 1145. 1930). Eine ähnliche Verteilung ist neuerdings auch von M. Didlaukis abgeleitet worden (ZS. f. Phys. Bd. 74, S. 624. 1932).

bestimmtes Potential gibt dann an, wieviel Elektronen im Strahl vorhanden sind mit Geschwindigkeiten, die *größer* sind als das angelegte Potential. Die so erhaltene „Gegenspannungskurve" ist also eine Integralkurve, durch ihre Differentiation erhält man die Geschwindigkeitsverteilungskurve für den untersuchten Elektronenstrahl. Diese Art der Geschwindigkeitsmessung wird leicht gefälscht durch Kontaktpotentiale, die sich meistens nur schwer beseitigen oder in Rechnung setzen lassen; ferner muß auf geometrische Eigenschaften des Feldes (Felddurchgriff usw.) Rücksicht genommen werden. Im Gegensatz dazu wird die Elektronengeschwindigkeit bei den magnetischen Methoden ohne solche Störungen bequem aus dem Radius der Kreisbahn r und der Größe der Magnetfeldstärke $\mathfrak{H}$ errechnet nach der Gleichung:

$$v = \frac{r \cdot \mathfrak{H}}{3,36}.$$

Hierbei wird gemessen: v in $\sqrt{\text{Volt}}$, r in cm und $\mathfrak{H}$ in Gauß.

Vermeidung einiger Fehlerquellen. Die Reflexion von Elektronen an Metallteilen hatten wir unter „Nachweis der Elektronen" schon besprochen. Es ist nur noch hinzuzufügen, daß diese Erscheinung auch an den Blenden auftreten kann, die den Strahl begrenzen. Diese werden daher zweckmäßig mit scharfen Kanten ausgebildet und evtl. berußt. — Raumladungserscheinungen sind bei WQ-Untersuchungen solange nicht zu befürchten, wie der Elektronenstrom bei Benutzung üblicher Blendengrößen unterhalb 10^{-6} Amp. bleibt[1], also ohne weiteres bei Nachweis der Elektronenströme mit dem Elektrometer. — Für Messungen mit sehr langsamen Elektronen ist das magnetische Erdfeld zu kompensieren, weil bei geradliniger Strahlführung hier durch die Intensität geschwächt und bei magnetischer Kreisführung die Geschwindigkeitsangabe gefälscht wird. So wird der 1 Voltstrahl, der senkrecht zur Horizontalkomponente des Erdfeldes steht, bei einer Strahllänge von 5 cm um 0,7 cm abgelenkt. — Gasverunreinigungen und Dampfrückstände (z. B. Quecksilber- oder Fettdämpfe) wirken sich bei den verschiedenen Methoden durchaus verschieden aus: Bei Methoden mit Einzelstoß bringt eine Gasverunreinigung, z. B. eine Beimengung von Krypton zu Xenon, nur einen Fehler in die Messungen hinein, der der Mischungsregel entspricht. Im Gegensatz hierzu läßt bei Methoden mit Vielfachstößen eine geringe Verunreinigung, z. B. 1%, die Ergebnisse der Messung schon recht ungewiß erscheinen. Wenn nämlich bei einer solchen Methode jedes Elektron etwa 100mal mit Gasmolekülen zusammenstößt, so werden alle Elektronen, die zur Messung gelangen, auf ihrem Wege einmal einen Zusammenstoß mit Molekülen der Beimengung gehabt haben, wobei die Wirkung dieser Stöße (z. B. erheblicher Geschwindigkeitsverlust oder zeitweise Anlagerung usw.) schwer abzuschätzen ist. Ganz Ähnliches gilt auch für Dampfrückstände in der Apparatur: Während bei den quantitativen Messungen mit Einzelstoß der Einfluß *konstanter* Dampfrückstände aus der Messung durch Differenzbildung exakt herausfällt („Druckgerade"), wirkt sich ein Dampfrückstand bei den Methoden mit Vielfachstoß ebenso unangenehm wie eine Gasverunreinigung aus; es ist daher bei Methoden mit Vielfachstoß auf weitgehendere Vermeidung von Dampfrückständen zu achten, als bei Methoden mit Einzelstoß.

B. Versuchsergebnisse der Wirkungsquerschnittmessungen.

In den folgenden Darstellungen der Versuchsergebnisse wird stets als Ordinate der Wirkungsquerschnitt in cm²/cm³ bei 1 mm Hg und 0° C aufgetragen, als Abszisse die Elektronengeschwindigkeit in $\sqrt{\text{Volt}}$.

---

[1] Vgl. Arnot, Proc. Roy. Soc. London Bd. 129, S. 361. 1930.

Wir bringen im ersten Teil einige Beispiele für die Übereinstimmung und die Unterschiede zwischen Messungen nach verschiedenen Methoden. Im Anschluß daran werden die wichtigsten bisher gemessenen WQ-Kurven in einer Kurventafel zusammengestellt, um dem Leser einen Überblick über die Vielseitigkeit der auftretenden Erscheinungen zu geben. Im dritten Teil sind besonders interessante Teile der WQ-Kurven durch direkte Beispiele aus den Originalmessungen belegt. Den Abschluß dieses Kapitels bildet eine Tabelle, in der alphabetisch nach Verfassern geordnet sämtliche WQ-Bestimmungen aufgezählt werden, die bisher ausgeführt worden sind.

13. Zur Festlegung des wahrscheinlichsten Kurvenverlaufs. Messungen mit verschieden scharfer Strahldefinition sind von M. C. Green[1] und R. R. Palmer[2] durchgeführt worden. In beiden Fällen handelt es sich bei einer Versuchsanordnung ähnlich der in Abb. 7 gezeigten um Einkäfigmessungen mit dem Käfig H, wobei die Blende *3 variable* Öffnung hat. Das Resultat der Messungen ist die Größe des WQ in Abhängigkeit von der Blendengröße. Im Gegensatz zu M. C.

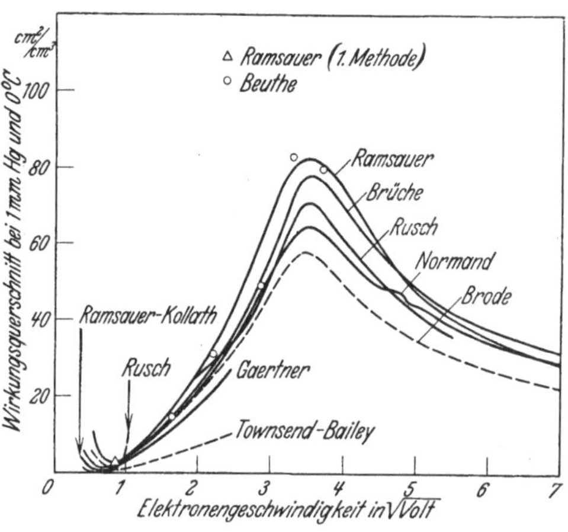

Abb. 20. Zusammenstellung sämtlicher WQ-Messungen an Argon.

Green, die in He, Ar, H_2 und Hg-Dampf keine merkbare Abhängigkeit der WQ-Werte von der Blendengröße fand, hat Palmer in He und Hg-Dampf mehr oder weniger starke Abhängigkeiten gefunden. Aus dem inzwischen über die Winkelverteilung gestreuter Elektronen gewonnenen Material muß man wohl entnehmen, daß die Messungen von Palmer den tatsächlichen Verhältnissen besser entsprechen. Es mag an dieser Stelle darauf hingewiesen werden, daß *Zwei*käfigmessungen mit gleich großen Blenden an beiden Käfigen eine solche Abhängigkeit von der Blendengröße in diesem Geschwindigkeitsbereich *nicht* zeigen würden, da dies ähnlich wie eine starke Verschmälerung der Blenden wirkt (vgl. Ziff. 27).

Die Übereinstimmung der Messungen nach verschiedenen Methoden ist im großen ganzen gut, wie in Abb. 20 am Beispiel des Argons gezeigt wird. Ähnlich wie hier gilt allgemein folgendes: Die Werte von Ramsauer liegen am höchsten, die Werte von Brode am tiefsten, wobei allerdings die Nachmessung der Brodeschen Werte durch Normand nach gleicher Methode in der Regel bereits merklich höhere Werte ergeben hat. Die Werte von Brüche pflegen zwischen den Extremen zu liegen. Die Diffusionsquerschnitte nach Townsend ergeben bei kleinen Elektronengeschwindigkeiten etwa gleiche Werte wie die anderen Methoden, während mit steigender Geschwindigkeit häufig merkliche Abweichungen zu kleineren Werten auftreten. Die Aufklärung aller dieser Unterschiede in der quantitativen Kurvenhöhe zwischen den einzelnen Methoden kann nur durch besondere, sehr eingehende Untersuchungen gebracht werden. Bis zur Durchführung solcher Messungen muß es dahingestellt bleiben, welche Absolutwerte die „richtigen" sind.

Eine „Feinstruktur" der WQ-Kurven wurde bei nochmaliger Durchmessung des WQ-Verlaufs in verschiedenen Gasen von Normand[3] an mehreren Stellen

[1] M. C. Green, Phys. Rev. Bd. 36, S. 239. 1930.
[2] R. R. Palmer, Phys. Rev. Bd. 37, S. 70. 1931.
[3] C. E. Normand, Phys. Rev. Bd. 35, S. 1217. 1930.

der WQ-Kurven gefunden, d. h. Abweichungen vom glatten Kurvenverlauf durch Knicke oder kleinere Maxima und Minima. In Helium und Kohlenoxyd stimmt bei etwa 1 Volt der Verlauf der WQ-Kurve nach NORMAND mit früheren Messungen von RAMSAUER-KOLLATH[1] gut überein. In einigen anderen Gasen aber, besonders in Neon, werden die Messungen von NORMAND durch die früheren Messungen von BRÜCHE[2] nicht gestützt. Wir geben in solchen Fällen in der Kurventafel die WQ-Kurve nach NORMAND („Feinstruktur") gleichberechtigt neben dem früher festgelegten Verlauf; an den betreffenden Stellen sind beide Kurven gestrichelt.

Bei kleinsten Elektronengeschwindigkeiten (unterhalb 1 Volt) macht die quantitative Festlegung des Kurvenverlaufs bisher noch Schwierigkeiten, da die Messungen von RAMSAUER-KOLLATH[1] und von NORMAND[3], die allein nach direkter quantitativer Methode in diesem Geschwindigkeitsbereich ausgeführt sind, zum Teil merklich voneinander abweichende Resultate ergeben. Hierbei sprechen allerdings Messungen des Diffusionsquerschnitts nach der Methode von TOWNSEND (IIIa) und qualitative Messungen von RUSCH[4] (IIc) in wesentlichen Punkten für den Kurvenverlauf nach RAMSAUER-KOLLATH. Inzwischen sind in Argon und Wasserstoff die Messungen nach ganz anderer Methode (Id) von GÄRTNER[5] wiederholt worden. GÄRTNER fand in Wasserstoff denselben Kurvencharakter wie RAMSAUER-KOLLATH, in Argon bestätigte er quantitativ die Lage des Minimums. Wir halten daher den nur von NORMAND gefundenen Wiederanstieg der WQ-Kurve bei allerkleinsten Geschwindigkeiten in H_2, N_2 und CO nicht für reell, um so mehr, als auch die Messungen von TOWNSEND zwischen 0,2 und 0,4 $\sqrt{\text{Volt}}$ sowie die Einzelpunkte bei 0,17 $\sqrt{\text{Volt}}$ von WAHLIN[6] gerade in diesen 3 Gasen einen starken Abstieg der WQ-Kurven nach kleinsten Elektronengeschwindigkeiten hin vermuten lassen.

In der *Kurventafel* (Abb. 21) sind die WQ-Kurven der wichtigsten hier interessierenden Gase und Dämpfe zusammengestellt. Der Geschwindigkeitsbereich ist hierbei auf 0 bis 6 $\sqrt{\text{Volt}}$ beschränkt, um eine genügende Darstellungsgenauigkeit für die wichtigsten Erscheinungen des WQ-Verlaufs zu erhalten. Es mag aber hervorgehoben werden, daß die WQ für eine ganze Reihe von Gasen und Dämpfen durch BRODE[7], NORMAND[8] u. a. bis zu erheblich höheren Elektronengeschwindigkeiten nämlich bis 20 $\sqrt{\text{Volt}}$, in einigen Fällen von BRODE[7] sogar bis zu 50 $\sqrt{\text{Volt}}$ festgelegt worden sind. Die WQ der komplizierten chemischen Verbindungen sind weggelassen, so einige Kurven von BRÜCHE[9], dann besonders diejenigen von SCHMIEDER[10], HOLST und HOLTSMARK[11]. Auf die eben genannten Arbeiten kommen wir gelegentlich der Diskussion über die Anwendung der Querschnittsforschung auf Fragen des chemischen Aufbaus im nächsten Kapitel zurück. Die Punktierung bestimmter Kurventeile in den Bildern deutet an, daß sie quantitativ noch nicht als gesichert betrachtet werden können. Wo Doppelkurven (beide gestrichelt) eingezeichnet sind, haben wir

[1] C. RAMSAUER u. R. KOLLATH, Ann. d. Phys. Bd. 3, S. 536. 1929; Bd. 4, S. 91. 1930.
[2] E. BRÜCHE, Ann. d. Phys. Bd. 84, S. 279. 1927.
[3] Siehe Fußnote 3 auf S. 264.
[4] M. RUSCH, Phys. ZS. Bd. 26, S. 748. 1925.
[5] H. GÄRTNER, Ann. d. Phys. Bd. 8, S. 134. 1931.
[6] H. B. WAHLIN, Phys. Rev. Bd. 37, S. 260. 1931.
[7] R. B. BRODE, Phys. Rev. Bd. 25, S. 636. 1925; Bd. 39, S. 547. 1932.
[8] C. E. NORMAND, Phys. Rev. Bd. 35, S. 1217. 1930.
[9] E. BRÜCHE, Ann. d. Phys. Bd. 1, S. 93. 1929; Bd. 2, S. 909. 1929.
[10] F. SCHMIEDER, ZS. f. Elektrochem. Bd. 36, S. 700. 1930.
[11] J. W. HOLST u. J. HOLTSMARK, D. Kong. Norske Vid. Selskab Bd. 4, S. 89, Nr. 25. 1931.

keine Entscheidung zwischen gleichwertig erscheinenden Messungen getroffen. In der absoluten Höhe der Kurven halten wir uns der Einfachheit wegen an die Zusammenstellung von R. Kollath in der Phys. ZS.[1] und an die Gründe,

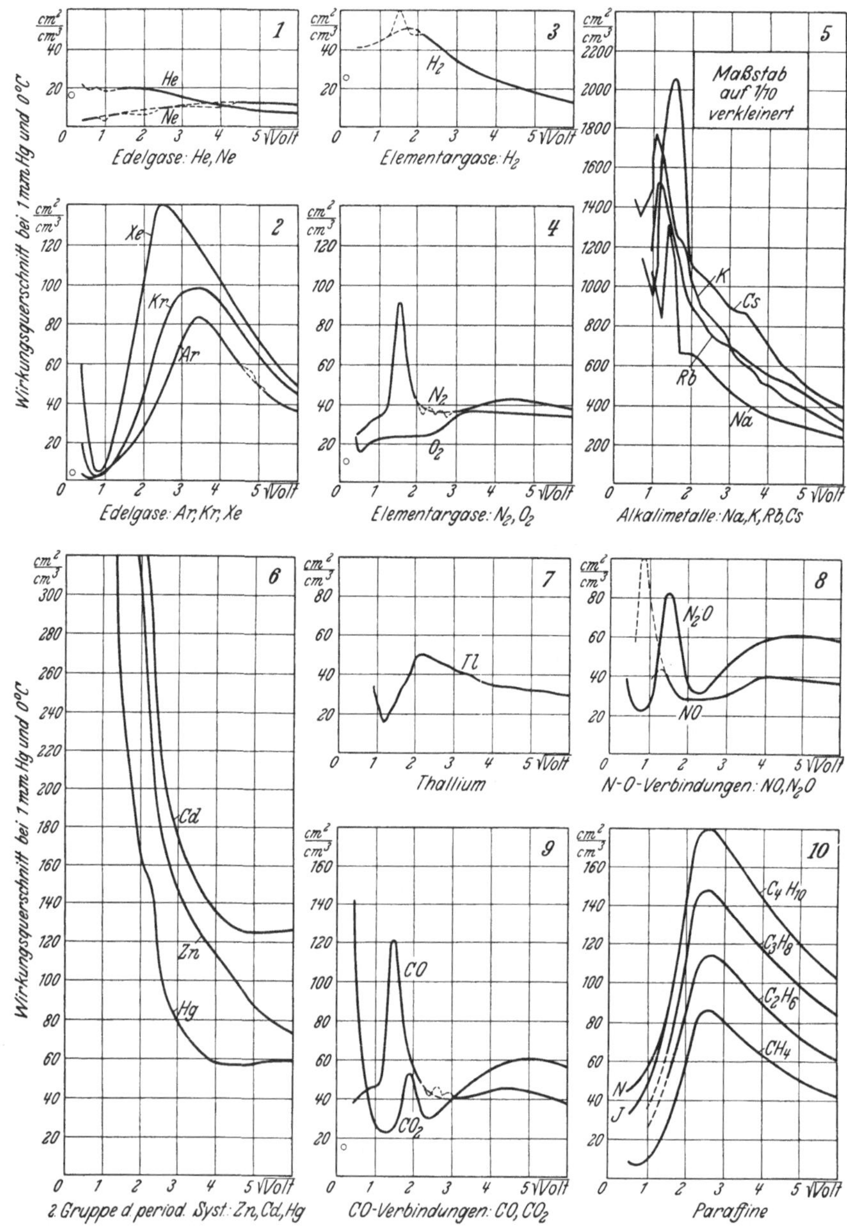

Abb. 21. Der Wirkungsquerschnitt in Abhängigkeit von der Elektronengeschwindigkeit in verschiedenen Gasen und Dämpfen.

die dort zur Auswahl einer bestimmten Kurvenhöhe geführt haben. Um aber dem Leser das Nachschlagen zu ersparen, geben wir im folgenden für jedes Gas

---

[1] R. Kollath, Phys. ZS. Bd. 31, S. 985. 1930.

kurz an, welche relative Lage die einzelnen WQ-Kurven in der Kurventafel den Originalmessungen der beteiligten Autoren gegenüber einnehmen.

14. Kurventafel. *Helium* (Bild 1): Oberhalb 1,5 $\sqrt{\text{Volt}}$ ein Mittel zwischen dem Verlauf nach RAMSAUER[1] und dem Verlauf nach NORMAND[2], wodurch auch der dazwischenliegenden Kurve nach BRÜCHE[3] hinreichend Rechnung getragen wird. Unterhalb 1,5 $\sqrt{\text{Volt}}$ die in gleicher Weise von RAMSAUER-KOLLATH[4] und NORMAND[2] gefundene Feinstruktur mit der Voltlage von RAMSAUER-KOLLATH. Endpunkt bei 0,17 $\sqrt{\text{Volt}}$ nach WAHLIN[5].

Neon (Bild 1): Verlauf nach RAMSAUER[1], BRÜCHE[3] und RAMSAUER-KOLLATH[4] unter gleichzeitiger Einzeichnung der Feinstruktur nach NORMAND[2].

Argon, Krypton, Xenon (Bild 2): Mit Rücksicht auf die Vergleichbarkeit der drei Gase untereinander (Kr und Xe wurden nur von RAMSAUER gemessen), Verlauf nach RAMSAUER[1] und RAMSAUER-KOLLATH[4] unter gleichzeitiger Einzeichnung der Feinstruktur in Argon nach NORMAND[2]. Endpunkt bei 0,17 $\sqrt{\text{Volt}}$ in Argon nach WAHLIN[5].

Wasserstoff (Bild 3): Oberhalb 1 $\sqrt{\text{Volt}}$ ein mittlerer Verlauf zwischen BRÜCHE[6] und NORMAND[2] unter gleichzeitiger Einzeichnung der „Feinstruktur" nach NORMAND[2], unterhalb 1 $\sqrt{\text{Volt}}$ Fortsetzung nach RAMSAUER-KOLLATH[7], wobei den widersprechenden Resultaten der anderen Autoren durch Punktierung der Kurve Rechnung getragen wird. Endpunkt bei 0,17 $\sqrt{\text{Volt}}$ nach WAHLIN[5].

Stickstoff (Bild 4): Oberhalb 1 $\sqrt{\text{Volt}}$ mittlerer Verlauf zwischen BRÜCHE[6] und NORMAND[2] unter gleichzeitiger Einzeichnung der Feinstruktur bei 2,5 $\sqrt{\text{Volt}}$, unterhalb 1 $\sqrt{\text{Volt}}$ eine des besseren Anschlusses wegen um 10% herabgesetzte Fortsetzung nach RAMSAUER-KOLLATH[7, 8].

Sauerstoff (Bild 4): Oberhalb 1 $\sqrt{\text{Volt}}$ nach BRÜCHE[9], unterhalb 1 $\sqrt{\text{Volt}}$ nach RAMSAUER-KOLLATH[7].

Alkalimetalle (Bild 5): Verlauf in Form und Höhe nach BRODE[10], der allein den WQ dieser Dämpfe gemessen hat.

Zink, Kadmium, Quecksilber (Bild 6): Verlauf in Form und Höhe nach der Arbeit von BRODE[11] mit Rücksicht auf die Vergleichbarkeit der drei Kurven, von denen Zink und Kadmium allein von BRODE gemessen worden ist.

Thallium (Bild 7): Verlauf nach BRODE[12].

Stickoxyd (Bild 8): Verlauf oberhalb 1 $\sqrt{\text{Volt}}$ nach BRÜCHE[9], unterhalb 1 $\sqrt{\text{Volt}}$ punktiert nach SKINKER-WHITE[13].

Stickoxydul (Bild 8): Verlauf nach BRÜCHE[9] und RAMSAUER-KOLLATH[14].

[1] C. RAMSAUER, Jahrb. d. Radioakt. Bd. 19, S. 345. 1923.
[2] C. E. NORMAND, Phys. Rev. Bd. 35, S. 1217. 1930.
[3] E. BRÜCHE, Ann. d. Phys. Bd. 84, S. 279. 1927.
[4] C. RAMSAUER u. R. KOLLATH, Ann. d. Phys. Bd. 3, S. 536. 1929.
[5] H. B. WAHLIN, Phys. Rev. Bd. 37, S. 260. 1931.
[6] E. BRÜCHE, Ann. d. Phys. Bd. 82, S. 912. 1927.
[7] C. RAMSAUER u. R. KOLLATH, Ann. d. Phys. Bd. 4, S. 91. 1930.
[8] Die von BRÜCHE nach Methode I c, nicht die nach Methode I a gemessene WQ-Kurve, da letztere nach den Ausführungen unter Ziff. 27 aus sekundären Gründen nicht den wahren Verlauf wiedergibt.
[9] E. BRÜCHE, Ann. d. Phys. Bd. 83, S. 1065. 1927.
[10] R. B. BRODE, Phys. Rev. Bd. 34, S. 673. 1929.
[11] R. B. BRODE, Phys. Rev. Bd. 35, S. 504. 1930.
[12] R. B. BRODE, Phys. Rev. Bd. 37, S. 570. 1931.
[13] M. F. SKINKER-J. V. WHITE, Phil. Mag. Bd. 46, S. 630. 1923.
[14] C. RAMSAUER u. R. KOLLATH, Ann. d. Phys. Bd. 7, S. 176. 1930.

Kohlenoxyd (Bild 9): Oberhalb 1 $\sqrt{\text{Volt}}$ Mittel zwischen dem Verlauf nach Brüche[1] und nach Normand[2] unter gleichzeitiger Einzeichnung der Fein-

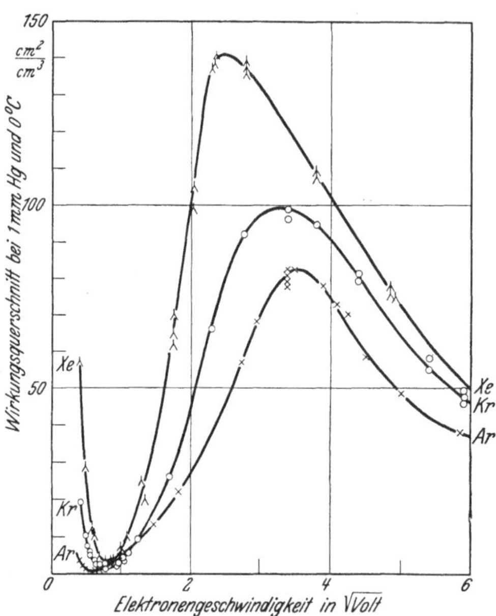

Abb. 22. Wirkungsquerschnitt der schweren Edelgase (nach Ramsauer und Ramsauer-Kollath).

struktur, unterhalb 1 $\sqrt{\text{Volt}}$ Mittel zwischen Ramsauer-Kollath[3] und Normand[2] ohne Berücksichtigung des letzten kurzen Anstiegs bei kleinsten Geschwindigkeiten nach Normand.

Kohlensäure (Bild 9): Verlauf nach Brüche[4] und Ramsauer-Kollath[3].

Paraffine (Bild 10): Mit Rücksicht auf die Vergleichbarkeit der vier Kurven Verlauf nach Brüche[4], unterhalb 1 $\sqrt{\text{Volt}}$ in Methan nach Ramsauer-Kollath[3]. Bei kleinen Geschwindigkeiten spaltet nach Brüche[5] die Butankurve in ihre beiden Isomere [Normal- (N) und Iso (J)-Butan] auf.

15. Beispiele zur Kurventafel aus den Originalmessungen. Wir wollen jetzt aus der Kurventafel (Abb. 21) einige bemerkenswerte Teile der WQ-Kurven herausgreifen und in den zugehörigen Originalmessungen wiedergeben.

Zu Bild 2 der Kurventafel. Als erstes Bild geben wir in Abb. 22 die Originalmessungen von Ramsauer[6] und Ramsauer-Kollath[7] an den schweren Edelgasen. Eine wie ausgeprägte Erscheinung das Minimum der Edelgase ist, geht besonders anschaulich aus Abb. 23 hervor, wo die Formänderung einer magnetischen Verteilungskurve bei Xenoneinlaß betrachtet wird (Methode II c): Ein Elektronenstrahl, dessen mittlere Geschwindigkeit gerade der Abszisse des Xenonminimums entspricht, hat *vor* dem Durchlaufen eines mit Xenon gefüllten Raumes eine breitere Geschwindigkeitsverteilung (○—○) als *nach* dem Durchlaufen des Raumes (×—×). Infolge des Durchganges durch dieses Gas ist also der Elektronenstrahl in bezug auf seine Geschwindigkeit homogener geworden!

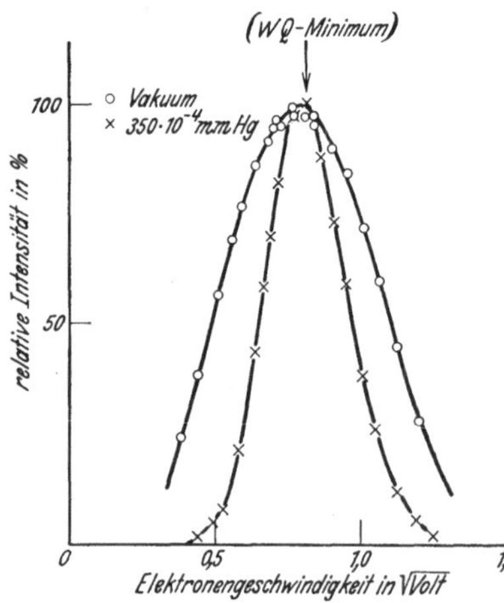

Abb. 23. Magnetische Verteilungskurven im Xenon-Minimum.

Zu Bild 3 der Kurventafel. In Wasserstoff liegen unterhalb 2 $\sqrt{\text{Volt}}$ recht

[1] E. Brüche, Ann. d. Phys. Bd. 83, S. 1065. 1927.
[2] C. E. Normand, Phys. Rev. Bd. 35, S. 1217. 1930.
[3] C. Ramsauer u. R. Kollath, Ann. d. Phys. Bd. 4, S. 91. 1930.
[4] E. Brüche, Ann. d. Phys. Bd. 4, S. 387. 1930.
[5] E. Brüche, Ann. d. Phys. Bd. 5, S. 281. 1930.
[6] C. Ramsauer, Ann. d. Phys. Bd. 64, S. 513. 1921.
[7] C. Ramsauer u. R. Kollath, Ann. d. Phys. Bd. 3, S. 536. 1929.

widerspruchsvolle Kurven vor. Abb. 24 ist einer Arbeit von GÄRTNER[1] entnommen. Bei der Beurteilung dieser Widersprüche ist zunächst darauf hinzuweisen, daß der steile Kurvenanstieg nach kleinsten Geschwindigkeiten hin von
NORMAND[2] mit allen anderen Er-
gebnissen im Widerspruch steht
und also kaum als reell betrachtet
werden kann. Die Kurven von
TOWNSEND[3] und RUSCH[4] dürfen
nur qualitativ mit den übrigen
Kurven verglichen werden und
stimmen mit diesen insofern überein, als beide ein Maximum oberhalb 1 √Volt ergeben. Es bleibt
ein Widerspruch zwischen der
ersten[5] und der zweiten[6] Kurve
von BRÜCHE, während andererseits
die zweite Kurve von BRÜCHE gut
mit dem von RAMSAUER-KOLLATH[7]
gemessenen Verlauf einschließlich
des RAMSAUERschen Einzelpunk-
tes[8] übereinstimmt. Die besondere
Lage der ersten BRÜCHEschen
Kurve läßt sich z. T. aus seiner
Methodik erklären, wie Ziff. 27
näher ausgeführt wird. Die Kurve

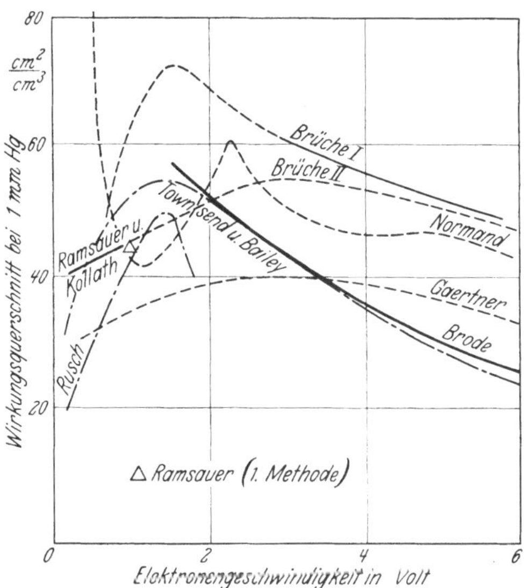

Abb. 24. Wirkungsquerschnitt von Wasserstoff nach den Messungen verschiedener Autoren.

von GÄRTNER hat denselben Charakter wie die zweite Kurve von BRÜCHE,
wobei dahingestellt sein mag, ob der große Unterschied in der Ordinatenhöhe
durch die Besonderheiten der von GÄRTNER benutzten Methode (longitudinales
Magnetfeld) befriedigend erklärt wird. Alles
in allem ist jedenfalls der Widerspruch zwischen den Messungen der verschiedenen Autoren in diesem übrigens sehr extremen Fall
nicht ganz so groß, wie es auf den ersten
Blick scheinen könnte[9].

Zu Bild 4 der Kurventafel. Der plötzliche Anstieg der WQ-Kurve von Sauerstoff
bei allerkleinsten Geschwindigkeiten ist so
unerwartet, daß er hier mit den Originalmessungen belegt werden soll. Abb. 25 zeigt
„Druckgeraden" aus der Arbeit von RAMS-
AUER-KOLLATH[7] bei den in der Tabelle angegebenen Geschwindigkeiten.

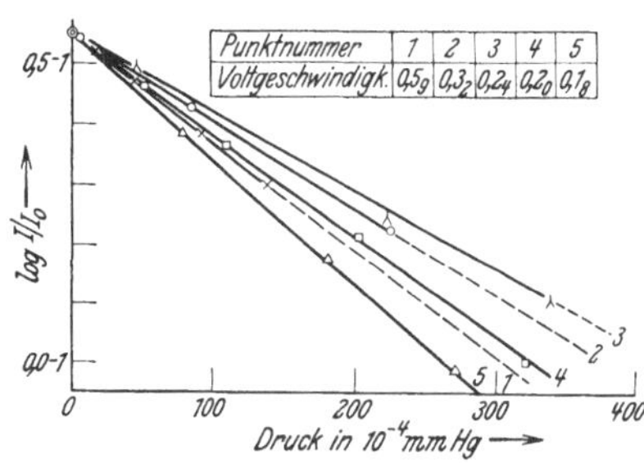

Punktnummer	1	2	3	4	5
Voltgeschwindigk.	$0{,}5_9$	$0{,}3_2$	$0{,}2_4$	$0{,}2_0$	$0{,}1_8$

Abb. 25. Druckgeraden in Sauerstoff bei verschiedener Elektronengeschwindigkeit
(nach RAMSAUER-KOLLATH).

Man erkennt deutlich den zunächst langsamen Abfall
zwischen 0,8 und 0,5 √Volt und den darauffolgenden steilen Anstieg bis zur
Untersuchungsgrenze bei 0,4 √Volt.

[1] H. GÄRTNER, Ann. d. Phys. Bd. 8, S. 134. 1931.
[2] Siehe Fußnote 2 auf S. 268.
[3] J. S. TOWNSEND, Phil. Mag. Bd. 42, S. 873. 1921.
[4] M. RUSCH, Phys. ZS. Bd. 26, S. 748. 1925.
[5] E. BRÜCHE, Ann. d. Phys. Bd. 81, S. 537. 1926.
[6] E. BRÜCHE, Ann. d. Phys. Bd. 82, S. 25. 1927.
[7] C. RAMSAUER u. R. KOLLATH, Ann. d. Phys. Bd. 4, S. 91. 1930.
[8] C. RAMSAUER, Ann. d. Phys. Bd. 64, S. 513. 1921.
[9] Vgl. hierzu auch R. KOLLATH, den Ann. d. Phys. zum Druck eingereicht.

Zu Bild 5 der Kurventafel. Abb. 26 gibt die WQ-Kurve des Kaliums nach Brode[1]. Hinzugezeichnet ist gestrichelt die WQ-Kurve des Argon in gleichem Maßstab, um anschaulich die wahren Größenverhältnisse vor Augen zu führen.

Zu Bild 6 der Kurventafel. Wir geben in Abb. 27 sämtliche Originalmessungen an Hg-Dampf, dessen WQ-Kurve wegen seiner technischen Bedeutung eingehend von verschiedenen Verfassern untersucht worden ist. Die Lage zweier Punkte von Beuthe[2]

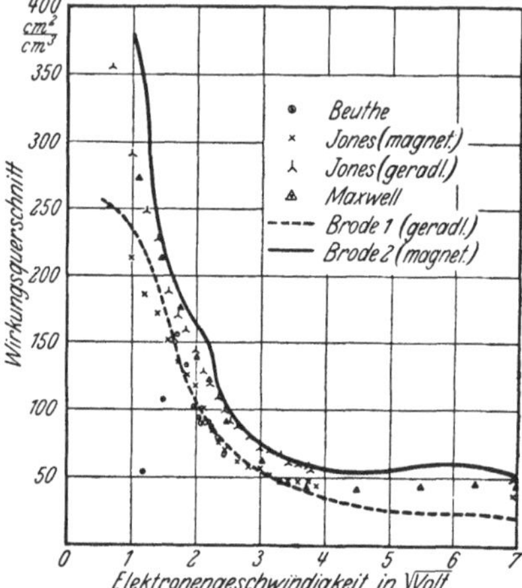

Abb. 27. WQ von Quecksilberdampf nach Messungen verschiedener Autoren.

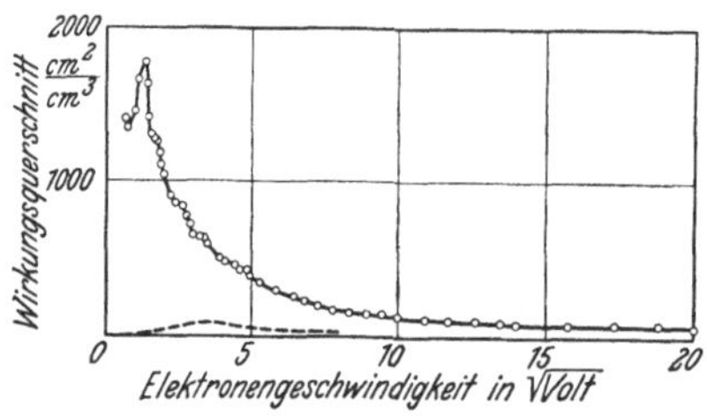

Abb. 26. WQ von Kalium (o—o, nach Brode) und Argon (— — —) im gleichen Maßstab.

bei kleinsten Geschwindigkeiten ist offenbar nicht reell, während Beuthes übrige Messungen sich gut dem anderweitig bestimmten Kurvenverlauf anschließen und den Kurvenknick bei 4,9 Volt (Anregungsspannung!) in besonders scharfer Form hervortreten lassen.

Zu Bild 9 der Kurventafel. Am Beispiel des Kohlenoxyds soll die „Feinstruktur" von WQ-Kurven gezeigt werden, die hier nach Messungen von Normand[3] zwischen 2 und 3 $\sqrt{\text{Volt}}$ und bei 1 $\sqrt{\text{Volt}}$ auftreten (Abb. 28). Die Feinstruktur bei 1 $\sqrt{\text{Volt}}$ (Knick!) mag hier durch die Formänderung einer Verteilungskurve (IIc) nach Brüche[4] belegt werden (Abb. 29):

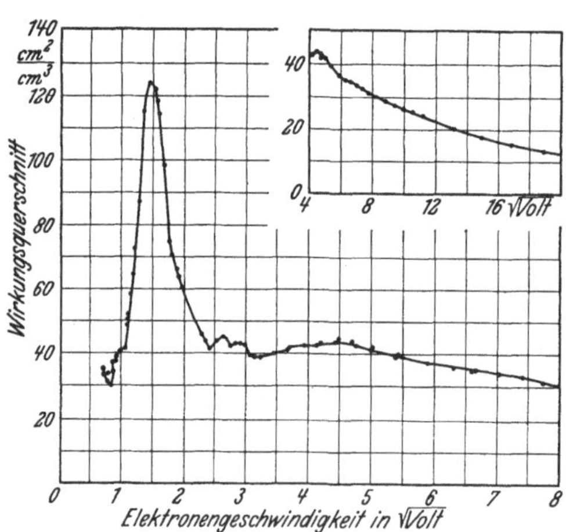

Abb. 28. WQ-Feinstruktur in Kohlenoxyd (nach Normand).

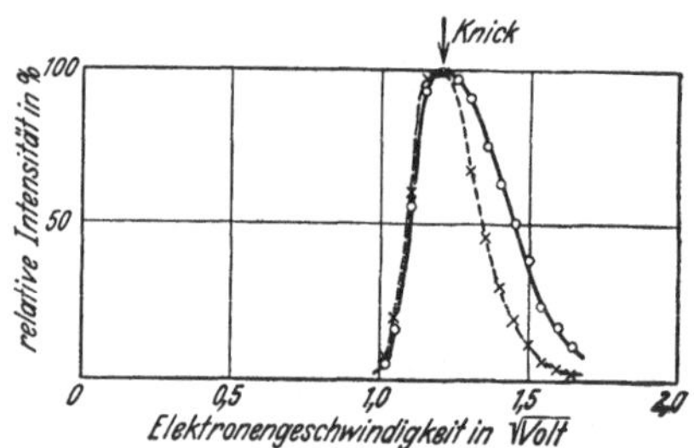

Abb. 29. WQ-Feinstruktur in Kohlenoxyd (Kurvenknick bei 1,2 $\sqrt{\text{Volt}}$ nach Brüche).

Bei etwa 1,2 $\sqrt{\text{Volt}}$ weicht die Gaskurve plötzlich in immer steigendem Maße zu kleineren Werten ab, was den scharfen Einsatz eines WQ-Anstiegs anschau-

[1] R. B. Brode, Phys. Rev. Bd. 34, S. 673. 1929.
[2] H. Beuthe, Ann. d. Phys. Bd. 84, S. 949. 1927.
[3] C. E. Normand, Phys. Rev. Bd. 35, S. 1217. 1930.
[4] E. Brüche, Ann. d. Phys. Bd. 83, S. 1065. 1927.

lich vor Augen führt. Eine ebenso ausgeprägte Kurve erhielten RAMSAUER-KOLLATH[1], der Knick liegt hier bei $1,15 \sqrt{\text{Volt}}$.

Zu Bild 10 der Kurventafel. Die Realität der Abweichungen der Normal- und Isobutankurve voneinander bei kleinsten Elektronengeschwindigkeiten geht deutlich aus Abb. 30 hervor, die der Arbeit über die Paraffine von BRÜCHE[2] entnommen ist. Die Abweichung zwischen den Neigungen der „Druckgeraden" für die beiden Isomere liegt weit außerhalb der Fehlergrenzen.

16. Tabelle sämtlicher WQ-Messungen. Eine Tabelle sämtlicher WQ-Messungen, alphabetisch nach den Verfassern geordnet, findet sich auf S. 272 und 273.

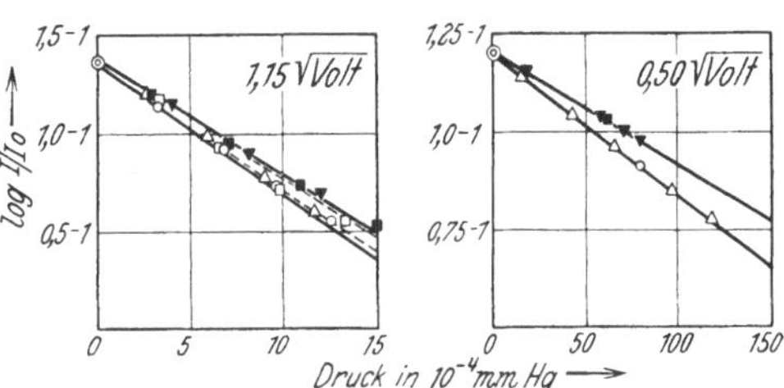

Abb. 30. „Druckgeraden" in $\begin{cases}\text{Normalbutan: } \circ\ \triangle\ \square \\ \text{Isobutan: } \blacktriangle\ \blacksquare\end{cases}$ (nach BRÜCHE).

C. Verwertung des Versuchsmaterials.

17. Gasentladungen. Die wichtigste Anwendung des Erscheinungsgebietes, über das wir im vorigen Kapitel einen Überblick gegeben haben, sind die Gasentladungen, wo es sich ja um Durchgang von Elektronen durch gasgefüllte Räume handelt. Die Entladungsvorgänge in Gasen und Dämpfen spielen bekanntlich in der neuzeitlichen Elektrotechnik eine immer größere Rolle, ohne daß die dabei auftretenden Vorgänge schon restlos erforscht sind. Wir wissen zwar, welche Einflüsse für den gesamten Verlauf einer Gasentladung im großen und ganzen maßgebend sind, wir können aber über diese qualitative Erkenntnis hinaus zu einer quantitativen Beherrschung aller Vorgänge nur gelangen, wenn alle Einzelvorgänge im Gas und dann weiter aufbauend ihr Zusammenwirken bis zum Zustandekommen der Gasentladung quantitativ beherrscht wird. Die Grundlage für die Elementarvorgänge ist die Wechselwirkung zwischen Molekülen und Elektronen. Hier interessiert zunächst, welche Wahrscheinlichkeit überhaupt für das Eintreten irgendeiner Wechselwirkung besteht. Diese Frage wird durch die Kenntnis der WQ-Kurven beantwortet. Wir werden im folgenden an einigen Beispielen zeigen, daß sich bereits auf Grund dieses verhältnismäßig geringen Materials einige interessante Folgerungen qualitativer Art für die Gasentladungen ziehen lassen. Eine zweite, schon weitergehende Frage wäre dann die, *welcher Art* die Wechselwirkungen sind, die zwischen Molekülen und Elektronen unter bestimmten Versuchsbedingungen auftreten. Diese Frage ist noch nicht endgültig geklärt; einiges von dem, was darüber bekannt ist, wird im nächsten Kapitel besprochen.

Die Zahl der Zusammenstöße zwischen Molekülen und Elektronen wurde bis zur Entdeckung der WQ-Anomalien stets aus gaskinetischen Daten errechnet; welch großen Fehler man dabei begehen kann, möge an einigen Beispielen erläutert werden.

Füllung eines Entladungsrohres mit Hg-Dampf (vgl. Abb. 21, Bild 6). Die Hg-Moleküle wirken aus um so größerer Entfernung auf die Elektronen ein, je langsamer die letzteren sind. Wir erhalten also anfangs, wenn die Elektronen noch keine wesentliche Geschwindigkeit erlangt haben, einen diffusionsartigen Vorgang ähnlich wie in einem verhältnismäßig dichten Gase. Je schneller die Elektronen unter dem Einfluß der beschleunigenden Spannung werden, um so

---

[1] Siehe Fußnote 7 auf S. 269.
[2] E. BRÜCHE, Ann. d. Phys. Bd. 4, S. 387. 1930.

Tabelle 1. Sämtliche Wirkungsquerschnittmessungen (alphabetisch nach Verfassern geordnet).

Verfasser	Zitat	Methode	Geschwindigkeits-bereich in Volt	Untersuchte Gase und Dämpfe
N. Åkesson	Lunds. Årsskr. N. F. Ard. Bd. 2, S. 12, Nr. 11. 1916	IIa	0 —16	N_2, O_2, Luft, CO, CO_2, N_2O, CH_4, C_3H_8
V. A. Bailey u. W. E. Duncanson	Phil. Mag. Bd. 10, S. 145. 1930	IIIa	0,06—2,1	NH_3, H_2O, HCl
J. Bannon u. H. L. Bröse	Phil. Mag. Bd. 6, S. 817. 1928	IIIa	0,08—3,5	C_2H_4
H. Beuthe	Ann. d. Phys. Bd. 84, S. 949. 1927	Ic	1,4 —5,8	Ar, Hg
R. B. Brode	Phys. Rev. Bd. 23, S. 664. 1924	Ic	2 —360	He, N_2, CH_4
,,	Phys. Rev. Bd. 25, S. 636. 1925	Ic	2 —360	He, Ar, H_2, N_2, CO, CH_4
,,	Proc. Roy. Soc. London Bd. 109, S. 397. 1925	Ib	1 —50	Zn, Cd, Hg
,,	Proc. Roy. Soc. London Bd. 125, S. 134. 1929.	Ic	0,5 —400	Hg
,,	Phys. Rev. Bd. 34, S. 673. 1929	Ic	0,5 —400	Na, K, Rb, Cs
,,	Phys. Rev. Bd. 35, S. 504. 1930	Ic	1 —400	Cd, Zn
,,	Phys. Rev. Bd. 37, S. 570. 1931	Ic	0,8 —100	Th
,,	Phys. Rev. Bd. 39, S. 547. 1932	Ic	300 —2500	Ar
H. L. Bröse	Phil. Mag. Bd. 50, S. 536. 1925	IIIa	0,2 —5,6	O_2
E. Brüche	Ann. d. Phys. Bd. 81, S. 537. 1926	Ia, IIa	1 —36	H_2, N_2
,,	Ann. d. Phys. Bd. 82, S. 25. 1927	Ic	4 —30	HCl
,,	Ann. d. Phys. Bd. 82, S. 912. 1927	Ic	1,7 —50	H_2, N_2
,,	Ann. d. Phys. Bd. 83, S. 1065. 1927	Ic, IIb	1 —50	O_2, CO, NO, CO_2, N_2O, CH_4
,,	Ann. d. Phys. Bd. 84, S. 279. 1927	Ic, IIb	1 —50	He, Ne, Ar
,,	Ann. d. Phys. Bd. 1, S. 93. 1929	Ic, IIb	1,5 —50	H_2O, NH_3
,,	Ann. d. Phys. Bd. 2, S. 909. 1929	Ic, IIb	1 —40	C_2H_2, C_2H_4
,,	Ann. d. Phys. Bd. 4, S. 387. 1930	Ic, IIb	0,5 —40	CH_4, C_2H_6, C_3H_8, C_4H_{10}
,,	Ann. d. Phys. Bd. 5, S. 281. 1930	Ic, IIb	0,2 —50	C_4H_{10} (Isomere)
H. Gärtner	Ann. d. Phys. Bd. 8, S. 134. 1931	Id	0,16—6	Ar, H_2
J. D. McGee u. J. C. Jaeger	Phil. Mag. Bd. 6, S. 1107. 1928	IIIa	0,06—2,9	C_5H_{12}
G. Glockler	Proc. Nat. Acad. Amer. Bd. 10, S. 155. 1924	IIa	0—25	He, Ar, H_2, N_2, CH_4
M. C. Green	Phys. Rev. Bd. 36, S. 239. 1930	Ia	13 —196	He, Ar, Hg, H_2
W. Holst u. J. Holtsmark	D. Kong. Norske Vid. Selskab Bd. 4, S. 89, Nr. 25. 1931	Ic	0,3 —25	CCl_4, $CHCl_3$, CH_2Cl_2, CH_3Cl, C_6H_6
T. J. Jones	Phys. Rev. Bd. 32, S. 459. 1928	Ia, Ic	0,2 —400	Hg
P. Lenard	Ann. d. Phys. Bd. 12, S. 714. 1903	Ia	4 —4000	Ar, H_2, CO_2, Luft
L. B. Loeb	Phys. Rev. Bd. 19, S. 24. 1922	IIIc	0,03	N_2
,,	Phys. Rev. Bd. 20, S. 397. 1922	IIIc	0,03	H_2

Tabelle 1 (Fortsetzung).

Verfasser	Zitat	Methode	Geschwindigkeitsbereich in Volt	Untersuchte Gase und Dämpfe
L. B. Loeb	Phys. Rev. Bd. 23, S. 157. 1924	IIIc	0,03	He
L. R. Maxwell	Proc. Nat. Acad. Amer. Bd. 12, S. 509. 1926	Ia	0,5 — 1000	Hg
F. Mayer	Ann. d. Phys. Bd. 45, S. 24. 1914	Ia	0,5 — 4,2	Luft
H. F. Mayer	Ann. d. Phys. Bd. 64, S. 451. 1921	Ia	0,2 — 40	He, Ar, H_2, N_2, CO_2
R. Minkowski	ZS. f. Phys. Bd. 18, S. 258. 1923	IIIb	0 — 12	Zn, Cd, Hg
R. Minkowski u. H. Sponer . . .	ZS. f. Phys. Bd. 15, S. 399. 1923	IIIb	0 — 40	He, Ne, Ar, Kr, Xe
C. E. Normand	Phys. Rev. Bd. 35, S. 1217. 1930	Ic	0,3 — 400	He, Ne, Ar, H_2, N_2, CO
L. S. Ornstein u. W. Elenbaas . .	Proc. Amsterdam Bd. 32, S. 1345. 1929	IId	30 — 76	He
,, ,, ,, . . .	ZS. f. Phys. Bd. 59, S. 306. 1930	IIId	30 — 76	He
L. S. Ornstein u. A. M. v. Dommelen	Proc. Amsterdam Bd. 33, S. 683. 1930	IIId	20 — 30	He, Hg
R. R. Palmer	Phys. Rev. Bd. 37, S. 70. 1931	Ia	20 — 135	He, Hg
C. Ramsauer	Phys. ZS. Bd. 21, S. 576. 1920	Ic	0,7 — 1	He, Ar, H_2, N_2
,, ...	Ann. d. Phys. Bd. 64, S. 513. 1921	Ic, IIb	0,7 — 1,1	He, Ar, H_2, N_2, Luft
,, ...	Ann. d. Phys. Bd. 66, S. 545. 1921	Ic	0,8 — 50	He, Ne, Ar
,, ...	Ann. d. Phys. Bd. 72, S. 345. 1923	Ic	0,8 — 100	Ar, Kr, Xe
,, ...	Ann. d. Phys. Bd. 83, S. 1129. 1927	Ic	0,9 — 1,4	CO_2
C. Ramsauer u. R. Kollath . . .	Ann. d. Phys. Bd. 3, S. 536. 1929	Ic, IIb	0,16 — 2,2	He, Ne, Ar, Kr, Xe
,, ,, ,, . . .	Ann. d. Phys. Bd. 4, S. 91. 1930	Ic, IIb	0,16 — 1,5	H_2, N_2, O_2, CO, CO_2, CH_4
,, ,, ,, . . .	Ann. d. Phys. Bd. 7, S. 176. 1930	Ic	0,16 — 9	H_2, N_2O
J. Robinson	Ann. d. Phys. Bd. 31, S. 769. 1910	Ia	3,2 — 1650	O_2, N_2, H_2, CO
M. Rusch	Phys. ZS. Bd. 26, S. 748. 1925	Ib, IIb	0 — 2	Ne, Ar, Kr, H_2
,, ...	Ann. d. Phys. Bd. 80, S. 707. 1926	Id	3,5 — 29	Ar
F. Schmieder	ZS. f. Elektrochem. Bd. 36, S. 700. 1930	Ic, IIb	1,2 — 50	C_5H_{12}, HCN, C_2H_6O, CH_3F, CH_3OH CH_3NH_2, $(CH_3)_2$—NH, $(CH_3)_2$—CH_2 $(CH_3)_3$—N, $(CH_3)_3$—CH_2
H. Sponer	ZS. f. Phys. Bd. 18, S. 249. 1923	IIIb	0 — 1	Ar, Kr, Xe
M. F. Skinker	Phil. Mag. Bd. 44, S. 994. 1922.	IIIa	0,04 — 5,2	CO_2
M. F. Skinker u. J. V. White . . .	Phil. Mag. Bd. 46, S. 630. 1923	IIIa	0,12 — 3,2	CO, NO
J. S. Townsend.	Phil. Mag. Bd. 42, S. 873. 1921	IIIa	0,12 — 6,7	H_2, N_2, O_2, Luft
J. S. Townsend u. V. A. Bailey . .	Phil. Mag. Bd. 43, S. 593. 1922	IIIa	2 — 10,2	Ar
,, ,, ,,	Phil. Mag. Bd. 44, S. 1033. 1923	IIIa	0,15 — 12	Ar, H_2
,, ,, ,,	Phil. Mag. Bd. 46, S. 657. 1923	IIIa	0,07 — 6,5	He
H. B. Wahlin	Phys. Rev. Bd. 21, S. 517. 1923	IIIc	0,03	CO
,, ...	Phys. Rev. Bd. 23, S. 169. 1924	IIIc	0,03	N_2
,, ...	Phys. Rev. Bd. 27, S. 588. 1926	IIIc	0,03	He, H_2
,, ...	Phys. Rev. Bd. 37, S. 260. 1931	IIIc	0,03	Ar

durchlässiger wird das Gas, bis die Elektronen von etwa 4,9 Volt an die Quecksilberatome zur Strahlung anzuregen beginnen, ihre Geschwindigkeit ganz oder teilweise verlieren, um dann wieder einen weit höheren Widerstand im Dampf zu finden. Der gleiche Vorgang wiederholt sich nun von neuem usw. Die ganze Erscheinung verläuft hier etwa so, wie man sie sich ohne genauere Kenntnis der Wirkungsquerschnittskurve qualitativ vorstellen würde: Die Beeinflussung durch das Gasmolekül wird um so schwächer, je schneller das Elektron ist.

Füllung eines Entladungsrohres mit Argon (vgl. Abb. 21, Bild 2). Bei allerkleinsten Geschwindigkeiten haben wir einen Wirkungsquerschnitt von mittlerer Größe, bei Steigerung der Geschwindigkeit sinkt die WQ-Kurve und erreicht bei etwa 0,4 Volt $^1/_{50}$ des gaskinetischen Querschnitts, um dann bis 13 Volt Elektronengeschwindigkeit auf das mehr als Dreifache des gaskinetischen Querschnitts anzusteigen. Mit anderen Worten: Bei 13 Volt Elektronengeschwindigkeit wirkt das Gas scheinbar 150 mal so dicht wie bei 0,4 Volt auf das Elektron ein, ganz im Gegensatz dazu, wie man es nach den gebräuchlichen Anschauungen erwarten sollte, und auch in starkem zahlenmäßigem Gegensatz zu der Annahme eines konstanten Querschnittes nach der kinetischen Gastheorie.

Füllung eines Entladungsrohres mit dem Dampf eines Alkalimetalls, z. B. Kalium (vgl. Abb. 21, Bild 5) oder Zusatz eines solchen Dampfes zur schon vorhandenen Füllung, wie Quecksilber oder Argon. (Ein solcher Zusatz kann wegen der leichten Ionisierbarkeit des Alkalidampfes besondere Vorteile bieten.) Bei etwa 2 Volt Elektronengeschwindigkeit zeigen die K-Atome den 8 fachen bzw. 160 fachen Wirkungsquerschnitt wie Quecksilber bzw. Argon bei der gleichen Elektronengeschwindigkeit. Ein kleiner Zusatz von Alkalidampf ist also imstande, die Entladung unverhältnismäßig stark zu beeinflussen. Würde man die Größe des Atomquerschnittes zugrunde legen, wie er aus sonstigen Daten für das Alkaliatom bekannt ist, so würde man den Wirkungsquerschnitt bei 2 Volt Elektronengeschwindigkeit nur gleich $^1/_{50}$ des wahren Wertes setzen und so zu gänzlich falschen Schlüssen über die Wirkung einer gegebenen Menge Alkalidampf gelangen.

18. Wirkungsquerschnitt und Molekelbau. Über die Zusammenhänge zwischen dem Wirkungsquerschnitt der Moleküle und ihrem Aufbau ist 1929 in den „Ergebnissen der exakten Naturwissenschaften" ein zusammenfassender Bericht von E. Brüche[1] erschienen, auf den wir für genaueres Studium aller zugehörigen Fragen verweisen. Wir wollen im folgenden nur einige charakteristische Beispiele für diese Zusammenhänge geben unter besonderer Berücksichtigung der Messungen von Schmieder[2] sowie Holtst und Holtsmark[3], die bei Erscheinen der Zusammenfassung von Brüche noch nicht vorlagen.

Die Kurventafel Abb. 21 zeigt einerseits die große Mannigfaltigkeit der auftretenden Kurventypen, andererseits aber auch schon bei oberflächlicher Betrachtung Ähnlichkeiten verschiedener Kurven miteinander. Es lassen sich dabei deutlich verschiedene Gruppen von WQ-Kurven gleichen Charakters unterscheiden, z. B. die schweren Edelgase (Bild 2), ferner die Alkalidämpfe (Bild 5), die Dämpfe von Zink, Kadmium, Quecksilber (Bild 6) und die Paraffine (Bild 10). Darüber hinaus wird aber bei manchen WQ-Kurven die Ähnlichkeit fast zur Identität, so z. B. bei Stickstoff und Kohlenoxyd oder bei Methan und Krypton (Abb. 31). Wie Brüche in seinen Untersuchungen gezeigt hat, ist für solche Ähnlichkeiten in den WQ-Kurven der Bau der äußeren Elektronenhülle in den betreffenden Gasen maßgebend. Außer solchen allgemeinen Ähnlichkeiten lassen sich aber

[1] E. Brüche, Ergebn. d. exakt. Naturwissensch. Bd. VIII, S. 185. 1929.
[2] F. Schmieder, ZS. f. Elektrochem. Bd. 36, S. 700. 1930.
[3] W. Holst u. J. Holtsmark, D. Kong. Norske Vid. Selskab Bd. 4, S. 89, Nr. 25. 1931.

auch andere sehr ins Einzelne gehende Fragestellungen behandeln: In welcher Weise erfolgt der Zusammenbau eines Wasserstoffatoms mit einem anderen, z. B. einem Kohlenstoff- oder Stickstoffatom? — Wieweit haben die Moleküle, die nach dem Hydridverschiebungs-satz von GRIMM einander in ihren Eigenschaften ähnlich sein sollen, ähnliche WQ-Kurven? — Wie äußern sich die Dipoleigenschaften von Molekülen in ihren WQ-Kurven? — Zeigen zwei Moleküle gleicher chemischer Zusammensetzung, aber verschiedenen Aufbaus (Isomere) Unterschiede in der Form der WQ-Kurven? usw.

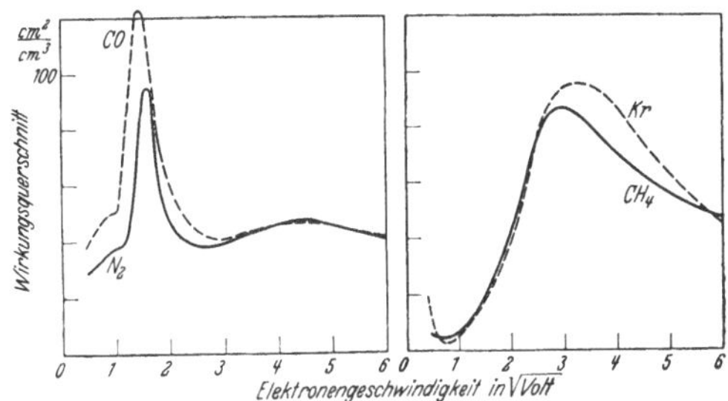

Abb. 31. Ähnliche WQ-Kurven bei gleichgebauten Molekülen (nach BRÜCHE).

Die Methode hat in ihrer jetzigen Form den Nachteil, daß eine direkte Deutung der einzelnen WQ-Kurve in chemischer Beziehung nicht gegeben werden kann, sondern daß erst durch Vergleich vieler Kurven mit einander, nach Anhäufung eines großen Versuchsmaterials, die gezogenen Schlüsse beweiskräftig werden. Da wir auf alle diese Fragen hier nicht näher eingehen wollen, weil sie zu weit ins Einzelne gehen, geben wir zum Schluß nur noch einige Beispiele. In Abb. 32 sind Messungen von SCHMIEDER[1] an CH_3-Verbindungen dargestellt: Bei Austausch von O gegen NH oder gegen CH_2 ändert sich die Form der WQ-Kurve nur in quantitativen Einzelheiten, nicht im Charakter. Abb. 33 ist das Ergebnis einer erst kürzlich erschienenen Experimentalarbeit von HOLST und HOLTSMARK[2]. Die Verfasser glauben aus ihren Kurven (nach Vergleich mit Messungen von BRÜCHE[3] an Salzsäure) schließen zu dürfen, daß das Maximum bei etwa 2,6 bis 2,7 $\sqrt{\text{Volt}}$ charakteristisch ist für das Chloratom. Wie schon oben erwähnt, können solche Schlüsse nicht als zwingend angesehen werden, solange es sich nur um Einzelbeispiele handelt.

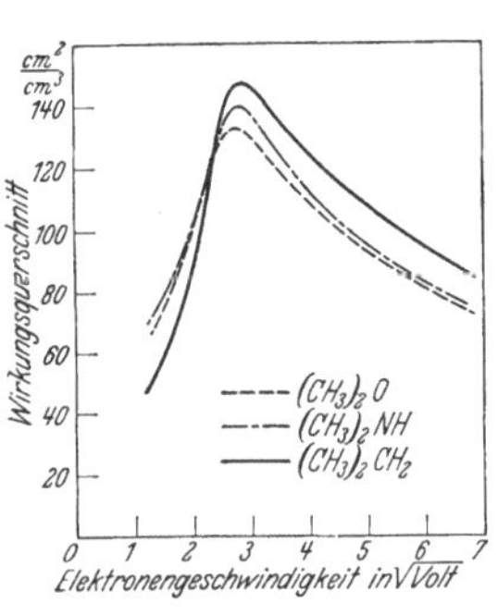

Abb. 32. Austausch von O gegen NH oder CH_2 (nach SCHMIEDER).

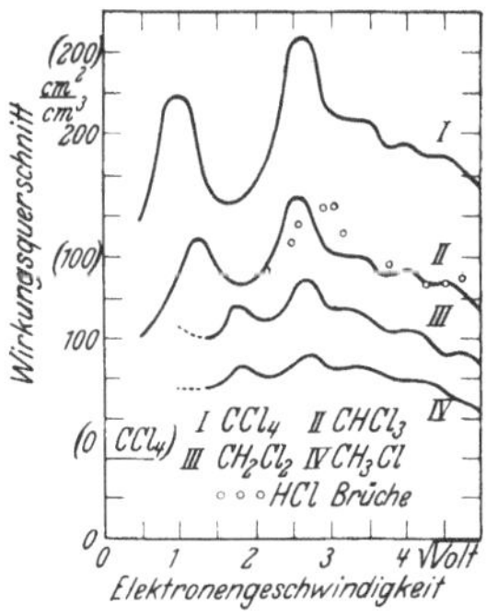

Abb. 33. WQ in der Reihe: CCl_4—$CHCl_3$—CH_2Cl_2—CH_3Cl (nach HOLST u. HOLTSMARK).

19. Theoretische Ansätze zur Erklärung der Wirkungsquerschnittkurven.

Wir möchten an dieser Stelle von vornherein betonen, daß wir hier nicht eine Theorie des WQ geben wollen und können. Eine solche Theorie, die den Verlauf der WQ-Kurven in verschiedenen Gasen in Übereinstimmung mit dem Experiment zu berechnen gestattet, gibt es heute noch nicht. Allerdings sind wir diesem Ziel durch die Anwendung der Wellenmechanik schon erheblich näher gekommen: die Durchlässigkeit des Argonatoms gegenüber langsamen Elektronen läßt sich danach ohne große Mühe wenigstens qualitativ erklären, während noch vor einigen Jahren die klassische Theorie diese Erscheinungen nur mit Hilfe sehr gezwungener Annahmen behandeln konnte. Im folgenden wollen wir die für die

[1] F. SCHMIEDER, ZS. f. Elektrochem. Bd. 36, S. 700. 1930.
[2] W. HOLST u. J. HOLTSMARK, D. Kong. Norske Vid. Selskab Bd. 4, S. 89, Nr. 25. 1931.
[3] E. BRÜCHE, Ann. d. Phys. Bd. 82, S. 25. 1927.

Entwicklung wichtigen Arbeiten zusammenstellen, wobei wir uns darauf beschränken, die Grundgedanken anzugeben und einige Resultate der Rechnung mit dem Experiment zu vergleichen.

F. Hund[1] hat sich als erster theoretisch mit der Durchlässigkeit des Argonatoms gegenüber ganz langsamen Elektronen befaßt. Er untersucht in seiner Arbeit, unter welchen Bedingungen eine Erklärung dieses Effektes auf klassischer Grundlage möglich wäre. Die Annahmen, die gemacht werden müssen, erscheinen ihm aber selbst so unbefriedigend, daß er im zweiten Teil seiner Arbeit versucht, eine andere Deutung mit Hilfe der Quantentheorie zu geben.

F. Zwicky[2] versucht eine Erklärung des WQ-Verlaufs in Argon auf klassischer Grundlage unter der Annahme, daß bei bestimmten Geschwindigkeiten der ankommenden Elektronen und der Atomelektronen Resonanzeffekte auftreten. Eine quantitative Durchrechnung ist nicht möglich.

M. Born[3] behandelt als erster das Problem des Zusammenstoßes zwischen Molekülen und Elektronen auf quantenmechanischer Grundlage. Er entwickelt eine allgemeine Theorie des Stoßes und gibt Lösungen der Gleichungen für den Grenzfall großer Elektronengeschwindigkeiten.

L. Mensing[4] rechnet für das Atommodell einer geladenen Kugelschale den Stoß zwischen Elektronen und Atomen nach der Wellenmechanik streng durch. Die Ergebnisse sind wesentlich andere als bei dem entsprechenden optischen Problem der Beugung an kleinen Kugeln. Quantitative Angaben werden jedoch nicht gemacht, da sich das obige Atommodell als zu grobe Annäherung an die wahren Verhältnisse erweist.

W. Elsasser[5] versucht ebenfalls eine Erklärung des Effektes in Analogie zu der Zerstreuung des Lichtes an kleinen Teilchen, wobei im Anschluß an die oben erwähnte Arbeit von Born die Elektronen als Wellen mit der durch die de Brogliesche Beziehung gegebenen Wellenlänge aufgefaßt werden.

J. Holtsmark[6] hat sich im Anschluß an eine Arbeit von Faxén und Holtsmark in einer Reihe von Arbeiten sehr eingehend mit der Theorie des WQ befaßt. Er berechnet in Analogie zur Beugung des Lichtes an kleinen Kugeln die Zerstreuung von Elektronenwellen in kugelsymmetrischen Kraftfeldern, wobei innerhalb dieser Kraftfelder der Wert des Potentials (Brechungsexponent) eine Funktion des Ortes ist. In dieser Variabilität des Brechungsexponenten liegt die Komplikation gegenüber dem rein optischen Problem. Die Rechnungen gestalten sich außerordentlich kompliziert, es gelingt ihm aber mittels einer recht zeitraubenden numerischen Integration die exakte Lösung zu geben. Praktisch angewendet wurde die Methode von Holtsmark nur auf die schweren Edelgase, deren Atomfelder von Hartree[7] angegeben sind. Die berechneten WQ-Kurven stimmen gut mit den experimentell bestimmten überein. Um *quantitative* Übereinstimmung zu erreichen, wird dabei eine geeignete Abhängigkeit der Polarisation des Atoms von der Entfernung des herankommenden Elektrons angenommen. Wir geben in Abb. 34a die WQ-Kurve von Krypton experimentell nach Ramsauer[8] und Ramsauer-Kollath[9]

[1] F. Hund, ZS. f. Phys. Bd. 13, S. 241. 1923.
[2] F. Zwicky, Phys. ZS. Bd. 24, S. 171. 1923.
[3] M. Born, ZS. f. Phys. Bd. 38, S. 803. 1926.
[4] L. Mensing, ZS. f. Phys. Bd. 45, S. 603. 1927.
[5] W. Elsasser, ZS. f. Phys. Bd. 45, S. 522. 1927.
[6] H. Faxén u. J. Holtsmark, ZS. f. Phys. Bd. 45, S. 307. 1927; J. Holtsmark, ZS. f. Phys. Bd. 48, S. 231. 1928; Bd. 52, S. 485. 1928; Bd. 55, S. 437. 1929; Bd. 66, S. 49. 1930.
[7] D. R. Hartree, Proc. Cambridge Phil. Soc. Bd. 24, S. 89. 1928.
[8] C. Ramsauer, Ann. d. Phys. Bd. 72, S. 345. 1923.
[9] C. Ramsauer u. R. Kollath, Ann. d. Phys. Bd. 3, S. 536. 1929.

(——) und die von HOLTSMARK[1] berechneten Werte (××); daneben in Abb. 34b das von HARTREE berechnete Atomfeld des Kryptons (——) und das durch „Polarisation" korrigierte Atomfeld (—·—·—), durch dessen Benutzung die nebenstehende quantitative Übereinstimmung zwischen Theorie und Experiment bedingt ist.

ALLIS und MORSE[2] rechnen WQ-Kurven nach derselben Methode wie HOLTSMARK aus, nur wird das Atom zur Vereinfachung der Rechnungen als Kern mit einer einzelnen Elektronenschale idealisiert. Infolge dieser starken Vereinfachung konnte

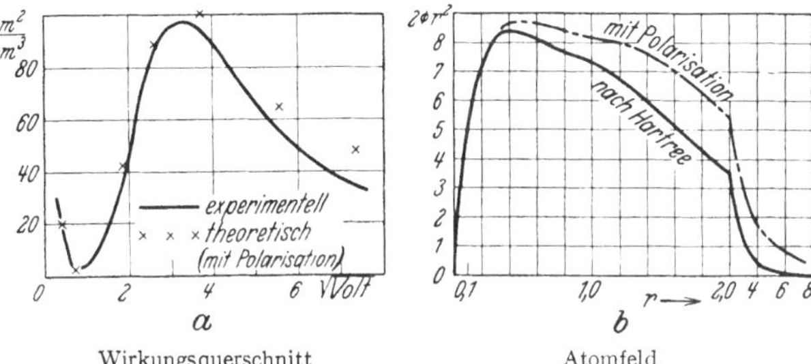

Abb. 34. Berechnung des WQ von Krypton (nach HOLTSMARK).

von den Verfassern eine explizite Lösung der Gleichungen angegeben und der Wirkungsquerschnitt für verschiedene Atome numerisch berechnet werden (Abb. 35). Die Kurvenformen werden qualitativ gut wiedergegeben, besonders aber kommt die sehr verschiedene Absoluthöhe der WQ-Kurven überraschend deutlich heraus, speziell der Gang der Kurvenhöhe mit der Stellung des betreffenden Atoms im periodischen System.

OPPENHEIMER[3] verfeinerte die Methode von BORN dadurch, daß er die Möglichkeit des sog. Elektronenaustausches in Rechnung setzte. Bei der wellenmechanischen Behandlung des Stoßproblems folgt nämlich aus der Nichtunterscheidbarkeit des ankommenden Elektrons von den Atomelektronen und aus der

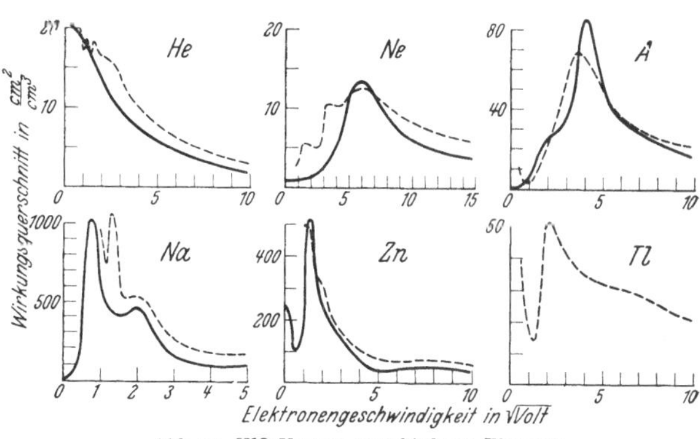

Abb. 35. WQ-Kurven verschiedener Elemente.
— — — experimentell; —— theoretisch nach ALLIS-MORSE.

Gültigkeit des Pauli-Prinzips ein zusätzliches Glied: das „Austauschglied". OPPENHEIMER gab für die so erweiterte Theorie eine angenäherte Lösung, die Anwendung auf experimentelle Beispiele führte er jedoch selbst nicht durch.

MASSEY und MOHR[4] haben die numerische Anwendung der Theorie von OPPENHEIMER auf langsame Elektronen versucht und damit auch gute Erfolge gehabt. Zwar ist die Übereinstimmung ihrer für Wasserstoff errechneten WQ-Kurve mit der experimentell gefundenen nicht sehr gut, die Hauptleistungen dieser theoretischen Arbeit liegen aber in der Deutung der Anregungsfunktionen bestimmter Spektrallinien und auf dem Gebiet der Winkelverteilung elastisch gestreuter Elektronen. Hier hat es sich gezeigt, was am Ende des Kapitels über die Einzelwirkungen noch mit Beispielen belegt werden soll, daß der „Elektronen-

---

[1] J. HOLTSMARK, ZS. f. Phys. Bd. 66, S. 49. 1930.
[2] W. P. ALLIS u. P. M. MORSE: ZS. f. Phys. Bd. 70, S. 567. 1931.
[3] J. R. OPPENHEIMER, Phys. Rev. Bd. 32, S. 361. 1928.
[4] H. S. W. MASSEY u. C. B. O. MOHR, Proc. Roy. Soc. London Bd. 132, S. 605. 1931.

austausch" eine Übereinstimmung zwischen Theorie und Erfahrung in bestimmten Fällen überhaupt erst möglich macht.

Zum Schluß wollen wir versuchen, die Gedankengänge noch einmal kurz zusammenzustellen, die für die theoretische Behandlung des Problems auf wellenmechanischer Grundlage maßgebend sind, ohne dabei auf Einzelheiten einzugehen. Die Verfasser der oben referierten Arbeiten sind dabei an den entsprechenden Stellen zur besseren Orientierung des Lesers in Klammern beigefügt.

Die Grunderscheinung der Beugung von Elektronenwellen durch ein Atom kann man sich nach Mott[1] in folgender Weise veranschaulichen:

1. Das Atom ist als Kraftfeld mit bestimmter Potentialverteilung vorgegeben. Jedes Volumenelement des streuenden Atoms sendet eine Kugelwelle aus, deren Amplitude proportional dem Potential an dieser Stelle und proportional der Amplitude der dort herrschenden Schwingung ist. Diese an einer Stelle herrschende Schwingung besteht aus der einfallenden Welle und den von den übrigen Stellen ausgesandten Kugelwellen. Es wird hier also auch die gegenseitige Beeinflussung der Streuung der einzelnen Volumenelemente berücksichtigt (Faxén und Holtsmark, Allis und Morse).

2. Bei hohen Geschwindigkeiten ist die Streuamplitude umgekehrt proportional der Geschwindigkeit der auffallenden Elektronen. In diesem Falle wird daher die gestreute Amplitude klein gegen die einfallende Amplitude. Die Schwingung besteht dann an einer bestimmten Stelle im Atom im wesentlichen nur aus der einfallenden Welle. Jedes Volumenelement sendet daher eine Kugelwelle aus, deren Amplitude proportional dem Potential und der einfallenden Amplitude ist. Bei hohen Elektronengeschwindigkeiten darf also die gegenseitige Beeinflussung der Streuung der Volumenelemente im Atom vernachlässigt werden (Born).

Bei Behandlung des Problems nach 2. ergibt sich gute Übereinstimmung zwischen Theorie und Erfahrung für *hohe* Elektronengeschwindigkeiten. Dagegen scheint selbst die *allgemeine* Lösung unter 1. nicht für die Behandlung der Streuung langsamster Elektronen auszureichen; das kann folgende Gründe haben:

3. Das ankommende Elektron beeinflußt elektrostatisch die Ladungsverteilung und damit die obenerwähnte Potentialverteilung im streuenden Atom. Dieser Einfluß läßt sich durch Einführung einer geeigneten Polarisationsenergie berücksichtigen (Holtsmark).

4. Für manche Fälle, z. B. für die Erklärung der starken Rückwärtsstreuung langsamster Elektronen in Helium und Wasserstoff, scheint auch die Annahme einer Polarisation nicht auszureichen. Hierfür hat sich die Einbeziehung des Elektronenaustausches als besonders fruchtbar erwiesen (Oppenheimer, Massey-Mohr).

D. Experimentelle Bestimmung der Einzelwirkungen.

20. Begriffliche Zerlegung des WQ. Wir haben bis jetzt in den vorangegangenen Kapiteln nur danach gefragt, *wieviel* Elektronen beim Zusammenstoß mit Gasmolekülen unter bestimmten Versuchsbedingungen beeinflußt werden. Wir wollen im folgenden die erheblich weitergehende Frage behandeln, *in welcher Weise* die Elektronen beim Zusammenstoß mit Gasmolekülen beeinflußt werden.

Die Beeinflussung eines Elektrons beim Zusammenstoß mit einem Gasmolekül kann grundsätzlich zweierlei Art sein.

Das Elektron wird aus der Strahlbahn abgelenkt: Richtungsänderung.

---

[1] N. F. Mott, Proc. Roy. Soc. London Bd. 125, S. 222. 1929.

Das Elektron wird in seiner Geschwindigkeit gebremst: Geschwindigkeitsverlust. Diese beiden Einwirkungen können sich in beliebiger Weise kombinieren.

Wir wollen zunächst feststellen, welcher Art diese Kombinationen wirklich sind und wie sich eine experimentelle Trennung zwischen ihren verschiedenen Formen durchführen läßt. Wir heben folgende Sondererscheinungen hervor: Die Richtungsänderung kann erfahrungsgemäß ohne Geschwindigkeitsänderung auftreten. Die Geschwindigkeitsverluste erfolgen in quantenhafter Form. Eine besondere Rolle spielen endlich die Fälle, bei welchen die Geschwindigkeit auf den Wert Null reduziert wird; sie bedingen eine andere Erklärung als die teilweisen Geschwindigkeitsverluste, da sie in der Form von dauernder oder zeitweiser Anlagerung auftreten können. Hiernach unterscheiden wir im ganzen drei Beeinflussungsmöglichkeiten:

a) *„Ablenkung"* (ohne Geschwindigkeitsverlust).

b) *„Geschwindigkeitsverlust"* (mit oder ohne Richtungsänderung).

c) *„Festhaltung"* (Reduktion der Elektronengeschwindigkeit nach Größe und Richtung zu molekularer Geschwindigkeit).

Die unter a) genannte Erscheinung wird von LENARD als „unechte Absorption", die unter c) genannte als „echte Absorption" bezeichnet.

Von der scheinbar naheliegenden oben in Klammern beigefügten Unterteilung der Einwirkung b) ist abzusehen, da der Geschwindigkeitsverlust *ohne* Richtungsänderung nur einen Einzelfall der Geschwindigkeitsverluste mit Richtungsänderung darstellt.

Über die *Geschwindigkeitsverluste* (b), die hauptsächlich oberhalb der Anregungs- und Ionisierungsspannungen zahlenmäßige Bedeutung für den Verlauf der WQ-Kurve erlangen, wird zusammen mit kritischen Potentialen, Anregungs- und Ionisierungsfunktionen usw. in ds. Handb. an anderer Stelle ausführlich berichtet (vgl. Band XXIII/1 Artikel von DE GROT und PENNING).

Die *Festhaltung* (c) spielt in unserem Zusammenhang eine untergeordnete Rolle insofern, als sie bei den meisten hier interessierenden Gasen überhaupt wegfällt und bei den übrigen Gasen, soweit diese bis jetzt der WQ-Untersuchung zugänglich gewesen sind, keine irgendwie merklichen Beiträge zur Größe des WQ liefert. Nach Angaben von LOEB[1] führt z. B. erst jeder 5000. Stoß zu einer Festhaltung des Elektrons am Sauerstoffmolekül, d. h. der festhaltende Querschnitt beträgt nur 0,02% des gesamten WQ. Die Erscheinung als solche beansprucht zweifellos ein großes Interesse insofern, als sie Aufschluß gibt über die anziehenden Kräfte zwischen den Elektronen und den neutralen Molekülen, gehört aber in dieser Beziehung in ein anderes Kapitel ds. Handb.

Es bleibt also bei kleinen Elektronengeschwindigkeiten nur die Gruppe a), die Ablenkung ohne Geschwindigkeitsverlust, übrig. Der Gedankengang, nach welchem wir diese Erscheinung in den folgenden Kapiteln ausführlich behandeln wollen, möge zunächst kurz skizziert werden.

Ablenkungen ohne Geschwindigkeitsverlust (a) sind schon bei verhältnismäßig hohen Elektronengeschwindigkeiten nachweisbar. Mit abnehmender Elektronengeschwindigkeit nimmt ihre Zahl relativ zu der Gesamtzahl der beeinflußten Elektronen immer mehr zu, bis sie schließlich unterhalb einer bestimmten, für jedes Gas charakteristischen Elektronengeschwindigkeit als *einzige* Einwirkungsart übrigbleiben. Für kleine Elektronengeschwindigkeiten ist also die Zahl der insgesamt beeinflußten Elektronen mit der Zahl der ohne Geschwindigkeitsverlust abgelenkten Elektronen identisch. Da erstere für viele Gase und Dämpfe schon seit längerer Zeit durch die Messung des WQ festgelegt ist, bleibt uns nur noch die Beantwortung der Frage übrig, was mit den abgelenkten Elektronen im

---

[1] L. B. LOEB, Phil. Mag. Bd. 43, S. 229. 1922.

einzelnen geschieht, d. h. nach welchen Richtungen sie abgelenkt werden: Wir behandeln die Frage nach der „Winkelverteilung" der abgelenkten Elektronen.

Als Einführung geben wir eine Übersicht über die Resultate einiger Arbeiten, die sich zunächst ganz allgemein mit der Erscheinung der Ablenkung beschäftigen und schließlich in ihrer Entwicklung zwangläufig zur Messung der Winkelverteilung bei der Streuung von Elektronen an Gasmolekülen führen[1]. Wir besprechen dann die Methoden, nach denen solche Winkelverteilungen gemessen werden; es folgen Beispiele für die Versuchsergebnisse verschiedener Autoren und eine Übersicht über sämtliche bisher vorliegenden Meßergebnisse. Mit diesem experimentellen Material werden dann die Ergebnisse einiger theoretischer Arbeiten verglichen; schließlich wird der Einfluß der Form der Winkelverteilungskurven auf die Größe von WQ-Messungen diskutiert, wenn diese letzteren nach verschiedenen Methoden ausgeführt werden.

21. Arbeiten zur Frage des Vorhandenseins von Ablenkungen ohne Geschwindigkeitsverlust. Die ersten Versuche zum Nachweis elastisch reflektierter Elektronen sind von FRANCK und HERTZ[2] angestellt worden. Sie benutzten dabei die in Abb. 36 dargestellte Anordnung. Die vom Glühdraht F ausgehenden Elektronen werden zwischen F und dem Netz N_1 auf die gewünschte Geschwindigkeit beschleunigt und treten dann in den feldfreien Raum S ein, wo sie mit Gasmolekülen zusammenstoßen. (Die Platte P ist vorläufig fort zu denken!) Einige der in S eintretenden Elektronen werden unter großen Winkeln an Gasmolekülen reflektiert und gelangen nach Passieren des Netzes N_2 auf die ringförmige Auffangplatte R, die

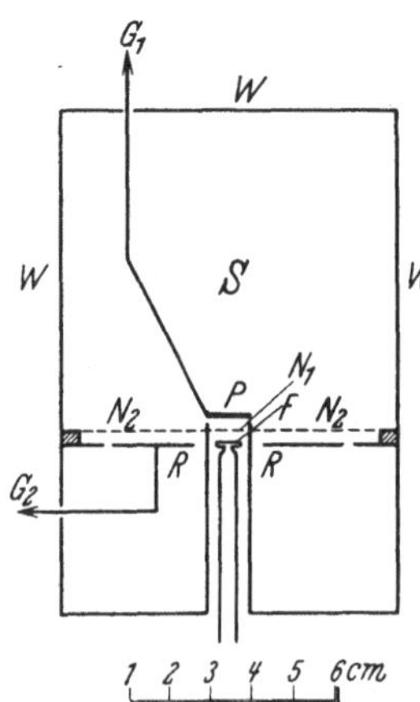

Abb. 36. Nachweis der elastischen Reflexion in Gasen (nach FRANCK-HERTZ).

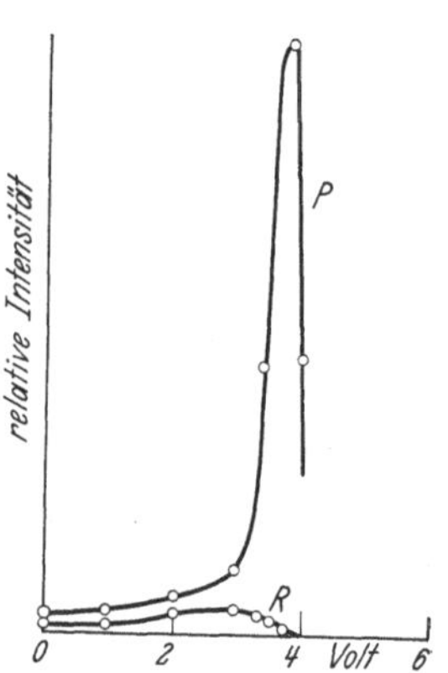

Abb. 37. Geschwindigkeitsverteilung der primären (P) und der reflektierten (R) Elektronen.

mit dem Galvanometer G_2 verbunden ist. Die Geschwindigkeitsverteilung dieser nach R gelangenden Elektronen kann mit Hilfe von Gegenspannungskurven (Gegenfeld zwischen N_2 und R) festgestellt und mit der Verteilung der Ausgangselektronen verglichen werden. Letztere erhält man, indem man den beweglichen Deckel P, der mit einem Galvanometer G_1 verbunden ist, vor die Öffnung von N_1 bringt und seine Aufladung in Abhängigkeit von einem an ihn gelegten Gegenpotential mißt. Abb. 37 zeigt Ergebnisse in Helium bei 4 Volt Elektronengeschwindigkeit. Die beiden Verteilungskurven reichen bis zu der gleichen Maximalgeschwindigkeit: zum mindesten ein Teil dieser reflektierten Elektronen hat also die gleiche Geschwindigkeit wie die Primärelektronen. In Wasserstoff ergaben sich ähnliche Resultate, wenn hier auch schon Geschwindigkeitsverlust angedeutet ist, in Sauerstoff sind deutlich Geschwindigkeitsverluste der abgelenkten Elektronen festzustellen.

BÄRWALD[3] hat diese Versuche später mit etwas abgeänderter Apparatur in Wasserstoff wiederholt und über die bisherigen Resultate hinaus auch Angaben

---

[1] Wir gebrauchen im folgenden das Wort „Ablenkung" zur Charakterisierung des Einzelvorganges, das Wort „Streuung" als Bezeichnung für das Ergebnis der Ablenkungen vieler Elektronen.

[2] J. FRANCK u. G. HERTZ, Verh. d. D. Phys. Ges. Bd. 15, S. 373. 1913.

[3] H. BÄRWALD, Ann. d. Phys. Bd. 76, S. 829. 1925.

über die Zahl der reflektierten Elektronen in Abhängigkeit von Gasdruck und Geschwindigkeit gemacht.

Da aus diesen Versuchen nicht ohne weiteres zu entscheiden war, ob alle Elektronen oder ob nur ein Teil der Elektronen in Helium ohne Geschwindigkeitsverlust abgelenkt wird, untersuchten FRANCK und HERTZ[1] diese Frage weiter mit der in Abb. 38 dargestellten Anordnung. Die Elektronen kommen vom Glühdraht F, werden zwischen F und N beschleunigt und treten dann zwecks Analysierung ihrer Geschwindigkeit in ein Gegenfeld zwischen N und der Auffangplatte P ein, die mit einem Galvanometer G verbunden ist. Die Entfernung x zwischen F und N kann durch Heraufziehen der Glühdrahthalteplatte zwischen zwei Messungen beliebig verändert werden. Es werden nun bei einem konstanten Gasdruck Gegenspannungskurven bei verschiedener Entfernung x aufgenommen (Kurve I und II in Abb. 39). Die stark vergrößerte Stoßzahl der Elektronen bei längerem Wege zur Auffangplatte (II) hat ihre Geschwindigkeitsverteilung gegenüber I nicht geändert, woraus folgt, daß unterwegs *nur* solche Zusammenstöße vorgekommen sind, bei denen die Elektronen keinen Geschwindigkeitsverlust erlitten haben.

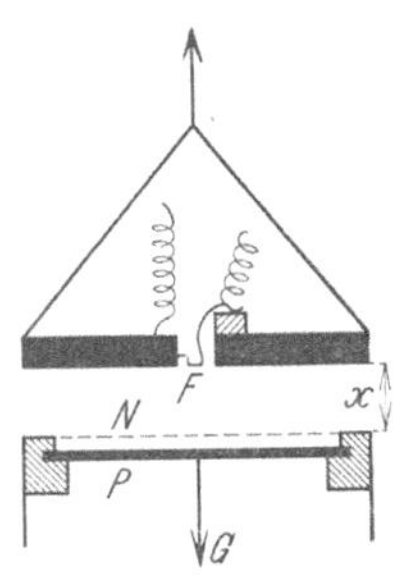

Abb. 38. Nachweis der elastischen Reflexion in Gasen (Apparatur nach FRANCK-HERTZ).

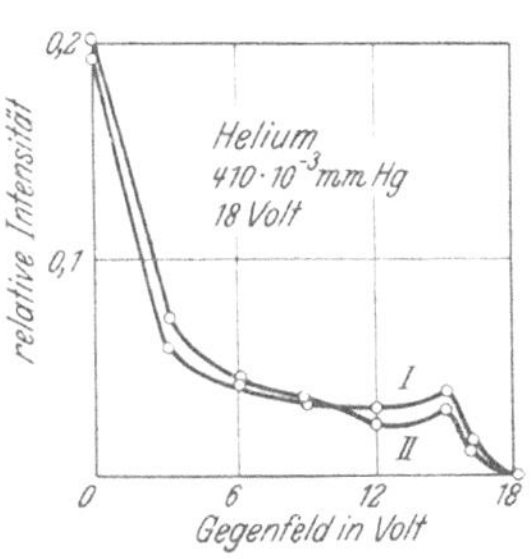

Abb. 39. Gegenspannungskurven in Helium (nach FRANCK-HERTZ). Entfernung Glühdraht-Auffangplatte bei I: 4 mm; bei II:18 mm.

In den weiteren Arbeiten, die zeitlich aber erst erheblich später (10 Jahre und mehr) folgen, wird bereits deutlich eine bestimmte Winkelrichtung für die Untersuchung herausgegriffen. Sehr kleine Winkel zur Strahlrichtung ("Diffusion") wurden von BAUMANN[2], ZACHMANN[3], HOLTZMANN[4] und Ablenkungswinkel von etwa 90° von KOLLATH[5] und WERNER[6] untersucht.

Bei der ersten Arbeitengruppe wird die Intensitätsverteilung in einem Elektronenstrahl von der Strahlmitte nach beiden Seiten hin bei verschiedenen Gasdrucken miteinander verglichen, um eine eventuelle Verbreiterung des Strahls bei Gaseinlaß für verschiedene Elektronengeschwindigkeiten und verschiedene Gase festzustellen und damit Aussagen über die Ablenkung unter kleinen Winkeln zu erhalten. Die hierfür benutzte Versuchsanordnung ist in Abb. 40 schematisch wiedergegeben. Die Elektronen gehen vom Glühdraht F aus und treten nach Durchlaufen

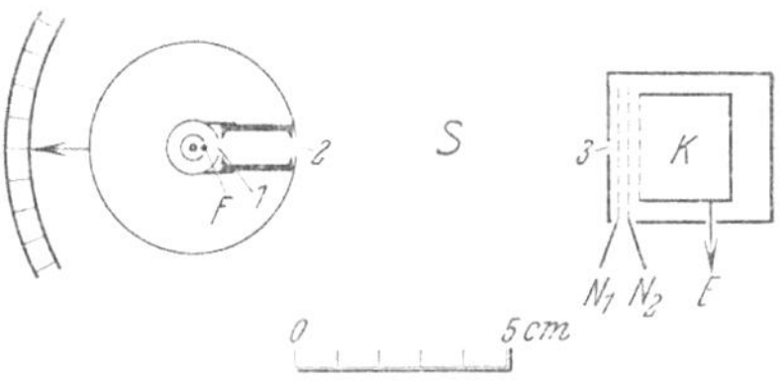

Abb. 40. Messung der Streuung unter kleinen Winkeln (Apparatur nach ZACHMANN).

der beiden Blenden 1 und 2 in den feldfreien Raum S ein. Diese Erzeugungsvorrichtung der Elektronen ist drehbar, was durch einen mit Gradteilung versehenen Kreisbogen und einen Pfeil angedeutet ist. Ihr gegenüber befindet sich eine feststehende Auffangvorrichtung, die aus einer zur Zeichenebene

---

[1] J. FRANCK u. G. HERTZ, Verh. d. D. Phys. Ges. Bd. 15, S. 613. 1913.
[2] P. BAUMANN, Dissert. Heidelberg 1923.
[3] E. ZACHMANN, Ann. d. Phys. Bd. 84, S. 20. 1927.
[4] O. HOLTZMANN, Ann. d. Phys. Bd. 86, S. 214. 1928.
[5] R. KOLLATH, Ann. d. Phys. Bd. 87, S. 259. 1928.
[6] S. WERNER, Proc. Roy. Soc. London Bd. 134, S. 202. 1931.

senkrechten engen Schlitzblende 3 und einem dahinterliegenden Faradaykäfig K besteht. Die beiden Netze N_1 und N_2 dienen zur Zurückhaltung derjenigen Elektronen, die nicht mehr die volle Anfangsgeschwindigkeit besitzen, und sonstiger langsamer Teilchen. Abb. 41 zeigt Meßergebnisse von Zachmann in Argon bei zwei verschiedenen Voltgeschwindigkeiten: während sich bei 6,5 Volt keine merkbare Verbreiterung des Strahlbündels bei Gaseinlaß findet, ist für den 11-Voltstrahl eine deutliche Verbreiterung festzustellen. Trägt man die in halber Kurvenhöhe gemessene Kurvenverbreiterung bezogen auf gleichen Gasdruck über der zugehörigen Geschwindigkeit der Elektronen auf,

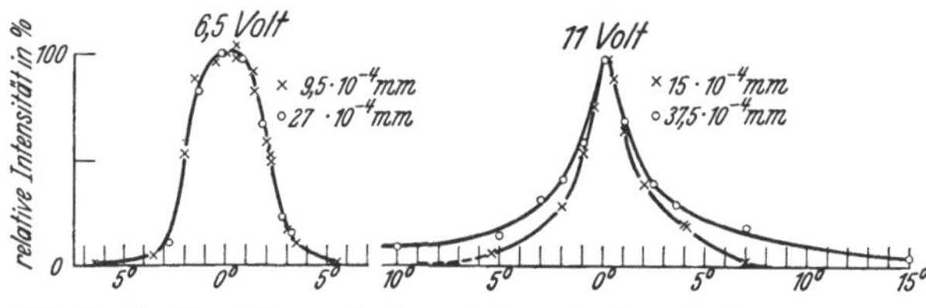

Abb. 41. Strahlverteilungen in Argon bei verschiedenen Gasdrucken und Geschwindigkeiten (nach Zachmann).

so erhält man nach Zachmann in Wasserstoff einen dauernden Kurvenanstieg mit abnehmender Elektronengeschwindigkeit zwischen 5,5 und 1,5 $\sqrt{\text{Volt}}$, in Argon dagegen ein Maximum bei etwa 3,5 $\sqrt{\text{Volt}}$ mit schneller Abnahme nach kleinen Geschwindigkeiten hin.

Bei der zweiten Arbeitengruppe wird nur ein einzelner scharf definierter Winkelbereich von der Messung erfaßt, so daß für diese Ablenkungen quantitative Angaben in Abhängigkeit von Gasdruck und Elektronengeschwindigkeit gemacht werden können. Die Methodik von Kollath[1] ist folgende: In Abb. 42 gehen

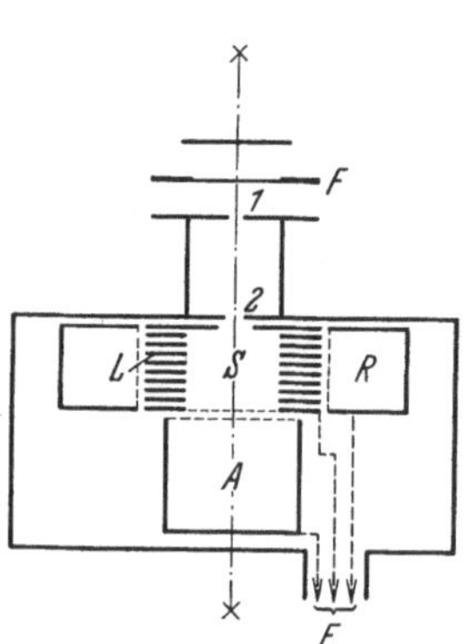

Abb. 42. Messung senkrecht abgelenkter Elektronen (nach Kollath).

die Elektronen vom Glühdraht F aus. Durch die Blenden 1 und 2 wird ein Elektronenstrahl gebildet, der den eigentlichen Streuraum S durchläuft und schließlich im Auffangkäfig A aufgefangen wird. Eine geeignete Vorrichtung L (Abb. 42 ist zylindersymmetrisch zur Achse $x \mathrel{-\!\cdot\!-} x$ zu denken!) sorgt dafür, daß Elektronen, die im Raum S durch Gasmoleküle aus dem Elektronenstrahl abgelenkt worden sind, nur dann auf den ringförmigen Käfig R gelangen, wenn sie annähernd senkrecht (genauer unter Winkeln zwischen 87 und 93°) den Elektronenstrahl verlassen haben. An diesen nach R gelangenden Elektronen können zwei voneinander unabhängige Messungen vorgenommen werden. Es kann erstens ein variables negatives Potential an R angelegt und so eine „Gegenspannungskurve" aufgenommen werden, um die Geschwindigkeit der nach R gelangenden Elektronen zu messen. Diese Gegenspannungskurven zeigen, daß es bei allen untersuchten Gasen (He, Ne, Ar, Kr, H_2, N_2, CO, CO_2, N_2O und CH_4) Elektronen gibt, die bei der Ablenkung keinen Geschwindigkeitsverlust erfahren haben[2]. Es kann zweitens die Anzahl der ohne Geschwindigkeitsverlust nach R gelangenden Elektronen (hohes negatives Gegenfeld an R!) quantitativ mit der gesamten Elektronenzahl verglichen werden, die den Raum S durchläuft.

Trägt man die so erhaltenen Mengen über den Elektronengeschwindigkeiten auf, so erhält man z. B. in Kohlenoxyd bzw. in Kohlensäure einen

---

[1] Siehe Fußnote 5 auf S. 281.

[2] Der Begriff des Geschwindigkeitsverlustes kann hierbei naturgemäß nicht so scharf gefaßt werden, wie z. B. bei den Versuchen von Franck-Hertz, weil hier nach merkbarem Geschwindigkeitsverlust bei *einem* Zusammenstoß, bei Franck-Hertz nach merkbarem Geschwindigkeitsverlust nach *vielen* Zusammenstößen gefragt wird.

Kurvenverlauf mit einem Maximum bei 1,5 bzw. $2\sqrt{\text{Volt}}$, d. h. an denselben Stellen, bei denen die 1. Maxima der WQ-Kurven dieser Gase liegen, während die 2. Maxima der WQ-Kurven offensichtlich *nicht* durch elastische Reflexion erklärt werden können (Abb. 43).

Swen Werner[1] hat in einer kürzlich erschienenen Arbeit die Zahl der unter 90° abgelenkten Elektronen für höhere Elektronengeschwindigkeiten (40 bis 300 Volt) untersucht, um eine Streuformel von Mott experimentell zu prüfen. Er fand bis zu den höchsten von ihm untersuchten Strahlgeschwindigkeiten immer noch meßbare Mengen von Elektronen, die ohne Geschwindigkeitsverlust unter 90° abgelenkt werden.

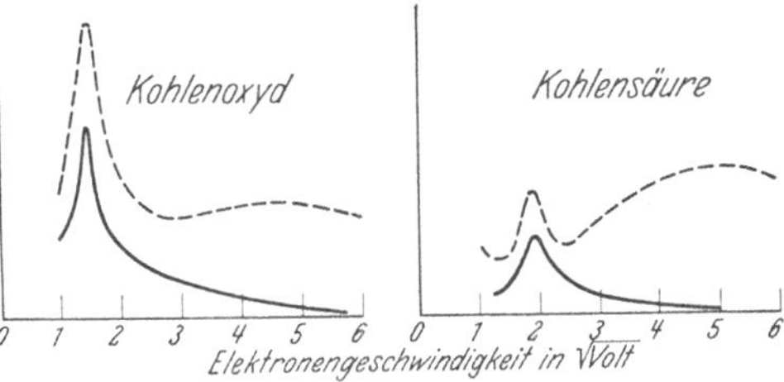

Abb. 43. Wirkungsquerschnitt (– – –) und senkrechte Ablenkung (——) (nach Kollath).

Der nächste Schritt besteht jetzt darin, unter verschiedenen Winkeln die Zahl der gestreuten Elektronen zu messen, d. h. die Gesamtverteilung der abgelenkten Elektronen auf die einzelnen Streuwinkel festzustellen. Wir können zwei Gruppen von Meßmethoden unterscheiden: bei der ersten wird ein beweglicher Käfig, bei der zweiten werden feste Auffangzonen zur Auffangung der Elektronen verwendet.

22. Beweglicher Auffangkäfig. Diese Methode ist im Prinzip von Dymond[2] angegeben und später mit kleineren Abänderungen von der Mehrzahl aller Autoren gebraucht worden. Wir wählen zunächst ein einfaches Schema, das für den Fernerstehenden das Wesen der Methode möglichst deutlich zum Ausdruck bringt; auf die Originalmessungen kommen wir später zurück. In Abb. 44 werden Elektronen bei F erzeugt und durchlaufen als Strahl (Blenden *1, 2*) den eigentlichen Streuraum S; die unbeeinflußten Strahlelektronen werden im Auffangkäfig A aufgefangen. Um einen bestimmten Punkt des Elektronenstrahls,

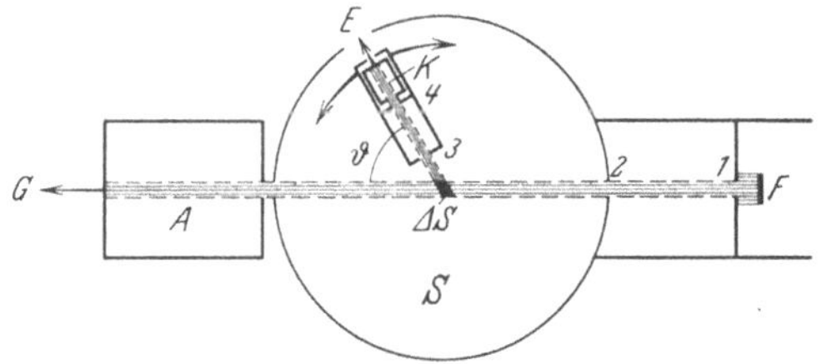

Abb. 44. Elektronenstreuung in Gasen. Schema der Methode des beweglichen Käfigs.

im vorliegenden Fall den Mittelpunkt von S, kann eine Auffangvorrichtung, bestehend aus zwei Blenden *3, 4* und einem Käfig K so gedreht werden, daß ihre Mittelachse in jeder Lage auf den Mittelpunkt von S hinzeigt. Für die Streuung ist dann der Raum ΔS maßgebend, der durch den Hauptstrahl und die geometrischen Bedingungen der Käfigblenden gegeben wird, wobei wir zur Erhöhung der Übersicht die geometrischen Grenzen stark vereinfacht haben. Diese Definition des Streuraumes ist außerordentlich elegant, stellt aber an die Präzision der Messung hohe Anforderungen.

Den Winkel ϑ, der durch die Richtungen $F \to A$ (Primärstrahl) und $\Delta S \to K$ (Streustrahl) definiert ist, wollen wir als „Streuwinkel" bezeichnen. Wir führen jetzt den Käfig K von der einen Seite her kommend, von 5° zu 5° um den Drehpunkt ΔS herum und messen dabei jedesmal seine Aufladung. Im Vakuum werden wir dann so lange keine Aufladung von K erhalten, bis die Richtung $\Delta S \to K$ in die Richtung des Primärstrahls $F \to A$ eintritt. Hier wird die Aufladung schnell ansteigen, einen Maximalwert erreichen und bei weiterer Drehung von K schließlich wieder

[1] S. Werner, Proc. Roy. Soc. London Bd. 134, S. 202. 1931.
[2] J. G. Dymond, Phys. Rev. Bd. 29, S. 433. 1927.

auf den Wert 0 abfallen. Wiederholen wir diese Messung im Gas, so erhalten wir infolge von Ablenkungen der Elektronen aus dem oben definierten Streuraum ΔS auch für beliebige von Null verschiedene Werte von ϑ Aufladungen des Käfigs K. Trägt man über dem Streuwinkel ϑ als Abszisse die im Vakuum (• • •) und die im Gas (○ ○ ○) nach K gelangten Elektronenmengen als Ordinaten auf, so erhält man ein Bild nach Art der Abb. 45, die einer Arbeit von Arnot[1] entnommen ist. Als gestreute Menge für einen bestimmten Streuwinkel ϑ bezeichnen wir von jetzt ab die Ordinatendifferenz zwischen der Vakuum- und der Gaskurve in Abb. 45, wobei allerdings wegen der endlichen Ausdehnung des Primärstrahls und der Käfigblenden das Gebiet um 0°, in Abb. 45 z. B. der Bereich zwischen $\pm 15°$, sich der Messung entzieht;

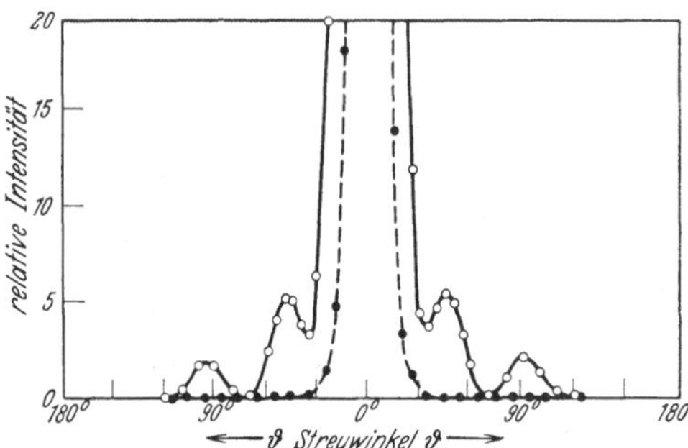

Abb. 45. Streumessung in Hg-Dampf bei 379 Volt (nach Arnot).

diese Ordinatendifferenzen, aufgetragen über dem Streuwinkel, stellen also die von uns gesuchten „Winkelverteilungskurven" dar.

Hierbei können wir eine Geschwindigkeitsanalyse der gestreuten Elektronen dadurch vornehmen, daß wir zwischen den Käfig K und die Käfigblende 4 (Abb. 44) entsprechende Gegenfelder einschalten: „Gegenspannungskurve". Legt man bei der obigen Mengenmessung genügend hohe Gegenfelder an, so erhält man unmittelbar die ohne Geschwindigkeitsverlust gestreuten Elektronen. Außerdem ist es durch kleine Aufladungen der gesamten Auffangvorrichtung möglich, alle Störungen durch positive Ionen oder Sekundärelektronen vom Käfig K fernzuhalten. Die Methode ist daher ohne weiteres für Messungen bei größeren Elektronengeschwindigkeiten geeignet, bei denen wir mit Geschwindigkeitsverlusten und mit der Erzeugung positiver Ionen sowie mit Sekundärelektronen zu rechnen haben. Dagegen treten nach der Seite kleinster Geschwindigkeiten hin Intensitätsschwierigkeiten auf insofern, als die in K aufgefangene Elektronenmenge aus geometrischen Gründen nur einen kleinen Bruchteil der primären Strahlmenge darstellt.

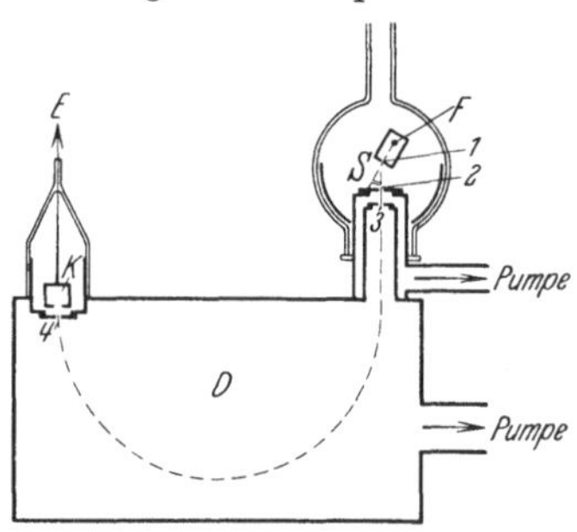

Abb. 46. Apparatur zur Messung der Winkelverteilung (Ausführungsform Dymond).

Dymond[2] hat, wie schon oben erwähnt wurde, als erster eine Apparatur dieser Art zur Messung der Winkelverteilung benutzt (Abb. 46). Im Gegensatz zu dem oben beschriebenen Schema stehen hier die Käfigblenden $2, 3$ fest im Raum, gedreht wird gegen diese die Elektronenquelle. Der Ausgangspunkt der gestreuten Elektronen ΔS liegt im Schnittpunkt des Primärstrahls (Richtung $F \to 1$) mit dem Streustrahl (Richtung $2 \to 3$). Die Käfigblenden $2, 3$ und der eigentliche Käfig K sind bei Dymond auseinandergezogen, um eine *magnetische* Analyse der Elektronengeschwindigkeiten zu ermöglichen. Die gestreuten Elektronen treten aus dem Streuraum S durch die Blenden $2, 3$ zunächst als geradliniger Strahl heraus und werden dann im evakuierten Raum D durch ein Magnetfeld auf einem Halbkreis durch die Blende 4 in den Auffangkäfig K

---

[1] F. L. Arnot, Proc. Roy. Soc. London Bd. 130, S. 655. 1931.
[2] J. G. Dymond, Phys. Rev. Bd. 29, S. 433. 1927.

gelenkt[1]. Durch Variation des Magnetfeldes lassen sich erstens magnetische Verteilungskurven der auf S. 258—259 dieses Artikels beschriebenen Art aufnehmen und zweitens können die ohne Geschwindigkeitsverlust gestreuten Elektronen von den übrigen durch Einstellen eines bestimmten Magnetfeldes leicht getrennt werden.

Die Ausführungsform von HARNWELL[2] gleicht weitgehend der von DYMOND, doch wird hier die Geschwindigkeitsanalyse der gestreuten Elektronen nicht in einem transversalen Magnetfeld, sondern in einem radialen elektrischen Feld auf einem Kreisbogen von 90° vorgenommen.

Bemerkt sei an dieser Stelle, daß ein radiales elektrisches Feld besonders günstige Fokussierungseigenschaften aufweist, wenn es die Elektronen um einen Winkel von etwa 127° ablenkt, was HUGHES und McMILLEN[3] gezeigt haben. Letztere haben die gleiche Apparatur wie HARNWELL, nur mit einer Ablenkung der Elektronen um 127 statt 90° im Analysator benutzt.

Zum Schluß geben wir die Ausführungsform dieser Apparatur durch BULLARD-MASSEY[4], weil die Untersuchungen dieser Autoren sehr weitgehende Resultate gerade im Gebiet langsamer Elektronen geliefert haben (Abb. 47). Die Elektronenquelle F ist zusammen mit den Strahlblenden 1, 2 fest montiert, die Auffangvorrichtung für die gestreuten Elektronen, die zwei Definitionsblenden für die Streurichtung 3, 4 sowie den Auffangkäfig K enthält, kann mit Hilfe

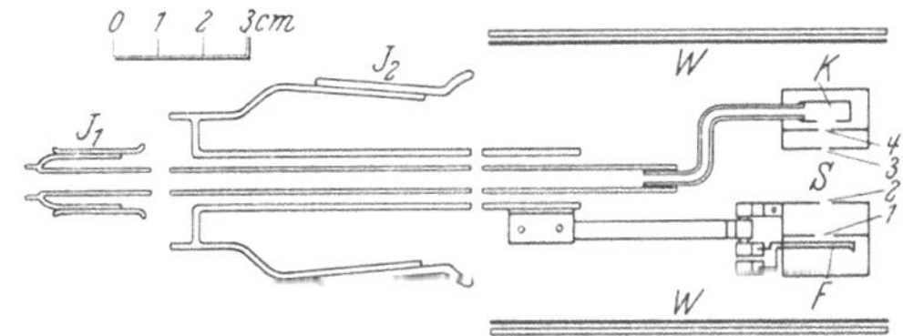

Abb. 47. Apparatur zur Messung der Winkelverteilung. Ausführungsform BULLARD-MASSEY.

eines Glasschliffes J_1 bewegt werden. Abb. 47 entspricht also weitgehend dem Schema in Abb. 44. Bemerkt sei noch, daß der Leser sich nicht durch die schematische Darstellung der Abb. 44 mit ihren scheinbar genau definierten Streuwinkeln täuschen lassen darf. In Wirklichkeit handelt es sich immer um einen Winkel*bereich*, dessen Größe durch die Divergenz des Primärstrahls und die geometrischen Verhältnisse des Auffangsystems gegeben ist. Dieser Winkelbereich beträgt beispielsweise bei BULLARD-MASSEY etwa 11°.

23. Feste Auffangzonen. Charakteristisch für die bisher besprochenen Methoden ist die relative *Bewegung* der Elektronenquelle und der Auffangvorrichtung der gestreuten Elektronen zueinander. Im Gegensatz hierzu ist es auch möglich, alle Teile gegeneinander *feststehend* zu montieren und von vornherein mehrere Auffangkäfige für die verschiedenen Streurichtungen vorzusehen. Eine solche Methodik ist von RAMSAUER-KOLLATH[5] ausgebildet worden (Abb. 48).

Die Elektronen gehen vom Glühdraht F aus. Durch die Blenden 1 bis 4 wird ein Strahl gebildet, der den Raum S durchläuft und im Auffangkäfig A aufgefangen wird. Um den Mittelpunkt von S herum ist eine Kugel von 3 cm Radius gelegt, die in 11 gleich breite Auffangzonen R_1 bis R_{11} unterteilt ist (Abb. 48 ist bis auf die Elektronenquelle rotationssymmetrisch zur Achse $x — \cdot — x$ zu denken!). Auf diesen Zonen werden bei Gasfüllung der Apparatur die an den Gasmolekülen im Raum S unter verschiedenen Winkeln gestreuten Elek-

---

[1] Dies Magnetfeld wird durch eine um D gelegte große Spule erzeugt; das magnetische Streufeld dieser Spule wird für die anderen Teile der Apparatur durch eine gegengeschaltete Spule kompensiert.

[2] G. P. HARNWELL, Phys. Rev. Bd. 31, S. 634. 1928; Bd. 33, S. 559. 1929.

[3] A. L. HUGHES u. J. H. McMILLEN, Phys. Rev. Bd. 34, S. 291. 1929.

[4] E. C. BULLARD u. H. S. W. MASSEY, Proc. Roy. Soc. London Bd. 130, S. 579. 1931; Bd. 133, S. 637. 1931.

[5] C. RAMSAUER u. R. KOLLATH, Ann. d. Phys. Bd. 9, S. 756. 1931; Bd. 12, S. 529. 1932.

tronen aufgefangen. Der (feste) Streuwinkel für eine bestimmte Zone ist hierbei in erster Annäherung gegeben durch den Winkel zwischen der Achse $x - \cdot - x$ und der Verbindungslinie des Mittelpunktes von S mit der Mitte dieser Zonenfläche. Jede der Zonen hat eine eigene Verbindungsleitung zum Meßinstrument (Elektrometer E), das nach Wahl durch ein Schaltersystem an eine beliebige Zone angeschlossen werden kann. Gleichzeitig wird der Auffangkäfig A sowie die übrigen Zonen, mit denen gerade nicht gemessen wird, an das zweite Elektrometer gelegt. Es können so durch Anschließen der 11 Zonen nacheinander 11 Intensitätsmessungen an den gestreuten Elektronen für 11 feste Streuwinkel bei bekannter Primärintensität vorgenommen werden. Dabei gehört jeder Zone in Wirklichkeit ein bestimmter Streubereich zu, der sich aus der Länge der Streustrecke und der Lage der Zone rein geometrisch ermitteln läßt. Der gefundene Meßwert gilt jedesmal für einen mittleren Streuwinkel ϑ_m. Die Ergebnisse der Methode haben gezeigt, daß 11 solche Zonen eine gegebene Streukurve mit genügender Genauigkeit aufzunehmen erlauben. Die Größe des Streubereiches ist hierbei nicht an das Wesen der Methode, sondern an die geometrischen Größenverhältnisse ge-

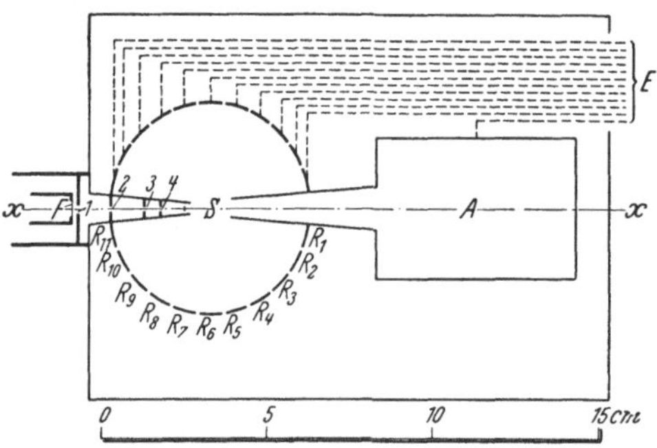

Abb. 48. Schema der Methode der festen Auffangzonen (nach RAMSAUER-KOLLATH).

bunden. Es besteht keine Schwierigkeit, diese Methode auf mindestens die gleiche Genauigkeit zu bringen wie die Methode mit beweglichem Käfig, um so weniger, als die Intensitätsverhältnisse hier wesentlich günstiger liegen.

Die Methodik in der eben beschriebenen Form erleidet bei höheren Elektronengeschwindigkeiten eine gewisse Einschränkung. Sie macht nämlich oberhalb der Anregungsspannung keinen Unterschied zwischen elastisch und unelastisch gestreuten Elektronen und ist oberhalb der Ionisierungsspannung von einer Trübung der Versuchsergebnisse durch positive Ionen und Sekundärelektronen nicht freizuhalten, ohne daß man diese Schwierigkeiten in einer experimentell tragbaren Form durch Gegenfelder wie bei dem Auffangkäfig der im vorigen Abschnitt beschriebenen Methoden beseitigen könnte. Demgegenüber besitzt diese Methode besondere Vorzüge für das Gebiet langsamer Elektronen, da bei Benutzung der ganzen Zone als Auffangfläche die Primärintensität erheblich geringer zu sein braucht als bei Benutzung einer kleinen Käfigöffnung. Es können daher mit der Zonenmethodik Winkelverteilungen bis zu 1 Volt Elektronengeschwindigkeit herab und darunter festgelegt werden, ohne daß sich durch Intensitätsmangel oder Raumladungserscheinungen erhebliche Schwierigkeiten bei der Messung bemerkbar machen.

Diese Zonenapparatur hat methodisch einige Vorläufer gehabt, die hier der Vollständigkeit halber kurz erwähnt werden sollen. Die Zonenapparatur von RAMSAUER-KOLLATH hatte zunächst nur drei Zonen für den gesamten Winkelbereich. Mit dieser Dreizonenapparatur wurde die „Vorwärtsstreuung" (erste Zone: 5 bis 75°) verglichen mit der „Rückwärtsstreuung" (dritte Zone: 175 bis 110°), wobei besonders beim Bau der Apparatur dafür gesorgt wurde, daß völlige Symmetrie in bezug auf diese beiden Zonen herrschte. Der Gedanke einer festen Zone zur Auffangung von gestreuten Elektronen geht aber, wenn auch in stark veränderter Form, noch weiter zurück auf eine hier schon S. 282

beschriebene Arbeit von KOLLATH, wo senkrecht aus einem Elektronenstrahl abgelenkte Elektronen auf einer ganzen Zone aufgefangen wurden.

24. Darstellungsform der Versuchsergebnisse. Bevor wir zu der Darstellung der Versuchsresultate übergehen, müssen wir die Formen, in denen diese stattfinden soll, im einzelnen besprechen. Es können zwei verschiedene Darstellungsformen gewählt werden, die beide ihre besonderen Vorzüge und Mängel haben und die von vielen Autoren nebeneinander gebraucht werden.

Die Streumenge als Funktion des Streuwinkels kann bezogen werden auf die Einheit a) des *Raum*winkels, b) des *Zonen*winkels. — Zu a) Man denke sich um das Gasmolekül als Mittelpunkt eine Kugel gelegt. Als Streumenge für den Streuwinkel ϑ soll diejenige Elektronenzahl gelten, welche in der durch ϑ gegebenen Richtung innerhalb eines genügend kleinen Raumwinkels liegt, der z. B. $^{1}/_{100}$ des Raumwinkels 1 betragen kann. — Zu b) Man denke sich um das Gasmolekül als Mittelpunkt eine Kugel gelegt und gebe dieser Kugel die primäre Elektronenstrahlrichtung als Achse. Als Streumenge für den Streuwinkel ϑ soll diejenige Elektronenzahl gelten, welche in der durch ϑ gegebenen Streurichtung auf eine Kugelzone von $1°$ Breite fällt. Diese beiden Darstellungsformen hängen durch einen Umrechnungsfaktor zusammen, der gleich einer Konstanten multipliziert mit dem Sinus des Streuwinkels ist. Der konstante Faktor läßt sich leicht berechnen, hat aber im folgenden keine große Bedeutung, da in den meisten Fällen nur die relative Höhe der Winkelverteilungskurven für die verschiedenen Streuwinkel gemessen worden ist.

Bei der graphischen Wiedergabe der obigen beiden Darstellungsformen hat man weiter die

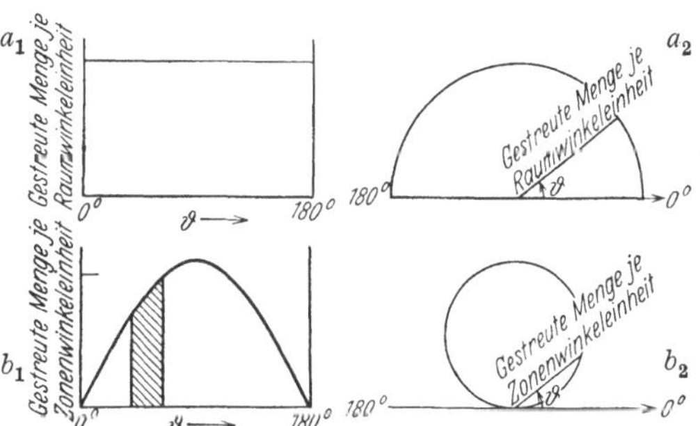

Abb. 49. Darstellungsformen für die Streumenge als Funktion des Streuwinkels.

Wahl, ob man rechtwinklige Koordinaten oder Polarkoordinaten benutzen will, so daß sich im ganzen vier Darstellungsformen unterscheiden lassen. Rechtwinklige Koordinaten eignen sich besser für die Berechnung, Polarkoordinaten begünstigen die Anschauung. Um die Konsequenzen dieser verschiedenen Darstellungsformen zu zeigen, wollen wir ein einfaches Beispiel geben. Wir nehmen allseitig gleichmäßige Streuung an, wie sie für die elastische Reflexion eines Strahles kleiner Kugeln an einer großen Kugel gegeben ist. Die Abb. 49 a—b geben das gewählte Beispiel in den vier möglichen Formen wieder. Die Konstanz der Streumenge in den Figuren a_1 und a_2 wird zu einem um so stärkeren Anwachsen der Streumenge in b_1 und b_2, je mehr sich ϑ $90°$ nähert, wie es die Proportionalität der Zonenfläche mit $\sin\vartheta$ mit sich bringt. Die Darstellung nach Zoneneinheiten hat den Nachteil, daß das Detail in der Nähe von 0 und $180°$ nur schlecht zur Geltung kommt, weil alle Feinheiten der Streukurven durch die Multiplikation mit $\sin\vartheta$ unterdrückt werden. Andererseits hat sie in der Form b_1 einen besonderen Vorteil: Die schraffierte Fläche in Abb. 49 b_1 ist ein unmittelbares Maß für diejenige Elektronenmenge, die in den durch den Abszissenabschnitt definierten Winkelbereich hineingestreut wird. Die gesamte Fläche zwischen der Streukurve und der Abszissenachse ist also ein direktes Maß für die *gesamte* Streumenge. Diese Beziehung wird von mehreren Autoren, z. B. ARNOT, BULLARD-MASSEY und RAMSAUER-KOLLATH, benutzt, um ihre Streumessungen an die WQ-Messungen anzuschließen.

Um die Vergleichbarkeit der Ergebnisse nicht durch Darstellung in verschiedener Form zu erschweren, haben wir uns grundsätzlich für die Darstellungsform a_1 entschieden. Bei allen Kurven der folgenden Meßergebnisse wird daher ein rechtwinkliges Koordinatensystem benutzt, dessen Abszisse der Streuwinkel ϑ, der von 0 bis 180° läuft, und dessen Ordinate die gestreute Menge pro Raumwinkeleinheit ist.

25. Versuchsergebnisse der Winkelverteilungsmessungen. Über die Winkelverteilung bei der Streuung von Elektronen an Gasmolekülen liegt heute bereits umfangreiches Versuchsmaterial vor. Der Verlauf der Streukurven ist für die Gase Ne, Ar, Kr, Xe, H_2, CO bei Elektronengeschwindigkeiten zwischen 800 und 1 Volt gut bekannt, ferner für Hg-Dampf zwischen 800 und 8 Volt, für N_2 und CH_4 zwischen 800 und 4 Volt und CO_2 zwischen 10 und 1 Volt. Es sei hier gleich vorweg genommen, daß die Messungen der verschiedenen Autoren, die zu diesem Material Beiträge geliefert haben, keine Widersprüche enthalten, vielmehr in guter Übereinstimmung miteinander stehen.

Sämtliche bisher ausgeführten Streumessungen sind in Tabelle 2 am Schluß dieses Kapitels alphabetisch nach Verfassern zusammengestellt. Die wesentlichsten Beiträge wurden geliefert von F. L. Arnot, der hauptsächlich höhere Elektronengeschwindigkeiten (im allgemeinen 800 bis 30 Volt) bei seinen Messungen verwendet hat, ferner Bullard-Massey, die die mittleren Geschwindigkeiten (30 bis 4 Volt) und schließlich Ramsauer-Kollath, welche die Elektronengeschwindigkeiten unterhalb der Anregungsspannungen bis zu 0,5 Volt herab untersucht haben. Die folgenden Beispiele für Streumessungen haben wir durchgehend den Arbeiten dieser drei Autoren entnommen, da ihre umfangreichen Versuchsresultate nach Geschwindigkeits- und Winkelbereich diejenigen der übrigen mit umfassen. Alle Autoren haben zur Messung der Streukurven die Apparatur mit beweglichem Käfig (Dymond) benutzt mit Ausnahme von Ramsauer-Kollath, die ihre Messungen mit der oben an zweiter Stelle beschriebenen Apparatur mit festen Auffangzonen ausgeführt haben.

Wir gehen aus von den bekannten schönen Streukurven von Arnot an Hg-Dampf zwischen 800 und 8 Volt (Abb. 50 und 51)[1]. Abszisse ist der Streuwinkel ϑ, der von 0 bis 180° läuft, Ordinate ist die gestreute Menge in relativem Maß. Wir haben dabei mit Arnot die doppelseitige Darstellung gewählt, in welcher von der Strahlmitte aus der Streuwinkel ϑ nach beiden Seiten von 0 bis 180° aufgetragen ist, um so mehr, als für beide Teile der Abbildungen gesonderte Messungen vorliegen. Zum Anschluß an die oben besprochene Darstellungsform a_1 sind die Abbildungen durch eine senkrechte Linie bei 0° geteilt zu denken, so daß die rechte Hälfte für sich allein der Darstellungsform von Abb. 49 a_1 auf der vorigen Seite entspricht. Abb. 51 haben wir zur Abb. 50 passend umgezeichnet.

Schon Arnot selbst hat auf die große Ähnlichkeit der Streuerscheinungen für Elektronen mit der Beugung des Lichts an unregelmäßig verteilten kleinen Kugeln hingewiesen. Diese Erscheinungen bestehen bekanntlich darin, daß sich an ein Hauptmaximum (Strahlrichtung) beiderseits Nebenmaxima immer abnehmender Intensität in gleichen Abständen anschließen. Diese Nebenmaxima, von denen wir in Abb. 50 und 51 vier verschiedene Ordnungen unterscheiden können, wandern ganz entsprechend den Vorgängen bei der Beugung des Lichts mit kürzer werdender Wellenlänge, d. h. mit zunehmender Elektronengeschwindigkeit, immer näher an den Primärstrahl heran und entziehen sich so schließlich der Messung. Diese auch rein äußerlich weitgehenden Analogien zwischen der

---

[1] F. L. Arnot, Proc. Roy. Soc. London Bd. 130, S. 655. 1931.

Streuung der Elektronen und der Beugung des Lichts gelten jedoch im wesentlichen nur für höhere Elektronengeschwindigkeiten, nicht mehr für den Geschwindigkeitsbereich, in welchem der individuelle Verlauf der WQ-Kurven

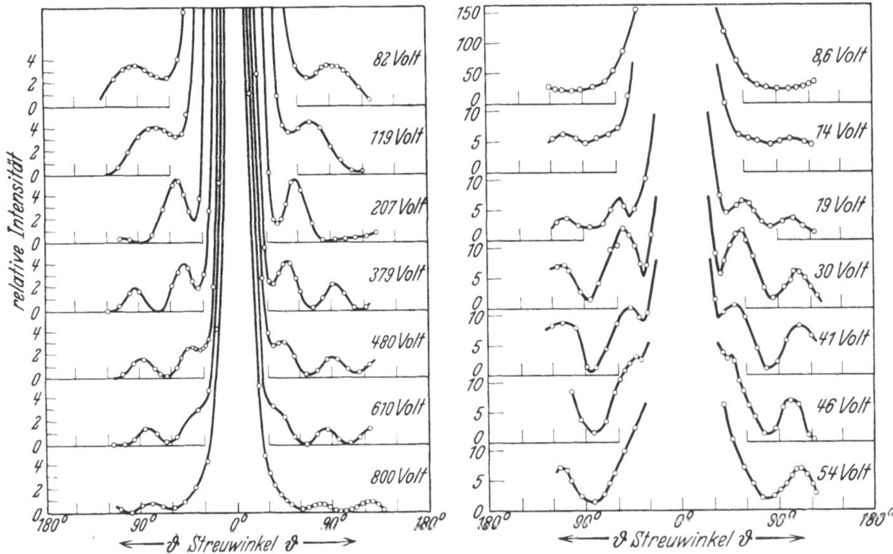

Abb. 50 u. 51. Streuung in Quecksilberdampf bei verschiedener Elektronengeschwindigkeit (nach ARNOT).

beginnt. Abweichungen sind in Hg-Dampf bei kleineren Elektronengeschwindigkeiten bereits dadurch angedeutet, daß das äußere Maximum mit steigender Elektronengeschwindigkeit zunächst nach *außen* und dann erst, wie es die Analogie mit der Beugung des Lichts verlangt, nach *innen* wandert.

Auch für das weitere Versuchsmaterial behält der optische Leitgedanke eine gewisse Bedeutung, wenigstens solange die Elektronengeschwindigkeiten nicht zu klein werden. Die Kurven in Abb. 52, die den Arbeiten von BULLARD-MASSEY[1] entnommen sind, zeigen einen ähnlichen Charakter wie die Kurven in Hg-Dampf, das erste Nebenmaximum wandert aber mit steigender Geschwindigkeit nach außen. Diese Ähnlichkeit mit Hg-Dampf wird auch für die Edelgase Ne, Ar, Kr, Xe von ARNOT für höhere Elektronengeschwindigkeiten nachgewiesen. Die 50-Voltkurve in Abb. 53, deren Kurven ebenfalls den Arbeiten von BULLARD-MASSEY[2] entnommen sind, läßt sich auch unter das optische Schema bringen, nur daß das erste Minimum, wie es optisch bei sehr kleinen streuenden Teilchen der Fall sein würde, schon so weit nach außen gerückt ist, daß das erste Nebenmaximum nicht mehr beobachtet wird. (Ähnliche Erscheinungen findet

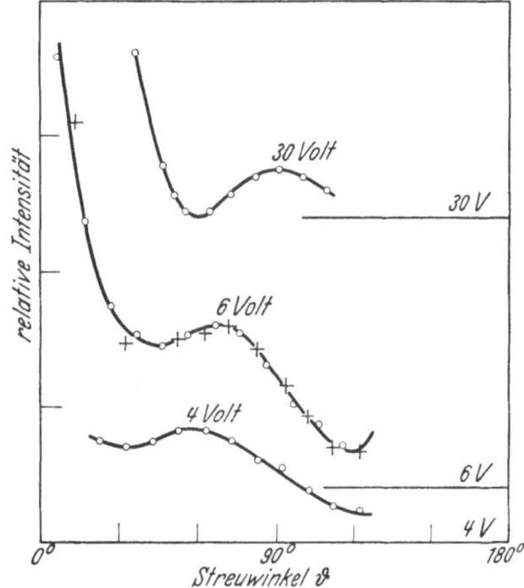

Abb. 52. Streuung in Argon (Auswahl aus den Kurven von BULLARD-MASSEY).

---

[1] E. C. BULLARD u. H. S. W. MASSEY, Proc. Roy. Soc. London Bd. 130, S. 579. 1931.
[2] E. C. BULLARD u. H. S. W. MASSEY, Proc. Roy. Soc. London Bd. 133, S. 637. 1931.

Arnot für CO, H_2, N_2, CH_4 im Geschwindigkeitsbereich von 800 bis 30 Volt[1].)
Der weitere Gang der Kurven in Abb. 53 zeigt, wie das Minimum sich deutlicher
ausprägt, aber trotz abnehmender Elektronengeschwindigkeit nach innen wandert.
Besonders hingewiesen sei noch auf die starke Abnahme der Streuung unter

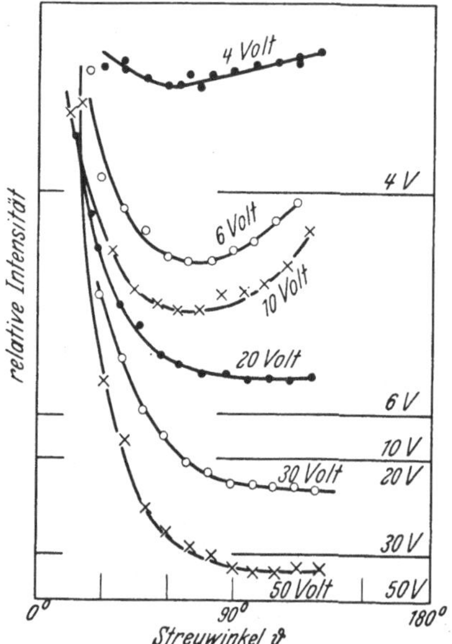

Abb. 53. Streuung in Helium (nach Bullard-Massey).

kleinen Winkeln mit abnehmender Elektronengeschwindigkeit: bei 4 Volt ist in Helium
keine Bevorzugung kleiner Streuwinkel mehr,
sondern im wesentlichen Konstanz der Streuung festzustellen.

Außerordentlich mannigfaltig werden die
Streuerscheinungen, wenn die Elektronengeschwindigkeit noch weiter bis zu 1 Volt
herab und darunter verkleinert wird. Um in
diesem Gebiet die Übersicht über den Formen-
reichtum der Kurven zu erleichtern, führen
wir in Abb. 54 bis 56 die Begriffe der „Vorwärtsstreuung" (54), „Rückwärtsstreuung" (55)
und „Seitwärtsstreuung" (56) ein. Die folgenden Beispiele für Streumessungen bei kleinsten Elektronengeschwindigkeiten sind den
Arbeiten von Ramsauer-Kollath[2] entnommen, die allein unterhalb 4 Volt Elektronengeschwindigkeit Streukurven gemessen haben.

„Rückwärtsstreuung" tritt in Wasserstoff unterhalb 2 Volt auf, in Kohlenoxyd
unterhalb 1,5 Volt, in Helium dagegen bereits unterhalb etwa 4 bis 5 Volt. Daher ist
diese Erscheinung bei den Messungen von Bullard-Massey auch nur in Helium bei 4 Volt angedeutet. Wir verfolgen in Abb. 57, wie sich die „Rückwärtsstreuung" mit abnehmender Elektronengeschwindigkeit aus der „Vorwärtsstreuung" in Wasserstoff entwickelt. Man erkennt deutlich mit abnehmender Voltzahl (rechts in Abb. 57) die immer schwächer werdende Streuung unter

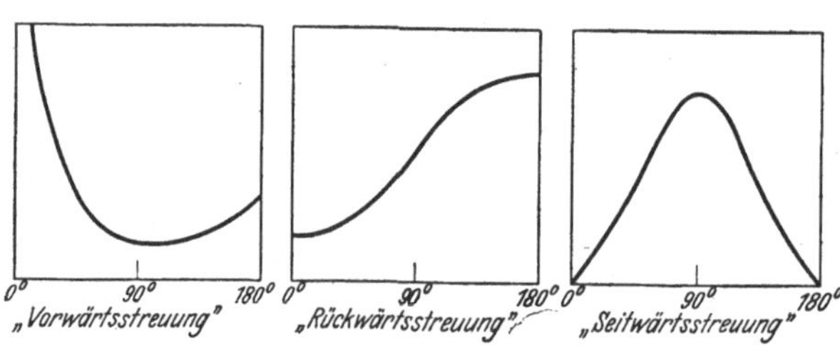

Abb. 54—56.   Schema der Streukurvenformen bei kleinsten Elektronengeschwindigkeiten.

kleinen und die immer
stärker hervortretende
Streuung unter großen
Streuwinkeln. Die Er-
scheinung der „Rück-
wärtsstreuung" wurde von
Ramsauer-Kollath[3] be-
reits mit ihrer „3-Zonen-
apparatur" festgestellt.
Das „Streuverhältnis" bei
1 Volt war in Wasserstoff
und in Kohlenoxyd gleich $^1/_2$, d. h. es werden doppelt soviel Elektronen in
die rückwärtige Kugelhälfte gestreut wie in die vordere Kugelhälfte.

„Seitwärtsstreuung" zeigt sich in ihrer reinen Form in Argon unterhalb
2 Volt und in Krypton zwischen 2,0 und 1,5 Volt. Abb. 58 zeigt, wie die Argonkurve von 4 Volt mit abnehmender Elektronengeschwindigkeit sich stufenweise
zu einer Form reiner „Seitwärtsstreuung" entwickelt.

[1] F. L. Arnot, Proc. Roy. Soc. London Bd. 133, S. 615. 1931.
[2] C. Ramsauer u. R. Kollath, Ann. d. Phys. Bd. 12, S. 529. 1932; Bd. 12, S. 837. 1932.
[3] C. Ramsauer u. R. Kollath, Ann. d. Phys. Bd. 9, S. 756. 1931.

Zum Schluß soll die gute Übereinstimmung der Ergebnisse von Streumessungen, die von verschiedenen Autoren nach zum Teil verschiedener Methode angestellt sind, an einigen Beispielen gezeigt werden.

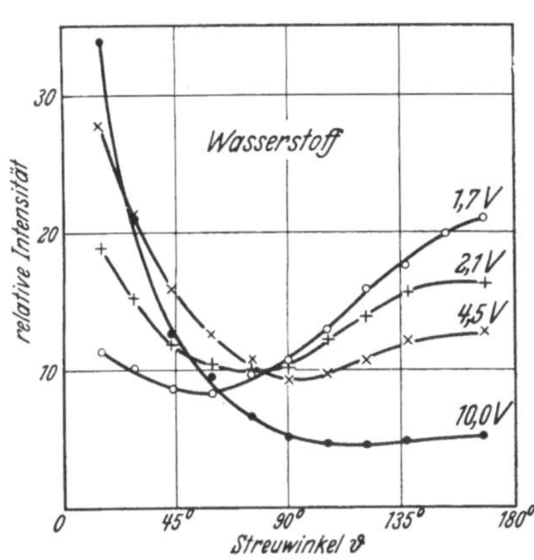

Abb. 57. Übergang von Vorwärts- zur Rückwärtsstreuung in Wasserstoff (nach Ramsauer-Kollath).

Abb. 58. Übergang zur Seitwärtsstreuung in Argon (nach Ramsauer-Kollath).

Wir geben in Abb. 59 den Kurvenverlauf nach Arnot[1] und nach Pearson-Arnquist[2] in Hg-Dampf bei 200 Volt, ferner in Abb. 60 den Kurvenverlauf nach Hughes-Mc Millen und Arnot in Argon bei 50 Volt und schließlich in Abb. 61 den Kurvenverlauf nach Bullard-Massey[3] und nach Ramsauer-Kollath[4] bei etwa 6 Volt Elektronengeschwindigkeit in Argon. Die Übereinstimmung zwischen

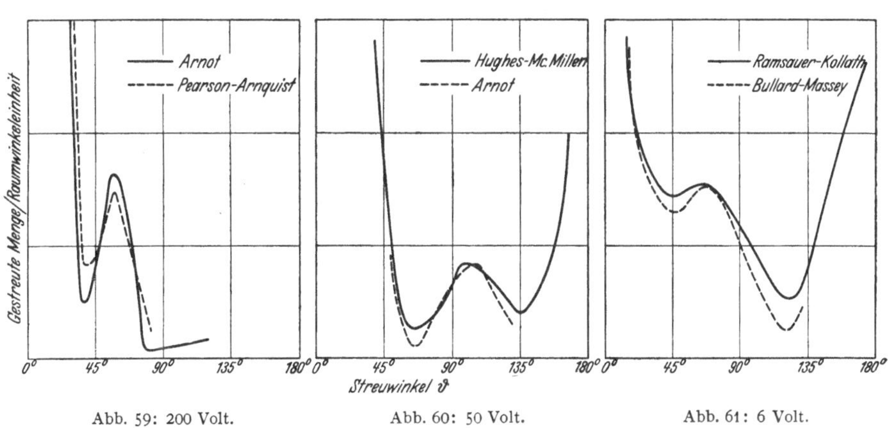

Abb. 59: 200 Volt.   Abb. 60: 50 Volt.   Abb. 61: 6 Volt.

Abb. 59—61. Vergleich der Winkelverteilungsmessungen verschiedener Autoren.

den Ergebnissen der verschiedenen Autoren ist in diesen wie auch in vielen anderen, hier nicht gezeigten Fällen gut, jedenfalls sind Widersprüche nirgend vorhanden.

[1] F. L. Arnot, Proc. Roy. Soc. London Bd. 130, S. 655. 1931.
[2] J. M. Pearson u. W. N. Arnquist, Phys. Rev. Bd. 37, S. 970. 1931.
[3] E. C. Bullard u. H. S. W. Massey, Proc. Roy. Soc. London Bd. 130, S. 579. 1931.
[4] C. Ramsauer u. R. Kollath, Ann. d. Phys. Bd. 12, S. 529. 1932.

Tabelle 2. Sämtliche Winkelverteilungsmessungen (alphabetisch nach Verfassern geordnet).

Verfasser	Zitat	Geschwindigkeits-bereich in Volt	Winkelbereich in Grad	Untersuchte Gase
F. L. Arnot	Proc. Roy. Soc. London Bd. 125, S. 660. 1929	80	5—70	Hg
,, ...	Proc. Roy. Soc. London Bd. 130, S. 655. 1913	8,6—800	18—126	Hg
,, ...	Proc. Roy. Soc. London Bd. 133, S. 615. 1931	30 —800	10—120	Ne, Ar, Kr, Xe, H_2, N_2, CO, CH_4
E. C. Bullard u. H. S. W. Massey .	Proc. Roy. Soc. London Bd. 130, S. 579. 1931	4 —40	15—125	Ar
,, ,, ,, .	Proc. Roy. Soc. London Bd. 133, S. 637. 1931	4 —40	10—130	He, Ne, H_2, N_2, CH_4
E. G. Dymond	Nature Bd. 118, S. 336. 1926	100 —400	0—90	He
,, ...	Phys. Rev. Bd. 29, S. 433. 1927	50 —400	0—90	He
E. G. Dymond u. E. E. Watson . .	Proc. Roy. Soc. London Bd. 122, S. 571. 1929	100 —400	0—60	He
G. P. Harnwell	Proc. Nat. Acad. Amer. Bd. 14, S. 564. 1928	200 —800	—	He, H_2
,, ...	Phys. Rev. Bd. 33, S. 559. 1929	75 —360	0—90	He, Ne, H_2, N_2
A. L. Hughes u. J. H. McMillen .	Phys. Rev. Bd. 39, S. 585. 1932	50 —550	10—170	Ar
J. H. McMillen	Phys. Rev. Bd. 36, S. 1034. 1930	50 —150	7—60	He, Ar, H_2
J. M. Pearson u. W. N. Arnquist .	Phys. Rev. Bd. 37, S. 970. 1931	100 —200	30—120	Hg
C. Ramsauer u. R. Kollath . . .	Naturwissensch. Bd. 32, S. 688. 1931	1 —20	15—167	He, Ne, Ar, H_2, CO, CO_2
,, ,, ,, . . .	Phys. ZS. Bd. 32, S. 867. 1931	1 —20	15—167	He, Ne, Ar, H_2, CO, CO_2
,, ,, ,, . . .	Ann. d. Phys. Bd. 12, S. 529. 1932	1 —20	15—167	He, Ne, Ar, H_2, CO, CO_2
,, ,, ,, . . .	Ann. d. Phys. Bd. 12, S. 837. 1932	0,6—10	15—167	Ar, Kr, Xe
D. C. Rose	Canad. Journ. Res. Bd. 3, S. 174. 1930	8 —49	0—50	Hg, Hg—He
A. L. Hughes u. J. H. McMillen . .	Phys. Rev. Bd. 41, S. 39. 1932	35—340	0—170	H_2
A. L. Hughes, J. H. McMillen und G. M. Webb	Phys. Rev. Bd. 41, S. 154. 1932.	25—700	0—170	He
J. T. Tate u. R. R. Palmer	Phys. Rev. Bd. 40, S. 731. 1932.	80—700	10—130	Hg

Die letzten drei unter dem Strich stehenden Arbeiten sind nach Abschluß dieses Berichts erschienen und konnten nur im Nachtrag kurz referiert werden.)

26. Vergleich von Experiment und Theorie in bezug auf die Winkelverteilung[1].

Die theoretische Berechnung von Winkelverteilungskurven steht in engem Zusammenhang mit der theoretischen Behandlung des gesamten WQ. (Wir erinnern nur an die Möglichkeit, den WQ unmittelbar aus den Winkelverteilungskurven zu berechnen [S. 287], wobei allerdings vorausgesetzt wird, daß außer den Ablenkungen keine sonstigen Wirkungen des Moleküls auf das Elektron vorliegen.) Wir versuchen deshalb hier eine kurze Übersicht über die bisherige theoretische Berechnung von Winkelverteilungskurven zu geben in Anlehnung an die Theorien zur Erklärung des WQ, die wir im vorigen Kapitel besprochen haben.

Abb. 62 zeigt die gute Wiedergabe von Streukurven bei hohen Elektronengeschwindigkeiten in den schweren Edelgasen durch die BORNsche Theorie[2]. Einen Wiederanstieg der Winkelverteilungskurven mit größer werdendem Streuwinkel vermag diese Theorie jedoch nicht zu erklären. In der Theorie von HOLTSMARK[3], deren Anwendung nicht auf große Elektronengeschwindigkeiten be-

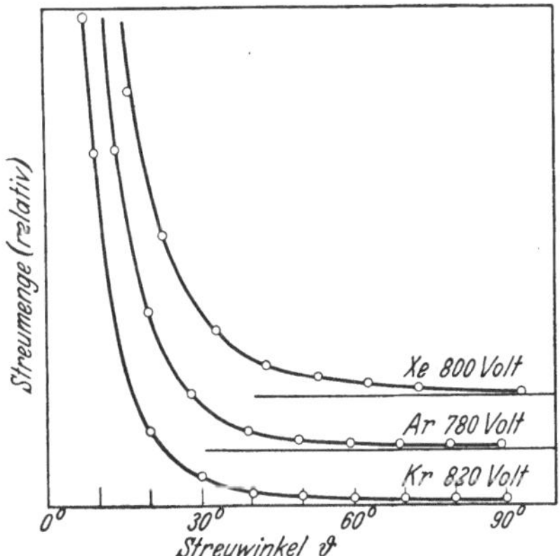

Abb. 62. Streuung bei hohen Elektronengeschwindigkeiten.
. . . . experimentell (ARNOT), ———— theoretisch (nach
der Theorie von BORN berechnet von ARNOT).

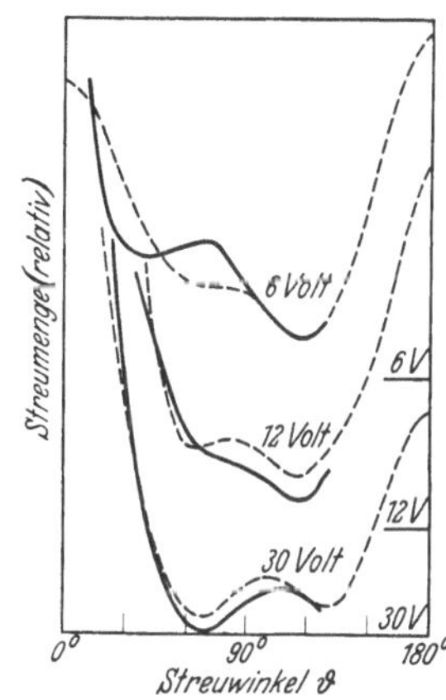

Abb. 63. Streukurven in Argon.
———— experimentell (BULLARD-MASSEY),
— — — theoretisch (nach HOLTSMARKS
Theorie berechnet von BULLARD-MASSEY).

schränkt ist, gelingt es auch verhältnismäßig komplizierte Winkelverteilungen, wie die der schweren Edelgase bei kleineren Geschwindigkeiten, qualitativ richtig wiederzugeben: Abb. 63. (Es sei besonders darauf aufmerksam gemacht, daß in Abb. 62 und 63 die Abszissenaxe für die verschiedenen Kurven der besseren Übersichtlichkeit wegen verschoben ist, was durch einen wagerechten Strich rechts in den Abbildungen angedeutet ist.) Die Berechnung mit vereinfachtem Atomfeld nach ALLIS und MORSE[4] liefert für Elektronengeschwindigkeiten zwischen 40 und 20 Volt befriedigende Übereinstimmung; der Vergleich mit dem Experiment zeigt jedoch, daß unterhalb 20 Volt diese Vereinfachungen für die Darstellung der Ergebnisse zu weit gehen. Die Theorie von OPPENHEIMER[5] bringt ein neues Moment in die Untersuchungen insofern, als sie den Elektronenaustausch berücksichtigt.

[1] Vgl. hierzu auch die neueren Arbeiten im Nachtrag.
[2] F. L. ARNOT, Proc. Roy. Soc. London Bd. 133, S. 632. 1931.
[3] E. C. BULLARD und H. S. W. MASSEY, Proc. Roy. Soc. London Bd. 133, S. 647. 1931.
[4] W. P. ALLIS u. P. M. MORSE, ZS. f. Phys. Bd. 70, S. 567. 1931.
[5] J. R. OPPENHEIMER, Phys. Rev. Bd. 32, S. 361. 1928.

Massey und Mohr[1] haben Überschlagsrechnungen nach der Theorie von Oppenheimer ausgeführt. Sie zeigen (Abb. 64), daß die Theorie von Oppenheimer qualitativ geeignet ist, die überraschende Erscheinung der Rückwärtsstreuung bei kleinen Elektronengeschwindigkeiten in Helium und Wasserstoff zu deuten. Eine Verbindung der Holtsmarkschen und der Oppenheimerschen Theorie, d. h. die gleichzeitige Berücksichtigung der Polarisation und des Elektronenaustausches, steht zur Zeit noch aus.

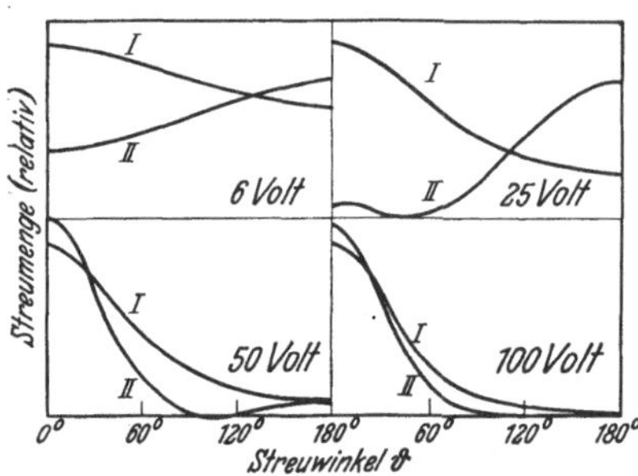

Abb. 64. Erklärung der Rückwärtsstreuung durch Elektronenaustausch. I: *ohne* Austausch (Born), II: *mit* Austausch (Oppenheimer). (Nach Massey-Mohr.)

27. Folgerungen aus den Winkelverteilungen. Im folgenden soll der Einfluß der Form von Winkelverteilungskurven auf WQ-Messungen untersucht werden, und zwar besonders der Einfluß von verschiedenen Blendengrößen bei Benutzung der direkten Methoden; im Anschluß daran werden die Unterschiede zwischen Messungen des „Diffusionsquerschnitts" (Townsend) und des Wirkungsquerschnitts (Ramsauer) kurz erörtert. Um hierbei möglichst anschaulich zu bleiben, wählen wir einige spezielle Beispiele.

Einkäfigmessungen. a) Die Variation der Blendengröße in Verbindung mit einer Einkäfigmessung ist einerseits von M. C. Green[2] in Helium, Argon, Wasserstoff und in Hg-Dampf bei Elektronengeschwindigkeiten zwischen 11 und 196 Volt, andererseits von R. R. Palmer[3] in Helium und in Hg-Dampf bei Elektronengeschwindigkeiten zwischen 20 und 135 Volt ausgeführt worden. Als Beispiel wählen wir den Hg-Dampf bei 82 Volt, also einen Fall, der gegenüber den Verhältnissen im hauptsächlichen Untersuchungsgebiet des WQ als ganz extrem betrachtet werden kann. Um uns die Wirkungsweise einer Einkäfigapparatur in diesem Fall klarzumachen, werfen wir einen Blick auf die zugehörige Winkelverteilungskurve in Abb. 50. Diese zeigt, daß Streuwinkel zwischen 0 und 60° in Hg-Dampf bei 82 Volt stark bevorzugt sind, während die kleineren Maxima bei höheren Streuwinkeln gegen diesen starken Anstieg absolut genommen zurücktreten. Für die folgende Überlegung wollen wir diese Winkelverteilung dahin idealisieren, daß alle überhaupt gestreuten Elektronen nur unter einem mittleren Winkel, z. B. unter 30°, zur Strahlrichtung gestreut werden. In diesem Fall wäre in Abb. 65 a, die eine *WQ*-Apparatur schematisch darstellt, die tatsächlich streuende Strahllänge des Elektronenstrahls bei *enger* Blende *3* (in Abb. 65 a nicht eingezeichnet) durch die Entfernung $F \rightarrow 3$ gegeben, während sie für die eingezeichnete große Blende *3* gleich der Entfernung $F \rightarrow A$, also kleiner als $F \rightarrow 3$ ist. Denn es werden auch diejenigen Elektronen noch in den Käfig K gelangen und als unbeeinflußt gemessen werden, die auf der Strecke $A \rightarrow 3$ unter 30° abgelenkt werden: Der tatsächlich wirksame Weg des Elektronenstrahls im Gasraum ist kürzer geworden. Bei der Ausrechnung des Q_{wirk} nach Gleichung (4) auf S. 252 wird also mit der Entfernung $F \rightarrow 3$ ein zu großer Wert für die Absorptionsstrecke l Nenner eingesetzt, wodurch der Q_{wirk} zu klein werden muß. Die numerische im Durchrechnung dieser Verkleinerung des Q_{wirk} ist von Palmer für den oben idealisierten Fall des Hg-Dampfes bei 82 Volt durchgeführt worden. Palmer zeigt, daß die von ihm experimentell gefundene Abhängigkeit des Q_{wirk} von der Blendengröße annähernd der zu erwartenden entspricht

[1] H. S. W. Massey u. C. B. O. Mohr, Proc. Roy. Soc. London Bd. 132, S. 605. 1931.
[2] M. C. Green, Phys. Rev. Bd. 36, S. 239. 1930.
[3] R. R. Palmer, Phys. Rev. Bd. 37, S. 70. 1931.

im Gegensatz zu den Messungen von M. C. GREEN, die keine merkbare Abhängigkeit gefunden hat.

b) Aus ganz entsprechenden Überlegungen wie unter a) folgt, daß bei starker Bevorzugung der Streuung unter sehr großen Winkeln der Q_{wirk} bei Benutzung großer Blendenöffnungen zu groß gemessen werden muß. Dieses Resultat erscheint zunächst überraschend, wird aber an Hand von Abb. 65 b verständlich, wenn wir wieder wie oben der Übersichtlichkeit wegen einen Extremfall betrachten: Alle überhaupt gestreuten Elektronen sollen unter einem Winkel von 150° gestreut werden. Bei enger Blende 3 (in Abb. 65 b nicht eingezeichnet) wäre der wirksame Weg wie oben gleich der Entfernung der Blenden $F \to 3$. Ist aber die Blende 3 verhältnismäßig groß, so werden Elektronen *aus* dem Käfig K noch herausgestreut und in K als fehlend registriert werden, die schon ziemlich tief in K eingedrungen waren und demnach als unbeeinflußt hätten gemessen werden sollen. Der wirksame Weg des Elektronenstrahls ist die Strecke $F \to A'$, die in diesem Fall größer ist als die tatsächlich eingesetzte Entfernung $F \to 3$. Man darf also nicht von Messungen mit Einkäfigapparaturen ohne vorherige genaue Untersuchung ihrer Versuchsbedingungen quantitative Übereinstimmung besonders in der Kurvenhöhe verlangen, jedenfalls nicht, wenn es sich um extreme Unterschiede in den Blendengrößen handelt.

Zweikäfigmessungen. Wie die obigen Beispiele zeigen, müßte bei Einkäfigmessungen die Käfigblende unendlich klein werden, um diese Fehlerquellen zu vermeiden. Dies Ziel kann aber auch auf anderem Wege erreicht werden, nämlich durch geeignete Anwendung einer Zweikäfigmethode, wie sich bei näherer Betrachtung

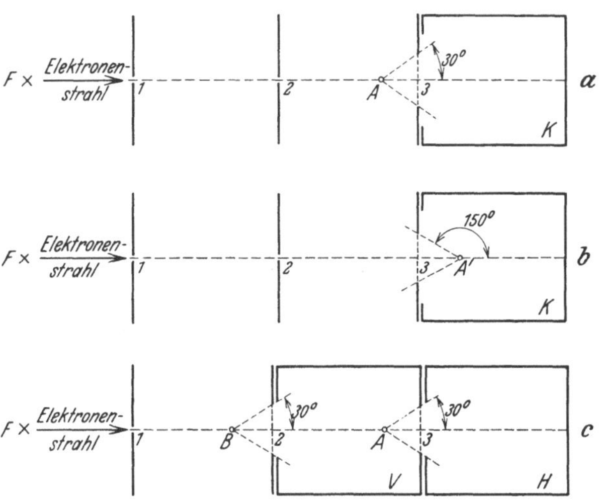

Abb. 65 a—c. Schematische WQ-Apparaturen.

ihrer Wirkungsweise ergibt. In Abb. 65 c wird der besseren Übersichtlichkeit wegen wie oben ein Spezialfall der Streuung betrachtet (Streuung nur unter 30° vorhanden!), die Blenden 2 und 3 sollen gleich groß sein[1]. Gemessen werden die Elektronenmengen, welche nach $V + H$ gelangen und die Elektronenmengen, welche nach H gelangen. Diese Elektronenmengen geben uns aber nicht die Intensitäten des Strahls an den Stellen 2 bzw. 3, sondern an den Stellen B bzw. A, was bei Betrachtung der Abb. 65 c leicht einzusehen ist; der wirksame Weg für die WQ-Messungen ist also die Entfernung $B \to A$, nicht die Entfernung der Blenden $2 \to 3$. Die Länge der Strecke BA ist aber genau gleich der tatsächlich in Gleichung (4) als Absorptionsstrecke eingesetzten Länge $2 \to 3$ des Käfigs V. *Für Zweikäfigmethoden mit gleich großen Blenden bleibt also der gemessene WQ-Wert prinzipiell auch bei Benutzung endlicher*

---

[1] Bei Zweikäfigmessungen mit Blenden von stark verschiedener Größe finden die vorher für Einkäfigmessungen angestellten Überlegungen Anwendung. So sind z. B. die starken Abweichungen zwischen den WQ-Messungen von BRÜCHE an Wasserstoff und Stickstoff dadurch zu erklären, daß bei der ersten Apparatur (Methode I a) extrem verschieden große Käfigblenden, bei der zweiten (Methode I c) gleich große Blenden verwendet wurden.

Blendengrößen völlig korrekt. Dies gilt natürlich nur so weit, als es experimentell gelingt, die geometrischen Verhältnisse für Blende *2* und für Blende *3* genau gleich zu halten. Schwierigkeiten in dieser Richtung sind zu erwarten, wenn die unter kleinsten bzw. größten Streuwinkeln tatsächlich[1] gestreuten Mengen die Streuung unter mittleren Winkeln größenordnungsmäßig überwiegen. Das ist aber nach allen bisherigen Erfahrungen bei Elektronengeschwindigkeiten unterhalb 50 Volt nicht der Fall. (Genaueres vgl. unter Anm. 4.)

Diffusionsquerschnitt und Wirkungsquerschnitt. Auf Grund ähnlicher Überlegungen lassen sich auch einige Unterschiede zwischen dem Diffusionsquerschnitt, der von Townsend und seinen Schülern gemessen wurde, und dem Wirkungsquerschnitt nach Ramsauer erklären. Auch hier werden Unterschiede zwischen den beiden Querschnitten auftreten, da diesen merklich verschiedene Definitionen zugrunde liegen. Insbesondere wird beim Vorliegen einer Winkelverteilung, die sich schnell mit der Elektronengeschwindigkeit ändert, nicht nur ein Unterschied in der Kurvenhöhe auftreten, sondern vor allem auch eine Verschiebung in der Abszisse für die Kurvenmaxima. So läßt sich z. B. in Wasserstoff unter Zugrundelegung der WQ-Kurve nach Brüche[2] und unter Berücksichtigung der Winkelverteilung nach Ramsauer-Kollath[3] der Unterschied in der Voltlage des Maximums in den Messungen nach beiden Methoden befriedigend erklären[4]. Es muß jedoch gesagt werden, daß dieser Gesichtspunkt allein noch nicht genügt, um *alle* Unterschiede zwischen dem Diffusionsquerschnitt und dem Wirkungsquerschnitt zu verstehen.

II. Ionen.

28. Vorbemerkungen. Bisher haben wir im Teil I dieses Artikels die Wechselwirkungen zwischen Molekülen und *Elektronen* betrachtet, wir wollen jetzt zusammenstellen, was über das Verhalten der Moleküle gegenüber *Ionen* verschiedener Masse bekannt ist. Wenn wir vom Wirkungsquerschnitt der Gasmoleküle gegenüber Ionen sprechen, so wird darunter derjenige Querschnitt verstanden, der aus der Summe der „Wirkungsradien" der beiden Stoßpartner durch Kreisbildung hervorgeht, wie wir dies bereits am Schluß der Einleitung zu diesem Artikel dargelegt haben. Neue Gesichtspunkte gegenüber dem Verhalten der Elektronen erscheinen insofern, als eine ganz neue Art der Einwirkung der Moleküle auf die Ionen eintreten kann: *Die Umladung.* Bei diesem Prozeß gibt das Ion seine Ladung an irgendein neutrales Molekül ab, das nun seinerseits als Ion molekularer Geschwindigkeit erscheint, während das primäre Ion als neutrales Teilchen großer Geschwindigkeit seinen Weg fortsetzt. Dieser Vorgang besitzt besonders bei höheren Ionenenergien ausschlaggebende Bedeutung.

Wie schon im geschichtlichem Überblick auf S. 246 gesagt wurde, liegen aus dem sehr umfangreichen Ionengebiet nur vereinzelte Arbeiten vor, die sich außerdem noch auf die verschiedenen Ionenarten verteilen. Es schien uns daher nicht zweckmäßig, eine ähnliche Unterteilung nach Meßmethoden, Ergebnissen, Einwirkungsarten usw. vorzunehmen, wir haben vielmehr nur nach der *Ionenart* eine dreifache Unterteilung getroffen. In jedem dieser drei Teile sollen die zugehörigen Arbeiten einfach in ihrer zeitlichen Reihenfolge hintereinander besprochen werden. Diese Art der Besprechung schien uns besonders deshalb gerechtfertigt, weil die Untersuchungsmethoden zum Teil stark voneinander

---

[1] Also nicht einfach die Ordinaten der Winkelverteilungskurven, sondern die mit dem sin des Streuwinkels multiplizierten Ordinaten!

[2] E. Brüche, Ann. d. Phys. Bd. 82, S. 912. 1927.

[3] C. Ramsauer u. R. Kollath, Ann. d. Phys. Bd. 12, S. 529. 1932.

[4] R. Kollath, den Ann. d. Phys. zum Druck eingereicht.

abweichen und weil deshalb für einen großen Teil der Arbeiten zum Verständnis der Ergebnisse in jedem Fall eine gesonderte Apparaturbeschreibung notwendig ist. Die drei Gruppen enthalten Messungen über das Verhalten von Gasmolekülen gegenüber langsamen

1. Wasserstoffionen,
2. Alkaliionen,
3. sonstigen Ionen.

Bemerkt sei, daß Messungen an negativen Ionen in dem in Frage kommenden Geschwindigkeitsbereich bisher nicht vorliegen.

29. Das Verhalten von Gasmolekülen gegenüber langsamen Wasserstoffionen. W. AICH[1] hat als erster eine Bestimmung der freien Weglänge von Wasserstoffionen in Wasserstoff angestellt. Seine Versuchsanordnung zeigt Abb. 66. Ein Glühdraht F liegt mit dem Netz N_1 auf gleichem Potential, beide sind gegenüber dem Netz N_2 auf negatives Potential (etwa 20 Volt) aufgeladen. Bei dieser Anordnung treten also Elektronen vom Glühdraht mit etwa 20 Volt Geschwindigkeit in den Raum zwischen den Netzen N_2 und N_3 ein und ionisieren und dissoziieren dort die vorhandenen Wasserstoffmoleküle (der ganze Versuchsraum ist mit Wasserstoff von etwa 0,04 mm Hg gefüllt). Die so gebildeten (positiven) Ionen werden durch ein schwaches Beschleunigungsfeld aus dem Raum zwischen N_2 und N_3 auf N_3 hin herausgezogen und zwischen N_3 und N_4 auf 25 Volt Geschwindigkeit gebracht. Diese 25 Volt ionenbe-
schleunigende Spannung zwischen N_3 und N_4 reicht
aus, um alle Elektronen vor dem Netz N_4 zur Umkehr
zu zwingen. Die Ionen durchlaufen den feldfreien
Raum zwischen N_4 und N_5 und erreichen zum Teil
die Auffangplatte P. Diese liegt gegenüber N_5 auf
einem so hohen positiven Potential, daß nur die in

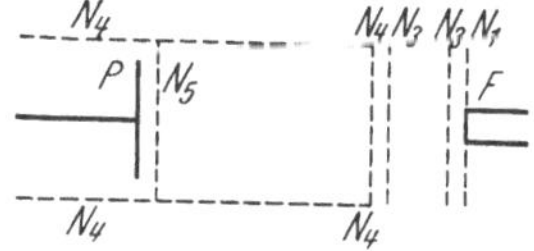

Abb. 66. Versuchsanordnung von AICH.

Geschwindigkeit und Richtung im wesentlichen unbeeinflußten Ionen sie erreichen können. P mit N_5 ist innerhalb N_4 verschiebbar. Gemessen wird der Ionenstrom nach P bei verschiedener Entfernung zwischen N_4 und P. Aus der Abnahme der Stromstärke in P mit der Entfernung läßt sich der gegenseitige WQ der Wasserstoffmoleküle mit den benutzten Ionen berechnen, wenn der Gasdruck und die Verschiebungsstrecke bekannt sind. Die Konstanz der gesamten Elektronenemission des Glühdrahtes wird während der Messung kontrolliert. Für den WQ ergibt sich der Wert 20,6 cm²/cm³, also etwa der gaskinetische Querschnitt des Wasserstoffmoleküls. Verfasser schließt daraus, daß die untersuchte Ionenart im wesentlichen auf H^+-Ionen besteht. Wir werden im folgenden sehen, daß dieser Schluß nicht zwingend ist, daß also auch H_2^+- oder H_3^+-Ionen mit gemessen worden sein können (vgl. die Arbeit von HOLZER weiter unten).

A. J. DEMPSTER[2]. Während bei AICH keine Unterscheidung der verschiedenen Wasserstoffionen möglich war, hat DEMPSTER als erster die verschiedenen Ionenarten durch ein Magnetfeld getrennt.

Die Apparatur von DEMPSTER ist in Abb. 67 schematisch wiedergegeben. Die Erzeugung der Ionen findet oberhalb der Blende 1 statt, und zwar in zwei voneinander verschiedenen Formen. Die eine Form entspricht der schon bei AICH besprochenen „Gasentladungsmethode" und ist in der Abbildung nicht näher wiedergegeben. Die andere Form, die von DEMPSTER gelegentlich seiner Isotopenuntersuchungen gefunden wurde, besteht in folgendem: Die Elektronen vom Glühdraht F, der gegen die übrigen Teile der Apparatur auf negativem

[1] W. AICH, ZS. f. Phys. Bd. 9, S. 372. 1922.
[2] A. J. DEMPSTER, Phil. Mag. Bd. 3, S. 115. 1927.

Potential liegt, bombardieren die auf positivem Potential liegende metallische Lithiumfläche Li und lösen dadurch positive Ionen aus, die zunächst in Richtung auf Blende 1 beschleunigt werden.

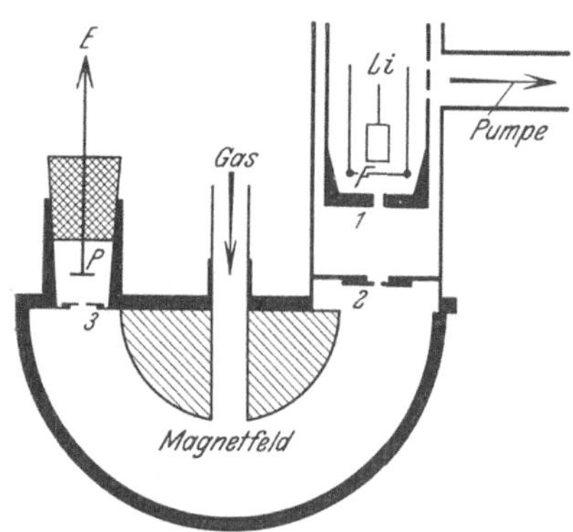

Abb. 67. Apparatur von Dempster.

Der Vorzug dieser zweiten Methode besteht darin, daß der Erzeugungspunkt der Ionen schärfer bestimmt ist als bei der Gasentladungsmethode, und daß auf diese Weise ein relativ großer Protonenanteil erhalten wird.

Die nach dieser Methode erhaltenen Ionen werden zwischen 1 und 2 auf die gewünschte Endgeschwindigkeit gebracht, treten dann in einen Spalt zwischen den Polschuhen eines Elektromagneten ein und werden in dem senkrecht zur Zeichenebene stehenden Magnetfeld auf eine Kreisbahn gezwungen. Bei geeigneter Wahl der magnetischen Feldstärke treffen sie die Blende 3 und gelangen so auf die Auffangplatte P, die mit einem Elektrometer E verbunden ist[1]. Das zu untersuchende Gas strömt etwa an der Mitte des Halbkreises im Magneten in die Apparatur dauernd ein und wird in der Nähe der Protonenquelle ständig abgepumpt, wodurch sich ein Gleichgewichtszustand einstellt. Das untersuchte Gas war Helium, die Geschwindigkeiten der Ionen lagen zwischen 14 und 1000 Volt.

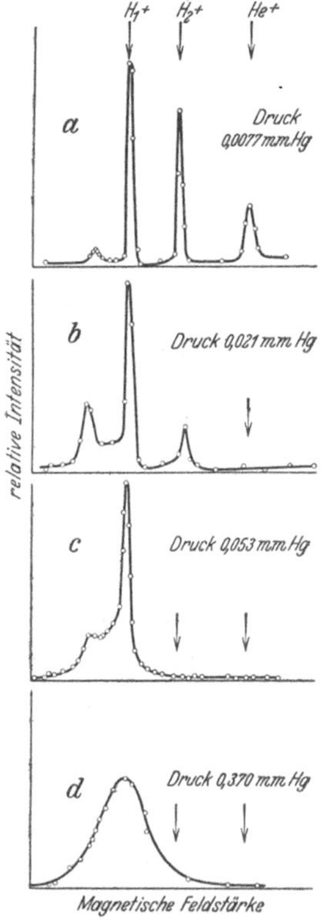

Abb. 68. Durchlässigkeit des Heliums gegenüber Protonen (nach Dempster).

Auf diese Ionen wendet Dempster die Methodik der magnetischen Verteilungskurven an, wie wir sie bereits auf S. 258—259 kennengelernt haben, mit dem Unterschied gegenüber den Elektronenuntersuchungen, daß hier außer der Geschwindigkeit auch der Faktor e/m veränderlich ist, weil im allgemeinen mehrere Arten von Ionen gebildet werden. Dempster variiert bei konstanter Voltgeschwindigkeit die magnetische Feldstärke und mißt die zu jeder Feldstärke gehörige Aufladung der Platte P. Indem er die Feldstärke als Abszisse und die gefundenen Aufladungen als Ordinaten aufträgt, erhält er so für den Druck $77 \cdot 10^{-4}$ mm Hg die Kurve in Abb. 68 a. Die drei Hauptmaxima dieser Kurve lassen sich leicht in der markierten Weise identifizieren, da nach bekannten Zusammenhängen die Feldstärken sich wie die Wurzeln aus den Massen verhalten, und da sich bei einem besonderen Versuch durch Zusatz oder Fortlassung von Helium eine einwandfreie Identifizierung des He⁺-Maximums erzielen läßt. Um nun den Einfluß des Gases zu ermitteln, geht er in den Abb. 68 b—d zu immer höheren Heliumdrucken über. Die drei Hauptmaxima zeigen dabei folgendes Verhalten[2]: He⁺ wird schon bei geringer, H_2^+ bei etwas größerer Druck-

---

[1] In Wirklichkeit benutzte Dempster, um größere Meßgenauigkeit zu erreichen, eine Kompensationsmethode, die hier nicht näher beschrieben werden soll.

[2] Betreffs des ersten Maximums, das Dempster durch nachträgliche Dissoziation von H_2^+ erklärt, sei auf die Originalarbeit verwiesen.

zunahme völlig absorbiert, wogegen das H^+-Maximum sich bis zu den höchsten hier untersuchten Drucken erhält. Die Verbreiterung der H^+-Kurve zeigt hierbei, daß die Beeinflussung des Protons hauptsächlich in einer Streuung unter kleinem Winkel besteht. Diese Versuche DEMPSTERS haben einen qualitativen Charakter, beweisen aber einwandfrei, daß Helium für Protonen der untersuchten Geschwindigkeit (800 bis 900 Volt) eine außerordentlich starke Durchlässigkeit, also einen sehr geringen WQ besitzt.

R. E. HOLZER[1] hat den gegenseitigen WQ von Wasserstoffmolekülen mit H^+-, H_2^+- und H_3^+-Ionen bestimmt. Er benutzt hierbei eine ähnliche Apparatur wie DEMPSTER und verwendet diese Apparatur entsprechend der Einkäfigmethode für Elektronen (vgl. die Methodik von BRODE auf S. 255 dieses Artikels). An den Resultaten (Abb. 69) ist besonders bemerkenswert, daß der gegenseitige Querschnitt des Wasserstoffs mit H^+-Ionen zwischen 80 und 800 Volt im

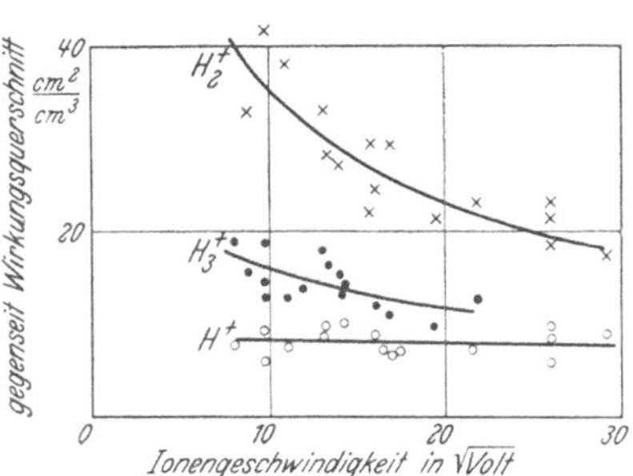

Abb. 69. WQ von Wasserstoff gegenüber H^+, H_2^+, H_3^+. (Nach HOLZER).

wesentlichen konstant bleibt, und daß der gegenseitige Querschnitt des Wasserstoffs mit H_2^+-Ionen erheblich größer ist als mit H_3^+-Ionen.

Um auch Aussagen über die Natur der Einwirkungen zu erhalten, hat HOLZER magnetische Verteilungskurven bei verschiedenen Drucken verglichen und daraus folgende Schlüsse über die Art der Einwirkung gezogen:

H_3^+-Ionen: Umladung ist unwahrscheinlich, Hauptbeeinflussung ist die Streuung.

H_2^+-Ionen: Umladung ist maßgebend, vielleicht etwas Weitwinkelstreuung.

H^+-Ionen: Umladung ist unwahrscheinlich, Hauptbeeinflussung ist die Streuung.

C. RAMSAUER, R. KOLLATH und D. LILIENTHAL[2] haben den WQ verschiedener Gase gegenüber Protonen zwischen 30 und 2500 Volt nach einer Methode gemessen, die im ganzen Aufbau von derjenigen der vorigen Arbeiten abweicht (Abb. 70). Die Protonen werden durch Bombardierung einer metallischen Lithiumfläche Li mit Elektronen (Glühdraht F) nach dem Vorgang von DEMPSTER erzeugt; in einem Magneten M werden sie um 90° abgelenkt und dadurch homogenisiert. Nach Verlassen des Magneten treten sie als geradlinig verlaufender Protonenstrahl in die Meßkäfiganordnung ein, die aus zwei Käfigen V und H besteht, wie sie bei Elektronen gebräuchlich sind.

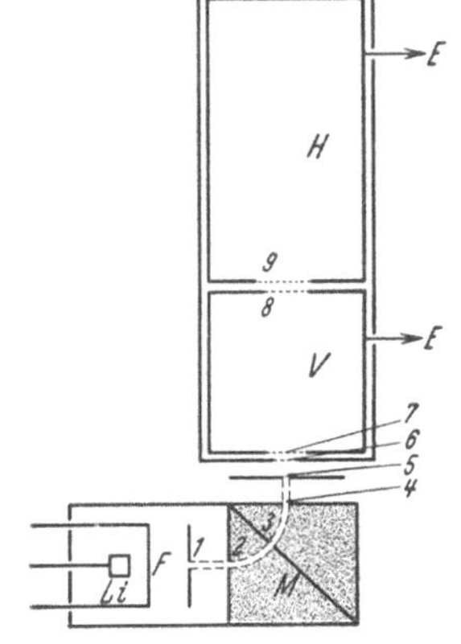

Abb. 70. Meßanordnung nach RAMSAUER-KOLLATH-LILIENTHAL.

Der WQ ergibt sich durch Intensitätsmessungen mit den zusammengeschalteten Käfigen $V + H$ und dem Käfig H allein nach Gleichung (4) S. 252. Gegenfelder wurden an den Meßkäfigen nicht angelegt; demnach werden von dieser Apparatur diejenigen Protonen, die Geschwindigkeitsverluste erlitten haben, ohne gleichzeitig ihre Richtung wesentlich zu ändern, als nicht beeinflußt registriert. Untersucht wurden die Gase: He, Ne, Ar, H_2, N_2. Wir geben als Meßbeispiel in Abb. 71 die Argonkurve mit ihrer Belegung durch Meßpunkte. Als Abszisse ist die Protonengeschwindig-

[1] R. E. HOLZER, Phys. Rev. Bd. 36, S. 1204. 1930.
[2] C. RAMSAUER, R. KOLLATH u. D. LILIENTHAL, Ann. d. Phys. Bd. 8, S. 709. 1931.

keit in $\sqrt{\text{Volt}}$, als Ordinate der gegenseitige WQ in cm²/cm³ bei 1 mm Hg und 0° C aufgetragen. Auf der rechten Seite ist durch einen Strich mit dem Buchstaben G der gaskinetische Argonquerschnitt zum Vergleich eingezeichnet. Der WQ fällt mit wachsender Protonengeschwindigkeit zunächst stark ab auf etwa den halben gaskinetischen Querschnitt und steigt dann auf das Dreifache des gaskinetischen Querschnitts an. Oberhalb 40 $\sqrt{\text{Volt}}$ sind die Messungen nicht mehr quantitativ zu werten, was durch Strichelung angedeutet ist, da diese Protonengeschwindigkeit bereits an der Meßgrenze der Apparatur liegt. Abb. 72 gibt eine Übersicht über das Verhalten der fünf untersuchten Gase: Alle Gase steigen nach Durchlaufung eines Minimums wieder an. (Zur scheinbaren Ausnahme von Helium vgl. die Versuche von Döpel S. 302.) Zwischen den Abszissenlagen der Minima der verschiedenen Gase und den Ionisierungsspannungen bestehen anscheinend Zusammenhänge, ihr physikalischer Sinn ist aber noch ungeklärt. Bemerkenswert ist der überraschend kleine WQ von Helium, der oberhalb

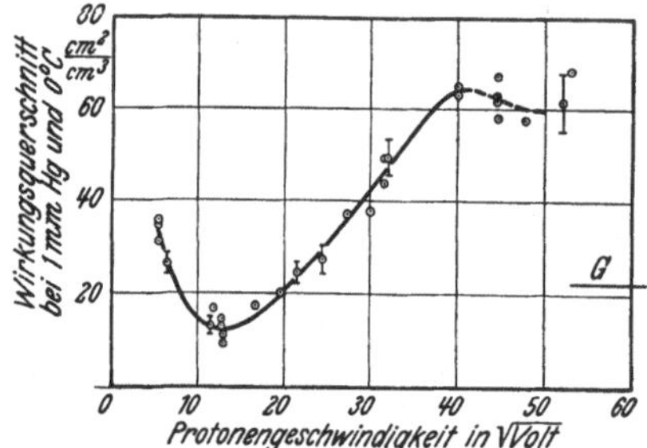

Abb. 71. WQ von Argon gegenüber Protonen.) (Einzelmessungen nach Ramsauer-Kollath-Lilienthal.)

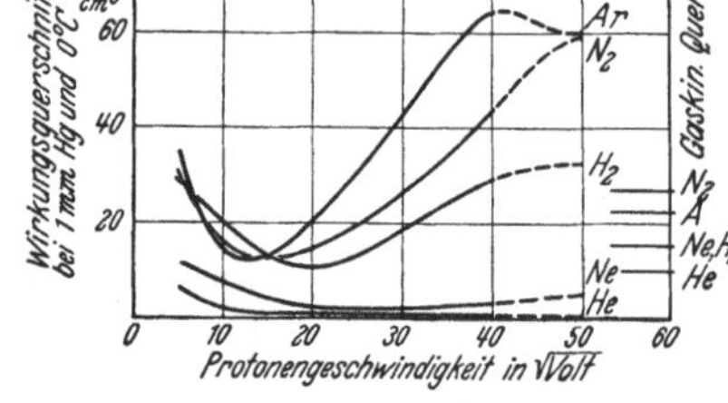

Abb. 72. WQ verschiedener Gase gegenüber Protonen (nach Ramsauer-Kollath-Lilienthal).

100 Volt um eine Größenordnung kleiner ist als der gaskinetische Querschnitt. Dieser Befund ergänzt sehr gut die qualitativen Aussagen von Dempster (vgl. S. 298) über das Verhalten des Heliums gegenüber Protonen.

Auf Grund einiger Versuche über die *Art* der Einwirkung der Gasmoleküle auf die Protonen stellen die Verfasser fest, daß der Kurvenverlauf zu beiden Seiten der Minima der WQ-Kurven im wesentlichen auf zwei verschiedenen Vorgängen beruht: Der Anstieg nach kleinen Geschwindigkeiten hin soll durch Streuung hervorgerufen sein; im Gebiet des Anstiegs nach höheren Geschwindigkeiten hin wird das Vorhandensein einer großen Anzahl langsamer positiver Teilchen nachgewiesen, wobei dahingestellt bleibt, ob diese Teilchen durch Umladung oder durch starke Geschwindigkeitsverluste der Protonen entstanden sind.

F. Goldmann[1]. Diese Arbeit untersucht das gegenseitige Verhalten von Wasserstoff- bzw. Argonmolekülen und Protonen. Sie beschränkt sich absichtlich auf eine bestimmte Art der Einwirkung, nämlich die Umladung, und stellt den zahlenmäßigen Anteil dieser Einwirkungsart am gesamten WQ in Abhängigkeit von der Geschwindigkeit der Protonen fest. Abb. 73 und 74 zeigt die Meßanordnung. Die Protonen werden nach der Gasentladungsmethode (Glühdraht F) erzeugt, wobei sich eine spezielle Düsenanordnung J als besonders günstig für die Intensitätsverhältnisse erweist. Der Protonenstrahl tritt schließlich durch die Blenden 5 und 6 in die eigentliche Meßkammer ein. Diese besteht aus einem Plattensystem, dessen Meßplatte P_M ist (vgl. auch Abb. 74). Die unbeeinflußten Protonen des Strahls durchlaufen den Raum zwischen den Platten und werden von dem Käfig K aufgenommen, der ebenso wie P_M mit einem Elektrometer ver-

---

[1] F. Goldmann, Ann. d. Phys. Bd. 10, S. 460. 1931.

bunden werden kann. Die Platten können hierbei jede für sich auf bestimmte, dem Zweck der Einzelmessungen angepaßte Potentiale gebracht werden. Das wichtigste Ergebnis der Arbeit ist der Nachweis, daß im wesentlichen bei den untersuchten Protonengeschwindigkeiten (400 bis 4000 Volt) nur Umladung der Protonen stattfindet, nicht aber Ionisation der Gasmoleküle durch die Protonen. Hierfür geben wir in Abb. 75 ein direktes Meßbeispiel. Über dem Gasdruck als Abszisse ist die Ladung i von P_M, bezogen auf gleiche Gesamtintensität J, aufgetragen, und zwar nach oben positiver (i^+) und nach unten negativer (i^-) Plattenstrom; das Meßplattenpotential beträgt hierbei $\mp 10{,}4$ Volt[1]: Bei Erhöhung des Gasdruckes nimmt nur die Anzahl der positiven Teilchen im Raum zwischen den Platten entsprechend dem Druck zu, während die Zahl der negativen Teilchen (Elektronen aus Ionisationsprozessen) vom Gasdruck unbeeinflußt bleibt. Dies zeigt, daß die auch schon im Vakuum vorhandene kleine negative Plattenaufladung nicht von der Gasfüllung herrührt, daß also die positiven Teilchen nur durch Umladung, nicht durch Ionisation entstanden sind. Die Meßeinrichtung läßt auch eine quantitative Auswertung der Versuche zu: Die gemessenen Umladungsquerschnitte von Argon und Wasserstoff sind in Abb. 76 über der Protonengeschwindigkeit in Volt dargestellt. Man sieht, daß die Umladungsquerschnitte von gleicher Größenordnung sind wie die von Ramsauer-Kollath-Lilienthal gefundenen WQ. (Ein Vergleich aller Messungen an Protonen wird in Abb. 79 am Schluß dieser Ziff. 29 durchgeführt.)

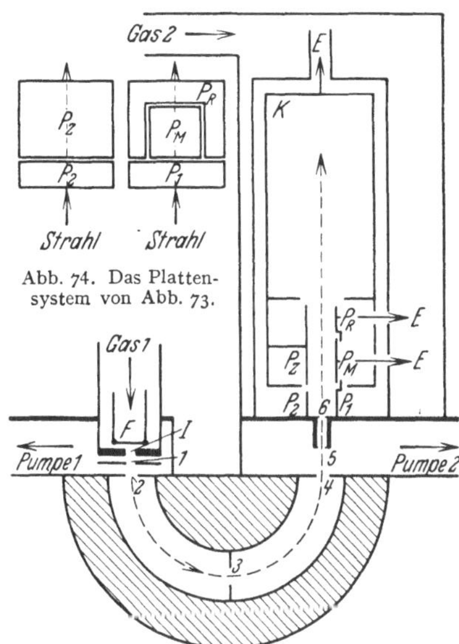

Abb. 74. Das Plattensystem von Abb. 73.

Abb. 73. Apparatur zur Messung der Umladung (nach Goldmann).

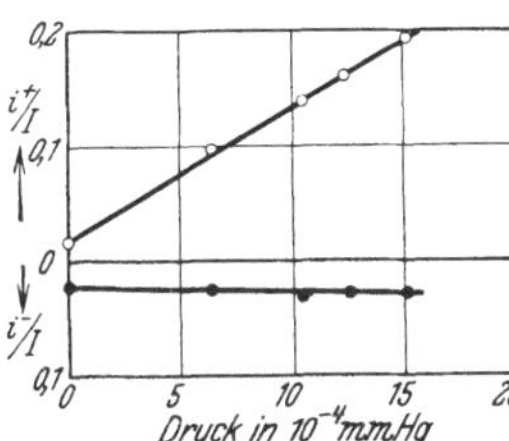

Abb. 75. Druckabhängigkeit des positiven und des negativen Sättigungsstroms (nach Goldmann).

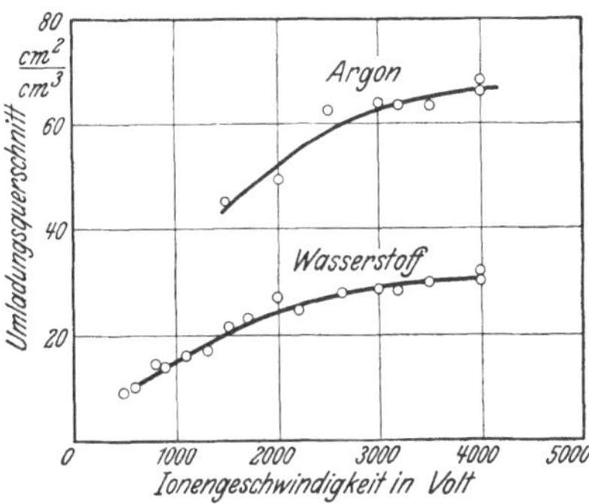

Abb. 76. Umladungsquerschnitt von Argon und Wasserstoff mit Protonen (nach Goldmann).

G. P. Thomson[2]. Diese Versuche beziehen sich auf die Streuung von Protonen in einem Geschwindigkeitsbereich von 4000 bis 26000 Volt, liegen also zum

---

[1] In eingehenden Versuchen wird nachgewiesen, daß bei 10 Volt Plattenpotential bereits Sättigung eingetreten ist.

[2] G. P. Thomson, Phil. Mag. Bd. 1, S. 961. 1926; Bd. 2, S. 1076. 1926. Rein zeitlich müßten diese Versuche gleich hinter der Arbeit von Dempster beschrieben werden; dies ist nur deswegen unterblieben, um dem Leser das Verständnis der zusammengehörigen Arbeiten von Dempster, Holzer, Ramsauer-Kollath-Lilienthal und Goldmann nicht zu sehr zu erschweren.

größten Teil außerhalb der von uns am Anfang dieses Artikels gezogenen Geschwindigkeitsgrenzen. Wir wollen diese Arbeit sowie die folgende von Döpel, in der auch höhere Protonengeschwindigkeiten (zwischen 2500 und 20000 Volt) benutzt werden, trotzdem hier besprechen, weil sie vorläufig die einzige Brücke zu den Untersuchungen an schnellen Kanalstrahlen bilden[1], und weil Thomson als erster mit Hilfe seiner Ergebnisse interessante Analogien zwischen dem Verhalten der Moleküle gegenüber Protonen und gegenüber Elektronen gefunden

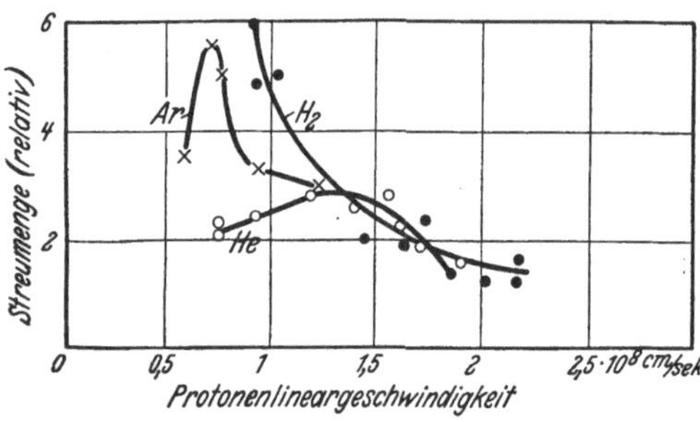

Abb. 77. Protonenstreuung (nach Thomson).

hat. Die Protonen werden in einem Kanalstrahlrohr erzeugt, werden in einem elektrischen Feld homogenisiert und durchlaufen dann eine Blende, die einen dünnen Protonenstrahl definiert. In einiger Entfernung von dieser Blende ist eine photographische Platte aufgestellt, auf der die Protonen einen Schwärzungsfleck hervorrufen. Die Verbreiterung des Schwärzungsfleckes bei Einfüllung von Gas in die Apparatur wird unter passend gewählten photographischen Bedingungen photometrisch ausgemessen. Es werden so für verschiedene Protonengeschwindigkeiten Winkelverteilungen im Vakuum und im Gas gewonnen. Wählt man jetzt in diesen Kurven eine bestimmte Vergleichsabszisse und bestimmt man für diese die Differenz der Schwärzungen Gas-Vakuum, so erhält man ein relatives Maß für die Streuung unter dem zu diesem Punkt gehörigen, naturgemäß sehr kleinen Winkel. Die so für konstanten Gasdruck gefundenen relativen Streuungen werden als Ordinaten über der Protonenlineargeschwindigkeit als Abszisse aufgetragen (Abb. 77).

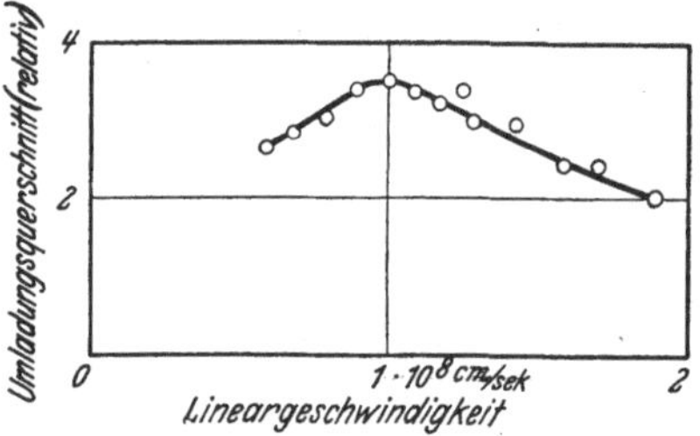

Abb. 78. Umladung von Protonen in Helium (nach Döpel).

Während in Wasserstoff ein stetiger Anstieg der Streuung mit abnehmender Protonengeschwindigkeit erfolgt, zeigen Helium und besonders Argon ein Maximum der Streuung. Thomson weist darauf hin, daß die Lage dieser Streumaxima in He und Ar für Protonen annähernd mit derjenigen der WQ-Maxima gegenüber Elektronen in denselben Gasen zusammenfällt, wenn man die Kurven in beiden Fällen über der Lineargeschwindigkeit als Abszisse aufträgt.

R. Döpel[2] hat nach einer vorläufigen Mitteilung die Umladung von Protonen in Helium zwischen 2500 und 20000 Volt untersucht. Er findet ein Maximum der Umladung bei einer Protonenlineargeschwindigkeit von ·1 · 10^8 cm/sec (Abb. 78), ohne allerdings die absolute Höhe dieses Maximums angeben zu können. Seine Versuche stellen eine interessante Ergänzung der Messungen von Ramsauer-Kollath-Lilienthal dar, die bei ihren Messungen in Helium bis 50 $\sqrt{\text{Volt}}$ einen abfallenden WQ fanden. Helium nimmt also tatsächlich in seinem Verhalten gegenüber Protonen keine Ausnahmestellung ein, die Umladung setzt nur in diesem Gas erst bei verhältnismäßig hohen Protonengeschwindigkeiten ein.

Zum Schluß dieses Kapitels geben wir in Abb. 79 eine Zusammenstellung über den gegenseitigen WQ von Protonen mit Wasserstoffmolekülen, weil in diesem

---

[1] Vgl. hierzu im Anhang die kürzlich erschienene Arbeit von H. Bartels über die Umladung von Protonen in Wasserstoff zwischen 4000 und 30000 Volt.
[2] R. Döpel, Naturwissensch. Bd. 19, S. 179. 1931.

Gas außer DEMPSTER[1] alle obigen Autoren gearbeitet haben. Bei der Betrachtung dieser Figur ist zu beachten, daß die Kurve von GOLDMANN[2] nur Umladung und die Kurve von THOMSON[3] Streuung unter kleinen Winkeln bedeutet. Die Kurve von HOLZER[4] fällt aus dieser Darstellung her-aus, da sie sowohl mit der Kurve von RAMSAUER-KOLLATH-LILIENTHAL[4] als auch mit der Kurve von GOLDMANN[2] im Wider-spruch steht, ohne daß dieser Widerspruch bisher aufgeklärt ist. Die Kurve von THOMSON[3] darf nicht als Fortsetzung der Kurve

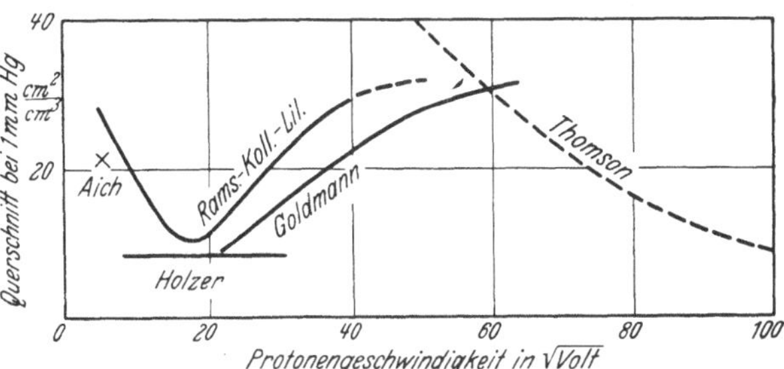

Abb. 79. WQ von Wasserstoff gegenüber Protonen Literaturvergleich.

von RAMSAUER-KOLLATH-LILIENTHAL[5] angesehen werden, da ihre Absoluthöhe durchaus willkürlich ist. Sie zeigt jedoch, daß die WQ-Kurve nach höheren Ge-schwindigkeiten wieder abnehmen wird[6].

30. Das Verhalten von Gasmolekülen gegenüber langsamen Alkaliionen.

C. RAMSAUER und O. BEECK[7]. Das Ziel der Arbeit ist die experimentelle Festlegung des gegenseitigen WQ verschiedener Gasmoleküle mit langsamen Alkali-ionen (1 bis 30 Volt). Die Meß-methode gleicht der bei Elektronen benutzten magnetischen Methode mit zwei Käfigen V und H (vgl. Abb. 12, S. 256). Die Ionenquelle besteht aus einem Platinstreifen, der nach einem bestimmten Ver-fahren mit Alkali-Amalgam ge-tränkt ist. Die gegenseitigen WQ von Argon mit verschiedenen Al-kaliionen zeigen den gleichen Cha-rakter (Abb. 80): Mit wachsen-der Ionengeschwindigkeit nimmt der WQ zunächst schnell, dann immer langsamer ab. Denselben Kurvencharakter zeigen auch alle WQ-Kurven der übrigen hier un-

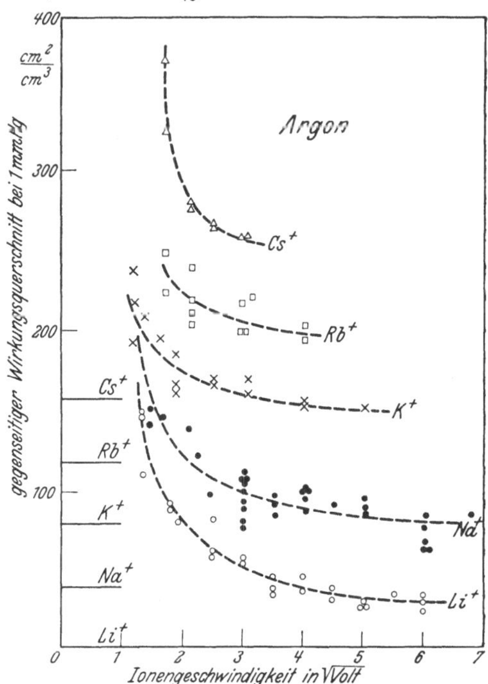

Abb. 80. Gegenseitiger Querschnitt von Argon mit verschiedenen Alkaliionen (nach RAMSAUER-BEECK).

tersuchten Gase: He, Ne, H_2, N_2, O_2. Vergleicht man das Verhalten ver-schiedener Gasmoleküle gegenüber einem bestimmten Alkaliion, z. B. dem

---

[1] Von einigen qualitativen Messungen abgesehen, die eine ähnliche Durchlässigkeit des Wasserstoffs gegenüber Protonen ergaben wie die Heliummessungen.

[2] F. GOLDMANN, Ann. d. Phys. Bd. 10, S. 460. 1931.

[3] G. P. THOMSON, Phil. Mag. Bd. 1, S. 961. 1926.

[4] R. E. HOLZER, Phys. Rev. Bd. 36, S. 1204. 1930.

[5] C. RAMSAUER, R. KOLLATH u. D. LILIENTHAL, Ann. d. Phys. Bd. 8, S. 709. 1931.

[6] Dies ist inzwischen für die Umladung nachgewiesen von H. BARTELS. Vgl. Anhang.

[7] C. RAMSAUER u. O. BEECK, Phys. ZS. Bd. 28, S. 858. 1927; Ann. d. Phys. Bd. 87, S. 1. 1928.

K^+-Ion, bei einer Ionengeschwindigkeit, bei welcher in Abb. 80 schon annähernd Konstanz des WQ erreicht ist, und stellt man die gefundenen Werte in Form von Radiensummen dar, so gelangt man zu einem bemerkenswerten Ergebnis: Wird die experimentell gefundene Radiensumme um den theoretischen Radius des K^+-Ions (nach HERZFELD-GRIMM) vermindert, so bleibt für das Gasmolekül eine Radiengröße übrig, die um so mehr von der gaskinetischen

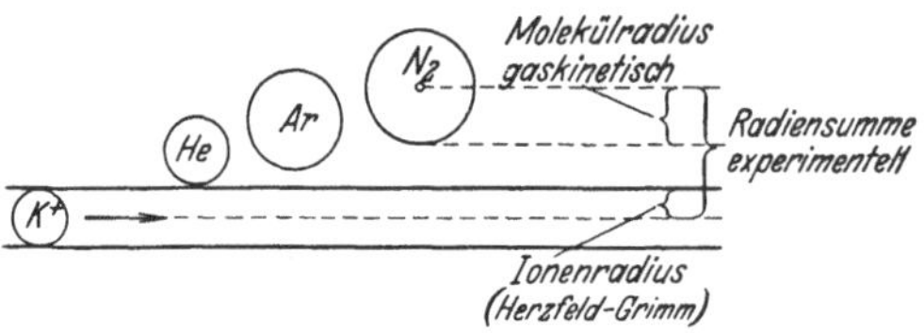

Abb. 81. Abweichungen zwischen experimenteller und theoretischer Radiensumme (nach RAMSAUER-BEECK).

Radiengröße des betreffenden Moleküls nach größeren Werten hin abweicht, je größer das Molekül gaskinetisch selbst ist (Abb. 81).

G. P. HARNWELL[1] hat einige qualitative Versuche über die Bewegung von K^+- und Cs^+-Ionen in den Gasen Helium, Neon, Argon, Wasserstoff und Stickstoff angestellt. Die dazu benutzte einfache Apparatur war in ihrem Aufbau ähnlich der von AICH (auf S. 297). Verfasser findet, daß sich die Versuchsergebnisse am besten durch eine freie Weglänge erklären lassen, die in der Größenordnung der gaskinetischen liegt, während die gemessenen Geschwindigkeitsverluste erheblich kleiner sind, als sie nach gewöhnlichen stoßmechanischen Überlegungen zu erwarten wären.

F. M. DURBIN[2]. Die Verfasser der noch folgenden Alkaliarbeiten gehören der DEMPSTERschen Schule an, ihre Arbeiten sind also als ein systematisches Ganzes anzusehen. Die Apparatur von DURBIN gleicht der von DEMPSTER (Abb. 67, S. 298). Kaliumionen mit Geschwindigkeiten zwischen 8 und 350 Volt werden durch die Gase He, Ar, H_2, N_2, O_2 und Luft geschickt, bei Gasdrucken zwischen 0 und $150 \cdot 10^{-4}$ mm Hg. Gemessen wird die Aufladung der Auffangplatte P bei verschiedenen Gasdrucken. Wir haben im folgenden die Meßergebnisse des Verfassers auf WQ umgerechnet, um den Vergleich mit RAMSAUER-BEECK sowie den anderen Arbeiten der DEMPSTERschen Schule zu erleichtern. Wie aus Abb. 82 hervorgeht, findet DURBIN die gleiche Kurvenform wie RAMSAUER-BEECK. Er glaubt, aus diesen Kurven folgenden Schluß ziehen zu können: Die experimentell gefundenen WQ-Werte für die verschiedenen Gase erreichen bei Extrapolation auf die Ionengeschwindigkeit Null einen WQ-Wert, der sich gaskinetisch dadurch ergibt, daß

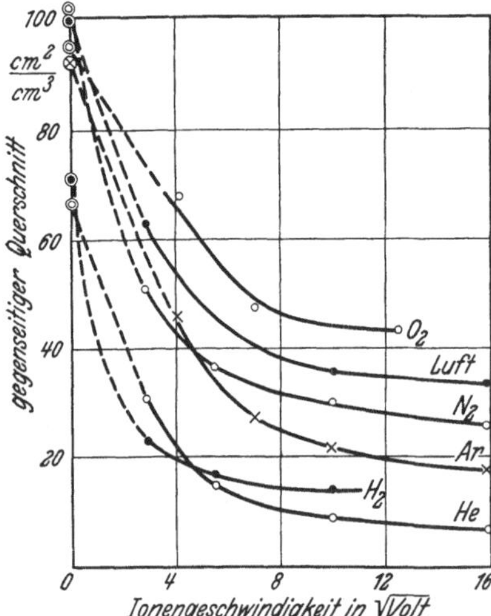

Abb. 82. Gegenseitiger Querschnitt von K^+-Ionen mit verschiedenen Gasen (nach DURBIN).

man statt des Querschnitts des K^+-Ions denjenigen des Argonatoms einsetzt. Dieses Resultat, das in der graphischen Darstellung von DURBIN (Ordinate: Verhältnis der experimentellen zur so berechneten „gaskinetischen" freien Weglänge, Abszisse: Volt) plausibel ist, hat in der hier benutzten Auftragung (gegenseitiger Querschnitt über $\sqrt{\text{Volt}}$) wenig Wahrscheinlichkeit, es steht übrigens im Widerspruch mit den WQ-Kurven von RAMSAUER-BEECK, die zu wesent-

[1] G. P. HARNWELL, Phys. Rev. Bd. 31, S. 634. 1928.
[2] F. M. DURBIN, Phys. Rev. Bd. 30, S. 844. 1927.

lich tieferen Voltgeschwindigkeiten führen, und wird auch in den weiteren Arbeiten der Dempsterschule nicht wieder aufgenommen.

R. B. KENNARD[1] hat mit gleicher Apparatur das Verhalten der Gase He, Ar, H_2 gegenüber den Ionen Na^+, Rb^+, Cs^+ gemessen. Neben einigen Bestimmungen der freien Weglänge wird hauptsächlich die Art der Einwirkung der Moleküle auf die Ionen untersucht. Zu diesem Zweck benutzt er eine Methode, die schon als qualitative Methode bei der Untersuchung des WQ gegenüber Elektronen ausführlich besprochen wurde: Formänderung magnetischer Verteilungskurven bei Gaseinlaß (vgl. S. 258 und 259). Zum Verständnis der vom Verfasser gezogenen

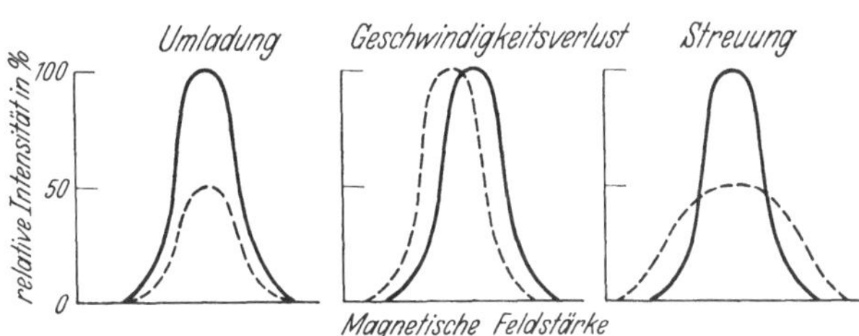

Abb. 83.   Schema der Formänderungen von Verteilungskurven.

Schlüsse müssen wir hier etwas über die Bedeutung der Formänderungen im Hinblick auf das Hinzukommen einer weiteren Beeinflussungsart (Umladung) vorausschicken. Verfasser unterscheidet drei Extremfälle, die in Abb. 83 schematisch dargestellt sind:

a) Verkleinerung der Gesamtfläche zwischen Verteilungskurve und Abszissenachse bei Gaseinlaß ohne Änderung der Kurvenform: Nur Umladung vorhanden.

b) Die gesamte Verteilungskurve rückt bei Gaseinlaß ohne Änderung ihrer Form und Fläche nach kleineren Magnetfeldern: Nur Geschwindigkeitsverluste vorhanden.

c) Die Verteilungskurve erscheint bei Gaseinlaß verbreitert, ohne daß die Fläche zwischen Kurve und Abszissenachse sich ändert: Nur Streuung unter kleinen Winkeln vorhanden.

Die Resultate von KENNARD, für dessen Messungen wir in den Abb. 84 zwei Beispiele geben, sind folgende:

1. Cs^+ in H_2 und in He: Die Ionen erleiden im wesentlichen nur Geschwindigkeitsverluste.

2. Cs^+ in Ar (35 und 90 Volt): Die Ionen werden im wesentlichen um

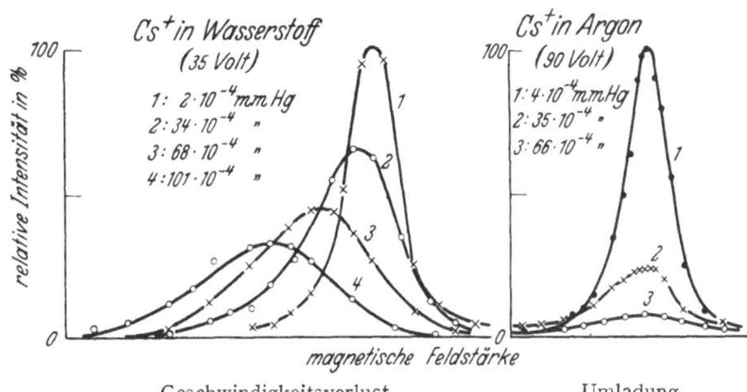

Abb. 84.   (Nach KENNARD.)

geladen, vielleicht findet auch Streuung unter großen Winkeln statt.

3. Na^+ in H_2 (445 Volt) (hier nicht in Abb. 84 wiedergegeben): Es treten alle drei der oben genannten Erscheinungen auf, also sowohl Umladung als auch Geschwindigkeitsverlust als auch Streuung unter kleinen Winkeln. Schwere Ionen in leichten Gasen (Cs^+ in H_2) verhalten sich also grundsätzlich anders wie schwere Ionen in schweren Gasen (Cs^+ in Ar).

J. W. COX[2]. Im Anschluß an die Ergebnisse der Arbeit von KENNARD stellt sich Cox die Aufgabe, das Verhalten von leichten Ionen in schweren Gasen

---

[1] R. B. KENNARD, Phys. Rev. Bd. 31, S. 423. 1928.
[2] J. W. COX, Phys. Rev. Bd. 34, S. 1426. 1929.

zu untersuchen. Er wählt zu diesem Zweck einen möglichst extremen Fall: Lithium-Ionen in Hg-Dampf. Die Apparatur weicht etwas von der bisherigen Form in bezug auf die eigentliche Meßvorrichtung der Ionen ab (Abb. 85). Es können zunächst bei Zusammenschaltung des Zylinders V mit dem Käfig H magnetische Verteilungskurven wie bei Kennard aufgenommen werden. Es kann aber darüber hinaus mit den beiden Käfigen V und H eine WQ-Messung am geradlinigen Strahl vorgenommen werden; beide Arten der Messung sind bei Ionengeschwindigkeiten zwischen 25 und 250 Volt durchgeführt worden. Abb. 86 zeigt Verteilungskurven bei verschiedenen Gasdrucken. Trägt man die Flächeninhalte dieser Kurven über dem Gasdruck auf, so ergibt sich ein e-funktionaler Abfall; der Exponent der e-Funktion ist der gegenseitige WQ bei der betreffenden Ionengeschwindigkeit. (Verfasser nennt diese Methode „Ramsauer-Methode".) Abb. 87 gibt die WQ-Werte wieder, die nach der Zweikäfigmethode am gerad-

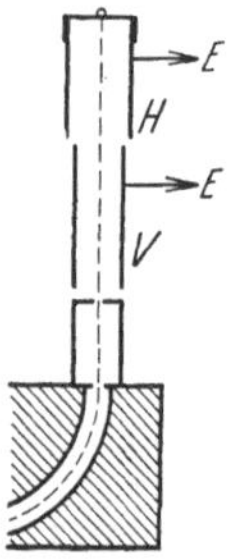

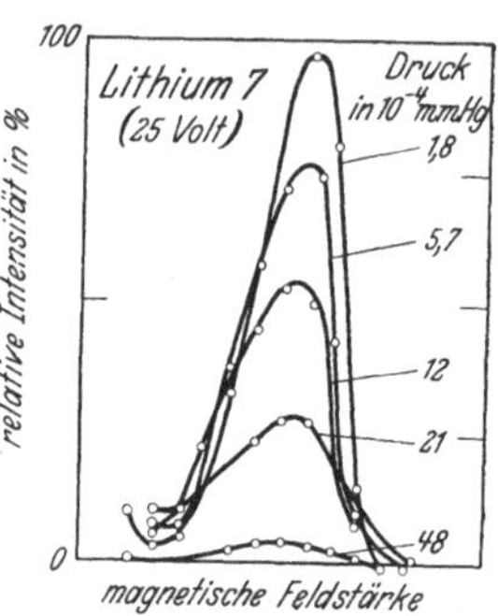

Abb. 85. WQ-Messung (nach Cox).

Abb. 86. Geschwindigkeitsverteilungskurven von Li⁺ in Hg-Dampf (nach Cox).

linigen Strahl bestimmt sind ($\bullet\bullet$), hinzugezeichnet sind zum Vergleich die aus der ersten Bestimmung („Ramsauer-Methode") errechneten WQ-Werte ($\circ\circ$). Verfasser schließt aus seinen Ergebnissen folgendes: Li⁺-Ionen erleiden bei Durchgang durch Hg-Dampf keine Geschwindigkeitsverluste (keine Verschiebung der Verteilungskurven!). Aus dem starken Unterschied der WQ-Werte nach Methode I und II wird der Schluß gezogen, daß hauptsächlich Streuung unter kleinen Winkeln vorliegt, weil die WQ-Messungen von der benutzten Meßmethodik stark abhängig sind.

J. S. Thompson[1]. Mit gleicher Apparatur wie bei Cox werden folgende drei Arten von Messungen durchgeführt:

1. Magnetische Verteilungskurven wie oben.

2. WQ-Messungen mit zwei Käfigen wie oben.

3. Gegenspannungskurven bei zusammengeschalteten Käfigen 1 und 2.

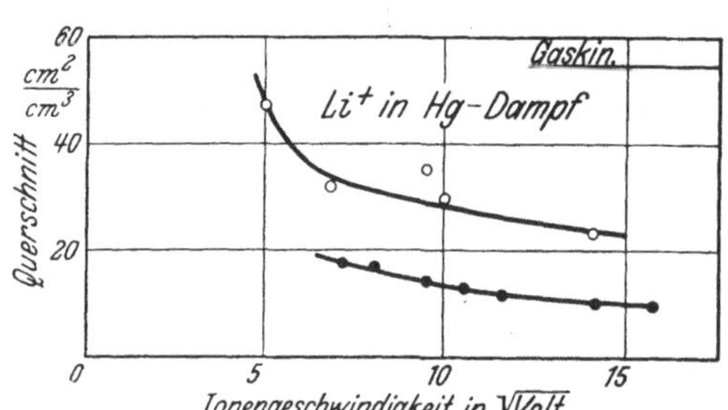

Abb. 87. WQ von Quecksilberdampf und Lithium-Ionen mit zwei verschiedenen Apparaturen (nach Cox).

Untersucht wird das Verhalten der Gase He und H_2 (leichte Gase) gegenüber Li⁺ (leichtes Ion) und Cs⁺ (schweres Ion) bei Ionengeschwindigkeiten zwischen 5 und 500 Volt. Die Meßergebnisse bestätigen zunächst die Ergebnisse von Kennard: Cs⁺-Ionen erleiden in Helium im wesentlichen nur Geschwindigkeitsverluste. Die Verminderung der Strahlgeschwindigkeit wird von Thompson aber nicht nur durch die Verschiebung der Verteilungskurven gezeigt, sondern an Hand von Gegenspannungskurven (Abb. 88) einwandfrei bewiesen. Ganz anders verhält sich Helium gegenüber Li⁺: aus den Gegenspannungskurven sowie auch besonders aus der Formänderung von Verteilungskurven wird der Schluß gezogen, daß im Fall von Helium gegen Li⁺ nur Streuung ohne Geschwindigkeitsverlust vorliegt. Hierzu geben wir in Abb. 89 die WQ-Messungen von Thompson

---

[1] J. S. Thompson, Phys. Rev. Bd. 35, S. 1196. 1930.

für Helium gegen Li$^+$-Ionen. Kurve *I* ist aus WQ-Messungen am geradlinigen Strahl nach der Zweikäfigmethode, Kurve *II* wie bei Cox aus der Änderung des Flächeninhaltes von magnetischen Verteilungskurven erhalten. Der Vergleich der beiden Kurven zeigt den starken Einfluß der Meßmethodik auf den WQ-Wert und wird vom Verfasser ebenfalls als Beweis dafür angesehen, daß Li$^+$-Ionen in Helium nur Streuung unter kleinen Winkeln erfahren.

Trägt man in die THOMPSONsche WQ-Kurvendarstellung (Abb. 89) die Werte von RAMSAUER-BEECK für Li$^+$ in Helium ein, so erhält man einen überraschend guten Anschluß an die Kurve *I*. THOMPSON erklärt die tiefere Lage der Kurve *I* (o o) und die gute Übereinstimmung mit RAMSAUER-BEECK (• •) aus der Verwendung größerer Blenden. Dies scheint insofern nicht überzeugend, als nach S. 295 die *Zwei*käfigmethode

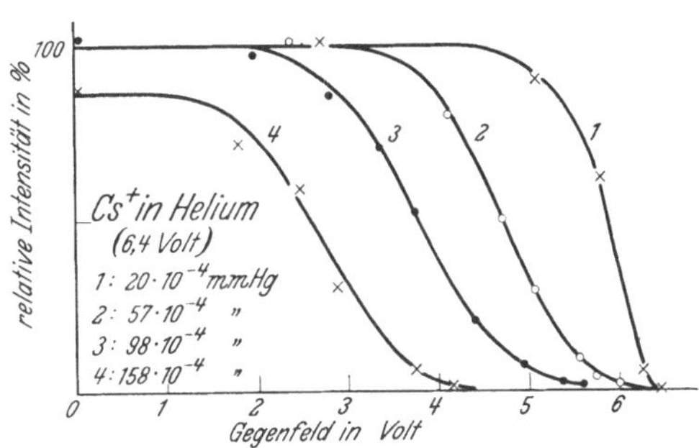

Abb. 88.   Gegenspannungskurven für Cs$^+$-Ionen in Helium
(nach THOMPSON).

mit *gleich großen* Blenden gerade so wirkt wie eine *Ein*käfigmethode mit sehr engen Blenden. Aus dieser Überlegung wäre also gerade eine Übereinstimmung der WQ-Messungen von RAMSAUER-BEECK (• •) mit Kurve *II* des Verfassers (× × ×) zu erwarten.

Zum Schluß sollen die Resultate der Messungen an Alkaliionen kurz zusammengefaßt werden: Alle Autoren finden übereinstimmend, daß die WQ-Kurven mit zunehmender Ionengeschwindigkeit zunächst schnell, dann langsamer abfallen. Erhebliche Unterschiede in der quantitativen Höhe der WQ-Kurven sind vorhanden, scheinen aber teilweise durch Streuung unter kleinen Winkeln erklärbar zu sein. Die Art der Einwirkung der Moleküle auf die Ionen hängt stark von dem Atomgewicht der beiden Stoßpartner ab (Impulssatz!): leichte Ionen zeigen in leichten und in schweren Gasen nur Streuung, aber keine Geschwindigkeitsverluste; schwere Ionen zeigen in schweren Gasen Umladung, in leichten Gasen Geschwindigkeitsverluste.

31. Sonstige Ionen. Die Kenntnis vom Verhalten der Gasmoleküle gegenüber sonstigen langsamen Ionen (mit Ausnahme der

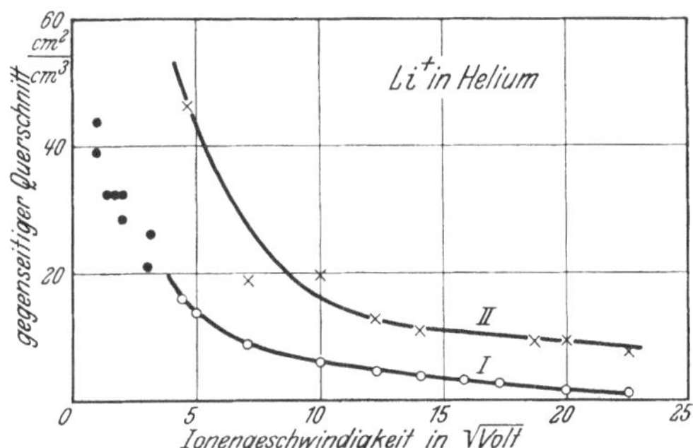

Abb. 89.   Gegenseitiger Querschnitt von Helium und Li$^+$.
o——o } : nach THOMPSON,   • • • : nach RAMSAUER-BEECK.
×——×

schon besprochenen Protonen und Alkaliionen) geht in der Hauptsache auf Arbeiten von KALLMANN und ROSEN[1] zurück, die in ausgedehnten Untersuchungen die verschiedensten, auch mehrfach geladenen Ionen untersucht haben, allerdings ohne erhebliche Variation der Ionengeschwindigkeit. Die folgende Tabelle gibt eine Übersicht über die benutzten Gase und Ionen, ohne daß im einzelnen die tatsächlich bestimmten WQ-Werte aufgezählt werden sollen.

---

[1] H. KALLMANN u. B. ROSEN, ZS. f. Phys. Bd. 61, S. 61. 1930; Bd. 64, S. 806. 1930.

Gase	He	Ne	He-Ne	Ar	Hg	N_2	O_2	CO	CO_2	NH_3
Ionen	He^+	Ne^+	Ar^+	Ar^+	Hg^+	N_2^+	O_2^+	CO^+	CO_2^+	C^+
	Ar^+		N^+	He^+	Hg^{++}	Ar^+	O^+	C^+	O^+	CO^+
	Ar^{++}		N_2^+	Ne^+		N^+	N^+		C^+	
				N^+		Hg^+	N_2^+		CO^+	
				N_2^+		Hg^{++}			H_2O^+	

KALLMANN und ROSEN verwendeten zunächst eine Versuchsanordnung, die mit der von DEMPSTER (Abb. 67) im wesentlichen identisch ist, wobei die verschiedenen Ionenarten nach der Gasentladungsmethode erzeugt und dann in den meisten Fällen auf 400 Volt Geschwindigkeit gebracht werden. Ge-messen wird die Intensitätsabnahme des Ionenstrahls in Abhängigkeit vom Gas-druck. Das Hauptresultat dieser Unter-suchungen ist folgendes: *Es findet eine um so stärkere Intensitätsabnahme (Ab-sorption) mit dem Druck statt, je näher die Neutralisationsenergie des Ions der Ionisierungsspannung des untersuchten Ga-ses liegt.*

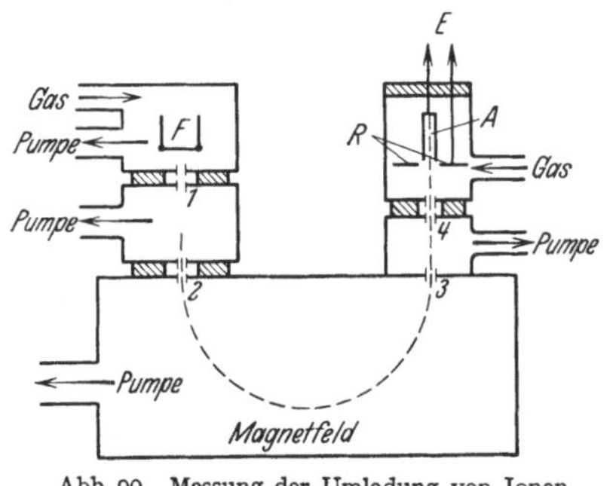

Abb. 90. Messung der Umladung von Ionen (nach KALLMANN-ROSEN).

In Ergänzung dieser Messungen ha-ben die Verfasser mit der in Abb. 90 schematisch wiedergegebenen Apparatur Messungen der Umladung vorgenommen, bei denen ein Auffangring R um den Auffangkäfig A herumgelegt worden ist. Mit dem Auffangkäfig A wird wie bisher die Intensität des Ionenstrahls gemessen, mit Hilfe entsprechender Aufladungen des Ringes R wird diejenige Anzahl von langsamen Ionen bestimmt, die der Ionenstrahl auf seinem Wege zwischen der Blende 4 und dem Auffangkäfig A gebildet hat. Es wird nach-gewiesen, daß diese langsamen Ionen positive Ladung besitzen und durch Um-ladung der Primärionen entstanden sind; vorher wird durch Kontrollversuche mit zum Teil anderer Anordnung sichergestellt, daß die auf R gelangenden Ionen keine gestreuten Primärionen sind. Der Umladungsquer-schnitt, der sich aus diesen Versuchen berechnen läßt, hat etwa dieselbe Größe wie der gaskinetische Querschnitt. Der gesamte WQ besteht hier also im wesentlichen aus Um-ladung, da Streuung nicht merkbar vorhanden ist.

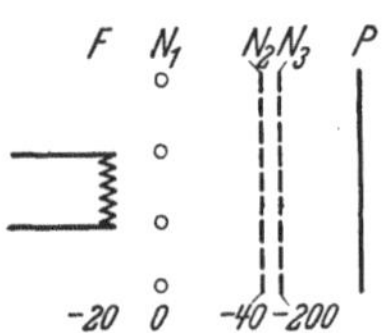

Abb. 91. Messung der Umladung (nach PEN-NING und VEENEMANS).

F. M. PENNING und C. F. VEENEMANS[1] haben das Ver-halten des Argons gegenüber Ar^+-Ionen verglichen mit dem Verhalten des Argons gegenüber K^+-Ionen. In ihrer Apparatur, die schematisch in Abb. 91 wiedergegeben ist und eine gewisse Ähnlichkeit mit der Anordnung von AICH zeigt (vgl. S. 297), werden die Ar^+-Ionen nach der Gasentladungsmethode erzeugt, die K^+-Ionen durch eine Kunsman-Anode, die an Stelle von $F - N_1$ eingesetzt werden kann. Zwischen N_1 und N_2 werden die Ionen durch Elektronenstoß gebildet, zwischen N_2 und N_3 werden sie auf die gewünschte Endgeschwindigkeit (160 bis 200 Volt) beschleunigt und treten dann in ein Gegenfeld zwischen N_3 und P ein. Aus der Form der Gegenspannungskurven läßt sich entnehmen, daß die Ar^+-Ionen er-heblich mehr Energie in Argon verlieren als die K^+-Ionen; den Grund hierfür suchen die Verfasser in der stärkeren Umladung der Ar^+-Ionen in Argon. Es läßt sich auch ein Wert für den Umladungsquerschnitt von Ar^+-Ionen in Argon

---

[1] F. M. PENNING u. C. F. VEENEMANS, ZS. f. Phys. Bd. 62, S. 746. 1930.

aus diesen Messungen errechnen, der von den Verfassern zu 0,8 des gaskinetisch zu erwartenden, also zu etwa 74 cm²/cm³ angegeben wird. Über eine Zusammenstellung dieses Wertes mit anderweitigen Messungen des Umladungsquerschnitts vgl. die folgende Arbeit.

F. WOLF[1] hat, um zunächst einen Überblick zu erhalten, den gegenseitigen WQ von Argon mit Ar^+ in Abhängigkeit von der Ionengeschwindigkeit zwischen 25 und 900 Volt am geradlinigen Strahl mit einer Zweikäfiganordnung gemessen. Wir wollen hier sofort zu der Beschreibung der zweiten von WOLF für *Umladungs*messungen benutzten Apparatur übergehen (Abb. 92), da die Resultate dieser zweiten Arbeit die der ersten im wesentlichen mit enthalten und darüber hinaus quantitative Angaben über die Zusammensetzung der Gesamtwirkung aus den einzelnen Teilwirkungen enthalten.

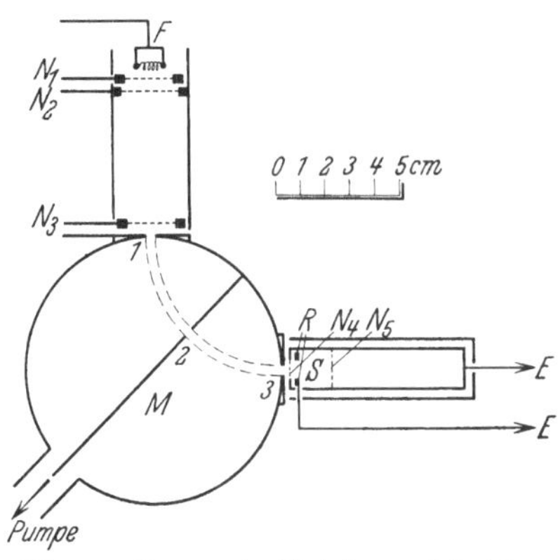

Abb. 92.　Messung der Umladung und Ionisierung (nach F. WOLF).

In Abb. 92 werden die Ar^+-Ionen nach der Gasentladungsmethode erzeugt und im Magnetfeld M von Beimengungen anderer Ionen befreit; sie treten dann als Ionenstrahl (Blenden *1* bis *3*) in die Meßanordnung ein. Gemessen wird bei einem bestimmten Gasdruck einerseits die gesamte durch Blende *3* in den Auffangkäfig eintretende und andererseits die auf den Ringauffänger R gelangende Ionenmenge; hierbei wird R ein solches *negatives* Potential erteilt, daß alle Ionen, welche im Raum S zwischen N_4 und N_5 durch Umladung gebildet werden, auch tatsächlich nach R gezogen werden (Sättigungskurven!). Diese Messung wird dann bei einem zweiten Gasdruck wiederholt und der Umladungsquerschnitt aus den beiden Intensitätswerten, dem Gasdruck und der Entfernung $N_4 \rightarrow N_5$ berechnet. Mit gleicher Apparatur ist auch die Messung eines „Ionisierungsquerschnittes" möglich. Man erteilt zu diesem Zweck dem Ring R ein solches *positives* Potential, daß die durch Umladung gebildeten Ionen ihn nicht mehr erreichen können, daß aber alle Elektronen, welche in S durch Ionisation der dort vorhandenen

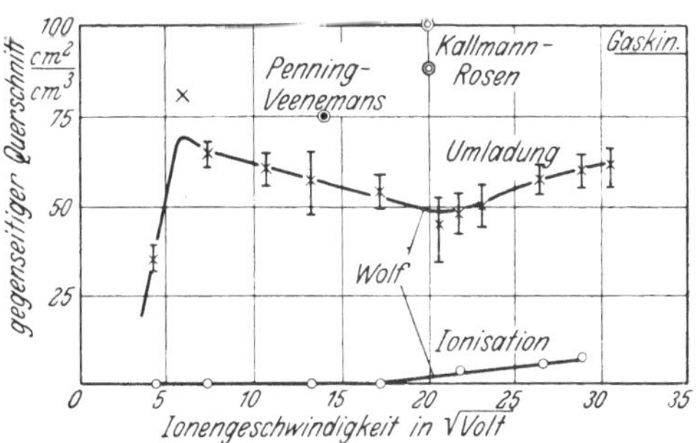

Abb. 93.　Umladungs- und Ionisierungsquerschnitt von Argon gegen Ar^+-Ionen (nach F. WOLF).

Moleküle gebildet werden, nach R gezogen werden. Das Ergebnis der Messungen zeigt Abb. 93: Der Umladungsquerschnitt von Argon mit Ar^+-Ionen ($\times - \times$) hat ein Maximum bei 6 $\sqrt{Volt}$ und ein Minimum bei 21 $\sqrt{Volt}$ und nimmt mit weiter wachsender Geschwindigkeit langsam zu. Seine Werte bleiben im ganzen etwas kleiner als der gaskinetische Querschnitt zwischen zwei neutralen Argonatomen[2], der zum Vergleich in Abb. 93 rechts als Strich (Gaskin.) eingezeichnet ist. Aus dem Verlauf des Ionisierungsquerschnitts ($\circ - \circ$) ersieht man, daß Ionisierung des Argonatoms durch das Ar^+-Ion erst oberhalb von etwa 300 Volt

---

[1] F. WOLF, ZS. f. Phys. Bd. 72, S. 42. 1931; Bd. 74, S. 574. 1932.
[2] D. h. also der vierfache Querschnitt des einzelnen Argonatoms.

Ionengeschwindigkeit auftritt und dann mit wachsender Geschwindigkeit langsam ansteigt. Am Ende des untersuchten Geschwindigkeitsintervalls (etwa 1000 Volt) beträgt der Ionisierungsquerschnitt noch nicht 10% des Umladungsquerschnitts.

Zum Vergleich der Kurven für den Umladungsquerschnitt von Wolf[1] mit den obigen Messungen des Umladungsquerschnitts haben wir auch die Einzelpunkte von Kallmann-Rosen[2] bei etwa 400 Volt (◉) und den Punkt von Penning-Veenemans[3] bei etwa 200 Volt (⊙) in Abb. 93 eingetragen. Zu diesem Vergleich sei aber bemerkt, daß sowohl Kallmann-Rosen wie Penning-Veenemans auf die *quantitative* Sicherheit ihrer Angabe für den Umladungsquerschnitt nicht allzuviel Gewicht legen. Wir wollen durch diesen Vergleich nur zeigen, daß auch die beiden anderen Autoren verhältnismäßig große Umladungsquerschnitte finden, nämlich solche von der Größenordnung des gaskinetischen Querschnitts.

Nachtrag[4].

Ein Entgegenkommen des Verlages macht es uns möglich, an dieser Stelle noch die wichtigsten Arbeiten kurz zu referieren, die nach dem eigentlichen Abschluß dieses Artikels bis zur Zeit der vorliegenden Korrektur erschienen sind. Von diesen Arbeiten fällt eine in das Ionengebiet, die übrigen beschäftigen sich durchweg, entweder experimentell oder theoretisch, mit der Streuung von Elektronen. Wir geben in drei Abschnitten diese Arbeiten alphabetisch nach Verfassern geordnet:

1. Experimentelle Arbeiten über Elektronenstreuung. Hughes und McMillen[5] behandeln in zwei Arbeiten die Streuung von Elektronen an Wasserstoffbzw. Heliummolekülen bei Primärgeschwindigkeiten zwischen 25 und 700 Volt in einem Streuwinkelbereich von 0 bis 170° nach ihrer schon früher ausgearbeiteten Methode (vgl. S. 285). Die Winkelverteilungskurven der elastisch gestreuten Elektronen zeigen in Helium bis zu 100 Volt, in Wasserstoff bis zu 200 Volt nach gleichmäßigem Abfall ein Minimum der Streuung bei etwa 90°, in Wasserstoff zwischen 35 und 50 Volt außerdem ein Maximum der Streuung bei etwa 155°. Ferner haben Hughes und McMillen wie schon in einer früheren Arbeit Winkelverteilungen der *mit* Geschwindigkeitsverlust gestreuten Elektronen und Winkelverteilungen der beim Ionisationsprozeß herausgeworfenen Atomelektronen gemessen. Auf letztere Untersuchung soll hier wegen der Beschränkung auf elastische Stoßprozesse (vgl. S. 279) nicht näher eingegangen werden. Tate und Palmer[6] haben die Streuung von Elektronen an Hg-Dampfmolekülen bei Primärgeschwindigkeiten von 80 bis 700 Volt in einem Winkelbereich von 10 bis 130° gemessen. Ihre Anordnung entspricht der ersten von Harnwell[7] für Streumessungen benutzten: Streukäfig fest, Glühdraht beweglich, Geschwindigkeitsanalyse nach der Gegenfeldmethode. Durch Anlegen von großen Gegenfeldern können die elastisch gestreuten Elektronen in ihrer Winkelverteilung für sich allein aufgenommen werden. Die Ergebnisse für diese elastische Streuung stimmen gut überein mit den Messungen von Arnot. Gemessen werden ferner

---

[1] F. Wolf, ZS. f. Phys. Bd. 74, S. 574. 1932.
[2] H. Kallmann u. B. Rosen, ZS. f. Phys. Bd. 61, S. 61. 1930.
[3] F. M. Penning u. C. F. Veenemans, ZS. f. Phys. Bd. 62, S. 746. 1930.
[4] Vgl. die erste Anmerkung auf S. 243 ds. Handbuchartikels.
[5] A. L. Hughes u. J. H. McMillen, Phys. Rev. Bd. 41, S. 39 u. 154. 1932.
[6] J. T. Tate u. R. R. Palmer, Phys. Rev. Bd. 40, S. 731. 1932.
[7] G. P. Harnwell, Proc. Nat. Akad. Amer. Bd. 14, S. 564. 1928.

wie bei HUGHES und MCMILLEN die Winkelverteilungen der *mit* Geschwindigkeitsverlust gestreuten Elektronen und die Winkelverteilungen der bei Ionisationsprozessen herausgeworfenen Atomelektronen. TATE und PALMER nehmen schließlich eine Absolutauswertung ihrer Streumessungen vor, d. h. sie berechnen aus ihren Messungen den gesamten Wirkungsquerschnitt, ferner einen Anregungs- und einen Ionisierungsquerschnitt. Diese Querschnitte stimmen mit den Messungen von BRODE (WQ) und von SMITH (Ionisierungsquerschnitt) befriedigend überein.

2. Theoretische Arbeiten über Elektronenstreuung. E. FEENBERG[1] zeigt, daß die den bisherigen Wirkungsquerschnittberechnungen zugrunde liegende Wellengleichung für das gestreute Elektron sich als Näherung der strengen (Mehrelektronen-) Gleichung ergibt, ferner, daß der Elektronenaustausch beim Streuproblem von geringerer Bedeutung ist, als seine Berücksichtigung in nur erster Näherung vermuten läßt. Er gibt eine Näherungsformel für die Streuwahrscheinlichkeit an, die für hohe Elektronengeschwindigkeiten in die erste BORNsche Näherung übergeht. In einer Anmerkung bei der Korrektur teilt FEENBERG mit, daß die numerischen Ergebnisse auch für kleinste Elektronengeschwindigkeiten mit den experimentellen Resultaten qualitativ gut übereinstimmen. W. HENNEBERG[2] berechnet nach einem Verfahren, das auf FAXÉN und HOLTSMARK[3] zurückgeht, unter Benutzung der FERMIschen Potentialverteilung die elastische Streuung von Elektronen mit Geschwindigkeiten von 135 bis 800 Volt an Quecksilberdampfmolekülen. Die Übereinstimmung mit dem Experiment (ARNOT, PEARSON-ARNQUIST) ist besonders für die größeren Elektronengeschwindigkeiten gut. H. S. W. MASSEY und C. B. O. MOHR haben in einer ersten Arbeit[4] die Theorie von BORN und OPPENHEIMER auf den Stoß zwischen Elektronen und *Molekülen* angewandt. Die Streukurven in Wasserstoff und Stickstoff stehen für höhere Geschwindigkeiten, für die allein ja die Theorie von BORN nur gilt, in guter Übereinstimmung mit dem Experiment, sie versagt in Wasserstoff unterhalb etwa 50, in Stickstoff unterhalb etwa 30 Volt. In der zweiten Arbeit[5] berücksichtigen MASSEY-MOHR in ihren Rechnungen nach dem BORNSCHEN Verfahren den Elektronenaustausch in erster Annäherung; ihre Ergebnisse sind um so zuverlässiger, je kleiner der Austausch wird. Sie machen darauf aufmerksam, daß die Abweichungen der Streufunktion von einer ebenen Welle und der Austauscheffekt im allgemeinen einander entgegenwirken, woraus sich die scheinbare Gültigkeit der BORNschen Theorie für kleinere Elektronengeschwindigkeiten erklärt. Es gelingt ihnen, mit dieser Theorie nicht nur wie früher *qualitativ* die Rückwärtsstreuung in Wasserstoff zu erklären, sondern sie können auch die Geschwindigkeit angeben, bei der die Vorwärts- in eine Rückwärtsstreuung übergeht. H. CHRISTIAN STIER[6] hat die Theorie der Elektronenstreuung von HOLTSMARK sinngemäß auf die Streuung an symmetrischen zweiatomigen Molekülen angewandt, indem er statt des *kugel*symmetrischen Kraftfeldes (dessen „Rand" bei ALLIS-MORSE im Endlichen liegt) ein im Endlichen liegendes *ellipsoidisches* Kraftfeld angenommen hat. Er kann so das scharfe Querschnittsmaximum in Stickstoff und ferner Streukurven in Kohlenoxyd zwischen 0,5 und 2 Volt in guter Übereinstimmung mit der Erfahrung berechnen.

---

[1] E. FEENBERG, Phys. Rev. Bd. 40, S. 40. 1932.
[2] W. HENNEBERG, Naturwissensch. Bd. 20, S. 561. 1932.
[3] Vgl. S. 276 Anm. 6.
[4] H. S. W. MASSEY u. C. B. O. MOHR, Proc. Roy. Soc. London Bd. 135, S. 258. 1932.
[5] H. S. W. MASSEY u. C. B. O. MOHR, Proc. Roy. Soc. London Bd. 136, S. 289. 1932.
[6] H. CHR. STIER, ZS. f. Phys. Bd. 76, S. 439. 1932.

Auf dem Gebiet der *Ionen* (Teil II dieses Artikels) liegt nur eine Arbeit von H. BARTELS[1] vor. BARTELS hat die Umladung von Protonen in Wasserstoff bei Protonengeschwindigkeiten von 4 bis 30 kV untersucht und damit die Verbindung zwischen den Umladungsmessungen bei höheren Protonengeschwindigkeiten mit den Untersuchungen bei kleineren Geschwindigkeiten (insbesondere den Umladungsmessungen von GOLDMANN) hergestellt, die bisher noch fehlte. Er findet bei beiderseitigem gutem Anschluß seiner Messungen an schon bekanntes Material ein Maximum der Umladung bei etwa 7000 Volt mit einem Umladungsquerschnitt von 50 cm²/cm³ bei 1 mm Hg.

---

[1] H. BARTELS, Ann. d. Phys. Bd. 13, S. 373. 1932.

Kapitel 5.

Beugung von Materiestrahlen.

Von

R. Frisch und O. Stern, Hamburg.

Mit 55 Abbildungen.

I. Einleitung.

1. De Broglie-Wellen. Louis de Broglie stellte im Jahre 1924 die Theorie auf[1], daß jeder bewegten Masse ein Wellenvorgang entspricht, daß also ein Strahl bewegter Partikel auch Welleneigenschaften zeigt, wie ein Lichtstrahl. Die Wellenlänge λ dieses Wellenvorganges steht nach de Broglie mit dem Impuls der Partikel mv im Zusammenhang $\lambda = h/mv$ (h — Plancksches Wirkungsquantum). Die physikalische Bedeutung der Wellen ist nach einer später entwickelten (Born[2]) und jetzt wohl allgemein angenommenen Ansicht die, daß das Quadrat des Absolutwerts der Amplitude die Wahrscheinlichkeit dafür gibt, ein Materieteilchen anzutreffen, ebenso wie das Quadrat des Lichtvektors die Lichtintensität, d. h. die Wahrscheinlichkeit, ein Lichtquant anzutreffen, angibt.

Die Bahn eines Teilchens in einem Kraftfeld entspricht von diesem Standpunkt aus dem Weg eines Lichtstrahls in einem Medium mit variablem Brechungsindex; und zwar steht der Brechungsindex μ mit der potentiellen Energie V und mit der Gesamtenergie E des Teilchens in dem Zusammenhange $\mu = \sqrt{1 - \dfrac{V}{E}}$ (Newtonsche Näherung).

Diese Theorie bildet den Ausgangspunkt der Entwicklung der Wellenmechanik durch Schrödinger und andere[3], die die Grundlage der ganzen modernen Atomtheorie geworden ist und hier die glänzendste experimentelle Bestätigung erfahren hat. Der folgende Artikel beschäftigt sich jedoch im wesentlichen nur mit der direkten experimentellen Prüfung der obigen einfachen Grundformeln (speziell $\lambda = h/mv$) und den damit zusammenhängenden Erscheinungen. Es handelt sich also um den Nachweis und die Untersuchung von Beugungserscheinungen bei Strahlen bewegter Materie.

2. Wellenlängen. Betrachten wir die in Frage kommenden Wellenlängen. Für *Elektronen* der „Voltgeschwindigkeit" V beträgt ihre wirkliche Geschwindigkeit $v = \sqrt{\dfrac{2eV}{m}}$, ihre Wellenlänge $\lambda = \dfrac{h}{mv} = \dfrac{h}{\sqrt{2meV}}$ (m und e sind Masse und Ladung des Elektrons). Setzt man die Zahlenwerte ein und mißt V in Volt, λ in Å, so ergibt sich die bequeme Formel $\lambda = \sqrt{\dfrac{150}{V}}$, also bei 150 Volt wird die Wellenlänge gerade $1 \cdot 10^{-8}$ cm. Für *Ionen* mit dem Molekulargewicht M ist

---

[1] L. de Broglie. Thèses. Paris 1924 (Edit. Mousson & Co.); Ann. d. phys. Bd. 3, S. 22. 1925.

[2] M. Born, ZS. f. Phys. Bd. 38, S. 803. 1926.   [3] Siehe ds. Handb. Bd. XXIV/1.

die Masse $1820 \cdot M$ mal größer, die Wellenlänge bei derselben Voltgeschwindigkeit daher $\sqrt{1820\,M} = 43\,\sqrt{M}$ mal kleiner. Größere Wellenlängen erhält man wieder bei *ungeladenen Molekülen* von Temperaturgeschwindigkeit, also bei Molekularstrahlen. Hier ergibt sich ein kontinuierliches Wellenlängenspektrum entsprechend der Maxwellschen Geschwindigkeitsverteilung. Fassen wir N Strahlmoleküle ins Auge, so ist die Zahl derer mit einer Geschwindigkeit zwischen v und $v + dv$ nach Maxwell $N(v) = N \cdot 2e^{-\frac{v^2}{\alpha^2}} \cdot \frac{v^3}{\alpha^4} \cdot dv \left(\alpha = \sqrt{\frac{2RT}{M}}\right.$

$=$ wahrscheinlichste Geschwindigkeit, R Gaskonstante, T abs. Temperatur; v^3 statt v^2, weil von den raschen Molekülen mehr ausströmen). Die Zahl derer mit einer Wellenlänge zwischen λ und $\lambda + d\lambda$ ergibt sich also nach de Broglie zu $N(\lambda) = N \cdot 2e^{-\frac{\lambda_\alpha^2}{\lambda^2}} \cdot \frac{\lambda_\alpha^4}{\lambda^5} \cdot d\lambda \left(\lambda_\alpha = \frac{h}{m\alpha}\right)$. Dem Maximum dieser Kurve entspricht die „Wellenlänge größter Intensität" $\lambda_m = \lambda_\alpha \cdot \sqrt{0,4} = \frac{19,47}{\sqrt{T \cdot M}} \cdot 10^{-8}$ cm. Z. B. wird für Helium von Zimmertemperatur $\lambda_m = 0,57 \cdot 10^{-8}$ cm.

Man sieht, daß die verfügbaren Wellenlängen praktisch höchstens einige Ångströmeinheiten erreichen. Man wird also zum Nachweis von Beugungserscheinungen ähnliche Methoden anwenden wie bei Röntgenstrahlen; d. h. es kommt Beugung an Kristallgittern, an künstlichen Strichgittern und an einzelnen Molekülen in Frage. Beugung an einem Spalt, die wohl auch nachweisbar wäre, ist bisher nicht erhalten worden.

3. Historisches. Die erste Andeutung für die Wellennatur von Materiestrahlen brachten die Versuche von Davisson und Kunsman[1] über die Reflexion von *Elektronen* an Metallkristallen, die zuerst Elsasser[2] in diesem Sinne gedeutet hat. Den ersten eindeutigen Beweis brachten später Versuche von Davisson und Germer[3] an Nickel-Einkristallen. Diese Versuche sind analog dem Nachweis der Wellennatur der Röntgenstrahlen durch die Versuche von Laue, Friedrich und Knipping[4]. Kurz darauf gelang es G. P. Thomson[5], auch „Debye-Scherrer-Ringe" mit Elektronenstrahlen an Metallfolien zu erzeugen. Aus der späteren lebhaften Entwicklung sei nur hervorgehoben: E. Rupps Nachweis der Beugung am künstlichen Strichgitter[6], S. Kikuchis Kreuzgitterspektren an Glimmerblättchen[7], Mark und Wierls Untersuchungen von Molekülstrukturen durch Beugung an einzelnen Molekülen[8]. Weitere Untersuchungen galten den Abweichungen vom einfachen Beugungsgesetz („Brechungsindex") für verschiedene Kristallgitter[9] und dem Auftreten verbotener (halbzahliger) Beugungsordnungen; ferner der Präzisionsprüfung der de Broglieschen Gleichung $\lambda = h/mv$ [10].

[1] C. J. Davisson u. C. H. Kunsman, Science Bd. 64, S. 522 (1921); Phys. Rev. Bd. 22, S. 242. 1923.

[2] W. Elsasser, Naturwissensch. Bd. 13, S. 711 (1925).

[3] C. J. Davisson u. L. H. Germer, Nature Bd. 119, S. 558. 1927; Phys. Rev. Bd. 30, S. 705. 1927.

[4] W. Friedrich, P. Knipping u. M. v. Laue, Münchener Ber. 1912, S. 303; Ann. d. Phys. Bd. 41, S. 971. 1913.

[5] G. P. Thomson u. A. Reid, Nature Bd. 119, S. 890. 1927.

[6] E. Rupp, Naturwissensch. Bd. 16, S. 656. 1928; ZS. f. Phys. Bd. 52, S. 8. 1929.

[7] S. Kikuchi, Proc. Imp. Ac. Bd. 4, S. 271, 275, 354 u. 471. 1928; Jap. Journ. of Phys. Bd. 5, S. 83 (1928).

[8] H. Mark u. R. Wierl, Naturwissensch. Bd. 18, S. 205. 1930; R. Wierl, Phys. ZS. Bd. 31, S. 366 u. 1028. 1930; Ann. d. Phys Bd. 8, S. 521. 1931.

[9] C. J. Davisson u. L. H. Germer, Proc. Nat. Acad. Amer. Bd. 14, S. 317 u. 619. 1928; E. Rupp, Ann. d. Phys. Bd. 1, S. 773 u. 801. 1929; ZS. f. Phys. Bd. 61, S. 587. 1930.

[10] G. P. Thomson, Proc. Roy. Soc. London Bd. 119, S. 651. 1928; M. Ponte, Ann. de phys. Bd. 13, S. 395. 1930.

Für Strahlen aus *Molekülen* erfolgte der erste Nachweis ihrer Wellennatur durch STERN und seine Mitarbeiter[1], und zwar durch Versuche mit Molekularstrahlen von He und H_2. Später gelang es JOHNSON[2], Versuche mit H-Atomen durchzuführen. Schließlich wurde durch ESTERMANN, FRISCH und STERN[3] die DE BROGLIEsche Gleichung an „monochromasierten" Molekularstrahlen verifiziert.

Über Beugung von *Protonen* liegt außer schwer deutbaren Versuchen von J. DEMPSTER[4] eine Arbeit von SUGIURA[5] vor, die das Auftreten von Beugungserscheinungen auch in diesem Falle wahrscheinlich macht.

II. Beugung von Elektronenstrahlen.

4. Allgemeines. Die Verhältnisse bei der Beugung von Elektronenstrahlen an Kristallgittern liegen ganz ähnlich wie bei Röntgenstrahlen; hier wie dort handelt es sich im allgemeinen um Raumgitterinterferenzen. Das Auftreten eines gebeugten Strahles ist an die Bedingung geknüpft, daß sich die von allen Gitterpunkten gestreuten Teilwellen gegenseitig durch Interferenz verstärken. Die elementare Theorie der Beugung ergibt drei Gleichungen (entsprechend der dreifachen Periodizität des Raumgitters), wobei in jeder Gleichung noch eine ganze Zahl, die Ordnungszahl der Beugung in bezug auf die betreffende Gittertranslation, willkürlich ist. Z. B. lauten für das einfach kubische Gitter die drei Gleichungen

$$\cos\alpha_2 - \cos\alpha_1 = k\,\frac{\lambda}{d}\,,$$

$$\cos\beta_2 - \cos\beta_1 = l\,\frac{\lambda}{d}\,,$$

$$\cos\gamma_2 - \cos\gamma_1 = m\,\frac{\lambda}{d}$$

($\alpha, \beta, \gamma =$ Winkel des Strahls zur X, Y, Z-Achse, Index 1 bezeichnet den einfallenden, 2 den austretenden Strahl, d ist die Gitterkonstante).

Bekanntlich kann man jede Raumgitterbeugung auch als Reflexion an irgendeiner Netzebene auffassen, wobei dann zum üblichen Reflexionsgesetz noch die BRAGGsche Bedingung $2d' \sin\vartheta = n\lambda$ hinzutritt, die ausdrückt, daß die von zwei benachbarten Netzebenen (mit dem Abstand d') reflektierten Wellen in Phase (und zwar um n ganze Wellenlängen verschoben) sind (ϑ ist der Glanzwinkel). Für den obigen Fall des kubischen Gitters kann man sie auch in der Form schreiben $\sin\vartheta = \frac{\lambda}{2d}\sqrt{k^2 + l^2 + m^2}$; dies ist eine Umformung der drei obigen Gleichungen, die vor allem dann von Vorteil ist, wenn man nur die Ablenkung des Strahles aus seiner ursprünglichen Richtung wissen will (Debye-Scherrer-Methode).

In prinzipiell gleicher Weise kann man auch die Beugung an beliebigen nichtkubischen Gittern ableiten; diesbezüglich sei auf den Artikel von P. P. EWALD im Bd. XXIII/2 ds. Handb., 2. Aufl. verwiesen.

5. Brechungsindex. Ein wesentlicher Unterschied gegenüber den Röntgenstrahlen ist, daß die Elektronen beim Eindringen in das Kristallgitter im allgemeinen eine merkliche Geschwindigkeitsänderung erfahren, wie gerade die Versuche über Elektronenbeugung zeigen. Das heißt, daß das Potential im

---

[1] F. KNAUER u. O. STERN, ZS. f. Phys. Bd. 53, S. 779. 1929; O. Stern, Naturwissensch. Bd. 17, S. 391. 1929; I. ESTERMANN u. O. STERN, ZS. f. Phys. Bd. 61, S. 95. 1930.

[2] T. H. JOHNSON, Phys. Rev. Bd. 35, S. 1299. 1930.

[3] I. ESTERMANN, R. FRISCH u. O. STERN, ZS. f. Phys. Bd. 73, S. 348. 1931.

[4] A. J. DEMPSTER, Phys. Rev. Bd. 34, S. 1493. 1929; Bd. 35, S. 298 u. 1405. 1930; Nature Bd. 125, S. 51 u. 741. 1930.

[5] Y. SUGIURA, Sci. Pap. Inst. phys. chem. Res. Tokyo Bd. 16, S. 29. 1931.

Innern ein anderes ist als außen. Setzt man das äußere Potential $= 0$, so hat das innere Potential V_0 bei Metallen Werte von der Größenordnung 10 bis 20 Volt, d. h. die Elektronen werden beim Eintritt in das Metall um diesen Betrag beschleunigt. Im Bilde der Wellenvorstellung berücksichtigt man das (siehe Ziff. 1), indem man dem Metall einen Brechungsindex für Elektronenwellen zuschreibt; sein Wert ergibt sich aus seiner Definitionsgleichung

$$\mu = \frac{\lambda_{\text{außen}}}{\lambda_{\text{innen}}} = \sqrt{\frac{V_0 + E}{E}} = \sqrt{1 + \frac{V_0}{E}} \quad (E \text{ in Elektronenvolt}).$$

Der Brechungsindex hängt also außer vom inneren Potential auch von der Geschwindigkeit der Elektronen ab (Dispersion); für rasche Elektronen $(E \gg V_0)$ wird er Eins.

Es sei betont, daß V_0 nicht identisch ist mit der Austrittsarbeit A, die man etwa durch den Photoeffekt ermittelt; denn die Elektronen im Metall haben, da sie entartet sind, stets eine beträchtliche (Nullpunkts-) Energie E_0, um die also A kleiner ist als V_0. Tatsächlich ergeben sich aus den experimentellen Werten von A und V_0 Werte für E_0, die mit den Vorstellungen der Metalltheorie in Einklang sind.

6. Bragg-Methode, fester Einfall. Die einfachsten Verhältnisse liefert folgende Anordnung. Ein Strahl von Elektronen fällt unter dem festen Einfallswinkel γ auf eine Einkristalloberfläche. Der Auffänger ist so aufgestellt, daß er die Zahl der spiegelnd reflektierten Elektronen zu messen gestattet. Wird nun die Beschleunigungsspannung der Elektronen variiert, so ist besonders kräftige Reflexion zu erwarten bei denjenigen Spannungen, bei denen die von den verschiedenen der Oberfläche parallelen Netzebenen reflektierten Strahlen

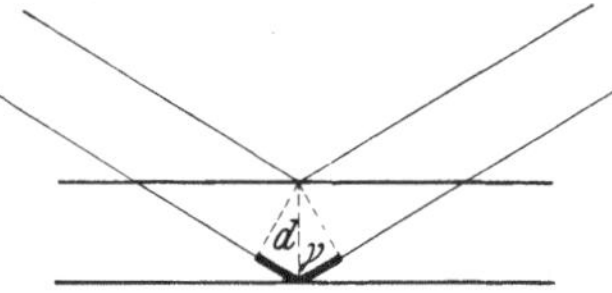

Abb. 1. Braggsche Reflexion. Gangunterschied (stark ausgezogen) $= 2\,d \cos\gamma$.

um ganze Vielfache der Elektronenwellenlänge gegeneinander verschoben sind. Die mathematische Bedingung (Bragg) dafür lautet (s. Abb. 1) $2d \cos\gamma = n\lambda$

$$= \frac{nh}{mv} = \frac{nh}{\sqrt{2emV}} = n\sqrt{\frac{150}{\text{Volt}}},$$

wobei n die Ordnungszahl und d den Abstand der zur Oberfläche parallelen Netzebenen bedeutet. Wieweit diese Voraussage vom Experiment bestätigt wird, zeigt Abb. 2, die aus einer Arbeit von Davisson und Germer[1] entnommen ist. Man sieht, daß bei hohen n die gemessenen Maxima mit den von der Theorie geforderten (durch $\downarrow$ gekennzeichnet) gut übereinstimmen.

Die mit abnehmender Ordnungszahl immer größer

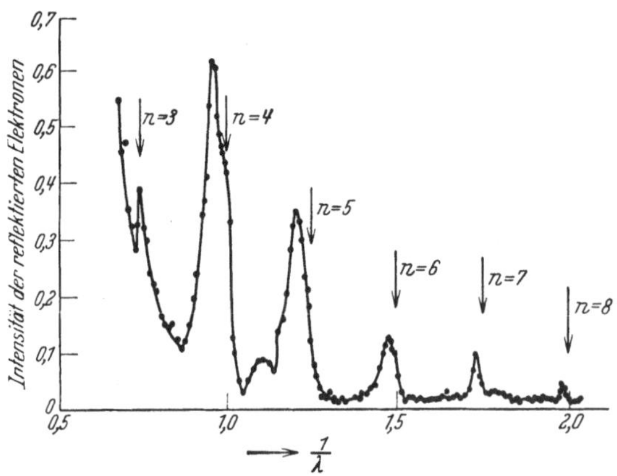

Abb. 2. Braggsche Reflexion von Elektronen an der (111)-Fläche eines Nickel-Einkristalls. Einfallswinkel $\gamma = 10°$ (nach Davisson und Germer).

werdende Abweichung ist offenbar durch Berücksichtigung des mehrfach erwähnten Brechungsindex μ zu deuten. Dadurch nimmt die Braggsche Beziehung die Form an (s. Abb. 3) $n\lambda = 2d\sqrt{\mu^2 - \sin^2\gamma}$ oder, wenn man $\mu = \sqrt{1 + \frac{V_0}{E}}$ setzt (Ziff. 5),

---

[1] C. J. Davisson u. L. H. Germer, Proc. Nat. Acad. Amer. Bd. 14, S. 619. 1928.

Tabelle 1. Spannungen der Beugungsmaxima, Wellenlängen, Ordnungszahlen, Brechungsindex und inneres Potential für eine Reihe von Metallen nach E. Rupp. Einfallswinkel $\gamma = 10°$.

	V Volt	λ Å	n	μ	V_0 Volt
Ni	67	1,49	3	1,12	17
	142	1,03	4	1,05	16
	218	0,83	5	1,03	14
Pb	32	2,16	3	1,15	10
	62	1,55	4	1,09	12
	105	1,19	5	1,06	12
Cu	65	1,52	3	1,10	14
	125	1,09	4	1,06	15
	208	0,84	5	1,03	13
Al	46	1,80	3	1,17	17
	92	1,28	4	1,09	17
	158	0,97	5	1,05	18
Ag	48	1,77	3	1,15	15
	96	1,25	4	1,08	15
	166	0,95	5	1,04	13
Au	45	1,82	3	1,16	16
	92	1,28	4	1,09	16
	160	0,97	5	1,01	13

$n\lambda = 2d \sqrt{\cos^2\gamma + \dfrac{V_0}{E}}$. Um einen Überblick zu bekommen, wieweit diese Formel den Tatsachen gerecht wird, ist es das Einfachste, mit ihrer Hilfe für jedes einzelne Maximum den Wert von V_0 zu berechnen. Tabelle 1 zeigt einige Ergebnisse einer derartigen Untersuchung von Rupp[1]; man sieht, daß sich tatsächlich für jedes Metall ein von der Wellenlänge einigermaßen unabhängiger Wert von V_0 ergibt.

In der Kurve (Abb. 2) sieht man außerdem auch kleine Maxima, die genau an den (für $\mu = 1$) berechneten Stellen liegen. Es scheinen also hier Wellen miteinander interferiert zu haben, die zwar an verschiedenen Netzebenen gestreut worden sind, aber nicht durch das Metall gegangen sind. Das ist stets dort der Fall, wo die Oberfläche eine Stufe aufweist

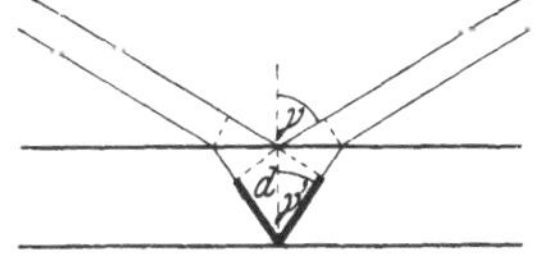

Abb. 3. Braggsche Reflexion für $\mu > 1$. Gangunterschied (stark ausgezogen)
$= \mu \cdot 2d \cos\gamma' = 2\mu d \sqrt{1 - \sin^2\gamma'}$
$= 2d\sqrt{\mu^2 - \sin^2\gamma}$ (da $\sin\gamma = \mu\sin\gamma'$)

(eine Netzebene abbricht). Daß die Oberfläche eines geätzten Metallkristalls, wie er in diesen Versuchen verwendet wurde, sicher sehr viele solche Stufen hat, spricht für diese meist gegebene Erklärung.

7. Bragg-Methode, variabler Einfallswinkel. Die bisher beschriebene Methode liefert nur Beugung einzelner diskreter Wellenlängen; um beliebige Wellenlängen untersuchen zu können, muß man den Einfallswinkel und den Winkel des Auffängers zum Kristall veränderlich machen. Untersuchungen dieser Art wurden von Davisson und Germer[2] durchgeführt. Ihr Ergebnis ist in Abb. 4 veranschaulicht. Jeder beobachtete Strahl ist als ein (je nach der Intensität mehr oder weniger dicker) Punkt in das Diagramm eingetragen; seine Ordinate gibt die aus der Spannung errechnete Wellenlänge, seine Abszisse den Kosinus des Einfallswinkels γ (in der Abb. versehentlich mit α bezeichnet) an. Ferner sind die Geraden $\lambda = \dfrac{2d\cos\gamma}{n}$ ($n = 2, 3, 4, \ldots, 8$)

[1] E. Rupp, Ann. d. Phys. Bd. 1, S. 801. 1929.
[2] C. J. Davisson u. L. H. Germer, Proc. Nat. Acad. Amer. Bd. 14, S. 619. 1928.

eingezeichnet, auf denen die Beugungsmaxima liegen würden, wenn der Brechungsindex gleich Eins wäre. Für kurze Wellen liegen die Punkte nun tatsächlich in der Nähe dieser Geraden, hingegen treten bei den größeren Wellenlängen starke und unregelmäßige Abweichungen auf, so daß es schwierig ist, hier die richtige Zuordnung zu treffen. Davisson und Germer haben die Zuordnung so vorgenommen, daß der Brechungsindex beim Übergang von einer Ordnung zur nächsten keinen Sprung macht, und erhalten so eine Abhängigkeit des Brechungsindex von der Wellenlänge, die durch Abb. 5 graphisch dargestellt wird. Man sieht, daß nur bei höheren Spannungen (kurzen Wellen) der Brechungsindex so verläuft, wie er es tun müßte, wenn V_0 konstant wäre (punktierte Linie); sein Verlauf bei kleineren Spannungen erinnert an die optische anomale Dispersion. Eine Deutung auf Grund der modernen Metalltheorie wurde von Morse[1] versucht.

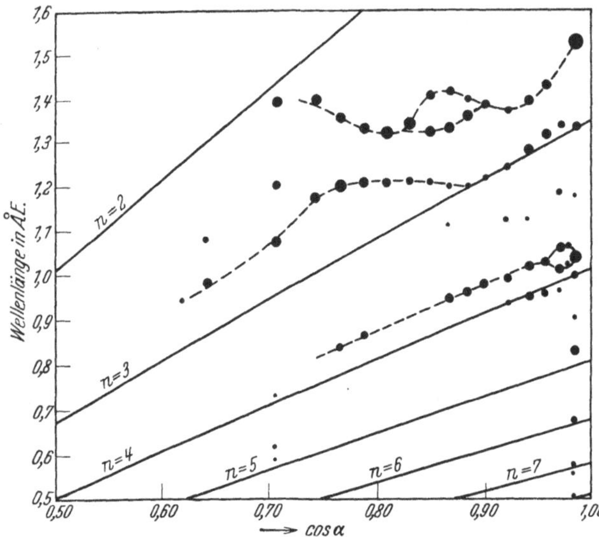

Abb. 4. Braggsche Reflexion von Elektronen an der (111)-Fläche eines Nickel-Einkristalls. Jedes beobachtete Maximum ist als ein (je nach der Intensität mehr oder weniger dicker) Punkt in das Diagramm eingetragen; seine Ordinate gibt die aus der Spannung errechnete Wellenlänge, seine Abszisse den Kosinus des Einfallswinkels an (nach Davisson und Germer).

8. Laue-Methode. Bisher wurde nur die Reflexion von Elektronen an den zur Oberfläche parallelen Netzebenen untersucht. Zum Studium der Reflexion an anderen Netzebenen eignet sich folgende vielbenutzte Anordnung: Der Elektronenstrahl fällt *senkrecht* auf eine Einkristallfläche; der Winkel γ des Auffängers zur Einfallsrichtung ist veränderlich, ferner kann der Kristall um den einfallenden Strahl, also in seiner Ebene, gedreht werden, so daß die Beugung in verschiedenen Azimuten untersucht werden kann.

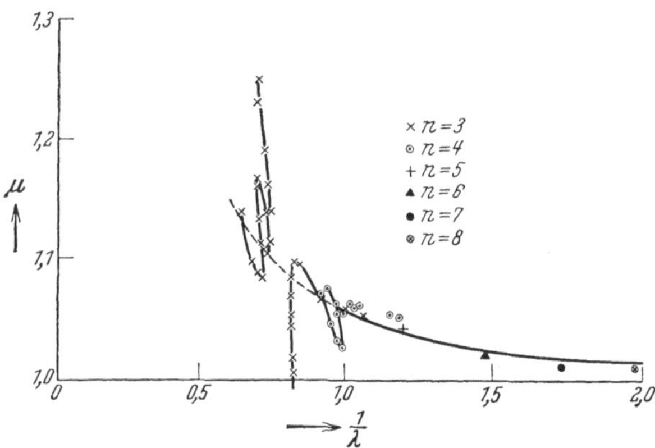

Abb. 5. „Anomale Dispersion" langsamer Elektronen in Nickel (nach Davisson und Germer).

Für die Theorie dieser Versuche geht man am besten auf die Interferenz der von den einzelnen Gitterpunkten gestreuten Wellen zurück. Betrachtet man zunächst nur die an der Oberfläche liegenden Gitterpunkte, so erhält man ein normales Kreuzgitterspektrum. Ein etwaiger Brechungsindex spielt dabei keine Rolle, da die Wellen ja nicht ins Kristallgitter eingedrungen sind. Aber auch die tieferen, zur Oberfläche parallelen Netzebenen erzeugen, wie man

---

[1] Ph. M. Morse, Phys. Rev. Bd. 35, S. 1310. 1930.

leicht zeigen kann, unabhängig vom Brechungsindex jede für sich dasselbe Kreuzgitterspektrum wie die oberste. *Die dem Oberflächengitter entsprechenden Kreuzgitterformeln liefern daher — unabhängig von dem Verhalten der Elektronen im Kristallinnern — Angaben über die Lage der gebeugten Strahlen bei gegebener Wellenlänge.*

Die Interferenz *zwischen* den einzelnen Netzebenen hat nun zur Folge, daß nur diejenigen Strahlen merkliche Intensität erhalten, bei denen auch die von Punkten *verschiedener* Netzebenen gestreuten Wellen um ganze Vielfache der Wellenlänge gegeneinander verschoben sind. Es gelangen also (genau wie bei den Röntgenstrahlen) infolge der „Raumgitterbedingung" nur einzelne diskrete Wellenlängen zur Beugung. Hierbei ist nun der Brechungsindex zu berücksichtigen, also zu beachten, daß die Wellen im Kristallinnern eine andere Wellenlänge und im allgemeinen eine andere Richtung haben als außen.

Dies geschieht am einfachsten auf folgende Weise. Beim Eintritt in den Kristall ändert der Strahl seine Richtung nicht, da wir senkrechte Inzidenz annahmen. Für die Richtung und Wellenlänge der auftretenden gebeugten Strahlen im Kristallinnern spielt der Brechungsindex μ keine Rolle; er bestimmt ja nur das Verhältnis zwischen Wellenlänge außen und Wellenlänge im Kristall. Beim Austritt eines gebeugten Strahls aus dem Kristall nimmt die Wellenlänge wieder ihren ursprünglichen Wert an, steigt also auf das μfache; außerdem wird der Strahl natürlich gebrochen. Die Brechung brauchen wir aber nicht im Detail auszurechnen, sondern wir können jetzt die Kreuzgitterformeln benützen, um aus der Wellenlänge die Richtung der gebeugten Strahlen zu finden. Es ergibt sich also folgendes Vorgehen: Aus Kreuzgitter- und Raumgitterbedingung — für $\mu = 1$ — berechnet man Wellenlängen und Richtungen der auftretenden gebeugten Strahlen im Kristallinnern; dann multipliziert man die Wellenlängen mit μ und ändert die Richtungen so, daß die Kreuzgitterformeln erfüllt bleiben.

Ähnlich kann man bei der Diskussion von Versuchsresultaten verfahren. Ein Beispiel sei einer Arbeit von H. E. FARNSWORTH[1] entnommen. Der Elektronenstrahl fiel senkrecht auf die Würfelfläche eines Kupferkristalls (flächenzentriert, $d = 3{,}603$ A). Beugung wurde beobachtet in den beiden Azimuten 100 (in Richtung der Würfelkante) und 111 (in Richtung der Diagonale). Sieht man zunächst von der Flächenzentriertheit ab und betrachtet ein einfach kubisches Gitter mit der Konstante d, so ergibt sich die Kreuzgitterbedingung für das 100-Azimut zu $n_1\lambda = d\sin\gamma$, für das 111-Azimut zu $n_1\lambda = \dfrac{d}{\sqrt 2}\sin\gamma$; die Raumgitterbedingung lautet für beide $n_2\lambda = d(1 + \cos\gamma)$. Diese Bedingungen sind für beide Azimute in die Diagramme Abb. 6 eingetragen. Die von FARNSWORTH gemessenen Beugungsmaxima liegen, wie man sieht, tatsächlich fast alle in der Nähe der Geraden, die die Kreuzgitterbedingung darstellen; sie fallen aber nicht auf die Schnittpunkte mit den krummen Linien, die die Raumgitterbedingung wiedergeben. Der Brechungsindex errechnet sich einfach als Quotient aus gemessener und „theoretischer" Wellenlänge. Berechnet man daraus weiter das innere Potential V_0 (oder auch direkt als Differenz zwischen gemessener und „theoretischer" Voltgeschwindigkeit), so findet man bei passender Zuordnung der gemessenen zu den theoretischen Maxima ähnliche Zahlenwerte wie früher. Die Werte von V_0 wachsen mit steigender Elektronengeschwindigkeit von etwa 6 auf 30 Volt; „anomale Dispersion" ist hier nicht erkennbar.

---

[1] H. E. FARNSWORTH, Phys. Rev. Bd. 34, S. 679. 1929. (Die hier gegebene Diskussion weicht etwas von der FARNSWORTHschen ab.)

9. Halbzahlige Maxima. Aus dem bisher betrachteten einfach kubischen Gitter entsteht das wirkliche Cu-Gitter, welches flächenzentriert ist, durch

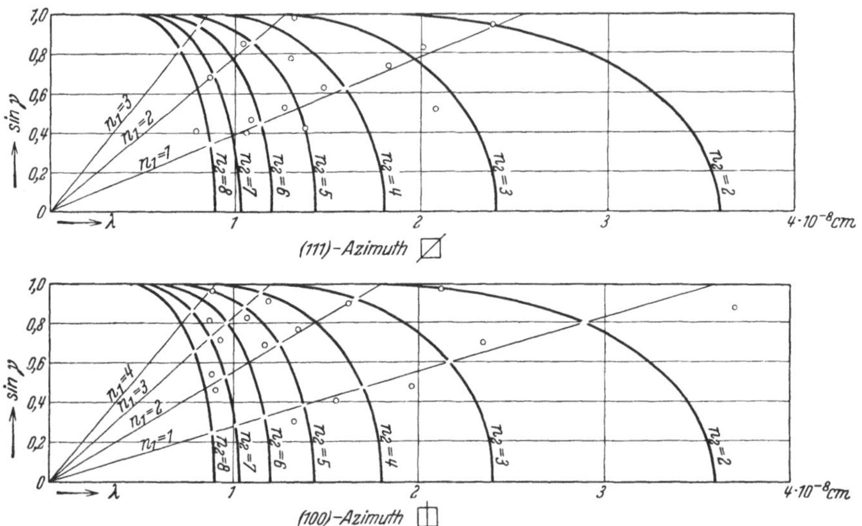

Abb. 6. Beugung von Elektronenstrahlen bei senkrechtem Einfall auf die Würfelfläche eines Cu-Kristalls (nach H. E. Farnsworth) in den beiden Hauptazimuten. Die Geraden entsprechen der Kreuzgitterbedingung $n_1 \lambda = d \sin \gamma$ für das (100)-Azimut bzw. $n_1 \lambda = \dfrac{d}{\sqrt{2}} \cdot \sin \gamma$ für das (111)-Azimut. Die krummen Linien entsprechen der Raumgitterbedingung $n_2 \lambda = d(1 + \cos \gamma)$ für $\mu = 1$. Die Kreise geben die beobachteten Beugungsmaxima wieder.

Einfügen von drei weiteren gleichartigen kubischen Gittern. Dabei müssen manche Beugungsordnungen ausgelöscht werden, wie man sich am zweidimensionalen Beispiel leicht klarmachen kann (Abb. 7). Und zwar können beim flächenzentrierten Gitter nur die Ordnungen auftreten, für die entweder alle drei Indizes gerade oder alle ungerade sind (wenn man die Indizes auf die Hauptachsen bezieht, wie üblich). Die Maxima, für die das nicht zutrifft, die also „verboten" sind, sind in dem Diagramm (Abb. 6) durch Unterbrechung der sich in ihnen schneidenden Linien gekennzeichnet. H. E. Farnsworth (und mit ihm die meisten Autoren) geht bei der

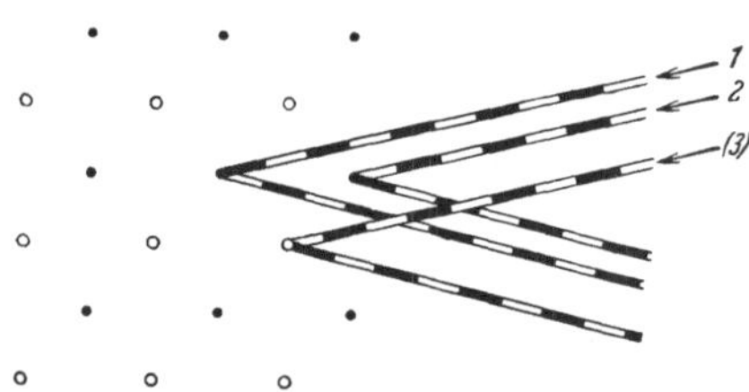

Abb. 7. Durch Einfügen eines zweiten gleichartigen Gitters wird die angedeutete Beugung ausgelöscht (Veranschaulichung der „verbotenen" Beugungsordnungen).

Ableitung der Beugungsmaxima von vornherein vom flächenzentrierten Gitter aus; er benutzt als „Gitterkonstante" nicht die Identitätsperiode, sondern den Abstand benachbarter Netzebenen. In dieser Darstellung erhalten die verbotenen Maxima halbzahlige Indizes. Es fällt auf, daß bei den Versuchen auch verbotene Maxima beobachtet werden; auch andere Autoren haben vielfach das Auftreten von verbotenen bzw. halbzahligen Beugungsmaxima festgestellt. Ihre Deutung steht noch nicht völlig fest; Tatsache ist, daß ihre Intensität im allgemeinen vom Gasbeladungszustand des Gitters abhängt und sich durch sorgfältiges Entgasen stark herunterdrücken läßt[1]. Es wird daher vermutet, daß Gasatome, die in regelmäßiger Weise in den Kristall eingebaut sind, ein Gitter mit dem doppelten Netzebenenabstand bilden, das die fraglichen Beugungsmaxima hervorruft.

---

[1] Siehe u. a. H. E. Farnsworth, Phys. Rev. Bd. 35, S. 1131. 1930.

10. Totalreflexion. Da der Kristall einen Brechungsindex >1 hat, so werden die Strahlen beim Austritt vom Lot gebrochen, und diejenigen, für die im Innern $\sin\gamma < \dfrac{1}{\mu}$ ist, können gar nicht austreten, sie werden nach innen totalreflektiert[1]. Darauf beruht im Prinzip die Methode von A. G. EMSLIE[2], den Brechungsindex auch mit schnellen Elektronen zu bestimmen, was große experimentelle Vorteile hat. EMSLIE arbeitet mit der BRAGGschen Methode; aus der niedrigsten auftretenden Beugungsordnung kann man auf den Brechungsindex schließen.

Um das einzusehen, eliminiert man aus der BRAGGschen Beziehung

$$n\lambda = 2d\sqrt{\cos^2\gamma + \frac{V_0}{E}}$$

die Wellenlänge durch $\lambda = \sqrt{\dfrac{150}{E}}$ und erhält nach einigen Umformungen $\cos\gamma\sqrt{E} = \sqrt{\dfrac{150n^2}{4d^2} - V_0}$. Damit der Wurzelausdruck reell bleibt, muß $V_0 < \dfrac{150n^2}{4d^2}$ sein, also $n > 2d\sqrt{\dfrac{V_0}{150}}$. In dieser Bedingung kommt die Geschwindigkeit der Elektronen gar nicht vor; es wird z. B. für $d = 4$ Å und $V_0 = 10$ Volt stets $n > 2$ sein müssen, unabhängig von der benützten Beschleunigungsspannung. Umgekehrt kann man aus der niedrigsten auftretenden Ordnung auf das innere Potential schließen. Die Ordnungszahl bestimmt man entweder durch Zurückzählen von höheren Ordnungen, bei denen $\dfrac{150n^2}{4d^2} \gg V_0$ ist und man die Ordnung daher ohne Kenntnis von V_0 berechnen kann; oder man kann durch genaue Ausmessung zweier Ordnungen, etwa der $n$ten und der $(n + 1)$ten, die beiden Unbekannten n und V_0 bestimmen. Die notwendige Voraussetzung der obigen Methode, daß V_0 konstant, also $\cos\gamma\sqrt{E}$ bei festgehaltenem n von der Beschleunigungsspannung unabhängig ist, ist bei den von EMSLIE benutzten hohen Spannungen offenbar erfüllt; sie wurde von ihm an Kalkspat, Bleiglanz und Antimon im Spannungsbereich von 10 bis 15 kV geprüft und richtig gefunden. Er fand für Kalkspat 22 Volt, für Bleiglanz 19,2 Volt und für Antimon 25 Volt als inneres Potential.

11. Auflösungsvermögen. Bisher hatten wir nur ideale unendlich ausgedehnte Kristalle betrachtet; jetzt wollen wir die Abweichungen ins Auge fassen, die von der endlichen Größe der für die Beugung wirksamen Teile des Kristallgitters herrühren. Zunächst wollen wir den Kristall weiterhin als ideal und unendlich ausgedehnt annehmen, jedoch berücksichtigen, daß die Elektronenwellen im Kristall durch Absorption bzw. Streuung geschwächt werden. Betrachten wir die BRAGGsche Anordnung (Spiegelung an den zur Oberfläche parallelen Netzebenen) und nehmen wir zur Vereinfachung an, daß die Elektronen nur eine bestimmte Anzahl k von Netzebenen durchdringen. Dann ergibt sich ähnlich wie beim optischen Gitter, daß nicht nur eine einzige Wellenlänge

$$\lambda = \frac{d\cos\gamma}{n}$$

reflektiert wird, sondern im wesentlichen ein Wellenbereich zwischen $\lambda + \Delta\lambda$ und $\lambda - \Delta\lambda$; $\lambda/\Delta\lambda$, das Auflösungsvermögen, ist gleich $n \cdot k$, Ordnungszahl mal der Anzahl der wirksamen Netzebenen. Die genauere Theorie[3] ergibt dafür bei reinen Metallen in einigen durchgerechneten Fällen Werte von der Größenordnung 100; die gemessenen Werte[4] sind durchweg kleiner (10 bis 50), weil alle Fehlerquellen, wie mangelnde Parallelität und Homogenität des Elek-

---

[1] C. J. DAVISSON u. L. H. GERMER, Phys. Rev. Bd. 30, S. 705. 1927; W. ELSASSER, Naturwissensch. Bd. 16, S. 720. 1928.

[2] A. G. EMSLIE, Nature Bd. 123, S. 977. 1929.

[3] H. BETHE, Ann. d. Phys. Bd. 87, S. 55. 1928.

[4] C. J. DAVISSON u. L. H. GERMER, Phys. Rev. Bd. 30, S. 705. 1927; G. P. THOMSON, Proc. Roy. Soc. London Bd. 119, S. 651. 1928; E. SCHÖBITZ, Phys. ZS. Bd. 32, S. 37. 1931.

tronenstrahls, endliche Auffängeröffnung, Kristallfehler usw. den Wellenbereich verbreitern und also ein kleineres Auflösungsvermögen vortäuschen.

In dem eben besprochenen Braggschen Falle ändert sich nur die Intensität, nicht die Richtung der gebeugten Strahlen, wenn man die Wellenlänge (innerhalb des Auflösungsvermögens) verändert; das wird anders, wenn man die Reflexion an solchen Netzebenen betrachtet, die nicht zur Oberfläche parallel sind. Um

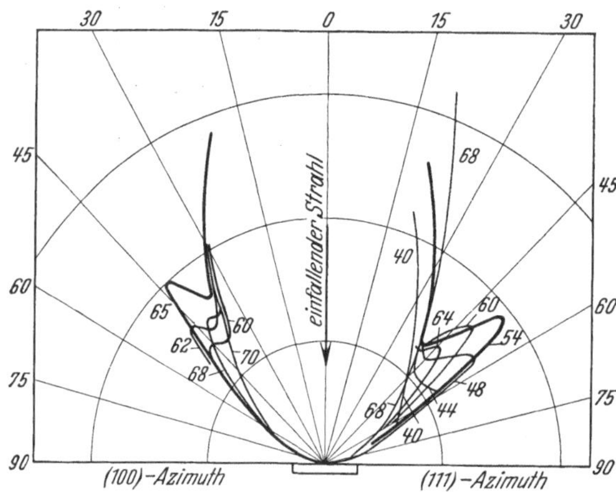

Abb. 8. Auflösungsvermögen bei Laue-Beugung. Räumliche Intensitätsverteilung (Polardiagramm) der gebeugten Elektronen. Die Zahlen neben den Kurven geben die jeweilige Voltgeschwindigkeit an (nach Davisson und Germer).

hier das Verhalten zu überblicken, müssen wir wieder die Zerlegung in Raumgitter- und Oberflächengitterbedingung vornehmen und das endliche Auflösungsvermögen der *Raumgitterbedingung* beachten. Wir müssen also z. B. in Abb. 6 die krummen Linien durch Bänder endlicher Breite ersetzen; die Geraden, die der Kreuzgitterbedingung entsprechen, müssen jedoch dünn bleiben, da die Kristalloberfläche praktisch unendlich ausgedehnt ist. Bei Veränderung der Wellenlänge wird sich also der gebeugte Strahl so verschieben, daß die

Kreuzgitterbedingung erfüllt bleibt. Ein Beispiel dafür gibt Abb. 8 (nach Davisson und Germer[1]); man sieht deutlich, wie mit steigender Spannung, also abnehmender Wellenlänge, der gebeugte Strahl näher an den einfallenden heranrückt.

12. Kreuzgitterspektren. Je dünner die wirksame Schicht des Gitters wird, desto mehr tritt die Raumgitterbedingung in den Hintergrund; schließlich bleibt ein reines Kreuzgitterspektrum. Ein solches wurde von Davisson und Germer[1] an Nickelkristallen (111 Fläche) beobachtet und auf ein Flächengitter von adsorbierten Gasatomen zurückgeführt; eine Stütze für diese Deutung ist die

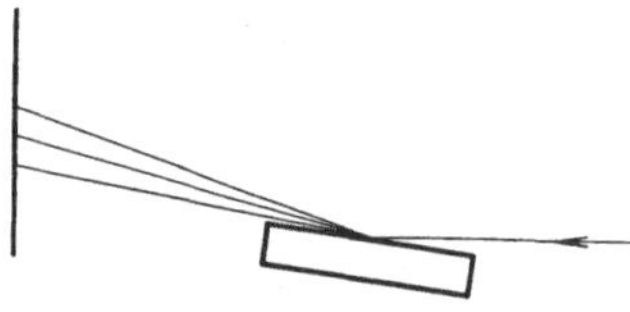

Abb. 9. Beugung schneller Elektronen an Metall-Einkristallen (Versuchsanordnung von G. P. Thomson).

Tatsache, daß dieses Spektrum sowohl bei Entgasung als auch bei allzu starker Gasbedeckung der Oberfläche verschwindet.

Aber auch bei richtigen Raumgittern kann unter Umständen die Raumgitterbedingung so in den Hintergrund treten, daß man den Eindruck von Kreuzgitterspektren bekommt. Derartige Erscheinungen wurden von G. P. Thomson beobachtet[2]. G. P. Thomson arbeitete mit schnellen Elektronen und einer Anordnung, die an die Braggsche erinnert (Abb. 9); die gebeugten Strahlen wurden photographisch nachgewiesen. Nach der strengen Braggschen Bedingung sollte nur bei ganz bestimmten Wellenlängen überhaupt Beugung stattfinden; der Versuch ergab jedoch, daß bei jeder beliebigen Wellenlänge und Kristallstellung stets eine ganze Anzahl gebeugter Strahlen auftritt, die auf der photographischen Platte ein gitterartiges Muster bilden (Abb. 10).

Zur Erklärung nimmt G. P. Thomson an, daß die geätzte Oberfläche des Kristalls stark aufgerauht und in lauter einzelne kleine Blöcke aufgelöst ist,

[1] C. J. Davisson u. L. H. Germer, Phys. Rev. Bd. 30, S. 705. 1927.
[2] G. P. Thomson, Proc. Roy. Soc. London Bd. 133, S. 1. 1931.

durch die die Elektronen hindurchgehen. Betrachtet man in einem derartigen Block eine einzelne zum Strahl annähernd senkrecht stehende Netzebene, so liefert diese in bekannter Weise ein Kreuzgitterspektrum. Durch das Zusammenwirken aller übereinander-liegenden Netzebenen sollte wieder eine Wellen-längenauslese erfolgen. Nun ist aber, wie man sich leicht überzeugt (Abb. 11), der Gangunterschied zwischen den an der obersten und untersten Netz-ebene gebeugten Strahlen viel kleiner als etwa zwischen einem Gitterpunkt ganz links und ganz rechts; bei hinreichend kleinen Blöcken und für nicht zu große Ablenkungswinkel wird der erst-genannte Gangunterschied unterhalb einer Wellen-länge bleiben, so daß keine Auslöschung stattfinden kann. Man erhält also das Kreuzgitterspektrum der

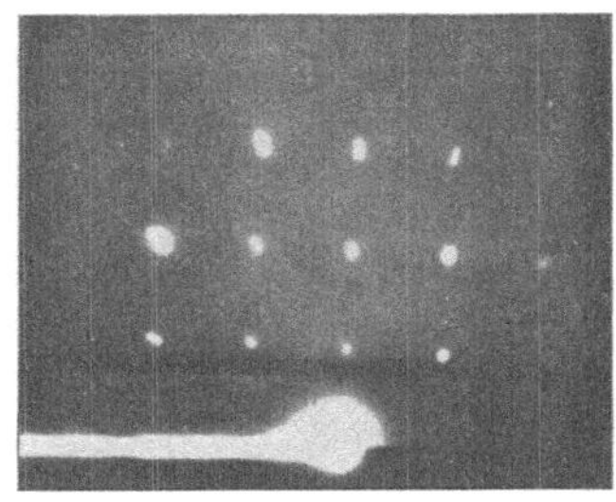

Abb. 10. Beugung schneller Elektronen an Metall-Einkristallen (nach G. P. Thomson, Anordnung siehe Abb. 9).

zum Strahl annähernd senkrechten Netzebenen in Übereinstimmung mit dem Ex-periment. Bei Drehen des Kristalls um kleine Winkel um eine Achse senkrecht zum Strahl verschiebt sich das Spektrum nur um Größen zweiter Ordnung, also sehr wenig; bei weiterer Drehung verschwindet es und ein neues taucht auf, sobald wieder eine dichtbesetzte Netzebene annähernd senkrecht zum Strahl zu stehen kommt. Aus dem Winkelbereich, den die zu einem solchen Kreuzgitterspektrum gehörigen Strahlen einnehmen, hat G. P. Thomson die ungefähre Größe der ein-zelnen Blöcke berechnet; sie ergab sich zu ca. $2 \cdot 10^{-6}$ cm.

Sehr schöne Kreuzgitterspektren (Abb. 12) erhielt Kikuchi[1], als er ganz dünne Glimmerblättchen mit schnel-len Elektronen durchstrahlte. Der Grund ist offenbar wie-derum der[2], daß die Ausdehnung des Gitters in der Ein-fallsrichtung zu klein ist, als daß die Raumgitterbedingung bei den kleinen Ablenkungswinkeln wirksam werden könnte. Allerdings sind die Dicken der Glimmerblättchen von einigen 10^{-6} cm (geschätzt aus der Interferenzfarbe bzw. deren Verschwinden) immer noch viel zu groß für die obige Erklärung; man muß also wohl annehmen, daß das Gitter durch mechanische oder thermische Beanspruchung teilweise zerstört, nämlich in viele sehr dünne Schichten, vielleicht sogar einzelne Netzebenen, aufgespalten ist, die gegeneinander etwas verlagert sind, so daß sie nicht mehr richtig miteinander interferieren können. Unter Umständen genügt zur Erklärung auch schon die Annahme einer Kräuselung des Glimmerblätt-chens, wodurch die der Raumgitterbedingung ent-sprechenden Kreise (siehe unten) sich überlagern und verwaschen, während die Kreuzgitterpunkte kaum beeinflußt werden. Eine derartige ther-mische Beanspruchung hat E. Rupp[3] wahrschein-lich gemacht; er zeigte, daß man bei derselben

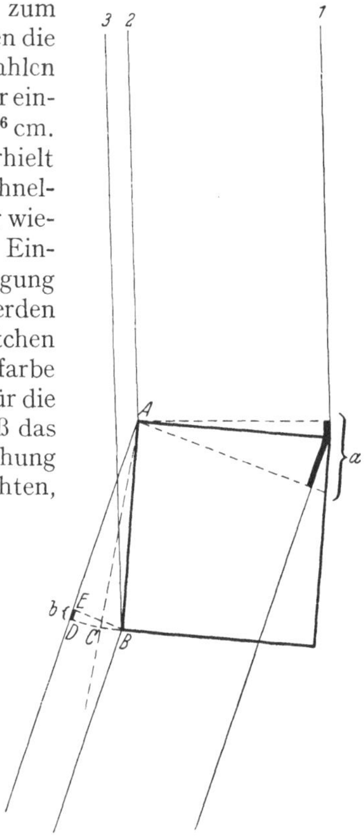

Abb. 11. Beugung schneller Elektronen an kleinen Kristallblöckchen.
a = Gangunterschied zwischen den Strahlen 1 und 2.
b = Gangunterschied zwischen den Strahlen 2 und 3.
($\sphericalangle\, CAB = \sphericalangle\, 3\,BA,\quad BC \perp CA,$
$BE \perp EA,\quad DA = CA$).

---

[1] S. Kikuchi, Proc. Imp. Ac. Bd. 4, S. 271, 275, 354 u. 471. 1928; Jap. Journ. Phys. Bd. 5, S. 83. 1928. Siehe auch Phys. ZS. Bd. 31, S. 777. 1930.
[2] F. Kirchner u. W. L. Bragg, Nature Bd. 127, S. 738. 1931.
[3] E. Rupp, ZS. f. Phys. Bd. 58, S. 766. 1929.

dünnen Folie bei schwachen Elektronenströmen ein Raumgitterbild, bei starken Strömen, die die Folie bedeutend mehr erwärmen, ein Flächengitterbild bekommt.

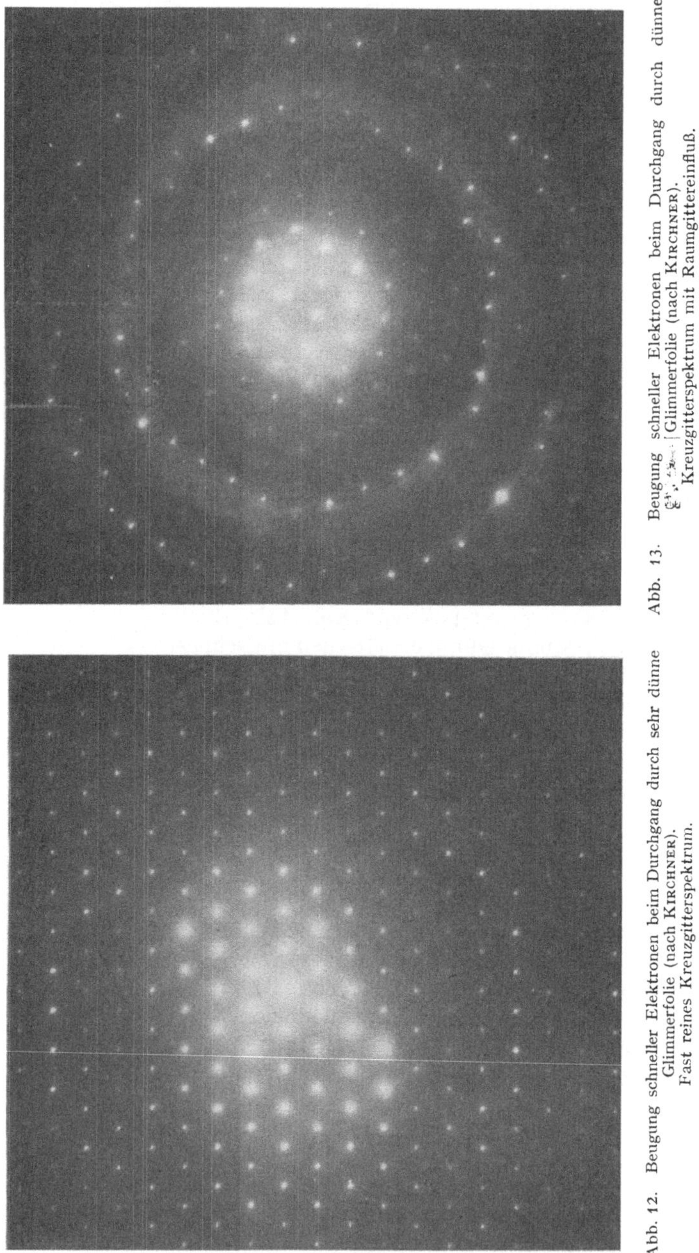

Abb. 13. Beugung schneller Elektronen beim Durchgang durch dünne Glimmerfolie (nach Kirchner). Kreuzgitterspektrum mit Raumgittereinfluß.

Abb. 12. Beugung schneller Elektronen beim Durchgang durch sehr dünne Glimmerfolie (nach Kirchner). Fast reines Kreuzgitterspektrum.

Geht man zu dickeren Folien über, so macht sich die Raumgitterbedingung bemerkbar, indem die auf bestimmten Kreisen um den Durchstoßpunkt gelegenen Flecken verstärkt, die anderen geschwächt werden (Abb. 13); eine Andeutung davon ist bereits auf Abb. 12 zu erkennen. Diese Kreise sind durchaus analog den HAIDINGERschen Interferenzringen, die beim Durchgang von divergentem, monochromatischem Licht durch eine planparallele Platte auftreten (FABRY-PEROT).

13. Kikuchilinien. Schon in Abb. 13 sind Andeutungen einer Erscheinung sichtbar, die bei dickeren Folien noch wesentlich deutlicher wird (Abb. 14), nämlich ein System von sich kreuzenden hellen und dunklen Linien. Ihre Deutung[1] ist folgende: Die Elektronen werden in der Glimmerfolie mehrfach gestreut, so daß sie alle möglichen Richtungen erhalten. Diejenigen Elektronen aber, deren Winkel zu irgendeiner Netzebene gerade die BRAGGsche Bedingung erfüllt, werden an ihr reflektiert werden; die reflektierten Strahlen bilden einen Kegel, der die photographische Platte in einer flachen Hyperbel schneidet und dort eine dunkle

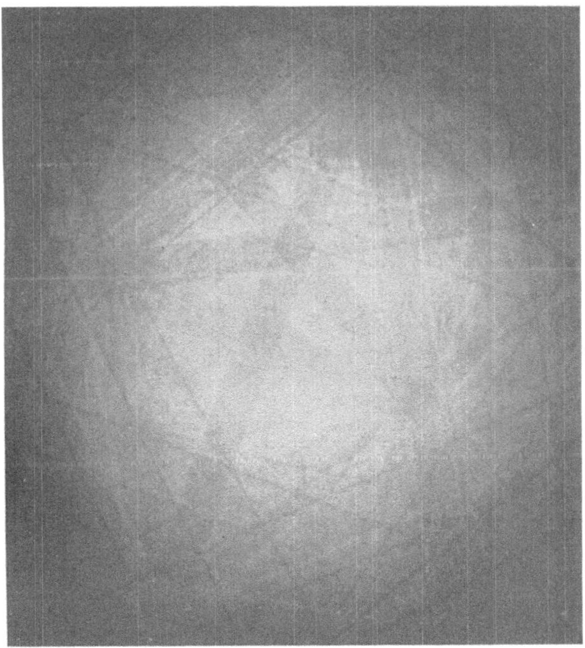

Abb. 14. Beugung schneller Elektronen beim Durchgang durch dickere Glimmerfolie (nach KIRCHNER). „Kikuchilinien".

Linie erzeugt. Anderseits bewirkt ihr Ausfall in der ursprünglichen Richtung eine Aufhellung des Untergrundes. Nun wird es auch Elektronen geben, die dieselbe Netzebene *von der Rückseite her* unter dem Glanzwinkel treffen, und diese werden die Helligkeitsunterschiede teilweise wieder ausgleichen; aber nur teilweise, da sie um einen größeren Winkel aus der Primärrichtung abgelenkt sein müssen und also seltener sein werden. Es wird also für jede Netzebene zu beiden Seiten ihrer Schnittgeraden mit der photographischen Platte je eine „Kikuchilinie" auftreten, und zwar innen (näher am Durchstoßpunkt) eine helle, außen eine dunkle. Die experimentellen Ergebnisse sind, auch bezüglich der genauen Lage der Linien, in vorzüglicher Übereinstimmung mit dieser Deutung.

14. Beugung am Polykristall (Debye-Scherrer-Methode). Läßt man einen Elektronenstrahl auf ein regelloses Aggregat von kleinen Kriställchen fallen,

---

[1] Siehe Fußnote 1 auf S. 323.

etwa auf eine Metallfolie oder eine dünne Schicht eines kristallinen Pulvers, so werden die Netzebenen alle möglichen Lagen einnehmen; es werden also stets auch solche vorhanden sein, für die die BRAGGsche Reflexionsbedingung erfüllt

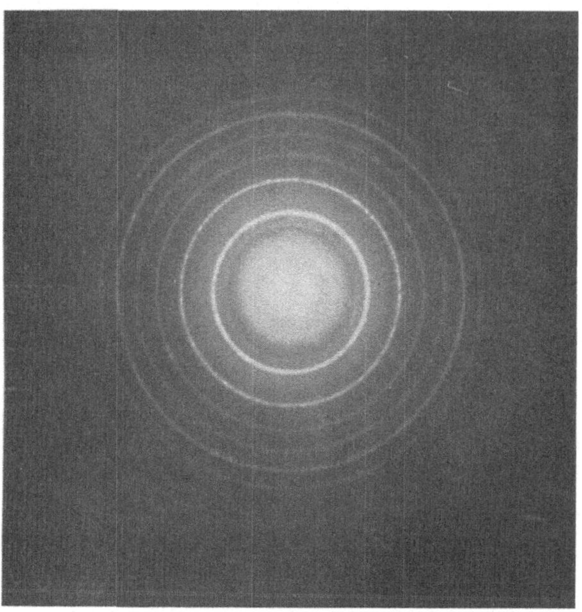

Abb. 15. Beugungsringe (Thomson-Methode, „Debye-Scherrer-Ringe") am einfach kubischen Gitter (NaF, Na und F beugen praktisch gleich stark) (nach KIRCHNER).

ist. Bezeichnet man den Ablenkungswinkel mit 2ϑ, so wird der Einfallswinkel ϑ, und die BRAGGsche Bedingung lautet dann z. B. für ein kubisches Gitter $\sin\vartheta = \dfrac{\lambda}{2d}\sqrt{h^2 + k^2 + l^2}$, wobei h, k und l ganze Zahlen sind. Für jedes Wertetripel h, k, l liegen die gebeugten Strahlen auf einem Kegel mit dem Öffnungswinkel 4ϑ um die Einfallsrichtung; stellt man senkrecht zu dieser eine photographische Platte in den Strahlenweg, so erhält man eine Anzahl geschwärzter Ringe, deren Radien $r = a\,\mathrm{tg}\,2\vartheta$ sind (a = Abstand der Photoplatte von der streuenden Folie).

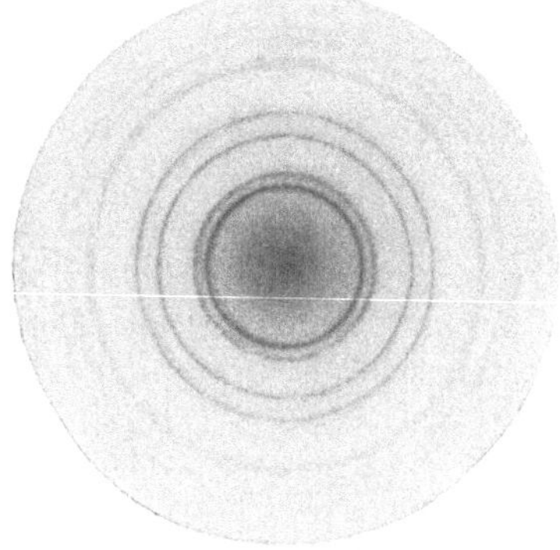

Abb. 16. Beugungsringe am kubisch flächenzentrierten Gitter (Ag) (nach MARK und WIERL).

Für kleine Werte von ϑ wird

$$r = a \cdot \frac{\lambda}{d}\sqrt{h^2 + k^2 + l^2}.$$

Liegt kein einfach kubisches Gitter vor, so sind die durch die größere Zahl von Gitterpunkten bedingten Auslöschungen zu beachten. So treten beim flächenzentrierten Gitter nur die Strahlen auf, für die h, k und l alle entweder gerade oder ungerade sind; beim raumzentrierten muß $h + k + l$ gerade sein. So ergibt sich die Tabelle 2 für die Radien der zu erwartenden Beugungsringe. Beispiele von Aufnahmen zeigen die Abb. 15 und 16. Bezüglich komplizierterer Gitter sei auf den Artikel über die Beugung von Röntgenstrahlen verwiesen, bei denen ja die Verhältnisse durchaus analog sind.

Derartige Versuche wurden zuerst von G. P. THOMSON[1] ausgeführt. Sie stellen insofern einen wesentlichen Fortschritt gegenüber den ursprünglichen Versuchen von DAVISSON und GERMER dar, als sie experimentell sehr viel einfacher auszuführen sind. Es ist leicht, einen derartigen Versuch als Demonstrationsversuch auszuarbeiten.

Tabelle 2.

h	k	l	$h^2 + k^2 + l^2$	$\sqrt{h^2 + k^2 + l^2}$	Flächenzentriertes Gitter	Raumzentriertes Gitter
1	0	0	1	1,000		
1	1	0	2	1,414		1,414
1	1	1	3	1,732	1,732	
2	0	0	4	2,000	2,000	2,000
2	1	0	5	2,236		
2	1	1	6	2,449		2,449
2	2	0	8	2,828	2,828	2,828
2 2 1 / 3 0 0			9	3,000		
3	1	0	10	3,162		3,162
3	1	1	11	3,317	3,317	
2	2	2	12	3,464	3,464	3,464
3	2	0	13	3,606		
3	2	1	14	3,742		3,742
4	0	0	16	4,000	4,000	4,000
3 2 2 / 4 1 0			17	4,123		
3 3 0 / 4 1 1			18	4,243		4,243
3	3	1	19	4,359	4,359	
4	2	0	20	4,472	4,472	4,472
4	2	1	21	4,583		
3	3	2	22	4,690		4,690
4	2	2	24	4,899	4,899	4,899
4 3 0 / 5 0 0			25	5,000		
4 3 1 / 5 1 0			26	5,099		5,099
3 3 3 / 5 1 1			27	5,196	5,196	
4 3 2 / 5 2 0			29	5,385		
5	2	1	30	5,477		5,477
4	4	0	32	5,657	5,657	5,657
4 4 1 / 5 2 2			33	5,745		
4 3 3 / 5 3 0			34	5,831		5,831
5	3	1	35	5,916	5,916	
4 4 2 / 6 0 0			36	6,000	6,000	6,000

15. Präzisionsprüfung der DE BROGLIESchen Beziehung; Relativitätskorrektion. Die Debye-Scherrer-Methode eignet sich besonders für genaue Messungen, da die experimentellen Bedingungen sehr einfach sind; man braucht ja bloß die beschleunigende Spannung der Elektronen, den Abstand der photographischen Platte vom Streukörper und die Ringdurchmesser zu messen. Die genauesten Messungen wurden von PONTE[2] angestellt, der den von der DE BROGLIE-

---

[1] G. P. THOMSON u. A. REID, Nature Bd. 119, S. 890. 1927.
[2] M. PONTE, Ann. de phys. Bd. 13, S. 395. 1930.

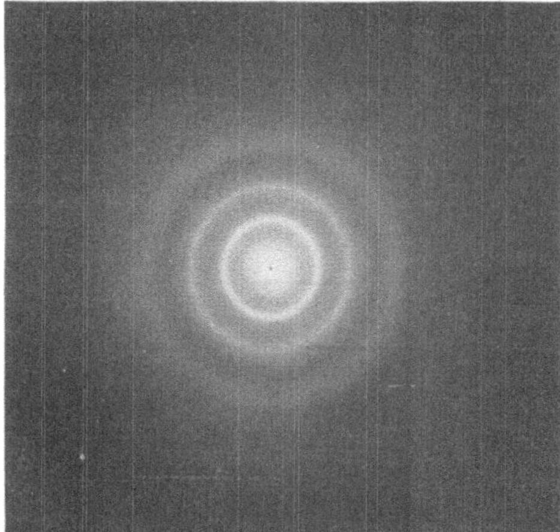

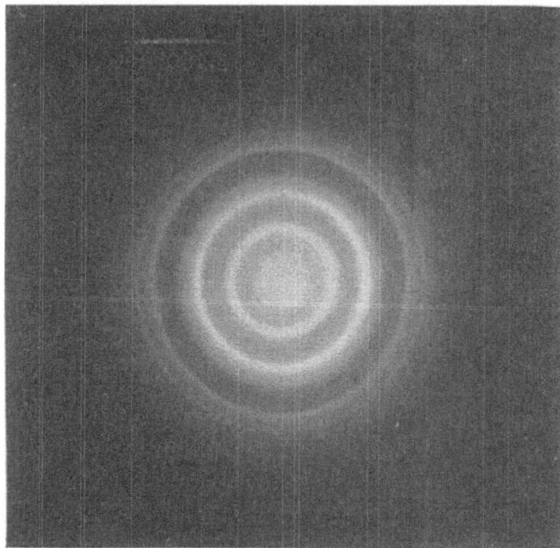

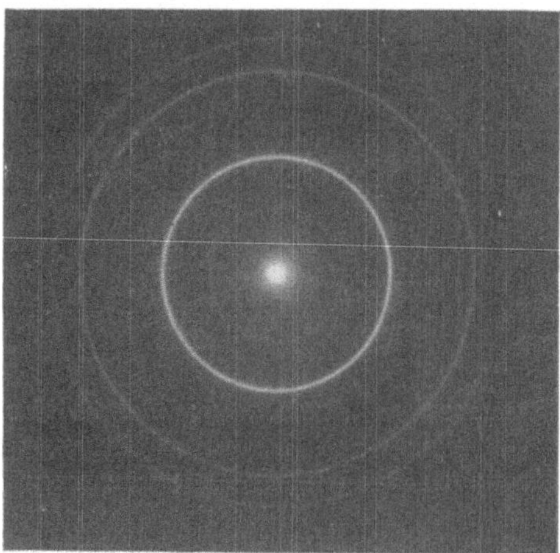

Abb. 17. Beugungsringe an verschieden alten Schichten von CdJ₂. An dem Schärferwerden der Ringe ist die Rekristallisation (Bildung größerer Kristallkörner) erkennbar. Gleichzeitig orientieren sich die Kristallite, so daß einige Ringe ausfallen (Ziff. 17) (nach Kirchner).

schen Beziehung geforderten Gang der Wellenlänge mit der Spannung auf $3\,^0/_{00}$ sicher bestätigen konnte. Als Gitter diente Zinkoxyd, die Spannung wurde von ca. 8000 bis 16000 Volt variiert. Bei diesen hohen Spannungen ist es erforderlich, statt der bisher benutzten Näherung $\lambda = \dfrac{h}{\sqrt{2m_0eV}}$ die korrekte relativistische Formel

$$\lambda = \frac{h}{\sqrt{2m_0eV\left(1 + \dfrac{eV}{2m_0c^2}\right)}}$$

zu verwenden. Bei den Ponteschen Messungen macht diese Korrektion nur wenige Promille aus; immerhin stimmt die von ihm gemessene Abhängigkeit der Wellenlänge von der Beschleunigungsspannung merklich besser zu der relativistischen als zur unkorrigierten Formel. (Die Absolutmessung der Wellenlänge ist viel ungenauer wegen der Unsicherheit der Gitterkonstante von Zinkoxyd.)

Um zwischen den beiden Formeln einwandfrei zu entscheiden, muß man zu erheblich höheren Spannungen übergehen. Rupp[1] benutzte Elektronen von 220000 Volt, die an einer Goldfolie gebeugt wurden. Bei dieser Spannung ist die relativistische Wellenlänge schon um ca. 11% kleiner als die unkorrigierte, was experimentell leicht nachweisbar ist. In der Publikation erfolgte die Berechnung der Wellenlänge aus der Spannung nach einer falschen Formel[2]; daß trotzdem Übereinstimmung gefunden wurde, liegt nach Angabe von Rupp daran, daß bei der Auswertung der Aufnahmen versehentlich ein falscher Wert für den Abstand der Folie von der photographischen Platte benützt wurde. Stellt man beides richtig, so ergibt sich wieder gute Übereinstimmung zwischen der gemessenen und der berechneten Wellenlänge.

[1] E. Rupp, Ann. d. Phys. Bd. 9, S. 458. 1931.
[2] S. Kikuchi u. K. Shinohara, Naturwissensch. Bd. 19, S. 659. 1931.

16. Auflösungsvermögen, Korngröße. Sind die einzelnen Kristallkörner sehr klein, so sinkt (Ziff. 11) das Auflösungsvermögen, die Beugungsringe werden verbreitert, genau wie bei den Röntgenstrahlen. Bei manchen Substanzen ist es möglich, am allmählichen Schärferwerden der Ringe das Wachsen der Kristallite zu verfolgen; z. B. überlagern sich (nach KIRCHNER[1]) dem zunächst sehr unscharfen Ringsystem von CdJ_2-Schichten (auf Zelluloidmembrane aufgedampft) allmählich scharfe Ringe, während die unscharfen schwächer werden und schließlich verschwinden (s. Abb. 17); daran kann man verfolgen, wie sich zunächst einige größere Körner bilden, die dann auf Kosten der kleinen weiterwachsen, bis sie diese ganz verzehrt haben.

Man kann auch an massiven Stücken wenigstens die Struktur der Oberfläche studieren, indem man schnelle Elektronen streifend auffallen läßt (wie bei der Anordnung von G. P. THOMSON, Abb. 9). Auf der dahinter aufgestellten photographischen Platte erhält man natürlich nur ein System von Halbringen (da die andere Hälfte abgeblendet wird); aus der Schärfe der Ringe kann man wieder Schlüsse auf die Größe der Kristallite ziehen. Doch ist zu beachten, daß bei flachem Einfall nur die äußersten Spitzen der Unebenheiten der Oberfläche von den Elektronen getroffen werden, also zur Beugung beitragen. Je glatter die Oberfläche, desto kleiner sind diese „wirksamen Teile"; sie können mitunter kleiner sein als die Kristallite selbst, so daß die Ringe stark verbreitert werden und eine zu geringe Korngröße vorgetäuscht wird. Die ungenügende Berücksichtigung dieses Umstandes ist wohl die Ursache gewisser Meinungsverschiedenheiten[2].

17. Teilweise orientierte Schichten („Faserstruktur"). Die im vorigen Abschnitt erwähnte Rekristallisation aufgedampfter Schichten ist oft von einer Orientierung der Kristallite begleitet (siehe Abb. 17), derart, daß sie alle mit einer bestimmten Netzebene zur Unterlage parallel, sonst jedoch völlig ungeordnet sind. Solange man nur an dieser Netzebene reflektierte Strahlen untersucht, verhalten sich solche Niederschläge wie Einkristalle. Tatsächlich sind die in Ziff. 6 erwähnten Untersuchungen von RUPP an derartigen Niederschlägen gemacht worden.

Bei Durchstrahlung senkrecht zu ihrer Ebene liefern solche Schichten, da ja alle Richtungen in der Ebene gleichwertig sind, gleichmäßig geschwärzte Kreise; doch unterscheidet sich das Bild von dem gewöhnlichen Debye-Scherrer-Diagramm der (nichtorientierten) Substanz dadurch, daß viel weniger Kreise auftreten. Denn die einzelnen Kristallite sind ja hier alle in gleicher Weise zum Strahl orientiert; irgendeine Netzebene bildet also immer denselben Winkel zum Strahl, und wenn die BRAGGsche Bedingung nicht zufällig erfüllt ist (die Elektronen nicht die richtige Geschwindigkeit haben), so tritt eben keine oder nur sehr schwache Reflexion an dieser Netzebene auf. Diese Gleichorientierung der Kristallite zum Strahl wird aufgehoben, wenn man die Folie gegen ihn neigt; es treten dann mehr Ringe hervor; anderseits sind die Ringe dann nicht mehr am ganzen Umfang gleichmäßig geschwärzt. Man kann diese Veränderungen sehr gut an Abb. 18 verfolgen (Aufnahmen von F. KIRCHNER[3] an Kadmiumjodid). Für eine genaue Diskussion müßte man die (ziemlich komplizierte) Gitterstruktur von CdJ_2 heranziehen; zum prinzipiellen Verständnis genügen folgende Überlegungen. Das CdJ_2 kristallisiert in dünnen Blättchen, die alle parallel zur Unterlage, aber sonst völlig regellos liegen (wie auf dem Tisch verstreute Spielkarten). Vernachlässigt man zunächst die Dicke der einzelnen

[1] F. KIRCHNER, ZS. f. Phys. Bd. 76, S. 576. 1932.
[2] Zwischen F. KIRCHNER u. G. P. THOMSON, Nature Bd. 129, S. 545. 1932.
[3] F. KIRCHNER, Naturwissensch. Bd. 20, S. 123. 1932; ZS. f. Phys. Bd. 76, S. 576. 1932.

Blättchen, betrachtet sie also als Kreuzgitter, so wird man bei senkrechtem Einfall dasselbe Bild erwarten, wie wenn man *ein* Kreuzgitter während der Exposition in seiner Ebene herumdreht, also ein System von konzentrischen Kreisen. Beim Neigen der Folie werden die Kreise in Ellipsen deformiert, wie man aus den Kreuzgittergleichungen leicht entnehmen kann. Betrachten wir

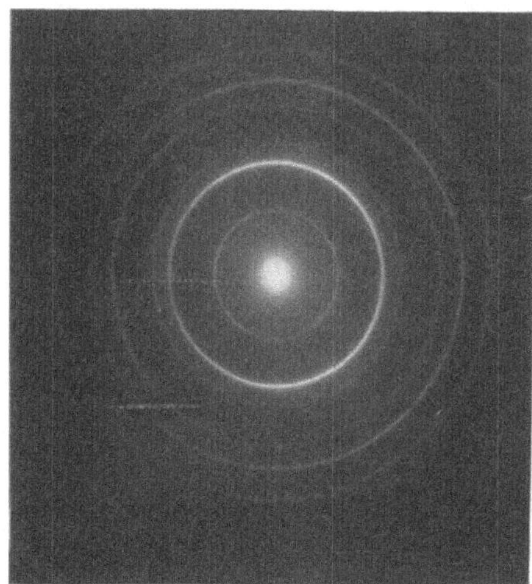

anderseits ein völlig ungeordnetes Aggregat von CdJ_2-Kriställchen *endlicher* Dicke, so wird uns das ein System von Debye-Scherrer-Ringen liefern, in dem alle Strahlen enthalten sind, die der BRAGGschen Bedingung genügen. Das wirkliche Beugungsbild muß nun außerdem der obenerwähnten Kreuzgitterbedingung genügen; in Wirklichkeit werden also gebeugte Strahlen nur dort auftreten, wo eine „Kreuzgitterellipse" und ein Debye-Scherrer-Ring einander schneiden. Das kann man auch tatsächlich in Abb. 18 deutlich erkennen.

Bei der Verformung von Metallen erfolgt im allgemeinen ebenfalls eine teilweise Ausrichtung der Kristallite. Diese Erscheinungen sind wegen ihrer großen technischen Bedeutung mit Röntgenstrahlen vielfach und eingehend studiert worden; bei der Elektronenbeugung spielen sie hauptsächlich die Rolle einer Fehlerquelle bei Intensitätsmessungen, da es sehr leicht vorkommt, daß die dünnen Metallfolien beim Auffangen und Trocknen (Ziff. 23) ungleichmäßig gedehnt werden. Eine ausführliche Diskussion der verschiedenen Typen orientierter Schichten und ihrer Beugungserscheinungen findet sich am Schluß der oben zitierten Arbeit von F. KIRCHNER.

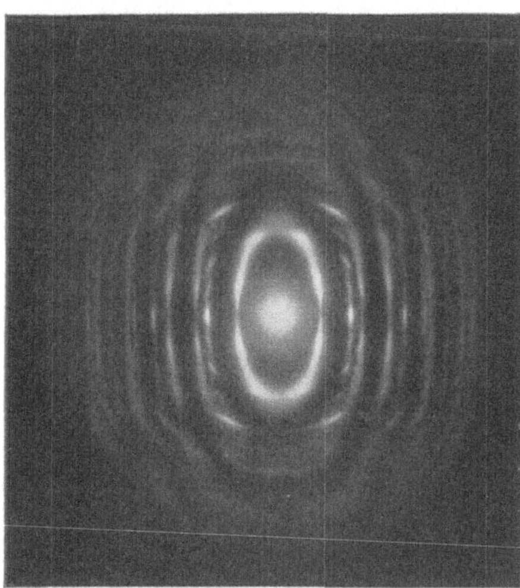

Abb. 18. Beugung an CdJ_2 (dieselbe Schicht wie Abb. 17 unten). Folie geneigt; oben 5°, unten 60° Winkel zwischen Strahl und der Normalen auf die Folie (nach KIRCHNER).

18. Beugung an Gasatomen.

Läuft ein Elektron an einer ruhenden Punktladung vorbei, so beschreibt es eine Hyperbel. Schickt man einen Strahl von Elektronen durch einen Haufen von regellos angeordneten Punktladungen, so ergibt sich klassisch für die Winkelverteilung der abgelenkten Elektronen die

RUTHERFORDsche Formel $J = J_0 \dfrac{e^2 E^2}{4\,m^2 v^4 r^2} \cdot \dfrac{1}{\sin^4 \vartheta/2}$ (J Zahl der pro Sekunde durch den cm² hindurchtretenden Elektronen, E Größe der Punktladung). Die wellenmechanische Berechnung der Beugung der de Broglie-Welle eines Elektrons in einem COULOMBschen Kraftfeld ergibt *genau* die gleiche Formel[1]; in diesem Falle ist also der Wellencharakter der Elektronen ohne Einfluß auf die Winkelverteilung.

---

[1] W. GORDON, ZS. f. Phys. Bd. 48, S. 180. 1928.

Nun handelt es sich aber bei der Streuung von langsamen Elektronen in Gasen nicht um Ablenkung durch Punktladungen; die Kraft, die ein Elektron von einem Gasatom erfährt, nimmt mit einer viel höheren als der zweiten Potenz des Abstandes ab, so daß man in erster Näherung das Atom als starre Kugel ansehen kann. In diesem Falle ist aber zweifellos ein Einfluß der Wellennatur der Elektronen zu erwarten, wie das optische Analogon (Beugungsringe im Nebel) unmittelbar lehrt.

Vor allem ist zu erwarten, daß die Gesamtzahl der gestreuten Elektronen bei kleinen Geschwindigkeiten stark abnimmt, entsprechend dem RAYLEIGHschen Gesetz, wonach bei der Streuung von Licht an Teilchen, die klein sind gegen die Wellenlänge λ, die Streuintensität bei wachsender Wellenlänge mit $1/\lambda^4$ abnimmt. In der Tat ist diese Abnahme der Gesamtstreuung aus den Versuchen von RAMSAUER und Mitarbeitern[1] schon lange bekannt; ELSASSER[2] hat zuerst auf die Möglichkeit einer wellentheoretischen Deutung hingewiesen.

Die Winkelverteilung der gestreuten Elektronen wurde von einer Reihe von Autoren[3] untersucht. Als Beispiel seien hier Kurven von ARNOT wiedergegeben (Abb. 19), an denen man sehr schön sehen kann, wie die Beugungsmaxima mit

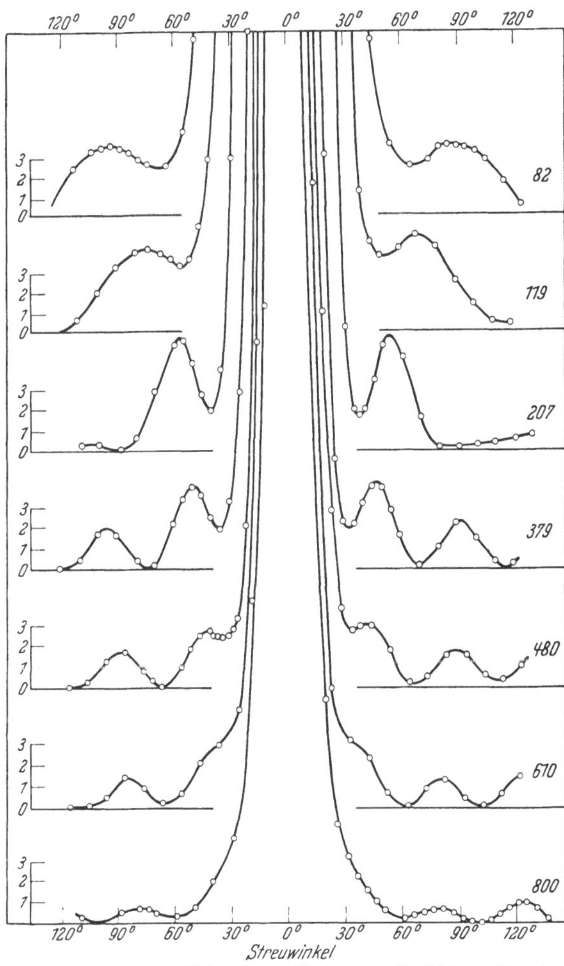

Abb. 19. Beugung von Elektronen an Hg-Atomen; die Zahlen rechts neben den Kurven geben die zugehörige Voltgeschwindigkeit an.

zunehmender Elektronengeschwindigkeit immer näher an den unabgelenkten Strahl heranrücken. Die wellenmechanische Berechnung[4] steht in guter Übereinstimmung mit den Ergebnissen von ARNOT.

19. Beugung an mehratomigen Gasmolekülen. Von besonderem Interesse sind die Versuche, bei denen schnelle Elektronen an Molekülen gebeugt werden[5], da man durch sie Auskunft über den Bau des betreffenden Moleküls erhalten kann.

[1] Siehe ds. Bd. Kap. 4. [2] W. ELSASSER, Naturwissensch. Bd. 13, S. 711. 1925.
[3] DYMOND u. WATSON, Proc. Roy. Soc. London Bd. 122, S. 571. 1929; HARNWELL, Phys. Rev. Bd. 34, S. 661. 1929; ARNOT, Proc. Roy. Soc. London Bd. 125, S. 660. 1929; Bd. 130, S. 665. 1931; GREEN, Phys. Rev. Bd. 36, S. 239. 1930; McMILL, ebenda Bd. 36, S. 1034. 1930; BULLARD u. MASSEY, Proc. Roy. Soc. London Bd. 130, S. 579. 1931.
[4] HENNEBERG, Naturwissensch. Bd. 20, S. 561. 1932.
[5] H. MARK u. R. WIERL, Naturwissensch. Bd. 18, S. 205. 1930; R. WIERL, Phys. ZS. Bd. 31, S. 366 u. 1028. 1930; Ann. d. Phys. Bd. 8, S. 521. 1931; Leipziger Vortrage 1930, S. 13.

Die Grundlage bilden die Versuche und Rechnungen von Debye und Mitarbeitern[1] über die Beugung von *Röntgenstrahlen* an einzelnen Molekülen. Da es hier — wie bei vielen ähnlichen Problemen — nur auf das Verhältnis $\frac{\sin\vartheta/2}{\lambda}$ ankommt (ϑ = Ablenkungswinkel), führen wir die Abkürzung $\varrho = \frac{4\pi}{\lambda}\sin\frac{\vartheta}{2}$ ein. Dann ergibt die Rechnung (interferenzmäßige Überlagerung der von den einzelnen Atomen gebeugten Wellen und Mittelung über alle möglichen Stellungen des Moleküls zum einfallenden Strahl) für die Richtungsverteilung der gebeugten Wellen $J_\vartheta \sim \sum_i \sum_k F_i(\vartheta) F_k(\vartheta) \frac{\sin\varrho x_{ik}}{\varrho x_{ik}}$, wobei x_{ik} den Abstand des $i$ten vom $k$ten Atom bedeutet. Die Bedeutung der F_i erkennt man, wenn man die Formel auf ein einzelnes Atom anwendet; es wird dann $J_\vartheta \sim F_i^2$; da die Winkelverteilung bei Streuung an einem einzelnen Atom von dessen Ladungsverteilung („Form") abhängt, nennt man F_i auch den Formfaktor des $i$ten Atoms.

Für ein Molekül aus zwei gleichen Atomen im Abstand $x_{12} = a$ ergibt sich $J_\vartheta \sim F^2 \cdot \left(1 + \frac{\sin\varrho \cdot a}{\varrho \cdot a}\right)$. Der Klammerausdruck ist in Abb. 20 graphisch dar-

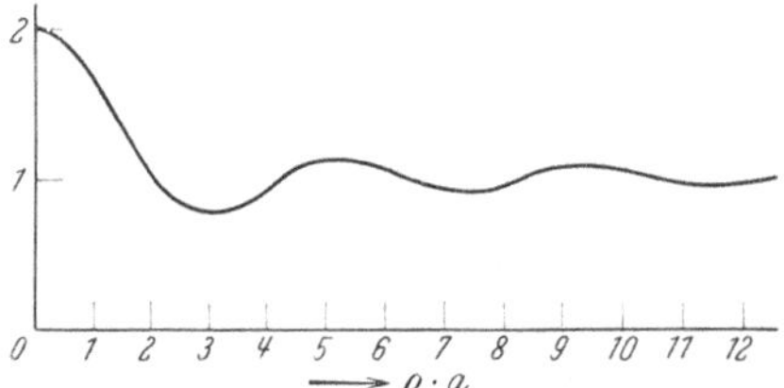

Abb. 20. Graphische Darstellung von $1 + \frac{\sin\varrho a}{\varrho a}$ *.

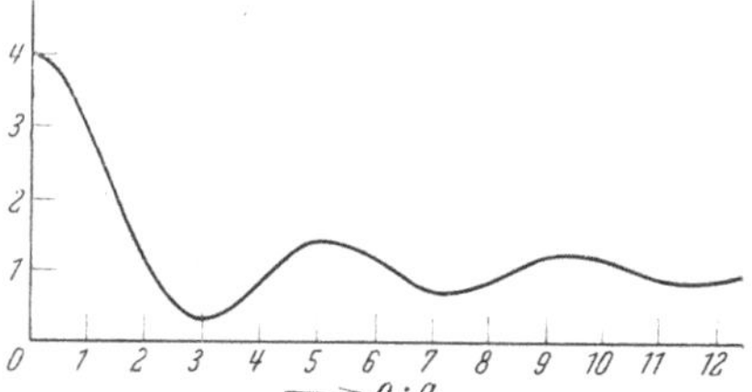

Abb. 21. Graphische Darstellung von $1 + 3\frac{\sin\varrho a}{\varrho a}$ *.

gestellt; man sieht, daß Maxima und Minima auftreten, aus denen man den Atomabstand a bestimmen kann. Natürlich spielt auch der Ausdruck F^2 eine Rolle; aber wenn man rasche Elektronen verwendet, so erfolgt die Streuung praktisch nur am Kern (da erst nahe am Kern das Potential vergleichbar mit der Elektronenenergie wird); die Streuverteilung wird dann angenähert durch die klassische Rutherfordsche Formel wiedergegeben, die lediglich einen starken Abfall der Intensität nach größeren Winkeln bedingt, aber keine neuen Maxima und Minima erzeugt.

Für die praktische Durchführung derartiger Molekularstrukturuntersuchungen ist weiter der Umstand wesentlich, daß das Streuvermögen eines Kernes mit dem Quadrat der Ordnungszahl Z ansteigt. Daher kann man z. B. beim Tetrachlorkohlenstoff von der Wirkung des zentralen C-Atoms ($Z = 6$)

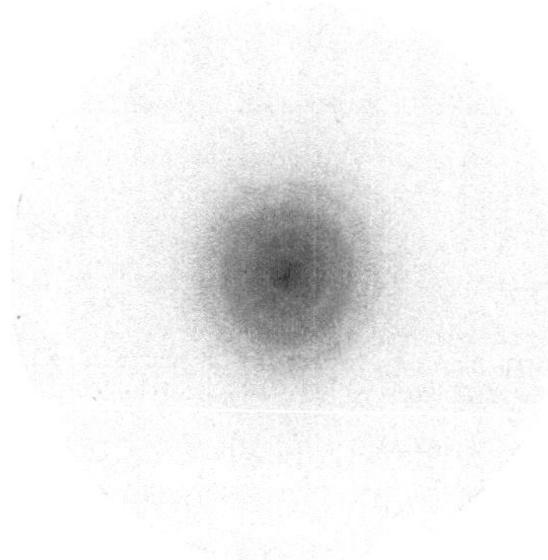

Abb. 22. 70 kV-Elektronen gestreut an CCl$_4$-Dampfstrahl. Nach Mark u. Wierl, Die exper. u. theor. Grundl. d. Elektronenbeugung. Berlin: Gebr. Borntraeger 1931.

ganz absehen und nur die vier an den Ecken eines Tetraeders angeordneten Cl-Atome ($Z = 17$) berücksichtigen. Dann ergibt sich die Intensitätsverteilung

---

[1] P. Debye, L. Bewilogua u. F. Ehrhardt, Phys. ZS. Bd. 30, S. 84. 1929; P. Debye, Ann. d. Phys. Bd. 46, S. 809. 1915.
* Die Zahlen an der Abszissenachse sind mit 1,5 zu multiplizieren.

für CCl_4 zu $J_\vartheta \sim F_{Cl}^2 \cdot \left(1 + 3\,\dfrac{\sin \varrho a}{\varrho a}\right)$ (a = Abstand zweier Chloratome). Der Klammerausdruck zeigt (Abb. 21) viel ausgeprägtere Maxima und Minima als der für ein zweiatomiges Molekül; daher ist auch CCl_4 sowohl von DEBYE (bei Röntgenstrahlen) als auch von MARK und WIERL (bei Elektronen) zur Prüfung der Methode benutzt worden (Abb. 22). MARK und WIERL haben dann noch eine Menge hauptsächlich organischer Verbindungen untersucht (Methodik s. Ziff. 23) und konnten in vielen Fällen die Voraussagen der Chemiker bestätigen (ebene Sechseckgestalt des Benzols, geknickte Form des Zyklohexans u. a.) und die Abmessungen der untersuchten Moleküle ziemlich genau bestimmen.

20. Strichgitter. Beugung an einem künstlichen Strichgitter ist wohl der unmittelbarste Beweis für die Wellennatur einer Strahlung; es ist daher verschiedentlich versucht worden, diese Erscheinung an Elektronenstrahlen nachzuweisen. Um trotz der kleinen Wellenlänge hinreichende Beugungswinkel zu erhalten, benützt man — nach dem Vorgange von COMPTON und DOAN[1] bei Röntgenstrahlen — kleine, fast streifende Einfallswinkel. Die Gleichung für Beugung an einem Strichgitter (Striche senkrecht zur Einfallsebene) lautet bekanntlich (s. Abb. 23) $n\lambda = d(\cos\vartheta_0 - \cos\vartheta)$; für kleine ϑ_0 und ϑ geht sie über in $n\lambda = \dfrac{d}{2}(\vartheta^2 - \vartheta_0^2) = \dfrac{d}{2}(\vartheta - \vartheta_0)(\vartheta + \vartheta_0)$; man sieht, daß der Winkel $\vartheta - \vartheta_0$ zwischen dem reflektierten und dem gebeugten Strahl um so größer wird, je kleiner man ϑ_0 wählt, und für $\vartheta_0 = 0$ dem Grenzwert $\sqrt{\dfrac{2n\lambda}{d}}$ zustrebt.

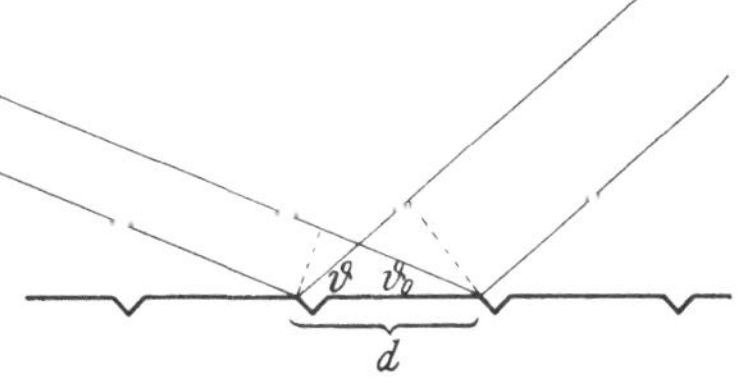

Abb. 23. Beugung am Strichgitter.
Gangunterschied $= d \cos\vartheta_0 - d\cos\vartheta$.

E. RUPP[2] benützte ein auf Spiegelmetall geteiltes Gitter von $d = 7,70\cdot 10^{-4}$ cm Strichabstand. Der Einfallswinkel betrug 1 bis $3\cdot 10^{-3}$, die Geschwindigkeit der Elektronen 70 bis 310 Volt. Die reflektierten und gebeugten Elektronen wurden photographisch nachgewiesen. Die Aufnahmen zeigten neben dem reflektierten Strahl bis zu drei Beugungsstreifen, aus deren Abstand a vom reflektierten Strahl man den entsprechenden Beugungswinkel $\vartheta - \vartheta_0 = a/l$ (l Entfernung des Gitters von der Photoplatte) berechnen konnte. Der Einfallswinkel ϑ_0 konnte nicht direkt bestimmt werden; doch konnte man in Fällen, wo auf einer Aufnahme z. B. die erste und die zweite Ordnung sichtbar war, aus den beiden Gleichungen $\lambda = \dfrac{d}{2}\dfrac{a_1}{l}\left(\dfrac{a_1}{l} + 2\vartheta_0\right)$ und $2\lambda = \dfrac{d}{2}\dfrac{a_2}{l}\left(\dfrac{a_2}{l} + 2\vartheta_0\right)$ den Wert von ϑ_0 und λ bestimmen. Die so gefundenen Werte von λ stimmten tatsächlich mit den aus der DE BROGLIESchen Beziehung errechneten $\left(\lambda = \sqrt{\dfrac{150}{\text{Volt}}}\right)$ auf wenige Prozent überein.

B. L. WORSNOP[3] gelang es ebenfalls, Beugung von Elektronen an einem Strichgitter zu erhalten. Er arbeitete mit größeren Einfallswinkeln ($\vartheta_0 = \infty 1°$) und erhielt daher auch negative Beugungsordnungen (d. h. gebeugter Strahl *zwischen* dem reflektierten und dem Kristall); eine zahlenmäßige Auswertung seiner Aufnahmen wurde nicht gegeben.

21. Polarisation der Elektronenwellen. Die Hypothese von GOUDSMIT und UHLENBECK[4] schreibt dem Elektron einen Drehimpuls vom Betrag $\dfrac{1}{2}\dfrac{h}{2\pi}$

[1] A. H. COMPTON u. R. L. DOAN, Proc. Nat. Acad. Amer. Bd. 11, S. 598. 1925.
[2] E. RUPP, Naturwissensch. Bd. 16, S. 656. 1928; ZS. f. Phys. Bd. 52, S. 8. 1929.
[3] B. L. WORSNOP, Nature Bd. 123, S. 164. 1929.
[4] S. GOUDSMIT u. G. E. UHLENBECK, Naturwissensch. Bd. 13, S. 953. 1925.

zu, und ein entsprechendes magnetisches Moment $\left(\mu = \dfrac{e\,h}{4\,\pi\,m\,c}\right)$. Ein Elektron stellt dann in einem Magnetfeld sein Moment entweder parallel oder antiparallel zu den Kraftlinien (Richtungsquantelung). Im Bilde der Wellenvorstellung kann man dies als eine Polarisation der Materiewellen auffassen. Ähnlich wie man eine Lichtwelle in einem doppelbrechenden Medium in zwei Wellen mit aufeinander senkrecht stehenden Schwingungsebenen zerlegen muß, um ihre Fortpflanzung berechnen zu können, so muß man die einem Elektron entsprechende Materiewelle in zwei Wellen zerlegen (entsprechend der parallelen und der antiparallelen Einstellung), die sich im Magnetfeld verschieden rasch fortpflanzen.

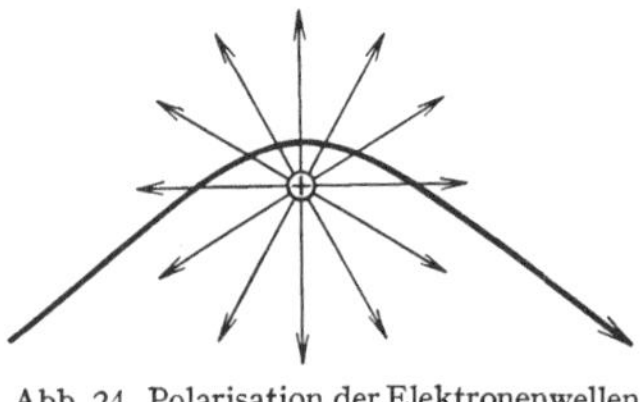

Abb. 24. Polarisation der Elektronenwellen durch Streuung an Atomkernen.

Und ebenso wie man beim Licht unter Benützung der Doppelbrechung die beiden Wellen trennen und durch Ausblenden eine von ihnen allein erhalten kann, so kann man bei Materiewellen von magnetischen Atomen die beiden Wellen durch die „Doppelbrechung" eines magnetischen Feldes trennen (Stern-Gerlach-Versuch). Beim Elektron ist allerdings wegen seiner Ladung (Lorentzkraft) dieser Weg nicht gangbar (Bohr[1]).

Aber auf eine andere, ziemlich einfache Weise sollte es möglich sein, eine teilweise Polarisation von Elektronenwellen zu erhalten, nämlich durch Streuung an schweren Atomkernen. Man kann sich das so klar machen: Läuft ein schnelles Elektron nahe an einem Atomkern vorbei, so läuft es in einem starken elektrischen Feld senkrecht zu seiner Bewegungsrichtung (Abb. 24). In dem Bezugssystem des Elektrons herrscht daher ein magnetisches Feld senkrecht zur Papierebene. Hat das Elektron ein magnetisches Moment μ, so muß man zur Berechnung seiner Bahn (rein klassisch gesprochen) zu seiner potentiellen Energie $e \cdot Z e/r$ im *elektrischen* Kernfeld noch die Energie $\pm \mu \cdot H$ in dem durch die Bewegung

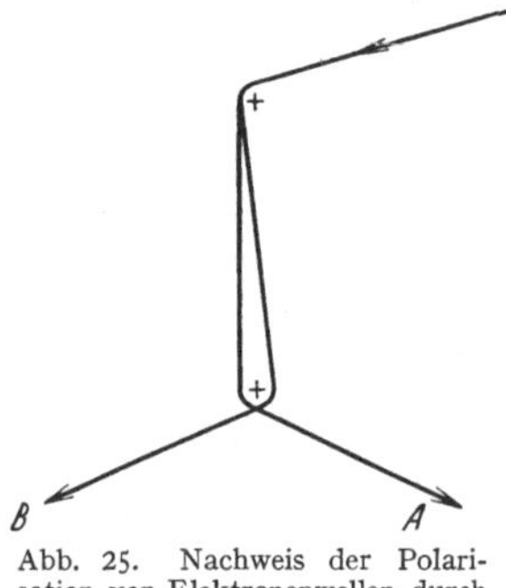

Abb. 25. Nachweis der Polarisation von Elektronenwellen durch Streuung an Atomkernen.

entstehenden *Magnetfeld* hinzufügen, wobei die beiden Vorzeichen den beiden entgegengesetzten Einstellungen entsprechen (analog wie bei der Theorie der Feinstruktur). Daraus sieht man, daß diese beiden Teilwellen mit einer etwas verschiedenen Winkelverteilung gestreut werden, und daß also in irgendeiner Streurichtung ihr Verhältnis im allgemeinen nicht mehr das ursprüngliche (nämlich 1:1) sein wird. Die genaue Durchrechnung nach der Diracschen relativistischen Theorie des Elektrons ergibt (N. F. Mott[2]), daß zur Erzielung möglichst hoher Polarisationsgrade günstig ist, schnelle Elektronen an schweren Atomkernen unter annähernd rechtem Winkel zu streuen.

Zum Nachweis der erzielten Polarisation könnte eine zweite Streuung dienen; in einer Anordnung wie Abb. 25 müßte dann der Strahl A stärker sein als Strahl B.

Die in dieser Richtung unternommenen Versuche sind zunächst größtenteils negativ ausgefallen[3]. E. Rupp[4] fand bei Versuchen mit zwei unter flachen Winkel reflektierenden Metallplatten Strahl B stärker als Strahl A (s. Abb. 25), was nicht nur mit der Mottschen, sondern mit jeder Theorie der Polarisation

[1] N. Bohr, s. Anhang zu N. F. Mott, Proc. Roy. Soc. London Bd. 124, S. 426. 1929.
[2] N. F. Mott, Proc. Roy. Soc. London Bd. 124, S. 426. 1929; Bd. 135, S. 429. 1932.
[3] C. H. Davisson u. L. H. Germer, Nature Bd. 122, S. 809. 1928; R. T. Cox, C. G. McIlwraith u. B. Kurrelmeyer, Proc. Nat. Acad. Amer. Bd. 14, S. 544. 1928; C. T. Chase, Phys. Rev. Bd. 34, S. 1069. 1929; A. F. Joffé u. A. N. Arseniewa, C. R. Bd. 188, S. 152. 1929; E. Rupp, ZS. f. Phys. Bd. 53, S. 548. 1929; F. Kirchner, Phys. ZS. Bd. 31, S. 772. 1930; G. P. Thomson, Nature Bd. 126, S. 842. 1930.
[4] E. Rupp, Naturwissensch. Bd. 18, S. 207. 1930; ZS. f. Phys. Bd. 61, S. 158. 1930.

durch Streuung im Widerspruch steht und vielleicht durch einen Justierfehler zu erklären ist. In späteren Versuchen fand Rupp[1] Unterschiede im erwarteten Sinne und von recht beträchtlicher Größe (1:2 und darüber). Die Anordnung war die folgende (Abb. 26): Ein Strahl von schnellen Elektronen (100000 bis 220000 Volt) fiel auf den „Reflektor" R. Die in Richtung RB gestreuten Elektronen liefen durch das Blendensystem B und trafen auf die Folie F, an der sie gebeugt wurden, so daß auf der photographischen Platte P ein System von Debye-Scherrer-Ringen entstand. Diese Ringe zeigten nun tatsächlich eine unsymmetrische Intensitätsverteilung entsprechend der schematischen Andeutung in Abb. 26 und der Reproduktion in Abb. 27. Der Betrag der Polarisation, d. h. das Intensitätsverhältnis der beiden extremen Strahlen konnte mangels Kenntnis der Schwärzungskurve nicht bestimmt werden, doch gibt das Verhältnis der extremen Schwärzungen eines Ringes ein gewisses Maß dafür. Dieses Verhältnis steigt stark mit der Spannung; es beginnt erst über 100000 Volt sich merklich über Eins zu erheben und erreicht bei 220000 Volt Werte bis zu 2,5. Auch ein Gang mit der Ordnungszahl des streuenden Elements ist im erwarteten Sinne vorhanden, die Asymmetrie steigt vom Kupfer, wo sie noch unmerklich ist, ziemlich gleichmäßig bis zum höchsten benützten Element Thorium. Es scheint auch, daß die Asymmetrie in den äußeren Ringen, also bei größeren Ablenkungswinkeln, stärker hervortritt, doch kann das daran liegen, daß die inneren Ringe stärker geschwärzt sind und die Unterschiede dadurch nicht so stark hervortreten, da die Schwärzungskurve für schnelle Elektronen erfahrungsgemäß stark gekrümmt ist. Im ganzen sind die von Rupp gefundenen Asymmetrien viel größer, als nach den Mottschen Rechnungen zu erwarten wäre; worauf diese Diskrepanz beruht, ist noch nicht aufgeklärt.

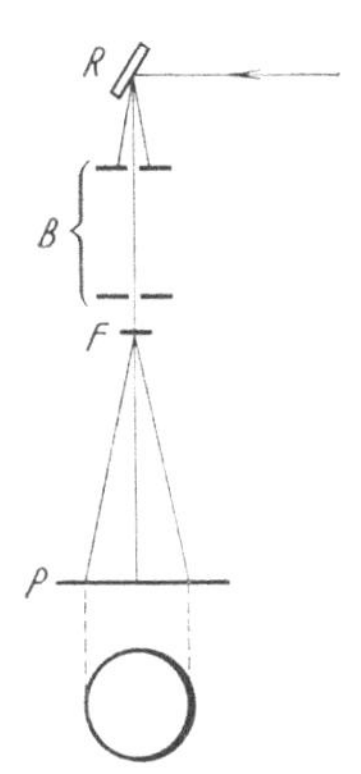

Abb. 26. Versuchsanordnung von Rupp zur Polarisation von Elektronenwellen.

Daß die Asymmetrie mit dem magnetischen Moment der Elektronen zusammenhängt, zeigte Rupp, indem er sie auf der Strecke zwischen R und F durch ein Magnetfeld laufen ließ. Als magnetische Kreisel müssen sie darin eine Präzessionsbewegung um die Richtung der Kraftlinien (Larmorpräzession) ausführen. (Die wellenmäßige Überlegung unter Berücksichtigung der „Doppelbrechung" des Magnetfeldes führt zum selben Ergebnis [Landé[2]].) Tatsächlich ergab ein longitudinales Magnetfeld eine Drehung der Intensitätsverteilung der Beugungsringe, die nach Richtung und Größe mit der Larmorschen Formel für Elektronen $\alpha = 2eHt/m_0 c$, $t = l/v \cdot \sqrt{1 - v^2/c^2}$ (α Drehwinkel, t Laufzeit im Feld, bezogen auf das mit den Elektronen bewegte System, l Länge des Feldes) gut übereinstimmt. Ein transversales Magnetfeld (gekreuzt mit einem passenden elektrischen Feld, um Ablenkung der

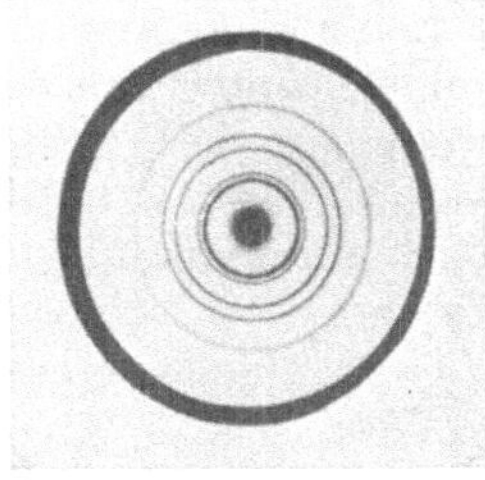

Abb. 27. Polarisation von 220 kV-Elektronen durch zweimalige Streuung an Gold (nach Rupp).

Elektronen zu verhindern) senkrecht zur Einfallsebene hatte keinen Einfluß, wie zu erwarten, da ja seine Kraftlinien mit den Spinachsen der Elektronen zusammenfallen und also keine Präzession erfolgt. Lagen dagegen die Kraftlinien des transversalen Feldes in der Einfallsebene, so wurde die Asymmetrie zunächst schwächer, verschwand bei einer bestimmten Feldstärke völlig und erschien bei weiterer Erhöhung der Feldstärke wieder, aber mit entgegengesetztem Vorzeichen. Die Feldstärke, bei

---

[1] E. Rupp, Naturwissensch. Bd. 19, S. 109. 1931; E. Rupp u. L. Szilard, Naturwissensch. Bd. 19, S. 422. 1931; E. Rupp, Phys. ZS. Bd. 33, S. 158. 1932.
[2] A. Landé, Naturwissensch. Bd. 17, S. 634. 1929.

der die Asymmetrie verschwand, hatte den Wert, bei dem nach der Rechnung die Spinachsen sich um 90° gedreht haben mußten, so daß sie in der Flugrichtung lagen. (Diese Feldstärke ist nicht dieselbe, die beim Longitudinalfeld zur Drehung um 90° notwendig war, da man die Felder auf das Bezugssystem des Elektrons umrechnen muß; dabei ergibt sich, daß das Transversalfeld um den Faktor $1/\sqrt{1 - v^2/c^2}$ größer sein muß.) Bei noch stärkeren Feldern werden die Spinachsen um mehr als 90° gedreht, so daß der Sinn der Asymmetrie sich umkehren muß. Es ist zu hoffen, daß diese wichtigen Versuche bald von anderer Seite nachgeprüft werden.

Neuere Versuche von LANGSTROTH[1] ergaben bis 10 kV keine merkbare Asymmetrie; dagegen fand DYMOND[2] bei 70 kV einen kleinen positiven Effekt.

22. Methodisches (Intensitätsmessung usw.). Über die Herstellung von Elektronenstrahlen ist nicht viel zu sagen, da die Methoden dafür in der Röntgentechnik und beim Bau von Kathodenstrahloszillographen weitgehend entwickelt worden sind. Es werden Gasentladung oder Glühemission benützt und die Elektronen durch ein oder mehrere enge Löcher ausgeblendet; eine Konzentrationsspule kann die Schärfe weiter verbessern.

Zur Intensitätsmessung der gebeugten Strahlen läßt man sie in einen Faradaykäfig laufen und mißt dessen Aufladung mit einem empfindlichen Elektrometer; dabei kann man Elektronen mit Geschwindigkeitsverlusten durch ein Gegenfeld fernhalten, wodurch die Kurven erheblich ausgeprägter werden, da der durch die unelastisch gestreuten Elektronen bedingte Schleier wegfällt. Einfacher ist die photographische Methode, bei der man außerdem gleich die ganze Beugungserscheinung auf einmal erhält; dafür liefert sie natürlich keine genauen Intensitätsangaben, um so mehr als das Schwärzungsgesetz für Elektronen ziemlich kompliziert ist. Für Vorversuche kann man oft das Beugungsbild visuell auf einem an die Stelle der Photoplatte gestellten Leuchtschirm beobachten.

23. Material für die Beugungsversuche. Einkristalle aus Metall werden in der gewünschten Ebene geschnitten und poliert und die durch das Polieren zerstörten äußersten Schichten durch vorsichtiges Ätzen beseitigt. Entgasung erfolgt durch langes Ausglühen im Vakuum mittels Elektronenbombardement; FARNSWORTH dampft auf den so behandelten Kristall noch weiteres Metall im Vakuum auf und erzielt noch bessere Gasfreiheit, wie er aus dem weiteren Schwächerwerden der halbzahligen Interferenzen (s. Ziff. 9) schließt. Statt Einkristallen kann man oft teilweise orientierte Schichten benutzen (Ziff. 17); RUPP[3] erhält solche Schichten aus verschiedenen Metallen durch Aufdampfen auf ein Wolframblech und nachfolgendes Glühen im Vakuum; bei manchen Substanzen (z. B. CdJ_2, Se u. a.[4]) erfolgt diese Orientierung schon bei Zimmertemperatur mit genügender Schnelligkeit.

Metallfolien erhält RUPP[5] durch Aufdampfen des Metalls auf einen polierten Steinsalzkristall, Ablösen in Wasser und Auffischen mit einer Lochblende. Oder man schlägt die Substanz durch Aufdampfen oder Kathodenzerstäubung auf einer dünnen Zelluloidschicht nieder, die in vielen Fällen das Beugungsbild nicht wesentlich beeinflußt; sonst kann man die Zelluloidunterlage auch in Azeton auflösen und die Folie wie oben auffangen.

Pulverförmige Substanzen werden auf einen Spalt, auf Fäden oder Netze aufgestäubt, auch auf eine Platte, auf die die Elektronen streifend auffallen (man erhält dann natürlich halbkreisförmige Beugungsringe). Oft erhält man auch vom Material der Trägereinrichtung Beugungsringe, die das Bild verwirren.

---

[1] G. O. LANGSTROTH, Proc. Roy. Soc. London Bd. 136, S. 558. 1932.
[2] E. G. DYMOND, Proc. Roy. Soc. London Bd. 136, S. 641. 1932.
[3] E. RUPP, Ann. d. Phys. Bd. 1, S. 801. 1929.
[4] F. KIRCHNER, ZS. f. Phys. Bd. 76, S. 576. 1932.
[5] E. RUPP, Ann. d. Phys. Bd. 85, S. 981. 1928; ein ähnliches Verfahren hatten bereits K. LAUCH u. W. RUPPERT, Phys. ZS. Bd. 27, S. 452. 1926, entwickelt.

Nimmt man dagegen eine dünne Glimmerfolie als Unterlage, so erleichtern die Interferenzpunkte des Glimmers (s. Abb. 12) unter Umständen die Ausmessung der Beugungsringe.

Bei Beugung an Gasen oder Dämpfen läßt man die Elektronen durch einen aus einer feinen Düse austretenden Strahl der Substanz hindurchlaufen, und zwar unmittelbar an der Mündung, wo die Dichte am größten ist; durch energisches Pumpen bzw. Ausfrieren verhindert man, daß der Druck im ganzen Raum zu hoch wird (MARK u. WIERL[1]).

III. Beugung von Ionenstrahlen.

24. Beugung von Protonen. Über Beugung von Ionenstrahlen liegen bisher nur wenig Ergebnisse vor, deren Deutung überdies unsicher ist. A. S. DEMPSTER[2] ließ Protonen an verschiedenen Kristallen reflektieren und fing sie auf einer photographischen Platte auf; auf der Platte zeigten sich dann eigentümliche strahlige Figuren, die wohl mit Beugung zusammenhängen dürften, deren genaue Deutung aber schon wegen ihrer Verwaschenheit sehr schwierig sein dürfte. Y. SUGIURA[3] ließ Protonen verschiedener Geschwindigkeit (290, 380 und 450 Volt) auf eine mit zerstäubtem Platin oder Wolfram bedeckte Glasplatte streifend auffallen (Abb. 28); wurde der Auffänger in der Einfallsebene verschoben, so zeigten sich Maxima und Minima der aufgefangenen Intensität. Daß eine Beugungserscheinung vorliegt, wird dadurch wahrscheinlich gemacht, daß bei Erhöhung der Spannung die Maxima und Minima näher an die Einfallsrichtung heranrücken. Jedoch wird die SUGIURAsche Deutung als Raumgitterinterferenzen (Debye-Scherrer-Ringe) — trotzdem sie zahlenmäßig ganz gut stimmt — verschiedentlich bezweifelt, da es nicht möglich scheint, daß diese langsamen Protonen hinreichend tief in das Gitter eindringen. M. v. LAUE[4] zeigte, daß auch bei Beugung an einem System völlig ungeordneter Flächengitter („Kreuzgitterpulver") solche Maxima und Minima auftreten können, wie sie SUGIURA erhalten hat; eine Entscheidung zwischen dieser und der SUGIURAschen Deutung ist zur Zeit wohl noch nicht möglich.

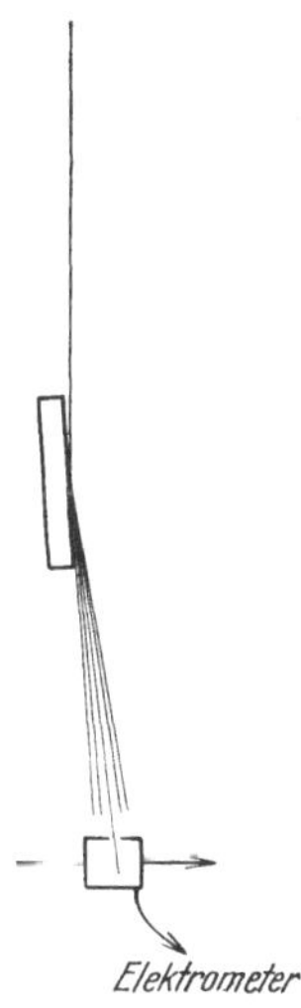

Abb. 28. Anordnung von SUGIURA zur Beugung von Protonen.

IV. Beugung von Molekularstrahlen.

25. Allgemeines. Bei den Molekularstrahlen sind Beugungserscheinungen im wesentlichen an Einkristallen nachgewiesen worden. Die beobachteten Spektren sind durchweg Kreuzgitterspektren; das ist auch zu erwarten, da die Moleküle des Strahls nicht in das Kristallgitter eindringen können, im Gegensatz zu Elektronen oder Röntgenstrahlen. Die Beugung erfolgt also an der Oberfläche der Kristalle, sofern diese eine Netzebene ist, wie das bei Spaltflächen im allgemeinen der Fall ist. Daher ist auch die Beugung sehr empfindlich gegen die geringste Verunreinigung der Oberfläche, z. B. durch adsorbierte Gase.

In Übereinstimmung mit der Erfahrung sind Beugungserscheinungen nur zu erwarten, wenn man Strahlen aus leichten, schwer kondensierbaren Gasen

---

[1] Siehe R. WIERL, Ann. d. Phys. Bd. 8, S. 521. 1931.
[2] A. J. DEMPSTER, Phys. Rev. Bd. 34, S. 1493. 1929; Bd. 35, S. 298 u. 1405. 1930; Nature Bd. 125, S. 51 u. 741. 1930.
[3] Y. SUGIURA, Sc. Pap. Inst. phys. chem. Res. Tokyo Bd. 16, S. 29. 1931.
[4] M. v. LAUE, ZS. f. Krist. Bd. 82, S. 127. 1932.

(He, H_2) benützt. Erstens ist die Wellenlänge um so größer, je leichter das Gas ist. Denn es ist $\lambda = h/mv$ und anderseits bei derselben Temperatur mv^2 konstant, wenn v eine mittlere Geschwindigkeit der Gasmoleküle ist. Also ist bei festgehaltener Temperatur $\lambda \sim 1/\sqrt{M}$ ($M =$ Molekulargewicht). Z. B. ist bei Zimmertemperatur (295 ° K) die Wellenlänge größter Intensität λ_m für H_2 $0{,}805 \cdot 10^{-8}$ cm, für He $0{,}570 \cdot 10^{-8}$ cm. Viel wesentlicher ist aber der zweite Grund, daß diese Gase schwer kondensierbar, also auch schwer adsorbierbar sind. Denn nach Langmuir wird ein Gasmolekül, das auf eine feste Oberfläche trifft, im allgemeinen von dieser zunächst adsorbiert und erst nach einer gewissen Zeit (Verweilzeit) wieder reemittiert. In diesem Falle können natürlich keine Interferenzerscheinungen zustande kommen, weil die reemittierten Moleküle mit den ankommenden nicht in Phase sind. Beugungserscheinungen sind also nur für die Moleküle zu erwarten, die nicht adsorbiert werden. Die Ergebnisse der Versuche bestätigten diese Erwartung. Die ersten Beugungserscheinungen wurden mit Strahlen von He und H_2 an Spaltflächen von Steinsalz beobachtet[1]; später zeigte es sich, daß Lithiumfluoridkristalle noch wesentlich deutlichere und intensivere Beugungserscheinungen gaben[2]. Bei den im folgenden besprochenen Versuchen handelt es sich, sofern nichts anderes bemerkt ist, stets um Beugung eines He-Strahls an einer LiF-Spaltfläche.

26. Experimentelle Methodik. Für die Durchführung dieser Versuche mußte zunächst eine Methode zur Erzeugung und zum Nachweis von Molekularstrahlen aus schwer kondensierbaren Gasen ausgearbeitet werden[3]. Die experimentelle Anordnung ist im Prinzip die folgende.

Aus einem Spalt oder Rohr (Abb. 29) O strömt das Gas in einen Raum, der durch eine Pumpe mit hoher Sauggeschwindigkeit dauernd auf so hohem (ca. 10^{-3} mm) Vakuum gehalten wird, daß der größte Teil der aus O austretenden Moleküle ohne Zusammenstoß bis zum Spalt A gelangen kann. Der Spalt A läßt nur ein enges Bündel von Molekülen in den Beobachtungsraum eintreten, in dem ein so hohes Vakuum herrscht (ca. 10^{-5} mm), daß praktisch keine Zusammenstöße mehr vorkommen. Im Beobachtungsraum trifft der Strahl auf den Kristall K, an dem die Moleküle reflektiert oder gebeugt werden. Zum Nachweis und zur Intensitätsmessung des Strahles oder der vom Kristall ausgehenden gebeugten oder reflektierten Strahlen dient der Auffänger R, ein

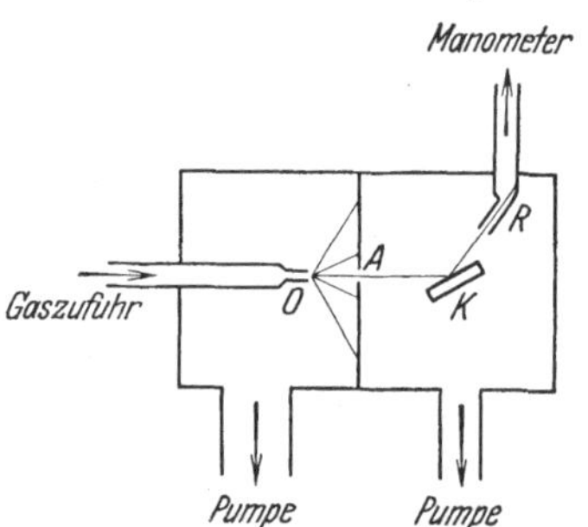

Abb. 29. Schema eines Apparates zur Beugung von Molekularstrahlen.

Röhrchen, durch das die Moleküle in einen im übrigen geschlossenen Raum hineinlaufen, in dem der Druck durch ein empfindliches Manometer gemessen wird. Läuft ein Strahl in den Auffänger, so steigt der Druck so lange, bis ebenso viele Moleküle pro Sekunde aus dem Auffänger entweichen, als der Strahl hineinbringt; der vom Manometer gemessene Druck ist also ein direktes Maß für die Intensität des Strahles. In den im folgenden beschriebenen Versuchen wurde ein empfindliches Hitzdrahtmanometer (verfeinertes Pirani-Manometer) verwendet. Bei den kleinen in Betracht kommenden Druckänderungen (einige 10^{-5} bis 10^{-9} mm Quecksilber) ist die Widerstandsänderung des Drahtes der Druck-

[1] Die ersten Andeutungen von Beugung gaben die Versuche von F. Knauer u. O. Stern, ZS. f. Phys. Bd. 53, S. 779. 1929; den ersten einwandfreien Beweis für Beugungserscheinungen brachten Versuche von O. Stern, Naturwissensch. Bd. 17, S. 391. 1929.

[2] I. Estermann u. O. Stern, ZS. f. Phys. Bd. 61, S. 95. 1930.

[3] F. Knauer u. O. Stern, ZS. f. Phys. Bd. 53, S. 766. 1929.

änderung streng proportional. Die Widerstandsänderung wurde in einer WHEAT-STONEschen Brücke mit Hilfe eines empfindlichen Galvanometers gemessen; der Ausschlag des Galvanometers ist unter diesen Umständen ein direktes Maß für die Intensität des Strahles.

Von den experimentellen Einzelheiten seien zwei wesentliche Punkte kurz erwähnt. Die zu messenden Drucke waren so klein, daß die Druckschwankungen im Apparat, die von derselben Größenordnung waren, eliminiert werden mußten. Dies geschah dadurch, daß ein zweites, möglichst gleiches Manometer eingebaut war, das die Druckschwankungen ebenfalls mitmachte, ohne vom Strahl getroffen zu werden. Die beiden Manometer wurden in der WHEATSTONEschen Brücke so geschaltet, daß gleiche Widerstandsänderungen, also Druckschwankungen im Apparat, nicht angezeigt wurden. Zweitens wurde die Auffangöffnung als Röhrchen oder kanalförmiger Spalt ausgebildet; dadurch wurde die Zahl der eintretenden Moleküle gegenüber einem einfachen Spalt gleicher Fläche nicht geändert, dagegen der Strömungswiderstand für die ausströmenden stark erhöht. Dadurch wurde auch der Enddruck im gleichen Verhältnis (Strömungswiderstand des kanalförmigen Spaltes: Strömungswiderstand des einfachen Spaltes) erhöht; natürlich wurde auch die zur Einstellung des Enddrucks erforderliche Zeit entsprechend länger.

Später hat T. H. JOHNSON[1] Beugungsversuche mit Wasserstoff*atomen* ausgeführt, wobei der Nachweis der Strahlen mit der bekannten WOODschen Methode (Reduktion von Wolframtrioxyd oder Molybdäntrioxyd) erfolgte. Näheres siehe S. 345.

27. Versuche mit gewöhnlichen Molekularstrahlen (mit Maxwellverteilung). Die Spaltfläche (100-Fläche) der Alkalihalogenide, die für die Beugungsversuche verwendet wurden, zeigt bekanntlich eine Anordnung der Ionen, wie sie in Abb. 30 dargestellt ist. Sieht man zunächst von der Verschiedenheit der Ionen ab, so bilden sie ein quadratisches Kreuzgitter, dessen Hauptachsen den Würfelkanten parallel sind. Die Versuche zeigten aber, daß die Ionen für die Beugung nicht gleichwertig sind; das Elementargitter ist also das Gitter der gleichnamigen Ionen, dessen Hauptachsen den Diagonalen der Würfelfläche parallel sind. Dieses Gitter ist im folgenden stets gemeint, wenn wir von dem Kreuzgitter der Kristallspaltfläche reden.

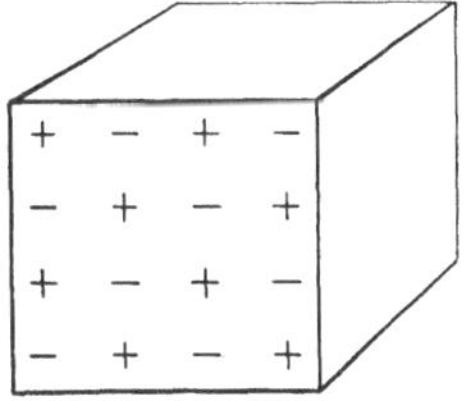

Abb. 30. Anordnung der Ionen auf der Würfelfläche eines Kristalls vom NaCl-Typus.

Für das Verständnis der folgenden Versuche ist es notwendig, etwas ausführlicher auf die räumliche Anordnung der von einem Kreuzgitter gebeugten Strahlen einzugehen.

Wir betrachten ein quadratisches Kreuzgitter, legen die X- und Y-Achse eines kartesischen Koordinatensystems in die beiden Hauptachsen des Gitters und den Nullpunkt in den Durchstoßpunkt des einfallenden Strahles. Bildet dieser die Winkel $\alpha_0, \beta_0, \gamma_0$ mit der X-, Y- und Z-Achse, so ist die Richtung eines gebeugten Strahles (α, β, γ) bestimmt durch die Gleichungen $\cos\alpha_0 - \cos\alpha = n_1\lambda/d$, $\cos\beta_0 - \cos\beta = n_2\lambda/d$ (λ Wellenlänge, d Gitterkonstante, n_1 und n_2 ganze Zahlen). Jeder gebeugte Strahl ist also die Schnittgerade zweier Kegel um die X- bzw. Y-Achse mit der Spitze im Nullpunkt und dem halben Öffnungswinkel α bzw. β.

Wir betrachten zunächst den Spezialfall, daß die Einfallsebene die XZ-Ebene ist, wie das in den folgenden Versuchen meist der Fall war. Dann ist $\beta_0 = 90°$, $\cos\beta_0 = 0$.

---

[1] T. H. JOHNSON, Phys. Rev. Bd. 35, S. 1299. 1930; Bd. 37, S. 848. 1931.

Der reflektierte Strahl entspricht natürlich den Ordnungszahlen $n_1 = n_2 = 0$ $(\alpha = \alpha_0, \beta = \beta_0)$, d. h. er ist die Schnittgerade des α-Kegels (Kegel um die X-Achse mit dem halben Öffnungswinkel α), wobei jetzt $\alpha = \alpha_0$ ist, und des β-Kegels, der in diesem Falle zur XZ-Ebene ausartet. Die intensivsten und daher am meisten untersuchten Spektren entsprechen den Ordnungen $n_1 = 0$, $n_2 = \pm 1$. Die gebeugten Strahlen liegen in diesem Falle alle auf dem α-Kegel

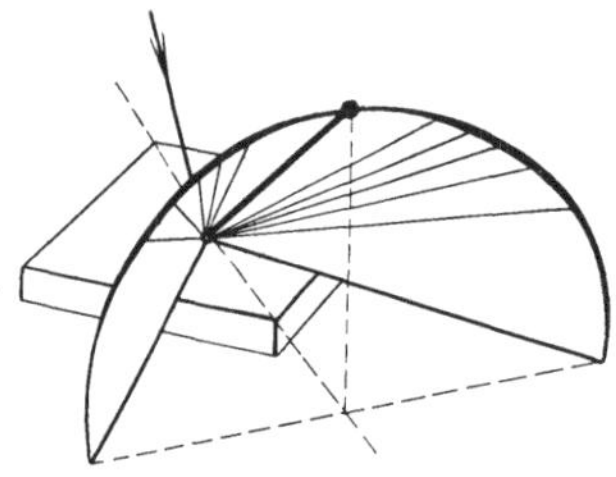

Abb. 31. Lage der Beugungsspektra (0, ±1) (Kristall in Normalstellung).

mit der Öffnung α_0. Ihre Lage auf dem Kegel hängt von ihrer Wellenlänge, also ihrer Geschwindigkeit, ab. Betrachten wir Moleküle mit der Geschwindigkeit v, so ist ihre Wellenlänge $\lambda = h/mv$ und $\cos\beta = \pm\lambda/d = \pm h/mvd$, d.h. jeder Geschwindigkeit v entspricht ein bestimmter Wert von β. Der Kegel mit diesem Winkel um die Y-Achse schneidet den $\alpha = \alpha_0$-Kegel in einer Geraden, die die Richtung der gebeugten Strahlen für die Moleküle mit der Geschwindigkeit v darstellt. Damit überhaupt eine Schnittgerade zustande kommt, muß $\beta > 90° - \alpha$ sein, also $\lambda < d \cdot \sin\alpha_0$; für größere Wellenlängen, also langsamere Moleküle, kommt kein gebeugter Strahl mehr zustande. Nun sind in einem Molekularstrahl alle möglichen Geschwindigkeiten enthalten; wir haben also überall auf dem Kegel gebeugte Moleküle zu erwarten. Die Intensität an irgendeiner Stelle des Kegels entspricht der Häufigkeit, mit der die Moleküle der betreffenden Geschwindigkeit im auffallenden Strahl enthalten sind; vorausgesetzt, daß das Beugungsvermögen von der Wellenlänge unabhängig ist, was

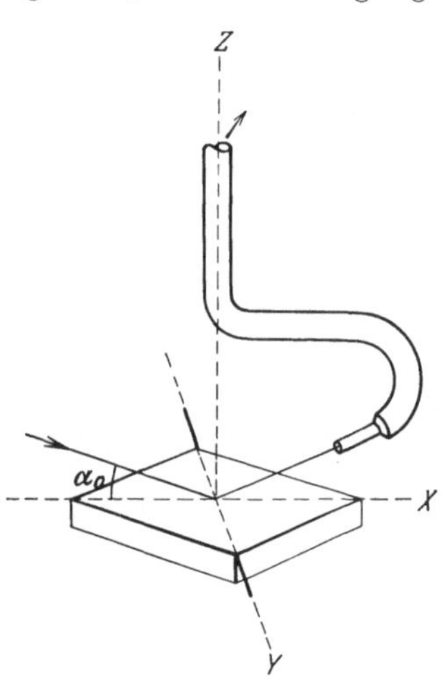

Abb. 32. Erste Versuchsanordnung zum Nachweis der Beugung von Molekularstrahlen.

durch die Versuche als annähernd richtig erwiesen wird. Diese Intensität ist in der Nähe des reflektierten Strahles sehr klein, weil nach der Maxwellschen Verteilung nur wenig Moleküle mit so hoher Geschwindigkeit (kleiner Wellenlänge) vorhanden sind; sie steigt mit zunehmendem Abstand vom gespiegelten Strahl bis zu einem Maximum, das ungefähr der wahrscheinlichsten Geschwindigkeit entspricht, und nimmt dann wieder ab (Abb. 31).

Die ersten Versuche, in denen die wesentlichen Züge der Kreuzgitterbeugung festgestellt wurden[1], erfolgten mit einer Anordnung, deren Prinzip in der schematischen Abb. 32 dargestellt ist. Der Strahl fiel unter dem Einfallswinkel α_0 auf den Kristall, der Auffänger stand zunächst so, daß er den gespiegelten Strahl aufnahm. Der Auffänger war um die Z-Achse drehbar. Wurde nichts anderes gemacht, als diese Drehung ausgeführt, so ist nicht zu erwarten, daß gebeugte Strahlen in den Auffänger gelangen, da sie ja auf einem Kegel um die X-Achse liegen, also um so näher an der Kristallfläche, je größer ihre Wellenlänge ist. Daher mußte der Kristall um die Y-Achse gekippt werden, und zwar um so mehr, je mehr der Auffänger verdreht wurde; der Einfallswinkel war also für jeden Punkt der Beugungskurve ein anderer, und zwar gleich dem Einfallswinkel α_0 für den gespiegelten Strahl vermehrt um den jeweiligen Kippwinkel des Kristalls. Diese unbequeme Anordnung ergab sich aus

---

[1] O. Stern, Naturwissensch. Bd. 17, S. 391. 1929; I. Estermann u. O. Stern, ZS. f. Phys. Bd. 61, S. 95. 1930.

der Entwicklung der Apparatur. Sie gibt aber gerade einen guten Beweis dafür, daß Beugung an einem Kreuzgitter vorliegt; denn es zeigte sich, daß der Kristall tatsächlich gerade um den Betrag gekippt werden mußte, der sich aus der Annahme berechnet, daß die gebeugten Strahlen auf einem Kegel um die X-Achse mit dem Einfallswinkel als Öffnungswinkel liegen. Man kann das deutlich an den Kurven (Abb. 33) erkennen, die Messungen mit konstanter Kippung wiedergeben; in diesen wie in allen folgenden Kurven ist die Ordinate die Strahlintensität, gemessen durch den Galvanometerausschlag in Zentimeter; die Abszisse ist die Drehung des Auffängers in Graden, wobei 0° der Stellung entspricht, wo der Auffänger den gespiegelten Strahl aufnimmt. Bei der in der untersten Kurve wiedergegebenen Messung wurde der Kristall überhaupt nicht gekippt; dementsprechend wurde nur der reflektierte Strahl gefunden, von den Beugungsmaxima nur ganz schwache An-

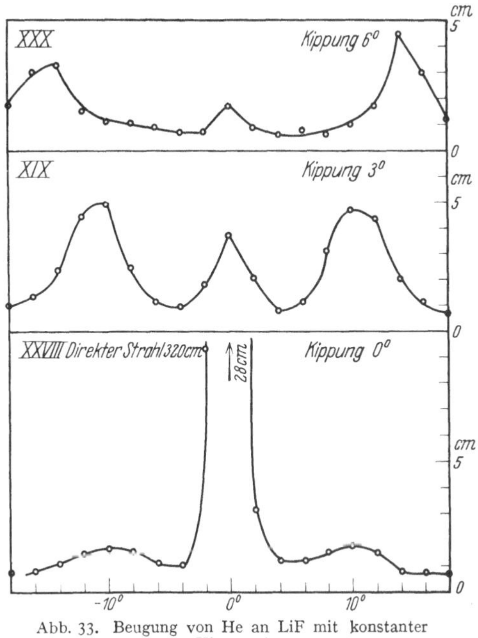

Abb. 33. Beugung von He an LiF mit konstanter Kippung[1].

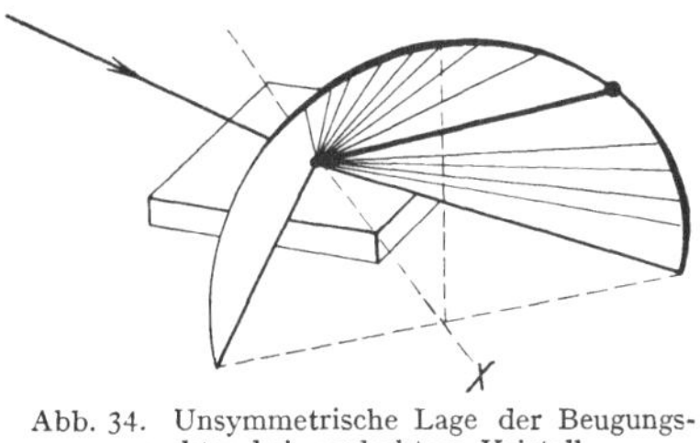

deutungen. (Daß ihre Intensität nicht gleich Null ist, rührt natürlich von der endlichen Breite des Strahles und des Auffängers her.) In der mittleren war der Kristall um 3° gekippt; der reflektierte Strahl ist fast verschwunden, während die Beugungsmaxima stark hervortreten. Sie sind verhältnismäßig schmal, weil nur diejenigen gebeugten Strahlen gemessen werden, für die die Kippung des Kristalls den richtigen Wert hat. Das sieht man sehr deutlich bei der dritten Beugungskurve, bei der die Kippung auf 6° vergrößert wurde; die Maxima der Beugungskurve sind dementsprechend nach größeren Winkeln gerückt.

Einen weiteren Beweis dafür, daß es sich wirklich um Kreuzgitterspektren handelt,

Abb. 34. Unsymmetrische Lage der Beugungsspektra bei verdrehtem Kristall.

zeigt ein Versuch, bei dem der Kristall in seiner Ebene etwas (8°) aus seiner normalen Stellung verdreht war. Die Theorie ergibt in diesem Falle (vgl. Abb. 34) eine starke Asymmetrie der Beugungskurve zu beiden Seiten des reflektierten Strahles, derart, daß die erforderlichen Kippwinkel auf der einen Seite fast Null sind, auf der anderen stark ansteigen. Das Resultat dieses Versuches, das in Abb. 35 wiedergegeben ist, steht in völliger Übereinstimmung mit der Theorie. Bei jedem Drehwinkel des Auffängers wurde durch Probieren die günstigste Kippung ermittelt und bei dieser gemessen; in der Kurve wurde zu jedem Meßpunkt der entsprechende Kippwinkel dazugeschrieben. Auch die

---

[1] Diese und die folgenden Abbildungen stammen größtenteils aus den Arbeiten von I. ESTERMANN u. O. STERN, ZS. f. Phys. Bd. 61, S. 95. 1930, und I. ESTERMANN, R. FRISCH u. O. STERN, ZS. f. Phys. Bd. 73, S. 348. 1931.

Unsymmetrie in der Intensität ist in Übereinstimmung mit der Theorie; doch soll auf die diesbezügliche, etwas komplizierte Überlegung nicht näher eingegangen werden.

28. Bestätigung der de Broglieschen Formel. Die de Brogliesche Formel $\lambda = h/mv$ wurde bestätigt, indem die Lage des Beugungsmaximums gemessen wurde bei verschiedenen Strahltemperaturen (Variation von v) und bei verschiedenen Gasen (He, H_2, Variation von m). Bei den im folgenden wiedergegebenen Spektren handelt es sich stets um die oben besprochenen Spektren der Ordnung 0, ± 1; der einfallende Strahl lag in der XZ-Ebene. Die Intensität der gebeugten Strahlen wurde stets bei der günstigsten Kippung gemessen. Wie in Abb. 33 ist Ordinate die Intensität des Strahles (Galvanometerausschlag in Zentimeter), die Abszisse der Drehwinkel des Auffängers, von der Spiegelungsstellung aus gerechnet. Bei

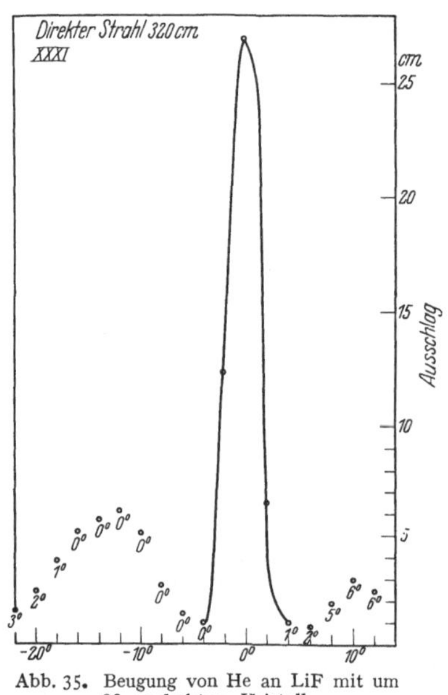

Abb. 35. Beugung von He an LiF mit um 8° verdrehtem Kristall.

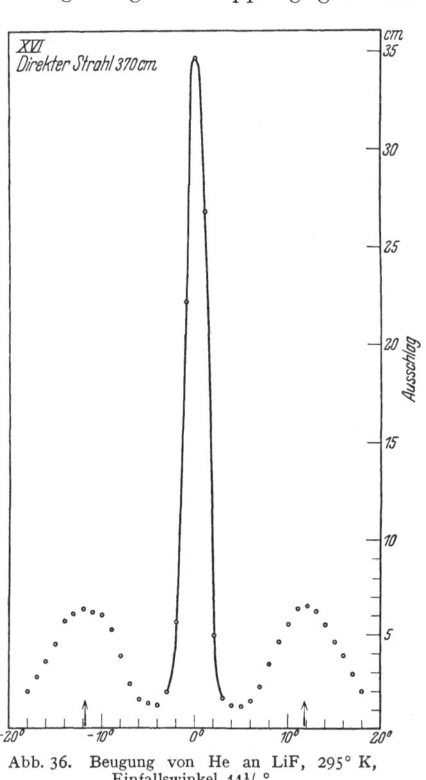

Abb. 36. Beugung von He an LiF, 295° K, Einfallswinkel 11¹/₂°.

den benützten kleinen Einfallswinkeln ist dieser Drehwinkel praktisch $= 90° - \beta$, also $= \lambda/d$, da $\cos\beta = \sin(90° - \beta) = \lambda/d$ ist.

Abb. 36 gibt das Ergebnis einer Messung wieder, die die Beugung eines Helium-Atomstrahls von Zimmertemperatur an einem LiF-Kristall zeigt (Einfallswinkel 11¹/₂°). Man sieht in der Mitte den gespiegelten Strahl, zu beiden Seiten die der Maxwellverteilung entsprechenden Beugungsspektren. Die Lage der Beugungsmaxima stimmt innerhalb der Versuchsgenauigkeit von 1° mit der berechneten überein, die hier wie in allen folgenden Figuren durch einen Pfeil gekennzeichnet ist. Denn es ist für Helium von Zimmertemperatur $\lambda_m = 0{,}57$, die Gitterkonstante des Oberflächengitters (s. S. 339) von LiF $2{,}85 \cdot 10^{-8}$ cm, also $\lambda/d = 0{,}20$, was entsprechend der obigen Näherung einem Drehwinkel von 11¹/₂° entspricht (die genaue Rechnung ergibt 11³/₄°). Wie man aus Abb. 36 entnimmt, liegt der gefundene Wert bei 12°. Bei Heizung des Strahls auf 580° K rückten die Beugungsmaxima im erwarteten Betrage an den gespiegelten Strahl heran (Abb. 37); Lage der Beugungsmaxima berechnet $8^1/_2{}^\circ$, gefunden $8^3/_4{}^\circ$. Ebenso ergab ein Versuch mit H_2-Molekülen von 580° K Übereinstimmung mit der Theorie (Abb. 38); berechnet $11^3/_4{}^\circ$, gefunden 12°. Der Zahlenwert des Beugungswinkels ist für H_2 von 580° derselbe[1] wie für He von 290°. Dagegen ergab ein Versuch mit H_2 von Zimmertemperatur, daß das Beugungsmaximum wesentlich näher am reflektierten Strahl lag als berechnet (Abb. 38); berechnet $16^3/_4{}^\circ$, gefunden $14^1/_2{}^\circ$. Diese Abweichung ist aber hier zu erwarten, da für diesen flachen Einfallswinkel von $11^1/_2{}^\circ$ bei H_2 von Zimmertemperatur die Wellenlängen schon zu groß sind; denn wie oben auseinandergesetzt, gibt es für jeden Einfallswinkel eine Grenze für die Wellenlänge derart, daß für größere Wellenlängen gar kein gebeugter Strahl mehr zustande kommt. In unserem Falle liegt λ_m schon sehr nahe an dieser Grenze, und infolge der Unschärfe des Strahles werden auch kürzere Wellen schon merklich geschwächt, so daß das Maximum nach kürzeren Wellenlängen hin, also an den gespiegel-

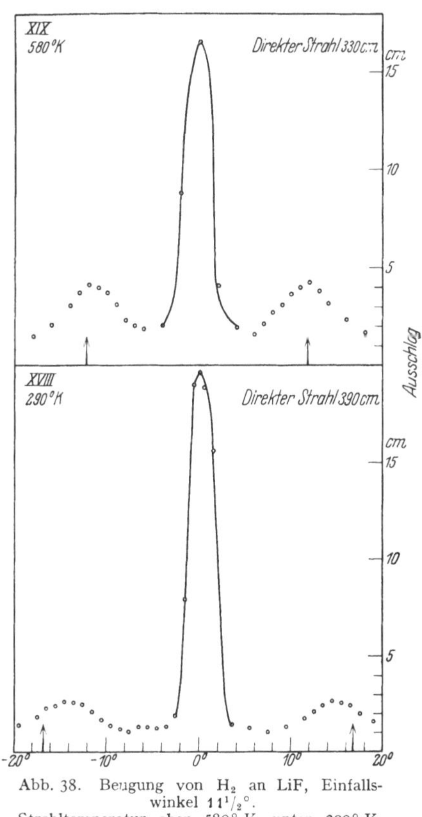

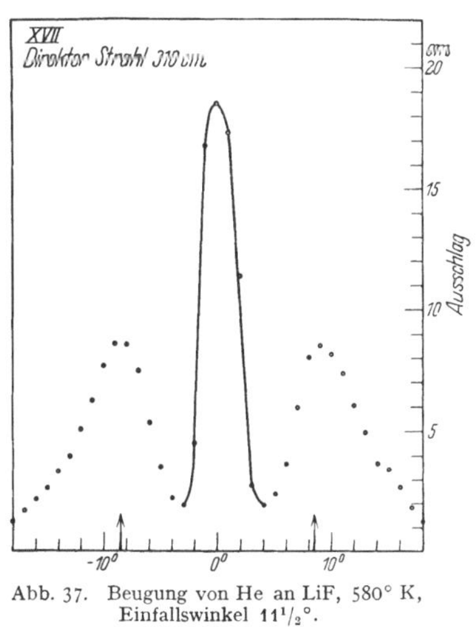

Abb. 37. Beugung von He an LiF, 580° K, Einfallswinkel $11^1/_2{}^\circ$.

Abb. 38. Beugung von H_2 an LiF, Einfallswinkel $11^1/_2{}^\circ$. Strahltemperatur oben 580° K, unten 290° K.

ten Strahl heran, verschoben wird. Dieser Effekt muß verschwinden, sobald man mit größerem Einfallswinkel arbeitet. Versuche, die mit einem Einfallswinkel von $18^1/_2{}^\circ$ durchgeführt wurden, bestätigten dies durchaus; das Beugungsmaximum lag, wie berechnet, bei 17°. Abb. 39 gibt eine Zusammenstellung der beim Einfallswinkel $18^1/_2{}^\circ$ gemachten Versuche. Wie man sieht, besteht Übereinstimmung zwischen berechneten und gefundenen Beugungswinkeln, mit Ausnahme der Kurve für He von 100° K, wo eben die Wellenlängen selbst für diesen Einfallswinkel zu groß waren. In Tabelle 3 sind die Ergebnisse aller dieser Messungen zusammengestellt; sie bilden eine vollständige Bestätigung der DE BROGLIESCHEN Gleichung $\lambda = h/mv$ sowohl bezüglich der Abhängigkeit der Wellenlänge von Masse und Geschwindigkeit als auch bezüglich der Absolutwerte selbst.

---

[1] Es ist $mv^2 \sim T$, also $v \sim \sqrt{\dfrac{T}{m}}$, also $mv \sim \sqrt{mT}$.

Tabelle 3.

Einfallswinkel	Gas	Strahl-temperatur	Ort des Maximums		Kurve
			berechnet	gefunden	
$11^{1}/_{2}°$	He	290° K	$11^{3}/_{4}°$	12°	XVI
		580	$8^{1}/_{2}$	$8^{3}/_{4}$	XVII
	H_2	290	$16^{3}/_{4}$	$14^{1}/_{2}$ *	XVIII
		580	$11^{3}/_{4}$	12	XIX
$18^{1}/_{2}°$	He	100	21	$15^{1}/_{2}$ *	XXI
		180	$15^{1}/_{2}$	$14^{1}/_{2}$	XXII
		290	12	$11^{1}/_{2}$	XXIII
		590	$8^{3}/_{4}$	9	XXIV
	H_2	290	17	17	XXV
		580	12	11	XXVI

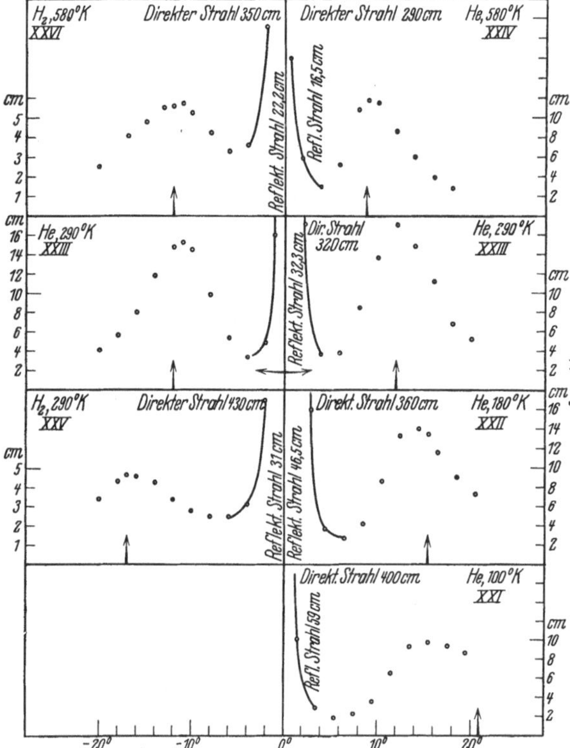

Abb. 39. Beugung von He und H_2 an LiF, Einfallswinkel $18^{1}/_{2}°$.

29. Spektren anderer Ordnungen. Die oben besprochenen Spektren der Ordnung $(0, \pm 1)$ sind zwar die bei weitem intensivsten, doch konnten auch mehrere andere Ordnungen nachgewiesen werden. Z. B. wurden in der obigen Arbeit noch die Spektren in der Einfallsebene untersucht, wobei der Kristall um 45° in seiner Ebene verdreht war [also der Ordnungen $(\pm 1, \pm 1)$]. Es sind dies einfach die üblichen Spektren eines Strichgitters, dessen Striche senkrecht zur Einfallsebene stehen, wobei die Gitterkonstante $d/\sqrt{2}$ ist[1]. Es wurde die Beugung eines He-Strahls von 100° K und 290° K untersucht, wobei der Einfallswinkel von 10 bis 70° variiert wurde. Diese Spektren waren nicht so sauber und intensiv wie die vorher besprochenen; innerhalb der dadurch bedingten Meßgenauigeit (von etwa 10%) lagen die gefundenen Maxima an den berechneten Stellen. Bei flachem Einfallswinkel fehlt das Beugungsmaximum, das näher an der Kristalloberfläche liegt (da dafür $\sin \gamma > 1$ würde), und tritt in Übereinstimmung mit der Theorie erst bei etwa 50° Einfallswinkel auf.

---

* Abweichung theoretisch zu erwarten (s. Text).

[1] Aus den Grundformeln $\cos \alpha - \cos \alpha_0 = \pm \lambda/d$, $\cos \beta - \cos \beta_0 = \pm \lambda/d$ folgt, da im obigen Falle $\alpha_0 = \beta_0$ ist, sofort, daß auch $\alpha = \beta$ ist, daß die Spektren also tatsächlich in der Einfallsebene liegen. Ferner ist $\sin \gamma_0 = \sqrt{\cos^2 \alpha_0 + \cos^2 \beta_0} = \sqrt{2} \cdot \cos \alpha_0$, also $\sin \gamma = \sqrt{2} \cdot \cos \alpha = \sqrt{2} \cdot \left(\cos \alpha_0 \pm \dfrac{\lambda}{d} \right) = \sin \gamma_0 \pm \dfrac{\lambda}{d/\sqrt{2}}$; dies ist die Formel für die Beugung an einem Strichgitter mit der Gitterkonstante $d/\sqrt{2}$.

In der Normalstellung des Kristalls (Einfallsebene durch Flächendiagonale) wurden diese Spektren nicht beobachtet; in dieser Lage scheinen überhaupt außer den sehr intensiven (0, ±1) Spektren keine anderen Ordnungen mit merklicher Intensität aufzutreten [außer der Ordnung (0, ±2), s. Abb. 45]. Verdreht man den Kristall um 45°, so wurden außer den eben besprochenen Spektren der Ordnung (±1, ±1) (in der Einfallsebene) noch mit ebenfalls geringer Intensität die schrägliegenden Spektren der Ordnung (0, ±1) und (±1, 0) gefunden, während die quer zur Einfallsebene liegenden Ordnungen (±1, ∓1) fehlen[1].

Später hat T. H. JOHNSON[2] Beugung der de Broglie-Wellen für einen Strahl von H-Atomen an LiF nachgewiesen. Der Nachweis erfolgte auf Grund der

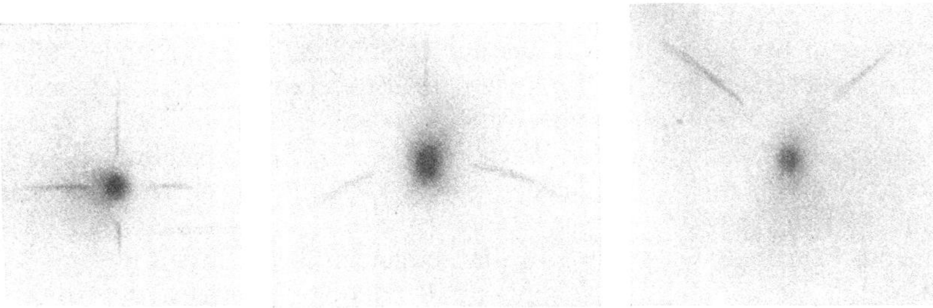

Abb. 40. Beugungsspektren von H-Atomen an LiF (nach Johnson).

von R. W. WOOD entdeckten Eigenschaft der H-Atome, Molybdäntrioxyd zu reduzieren und damit zu schwärzen, eine Methode, die zuerst von WREDE[3] und von PHIPPS und TAYLOR[4] zum Nachweis von Strahlen aus atomarem Wasserstoff verwendet wurde. Diese Methode gestattet zwar keine quantitativen Messungen, besitzt aber dafür den Vorteil, daß man wie bei der photographischen Methode das ganze Beugungsbild auf einmal auf einer Platte erhält. Abb. 40 zeigt drei derartige Aufnahmen, die erste bei senkrechtem Einfall, die beiden anderen bei 45° Einfallswinkel (Anordnung von Kristall und Auffangeplatte s. Abb. 41). Und zwar war bei der zweiten Aufnahme der Kristall in der Normalstellung (Einfallsebene durch die Diagonale der Würfelfläche), in der dritten war er um 45° verdreht. In Übereinstimmung mit den oben referierten Versuchen sind die Ordnungen (0, ±1) und (±1, 0) zu sehen. Die Lage des Beugungsmaximums wurde durch Photometrieren der Aufnahmen bestimmt und lag

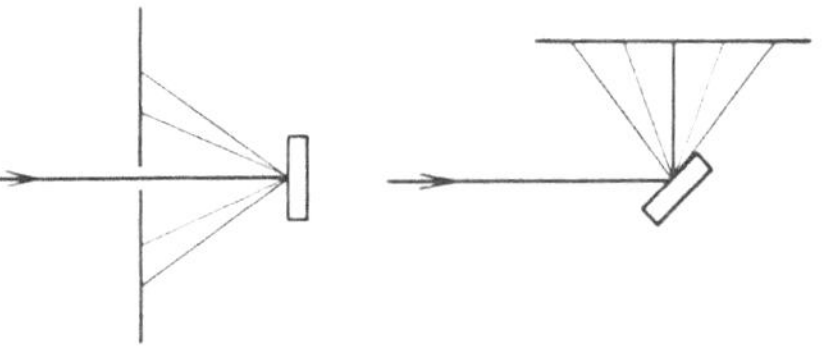

Abb. 41. Versuchsanordnung von JOHNSON zur Beugung von H-Atomen.

recht genau (31,6° statt berechnet 32,7°) an der berechneten Stelle. In Anbetracht der der Methode anhaftenden Unsicherheiten (Untergrund, Schwärzungsgesetz) ist dieser genauen Übereinstimmung, wie der Autor selbst betont, kein besonderes Gewicht beizulegen; doch ist die Übereinstimmung innerhalb der Versuchsfehler jedenfalls durchaus sichergestellt.

30. Monochromasierung der Molekularstrahlen durch Beugung. Während bei den bisher referierten Versuchen mit gewöhnlichen Molekularstrahlen mit MAXWELLscher Geschwindigkeitsverteilung gearbeitet wurde, wurden in einer

---

[1] Noch nicht veröffentlichte Untersuchungen von R. FRISCH und O. STERN.
[2] T. H. JOHNSON, Phys. Rev. Bd. 35, S. 1299. 1930; Bd. 37, S. 847. 1931.
[3] E. WREDE, ZS. f. Phys. Bd. 41, S. 569. 1927.
[4] T. E. PHIPPS u. J. B. TAYLOR, Phys. Rev. Bd. 29, S. 309. 1927.

späteren Arbeit[1] Strahlen einheitlicher Geschwindigkeit verwendet, die Molekularstrahlen „monochromasiert". Natürlich ist es nicht möglich, streng monochromatische Strahlen herzustellen, sondern es wurde nur ein bestimmter Wellenlängen- bzw. Geschwindigkeitsbereich ausgegrenzt. Dazu wurden zwei Methoden benutzt, die Monochromasierung durch Beugung und die mechanische Monochromasierung.

Das Prinzip der Monochromasierung durch Beugung ist folgendes: Ein gewöhnlicher Molekularstrahl mit Maxwellverteilung fiel auf eine LiF-Spaltfläche; aus dem Beugungsspektrum wurde ein Strahl bestimmter Richtung, also bestimmter Wellenlänge, ausgeblendet; die gelungene Monochromasierung wurde durch Beugung an einem zweiten Kristall nachgewiesen.

Hätte man die Monochromasierung mit dem Kristall so vorgenommen, daß man mit einem beweglichen Spalt aus dem vom Kristall ausgehenden Strahlenbüschel die verschiedenen Wellenlängen ausblendete, so hätte man auch den zweiten Kristall, auf den·dieser Strahl fiel, und den Auffänger bewegen müssen, und zwar in recht komplizierter Weise. Diese Schwierigkeit wurde durch die folgende Anordnung umgangen, bei der nur die Kristalle gedreht wurden, während alles andere fest blieb.

Um das Prinzip dieser Anordnung klarzumachen, betrachten wir zunächst nur einen Kristall. Der Kristall sei so zum einfallenden Strahl orientiert, daß die Einfallsebene seine Oberfläche in einer Flächendiagonale des Kristalls, d. h. in einer Hauptachse des Oberflächengitters gleichnamiger Ionen schneidet. Wie früher sei diese die X-Achse, die dazu senkrechte die Y-Achse; die Winkel des einfallenden Strahls mit diesen beiden Achsen seien α_0 und β_0, die des austretenden Strahles α und β. Bei dieser Orientierung ist also $\beta_0 = 90°$, α_0 der Einfallswinkel (das Komplement des Winkels mit dem Einfallslot). Für den gebeugten Strahl gelten sodann die Gleichungen $\cos\alpha = \cos\alpha_0 \pm n_1 \dfrac{\lambda}{d}$, $\cos\beta = \cos\beta_0 \pm n_2 \dfrac{\lambda}{d}$. Wie früher wurden die Spektren benutzt, für die $n_1 = 0$, also $\cos\alpha = \cos\alpha_0$, $\alpha = \alpha_0$ ist; sie liegen alle auf dem Kegel $\alpha = \alpha_0$ um die X-Achse.

Dies bleibt auch dann der Fall, wenn der Kristall um die X-Achse gedreht wird, da α_0 und α hierbei nicht geändert werden. Wenn man den Auffänger zunächst, d. h. für die Stellung $\beta_0 = 90°$, so stellt, daß er den gespiegelten Strahl aufnimmt (also β auch gleich $90°$), und dann den Kristall um die X-Achse dreht, so bekommt man nacheinander alle auf dem Kegel $\alpha = \alpha_0$ liegenden gebeugten Strahlen in den Auffänger. Denn man ändert dabei β_0 und damit in gleicher Weise auch β für den in den Auffänger gelangenden Strahl, weil in jeder Lage des Kristalls $\beta + \beta_0 = 180°$ ist. Die Wellenlänge, die bei einer bestimmten Drehung des Kristalls, also einem bestimmten Wert von β_0, in den Auffänger gelangt, ist für die erste Ordnung ($h_2 = \pm1$) der Beziehung $\cos\beta = \cos\beta_0 \pm \lambda/d$ gemäß $\lambda = |2d \cdot \cos\beta_0|$. Bezeichnet man mit φ den Winkel, um den man den Kristall aus der spiegelnden Lage gedreht hat, so ist $\cos\beta_0 = \sin\varphi \sin\alpha_0$, also $\lambda = 2d|\sin\varphi| \cdot \sin\alpha_0$. Bei den folgenden Versuchen war stets $\operatorname{tg}\alpha_0 = 1/3$, d. h. $\sin\alpha_0 = 1/\sqrt{10}$, ferner ist für Lithiumfluorid $d = 2{,}845 \cdot 10^{-8}$ cm, also $\lambda = |\sin\varphi| \cdot 1{,}80_1 \cdot 10^{-8}$ cm.

Wenn man nun an Stelle des Auffängers einen festen Spalt anbringt, so gehen durch diesen bei Drehen des Kristalls (im folgenden als erster Kristall bezeichnet) nacheinander Strahlen von verschiedener Wellenlänge, aber fester Richtung. Den so erzeugten Strahl läßt man auf einen zweiten Kristall fallen, der ebenfalls um seine X-Achse drehbar ist, und analysiert die von diesem ge-

---

[1] I. Estermann, R. Frisch u. O. Stern, ZS. f. Phys. Bd. 73, S. 348. 1931.

beugten Strahlen in gleicher Weise mit einem festen Auffänger. Diese Anordnung
ist in Abb. 42 schematisch dargestellt.

Abb. 43 stellt eine durch Drehen des zweiten Kristalls erhaltene Beugungskurve dar, wobei der auf diesen auffallende Strahl durch Beugung am ersten
Kristall monochromasiert war. Der
erste Kristall war um 18° aus seiner
Reflexionsstellung herausgedreht
($\varphi = 18°$). Der zweite Kristall
wurde von 4 zu 4° durchgedreht.
Wie man sieht, tritt erwartungsgemäß auf jeder Seite des reflektierten Strahls in etwa 18° Abstand ein Maximum auf. Jedoch

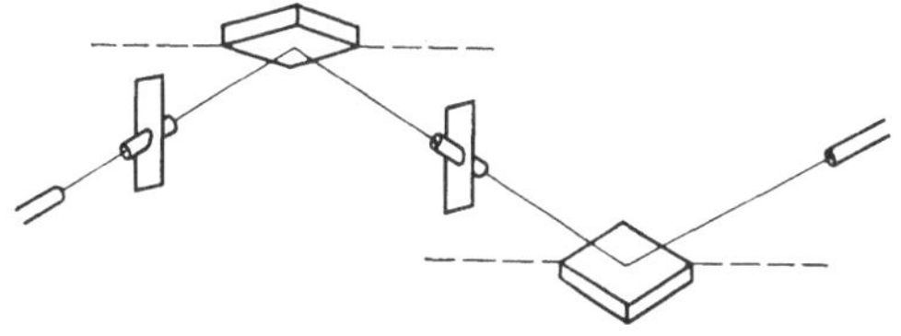

Abb. 42. Versuchsanordnung zur Monochromasierung von Molekularstrahlen durch Beugung (schematisch).

ist das Aussehen der beiden Maxima ganz verschieden; während das eine ziemlich
scharf und intensiv ist, ist das andere wesentlich schwächer und verwaschen. Die
Erklärung dafür wird durch die stark schematisierte Abb. 44 veranschaulicht.
Der (von links kommende) einfallende Strahl wird durch das Gitter I gebeugt;
durch den Spalt wird ein Büschel
ausgeblendet, dessen Grenzstrahlen
mit der Richtung des einfallenden
Strahles die Winkel α bzw. $\alpha + \Delta\alpha$
bilden. (Die gestrichelte Linie deutet
den reflektierten Strahl an.) Dieses
Büschel fällt nun auf das Gitter II.
Für die nach links abgelenkten Strahlen wird der Winkel mit der ursprünglichen Richtung dadurch verdoppelt,
beträgt also 2α bzw. $2\alpha + 2\Delta\alpha$, während die nach rechts abgelenkten Strah-

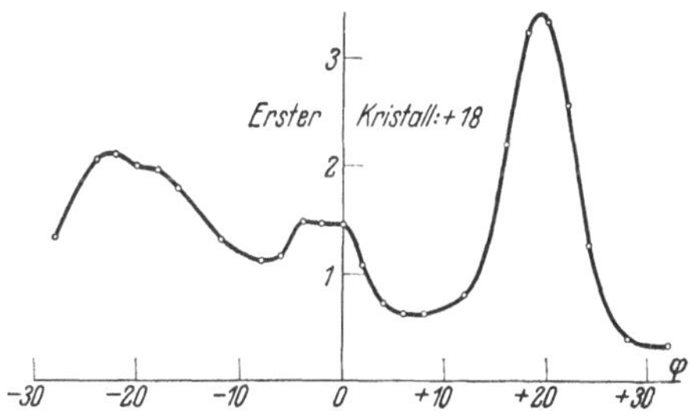

Abb. 43. Beugungskurve eines (durch Beugung) monochromasierten Molekularstrahls.

len dadurch wieder parallel zur ursprünglichen Richtung und zueinander werden.

Die Kurven Abb. 45 geben die Beugung am zweiten Kristall bei verschiedenen
festgehaltenen Stellungen des ersten Kristalls wieder, wobei immer nur die Seite
mit dem scharfen Maximum dargestellt ist. Die jeweilige Stellung des ersten
Kristalls ist an der Abszissen-
achse durch einen Pfeil markiert,
und man sieht, daß die Lage des
Beugungsmaximums in allen
Fällen mit der Lage des Pfeils
übereinstimmt. In den beiden
ersten Kurven sieht man außerdem Andeutungen eines zweiten
Maximums etwa beim doppelten
Abszissenwert, das anscheinend
die zweite Ordnung darstellt.
Deutlicher ausgeprägt sind die

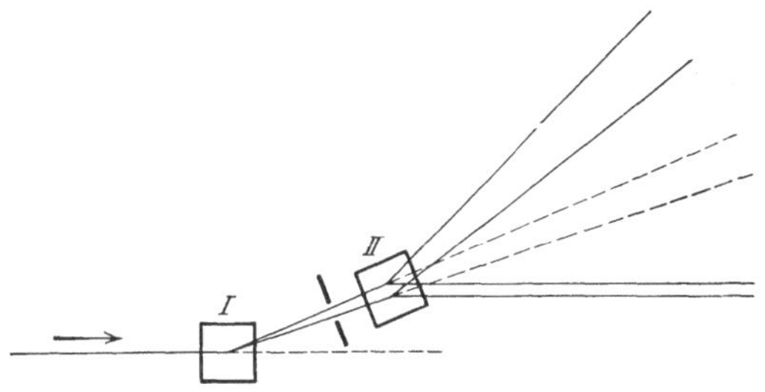

Abb. 44. Schematischer Strahlengang bei doppelter Beugung; zur
Erklärung der Asymmetrie in Abb. 43.

kleinen Maxima in den beiden letzten Kurven, die im halben Abstand vom
gespiegelten Strahl liegen. Diese Maxima erklären sich dadurch, daß durch
den Zwischenspalt auch Strahlen der halben Wellenlänge auf den zweiten
Kristall fallen, die am ersten Kristall in zweiter Ordnung gebeugt worden sind.

Sehr charakteristisch ist die Abhängigkeit der Intensität der Beugungsmaxima von der Stellung des ersten Kristalls. Sie rührt daher, daß die Intensität
des vom ersten Kristall ausgehenden Büschels entsprechend der Maxwellver-

teilung von der Wellenlänge, d. h. vom Beugungswinkel abhängt. Die Höhe der Beugungsmaxima bei den verschiedenen Winkeln sollte also direkt der Anzahl der nach dem Maxwellschen Verteilungsgesetz vorhandenen Moleküle bestimmter Geschwindigkeit bzw. Wellenlänge entsprechen. In Abb. 46 sind die Kuppen aller Beugungsmaxima eingetragen, die, wie man sieht, eine richtige Maxwellkurve ergeben. Es sei hier auch darauf hingewie-

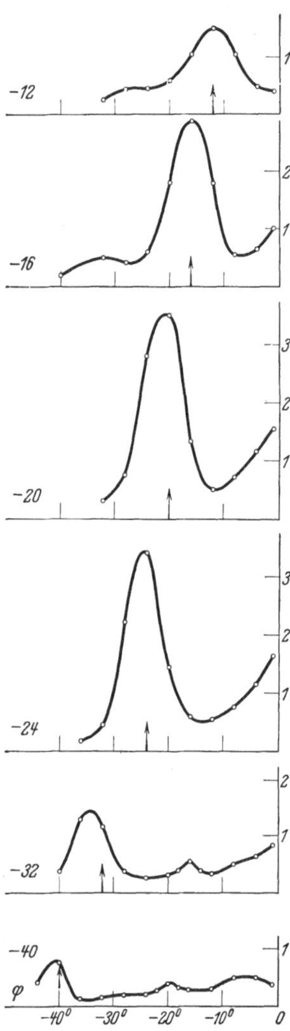

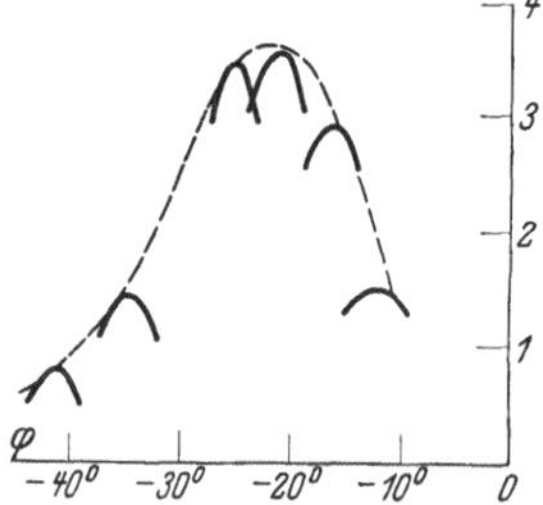

Abb. 46. Die Kuppen der Beugungsmaxima aus Abb. 45 ergeben die Maxwellkurve des primären Strahls.

sen, daß beim monochromasierten Strahl die Intensität des reflektierten Strahls kleiner ist als die des Beugungsmaximums, während ohne Monochromasierung der gespiegelte Strahl, der ja alle Wellenlängen enthält, wesentlich intensiver ist als das Beugungsmaximum (vgl. die mit demselben Apparat aufgenommene Beugungskurve des ersten Kristalls allein; Abb. 47).

Abb. 45. Beugungskurven von (durch Beugung) monochromasierten Molekularstrahlen verschiedener Wellenlängen. Die Zahlen an der linken Seite der Kurven geben den Winkel an, um den der erste (monochromasierende) Kristall gedreht war.

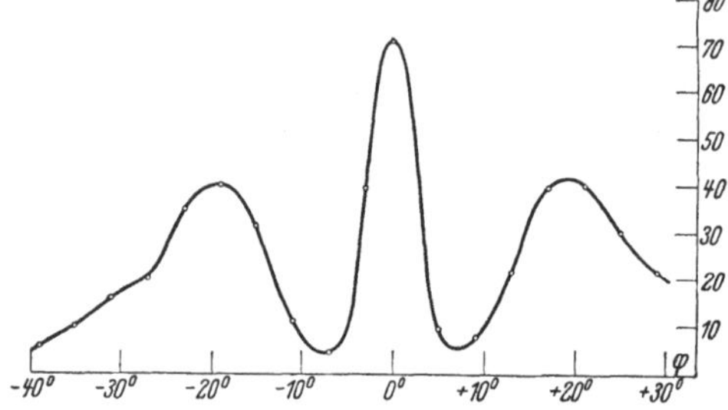

Abb. 47. Beugungskurve des Primärstrahls.

31. Mechanische Monochromasierung.

Es wurde rein mechanisch ein monochromatischer Strahl hergestellt, indem ein gewöhnlicher Molekularstrahl durch ein System von zwei rasch rotierenden Zahnrädern geschickt wurde (analog der Fizeauschen Lichtgeschwindigkeitsmessung), das nur Moleküle einer bestimmten Geschwindigkeit hindurchtreten ließ. Der so monochromasierte Strahl fiel auf einen LiF-Kristall, durch den er (in derselben Weise wie bei der Monochromasierung durch Beugung) analysiert wurde.

Diese Methode geht insofern über die erste hinaus, als sie eine sehr unmittelbare Prüfung der de Broglieschen Beziehung ermöglicht: Einerseits wird die

Geschwindigkeit v der Moleküle auf grobmechanische Weise festgelegt, anderseits ihre Wellenlänge λ durch Beugung an einem LiF-Gitter gemessen.

Abb. 48 zeigt einige auf diese Weise erhaltenen Beugungskurven. In dieser Abbildung bedeutet wieder die Ordinate die Intensität des Strahles (Galvanometerausschlag in Zentimetern), die Abszisse den Winkel φ (um den der Kristall aus der spiegelnden Stellung herausgedreht wurde; vgl. S. 346). Die Zahlen neben den Kurven bedeuten die Umdrehungszahl pro Sekunde der Zahnräder, aus der die Geschwindigkeit der durchgehenden Moleküle berechnet wurde. Aus ihr ergibt sich nach der Gleichung $\lambda = h/mv$ die Wellenlänge und damit der Winkel φ für den gebeugten Strahl[1]. Dieser berechnete Wert ist in der Abbildung durch einen Pfeil gekennzeichnet. Die Breite der Beugungsmaxima rührt daher, daß das Zahnrädersystem infolge der endlichen Breite der Zahnlücken einen endlichen Geschwindigkeitsbereich passieren ließ. In Übereinstimmung mit der Theorie rücken die Beugungsmaxima mit zunehmender Tourenzahl (also wachsender Geschwindigkeit, abnehmender Wellenlänge)

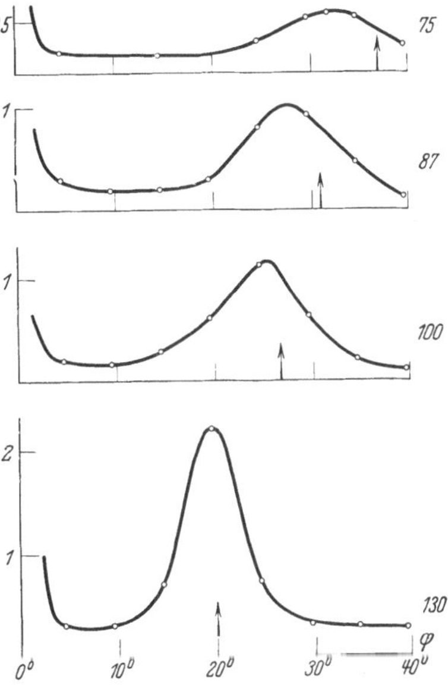

Abb. 48. Beugungskurven mechanisch monochromasierter Molekularstrahlen. Die Zahlen rechts geben die jeweilige Umdrehungszahl pro Sek. der Zahnräder an.

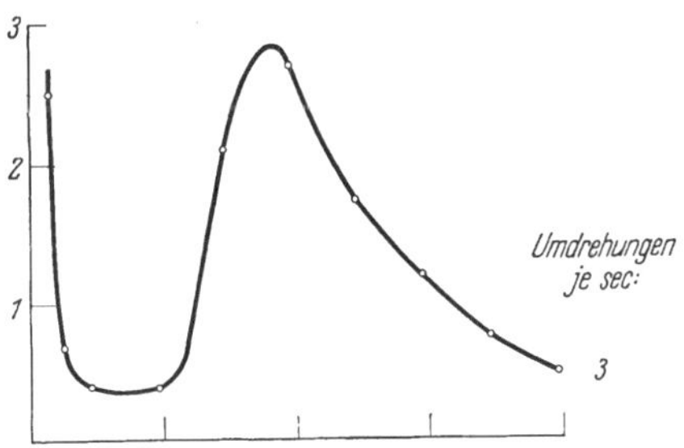

Abb. 49. Beugungskurve des nicht monochromasierten Strahles; erhalten bei ganz langsamer Drehung der Zahnräder.

näher an den reflektierten Strahl heran. Jedoch sind die gemessenen Beugungsmaxima gegenüber den berechneten alle nach kürzeren Wellen zu verschoben, und zwar um so mehr, je kleiner die

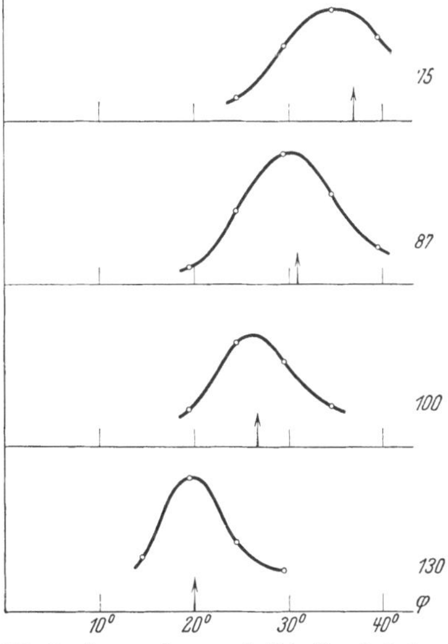

Abb. 50. Beugungskurven wie Abb. 48, reduziert auf gleiche einfallende Intensität aller Wellenlängen.

------

[1] Die Zahnräder waren nicht gegeneinander versetzt, so daß stets zwei entsprechende Schlitze gleichzeitig den (zur Rotationsachse parallel liegenden) Strahlweg passierten. Bei den benutzten Tourenzahlen konnten praktisch nur solche Moleküle hindurch, die den Abstand l der Zahnräder (3,1 cm) in der Zeit zurücklegten, in der sich die Zahnräder um einen Zahn weiterdrehten. Die Geschwindigkeit dieser Moleküle ist $v = lzv$ ($z = $ Zähnezahl = 408, $v = $ Drehzahl pro Sek.). Aus v ergibt sich $\lambda = h/mv$ und daraus φ nach der Formel

$$\lambda = |\sin\varphi| \cdot 1{,}80_1 \cdot 10^{-8} \text{ cm} \quad \text{(s. S. 346).}$$

Tourenzahl, also die Geschwindigkeit der Moleküle, ist. Das rührt daher, daß bei den benutzten Tourenzahlen die Geschwindigkeiten alle auf dem abfallenden Ast der Maxwellkurve lagen, d. h. in dem ausgeblendeten Geschwindigkeitsintervall die raschen Atome überwogen. Es wurden daher die Kurven in der Weise korrigiert, daß jeder Ordinatenwert durch den zur gleichen Abszisse gehörigen Ordinatenwert der nichtmonochromasierten Kurve (Abb. 49) dividiert, also gewissermaßen auf gleiche einfallende Intensität aller Wellenlängen reduziert wurde. Bei den so gewonnenen Kurven (Abb. 50) liegen die Maxima innerhalb der Meßgenauigkeit an den berechneten Stellen.

Um eine möglichst genaue Prüfung der DE BROGLIEschen Formel zu erhalten, wurden einige Messungen mit besonderer Sorgfalt bei 133,3 Touren pro Sekunde ausgeführt. Die dabei ausgeblendete Geschwindigkeit lag in der Nähe des Maximums der Maxwellkurve, was aus zwei Gründen vorteilhaft war; einmal ist da die Intensität am größten, zweitens die eben besprochene Korrektur am kleinsten.

Es wurden beide Maxima und der gespiegelte Strahl ausgemessen. Die Kurven (Abb. 51) geben die Resultate zweier an verschiedenen Tagen mit ver-

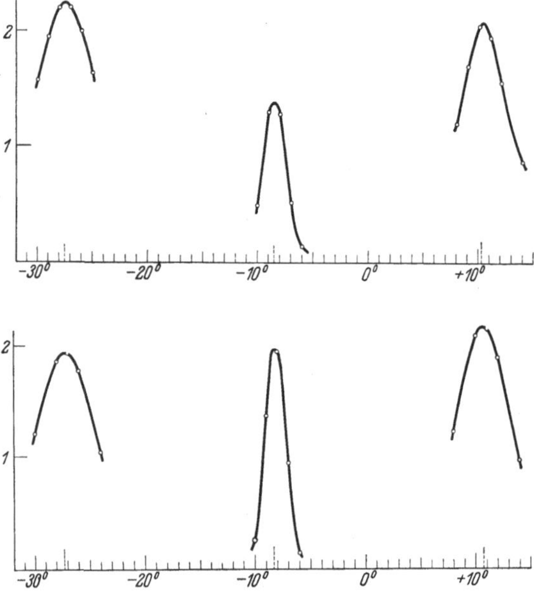

Abb. 51. Präzisionsmessung zur Prüfung der DE BROGLIEschen Beziehung $\lambda = h/m\,v$. (Der gespiegelte Strahl in der Mitte wurde mit verkleinerten Ordinatenwerten eingetragen.)

schiedenen Kristallen vorgenommenen Messungen wieder. Bei der einen Messung (Kurve 19) lag das eine Maximum bei $-27,5°$ (Verdrehungswinkel von einem willkürlichen Nullpunkt aus gemessen), das andere bei $+10,3°$. Falls die Maxima symmetrisch zum gespiegelten Strahl liegen, muß dieser also bei $\dfrac{-27,5 + 10,3}{2} = -8,6°$ liegen. Die direkte Messung gab in guter Übereinstimmung $-8,5°$ Der Beugungswinkel ist also $\dfrac{27,5 + 10,3}{2} = 18,9°$. Die andere Messung (Kurve 20) ergibt Beugungsmaxima bei $-27,3°$ und $+10,7°$, der gespiegelte Strahl daraus bei $\dfrac{-27,3 + 10,7}{2} = -8,3°$, direkt gefunden $-8,3°$. Der Beugungswinkel ergibt

sich zu $\dfrac{27,3 + 10,7}{2} = 19,0°$. Man kann daraus schließen, daß der Beugungswinkel genauer als auf $^1/_2\%$ $(0,1°)$ zu $18,9_5$ anzunehmen war. Die oben besprochene Korrektur auf gleiche Intensität aller Wellenlängen gab eine Verschiebung von $0,5°$, d. h. für eine Tourenzahl von $133,3/\mathrm{sec}$ ergab sich aus der
Messung ein Beugungswinkel von $19,45°$, entsprechend einer Wellenlänge
$\lambda = 0,600 \cdot 10^{-8}$ cm. Andererseits ergab sich aus dieser Tourenzahl die Geschwindigkeit $v = 1226 \cdot 133,3 = 1,635 \cdot 10^5$ cm/sec*; dieser Wert der Geschwindigkeit in DE BROGLIES Formel eingesetzt ergibt

$$\lambda = \frac{h}{mv} = \frac{hN}{Mv} = \frac{6,55 \cdot 10^{-27} \cdot 6,06 \cdot 10^{23}}{4,00 \cdot 1,635 \cdot 10^5} = 0,607 \cdot 10^{-8} \text{ cm **},$$

was einem Beugungswinkel von $19,7°$ entsprechen würde. Die Abweichung
($19,45°$ gef., $19,7°$ ber.) liegt innerhalb der Fehlergrenze, die mit Rücksicht auf
die Unsicherheit der Korrekturen 1 bis 2% betragen dürfte.

Die Ergebnisse der Beugungsversuche mit Molekularstrahlen gehen insofern
über die mit Elektronen gewonnenen hinaus, als sie bei Prüfung der DE BROGLIE-
schen Beziehung $\lambda = h/mv$ eine Variation der Masse gestatten (He, H_2, H) und
vor allem bestätigen, daß bei zusammengesetzten Systemen für m die Gesamt-
masse und für v die Geschwindigkeit des Schwerpunktes einzusetzen ist.

32. Reflexion von Molekularstrahlen an Kristallen. Bei der Reflexion
von He, H_2 und H an den untersuchten Kristallspaltflächen handelt es sich
zweifellos um ein Wellenphänomen („Beugung nullter Ordnung"), wie bei der
Reflexion von Licht an einem Spiegel. Denn bei den Versuchen wurde das
Reflexionsgesetz stets innerhalb der Meßgenauigkeit (bei den letzten, noch
nicht veröffentlichten[1] Versuchen $0,1°$) gültig gefunden, sowohl was die Lage
des reflektierten Strahles als seine Dimensionen
betrifft. Eine solch scharfe Reflexion ist bei kor-
puskularer Deutung nicht verständlich, da die mole-
kularen Unebenheiten der Oberfläche von derselben
Größenordnung sind wie die Dimensionen der auftreffenden Moleküle[2]. Dagegen erfolgt die Reflexion
von Wellen auch an einem unvollkommen polierten
Spiegel (matte Fläche) stets streng nach dem Reflexionsgesetz; die Rauhigkeiten haben nur zur Folge,
daß ein diffuser Untergrund auftritt und der reflektierte Strahl entsprechend schwächer wird. Ferner
ist für den Fall, daß die Rauhigkeiten größer sind als
die Wellenlänge, die Abhängigkeit des Reflexionsvermögens vom Einfallswinkel sehr charakteristisch.
Bei steilem Winkel wird sehr wenig reflektiert und
die Spiegelung steigt erst merklich an, wenn der
Einfall so flach erfolgt, daß die Projektion der Höhe

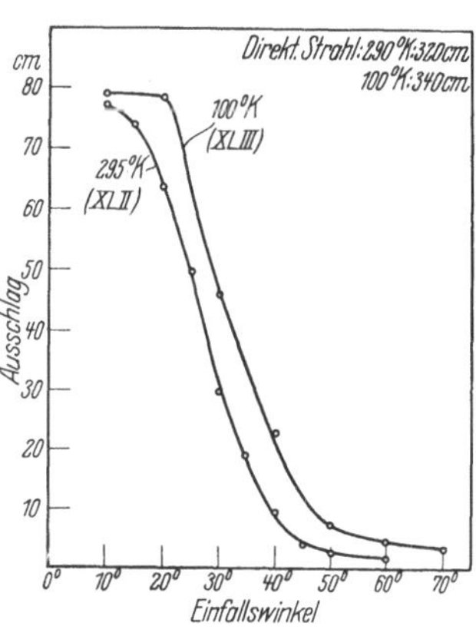

Abb. 52. Reflexionsvermögen von LiF
für He.

der Rauhigkeiten auf die Einfallsrichtung kleiner wird als die Wellenlänge.

Ein derartiges Verhalten wurde nun tatsächlich bei den obigen Reflexions-
versuchen beobachtet[3]. Z. B. gibt Abb. 52 für die Reflexion von He an LiF

---

* Die Formel aus der Anmerkung auf S. 349 würde $v = 1265 \cdot \nu$ ergeben; der Unterschied
gegen die obige Formel rührt von einer Korrektur wegen Versetzung der Zahnräder her, die
besonders bestimmt wurde.

** In der Originalarbeit $0,604 \cdot 10^{-8}$ cm, wegen anderen Zahlenwertes für $h \cdot N$.

[1] R. FRISCH u. O. STERN, erscheint in ZS. f. Phys.

[2] In diesem Fall wäre höchstens ein sehr diffuser reflektierter Strahl zu erwarten; vgl.
Ziff. 34 die Versuche von ELLETT und Mitarbeitern.

[3] I. ESTERMANN u. O. STERN, ZS. f. Phys. Bd. 61, S. 95. 1930.

die Abhängigkeit der Intensität des reflektierten Strahles vom Einfallswinkel für die beiden Strahltemperaturen 100° K und 295° K, entsprechend einer Wellenlänge maximaler Intensität von ca. $1 \cdot 10^{-8}$ bzw. $0,6 \cdot 10^{-8}$ cm. Man sieht, daß bei gleichem Einfallswinkel die längeren Wellen besser reflektiert werden, ein Resultat, das bei Versuchen mit monochromatischen Strahlen bestätigt wurde. Ferner kann man aus dem Auftreten guter Reflexion bei Einfallswinkeln bis zu 20° und dem steilen Abfall bei größeren Winkeln die Höhe der Unebenheiten zu etwa zwei Wellenlängen, also 1 bis $2 \cdot 10^{-8}$ cm schätzen. Das ist die Größe der Temperaturschwingungsamplituden der Gitterionen. Es liegt also nahe, anzunehmen, daß diese „Rauhigkeiten" der Temperaturbewegung der Ionen entsprechen[1]. Für diese Deutung spricht auch die Zunahme des Reflexionsvermögens bei abnehmender Kristalltemperatur[2].

33. Anomalien. Im groben gibt also die Annahme einer matten Fläche die beobachteten Erscheinungen richtig wieder; daß aber zur wirklichen Deutung der Reflexionserscheinungen eine viel tiefergehende Theorie erforderlich ist, zeigen die äußerst merkwürdigen Ergebnisse der Messungen über die Abhängigkeit des Reflexionsvermögens von der Orientierung der Kristalloberfläche[3]. Bei diesen Versuchen wurde die Änderung des Reflexionsvermögens untersucht, wenn bei festem Einfalls-, also auch Reflexionswinkel nichts anderes geschah, als daß die spiegelnde Kristallfläche in ihrer Ebene gedreht wurde. Die Ergebnisse einiger derartiger Messungen (He an LiF) sind in Abb. 53 wiedergegeben. Die Ordinate ist die Intensität (Galvanometerausschlag) des reflektierten Strahles, Abszisse ist der Winkel, um den der Kristall in seiner Ebene aus der Normallage herausgedreht wurde (als Normallage gilt wie früher die Stellung, in der die Einfallsebene die Kristallfläche in einer Hauptachse des Gitters gleichnamiger Ionen, also in einer Flächendiagonale, schneidet). Man sieht zunächst, daß die Reflexion in der Normallage viel kleiner ist als in der um 45° verdrehten Stellung; das hängt offenbar damit zusammen, daß in der Normallage viel stärkere Beugung auftritt (s. S. 345). Zweitens aber, und das ist das Merkwürdige, zeigen die Kurven bei bestimmten Winkeln scharfe Einsenkungen. Diese Einsenkungen

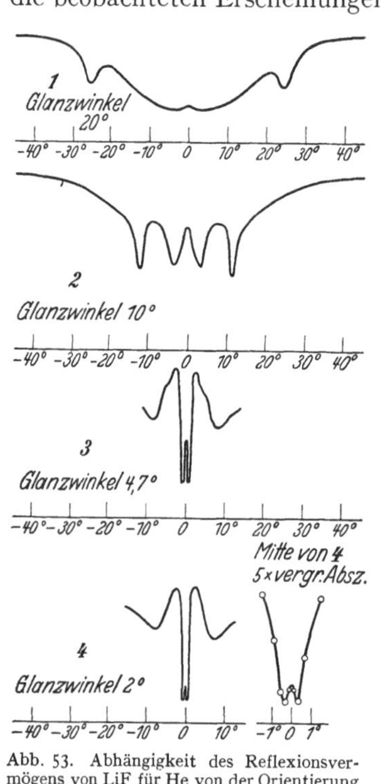

Abb. 53. Abhängigkeit des Reflexionsvermögens von LiF für He von der Orientierung des Kristalls (vom Azimut) für verschiedene Einfallswinkel.

sind (wenn wir die der Nullage zunächst liegenden ins Auge fassen) gerade bei flachem Einfallswinkel ganz erstaunlich scharf und tief; z. B. bedingt bei einem Einfallswinkel von 2° eine Drehung des Kristalls in seiner Ebene um einen Grad eine Änderung des Reflexionsvermögens um den Faktor 6.

---

[1] Außerdem sind auch noch die periodischen Unebenheiten des Kreuzgitters vorhanden, die einen Teil der in Phase gestreuten Strahlung in die oben besprochenen Beugungsspektren werfen; dadurch wird natürlich die Interpretation der Messungen des Reflexionsvermögens etwas unsicher.

[2] F. Knauer u. O. Stern, ZS. f. Phys. Bd. 53, S. 779. 1929.

[3] R. Frisch u. O. Stern, Naturwissensch. Bd. 20, S. 721. 1932. Ein erstes Beispiel einer derartigen Erscheinung findet sich bereits bei I. Estermann u. O. Stern, l. c.

Ein optisches Analogon zu dieser Erscheinung ist nicht bekannt. Wahrscheinlich in Zusammenhang damit stehen die Einsattelungen, die man bei hinreichender Auflösung in den Beugungskurven findet (s. z. B. Abb. 54). Die theoretische Deutung dieser Erscheinungen steht noch aus; wahrscheinlich hängen sie mit der Adsorption der Gasmoleküle an der Kristalloberfläche zusammen.

34. Abhängigkeit der Reflexion vom Kristall und vom Gas. An Kristallen wurden im wesentlichen die Alkalihalogenide untersucht, weil sie am leichtesten saubere Spaltflächen geben. Am besten spiegeln die Fluoride (LiF, NaF), wesentlich schlechter NaCl und KCl, noch viel schlechter KBr.

Spiegelnde Reflexion ist bisher nur bei Strahlen von He, H_2 und H erhalten worden, und zwar wird He bei flachem Einfallswinkel wesentlich besser reflektiert als H_2, während bei steilerem Einfall dieses Verhältnis sich umkehrt, offenbar wegen der größeren Wellenlängen von H_2 (s. Abb. 55). Mit anderen Strahlen,

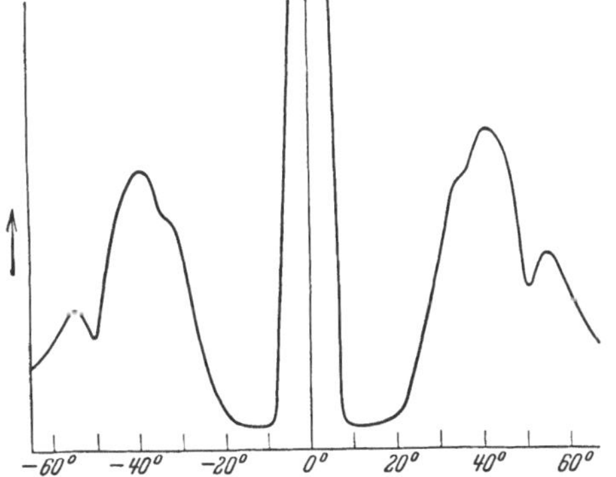

Abb 54. Beugungskurve (He an LiF) bei stärkerer Auflösung, mit Einsattelungen. (Noch nicht veröffentlichte Versuche von R. Frisch u. O. Stern.)

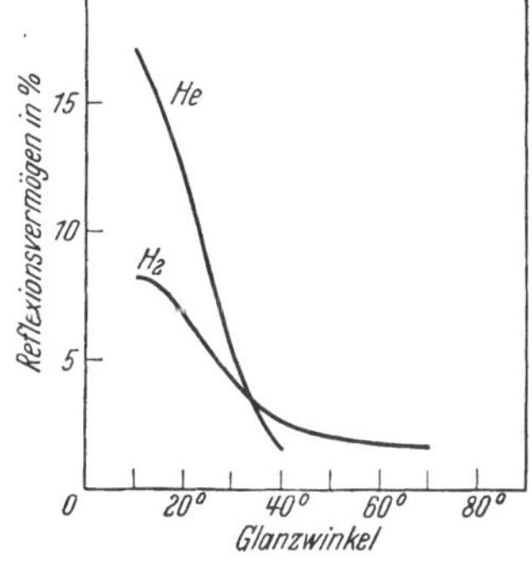

Abb. 55. Reflexionsvermögen (He und H_2 an LiF) in Abhängigkeit vom Einfallswinkel. (Noch nicht veröffentlichte Versuche von R. Frisch u. O. Stern.)

z. B. Gasen wie Ne, Ar, N_2, sowie den Alkalien[1] usw., wurde niemals spiegelnde Reflexion beobachtet, was mit ihrer stärkeren Adsorbierbarkeit gut übereinstimmt.

Dagegen haben ELLETT und seine Mitarbeiter[2] für eine Reihe von stark adsorbierbaren Strahlen (Hg, Zn usw.) an NaCl eine Art Reflexion gefunden, die sich aber ganz typisch von der obigen scharfen Spiegelung unterscheidet. Vor allem sind die reflektierten Strahlen sehr diffus (Halbwertsbreite 10 bis 20°); auch scheint das Maximum der Intensität merklich (bis zu 15°) gegen die Reflexionsrichtung verschoben zu sein[3]. Das weist darauf hin, daß es sich hier offenbar nicht um eine Wellenreflexion (Beugung nullter Ordnung) handelt, sondern daß diese Erscheinung wohl am besten als korpuskulare Reflexion der Strahlatome zu deuten ist, die von der Kristalloberfläche reflektiert werden wie Bälle von einer festen Wand, wobei die Diffusität offenbar von der Rauhigkeit der Wand herrührt.

---

[1] J. B. TAYLOR, Phys. Rev. Bd. 35, S. 375. 1930.

[2] A. ELLETT u. H. OLSON, Phys. Rev. Bd. 31, S. 643. 1928; A. ELLETT, H. OLSON u. H. ZAHL, Phys. Rev. Bd. 34, S. 493. 1929; H. A. ZAHL u. A. ELLETT, Phys. Rev. Bd. 38, S. 977. 1931.

[3] Noch nicht veröffentlichte Versuche im Hamburger Institut von JOSEPHY über Reflexion von Hg-Strahlen an LiF haben die Existenz der diffusen Reflexion bestätigt, dagegen nicht die Abweichung vom Reflexionsgesetz, was vielleicht von Verschiedenheit des benutzten Kristallmaterials herrührt (erscheint in ZS. f. Phys.).

35. Reflexion an polierten Flächen. Schließlich ist noch über Versuche[1] zu berichten, bei denen spiegelnde Reflexion an polierten Flächen erhalten wurde. Da auch bei den bestpolierten Flächen die Höhen der Unebenheiten immer noch 10^{-5} bis 10^{-6} cm betragen dürften, war spiegelnde Reflexion bei Wellenlängen von ca. 10^{-8} cm nur bei sehr flachem Einfallswinkel (einige Bogenminuten $=$ ca. 10^{-3}) zu erwarten. Tatsächlich wurde an Spiegeln aus Glas, Stahl und Spiegelmetall mit Strahlen von H_2 und He in diesem Winkelbereich Spiegelung im Betrag von einigen Prozent gefunden, die mit abnehmendem Glanzwinkel stark zunahm (s. Tab. 4). Bei Kühlung des Strahles, also Vergrößerung der de Broglie-Wellenlänge, nahm das Reflexionsvermögen zu, wie zu erwarten.

Tabelle 4. Spiegelung von H_2 an Spiegelmetall.

Glanzwinkel	$1,10^{-3}$	$1^1/_2 \cdot 10^{-3}$	$2 \cdot 10^{-3}$	$2^1/_4 \cdot 10^{-3}$
Reflexionsvermögen	5%	3%	$1^1/_2$%	$^3/_4$%

[1] F. Knauer u. O. Stern, ZS. f. Phys. Bd. 53, S. 779. 1928.

Namenverzeichnis.

VERLAG VON JULIUS SPRINGER / BERLIN

Die Quantenstatistik und ihre Anwendung auf die Elektronentheorie der Metalle. Von Léon Brillouin, Professor der Theoretischen Physik an der Sorbonne in Paris. Aus dem Französischen übersetzt von Dr. E. Rabinowitsch, Göttingen. („Struktur der Materie", Band XIII.) Mit 57 Abbildungen. X, 530 Seiten. 1931.   RM 42.—; gebunden RM 43.80

Lichtelektrische Zellen und ihre Anwendung. Von Dr. H. Simon, Berlin, und Professor Dr. R. Suhrmann, Breslau. Mit 295 Textabbildungen. VII, 373 Seiten. 1932.   RM 33.—; gebunden RM 34.20

***Lichtelektrische Erscheinungen.** Von Bernhard Gudden, o. Professor der Experimentalphysik an der Universität Erlangen. („Struktur der Materie", Band VIII.) Mit 127 Abbildungen. IX, 325 Seiten. 1928.   RM 24.—; gebunden RM 25.20

Braunsche Kathodenstrahlröhren und ihre Anwendung. Von Dr. phil. E. Alberti, Regierungsrat und Mitglied des Reichspatentamts, Berlin. Mit 158 Textabbildungen. VII, 214 Seiten. 1932.   RM 21.—; gebunden RM 22.20

Elektrische Gasentladungen, ihre Physik und Technik. Von A. v. Engel und M. Steenbeck. Erster Band: Grundgesetze. Mit 122 Textabbildungen. VII, 248 Seiten. 1932.   RM 24.—; gebunden RM 25.50

***Elektrische Durchbruchfeldstärke von Gasen.** Theoretische Grundlagen und Anwendung. Von Professor W. O. Schumann, Jena. Mit 80 Textabbildungen. VII, 246 Seiten. 1923.   RM 7.20; gebunden RM 8.40

Ergebnisse der exakten Naturwissenschaften. Herausgegeben von der Schriftleitung der „Naturwissenschaften". Elfter Band. Mit 158 Abbildungen. III, 442 Seiten. 1932.   RM 35.—; gebunden RM 36.60

Das lokale Sternsystem. Von Privatdozent Dr. F. Becker, Bonn. **Die Rotation der Milchstraße.** Von Professor Dr. K. F. Bottlinger, Neubabelsberg. **Elektroneninterferenzen und Röntgeninterferenzen.** Von Professor Dr. F. Kirchner, München. **Hyperfeinstruktur und Atomkern.** Von Dr. H. Kallmann, Dahlem, und Dr. H. Schüler, Potsdam. **Die Quadrupolstrahlung.** Von Professor Dr. A. Rubinowicz und Dr. J. Blaton, Lemberg. **Supraleitfähigkeit.** Von Dr. W. Meissner, Charlottenburg. **Elektronentheorie der Metalle.** Von Dr. R. Peierls, Zürich. **Magnetismus der metallischen Elemente.** Von Dr. E. Vogt, Marburg. **Kristallstruktur der Silikate.** Von Professor Dr. E. Schiebold, Leipzig.

**Auf alle vor dem 1. Juli 1931 erschienenen Bücher wird ein Notnachlaß von 10 °/₀ gewährt.*